JN441662

6판

해사법규 강의

정영석 지음

TEXT BOOKS
텍스트북스

정영석

• 한국해양대학교 해사법학부, 동 대학원 졸업(법학박사)
• 한국해양대학교 해사법학부 교수(현)
• 한국해양대학교 기획처장(역임)
• 한국컨테이너부두공단 조사분석부장, 경영연구부장, 기획팀장(역임)
• 금융감독원 금융분쟁조정위원회 전문위원(현)
• 한국해운조합 자문교수(현)
• 한국해법학회 부회장(현)
• 사법시험, 5급 공무원 승진시험, 도선사시험, 각종 공무원 임용시험, 군무원 임용시험, 행정사 시험 등 출제위원
• 『해상법원론』, 『해사법규 강의』, 『해운실무』, 『해상보험론』, 『선하증권론』, 『해상운송론』 등 저서 다수

해사법규 강의 (6판)

발행일 2016년 6월 24일 **저자** 정영석
발행인 이한성 **발행처** 텍스트북스 **주소** 경기도 파주시 광인사길 121 (문발동 507-9)
전화 031-944-5725 **팩스** 031-944-5735 **웹사이트** www.textbooks.co.kr **등록번호** 제406-2011-000132호

ISBN 978-89-93543-59-9 93360
정가 38,000원

머리말

지난 2007년 『해사법규강의』 5판을 발간한 이후 이러저러한 이유로 개정판을 발간하지 못하고 있었다. 특히 선박직 공무원, 도선사 등 필기시험을 준비하는 분들이나 해양경찰공무원 시험을 준비하는 분들로부터 이론서가 필요하다는 이야기를 들어오고는 있었지만, 시간을 내기도 어려웠고 무엇보다 수요가 그리 많지 않다보니 출판사의 부담이 커서 선뜻 6판의 출간을 엄두도 못 내고 세월이 흐르게 되었다.

어느덧 5판을 출판한 후 거의 10년이나 흐르게 되었고, 여전히 이 책의 출판을 원하는 일부의 바람이 있어서 다시 원고에 손을 대게 되었다. 5판의 출판 후 시간이 많이 흘렀고, 그 사이에 해상교통안전법, 개항질서법의 폐지와 해사안전법, 선박의 입항 및 출항 등에 관한 법률 등 대체 입법이 이루어지는 등 많은 변화가 있었기 때문에 6판은 새로운 체계로 법령을 정리하게 되었다. 방대한 법령이 소개되어야 하기 때문에 필요한 최소한의 이론은 소개하면서, 법령의 잦은 개정과 객관식 시험 준비생들에게도 도움을 주기 위해 시행령과 시행규칙은 표 형식으로 본문에 소개하였다. 각주를 통하여 가능한 관련 판례도 충실하게 반영하기로 하였다.

이러한 집필 방침에 따라 2014년 중순 원고를 거의 80%를 마쳤으나 마지막 탈고작업 중 여러 일정과 세월호 사고 이후 법령의 개정 수요가 크게 발생하여 원고를 원점에서 재작성하게 되었다. 이번 원고는 2016년 6월 10일까지의 법령을 모두 반영하였다. 그러나 각종 법령의 개정 이후 관련된 용어 등 타 법령의 내용도 일부 개정이 동시에 이루어져야 하지만, 아직 법력 상호간은 물론 같은 법령의 시행령이나 시행규칙에서 조차 제대로 용어의 통일이나 법령개정이 반영되지 못한 부분이 있어서 완전한 해설이 이루어지지 못한 것으로 판단된다. 특히 해기사 등의 시험과목 중 법령의 명칭은 정확하게 반영되어야 함에도 불구하고 폐지된 「개항질서법」이 그대로 반영된 부분이라든지 해사법령은 정비가 시급한 실정이다. 임의로 책자에서 수정하거나 개정을 예상하여 반영할 수 없었기 때문에 일부 미비한 점이 있는 점은 여전히 유감이다.

해사법규는 공부하는 사람들의 목적에 따라 다 다루기에는 그 범위가 매우 방대하기 때문에 이번에는 해기사, 도선사, 선박직공무원, 해양경찰공무원 수험생, 해사관련 대학의 교재로써 공통적으로 사용되는 기본적인 법령을 중심으로 저술하게 되었다.

5판까지의 출판은 해인출판사에서 맡아 왔으나 이번 6판은 텍스트북스에서 출판을 하기로 했다. 출판 사정이 어려운 가운데 수요가 그리 크지 않은 서적의 출판을 맡아주신 텍스트북스와 방대한 이 책의 '찾아보기' 작업에 시간을 할애해 준 대학원 제자 김성진 변호사, 미쳐 찾지 못한 오자를 찾아서 도움을 준 한국해양대학교 해사법학부에서 나와 같은 공부를 하고 있는 아들 주연하게도 고마움을 전한다.

2016년 여름을 맞이하면서

지은이 정영석 씀

차례

머리말 • III

제1편 해사법규 총론

제1장 | 해사법의 개념과 분류 • 3

제1절 해사법의 개념 • 3
제2절 해사법의 분류 • 4
제1관 해사국제법과 해사국내법 • 4
제2관 해사사법과 해사공법 • 4
제3관 업무 유형별 분류 • 5
제4관 이 책에서의 분류 • 6

제2장 | 해사공법의 입법방식 • 9

제1절 국제적 통일화 경향 • 9
제1관 의의 • 9
제2관 국제협약의 국내수용 • 10
제2절 해사국제협약의 효력 • 12
제1관 국내법과의 관계 • 12
제2관 국제협약의 개폐에 따른 문제 • 12
제3절 해사국제협약의 국내 수용 • 13
제1관 국제협약의 수용절차 • 13
제2관 입법방식 • 13
제3관 우리나라의 해사국제협약 수용방식 • 16

제2편 선박법규

제3장 | 선박법 • 19

제1절 총론 • 19
제1관 입법 목적 • 19
제2관 적용범위 • 20
제2절 선박의 국적 • 27
제1관 선박국적제도 • 27
제2관 한국국적의 취득요건 • 35
제3관 선박국적증서와 임시선박국적증서 • 37
제4관 한국선박의 권리와 의무 • 40
제3절 선박물권의 공시 • 44
제1관 선박물권의 공시제도 • 44
제2관 선박의 등록 • 50
제3관 소형선박의 소유권 등록 등의 특칙 • 52
제4절 선박톤수의 측정 • 53
제1관 선박톤수 • 53
제2관 톤수의 측정 • 56
제3관 국제톤수증서의 발행 등 • 60
제5절 보칙 및 벌칙 • 62
제1관 외국에서의 사무처리 등 • 62
제2관 벌칙 • 67

제4장 | 선박안전법 • 71

제1절 총론 • 71
제1관 입법 목적 • 71
제2관 용어의 정의 • 73
제3관 적용범위 • 76
제4관 국제협약의 우선적용 • 79
제2절 선박의 검사 • 81
제1관 선박검사의 종류 • 81
제2관 검사절차 등 • 101
제3관 선박검사증서 등 • 105
제4관 선급법인의 선박검사 등 • 107

제5관 특별검사와 재검사 • 111
제3절 선박용물건 또는 소형선박의 형식승인 등 • 114
제1관 형식승인 및 검정 • 114
제2관 지정사업장의 지정 등 • 120
제3관 예비검사 • 124
제4절 컨테이너의 형식승인 등 • 125
제1관 컨테이너의 형식승인 및 검정 등 • 125
제2관 안전점검 등 • 128
제5절 선박시설의 기준 등 • 131
제6절 안전항해를 위한 조치 • 134
제1관 항해안전을 위한 조치 • 134
제2관 하역설비에 대한 안전조치 • 135
제3관 화물관리에서의 안전조치 • 137
제4관 안전운송 교육 및 검사 등 • 139
제7절 선박안전기술공단 • 143
제1관 공단의 조직과 운영 • 143
제2관 검사업무의 대행 등 • 145
제8절 항만국통제 등 • 152
제9절 보칙 및 벌칙 • 156
제1관 부칙 • 156
제2관 벌칙 • 161

제3편 선원법규

제5장 | 선원법 • 171

제1절 총론 • 171
제1관 입법 목적 • 171
제2관 용어의 정의 • 172
제3관 적용범위 • 176
제4관 다른 법률과의 관계 • 179
제5관 선원노동위원회 • 188
제2절 선장의 직무와 권한 • 188
제1관 의의 • 188
제2관 선박의 안전운항과 관련된 직무와 권한 • 189
제3관 위험시의 조치 등 • 196

제4관 통상적인 직무 • 199
제5관 선장의 선내 질서유지권 • 202
제3절 선원근로계약 • 207
제1관 의의 • 207
제2관 선원근로계약의 원칙 • 209
제3관 선원근로계약의 해지와 종료 • 212
제4관 선원근로계약 종료에 따른 선원의 보호 • 219
제5관 선원근로계약서, 선원명부 등 • 223
제6관 취업규칙 • 235
제4절 임금 • 240
제1관 임금지급의 원칙 • 240
제2관 퇴직금제도 • 248
제3관 어선원의 임금에 대한 특례 • 250
제4관 임금채권보장보험 등의 가입 • 251
제5절 근로시간, 승무정원, 유급휴가 • 254
제1관 의의 • 254
제2관 근로시간 및 승무정원 • 256
제3관 승무자격과 승무정원 등 • 261
제4관 유급휴가 • 275
제6절 선내 급식과 안전 및 보건 • 280
제1관 선내 급식 • 280
제2관 선내 안전 및 보건 • 282
제3관 선내 보건 • 285
제7절 소년선원과 여성선원 • 290
제1관 의의 • 290
제2관 미성년 선원의 특례 • 291
제3관 여성선원의 특례 • 292
제8절 재해보상 • 293
제1관 의의 • 293
제2관 성립요건과 종류 • 295
제3관 재해보상급여의 보장 및 심사 • 304
제9절 복지와 직업안정 및 교육훈련 • 305
제1관 선원복지 및 직업안정 • 305
제2관 선원의 교육훈련 • 311
제3관 한국선원복지고용센터 • 317
제10절 감독과 해사노동적합증서 등 • 320

제1관 선원의 근로기준에 등에 대한 감독 • 320
제2관 선원근로감독관 • 321
제3관 외국선박에 대한 감독 • 324
제4관 해사노동적합증서와 해사노동적합선언서 • 327
제11절 보칙 및 벌칙 • 337
제1관 부칙 • 337
제2관 벌칙 • 339

제6장 | 선박직원법 • 347

제1절 총론 • 347
제1관 입법 목적 • 347
제2관 용어의 정의 • 348
제3관 적용범위 • 350
제4관 국가 간 협력 및 지원 • 351
제2절 해기사의 자격과 면허 • 351
제1관 면허의 직종 및 등급 • 351
제2관 면허의 요건 등 • 355
제3관 해기사시험, 승무교육, 교육 · 훈련 등 • 364
제4관 면허의 발급 및 관리 • 382
제5관 외국의 해기사 자격을 가진 사람에 대한 특례 • 389
제3절 선박직원 • 393
제1관 승무기준 • 393
제2관 선박직원의 직무 • 402
제4절 보칙 및 벌칙 • 404
제1관 보칙 • 404
제2관 벌칙 • 408

제4편 해상교통법규

제7장 | 해사안전법 • 413

제1절 총론 • 413
제1관 입법 목적 • 413
제2관 용어의 정의 • 414
제3관 적용범위와 적용순위 • 418

제4관 책무 • 420
제2절 해사안전관리계획 • 420
제3절 수역 안전관리 • 422
제1관 해양시설의 보호수역 설정 및 관리 • 422
제2관 교통안전특정해역 등의 설정과 관리 • 424
제3관 유조선통항금지해역의 설정 및 관리 • 432
제4절 해상교통 안전관리 • 435
제1관 해상교통안전진단 • 435
제2관 항행장애물의 처리 • 452
제3관 항해 안전관리 • 456
제5절 선박 및 사업장의 안전관리 • 469
제1관 선박의 안전관리체제 • 469
제2관 선박 점검 및 사업장 안전관리 • 496
제6절 선박의 항법 등 505
제1관 의의 • 505
제2관 모든 시계상태에서의 항법 • 507
제3관 선박이 서로 시계 안에 있는 때의 항법 • 515
제4관 제한된 시계에서 선박의 항법 • 521
제5관 등화와 형상물 • 522
제6관 음향신호와 발광신호 • 538
제7관 특수한 상황에서 선박의 항법 등 • 542
제7절 보칙 및 벌칙 • 543
제1관 보칙 • 543
제2관 벌칙 • 547

제8장 | 선박의 입항 및 출항 등에 관한 법률 • 555

제1절 총론 • 555
제1관 입법 목적 • 555
제2관 용어의 정의 • 556
제3관 다른 법률과의 관계 • 557
제2절 입항·출항 및 정박 • 558
제1관 출입 신고 • 558
제2관 정박 등 • 560
제3절 항로 및 항법 • 563
제1관 항로 및 항법 • 563

제2관 선박교통관제 • 566
제3관 등화 및 신호 • 568
제4절 무역항의 수역관리 • 568
제1관 예선 • 568
제2관 위험물의 관리 등 • 576
제3관 수로의 보전 • 583
제5절 보칙 및 벌칙 • 589
제1관 보칙 • 589
제2관 벌칙 • 596

제9장 | 도선법 • 601

제1절 총론 • 601
제1관 입법 목적 • 601
제2관 용어의 정의 • 602
제3관 적용범위 • 603
제2절 도선사면허 등 • 603
제1관 도선사면허 • 603
제2관 면허의 결격사유와 취소 • 607
제3관 도선사의 수급계획과 시험 • 611
제3절 도선 및 도선구 • 614
제1관 도선구 • 614
제2관 도선절차 및 원칙 등 • 617
제3관 강제도선 • 621
제4관 선장의 의무와 책임 • 625
제4절 보칙 및 벌칙 • 627
제1관 보칙 • 627
제2관 벌칙 • 631

제10장 | 해양사고의 조사 및 심판에 관한 법률 • 633

제1절 총론 • 633
제1관 입법 목적 • 633
제2관 용어의 정의 • 634
제3관 심판원의 설치 및 심판의 원칙 • 635
제2절 심판원의 조직과 직무 • 638

제1관 심판원의 조직과 심급 • 638
제2관 심판원의 관할 • 643
제3관 심판원장과 심판관의 자격과 직무 • 644
제4관 조사관 등 • 650
제5관 심판변론인 • 654
제3절 심판 전의 절차 • 660
제1관 해양사고 등의 통보의무 • 660
제2관 조사 및 처리 • 661
제3관 심판청구 • 664
제4절 지방심판원의 심판 • 667
제1관 심판 절차 • 667
제2관 원격영상심판과 약식심판 • 674
제3관 심판의 원칙 • 674
제4관 재결 • 675
제5절 중앙심판원의 심판 • 683
제1관 심판청구 • 683
제2관 재결 • 685
제3관 제2심의 심판원칙 등 • 686
제4관 이의신청 • 687
제6절 중앙심판원의 재결에 대한 소송과 재결의 집행 • 688
제1관 중앙심판원의 재결에 대한 소송 • 688
제2관 재결 등의 집행 • 692
제7절 보칙 및 벌칙 • 695
제1관 보칙 • 695
제2관 벌칙 • 696

제5편 해양환경법규

제11장 | 해양환경관리법 • 703

제1절 총론 • 703
제1관 입법 목적 • 703
제2관 용어의 정의 • 704
제3관 적용범위 및 순위 • 710
제4관 국가의 책무 등 • 713
제2절 해양환경의 보전·관리를 위한 조치 • 716

제1관 해양환경기준 및 자료관리 • 716
제2관 해양환경종합계획 등 • 723
제3관 해양환경개선부담금 • 734
제3절 해양오염방지를 위한 규제 • 740
제1관 통칙 • 740
제2관 선박에서의 해양오염방지 • 754
제3관 해양시설에서의 해양오염방지 • 764
제4관 오염물질의 수거 및 처리 • 768
제5관 잔류성 유기오염물질의 조사 등 • 773
제4절 해양에서의 대기오염방지를 위한 규제 • 774
제1관 배출방지설비 등 • 774
제2관 배출규제 • 777
제3관 적용제외 • 785
제5절 해양오염방지를 위한 선박의 검사 등 • 785
제1관 해양오염방지 선박검사 등 • 785
제2관 오염방지설비 등의 검사 • 789
제3관 검사증서의 교부 등 • 792
제4관 부적합 선박에 대한 조치 및 재검사 등 • 795
제6절 해양오염방제 등 • 798
제1관 해양오염방제를 위한 조치 • 798
제2관 해양환경관리업 등 • 814
제3관 해양오염영향조사 • 828
제4관 해양환경관리공단 • 838
제7절 해역이용협의 • 846
제1관 해역이용협의 • 846
제2관 해역이용영향평가 • 858
제8절 보칙 및 벌칙 • 869
제1관 형식승인 및 성능인증 등 • 869
제2관 업무대행 및 협회 • 879
제3관 기타 해양환경행정 • 888
제4관 규제의 재검토 • 905
제5관 벌칙 • 906

제12장 | 선박평형수관리법 • 915

제1절 총론 • 915

제1관 입법 목적 • 915
제2관 용어의 정의 • 916
제3관 적용범위와 적용순위 • 918
제2절 선박평형수의 배출 금지 및 특별수역의 지정 등 • 920
제1관 특별수역의 지정 등 • 920
제2관 선박소유자의 의무 • 922
제3절 선박의 평형수관리를 위한 선박의 검사, 형식승인 및 검정 등 • 931
제1관 선박의 평형수관리를 위한 선박의 검사 등 • 931
제2관 선박평형수관리를 위한 형식승인 및 검정 등 • 937
제3관 검사의 대행 • 949
제4관 외국정부의 검사 등 • 951
제4절 선박평형수처리업 • 953
제1관 등록 • 953
제2관 선박평형수처리업자의 의무 등 • 958
제5절 부적합 선박에 대한 조치 등 • 959
제1관 부적합 선박에 대한 조치와 항만국통제 • 959
제2관 조사 · 연구 기타 • 962
제6절 벌칙 • 971

찾아보기 • 974

제 1 편

해사법규 총론

제1장 해사법의 개념과 분류
제2장 해사공법의 입법방식

1

해사법의 개념과 분류

제1절 | 해사법의 개념

해사법(marine laws)이란 해사활동에 관한 법규범 전체를 일컫는 것으로 해법(maritime law)이라고도 한다. 여기서 해사활동이라 함은 바다를 활동의 장소로 하여 전개되는 생활관계를 말하는데, 이 중 '선박에 의하여 전개되는 항행활동'에 직접적으로 관련된 생활관계를 협의의 해사활동 또는 항행관계라고 말한다.[1] 그러므로 선박 자체는 말할 것도 없고, 선박을 운항하는 선원, 선박이 출입하는 항만, 해상운송, 해상교통 · 해상안전, 선박에 의한 해양환경문제, 어선에 의한 수산업 활동, 선박에 의한 해양레저활동 등과 관련된 법은 모두 협의의 해사법의 적용 영역에 속한다. 여기에 더하여 오늘날은 해양개발 및 해양환경보전과 관련된 각종 법규, 해운행정법규, 항만행정법규 등의 영역을 포함한 해사활동 전체에 적용되는 법 규범을 광의의 해사법으로 정의할 수 있다.

또 해사법은 「1807년 나폴레옹 상법전」[Code de Commerce-Livre Ⅱ(1807)][2]의 제정을 계기로 해사공법과 해사사법을 구분하여 입법하기 시작하였는데, 이때부터 해사사법과 해사공법의 구분이 명확하게 되었다. 해사법에 시공을 초월하여 절대적인 영향을 미치고 효력을 발휘한 성문법규로는 프랑스의 「1681년 해사칙령」(L'Ordonnance de La Marine,

---

1) 國土交通省海事局監修,「最新海事法規の解說(24訂版)」, (東京 : 成山堂書店, 2004), 1쪽.

2) 「나폴레옹 상법전」 중 제2편 해상편의 자세한 내용은 [채이식 옮김, 「프랑스 해사칙령과 나폴레옹상법전 해상편」, (고려대학교출판부, 2005), 287-503쪽] 참조.

Du Mois d'Août 1681)을 들 수 있는데, 이 법령은 영미법을 제외한 거의 전세계 모든 국가의 해상법이 이 법에 기초하고 있다. 그러나 해사칙령은 원래 상사관련 규범을 제정하려는 의도로 제정된 것이 아니라 해상활동 전반을 규제하기 위한 종합적인 법으로 공법과 사법의 구분이 이루어져 있지 않았다.[3)]

제2절 | 해사법의 분류

제1관 해사국제법과 해사국내법

해사국제법은 해사에 관한 국가 간 또는 국가와 국제기구 간의 관계를 규율하는 법을 총칭하며, 주로 국제관습법과 조약으로 이루어진다.

「해양법에 관한 유엔협약」(United Nations Convention on the Law of the Sea: UNCLOS), 「ILO 통합해사협약」(Maritime Labour Convention, 2006), 「국제해상충돌예방규칙협약」(International Regulations for Preventing Collisions at Sea, 1972 : COLREG), 「해상인명안전협약」(International Convention for the Safety of Life At Sea, 1974 : SOLAS), 「선박으로부터의 해양오염방지에 관한 국제협약」(International Convention for the Prevention of Pollution from Ships, 1973 and its 1978 Protocol : Marpol, 73/78), 「해상수색 및 구조에 관한 협약」(International Convention on Maritime Search and Rescue, 1979 : SAR) 등이 해사국제법의 영역에 속한다.

한편, 해사국내법은 해사에 관한 국내 법령의 모두를 총칭한다. 즉, 「상법 제5편 해상편」, 「선박법」, 「선박안전법」, 「선원법」, 「선박직원법」, 「해사안전법」, 「해양사고의 조사 및 심판에 관한 법률」 등이 해사국내법의 영역에 속한다.

제2관 해사사법과 해사공법

해사법 중 사인(私人) 간의 수평적 거래관계를 규율하는 법을 해사사법이라 한다. 「해상

---

3) 채이식 옮김, 「프랑스 해사칙령과 나폴레옹상법전 해상편」, (고려대학교출판부, 2005), 4-5쪽 참조.

법」, 「해상보험법」, 「유류오염손해배상보장법」 등이 해사사법의 영역에 속하는데, 이들 법률은 광의의 해상법에 속한다. 오늘날에도 독일, 프랑스 등에서는 주로 실질적인 해상법에 해당하는 것을 해사법(maritime law)이라 부른다.

또 해사법 중 국가 조직이나 국가 간 또는 국가와 개인 간의 관계를 규율하는 법을 해사공법이라 한다. 해사공법은 「선박법」, 「선박안전법」, 「선원법」, 「선박직원법」, 「해사안전법」, 「해양사고의 조사 및 심판에 관한 법률」, 「해양법에 관한 유엔협약」, 「ILO 통합해사협약」, 「국제해상충돌예방규칙협약」, 「해상인명안전협약」, 「선박으로부터의 해양오염방지에 관한 국제협약」, 「해상수색 및 구조에 관한 협약」 등이 있다. 해사공법은 대부분 해사행정법규와 해사노동법규 등에 해당하는 것으로 해사법규에서 다루는 영역은 해사공법 중 일부에 해당한다고 하겠다.

제3관 업무 유형별 분류

개별법규를 적용대상 또는 업무유형별로 분류하면 해사법은 해상법, 해양정책법규(해양영토, 해양개발, 해양과학기술), 선박법규, 선원법규, 해운행정법규, 해사안전법규, 해양환경법규, 항만행정법규, 수산행정법규 등으로 다양하게 분류할 수 있다.[4)]

① 해상법 : 해사사법의 영역을 해상법으로 분류할 수 있다. 「상법」 제5편 해상편, 「유류오염손해배상보장법」, 「1906년 MIA」 등의 국내법과 해상법 및 해상보험법 관련 각종 국제조약이 해사사법 또는 광의의 해상법에 해당한다.

② 해양정책법규 : 해양정책에 관한 헌장에 해당하는 「해양법에 관한 유엔협약」, 해양영토 및 관할권과 관련된 법령인 「영해 및 접속수역법」, 「배타적 경제수역법」 등, 해양이용정책과 관련된 법령인 「공유수면 관리 및 매립에 관한 법률」, 「연안관리법」, 해양과학정책과 관련된 「남극활동 및 환경보호에 관한 법률」, 「해양과학조사법」 등을 해양정책법규로 분류할 수 있다.

③ 해운행정법규: 「국제선박등록법」,「선박관리산업발전법」, 「선박법」, 「선박직원법」, 「선박투자회사법」,「선원법」, 「선주상호보험조합법」,「어선원 및 어선재해보상보험법」, 「한국해운조합법」, 「해운법」 등을 해운행정법규로 분류할 수 있다.

④ 항만행정법규: 「신항만건설촉진법」, 「항만공사법」, 「항만법」,「항만운송사업법」, 「항만인력공급체제의 개편을 위한 지원특별법」 등을 항만행정법규로 분류할 수 있다.

---

4) 국가법령정보센터 홈페이지의 기관별 분류에서 해양수산부의 소관 법령을 중심으로 분류하였다(2014년 9월 21일 기준).

⑤ 수산행정법규: 「관상어산업의 육성 및 지원에 관한 법률」, 「낚시 관리 및 육성법」, 「내수면어업법」, 「배타적 경제수역에서의 외국인 어업 등에 대한 주권적 권리의 행사에 관한 법률」, 「수산과학기술진흥을 위한 시험연구 등에 관한 법률」, 「수산생물질병관리법」, 「수산업법」, 「수산업협동조합법」, 「수산자원관리법」, 「어선법」, 「어업자원보호법」, 「어장관리법」, 「어촌 · 어항법」, 「연근해어업의 구조개선 및 지원에 관한 법률」 등을 수산어업법규로 분류할 수 있다.

⑥ 해상교통 및 안전행정법규: 「선박의 입항 및 출항 등에 관한 법률」,「국제항해선박 및 항만시설의 보안에 관한 법률」,「도선법」,「선박안전법」,「선박평형수관리법」,「항로표지법」, 「해사안전법」,「해양사고의 조사 및 심판에 관한 법률」, 「국제선박톤수측정에 관한 협약」, 「국제해상충돌예방규칙협약」, 「해상인명안전협약」, 「해상수색 및 구조에 관한 국제협약」 등을 해상교통 및 안전행정법규로 분류할 수 있다.

⑦ 해양레저법규 : 「낚시어선업법」,「마리나항만의 조성 및 관리에 관한 법률」, 「수상레저안전법」 등을 해양레저법규로 분류할 수 있다.

⑧ 해양경찰행정법규 : 「해양경비법」, 「해양경찰공무원 복제에 관한 규칙」, 「해양경찰청 소속 경찰공무원 특수지근무수당지급규칙」, 「해양경찰청 소속 경찰공무원임용령 시행규칙」, 「해양경찰청과 그 소속기관 직제」 등을 해양경찰행정법규로 분류할 수 있다.

제4관 이 책에서의 분류

해사법규에 대한 정확한 정의가 존재하는 것은 아니지만 대부분의 해사법규 서적에서 설명하고 있는 법령은 선박의 항해와 관련된 분야가 중심이 되었다. 1990년대 초까지 발간된 국내의 해사법규 교재는 대부분 해기사 시험용으로 발간되었기 때문에 이러한 현상이 존재해 왔다. 그러나 오늘날은 해기사시험, 도선수습생선발시험은 물론, 선박직공무원 임용시험, 해양경찰공무원임용시험, 군무원선발시험 등 각종의 자격 및 임용시험의 과목으로 해사법규가 채택되면서 시험종목에 따라 구체적으로 지정된 법령에 차이가 있다. 대체로 해사공법에 해당하는 법령이 해사법규에 해당한다는 점은 일치하는 것 같다. 물론 1990년대 초까지의 해사법규 교재에서 해상법과 해상보험법이 설명되기도 하였으나 이는 학문적 분류라기보다는 해기사 시험과목을 참고하여 저자들의 편의에 의하여 개략적으로 설명한 것에 불과하다.

해사법규를 정확하게 정의할 수는 없으나 해사공법에 해당하는 해사국제법과 해사국내법의 영역에 속하는 여러 법령 중 해당 저서의 출판 목적에 따라 그 내용의 폭이 달라진다고 할 수 있다.

이 책에서는 주로 선박의 항행과 직접 간접적으로 관련된 각종 행정법규를 선박법규, 선원법규, 해상교통법규, 해양환경법규 등으로 분류하여 주요 법령을 설명하였다.

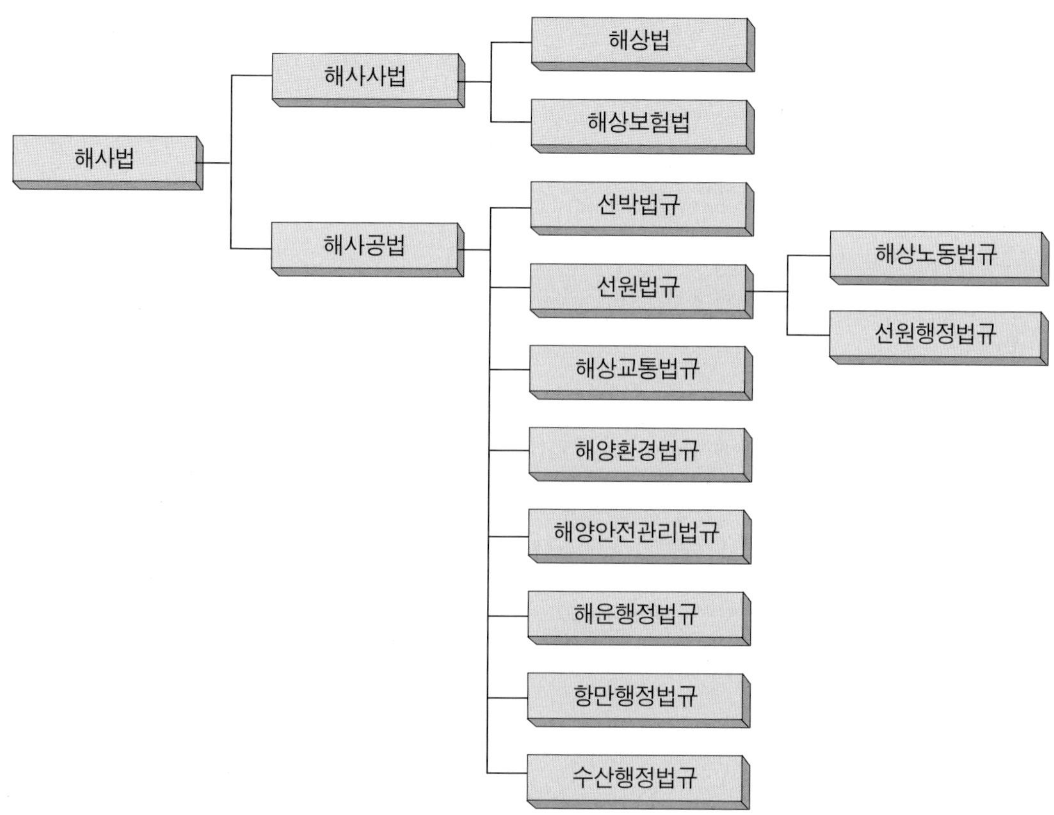

그림 1.1 해사법의 분류

2

해사공법의 입법방식

제1절 | 국제적 통일화 경향

제1관 의의

입법사적 관점에서 보면, 해사법은 해상거래(海商去來)와 관련된 법규 중 항행법규를 중심으로 발달하였다. 그러므로 해사법은 발달 당초부터 세계적 관습, 즉「보편적 해사법」(general maritime law)으로 그 자체가 국제적 통일성을 가지고 자연발생적으로 생성되었다. 특히 선박의 항행활동을 법적으로 규제하는 내용이 주를 이루었으므로 선박충돌 등 해상사고를 예방하기 위해서는 태생적으로 국제적 통일규범의 필요성이 매우 높았다.

한편, 근대 중앙집권국가의 등장과 함께 각국이 국내법으로 해사공법의 각 영역을 개별법으로 제정하기 시작하면서 국가 간의 법제의 대립과 충돌이 생기게 되었다. 그러나 해사법은 태생적 특징인 국제적 통일화 경향이 명확하기 때문에 19세기 후반의 국제무역의 발달과 항해기술의 진보와 함께 다시 각 국의 법률 내용의 통일을 강력하게 요구하게 된다.

해사공법의 통일에 가장 큰 공헌을 한 것은 영국 정부, 1873년 런던에 설립된 국제법학회(International Law Association: ILA)를 비롯한 관련 학회, 국제노동기구(International Labour Organisation: ILO)와 국제해사기구(International Maritime Organisation: IMO) 등

의 국제전문기구를 들 수 있다.[1)]

해사법 분야의 통일협약의 채택은 주로 영국이 해운 왕국으로 군림하던 시기에 제정된 각종 국제협약을 세계 각국이 널리 채택함으로써 비롯된 것이다. 이때 채택된 각종 국제협약으로는「1929년 해상에 있어서의 인명의 안전을 위한 국제협약」및「1930년 만재흘수선에 관한 국제협약」등과 같은 선박의 안전한 해상항행, 선박의 적량측도, 선박의 안전항행을 위한 구조설비에 관한 해사공법에 해당하는 국제협약이다.

21세기에 들어서도 해사법의 통일에는 영국과 미국의 영향력이 여전히 막강하기 때문에 해사법의 통일운동을 통하여 영미법이 세계 해사법을 주도해 나간다고 설명할 수도 있다. 특히 학회 및 유엔 산하의 국제전문기구의 활발한 활동에 의하여 국제적 통일협약을 채택하고, 이를 각국이 비준하여 국내법으로 수용하는 과정을 거쳐 해사공법의 입법과정이 이루어지고 있다. 이와 같이 국제협약을 국내법으로 수용하는 과정을 통해 각국의 해사공법이 제・개정되기 때문에 법률의 내용상 국제적 통일화 경향은 더욱 가속화되고 있다.

제2관 국제협약의 국내수용

1. IMO와 국제협약의 채택

20세기 이후 과학기술의 놀라운 발달로 인한 조선・선박운항・운송방식 등 여러 분야에서의 기술의 진보, 개품운송계약 · 컨테이너 운송의 발달로 인한 정기선운항과 복합운송서비스의 비중 증대, 해양오염방지와 유류오염손해배상문제의 대두, 남극・북극을 비롯한 미개척 해양의 개발과 보존 필요성의 대두, 새로운 해양법질서의 정립 움직임, 해상노동관계의 개선 필요성, 자국해운보호정책과 해운시장 개방정책의 대립 등 기술과 이념의 급격한 변화로 인한 국제법적・국내법적으로 활발한 입법 활동이 전개되고 있다.[2)]

20세기 이후 해사법 입법의 가장 큰 특징은 국제협약이라는 국제적 통일법을 제정한 후 이를 각국이 비준하고 국내법으로 수용하는 방식으로 해사법이 통일되어 가고 있다는 점인데, 해사공법 분야에서는 다음과 같은 국제기구가 중심이 되어 국제협약을 성안하고 채택하고 있다.

IMO는 해양환경, 해상안전, 해사기술 및 해상법 관련 국제협약, ILO는 해상노동 분야에 관한 국제협약, 유엔(United Nations: UN)과 국제법위원회(International Law Commission: ILC)는 해양법 분야의 국제협약의 제정에 주도적 역할을 해 왔다.

---

1) 정영석,「해사법규강의(제5개정판)」, (해인출판사, 2007), 10-11쪽 참조.

2) 정영석,「해사법규강의(제5개정판)」, (해인출판사, 2007), 10-11쪽 참조.

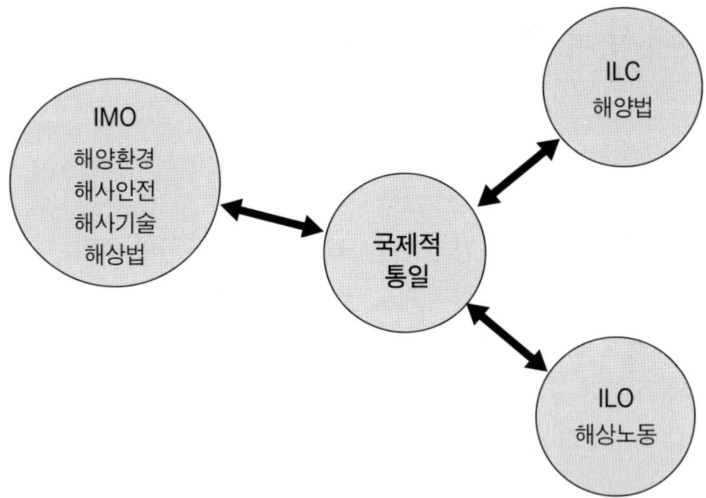

그림 2.1 해사공법의 통일과 국제기구의 역할

2. 국제협약의 국내수용 필요성

오늘날 각국의 국내법으로 제정되는 해사공법의 대부분은 국제협약에 근거하고 있고 있기 때문에, 각종의 해사기술, 해양안전, 해양환경에 관한 규칙의 통일을 위한 법령은 해당 국제협약을 수용하거나 협약의 제·개정을 국내법령으로 반영하는 것이다.

이와 같이 해사입법은 국제적 통일을 최상의 목표로 하고 있으나, 국내 법률 체계 및 산업 현실을 무시할 수 없다는 점에서 국제협약의 입법 및 국내 수용에 어려움이 있음은 물론이다. 또 국제협약과 국내법간의 효력의 문제 등으로 인하여 우리나라는 국제협약의 비준에 그동안 소극적인 자세를 취하고 있었다. 그러나 2001년 이후 IMO A 그룹 이사국[3]으로 세계 해운계에서의 지도적 위치에 있는 우리나라가 해사국제협약에 대한 소극적 수용자세를 보인다는 것은 바람직하지 않다. 국익에 배치되지 않는다면 국제협약에 적극적으로 가입·비준하고 이 내용을 가급적 원문대로 국내법으로 법전화함으로써 체약국으로서의 역할을 능동적으로 수행할 필요가 있다.[4]

3) IMO는 세계 171개 나라가 가입된 UN 산하 국가 간 전문기구로, 선박과 관련한 안전 및 해양오염 방지, 보안 등에 관한 국제협약의 제·개정을 담당한다. 이사회는 A그룹(해운국 10개국) B그룹(화주국 10개국) C그룹(지역대표 20개국) 등 모두 40개 나라로 구성되고 2년 마다 재선출한다. 우리나라는 1962년 IMO에 가입한 후 30년 만인 1991년에 지역을 대표하는 C그룹 이사국에 진출해 5연임했고, 이를 바탕으로 2001년에는 IMO의 주요 정책을 결정하는 A그룹 이사국에도 선출되어 2015년 현재 7회 연속으로 A 그룹 이사국에 선출되었다.

4) 정영석, 「해사법규강의(제5개정판)」, (해인출판사, 2007), 11-12쪽 참조.

제2절 | 해사국제협약의 효력

제1관 국내법과의 관계

헌법에 의하여 체결된 협약은 국내법과 같은 효력을 가진다(헌법 제6조). 우리나라가 특정 국제협약에 가입하면 그 협약은 원칙적으로 국내법과 동일한 효력을 가진다. 다만, 국가나 국민에게 중대한 재정적 부담을 지우는 협약 및 입법사항에 관한 협약은 국회의 동의가 있어야 한다(헌법 제60조).[5)]

여기서 입법사항이라 함은 국민의 권리 및 의무에 관한 사항을 가리킨다고 해석되므로, 국제협약은 대부분 국민의 권리와 의무에 관한 협약에 해당하여 국회의 동의를 얻어야 한다. 국제협약과 헌법이 충돌할 경우 협약보다는 헌법이 우선적 효력을 가진다. 또 국제협약은 여타 법률과 마찬가지로 위헌심사의 대상이 된다.

국제협약과 현행 법률이 상이한 경우, 신법우선의 원칙과 특별법우선의 원칙에 의하여 우선순위가 정해진다. 국제협약이 헌법이나 타 법률과 충돌하여 국내에서 그 효력을 상실하는 경우에도 협약의 체약국으로서 국제법상의 책임이 당연히 면제되는 것은 아니라는 점에 주의해야 한다.

제2관 국제협약의 개폐에 따른 문제

많은 국제협약이 수시로 그 내용이 변경되지만, 이들 협약의 개폐를 즉시 전 세계의 모든 국가가 비준하거나 국내법으로 입법조치를 하기는 매우 어렵다.

특히 최근에는 IMO 등의 국제기구가 제정한 국제협약 자체에 규정된 간이개정절차로 인하여 빈번하게 협약의 내용이 변경되고 있다. 이로 인하여 협약의 효력에 대한 헌법규정과의 충돌로 인한 분쟁까지 예상되고 있다.

---

5) 헌법 제60조

① 국회는 상호원조 또는 안전보장에 관한 조약, 중요한 국제조직에 관한 조약, 우호통상항해조약, 주권의 제약에 관한 조약, 강화조약, 국가나 국민에게 중대한 재정적 부담을 지우는 조약 또는 입법사항에 관한 조약의 체결 · 비준에 대한 동의권을 가진다.

② 국회는 선전포고, 국군의 외국에의 파견 또는 외국군대의 대한민국 영역 안에서의 주류에 대한 동의권을 가진다.

제3절 | 해사국제협약의 국내 수용

제1관 국제협약의 수용절차

국제협약이 국내법과 동일한 효력을 가지기 위해서는 일정한 절차에 따라 국내법으로 수용되어야 한다. 수용방법으로는 첫째, 국제협약에 우선 가입하고 추후 그 내용을 국내법령으로 수용하는 방법과 둘째, 국내법령으로 국제협약의 내용을 수용하고 추후 국제협약을 비준하는 두 가지 방법이 있다.

해사국제협약의 경우에는 국제협약에 우선 가입할 경우에는 국내법과의 상충문제가 발생할 우려가 있어 국내법을 우선 정비하고 나중에 국제협약에 가입하는 방식을 사용하는 경우가 많다(선입법 후가입).

그러나 이러한 방식은 신법우선의 원칙과의 관계에서 헌법상 비준한 국제협약과 이를 먼저 수용한 국내법이 내용상 차이가 발생할 경우 문제가 발생할 소지가 있다. 그러므로 국제협약에 먼저 가입·비준하고 추후 관련 국내 법령을 제정 또는 개정하는 것이 올바른 방법이라고 본다. 다만, 굳이 국내법령을 먼저 제·개정하고 후에 국제협약을 비준한다면 국제협약의 유보조항 등을 면밀히 검토하여 상호모순이 발생하지 않도록 하여야 한다.

국제협약의 대부분은 국민의 권리, 의무와 밀접한 관련이 있으므로 수용을 위해서는 국회의 심의를 받아야 한다. 이러할 경우 국제협약은 국내 법률과 그 차이가 거의 없으므로 입법절차도 거의 동일하다(그림 2.2 참조).

제2관 입법방식

1. 국내법과 국제협약이 병존하는 입법방식

국제협약을 비준하면 그 자체로서 국내법과 같은 효력을 가지지만(헌법 제6조),[6] 이와 동일한 내용을 규정한 국내법을 별도로 제정하여 실질적으로 두 가지의 법률이 병존하는 입법방식을 말한다.

이러한 방식에서는 국제협약이 적용되는 범위 내에서 국내법이 적용되지 아니하고 국

6) 헌법 제6조
① 헌법에 의하여 체결·공포된 조약과 일반적으로 승인된 국제법규는 국내법과 같은 효력을 가진다.
② 외국인은 국제법과 조약이 정하는 바에 의하여 그 지위가 보장된다.

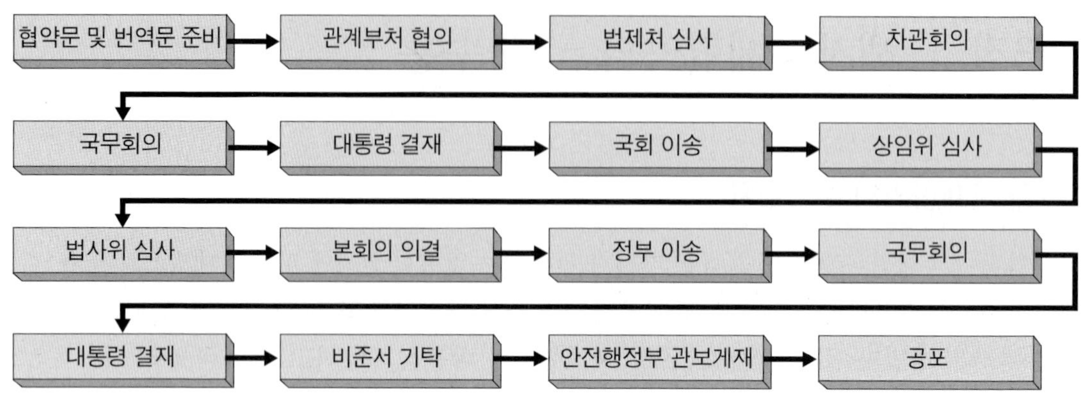

그림 2.2 국제협약의 수용절차

제협약이 우선하여 적용된다는 국내법의 규정을 두어 협약을 우선적용하도록 하는 경우도 있다(「중국 해상법」 제268조).

국내법을 개정하는 경우에도 신법우선의 원칙의 적용을 배제하기 위하여 국제협약에 우선적 효력을 인정하는 명문규정을 두는 경우도 있다.

2. 국제협약을 비준한 후 특별법에서 국제협약을 인용하는 입법방식

국제협약을 비준하고 이 협약의 내용을 수용하는 국내법을 별도로 제정하는 방식이지만, 국내법에서는 해당 국제협약의 적용범위 및 해석에 관한 일반적인 내용에 대하여만 본문에 규정을 두고 국제협약의 원문을 그대로 번역하여 부칙이나 시행령, 시행규칙 등으로 인용하는 방식을 말한다(영국의 「1971년 해상물건운송법」).

국제협약을 직접 혹은 번역하여 삽입하거나 인용하기 때문에 협약의 내용과 국내법 규정 사이에 모순이 생길 여지가 거의 없다는 점이 장점이다. 국내법에 가능한 한 국제협약의 정신을 반영하여 적용하고 해석하여야 한다는 명문의 규정을 두는 것이 보통이다. 또 국제협약의 시행을 위한 입법조치나 협약을 확대 적용하는 조항도 삽입할 수 있다.

3. 국제협약 비준 후, 일반법에서 협약의 실질적 내용을 수용하는 입법방식

국제협약을 비준한 후 그 내용을 모두 재정리하여 일반법으로 수용하는 방식을 말한다.[7)]

이러한 입법방식에서는 ① 국제협약 상 상당한 분량을 모두 수용하여 한정된 기본법에

7) 「해사안전법」에서의 「COLREG」의 수용, 「해양환경관리법」에서 「73/78 MARPOL」의 수용 등을 들 수 있다.

포함시킨다는 것이 입법기술상 매우 어렵다는 점, ② 국제협약의 개폐에 따라 적시에 국내법을 개폐하기가 쉽지 않다는 점, ③ 신법우선의 원칙이나 특별법우선의 원칙의 적용으로 추후 개정된 국제협약의 비준으로 인하여 국내법의 해당 조항의 효력이 상실될 수도 있다는 점, ④ 국제협약을 관장하는 정부기관과 해당 법률을 관장하는 정부기관이 상이할 경우 국제협약의 개폐 시 적기에 국내 입법에 반영하기 어렵다는 점[8] 등이 단점이다.

4. 국제협약 비준 후 특별법에서 국제협약을 실질적으로 수용하는 입법방식

국제협약 비준 후 국제협약의 내용을 국내법의 체계에 따라 실질적 내용을 재정리한 다음 특별법으로 제정하는 방식을 말한다.[9]

국내법의 형식으로 입법이 체계화되어 있기 때문에 해석과 적용이 용이하다는 장점이 있으나, 입법 작업이 기술적으로 대단히 어렵다. 국내법의 제정이 협약의 비준 후에 있게 되므로 신법우선의 원칙에 의해 국내법이 우선적 효력을 가지게 된다. 국제협약을 비준한 후 이를 정리하여 특별법을 제정하기 때문에 국제협약과 법령간의 모순이 발생하는 경우는 입법작업상의 과실이 개입하지 않는 한 거의 발생하지 않는다. 국제협약의 개정에 대비하여 법령에 간이개정절차를 두거나 시행령이나 시행규칙 등에 의하여 개정 내용을 즉시 수용할 수 있도록 위임규정을 두는 것이 바람직하다.

5. 국제협약을 비준하지 않고 일반법에서 국제협약의 실질적 내용을 수용하는 입법방식

국제협약은 비준하지 않고 그 실질적인 내용을 재정리하여 일반법에서 그 내용만 수용하는 방식이 있다.[10]

이러한 입법방식을 취하게 되면, ① 국제협약의 불가입으로 인한 비난을 감수해야 하고,[11] ② 협약의 체약국으로서의 국제적 지위를 포기하게 된다는 점, ③ 국제협약 상 상당한 분량의 법령 내용을 모두 수용하여 기본법의 일부분으로 포함시킨다는 것이 입법기술상 매우 어렵다는 점, ④ 협약의 내용을 수용하였다고 국제적으로 인정받지 못한다는 점이 지적된다.

---

8) 예컨대, 상법은 법무부에서 관장하고 있고 해사국제협약은 해양수산부에서 관장하고 있어서 국제협약의 개폐를 즉시 반영하기 어려운 점을 들 수 있다.

9) 「선박안전법」에서 「SOLAS 협약」, 「컨테이너의 안전을 위한 국제협약」(1972년 CSC)의 수용, 「선박직원법」에서 「STCW 협약」의 수용 등이 이러한 유형에 해당한다.

10) 우리 「상법」에서 해상물건운송법의 규정은 「1968년 헤이그-비스비규칙」을 비준하지 않고 그 내용만 실질적으로 수용하고 있다.

11) 우리 「상법」 상 「1968년 헤이그-비스비규칙」의 수용은 외국의 P&I Club 등 해운관련 기관이나 법원에서 동 협약의 내용을 받아들인 법으로 인정하지 않는 경향이 있다.

제3관 우리나라의 해사국제협약 수용방식

우리나라는 해사사법의 분야에서는 대부분 국제협약을 비준하지 않고 그 실질적 내용을 「상법」 등에 일부 수용하는 방식을 취하고 있다. 반면, 해사공법 분야에서는 최근의 국제협약은 대부분 비준하고 일반법이나 특별법에 그 내용을 수용하는 방식을 취하고 있다. 특히 개정이 잦은 기술적인 분야의 해사국제협약에 대하여는 국제협약도 간이개정절차를 두고 있는 경우가 많고, 신속하게 개정사항을 수용할 필요가 있기 때문에 시행령이나 시행규칙으로 국내법의 개정이 가능하도록 위임입법의 형식을 이용하는 경우도 많다.

제 2 편

선박법규

제3장 선박법
제4장 선박안전법

3
선박법

제1절 | 총론

제1관 입법 목적

「선박법」은 선박의 국적에 관한 사항과 선박톤수의 측정 및 등록에 관한 사항을 규정함으로써 해사(海事)에 관한 제도를 적정하게 운영하고 해상(海上) 질서를 유지하여, 국가의 권익을 보호하고 국민경제의 향상에 이바지함을 목적으로 한다(법 제1조).

「선박법」 제1조에서는 ① 선박의 국적에 관한 사항, ② 선박톤수의 측정에 관한 사항, ③ 선박등록에 관한 사항을 규정하여, ① 해사에 관한 제도의 적정운영, ② 해상질서유지, ③ 국가권익보호, ④ 국민경제의 향상에 이바지함을 입법 목적으로 밝히고 있다.

선박이 수상 또는 수중을 항행함에 있어서는 수상 또는 수중 고유의 위험뿐만 아니라, 선박의 고립성으로 인하여 선박에 대한 국가의 감독이 제대로 미치지 않을 수 있다. 이에 따라 국가는 인명과 재산의 안전을 도모하고 선박행정의 적정성과 공공질서를 유지하기 위하여 선박에 대하여 각종의 공법상의 기준을 정하고 규제를 할 필요가 있다. 또 각종 해사공법(海事公法)은 선박의 국적, 종류 및 톤수가 다름에 따라 그 적용을 달리하므로, 「선박법」은 해사공법상 선박에 관한 기본법규로서 중요한 의미를 가진다. 선박은 흔히 2개국 이상을 왕래하면서 공해(公海: high sea)를 항행하므로 선박의 국적에 대한 사항을 규정한 「선박법」

은 국제법상으로도 중요한 의미가 있다.[1)]

제2관 적용범위

1. 적용대상-선박

이 법이 적용되는 "선박"이란 수상 또는 수중에서 항행용으로 사용하거나 사용할 수 있는 배 종류를 말하며 그 구분은 다음 각 호와 같다(법 제1조의2 제1항).

1. 기선: 기관(機關)을 사용하여 추진하는 선박[선체(船體) 밖에 기관을 붙인 선박으로서 그 기관을 선체로부터 분리할 수 있는 선박 및 기관과 돛을 모두 사용하는 경우로서 주로 기관을 사용하는 선박을 포함한다]과 수면비행선박(표면효과 작용을 이용하여 수면에 근접하여 비행하는 선박을 말한다.)
2. 범선: 돛을 사용하여 추진하는 선박(기관과 돛을 모두 사용하는 경우로서 주로 돛을 사용하는 것을 포함한다.)
3. 부선: 자력항행능력(自力航行能力)이 없어 다른 선박에 의하여 끌리거나 밀려서 항행되는 선박

「선박법」에서는 별도로 선박의 개념을 정립한 규정을 두고 있지는 않고, 동 법이 적용되는 선박의 종류를 열거하고 있다. 따라서 선박의 개념은 사회통념에 맡기고 있다. 사회통념상의 선박에 대한 개념도 기술발달의 정도, 경제적·사회적 여건의 변화와 함께 변화하고 있다. 이 법이 선박의 개념을 정의하지 않고 적용대상 선박의 종류를 나열한 것은 시대의 변화에 적절히 대응하기 위한 입법 기술이라고 할 수 있다.

종전에는 물체의 부양성을 이용하여 수상(on the sea)을 항행하는 데 사용되는 일정한 구조물을 사회통념상 선박이라고 해석해 왔으나, 수중(under the sea)에서 항행하는 잠수선, 수면(over the sea)을 비행하는 수면비행선박(wig-ship)은 물론 준설선, 해저자원굴착선, 기중기선, 등대선 등과 같은 추진력이 없는 선박에도 이 법의 적용대상을 확대해 왔다.[2)] 특히 수면비행선박(위그선)을 기선의 일종으로 명시하여 향후 이 법에서 관련 규정들을 마련할 수 있도록 함으로써 수면비행선박의 상용화에 대비하고, 최근 수상레저 수요증가 및 마리나 항만 개발 등으로 수상구조물의 설치가 활성화될 것으로 전망됨에 따라 수상호텔, 수상식당 또는 수상공연장 등 부유식 수상구조물형 부선을 이 법의 등록 대상에 포함시켜

---

1) 정영석, 「해사법규강의(제5판)」, (해인출판사, 2007), 63쪽.

2) 적용대상 선박의 확대에 대하여는 [정영석, 「해사법규강의(제5판)」, (해인출판사, 2007), 63쪽] 참조.

등기 또는 저당이 가능하도록 하였다는 점에서 「선박법」의 최근 입법 추세를 반영하였다.

'航行用'(for navigating)이라 함은 「선박안전법 시행규칙」 제15조 제1항[3)]의 항행구역의 정의에 비추어 航海船(sea-going vessel)에 한정하지 아니하고 평수구역 이상의 수역을 항행하는 모든 선박에 적용된다고 보아야 한다. 시기를 기준으로 하면 제조 중의 선박(진수시를 표준으로 하여 그 이전의 것을 말함) 및 침몰선(인양이 가능한 것을 제외함) 등은 「선박법」의 적용대상이 아니다. 화력, 수력, 기름, 전기, 가스, 원자력 등의 천연에너지를 기계적 에너지로 바꾸어 필요한 곳으로 보내는 기계장치를 기관(機關)이라 하고, 이러한 기관을 사용하여 추진하는 선박을 기관선 또는 기선이라고 한다.[4)] 또 해양레저활동의 발달에 따른 안전관리 강화를 위하여 모터보트와 같이 기관을 선체 밖에 설치하는 수상레저기구를 기선에 포함시켜 등록·관리하도록 하고 있다.

2. 「상법」의 준용

상행위를 목적으로 하지 아니하더라도 항행용으로 사용되는 선박에 관하여는 「상법」 제5편 해상(海商)에 관한 규정을 준용한다. 다만, 국유 또는 공유의 선박에 관하여는 그러하지 아니하다(법 제29조).

이 규정은 「상법」 제5편 해상편의 적용대상을 ① 상행위선이 아닌 경우와 ② 내수항행선으로 확대한다는 것으로, 명시적으로 적용대상에서 제외하는 경우가 아니면 모든 선박에 「상법」 제5편 해상편을 적용한다는 것을 의미한다.

「상법」 제741조 제1항에서 상행위 그 밖의 영리를 목적으로 하지 아니하더라도 「상법」

---

3)

「선박안전법 시행규칙」
제15조(항해구역의 종류) ① 법 제8조 제3항에 따른 항해구역의 종류는 다음 각 호와 같다. 1. 평수구역(平水區域) 2. 연해구역 3. 근해구역 4. 원양구역 ② 영 제2조 제1항 제3호 가목 본문에서 "해양수산부령으로 정하는 수역"이란 별표 4의 수역을 말한다. ③ 영 제2조 제1항 제3호 나목에서 "해양수산부령으로 정하는 수역"이란 별표 5의 수역을 말한다. ④ 근해구역은 동쪽은 동경 175도, 서쪽은 동경 94도, 남쪽은 남위 11도 및 북쪽은 북위 63도의 선으로 둘러싸인 수역을 말한다. ⑤ 원양구역은 모든 수역을 말한다.

4) 구 「해상교통안전법」 제2조 제3호 및 「국제해상충돌방지규칙협약」 제3조 (b)호에서는 천연의 에너지를 원동기에 의하여 기계적 에너지로 변환하여 발생시키는 힘을 동력이라 하고, 이 동력을 변환시켜 발생시키는 기계장치가 기관이며, 이 기관을 사용하여 추진하는 선박을 동력선이라고 한다고 규정하여 결국 이 법의 기선과 동력선은 같은 의미로 사용된다; 한국해사문제연구소 편, 「선박행정의 변천사」, (선박검사기술협회·한국선급, 2003), 42쪽.

제5편 해상편을 준용하도록 하고 있기 때문에 비영리선에 「상법」 제5편을 적용하는 문제는 「선박법」 제29조의 규정 여부와 관계없이 허용되고 있다. 따라서 현행 「상법」과 「선박법」 체계하에서는 상선과 비상선으로 선박을 분류하는 것 자체가 큰 의미를 가지지 않는다.[5)]

한편 내수항행선의 경우에는 「상법」 제5편의 규정이 적용되지 않는다는 것이 「상법」의 기본적인 태도이지만(「상법」 제740조, 제741조 제1항), 「선박법」제29조의 규정에 의하여 모든 항행선으로 적용대상이 확대되었다고 본다. 「선박법」의 적용대상을 항해선(sea-going vessel)에 한하는 것으로 해석하는 경우에는 이와 달리 해석될 수 있지만, 항행구역을 규정한 「선박안전법」 제15조 제1항의 평수구역은 호천, 항만 등의 내수를 포함되는 개념이고, 「선박안전법 시행령」 제2조 제1항 제3호의 규정에 비추어 이 법에서 항행용이라는 말은 내수항행과 항해를 모두 포함하는 개념이기 때문에 당연히 내수항행선에도 「선박법」이 적용된다고 본다. 따라서 「선박법」 제29조의 규정에 의하여 내수항행선에도 「상법」 제5편 해상편의 적용이 확대된 것으로 해석하는 것이 합리적이다.[6)]

한편 「선박안전법」 등 해사공법의 여러 규정에서 '항행하는', '항해구역', '항해', '항행' 등의 개념을 명확히 정의하지 않고 사용되고 있어 해석상 혼란을 초래하고 있다. 과거 '항행'이라는 용어를 주로 사용하다가 최근 개정에서 '항해하는'과 같은 용어로 변경한 경우가 많은데, 이는 해상항행선(항해선)에만 적용하려는 의도가 있는 듯하다. 그러나 「선박안전법 시행령」 제2조 제1항 제3호의 경우에서 보는 바와 같이 해사공법의 대부분 법령은 내수항행선에도 적용되는 것을 원칙으로 규정되어 있다. 따라서 법령의 제·개정시 항해와 항행의 개념, 적용범위 등에 대한 면밀한 분석 하에 정확한 용어의 사용이 필요하다고 하겠다.

3. 일부규정의 적용제외

다음 각 호의 어느 하나에 해당하는 선박에 대하여는 법 제7조, 제8조, 제8조의2, 제8조의3, 제9조부터 제11조까지, 제13조, 제18조 및 제22조를 적용하지 아니한다. 다만, 제6호에 해당하는 선박에 대하여는 제8조, 제18조 및 제22조를 적용하지 아니한다(법 제26조).

1. 군함, 경찰용 선박
2. 총톤수 5톤 미만인 범선 중 기관을 설치하지 아니한 범선
3. 총톤수 20톤 미만인 부선
4. 총톤수 20톤 이상인 부선 중 선박계류용 · 저장용 등으로 사용하기 위하여 수상에

---

5) 정영석, 「해사법규강의(제5판)」, (해인출판사, 2007), 68쪽.

6) 자세한 내용은 [정영석, 「해상법원론」, (텍스트북스, 2009), 58-60쪽] 참조.

고정하여 설치하는 부선. 다만, 「공유수면 관리 및 매립에 관한 법률」 제8조에 따른 점용 또는 사용 허가나 「하천법」 제33조에 따른 점용허가를 받은 수상호텔, 수상식당 또는 수상공연장 등 부유식 수상구조물형 부선은 제외한다.

5. 노와 상앗대만으로 운전하는 선박
6. 「어선법」 제2조제1호 각 목의 어선
7. 「건설기계관리법」 제3조에 따라 건설기계로 등록된 준설선(浚渫船)
8. 「수상레저안전법」 제2조제4호에 따른 동력수상레저기구 중 같은 법 제30조에 따라 수상레저기구로 등록된 수상오토바이 · 모터보트 · 고무보트 및 요트

법 제26조 제2호 내지 제5호의 규정은 원칙적으로 소형 선박에 대하여는 등기나 등록이 필요 없고 선박의 원래 성질인 동산으로 취급한다는 것을 의미한다. 또 제1호의 군함, 경찰용 선박에 대하여는 군사용 또는 경찰용 선박이라는 점에서 국가의 별도의 관리가 필요하다는 점을 이유로 들 수 있다. 제6호 내지 제8호의 규정은 「어선법」, 「건설기계관리법」, 「수상레저안전법」 등의 다른 법률의 적용을 받는 선박에 대하여 「선박법」을 이중적으로 적용하지 않도록 한 것이다. 법령의 이중 적용으로 인한 지나친 규제를 해소하기 위한 조항이다. 「건설기계관리법 시행령」 별표 25에서 준설선을 건설기계로 분류하고 있어서 「선박법」의 적용을 받지 않게 되어 있어서 선박검사의 적용대상에서 제외되어 있다. 그러나 준설선은 바지선 등 선박이라는 구조물 위에 준설장비가 탑재된 상태이기 때문에 선박으로서의 구조물이 비정상 상태일 경우에는 안전을 위협할 수 있다는 점에서 「선박법」상의 검사 등 선박구조물 안전과 관련된 규정은 적용하도록 하는 것이 합리적이라고 하겠다. 실제 준설선에 의한 해양사고의 상당부분이 감항성 부족 등 선박관리의 문제에 기인한다는 점에서 재고가 필요한 부분이다. 건설기계관리법 시행령」 별표 26의 규정에 의한 특수건설기계 중 바지선 등 선박의 구조물과 일체화된 건설기계의 경우에도 이와 동일한 문제가 있다.

4. 선박의 학문적 분류

선박은 각 법령상의 취급이 다름에 따라 여러 가지 종류로 분류할 수 있으나 여기서는 「선박법」의 적용 상 중요한 것만 살펴보기로 한다.

가. 등기선 • 등록소형선박 • 비등록소형선박

「선박법」과 「선박등기법」에 의한 분류로서, 등기선이란 등기와 등록을 할 수 있고 또 이를 해야 하는 선박이다. 「선박법」과 「선박등기법」은 총톤수 20톤 이상의 기선과 범선 및 총톤수 100톤 이상의 부선에 대하여 등기 · 등록을 하도록 규정하고 있다(선박법」 제8조 제1항,

선박등기법 제2조, 상법 제745조).[7] 한편 「선박법」은 등기대상이 되지 않는 선박을 소형선박으로 구분하는데, 소형선박 중 등록대상인 선박(이하 '등록소형선박'이라 한다)과 등록의 대상도 되지 않는 소형선박(이하 '비등록소형선박'이라 한다)을 다시 구분하여 비등록소형선박에 대하여는 「선박법」의 규정을 대부분 적용하지 않는다(「선박법」 제26조 참조).

반면 총톤수 20톤 미만의 선박에는 「상법」 제743조 및 제744조가 적용되지 아니한다(「상법」 제745조)라고 규정하고 있고, 「선박법」 제8조의2와 제8조의3에서는 소형선박소유권의 득실변경과 압류등록에 대하여 각각 별도로 규정하고 있다. 「선박법」 제1조의2 제2항의 규정에 의한 소형선박(① 총톤수 20톤 미만의 기선 및 범선, ② 총톤수 100톤 미만의 부선)으로서 「선박법」 제8조의2와 제8조의3의 규정에 의하여 소유권의 득실과 압류에 대하여 등록을 하여야 하는 선박을 소위 '등록소형선박'이라 한다.

한편 「선박법」 제1조의2 제2항에서는 ① 총톤수 20톤 미만의 기선 및 범선, ② 총톤수 100톤 미만의 부선을 소형선박이라고 규정하고, 「선박법」 제26조는 군함 · 경찰용 선박, 총톤수 5톤 미만의 범선 중 기관을 설치하지 아니한 범선, 총톤수 20톤 미만의 부선, 총톤수 20톤 이상의 부선 중 선박계류용 · 저장용 등으로 사용하기 위하여 수상에 고정하여 설치하는 부선, 노와 상앗대만으로 운전하는 선박, 「어선법」 제2조 제1항 각 호의 어선, 「건설기계관리법」 제3조에 따라 건설기계로 등록된 준설선, 「수상레저안전법」 제2조 제4호에 따른 동력수상레저기구 중 같은 법 제30조에 따라 수상레저기구로 등록된 모터보트 · 수상오토바이 · 고무보트 및 스쿠터 등은 제8조의2와 제8조의3의 규정의 적용을 받지 않는 것으로 규정하고 있는데 이러한 선박을 '비등록소형선박'이라 한다.[8]

나. 항해선과 내수항행선

항해선(sea-going vessel)이란 평수구역 이상의 해역을 항행할 수 있는 선박을 말한다. 「상법」 제740조에서는 상행위 기타 영리를 목적으로 항해에 사용하는 선박을 해상법상의 선박이라고 하는데, 이 때 항해에 사용하는 선박을 항해선이라고 한다. 여기서 해상이라 함은 호천이나 항만 이외의 수면을 말한다. '호천이나 항만의 범위는 「선박안전법 시행령」 제2조 제1항 제3호 가목의 규정에 의한 평수구역으로 한다(「상법」 제125조,[9] 「상법의 일부규정

---

7) 대법원 1978.2.1, 자, 77마378, 결정 : 「경매법」 제38조에 의한 선박의 경매는 등기한 선박에 한한다 할 것이므로 경매진행 도중에 그 등기가 적법히 말소되었다면 같은 법 제4조의 규정에 따라 새로이 경매절차를 밟아야 한다.

8) 「선박법」 제8조의2와 제8조의3과 「소형선박의 저당에 관한 법률」이 제정되기 전에는 등기선과 비등기선으로 구분하였으나, 이들 규정이 신설된 현행 법률 체제 하에서는 적당하지 않은 분류라고 생각한다. 등기선, 등록소형선박, 비등록소형선박으로 구분한 것은 이들 법률의 취지에 따라 필자가 임의로 정한 것이다. 이하 이러한 구분에 의하여 설명하기로 한다.

9)

의 시행에 관한 규정」 제3조,[10] 「선박안전법 시행규칙」 제15조 제1항 참조)' 라고 규정되어 있다.

반면, 내수항행선은 내수, 즉 평수구역만을 항행하는 선박이다. 이때 내수의 범위는 「선박안전법」에서 규정한 평수구역을 말한다(「선박안전법 시행규칙」 제15조 제1항). 「상법」상으로는 내수항행선의 경우는 해상법의 규정이 적용되지 않는 것이 원칙이다(「상법」 제740조). 그러나 현행 「선박법」은 수상 또는 수중을 항행하는 선박에 적용하고 이 법 제29조의 규정에 의하여 국유 또는 공유 선박을 제외한 모든 항행용 선박에 해상법의 규정이 적용되기 때문에 이러한 구별은 실익이 없다고 보아야 한다(「선박법」 제29조). 이 규정의 취지로 보아 해상법의 적용을 받지 아니하는 국유 또는 공유 선박이라 함은 측량선・검역선・감시선・교육용 실습선 등과 같이 국유 또는 공유 선박 중 영리활동에 사용하지 아니하고 공익적 업무만을 수행하는 선박을 말한다고 해석하여야 한다. 그러므로 국가 또는 지방자치단체 및 공공기관 등이 소유하는 선박을 민간에 용선 또는 임대차의 방법으로 사용권을 양도하여 여객운송 등에 이용하여 영리활동에 사용하는 경우에는 해상법의 적용을 받는다고 해석하여야 한다.

결과적으로 현행 「상법」과 「선박법」의 규정으로는 항해선과 내수항행선의 구별 실익은 사실상 없다고 보아야 하고,[11] 다만, 「선박안전법」의 적용대상 등 개별법령의 적용에 있어서 구별의 필요성이 있다.

다. 한국선박과 외국선박

국제법상 선박은 반드시 어느 한 나라의 국적을 가져야 한다(「유엔해양법협약」[12] 제91조 제1항).[13] 한국선박이라 함은 대한민국의 국적(國籍) 또는 선적(船籍)을 가진 선박이며, 그

「상법」
제125조 (의의) 육상 또는 호천, 항만에서 물건 또는 여객의 운송을 영업으로 하는 자를 운송인이라 한다.

10)

「상법의 일부규정의 시행에 관한 규정」
제3조 (호천 · 항만의 범위) 법 제125조에 규정된 호천, 항만의 범위는 「선박안전법 시행령」 제2조 제2호의 규정에 의한 평수구역으로 한다.

11) 반대의견, 한국해사문제연구소 편, 「선박행정의 변천사」, (선박검사기술협회・한국선급, 2003), 43쪽.

12) [Document No. 10-6 Convention on the Law of the Sea, Third United Nations Conference on the Law of the Sea, Montego Bay, December 10, 1982]를 통상 「해양법에 관한 유엔협약」 또는 「유엔해양법협약」이라 한다.

13)

렇지 않은 선박을 외국선박이라 한다(「선박법」 제2조 참조). 이러한 분류의 실익은 주로 한국선박에 대한 법적 보호 및 감독의 필요에서 비롯된 것이다.[14)]

라. 상선과 비상선

상행위 기타 영리를 목적으로 사용하는 선박을 상선(商船)이라 하고(「상법」 제740조), 상선이 아닌 선박을 비상선이라 한다. 상선에는 여객선, 화물선, 유조선 등이 있고 비상선에는 어선 및 영리활동을 하지 않는 국・공유선박을 들 수 있다. 그러나 상행위를 목적으로 하지 않더라도 국유 또는 공유의 선박이 아니면 항행(to navigate)에 사용하는 선박은 모두 「상법」의 준용을 받게 되므로(「선박법」 제29조), 이러한 분류의 실익은 적다. 여기서 국유 또는 공유의 선박이라 함은 선박의 소유권의 소재와는 관계없이 공공의 목적으로 사용되는 선박(official vessel)을 의미한다.

마. 내항선과 외항선

국내 항간의 항로에만 운항하는 선박을 내항선(內航船)이라 하고, 국내 항과 외국 항간 또는 외국 항과 외국 항간의 항로에 운항하는 선박을 외항선(外航船)이라 한다(「해운법」 제3조, 제25조 참조).[15)] 한편 「관세법」에서는 이를 내항선과 외국무역선으로 구분하고 있다(「관세법」 제2조 제5호, 제7호 참조).[16)]

「유엔해양법협약」

제91조(선박의 국적)

1. 모든 국가는 선박에 대한 자국 국적의 허용, 자국 영토 내 선박의 등록 및 자국기를 게양할 권리에 관한 조건을 정하여야 한다. 선박은 그 국기를 게양할 수 있는 국가의 국적을 갖는다. 국가와 선박간에는 진정한 관련이 존재하여야 한다.
2. 모든 국가는 국기게양권을 허용한 선박에 대하여 그 증명서를 발급하여야 한다.

14) 한국해사문제연구소 편, 「선박행정의 변천사」, (선박검사기술협회・한국선급, 2003), 43쪽.

15)

「해운법」

제3조 (사업의 종류)

해상여객운송사업의 종류는 다음과 같다.

1. 내항여객운송사업 : 국내항간의 해상여객운송사업
2. 외항여객운송사업 : 국내항과 외국항간 또는 외국항간의 해상여객운송사업

제25조 (사업의 종류) 해상화물운송사업의 종류는 다음과 같다.

1. 내항화물운송사업 : 국내항간의 해상화물운송사업
2. 외항정기화물운송사업 : 국내항과 외국항간 또는 외국항간에서 정해진 항로에 선박을 취항시켜 일정한 일정표에 의하여 운항하는 해상화물운송사업
3. 외항부정기화물운송사업 : 제1호 및 제2호외의 해상화물운송사업

16)

제2절 | 선박의 국적

제1관 선박국적제도

1. 의의

선박의 국적(flag of ship)이라 함은 선박이 어느 나라에 소속하는가를 나타내는 것인데, 그것이 대한민국에 속하면 한국선박이다. 한국 국적의 선박은 한국선박이 누리는 권리뿐만 아니라, 국제법, 각종 행정법규,[17] 「국제사법」[18] 및 「상법」[19]의 적용에 있어서 중요한 의미

「관세법」

제2조 (정의) 이 법에서 사용하는 용어의 정의는 다음과 같다.
5. 외국무역선이라 함은 무역을 위하여 우리나라와 외국 간을 운항하는 선박을 말한다.
7. 내항선이라 함은 국내에서만 운항하는 선박을 말한다.

17) 예를 들어 「국제선박등록법」(법률 제5365호) 제3조 제1항의 적용대상 참조.

「국제선박등록법」

제3조 (등록대상 선박)
① 국제선박으로 등록할 수 있는 선박은 다음 각 호의 어느 하나에 해당하는 선박으로 한다. 다만, 국 · 공유 선박, 「어선법」 제2조의 규정에 의한 어선은 제외한다.
1. 대한민국 국민이 소유한 선박
2. 대한민국의 법률에 따라 설립된 상사 법인이 소유한 선박
3. 대한민국에 주된 사무소를 둔 제2호 외의 법인으로서 그 대표자(공동대표인 경우에는 그 전원을 말한다)가 대한민국 국민인 경우에 그 법인이 소유한 선박
4. 외항운송사업자가 대한민국 국적을 취득할 것을 조건으로 임차한 외국선박

18) 「국제사법」의 준거법 결정에 있어서 기국법의 발견과 관련된 조항은 동법 제60조 내지 제63조에 해당한다.

「국제사법」

제60조 (해상) 해상에 관한 다음 각호의 사항은 선적국법에 의한다.
1. 선박의 소유권 및 저당권, 선박우선특권 그 밖의 선박에 관한 물권
2. 선박에 관한 담보물권의 우선순위
3. 선장과 해원의 행위에 대한 선박소유자의 책임범위
4.선박소유자 · 용선자 · 선박관리인 · 선박운항자 그 밖의 선박사용인이 책임제한을 주장할 수 있는지 여부 및 그 책임제한의 범위
5. 공동해손
6. 선장의 대리권

제61조 (선박충돌)
①개항 · 하천 또는 영해에서의 선박충돌에 관한 책임은 그 충돌지법에 의한다.
②공해에서의 선박충돌에 관한 책임은 각 선박이 동일한 선적국에 속하는 때에는 그 선적국법에 의하고, 각 선박이 선적국을 달리하는 때에는 가해선박의 선적국법에 의한다.

제62조(해양사고구조)
해양사고구조로 인한 보수청구권은 그 구조행위가 영해에서 있는 때에는 행위지법에 의하고, 공해에서 있는 때에는 구조한 선박의 선적국법에 의한다.

가 있다.

국제법상으로 선박[20]은 반드시 국적을 가져야 하며(「유엔해양법협약」 제91조 제1항),[21] 그 국적에 따라 소속국의 관할을 받는다(「유엔해양법협약」 제92조 제1항).[22] 선박이 국적을 갖는 것은 선박의 보호를 위한 것인 동시에 이를 규제하기 위한 것이기도 하다(「유엔해양법협약」 제94조).[23] 선박의 국적은 각국의 국내법에 의하여 부여된다(「선박법」 제

---

19)

「상법」

제757조 (공유선박의 국적상실과 지분의 매수 또는 경매청구)

① 선박공유자의 지분의 이전 또는 국적상실로 인하여 선박이 대한민국의 국적을 상실할 때에는 다른 공유자는 상당한 대가로 그 지분을 매수하거나 그 경매를 법원에 청구할 수 있다.

② 사원의 지분의 이전으로 회사의 소유에 속하는 선박이 대한민국의 국적을 상실할 때에는 합명회사에 있어서는 다른 사원, 합자회사에 있어서는 다른 무한책임사원이 상당한 대가로 그 지분을 매수할 수 있다.

20) 여기서 말하는 선박은 국제법상 私船(private vessel)을 의미하는 것으로, 국공유선을 제외한 선박을 의미한다(「유엔해양법협약」 제90조 이하 참조).

21)

「유엔해양법협약」

제91조 (선박의 국적)

1. 모든 국가는 선박에 대한 자국국적의 부여, 자국영토에서의 선박의 등록 및 자국기를 게양할 권리에 관한 조건을 정한다. 어느 국기를 게양할 자격이 있는 선박은 그 국가의 국적을 가진다. 그 국가와 선박 간에는 진정한 관련이 있어야 한다.
2. 모든 국가는 그 국기를 게양할 권리를 부여한 선박에 대하여 그러한 취지의 서류를 발급한다.

22)

「유엔해양법협약」

제92조 (선박의 지위)

1. 국제조약이나 이 협약에 명시적으로 규정된 예외적인 경우를 제외하고는 선박은 어느 한 국가의 국기만을 게양하고 항행하며 공해에서 그 국가의 배타적인 관할권에 속한다. 선박은 진정한 소유권 이전 또는 등록변경의 경우를 제외하고는 항행중이나 기항중에 그 국기를 바꿀 수 없다.
2. 2개국 이상의 국기를 편의에 따라 게양하고 항행하는 선박은 다른 국가에 대하여 그 어느 국적도 주장할 수 없으며 무국적선으로 취급될 수 있다.

23)

「유엔해양법협약」

제94조 (기국의 의무)

1. 모든 국가는 자국기를 게양한 선박에 대하여 행정적 · 기술적 · 사회적 사항에 관하여 유효하게 자국의 관할권을 행사하고 통제한다.
2. 모든 국가는 특히,
   (a) 일반적으로 수락된 국제규칙이 적용되지 아니하는 소형 선박을 제외하고는 자국기를 게양한 선명과 세부사항을 포함하는 선박등록대장을 유지한다.
   (b) 선박에 관련된 행정적 · 기술적 · 사회적 사항과 관련하여 자국기를 게양한 선박, 그 선박의 선장, 사관과 선원에 대한 관할권을 자국의 국내법에 따라 행사한다.

92조 제1항, 제2조). 내륙국도 국적을 부여할 수 있다(「유엔해양법협약」 제90조).[24] 선박이 무국적(無國籍)인 경우에는 그 선박은 국제법상 외교적 보호를 받을 수 없으며, 公海(high seas)에서 해적의 혐의를 받게 된다(「유엔해양법협약」 제110조 제1항 제(d)호).[25]

특히 국제법상으로는 선박은 국적이 부여된 소속국의 영해 내에서는 소속국의 배타적 관할을 받고 공해상에서도 원칙적으로 소속국의 관할을 받지만 공해에 관한 국제법 질서상

3. 모든 국가는 자국기를 게양한 선박에 대하여 해상안전을 확보하기 위하여 필요한 조치로서 특히 다음 사항에 관한 조치를 취한다.
(a) 선박의 건조, 장비 및 감항성
(b) 적용가능한 국제문서를 고려한 선박의 인원배치, 선원의 근로조건 및 훈련
(c) 신호의 사용, 통신의 유지 및 충돌의 방지
4. 이러한 조치는 다음을 보장하기 위하여 필요한 사항을 포함한다.
(a) 각 선박은 등록전과 등록 후 적당한 기간마다 자격 있는 선박검사원에 의한 검사를 받아야하며, 선박의 안전항행에 적합한해도 · 항행간행물과 항행장비 및 항행도구를 선상에 보유한다.
(b) 각 선박은 적합한 자격, 특히 선박조종술 · 항행 · 통신 · 선박공학에 관한 적합한 자격을 가지고 있는 선장과 사관의 책임아래 있고, 선원은 그 자격과인원수가 선박의 형태 · 크기 · 기관 및 장비에 비추어 적합하여야 한다.
(c) 선장 · 사관 및 적합한 범위의 선원은 해상에서의 인명안전, 충돌의 방지, 해양오염의 방지 · 경감 · 통제 및 무선통신의 유지와 관련하여 적용 가능한 국제규칙에 완전히 정통하고 또한 이를 준수한다.
5. 제3항과 제4항에서 요구되는 조치를 취함에 있어서, 각국은 일반적으로 수락된 국제적인 규제 조치, 절차 및 관행을 따르고, 이를 준수하기 위하여 필요한 조치를 취한다.
6. 선박에 관한 적절한 관할권이나 통제가 행하여지지 않았다고 믿을 만한 충분한 근거를 가지고 있는 국가는 기국에 그러한 사실을 통보할 수 있다. 기국은 이러한 통보를 접수한 즉시 그 사실을 조사하고, 적절한 경우, 상황을 개선하기 위하여 필요한 조치를 취한다.
7. 각국은 다른 국가의 국민에 대한 인명손실이나 중대한 상해, 다른 국가의 선박이나 시설, 또는 해양환경에 대한 중대한 손해를 일으킨 공해상의 해난이나 항행사고에 관하여 자국기를 게양한 선박이 관계되는 모든 경우, 적절한 자격을 갖춘 사람에 의하여 또는 그 입회 아래 조사가 실시되도록 한다. 기국 및 다른 관련국은 이러한 해난이나 항행사고에 관한 그 다른 관련국의 조사실시에 서로 협력한다.

24)

「유엔해양법협약」

제90조 (항행의 권리)
모든 국가는 연안국, 내륙국에 관계없이 공해상에서 자국기를 게양한 선박을 항행시킬 권리를 갖는다.

25)

「유엔해양법협약」

제110조 (임검권)
1. 간섭행위가 조약에 의해 부여된 권한으로부터 나오는 경우를 제외하고, 제95조 및 제96조의 규정에 따라 완전한 면제를 갖는 선박을 제외한 외국선박을 공해상에서 만난 군함은 다음 혐의에 의한 합리적 근거가 없는 한, 동 선박을 임검하는 것은 정당화되지 않는다.
(a) 동 선박의 해적행위종사
(b) 동 선박의 노예거래종사
(c) 동 선박의 무허가방송종사 및 군함기국의 제109조에 따른 관할권 향유
(d) 무국적선
(e) 외국국기를 게양하고 있거나, 국기제시를 거절하였음에도 불구하고, 실질적으로는 군함과 동일한 국적을 갖는 선박

일정한 경우에는 타국의 지배를 받는 수가 있다. 공해에서 선박 내에 있는 사람은 국제법상 규제를 받는 경우 외에는 선박이 소속국에 소재한 경우와 같은 지위에 선다.[26)]

선박 자체에 관하여는 국제법상 다음과 같은 취급을 받는다.

- 첫째, 선박은 공해에서 소속국의 보호를 받는데, 보호는 소속국 군함에 의하여 행하여진다.
- 둘째, 무국적선박(無國籍船舶)은 어느 국가의 보호도 받지 못하고 해적행위의 혐의를 받게 된다. 선박이 국기를 남용한 경우에는 당해 기국(旗國)의 군함에 의해 포획되고, 포획법원의 판결에 의하여 몰수될 수 있다(「유엔해양법협약」 제25조 참조).[27)]
- 셋째, 타국의 영해 내에 있을 때에는 소속국의 주권이 배제되고 연안국의 관할을 받는다. 그러나 타국의 영해에서 선박이 부당 또는 불법한 취급을 받는 때에는 소속국의 보호를 받을 수 있다.[28)]

2. 이중국적금지원칙과 국적취득요건

국제법상 선박은 반드시 특정한 국적을 가져야 하며, 이중국적을 가지지 못한다(「유엔해양법협약」 제92조). 따라서 이미 국적이 있는 선박에 대하여 타국은 국적을 부여할 수 없다. 이것을 국적유일의 원칙(國籍唯一의 原則)이라고도 한다. 이것은 이중국적을 가짐으로써 초래되는 부당한 결과를 방지하기 위한 것으로, 선박의 국적부여는 공해질서를 유지하는 가장 중요한 법적 수단 중의 하나이다.

국제법상 선박의 국적 부여는 종전에는 개별 주권국의 절대적이고 독립적인 권리로 인정되고 있어서 이를 당해 국가의 재량권이라고 간주하였으나, 최근에는 국적부여국과 당해 선박 간에는 진정한 연관성(genuine link)이 있어야 한다고 보고 있다(「유엔해양법협약」 제

26) 李丙朝, 李中範,「國際法新講(改訂增補版)」, (一潮閣, 1995), 652쪽 참조.

27)

「유엔해양법협약」

제25조 (연안국의 보호권)

1. 연안국은 무해하지 아니한 통항을 방지하기 위하여 필요한 조치를 자국 영해에서 취할 수 있다.
2. 연안국은 선박이 내수를 향하여 항행하거나 내수 밖의 항구시설에 기항하고자 하는 경우, 그 선박이 내수로 들어가기 위하여 또는 그러한 항구시설에 기항하기 위하여 따라야 할 허가조건을 위반하는 것을 방지하기 위하여 필요한 조치를 취할 권리를 가진다.
3. 연안국은 무기를 사용하는 훈련을 포함하여 자국의 안전보호 상 긴요한 경우에는 영해의 지정된 수역에서 외국 선박을 형식상 또는 실질상 차별하지 아니하고 무해통항을 일시적으로 정지시킬 수 있다. 이러한 정지조치는 적절히 공표한 후에만 효력을 가진다.

28) 李丙朝, 李中範,「國際法新講(改訂增補版)」, (一潮閣, 1995), 653쪽.

91조 제1항 후단). 선박의 국적이 국제법상 중요한 의미를 가지므로 선박에 대한 국적부여 요건은 국제법으로 엄격하게 규율되는 것이 바람직하나,[29] 그동안 기국과 선박 간에는 진정한 연관성이 있어야 한다는 개발도상국의 입장과 편의치적제도를 옹호하는 선진국의 입장이 대립하여 왔었다. 결국 오늘날까지도 국제적 합의에 이르지 못하고 국적취득의 구체적인 요건은 각 국 국내법에 위임되어 있다. 각 국의 입법주의는 자국 해운업의 발달 정도와 실정에 따라 매우 다양하다.[30]

선박국적의 취득 요건에 관한 여러 가지 입법의 출발점은 영국의 「1651년 항해법」(The Navigation Act)[31]의 제정이다. 「항해법」에서는 중상주의(重商主義)의 영향 하에 선박이 국민의 소유, 국민의 건조, 국민의 승무라는 세 가지 요건을 갖추어야 자국선박으로 인정하였다.

오늘날에는 자국건조주의를 채택하는 나라는 없고 주로 자국민 소유를 요건으로 하며, 경우에 따라서는 이와 자국민 승무주의를 병용하는 경우가 있다. 이와 관련하여 「1986년 유엔선박등록협약」(UN Convention on Conditions for Registration of Ships)[32]은 편의치적제도의 배제를 목적으로 선박국적부여를 위한 요건으로 진정한 연관성(genuine link)이 필요하다고 하고, 진정한 연관성의 3 요소로 ① 선박소유권(제8조), ② 만족할 만한 비율의 旗國民 또는 기국영주권자인 선원의 배승(제9조), ③ 선박소유회사의 기국 내 자회사설립 또는 대리인 선임(제10조)을 제시하였다. 그러나 선진국의 주장으로 협약 제7조가 삽입되어, 상기 3가지 요소 중 ①과 ② 중 하나만 충족되면 국적을 부여받을 수 있도록 요건이 완화되어 전 세계 총 선복량의 약 30%를 보유한 便宜置籍國(flag of convenience state)의 존재를 그대로 용인하는 결과를 초래하였다.

3. 선박국적취득요건에 관한 입법주의

첫째, 선박소유권의 전부가 자국민 또는 자국 법인에 속하는 선박만 자기 나라 선박으로 규정하는 입법주의가 있다. 한국, 일본, 스페인, 포르투갈, 터키, 칠레, 가나, 아이티, 예멘 등이 채택하고 있다.

둘째, 선박소유권의 일부가 자국민 또는 자국 법인에 속하면 자기 나라 선박으로 규정

---

29) 선박의 국적취득요건과 관련하여 1986년 채택된 「유엔선박등록조건협약」(UN Convention on Condition for Registration of Ships, 1986년 2월 7일 채택, 미발효)이 있다.

30) 한국해사문제연구소 편, 「선박행정의 변천사」, (선박검사기술협회 · 한국선급, 2003), 91쪽.

31) 영국이 1651년에 자국의 해운업을 돕고 네덜란드의 중개무역을 견제하기 위하여 제정하였다. 영국과 그 속령에 드나드는 화물은 반드시 영국이나 그 속령의 선박에 선적할 것을 하였다. 1849년에 폐지하였다.

32) 1986년 2월 7일 채택, 미발효.

하는 입법주의가 있다.

셋째, 선박소유권의 전부가 자국민 또는 자국 법인에 속하고 승무원의 일정 수가 자국민인 선박을 자기 나라 선박으로 규정하는 입법주의가 있다. 러시아, 중국, 에티오피아, 이라크, 멕시코 등이 채택하고 있다.

넷째, 선박소유권의 일부가 자국민 또는 자국 법인에 속하고 승무원의 일정 수가 자국민인 선박을 자기 나라 선박으로 규정하는 입법주의가 있다. 이탈리아, 프랑스, 폴란드, 벨기에, 오스트레일리아, 필리핀, 인도, 모로코, 세네갈, 튀니지, 말레이시아, 가봉, 토고(이상 승무원 전원), 콜롬비아(선박직원 전원과 부원의 80%), 미국(선박직원 전원과 부원의 75%), 니카라과(선박직원 50%와 부원의 70%), 그리스(선장과 해원의 75%), 노르웨이, 스웨덴, 브라질(선장과 해원의 3분의2), 이집트(승무원의 95%), 타일랜드, 아르헨티나(승무원의 75%), 도미니카(승무원의 70%), 시리아(승무원의 3분의2), 이란(승무원의 50%), 핀란드, 네덜란드, 수리남, 독일(선장), 파푸아뉴기니(규칙으로 별도로 정함) 등이 채택하고 있다.

다섯째, 선박승무원의 일정수를 자국민으로 규정하는 입법주의가 있다. 영국의 경우에는 주된 영업소의 소재지를 자국 내로 제한하는 동시에 핵심 선박직원을 자국민으로 제한하고 있다. 또 키프러스의 경우에는 승무원의 15%(선령이 17년 이상인 경우에는 51%) 이상을 자국민으로 승무시킬 것을 요건으로 하고 있다.

여섯째, 이상과 같은 요건을 갖추지 않더라도 자국에 등록만 하면 국적을 부여하는 입법주의가 있다. 이러한 입법주의를 취하고 있는 나라를 편의치적국(flags of convenience state)이라고 하는데, 라이베리아, 파나마, 온두라스, 레바논, 키프로스[33], 소말리아, 싱가포르 등을 들 수 있다. 편의치적국에서는 타국에 등록하고 있지만 않으면 누구든지 자기 소유 선박에 소유자의 신청에 따라 국적을 부여한다.

---

33) 키프로스의 경우에는 위 ⑤의 입법주의를 취한 국가로 분류하고 있지만, 사실상은 선박소유와 무관하기 때문에 이러한 입법주의도 편의치적주의의 일종으로 볼 수 있다.

표 3.1 선박소유 법인의 지분비율, 경영참여조건 및 승무원의 배치를 기준으로 본 각국의 선박국적 취득요건[34)]

나라	주주권 (%)	경영조건 국내인	경영조건 국내 사무소	국민의 승무 요건
제1그룹				
중국	100	묵시적	묵시적	100%
에티오피아	100	이사	주영업소	100%
가나	100	국내 상사법에 의함	주사무소	미상
아이티	100	명시 없음	명시없음	미상
이라크	100	묵시적	묵시적	100%
멕시코	100	이사 전원, 부장 + 차장	회사 소재지	100% 국내태생
러시아	100	묵시적	묵시적	100%
예멘	100	묵시적	묵시적	미상
핀랜드	80	전무이사+이사회의 2/3가 거류 국민	묵시적	선장
오스트리아	75	의장을 포함한 모든 경영진	회사 근거	임의적
모로코	75	의장을 포함한 이사회의 과반수+총무부장	묵시적	100%
파푸아뉴기니아	75	국내 상사법에 의함	주영업소	규칙에 위임
스위스	75	경영진의 과반수가 국내에 주소를 가진 국민	실질적인 활동 중심	해당 사항 없음
인도(1)	75	묵시적	주영업소	100%
또는(2)	75	의장을 포함하여 이사회의 3/4+전무이사	주영업소	100%
도미니카	70	명시 없음	실제의 본부	70%
타일랜드	70	이사의 과반수	주사무소	75%
바아바도스	69	국내 상사법에 의함	주영업소	미상
몰디브	67	국내 상사법에 의함	주영업소	미상
네덜란드(1)	67	이사의 과반수가 거류 국민	선박의 실질적 영업소	선장
또는(2)	67	이사전원(3/4이 거류국민)+감독자의 3/4(2/3 거류국민)	선박의 실질적 영업소	선장
수리남	67	명시없음	선박의 실질적 영업소	선장
아르헨티나	60	국내에 주소를 가진 국민에 의한 60%의 경영	본점	75%
브라질	60	본토박이 국민에 의한 경영	묵시적	선장+67%
콜롬비아	60	묵시적	항만에서의 대표	선박직원+부원 80%
아이슬랜드	60	국내에 주소를 가진 국민	회사 주소지	미상
니카라과	60	이사의 과반수+국내에 주소를 가진 국민인 부장	본점+실질적 사무소	선박직원 50%
노르웨이	60	의장을 포함한 이사회의 과반수가 거류 국민	본점 + 이사회	부원 70%
필리핀	60	이사회의 과반수	주 영업장소	선장 + 67%
이란	51	묵시적	명시없음	100%
카타르	51	의장을 포함한 이사회의 과반수	명시없음	50%
세네갈	51	의장 및 이사회의 과반수 + 경영자	본부	미상

34) 朴慶鉉, 「船舶法規解說:선박의 등록과 톤수제도편」(韓國海事問題硏究所, 1985), 41-43쪽 [표 1-1] 선박소유회사의 주주권과 경영참여 및 배승에 관한 조건 참조 재구성(UNCTAD, TD/B/AC 34/2. 1982. 22, p. 11 재구성).

표 3.1 (계속)

나라	주주권 (%)	경영조건 국내인	경영조건 국내 사무소	국민의 승무 요건
튜니시아	51	이사회의 과반수	본부	100%
대한민국	제한없음	제한없음	명시없음	100%
오스트레일리아	50+	국내 회사법에 의함	회사법에 의함	100%
뱅글라데시	50+	의장을 포함한 이사회의 과반수+전무이사	주영업장소	100%
벨기에	50+	명시 없음	본점	100%
말레이시아	50+	이사회의 3/5	주영업소	100%
스웨덴	50+	국내 회사법에 의함	회사법에 의함	선장 + 67%
불가리아	50	명시 없음	본부	미상
프랑스	50	의장 + 이사회의 과반수	본부	100%
가봉	50	의장을 포함한 이사회의 과반수	본부	100%
마다가스카르	50	의장 ,이사회의 과반수 + 경영자	본부	미상
폴란드	50	명시 없음	본점 또는 지점	100%
토고	50	의장, 사장, 이사회의 과반수 + 경영자	본점	100%
제2그룹				
덴마크	해당없음	이사회의 2/3가 거류 국민	묵시적	선장
이집트		이사회의 과반수	경영사무소	95%
독일		이사회 또는 경영진의 과반수	현지대표	선장
이탈리아		이사회의 대표자 + 경영진	현지대표	100%
일본		이사 전원 + 대표자 전원	주사무소	해당없음
시리아		의장을 포함한 이사회의 과반수	명시 없음	67%
미국		정족수를 위하여 필요한 이사회의 과반수	주영업소	선박직원+ 75%
제3그룹				
영국	해당없음	해당없음	주영업소	핵심 선박직원
제4그룹				
그리스	50+	명시없음	서비스를 맡을 사람	선장 + 75%
사우디아라비아	51	명시없음	명시없음	미상
제5그룹				
바하마	해당없음	해당없음	해당없음	미상
키프러스(1)		17년 미만선 : 해당없음	해당없음	15%
또는(2)		17~20년선 : 국내 선박관리인	인정된 사무소+은행 계좌	51%
온두라스		해당없음	해당없음	해당없음
리베리아		해당없음	해당없음	해당없음
파나마		해당없음	해당없음	해당없음
제6그룹				
카메룬	신청은 임의적인 기초 위에서 취급되어지는 것으로 보임			미상
요르단	신청은 임의적인 기초 위에서 특별위원회에 의하여 취급됨			미상

4. 편의치적

편의치적(flag of convenience)은 조세부담 경감, 인건비 절약 등을 위하여 선박소유자가 선박을 자국에 등록하지 않고 제3국에 등록하여 국적을 취득하는 것을 말한다. 인건비와 세율이 높은 선진국의 선박소유자들이 편의치적을 많이 이용하고 있다. 파나마, 리베리아, 온두라스, 코스타리카, 싱가포르, 소말리아, 키프러스 등이 이러한 선박에게 자국의 국적을 부여하고 있는데, 이러한 국가를 便宜置籍國(flag of convenience state)이라고 한다. 편의치적을 하게 되면 등록세 및 약간의 수수료 이외에는 여타의 재산세, 법인세, 소득세 등에 대한 부담이 없다. 등록세도 등록 후 일정기간 부과하지 않는 경우가 많다(리베리아의 경우 20년). 또한 선원의 고용에 있어 자국 선원에 한한다는 법적 규제가 없으므로 인건비가 상대적으로 싼 후진국의 노동력을 이용하여 인건비를 절약할 수 있다.

선박소유자들이 파나마의 국적을 취득하는 편의치적절차를 살펴보면 다음과 같다.[35)]

① 파나마 법인(페이퍼컴퍼니)이 임시로 한국 선박을 구입하여 본선을 등록한다. ② 본선의 등록절차는 주한 파나마 영사관에서 할 수 있다. ③ 해당 파나마 법인은 총영사에게 본선 매매내용, 인도예정일 등을 제출하는 한편 필요한 사항을 신청하고 등록세, 기타 비용을 납입한다. ④ 총영사의 이첩을 받은 파나마 정부가 본선의 매매를 허가하면 총영사는 당해 법인에 대해 가국적증서(假國籍證書)와 무선국개설(無線局開設)의 임시허가증명서를 교부한다. ⑤ 상기 증서를 입수한 파나마 법인은 희망하는 선급협회에 임시검사를 의뢰하고 새로운 선명으로 선급을 취득한다. ⑥ 선박관리회사(manning company)는 총영사에게 승무원의 파나마 선원수첩의 교부를 신청한다. ⑦ 이상의 절차가 완료되면 파나마 총영사는 본선의 매매・인도에 입회하고 본선에 파나마 국기를 게양하고 본선의 등록이 완료된다.

제2관 한국국적의 취득요건

1. 한국선박

대한민국의 「선박법」이 정한 일정한 요건을 갖추어 대한민국의 국적을 취득한 선박으로서 한국선박의 권리를 누리고 각종 의무를 부담하는 선박을 말한다.

2. 국적취득요건

다음 각 호의 선박을 대한민국 선박(이하 '한국선박'이라 한다)으로 한다(법 제2조).

35) 「最新 海運・物流用語大辭典(제10 개정증보판)」, (코리아쉬핑가제트, 2006), 411-412쪽 참조.

1. 국유 또는 공유의 선박
2. 대한민국 국민이 소유하는 선박
3. 대한민국의 법률에 따라 설립된 상사법인(商事法人)이 소유하는 선박
4. 대한민국에 주된 사무소를 둔 제3호 외의 법인으로서 그 대표자(공동대표인 경우에는 그 전원)가 대한민국 국민인 경우에 그 법인이 소유하는 선박

종전에 우리나라는 아주 엄격한 국민의 소유를 국적취득의 요건으로 하여, 자연인인 국민이 외국인과 한국선박을 공유할 수 없음은 물론이고, 우리나라에 본점을 둔 상사법인의 경우에도 이사 또는 무한책임사원 전원이 한국 국민이어야 하고, 외국인이 한 사람이라도 있으면 그 회사에 속하는 선박은 한국선박이 될 수 없었다. 이는 외국자본의 참여가 필요한 우리나라의 해운 사정으로 보아 지나치게 폐쇄적이었으므로 1978년 12월 5일 법 제2조[36]를 개정하여 상사법인의 선박국적취득요건을 완화하였다. 또 1999년 4월 15일의 개정에서는 그 요건을 더욱 완화하여 우리나라 법에 의하여 설립된 상사법인이 소유하는 선박의 경우에는 제한 없이 우리나라 국적을 취득할 수 있도록 하였다(법 제2조 제3호).[37]

대한민국에 주된 사무소를 둔 제3호 외의 법인으로서 그 대표자(공동대표인 경우에는 그 전원)가 대한민국 국민인 경우에 그 법인이 소유하는 선박으로는 대한적십자사의 병원선과 같이 공공법인이 소유한 선박을 들 수 있다.[38]

---

36)

일부개정 1978.12.5 법률 제3148호「선박법」
제2조 (한국선박) 다음 각 호의 선박을 대한민국선박(이하 '한국선박'이라 칭한다)으로 한다. 1. 국유 또는 공유의 선박 2. 대한민국국민이 소유하는 선박 3. 대한민국의 법률에 의하여 설립된 상사법인으로서 출자의 과반수와 이사회의 의결권의 5분의 3이상이 대한민국국민에 속하는 법인이 소유하는 선박. 이 경우 그 법인의 대표이사는 대한민국국민이어야 한다. 4. 대한민국에 주된 사무소를 둔 제3호 이외의 법인으로서 그 대표자 전원이 대한민국국민인 경우에 그 법인이 소유하는 선박

37)

일부개정 1999.4.15 법률 5972호「선박법」
제2조 (한국선박) 다음 각 호의 선박을 대한민국선박(이하 '한국선박'이라 한다)으로 한다. 1. 국유 또는 공유의 선박 2. 대한민국국민이 소유하는 선박 3. 대한민국의 법률에 의하여 설립된 상사법인이 소유하는 선박 4. 대한민국에 주된 사무소를 둔 제3호 이외의 법인으로서 그 대표자(공동대표인 경우에는 그 전원)가 대한민국국민인 경우에 그 법인이 소유하는 선박

38) 정영석,「해사법규강의(제5판)」, (해인출판사, 2007), 76쪽.

제3관 선박국적증서와 임시선박국적증서

1. 선박국적증서의 발급

한국선박의 소유자는 선적항을 관할하는 지방해양항만청장에게 해양수산부령으로 정하는 바에 따라 그 선박의 등록을 신청하여야 한다. 이 경우 「선박등기법」 제2조에 해당하는 선박(등기선)은 선박의 등기를 한 후에 선박의 등록을 신청하여야 한다(법 제8조 제1항). 지방해양항만청장은 제1항의 등록신청을 받으면 이를 선박원부(船舶原簿)에 등록하고 신청인에게 선박국적증서[39]를 발급하여야 한다(법 제8조 제2항). 선박국적증서의 발급에 필요한 사항은 해양수산부령으로 정한다(법 제8조 제3항).

「선박법 시행규칙」

제10조(선박의 등록신청)

① 법 제8조제1항에 따라 선박의 등록을 신청하려는 자는 별지 제6호서식의 선박등록신청서(전자문서로 된 신청서를 포함한다)에 다음 각 호의 서류를 첨부하여 해당 선박의 선적항을 관할하는 지방청장에게 제출하여야 한다.

1. 선박 총톤수 측정증명서[공단 또는 선급법인(이하 "대행기관"이라 한다)으로부터 선박 총톤수 측정증명서를 발급받은 경우로 한정한다]
2. 선박등기부 등본(「선박등기법」 제2조에 따른 선박등기 대상 선박으로 한정한다)

② 제1항에 따른 신청서 제출 시 지방청장은 「전자정부법」 제36조제1항에 따라 행정정보의 공동이용을 통하여 법인 등기사항증명서(법인인 경우만 해당한다)를 확인하여야 한다.

제11조(등록사항)

① 지방청장은 제10조에 따라 선박의 등록신청을 받았을 때에는 별지 제7호서식의 선박원부(船舶原簿)에 다음 각 호의 사항을 등록하여야 한다.

1. 선박번호
2. 국제해사기구에서 부여한 선박식별번호(IMO번호)
3. 호출부호
4. 선박의 종류
5. 선박의 명칭
6. 선적항

---

39) 대법원 2009.2.26, 선고, 2008도10851, 판결 : 「선박법」 제8조 제2항, 제10조, 「선박법 시행규칙」 제11조 제1항, 제12조, 「선박안전법」 제8조 제2항, 제17조 제1항, 제2항 등 관계 법령의 규정에 의하면, 선박국적증서는 한국선박으로서 등록하는 때에 선박번호, 국제해사기구에서 부여한 선박식별번호, 호출부호, 선박의 종류, 명칭, 선적항 등을 수록하여 발급하는 문서이고, 선박검사증서는 선박정기검사 등에 합격한 선박에 대하여 항해구역・최대승선인원 및 만재흘수선의 위치 등을 수록하여 발급하는 문서이다. 위 각 문서는 당해 선박이 한국선박임을 증명하고, 법률상 항행할 수 있는 자격이 있음을 증명하기 위하여 선박소유자에게 교부되어 사용되는 것이다. 따라서 어떤 선박이 사고를 낸 것처럼 허위로 사고신고를 하면서 그 선박의 선박국적증서와 선박검사증서를 함께 제출하였다고 하더라도, 선박국적증서와 선박검사증서는 위 선박의 국적과 항행할 수 있는 자격을 증명하기 위한 용도로 사용된 것일 뿐 그 본래의 용도를 벗어나 행사된 것으로 보기는 어려우므로, 이와 같은 행위는 공문서부정행사죄에 해당하지 않는다.

7. 선질(船質)
8. 범선(帆船)의 범장(帆裝)
9. 선박의 길이[최소 형(型) 깊이의 85퍼센트의 위치에서 계획만재흘수선에 평행한 흘수선(吃水線) 전장(全長)의 96퍼센트와 그 흘수선상의 선수재(船首材)전면으로부터 타두재(舵頭材) 중심선까지의 거리 중 긴 것을 말한다. 이하 같다]
10. 선박의 너비[선박 길이의 중앙에서 금속제 외판(金屬製 外板)이 있는 선박의 경우에는 늑골 외면(肋骨 外面) 간의 최대너비를 말하고, 금속제 외판 외의 외판이 있는 선박의 경우에는 선체 외면(船體 外面) 간의 최대너비를 말한다. 이하 같다]
11. 선박의 깊이[선박 길이의 중앙에서 금속제 외판이 있는 선박의 경우에는 용골(龍骨)의 윗면으로부터, 금속제 외판 외의 외판이 있는 선박의 경우에는 용골의 아랫면으로부터 선측에 있어서의 상갑판의 아랫면까지의 수직거리를 말한다. 이하 같다]
12. 총톤수
13. 폐위장소(蔽圍場所)의 합계용적
가. 상갑판 아래의 용적
나. 상갑판 위의 용적
1) 선수루(船首樓)의 용적
2) 선교루(船橋樓)의 용적
3) 선미루(船尾樓)의 용적
4) 갑판실의 용적
5) 그 밖의 장소의 용적
14. 제외 장소의 합계용적
가. 선수루의 용적
나. 선교루의 용적
다. 선미루의 용적
라. 갑판실의 용적
마. 그 밖의 장소의 용적
15. 기관의 종류와 수
16. 추진기의 종류와 수
17. 조선지
18. 조선자
19. 진수일
20. 소유자의 성명 · 주민등록번호(법인인 경우에는 그 명칭과 법인등록번호) 및 주소
21. 선박이 공유인 경우에는 각 공유자의 지분율

② 제1항의 선박원부는 전자적 처리가 불가능한 특별한 사유가 있는 경우를 제외하고는 전자적 방법으로 작성 · 관리하여야 한다.

제12조(선박국적증서의 발급)
① 지방청장은 제11조에 따라 선박의 등록을 하였을 때에는 별지 제8호서식의 선박국적증서를 신청인에게 발급하여야 한다.
② 선박국적증서의 재발급에 관하여는 제7조제5항부터 제7항까지의 규정을 준용한다. 이 경우 "재화중량톤수증서"는 "선박국적증서"로 본다.

제13조(선박원부 등본 · 초본의 발급신청 등)
① 누구든지 지방청장에게 선박원부의 등본 또는 초본의 발급을 신청하거나 선박원부의 열람을 청구할 수 있다.
② 지방청장은 제1항에 따른 신청을 받거나 청구가 있는 경우에는 그 등본 또는 초본을 작성하여 신청인에게 발급하거나 선박원부를 열람하게 하여야 한다.

제15조(선박국적증서 등의 영역서 발급)
① 제12조에 따른 선박국적증서 또는 제14조제2항에 따른 임시선박국적증서의 영역서(英譯書)를 발급받으려는 자는 별지 제11호서식의 영역서 발급신청서를 선박국적증서 영역서 발급신청의 경우에는 해당 선박의 선적항을 관할하는 지방청장에게 제출하고, 임시선박국적증서 영역서 발급신청의 경우에는 해당 선박의 소재지를 관할하는 지방청장 또는 영사에게 제출하여야 한다. 이 경우 지방청장 또는 영사는 「전자정부법」 제36조제1항에 따른 행정정보의 공동이용을 통하여 신청인의 선박국적증서를 확인(선박국적증서의 영역서 발급신청에만 해당한다)하여야 하며, 신청인이 확인에 동의하지 아니하면 그 사본을 제출하도록 하여야 한다.
② 지방청장 또는 영사는 제1항에 따른 신청을 받았을 때에는 별지 제12호서식의 선박국적증서영역서 또는 별지 제13호서식의 임시선박국적증서영역서를 신청인에게 발급하여야 한다.
③ 선박국적증서 영역서 또는 임시선박국적증서 영역서의 재발급에 관하여는 제7조제5항부터 제7항까지의 규정을 준용한다. 이 경우 "재화중량톤수증서"는 "선박국적증서 영역서 또는 임시선박국적증서 영역서"로 본다.

2. 임시선박국적증서의 발급

국내에서 선박을 취득한 자가 그 취득지를 관할하는 지방해양항만청장의 관할구역에 선적항을 정하지 아니할 경우에는 그 취득지를 관할하는 지방해양항만청장에게 임시선박국적증서(臨時船舶國籍證書)의 발급을 신청할 수 있다(법 제9조 제1항). 외국에서 선박을 취득한 자는 지방해양항만청장 또는 그 취득지를 관할하는 대한민국 영사에게 임시선박국적증서의 발급을 신청할 수 있다(법 제9조 제2항). 법 제9조 제2항에도 불구하고 외국에서 선박을 취득한 자가 지방해양항만청장 또는 해당 선박의 취득지를 관할하는 대한민국 영사에게 임시선박국적증서의 발급을 신청할 수 없는 경우에는 선박의 취득지에서 출항한 후 최초로 기항하는 곳을 관할하는 대한민국 영사에게 임시선박국적증서의 발급을 신청할 수 있다(법 제9조 제3항). 임시선박국적증서의 발급에 필요한 사항은 해양수산부령으로 정한다(법 제9조 제4항).

「선박법 시행규칙」

제14조(임시선박국적증서의 발급신청)
① 법 제9조에 따라 임시선박국적증서의 발급을 신청하려는 자는 별지 제9호서식의 임시선박국적증서 발급신청서에 매매계약서 등 선박의 소유권 취득을 증명할 수 있는 서류를 첨부하여 해당 선박의 취득지를 관할하는 지방청장 또는 영사(취득지를 관할하는 영사에게 신청할 수 없는 경우에는 최초 도착지를 관할하는 영사)에게 제출하여야 한다.
② 지방청장 또는 영사는 제1항에 따른 신청을 받았을 때에는 별지 제10호서식의 임시선박국적증서를 신청인에게 발급하여야 한다.
③ 임시선박국적증서의 재발급에 관하여는 제7조제5항부터 제7항까지의 규정을 준용한다. 이 경우 "재화중량톤수증서"는 "임시선박국적증서"로 본다.

외국에서 취득한 선박에 대한 임시선박국적증서의 발급신청 기관을 지방해양항만청장으로 확대하여 선박 취득자의 편의를 도모하였다.

제4관 한국선박의 권리와 의무

1. 국기의 게양권

한국선박이 아니면 대한민국 국기를 게양할 수 없다(법 제5조 제1항). 법 제5조 제1항에도 불구하고 대한민국의 항만에 출입하거나 머무는 한국선박 외의 선박은 선박의 마스트나 그 밖에 외부에서 눈에 잘 띄는 곳에 대한민국 국기를 게양할 수 있다(법 제5조 제2항).

한국선박만 누릴 수 있는 권리이자 의무이기도 하다. 이는 국제법상 선박은 한 국가의 국기만을 게양해야 하기 때문이다(「유엔해양법협약」 제92조 제1항 제1문) 선박은 진정한 소유권의 이전 또는 국적의 변경이 있는 경우가 아니면 항행 중 또는 기항 중에 국기를 바꿀 수 없다(「유엔해양법협약」 제92조 제1항 제2문). 게양해야 할 권리가 있는 국기를 게양하지 않거나, 등록되지 않은 선박 또는 2개국 이상의 국기를 동시에 또는 편의에 따라 선택적으로 게양하는 선박은 무국적선(stateless vessel)으로 취급되어 그 어떤 국가도 그 선박을 위해 외교보호권을 행사할 수 없다(「유엔해양법협약」 제92조 제2항, 제110조 제1항 제(d)호).[40] 다만, 예외적으로 유엔 등의 국제기구의 공무수행에 사용되는 선박의 경우에는 자국의 국기와 당해 기구의 기를 함께 게양하는 경우도 있다.[41]

법 제5조 제2항을 신설한 것은 항만에 출입하거나 머무는 선박의 국기게양에 관한 국제해운관례를 반영하여 한국선박이 아닌 경우에도 제한된 범위 내에서 대한민국 국기를 게양할 수 있도록 함으로써 한국 선박의 권리에 대한 예외를 둔 것이다.

2. 불개항장에의 기항과 국내 각 항간에서의 운송금지

한국선박이 아니면 불개항장(不開港場)에 기항(寄港)하거나, 국내 각 항간(港間)에서 여객 또는 화물의 운송을 할 수 없다. 다만, 법률 또는 조약에 다른 규정이 있거나, 해양사고 또는 포획(捕獲)을 피하려는 경우 또는 해양수산부장관의 허가를 받은 경우에는 그러하지 아니하다(법 제6조).

---

40) 김대순, 「국제법론(제14판)」, (삼영사, 2009), 981-982쪽 참조 ; Molvan v. Attorney-General for Palestine (1948) 사건이 대표적인 사례임(D.P.O. O'Connell, 「The International Law of the Sea」, Vol. Ⅱ, (Oxford : Clarendon Press, 1984), pp. 755, 1061).

41) Burdick H. Brittin & Liselotte B. Watson, 「International Law for Seagoing Officers(3rd ed.)」, (Annapolis, Maryland : Naval Institute Press, 1972), p. 166.

「선박법 시행규칙」

제2조(외국선박의 불개항장에의 기항 등의 허가신청) 「선박법」(이하 "법"이라 한다) 제6조 단서에 따라 불개항장에 기항(寄港)하거나 국내 각 항간(港間)에서 여객 또는 화물을 운송하기 위하여 허가를 받으려는 자는 별지 제1호서식의 불개항장 기항 등 허가신청서를 해당 불개항장 또는 여객의 승선지나 화물의 선적지를 관할하는 지방해양항만청장에게 제출하여야 한다.

「관세법」 제134조 제1항[42]은 외국무역선은 개항에 한하여 운항할 수 있다고 규정하고 있다. 「선박법」 제6조의 규정에 비추어 보면 「관세법」에서 말하는 외국무역선은 「선박법」 제6조에서 말하는 외국선박을 일컫는 것으로 해석된다. 또 개항이라 함은 「관세법」 제133조[43] 및 동법 시행령 제155조 제1항 단서 및 별표 3[44]의 개항지정에서 정해진 항구를 의미

42)

「관세법」

제134조 (개항 등에의 출입)

① 외국무역선이나 외국무역기는 개항에 한정하여 운항할 수 있다. 다만, 대통령령으로 정하는 바에 따라 개항이 아닌 지역에 대한 출입의 허가를 받은 경우에는 그러하지 아니하다.

② 외국무역선의 선장이나 외국무역기의 기장은 제1항 단서에 따른 허가를 받으려면 기획재정부령으로 정하는 바에 따라 허가수수료를 납부하여야 한다.

「관세법 시행령」

제156조 (개항이 아닌 지역에 대한 출입허가)

① 법 제134조 제1항 단서의 규정에 의하여 개항이 아닌 지역에 대한 출입의 허가를 받고자 하는 자는 다음 각 호의 사항을 기재한 신청서를 당해 지역을 관할하는 세관장에게 제출하여야 한다. 다만, 외국무역선 또는 외국무역기의 항행의 편의도모 기타 특별한 사정이 있는 때에는 다른 세관장에게 제출할 수 있다.

1. 선박 또는 항공기의 종류, 명칭, 등록기호, 국적과 총톤수 및 순톤수 또는 자체무게
2. 지명
3. 당해 지역에 머무는 기간
4. 당해 지역에서 하역하고자 하는 물품의 내외국물품별 구분, 포장의 종류, 기호, 번호 및 개수와 품명, 수량 및 가격
5. 당해 지역에 출입하고자 하는 사유

② 제1항 단서의 규정에 의하여 출입허가를 한 세관장은 지체없이 이를 당해 지역을 관할하는 세관장에게 통보하여야 한다.

43)

「관세법」

제133조 (개항의 지정 등)

① 개항은 대통령령으로 지정한다.

② 제1항의 규정에 의한 개항의 시설기준 등에 관하여 필요한 사항은 대통령령으로 정한다.

44)

「관세법 시행령」

하는 것으로 동법상 개항으로 지정되지 않은 항구는 불개항장으로 해석된다.[45)]

국내 각 항간에서 여객 또는 화물의 운송을 하는 것을 沿岸航行權(cabotage)[46)]이라고 하는데, 국제법상 연안항행권은 자국 선박에 독점시킬 수 있어 대부분의 나라가 자국 해운을 보호하기 위하여 이를 외국선박에는 허용하지 않는다. 법 제6조 후단은 연안항행권을 한국선박에 독점시킨다는 것을 나타낸 규정이다. 연안무역을 외국선박에게 무제한 허용하는 나라는 네덜란드, 벨기에, 노르웨이 등 몇몇 나라뿐이다.

3. 국기게양과 항행

한국선박은 선박국적증서 또는 임시선박국적증서를 선박 안에 갖추어 두지 아니하고는 대한민국 국기를 게양하거나 항행할 수 없다. 다만, 선박을 시험운전하는 경우 등 대통령령으로 정하는 경우에는 그러하지 아니하다(법 제10조). 한국선박은 해양수산부령으로 정하는 바에 따라 대한민국 국기를 게양하고 그 명칭, 선적항, 흘수(吃水)의 치수와 그 밖에 해양수산부령으로 정하는 사항을 표시하여야 한다(법 제11조).

「선박법 시행령」

제3조(국기 게양과 선박국적증서 등의 비치 면제)

① 선박이 법 제10조 단서에 따라 선박국적증서 또는 임시선박국적증서를 선박 안에 갖추어 두지 아니하고 대한민국 국기를 게양할 수 있는 경우는 다음 각 호의 어느 하나에 해당하는 경우로 한다.

1. 국경일, 그 밖에 국가적 행사가 있는 날. 다만, 외국의 국가적 행사일에는 그 나라의 항구에 정박하는 때로 한정한다.
2. 제1호의 경우 외에 축의(祝意) 또는 조의(弔意)를 표할 경우
3. 법 제1조의2제1항제3호에 따른 부선의 경우
4. 그 밖에 정당한 사유가 있는 경우

② 선박이 법 제10조 단서에 따라 선박국적증서 또는 임시선박국적증서를 선박 안에 갖추어 두지 아니

제155조 (개항의 지정) ① 법 제133조에 따른 개항(이하 "개항"이라 한다)은 다음 표와 같다.

구분	개항명
항구	인천항, 부산항, 마산항, 여수항, 목포항, 군산항, 제주항, 동해・묵호항, 울산항, 통영항, 삼천포항, 장승포항, 포항항, 장항항, 옥포항, 광양항, 동해항, 평택・당진항, 대산항, 삼척항, 진해항, 완도항, 속초항, 고현항, 경인항
공항	인천공항, 김포공항, 김해공항, 제주공항, 청주공항, 대구공항, 무안공항

② 개항의 항계는 「개항질서법」 또는 「항공법」에 의한 범위로 한다.

45) 「관세법 시행령」 제155조 제2항에서 개항의 항계를 「개항질서법」에 의한 범위로 규정하고 있으나, 동법은 2015년 8월 4일 폐지되고, 이 법을 대체하여 「선박의 입항 및 출항 등에 관한 법률」(이하 「선박입출항법」이라 한다)이 제정되었다. 「선박입출항법」에서는 항만법 제2조 제2호에 따른 무역항의 개념을 규정하고 있는데, 항만법상의 무역항을 개항으로 볼 수 있다. 「선박입출항법」 부칙 제8조에서는 개항의 항계를 "무역항의 수상구역"으로 정의한다.

46) Cabotage는 연안무역 또는 연안항행권이라고 하는데, 국내연안운항을 자국선에 한정하는 제한적 운항권을 말한다; 「最新 海運・物流用語大辭典(제10 개정증보판)」, (코리아쉬핑가제트, 2006), 219쪽 참조.

하고 항행할 수 있는 경우는 다음 각 호의 어느 하나에 해당하는 경우로 한다.
1. 시험운전을 하려는 경우
2. 총톤수의 측정을 받으려는 경우
3. 법 제1조의2제1항제3호에 따른 부선의 경우
4. 그 밖에 정당한 사유가 있는 경우

「선박법 시행규칙」

제16조(국기의 게양) 한국선박은 다음 각 호의 어느 하나에 해당하는 경우에는 법 제11조에 따라 선박의 뒷부분에 대한민국국기를 게양하여야 한다. 다만, 국내항 간을 운항하는 총톤수 50톤 미만이거나 최대속력이 25노트 이상인 선박은 조타실이나 상갑판 위쪽에 있는 선실 등 구조물의 바깥벽 양 측면의 잘 보이는 곳에 부착할 수 있다.
1. 대한민국의 등대 또는 해안망루(海岸望樓)로부터 요구가 있는 경우
2. 외국항을 출입하는 경우
3. 해군 또는 국민안전처 소속의 선박이나 항공기로부터 요구가 있는 경우
4. 그 밖에 지방청장이 요구한 경우

제17조(선박의 표시사항과 표시방법)
① 법 제11조에 따라 한국선박에 표시하여야 할 사항과 그 표시방법은 다음 각 호와 같다. 다만, 소형선박은 제3호의 사항을 표시하지 아니할 수 있다.
1. 선박의 명칭: 선수양현(船首兩舷)의 외부 및 선미(船尾) 외부의 잘 보이는 곳에 각각 10센티미터 이상의 한글(아라비아숫자를 포함한다)로 표시
2. 선적항: 선미 외부의 잘 보이는 곳에 10센티미터 이상의 한글로 표시
3. 흘수의 치수: 선수와 선미의 외부 양 측면에 선저(船底)로부터 최대흘수선(最大吃水線) 이상에 이르기까지 20센티미터마다 10센티미터의 아라비아숫자로 표시. 이 경우 숫자의 하단은 그 숫자가 표시하는 흘수선과 일치해야 한다.
② 제1항에 따른 방법으로 선박의 명칭 등을 표시하기 곤란한 선박의 경우에는 해당 선박의 선적항을 관할하는 지방청장이 적절하다고 인정하는 방법으로 선박의 명칭 등을 표시할 수 있다.
③ 선적항을 관할하는 지방청장은 필요하다고 인정하는 경우에는 제1항에도 불구하고 선박의 명칭 등을 표시할 장소를 따로 지정하거나 표시 장소를 변경하게 할 수 있다.
④ 선박에의 표시는 잘 보이고 오래가는 방법으로 하여야 하며 표시한 사항이 변경되었을 때에는 지체없이 그 표시를 고쳐야 한다.

국제법상 선박의 국기게양은 그 선박이 그 나라의 국적을 갖고 있음을 추정하는 효과가 있다. 또한 선박에 대하여는 기국법(flag of law)이 법률 적용의 기준이 되는 경우가 많으므로 「선박법」상 자국 선박에 대한 국기게양권은 매우 중요한 권리이자 의무이다. 따라서 법에서 정한 일정한 방식에 따라 국기를 게양하고 선박에 일정한 법정표시를 하여야 한다.

또 선박국적증서 또는 임시선박국적증서의 비치는 한국선박의 의무에 해당한다.

한편 포획이라 함은 국제법상 해상포획에 해당하는 것으로 전쟁 중에 교전국의 군함이 적국의 선박이나 적하는 물론 일정한 범위에서는 중립국의 선박과 적하도 공해 또는 교전국 영해내에서 포획하는 것을 말한다. 국제법상 포획이 임검과 수사에서 시작되어 나포, 그 군함 소속 본국 포획심검소의 재판, 즉 검정에 의한 몰수와 기타 처분에 이르기까지의 일련

의 절차 전체를 말한다. 이중 나포(적국 선박을 군함지휘하에 두는 행위)만을 가리킬 때도 있다.[47] 어느 경우이든 포획을 피하기 위해서 대한민국 국기를 게양한 경우에 예외적으로 처벌하지 아니하는 것은 은피하지 않을 것에 대한 기대가능성이 없기 때문에 형법의 범인 은닉죄를 적용함에 있어서 범인 본인의 은피행위(隱避行爲)를 처벌하지 아니하는 것과 같다.[48]

제3절 | 선박물권의 공시

제1관 선박물권의 공시제도

1. 의의

물권(real rights)[49]에는 배타성이 있기 때문에 어떤 물건에 관하여 어떤 사람이 하나의 물권을 취득하면 다른 사람은 그것과 양립할 수 없는 내용의 물권을 취득할 수 없게 된다. 근대법에 있어서 물권 중 가장 중요한 소유권과 저당권은 현실적 지배를 요소로 하지 않는 관념적인 권리로 되어 있으므로 소유권을 양수하거나 저당권을 설정 받으려고 하는 자를 위해서는 그 물건 위에 누가 어떠한 내용의 물권을 가지고 있는가를 안다는 것이 필요하다. 여기서 물권의 귀속과 그의 내용을 외부에서 인식할 수 있는 일정한 표상(表象)·표식(標識)에 의하여 공시하는 것이 필요하게 된다. 근대법은 이러한 요청에 응하여 일정한 표상을 정하고 있는데, 이것이 공시제도 내지 공시방법이다. 공시제도는 일반적으로 부동산 물권에 관하여는 등기(registry), 동산 물권에 대하여는 점유(possession)를 각각 공시방법으로 인정

---

47) 鴻 常夫 編修, 「英美商事法辭典」, (대광서림, 1988), 115쪽.

48) 정영석, 「형법각론(제4전정판)」, (법문사, 1983), 77쪽 참조.

49) 특정한 물건 또는 재산권을 직접·배타적으로 지배하여 그것으로부터 직접으로 이익을 누릴 수 있는 권리를 말한다. 「민법」에서는 물권은 법률 또는 관습법에 의하는 외에는 임의로 창설하지 못하는 것으로 하고 있는데(「민법」 제185조), 소유권·용익물권·담보물권·점유권의 넷으로 나눌 수 있다.
물권에는 각종의 물권에서 나오는 각각의 특유한 효력이 있다. 그러나 물권의 본질로부터 나오는 모든 물권에 공통되는 효력으로서는 우선적 효력과 물권적 청구권이 있다. 우선적 효력은 첫째로 물권상호간에 있어서는 먼저 성립한 것이 내용이 충돌하는 뒤에 성립한 물권에 우선한다. 둘째, 동일물 위에 채권과 물권이 병존하는 경우에는 그 성립의 선후와는 관계없이 언제나 물권이 우선한다. 한편 물권적 청구권은 물권의 내용의 실현이 방해되거나, 또는 방해될 염려가 있는 경우에는 그 방해자에 대하여 방해의 제거를 청구하는 권리이다; 金麗洙 외 8인 편저, 「最新 콘사이스法學辭典」, (法通社, 1966), 609-610쪽 참조.

하고 있다(「민법」 제186조, 제188조).[50]

선박은 그 성질이 동산(動産 : goods)이므로 원칙적으로는 선박 물권의 공시방법은 점유임이 분명하다. 그러나 「선박법」 제8조 제4항과 「선박등기법」 제2조의 규정에 의하여 한국선박 중 총톤수 20톤 이상의 기선과 범선 및 총톤수 100톤 이상의 부선에 대하여는 등기를, 「선박법」 제8조의2에 의하여 소유권을 등록해야 하는 등록소형선박의 경우에는 등록을 공시방법으로 규정하고 있다. 여기서 주로 문제되는 것은 선박의 매매의 편의성과 금융거래의 안정성・효율성을 위하여 인정하는 「선박등기법」상의 선박등기제도와 「선박법」 제8조의2와 제8조의3의 규정에 의한 소형선박등록제도이다.

원래 「선박법」과 「선박등기법」은 이들 두 제도를 구분하여 선박등기제도는 선박의 소유권 등 사유재산권의 설정에 대한 공시제도로 인식하고 있고, 「선박법」에 의한 선박등록제도는 행정감독을 위한 제도로 인식하고 있었으나,[51] 현행 「선박법」 제8조의2는 등록소형선박에 대하여는 동법 제8조에 의하여 지방해양항만청이라는 행정기관에 행하는 등록도 사유재산권의 설정에 관한 공시제도로 규정하고 있다.

다만, 현행 법령의 근본체계가 법원에서 행하는 등기를 사유재산권의 공시제도로, 행정기관에 행하는 등록은 행정감독을 위한 제도라는 기본원칙이 확립되어 있으므로 「선박등기법」을 개정하여 「선박법」 제8조의2에 의한 소유권의 등록대상인 선박을 등기대상선박으로 적용범위를 확대하고 「선박법」 제8조의2와 제8조의3은 삭제하는 것이 입법론으로는 바람직하다고 하겠다.

2. 공시의 원칙과 공신의 원칙

공시제도(公示制度)는 물권의 현상을 공시해서 물권을 거래하는 자를 보호하기 위하여 정하여 진 것이므로, 공시방법이 이러한 기능을 다하기 위해서는 공시의 원칙(公示의 原則)과 공신의 원칙(公信의 原則)의 양자 또는 어느 하나를 인정하여야 한다.

우리 「민법」은 부동산에 관하여는 공시의 원칙만을 , 동산에 관하여는 두 원칙을 모두

---

50) 이상 郭潤直, 「物權法[民法講義 II](再全訂版)」, (博英社, 1985), 49-50쪽.

51) 대법원 1987.11.24. 선고 87누593 판결 : 「국세징수법」 제45조의 규정은 「선박등기법」의 적용대상이 되어 등기할 수 있는 선박에 관한 압류절차를 정한 것으로 해석되고, 부선에 대하여는 관할해운관청에 해운항만청 훈령인 「부선등록사무처리요령」에 의하여 부선등록원부가 작성 비치되어 있으나 이는 부선소유자의 의뢰를 받아 그 부선에 관한 소유권을 등록받아 놓은 것에 불과하고 부선등록원부에의 등록만으로는 권리의 설정, 보존, 이전, 변경, 처분의 제한 또는 소멸 등 어떠한 효력도 발생하는 것이 아니어서 부선등록원부에의 등록과 선박에 관한 등기를 동일하게 볼 수 없으므로 등기할 선박이 아닌 선박에 대하여는 「국세징수법」 제38조 규정에 의한 동산의 압류절차에 의하여 압류를 하여야 하고 「국세징수법」 제45조에 의하여 소관등기소에 압류촉탁을 하여 압류하거나 「부선등록원부」를 비치하고 있는 관할항만청에 압류촉탁을 하여 압류할 수는 없다.

채용하고 있다.[52] 그러므로 선박의 물권변동에 있어서도 부동산과 유사하게 취급하는 등기・등록 대상인 선박에 대하여는 공시의 원칙만이 적용되고, 그 밖의 선박에 대하여는 다른 동산과 마찬가지로 양 원칙이 모두 적용된다고 보아야 한다.

첫째, 공시의 원칙이라 함은 물권의 변동은 언제나 외부에서 식별할 수 있는 어떤 표상 즉, 공시방법을 수반하여야 한다는 원칙이다. 공시방법을 갖추지 않으면 물권변동의 효과는 부인된다는 원칙이다. 공시의 원칙을 실현하기 위하여 이를 강제하는 방법을 쓰게 되는데, 그 방법은 두 가지가 있다. 하나는 공시방법을 갖추지 않으면 제3자에 대한 관계에 있어서는 물론, 당사자 사이에서도 물권변동은 생기지 아니하는 것으로 하는 것이고(成立要件主義), 다른 하나는 당사자 사이에서는 물권변동이 일어나지만, 공시방법을 갖추지 않는 한, 그 물권변동을 제3자에게 대항하지 못하는 것으로 하는 것이다(對抗要件主義). 우리 「민법」은 부동산 물권변동에 있어서 성립요건주의를 취하고 있으나, 선박의 물권변동에 대하여는 대항요건주의를 취하고 있다(「상법」 제743조). 다만, 총톤수 20톤 미만의 소형선박에 대하여는 「상법」 제743조의 규정을 적용하지 아니하므로 성립요건주의를 채용하고 있어서 「선박법」제8조의2에 의한 등록 또는 미등록소형선박에 대하여는 점유의 이전이라는 공시가 있어야만 물권변동의 효력이 발생한다.

한편 부동산 물권은 등기라는 완비된 공시방법이 인정되어 있는 관계로 공시의 원칙이 거의 완전히 그 기능을 다하고 있으나, 동산 물권에 관하여는 공시방법인 점유의 이전이 공시로서 대단히 불완전하기 때문에 공시의 원칙은 그 기능을 발휘하지 못하고 있다.

다만, 동산 물권이지만 선박의 경우에는 공적 장부(公的 帳簿)에 의한 공시인 등기 또는 등록을 통하여 이를 표시하고 있고, 그 밖의 동산 물권의 변동에는 공시의 원칙의 불완전성을 공신의 원칙에 의하여 보완하고 있다.

공신의 원칙(公信의 原則)이라 함은 물권의 존재를 추측케 하는 표상, 즉 공시방법을 신뢰해서 거래한 자가 있는 경우에, 비록 그 공시방법이 진실한 권리관계에 일치하고 있지 않더라도 마치 공시된 대로의 권리가 존재하는 것처럼 다루어서, 그 자의 신뢰를 보호하여야 한다는 원칙이다. 공신의 원칙을 인정하면 물권거래의 안전은 보호되지만, 그 반면 실질적 권리가 없으면서 위조된 권리에 의하여 공시가 된 경우에도 이를 근거로 한 거래가 보호됨으로 인하여 진정한 권리가 침해를 받게 된다. 이에 따라 거래의 동적 안전(動的 安全)을 보호할 것인지 아니면 정적 안전(靜的 安全)을 보호할 것인지에 대하여 비교・검토하여 전자를 보호할 필요가 더 강할 경우에 채택을 할 수 있다. 동산과 같이 거래가 빈번하고 그 원활한 유통에 사회경제가 의존하고 있는 경우에는 진정한 권리자를 희생해서라도 공신의 원

52) 郭潤直, 「物權法[民法講義Ⅱ](再全訂版)」, (博英社, 1985), 50쪽.

칙을 채용할 필요가 있다. 우리 「민법」도 동산 물권의 변동에는 점유에 공신력을 인정하고 있다. 그러므로 등기하지 않는 소형선박의 물권변동에는 점유의 이전에 공신력을 인정하여야 한다.[53)]

3. 등기와 등록의 개념

가. 등기

등기(登記: registration)라 함은 일정한 법률관계를 널리 사회에 공시하기 위하여 일정한 공부(公簿, 등기부)에 기재하는 것을 말한다. 당사자의 신청에 의하여 등기공무원이 하는 것을 원칙으로 한다. 거래관계에 들어가는 제3자를 위하여 목적물의 권리내용을 명백히 하고 예측하지 못한 손해를 입히지 않도록 하기 위한 제도이며, 거래의 안전을 도모하기 위하여 중요한 역할을 한다.

우리나라에는 부동산등기, 선박등기, 공장재단등기 등의 권리의 등기, 부부재산계약등기 등의 재산귀속의 등기, 법인등기, 상업등기 등의 권리주체의 등기가 있다.

등기의 효력은 일정한 사항을 제3자에게 주장하는 경우의 대항요건으로 하는 것과 일정한 사항의 효력발생요건으로 하는 것이 있다. 현행 「민법」의 부동산등기는 후자의 예이고, 선박등기는 전자의 예에 속한다. 등기가 진실과 다른 경우에도 그것을 신뢰하고 거래한 제3자가 보호되는 것으로 하는 예(등기의 공신력)도 있는데 우리나라에서는 그것을 인정하지 않고 있다.

나. 등록

등록(登錄: registration)이라 함은 일정한 사실 또는 법률관계를 행정관청에 비치되어 있는 공부(公簿)에 기재하는 것을 말한다. 넓은 의미로는 등기를 포함하나 다음과 같은 점에서 등기와 다르다.

첫째, 등기는 등기소에 비치되어 있는 공부에 등록하여 행하는 반면, 등록은 행정관청에 비치되어 있는 공부에 등록한다.

둘째, 등기는 권리의 효력발생요건 또는 대항요건인 반면, 등록은 권리의 종류에 따라서 그 효력이 다르다. 즉, 공업소유권의 등록, 자동차저당・항공기저당의 등록과 같이 권리의 효력발생요건인 것과 저작권의 상속・양도・입질 등의 등록과 같이 제3자에 대한 대항

53) 대법원 1966.12.20. 선고 66다1554 판결 : 총20톤 미만의 소형선박에 관한 권리의 이전은 당사자 간의 합의만으로써는 그 효력을 발생할 수 없는 것이고 일반 동산의 예에 따라 그 인도를 받지 아니하면 그 소유권을 취득할 수 없는 것이다.

요건인 것, 의사·수의사·변리사 등의 등록과 같이 면허의 방법인 것, 자동차·선박·항공기의 등록과 같이 일정한 행위(선박운항 등)를 하기 위한 요건인 것 등 여러 가지 기능을 가진다.

4. 입법주의

선박은 선박국적취득과 각종 행정감독상의 필요에 의하여 행정기관에 등록하거나, 소유권, 저당권, 임차권 등 물권의 소재를 분명하게 하기 위하여 등기를 통하여 공시할 필요가 있다. 공시의 방법으로서는 등기와 등록이 있다.

선박등록제도는 영국의 「1660년 항해법」(Navigation Act)[54]에서 처음 도입되었는데, 이는 영국의 해운정책을 위한 공적인 등록을 위한 것이었다. 한편 선박에 대한 사법상의 권리관계를 공시하기 위한 선박등기제도는 1883년 포루투갈 「상법」, 1836년 네덜란드 「상법」에서 시작하여 영국의 「1854년 상선법」(Merchant Shipping Act)에서 완비되었다.[55]

오늘날 선박을 보유한 모든 해운국이 선박에 대한 공시제도를 두고 있으나 그 방식은 다음과 같이 개별 국가마다 다양하다.[56]

① 공법적인 목적을 주로 하는 등록제도에 등기를 일원화하는 방식
② 선박의 국적과 무관하게 순수한 사법적인 등기제도를 따르는 방식
③ 등기와 등록의 이원주의를 따르는 방식

우리나라는 등기와 등록의 이원주의를 채용하고 있었다. 등기는 순수한 사법적 용도로 선박의 사권(私權)의 상태를 공시함을 목적으로 하여 법원(등기소)의 관할에 둔다. 또 등록은 선박운항에 필요한 행정의 필요에서 해양항만관청 또는 지방자치단체(어선의 경우)가

---

54) 잉글랜드에서는 1368년 에드워드 3세(Edward Ⅲ)가 「항해법」(Navigation Act)을 반포한 이래 여러 차례 「항해법」이 시행되었다. 이 중 1651년 크롬웰(Oliver Cromwell)이 공포한 「항해법」이 가장 유명하다.
「1660년 항해법」(Navigation Act, 1660)은 찰스 2세(Charles Ⅱ)의 王政復古 후 공포한 것으로, 크롬웰의 「항해법」에서 따온 것이기는 하지만, 크롬웰의 「항해법」이 주로 네덜란드 선박을 쫓아내고자 하는 군사적 목적을 띈 것이라면 「1660년 항해법」은 식민지 경영에 중점을 두어 자국 선복의 증대를 도모하고 造船을 장려하기 위한 것이었다.
따라서 잉글랜드의 국제무역에 종사할 수 있는 선박의 요건에 ① 잉글랜드에서 건조한 선박(English-built ship)을 추가하고, ② '선장과 해원의 대부분'으로 되어 있던 승무요건을 '선장과 해원의 4분의 3 이상'으로 그 요건을 변경하였다. 「1651년 항해법」과 「1660년 항해법」을 통하여 ① 소유권(property), ② 승무원(seamen) 및 ③ 건조(origin)라는 3 원칙이 확립되었다; 榎本喜三郎, 「國際海事法における船舶登錄要件の史的研究」, 第3卷, (海事産業研究所, 1985), 13쪽.

55) 裵炳泰, 「註釋海商法」, (韓國司法行政學會, 1979), 61쪽.

56) 박경현, 「船舶法規解說: 선박의 등록과 톤수제도편」, (한국해사문제연구소, 1985), 55쪽.

관장하도록 하고 있다.[57] 이와 같이 등기와 등록은 그 입법목적이 다르기 때문에 등기대상이 아닌 선박에 대하여는 저당권설정이나 압류・가압류 등 선박등록원부에 의한 소유권의 제한은 효력이 없다고 해석하여 왔다.[58]

그러나 우리나라 국적을 보유한 전체 선박의 60% 이상이 20톤 미만의 소형선박이라는 점에서 이들 선박에 대하여는 저당권 등을 활용한 금융제도를 이용할 수 없다는 점이 문제가 되어 왔었다. 이에 2007년 8월 3일 「선박법」을 일부개정하여 제8조의2에서는 소형선박 소유권에 대하여 등록을 효력발생요건으로 하고, 제8조의3에서는 소형선박에 대한 압류등록을 하도록 하는 규정을 신설하였다. 또 이와 함께 「소형선박저당법」[59]을 제정하여 소형선박에 대한 저당권제도를 도입하였다. 이러한 입법조치로 인하여 총톤수 20톤 이상의 선박에 대하여는 등기와 등록의 이원주의가 채택되었고, 등록소형선박에 대하여는 소유권과 저당권에 대한 등록제도가 도입되었다. 한편 그 효력에 있어서도 총톤수 20톤 이상의 선박에 대한 등록은 선박운항상 행정수요에 따른 등록으로서의 효력에 한정되고, 등기에 대하여는 제3자에 대한 대항요건으로서의 효력을 가지도록 되어 있다. 반면, 등록소형선박의 소유권과 저당권에 대하여는 등록으로 공시제도가 일원화되었고, 소유권에 대한 등록은 효력발생요건으로 강화되었다.

또한 「선박법」 제26조에서 열거한 비등록소형선박에 대하여는 등기와 등록의 어느 것도 인정하지 않기 때문에 동산으로 취급되어 점유이전만 허용된다.

소형선박에 대한 소유권과 저당권을 등록하여 공적 장부에 의하여 공시하도록 한 것은 우리나라의 해양수산업의 현실과 수요에 비추어 바람직한 입법적 발전이라고 볼 수는 있으나 선박의 소유권과 저당권의 공시를 선박의 톤수에 따라 등기・등록 이원주의와 등록일원주의로 구분하고, 그 효력에 있어서도 대항요건주의와 성립요건주의로 나누어 입법한 것은 그 합리성을 찾아보기 힘든다.

입법정책적으로는 현행 「선박등기법」을 개정하여 등록소형선박에까지 적용범위를 확대하고, 소유권등기 또는 등록의 효력에 있어서도 선박의 항행 중 물권변동 등의 경우를 고려하면 제3자에 대한 대항요건으로 일원화하는 것이 바람직하다고 생각한다.

선박등기제도를 폐지하고 등록으로 일원화하는 것을 주장하는 일원주의가 통설이지만,[60] 등기와 점유라는 선박의 공시제도가 규정되어 있고, 특히 비등기소형선박에 대하여는

57) 해양수산부 감수, 「선박행정의 변천사」, (선박검사기술협회 등, 2003), 116쪽.

58) 압류처분 무효확인(1987.11.24. 제4부 판결 87누593).

59) 2009년 3월 25일 동법은 폐지되고 「자동차 등 특정동산 저당법」으로 대체입법되었다.

60) 朴慶鉉, 「船舶法規解說:船舶의 登錄과 톤數制度編」 (韓國海事問題硏究所, 1985),55쪽; 박용섭, 「해상법론」, 전정판 (형설출판사, 1998), 88쪽; 임동철・민성규, 「해사법규요론(신정판)」, (한국해양대학교 출판부, 1992), 52쪽.

점유에 공신력을 인정하고 있는 현행 법제 하에서 개별 행정법규에 의하여 물권에 제한을 가하는 것은 소유권이나 담보물권과 같은 사유재산권을 부당하게 제한하게 되어 진정한 권리관계가 왜곡되는 현상이 발생하게 되는 부작용을 초래하게 된다.[61)]

제2관 선박의 등록

1. 의의

선박등록(registration of ship)이라 함은 해양항만관청 등이 선박원부에 선박에 관한 표시사항과 소유자를 기재하는 것을 말하며, 선박의 동일성과 국적을 증명하기 위한 제도이다. 선박등록은 선박의 표시사항과 소유자라는 법률사실을 증명하는 행정행위이므로 행정법상 준법률행위적 행정행위 중 공증행위에 속한다.[62)]

선박등록 목적은 선박의 국적을 명확히 하고 행정관청 감독의 편의를 도모하는 것이다.

2. 등록절차

한국선박의 소유자는 대한민국에 선적항을 정하고 그 선적항 또는 선박의 소재지를 관할하는 지방해양항만청장(지방해양수산청 출장소장을 포함한다. 이하 "지방청장"이라 한다)에 선박톤수의 측정을 신청한 후, 관할등기소에 등기를 마친 다음 그 선적항을 관할하는 지방청장에게 당해 선박의 등록을 신청하여야 한다(법 제7조 제1항 내지 제4항, 제8조 제1항, 제2항, 제4항). 선박의 등기에 관하여는 따로「선박등기법」으로 정한다(법 제8조 제4항).[63)]

3. 등록사항의 변경

선박원부에 등록한 사항이 변경된 경우 선박소유자는 그 사실을 안 날부터 30일 이내에 변경등록의 신청을 하여야 한다(법 제18조).

---

61) 예를 들어「수산업협동조합법 시행령」제29조 제3항의 규정을 보면, "시장, 군수, 구청장은 제1항의 담보로 제공된 어선에 대하여 소유자명의변경신청이 있을 때에는 자금을 대출한 조합장이나 신용사업대표이사의 승낙 또는 상환완료증명서를 받은 후 그 명의를 변경하여야 한다"라고 규정되어 있다. 이때 선박소유권과 관련한 소송에서 등록소유자가 아닌 제3자가 정당한 소유권자임이 입증되어 확정판결을 받거나, 집행명령을 받은 경우에도 동 규정에 의하여 조합장이나 신용사업대표이사의 승낙이나 상환완료증명서가 제출되지 않으면 지방자치단체가 소유권 변경의 등록을 해주지 않도록 되어 있다. 이는 20톤 미만의 비등기소형선박에 대하여 점유라는 공시방법에 대하여 공신력을 인정하고 있는 현행 법체계에 벗어나는 것으로 선박물권의 공시가 고유 목적이 아닌 개별 행정법규의 일부 규정에 의하여 타인의 권리를 부당하게 침해하고「상법」제745조의 규정에 반하여 선박공시제도에 혼란을 가져오게 된다고 할 수 있다.

62) 李尙圭,「新行政法論(上)」, (法文社, 1995), 376쪽.

63) 「선박등기법」의 자세한 내용은 [정영석,「해상법원론」, (텍스트북스, 2009), 74-87쪽] 참조.

「선박법 시행규칙」

제21조(등록사항의 변경등록)

① 법 제18조에 따라 선박원부 등록사항의 변경등록을 신청하려는 자는 별지 제19호서식의 선박원부 변경등록 신청서에 다음 각 호의 서류를 첨부하여 지방청장에게 제출하여야 한다. 다만, 선박의 항행으로 제1호 및 제2호에 따른 서류의 원본을 제출할 수 없는 경우에는 사본을 제출하되, 신청일부터 30일 이내에 해당 서류의 원본을 제출하여야 한다.

1. 선박국적증서
2. 선박국적증서 영역서(발급받은 경우로 한정한다)
3. 변경 내용을 증명하는 서류

② 지방청장은 제1항에 따른 변경등록의 신청을 받은 경우에 해당 선박의 선적항이 다른 지방청장의 관할구역에 속하는 경우에는 그 선박의 선적항을 관할하는 지방청장에게 그 변경등록의 신청 서류를 보내야 하며, 해당 신청 내용 중 선적항을 다른 지방청장의 관할구역에 위치한 시 · 읍 · 면으로 변경하려는 내용이 있는 경우에는 해당 선박의 선박원부와 그 부속 서류를 새로 정하려는 선적항을 관할하는 지방청장에게 보내고 그 사실을 신청인에게 통지하여야 한다.

③ 지방청장은 제1항에 따른 신청을 받았을 때 또는 제2항에 따른 변경등록의 신청 서류 및 선박원부 등을 송부받았을 때에는 선박원부의 기재사항을 변경하고 선박국적증서 및 선박국적증서 영역서를 다시 작성하여 신청인에게 발급하여야 한다.

제22조(지방청장의 관할구역이 변경된 경우)

① 지방청장의 관할구역이 변경되어 선적항이 다른 지방청장의 관할에 속하게 된 경우 관할구역 변경 전의 지방청장은 지체 없이 해당 선박에 관한 선박원부와 그 부속 서류를 관할구역 변경 후의 지방청장에게 보내야 한다.

② 제1항에 따라 선박원부 등을 받은 지방청장은 지체 없이 관할 지방청장의 변경 사실을 선박의 소유자에게 통지하여야 한다.

4. 말소등록

한국선박이 다음 각 호의 어느 하나에 해당하게 된 때에는 선박소유자는 그 사실을 안 날부터 30일 이내에 선적항을 관할하는 지방해양항만청장에게 말소등록의 신청을 하여야 한다(법 제22조 제1항).

1. 선박이 멸실 · 침몰 또는 해체된 때
2. 선박이 대한민국 국적을 상실한 때
3. 선박이 제26조 각 호에 규정된 선박으로 된 때
4. 선박의 존재 여부가 90일간 분명하지 아니한 때

법 제22조 제1항의 경우 선박소유자가 말소등록의 신청을 하지 아니하면 선적항을 관할하는 지방해양항만청장은 30일 이내의 기간을 정하여 선박소유자에게 선박의 말소등록 신청을 최고(催告)하고, 그 기간에 말소등록신청을 하지 아니하면 직권으로 그 선박의 말소등록을 하여야 한다(법 제22조 제2항).

「선박법 시행규칙」

제23조(선박의 말소등록 등)
① 법 제22조제1항에 따라 말소등록을 신청하려는 자는 별지 제20호서식의 선박 말소등록 신청서에 다음 각 호의 구분에 따른 서류를 첨부하여 해당 선박의 선적항을 관할하는 지방청장에게 제출하여야 한다. 이 경우 지방청장은 「전자정부법」 제36조제1항에 따른 행정정보의 공동이용을 통하여 수출신고필증을 확인하여야 한다.
1. 법 제22조제1항제1호 · 제3호 및 제4호의 경우: 말소등록의 사유를 증명하는 서류
2. 법 제22조제1항제2호의 경우
가. 선박등기부 등본(등기대상 선박만 해당한다)
나. 압류권자 · 저당권자 · 공유자 등 이해관계인의 승낙서 또는 해당 이해관계인에게 대항할 수 있는 판결문의 등본(이해관계인이 있는 경우만 해당한다)
② 지방청장은 법 제22조에 따라 선박의 등록을 말소하였을 때에는 해당 선박의 선박원부에 "말소"라는 표시를 한 후 따로 보관하여야 한다. 다만, 「어선법」 제2조제1호의 어선으로 그 용도를 변경하려고 말소등록을 한 경우에는 해당 선박의 선박원부와 관련 서류를 「어선법」에 따라 등록하려는 어선등록관청에 지체 없이 보내야 한다.
③ 지방청장은 등록을 말소한 선박에 대하여 이해관계인의 신청이 있는 경우에는 선박등록 말소확인서를 발급하여야 한다.
④ 제3항에 따른 이해관계인의 선박등록 말소확인서 발급신청은 별지 제23호서식에 따르고, 지방청장의 선박등록 말소확인서 또는 그 영역서는 각각 별지 제24호서식 또는 별지 제25호서식에 따른다.

제31조(등록사항 등의 통보)
① 지방청장은 법 제18조와 제22조에 따른 변경등록(선적항 변경등록의 경우로 한정한다) 또는 말소등록을 하였을 때에는 지체 없이 다음 각 호의 사항을 해당 선박이 등기된 등기소에 통보하여야 한다.
1. 선박의 번호 · 종류 · 명칭 · 선적항 및 총톤수
2. 선박소유자의 성명 · 주민등록번호(법인인 경우에는 그 명칭과 법인등록번호) 및 주소
3. 선박등록 등의 날짜 및 사유
② 지방청장은 법 제8조, 법 제18조 및 법 제22조에 따라 선박의 등록, 변경등록 또는 말소등록을 한 경우에는 지체 없이 제1항 각 호의 사항을 대행기관에 통보하여야 한다.

제3관 소형선박의 소유권 등록 등의 특칙

1. 소형선박 소유권 변동의 효력

소형선박 소유권의 득실변경(得失變更)은 등록을 하여야 그 효력이 생긴다(법 제8조의2).

등록소형선박에 대한 소유권변동은 등록을 효력발생요건으로 규정한 것으로, 「민법」이 부동산 물권에 대한 등기의 대항요건주의를 취한 것이나 동산에 대하여 점유를 효력발생요건으로 한 기존 법 규정에 대한 중대한 변경을 의미하는 것이다.

2. 압류등록

소형선박 등록관청은 「민사집행법」에 따라 법원에서 압류등록을 위촉하거나 「국세징수법」 또는 「지방세기본법」에 따라 행정관청에서 압류등록을 위촉하는 경우에는 해당 소형선박의 등록원부에 대통령령으로 정하는 바에 따라 압류등록을 하고 선박소유자에게 통지하여야 한다(법 제8조의3).[64] 이 외에도 소형선박의 저당권의 설정과 관련해서는 「자동차 등 특정동산 저당법」이 특별법으로 제정되어 있다.

「선박법 시행령」

제2조의2(소형선박의 압류등록) 지방해양항만청장(지방해양항만청 해양사무소장을 포함하며, 이하 "지방청장"이라 한다)은 법 제8조의3에 따라 소형선박에 대한 압류등록을 위촉받았을 때에는 선박원부(船舶原簿)에 압류등록을 하고, 지체 없이 선박소유자에게 통지하여야 한다.

제4절 | 선박톤수의 측정

제1관 선박톤수

1. 개념

선박의 톤수는 선박의 크기 또는 유용능력을 나타내기 위하여 사용되는 지표로서, 선박의 크기나 적재능력을 나타내거나 조세부과의 기준 등으로 사용된다.

선박톤수는 사용목적에 따라 용적의 개념에 따른 용적톤수와 중량의 개념에 따른 중량톤수로 크게 나눌 수 있다. 용적톤수로는 폐위된 장소의 합계용적을 기초로 하여 선박 전체

---

64) 대법원 1987.11.24. 선고 87누593 판결 : 「국세징수법」 제45조의 규정은 「선박등기법」의 적용대상이 되어 등기할 수 있는 선박에 관한 압류절차를 정한 것으로 해석되고, 부선에 대하여는 관할해운관청에 해운항만청 훈령인 「부선등록사무처리요령」에 의하여 부선등록원부가 작성 비치되어 있으나 이는 부선소유자의 의뢰를 받아 그 부선에 관한 소유권을 등록받아 놓은 것에 불과하고 부선등록원부에의 등록만으로는 권리의 설정, 보존, 이전, 변경, 처분의 제한 또는 소멸 등 어떠한 효력도 발생하는 것이 아니어서 부선등록원부에의 등록과 선박에 관한 등기를 동일하게 볼 수 없으므로 등기할 선박이 아닌 선박에 대하여는 「국세징수법」 제38조 규정에 의한 동산의 압류절차에 의하여 압류를 하여야 하고 「국세징수법」 제45조에 의하여 소관등기소에 압류촉탁을 하여 압류하거나 부선등록원부를 비치하고 있는 관할항만청에 압류촉탁을 하여 압류할 수는 없다.

의 크기를 나타내는 총톤수와 여객 또는 화물의 운송에 제공되는 장소의 합계용적으로서 선박의 유용능력을 나타내는 순톤수가 있다. 중량톤수로는 여객 또는 화물을 만재한 상태에서 선박의 중량을 나타내는 만재배수톤수, 주로 화물의 적재 가능한 중량을 나타내는 재화중량톤수, 선박 자체의 중량을 나타내는 경하배수톤수 등이 있다.

2. 선박톤수의 종류

이 법에서 사용하는 선박톤수의 종류는 다음 각 호와 같다(법 제3조 제1항).

1. 국제총톤수: 「1969년 선박톤수측정에 관한 국제협약」(이하 "협약"이라 한다) 및 협약의 부속서(附屬書)[65]에 따라 주로 국제항해에 종사하는 선박에 대하여 그 크기를 나타내기 위하여 사용되는 지표를 말한다.
2. 총톤수: 우리나라의 해사에 관한 법령을 적용할 때 선박의 크기를 나타내기 위하여 사용되는 지표를 말한다.
3. 순톤수: 협약 및 협약의 부속서에 따라 여객 또는 화물의 운송용으로 제공되는 선박 안에 있는 장소의 크기를 나타내기 위하여 사용되는 지표를 말한다.
4. 재화중량톤수: 항행의 안전을 확보할 수 있는 한도에서 선박의 여객 및 화물 등의 최대적재량을 나타내기 위하여 사용되는 지표를 말한다.

법 제3조 제1항 각 호의 선박톤수의 측정기준은 해양수산부령으로 정한다(법 제3조 제2항).[66]

---

65) 1969년 유엔의 산하기구인 IMO에 의해 채택되어 1982년 7월 18일부터 적용되고 있는 국제협약이다. 이 협약이 발효되기 이전에는 선박 전체의 용적을 100 입방피트(2.83238 m^3)를 1톤으로 삼아 측정하였고, 선창(船艙,hold)의 부피는 40 입방피트(1.1327 m^3)를 1톤으로 삼아 측정하였다. 그리고 총톤수(gross registered tonnage)는 이른바 제외(exemption) 공간(기관실, 조타실, 취사장, 변소 등과 기타 선박의 안전과 위생에 이용되는 장소)을 제외한 공간을 의미하였다. 순톤수(net registered tonnage)는 공제 공간, 즉 기관실, 선원실, 계단, 연료 및 밸러스트 탱크, 통신실과 기타 선박의 안전과 위생에 이용되는 장소를 공제한 공간이었다. 그런데 이러한 공간들에 대한 측정이 복잡한데다, 100 입방피트라는 측정단위도 개정해야 할 필요에서, 이 협약이 발효된 1982년부터는 선박 용적의 측정단위를 m^3로 간략화하였다; 「最新 海運・物流用語大辭典(제10 개정증보판)」, (코리아쉬핑가제트, 2006), 518-519쪽.

66) 선박의 톤수 측정에 대하여는 해양수산부령으로 「선박톤수의 측정에 관한 규칙」이 제정되어 있다.

「선박법 시행규칙」

제4조(총톤수의 측정 및 선박 총톤수 측정증명서의 발급 등)
① 지방청장 또는 영사는 제3조 제1항에 따른 신청을 받았을 때에는 「선박톤수의 측정에 관한 규칙」에 따라 선박의 총톤수를 측정한 후 해양수산부장관이 정하는 서식에 따른 총톤수계산서(이하 "총톤수계산서"라 한다)를 작성하여야 한다.
② 지방청장 또는 영사는 제1항에 따라 총톤수의 측정을 하였을 때에는 별지 제3호서식에 따른 선박 총톤수 측정증명서를 신청인에게 발급하여야 한다.
③ 지방청장 또는 영사는 제1항 및 제2항에도 불구하고 다음 각 호의 어느 하나에 해당하는 선박(제3호에 해당하는 선박인 경우에는 부분측정을 받은 부분을 말한다)의 경우에는 총톤수를 측정하지 아니하고 총톤수계산서를 작성하거나 제2항에 따른 선박 총톤수 측정증명서를 신청인에게 발급할 수 있다.
1. 「1969년 선박톤수 측정에 관한 국제협약」에 가입하고 우리나라와 국교를 수립한 외국정부(이하 "외국정부"라 한다) 또는 해당 외국정부가 공인한 기관으로부터 총톤수의 측정을 받은 선박
2. 「선박안전법」 제45조에 따른 선박안전기술공단(이하 "공단"이라 한다) 또는 같은 법 제60조 제2항에 따른 선급법인(이하 "선급법인"이라 한다)으로부터 총톤수의 측정을 받은 선박
3. 제6조에 따라 부분측정을 받은 선박

「선박톤수의 측정에 관한 규칙」

제37조(순톤수의 산정)
① 순톤수는 제1호 및 제2호의 값을 합산한 값(여객정원이 13인 미만인 선박에서는 제1호의 값)에 용적톤을 붙인 것으로 한다.
1. 화물적재장소의 합계용적에서 당해 화물적재장소에 포함된 제외장소의 합계용적을 뺀 값에 다음 산식에 의하여 산정되는 계수를 곱하여 얻은 값(그 값이 국제총톤수의 100분의 25가 되지 아니하는 경우에는 당해 국제총톤수의 100분의 25)

$(0.2 + 0.02 \log_{10} Vc) \times (4d/3D)^2$

Vc는 화물적재장소의 합계용적에서 당해 화물적재장소에 포함되어 있는 제외장소의 합계용적을 뺀 값
D는 선박길이의 중앙에서의 형깊이
d는 선박길이의 중앙에서 형깊이의 하단으로부터 기준흘수선까지의 수직거리(기준흘수선이 정하여지지 아니한 선박은 형깊이의 75퍼센트)

$(4d/3D)^2$

T는 국제총톤수
N_1은 정원 8인 이하의 여객실에 대한 여객정원의 수
N_2는 여객정원의 총수에서 N_1을 뺀 수
② 기준흘수선의 위치나 여객정원에 대하여 경미한 변경(당해 변경에 의하여 폐위장소 · 화물적재장소 또는 제외장소의 용적에 변경을 일으키지 아니하는 것을 말한다)이 있는 경우 그 변경에 의하여 순톤수의 값이 감소하는 선박의 순톤수는 법 제13조의 규정에 의한 국제톤수증서 또는 국제톤수확인서가 최초로 교부된 날(순톤수의 변경에 관하여 개서교부를 받은 경우에는 최후로 개서교부를 받는 날)로부터 기산하여 1년간은 당해 변경점의 기준흘수선의 위치 또는 여객정원수에 의하여 산정한다. 다만, 침상이 설치되지 아니한 상태로 많은 여객을 수송하는 여객선은 그러하지 아니하다.
③ 제1항의 규정에 의하여 산정된 순톤수가 국제총톤수의 100분의 30 미만일 때에는 100분의 30으로 한다.

3. 다른 법률과의 관계

선박톤수의 측정기준에 관하여는 다른 법률에 특별한 규정이 있는 경우를 제외하고는 이 법에서 정하는 바에 따른다(법 제4조).

제2관 톤수의 측정

1. 의의

선박의 톤수측정이라 함은 일정한 기준에 따라 선박의 치수를 재어 그 용적 또는 중량을 산정하고 톤수를 결정하기 위하여 행하는 일련의 행위를 말한다. 선박의 톤수는 안전 규칙의 적용기준으로 되고, 각종 과세, 수수료 등의 징수기준이 되는 등 해사에 관한 제도 전반에 넓게 사용되고 있다. 그러므로 법령의 공평한 적용을 확보하기 위하여 국가의 책임으로 톤수를 측정하는 것이 세계적인 관행이다.

톤수측정에 관하여 종전에는 국제적으로 통일된 기준이 없었고, 각 국이 독자적인 방법을 채용한 결과, 톤수에 대한 기준이 국가별로 다르기 때문에 국가 간의 공평성과 통일성을 확보하기 어려웠다. 이러한 상황을 개선하기 위하여 정부간해사자문기구(International Maritime Consultative Organisation: IMCO)[67]가 1969년 6월에 「선박의 톤수측정에 관한 국제협약」(International Convention of Tonnage Measurement of Ships, 1969)을 채택하게 되었다. 우리나라는 1980년 1월에 이 협약을 수락하였는데 동 협약은 1982년 7월 18일에 발효하였으므로 우리나라도 이 협약의 원칙에 따라서 「선박법」 등 관계법령을 개정하였다.

2. 선박톤수측정의 신청

한국선박의 소유자는 대한민국에 선적항(船籍港)을 정하고 그 선적항 또는 선박의 소재지를 관할하는 지방해양항만청장(지방해양항만청 해양사무소장을 포함한다. 이하 "지방해양항만청장"이라 한다)에게 선박의 총톤수의 측정을 신청하여야 한다(법 제7조 제1항). 선적항을 관할하는 지방해양항만청장은 선박의 소재지를 관할하는 지방해양항만청장에게 선박톤수를 측정하게 할 수 있다(법 제7조 제2항). 외국에서 취득한 선박을 외국 각 항간에서 항

67) 국제해사기구(IMO)의 전신으로서 유엔의 전문기구의 중 하나로 국제해운의 기술, 안전 및 해양오염방지 등에 관한 국제적 기준을 설정하고 해상안전을 주도하기 위하여 설립된 정부간해사자문기구를 말한다. 조직, 업무 및 활동범위가 확대됨에 따라 1982년 5월 22일부터 국제해사기구로 개칭하였다; 「最新 海運・物流用語大辭典(제10개정증보판)」, (코리아쉬핑가제트, 2006), 524쪽 참조.

행시키는 경우 선박소유자는 대한민국 영사에게 그 선박톤수의 측정을 신청할 수 있다(법 제7조 제3항). 선박톤수의 측정을 위한 신청에 필요한 사항은 해양수산부령으로 정한다(법 제7조 제4항).

「선박법 시행령」

제2조(선적항)
① 「선박법」(이하 "법"이라 한다) 제7조제1항에 따른 선적항(船籍港)은 시 · 읍 · 면의 명칭에 따른다.
② 선적항으로 할 시 · 읍 · 면은 선박이 항행할 수 있는 수면에 접한 곳으로 한정한다.
③ 선적항은 선박소유자의 주소지에 정한다. 다만, 다음 각 호의 어느 하나에 해당하는 경우에는 선박소유자의 주소지가 아닌 시 · 읍 · 면에 정할 수 있다.
1. 국내에 주소가 없는 선박소유자가 국내에 선적항을 정하려는 경우
2. 선박소유자의 주소지가 선박이 항행할 수 있는 수면에 접한 시 · 읍 · 면이 아닌 경우
3. 「제주특별자치도 설치 및 국제자유도시 조성을 위한 특별법」 제443조제1항에 따라 선박등록특구로 지정된 개항을 같은 조 제2항에 따라 선적항으로 정하려는 경우
4. 그 밖에 소유자의 주소지 외의 시 · 읍 · 면을 선적항으로 정하여야 할 부득이한 사유가 있는 경우

「선박법 시행규칙」

제3조(총톤수의 측정신청)
① 법 제7조제1항 및 제3항에 따라 선박의 총톤수 측정을 신청하려는 자는 별지 제2호서식의 선박 총톤수 측정신청서에 다음 각 호의 구분에 따른 서류를 첨부하여 해당 선박의 선적항 또는 소재지를 관할하는 지방해양항만청장(지방해양항만청 해양사무소장을 포함하며, 이하 "지방청장"이라 한다)이나 해당 선박의 소재지를 관할하는 대한민국 영사(이하 "영사"라 한다)에게 제출하여야 한다.
1. 「선박톤수의 측정에 관한 규칙」 제10조제2항에 따른 측정길이(이하 "측정길이"라 한다)가 24미터 이상인 선박
   가. 일반배치도
   나. 선체선도(船體線圖)(제4조제3항제1호에 해당하는 선박의 경우는 제외한다)
   다. 중앙횡단면도
   라. 강재(재료)배치도
   마. 상부구조도
   바. 제4조제1항에 따른 총톤수계산서(제6조에 따라 총톤수의 부분측정을 받은 선박으로 한정한다)
   사. 선체 외면에 붙어 있는 구조물의 설계도서(총톤수의 계산과 관련된 경우로 한정한다)
2. 측정길이가 24미터 미만인 선박
   가. 선체 밖에 기관을 붙인 선박으로서 그 기관을 선체로부터 분리할 수 있는 선박: 없음
   나. 측정길이가 12미터 미만인 기선(가목의 선박은 제외한다)과 범선: 제1호가목의 서류
   다. 가목 및 나목의 선박 외의 선박: 제1호가목 및 다목의 서류
3. 수면비행선박: 제1호가목부터 라목까지 및 사목의 서류
② 제1항에 따른 신청을 받은 지방청장 또는 영사는 선박의 총톤수 측정에 필요하다고 인정하는 경우에는 제1항 각 호에 따른 서류 외에 해당 선박의 조선지(造船地) · 조선자(造船者) · 진수일(進水日) 및 선박원명(船舶原名)을 증명할 수 있는 서류를 추가로 제출하게 할 수 있다.

제4조(총톤수의 측정 및 선박 총톤수 측정증명서의 발급 등)
① 지방청장 또는 영사는 제3조제1항에 따른 신청을 받았을 때에는 「선박톤수의 측정에 관한 규칙」에 따라 선박의 총톤수를 측정한 후 해양수산부장관이 정하는 서식에 따른 총톤수계산서(이하 "총톤

수계산서"라 한다)를 작성하여야 한다.

② 지방청장 또는 영사는 제1항에 따라 총톤수의 측정을 하였을 때에는 별지 제3호서식에 따른 선박 총톤수 측정증명서를 신청인에게 발급하여야 한다.

③ 지방청장 또는 영사는 제1항 및 제2항에도 불구하고 다음 각 호의 어느 하나에 해당하는 선박(제3호에 해당하는 선박인 경우에는 부분측정을 받은 부분을 말한다)의 경우에는 총톤수를 측정하지 아니하고 총톤수계산서를 작성하거나 제2항에 따른 선박 총톤수 측정증명서를 신청인에게 발급할 수 있다.

1. 「1969년 선박톤수 측정에 관한 국제협약」에 가입하고 우리나라와 국교를 수립한 외국정부(이하 "외국정부"라 한다) 또는 해당 외국정부가 공인한 기관으로부터 총톤수의 측정을 받은 선박
2. 「선박안전법」 제45조에 따른 선박안전기술공단(이하 "공단"이라 한다) 또는 같은 법 제60조제2항에 따른 선급법인(이하 "선급법인"이라 한다)으로부터 총톤수의 측정을 받은 선박
3. 제6조에 따라 부분측정을 받은 선박

제5조(총톤수의 개측신청)

① 선박의 구조변경 등으로 총톤수가 변경된 선박의 소유자는 해당 선박의 선적항 또는 소재지를 관할하는 지방청장이나 해당 선박의 소재지를 관할하는 영사에게 선박의 총톤수의 개측을 신청할 수 있다.

② 제1항에 따라 선박 총톤수의 개측을 신청하려는 자는 별지 제2호서식의 선박 총톤수 측정신청서에 변경된 부분의 구조 및 배치 등에 관한 설계도서를 첨부하여 제1항에 따른 지방청장 또는 영사에게 제출하여야 한다.

③ 제1항에 따른 개측에 관하여는 제4조를 준용한다. 이 경우 "측정"은 "개측"으로 본다.

제6조(총톤수의 부분측정 신청) ① 대한민국 선박(이하 "한국선박"이라 한다)으로 등록할 목적으로 건조 중인 선박의 소유자는 해당 건조 장소로부터 가장 가까운 거리에 있는 지방청장 또는 영사에게 총톤수의 부분측정을 신청할 수 있다.

② 제1항에 따른 총톤수의 부분측정에 관하여는 제3조제1항 및 제4조제1항을 준용한다. 이 경우 "측정"은 "부분측정"으로 본다.

③ 지방청장 또는 영사는 제2항에 따라 준용되는 제4조제1항에 따라 총톤수계산서를 작성하였을 때에는 이를 신청인에게 발급하여야 한다.

제7조(재화중량톤수의 측정신청)

① 법 제7조제4항에 따라 재화중량톤수의 측정 또는 개측을 신청하려는 자는 별지 제4호서식의 재화중량톤수 측정신청서에 다음 각 호의 서류를 첨부하여 해당 선박의 선적항 또는 소재지를 관할하는 지방청장이나 해당 선박의 소재지를 관할하는 영사에게 제출하여야 한다. 다만, 제3조 또는 제5조에 따라 총톤수의 측정 또는 총톤수의 개측을 받은 자가 선적항을 관할하는 지방청장에게 신청하는 경우에는 제4호의 서류만 제출한다.

1. 일반배치도
2. 선체선도
3. 중앙횡단면도
4. 배수량등곡선도
5. 변경된 부분의 구조 및 배치 등에 관한 설계도서(재화중량톤수 개측의 경우만 해당한다)
6. 선체 외면에 붙어 있는 구조물의 설계도서(재화중량톤수의 계산과 관련된 경우로 한정한다)

② 지방청장 또는 영사는 제1항에 따른 신청을 받았을 때에는 「선박톤수의 측정에 관한 규칙」에 따라 재화중량톤수를 측정 또는 개측한 후 해양수산부장관이 정하는 서식에 따른 재화중량톤수계산서를 작성하여야 한다.

③ 지방청장 또는 영사는 제2항에 따라 재화중량톤수를 측정 또는 개측하였을 때에는 별지 제5호서식에 따른 재화중량톤수증서를 신청인에게 발급하여야 한다.

④ 제1항에 따른 재화중량톤수의 측정 또는 개측에 관하여는 제4조제3항(같은 항 제3호는 제외한다)

을 준용한다. 이 경우 "총톤수"는 "재화중량톤수"로, "선박 총톤수 측정증명서"는 "재화중량톤수증서"로 본다.

⑤ 제3항에 따른 재화중량톤수증서를 발급받은 자가 그 증서를 훼손하거나 분실한 경우에는 별지 제5호의2서식에 따른 재발급신청서(전자문서로 된 신청서를 포함한다)에 다음 각 호의 구분에 따른 서류를 첨부하여 지방청장이나 영사에게 재발급을 신청할 수 있다.

1. 재화중량톤수증서를 훼손한 경우: 해당 재화중량톤수증서
2. 재화중량톤수증서를 분실한 경우: 분실 사유서

⑥ 제5항에 따라 재발급 신청을 받은 지방청장 또는 영사는 재화중량톤수증서를 신청인에게 재발급하여야 한다.

⑦ 해당 선박의 선적항 외의 구역을 관할하는 지방청장이 제6항에 따라 재화중량톤수증서를 재발급한 경우에는 지체 없이 관련 서류를 선적항을 관할하는 지방청장에게 보내야 한다.

제8조(선박톤수 등의 측정 장소)

① 제3조 또는 제5조부터 제7조까지의 규정에 따른 선박톤수의 측정 또는 개측은 「항만법」 제2조제4호에 따른 항만구역(이하 이 조에서 "항만구역"이라 한다) 또는 「어촌 · 어항법」 제2조제4호에 따른 어항구역(이하 이 조에서 "어항구역"이라 한다)에서 한다. 다만, 선박의 구조 또는 항로의 상황이나 그 밖의 부득이한 사유로 선박을 항만구역 또는 어항구역까지 항행시킬 수 없는 경우에는 선박톤수의 측정 또는 개측을 신청하는 자의 신청에 따라 해당 구역 외의 장소에서 할 수 있으며, 제6조에 따른 부분측정의 경우에는 해당 선박의 건조 장소에서 할 수 있다.

② 외국에서 선박톤수의 측정을 하는 경우에는 제1항에도 불구하고 해양수산부장관 또는 영사가 정하는 장소에서 한다.

제9조(톤수 측정 관련 서류의 송부) 선박의 소재지를 관할하는 지방청장이 선박톤수를 측정 또는 개측하였을 때에는 지체 없이 해당 선박의 선적항을 관할하는 지방청장에게 총톤수계산서 등 톤수 측정에 관한 서류를 보내야 한다.

---

3. 선박톤수 측정 등의 대행

가. 대행업무

해양수산부장관 또는 지방해양항만청장은 「선박안전법」 제45조에 따른 선박안전기술공단(이하 "공단"이라 한다) 및 같은 법 제60조 제2항에 따른 선급법인(船級法人)(이하 "선급법인"이라 한다)으로 하여금 다음 각 호의 업무를 대행하게 할 수 있다(법 제29조의2 제1항).

1. 법 제7조에 따른 선박톤수의 측정
2. 법 제13조에 따른 국제총톤수 · 순톤수의 측정, 국제톤수증서 또는 국제톤수확인서의 발급

나. 대상 선박

해양수산부장관이 법 제29조의2 제1항에 따라 공단 및 선급법인(이하 "대행기관"이라 한다)으로 하여금 그 업무를 대행하게 하는 선박은 다음 각 호의 구분에 따른다(법 제29조의2 제2항).

1. 공단: 선급법인에 대행하게 하는 선박 외의 선박
2. 선급법인: 선급법인에 선급의 등록을 하였거나 등록을 하려는 선박

다. 대행절차

대행기관은 법 제29조의2 제1항에 따른 대행 업무에 관하여 해양수산부령으로 정하는 바에 따라 해양수산부장관에게 보고하여야 한다(법 제29조의2 제3항). 해양수산부장관은 법 제29조의2 제3항에 따라 대행기관이 보고한 대행 업무에 관하여 그 처리 내용을 확인하고 이 법 또는 이 법에 따른 명령을 위반한 사실이 발견된 때에는 필요한 조치를 하여야 한다(법 제29조의2 제4항). 법 제29조의2 제1항에 따른 업무대행에 필요한 사항은 대통령령으로 정한다(법 제29조의2 제5항).

「선박법 시행령」

제11조의2(대행 업무의 협의 등)
① 법 제29조의2제1항에 따라 해양수산부장관 또는 지방청장이 「선박안전법」 제45조제1항에 따른 선박안전기술공단(이하 "공단"이라 한다) 또는 같은 법 제60조제2항에 따른 선급법인(이하 "선급법인"이라 한다)으로 하여금 업무를 대행하게 하려는 경우에는 미리 그 업무의 범위를 정하여 공단 또는 선급법인과 협의하여야 한다.
② 제1항에 따라 해양수산부장관 또는 지방청장이 공단 또는 선급법인으로 하여금 업무를 대행하게 하거나 업무대행을 취소하였을 때에는 그 사실을 고시하여야 한다.
③ 공단 또는 선급법인이 대행하는 업무의 처리방법 등에 관하여 필요한 사항은 해양수산부장관 또는 지방청장이 따로 정한다.

「선박법 시행규칙」

제33조(대행 업무의 보고) 대행기관은 법 제29조의2제3항에 따라 선박총톤수 측정 등의 대행 실적을 매 반기 종료일부터 14일 이내에 해당 선박의 선적항을 관할하는 지방해양항만청장에게 보고하여야 한다.

제3관 국제톤수증서의 발행 등

1. 국제톤수증서

길이 24미터 이상인 한국선박의 소유자[그 선박이 공유(共有)로 되어 있는 경우에는 선박관리인, 그 선박이 대여된 경우에는 선박임차인을 말한다. 이하 이 조에서 같다]는 해양수산부장관으로부터 국제톤수증서(국제총톤수 및 순톤수를 적은 증서를 말한다. 이하 같다)를 발급받아 이를 선박 안에 갖추어 두지 아니하고는 그 선박을 국제항해에 종사하게 하여

서는 아니 된다(법 제13조 제1항). 해양수산부장관은 법 제13조 제1항에 따라 국제톤수증서의 발급신청을 받으면 해당 선박에 대하여 국제총톤수 및 순톤수를 측정한 후 그 신청인에게 국제톤수증서를 발급하여야 한다(법 제13조 제2항).

한국선박이 다음 각 호의 어느 하나에 해당하게 된 때에는 선박소유자는 그 사실을 안 날부터 30일 이내에 선적항을 관할하는 지방해양항만청장에게 신고하여야 한다(법 제13조 제4항).

1. 법 제22조 제1항 각 호에 해당하게 된 때
2. 국제항해에 종사하지 아니하게 된 때
3. 선박의 길이가 24미터 미만으로 된 때

2. 국제톤수확인서

길이 24미터 미만인 한국선박의 소유자가 그 선박을 국제항해에 종사하게 하려는 경우에는 해양수산부장관으로부터 국제톤수확인서[국제총톤수 및 순톤수를 적은 서면(書面)을 말한다. 이하 같다]를 발급받을 수 있다(법 제13조 제5항). 국제톤수확인서에 관하여는 법 제13조 제2항 및 제4항을 준용한다. 이 경우 "국제톤수증서"는 "국제톤수확인서"로, "길이가 24미터 미만"은 "길이가 24미터 이상"으로 본다(법 제13조 제6항). 국제톤수증서와 국제톤수확인서의 발급에 필요한 사항은 해양수산부령으로 정한다(법 제13조 제7항).

「선박법 시행규칙」

제18조(국제톤수증서 등의 발급)

① 법 제13조제1항 및 제5항에 따라 국제톤수증서 또는 국제톤수확인서를 발급받으려는 자는 별지 제14호서식의 국제톤수증서(국제톤수확인서) 발급신청서에 다음 각 호의 서류를 첨부하여 해당 선박의 선적항 또는 소재지를 관할하는 지방청장에게 제출하여야 한다. 다만, 제3조에 따라 총톤수의 측정을 받은 자가 선적항을 관할하는 지방청장에게 신청하는 경우에는 그 서류의 제출을 생략할 수 있다.

1. 일반배치도
2. 선체선도(제4조제3항제1호에 해당하는 선박의 경우는 제외한다)
3. 중앙횡단면도
4. 강재(재료)배치도
5. 상부구조도
6. 선체 외면에 붙어 있는 구조물의 설계도서[국제총톤수 및 순톤수(이하 "국제톤수"라 한다)의 계산과 관련된 경우로 한정한다]

② 지방청장은 제1항에 따른 신청을 받았을 때에는 「선박톤수의 측정에 관한 규칙」에 따라 국제톤수를 측정한 후 해양수산부장관이 정하는 서식에 따른 국제톤수계산서를 작성하여야 한다.

③ 지방청장은 제2항에 따라 국제톤수를 측정하였을 때에는 별지 제15호서식의 국제톤수증서 또는 별지 제16호서식의 국제톤수확인서를 신청인에게 발급하여야 한다.

④ 제2항에 따른 국제톤수의 측정에 관하여는 제8조 및 제9조를 준용한다. 이 경우 "선박톤수"는 "국제톤수"로 본다.
⑤ 국제톤수증서 또는 국제톤수확인서의 재발급에 관하여는 제7조제5항부터 제7항까지의 규정을 준용한다. 이 경우 "재화중량톤수증서"는 "국제톤수증서 또는 국제톤수확인서"로 본다.

제19조(국제톤수증서 등의 변경발급)
① 선박의 소유자는 다음 각 호의 어느 하나에 해당하는 변경이 있는 경우에는 해당 선박의 선적항 또는 소재지를 관할하는 지방청장에게 선박의 국제톤수증서 또는 국제톤수확인서의 변경발급을 신청할 수 있다.
1. 선박의 구조변경 등에 따른 국제톤수의 변경
2. 제11조제1항에 따른 등록사항 중 선박의 명칭 · 선박번호 · 호출부호 및 선적항의 변경
② 제1항에 따라 국제톤수증서 또는 국제톤수확인서의 변경발급을 신청하려는 자는 별지 제17호서식의 국제톤수증서(국제톤수확인서) 변경발급신청서에 다음 각 호의 서류를 첨부하여 제1항에 따른 지방청장에게 제출하여야 한다.
1. 국제톤수증서 또는 국제톤수확인서
2. 변경된 부분의 구조 및 배치 등에 관한 설계도서(제1항제1호만 해당한다)
3. 선박국적증서 사본(제1항제2호만 해당한다)
③ 지방청장은 제1항제1호에 따른 신청을 받았을 때에는 「선박톤수의 측정에 관한 규칙」에 따라 국제톤수를 개측한 후 해양수산부장관이 정하는 서식에 따른 국제톤수계산서를 작성하여야 한다.
④ 제3항에 따른 국제톤수의 개측에 관하여는 제8조, 제9조 및 제18조제3항을 준용한다. 이 경우 "선박톤수"는 "국제톤수"로, "측정"은 "개측"으로 본다.

제20조(선박 멸실 등에 관한 신고) 법 제13조제4항에 따라 선박의 멸실 등에 관한 신고를 하려는 자는 별지 제18호서식에 따른 선박 멸실 등 신고서를 해당 선박의 선적항을 관할하는 지방청장에게 제출하여야 한다.

제5절 | 보칙 및 벌칙

제1관 외국에서의 사무처리 등

1. 외국에서의 사무처리

외국에서 해양수산부장관 또는 지방해양항만청장의 사무를 처리하는 경우에는 대한민국 영사가 한다(법 제28조).

「선박법 시행규칙」

제32조(외국에서의 사무처리 관련 서류의 송부) 법 제28조에 따라 영사가 외국에서 해양수산부장관 또는 지방청장의 사무를 처리하였을 때에는 지체 없이 관련 서류를 외교부장관을 거쳐 해양수산부장관에게 보내야 한다.

2. 수수료

이 법에 따라 허가, 인가, 등록, 톤수의 측정 또는 증서의 발급 등을 받으려는 자는 해양수산부령으로 정하는 바에 따라 수수료를 내야 한다(법 제30조 제1항). 대행기관은 법 제30조 제1항 단서에 따라 수수료를 정하려는 해양수산부령으로 정하는 절차에 따라 그 요율 등을 정하여 미리 해양수산부장관의 승인을 받아야 한다. 승인을 받은 사항을 변경할 때에도 또한 같다(법 제30조 제2항). 법 제30조 제1항 단서에 따라 대행기관이 수수료를 징수한 경우 그 수입은 해당 대행기관의 수입으로 한다(법 제30조 제3항).

「선박법 시행규칙」

제34조(수수료)
① 법 제30조에 따른 수수료는 별표 1 및 별표 2와 같다.
② 선박소유자의 신청에 따라 선박톤수의 측정 장소가 아닌 곳에서 선박톤수를 측정하기 위하여 관계 공무원이 출장하는 경우에 선박소유자는 지방청장이 정하는 여비를 내야 한다.
③ 법 제30조제2항에 따라 대행기관이 수수료의 요율 등을 정하거나 변경하려는 경우에는 그 수수료의 요율 등을 대행기관의 인터넷 홈페이지에 20일간 게시하여 이해관계자의 의견을 들어야 한다. 다만, 긴급한 경우에는 대행기관의 인터넷 홈페이지에 그 사유를 소명하고 정하거나 변경하려는 수수료의 요율을 10일간 게시할 수 있다.
④ 대행기관은 제3항에 따라 수렴한 이해관계자의 의견 등을 고려하여 수수료의 요율 등을 정한 후 해양수산부장관에게 서면으로 승인신청을 하여야 한다.
⑤ 해양수산부장관은 법 제30조제2항에 따라 수수료의 요율 등을 승인한 경우에는 이를 관보에 고시하여야 하며, 대행기관은 해양수산부장관의 승인을 받은 수수료의 요율 등을 해당 대행기관의 인터넷 홈페이지에 게시하여야 한다.

[별표 1]
선박톤수 측정 수수료(제34조제1항 관련)

1. 총톤수 측정 수수료 (단위: 원)

수수료의 종류 / 총톤수의 구분	측정 및 전부개측	부분측정 및 일부개측

5톤 미만	750	750
5톤 이상 10톤 미만	1,500	
10톤 이상 20톤 미만	2,250	
20톤 이상 50톤 미만	2,500	1,500
50톤 이상 100톤 미만	4,000	
100톤 이상 300톤 미만	6,000	2,000
300톤 이상 500톤 미만	8,000	
500톤 이상 1,000톤 미만	10,000	3,000
1,000톤 이상 2,000톤 미만	13,000	
2,000톤 이상 3,000톤 미만	16,000	5,000
3,000톤 이상 4,000톤 미만	20,000	
4,000톤 이상 6,000톤 미만	25,000	
6,000톤 이상 8,000톤 미만	30,000	
8,000톤 이상 10,000톤 미만	35,000	
10,000톤 이상 14,000톤 미만	40,000	
14,000톤 이상 20,000톤 미만	50,000	
20,000톤 이상 30,000톤 미만	60,000	
30,000톤 이상 50,000톤 미만	70,000	
50,000톤 이상	80,000	

비고

1) 상갑판하 전부, 구분갑판하 전부 또는 선체주부 전부의 용적 변경으로 인한 총톤수의 변경에 관한 개측은 전부개측으로 본다.
2) 외국에서 총톤수를 측정받으려는 경우에는 해당 수수료의 4배에 해당하는 금액을 수수료로 내야 한다.
3) 공휴일에 총톤수의 측정을 받으려는 경우에는 해당 수수료의 50퍼센트를 가산한 금액을 수수료로 내야 한다.

2. 재화중량톤수 측정 수수료 (단위: 원)

수수료의 종류 / 총톤수의 구분	측정 및 전부개측	부분측정 및 일부개측
500톤 미만	8,000	2,000
500톤 이상 1,000톤 미만	10,000	3,000
1,000톤 이상 2,000톤 미만	13,000	

2,000톤 이상 3,000톤 미만	16,000	5,000
3,000톤 이상 4,000톤 미만	20,000	
4,000톤 이상 6,000톤 미만	25,000	
6,000톤 이상 8,000톤 미만	30,000	
8,000톤 이상 10,000톤 미만	35,000	
10,000톤 이상 14,000톤 미만	40,000	5,000
14,000톤 이상 20,000톤 미만	50,000	
20,000톤 이상 30,000톤 미만	60,000	
30,000톤 이상 50,000톤 미만	70,000	
50,000톤 이상	80,000	

비고
1) 상갑판하 전부, 구분갑판하 전부 또는 선체주부 전부의 용적 변경으로 인한 재화중량톤수의 변경에 관한 개측은 전부개측으로 본다.
2) 외국에서 재화중량톤수를 측정받으려는 경우에는 해당 수수료의 4배에 해당하는 금액을 수수료로 내야 한다.
3) 공휴일에 재화중량톤수의 측정을 받으려는 경우에는 해당 수수료의 50퍼센트를 가산한 금액을 수수료로 내야 한다.

3. 국제톤수 측정 수수료 (단위: 원)

수수료의 종류 / 총톤수의 구분	측정 및 전부개측		부분측정 및 일부개측	
	갑선박	을선박	갑선박	을선박
50톤 미만	1,500	2,500	900	1,500
50톤 이상 100톤 미만	2,400	4,000		
100톤 이상 300톤 미만	3,600	6,000	1,200	2,000
300톤 이상 500톤 미만	4,800	8,000		
500톤 이상 1,000톤 미만	6,000	10,000	1,800	3,000
1,000톤 이상 2,000톤 미만	7,800	13,000		
2,000톤 이상 3,000톤 미만	9,600	16,000	3,000	5,000
3,000톤 이상 4,000톤 미만	12,000	20,000		
4,000톤 이상 6,000톤 미만	15,000	25,000		
6,000톤 이상 8,000톤 미만	18,000	30,000		
8,000톤 이상 10,000톤 미만	21,000	35,000		
10,000톤 이상 14,000톤 미만	24,000	40,000		
14,000톤 이상 20,000톤 미만	30,000	50,000		
20,000톤 이상 30,000톤 미만	36,000	60,000		
30,000톤 이상 50,000톤 미만	42,000	70,000		
50,000톤 이상	48,000	80,000		

비고
1) "갑선박"이란 총톤수의 측정을 받은 선박으로서 총톤수의 산정에 사용한 수치를 적용하는 선박을 말한다.
2) "을선박"이란 갑선박 외의 선박을 말한다.

3) 상갑판하 전부, 구분갑판하 전부 또는 선체주부 전부의 용적 변경으로 인한 국제톤수의 변경에 관한 개측은 전부개측으로 본다.
4) 기준흘수선 또는 여객정원수의 변경으로 인한 순톤수의 변경에 관한 개측은 일부개측으로 본다.
5) 외국에서 국제톤수를 측정받으려는 경우에는 해당 수수료의 4배에 해당하는 금액을 수수료로 내야 한다.
6) 공휴일에 국제톤수의 측정을 받으려는 경우에는 해당 수수료의 50퍼센트를 가산한 금액을 수수료로 내야 한다.

[별표 2]

선박의 등록신청 등 수수료(제34조제1항 관련) (단위: 원)

구분	수수료
1. 제10조에 따른 선박의 등록을 신청하는 경우	1,500
2. 제12조에 따라 선박국적증서를 발급받는 경우	500
3. 제13조제1항에 따른 선박원부의 등본 또는 초본의 발급을 신청하는 경우	1장당 100
4. 제14조제1항에 따른 임시선박국적증서의 발급을 신청하는 경우	500
5. 제15조제1항에 따른 선박국적증서 또는 임시선박국적증서의 영역서의 발급을 신청하는 경우	1,000
6. 제18조제1항 및 제19조제1항에 따른 국제톤수증서 · 국제톤수확인서의 발급 또는 그 변경발급을 신청하는 경우	1장당 2,000
7. 제21조제1항에 따른 선박원부 등록사항의 변경등록을 신청하는 경우	500
8. 제21조제2항에 따른 선적항의 변경(지방청장의 관할구역 안에서 변경하는 경우는 제외한다)을 수반하는 변경등록을 신청하는 경우	1,000
9. 제21조제3항에 따라 선박국적증서 및 선박국적증서 영역서를 다시 발급받는 경우	500
10. 제23조제1항에 따른 선박의 말소등록을 신청하는 경우	200
11. 그 밖에 각종 증서를 다시 발급받는 경우	500

비고

1) 위 표에도 불구하고 전자문서로 위 표의 제2호부터 제6호까지, 제9호 및 제11호에 따른 각종 증서를 발급받으려는 경우에는 그 수수료를 면제한다.
2) 수수료는 현금이나 수입인지로 납부하되, 정보통신망을 이용하여 전자화폐 및 전자결제 등의 방법으로 할 수 있다.

3. 권한의 위임

해양수산부장관은 이 법에 따른 권한의 일부를 대통령령으로 정하는 바에 따라 지방해양항만청장에게 위임할 수 있다(법 제31조).

「선박법 시행규칙」

제12조(권한의 위임) 해양수산부장관은 법 제31조에 따라 다음 각 호의 권한을 지방해양항만청장에

게 위임한다.
1. 법 제6조 단서에 따른 한국선박이 아닌 선박의 불개항장에의 기항(寄港) 허가 또는 국내 각 항간(港間)에서의 여객과 화물의 운송허가
2. 법 제13조에 따른 국제총톤수 또는 순톤수의 측정, 국제톤수증서 또는 국제톤수확인서의 발급
3. 법 제29조의2에 따른 대행조치 및 이와 관련된 업무, 대행 업무에 관한 보고의 수리, 대행 업무 처리 내용의 확인 및 필요한 조치
4. 법 제35조에 따른 과태료의 부과 · 징수

4. 규제의 재검토

「선박법 시행규칙」

제35조(규제의 재검토) 해양수산부장관은 다음 각 호의 사항에 대하여 다음 각 호의 기준일을 기준으로 2년마다(매 2년이 되는 해의 기준일과 같은 날 전까지를 말한다) 그 타당성을 검토하여 개선 등의 조치를 하여야 한다.
1. 제5조에 따른 총톤수의 개측신청: 2015년 1월 1일
2. 제6조에 따른 총톤수의 부분측정 신청: 2015년 1월 1일
3. 제7조에 따른 재화중량톤수의 측정신청: 2015년 1월 1일
4. 제14조에 따른 임시선박국적증서의 발급신청: 2015년 1월 1일

제2관 벌칙

1. 벌칙 적용 시의 공무원 의제
법 제29조의2에 따라 해양수산부장관의 업무를 대행하는 대행기관의 임직원은 「형법」 제129조부터 제132조까지의 규정을 적용할 때에는 공무원으로 본다(법 제31조의2).

2. 벌칙의 적용규정
선장의 직무를 대행하는 자에게는 법 제32조 · 제33조 및 제35조 제1항을 적용한다(법 제38조 제1항). 선박관리인 또는 상사회사나 그 밖의 법인의 대표자 또는 청산인(淸算人)에게는 제35조제2항을 적용한다(법 제38조 제3항).

3. 「형법」 공범례의 적용 배제
법 제32조 및 제33조에서 정한 죄에 대하여는 「형법」 제30조부터 제32조까지의 규정을 적용하지 아니한다(법 제39조).

4. 징역형
가. 국적 사칭 등
- 한국선박이 아니면서 국적을 사칭할 목적으로 대한민국 국기를 게양하거나 한국선박의 선박국적증서 또는 임시선박국적증서로 항행한 선박의 선장은 5년 이하의 징역 또는 5천만원 이하의 벌금에 처한다. 다만, 선박의 포획을 피하기 위하여 대한민국 국기를 게양한 경우에는 그러하지 아니하다(법 제32조 제1항).

- 한국선박이 국적을 사칭할 목적으로 대한민국 국기 외의 기장(旗章)을 게양한 경우에도 법 제32조 제1항과 같다(법 제32조 제2항).
- 법 제32조 제1항과 제2항의 경우에 죄질이 중(重)한 것은 해당 선박을 몰수할 수 있다(법 제32조 제3항).

나. 불개항장에의 기항 등

- 법 제6조 또는 제10조를 위반한 선박의 선장은 5년 이하의 징역 또는 5천만원 이하의 벌금에 처한다. 다만, 소형선박에 대하여는 그러하지 아니하다(법 제33조).

다. 부실 등록 등

- 공무원을 속여 선박원부에 부실(不實) 등록을 하게 한 사람은 5년 이하의 징역 또는 5천만원 이하의 벌금에 처한다(법 제34조 제1항).
- 법 제34조 제1항의 미수범은 처벌한다(법 제34조 제2항).

---

5. 과태료

가. 200만원 이하의 과태로

1) 법 제11조를 위반하여 대한민국 국기를 게양하지 아니한 선장에게는 200만원 이하의 과태료를 부과한다. 다만, 소형선박의 선장의 경우에는 그러하지 아니하다(법 제35조 제1항).
2) 다음 각 호의 어느 하나에 해당하는 선박소유자에게는 200만원 이하의 과태료를 부과한다(법 제35조 제2항).
   1. 법 제10조에 따른 선박국적증서 또는 임시선박국적증서를 갖추어 두지 아니한 경우(소형선박만 해당한다)
   2. 법 제11조에 규정된 사항을 선박에 표시하지 아니한 경우
   3. 법 제13조제1항을 위반하여 국제톤수증서를 갖추어 두지 아니하고 선박을 국제항해에 종사하게 한 경우
   4. 법 제13조제4항(제13조제6항에 따라 준용되는 경우를 포함한다)을 위반하여 선박의 멸실 등에 관한 신고를 하지 아니한 경우
   5. 법 제18조를 위반하여 변경등록의 신청을 하지 아니한 경우
   6. 법 제22조제2항에 따른 선박의 말소등록신청의 최고를 받고 그 기간에 이를 이행하지 아니한 경우
3) 법 제35조 제1항과 제2항에 따른 과태료는 대통령령으로 정하는 바에 따라 해양수산부장관 또는 지방해양항만청장이 부과 · 징수한다(법 제35조 제3항).

「선박법 시행령」

제13조(과태료의 부과기준) 법 제35조제1항 및 제2항에 따른 과태료의 부과기준은 별표와 같다.

[별표]

과태료의 부과기준(제13조 관련)

1. 일반기준

가. 위반행위의 횟수에 따른 과태료 부과기준은 최근 1년간 같은 위반행위로 과태료를 부과받은 경우에 적용한다. 이 경우 같은 위반행위로 과태료 부과처분을 한 날과 다시 같은 위반행위로 적발한 날을 기준으로 하여 위반횟수를 계산한다.

나. 하나의 위반행위가 둘 이상의 과태료 부과기준에 해당하는 경우에는 그 중 금액이 큰 과태료 부과기준을 적용한다.

다. 부과권자는 다음의 어느 하나에 해당하는 경우에는 제2호에 따른 과태료 금액의 2분의 1의 범위에서 그 금액을 감경할 수 있다. 다만, 과태료를 체납하고 있는 위반행위자의 경우에는 그러하지 아니하다.

1) 위반행위자가 「질서위반행위규제법 시행령」 제2조의2제1항 각 호의 어느 하나에 해당하는 경우

2) 위반행위가 사소한 부주의나 오류로 인한 것으로 인정되는 경우
3) 위반행위자의 법 위반상태를 시정하거나 해소하기 위한 노력이 인정되는 경우
4) 그 밖에 위반행위의 정도, 위반행위의 동기와 결과 등을 고려하여 감경할 필요가 있다고 인정되는 경우

라. 부과권자는 다음의 어느 하나에 해당하는 경우에는 제2호에 따른 과태료 금액의 2분의 1의 범위에서 그 금액을 가중할 수 있다. 다만, 법 제35조제1항 및 제2항에 따른 과태료 금액의 상한을 넘을 수 없다.

1) 위반의 내용·정도가 중대하여 소비자 등에게 미치는 피해가 크다고 인정되는 경우
2) 법 위반상태의 기간이 6개월 이상인 경우
3) 그 밖에 위반행위의 정도, 위반행위의 동기와 결과 등을 고려하여 가중할 필요가 있다고 인정되는 경우

2. 개별기준 (단위: 만원)

위반행위	근거 법조문	과태료 금액		
		1회 위반	2회 위반	3회 이상 위반
가. 선박소유자(소형선박의 소유자로 한정한다)가 법 제10조에 따른 선박국적증서 또는 임시선박국적증서를 갖추어 두지 않은 경우	법 제35조제2항제1호	10	20	30
나. 선장(소형선박의 선장은 제외한다)이 법 제11조를 위반하여 대한민국 국기를 게양하지 않은 경우	법 제35조제1항	50	100	200
다. 선박소유자가 법 제11조에 따른 사항을 선박에 표시하지 않은 경우	법 제35조제2항제2호	25 (소형선박은 5)	50 (소형선박은 10)	100 (소형선박은 20)
라. 선박소유자가 법 제13조제1항을 위반하여 국제톤수증서를 갖추어 두지 않고 선박을 국제항해에 종사하게 한 경우	법 제35조제2항제3호	25 (소형선박은 5)	50 (소형선박은 10)	100 (소형선박은 20)
마. 선박소유자가 법 제13조제4항(법 제13조제6항에 따라 준용되는 경우를 포함한다)을 위반하여 선박의 멸실 등에 관한 신고를 하지 않은 경우	법 제35조제2항제4호	15 (소형선박은 3)	30 (소형선박은 6)	50 (소형선박은 10)
바. 선박소유자가 법 제18조를 위반하여 변경등록의 신청을 하지 않은 경우	법 제35조제2항제5호	15 (소형선박은 3)	30(소형선박은 6)	50 (소형선박은 10)
사. 선박소유자가 법 제22조제2항에 따른 선박의 말소등록신청의 최고를 받고 그 기간에 이를 이행하지 않은 경우	법 제35조제2항제6호	25 (소형선박은 2.5)	50 (소형선박은 5)	100 (소형선박은 10)

4

선박안전법

제1절 | 총론

제1관 입법 목적

이 법은 선박의 감항성(堪航性) 유지 및 안전운항에 필요한 사항을 규정함으로써 국민의 생명과 재산을 보호함을 목적으로 한다(법 제1조).

법 제1조에서는 ① 선박의 감항성 유지에 관한 사항과 ② 선박의 안전운항을 위한 사항을 규정하여, 국민의 생명과 재산을 보호할 것을 입법 목적으로 밝히고 있다.[1] 선박은 해상

---

1) 대법원 1993.2.12, 선고, 91다43466, 판결 :

가. 공무원에게 부과된 직무상 의무의 내용이 단순히 공공 일반의 이익을 위한 것이거나 행정기관 내부의 질서를 규율하기 위한 것이 아니고 전적으로 또는 부수적으로 사회구성원 개인의 안전과 이익을 보호하기 위하여 설정된 것이라면, 공무원이 그와 같은 직무상 의무를 위반함으로 인하여 피해자가 입은 손해에 대하여는 상당인과관계가 인정되는 범위 내에서 국가가 배상책임을 지는 것이고, 이때 상당인과관계의 유무를 판단함에 있어서는 일반적인 결과발생의 개연성은 물론 직무상 의무를 부과하는 법령 기타 행동규범의 목적이나 가해행위의 태양 및 피해의 정도 등을 종합적으로 고려하여야 할 것이다.

나. 「선박안전법」이나 「유선및도선업법」의 각 규정은 공공의 안전 외에 일반인의 인명과 재화의 안전보장도 그 목적으로 하는 것이라고 할 것이므로 국가 소속 선박검사관이나 시 소속 공무원들이 직무상 의무를 위반하여 시설이 불량한 선박에 대하여 선박중간검사에 합격하였다 하여 선박검사증서를 발급하고, 해당 법규에 규정된 조치를 취함이 없이 계속 운항하게 함으로써 화재사고가 발생한 것이라면, 화재사고와 공무원들의 직무상 의무위반행위와의 사이에는 상당인과관계가 있다.

다. 선박 중에서 유선업에 제공되는 선박에 관하여는 유선및도선업법에 의한 규율을 받도록 하되, 그중 총톤수가 일정

항행에 종사하므로 육상과는 달리 해양기상으로 말미암은 특별한 위험이 따르고, 또 항해기간이 길어서 육상으로부터 격리된 고립무원의 상태에서 행동하는 경우가 많다. 그러므로 선박이 해상에서 흔히 예상되는 위험을 극복하고 안전하게 항행할 수 있는 성능, 즉 감항성을 갖추기 위한 시설이 필요하고, 만일 비상한 위험에 빠진 경우에 인명의 안전을 보전하기 위한 시설도 요구된다. 이외에도 선박의 안전운항을 위하여 필요한 각종 설비 등에 대한 형식승인 및 검사 등의 기준을 정하여 선박의 감항성과 운항안전성을 확보하는 것을 목적으로 하고 있다.

2014년 4월 발생한 세월호 사고로 선박 안전 관련 검사 및 시험의 책임소재가 불명확하므로 이를 명확히 할 필요가 있다는 점이 확인되었다. 세월호는 외국에서 도입된 중고선박으로 여객 정원을 늘리기 위하여 여객실의 일부를 증축하였는데, 이러한 여객실 증축은 선박의 복원성에 영향을 미칠 수 있는 사항임에도 불구하고 당시 법률에는 허가대상에서 제외되어 있어 선박검사만 받으면 증축이 가능하게 되어 있었다. 여객선의 경우 복원성을 떨어뜨리면서 정원이나 화물량을 늘리기 위하여 여객실 등 선박을 변경하거나 시설을 개조하는 것을 금지하고, 변경이나 개조를 위하여 선박소유자가 받아야 하는 허가사항을 현행 선박의 길이・너비 및 용도의 변경뿐만 아니라 선박시설의 개조에까지 확대하게 되었다.

또한, 국민의 안전과 재산을 보호하기 위한 선박결함 신고・확인 업무의 실효성을 높이기 위하여 누구든지 선박의 감항성 및 안전설비의 결함을 발견한 때에는 해양수산부장관에게 신고하도록 의무화하였다. 선박검사 대행기관에서 선박검사원에 의하여 실시한 선박검사에 대하여 불복해 해양수산부에 재검을 요청하는 경우 선박검사관은 재검사를 하도록 규정하고 있는데, 퇴직한 선박검사관이 선박검사원이 되어 실시할 경우 엄정한 재검을 할 수 있을 것인가에 대한 의구심이 있는바, 이를 방지하기 위하여 해양수산부 퇴직 공무원의 재취업금지규정을 신설하였다.

아울러, 세월호 사고의 원인으로 지적되고 있는 복원성 유지 의무를 위반한 자에 대한 처벌의 강화는 물론 선박의 구조・시설을 불법으로 변경하거나 화물의 고박을 규정대로 하

기준 이상인 선박에 대한 선박안전검사 등에 관하여는 보다 엄격하게 규정되어 있는 선박안전법에 의한 안전검사를 받도록 하고 그 대신 유선및도선업법에 규정되어 있는 안전검사는 받지 않아도 되는 것으로 일부 적용배제규정을 두고 있는 등 선박안전검사 등에 관하여 일부 선박안전법에 의한 규율을 받는다고 해서 유선및도선업법에 의한 규율이 전면적으로 배제되는 것은 아니다.

라. 유선업경영신고 또는 변경신고를 받은 시장, 군수가 유선및도선업법 제3조 제3항에 따라 지방해운항만청장에게 통지를 하였다고 하여 유선의 지도 운항 감독에 관하여 관할 시장, 군수에게 부여된 모든 감독책임이 국가 산하의 해운관청으로 이전되는 것이라고 보기는 어렵다.

지 아니한 자에 대한 처벌을 강화하였다.

제2관 용어의 정의

이 법에서 사용하는 용어의 정의는 다음과 같다(법 제2조).

1. "선박"이라 함은 수상(水上) 또는 수중(水中)에서 항해용으로 사용하거나 사용될 수 있는 것(선외기를 장착한 것을 포함한다)과 이동식 시추선・수상호텔 등 해양수산부령이 정하는 부유식 해상구조물을 말한다.
2. "선박시설"이라 함은 선체・기관・돛대・배수설비 등 선박에 설치되어 있거나 설치될 각종 설비로서 해양수산부령이 정하는 것을 말한다.
3. "선박용물건"이라 함은 선박시설에 설치・비치되는 물건으로서 해양수산부장관이 정하여 고시하는 것을 말한다.
4. "기관"이라 함은 원동기・동력전달장치・보일러・압력용기・보조기관 등의 설비 및 이들의 제어장치로 구성되는 것을 말한다.
5. "선외기(船外機)"라 함은 선박의 선체 외부에 붙일 수 있는 추진기관으로서 선박의 선체로부터 간단한 조작에 의하여 쉽게 떼어낼 수 있는 것을 말한다.
6. "감항성"이라 함은 선박이 자체의 안정성을 확보하기 위하여 갖추어야 하는 능력으로서 일정한 기상이나 항해조건에서 안전하게 항해할 수 있는 성능을 말한다.
7. "만재흘수선(滿載吃水線)"이라 함은 선박이 안전하게 항해할 수 있는 적재한도(積載限度)의 흘수선으로서 여객이나 화물을 승선 또는 적재하고 안전하게 항해할 수 있는 최대한도를 나타내는 선을 말한다.
8. "복원성"이라 함은 수면에 평형상태로 떠 있는 선박이 파도・바람 등 외력에 의하여 기울어졌을 때 원래의 평형상태로 되돌아오려는 성질을 말한다.
9. "여객"이라 함은 선박에 승선하는 자로서 다음 각 목에 해당하는 자를 제외한 자를 말한다.
   가. 선원
   나. 1세 미만의 유아
   다. 세관공무원 등 일시적으로 승선한 자로서 해양수산부령이 정하는 자
10. "여객선"이라 함은 13인 이상의 여객을 운송할 수 있는 선박을 말한다.
11. "소형선박"이라 함은 제27조제1항제2호의 규정에 따른 측정방법으로 측정된 선박길이가 12미터 미만인 선박을 말한다.
12. "부선(艀船)"이라 함은 다른 선박에 의하여 끌리거나 밀려서 항해하는 선박을 말한다.

13. “예인선(曳引船)”이라 함은 다른 선박을 끌거나 밀어서 이동시키는 선박을 말한다.
14. “컨테이너”라 함은 선박에 의한 화물의 운송에 반복적으로 사용되고, 기계를 사용한 하역 및 겹침방식의 적재(積載)가 가능하며, 선박 또는 다른 컨테이너에 고정시키는 장구가 부착된 것으로서 밑 부분이 직사각형인 기구를 말한다.
15. “산적화물선(散積貨物船)”이라 함은 곡물·광물 등 건화물(乾貨物)을 산적하여 운송하는 선박을 말한다.
16. “하역장치”라 함은 화물(당해 선박에서 사용되는 연료·식량·기관·선박용품 및 작업용 자재를 포함한다)을 올리거나 내리는데 사용되는 기계적인 장치로서 선체의 구조 등에 항구적으로 부착된 것을 말한다.
17. “하역장구”라 함은 하역장치의 부속품이나 하역장치에 부착하여 사용하는 물품을 말한다.
18. “국적취득조건부나용선”이란 나용선(裸傭船) 기간 만료 및 총나용선료 완불 후 대한민국 국적을 취득하는 매선(買船) 조건부 나용선을 말한다.

「선박안전법 시행규칙」

제2조(정의) 이 규칙에서 사용하는 용어의 뜻은 다음과 같다.
1. “선령(船齡)”이란 선박이 진수(進水)한 날부터 지난 기간을 말한다.
2. 삭제
3. “위험물산적운송선”이란 액체상태의 위험물을 산적(散積)하여 운송할 수 있는 구조로 된 선박을 말한다.
4. “국제항해”란 한 나라에서 다른 나라의 항구에 이르는 항해 또는 그 반대의 항해를 말한다.
5. “검사기준일”이란 선박검사증서의 유효기간 시작일부터 해마다 1년이 되는 날을 말한다.

제3조(부유식 해상구조물) 「선박안전법」(이하 “법”이라 한다) 제2조제1호에서 “해양수산부령이 정하는 부유식 해상구조물”이란 다음 각 호와 같다.
1. 이동식 시추선 : 액체상태 또는 가스상태의 탄화수소, 유황이나 소금과 같은 해저 자원을 채취 또는 탐사하는 작업에 종사할 수 있는 해상구조물(항구적으로 해상에 고정된 것은 제외한다)
2. 수상호텔, 수상식당 및 수상공연장 등으로서 소속 직원 외에 13명 이상을 수용할 수 있는 해상구조물(항구적으로 해상에 고정된 것은 제외한다)
3. 다음 각 목에 해당하는 기름 또는 폐기물 등을 산적하여 저장하는 해상구조물
   가. 「해양환경관리법」 제2조에 따른 기름
   나. 「폐기물관리법」 제2조에 따른 폐기물
   다. 「하수도법」 제2조에 따른 하수, 분뇨 및 하수도·공공하수도·하수처리구역의 유지·관리와 관련하여 발생되는 준설물질 및 오니(汚泥)류
   라. 「수질 및 수생태계 보전에 관한 법률」 제2조에 따른 폐수
   마. 「가축분뇨의 관리 및 이용에 관한 법률」 제2조에 따른 가축분뇨
   바. 선박 및 해양시설에서 사람의 일상적인 활동에 따라 발생하는 분뇨
4. 법 제41조에 따른 위험물을 산적하여 저장하는 해상구조물

제4조(선박시설) 법 제2조제2호에서 "해양수산부령이 정하는 것"이란 다음 각 호의 것을 말한다.
1. 선체
2. 기관
3. 돛대
4. 배수설비
5. 조타(操舵)설비
6. 계선(繫船)설비 : 배를 항구 등에 매어 두기 위한 설비
7. 양묘(揚錨)설비 : 닻을 감아올리기 위한 설비
8. 구명설비
9. 소방설비
10. 거주설비
11. 위생설비
12. 항해설비
13. 적부(積付)설비 : 위험물이나 그 밖의 산적화물을 실은 선박과 운송물의 안전을 위하여 운송물을 계획적으로 선박 내에 배치하기 위한 설비
14. 하역이나 그 밖의 작업설비
15. 전기설비
16. 원자력설비
17. 컨테이너설비
18. 승강설비
19. 냉동・냉장 및 수산물처리가공설비
20. 선박의 종류・기능에 따라 설치되는 특수한 설비로서 해양수산부장관이 인정하는 설비

제5조(임시승선자) 법 제2조제9호다목에서 "해양수산부령이 정하는 자"란 선박의 항해기간 동안 일시적으로 승선하는 자로서 다음 각 호의 어느 하나에 해당하는 자를 말한다.
1. 선원과 동승하여 생활하는 선원의 가족
2. 선박소유자(선박관리인 및 선박임차인을 포함한다) 및 선박회사의 소속 직원과 선박수리 작업원
3. 시험, 조사, 지도, 단속, 점검, 실습 등에 관한 업무에 사용되는 선박에 해당 업무를 수행하기 위하여 승선하는 자
4. 세관공무원, 검역공무원, 도선사, 운항관리자 등으로서 선원업무가 아닌 업무를 하는 자
5. 제3조제2호에 따른 수상호텔, 수상식당 및 수상공연장 등의 소속 직원과 이를 이용하는 자
6. 「수산업법 시행규칙」 제29조제1항제1호에 따른 나잠어업(裸潛魚業)을 위하여 승선하는 자
7. 삭제
8. 국가・지방자치단체 또는「공공기관의 운영에 관한 법률」제2조제1항에 따른 공공기관의 선박을 이용하여 「항만법」에 따른 항만을 견학하는 자
9. 여객선에 적재가 곤란한 악취가 나는 농산물・수산물 운송차량, 혐오감을 주는 가축운송차량 및 폭발성・인화성 물질 운송차량의 화물관리인(운전자는 화물관리인을 겸할 수 있다)

제33조(선박검사증서 유효기간의 산정 사유) 영 제5조제3항제4호 단서에서 "해양수산부령으로 정하는 사유"란 다음 각 호의 사유를 말한다.
1. 1년 이상 선박검사를 받지 아니한 선박을 상속하거나 매수한 경우
2. 선박소유자의 파산 등의 사유로 1년 이상 선박검사를 받지 아니한 경우

제6조(적용선박) 「선박안전법 시행규칙」(이하 "영"이라 한다) 제2조제1항제3호가목 단서에서 "해양수산부령으로 정하는 선박"이란 다음 각 호의 어느 하나에 해당하는 선박을 말한다.
1. 13명 이상의 여객운송에 사용되는 선박
2. 제3조제3호 각 목에 해당하는 기름 또는 폐기물 등을 산적하여 운송하는 선박
3. 법 제41조에 따른 위험물을 산적하여 운송하는 선박

4. 추진기관을 가지고 있는 선박에 결합되어 운항하는 압항부선(押航艀船)
5. 잠수선 등 특수한 구조로 되어 있는 선박으로서 해양수산부장관이 정하여 고시하는 선박

제7조(계선기간 등의 서류 제출)
① 영 제2조제2항에 따른 서류를 제출하려는 선박소유자등은 별지 제1호서식의 계선사유서에 해당 선박의 선박검사증서를 첨부하여 해양수산부장관에게 제출하여야 한다.
② 제1항에 따른 계선사유서의 계선기간은 2년 이내로 하되, 그 기간이 끝난 경우 1년 단위로 연장할 수 있다.

제3관 적용범위

1. 적용대상-선박

이 법은 대한민국 국민 또는 대한민국 정부가 소유하는 선박에 대하여 적용한다. 다만, 다음 각 호의 어느 하나에 해당하는 선박에 대하여는 그러하지 아니하다(법 제3조 제1항).

1. 군함 및 경찰용 선박
2. 노와 상앗대만으로 운전하는 선박

2의2. 「어선법」 제2조 제1호에 따른 어선

3. 법 제3조 제1항 제1호, 제2호 및 제2호의2 외의 선박으로서 대통령령이 정하는 선박

「선박안전법 시행령」

제2조(적용제외 선박)
① 「선박안전법」(이하 "법"이라 한다) 제3조제1항제3호에서 "대통령령이 정하는 선박"이란 다음 각 호의 선박을 말한다.
1. 법 제8조제2항에 따른 선박검사증서(이하 "선박검사증서"라 한다)를 발급받은 자가 일정 기간 동안 운항하지 아니할 목적으로 그 증서를 해양수산부장관에게 반납한 후 해당 선박을 계류(이하 "계선"이라 한다)한 경우 그 선박
2. 「수상레저안전법」 제37조에 따른 안전검사를 받은 수상레저기구
3. 2007년11월 4 일 전에 건조된 선박 중 다음 각 목의 어느 하나에 해당하는 선박
   가. 추진기관 또는 범장(帆檣)이 설치되지 아니한 선박으로서 평수(平水)구역{호소·하천 및 항내의 수역(「항만법」에 따른 항만구역이 지정된 항만의 경우 항만구역과 「어촌·어항법」에 따른 어항구역이 지정된 어항의 경우 어항구역을 말한다)과 해양수산부령으로 정하는 수역을 말한다. 이하 같다}안에서만 운항하는 선박. 다만, 여객운송에 사용되는 선박 등 해양수산부령으로 정하는 선박은 제외한다.
   나. 추진기관 또는 범장이 설치되지 아니한 선박으로서 연해구역(영해기점으로부터 20해리 이내의 수역과 해양수산부령으로 정하는 수역을 말한다. 이하 같다)을 운항하는 선박 중 여객이나 화물의 운송에 사용되지 아니하는 선박. 다만, 추진기관이 설치되어 있는 선박에 결합하여 운항하는 압항부선(押航艀船) 또는 잠수선 등 특수한 구조로 되어 있는 선박으로서 해양수산부장관이 정

하여 고시하는 선박은 제외한다.
다. 삭제
② 제1항제1호에 따른 선박의 소유자 또는 관리인(이하 이 조에서 "선박소유자등"이라 한다)은 해양수산부령으로 정하는 바에 따라 해당 선박의 계선기간 및 계선사유 등을 기재한 서류를 해양수산부장관에게 제출하여야 한다.
③ 제1항제3호가목 본문 또는 나목 본문에 해당하는 선박으로서 이 법의 적용을 받으려는 선박의 선박소유자등은 해당 선박에 대하여 법 제7조제4항에 따른 별도건조검사를 받아야 한다.

군함 및 경찰용 선박에 대하여는 국가가 별도로 다룰 필요가 있고, 노와 상앗대만으로 운전하는 선박은 항행구역, 승선인원, 선적화물량 등이 매우 제한적이어서 이 법에서 기준을 규정하고 이를 관리하는 것이 실효성이 부족하다고 볼 수 있다. 또 「어선법」상의 어선은 동법에서 별도로 규정하고 있기 때문에 이 법의 적용대상에서 제외하고 있다.

2. 외국선박에 대한 적용

외국선박으로서 다음 각 호의 선박에 대하여는 대통령령이 정하는 바에 따라 이 법의 전부 또는 일부를 적용한다. 다만, 법 제68조의 규정은 모든 외국선박에 대하여 이를 적용한다 (법 제3조 제2항).

1. 「해운법」 제3조 제1호 및 제2호의 규정에 따른 내항정기여객운송사업 또는 내항부정기여객운송사업에 사용되는 선박
2. 「해운법」 제23조 제1호에 따른 내항화물운송사업에 사용되는 선박
3. 국적취득조건부나용선[2)]

「선박안전법 시행령」

제3조(외국선박에 대한 법의 적용범위) 법 제3조 제2항에 따라 외국선박에 대하여 적용되는 규정은 법 제4조부터 제11조까지, 법 제13조부터 제17조까지, 법 제18조 제6항, 법 제20조 제3항, 법 제22조, 법 제26조부터 제44 조까지, 법 제60조 제1항 · 제2항, 법 제71조 부터 제77조까지, 법 제80조, 법 제83조부터 제86조까지, 법 제88조 및 법 제89조로 한다.

---

2) 나용선은 'bareboat charter'를 번역한 용어로 해운실무계나 「중화인민공화국 해상법」 등에서 채용된 법률용어이기는 하지만, 우리 법률상으로는 용선계약에 대한 개념과 기본적 법률관계는 「상법」에서 다루고 있다. 「상법」은 2007년 개정시 제2장 운송과 용선의 제5절(제847조 내지 제851조)을 선체용선으로 규정하고 있다. 해사공법분야의 여러 법령에서 나용선이라는 용어를 사용하는 경우가 많아서 법률용어의 통일이 필요하다. 영문의 개념, 실무상의 용어, 외국 입법례 등을 고려할 때는 '나용선'으로 통일하는 것이 가장 바람직하겠지만, 「상법」의 개정이 그리 용이한 편이 아니기 때문에 당장은 상법의 규정에 따라 '선체용선'으로 법률용어를 통일하는 것이 좋을 듯하다.

이 법은 원칙적으로 한국선박에 적용하는 것이지만, 외국선박 중 「해운법」에 의하여 내항운송사업에 종사하는 경우에는 우리나라 해역에서 항행하기 때문에 우리 국민의 인명안전과 해상안전을 도모할 필요가 있다. 또 "국적취득조건부나용선"이란 나용선(裸傭船) 기간 만료 및 총나용선료 완불 후 대한민국 국적을 취득하는 매선(買船) 조건부 나용선을 말한다(법 제2조 제18호). 선박구입자금을 확보하기 위하여 형식적으로 금융업자나 특수목적법인(SPC)을 소유자로 하여 이를 나용선의 형식을 취하고 있으나, 실질적으로는 용선자가 선박운항을 목적으로 선박을 구매하고 용선료라는 형태로 할부로 선박매매대금의 융자금을 상환하는 방식의 정지조건부선박매매계약(용선료의 완납을 조건으로 선박소유권을 취득함)으로 볼 수 있다. 따라서 한국국민이 소유권취득목적으로 나용선한 경우에는 실질적으로는 한국국적의 취득을 전제로 정지조건부선박매매계약을 통하여 선박의 소유권을 취득한 것으로 볼 수 있기 때문에 이 법의 적용대상으로 한 것이다. 국적취득조건부나용선에 이 법을 적용함으로써 실질적으로 우리나라 국민이 지배하는 선박에 대한 안전성을 확하기 위한 목적에서 적용범위를 확대한 것이다.

3. 법의 일부 적용제한

법 제3조 제1항 및 제2항의 규정에 불구하고 다음 각 호의 선박에 대하여는 대통령령이 정하는 바에 따라 이 법의 전부 또는 일부를 적용하지 아니하거나 이를 완화하여 적용할 수 있다(법 제3조 제3항).

1. 대한민국 정부와 외국 정부가 이 법의 적용범위에 관하여 협정을 체결한 경우의 해당선박
2. 조난자의 구조 등 해양수산부령이 정하는 긴급한 사정이 발생하는 경우의 해당선박
3. 새로운 특징 또는 형태의 선박을 개발할 목적으로 건조한 선박을 임시로 항해에 사용하고자 하는 경우의 해당선박
4. 외국에 선박매각 등을 위하여 예외적으로 단 한 번의 국제항해를 하는 선박

「선박안전법 시행령」

제4조(협정체결에 따른 적용배제 등)

① 법 제3조 제3항에 따라 법의 전부 또는 일부를 적용하지 아니하거나 이를 완화하여 적용하는 사항은 다음 각 호의 구분에 따른다.

1. 법 제3조 제3항 제1호의 선박 : 해당 선박에 대하여 적용되는 협정의 내용에 따른다.
2. 법 제3조 제3항 제2호의 선박 : 법 제17조 제2항을 적용하지 아니한다.
3. 법 제3조 제3항 제3호의 선박 : 법의 전부를 적용하지 아니한다.

4. 법 제3조 제3항 제4호의 선박 : 법 제2조 제2호의 선박시설에 관한 규정을 완화하여 적용한다.
② 해양수산부장관은 제1항 제1호 및 제4호에 따라 법의 전부 또는 일부를 적용하지 아니하거나 이를 완화하여 적용하는 경우 그 내용을 해양수산부령으로 정하는 바에 따라 공고하여야 한다.

「선박안전법 시행규칙」

제8조(적용완화) 법 제3조제3항제2호에서 "해양수산부령이 정하는 긴급한 사정이 발생하는 경우"란 다음 각 호의 어느 하나에 해당하는 경우를 말한다.
1. 전쟁 또는 천재지변 등으로 조난자의 구조를 위하여 법 제8조제2항에 따른 최대승선인원을 초과하는 경우
2. 황천(荒天) 그 밖의 불가항력으로 법 제8조제2항에 따른 항해구역을 벗어나는 경우

---

4. 선박시설 기준의 적용

선박에 설치된 선박시설이나 선박용물건이 이 법에 따라 설치하여야 하는 선박시설의 기준과 동등하거나 그 이상의 성능이 있다고 인정되는 경우에는 이 법의 기준에 따른 선박시설이나 선박용물건을 설치한 것으로 본다(법 제4조).

제4관 국제협약의 우선적용

1. 의의

해상인명안전 및 감항성에 관련된 국제협약은 선박의 해상안전에 직접 관련된 국제규범으로서, 국제항행에 종사하는 모든 선박에 적용하여야 할 최소기준이라고 할 수 있다. 이 법은 국제항해에 취항하는 선박의 감항성 및 인명의 안전과 관련하여 국제적으로 발효된 국제협약의 안전기준과 이 법의 규정내용이 다른 때에는 해당 국제협약의 효력이 우선하도록 규정하고 있다. '다만, 이 법의 규정내용이 국제협약의 안전기준보다 강화된 기준을 포함하는 때에는 그러하지 아니하다(법 제5조)'라고 규정하여 더 높은 수준의 안전기준을 적용하도록 하고 있다.

선박의 감항성과 인명안전과 관련하여 발효된 국제협약으로는 「1974년 해상에 있어서의 인명의 안전을 위한 국제협약」(International Convention for the Safety of Life at Sea : 이하 「SOLAS」라 한다)[3]과 「1966년 만재흘수선에 관한 국제협약」(International

---

3) 선박의 구조・구명장비・통신장비・곡물 및 위험화물의 적부설비 또는 적재방법 등의 획일적인 원칙과 규칙을 설정, 해상에 있어서의 인명안전을 도모하기 위한 국제협약을 말한다. 1914년 영국의 런던에서 개최된 해상인명안전에 관한 국제회의에서 최초로 체결된 국제협약으로, 그 후 기술의 발전과 시대적 요청에 따라 4회에 걸쳐 새로운 협약이 채택되었다. 우리나라는 1965년 5월에 1960년 협약을 수용하였다. 동 협약은 1981년, 1983년과 1988년도에도 일부 개정되었다. 1988년도 개정에서는 새로운 세계해상조난안전제도(GMDSS)의 실시방법이 결정되었

Convention on Load Lines, 1966)이 있다.

2. SOLAS

1912년 4월 14일 미국을 향하여 처녀항해 중에 있던 영국 여객선 타이타닉호(Titanic)가 북대서양의 뉴 펀들랜드(New Foundland) 앞 바다에서 유빙과 충돌하여 침몰함으로써 여객과 선원 2,208명 중 1,515명의 희생자를 낸 해양사고가 발생하였다. 이 사고의 원인은 선체의 구조, 구명설비, 신호, 유빙감시 등의 결함에 있었음이 밝혀졌다. 이에 「해상에 있어서의 인명의 안전을 위한 국제협약」(International Convention for the Safety of Life at Sea : 이하 「SOLAS 협약」라 한다)이 1914년 국제회의에서 체결되어 1924년, 1948년, 1960년, 1974년 개정 시행되고 있다. 1974년 개정 협약을 「1974년 해상에 있어서의 인명의 안전을 위한 국제협약」(International Convention for the Safety of Life at Sea, 1974)이라고 하는데, 1978년 의정서, 1981년 개정, 1983년 개정, 1988년 의정서, 1995년 로로 여객선 관련 개정, 1996년 개정 등을 통하여 「전 세계 해상조난 및 안전제도」(Global Maritime Distress and Safety System: GMDSS)[4]와 「검사 및 증서발급에 관한 조화제도」(HSSC) 도입, 그리고 「국제구명설비 코드」(LSA Code) 및 「화재시험절차 코드」(FTP Code) 등을 강제규칙으로 채택하였다.[5]

3. 만재흘수선에 관한 국제협약

해양사고의 주요 원인이 화물의 과적, 즉 건현의 부족에 있었음을 감안하여 적하의 최고 한도에 관한 국제적 기준을 마련하여 세계 각국의 선박의 안전을 도모할 필요를 느끼게 되었다. 이러한 목적 하에 채택된 「만재흘수선에 관한 국제협약」(International Convention on Load Lines)은 영국 하원의원 사무엘 프림솔(Samuel Plimsoll)이 의회에서 제안하여 1876년 제정된 「프림솔 법」(Plimsoll Act)에서 시작되어, 이것이 각국 정부 · 선급협회 · 조선업

다. 이 협약의 부속서에 선박은 항해하는 해역에 따라 소정의 무선설비를 구비해야 하고, 선박이 해상에 있는 동안 디지털선택호출(DSC) 및 그 밖의 조난안전주파수를 청수하도록 규정되어 있다. 이 규정은 국제항행에 종사하는 여객선 및 300톤 이상의 화물선에 적용된다: 「最新海運 · 物流用語大辭典(제10개정증보판)」, (코리아쉬핑가제트, 2006), 516쪽.

4) 최신의 디지털 및 위성통신기술을 이용, 어느 해역에서 선박이 조난을 당해도 그 선박으로부터 육상의 구조기관이나 부근의 선박에게 신속 · 정확한 지원요청이 가능하며, 또한 육상으로부터 항해안전에 관한 정보 등을 적절히 수신할 수 있는 시스템을 말한다. 「1974년 해상에 있어서의 인명의 안전을 위한 국제협약」(International Convention for the Safety of Life at Sea)에 의한 발효일(1992년 2월)로부터 7년간의 이행준비기간을 거친 후 1999년부터 총톤수 300톤 이상의 모든 선박에 도입이 의무화되었다: 「最新海運 · 物流用語大辭典(제10개정증보판)」, (코리아쉬핑가제트, 2006), 454쪽.

5) 사단법인 한국선급, 「1974년 국제해상인명안전협약 : 1998 통합본」, 참조.

계의 지지를 얻어 1930년 5월 영국 정부가 주최한 런던의 국제만재흘수선회의에서 세계 주요 해운국 30개국의 서명을 얻어 체결되기에 이르렀다. 그러나 1930년 협약은 제정 이래 30여년을 경과하여 선형의 대형화 · 용접 공작법의 급속한 진보 · 강재 해치커버의 채용 등 그간의 조선기술의 진보에 따라 개정의 필요성을 느껴 1966년 IMCO가 주최한 런던의 1966년 만재흘수선에 관한 국제회의에서 참가 52개국(한국 대표도 참가)의 동의를 얻어 「1966년 만재흘수선에 관한 국제협약」을 체결하여 이를 시행하고 있다.[6)]

제2절 | 선박의 검사

제1관 선박검사의 종류

1. 건조검사

선박을 건조하고자 하는 자는 선박에 설치되는 선박시설에 대하여 해양수산부령이 정하는 바에 따라 해양수산부장관의 검사(이하 "건조검사"라 한다)를 받아야 한다(법 제7조 제1항). 해양수산부장관은 건조검사에 합격한 선박에 대하여 해양수산부령으로 정하는 사항과 검사기록을 기재한 건조검사증서를 교부하여야 한다(법 제7조 제2항). 법 제7조 제1항의 규정에 따른 건조검사에 합격한 선박시설에 대하여는 법 제8조 제1항의 규정에 따른 정기검사 중 선박을 최초로 항해에 사용하는 때 실시하는 검사는 이를 합격한 것으로 본다(법 제7조 제3항). 해양수산부장관은 외국에서 수입되는 선박 등 법 제7조 제1항의 규정에 따른 건조검사를 받지 아니하는 선박에 대하여 건조검사에 준하는 검사로서 해양수산부령이 정하는 검사(이하 "별도건조검사"라 한다)를 받게 할 수 있다. 이 경우 법 제7조 제2항 및 제3항의 규정은 별도건조검사에 합격한 선박에 대하여 이를 준용한다(법 제7조 제4항).

2. 정기검사

선박소유자는 선박을 최초로 항해에 사용하는 때 또는 법 제16조의 규정에 따른 선박검사

6) 「최신 해운 · 물류용어 대사전」, (코리아쉬핑가제트, 1996), 306-307쪽.

증서의 유효기간이 만료된 때에는 선박시설과 만재흘수선에 대하여 해양수산부령이 정하는 바에 따라 해양수산부장관의 검사(이하 "정기검사"라 한다)를 받아야 한다. 다만, 법 제29조의 규정에 따른 무선설비 및 법 제30조의 규정에 따른 선박위치발신장치에 대하여는 「전파법」의 규정에 따라 검사를 받았는지 여부를 확인하는 것으로 갈음한다(법 제8조 제1항). 해양수산부장관은 법 제8조 제1항의 규정에 따른 정기검사에 합격한 선박에 대하여 항해구역・최대승선인원 및 만재흘수선의 위치를 각각 지정하여 해양수산부령으로 정하는 사항과 검사기록을 기재한 선박검사증서를 교부하여야 한다(법 제8조 제2항). 법 제8조 제2항의 규정에 따른 항해구역의 종류와 예외적으로 허용되거나 제한되는 항해구역, 최대승선인원의 산정기준 등에 관하여 필요한 사항은 해양수산부령으로 정한다(법 제8조 제3항).

「선박안전법 시행규칙」

제12조(정기검사)

① 법 제8조제1항에 따라 최초로 항해에 사용하는 선박에 대하여 정기검사를 받으려는 선박소유자는 별지 제4호서식의 선박검사신청서에 다음 각 호의 서류를 첨부하여 해양수산부장관에게 제출하여야 한다. 이 경우 제10조제1항 및 제11조제1항에 따라 건조검사 및 별도건조검사 신청 시에 첨부한 서류는 첨부하지 아니한다. 다만, 제3호부터 제5호까지의 서류는 해당되는 경우에만 첨부하여야 한다.

1. 제10조제4항 또는 제11조제3항에 따른 건조검사증서 또는 별도건조검사증서(건조검사 또는 별도건조검사를 정기검사와 동시에 실시하는 경우에는 생략한다)
2. 정기검사 관련 승인도면(도면승인을 한 대행검사기관에 신청하는 경우에는 생략한다)
3. 법 제18조제7항에 따른 선박용물건 또는 소형선박의 검정증서
4. 법 제20조제4항 단서에 따른 선박용물건 또는 소형선박의 확인서
5. 법 제22조제3항에 따른 선박용물건 또는 소형선박의 예비검사증서

② 법 제8조제1항에 따라 선박검사증서의 유효기간이 끝나는 선박에 대하여 정기검사를 받으려는 선박소유자는 해당 증서의 유효기간이 끝나기 전에 별지 제4호서식의 선박검사신청서에 다음 각 호의 서류를 첨부하여 해양수산부장관에게 제출하여야 한다. 다만, 제2호부터 제5호까지의 서류는 해당되는 경우에만 첨부하여야 한다.

1. 선박검사증서
2. 법 제18조제7항에 따른 선박용물건 또는 소형선박의 검정증서
3. 법 제20조제4항 단서에 따른 선박용물건 또는 소형선박의 확인서
4. 법 제22조제3항에 따른 선박용물건 또는 소형선박의 예비검사증서
5. 법 제35조제1항에 따른 하역설비검사기록부

제13조(선박검사증서의 서식 등)

① 법 제8조제2항에 따른 선박검사증서는 다음 각 호와 같다. 다만, 여객선과 위험물산적운송선은 선박길이에 관계없이 제2호에 따른 서식으로 한다.

1. 선박길이 12미터 미만의 선박 : 별지 제5호서식
2. 선박길이 12미터 이상의 선박 : 별지 제6호서식

② 제1항에 따른 선박검사증서에는 대한민국 정부의 권한으로 발행한다는 내용이 포함되어야 한다. 이 경우 선박검사증서를 대행검사기관이 발행하는 경우에는 대한민국 정부의 권한을 위임받아 발행한다는 사실을 나타내야 한다.

③ 법 제8조제2항에서 "해양수산부령으로 정하는 사항"이란 다음 각 호와 같다.
1. 선박검사관의 성명
2. 검사완료일 및 검사장소
3. 다음 검사 기준일 및 검사종류
4. 최대승선인원 또는 선박의 길이가 변경된 경우 주요 변경내용. 이 경우 변경 사유 및 변경 날짜는 선박검사증서의 비고란에 기재하여야 한다.

제14조(만재흘수선의 지정 등)
① 법 제8조제2항에 따른 만재흘수선은 다음 각 호에 따른다.
1. 국제항해 및 근해구역 이상의 항해구역을 항해하는 선박에 표시하는 만재흘수선의 종류별로 적용되는 대역 또는 구역, 계절기간 또는 기간 및 이에 대응하는 건현(乾舷) : 별표 2(이 경우 대역 또는 구역별로 적용되는 해면 및 계절기간은 별표 3과 같다)
2. 갑판에 목재를 적재하여 운송하는 선박 : 제1호 준용
3. 국제항해를 하지 아니하는 선박길이 12미터 이상의 선박에 표시하는 만재흘수선의 종류별로 적용되는 구역 및 건현 :
② 만재흘수선의 표시는 선박길이의 중앙 양쪽 가장자리의 외판(外板)에 용접 등 항구적인 방법으로 하고, 외판과 구별되는 한 가지 색으로 알아보기 쉽게 하여야 한다.

[별표 2]
만재흘수선의 종류별로 적용되는 대역 또는 구역, 계절기간 또는 기간 및 이에 대응하는 건현
(제14조제1항제1호 관련)

만재흘수선의 종류	적용되는 대역 또는 구역	적용되는 계절 기간 또는 기간	건현
하기 만재흘수선	하기대역	연중	하기 건현
	북대서양동기계절대역 I 북대서양동기계절대역 II 북대서양동기계절구역 북태평양동기계절구역 남부동기계절대역 계절열대구역 및 선박길이가 100미터 이하인 선박에 적용되는 동기계절구역	하기	
동기 만재흘수선	북대서양동기계절대역 II (서경 15도의 자오선과 서경 50도의 자오선에 의하여 둘러싸인 해면은 제외한다), 북대서양동기계절구역, 북태평양동기계절대역, 남부동기계절대역 및 선박길이가 100미터 이하인 선박에 적용하는 동기계절구역	동기	동기 건현
동기 북대서양 만재흘수선	북대서양동기계절대역 I 및 북대서양 동기계절대역 II (서경 15도의 자오선과 서경 50도의 자오선에 의하여 둘러싸인 해면으로 한정한다)	동기	동기 북대서양건현
열대 만재흘수선	열대대역	연중	열대 건현
	계절열대구역	열	
하기담수만재흘수선	하기 만재흘수선란에 적혀 있는 대역 또는 구역에서 비중이 1.000인 수면	하기 만재흘수선란에 따른 기간	하기담수건현

열대담수만재흘수선	열대 만재흘수선란에 적혀 있는 대역 또는 구역에서 비중이 1.000인 수면	열대 만재흘수선란에 따른 기간	열대담수건현

[별표 3]
대역 또는 구역별로 적용되는 해면 및 계절기간(제14조제1항제1호 관련)

대역 또는 구역의 명칭	해면	계절기간
1. 북대서양동기계절대역 Ⅰ	그린란드의 해안으로부터 북위 45도까지의 서경 50도의 자오선, 거기에서 서경 15도까지의 북위 45도의 위도선, 거기에서 북위 60도까지의 서경 15도의 자오선, 거기에서 그리니치자오선까지의 북위 60도의 위도선 및 거기에서 북쪽으로 그리니치자오선에 따라 둘러싸인 해면	동기 10월 16일부터 4월 15일까지 하기 4월 16일부터 10월 15일까지
2. 북대서양동기계절대역Ⅱ	미합중국 해안으로부터 북위 40도까지의 서경 68도30분의 자오선, 거기에서 북위 36도 서경 73도의 점까지의 항정선, 거기에서 서경 25도까지의 북위 36도의 위도선 및 거기부터 토리나나갑까지의 항정선에 따라 둘러싸인 해면, 북대서양동기계절대역Ⅰ, 북대서양 동기계절구역 및 스카케라크해협의 스코를 통하는 위도선에 의하여 한정되는 발틱해를 제외한 해면	동기 11월 1일부터 3월 31일까지 하기 4월 1일부터 10월 31일까지
3. 북대서양동기계절 구역	미합중국 해안으로부터 북위 40도까지의 서경 68도30분의 자오선, 거기에서 캐나다 해안과 서경 61도의 자오선과의 교점 중 최남단까지의 항정선 및 캐나다와 미합중국의 동안에 따라 둘러싸인 해면	1. 선박길이 100미터를 넘는 선박 동기 12월 16일부터 2월 15일까지 하기 2월 16일부터 12월 15일까지 2. 선박길이 100미터 이하의 선박 동기 11월 1일부터 3월 31일까지 하기 4월 1일부터 10월 31일까지
4. 북태평양동기계절대역	러시아 동안에서 사할린의 서안까지의 북위 50도의 위도선, 거기에 쿠릴리온 최남단까지의 사할린의 서안, 거기에서 홋카이도 와카나이까지의 항정선, 거기에서 동경 145도까지의 홋카이도의 동안 및 남안, 거기에서 북위 35도까지의 동경 145도의 자오선, 거기에서 서경 150도까지 북위 35도의 위도선 및 거기에서 알래스카 돌섬의 최남단까지의 항정선을 남쪽 한계로 하는 해면	동기 10월 16일부터 4월 15일까지 하기 4월 16일부터 10월 15일까지

5. 남부동기계절대역	미대륙 동안의 트레스 푼타스갑에서 남위 34도, 서경 50도의 점까지 항정선, 거기에서 동경 35도까지의 남위 34도의 위도선, 거기에서 남위 36도, 동경 20도의 점까지의 항정선, 그리고 남위 34도, 동경 30도의 점까지의 항정선, 거기에서 남위 35도30분, 동경 118도의 점까지의 항정선, 거기에서 타스마니아 북서안의 그림갑까지의 항정선, 거기에서 타스마니아 북안 및 동안을 따라 브루니도의 남단까지, 스튜어트도의 블랙록포인트까지의 항정선, 거기에서 남위 47도, 동경 170도의 점까지의 항정선 및 거기에서 남위 33도, 서경 170도의 점까지 항정선 및 거기에서 미주대륙 서안의 남위 33도의 위도선으로 둘러싸인 해면	동기 4월 16일부터 10월 15일까지 하기 10월 16일부터 4월 15일까지
6. 열대대역	가. 미대륙 동안으로부터 서경 60도까지의 북위 13도의 위도선, 거기에서 북위 10도 서경 58도의 점까지의 항정선, 거기에서 서경 20도까지의 북위 10도의 위도선, 거기에서 북위 30도까지의 서경 20도의 자오선 및 거기에서 아프리카 서안까지의 북위 30도의 위도선, 아프리카 동안으로부터 동경 70도까지의 북위 8도의 위도선, 거기에서 북위 13도까지의 동경 70도의 자오선, 거기에서 인도 서안까지의 북위 13도의 위도선, 거기에서 인도 남안을 돌아 인도 동안의 북위 10도30분까지, 거기에서 북위 9도 동경 82도의 점까지의 항정선, 거기에서 북위 8도까지의 동경 82도의 자오선, 거기에서 말레이시아 서안까지의 북위 8도의 위도선, 거기에서 북위 10도의 베트남 동안까지의 아세아대륙의 동남 해안, 거기에서 동경 145도까지의 북위 10도의 위도선, 거기에서 북위 13도까지의 동경 145도의 자오선 및 거기에서 미대륙 서안까지의 북위 13도의 위도선을 북쪽 한계로 하고, 브라질 산토스항으로부터 서경 40도의 자오선과 남회귀선과의교점까지의 항정선, 거기에서 아프리카 서안까지의 남회귀선과 아프리카의 동안으로부터 마다가스카르 서안까지의 남위 20도의 위도선, 거기에서 동경 50도까지의 마다가스카르 서안 및 북안, 거기에서 남위 10도까지의 동경 50도의 자오선, 거기에서 동경 98도까지의 남위 10도의 위도선, 거기에서 호주의 포트다윈까지 항정선, 거기에서 동쪽으로 웨셀갑까지의 호주 및 웨셀섬의 해안, 거기에서 요크갑의 서측까지의 남위 11도의 위도선, 요크갑의 동측에서 서경 150도까지의 남위 11도의 위도선, 거기에서 남위 26도 서경 75도의 점까지의 항정선, 거기에서 남위 32도47분, 서경 72도의 점까지의 항정선 및 거기에서 남미주 서안까지의 남위 32도47분의 위도선을 남쪽 한계로 하는 해면 나. 포트 사이드부터 동경 45도의 자오선까지의 수에즈운하, 홍해 및 아덴만 다. 동경 59도의 자오선까지의 페르시아만 라. 호주 동안의 그레이트베리아리프까지의 남위 22도의 위도선, 거기에서 남위 11도까지의 그레이트배리어리프에 따라 둘러 싸인 해면. 이 구역의 북방 한계는 열대대역의 남방 한계로 한다.	

7. 계절열대구역	가. 다음 선에 따라 둘러싸인 북대서양. • 북은 유카탄의 카토체갑으로부터 쿠바의 산안토니오갑까지의 항정선, 거기에서 북위 20도까지의 쿠바의 북안 및 거기서 서경 20도까지의 북위 20도의 위도선 • 서는 미대륙의 해안남 및 동은 열대대역의 북쪽 한계	열대 11월 1일부터 7월 15일까지 하기 7월 16일부터 10월 31일까지
	나. 다음 선에 따라 둘러싸인 아라비아해 • 서는 아프리카의 해안, 아덴만의 동경 45도의 자오선, 남아라비아의 해안 및 오만만의 동경 59도의 자오선 북 및 동은 파키스탄 및 인도의 해안 • 남은 열대대역의 북쪽 한계	열대 9월 1일부터 5월 31일까지 하기 6월 1일부터 8월 31일까지
	다. 열대대역의 북쪽 한계 이북의 벵갈만	열대 12월 1일부터 4월 30일까지 하기 5월 1일부터 11월 30일까지
	라. 다음 선에 따라 둘러싸인 남인도양 • 북 및 서는 열대대역의 남쪽한계 및 마다가스카르의 동안 • 남은 남위 20도의 위도선 • 동은 남위 20도 동경 50도의 점에서 남위 15도 동경 51도 30분의 점까지의 항정선 및 거기에서 남위 10도까지의 동경 51도30분의 자오선	열대 4월 1일부터 11월 30일까지 하기 12월 1일부터 3월 31일까지
	마. 다음 선에 따라 둘러싸인 남인도양 • 북은 열대대역의 남쪽 한계 • 동은 호주의 해안 • 남은 동경 51도30분에서 동경 114도까지의 남위 15도의 위도선 및 거기에서 호주의 해안까지의 동경 114도의 자오선 • 서는 동경 51도30분의 자오선	열대 5월 1일부터 11월 30일까지 하기 12월 1일부터 4월 30일까지
	바. 다음 선에 따라 둘러싸인 지나해 • 서 및 북은 북위 10도부터 홍콩까지의 베트남 및 중국의 해안 • 동은 홍콩으로부터 수알항(루손섬)까지의 항정선과 북위 10도까지의 루손, 사마르 및 레이테 제도의 서안 • 남은 북위 10도의 위도선	열대 1월21일부터 4월30일까지 하기 5월 1일부터 1월20일까지
	사. 다음 선에 따라 둘러싸인 북태평양 • 북은 북위 25도의 위도선 • 서는 동경 160도의 자오선 • 남은 북위 13도의 위도선 • 동은 서경 130도의 자오선	열대 4월 1일부터 10월31일까지 하기 11월 1일부터 3월 31일까지
	아. 다음 선에 따라 둘러싸인 북태평양 • 북 및 동은 미대륙의 서안 • 서는 미대륙 해안에서 북위 33도까지의 서경 123도의 자오선 및 북위 33도 서경 123도의 점에서 북위 13도 서경 105도의 점까지의 항정선 • 남은 북위 13도의 위도선	열대 3월 1일부터 6월 30일까지 11월 1일부터 11월 30일까지 하기 7월 1일부터 10월 31일까지 12월 1일부터 2월 28(29)일까지

	자. 남위 11도 이남의 카펜테리아만	열대 4월 1일부터 11월 30일까지 하기 12월 1일부터 3월 31일까지
	차. 다음 선에 따라 둘러싸인 남태평양 • 북 및 동은 열대대역의 남쪽 한계 • 남은 호주의 동안에서 동경 154도에 이르는 남위 24도의 위도선, 거기에서 남회귀선까지의 동경 154도의 자오선 및 거기에서 서경 150도까지의 남회귀선, 거기에서 남위 20도까지의 서경 150도의 자오선 및 거기에서 열대대역의 남쪽 한계와의 교점까지의 남위 20도의 위도선 • 서는 열대대역에 포함된 그레이트배리어리프 내측의 구역의 한계선 및 호주의 동안	열대 4월 1일부터 11월 30일까지 하기 12월 1일부터 3월 31일까지
8. 선박길이가 100미터 이하인 선박에 적용되는 동기계절구역	가. 다음의 선에 의하여 둘러 싸인 해면 • 북 및 서는 미합중국의 동안 • 동은 미합중국 해안으로부터 북위 40도까지의 서경 68도 30분의 자오선 및 거기에서 북위 36도 서경 73도의 점까지의 항정선 • 남은 북위 36도의 위도선	동기 11월 1일부터 3월 31일까지 하기 4월 1일부터 10월 31일까지
	나. 스카게락 해협의 스카우를 통하는 위도선에 따라 둘러싸인 발틱해	동기 11월 1일부터 3월 31일까지 하기 4월 1일부터 10월 31일까지
	다. 북위 44도 이북의 흑해	동기 12월 1일부터 2월 28(29)일까지 하기 3월 1일부터 11월 30일까지
	라. 다음 선에 따라 둘러싸인 지중해 • 북 및 서는 프랑스 및 스페인의 해안 및 스페인의 해안으로부터 북위 40도까지의 동경 3도의 자오선 • 남은 동경 3도에서 사르디니아 서안까지의 북위 40도의 위도선 • 동은 북위 40도부터 동경 9도까지의 사르디니아 서안 및 북안, 거기에서 코르시카 남안까지의 동경 9도의 자오선, 거기에서 동경 9도까지의 코르시카의 서안 및 북안, 거기에서 사시에갑까지의 항정선	동기 12월 16일부터 3월 15일까지 하기 3월 16일부터 12월 15일까지
	마. 북위 50도의 위도선과 한국 동안의 북위 38도의 점으로부터 홋카이도 서안의 북위 43도12분의 점까지의 항정선에 따라 둘러싸인 동해	동기 12월 1일부터 2월 28(29)일까지 하기 3월 1일부터 11월 30일까지
9. 하기대역	제1호부터 제8호까지에 따른 해면(선박 길이가 100미터를 넘는 선박은 제1호부터 제7호까지에 따른 해면은 제외한다)이 아닌 해면	

비고

1. 셔틀랜드 제도는 북대서양 동기계절대역I 과 북대서양 동기계절대역II와의 한계선상에 있는 것으로

본다.
2. 호치민, 아덴 및 버베라는 열대대역과 계절열대구역과의 한계선상에 있는 것으로 본다.
3. 발파라이소 및 산토스는 열대대역과 하기대역과의 한계선상에 있는 것으로 본다.
4. 홍콩 및 수알은 계절열대구역과 하기대역과의 한계선상에 있는 것으로 본다.
5. 대역 또는 구역의 한계선상에 있는 항은 각각의 경우에 따라 선박이 해당 항을 도착할 때까지 항해한 대역이나 구역 또는 해당 항을 출항한 후 항해하려는 대역 또는 구역에 있는 것으로 본다.

제15조(항해구역의 종류)
① 법 제8조제3항에 따른 항해구역의 종류는 다음 각 호와 같다.
1. 평수구역(平水區域)
2. 연해구역
3. 근해구역
4. 원양구역
② 영 제2조제1항제3호가목 본문에서 "해양수산부령으로 정하는 수역"이란 별표 4의 수역을 말한다.
③ 영 제2조제1항제3호나목에서 "해양수산부령으로 정하는 수역"이란 별표 5의 수역을 말한다.
④ 근해구역은 동쪽은 동경 175도, 서쪽은 동경 94도, 남쪽은 남위 11도 및 북쪽은 북위 63도의 선으로 둘러싸인 수역을 말한다.
⑤ 원양구역은 모든 수역을 말한다.

[별표 4]
평수구역의 범위(제15조제2항 관련)

구분	범위
제1구	평안북도 철산군 수운도 등대부터 진방위 295도로 그은 선과 그 등대부터 어영도, 대화도, 정주군의 외순도를 지나 평안남도 안주군 태향산에 이르는 선 안
제2구	평안남도 용강군 연대봉으로부터 황해도 송화군 자매도 및 흑암을 지나 냉정말에 이르는 선 안
제3구	황해도 장연군 장산곶으로부터 월내도, 옹진군 마합도, 기린도 및 순위도를 지나 등산곶에 이르는 선 안
제4구	황해도 옹진군 독순항으로부터 인천광역시 옹진군 대연평도 북부 서단을 연결한 선, 대연평도 남단에서부터 서만도와 대초지도(대초치도)를 지나 덕적도 북단을 연결한 선과 덕적도 남서 끝단에서 문갑도 서단을 연결한 선 및 문갑도 남단에서 장안서 등대를 지나 충청남도 태안군 학암포를 연결하는 선 안
제5구	충청남도 태안군 몽산리 남단에서 외도를 지나 보령시 삽시도 남서단과 죽도를 연결한 선 안
제6구	충청남도 서천군 동백정갑으로부터 전라북도 군산시 방축도(방축도) 동단을 지나 관리도(관지도) 북단을 연결한 선과 관리도 남단으로부터 부안군 수성단을 연결한 선 안
제7구, 제8구	전라남도 영광군 불갑천구부터 신안군 재원도, 자은도, 비금도, 신도 및 하태도 남단을 지나 전라남도 진도군 가사도 서단에 이르는 선, 가사도 남단에서부터 옥도, 주도, 관사도, 소마도를 지나 대마도 서북단을 연결하는 선, 대마도 남단에서 관매도 서단을 잇는 선, 관매도 동단에서 죽항도 동단을 지나 진도 남단의 서망 끝단에 이르는 선, 전라남도 진도군 접도 남단에서 무저도 남단을 지나 금호도 남단에 이르는 선, 금호도 남단에서 어룡도, 넙도 남서단을 지나 전라남도 완도군 보길도 서단에 이르는 선, 완도군 보길도 동단에서 소안도 서단을 연결하는 선, 소안도 북단에서 대모도 남단을 지나 청산도 서단을 연결하는 선, 청산도 북단에서 생일도 남단, 섭도 남단, 시산도 남단을 지나 고흥군 망지각에 이르는 선 안

제9구	전라남도 고흥군 외나로도 서단으로부터 진방위 330도로 그은 선, 외나로도 동부 북단에서 여수시 금오도 서부 북단을 연결한 선, 금오도 동부 북단에서 돌산도 남단 거마각에 이르는 선, 돌산도 동부 중앙 방죽포에서 경상남도 남해군 남해도 응봉산 남단에 이르는 선, 남해도 장항말부터 통영시 하도, 추도 및 두미도 서단을 지나 욕지도 서부 북단에 이르는 선, 욕지도 동단에서 연화도, 외부지도를 지나 비진도 남단을 거쳐 거제도 망산각에 이르는 선, 거제도 북부 산성산 동단으로부터 북위 34도58.9분 동경 128도49.9분, 부산광역시 영도구 생도, 북위 35도11.2분 동경 129도14.5분을 지나 기장군 대변리 동남단에 이르는 선 안
제10구	울산광역시 범월갑 방파제 내측(북위 35도25.9분 동경 129도22.3분)으로부터 북위 35도28.8분 동경 129도27.2분을 지나 미포항 북방파제 끝단(북위 35도31.6분 동경 129도27.2분)에 이르는 선 안
제11구	경상북도 포항시 술미부터 여남갑에 이르는 선 안
제12구	강원도 통천군 학룡단으로부터 함경남도 덕원군 여도를 지나 영흥군 호도 대강곶(남각)에 이르는 선 안
제13구	함경남도 정평군 광포강구부터 함흥시 외양도단에 이르는 선 안
제14구	함경남도 북청군 봉수대지부터 마양도를 지나 송도갑에 이르는 선 안
제15구	함경북도 성진군 송오리단으로부터 유진단에 이르는 선 안
제16구	함경북도 청진시 고말산단으로부터 진방위 263도로 그은 선 안
제17구	함경북도 나진시 송목단으로부터 대초도를 지나 이어단에 이르는 선 안
제18구	함경북도 나진시 곽단으로부터 적도를 지나 오포단에 이르는 선 안

[별표 5]

연해구역의 범위(제15조제3항 관련)

구분	범위
1	평안북도 용천군 압록강구부터 마안도를 지나 황해도 장연군 장산곶에 이르는 선 안
2	황해도 옹진군 등산곶으로부터 충청남도 서산군 서격렬비도 및 전라남도 신안군 홍도, 소흑산도를 지나 북위 33도30.2분 동경 125도49.9분을 잇는 선과 북위 33도30.2분 동경 127도19.9분, 북위 33도30.2분 동경 129도4.9분을 연결하는 선 및 북위 34도35.2분 동경 130도34.9분과 북위 35도14.1분 동경 129도44.4분을 연결하는 선 안
3	강원도 동해시 한진단으로부터 북위 37도51.2분 동경 130도54.9분, 북위 37도31분 동경 132도7.9분, 북위 37도0.2분 동경 132도19.9분, 북위 36도14.2분 동경 129도59.9분의 각 점을 연결하는 선 안
4	강원도 고성군 수원단으로부터 함경북도 성진군 유진단에 이르는 선 안
5	북위 33도30.2분 동경 129도4.9분으로부터 일본국 규슈 · 시코쿠 · 혼슈 · 홋카이도의 각 해안으로부터 20마일 이내의 선을 연결하고 북위 34도35.2분 동경 130도34.9분에 이르는 선 안

제16조(항해구역의 지정)

① 법 제8조제3항에 따라 항해구역을 지정하는 경우에는 선박소유자의 요청, 선박의 구조 및 선박시설기준 등을 고려하여 지정하여야 한다.

② 외국의 동일 국가 내의 항구 사이 또는 외국의 호소 · 하천 및 항내의 수역에서만 항해하는 선박의 항해구역은 제15조에 준하여 평수구역 · 연해구역 또는 근해구역으로 정할 수 있다.

③ 법 제7조제4항에 따라 별도건조검사를 받은 선박에 대하여는 해당 선박의 크기 · 구조 · 용도 등을 고려하여 항해구역을 제한하여 지정할 수 있다.

제17조(항해구역 외의 예외적 항해) 법 제8조제3항에 따라 다음 각 호의 어느 하나에 해당하는 경우에는 지정된 항해구역 외의 구역을 항해할 수 있다.
1. 법 제3조제3항제4호에 따라 외국에 선박매각 등을 하기 위하여 예외적으로 단 한 번의 국제항해를 하는 경우
2. 선박을 수리하거나 검사를 받기 위하여 수리할 장소 또는 검사를 받을 장소까지 항해하는 경우
3. 항해구역 밖에 있는 선박을 그 해당 항해구역 안으로 항해시키는 경우
4. 항해구역의 변경을 위하여 변경하려는 항해구역으로 선박을 항해시키는 경우
5. 접적지역(대연평도, 소연평도, 대청도, 소청도 및 백령도 부근 해역을 말한다)을 항해하는 선박으로서 해당 선박의 항해구역 중 일부가 군사목적상 항해금지구역으로 설정되어 있어 그 구역을 우회하기 위하여 일시적으로 항해구역 외의 구역을 항해하는 경우
6. 그 밖에 제1호부터 제4호까지와 비슷한 사유로서 선박이 임시로 항해할 필요가 있다고 인정되는 경우

제18조(최대승선인원의 산정 등)
① 법 제8조제3항에 따른 최대승선인원은 여객, 선원 및 임시승선자별로 다음 각 호의 기준에 따라 산정한다.
1. 승선인원에 산입되지 아니하는 자
 가. 정박 중에 선내 관람 등을 위하여 승선하는 자, 하역・수리작업 등을 위한 작업원, 선원 교대자 등 해당 항에서만 승선하는 자
 나. 선박의 운항과 관련한 업무를 하기 위하여 승선하는 도선사, 운항관리자, 세관공무원 및 검역공무원 등
 다. 1세 미만인 유아
2. 여객실, 선원실, 그 밖의 최대승선인원을 산정하는 장소에 화물을 적재한 경우에는 그 화물이 차지하는 장소에 상응하는 인원 수를 제외하고 산정
3. 국제항해에 종사하지 아니하는 선박의 경우 1세 이상 12세 미만인 자는 2명을 1명으로 산정
② 제1항에도 불구하고 선박소유자가 요청하는 경우에는 산정된 인원수의 범위에서 최대승선인원의 수를 제한하여 지정할 수 있다.
③ 법 제8조제3항에 따른 최대승선인원의 산정기준은 별표 6과 같다.

[별표 6]
최대승선인원의 산정기준(제18조제3항 관련)
1. 여객실 여객정원은 다음의 방법으로 산정한다.
 가. 침대 1개에 대한 수용 인원은 1명[더블베드(길이 2.0미터 이상, 너비 1.3미터 이상인 것을 말한다)의 경우는 2명]으로 한다.
 나. 좌석의 수용 인원은 그 면적을 다음 표의 구분에 따른 단위면적으로 나눈 수로 한다.

항해구역	항해예정시간	단위면적(제곱미터)	
		통로를 설비하는 여객실	통로를 설비하지 않는 여객실
근해 및 원양	-	0.85	1
연해 및 평수	24시간 이상	0.85	1
	6시간 이상 24시간 미만	0.75	0.85
	1.5시간 이상 6시간 미만	0.45	0.55
	1.5시간 미만	0.3	0.35

비고
1. "항해예정시간"이란 출발항에서 최종 도착항에 이르는 기항지의 정박시간을 포함한 총소요시간을 말한다. 이하 같다.
2. 단위면적은 3등여객정원 산정 시의 단위면적이며, 2등여객정원은 3등여객정원 산정시 단위면적의 5할을, 1등여객정원은 2등여객정원 산정시 단위면적의 5할을 각각 더한 단위면적으로 나눈 수를 그 인원수로 한다.
3. 여객실의 높이가 2.0미터 미만인 경우에는 그 높이에 비례한 체감률을 적용하여 그 인원을 줄여야 한다.
4. 특등실 및 1등실(침대를 갖춘 경우로 한정한다)은 1실에 대하여 침대2대(더블침대를 갖춘 경우에는 1대)를 초과하여 비치하여서는 아니 되며, 특등실은 1실에 대하여 부속휴게실과 화장실을 갖추어야 한다.
5. 칸막이가 있는 좌석은 좌석 구분마다 칸막이의 안 쪽을 측정한 면적에 따라 좌석의 수용수를 산정한다.

다. 의자석의 수용 인원은 그 정면너비를 다음 표에 따른 단위너비로 나눈 수로 하며 그 의자는 균등하게 설치되어야 한다.

항해예정시간	단위너비(센티미터)
6시간 이상 24시간 미만	50
1.5시간 이상 6시간 미만	45
1.5시간 미만	40

비고
1. 정면너비(b)는 그림 1과 같이 측정한다.

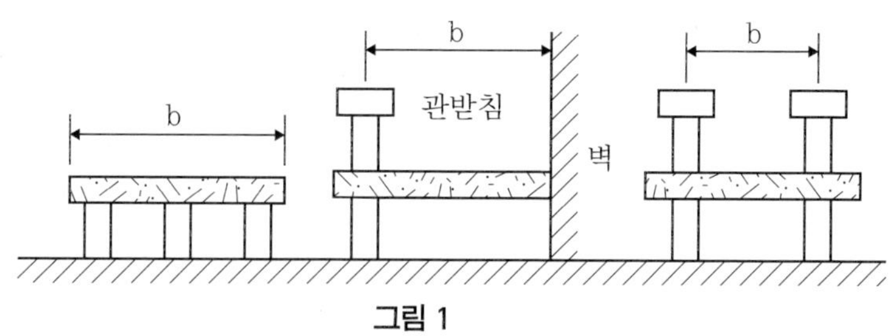

그림 1

2. 굴절 또는 굴곡된 긴 의자는 그림 2와 같이 걸터앉는 부분과 등판 중 적은 둘레의 치수를 정면너비로 한다.

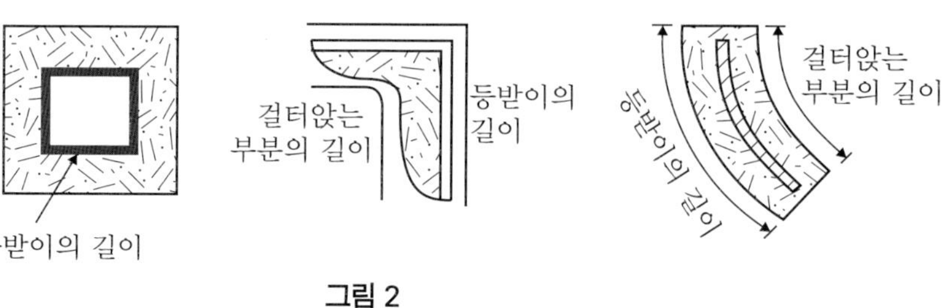

그림 2

라. 의자석과 좌석이 공존하는 경우에 여객정원은 다음 어느 하나의 방법으로 산정한다.
1) 의자석과 좌석이 그림 3과 같이 공존하고 또한 의자의 앞에 통로가 없는 경우에는 의자의 전면 30

센티미터의 범위를 제외한 좌석면적에 대하여 정원을 산정한다. 이 경우 통로는 의자의 전면으로부터 3.7미터 이내에 있도록 배치되어야 한다.

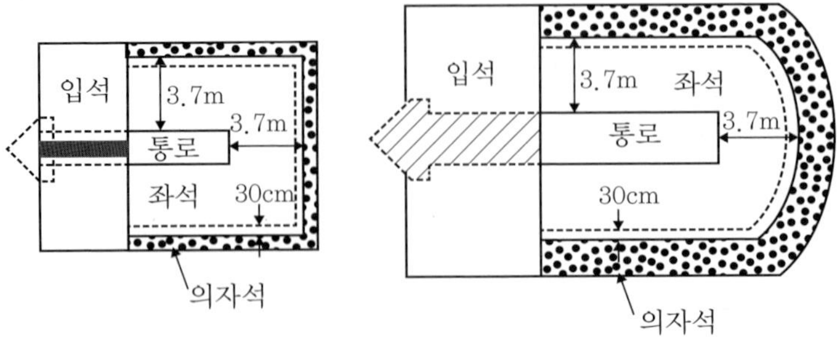

그림 3

2) 의자석과 좌석이 그림 4와 같이 공존하고 또한 의자 앞에 통로를 설치하여 그 통로의 너비가 60센티미터 이상인 경우에는 의자석과 좌석에 대하여 각각 정원을 산정할 수 있다.

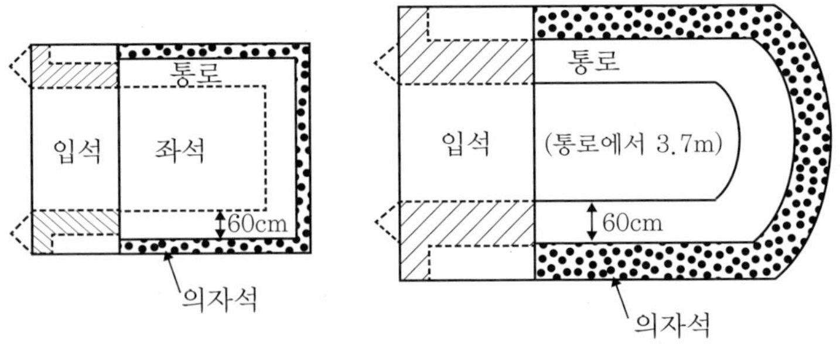

그림 4

마. 입석의 수용 인원은 그 면적을 다음 표의 구분에 따른 단위면적으로 나눈 수로 한다.

항해예정시간	단위면적(제곱미터)
1.5시간 이상 3시간 미만	0.35
1.5시간 미만	0.30

비고

1. 입석은 높이 1.8미터 이상의 장소로 한정하여 정원을 산정한다. 다만, 출입구 내측 및 계단 하부의 공간(너비가 출입구 또는 계단의 너비의 1.5배 이상이고, 그 길이가 출입구 또는 계단의 너비 이상으로 설치한 공간)에 대하여는 입석정원에 산입하지 아니한다.
2. 입석을 동일 실내에서 다른 객석과 공존시키는 경우에는 라목에 따른 그림 3 및 그림 4의 사선 부분을 가상통로로 하여 이를 제외한 잔여면적을 입석면적으로 한다.

바. 전시, 사변 그 밖에 이에 준하는 비상사태에 처하여 국가안전보장상 필요한 경우의 여객정원은 20센티미터 이상의 건현 및 복원성을 유지할 수 있는 범위에서 항해예정시간에 구애됨이 없이 여객을 수용할 수 있는 장소의 면적(제곱미터)을 단위면적 0.3으로 나눈 수를 그 인원으로 한다.

사. 여객정원의 산정에 있어서 그 면적 또는 너비를 단위면적 또는 단위너비로 나누어 인원수를 산정하는 경우에는 정수를 택하고 소수점 이하는 버린다.

2. 연해구역 이하를 항해구역으로 하는 선박으로서 항해예정시간이 3시간 미만인 항로에 취항하는 선

박에 대하여는 피서객이나 귀성객 등이 폭주하는 특별수송기간 또는 지방자치단체가 도서지역에서 실시하는 특별행사기간 중 지방해양항만청장이 인정하는 경우로 한정하여 20센티미터 이상의 건현 및 복원성을 유지할 수 있는 범위에서 임시로 여객을 증원시킬 수 있다. 이 경우 임시여객수의 산정방법은 다음 각 목에 따른다.

가. 개방장소에 대하여는 제1호다목 또는 마목에 따른 방법. 이 경우 같은 호 마목 비고 2. 중 "실내"는 "개방장소"로 본다.

나. 여객실내의 입석에 대하여는 제1호마목에 따른 방법

3. 연해구역을 항해구역으로 하는 선박으로서 총톤수 200톤 이상인 선박 및 근해구역 이상을 항해구역으로 하는 선박의 선원실의 정원은 그 바닥의 면적을 다음 표의 구분에 따른 단위면적으로 나누어 얻은 최대정수로 한다.

구분(총톤수)	단위면적(제곱미터)
800톤 미만의 선박	1.85
800톤 이상 3,000톤 미만의 선박	2.35
3,000톤 이상의 선박	2.78

4. 제3호에도 불구하고 국제항해에 종사하는 선박으로서 「선원법」 제2조제6호에 따른 부원이 사용하는 선박의 선원실 바닥면적(침대, 가구 및 비품을 포함한다)은 다음 표에 따른다. 다만, 개인용 욕실 및 화장실 면적은 제외한다.

<table>
<tr><th rowspan="3">구분(총톤수)</th><th colspan="6">단위면적(제곱미터)</th></tr>
<tr><th colspan="2">여객선·특수목적선 외의 선박</th><th colspan="4">여객선 및 특수목적선</th></tr>
<tr><th>1인용</th><th>2인용</th><th>1인용</th><th>2인용</th><th>3인용</th><th>4인용</th></tr>
<tr><td>3,000톤 미만</td><td>4.5</td><td>7.0</td><td>4.5</td><td rowspan="3">7.5</td><td rowspan="3">11.5</td><td rowspan="3">14.5</td></tr>
<tr><td>3,000톤 이상 10,000톤 미만</td><td>5.5</td><td>-</td><td>5.5</td></tr>
<tr><td>10,000톤 이상</td><td>7.0</td><td>-</td><td>7.0</td></tr>
</table>

비고

1. 「선원법」 제2조제6호에 따른 부원이 사용하는 선원실의 1실당 최대허용인원은 여객선은 4명, 여객선이 아닌 총톤수 3,000톤 이상인 선박은 1명을 초과하여서는 아니 된다.
2. 특수목적선의 침실은 4명을 초과하여 수용할 수 있으며 바닥면적은 1인당 3.6 제곱미터 이상이어야 한다.
3. 총톤수 3,000톤 미만의 선박, 여객선 및 특수목적선에 1인용 침실을 설치하기 위해서는 바닥면적을 축소할 수 있다.
4. 총톤수 200톤 미만의 선박에 대하여는 비고 1호부터 비고 3호까지를 적용하지 아니할 수 있다.
5. 침실에 추가하여 개인용 거실 또는 휴게실이 설치되는 경우 해당 면적은 3.0 제곱미터 이상이어야 한다.

4의2. 제3호에도 불구하고 국제항해에 종사하는 선박으로서 「선원법」 제2조제3호 및 제5호에 따른 선장 및 직원용 선원실의 바닥면적(개인용 거실 또는 휴게실이 없는 경우만 해당한다)은 다음 표에 따른다.

구분(총톤수)	단위면적(제곱미터)		
	여객선·특수목적선 외의 선박	여객선 및 특수목적선	
	선박 직원용	운항급 직원용	관리급 직원용
3,000톤 미만	7.5	7.5	8.5
3,000톤 이상 10,000톤 미만	8.5		
10,000톤 이상	10.0		

비고
1. 선장 및 관리급 직원에 대하여는 침실에 추가하여 개인용 거실 또는 휴게실이 마련되어야 한다. 다만 총톤수 3,000톤 미만의 선박에는 이를 면제할 수 있다.
2. 총톤수 200톤 미만의 선박에 대하여는 비고 1호를 적용하지 아니할 수 있다.
3. 개인용 거실 또는 휴게실이 있는 경우 그 면적은 3.0제곱미터 이상이어야 하며, 선원실의 바닥면적을 5.5제곱미터까지 할 수 있다.

5. 제3호 및 제4호에 따른 선박이 아닌 선박에 대한 선원실의 정원은 침대수와 침대 외의 좌석의 면적을 다음 표의 구분에 따른 단위면적으로 나누어 얻은 최대정수의 합으로 한다.

선박의 구분	단위면적(제곱미터)
연해구역(항해소요시간이 12시간 이상인 구역)을 항해구역으로 하는 선박	1.1
연해구역(항해소요시간이 12시간 미만인 구역)을 항해구역으로 하는 선박	0.55
평수구역을 항해구역으로 하는 선박	0.45

6. 선원실은 남성용과 여성용으로 분리되어야 한다.
7. 임시승선자에 대한 정원 산정방법에 관하여는 제1호를 준용한다. 이 경우 "여객"은 "임시승선자"로 본다.
8. 임시승선자 중 선원가족은 선원실의 정원산정기준을 적용한다.
9. 제1호부터 제4호까지, 제4호의2, 제5호부터 제8호까지에도 불구하고 소형선박과 「선박안전법 시행규칙」 제5조제6호에 따른 임시승선자를 승선시키는 선박(이하 이 호에서 "소형선박등"이라 한다)의 최대승선인원 산정은 다음 각 목에 따른다.

가. 소형선박등의 최대승선인원은 선원실, 여객실 및 임시승선자의 거실 등의 정원을 합한 인원으로 한다.

나. 삭제

다. 소형선박등의 선원실, 여객실 및 임시승선자의 거실의 정원 산정에 대하여는 제1호부터 제4호까지, 제4호의2, 제5호, 제7호 및 제8호를 준용하며, 정수를 인원으로 한다. 다만, 선박의 구조·규모 및 항해상의 조건, 용도 등을 고려하여 선원실 등이 필요 없다고 해양수산부장관이 인정하는 소형선박등은 다음의 어느 하나에 따라 산정한 인원수의 합계로 할 수 있다.
(1) 의자석의 수용수는 그 정면 너비(단위 : 미터)를 0.40으로 나누어서 얻은 최대정수
(2) 입석의 수용수는 그 면적(단위 : 평방미터)을 0.30으로 나누어서 얻은 최대정수

3. 중간검사

선박소유자는 정기검사와 정기검사의 사이에 해양수산부령이 정하는 바에 따라 해양수산부장관의 검사(이하 "중간검사"라 한다)를 받아야 한다(법 제9조 제1항). 중간검사의 종류는 제1종과 제2종으로 구분하며, 그 시기와 검사사항은 해양수산부령으로 정한다(법 제9조 제2항). 해양수산부장관은 법 제9조 제1항의 규정에 따른 중간검사에 합격한 선박에 대하여 법 제8조 제2항의 규정에 따른 선박검사증서의 검사기록에 그 검사결과를 기재하여야 한다(법 제9조 제3항). 해외수역(대한민국의 수역 외의 수역을 말한다. 이하 같다)에서의 장기간 항해・조업 등 부득이 한 사유로 인하여 중간검사를 받을 수 없는 자는 해양수산부령이 정하는 바에 따라 중간검사의 시기를 연기할 수 있다(법 제9조 제4항).

「선박안전법 시행규칙」

제19조(중간검사)

① 법 제9조 제1항에 따라 중간검사를 받으려는 선박소유자는 별지 제4호서식의 선박검사신청서에 제12조 제2항 각 호의 서류를 첨부하여 해양수산부장관에게 제출하여야 한다.

②법 제9조 제2항에 따른 중간검사를 받아야 하는 시기는 다음과 같다.

구분	종류	검사시기
가. 여객선, 원자력선, 잠수선, 고속선, 수면비행선박(여객용만 해당한다) 및 선령 30년 이상 선박으로 선박길이 24미터 이상인 선박	제1종 중간검사	검사기준일 전후 3개월 이내
나. 다음의 어느 하나에 해당하는 선박 1) 평수구역만을 항해하는 선박길이가 24미터 미만인 선박(사목의 선박은 제외한다) 2) 삭제 3) 준설토 운반수선 및 부유식 해상구조물 4) 선박길이가 12미터 미만인 범선	제1종 중간검사	정기검사 후 두 번째 검사기준일 전 3개월부터 세 번째 검사기준일 후 3개월까지
다. 가목 및 나목에 해당하지 아니하는 선박	제1종 중간검사	정기검사 후 두 번째 또는 세 번째 검사기준일 전후 3개월 이내. 다만, 선저검사는 지난번 선저검사일부터 3년을 초과하여서는 안된다.
	제2종 중간검사	검사기준일 전후 3개월 이내(정기검사 또는 제1종 중간검사를 받아야 하는 연도의 검사기준일은 제외한다)

비고

1, "고속선"이란「해상에서의 인명안정을 위한 국제협약」에 따른 고속선을 말한다.

2. "선저검사"란 선박의 밑 부분에 대한 검사를 말한다.

③ 다음 각 호의 어느 하나에 해당하는 선박에 대하여는 중간검사를 생략한다.
1. 총톤수 2톤 미만인 선박
2. 추진기관 또는 범장(帆檣)이 설치되지 아니한 선박으로서 평수구역 안에서만 운항하는 선박. 다만, 제6조 각 호의 선박은 제외한다.
3. 추진기관 또는 범장이 설치되지 아니한 선박으로서 연해구역을 운항하는 선박 중 여객이나 화물의 운송에 사용되지 아니하는 선박
4. 삭제
④ 법 제9조 제2항에 따른 제1종 중간검사와 제2종 중간검사의 검사사항은 선박시설, 만재흘수선 및 무선설비(선박위치발신장치를 포함한다)로 한다.
⑤ 제2항에도 불구하고 선박소유자는 장기항해 등 부득이한 사유가 있는 경우에는 중간검사를 검사기준일보다 3개월 이상 앞당겨 받을 수 있다. 이 경우 해당 검사완료일부터 3개월이 지난 날을 새로운 검사기준일로 한다.
⑥ 법 제9조 제3항에 따른 검사결과는 선박검사증서의 뒤 쪽에 다음 검사시기와 검사종류 및 선박검사관의 성명(대행검사기관이 대행하는 경우 선박검사원의 성명을 말한다. 이하 같다)을 적어야 한다.

제20조(중간검사시기의 연기신청)
① 법 제9조 제4항에 따라 중간검사시기를 연기받으려는 선박소유자는 별지 제7호서식의 중간검사시기연기신청서에 해당 선박의 항해일정 및 현재의 위치를 나타내는 서류를 첨부하여 해양수산부장관에게 제출하여야 한다.
② 해양수산부장관은 제1항에 따른 신청을 받은 경우에는 해당 선박의 항해일정을 고려하여 타당하다고 인정되는 경우 해당 검사기준일부터 12개월 이내의 기간을 정하여 그 검사시기를 연기할 수 있다. 이 경우 다음 검사시기와 검사종류 등을 선박소유자에게 알려야 한다.
③ 제2항에 따라 연기받은 기간 내에 해당 선박이 중간검사를 받을 장소에 도착하면 지체 없이 중간검사를 받아야 한다.
④ 제2항에 따라 검사시기의 연기로 인하여 연기된 중간검사와 정기검사가 겹치는 경우에는 정기검사를 실시하고, 제1종 중간검사와 제2종 중간검사가 겹치는 경우에는 제1종 중간검사를 실시한다.

---

4. 임시검사

선박소유자는 다음 각 호의 어느 하나에 해당하는 경우에는 해양수산부령이 정하는 바에 따라 해양수산부장관의 검사(이하 "임시검사"라 한다)를 받아야 한다(법 제10조 제1항).

1. 선박시설에 대하여 해양수산부령이 정하는 개조 또는 수리를 행하고자 하는 경우
2. 법 제8조 제2항의 규정에 따른 선박검사증서에 기재된 내용을 변경하고자 하는 경우. 다만, 선박소유자의 성명과 주소, 선박명 및 선적항의 변경 등 선박시설의 변경이 수반되지 아니하는 경미한 사항의 변경인 경우에는 그러하지 아니하다.
3. 법 제15조 제2항의 규정에 따라 선박의 용도를 변경하고자 하는 경우
4. 법 제29조의 규정에 따라 선박의 무선설비를 새로이 설치하거나 이를 변경하고자 하는 경우
5. 만재흘수선의 변경 등 해양수산부령이 정하는 경우

해양수산부장관은 법 제10조 제1항의 규정에 따른 임시검사에 합격한 선박에 대하여 법 제8조 제2항의 규정에 따른 선박검사증서의 검사기록에 그 검사결과를 기재하여야 한다(법 제10조 제2항). 해양수산부장관은 선박소유자가 법 제8조 제2항의 규정에 따른 선박검사증서에 기재된 내용을 일시적으로 변경하고자 하는 경우에는 법 제10조 제1항 제2호의 규정에 불구하고 해양수산부령이 정하는 임시변경증을 교부할 수 있다(법 제10조 제3항).

「선박안전법 시행규칙」

제21조(임시검사)

① 법 제10조 제1항에 따라 임시검사를 받으려는 선박소유자는 별지 제4호서식의 선박검사신청서에 다음 각 호의 서류를 첨부하여 해양수산부장관에게 제출하여야 한다. 다만, 제2호부터 제5호까지의 서류는 해당되는 경우에만 첨부하여야 한다.

1. 선박검사증서
2. 임시검사 관련 승인도면(도면승인을 한 대행검사기관에 신청하는 경우에는 생략한다)
3. 법 제18조 제7항에 따른 선박용물건 또는 소형선박의 검정증서
4. 법 제20조 제4항 단서에 따른 선박용물건 또는 소형선박의 확인서
5. 법 제22조 제3항에 따른 선박용물건 또는 소형선박의 예비검사증서

② 법 제10조 제1항 제1호에서 "해양수산부령이 정하는 개조 또는 수리"란 다음 각 호의 어느 하나에 해당하는 경우를 말한다.

1. 선박의 선박길이, 너비, 깊이 또는 다음 각 목의 어느 하나에 해당하는 선체 주요부의 변경으로 선체의 강도, 수밀성(水密性) 또는 방화성에 영향을 미치는 개조 또는 수리
   가. 상갑판 아래의 선체, 선루(船樓) 또는 기관실위벽(圍壁)의 폭로부(暴露部)
   나. 갑판실(승선자가 거주하거나 항상 사용하는 것으로 한정한다)의 측벽 또는 정부갑판(頂部甲板)
   다. 선루갑판 아래의 폭로부 외판
   라. 격벽에 설치되어 폐위(閉圍)구역을 보호하는 폐쇄장치(목제창구덮개 또는 창구복포는 제외한다)
2. 선박의 추진과 관계있는 기관 및 그 주요부의 교체・변경 등으로 기관의 성능에 영향을 미치는 개조 또는 수리
3. 타(舵) 또는 조타장치의 변경으로 선박의 조종성에 영향을 미치는 개조 또는 수리
4. 탱크, 펌프실, 그 밖에 인화성 액체 또는 인화성 고압가스가 새거나 축적될 우려가 있는 곳에 설치되어 있는 전선로를 교체・변경하는 수리

③ 법 제10조 제1항 제5호에서 "해양수산부령이 정하는 경우"란 다음 각 호의 어느 하나에 해당하는 경우를 말한다.

1. 선박시설에 관한 선박용물건 중 선박에 고정 설치되는 것으로서 새로 설치하거나 변경하는 경우. 다만, 여객선 및 선박길이 24미터 이상의 선박이 아닌 선박의 경우에는 선박에 고정 설치되는 것으로서 제4조 제8호, 제9호, 제12호 및 제14호의 선박시설로 한정한다.
2. 법 제27조 제1항에 따른 만재흘수선을 새로 표시하거나 변경하려는 경우
3. 법 제28조 제1항에 따른 복원성기준을 새로 적용받거나 그 복원성에 영향을 미칠 우려가 있는 선박용물건을 신설・증설・교체 또는 제거하거나 위치를 변경하려는 경우
4. 원자력선의 원자로에 연료체를 투입하거나 원자로 안에서 연료체의 배치를 바꾸려는 경우
5. 보일러 안전밸브의 봉인을 개방하여 조정하려는 경우
6. 법 제34조 제1항에 따라 확인받은 하역설비의 제한하중, 제한각도 및 제한반경을 변경하려는 경우
7. 승강설비의 제한하중 또는 정원을 변경하려는 경우
8. 해양사고 등으로 선박의 감항성(堪航性) 또는 인명안전의 유지에 영향을 미칠 우려가 있는 변경이 발생한 경우

9. 법 제8조 제3항에 따른 제17조 제1호부터 제4호까지 및 제6호에 해당하는 경우(같은 조 제2호의 경우 검사시설이 없는 섬에서 선박검사를 받기 위하여 검사시설이 있는 장소로 항해하려는 경우는 제외한다)
10. 선박시설의 보완 또는 수리가 필요하다고 인정되어 해양수산부장관이 특정한 사항에 관하여 임시검사를 받을 것을 지정하는 경우. 이 경우 해양수산부장관은 선박검사증서의 뒤 쪽에 검사받을 내용 및 검사시기를 적어야 한다.

④ 제2항에 따라 개조 또는 수리를 하는 선박소유자는 해당 시설의 개조 또는 수리에 착수한 때부터 검사를 받아야 한다.
⑤ 선박소유자는 제3항 제10호에 따라 지정된 임시검사의 시기를 앞당겨 받을 수 있다.
⑥ 선박소유자는 정기검사 또는 중간검사를 받을 때에 임시검사사항이 포함되는 경우에는 별도의 임시검사를 받지 아니한다.
⑦ 법 제10조 제2항에 따른 검사결과는 선박검사증서의 뒤 쪽에 다음 검사시기, 검사종류 및 선박검사관의 성명을 적어야 한다.
⑧ 법 제10조 제3항에 따른 임시변경증은 별지 제8호서식과 같다.

---

5. 임시항해검사

정기검사를 받기 전에 임시로 선박을 항해에 사용하고자 하는 때 또는 국내의 조선소에서 건조된 외국선박(국내의 조선소에서 건조된 후 외국에서 등록되었거나 외국에서 등록될 예정인 선박을 말한다. 이하 이 조에서 같다)의 시운전을 하고자 하는 경우에는 선박소유자 또는 선박의 건조자는 해당선박에 요구되는 항해능력이 있는지에 대하여 해양수산부령이 정하는 바에 따라 해양수산부장관의 검사(이하 "임시항해검사"라 한다)를 받아야 한다(법 제11조 제1항). 해양수산부장관은 법 제11조 제1항의 규정에 따른 임시항해검사에 합격한 선박에 대하여 해양수산부령으로 정하는 사항과 검사기록을 기재한 임시항해검사증서를 교부하여야 한다(법 제11조 제2항).

「선박안전법 시행규칙」

제22조(임시항해검사)

① 법 제11조 제1항에 따라 임시항해검사를 받으려는 선박소유자 또는 선박의 건조자는 별지 제4호서식의 선박검사신청서에 해당 선박의 운항계획서를 첨부하여 해양수산부장관에게 제출하여야 한다. 다만, 영 제21조 제1항 제1호에 따른 임시항해검사인 경우에는 지방해양항만청장(지방해양항만청장 소속 해양사무소의 장을 포함한다)에게 제출하여야 한다.
② 제1항에 따른 임시항해검사 대상 선박 중 국내의 조선소에서 건조된 외국선박에 대한 임시항해검사의 절차, 방법 및 검사범위 등에 관한 사항은 해양수산부장관이 정하는 바에 따른다.
③ 법 제11조 제2항에 따른 임시항해검사증서는 별지 제9호서식과 같다.
④ 법 제11조제2항에서 "해양수산부령으로 정하는 사항"이란 다음 각 호의 사항을 말한다.

1. 선박검사관의 성명
2. 검사완료일 및 검사장소
3. 다음 검사 기준일 및 검사종류

---

6. 국제협약검사

국제항해에 취항하는 선박의 소유자는 선박의 감항성 및 인명안전과 관련하여 국제적으로 발효된 국제협약에 따른 해양수산부장관의 검사(이하 "국제협약검사"라 한다)를 받아야 한다(법 제12조 제1항). 해양수산부장관은 국제협약검사에 합격한 선박에 대하여 해양수산부령으로 정하는 사항과 검사기록을 기재한 국제협약검사증서를 교부하여야 한다(법 제12조 제2항). 해양수산부장관은 법 제12조 제2항의 규정에 따라 교부한 국제협약검사증서의 소유자가 법 제12조 제1항에서 규정된 국제협약을 위반한 경우에는 해당증서를 회수하거나 효력정지 또는 취소할 수 있다(법 제12조 제3항). 해양수산부장관은 외국정부로부터 국제협약검사증서의 교부요청이 있는 때에는 해당외국선박에 대하여 법 제12조 제1항의 규정에 따른 국제협약검사를 한 후 국제협약검사증서를 교부할 수 있다(법 제12조 제4항). 법 제12조 제1항 내지 제3항의 규정에 따른 국제협약검사의 종류, 국제협약검사증서의 교부・회수・효력정지・취소 및 국제협약 위반에 대한 조사방법 등에 관하여 필요한 사항은 해양수산부령으로 정한다(법 제12조 제5항).

「선박안전법 시행규칙」

제23조(국제협약검사증서의 서식 등)
① 법 제12조 제2항에 따른 국제협약검사증서는 다음 각 호와 같다.
1. 여객선(원자력여객선은 제외한다) : 별지 제10호서식의 여객선안전증서
2. 원자력여객선 : 별지 제11호서식의 원자력여객선안전증서
3. 총톤수 300톤 이상 500톤 미만의 화물선 : 별지 제12호서식의 화물선안전무선증서
4. 총톤수 500톤 이상의 화물선
  가. 별지 제12호서식의 화물선안전무선증서
  나. 별지 제13호서식의 화물선안전구조증서
  다. 별지 제14호서식의 화물선안전설비증서
  라. 별지 제14호의2서식의 화물선안전증서
5. 원자력화물선 : 별지 제15호서식의 원자력화물선안전증서
6. 액화가스산적운송선
  가. 1986년 7월 1일 이후에 건조되거나 개조된 선박으로서 국제액화가스산적운송코드에 규정된 물질을 운송하는 선박 : 별지 제16호서식의 국제액화가스산적운송적합증서
  나. 1986년 6월 30일 이전에 건조되거나 개조된 선박 : 별지 제17호서식의 액화가스산적운송적합증서
7. 위험화학품산적운송선
  가. 1986년 7월 1일 이후에 건조되거나 개조된 위험화학품산적운송선으로서 국제산적화학물코드에 규정된 물질을 운송하는 선박 : 별지 제18호서식의 국제위험화학품산적운송적합증서
  나. 1986년 6월 30일 이전에 건조되거나 개조된 선박 : 별지 제19호서식의 위험화학품산적운송적합증서
8. 다음 각 호의 어느 하나에 해당하는 선박으로서 「해상에서의 인명안전을 위한 국제협약」 부속서 제7장 제2규칙에서 규정하는 위험물을 포장된 형태나 산적고체 형태로 운송하는 선박 : 별지 제20호서식의 위험물운송적합증서

가. 1984년 9월 1일 이후에 건조되거나 개조된 여객선
나. 1984년 9월 1일 이후에 건조되거나 개조된 총톤수 500톤 이상의 화물선
다. 1992년 2월 1일 이후에 건조되거나 개조된 화물선
9. 여객선 및 총톤수 500톤 이상의 화물선 중 고속선안전코드의 적용을 받는 다음 각 목의 고속선
가. 1996년 1월 1일 이후부터 2002년 6월 30일 이전에 건조되거나 개조된 고속선 : 별지 제21호서식의 고속선안전증서 및 별지 제22호서식의 고속선운항허가증
나. 2002년 7월 1일 이후에 건조되거나 개조된 고속선 : 별지 제23호서식의 고속선안전증서 및 별지 제24호서식의 고속선운항허가증
10. 국제방사능핵연료 화물운송코드에서 규정하는 방사능물질을 운송하는 선박 : 별지 제25호서식의 국제방사능핵연료화물운송적합증서
11. 총톤수 500톤 이상의 선박 중 특수목적선 안전코드의 요건에 적합한 선박 : 별지 제26호서식의 특수목적선안전증서
12. 여객선이나 화물선으로서 선박길이가 24미터 이상인 선박 : 별지 제27호서식의 국제만재흘수선증서
② 다음 각 호의 어느 하나에 해당하는 선박에 대하여는 별지 제28호서식의 면제증서를 발급하여야 한다.
1. 국제항해에 취항하는 여객선 및 총톤수 500톤 이상의 화물선으로서 법 제26조에 따라 해양수산부장관이 정하여 고시하는 선박시설기준으로 정하는 바에 따라 해당 국제협약검사증서에 관한 요건의 일부 또는 전부가 면제된 선박
2. 국제항해에 종사하지 아니하는 여객선 및 총톤수 300톤 이상의 화물선으로서 법 제10조 제3항에 따른 임시변경증이나 법 제11조 제2항에 따른 임시항해검사증서를 발급받아 단일의 국제항해를 하는 선박
③ 제1항 제12호의 선박으로서 다음 각 호의 어느 하나에 해당하는 선박에 대하여는 별지 제29호서식의 국제만재흘수선면제증서를 발급하여야 한다.
1. 잠수선, 수중익선, 공기부양선 및 임시항해검사증서를 발급받은 선박과 그 밖에 그 구조상 만재흘수선을 표시하는 것이 곤란하거나 부적당한 선박
2. 국제항해에 종사하지 아니하는 선박으로서 법 제10조 제3항에 따른 임시변경증이나 법 제11조 제2항에 따른 임시항해검사증서를 발급받아 단일의 국제항해를 하는 선박
3. 법 제26조에 따라 해양수산부장관이 정하여 고시하는 선박시설기준으로 정하는 바에 따라 국제만재흘수선증서에 관한 요건의 일부 또는 전부가 면제된 선박
④ 제1항부터 제3항까지의 규정에 따른 국제협약검사증서에는 대한민국 정부의 권한으로 발행한다는 내용이 포함되어야 한다. 이 경우 국제협약검사증서를 대행검사기관이 발행하는 경우에는 대한민국 정부의 권한을 위임받아 발행한다는 사실을 나타내야 한다.
⑤ 법 제12조 제2항에도 불구하고 국제협약검사가 끝난 후 새로운 국제협약검사증서를 발급하지 아니하는 경우에는 종전의 국제협약검사증서에 해당 국제협약검사가 완료되었다는 내용을 적어 선박소유자에게 발급하여야 한다.
⑥ 법 제12조제2항에서 "해양수산부령으로 정하는 사항"이란 다음 각 호의 사항을 말한다.
1. 선박검사관의 성명
2. 검사완료일 및 검사장소

제24조(국제협약검사의 종류) 법 제12조 제5항에 따른 국제협약검사의 종류는 다음 각 호와 같다.
1. 최초검사 : 최초로 국제항해에 사용하는 경우 받게 되는 검사
2. 정기검사 : 국제협약검사증서의 유효기간이 끝난 경우 받게 되는 검사
3. 중간검사 : 국제협약검사증서의 두 번째 검사기준일 또는 세 번째 검사기준일 전후의 3개월 이내에 받게 되는 검사
4. 연차검사 : 국제협약검사증서의 매 검사기준일 전후의 3개월 이내(제3호의 중간검사를 받는 연도의 검사기준일은 제외한다)에 받게 되는 검사
5. 임시검사 : 국제항해에 취항하는 선박으로서 제21조 제2항 각 호 및 제3항 각 호의 사유가 발생하여

받게 되는 검사

제25조(국제협약검사의 신청)

① 법 제12조 제5항에 따라 국제협약검사를 받으려는 선박소유자는 별지 제30호서식의 국제협약검사 신청서에 다음 각 호의 서류를 첨부하여 해양수산부장관에게 제출하여야 한다. 다만, 신청 시기가 선박검사 시기와 같을 경우에는 관련 서류를 제출하지 아니할 수 있다.

1. 선박검사증서 또는 임시항해검사증서
2. 「전파법」에 따른 무선국검사필증(여객선안전증서, 원자력여객선안전증서, 화물선안전무선증서 또는 원자력화물선안전증서를 발급받은 경우로 한정한다)
3. 해당 국제협약에서 규정하는 구조 및 설비를 확인할 수 있는 도면 및 자료(제23조 제2항의 면제증서나 같은 조 제3항의 국제만재흘수선면제증서를 발급받은 경우에는 제외한다)
4. 소지하고 있는 해당 국제협약검사증서(최초로 국제협약검사증서를 발급받으려는 경우에는 제외한다)

② 국제항해에 종사하지 아니하는 선박의 소유자도 그 구조 및 설비가 해당 국제협약에서 정하는 요건에 적합한 선박에 대하여는 신청에 따라 제1항에 따른 국제협약검사를 받을 수 있다.

제26조(국제협약검사증서의 효력정지) 법 제12조 제5항에 따라 다음 각 호의 어느 하나에 해당하는 경우에는 해당 국제협약검사증서는 그 효력이 정지된다.

1. 법 제8조부터 제11조까지의 규정에 따른 선박검사, 법 제41조 제2항, 법 제42조 제1항 및 법 제71조 제1항에 따른 검사를 받지 아니한 경우
2. 제24조 제3호부터 제5호까지의 규정에 따른 검사에 합격하지 못한 선박
3. 선박의 국적이 변경된 경우

제27조(국제협약 위반 선박에 대한 조사방법 등) 법 제12조 제5항에 따른 국제협약 위반 선박에 대한 조사방법은 법 제68조 및 법 제69조에 따른 항만국통제 및 특별점검을 말한다.

제28조(외국선박에 대한 국제협약검사증서의 발급) 해양수산부장관은 법 제12조 제5항에 따라 외국선박에 대하여 국제협약검사증서를 발급하는 경우에는 그 국제협약검사증서에 해당국 정부의 요청에 따라 발행하였다는 내용을 적어야 한다.

제2관 검사절차 등

1. 도면의 승인 등

법 제7조 내지 제10조의 규정에 따라 건조검사・정기검사・중간검사・임시검사를 받고자 하는 자는 해당선박의 도면에 대하여 해양수산부령이 정하는 바에 따라 미리 해양수산부장관의 승인을 얻어야 한다. 승인을 얻은 사항에 대하여 변경하고자 하는 경우에도 또한 같다(법 제13조 제1항). 해양수산부장관은 법 제13조 제1항의 규정에 따라 승인요청을 받은 도면이 법 제26조 내지 제28조의 규정에 따른 기준에 적합한 때에는 이를 승인하고 해양수산부령으로 정하는 사항을 해당도면에 표시하여야 한다(법 제13조 제2항). 법 제13조 제1항의 규정에 따라 해양수산부장관의 승인을 얻은 자는 승인을 얻은 도면과 동일하게 선박을 건조하거나 개조하여야 한다(법 제13조 제3항). 선박소유자는 법 제13조 제1항의 규정에

따라 승인을 얻은 도면을 해양수산부령이 정하는 바에 따라 선박에 비치하여야 한다(법 제13조 제4항).

「선박안전법 시행규칙」

제29조(도면의 승인 등)

① 법 제13조제1항에 따라 선박의 도면에 대하여 승인 또는 변경승인을 받으려는 자는 별지 제31호서식의 도면승인(변경)신청서에 별표 7에서 정한 해당 선박의 검사종류별 관련 도면 3부를 첨부하여 해양수산부장관에게 제출하여야 한다. 다만, 다음 각 호의 어느 하나에 해당하는 경우에는 도면의 승인을 생략할 수 있다.

1. 도면의 승인을 받은 후 변경이 없는 경우 해당 선박의 도면
2. 같은 조선소에서 같은 내용으로 승인된 도면에 따라 건조되는 같은 형태의 후속 선박의 도면
3. 대행검사기관을 변경하여 검사를 받으려는 선박의 기존 도면. 다만, 기존 도면이 해당 선박과 같지 아니하거나 변경된 경우에는 그러하지 아니하다.
4. 해당 대행검사기관에서 설계하거나 설계 감리한 도면

② 법 제13조제2항에서 "해양수산부령으로 정하는 사항"이란 다음 각 호의 사항을 말한다.

1. 별표 8에 따른 증인(證印)
2. 도면의 승인 또는 변경승인을 한 선박검사관의 성명
3. 승인 날짜

③ 법 제13조제4항에 따라 승인받은 도면은 선장이나 선원이 즉시 꺼내어 확인할 수 있는 선박내의 적당한 장소에 갖추어 두어야 한다. 다만, 선박 내의 장소가 좁아 도면을 갖추어 둘 수 없는 선박으로서 선박소유자, 법 제45조제1항에 따른 선박안전기술공단(이하 "공단"이라 한다) 또는 법 제60조제2항에 따른 선급법인(이하 "선급법인"이라 한다)을 통하여 도면을 공급받을 수 있는 경우에는 그러하지 아니하다.

---

2. 검사의 준비 등

건조검사 또는 정기검사・중간검사・임시검사・임시항해검사(이하 "선박검사"라 한다)를 위하여 필요한 준비사항에 대하여는 해당검사별로 해양수산부령으로 정한다(법 제14조 제1항). 선박소유자는 법 제14조 제1항의 규정에 따른 검사의 준비로서 해양수산부령이 정하는 바에 따라 해양수산부장관으로부터 선체두께의 측정을 받아야 한다(법 제14조 제2항). 해양수산부장관은 법 제14조 제1항의 규정에 불구하고 해당선박의 구조・시설・크기・용도 또는 항해구역 등을 고려하여 해양수산부령이 정하는 바에 따라 검사준비・서류제출 등에 대하여 전부 또는 일부를 완화하거나 면제할 수 있다(법 제14조 제3항).

「선박안전법 시행규칙」

제30조(검사의 준비 등)

① 법 제14조 제1항에 따른 해당 선박의 검사종류별 준비사항은 다음 각 호와 같다.

1. 건조검사 및 별도건조검사 준비사항 : 별표 9
2. 정기검사 준비사항 : 별표 10
3. 중간검사 준비사항 : 별표 11
4. 임시검사 준비사항 : 별표 10 중 해당 선박시설
5. 임시항해검사 준비사항 : 별표 10 중 해양수산부장관이 지정하는 사항

② 법 제14조 제2항에 따른 선체두께의 측정은 선령 10년이상의 강선으로서 여객선 및 선박길이 24미터 이상인 선박에 대하여 해당 선박의 정기검사 시에 측정하며, 그 측정범위 및 측정방법은 별표 12와 같다.

제31조(검사의 준비 및 서류제출의 완화 등)

① 법 제14조 제3항에 따라 원자력설비 및 잠수설비 등 특수한 구조나 설비를 가진 선박에 대한 검사의 준비사항은 별표 13과 같다.

② 법 제14조 제3항에 따라 정기검사나 중간검사에서 해당 정기검사일이나 중간검사일 전 6개월 이내에 부분적인 수리나 정비를 하고 임시검사에 합격한 사항에 대하여는 제30조 제1항 제2호 및 제3호에 따른 검사의 준비를 면제할 수 있다.

③ 법 제14조 제3항에 따라 총톤수 2톤 미만의 선박에 대하여는 별표10의 제2호자목(효력시험만 해당한다), 제3호마목, 제4호가목 · 다목, 제5호다목 및 제6호나목 외의 검사준비를 면제한다.

④ 법 제14조 제3항에 따라 부유식 해상구조물의 정기검사 및 제1종 중간검사에 대하여는 별표 10 제1호가목 및 별표 11 제1호가목의 선체에 관한 준비사항 중 선체에 대한 입거(入渠) 또는 상가(上架)준비를 수중검사 준비로 갈음할 수 있고, 별표 10 제1호나목부터 라목까지의 준비는 면제(제1종 중간검사 시에도 적용한다)할 수 있다.

⑤ 법 제14조 제3항에 따라 선령 30년 이상의 선박길이 24미터 이상인 선박에 대하여는 별표 11 제1호에 따른 제1종 중간검사준비사항 중 같은 표 제1호나목1)부터 6)까지의 준비를 면제할 수 있다. 다만, 연속하여 3회를 면제할 수 없다.

⑥ 법 제14조 제3항에 따라 다음 각 호의 어느 하나에 해당하는 선박에 대하여는 별표 11 제1호 가목의 선체에 관한 준비사항 중 별표 10 제1호 가목의 선체에 대한 입거 또는 상가준비를 수중검사 준비로 갈음할 수 있고, 별표 10 제1호 나목부터 라목까지 및 제3호 나목의 준비는 면제할 수 있다. 다만, 여객선에 대하여는 연속하여 3회를 갈음하거나 면제할 수 없다.

1. 내수면안에서만 항해하는 선박
2. 선령 15년 미만인 선박(여객선은 제외한다)

⑦ 해양수산부장관은 제4항 및 제6항에 따른 수중검사 결과 부식 또는 손상 등으로 인하여 입거 또는 상가가 필요하다고 판단되는 경우에는 입거 또는 상가를 하게 할 수 있다.

⑧ 제4항 및 제6항에 따른 수중검사준비와 그 검사방법 등은 별표 14와 같다.

⑨ 법 제14조 제3항에 따른 제1항부터 제8항까지의 규정 외의 검사준비 및 서류제출 등에 대하여는 별표 15와 같이 완화하거나 면제할 수 있다.

---

3. 선박검사 후 선박의 상태유지

선박소유자는 건조검사 또는 선박검사를 받은 후 해당선박의 구조배치 · 기관 · 설비 등의 변경이나 개조를 하여서는 아니 되며, 선체 · 기관 · 설비 등이 정상적으로 작동 · 운영되도록 상태를 유지하여야 한다(법 제15조 제1항). 법 제15조 제1항의 규정에도 불구하고 선박소유자는 해양수산부령으로 정하는 선박복원성 기준을 충족하는 범위에서 해양수산부장관의 허가를 받아 선박의 너비 · 깊이 · 용도의 변경 또는 설비의 개조를 할 수 있다(법 제15조 제2항). ③ 법 제15조 제2항에 따른 허가의 대상 · 절차 등에 필요한 사항은 해양수산부령

으로 정한다.

「선박안전법 시행규칙」

제32조(선박시설의 변경허가 등)
① 법 제15조제2항에서 "해양수산부령으로 정하는 복원성 기준"은 별표 15의2와 같다.
② 법 제15조제2항에 따른 허가의 대상은 다음 각 호의 어느 하나를 말한다.
1. 선박의 길이 · 너비 · 깊이의 변경
2. 법 제26조부터 제30조까지에 따른 선박시설의 기준 등의 적용이 다르게 되도록 하는 선박의 용도 변경
3. 선박의 추진용으로 사용되는 원동기의 변경 또는 개조
4. 조타설비의 변경 또는 개조
5. 구명뗏목, 구명정 또는 강하식탑승장치의 변경 또는 개조. 다만, 제작일 이후 1년이 경과되지 아니한 설비로 교체하는 경우는 제외한다.
6. 고정식 가스 · 포말 · 가압분무 · 불활성가스 소화장치 및 스프링클러 소화설비의 변경 또는 개조
7. 여객선 거주설비의 변경 또는 개조
③ 법 제15조제2항에 따른 허가를 받으려는 선박소유자는 별지 제32호서식의 선박구조등변경허가신청서에 다음 각 호의 서류를 첨부하여 지방해양항만청장에게 제출하여야 한다.
1. 변경 또는 개조사항을 표시한 도면
2. 다음 각 목의 구분에 따른 서류
가. 별표 15 제5호 각 목의 어느 하나에 해당하는 경우: 중량 및 중심위치의 변화량을 산출한 계산서 및 법 제28조제2항에 따라 승인받은 복원성자료(이하 이 조에서 "복원성자료"라 한다)
나. 그 밖에 복원성 유지 의무 선박의 경우: 변경 또는 개조사항을 표시한 복원성자료
④ 지방해양항만청장은 법 제15조제2항에 따른 선박구조변경허가의 공정성과 전문성 등을 확보하기 위하여 선박 · 조선(造船) · 운항 분야 전문가 및 해당 기항지 또는 기항 예정지를 관할하는 지방자치단체 장이 지정하는 자 등으로 구성된 자문위원회를 구성하여 선박구조변경허가에 관한 자문을 하게 할 수 있다. 다만, 제2항제1호, 제2호 및 제7호에 따른 허가의 신청을 받은 경우에는 자문위원회의 자문을 거쳐 심사를 하여야 한다.
⑤ 지방해양항만청장은 제3항에 따른 허가신청의 내용이 관련 규정에 적합하고 타당하다고 인정되는 경우에는 별지 제33호서식의 선박구조변경허가서를 신청인에게 발급하여야 한다.

---

4. 선박의 검사 등에의 참여 등

이 법에 따른 선박의 검사 및 검정 · 확인을 받고자 하는 자 또는 그의 대리인은 선박의 검사 등을 하는 현장에 함께 참여하여야 한다(법 제6조 제1항). 법 제6조 제1항의 규정에 따라 선박의 검사 등에 참여한 자는 검사 및 검정 · 확인에 필요한 협조를 하여야 한다(법 제6조 제2항). 해양수산부장관은 법 제6조 제1항 및 제2항의 규정에 따라 검사 및 검정 · 확인에 참여할 자가 참여하지 아니하거나 검사 및 검정 · 확인에 참여한 자가 필요한 협조를 하지 아니하는 경우에는 해당 검사 및 검정 · 확인을 중지시킬 수 있다(법 제6조 제3항).

제3관 선박검사증서 등

1. 선박검사증서 및 국제협약검사증서의 유효기간 등

법 제8조 제2항의 규정에 따른 선박검사증서 및 법 제12조 제2항의 규정에 따른 국제협약검사증서의 유효기간은 5년 이내의 범위에서 대통령령으로 정한다(법 제16조 제1항). 해양수산부장관은 법 제16조 제1항의 규정에 따른 선박검사증서 및 국제협약검사증서의 유효기간을 5개월 이내의 범위에서 대통령령이 정하는 바에 따라 연장할 수 있다(법 제16조 제2항). 중간검사 및 임시검사에 불합격한 선박의 선박검사증서 및 국제협약검사증서의 유효기간은 해당검사에 합격될 때까지 그 효력이 정지된다(법 제16조 제3항).

「선박안전법 시행령」

제5조(선박검사증서 및 국제협약검사증서의 유효기간)
① 법 제16조제1항에 따른 선박검사증서의 유효기간은 5년으로 한다.
② 법 제16조제1항에 따른 국제협약검사증서의 유효기간은 다음 각 호의 구분에 따른다. 다만, 해당 선박에 대하여 법 제10조제3항에 따른 임시변경증 또는 법 제11조제2항에 따른 임시항해검사증서를 발급받은 경우 그 유효기간은 해당 임시변경증 또는 임시항해검사증서에 기재된 유효기간으로 한다.
1. 여객선안전검사증서 · 원자력여객선안전검사증서 및 원자력화물선안전검사증서 : 1년
2. 그 밖의 국제협약검사증서 : 5년
③ 제1항에 따른 선박검사증서의 유효기간은 다음 각 호에 규정된 날부터 기산(起算)한다.
1. 최초로 법 제8조에 따른 정기검사(이하 "정기검사"라 한다)를 받은 경우 해당 선박검사증서를 발급받은 날
2. 선박검사증서의 유효기간이 끝나기 전 3개월이 되는 날 이후에 정기검사를 받은 경우 종전 선박검사증서의 유효기간 만료일의 다음 날
3. 선박검사증서의 유효기간이 끝나기 전 3개월이 되는 날 전에 정기검사를 받은 경우 해당 선박검사증서를 발급받은 날
4. 선박검사증서의 유효기간이 끝난 후에 정기검사를 받은 경우 종전 선박검사증서의 유효기간 만료일의 다음 날. 다만, 계선(제2조제2항에 따라 서류를 제출한 경우로 한정한다) 그 밖에 해양수산부령으로 정하는 사유로 인하여 종전 선박검사증서의 유효기간 만료일의 다음 날부터 계산하는 것이 부당하다고 인정되는 경우 정기검사를 받고 해당 선박검사증서를 발급받은 날부터 계산한다.
④ 제2항에 따른 국제협약검사증서의 유효기간의 기산 방법은 제3항에 따른 선박검사증서의 유효기간 기산 방법을 준용한다. 이 경우 "선박검사증서"는 "국제협약검사증서"로 본다.

제6조(선박검사증서 및 국제협약검사증서의 유효기간 연장)
① 법 제16조제2항에 따라 선박검사증서 및 국제협약검사증서의 유효기간을 연장하려는 경우 다음 각 호의 구분에 따른 기간 이내에서 연장할 수 있다. 다만, 제1호에 해당하는 경우에는 그 연장기간 내에 해당 선박이 정기검사 또는 해양수산부령으로 정하는 국제협약검사를 받을 장소에 도착하면 지체 없이 그 정기검사 또는 국제협약검사를 받아야 한다.
1. 해당 선박이 정기검사 또는 해양수산부령으로 정하는 국제협약검사를 받기 곤란한 장소에 있는 경우 : 3개월 이내
2. 해당 선박이 외국에서 정기검사 또는 해양수산부령으로 정하는 국제협약검사를 받았으나 선박검사증서 또는 국제협약검사증서를 선박에 갖추어 둘 수 없는 사유가 발생한 경우 : 5개월 이내

3. 해당 선박이 짧은 거리의 항해(항해를 시작하는 항구부터 최종 목적지의 항구까지의 항해거리 또는 항해를 시작한 항구로 회항할 때까지의 항해거리가 1천해리를 넘지 아니하는 항해를 말한다)에 사용되는 경우(국제협약검사증서로 한정 한다) : 1개월

② 제1항에도 불구하고 국제협약검사증서 중 국제방사능핵연료화물운송적합증서의 경우 특별한 사유가 없는 한 그 유효기간은 자동으로 연장된다.

③ 제1항에 따른 유효기간 연장의 신청절차 등 필요한 사항은 해양수산부령으로 정한다.

「선박안전법 시행규칙」

제33조(선박검사증서 유효기간의 산정 사유) 영 제5조 제3항 제4호 단서에서 "해양수산부령으로 정하는 사유"란 다음 각 호의 사유를 말한다.

1. 1년 이상 선박검사를 받지 아니한 선박을 상속하거나 매수한 경우
2. 선박소유자의 파산 등의 사유로 1년 이상 선박검사를 받지 아니한 경우

제34조(선박검사증서 및 국제협약검사증서의 유효기간 연장신청 등)

① 영 제6조 제1항 단서, 같은 항 제1호 및 제2호에서 "해양수산부령으로 정하는 국제협약검사"란 제24조 제2호에 따른 정기검사를 말한다.

② 영 제6조 제3항에 따라 선박검사증서 및 국제협약검사증서의 유효기간을 연장받으려는 선박소유자는 별지 제34호서식의 선박검사증서(국제협약검사증서)유효기간연장신청서에 다음 각 호의 해당 서류를 첨부하여 해양수산부장관에게 제출하여야 한다.

1. 선박이 검사받을 장소에 있지 아니하여 검사를 받을 수 없는 경우 : 해당 선박의 현재의 위치를 나타내는 서류
2. 새로운 선박검사증서 및 국제협약검사증서를 선박에 갖추어 둘 수 없는 경우 : 현재 비치하고 있는 선박검사증서 및 국제협약검사증서
3. 짧은 거리의 국제항해에 취항하는 선박 : 현재 비치하고 있는 국제협약검사증서

③ 해양수산부장관은 제2항에 따른 신청을 받은 경우에는 다음 각 호의 승인서나 증서를 신청인에게 발급하여야 한다.

1. 제2항 제1호의 경우 : 별지 제35호서식의 선박검사증서(국제협약검사증서)유효기간연장승인서
2. 제2항 제2호 및 제3호의 경우 : 연장승인된 유효기간이 적혀 있는 현재의 선박검사증서 및 국제협약검사증서

제81조(예인선항해검사)

① 법 제43조 제1항에 따른 예인선항해검사는 예인선이 부선과 구조물 등을 예인하기 위하여 갖추어 둔 예인설비 등에 대하여 1년마다 예인선항해검사증서의 유효기간이 끝나는 날 전후 3개월 이내에 검사를 받아야 한다. 다만, 압항부선과 결합하여 운항하는 예인선과 평수구역에서만 운항하는 예인선의 경우에는 예인선항해검사를 받지 아니한다.

② 제1항에 따른 예인설비의 비치 및 검사에 관한 사항은 별표 32와 같다.

③ 제1항에 따른 예인선항해검사증서의 유효기간 기산방법은 영 제5조 제3항 각 호에 따른 선박검사증서의 유효기간 기산방법을 준용한다. 이 경우 "정기검사"는 "예인선항해검사"로, "선박검사증서"는 "예인선항해검사증서"로 본다.

④ 법 제43조 제1항에 따라 예인선항해검사를 받으려는 예인선의 소유자는 별지 제4호서식의 선박검사신청서를 작성하여 해양수산부장관에게 제출하여야 한다.

⑤ 법 제43조 제2항에 따른 예인선항해검사증서는 별지 제76호서식과 같다.

---

2. 선박검사증서 등이 없는 선박의 항해금지 등

누구든지 법 제8조 제2항에 따른 선박검사증서, 제10조 제3항에 따른 임시변경증, 제11조 제2항에 따른 임시항해검사증서, 제12조 제2항에 따른 국제협약검사증서 및 제43조 제2항에 따른 예인선항해검사증서(이하 "선박검사증서등"이라 한다)가 없는 선박이나 선박검사증서등의 효력이 정지된 선박을 항해에 사용하여서는 아니 된다(법 제17조 제1항).[7) 8)] 누구든지 선박검사증서등에 기재된 항해와 관련한 조건을 위반하여 선박을 항해에 사용하여서는 아니 된다(법 제17조 제2항). 선박검사증서등을 발급받은 선박소유자는 그 선박 안에 선박검사증서등을 갖추어 두어야 한다. 다만, 소형선박의 경우에는 선박검사증서등을 선박 외의 장소에 갖추어 둘 수 있다(법 제17조 제3항).

제4관 선급법인의 선박검사 등

1. 선급법인의 선박검사

선급등록선박은 해양수산부령이 정하는 선박시설 및 만재흘수선에 한하여 이 법에 따른 선박검사를 받아 이에 합격한 것으로 본다(법 제73조).

「선박안전법 시행규칙」

제94조(선급법인의 선박검사) 법 제73조에서 "해양수산부령이 정하는 선박시설"이란 제4조 제1호부터 제7호까지 및 제13호부터 제15호까지의 규정에 따른 설비를 말한다.

---

7) 해양오염방제업의 등록요건인 유조선이 운항할 수 없는 경우 등록요건을 미달한 것으로 볼 수 있는지(「해양환경관리법 시행규칙」 제36조 제3항 등 관련) [법제처 13-0378, 2013.9.17., 해양경찰청] : 해양오염방제업자가 해양오염방제업의 일감이 없어 소유하고 있는 유조선의 선박검사(정기검사, 중간검사, 임시검사 등)를 연기함으로써 선박검사비 등을 절약하기 위하여 「선박안전법」 제3조 제1항 제3호 및 같은 법 시행령 제2조 제1항 제1호에 따라 선박검사증서를 해양수산부장관에게 반납하여 해당 선박이 운항할 수 없는 상태인 경우, 해양오염방제업의 등록기준에 미달한 것으로 보아 행정처분을 할 수 있다고 할 것입니다.

8) 춘천지법 강릉지원 2007.1.18, 선고, 2006고정5, 판결 : 확정 : 선박안전법 제18조 제1항 제7호에 정한 '선박검사증서 또는 임시항행검사증에 기재한 조건에 위반하여 선박을 항행에 사용한 때'란 '선박설비기준 제11조 제2호의 적용에 따라 항행예정시간 1.5시간 미만 항로에 한함', '선박설비기준 제92조 제1호의 적용면제에 따라 야간항행을 금지함'과 같이 선박 검사증서에 기재되는 조건과 임시항행검사증의 항로, 기간 등의 지정과 같은 조건을 위반하여 항행에 사용한 것을 의미한다고 봄이 상당하고, 선박검사증서의 용도란에 '어선(연안연승어업)'으로 기재되어 있는 것은 당해 선박의 용도에 해당할 뿐 조건에 해당한다고 보기 어렵고, 따라서 선박검사증의 용도란에 '어선'으로 기재되어 있는 선박을 일정한 대가를 받고 사람이나 물건의 운송에 제공한 것을 선박검사증서에 기재한 '조건'에 위반하여 선박을 항행에 사용한 것에 해당한다고 하여 처벌하는 것은 형벌법규를 지나치게 유추 또는 확장 해석하는 것이어서 허용될 수 없다.

2. 선박검사관

가. 자격 및 업무

해양수산부장관은 필요한 경우 소속 공무원 중에서 해양수산부령이 정하는 자격을 갖춘 자를 선박검사관으로 임명하여 다음 각 호에 해당하는 업무를 수행하게 할 수 있다(법 제76조).

1. 건조검사, 정기검사, 중간검사, 임시검사, 임시항해검사, 국제협약검사, 법 제41조 제2항의 규정에 따른 위험물 적재방법의 적합 여부에 대한 검사, 강화검사, 예인선항해검사, 특별점검, 특별검사 및 법 제72조 제2항의 규정에 따른 재검사・재검정・재확인에 관한 업무
2. 법 제18조 제6항의 규정에 따른 선박용물건 또는 소형선박의 검정, 법 제20조 제3항 단서의 규정에 따른 선박용물건 또는 소형선박의 확인, 법 제23조 제4항의 규정에 따른 컨테이너검정에 관한 업무
3. 법 제61조의 규정에 따른 대행업무의 차질에 따른 직접 수행에 관한 업무
4. 법 제68조의 규정에 따른 항만국통제에 관한 업무
5. 법 제74조 제2항의 규정에 따른 결함신고 사실의 확인에 관한 업무
6. 법 제75조 제2항의 규정에 따른 선박 또는 사업장의 출입・조사에 관한 업무

3. 선박검사원

「선박안전법 시행규칙」

제97조(선박검사관의 자격 등)

① 법 제76조에 따른 선박검사관(이하 "검사관"이라 한다)은 선체검사관 및 기관검사관으로 구분하며 검사관의 자격은 다음 각 호와 같다.

1. 선체검사관
   가. 대학(「고등교육법」 제2조제1호에 따른 대학을 말한다. 이하 같다)의 항해 관련 학과를 졸업하고 3급항해사의 해기사면허를 취득한 자로서 관련 분야에서 2년 이상 근무한 경력(승선경력을 산정함에 있어서 유급휴가기간을 포함한다. 이하 같다)이 있는 자
   나. 대학이나 해양・수산계 전문대학(「고등교육법」 제2조제4호에 따른 전문대학을 말한다. 이하 같다)을 졸업하고 2급항해사(한정면허의 경우에는 상선에 한정된 면허를 말한다. 이하 이 조에서 같다) 이상의 해기사면허를 취득한 자
   다. 대학이나 전문대학을 졸업한 자로서 다음의 어느 하나에 해당하는 자
      1) 「국가기술자격법」에 따른 조선기술사의 자격을 취득한 자
      2) 「국가기술자격법」에 따른 조선기사의 자격을 취득하고 관련 분야에서 3년 이상 근무한 경력이 있는 자
      3) 「국가기술자격법」에 따른 조선산업기사의 자격을 취득하고 관련 분야에서 6년 이상 근무한 경력이 있는 자
   라. 전문대학을 졸업한 자로서 2급항해사 이상의 해기사면허를 취득하고 관련 분야에서 3년 이상

근무한 경력이 있는 자
2. 기관검사관
가. 대학의 기관 관련 학과를 졸업하고 3급기관사의 해기사면허를 취득한 자로서 관련 분야에서 2년 이상 근무한 경력이 있는 자
나. 대학이나 해양・수산계 전문대학을 졸업하고 2급기관사 이상의 해기사면허를 취득한 자
다. 대학 또는 전문대학을 졸업한 자로서 다음의 어느 하나에 해당하는 자
1) 「국가기술자격법」에 따른 기계제작기술사, 산업기계설비기술사 또는 조선기술사의 자격을 취득한 자
2) 「국가기술자격법」에 따른 일반기계기사의 자격을 취득하고 관련 분야에서 3년 이상 근무한 경력이 있는 자
라. 전문대학을 졸업한 자로서 2급기관사 이상의 해기사면허를 취득하고 관련 분야에서 3년 이상 근무한 경력이 있는 자
② 검사관은 7급 이상의 해양수산부 소속 공무원 중 제1항의 자격을 가진 자 중에서 해양수산부장관이 임명한다.
③ 제1항에 따른 선체검사관 및 기관검사관의 직무는 다음 각 호와 같다.
1. 선체검사관 : 선박의 선체와 이에 부수되는 선박시설 및 선박용물건의 검사
2. 기관검사관 : 선박의 기관과 이에 부수되는 선박시설 및 선박용물건의 검사
④ 제3항에도 불구하고 3년 이상의 검사업무에 종사한 경력이 있는 검사관과 제6항에 따른 항만국통제에 관한 업무를 수행하는 검사관이 선박[여객선 및 특수선(수중익선, 원자력선, 잠수선, 공기부양선, 그 밖에 특수한 구조로 된 선박으로서 해양수산부장관이 정하여 고시하는 선박을 말한다)은 제외한다]을 검사하는 경우에는 선체검사관은 기관검사관의 직무를, 기관검사관은 선체검사관의 직무를 각각 수행할 수 있다. 다만, 검사관이 1년 이상 3년 미만 검사업무에 종사한 경력이 있는 경우에는 소형선박 및 선박용물건의 경우에 한정하여 이를 적용한다.
⑤ 제2항에 따라 임명되어 업무를 하는 검사관은 해양수산부장관이 시행하는 5일 이상의 신규 검사관 교육을 이수하여야 하며, 새로운 전문지식과 기술의 습득을 위하여 2년마다 5일 이상의 재교육을 이수하여야 한다.
⑥ 법 제76조제4호에 따른 항만국통제에 관한 업무를 수행하는 검사관(이하 "항만국통제검사관"이라 한다)은 해양수산부장관이 정하는 기준을 충족하여야 한다.

나. 선박검사관의 취업제한

「공직자윤리법」 제17조에도 불구하고 퇴직 직전 5년 이내 기간 중 선박검사관으로 근무했던 경력을 보유한 공무원은 퇴직일부터 2년이 경과하지 아니한 경우 선박검사원이 될 수 없다(법 제76조의2).

3. 선박검사원

법 제60조 제1항 및 제2항에 따라 대행업무를 행하는 공단 및 선급법인은 해당 대행업무를 직접 수행하는 자로서 선박검사원을 둘 수 있다(법 제77조 제1항). 법 제77조 제1항에 따른 선박검사원의 자격기준 및 직무 등에 관하여 필요한 사항은 해양수산부령으로 정한다(법 제77조 제2항). 해양수산부장관은 선박검사원이 그 직무를 행함에 있어 이 법 또는 이 법에 따른 명령을 위반한 때에는 공단 또는 선급법인에 대하여 그 해임을 요청하거나 1년 이내의

기간을 정하여 직무를 정지하도록 요청할 수 있다(법 제77조 제3항). 공단 또는 선급법인은 법 제77조 제3항에 따른 해임 또는 직무정지의 요청을 받은 때에는 지체 없이 당해 선박검사원에 대하여 조치를 하고 그 결과를 해양수산부장관에게 보고하여야 한다(법 제77조 제4항).

「선박안전법 시행규칙」

제97조의2(선박검사원의 자격)
① 법 제77조제2항에 따른 선박검사원(이하 "검사원"이라 한다)은 선체검사원, 기관검사원 및 전문검사원으로 구분하며 검사원의 자격기준은 다음 각 호와 같다.
1. 선체검사원
가. 대학의 해양계 · 수산계 · 조선 관련 학과를 졸업하고 관련 분야에서 2년 이상 근무한 경력이 있는 사람
나. 전문대학의 해양계 · 수산계 · 조선 관련 학과를 졸업하고 관련 분야에서 4년 이상 근무한 경력이 있는 사람
다. 대학 또는 전문대학의 해양계 · 수산계 · 조선 관련 학과를 졸업하고 1년 이상의 대행 검사기관의 견습 경력이 있는 사람
라. 선박검사관으로서 경력이 있는 사람
마. 다음의 어느 하나에 해당하는 사람
(1) 「국가기술자격법 시행규칙」 별표 5에 따른 조선기술사의 자격을 취득한 사람
(2) 「국가기술자격법 시행규칙」 별표 5에 따른 조선기사의 자격을 취득하고 관련 분야에서 3년 이상 근무한 경력이 있는 사람
(3) 「국가기술자격법 시행규칙」 별표 5에 따른 조선산업기사의 자격을 취득하고 관련 분야에서 6년 이상 근무한 경력이 있는 사람
2. 기관(機關)검사원
가. 대학의 기관 · 기계 관련 학과를 졸업하고 관련 분야에서 2년 이상 근무한 경력이 있는 사람
나. 전문대학의 기관 · 기계 관련 학과를 졸업하고 관련 분야에서 4년 이상 근무한 경력이 있는 사람
다. 대학 또는 전문대학의 기관 · 기계관련 학과를 졸업하고 1년 이상의 대행검사기관의 견습 경력이 있는 사람
라. 선박검사관으로서 경력이 있는 사람
마. 다음의 어느 하나에 해당하는 사람
(1) 「국가기술자격법 시행규칙」 별표 5에 따른 기계제작기술사, 산업기계설비기술사 또는 조선기술사의 자격을 취득한 사람
(2) 「국가기술자격법 시행규칙」 별표 5에 따른 일반기계기사의 자격을 취득하고 관련 분야에서 3년 이상 근무한 경력이 있는 자
3. 전문검사원
가. 대학의 금속, 전기 · 전자, 통신, 생물, 환경, 화학, 화공, 물리 또는 해양학 관련 학과를 졸업하고 관련분야에서 2년 이상 근무한 경력이 있는 사람
나. 대학 또는 전문대학의 금속, 전기 · 전자, 통신, 생물, 환경, 화학, 화공, 물리 또는 해양학 관련 학과를 졸업하고 1년 이상 대행검사기관의 견습 경력이 있는 사람
② 공단 또는 선급법인은 외국에서 선박검사업무를 시행하기 위하여 필요하다고 인정하는 경우에는 다음 각 호의 어느 하나에 해당하는 사람에게 선박검사업무를 시행하게 할 수 있다.
1. 국제선급연합회의 정회원인 선급 검사원
2. 제1항에 따른 검사원 자격이 있는 사람

③ 공단 및 선급법인은 검사원 중 제1항 또는 제2항의 자격을 가진 사람을 선임한 경우에는 해양수산부장관에게 선임보고를 하여야 한다.
④ 제1항 및 제2항에 따른 선체검사원, 기관검사원 및 전문검사원의 직무는 다음 각 호와 같다.
1. 선체검사원: 선박의 선체와 이에 부수되는 선박시설 및 선박용물건의 검사
2. 기관검사원: 선박의 기관과 이에 부수되는 선박시설 및 선박용물건의 검사
3. 전문검사원: 선박의 금속분야, 전기·전자, 통신, 생물, 환경, 화학, 화공, 물리 또는 해양학 분야에 관한 시설, 이와 관련된 선박용물건, 해양오염방지설비 및 선박평형수처리설비의 검사
⑤ 제4항제1호 및 제2호에도 불구하고 3년 이상의 검사업무에 종사한 경력이 있는 검사원이 선박[여객선 및 특수선(수중익선, 원자력선, 잠수선, 공기부양선, 그 밖에 특수한 구조로 된 선박으로서 해양수산부장관이 정하여 고시하는 선박을 말한다)은 제외한다]을 검사하는 경우에는 선체검사원은 기관검사원의 직무를, 기관검사원은 선체검사원의 직무를 각각 수행할 수 있다. 다만, 검사원이 1년 이상 3년 미만 검사업무에 종사한 경력이 있는 경우에는 소형선박 및 선박용물건의 경우에 한정하여 이를 적용한다.
⑥ 제4항제3호에 불구하고 해양수산부장관의 승인을 얻어 5년 이상 검사업무에 종사한 경력이 있는 전문검사원 중 금속에 관련한 학과를 졸업한 사람은 선체검사원의 직무를, 전기·전자 관련 학과를 졸업한 사람은 기관검사원의 직무를 행할 수 있다. 다만, 이 경우 해당 전문검사원은 대행검사기관이 따로 정하는 해당분야의 직무교육을 받아야 한다.
⑦ 제1항 및 제2항에 따른 검사원은 공단 또는 선급법인이 시행하는 5일 이상의 신규 검사원 교육을 이수하여야 하며, 새로운 전문지식과 기술의 습득을 위하여 대행검사기관이 따로 정하는 해당 분야의 직무보수교육을 받아야 한다.

제5관 특별검사와 재검사

1. 특별검사

해양수산부장관은 선박안전과 관련하여 대형 해양사고가 발생한 경우 또는 유사사고가 지속적으로 발생한 경우에는 해양수산부령이 정하는 바에 따라 관련되는 선박의 구조·설비 등에 대하여 검사(이하 "특별검사"라 한다)를 할 수 있다(법 제71조 제1항). 해양수산부장관은 제1항의 규정에 따른 특별검사를 하고자 하는 경우에는 대상 선박의 범위, 선박소유자의 준비사항 등 필요한 사항을 30일전에 공고하고, 해당 선박소유자에게 직접 통보하여야 한다(법 제71조 제2항). 해양수산부장관은 법 제71조 제1항의 규정에 따른 특별검사의 결과 선박의 안전확보를 위하여 필요하다고 인정되는 경우에는 선박의 소유자에 대하여 대통령령이 정하는 바에 따라 항해정지명령 또는 시정·보완명령을 할 수 있다(법 제71조 제3항). 법 제15조 제1항 및 제16조 제3항의 규정은 법 제71조 제1항의 규정에 따라 특별검사를 받은 선박에 대하여 이를 준용한다. 이 경우 법 제15조 제1항 중 "선박검사" 및 제16조 제3항 중 "중간검사 및 임시검사"는 각각 "특별검사"로 본다(법 제71조 제4항).

「선박안전법 시행령」

제19조(특별검사에 따른 조치 등) 해양수산부장관은 법 제71조 제3항에 따라 항해정지명령 또는 시정·보완명령을 하려는 경우 해양수산부령으로 정하는 항해정지명령서 또는 시정·보완명령서를 발급하여야 한다.

「선박안전법 시행규칙」

제92조(특별검사)

① 해양수산부장관은 법 제71조 제1항에 따라 대형 해양사고 또는 유사사고의 지속적 발생 등으로 그 선박의 구조·설비 등이 법 제26조에 따른 선박시설기준에 적합하지 아니하게 된 것으로 인정하여 검사대상으로 공고한 선박에 대하여 특별검사를 하여야 한다.

② 제1항에 따른 공고에는 다음 각 호의 사항이 포함되어야 한다.

1. 검사대상 선박의 범위
2. 검사사항
3. 검사기간
4. 검사준비사항
5. 그 밖에 특별검사에 필요한 사항

③ 제1항에 따라 특별검사의 대상이 된 선박소유자는 별지 제4호서식의 선박검사신청서에 다음 각 호의 서류를 첨부하여 해양수산부장관에게 제출하여야 한다.

1. 선박검사증서
2. 제2항에 따른 공고에 포함된 특별검사에 관련되는 서류 또는 도면

④ 영 제19조에 따른 항해정지명령서 또는 시정·보완명령서의 서식은 다음 각 호와 같다.

1. 항해정지명령서 : 별지 제82호서식
2. 시정·보완명령서 : 별지 제83호서식

2. 재검사

법 제60조 제1항·제2항(제61조의 규정에 따라 해양수산부장관이 직접 수행하거나 해양수산부장관으로부터 지정받은 자가 대행하는 경우를 포함한다), 제63조 제1항, 제64조 제1항 및 제65조 제1항의 규정에 따라 대행검사기관으로부터 검사·검정 및 확인을 받은 자가 그 결과에 대한 불복이 있는 때에는 그 결과에 관한 통지를 받은 날부터 90일 이내에 그 사유를 갖추어 해양수산부장관에게 재검사·재검정 및 재확인을 신청할 수 있다(법 제72조 제1항). 법 제72조 제1항의 규정에 따라 재검사·재검정 및 재확인의 신청을 받은 해양수산부장관은 소속공무원으로 하여금 재검사 등을 직접 행하게 하고 그 결과를 신청인에게 60일 이내에 통보하여야 한다. 다만, 부득이한 사정이 있는 때에는 30일 이내의 범위에서 통보시한을 연장할 수 있다(법 제72조 제2항). 대행검사기관의 검사·검정 및 확인에 대하여 불복이 있는 자는 법 제72조 제1항 및 제2항의 규정에 따른 재검사·재검정 및 재확인의 절차를 거치지 아니하고는 행정소송을 제기할 수 없다. 다만,「행정소송법」제18조 제2항

및 제3항의 규정[9]에 해당되는 경우에는 그러하지 아니하다(법 제71조 제2항).

「선박안전법 시행규칙」

제93조(재검사 등)

① 법 제72조 제1항에 따라 재검사·재검정 및 재확인을 신청하려는 자는 별지 제84호서식의 재검사(재검정, 재확인)신청서를 관할 지방해양항만청장에게 제출하여야 한다.

② 지방해양항만청장은 제1항에 따른 신청이 이유 없다고 인정하거나 신청인이 법 제15조 제2항에 따른 허가를 받지 아니하고 관계 부분의 원상을 변경한 경우에는 재검사·재검정 및 재확인을 아니할 수 있다.

③ 지방해양항만청장은 제1항에 따른 신청이 이유 있다고 인정하는 경우에는 법 제72조 제2항에 따른 소속 공무원을 현장에 파견하여 재검사·재검정 및 재확인과 필요한 조치를 하도록 하여야 한다.

---

9)

「행정소송법」

제18조(행정심판과의 관계)

① 취소소송은 법령의 규정에 의하여 당해 처분에 대한 행정심판을 제기할 수 있는 경우에도 이를 거치지 아니하고 제기할 수 있다. 다만, 다른 법률에 당해 처분에 대한 행정심판의 재결을 거치지 아니하면 취소소송을 제기할 수 없다는 규정이 있는 때에는 그러하지 아니하다.

② 제1항 단서의 경우에도 다음 각호의 1에 해당하는 사유가 있는 때에는 행정심판의 재결을 거치지 아니하고 취소소송을 제기할 수 있다.

1. 행정심판청구가 있은 날로부터 60일이 지나도 재결이 없는 때
2. 처분의 집행 또는 절차의 속행으로 생길 중대한 손해를 예방하여야 할 긴급한 필요가 있는 때
3. 법령의 규정에 의한 행정심판기관이 의결 또는 재결을 하지 못할 사유가 있는 때
4. 그 밖의 정당한 사유가 있는 때

③ 제1항 단서의 경우에 다음 각호의 1에 해당하는 사유가 있는 때에는 행정심판을 제기함이 없이 취소소송을 제기할 수 있다.

1. 동종사건에 관하여 이미 행정심판의 기각재결이 있은 때
2. 서로 내용상 관련되는 처분 또는 같은 목적을 위하여 단계적으로 진행되는 처분중 어느 하나가 이미 행정심판의 재결을 거친 때
3. 행정청이 사실심의 변론종결후 소송의 대상인 처분을 변경하여 당해 변경된 처분에 관하여 소를 제기하는 때
4. 처분을 행한 행정청이 행정심판을 거칠 필요가 없다고 잘못 알린 때

④ 제2항 및 제3항의 규정에 의한 사유는 이를 소명하여야 한다.

제3절 | 선박용물건 또는 소형선박의 형식승인 등

제1관 형식승인 및 검정

1. 형식승인 및 검정

해양수산부장관이 정하여 고시하는 선박용물건 또는 소형선박을 제조하거나 수입하고자 하는 자가 해당 선박용물건 또는 소형선박에 대하여 법 제18조 제6항의 규정에 따라 검정을 받고자 하는 때에는 미리 해양수산부장관의 형식에 관한 승인(이하 "형식승인"이라 한다)을 얻어야 한다(법 제18조 제1항). 법 제18조 제1항의 규정에 따른 형식승인을 얻고자 하는 자는 형식승인시험을 거쳐야 한다. 다만, 「산업표준화법」에 따른 검사에 합격한 선박용물건 또는 소형선박을 생산하는 등 해양수산부령이 정하는 경우에는 형식승인시험을 생략할 수 있다(법 제18조 제2항). 해양수산부장관은 법 제18조 제2항의 규정에 따른 형식승인시험을 담당하는 시험기관(이하 "지정시험기관"이라 한다)을 대통령령이 정하는 바에 따라 지정・고시하여야 한다(법 제18조 제3항). 형식승인을 얻은 자가 그 내용을 변경하고자 하는 경우에는 해양수산부장관으로부터 변경승인을 얻어야 한다. 이 경우 선박용물건 또는 소형선박의 성능에 영향을 미치는 사항을 변경하는 때에는 해당변경 부분에 대하여 법 제18조 제2항의 규정에 따른 형식승인시험을 거쳐야 한다(법 제18조 제4항). 법 제18조 제1항의 규정에 따른 형식승인을 얻은 자와 제3항의 규정에 따른 지정시험기관은 형식승인시험에 합격한 선박용물건을 보관하여야 한다. 이 경우 제4항의 규정에 따른 변경승인을 얻은 경우에도 또한 같다(법 제18조 제5항). 법 제18조 제1항 및 제4항의 규정에 따라 형식승인 또는 변경승인을 얻은 자는 당해 선박용물건 또는 소형선박에 대하여 해양수산부장관이 정하여 고시하는 검정기준에 따라 해양수산부장관의 검정을 받아야 한다. 이 경우 검정에 합격한 당해 선박용물건 또는 소형선박에 대하여는 건조검사 또는 선박검사 중 최초로 실시하는 검사는 이를 합격한 것으로 본다(법 제18조 제6항). 해양수산부장관은 검정에 합격한 선박용물건 또는 소형선박에 대하여 검정증서를 교부하고, 당해 선박용물건에는 검정에 합격하였음을 나타내는 표시를 하여야 한다(법 제18조 제7항). 법 제18조 제1항 내지 제7항의 규정에 따른 형식승인의 절차, 형식승인을 얻은 자 및 지정시험기관에 대한 지도・감독, 선박용물건의 보관범위, 검정증서의 서식・교부 등에 관한 사항은 해양수산부령으로 정하고, 제2항의 규정에 따른 형식승인시험의 기준은 해양수산부장관이 정하여 고시한다(법 제18조 제8항).

「선박안전법 시행령」

제7조(지정시험기관의 지정기준 및 절차 등)
① 법 제18조 제3항에 따른 지정시험기관의 지정기준은 다음 각 호와 같다.
1. 형식승인 대상 선박용물건 또는 소형선박에 대한 법 제18조 제2항에 따른 형식승인시험(이하 "형식승인시험"이라 한다)의 업무를 수행할 수 있는 전담 부서가 있을 것
2. 형식승인시험대상 선박용물건 또는 소형선박을 직접 제조 또는 판매하거나 제조자에게 해당 제품을 납품하는 자가 아닐 것
3. 형식승인시험의 특정 시험항목에 대하여 국제적으로 인정받으려는 경우 「국가표준기본법」 제23조에 따라 인정받은 시험·검사기관에 해당할 것
4. 해당 형식승인시험에 필요한 시설과 장비(「국가표준기본법」 또는 「계량에 관한 법률」에 따라 검정·교정을 받은 기기를 포함한다) 및 인력을 갖추고 있을 것
② 제1항 제4호에도 불구하고 해당 시설 또는 장비의 일부를 임차하거나 그 형식승인시험을 다른 사람에게 처리하게 하는 경우에는 해양수산부령으로 정하는 바에 따라 그 지정기준을 적용하지 아니할 수 있다.
③ 해양수산부장관은 지정시험기관을 지정하거나 그 지정을 취소한 경우에는 그 사실을 고시하여야 한다.
④ 제1항에 따른 지정시험기관의 지정절차 등 필요한 사항은 해양수산부령으로 정한다.

「선박안전법 시행규칙」

제35조(형식승인시험의 면제) 법 제18조 제2항 단서에서 "해양수산부령이 정하는 경우"란 다음 각 호의 경우를 말한다.
1. 형식승인시험의 전부 면제
   가. 형식승인 신청일 기준으로 과거 2년 동안 매년 1회 이상 법 제22조 제1항에 따른 예비검사에 합격한 선박용물건
   나. 「산업표준화법」 제17조 제4항에 따른 인증을 받은 선박용물건으로서 선박시설기준에 적합한 선박용물건
2. 지정시험기관이 인정하는 경우 형식승인시험의 전부 또는 일부 면제
   가. 해당 형식승인시험 항목에 대하여 「국가표준기본법」 제23조에 따라 인정을 받은 시험·검사기관의 시험에 합격한 경우
   나. 해당 형식승인시험 항목에 대하여 국제공인시험기관으로 인정받은 시험·검사기관의 시험에 합격한 경우
   다. 형식승인을 받은 선박용물건의 일부 요건을 변경하여 추가로 형식승인을 받거나 형식을 변경하는 경우

제36조(형식승인의 신청 등)
① 법 제18조 제8항에 따라 형식승인을 받으려는 자는 별지 제36호서식의 형식승인신청서(전자문서로 된 신청서를 포함한다)를 지방해양항만청장에게 제출하여야 한다. 이 경우 제35조 제1호 각 목의 어느 하나에 해당하는 선박용물건에 대하여 형식승인을 받으려는 자는 형식승인시험합격증서에 갈음하여 같은 조 각 호의 어느 하나에 해당함을 증명하는 서류와 제38조 제1항 각 호에 따른 서류를 각각 첨부하여야 한다.
② 지방해양항만청장은 제1항에 따른 신청을 받은 때에는 제38조 제4항에 따라 지정시험기관이 지방해양항만청장에게 제출한 형식승인시험합격증서 등 관련 서류 또는 제35조 제1호 각 목의 어느 하나에 해당함을 증명하는 서류와 제38조 제1항 각 호에 따른 서류(전자문서를 포함한다)를 확인하고 이상이 없는 경우에는 별지 제37호서식의 형식승인증서를 신청인에게 발급하여야 한다.

제37조(형식승인의 변경 신청 등)
① 법 제18조 제8항에 따라 형식승인을 받은 내용을 변경하려는 경우에는 별지 제38호서식의 형식승인사항변경승인신청서에 제38조 제1항 각 호 중 변경내용을 적은 서류(성능에 영향을 미치지 아니하는 경우로 한정한다)를 첨부하여 지방해양항만청장에게 제출하여야 한다.
② 지방해양항만청장은 제1항에 따른 형식승인사항 변경승인신청을 받은 때에는 제38조 제4항에 따라 지정시험기관이 지방해양항만청장에게 제출한 형식승인시험합격증서 등 관련 서류 또는 제38조 제1항 각 호에 따른 서류(전자문서를 포함한다)를 확인하고 이상이 없는 경우에는 별지 제39호서식의 형식승인사항변경승인서를 신청인에게 발급하여야 한다.

제38조(형식승인시험의 신청 등)
① 법 제18조 제8항에 따라 형식승인시험을 받으려는 자는 별지 제40호서식의 형식승인시험신청서(전자문서로 된 신청서를 포함한다)에 다음 각 호의 서류(형식승인사항의 변경을 위한 형식승인시험시에는 성능에 영향을 미치는 부분에 대한 서류로 한정한다)를 첨부하여 지정시험기관에 제출하여야 한다. 이 경우 지방해양항만청장은 「전자정부법」 제36조 제1항에 따른 행정정보의 공동이용을 통하여 사업자등록증을 확인하여야 하며, 신청인이 확인에 동의하지 아니하는 경우에는 그 사본을 제출하도록 하여야 한다.
1. 사업체의 개요(연혁, 인원 및 조직 등에 관한 사항을 포함한다)
2. 삭제
3. 수입허가서 사본(수입하려는 선박용물건 또는 소형선박으로 한정한다)
4. 선박용물건 또는 소형선박의 제조사양서, 구조도면 및 사용방법에 관한 설명서
5. 제조하거나 수입할 선박용물건 또는 소형선박의 제조 및 검사설비개요서(수입하여 시험하는 경우에는 형식승인 신청자가 보유한 설비개요서)
6. 형식승인신청업체의 품질관리에 관한 기준을 정한 서류(품질관리에 관하여 국제표준화기구의 인증을 받은 경우에는 그 인증서 사본)
7. 제35조 제2호 각 목에 따른 형식승인시험 면제대상 여부를 증명할 수 있는 서류
② 형식승인시험을 신청하는 자는 형식승인시험을 받으려는 선박용물건 또는 소형선박을 지정시험기관이 지정하는 장소에 제출하고, 형식승인시험에 필요한 비용을 지정시험기관에 내야 한다. 이 경우 비용은 지정시험기관이 별표 16의 산출기준에 따라 산출한 금액으로 한다.
③ 지정시험기관은 제1항에 따른 신청을 받으면 법 제18조 제8항에 따른 형식승인시험의 기준에 따라 이를 실시하여야 한다.
④ 지정시험기관은 형식승인시험에 합격한 선박용물건 또는 소형선박에 대하여는 별지 제41호서식의 형식승인시험합격증서 및 제3항에 따라 실시한 시험성적서(이하 "시험성적서"라 한다)를 신청인에게 발급하고, 제1항 각 호의 서류, 형식승인시험합격증서 및 시험성적서 각 1부를 관할 지방해양항만청장과 법 제60조 제1항 각 호 외의 부분 후단 및 같은 조 제2항 후단에 따라 선박용물건 또는 소형선박의 검정업무에 관하여 협정을 체결한 공단 또는 선급법인에 제출(전자문서를 통한 제출을 포함한다)하여야 한다.

제39조(일부 시험의 외부 의뢰 등)
① 영 제7조 제2항에 따라 지정시험기관이 다른 시험설비를 이용하거나 지정된 시험품목에 대한 시험의 일부를 다른 시험기관에 의뢰하는 경우에는 별지 제42호서식의 일부시험의 외부의뢰 등 승인신청서(전자문서로 된 신청서를 포함한다)에 다음 각 호의 서류(전자문서를 포함한다)를 첨부하여 해양수산부장관에게 제출하여야 한다.
1. 외부에 시험을 의뢰하는 경우에는 그 시험기관이 해당 시험에 대한 시험능력이 있음을 증명하는 서류
2. 다른 시험설비를 이용하려는 경우에는 그 시험설비가 해당 시험에 적합함을 증명하는 서류
② 해양수산부장관은 제1항에 따른 승인신청을 받으면 해당 시험설비 등을 고려하여 타당하다고 인정되면 승인하여야 한다. 이 경우 승인서의 서식은 별지 제43호서식과 같다.

제40조(지정시험기관의 신청 등)

① 영 제7조 제4항에 따라 지정시험기관으로 지정을 받으려는 자는 별지 제44호서식의 선박용물건 및 소형선박의 지정시험기관신청서(전자문서로 된 신청서를 포함한다)에 다음 각 호의 서류(전자문서를 포함한다)를 첨부하여 해양수산부장관에게 제출하여야 한다. 이 경우 해양수산부장관은 제2호와 관련된 정보를 국가기술자격증으로 확인할 수 있는 경우에는 「전자정부법」 제36조 제1항에 따른 행정정보의 공동이용을 통하여 국가기술자격증을 확인하여야 하며, 신청인이 확인에 동의하지 아니하는 경우에는 그 사본을 제출하도록 하여야 한다.

1. 시험기관의 연혁, 설립 목적, 주요 기능 및 조직에 관한 사항을 적은 서류
2. 형식승인시험에 종사할 인원 및 그 자격을 적은 서류와 그 증빙서류[해당 시험업무 종사가 가능함을 증명하는 서류(국가기술자격증으로 확인할 수 없는 경우만 해당한다)]
3. 형식승인시험을 하기 위한 시험설비의 목록 및 사양서와 시험기기의 검정・교정 관리계획서
4. 다음 각 목의 사항이 포함된 시험설비 이용계획서(다른 시험기관 이나 제조자의 시험설비를 임차하거나 형식승인시험을 위탁하는 경우로 한정한다)
   가. 다른 시험기관이나 제조자의 명칭, 소재지 및 주요 기능에 관한 사항
   나. 임차설비를 이용 또는 의뢰하려는 시험의 종류
   다. 설비 임차 또는 시험 의뢰의 사유
5. 시험품목별로 사용하는 시험설비와 시험에 종사하는 자의 성명 및 시험방법을 적은 서류
6. 해당 시험항목에 대한 국제공인시험기관 인증서(해당 시험항목에 대하여 국제적으로 공인받으려는 경우로 한정한다)

② 해양수산부장관은 제1항에 따른 신청을 받으면 시험설비를 확인하고 제1항 각 호의 서류를 심사하여 신청 품목의 지정시험기관으로 적합하다고 인정하는 경우에는 별지 제45호서식의 선박용물건 및 소형선박의 지정시험기관지정서를 발급하여야 한다. 이 경우 해당 지정시험기관의 시험능력 등을 고려하여 신청한 품목 중 일부 품목으로 한정하여 지정할 수 있다.

제41조(지정받은 사항의 변경)

① 제40조 제1항 제2호 및 제3호(검정・교정사항은 제외한다)의 지정요건에 변경이 생긴 지정시험기관은 영 제7조 제4항에 따라 별지 제44호서식의 선박용물건 및 소형선박의 지정시험기관신청서에 변경된 사항을 적은 서류를 첨부하여 해양수산부장관에게 제출하여야 한다.

② 해양수산부장관은 제1항에 따른 변경내용 및 사유를 검토하여 형식승인시험에 지장을 주지 아니하는 경우에는 그 신청을 수리하고, 형식승인시험에 지장을 준다고 인정되는 경우에는 지정시험기관에 개선・보완을 요청하여야 한다.

제42조(시험내용 변경 또는 시험품목의 추가)

① 지정시험기관이 제40조 제2항에 따라 지정받은 품목의 시험내용을 변경하거나 시험품목을 추가로 지정받으려는 경우에는 영 제7조 제4항에 따라 별지 제44호서식의 선박용물건 및 소형선박의 지정시험기관신청서에 제40조 제1항 제2호부터 제6호까지의 서류를 첨부하여 해양수산부장관에게 제출하여야 한다.

② 해양수산부장관은 제1항에 따른 지정받은 품목의 시험내용 변경 신청의 경우 그 변경내용을 검토하여 형식승인시험에 지장을 주지 아니하는 경우에는 그 신청을 수리하고, 형식승인시험에 지장을 준다고 인정되는 경우에는 지정시험기관에 개선・보완을 요청하여야 한다.

③ 해양수산부장관은 제1항에 따른 시험품목을 추가로 지정받으려는 신청의 경우 그 시험품목의 변경내용 등을 검토하고 적합한 경우에는 제40조 제2항에 따른 지정시험기관지정서를 변경발급하여야 한다.

제43조(형식승인을 받은 선박용물건의 품질관리) 법 제18조 제8항에 따른 형식승인을 받은 자와 지정시험기관이 보관하여야 하는 선박용물건은 별표 17과 같다.

제44조(검정의 신청 등)

① 법 제18조 제8항에 따라 검정을 받으려는 자는 해당 선박용물건 또는 소형선박에 다음 각 호의 사항을 표시(크기나 모양을 고려하여 표시할 수 없는 경우는 제외한다)하고 별지 제46호서식의 검정신청서를 해양수산부장관에게 제출하여야 한다.
1. 형식승인 품명 · 형식 및 규격(규격이 있는 경우로 한정한다)
2. 형식승인증서 번호 및 형식승인 일자
3. 제조연월일 표시 일련번호
② 해양수산부장관은 제1항에 따른 신청을 받은 경우에는 해당 선박용물건 또는 소형선박이 형식승인을 받은 제조공정, 부품, 자재 및 각 부품의 시험성적서를 확인하여 제조사양서대로 제조되었는지와 법 제18조 제6항에 따른 검정기준에 적합한지 여부를 확인하여야 한다.
③ 법 제18조 제8항에 따른 검정증서는 별지 제47호서식과 같으며, 검정의 합격을 나타내는 표시는 별표 18과 같다.

제45조(지도 · 감독)
① 법 제18조 제8항에 따라 지방해양항만청장은 지정시험기관의 시험성적서를 검토하여 적합하지 아니하다고 인정하는 경우에는 해양수산부장관에게 보고하여야 한다.
② 해양수산부장관은 제1항에 따라 지방해양항만청장으로부터 보고를 받은 경우 해당 지정시험기관을 방문하여 시험방법 및 절차 등을 확인하고 필요한 경우 개선 · 보완을 요청할 수 있다.

제45조의2(새로운 형식승인 시험기준의 적용)
① 해양수산부장관은 법 제18조 제8항 후단에 따른 형식승인 시험기준이 고시되지 아니한 선박용물건 또는 소형선박에 대하여 제45조의3에 따른 기술전문위원회가 심의한 형식승인 시험기준을 적용하여 형식승인을 할 수 있다. 이 경우 기술전문위원회가 심의한 형식승인 시험기준을 지체 없이 고시하여야 한다.
② 해양수산부장관은 제1항에 따라 형식승인을 할 경우 형식승인 신청일로부터 15일 이내에 기술전문위원회에 심의의뢰 여부를 결정하고, 그 결과를 신청인에게 통지한다. 이 경우 해양수산부장관은 신청인에게 기술전문위원회의 심의여부의 결정에 필요한 자료를 요구할 수 있다.
③ 해양수산부장관은 제2항에 따라 결정된 형식승인 시험기준에 대해서는 해당 신청인 및 지정시험기관의 장에게 지체 없이 통보하여야 한다.

제45조의4(형식승인 시험기준의 제정 또는 개정 신청)
① 법 제18조 제2항 및 제4항에 따라 형식승인을 얻으려는 자는 해양수산부장관에게 법 제18조 제8항 후단에 따른 형식승인 시험기준의 제정 및 개정을 신청할 수 있다.
② 제1항에 따라 형식승인 시험기준의 제정 및 개정의 신청이 있는 경우, 해양수산부장관은 신청일로부터 30일 이내에 이를 검토하여 형식승인 시험기준 제정 및 개정 여부를 해당 신청인에게 통보하여야 한다.

---

2. 형식승인의 취소 등

가. 형식승인의 취소

해양수산부장관은 형식승인을 얻은 자가 다음 각 호의 어느 하나에 해당하는 때에는 그 형식승인을 취소하거나 6개월 이내의 기간을 정하여 그 효력을 정지시킬 수 있다. 다만, 제1호 내지 제3호에 해당하는 때에는 이를 취소하여야 한다(법 제19조 제1항).

1. 거짓 그 밖의 부정한 방법으로 형식승인 또는 그 변경승인을 얻은 때

2. 거짓 그 밖의 부정한 방법으로 검정을 받은 때
3. 제조 또는 수입한 선박용물건 또는 소형선박이 제26조의 규정에 따른 선박시설기준에 적합하지 아니하게 된 때
4. 정당한 사유 없이 2년 이상 계속하여 해당 선박용물건 또는 소형선박을 제조하거나 수입하지 아니한 때
5. 법 제75조의 규정에 따른 보고 · 자료제출명령을 거부한 때

나. 지정시험기관의 지정취소

해양수산부장관은 법 제18조 제3항의 규정에 따른 지정시험기관이 다음 각 호의 어느 하나에 해당하는 때에는 그 지정을 취소하거나 6개월 이내의 기간을 정하여 그 효력을 정지시킬 수 있다. 다만, 제1호 내지 제3호에 해당하는 때에는 이를 취소하여야 한다(법 제19조 제2항).

1. 거짓 그 밖의 부정한 방법으로 지정을 받은 때
2. 시험에 관한 업무를 더 이상 수행하지 아니하는 때
3. 법 제18조 제3항의 규정에 따른 지정시험기관의 지정기준에 미달하게 된 때
4. 형식승인시험의 오차 · 실수 · 누락 등으로 인하여 공신력을 상실하였다고 인정되는 때
5. 정당한 사유 없이 형식승인시험의 실시를 거부한 때
6. 형식승인시험과 관련하여 부정한 행위를 하거나 수수료를 부당하게 받은 때

다. 취소절차

법 제19조 제1항 및 제2항의 규정에 따른 형식승인의 취소 · 정지 및 지정시험기관의 취소 · 정지의 절차 등에 관한 사항은 해양수산부령으로 정한다(법 제19조 제3항).

「선박안전법 시행규칙」

제46조(형식승인의 취소 및 효력정지)

① 법 제19조 제3항에 따른 형식승인 및 지정시험기관의 취소와 효력정지 처분의 기준은 별표 19와 같다.

② 지방해양항만청장(지정시험기관에 관한 경우에는 해양수산부장관을 말한다. 이하 이 조에서 같다)은 위반행위의 동기, 내용 및 횟수 등을 고려하여 제1항에 따른 효력정지의 기간을 2분의 1의 범위에서 가중하거나 감경할 수 있다. 이 경우 가중한 기간을 합산한 기간은 6개월을 초과할 수 없다.

③ 지방해양항만청장은 제1항과 제2항에 따라 취소 또는 효력정지 처분을 한 경우에는 지체 없이 그 사실을 고시하여야 한다.

[별표 19]
형식승인 및 지정시험기관의 취소와 그 효력정지 처분의 기준(제46조제1항 관련)

1. 형식승인의 취소 등 처분기준

위반행위	해당 법조문	처분내용
1. 거짓 그 밖의 부정한 방법으로 형식승인 또는 그 변경승인을 얻은 경우	법 제19조제1항제1호	형식승인 취소
2. 거짓 그 밖의 부정한 방법으로 검정을 받은 경우	법 제19조제1항제2호	형식승인 취소
3. 제조 또는 수입한 선박용물건 또는 소형선박이 법 제26조에 따른 선박시설기준에 적합하지 아니하게 된 경우	법 제19조제1항제3호	형식승인 취소
4. 정당한 사유 없이 2년 이상 계속하여 해당 선박용물건 또는 소형선박을 제조하거나 수입하지 아니한 경우	법 제19조제1항제4호	효력정지 6개월
5. 법 제75조에 따른 보고·자료제출명령을 거부한 경우	법 제19조제1항제5호	효력정지 2개월

2. 지정시험기관의 취소 등의 처분기준

위반행위	해당 법조문	처분내용
1. 거짓 그 밖의 부정한 방법으로 지정을 받은 경우	법 제19조제2항제1호	지정취소
2. 시험에 관한 업무를 더 이상 수행하지 아니하는 경우	법 제19조제2항제2호	지정취소
3. 제18조제3항에 따른 지정시험기관의 지정기준에 미달하게 된 경우	법 제19조제2항제3호	지정취소
4. 형식승인시험의 오차·실수·누락 등으로 인하여 공신력을 상실하였다고 인정되는 경우	법 제19조제2항제4호	효력정지 6개월
5. 정당한 사유 없이 형식승인시험의 실시를 거부한 경우	법 제19조제2항제5호	효력정지 3개월
6. 형식승인시험과 관련하여 부정한 행위를 하거나 수수료를 부당하게 받은 경우	법 제19조제2항제6호	효력정지 2개월

제2관 지정사업장의 지정 등

1. 지정사업장의 지정

해양수산부장관이 정하여 고시하는 선박용물건 또는 소형선박을 제조 또는 정비하는 자는 해당사업장에 대하여 해양수산부장관으로부터 지정제조사업장 또는 지정정비사업장(이하 "지정사업장"이라 한다)으로 지정받을 수 있다(법 제20조 제1항). 법 제20조 제1항의 규정에 따라 지정사업장으로 지정받고자 하는 자는 그 시설·설비, 제조·정비의 기준, 자체검사기준 및 인력 등에 대하여 해양수산부령이 정하는 기준에 따라 해양수산부장관의 승인을 얻어야 한다. 승인을 얻은 사항을 변경하고자 하는 때에도 또한 같다(법 제20조 제2항). 법 제20조 제1항의 규정에 따라 해양수산부장관이 지정한 지정사업장에서 제조 또는 정비하여 법 제20조 제2항의 규정에 따른 자체검사기준에 합격한 선박용물건 또는 소형선박에 대하여는 건조검사 또는 선박검사 중 최초로 실시하는 검사는 이를 합격한 것으로 본다. 다만, 해양수산부장관이 정하여 고시하는 선박용물건 또는 소형선박에 대하여는 해양수산부장관으로부터 직접 확인을 받은 경우에 한하여 동 검사에 합격한 것으로 본다(법 제20조 제3항). 법 제20조 제3항의 규정에 따라 자체검사기준에 합격한 선박용물건 또는 소형선박에 대하여 지정사업장이 직접 합격증서를 발행하고, 해당선박용물건에는 자체검사에 합격하였음을 나타내는 표시를 하여야 한다. 다만, 법 제20조 제3항 단서의 규정에 따라 해양수산부장관으로부터 직접 확인을 받아야 하는 선박용물건 또는 소형선박에 대하여는 해양수산부장관이 확인서를 교부하고, 해당선박용물건에는 확인을 나타내는 표시를 하여야 한다(법 제20조 제4항). 해양수산부장관은 법 제20조 제1항의 규정에 따라 지정사업장을 지정한 때에는 제2항의 규정에 따라 승인을 얻은 내용대로 제조·정비 및 운용·관리되고 있는지 지도·감독하여야 한다(법 제20조 제5항). 법 제20조 제1항 내지 제5항의 규정에 따른 지정사업장의 지정절차, 지정사업장의 적합 여부에 대한 확인절차, 합격증서·확인서의 서식·교부 및 지정사업장에 대한 지도·감독 등에 관하여 필요한 사항은 해양수산부령으로 정한다(법 제20조 제6항).

「선박안전법 시행규칙」

제47조(지정사업장의 지정 및 설비기준)

① 법 제20조제2항에 따른 지정사업장의 지정기준은 별표 20과 같다.

② 법 제20조제2항에 따른 지정사업장의 설비는 다음 각 호의 설비로서 선박용물건별로 해양수산부장관이 정하여 고시하는 설비 중 외주 또는 구매하는 부분에 대한 설비를 제외한 설비를 말한다. 다만, 시험·검사설비의 경우 다른 사람의 시험·검사설비를 3년 이상 사용할 수 있는 사용권이 있음을 증명하는 때에는 이를 갖춘 것으로 본다.

1. 절삭가공기계, 제봉설비, 용접기 등 제조 또는 정비설비
2. 인장시험기, 내압시험기 등 시험 및 검사설비

제48조(지정사업장의 지정)

① 법 제20조 제6항에 따라 지정사업장의 지정을 받으려는 자는 별지 제48호서식의 지정사업장지정(변경)신청서에 다음 각 호의 서류를 첨부하여 지방해양항만청장에게 제출하여야 한다.

1. 사업장의 연혁·조직 및 업무분장의 개요
2. 제47조에 따른 기준에 적합함을 증명하는 서류
3. 다음 각 목의 요건이 포함된 선박용물건 또는 소형선박의 제조에 관한 설명서(우수제조사업장의 인정을 받으려는 자로 한정하며, 이하 "제조설명서"라 한다)
   가. 인정을 받으려는 선박용물건 또는 소형선박(이하 "인정대상물건"이라 한다)의 구조
   나. 인정대상물건의 성능 및 주된 재료
   다. 제조공정

라. 품질관리
마. 시험 및 검사체계
4. 다음 각 목의 요건이 포함된 선박용물건의 정비에 관한 설명서(우수정비사업장의 인정을 받으려는 자로 한정하며, 이하 "정비설명서"이라 한다)
가. 분해 및 조립방법과 사용공구
나. 부품 또는 부재별 점검 및 정비방법
다. 부품 또는 부재별 사용시간과 손상정도 등에 의한 사용한도의 판정기준
라. 조립 후의 조정방법
5. 선박용물건 또는 소형선박에 대한 자체검사기준
② 지방해양항만청장은 제1항에 따른 신청을 받으면 해당 사업장이 제47조에 따른 지정・설비기준에 적합한지의 여부를 서류 및 현장심사(이미 지정받은 품목과 같은 품목인 경우에 현장심사는 생략한다)를 통하여 확인하고, 그 기준에 맞으면 별지 제49호서식의 지정사업장지정서를 신청인에게 발급하여야 한다.
③ 지방해양항만청장은 제2항에 따른 확인을 위하여 필요한 경우에는 관련 분야 전문가의 의견을 들을 수 있다.

제49조(지정받은 사항의 변경)
① 법 제20조 제1항에 따라 지정사업장의 지정을 받은 자가 제48조 제2항에 따라 확인받은 내용을 변경하려는 경우에는 별지 제48호서식의 지정사업장지정(변경)신청서에 그 변경내용 및 사유를 적은 서류를 첨부하여 지방해양항만청장에게 제출하여야 한다.
② 지방해양항만청장은 제1항에 따른 변경내용 및 사유가 지정사업장의 지정기준에 적합한지의 여부를 검토하고 적합한 경우 그 사실을 알려야 한다.

제50조(선박용물건 또는 소형선박의 확인신청)
① 법 제20조 제6항에 따라 선박용물건 또는 소형선박이 제48조 제1항 제3호 및 제4호에 따른 제조설명서 또는 정비설명서에 적합하게 제조 또는 정비되었음을 확인받으려는 자는 해당 선박용물건 또는 소형선박에 다음 각 호의 사항을 표시(크기 또는 모양을 고려하여 표시할 수 없는 경우는 제외한다)하고 별지 제50호서식의 확인신청서를 해양수산부장관에게 제출하여야 한다.
1. 지정사업장의 명칭, 지정번호 및 지정일자
2. 지정 품명・형식 및 규격(규격이 있는 경우로 한정한다)
3. 제조 또는 정비일자
4. 제조번호 또는 정비번호
② 해양수산부장관은 제1항에 따른 신청을 받은 경우에는 해당 선박용물건 또는 소형선박이 제조설명서 또는 정비설명서에 적합하게 제조 또는 정비되었는지 여부를 확인하여야 한다.
③ 법 제20조 제6항에 따른 확인서는 별지 제51호서식과 같으며, 확인을 나타내는 표시는 별표 21과 같다.

제51조(자체검사 합격증서의 서식 등) 법 제20조 제6항에 따른 합격증서는 별지 제52호서식과 같으며, 합격을 나타내는 표시는 별표 22와 같다.

제52조(지도・감독) 지방해양항만청장은 관할 지정사업장에 대하여 법 제20조 제6항에 따른 지정사업장의 제조・정비 및 운용에 대한 지도・감독을 연 1회 이상 하여야 한다.

---

2. 지정사업장의 지정취소 등

해양수산부장관은 지정사업장의 지정을 받은 자가 다음 각 호의 어느 하나에 해당하는 때

에는 그 지정을 취소하거나 6개월 이내의 기간을 정하여 그 효력을 정지시킬 수 있다. 다만, 제1호 및 제2호에 해당하는 때에는 이를 취소하여야 한다(법 제21조 제1항).

1. 거짓 그 밖의 부정한 방법으로 지정사업장의 지정을 받은 때
2. 제조하거나 정비한 선박용물건 또는 소형선박이 제26조의 규정에 따른 선박시설기준에 적합하지 아니하게 된 때
3. 유효기간이 경과한 선박용물건을 판매한 때
4. 정당한 사유 없이 1년 이상 계속하여 당해 선박용물건 또는 소형선박을 제조하거나 정비하지 아니한 때
5. 당해 사업장이 법 제20조 제2항의 규정에 따른 지정기준에 미달하게 된 때
6. 부정한 방법으로 법 제20조 제3항 단서의 규정에 따른 확인을 받은 때
7. 법 제75조의 규정에 따른 보고・자료제출명령을 거부한 때

법 제21조 제1항의 규정에 따라 지정사업장의 지정이 취소된 자는 지정이 취소된 날부터 1년간 지정사업장으로 지정될 수 없다(법 제21조 제2항). 법 제21조 제1항의 규정에 따른 지정사업장의 지정취소 및 그 절차 등에 관하여 필요한 사항은 해양수산부령으로 정한다(법 제21조 제2항).

「선박안전법 시행규칙」

제53조(지정사업장의 지정취소 및 효력정지)

① 법 제21조제3항에 따른 지정사업장의 지정취소 및 효력정지 처분의 기준은 별표 23과 같다.

② 지방해양항만청장은 위반행위의 동기, 내용 및 횟수 등을 고려하여 제1항에 따른 효력정지기간을 2분의 1의 범위에서 가중하거나 감경할 수 있다. 이 경우 가중한 기간을 합산한 기간은 6개월을 초과할 수 없다.

③ 지방해양항만청장은 제1항과 제2항에 따라 지정취소 또는 효력정지 처분을 한 경우에는 지체 없이 그 사실을 고시하여야 한다.

[별표 23]
지정사업장의 지정취소 및 효력정지 처분의 기준(제53조제1항 관련)

위반행위	해당 법조문	처분내용
1. 거짓 그 밖의 부정한 방법으로 지정사업장의 지정을 받은 경우	법 제21조제1항제1호	지정취소
2. 제조하거나 정비한 선박용물건 또는 소형선박이 법 제26조에 따른 선박시설기준에 적합하지 아니하게 된 경우	법 제21조제1항제2호	지정취소
3. 유효기간이 경과한 선박용물건을 판매한 경우	법 제21조제1항제3호	효력정지 6개월

4. 정당한 사유 없이 1년 이상 계속하여 해당 선박용물건 또는 소형선박을 제조하거나 정비하지 아니한 경우	법 제21조제1항제4호	효력정지 3개월
5. 해당 사업장이 법 제20조제2항에 따른 지정기준에 미달하게 된 경우	법 제21조제1항제5호	효력정지 6개월
6. 부정한 방법으로 법 제20조제3항 단서에 따른 확인을 받은 경우	법 제21조제1항제6호	효력정지 6개월
7. 법 제75조에 따른 보고·자료제출명령을 거부한 경우	법 제21조제1항제7호	효력정지 2개월

제3관 예비검사

해양수산부장관이 지정하여 고시하는 선박용물건 또는 소형선박의 선체를 제조·개조·수리·정비 또는 수입하고자 하는 자는 선박용물건이 선박에 설치되기 전에 해양수산부장관이 정하여 고시하는 기준에 따라 해양수산부장관의 검사(이하 "예비검사"라 한다)를 받을 수 있다. 이 경우 예비검사의 절차에 관하여 필요한 사항은 해양수산부령으로 정한다(법 제22조 제1항). 법 제22조 제1항의 규정에 따른 예비검사를 받고자 하는 자는 해양수산부령이 정하는 바에 따라 해당 선박용물건 또는 소형선박의 선체의 도면에 대하여 해양수산부장관의 승인을 얻어야 한다. 이 경우 법 제13조 제2항의 규정은 예비검사의 도면에 대한 승인의 표시에 관하여 이를 준용한다(법 제22조 제2항). 해양수산부장관은 법 제22조 제1항의 규정에 따라 예비검사에 합격한 선박용물건 또는 소형선박의 선체에 대하여 해양수산부령이 정하는 예비검사증서를 교부하여야 한다. 이 경우 당해 선박용물건에 대하여는 합격을 나타내는 표시를 별도로 하여야 한다(법 제22조 제3항). 법 제22조 제1항의 규정에 따른 예비검사에 합격한 선박용물건 또는 소형선박의 선체에 대하여는 건조검사 또는 선박검사 중 최초로 실시하는 검사는 이를 합격한 것으로 본다(법 제22조 제4항). 법 제22조 제14조 제1항의 규정은 예비검사의 준비에 관하여 이를 준용한다. 이 경우 법 제14조 제1항 중 "건조검사 및 선박검사"는 "예비검사"로 본다(법 제22조 제5항).

「선박안전법 시행규칙」

제54조(예비검사)

① 법 제22조 제1항에 따른 예비검사를 받으려는 자는 별지 제53호서식의 예비검사신청서에 제5항에 따라 승인받은 도면을 첨부하여 해양수산부장관에게 제출하여야 한다.

② 제1항에 따른 예비검사는 해당 선박용물건 또는 소형선박의 선체에 대하여 제조·개조·수리 또는 정비에 착수한 때부터 검사를 받아야 한다. 이 경우 선박용물건 중 팽창식구명설비의 수리 또는 정비에 따른 예비검사인 경우에는 지방해양항만청장의 확인을 받은 곳에서 수리 또는 정비에 착수한

때부터 검사를 받아야 한다.

③ 제2항 후단에 따른 확인을 받으려는 자는 별표 24의 기준에 맞는 시설 등을 갖추고 별지 제54호서식의 팽창식구명설비정비시설등확인신청서에 다음 각 호의 서류를 첨부하여 지방해양항만청장에게 제출하여야 한다.

1. 시설명세서
2. 별표 24 제2호가목에 따른 정비기술자의 요건에 적합함을 증명하는 서류
3. 별표 24 제4호에 따른 자체 정비기준

④ 지방해양항만청장은 제3항에 따른 확인신청을 받은 경우 그 팽창식구명설비 정비시설 등이 별표 24의 기준에 적합하다고 인정되면 별지 제55호서식의 팽창식구명설비정비시설등확인서를 발급하고 이를 고시하여야 한다.

⑤ 법 제22조 제2항에 따른 선박용물건 또는 소형선박의 선체의 도면에 대한 승인 절차에 관하여는 제29조 제1항에 따른 도면의 승인 절차를 준용한다. 이 경우 제29조 제1항 중 “선박”은 “선박용물건 또는 소형선박의 선체”로 본다.

⑥ 법 제22조 제3항에 따른 예비검사증서는 별지 제56호서식과 같으며, 합격을 나타내는 표시는 별표 25와 같다. 다만, 제2항 후단에 따른 경우에는 예비검사증서를 갈음하여 정비기록부에 선박검사관이 서명하는 것으로 한다.

⑦ 법 제22조 제5항에 따른 예비검사의 준비사항은 별표 26과 같다.

제4절 | 컨테이너의 형식승인 등

제1관 컨테이너의 형식승인 및 검정 등

1. 컨테이너형식승인

선박에 적재되어 화물운송에 사용되는 컨테이너의 경우 그 바닥의 면적이 해양수산부령이 정하는 면적 이상인 컨테이너를 제조하고자 하는 자는 해양수산부장관으로부터 형식에 관한 승인(이하 “컨테이너형식승인”이라 한다)을 얻어야 한다(법 제23조 제1항). 법 제23조 제1항의 규정에 따른 컨테이너형식승인을 얻고자 하는 자는 해양수산부장관이 지정하여 고시하는 시험기관(이하 “컨테이너지정시험기관”이라 한다)의 형식승인시험을 거쳐야 한다(법 제23조 제2항). 법 제23조 제1항 및 제2항의 규정에 따라 컨테이너형식승인을 얻은 자가 그 내용을 변경하고자 하는 경우에는 해양수산부장관으로부터 변경승인을 얻어야 한다. 이 경우 컨테이너의 성능에 영향을 미치는 사항을 변경하는 때에는 해당변경 부분에 대하여 제2항의 규정에 따른 별도의 형식승인시험을 거쳐야 한다(법 제23조 제3항).

「선박안전법 시행규칙」

제55조(컨테이너형식승인 대상) 법 제23조 제1항에서 "해양수산부령이 정하는 면적 이상인 컨테이너"란 바닥면적이 7제곱미터(윗부분에 모서리끼움쇠가 없는 컨테이너인 경우에는 14제곱미터) 이상인 컨테이너를 말한다.

제56조(컨테이너형식승인의 신청)
① 법 제23조 제7항에 따라 컨테이너형식승인을 받으려는 자는 컨테이너의 형식별로 별지 제57호서식의 컨테이너형식승인신청서를 지방해양항만청장에게 제출하여야 한다.
② 지방해양항만청장은 제1항에 따른 신청을 받은 경우에는 제58조 제4항에 따라 컨테이너지정시험기관이 지방해양항만청장에게 제출한 서류(전자문서를 포함한다)를 확인하고 이상이 없으면 별지 제58호서식의 컨테이너형식승인증서를 신청인에게 발급하여야 한다.

2. 컨테이너검정증서 등

법 제23조 제1항 및 제3항의 규정에 따라 컨테이너형식승인 또는 그 변경승인을 얻은 자는 당해 컨테이너에 대하여 해양수산부장관이 정하여 고시하는 검정기준에 따라 해양수산부장관의 검정(이하 "컨테이너검정"이라 한다)을 받아야 한다. 이 경우 해양수산부장관은 컨테이너검정에 합격한 컨테이너에 대하여는 컨테이너검정증서를 교부하여야 한다(법 제23조 제4항). 컨테이너의 제조자는 법 제23조 제3항의 규정에 따라 컨테이너검정에 합격한 컨테이너에 컨테이너형식승인을 얻었음을 나타내는 형식승인판(이하 "컨테이너형식승인판"이라 한다)을 부착하여야 하며, 해양수산부장관은 동 컨테이너형식승인판에 컨테이너검정에 합격하였음을 나타내는 확인표시를 하여야 한다(법 제23조 제5항).

3. 컨테이너형식승인의 취소

해양수산부장관은 제1항의 규정에 따라 컨테이너형식승인을 얻은 자가 다음 각 호의 어느 하나에 해당하는 때에는 그 형식승인을 취소하거나 6개월 이내의 기간을 정하여 그 효력을 정지시킬 수 있다. 다만, 제1호에 해당하는 때에는 이를 취소하여야 한다(법 제23조 제6항).

1. 거짓 그 밖의 부정한 방법으로 컨테이너형식승인 또는 그 변경승인을 얻은 때
2. 거짓 그 밖의 부정한 방법으로 컨테이너검정을 받은 때
3. 컨테이너형식승인 또는 그 변경승인을 얻은 후 2년 이상 계속하여 컨테이너를 제조하지 아니한 때

4. 컨테이너형식승인 등의 절차

법 제23조 제1항 내지 제6항의 규정에 따른 컨테이너형식승인 및 그 변경승인의 절차, 컨테이너지정시험기관의 지정기준 및 절차, 형식승인시험의 기준, 컨테이너형식승인을 얻은 자 및 컨테이너지정시험기관에 대한 지도·감독 등에 관하여 필요한 사항은 해양수산부령으로 정한다(법 제23조 제7항). 선박소유자 또는 선장은 법 제23조 제5항의 규정에 따른 컨테이너형식승인판이 부착되지 아니한 컨테이너를 선박에 적재하여서는 아니 된다(법 제23조 제8항).

「선박안전법 시행규칙」

제57조(컨테이너형식승인의 변경 신청 등)

① 법 제23조 제7항에 따라 컨테이너형식승인을 받은 내용을 변경하려는 경우에는 별지 제59호서식의 컨테이너형식승인사항변경승인신청서를 지방해양항만청장에게 제출하여야 한다.

② 지방해양항만청장은 제1항에 따른 컨테이너형식승인사항 변경승인신청을 받은 경우에는 제58조 제4항에 따라 컨테이너지정시험기관이 지방해양항만청장에게 제출한 서류(전자문서를 포함한다)를 확인하고 이상이 없으면 별지 제60호서식의 컨테이너형식승인사항변경승인서를 신청인에게 발급하여야 한다. 다만, 해당 변경사항이 성능에 영향을 미치지 아니하는 변경인 경우 지방해양항만청장은 확인한 후 별지 제60호서식의 컨테이너형식승인사항변경승인서를 발급하여야 한다.

제58조(컨테이너형식승인시험의 신청)

① 법 제23조 제7항에 따라 컨테이너의 형식승인시험을 받으려는 자는 별지 제61호서식의 컨테이너형식승인시험신청서(전자문서로 된 신청서를 포함한다)에 다음 각 호의 서류(형식승인사항의 변경을 위한 형식승인시험시에는 성능에 영향을 미치는 부분에 대한 서류만 첨부한다)를 첨부하여 컨테이너지정시험기관에 제출하여야 한다.

1. 컨테이너의 제조사양서, 구조도면 및 사용방법에 관한 설명서
2. 컨테이너의 제조 및 검사설비개요서

② 컨테이너지정시험기관은 제1항에 따른 신청을 받은 경우에는 해양수산부장관이 정하여 고시하는 컨테이너형식승인시험기준에 따라 시험을 하여야 한다.

③ 컨테이너형식승인시험을 신청하는 자는 형식승인시험을 받으려는 컨테이너 및 재료를 컨테이너지정시험기관이 지정하는 장소에 제출하고, 컨테이너형식승인시험에 필요한 비용을 컨테이너지정시험기관에 내야 한다. 이 경우 그 시험비용은 컨테이너지정시험기관이 별표 27의 산출기준에 따라 산출한 금액으로 한다.

④ 컨테이너지정시험기관은 컨테이너형식승인시험에 합격한 컨테이너에 대하여 별지 제62호서식의 컨테이너형식승인시험합격증서, 제2항에 따라 실시한 컨테이너형식승인시험성적서(이하 "컨테이너시험성적서"라 한다) 및 제1항 각 호의 서류에 컨테이너지정시험기관이 날인 또는 각인한 서류를 신청인에게 발급하고, 컨테이너형식승인시험합격증서, 컨테이너형식승인시험성적서 및 제1항 각 호의 서류(전자문서를 포함한다) 각 1부를 관할 지방해양항만청장에게 제출하여야 한다.

제59조(컨테이너검정의 신청 등)

① 법 제23조 제7항에 따라 컨테이너검정을 받으려는 자는 별지 제63호서식의 컨테이너검정신청서를 해양수산부장관에게 제출하여야 한다.

② 해양수산부장관은 제1항에 따른 컨테이너검정 신청을 받은 경우에는 해당 컨테이너가 법 제23조 제4항에 따른 컨테이너검정기준에 적합한지 여부를 확인하고 별지 제64호서식의 컨테이너검정증

서를 발급하여야 한다.
③ 법 제23조 제7항에 따른 컨테이너형식승인판은 별지 제65호서식과 같으며, 그 컨테이너형식승인판에 컨테이너검정의 합격을 나타내는 확인표시는 별표 28과 같다.

제60조(컨테이너형식승인 취소 및 효력정지)
① 법 제23조 제7항에 따른 컨테이너형식승인의 취소 및 효력정지 처분의 기준은 별표 29와 같다.
② 지방해양항만청장은 위반행위의 동기, 내용 및 횟수 등을 고려하여 제1항에 따른 효력정지기간을 2분의 1의 범위에서 가중하거나 감경할 수 있다. 이 경우 가중한 기간을 합산한 기간은 6개월을 초과할 수 없다.
③ 지방해양항만청장은 제1항과 제2항에 따라 승인취소 또는 효력정지 처분을 한 경우에는 지체 없이 그 사실을 고시하여야 한다.

제61조(컨테이너지정시험기관의 지정기준 및 절차)
① 법 제23조 제7항에 따른 컨테이너지정시험기관의 지정기준은 다음 각 호와 같다.
1. 공단 또는 선급법인일 것
2. 컨테이너형식승인시험・검사를 담당할 검사원이 있을 것
② 컨테이너지정시험기관으로 지정받으려는 자는 다음 각 호의 사항을 적은 신청서를 해양수산부장관에게 제출하여야 한다.
1. 주된 사무소와 분사무소의 명칭 및 소재지
2. 법인의 정관
3. 임원의 성명
4. 컨테이너형식승인시험・검사를 담당할 조직의 인력 구성
5. 컨테이너형식승인시험의 방법 및 절차
③ 해양수산부장관은 제2항에 따른 신청을 받은 경우에는 해당 컨테이너지정시험기관이 대행할 업무의 범위와 기간을 정하여 신청인에게 통지하고 그 사실을 고시하여야 한다.

제62조(지도・감독)
① 지방해양항만청장은 컨테이너지정시험기관의 컨테이너시험성적서를 검토하여 적합하지 아니하다고 인정하면 해양수산부장관에게 보고하여야 한다.
② 해양수산부장관은 제1항에 따라 지방해양항만청장으로부터 보고를 받은 경우 법 제23조 제7항에 따라 해당 컨테이너지정시험기관을 방문하여 시험의 방법 및 절차 등을 확인하고 필요한 경우에는 개선・보완을 요청할 수 있다.

제2관 안전점검 등

1. 컨테이너의 안전점검

컨테이너의 소유자는 해양수산부장관으로부터 자체 안전점검방법의 승인을 얻어 스스로 안전점검을 실시하여야 한다. 이 경우 컨테이너의 소유자는 안전점검업무를 수행하는 안전점검사업자로 하여금 이를 대행하게 할 수 있다(법 제24조 제1항). 법 제24조 제1항 후단의 규정에 따라 안전점검업무를 대행하는 자는 해양수산부령이 정하는 바에 따른 자격을 갖추어야 한다(법 제24조 제2항). 법 제24조 제1항의 규정에 따른 안전점검의 기준・방법・승인절차, 안전점검사업자의 기준 및 안전점검사업자에 대한 지도・감독 등에 관하여 필요한

사항은 해양수산부령으로 정한다(법 제24조 제3항).

「선박안전법 시행규칙」

제63조(안전점검사업자의 자격 요건) 법 제24조 제2항에 따른 안전점검업무를 대행하는 자는 다음 각 호의 요건에 적합한 자격을 갖추어야 한다.

1. 안전점검업무를 수행하기 위한 주된 사무소 및 분사무소를 가지고 있을 것
2. 삭제
3. 안전점검에 필요한 시설 및 설비를 갖추고 있을 것
4. 다음 각 목의 어느 하나에 해당하는 점검인력이 있을 것
   가. 대학의 조선・항해・기계・기관・용접・금속재료 등에 관한 학과(이하 이 조에서 "관련학과"라 한다)를 졸업하고 컨테이너의 제조 또는 검사업무(이하 이 조에서 "관련업무"라 한다)에 6개월 이상 종사한 자
   나. 대학의 관련학과 외의 이공계 학과를 졸업한 자 또는 전문대학의 관련학과를 졸업한 자로서 관련업무에 1년 이상 종사한 자
   다. 공업계고등학교의 관련학과를 졸업하고 관련업무에 2년 이상 종사한 자
   라. 가목부터 다목까지 외의 자로서 관련업무에 3년 이상 종사한 자

제64조(안전점검의 기준)

① 컨테이너의 소유자는 법 제24조 제3항에 따라 다음 각 호의 어느 하나에 해당하는 점검방법에 대하여 제65조에 따라 지방해양항만청장의 승인을 받은 후 점검하여야 한다.

1. 정기점검방법 : 「안전한 컨테이너를 위한 국제협약」 부속서 I 제2규칙제2항에 따른 점검연월에 하는 안전점검
2. 계속점검방법 : 「안전한 컨테이너를 위한 국제협약」부속서 I 제2규칙제3항에 따른 점검연월에 하는 안전점검

② 제1항에 따른 정기점검방법 또는 계속점검방법을 위한 법 제24조 제3항의 안전점검기준은 해양수산부장관이 정하여 고시한다.

제65조(컨테이너의 안전점검방법의 승인 등)

① 법 제24조 제3항에 따라 컨테이너의 점검방법의 승인을 받으려는 자는 별지 제66호서식의 컨테이너정기(계속)점검방법승인신청서에 다음 각 호의 서류를 첨부하여 관할 지방해양항만청장에게 제출하여야 한다.

1. 회사의 연혁・조직 및 업무분장 등 회사의 개요를 설명하는 서류
2. 다음의 각 목의 사항을 적은 서류
   가. 컨테이너의 종류별・규격별 보유현황
   나. 정기(계속)점검계획(조직 및 실시요령을 포함한다)
   다. 정기(계속)점검기준(점검항목 및 판정기준을 포함한다)
   라. 정기(계속)점검기록, 정기(계속)점검에 필요한 컨테이너의 구조・강도 등에 관한 서류의 관리방법
3. 법 제24조 제1항 후단에 따라 안전점검사업자로 하여금 컨테이너 안전점검을 대행하게 하는 경우에는 제63조에 따른 자격요건에 적합함을 증명하는 서류

② 지방해양항만청장은 제1항에 따른 신청을 받은 경우에는 제64조에 따른 안전점검의 기준에 적합한지 여부를 확인하고 적합한 경우에는 별지 제67호서식의 컨테이너정기(계속)점검방법승인서에 제1항 각 호의 서류 사본을 첨부하여 발급하여야 한다.

제66조(지도・감독) 지방해양항만청장은 안전점검방법의 승인을 받은 자가 법 제24조 제3항에 따라

승인받은 사항대로 점검하고 있는지에 대한 지도·감독을 연 1회 이상 하여야 한다.

2. 컨테이너의 사용금지 등

누구든지 법 제24조의 규정에 따른 컨테이너의 안전점검을 실시하지 아니한 컨테이너를 선박에 적재하여 해상화물운송에 사용하여서는 아니 된다(법 제25조 제1항). 누구든지 파손·부식 또는 균열이나 유해한 변형 등으로 인하여 인명과 선박의 안전에 위협이 될 수 있는 컨테이너를 발견하면 지체 없이 해양수산부장관에게 신고하여야 한다(법 제25조 제2항). 해양수산부장관은 법 제25조 제2항의 규정에 따른 컨테이너를 발견하거나 또는 신고를 받은 때에는 해당컨테이너를 개방하고 이를 수리하거나, 컨테이너에 적재된 화물의 이적(移積) 또는 폐기 등 안전에 필요한 조치를 취할 수 있다(법 제25조 제3항). 해양수산부장관은 법 제25조 제3항의 규정에 따른 조치에 소요된 비용을 컨테이너의 소유자에게 청구할 수 있다(법 제25조 제4항). 해양수산부장관은 법 제25조 제4항의 규정에 따른 컨테이너의 소유자를 알 수 없거나 소재를 모르는 경우 해당컨테이너 및 적재된 화물을 공매하여 법 제25조 제3항의 규정에 따른 조치에 소요된 비용에 충당할 수 있다. 이 경우 비용에 충당하고 남은 금액이 있는 때에는 이를 공탁하여야 한다(법 제25조 제5항). 법 제25조 제3항 내지 제5항의 규정에 따른 컨테이너 안전에 필요한 조치, 비용의 청구절차 및 충당절차 등에 관하여 필요한 사항은 해양수산부령으로 정한다(법 제25조 제6항).

「선박안전법 시행규칙」

제67조(컨테이너의 안전조치)

① 지방해양항만청장이 법 제25조 제6항에 따라 컨테이너의 안전에 필요한 조치를 하려는 경우에는 「행정대집행법」 제3조, 제5조 및 제6조와 같은 법 시행령 제1조 및 제3조부터 제5조까지의 규정을 준용한다. 이 경우 해당 컨테이너의 소유자, 점유자 또는 이해관계인을 알 수 없거나 소재를 모르는 경우에는 다음 각 호의 사항을 해당 컨테이너가 방치된 현장에 7일간 공고한 후 법 제25조 제3항에 따른 조치를 할 수 있다.

1. 컨테이너의 종류 및 화물의 내용
2. 컨테이너가 소재하는 위치
3. 제거일시
4. 제거방법

② 지방해양항만청장은 제1항 전단에 따라 컨테이너 및 적재된 화물을 처분하는 경우 법 제25조 제5항에 따른 공매를 하되, 공매를 하려는 경우에는 다음 각 호의 사항을 14일 이상 공고하여야 한다.

1. 공매할 컨테이너 및 적재화물의 종류 및 내용
2. 공매의 장소 및 일시
3. 입찰보증금을 받는 경우에는 그 금액

③ 지방해양항만청장은 법 제25조 제5항에 따라 공탁하는 경우에는 「공탁법」에 따라야 한다.

제68조(컨테이너 안전조치 비용의 청구)

① 지방해양항만청장은 법 제25조 제6항에 따라 컨테이너의 소유자에게 그 비용을 청구하려는 경우에는 별지 제68호서식의 컨테이너안전조치비용납부통지서에 따르되, 별지 제69호서식의 컨테이너안전조치비용납부고지서를 첨부하여야 한다.
② 제1항에 따른 컨테이너안전조치비용납부통지서를 받은 자는 컨테이너안전조치비용납부고지서에 명시된 고지일부터 15일 이내에 해당 금액을 내야 한다.
③ 지방해양항만청장은 소속 공무원으로 하여금 컨테이너안전조치비용의 청구 및 수납사항을 별지 제70호서식의 컨테이너안전조치비용수납관리대장에 기록·관리하게 하여야 한다.

제5절 | 선박시설의 기준 등

1. 시설기준의 고시

선박시설은 해양수산부장관이 정하여 고시하는 선박시설기준에 적합하여야 한다(법 제26조).

2. 만재흘수선의 표시 등

다음 각 호의 어느 하나에 해당하는 선박소유자는 해양수산부장관이 정하여 고시하는 기준에 따라 만재흘수선의 표시를 하여야 한다. 다만, 잠수선 및 그 밖에 해양수산부령이 정하는 선박에 대하여는 만재흘수선의 표시를 생략할 수 있다(법 제27조 제1항).

1. 국제항해에 취항하는 선박
2. 해양수산부령으로 정하는 방법에 따른 선박의 길이(이하 "선박길이"라 한다)가 12미터 이상인 선박
3. 선박길이가 12미터 미만인 선박으로서 다음 각 목의 어느 하나에 해당하는 선박
   가. 여객선
   나. 법 제41조의 규정에 따른 위험물을 산적하여 운송하는 선박

법 제27조 누구든지 법 제27조 제1항의 규정에 따라 표시된 만재흘수선을 초과하여 여객 또는 화물을 운송하여서는 아니 된다(법 제27조 제2항).

「선박안전법 시행규칙」

제69조(만재흘수선의 표시 등) 법 제27제1항 각 호 외의 부분 단서에서 "해양수산부령이 정하는 선박"이란 다음 각 호의 어느 하나에 해당하는 선박을 말한다.
1. 수중익선, 공기부양선, 수면비행선박 및 부유식 해상구조물(제3조 제1호 및 제2호는 제외한다)
2. 운송업에 종사하지 아니하는 유람 범선(帆船)
3. 국제항해에 종사하지 아니하는 선박으로서 선박길이가 24미터 미만인 예인·해양사고구조·준설 또는 측량에 사용되는 선박
4. 법 제11조 제2항에 따라 임시항해검사증서를 발급받은 선박
5. 시운전을 위하여 항해하는 선박
6. 만재흘수선을 표시하는 것이 구조상 곤란하거나 적당하지 아니한 선박으로서 해양수산부장관이 인정하는 선박

제70조(선박길이의 산정방법) 법 제27조제1항제2호에 따른 선박길이의 산정방법은 「선박법 시행규칙」 제11조제1항제9호에 따른다.

3. 복원성의 유지

다음 각 호의 어느 하나에 해당하는 선박소유자는 해양수산부장관이 정하여 고시하는 기준에 따라 복원성을 유지하여야 한다. 다만, 예인·해양사고구조·준설 또는 측량에 사용되는 선박 등 해양수산부령이 정하는 선박에 대하여는 그러하지 아니하다(법 제28조 제1항).

1. 여객선
2. 선박길이가 12미터 이상인 선박

선박소유자는 법 제28조 제1항의 규정에 따른 선박의 복원성과 관련하여 그 적합 여부에 대하여 복원성자료를 제출하여 해양수산부장관의 승인을 얻어야 하며, 승인을 얻은 복원성자료를 당해 선박의 선장에게 제공하여야 한다(법 제28조 제2항). 법 제28조 제2항의 규정에 따른 승인에 있어서 복원성 계산을 위하여 컴퓨터프로그램을 사용한 때에는 해양수산부장관이 정하여 고시하는 복원성 계산방식에 따라야 한다(법 제28조 제3항). 법 제28조 제2항 및 제3항의 규정에 따른 복원성과 관련된 승인의 기준·절차, 복원성자료 및 복원성 계산용 컴퓨터프로그램의 작성요령 등에 관하여 필요한 사항은 해양수산부장관이 정하여 고시한다(법 제28조 제4항).

「선박안전법 시행규칙」

제71조(복원성기준 제외 선박) 법 제28조제1항 각 호 외의 부분 단서에서 "해양수산부령이 정하는 선박"이란 다음 각 호의 어느 하나에 해당하는 선박을 말한다.

1. 국제항해에 종사하지 아니하는 선박으로서 선박길이가 24미터 미만인 다음 각 목의 선박
   가. 예인 · 해양사고구조 · 준설 또는 측량에 사용되는 선박
   나. 부선
2. 여객선이 아니거나 카페리선이 아닌 선박으로서 호소 · 하천 및 항내의 수역에서만 항해하는 선박
3. 부유식 해상구조물(제3조제1호 및 제2호는 제외한다)
4. 복원성 시험이 구조상 곤란하거나 적당하지 아니한 선박으로서 해양수산부장관이 인정하는 선박

---

4. 무선설비

다음 각 호의 어느 하나에 해당하는 선박소유자는 「해상에서의 인명안전을 위한 국제협약」에 따른 세계 해상조난 및 안전제도의 시행에 필요한 무선설비를 갖추어야 한다. 이 경우 무선설비는 「전파법」에 따른 성능과 기준에 적합하여야 한다(법 제29조 제1항).

1. 국제항해에 취항하는 여객선
2. 제1호의 선박 외에 국제항해에 취항하는 총톤수 300톤 이상의 선박

법 제29조 제1항 각 호의 규정에 따른 선박 외에 해양수산부령이 정하는 선박에 대하여는 해양수산부령이 정하는 기준에 따른 무선설비를 갖추어야 한다. 이 경우 무선설비는 「전파법」에 따른 성능과 기준에 적합하여야 한다(법 제29조 제2항). 법 제29조 누구든지 제1항 및 제2항의 규정에 따른 무선설비를 갖추지 아니하고 선박을 항해에 사용하여서는 아니 된다. 다만, 임시항해검사증서를 가지고 1회의 항해에 사용하는 경우 또는 시운전을 하는 경우에는 그러하지 아니하다(법 제29조 제3항).

「선박안전법 시행규칙」

제72조(무선설비의 설치)
① 법 제29조제2항에서 "해양수산부령이 정하는 선박"이란 다음 각 호의 선박을 제외한 선박을 말한다.
1. 총톤수 2톤 미만의 선박
2. 추진기관을 설치하지 아니한 선박
3. 호소 · 하천 및 항내의 수역에서만 항해하는 선박
4. 「유선 및 도선사업법」에 따른 도선으로서 출발항으로부터 도착항까지의 항해거리(경유지를 포함한다)가 2해리 이내인 선박
② 법 제29조제2항에 따른 선박이 갖추어야 하는 무선설비의 설치기준은 별표 30과 같다.

---

4. 선박위치발신장치

선박의 안전운항을 확보하고 해양사고 발생시 신속한 대응을 위하여 해양수산부령이 정하

는 선박의 소유자는 해양수산부장관이 정하여 고시하는 기준에 따라 선박의 위치를 자동으로 발신하는 장치(이하 "선박위치발신장치"라 한다)를 갖추고 이를 작동하여야 한다(법 제30조 제1항). 법 제29조 제1항 또는 제2항의 규정에 따른 무선설비가 선박위치발신장치의 기능을 가지고 있는 때에는 선박위치발신장치를 갖춘 것으로 본다(법 제30조 제2항). 선박의 선장은 해적 또는 해상강도의 출몰 등으로 인하여 선박의 안전을 위협할 수 있다고 판단되는 경우 선박위치발신장치의 작동을 중단할 수 있다. 이 경우 선장은 그 상황을 항해일지 등에 기재하여야 한다(법 제30조 제3항).

「선박안전법 시행규칙」

제73조(선박위치발신장치 설치 대상선박) 법 제30조제1항에서 "해양수산부령이 정하는 선박"이란 다음 각 호의 선박을 말한다. 다만, 호소・하천에서만 항해하는 선박은 제외한다.
1. 총톤수 2톤 이상의 다음 각 목의 선박
   가. 「해운법」에 따른 여객선
   나. 「유선 및 도선사업법」에 따른 유선. 다만, 해가 뜨기 30분 전부터 해가 진 후 30분까지 사이에 운항하는 선박으로서 제15조제1항제1호에 따른 평수구역만을 항해하는 항해예정시간이 2시간 미만인 선박은 그러하지 아니하다.
   다. 삭제
2. 여객선이 아닌 선박으로서 국제항해에 취항하는 총톤수 300톤 이상의 선박
3. 여객선이 아닌 선박으로서 국제항해에 취항하지 아니하는 총톤수 500톤 이상의 선박
4. 연해구역 이상을 항해하는 총톤수 50톤 이상의 예선, 유조선 및 위험물산적운송선
5. 삭제

제6절 | 안전항해를 위한 조치

제1관 항해안전을 위한 조치

1. 선장의 권한

누구든지 선박의 안전을 위한 선장의 전문적인 판단을 방해하거나 간섭하여서는 아니 된다(법 제31조).

선박안전을 확보하기 위하여 선장의 전문적인 판단을 존중하여야 한다는 원칙을 규정한 것이다. 「선박안전법」에서는 과태료 외에는 처벌규정이 없지만, 이 규정에 위반하여 해

양사고가 발생한 경우 형사범죄의 고의·과실의 판단기준이 되는 경우에는 형사범죄를 구성할 수도 있다.

2. 항해용 간행물의 비치

선박소유자는 해양수산부령이 정하는 해도(海圖) 및 조석표(潮汐表) 등 항해용 간행물을 해양수산부령이 정하는 바에 따라 선박에 비치하여야 한다(법 제32조).

「선박안전법 시행규칙」

제74조(항해용 간행물의 종류) 법 제32조에서 "해양수산부령이 정하는 해도(海圖) 및 조석표(潮汐表) 등 항해용 간행물"이란 해도(승인된 전자해도를 포함한다), 조석표, 등대표 및 항로고시의 항해도서를 말한다.

제75조(항해용 간행물의 비치)
① 제74조에 따른 승인된 전자해도를 선박에 비치하는 경우에는 해양수산부장관이 인정하는 백업장치 또는 예비목적의 최신화된 해도를 비치하여야 한다.
② 선박에 비치하는 항해용 간행물은 수로정보에 따른 최신의 것이어야 한다.
③ 항해용 간행물의 요건 등은 법 제26조에 따른 선박시설기준에 적합하여야 한다.
④ 항해용 간행물은 선장이나 선원이 즉시 꺼내어 확인할 수 있는 적당한 장소에 비치하여야 한다.

---

3. 조타실의 시야확보 등

선박소유자는 당해 선박의 조타실에 대하여 해양수산부장관이 정하여 고시하는 기준에 따른 충분한 시야를 확보할 수 있도록 필요한 조치를 하여야 한다(법 제33조 제1항). 선박소유자는 당해 선박의 조타실과 조타기(操舵機)가 설치된 장소 사이에 해양수산부장관이 정하여 고시하는 기준에 따라 통신장치를 설치하여야 한다(법 제33조 제2항).

제2관 하역설비에 대한 안전조치

1. 하역설비의 확인 등

하역장치 및 하역장구(이하 "하역설비"라 한다)를 갖춘 선박의 소유자는 해양수산부령이 정하는 기준에 따라 제한하중·제한각도 및 제한반경(이하 "제한하중등"이라 한다)의 사항에 대하여 해양수산부장관의 확인을 받아야 한다(법 제34조 제1항). 해양수산부장관은 법 제34조 제1항의 규정에 따라 제한하중 등의 확인을 한 때에는 해양수산부령이 정하는 제한하중등확인서를 교부하여야 한다(법 제34조 제2항). 법 제34조 제1항의 규정에 따라 확인을 받은 선박소유자는 해당하역설비에 해양수산부령이 정하는 바에 따라 확인받은 제한하중등의 사항을 표시하여야 한다(법 제34조 제3항). 법 제34조 제1항의 규정에 따라 확인을 받은 선박소유자는 확인받은 제한하중등의 사항을 위반하여 하역설비를 사용하여서는 아니 된다(법 제34조 제4항).

「선박안전법 시행규칙」

제76조(하역설비의 확인) 법 제34조 제1항에 따라 하역설비에 대한 제한하중등을 확인하기 위한 기준은 별표 31과 같다.

제77조(하역설비의 확인신청)
① 법 제34조 제1항에 따라 1톤 이상의 화물의 하역에 사용되는 하역설비에 대하여 다음 각 호의 어느 하나에 해당하는 제한하중등의 확인을 받으려는 선박소유자는 별지 제71호서식의 제한하중등신청서를 해양수산부장관에게 제출하여야 한다.
1. 데릭(Derrick)장치 : 제한하중 및 제한각도
2. 지브크레인(Jib Crane) : 제한하중 및 제한반경
3. 그 밖의 하역장치 : 제한하중
4. 하역장치에 처음으로 사용되는 하역장구와 용접 등에 의하여 수리를 한 하역장구 : 제한하중
② 법 제34조 제2항에 따른 제한하중등확인서는 별지 제72호서식과 같다.
③ 법 제34조 제3항에 따른 제한하중등의 표시는 하역설비의 잘 보이는 곳에 금속제 판을 고정시키거나 용접 등 항구적인 방법으로 하여야 한다.

---

2. 하역설비검사기록 및 비치

해양수산부장관은 하역설비에 대하여 정기검사 또는 중간검사를 한 때에는 해양수산부령이 정하는 바에 따라 하역설비검사기록부를 작성하고 그 내용을 기재하여야 한다(법 제35조 제1항). 선박소유자는 법 제35조 제1항의 규정에 따른 하역설비검사기록부 등 하역설비에 대한 검사와 관련된 해양수산부령이 정하는 서류를 선박에 비치하여야 한다(법 제35조 제2항).

「선박안전법 시행규칙」

제78조(하역설비에 관한 검사의 기록)
① 법 제35조 제1항에 따른 하역설비검사기록부는 별지 제73호서식과 같다.
② 법 제35조 제2항에서 "해양수산부령이 정하는 서류"란 다음 각 호와 같다.
1. 제한하중등확인서
2. 하역설비검사기록부
③ 선박소유자나 선장은 제2항에 따른 서류를 제시할 수 있도록 적절한 장소에 보관하여야 한다.

제3관 화물관리에서의 안전조치

1. 화물정보의 제공

선박 또는 그 승선자에게 위해를 미칠 수 있는 화물을 운송하고자 하는 화주(貨主)는 해당 화물을 적재하기 전에 그 화물에 관한 정보를 선장에게 제공하여야 한다(법 제36조 제1항). 법 제36조 제1항의 규정에 따라 정보를 제공하여야 하는 화물의 종류 및 제공되는 정보의 내용은 해양수산부령으로 정한다(법 제36조 제2항).

「선박안전법 시행규칙」

제79조(화물에 관한 정보) 법 제36조 제2항에 따른 화물의 종류별 정보는 다음 각 호와 같다.
1. 일반화물과 화물유니트에 의하여 운송되는 화물인 경우
   가. 화물명세
   나. 화물중량
   다. 화물특성
2. 산적화물인 경우
   가. 제1호 각 목의 정보
   나. 화물의 적하계수(무게 1톤에 대하여 세제곱미터로 표시된 부피를 말한다) 및 짐 고르기 방법
   다. 선적 후 화물표면 경사각도를 포함한 화물 이동의 특성
   라. 응집되거나 액화될 수 있는 화물의 경우 화물 수분량 및 운송허용 수분값
3. 해를 입힐 수 있는 화학성질을 가진 산적화물인 경우
   가. 제1호 각 목 및 제2호 각 목의 정보
   나. 화학성질에 관한 정보

화물을 적재하기 전에 화물과 관련한 정보를 선장에게 제공하도록 하는 등 필요한 조치를 마련할 필요가 있다는 점을 반영한 것이다. 이와 관련하여 해양수산부령으로 「특수화물 선박운송규칙」이 제정되어 있다.

2. 유독성가스농도 측정기의 제공 등

선박소유자는 유독성가스를 발생하거나 또는 산소의 결핍을 일으킬 수 있는 화물을 산적(散積)하여 운송하는 경우에는 해양수산부장관이 정하여 고시하는 바에 따른 유독성가스 또는 산소의 농도를 측정할 수 있는 기기(機器) 및 그 사용설명서를 선장에게 제공하여야 한다(법 제37조).

3. 소독약품 사용에 따른 안전조치

선장은 선박의 소독을 위하여 살충제 등 소독약품을 사용하는 경우에는 해양수산부장관이

정하여 고시하는 바에 따라 안전조치를 하여야 한다(법 제38조).

4. 화물의 적재 · 고박방법 등

선박소유자는 화물을 선박에 적재(積載)하거나 고박(固縛)하기 전에 화물의 적재 · 고박의 방법을 정한 자체의 화물적재고박지침서를 마련하고, 해양수산부령이 정하는 바에 따라 해양수산부장관의 승인을 얻어야 한다(법 제39조 제1항). 선박소유자는 화물과 화물유니트(차량 및 이동식탱크 등과 같이 선박에 부착되어 있지 아니하는 운송용 기구를 말한다) 및 화물유니트 안에 실린 화물을 적재 또는 고박하는 때에는 법 제39조 제1항의 규정에 따라 승인된 화물적재고박지침서에 따라야 한다(법 제39조 제2항). 선박소유자는 차량 등 운반선박(육상교통에 이용되는 차량 등을 적재 · 운송할 수 있는 갑판이 설치되어 있는 선박을 말한다)에 차량 및 화물 등을 적재하는 경우에는 법 제39조 제1항의 규정에 따라 승인된 화물적재고박지침서에 따르되, 해양수산부령이 정하는 바에 따라 필요한 안전조치를 하여야 한다(법 제39조 제3항). 선박소유자는 컨테이너에 화물을 수납 · 적재하는 경우에는 법 제39조 제1항의 규정에 따라 승인된 화물적재고박지침서에 따르되, 컨테이너형식승인판에 표시된 최대총중량을 초과하여 화물을 수납 · 적재하여서는 아니 된다(법 제39조 제4항). 법 제39조 제1항 내지 제4항의 규정에 따른 화물의 적재 · 고박방법 등에 관하여 필요한 사항은 해양수산부령으로 정한다(법 제39조 제5항).

이와 관련하여 해양수산부령으로 「특수화물 선박운송규칙」이 제정되어 있다. 이 규칙은 「선박안전법」 제39조 제5항 및 제40조 제3항에 따라 선박에 곡류나 그 밖의 특수화물을 적재(積載)하여 운송하는 경우에 항해상의 위험을 방지하기 위하여 필요한 사항과 「1974년 해상에서의 인명안전을 위한 국제협약」(이하 "국제협약"이라 한다) 제6장을 시행하기 위하여 필요한 사항을 규정함을 목적으로 한다(동 규칙 제1조).

5. 산적화물의 운송

선박소유자는 산적화물을 운송하기 전에 당해 선박의 선장에게 선박의 복원성 · 화물의 성질 및 적재방법에 관한 정보를 제공하여야 한다(법 제40조 제1항). 산적화물을 운송하고자 하는 선박소유자는 필요한 안전조치를 하여야 한다(법 제40조 제2항). 법 제40조 제1항 및 제2항의 규정에 따른 선박의 복원성 · 화물의 성질 및 적재방법의 내용, 안전조치 등에 관하여 필요한 사항은 해양수산부령으로 정한다(법 제40조 제3항).

6. 위험물의 운송

선박으로 위험물을 적재・운송하거나 저장하고자 하는 자는 항해상의 위험방지 및 인명안전에 적합한 방법에 따라 적재・운송 및 저장하여야 한다(법 제41조 제1항). 법 제41조 제1항의 규정에 따라 위험물을 적재・운송하거나 저장하고자 하는 자는 그 방법의 적합 여부에 관하여 해양수산부장관의 검사를 받거나 승인을 얻어야 한다(법 제41조 제2항). 법 제41조 제1항 및 제2항의 규정에 따른 위험물의 종류와 그 용기・포장, 적재・운송 및 저장의 방법, 검사 또는 승인 등에 관하여 필요한 사항은 해양수산부령으로 정한다(법 제41조 제3항). 법 제41조 제1항 내지 제3항의 규정에 불구하고 방사성물질을 운송하는 선박과 액체의 위험물을 산적하여 운송하는 선박의 시설기준 등은 해양수산부장관이 정하여 고시한다(법 제41조 제4항).

위험화물의 운송과 관련해서는「위험물 선박운송 및 저장규칙」이 해양수산부령으로 제정되어 있다. 이 규칙은「선박안전법」제41조, 제41조의2 및 제65조에 따른 선박에 의한 위험물의 운송 및 저장, 위험물 취급자에 대한 위험물 안전운송 교육과 상용위험물의 취급에 관한 사항을 규정함을 목적으로 한다(동 규칙 제1조).

제4관 안전운송 교육 및 검사 등

1. 위험물 안전운송 교육 등

가. 안전교육의 시행

선박으로 운송하는 위험물을 제조・운송・적재하는 등의 업무에 종사하는 자(이하 “위험물취급자”라 한다)는 위험물 안전운송에 관하여 해양수산부장관이 실시하는 교육을 받아야 한다(제41조의2 제1항). 해양수산부장관은 위험물취급자에 대한 교육을 효율적으로 수행하기 위하여 위험물 안전운송에 관한 교육을 전문적으로 실시하는 교육기관(이하 “위험물 안전운송 전문교육기관”이라 한다)을 지정하여 위험물취급자에 대한 교육을 실시하게 할 수 있다(제41조의2 제2항).

나. 전문교육기관의 지정기준

법 제41조의2 제2항에 따라 위험물 안전운송 전문교육기관으로 지정받고자 하는 자는 그 시설・설비 및 인력 등 해양수산부령으로 정하는 기준을 갖추어야 한다(제41조의2 제3항).

「위험물 선박운송 및 저장규칙」

제239조(전문교육기관의 지정기준 등)
① 법 제41조의2 제2항에 따라 위험물 안전운송 전문교육기관(이하 "전문교육기관"이라 한다)으로 지정받으려는 자는 다음 각 호의 서류를 구비하여 해양수산부장관에게 신청하여야 한다.
1. 사무소의 명칭과 소재지
2. 법인의 정관(법인의 경우만 해당한다)
3. 성명(법인의 경우 대표자의 성명을 말한다)
4. 다음 각 목의 사항이 포함된 교육계획서
가. 교육과정과 교육방법
나. 교육전담요원의 자격, 경력, 정원 등의 현황
다. 교육시설 및 교육장비의 개요
라. 교육평가의 방법
마. 연간 교육계획
바. 제4항 제2호에 따른 자체 교육규정
② 법 제41조의2 제3항에 따른 전문교육기관의 지정기준은 별표 1과 같다.
③ 해양수산부장관은 제1항에 따른 신청을 받은 경우 제2항의 지정기준에 적합하다고 인정하는 때에는 신청인을 전문교육기관으로 지정 및 통지하고 공고하여야 한다.
④ 제3항에 따라 지정된 전문교육기관은 다음 각 호에 따라 교육을 실시하여야 한다.
1. 교육은 초기교육과 재교육으로 구분하여 실시할 것
2. 법 제41조의2 제6항에 따라 고시하는 교육내용 등을 반영하여 자체 교육규정을 제정・운영할 것
3. 연간 교육계획을 수립하여 해양수산부장관에게 보고할 것
⑤ 전문교육기관은 교육 이수자의 명단을 보관하고, 해양수산부장관이 요청할 때에는 제출하여야 한다.
⑥ 해양수산부장관은 전문교육기관이 제2항의 지정기준에 적합한지 여부를 매년 심사해야 한다.
⑦ 전문교육기관이 별표 1에 따른 교육시설, 장비 및 인력 등에 관한 사항을 변경한 경우에는 즉시 해양수산부장관에게 보고하여야 한다.

다. 전문교육기관의 지정취소 등

해양수산부장관은 위험물 안전운송 전문교육기관이 다음 각 호의 어느 하나에 해당하는 때에는 그 지정을 취소하거나 6개월 이내의 기간을 정하여 그 업무의 전부 또는 일부를 정지시킬 수 있다. 다만, 제1호에 해당하는 때에는 위험물 안전운송 전문교육기관의 지정을 취소하여야 한다(제41조의2 제4항).

1. 거짓이나 그 밖의 부정한 방법으로 위험물 안전운송 전문교육기관의 지정을 받은 경우
2. 해당 위험물 안전운송 전문교육기관이 법 제41조의2 제3항에 따른 지정기준에 미달하게 된 경우

법 제41조의2 제4항에 따른 처분의 세부기준은 해양수산부령으로 정한다(제41조의 2 제5항). 법 제41조의2 제1항에 따른 위험물 안전운송에 관한 교육을 받아야 하는 위험물취

급자의 구체적인 범위, 교육내용 등에 관하여 필요한 사항은 해양수산부장관이 정하여 고시한다(제41조의2 제6항).

「위험물 선박운송 및 저장규칙」

제240조(전문교육기관의 지정의 취소 등)
① 법 제41조의2 제5항에 따른 전문교육기관의 지정 취소 및 업무정지 처분기준은 별표 2와 같다.
② 해양수산부장관은 위반행위의 정도, 횟수 등을 고려하여 별표 2에서 정한 업무정지 기간을 2분의 1의 범위에서 가중 또는 경감할 수 있다. 다만, 가중하는 경우 그 기간은 6개월을 초과할 수 없다.

「국제해상위험물규칙」(IMDG Code: International Maritime Dangerous Goods Code)이 개정되어 2010년 1월 1일부터 국내에 발효하게 됨에 따라 이를 국내법에 수용하기 위한 규정이다.

2. 유조선 등에 대한 강화검사

유조선・산적화물선 및 위험물산적운송선(액화가스산적운송선을 제외한다)의 선박소유자는 건조검사 및 선박검사 외에 선체구조를 구성하는 재료의 두께확인 등 해양수산부령이 정하는 사항에 대하여 해양수산부장관의 검사(이하 "강화검사"라 한다)를 받아야 한다. 다만, 국제항해를 하지 아니하는 선박으로서 해양수산부령이 정하는 선박은 그러하지 아니하다(법 제42조 제1항). 해양수산부장관은 강화검사에 합격한 유조선 등에 대하여는 법 제8조 제2항의 규정에 따른 선박검사증서에 그 검사결과를 표기하여야 한다(법 제42조 제2항). 법 제42조 제1항의 규정에 따른 강화검사의 방법과 절차는 해양수산부령으로 정한다(법 제42조 제3항).

「선박안전법 시행규칙」

제80조(강화검사)
① 법 제42조 제1항에 따른 강화검사를 받으려는 선박소유자는 별지 제4호서식의 선박검사신청서를 해양수산부장관에게 제출하여야 한다.
② 법 제42조 제1항 본문에서 해양수산부령으로 정하는 사항과 법 제42조 제3항에 따른 강화검사의 방법 및 절차 등에 관한 사항에 대하여는 해양수산부장관이 정하여 고시하는 바에 따른다.
③ 법 제42조 제1항 단서에서 "해양수산부령이 정하는 선박"이란 다음 각 호의 선박을 말한다.
1. 선령 5년 미만의 선박
2. 제1호 외의 선박 중 총톤수 300톤 미만의 선박
④ 법 제42조 제2항에 따른 검사결과는 선박검사증서의 뒤 쪽에 검사사항 및 선박검사관의 성명을 적어야 한다.

---

3. 예인선에 대한 예인선항해검사

예인선의 선박소유자가 부선 및 구조물 등을 예인하고자 하는 때에는 해양수산부령이 정하는 바에 따라 해양수산부장관의 검사(이하 "예인선항해검사"라 한다)를 받아야 한다(법 제43조 제1항). 해양수산부장관은 예인선항해검사에 합격한 예인선에 대하여 해양수산부령이 정하는 예인선항해검사증서를 교부하여야 한다(법 제43조 제2항). 예인선의 선박소유자는 법 제42조 제2항의 규정에 따른 예인선항해검사증서를 당해 예인선에 비치하여야 한다(법 제43조 제3항). 법 제15조 제1항의 규정은 법 제43조 제1항의 규정에 따라 예인선항해검사를 받은 예인선에 대하여 이를 준용한다. 이 경우 "건조검사 또는 선박검사"는 "예인선항해검사"로 본다(법 제43조 제4항).

「선박안전법 시행규칙」

제81조(예인선항해검사)

① 법 제43조 제1항에 따른 예인선항해검사는 예인선이 부선과 구조물 등을 예인하기 위하여 갖추어 둔 예인설비 등에 대하여 1년마다 예인선항해검사증서의 유효기간이 끝나는 날 전후 3개월 이내에 검사를 받아야 한다. 다만, 압항부선과 결합하여 운항하는 예인선과 평수구역에서만 운항하는 예인선의 경우에는 예인선항해검사를 받지 아니한다.
② 제1항에 따른 예인설비의 비치 및 검사에 관한 사항은 별표 32와 같다.
③ 제1항에 따른 예인선항해검사증서의 유효기간 기산방법은 영 제5조 제3항 각 호에 따른 선박검사증서의 유효기간 기산방법을 준용한다. 이 경우 "정기검사"는 "예인선항해검사"로, "선박검사증서"는 "예인선항해검사증서"로 본다.
④ 법 제43조 제1항에 따라 예인선항해검사를 받으려는 예인선의 소유자는 별지 제4호서식의 선박검사신청서를 작성하여 해양수산부장관에게 제출하여야 한다.
⑤ 법 제43조 제2항에 따른 예인선항해검사증서는 별지 제76호서식과 같다.

예인선은 그 특성상 크고 무거운 화물을 적재한 부선을 그 능력의 범위 안에서 예인하여야 하나, 능력 이상의 부선을 예인함으로써 예인에 사용되는 줄이 항해 중 절단되어 부선이 항로상에서 표류·침몰하는 등 해양사고를 유발하는 경우가 많아 검사를 강화할 필요가 있다.

예인선의 선박소유자가 부선 및 구조물 등을 예인하려는 경우에는 예인설비 및 항해조건 등을 감안하여 특정 부선 또는 구조물 등의 예인이 가능한지 여부에 대하여 예인선검사를 받도록 함으로써, 과도한 무게의 예인 등으로 인하여 발생할 수 있는 표류·침몰 등 예인과 관련된 해양사고를 예방을 목적으로 한 규정이다.

4. 고인화성 연료유 등의 사용제한

누구든지 선박에서는 해양수산부장관이 정하여 고시하는 인화성이 높은 연료유·윤활유 등을 사용하여서는 아니 된다(법 제44조).

제7절 | 선박안전기술공단

제1관 공단의 조직과 운영

1. 선박안전기술공단의 설립과 사업내용

가. 공단의 설립과 법적 성질

해양수산부장관의 업무를 위탁받거나 대행하여 선박의 항해와 관련한 안전을 확보하고 선박 또는 선박시설에 관한 기술을 연구·개발 및 보급하기 위하여 선박안전기술공단(이하 "공단"이라 한다)을 설립한다(법 제45조 제1항). 공단은 법인으로 한다(법 제45조 제2항).

나. 공단의 사업내용

공단은 다음 각 호의 사업을 행한다(법 제46조).

1. 선박 또는 선박용물건의 도면승인 업무의 대행
2. 선박 또는 선박용물건에 대한 검사업무의 대행
3. 지정사업장에서 제조 또는 정비된 선박용물건 또는 소형선박에 대한 확인업무의 대행
4. 선박용물건 또는 소형선박·컨테이너에 대한 검정업무의 대행
5. 화물의 적재·고박 등에 관한 승인업무의 대행

5의2.「해운법」에 따른 여객선 안전운항관리

6. 선박의 감항성 확보와 해상에서의 인명의 안전확보를 위한 조사·시험·연구 및 이와 관련한 기술의 개발과 보급
7. 선박안전에 관한 국제협약에 따른 기술기준의 연구 및 분석
8. 선박의 설계·건조감리 등 용역의 수탁업무
9. 해양사고방지를 위한 연구·교육 및 홍보활동

10. 법령에 따라 정부 또는 지방자치단체가 대행하게 하거나 위탁하는 업무
11. 그 밖에 공단의 설립목적을 달성하기 위하여 필요한 사업으로서 공단의 정관으로 정하는 사업

2. 공단의 조직

가. 임원

공단에는 임원으로 이사장을 포함한 9명의 이사와 1명의 감사를 둔다. 이 경우 이사장과 이사 3명은 상임으로 하고, 감사와 이사 5명은 비상임으로 한다(법 제48조 제1항). 이사장은 공단을 대표하고, 그 업무를 총괄한다(법 제48조 제2항).

나. 대리인의 선임

이사장은 정관이 정하는 바에 따라 직원 중에서 공단의 업무에 관한 재판상 또는 재판 외의 행위를 할 수 있는 권한을 가진 대리인을 선임할 수 있다(법 제50조).

다. 직원의 임면

공단의 직원은 정관이 정하는 바에 따라 이사장이 임면한다(법 제54조).

3. 공단의 운영

가. 자금의 조달

공단의 운영 및 사업에 소요되는 자금의 조달은 다음 각 호에 따른다(법 제55조).

1. 정부의 보조금 또는 융자금
2. 법 제46조의 사업 수행에 따른 수입금
3. 자산운영수익금
4. 그 밖의 부대사업 수입

나. 경비의 보조 등

국가는 공단에 대하여 법 제46조의 규정에 따른 사업의 수행에 필요한 경비를 예산의 범위 안에서 보조할 수 있다(법 제56조 제1항). 국가는 공단의 운영을 위하여 필요한 경우에는 「국유재산법」 및 「물품관리법」의 규정에 따라 공단에 국유재산과 물품을 무상으로 대여하거나 사용·수익하게 할 수 있다(법 제56조 제2항).

다. 업무의 지도·감독

해양수산부장관은 공단의 업무 중 다음 각 호의 사항에 대하여 감독한다(법 제58조).

1. 법 제46조에 따른 사업의 적절한 수행에 관한 사항
2. 그 밖에 다른 법령에서 정하는 사항

라. 비밀엄수의 의무

공단의 임원이나 직원 또는 그 직에 있었던 자는 그 직무상 알게 된 비밀을 누설하거나 도용하여서는 아니된다(법 제58조의2).

마. 유사명칭의 사용금지

이 법에 따른 공단이 아닌 자는 선박안전기술공단 또는 이와 유사한 명칭을 사용하지 못한다(법 제58조의3).

바. 「민법」의 준용

공단에 관하여 이 법과 「공공기관의 운영에 관한 법률」에서 정한 것 외에는 「민법」 중 재단법인에 관한 규정을 준용한다(법 제59조).

제2관 검사업무의 대행 등

1. 검사 등 업무의 대행

가. 검사 등 업무의 대행

해양수산부장관은 다음 각 호에 해당하는 건조검사·선박검사 및 도면의 승인 등에 관한 업무(이하 "검사등업무"라 한다)를 공단에게 대행하게 할 수 있다. 이 경우 해양수산부장관은 대통령령이 정하는 바에 따라 협정을 체결하여야 한다(법 제60조 제1항).

1. 법 제7조 제1항·제2항 및 제4항의 규정에 따른 건조검사, 건조검사증서의 교부 및 별도건조검사
2. 법 제8조 제1항 및 제2항의 규정에 따른 정기검사 및 선박검사증서의 교부
3. 법 제9조 제1항의 규정에 따른 중간검사
4. 법 제10조 제1항 및 제3항의 규정에 따른 임시검사 및 임시변경증의 교부
5. 법 제11조 제1항 및 제2항의 규정에 따른 임시항해검사 및 임시항해검사증서의 교부

6. 법 제12조 제1항·제2항 및 제4항의 규정에 따른 국제협약검사 및 국제협약증서의 교부
7. 법 제13조 제1항 및 제2항의 규정에 따른 도면의 승인 및 승인표시
8. 법 제14조 제2항의 규정에 따른 선체두께의 측정
9. 법 제16조 제2항의 규정에 따른 선박검사증서 및 국제협약증서의 유효기간 연장
10. 법 제18조 제6항 및 제7항의 규정에 따른 선박용물건 또는 소형선박의 검정, 검정증서의 교부 및 합격을 나타내는 표시
11. 법 제20조 제3항 단서 및 제4항 단서의 규정에 따른 선박용물건 또는 소형선박의 확인, 확인서의 교부 및 확인을 나타내는 표시
12. 법 제22조 제1항 내지 제3항의 규정에 따른 예비검사, 도면의 승인 및 승인표시, 예비검사증서의 교부 및 합격을 나타내는 표시
13. 법 제28조 제2항 및 제3항의 규정에 따른 복원성자료의 승인
14. 법 제34조 제1항 및 제2항의 규정에 따른 제한하중등의 확인 및 제한하중등확인서의 교부
15. 법 제35조 제1항의 규정에 따른 하역설비검사기록부의 작성 및 내용기재
16. 법 제39조 제1항의 규정에 따른 화물적재고박지침서의 승인
17. 법 제42조 제1항의 규정에 따른 강화검사
18. 법 제43조 제1항 및 제2항의 규정에 따른 예인선항해검사 및 예인선항해검사증서의 교부

해양수산부장관은 선박보험의 가입·유지를 위하여 선박의 등록 및 감항성에 관한 평가의 업무(이하 "선급업무(船級業務)"라 한다)를 하는 법인으로서 해양수산부장관이 지정하여 고시하는 법인(이하 "선급법인"이라 한다)에게 해당선급법인이 관리하는 명부에 등록하였거나 등록하고자 하는 선박(이하 "선급등록선박"이라 한다)에 한하여 법 제60조 제1항 각 호의 검사등업무를 대행하게 할 수 있다. 이 경우 해양수산부장관은 대통령령이 정하는 바에 따라 협정을 체결하여야 한다(법 제60조 제2항). 법 제60조 제1항 각 호 외의 부분 후단 및 제2항 후단의 규정에 따른 협정의 기간은 5년 이내로 하며, 해양수산부령이 정하는 바에 따라 이를 연장할 수 있다(법 제60조 제3항). 법 제60조 제1항 및 제2항의 규정에 따라 공단 및 선급법인이 검사등업무의 대행을 하는 때에는 대행과 관련된 자체검사규정을 제정하여 해양수산부장관의 승인을 얻어야 한다(법 제60조 제4항).

「선박안전법 시행령」

제10조(검사등업무의 대행 등)
① 법 제60조 제1항 각 호 외의 부분 후단 및 제2항 후단에 따라 검사등업무의 대행에 대하여 협정을 체결하려는 공단 또는 법 제60조 제2항 본문에 따라 지정・고시된 선박의 등록 및 감항성에 관한 평가의 업무를 하는 법인(이하 "선급법인"이라 한다)은 해양수산부령으로 정하는 협정신청서를 작성하여 해양수산부장관에게 협정체결을 신청하여야 한다.
② 해양수산부장관은 제1항에 따른 신청을 받은 경우 공단 또는 선급법인이 검사등업무를 대행할 수 있는 능력이 있다고 인정될 때에 해당 공단 또는 선급법인과 협정을 체결하여야 한다. 이 경우 협정의 기간은 5년으로 한다.
③ 제1항 및 제2항에 따라 체결하는 협정에 포함되어야 할 내용은 별표 1과 같다.
④ 해양수산부장관은 제1항 및 제2항에 따라 협정을 체결한 경우 지체 없이 그 내용을 고시하여야 한다.

「선박안전법 시행규칙」

제83조(협정의 체결신청) 영 제10조 제1항에 따라 해양수산부장관과 협정을 체결하려는 공단 또는 선급법인은 별지 제78호서식의 협정신청서에 다음 각 호의 사항을 적은 서류를 첨부하여 해양수산부장관에게 제출하여야 한다.
1. 주된 사무소와 분사무소의 명칭 및 소재지
2. 임원의 성명
3. 선박검사원의 수
4. 정관 및 예산
5. 등록된 선박의 수 및 검사기준
6. 수수료의 기준
7. 검사등업무의 대행계획서
8. 영 제10조 제3항에 따른 내용을 확인할 수 있는 서류

제84조(협정기간의 연장) 법 제60조 제3항에 따라 협정기간을 연장하려는 공단 또는 선급법인은 협정기간의 종료일 전 90일까지 별지 제78호서식의 협정신청서에 제83조 각 호에 따른 서류를 첨부하여 해양수산부장관에게 제출하여야 한다. 다만, 종전의 협정체결 당시와 달라진 내용이 없거나 해양수산부장관의 승인을 받은 사항에 관하여는 서류제출을 생략할 수 있다.

나. 대행업무의 차질에 따른 조치

해양수산부장관은 공단 및 선급법인이 법 제60조 제1항 및 제2항의 규정에 따른 검사등업무의 대행을 함에 있어 차질이 발생하거나 발생할 우려가 있다고 인정되는 때에는 해양수산부장관이 직접 이를 수행하거나 해양수산부장관이 지정하는 자로 하여금 대행하게 할 수 있다(법 제61조).

다. 대행업무에 관한 감독

해양수산부장관은 공단 및 선급법인이 법 제60조 제1항 각 호 외의 부분 후단 및 제2항 후

단의 규정에 따른 협정에 위반한 때에는 해당업무의 대행을 취소하거나 정지할 수 있다(법 제62조 제1항). 법 제62조 제1항의 규정에 따른 대행의 취소나 정지의 요건에 관하여 필요한 사항은 대통령령으로 정한다(법 제62조 제2항).

「선박안전법 시행령」

제11조(대행업무의 취소 등)
① 법 제62조 제2항에 따라 공단 및 선급법인이 별표 1에 따른 협정의 내용을 위반하는 경우에는 해당 업무의 대행을 취소하거나 6개월의 범위에서 그 업무를 정지시킬 수 있다.
② 제1항에 따른 행정처분의 기준 및 절차 등에 필요한 사항은 해양수산부령으로 정한다.

「선박안전법 시행규칙」

제85조(대행업무의 취소 등의 처분기준)
① 영 제11조 제2항에 따른 공단 및 선급법인의 대행취소 및 업무정지 처분의 기준은 별표 33과 같다.
② 해양수산부장관은 위반행위의 동기, 내용 및 횟수 등을 고려하여 제1항에 따른 업무정지기간을 2분의 1의 범위에서 가중하거나 감경할 수 있다. 이 경우 가중한 기간을 합산한 기간은 6개월을 초과할 수 없다.
③ 해양수산부장관은 제1항과 제2항에 따라 대행취소 또는 업무정지 처분을 한 경우에는 지체 없이 그 사실을 고시하여야 한다.

2. 선체두께 측정의 대행

해양수산부장관은 법 제14조 제2항의 규정에 따른 선체두께 측정을 해양수산부장관이 정하여 고시하는 지정기준에 적합한 두께측정업체로서 해양수산부장관이 정하여 고시하는 자(이하 "두께측정대행업체"라 한다)로 하여금 대행하게 할 수 있다. 다만, 해외수역에서의 장기간 항해・조업 등 부득이한 사유로 인하여 국내에서 선체두께를 측정할 수 없는 경우에는 해양수산부령이 정하는 바에 따라 외국의 두께측정업체로 하여금 측정하게 할 수 있다(법 제63조 제1항). 법 제63조 제1항의 규정에 따른 두께측정대행업체의 대행 및 대행취소 등에 관한 사항은 대통령령으로 정하고, 두께측정대행업체의 지도・감독 등에 관하여 필요한 사항은 해양수산부령으로 정한다(법 제63조 제2항).

「선박안전법 시행령」

제12조(두께측정대행업체의 취소 등)
① 법 제63조 제2항에 따라 두께측정대행업체가 다음 각 호의 어느 하나에 해당하는 경우에는 해당 업무의 대행을 취소하거나 6개월의 범위에서 그 업무를 정지시킬 수 있다. 다만, 제1호부터 제3호까지의 어느 하나에 해당하면 이를 취소하여야 한다.
1. 거짓 그 밖의 부정한 방법으로 대행지정을 받은 경우

2. 거짓 그 밖의 부정한 방법으로 선체두께를 측정한 경우
3. 대행지정을 받은 자가 그 사업을 폐업한 경우
4. 법 제63조 제1항에 따라 해양수산부장관이 고시한 지정기준에 미달하게 된 경우
5. 정당한 사유 없이 계속하여 1년 이상 선체두께 측정 업무를 하지 아니한 경우
6. 법 제75조 제1항에 따른 보고·자료제출명령을 따르지 아니한 경우
② 제1항에 따른 행정처분의 기준 및 절차 등에 필요한 사항은 해양수산부령으로 정한다.

「선박안전법 시행규칙」

제86조(외국의 두께측정대행업체)
① 법 제63조 제1항 단서에서 "해양수산부령이 정하는 바"란 공단 또는 선급법인이 인정하는 외국의 두께측정업체에 의한 두께측정을 말한다.
② 공단 또는 선급법인이 제1항에 따라 외국의 두께측정업체를 인정하려는 경우에는 해양수산부장관과 협의를 하여야 한다.

제87조(두께측정대행업체의 대행취소 등의 처분기준)
① 영 제12조 제2항에 따른 두께측정대행업체의 대행취소 및 업무정지 처분의 기준은 별표 34와 같다.
② 해양수산부장관은 위반행위의 동기, 내용 및 횟수 등을 고려하여 제1항에 따른 업무정지기간을 2분의 1의 범위에서 가중하거나 감경할 수 있다. 이 경우 가중한 기간을 합산한 기간은 6개월을 초과할 수 없다.
③ 해양수산부장관은 제1항과 제2항에 따라 취소 또는 업무정지 처분을 한 경우에는 지체 없이 그 사실을 고시하여야 한다.

---

3. 컨테이너검정 등의 대행

해양수산부장관은 다음 각 호에 해당하는 업무를 해양수산부장관이 정하여 고시하는 지정기준에 적합한 자로서 해양수산부장관이 정하여 고시하는 대행기관(이하 "컨테이너검정등대행기관"이라 한다)으로 하여금 대행하게 할 수 있다(법 제64조 제1항).

1. 법 제23조 제4항의 규정에 따른 컨테이너검정
2. 법 제23조 제5항의 규정에 따른 컨테이너형식승인판의 확인표시

법 제64조 제1항의 규정에 따른 컨테이너검정등대행기관의 대행 및 대행의 취소 등에 관한 사항은 대통령령으로 정하고, 컨테이너검정등대행기관의 지도·감독 등에 관하여 필요한 사항은 해양수산부령으로 정한다(법 제64조 제2항).

「선박안전법 시행령」

제13조(컨테이너검정등대행기관의 취소 등)
① 법 제64조 제2항에 따라 컨테이너검정등대행기관이 다음 각 호의 어느 하나에 해당하는 경우에는 해당 업무의 대행을 취소하거나 6개월의 범위에서 그 업무를 정지시킬 수 있다. 다만, 제1호부터 제

3호까지의 어느 하나에 해당하면 이를 취소하여야 한다.
1. 거짓 그 밖의 부정한 방법으로 대행지정을 받은 경우
2. 거짓 그 밖의 부정한 방법으로 검정 등을 한 경우
3. 대행지정을 받은 자가 그 사업을 폐업한 경우
4. 법 제64조 제1항에 따라 해양수산부장관이 고시한 지정기준에 미달하게 된 경우
5. 정당한 사유 없이 계속하여 1년 이상 검정 등의 업무를 하지 아니한 경우
6. 법 제75조 제1항에 따른 보고 · 자료제출명령을 따르지 아니한 경우
② 제1항에 따른 행정처분의 기준 및 절차 등에 필요한 사항은 해양수산부령으로 정한다.

「선박안전법 시행규칙」

제88조(컨테이너검정등대행기관의 대행취소 등의 처분기준)
① 영 제13조 제2항에 따른 컨테이너검정등대행기관의 대행취소 및 업무정지 처분의 기준은 별표 35와 같다.
② 해양수산부장관은 위반행위의 동기, 내용 및 횟수 등을 고려하여 제1항에 따른 업무정지기간을 2분의 1의 범위에서 가중하거나 감경할 수 있다. 이 경우 가중한 기간을 합산한 기간은 6개월을 초과할 수 없다.
③ 해양수산부장관은 제1항과 제2항에 따라 대행취소 또는 업무정지 처분을 한 경우에는 지체 없이 그 사실을 고시하여야 한다.

---

4. 위험물 관련 검사 · 승인의 대행

해양수산부장관은 법 제41조 제2항의 규정에 따른 위험물의 적재 · 운송 및 저장 등에 관한 검사 및 승인에 대한 업무를 해양수산부장관이 정하여 고시하는 지정기준에 적합한 자로서 해양수산부장관이 정하여 고시하는 대행기관(이하 "위험물검사등대행기관"이라 한다)으로 하여금 대행하게 할 수 있다(법 제65조 제1항). 법 제65조 제1항의 규정에 따른 위험물검사등대행기관의 대행 및 대행의 취소 등에 관한 사항은 대통령령으로 정하고, 위험물검사등대행기관의 지도 · 감독 등에 관하여 필요한 사항은 해양수산부령으로 정한다(법 제65조 제2항).

「선박안전법 시행령」

제14조(위험물검사등대행기관의 취소 등)
① 법 제65조 제2항에 따라 위험물검사등대행기관이 다음 각 호의 어느 하나에 해당하는 경우에는 해당 업무의 대행을 취소하거나 6개월의 범위에서 그 업무를 정지시킬 수 있다. 다만, 제1호부터 제3호까지의 어느 하나에 해당하면 이를 취소하여야 한다.
1. 거짓 그 밖의 부정한 방법으로 대행지정을 받은 경우
2. 거짓 그 밖의 부정한 방법으로 검사 또는 승인을 한 경우
3. 대행지정을 받은 자가 그 사업을 폐업한 경우
4. 법 제65조 제1항에 따라 해양수산부장관이 고시한 지정기준에 미달하게 된 경우
5. 정당한 사유 없이 계속하여 1년 이상 검사 및 승인 업무를 하지 아니한 경우
6. 법 제75조 제1항에 따른 보고 · 자료제출명령을 따르지 아니한 경우

② 제1항에 따른 행정처분의 기준 및 절차 등에 필요한 사항은 해양수산부령으로 정한다.

「선박안전법 시행규칙」

제89조(위험물검사등대행기관의 대행취소 등의 처분기준)
① 영 제14조 제2항에 따른 위험물검사등대행기관의 대행취소 및 업무정지 처분의 기준은 별표 36과 같다.
② 해양수산부장관은 위반행위의 동기, 내용 및 횟수 등을 고려하여 제1항에 따른 업무정지기간을 2분의 1의 범위에서 가중하거나 감경할 수 있다. 이 경우 가중한 기간을 합산한 기간은 6개월을 초과할 수 없다.
③ 해양수산부장관은 제1항과 제2항에 따라 대행취소 또는 업무정지 처분을 한 경우에는 지체 없이 그 사실을 고시하여야 한다.

「위험물 선박운송 및 저장규칙」

제208조(위험물검사등대행기관의 지정신청)
① 법 제65조 제1항에 따른 위험물검사등대행기관 지정검사기관은 영리를 목적으로 하지 아니하는 법인이어야 한다. 다만, 제205조의2에 따라 용기·포장검사를 할 수 있는 위험물검사등대행기관은 「국가표준기본법」 제23조에 따라 인정받은 시험·검사기관이어야 한다.
② 제1항에 따른 위험물검사등대행기관의 지정을 받으려는 자는 다음의 서류를 첨부하여 해양수산부장관에게 신청하여야 한다.
1. 주된 사무소와 출장소의 명칭 및 소재지
2. 법인의 정관
3. 임원의 성명
4. 종사원의 성명 및 이력
5. 검사절차 등에 관한 기준

제209조(위험물검사등대행기관의 지정·고시)
① 해양수산부장관은 제208조 제2항의 신청을 받은 경우에는 이를 심사하여 신청인이 법 제65조 제1항에 따른 검사 또는 승인업무의 대행(이하 "검사대행"이라 한다)을 할 능력이 있다고 인정될 경우에는 해당 신청인이 행할 검사대행의 범위 등을 정하여 신청인에게 통지하고 고시하여야 한다.
② 위험물검사등대행기관은 분기별 검사대행실적을 매 분기 종료일부터 10일 이내에 해양수산부장관에게 보고하여야 한다.

---

5. 외국정부 등이 행한 검사의 인정

외국선박의 해당소속 국가에서 시행 중인 선박안전과 관련되는 법령의 내용이 이 법의 기준과 동등하거나 그 이상에 해당하는 때에는 해당 외국정부 또는 그 외국정부가 지정한 대행기관(이하 "외국정부등"이라 한다)이 행한 해당외국선박에 대한 검사등업무는 이 법에 따른 검사등업무로 본다(법 제66조 제1항). 법 제66조 제1항의 규정에 따라 외국정부등이 검사등업무를 행하고 교부한 증서는 이 법에 따라 교부한 증서와 동일한 효력을 가진 것으로 본다. 다만, 이 법에 따라 교부한 증서의 효력을 인정하지 아니하는 국가의 외국정부등이 발행한 증서에 대하여는 그러하지 아니하다(법 제66조 제2항).

6. 대행검사기관의 배상책임

국가는 공단, 선급법인, 컨테이너검정등대행기관 및 위험물검사등대행기관(이하 "대행검사기관"이라 한다)이 해당대행업무를 수행함에 있어 위법하게 타인에게 손해를 입힌 때에는 그 손해를 배상하여야 한다(법 제67조 제1항). 국가는 법 제67조 제1항의 규정에 따른 손해배상에 있어 대행검사기관에 고의 또는 중대한 과실이 있는 경우에는 해당대행검사기관에 구상할 수 있다(법 제67조 제2항). 법 제67조 제2항의 규정에 따른 대행검사기관에 대한 구상은 대통령령이 정하는 금액을 한도로 한다(법 제67조 제3항).

「선박안전법 시행령」

제15조(대행검사기관에 대한 구상) 법 제67조 제3항에서 "대통령령이 정하는 금액"이란 다음 각 호의 구분에 따른 금액을 말한다.
1. 공단 : 3억원
2. 선급법인 : 50억원
3. 컨테이너검정등대행기관 : 3억원
4. 위험물검사등대행기관 : 3억원

제8절 | 항만국통제 등

1. 항만국통제

해양수산부장관은 외국선박의 구조・시설 및 선원의 선박운항지식 등이 대통령령이 정하는 선박안전에 관한 국제협약에 적합한지 여부를 확인하고 그에 필요한 조치(이하 "항만국통제"라 한다)를 할 수 있다(법 제68조 제1항). 해양수산부장관은 법 제68조 제1항의 규정에 따른 항만국통제를 하는 경우 소속 공무원으로 하여금 대한민국의 항만에 입항하거나 입항예정인 외국선박에 직접 승선하여 행하게 할 수 있다. 이 경우 당해 선박의 항해가 부당하게 지체되지 아니하도록 하여야 한다(법 제68조 제2항).

「선박안전법 시행령」

제16조(항만국통제의 시행)
① 법 제68조 제1항에서 "대통령령이 정하는 선박안전에 관한 국제협약"이란 다음 각 호와 같다.
1. 「해상에서의 인명안전을 위한 국제협약」
2. 「만재흘수선에 관한 국제협약」
3. 「국제해상충돌예방규칙협약」
4. 「선박톤수측정에 관한 국제협약」
5. 「상선의 최저기준에 관한 국제협약」
6. 「선박으로부터의 오염방지를 위한 국제협약」
7. 「선원의 훈련·자격증명 및 당직근무에 관한 국제협약」
② 제1항 제5호의 「상선의 최저기준에 관한 국제협약」을 적용할 때 1994년 3 월31일 이전에 용골(龍骨)이 거치된 선박에 대하여는 같은 협약의 적용으로 인하여 선박의 구조 또는 거주설비의 변경이 초래되지 아니하는 범위에서 항만국통제를 실시한다.

2. 조치사항 및 이의신청

해양수산부장관은 법 제68조 제1항의 규정에 따른 항만국통제의 결과 외국선박의 구조·설비 및 선원의 선박운항지식 등이 법 제68조 제1항의 규정에 따른 국제협약의 기준에 미달되는 것으로 인정되는 때에는 해당선박에 대하여 수리 등 필요한 시정조치를 명할 수 있다(법 제68조 제3항). 해양수산부장관은 법 제68조 제1항의 규정에 따른 항만국통제 결과 선박의 구조·설비 및 선원의 선박운항지식 등과 관련된 결함으로 인하여 당해 선박 및 승선자에게 현저한 위험을 초래할 우려가 있다고 판단되는 때에는 출항정지를 명할 수 있다(법 제68조 제4항). 외국선박의 소유자는 법 제68조 제3항 및 제4항에 따른 시정조치명령 또는 출항정지명령에 불복하는 경우에는 해당명령을 받은 날부터 90일 이내에 그 불복사유를 기재하여 해양수산부장관에게 이의신청을 할 수 있다(법 제68조 제5항). 법 제68조 제5항의 규정에 따라 이의신청을 받은 해양수산부장관은 소속 공무원으로 하여금 당해 시정조치명령 또는 출항정지명령의 위법·부당 여부를 직접 조사하게 하고 그 결과를 신청인에게 60일 이내에 통보하여야 한다. 다만, 부득이한 사정이 있는 때에는 30일 이내의 범위에서 통보시한을 연장할 수 있다(법 제68조 제6항). 시정조치명령 또는 출항정지명령에 대하여 불복이 있는 자는 법 제68조 제5항 및 제6항의 규정에 따른 이의신청의 절차를 거치지 아니하고는 행정소송을 제기할 수 없다. 다만, 「행정소송법」 제18조 제2항 및 제3항의 규정에 해당되는 경우에는 그러하지 아니하다(법 제68조 제7항). 법 제68조 제3항 내지 제7항의 규정에 따른 외국선박에 대한 조치 및 이의신청 등에 관하여 필요한 사항은 대통령령으로 정한다(법 제68조 제8항).

「선박안전법 시행령」

제17조(항만국통제에 따른 조치 등)
① 해양수산부장관은 법 제68조 제3항 및 제4항에 따른 시정조치명령 또는 출항정지명령을 하려는 경우 해당 선박의 선장에게 해양수산부령으로 정하는 항만국통제점검보고서를 발급하여야 한다. 이 경우 해당 서류에는 법 제68조 제5항에 따른 이의신청에 대한 안내문이 포함되어야 한다.
② 해양수산부장관은 법 제68조 제4항에 따른 출항정지를 명한 경우 해양수산부령으로 정하는 바에 따라 그 사실을 해당 선박이 등록된 국가의 정부 또는 영사에게 알려야 한다.
③ 법 제68조 제5항에 따른 이의신청을 하려는 자는 그 사유 및 이를 증명하는 서류를 갖추어 해양수산부장관에게 제출하여야 한다.
④ 해양수산부장관은 제3항에 따른 이의신청을 받은 경우 해당 선박의 선장 · 선박소유자 · 선급법인 또는 선박이 등록된 국가 등에 필요한 자료를 요청하거나 관계 전문가의 의견을 들을 수 있다.
⑤ 해양수산부장관은 제3항에 따른 이의신청이 타당하다고 인정되는 경우 지체 없이 해당 시정조치명령 또는 출항정지명령을 철회하여야 한다.

「선박안전법 시행규칙」

제27조(국제협약 위반 선박에 대한 조사방법 등) 법 제12조 제5항에 따른 국제협약 위반 선박에 대한 조사방법은 법 제68조 및 법 제69조에 따른 항만국통제 및 특별점검을 말한다.

제90조(항만국통제에 따른 조치 등)
① 영 제17조 제1항에 따른 항만국통제점검보고서는 별지 제79호서식과 같다.
② 영 제17조 제2항에서 "해양수산부령이 정하는 바"란 모사전송 및 전자우편 등의 방법을 말한다.

3. 외국의 항만국통제 등

선박소유자는 외국 항만당국의 항만국통제에 의하여 선박의 결함이 지적되지 아니하도록 관련되는 국제협약 규정을 준수하여야 한다(법 제69조 제1항). 해양수산부장관은 외국 항만당국의 항만국통제에 의하여 출항정지 처분을 받은 대한민국 선박이 국내에 입항할 경우 해양수산부령이 정하는 바에 따라 관련되는 선박의 구조 · 설비 등에 대하여 점검(이하 "특별점검"이라 한다)을 할 수 있다. 다만, 외국정부에서 확인을 요청하는 경우 등 필요한 경우에는 외국에서 특별점검을 할 수 있다(법 제69조 제2항).

해양수산부장관은 다음 각 호의 대한민국 선박에 대하여 외국항만에 출항정지를 예방하기 위한 조치가 필요하다고 인정되는 경우 해양수산부령이 정하는 바에 따라 관련되는 선박의 구조 · 설비 등에 대하여 특별점검을 할 수 있다(법 제69조 제3항).

1. 선령이 15년을 초과하는 산적화물선 · 위험물운반선
2. 그 밖에 해양수산부령이 정하는 선박

해양수산부장관은 법 제69조 제2항 및 제3항의 규정에 따른 특별점검의 결과 선박의 안전확보를 위해 필요하다고 인정되는 경우에는 해당선박의 소유자에 대해 해양수산부령이 정하는 바에 따라 항해정지명령 또는 시정・보완 명령을 할 수 있다(법 제69조 제4항).

「선박안전법 시행규칙」

제91조(특별점검)
① 법 제69조 제2항 및 제3항에 따라 특별점검을 하려는 경우에는 그 점검대상선박 및 점검시기 등을 선박소유자에게 알려야 한다.
② 법 제69조 제3항 제2호에서 "해양수산부령이 정하는 선박"이란 다음 각 호의 선박을 말한다.
1. 최근 3년 이내에 외국 항만당국의 항만국통제로 인하여 출항이 정지된 선박
2. 최근 3년간 외국 항만당국의 항만국통제로 인하여 소속 선박의 출항정지율이 대한민국 선박의 평균 출항정지율을 초과하는 선박소유자의 선박
3. 그 밖에 외국 항만당국의 항만국통제로 인하여 출항정지율이 특별히 높은 선박 등 해양수산부장관이 정하여 고시하는 선박
③ 해양수산부장관은 법 제69조 제4항에 따라 선박소유자에게 항해정지명령 또는 시정・보완명령을 하려는 경우에는 다음 각 호의 서류를 발급하여야 한다.
1. 항해정지명령서 : 별지 제80호서식
2. 시정・보완명령서 : 별지 제81호서식

4. 조치사항의 공표

해양수산부장관은 외국 항만당국의 항만국통제로 인하여 출항정지명령을 받은 대한민국 선박에 대하여는 대통령령이 정하는 바에 따라 당해 선박의 선박명・총톤수, 출항정지 사실 등을 공표할 수 있다(법 제70조).

「선박안전법 시행령」

제18조(공표)
① 해양수산부장관은 법 제70조에 따라 외국의 항만당국으로부터 출항정지명령을 받은 사실을 통보받은 경우 제2항에 따른 해당 선박의 명세를 해양수산부의 게시판(인터넷 홈페이지를 포함한다) 또는 일간신문 등에 3개월의 범위에서 공표하거나 다음 각 호의 단체에 배포할 수 있다.
1. 공단, 선급법인, 두께측정대행업체, 컨테이너검정등대행기관 및 위험물검사등대행기관
2. 「한국해운조합법」에 따른 한국해운조합 또는 「민법」 제32조에 따라 설립된 한국선주협회
3. 「선주상호보험조합법」에 따른 한국선주상호보험조합 또는 「민법」 제32조에 따라 설립된 손해보험협회
② 제1항에 따른 출항정지명령을 받은 선박의 명세에는 다음 각 호의 사항이 포함되어야 한다.
1. 선박명(한글 또는 영어로 표기)
2. 총톤수
3. 선박번호 및 국제해사기구번호
4. 선박소유자 성명(법인의 경우에는 법인명을, 용선의 경우에는 선박운항자의 명칭을 말한다)

5. 외국 항만당국의 점검일, 항만명, 출항정지기간 및 출항정지 원인
③ 해양수산부장관은 선박의 명세를 공표하는 경우 공표 대상자에 대한 부당한 침해가 없도록 하여야 한다.

제9절 | 보칙 및 벌칙

제1관 부칙

1. 결함신고에 따른 확인 등

누구든지 선박의 감항성 및 안전설비의 결함을 발견한 때에는 해양수산부령이 정하는 바에 따라 그 내용을 해양수산부장관에게 신고하여야 한다(법 제74조 제1항). 해양수산부장관은 법 제74조 제1항의 규정에 따라 신고를 받은 때에는 해양수산부령이 정하는 바에 따라 소속 공무원으로 하여금 지체 없이 그 사실을 확인하게 하여야 한다(법 제74조 제2항). 해양수산부장관은 법 제74조 제2항의 규정에 따른 확인 결과 결함의 내용이 중대하여 해당선박을 항해에 계속하여 사용하는 것이 당해 선박 및 승선자에게 위험을 초래할 우려가 있다고 인정되는 경우에는 해양수산부령이 정하는 바에 따라 해당결함이 시정될 때까지 출항정지를 명할 수 있다(법 제74조 제3항). 누구든지 법 제74조 제1항의 규정에 따라 신고한 자의 인적사항 또는 신고자임을 알 수 있는 사실을 다른 사람에게 알려주거나 공개 또는 보도하여서는 아니 된다(법 제74조 제4항).

「선박안전법 시행규칙」

제95조(선박의 결함신고)
① 법 제74조 제1항에 따른 신고는 별지 제85호서식의 선박결함신고서에 따르며, 긴급한 경우에는 전화 등을 통하여 구두로 신고할 수 있다.
② 지방해양항만청장은 법 제74조 제2항에 따라 선박의 결함신고를 받으면 그 신고내용을 별지 제86호서식의 선박결함신고기록부에 적고 그 사실을 확인하여야 한다.
③ 지방해양항만청장은 선박의 결함신고를 한 자의 신원과 관련된 내용은 별지 제87호서식의 선박결함신고자명부에 적어 「보안업무규정 시행규칙」 제7조 제3항에 따른 대외비로 관리하여야 한다.
④ 법 제74조 제3항에 따라 출항정지를 명하려는 경우에는 해당 선박의 선박소유자에게 별지 제88호서식의 출항정지명령서를 발급하여야 한다.

선박의 감항성 및 안전성과 관련한 결함사항이 있는 경우 정부에서 이를 확인하고 시정하도록 할 수 있게 함으로써 선박의 결함으로 인한 해양사고의 발생을 방지할 필요가 있다. 누구든지 선박의 감항성 및 안전설비의 결함을 발견한 때에는 신고할 수 있고, 신고를 받은 해양수산부장관은 소속 공무원으로 하여금 사실을 확인하게 하여 해당선박을 항해에 계속 사용하는 것이 그 승선자에게 위험을 초래할 우려가 있다고 인정되는 때에는 출항정지를 명할 수 있도록 하였다. 선박의 감항성 및 안전설비에 대한 결함에 대하여 효과적으로 사실 확인 및 시정조치가 가능하게 되어 기준미달 선박 등으로 인한 선박안전사고의 감소를 목적으로 한 규정이다.

2. 보고 · 자료제출명령 등

가. 보고 또는 자료제출명령

해양수산부장관은 다음 각 호의 어느 하나에 해당하는 경우에는 선박소유자, 법 제18조 제1항의 규정에 따른 형식승인을 받은 자, 법 제18조 제3항의 규정에 따른 지정시험기관, 제20조 제1항의 규정에 따른 지정사업장의 지정을 받은 자, 제23조 제1항의 규정에 따른 컨테이너형식승인을 받은 자, 제24조 제1항 후단의 규정에 따른 안전점검사업자, 공단, 선급법인, 두께측정대행업체, 컨테이너검정등대행기관, 위험물검사등대행기관(이하 이 조에서 "선박소유자등"이라 한다)에 대해 필요한 보고를 명하거나 자료를 제출하게 할 수 있다(법 제75조 제1항).

1. 법 제18조 제8항(형식승인 및 검정), 제20조 제5항(지정사업장의 지정), 제23조 제7항(컨테이너의 형식승인 및 검정 등), 제24조 제3항(컨테이너의 안전점검), 제63조 제2항(선체두께 측정의 대행), 제64조 제2항(컨테이너검정 등의 대행) 및 제65조 제2항(위험물 관련 검사 · 승인의 대행)의 규정에 따른 지도 · 감독과 관련하여 필요한 경우
2. 선박의 감항성과 인명안전을 위한 시설 및 항해상의 위험방지 조치와 관련하여 필요한 경우
3. 법 제60조 제1항 및 제2항의 규정(검사등업무의 대행)에 따른 감독과 관련하여 필요한 경우

나. 선박 등의 조사

해양수산부장관은 법 제74조 제1항의 규정에 따른 보고내용 및 제출된 자료의 내용을 검토한 결과 법 제75조 제1항 각 호의 목적달성이 어렵다고 인정되는 때에는 소속 공무원으로 하여금 직접 해당 선박 또는 사업장에 출입하여 장부 · 서류 및 시설을 조사하게 할 수 있다(법 제75조 제2항). 해양수산부장관은 법 제74조 제2항의 규정에 따른 조사를 하는 경

우에는 조사 7일 전까지 조사자, 조사 일시·이유 및 내용 등이 포함된 조사계획을 선박소유자등에게 통보하여야 한다. 다만, 선박의 항해일정 등에 따라 긴급을 요하거나 사전통보를 하는 경우 증거인멸 등으로 인하여 법 제74조 제1항 각 호의 목적달성이 어렵다고 인정되는 경우에는 그러하지 아니하다(법 제75조 제3항). 법 제74조 제2항의 규정에 따른 조사를 하는 공무원은 그 권한을 표시하는 증표를 지니고 이를 관계인에게 내보여야 하며, 해당 선박 또는 사업장에 출입시 성명·출입시간·출입목적 등이 표시된 문서를 관계인에게 주어야 한다(법 제75조 제4항). 해양수산부장관은 법 제74조 제2항의 규정에 따라 선박 또는 사업장을 조사한 결과 이 법 또는 이 법에 따른 명령을 위반한 사실이 있다고 인정되는 때에는 해당 선박 또는 사업장에 대하여 대통령령이 정하는 바에 따라 항해정지명령 또는 수리·보완과 관련된 처분을 할 수 있다(법 제75조 제5항). 법 제74조 제5항의 규정에 따라 항해정지명령 등을 한 경우에는 그 사유가 해소되는 즉시 이를 해제하여야 한다(법 제74조 제6항).

「선박안전법 시행령」

제20조(항해정지 등의 조치) 해양수산부장관은 법 제75조 제5항에 따라 항해정지명령 또는 수리·보완과 관련된 처분을 하려는 경우 해양수산부령으로 정하는 항해정지명령서 또는 시정·보완명령서를 발급하여야 한다.

3. 청문

해양수산부장관은 이 법에 따라 지정받은 사업장이나 대행검사기관 등의 업무를 정지하거나 지정을 취소하고자 하는 경우, 형식승인을 받은 선박용물건·소형선박 및 컨테이너에 대하여 형식승인의 효력을 정지하거나 취소하고자 하는 경우 또는 선박검사원에 대한 직무정지의 요청 등을 하고자 하는 경우에는 해양수산부령이 정하는 바에 따라 청문을 실시하여야 한다(법 제78조).

「선박안전법 시행규칙」

제98조(청문) 법 제78조에 따른 청문에 관하여는 「행정절차법」[10]에 따른다.

10) 「행정절차법」은 행정절차에 관한 공통적인 사항을 규정하여 국민의 행정 참여를 도모함으로써 행정의 공정성·투명성 및 신뢰성을 확보하고 국민의 권익을 보호함으로 목적으로 제정되었다(동 법 제1조).

4. 조사 및 연구

해양수산부장관은 선박의 감항성 및 인명안전의 확보와 선박안전과 관련한 국제협약에 관한 효과적인 업무수행을 위하여 필요한 조사 및 연구를 할 수 있다(법 제79조).

5. 수수료

가. 검사수수료 등

다음 각 호의 어느 하나에 해당하는 자는 해양수산부령이 정하는 바에 따라 해양수산부장관에게 수수료를 납부하여야 한다. 다만, 대행검사기관이 이 법에 따른 검사・확인・검정 및 승인 등의 업무를 대행하는 경우에는 해당대행검사기관이 정하는 수수료를 당해 기관에게 납부하여야 한다(법 제80조 제1항).

1. 건조검사, 선박검사, 별도건조검사 또는 국제협약검사를 신청하는 자
2. 법 제13조 제1항의 규정에 따른 도면의 승인을 신청하는 자
3. 법 제15조 제2항의 규정에 따른 변경허가를 신청하는 자
4. 법 제18조 제1항 및 제4항의 규정에 따른 형식승인 또는 그 변경승인을 신청하는 자
5. 법 제18조 제6항의 규정에 따른 선박용물건 또는 소형선박의 검정을 신청하는 자
6. 법 제20조 제1항의 규정에 따른 지정사업장의 지정을 신청하는 자
7. 법 제20조 제3항 단서의 규정에 따른 확인을 신청하는 자
8. 법 제22조 제1항의 규정에 따른 예비검사를 신청하는 자
9. 법 제22조 제2항의 규정에 따른 도면의 승인을 신청하는 자
10. 법 제23조 제1항 및 제3항의 규정에 따른 컨테이너형식승인 또는 그 변경승인을 신청하는 자
11. 법 제23조 제4항의 규정에 따른 컨테이너검정을 신청하는 자
12. 법 제24조 제1항의 규정에 따른 안전점검방법의 승인을 신청하는 자
13. 법 제28조 제2항의 규정에 따른 복원성자료의 승인을 신청하는 자
14. 법 제34조 제1항의 규정에 따른 제한하중등의 확인을 신청하는 자
15. 법 제39조 제1항의 규정에 따른 화물적재고박지침서의 승인을 신청하는 자
16. 법 제41조 제2항의 규정에 따른 위험물의 적합 여부에 관한 검사 또는 승인을 신청하는 자
17. 강화검사 또는 예인선항해검사를 신청하는 자
18. 법 제7조 제2항, 제8조 제2항, 제10조 제3항, 제11조 제2항, 제12조 제2항・제4항, 제18조 제7항, 제20조 제4항, 제22조 제3항, 제23조 제4항 후단, 제34조 제2항 및

제43조 제2항의 규정에 따른 증서 등의 교부 또는 재교부를 신청하는 자

나. 선체두께측정 수수료

공단 및 선급법인이 법 제60조 제1항 및 제2항의 규정에 따라 선체두께를 측정하는 경우 또는 제63조의 규정에 따라 두께측정대행업체가 선체두께를 측정하는 경우에는 해양수산부령이 정하는 바에 따라 두께측정업무에 따른 수수료를 받을 수 있다(법 제80조 제2항). 대행검사기관 또는 두께측정대행업체가 법 제80조 제1항 단서 및 제2항의 규정에 따라 수수료를 징수하는 경우에는 그 기준을 정하여 해양수산부장관의 승인을 얻어야 한다. 승인을 얻은 사항을 변경하고자 하는 때에도 또한 같다(법 제80조 제3항). 대행검사기관 또는 두께측정대행업체가 법 제80조 제1항 단서 및 제2항의 규정에 따라 수수료를 징수하는 경우 그 수입은 대행검사기관 또는 두께측정대행업체의 수입으로 한다(법 제80조 제4항). 해양수산부장관은 법 제68조의 규정에 따른 항만국통제 결과 결함이 발견되어 동조 제3항 및 제4항의 규정에 따라 시정조치명령 또는 출항정지명령을 받은 선박에 대하여 해양수산부령이 정하는 바에 따라 그 결함의 시정 여부 확인 등에 필요한 수수료를 징수할 수 있다(법 제80조 제5항). 법 제69조 제2항 단서의 규정에 따라 외국에서 특별점검을 하는 경우 해양수산부장관은 항공료 등 필요한 설비의 수수료를 징수할 수 있다(법 제80조 제6항).

6. 권한의 위임 등

이 법에 따른 해양수산부장관의 권한은 그 일부를 대통령령이 정하는 바에 따라 지방해양항만청장(지방해양항만청장 소속으로 두는 해양사무소의 장을 포함한다. 이하 같다)에게 위임할 수 있다(법 제81조 제1항).

「선박안전법 시행령」

제21조(권한의 위임)

① 해양수산부장관은 법 제81조제1항에 따라 다음 각 호의 업무에 관한 권한을 관할 구역에 따라 지방해양항만청장(지방해양항만청장 소속 해양사무소의 장을 포함한다)에게 위임한다.

1. 법 제11조제1항에 따른 임시항해검사(국내의 조선소에서 건조된 외국선박(국내의 조선소에서 건조된 후 외국에서 등록하였거나 외국에서 등록할 예정인 선박을 말한다)이 시운전을 하려는 경우로 한정한다)
2. 법 제15조제2항에 따른 변경허가
3. 법 제18조제1항 및 제4항에 따른 형식승인 및 그 변경승인
4. 법 제19조제1항에 따른 형식승인의 취소 또는 그 정지처분
5. 법 제20조제1항 · 제2항 및 제5항에 따른 지정사업장의 지정, 자체검사기준 등의 승인과 그 변경승인 및 지도 · 감독
6. 법 제21조제1항에 따른 지정사업장의 지정취소 또는 그 정지처분

7. 법 제23조제1항 · 제3항 및 제6항에 따른 컨테이너형식승인과 그 변경승인 및 컨테이너형식승인의 취소 또는 정지처분
8. 법 제25조제3항부터 제5항까지의 규정에 따른 컨테이너 안전에 필요한 조치, 비용청구 및 비용충당
   8의2. 법 제63조제1항 본문에 따른 두께측정대행업체의 지정 및 고시
   8의3. 법 제63조제2항에 따른 두께측정대행업체에 대한 지도 · 감독
9. 법 제68조에 따른 항만국통제
10. 법 제72조제1항 및 제2항에 따른 재검사 · 재검정 및 재확인. 다만, 법 제76조에 따른 선박검사관이 행하는 업무를 제외한다.
11. 법 제74조제2항 및 제3항에 따른 사실 확인 및 출항정지명령
12. 법 제75조제1항에 따른 보고 · 자료제출명령
13. 법 제75조제2항에 따른 출입 · 조사
14. 법 제75조제3항에 따른 조사계획의 통보
15. 법 제75조제5항에 따른 항해정지명령 또는 수리 · 보완과 관련된 처분
16. 법 제80조제1항 각 호 외의 부분 본문 및 제5항에 따른 수수료의 징수
17. 법 제89조제4항에 따른 과태료의 부과 · 징수

② 삭제

7. 규제의 재검토

「선박안전법 시행규칙」

제101조(규제의 재검토)

① 해양수산부장관은 다음 각 호의 사항에 대하여 다음 각 호의 기준일을 기준으로 3년마다(매 3년이 되는 해의 기준일과 같은 날 전까지를 말한다) 그 타당성을 검토하여 개선 등의 조치를 하여야 한다.

1. 제47조에 따른 지정사업장의 지정 및 설비기준: 2014년 1월 1일
2. 제54조에 따른 예비검사: 2014년 1월 1일
3. 제73조에 따른 선박위치발신장치 설치 대상선박: 2014년 1월 1일
4. 제93조에 따른 재검사 등: 2014년 1월 1일

② 해양수산부장관은 제79조에 따른 화물에 관한 정보에 대하여 2015년 1월 1일을 기준으로 2년마다(매 2년이 되는 해의 1월 1일 전까지를 말한다) 그 타당성을 검토하여 개선 등의 조치를 하여야 한다.

제2관 벌칙

1. 공무원 의제

법 제60조 제1항 · 제2항, 제64조 제1항 또는 제65조 제1항의 규정에 따른 대행검사기관의 임원 및 직원은 「형법」 제129조 내지 제132조의 적용에 있어 공무원으로 본다(법 제82조).

2. 양벌규정

- 선장이 선박소유자의 업무에 관하여 법 제84조 제1항의 위반행위를 하면 선장을 벌하는 외에 선박

소유자에게도 같은 항의 벌금형을 과(科)한다. 다만, 선박소유자가 그 위반행위를 방지하기 위하여 해당 업무에 관하여 상당한 주의와 감독을 게을리하지 아니한 경우에는 그러하지 아니하다(법 제84조 제2항).

- 선장 외에 선박승무원이 법 제84조 제1항의 위반행위를 하면 그 선박승무원을 벌하는 외에 그 선장에게도 같은 항의 벌금형을 과(科)한다. 다만, 선장이 그 위반행위를 방지하기 위하여 해당 업무에 관하여 상당한 주의와 감독을 게을리하지 아니한 경우에는 그러하지 아니하다(법 제84조 제3항).
- 선박소유자의 대리인(선박소유자가 법인인 경우 대표자를 포함한다), 사용인, 그 밖의 종업원(선박승무원은 제외한다)이 선박소유자의 업무에 관하여 법 제84조 제1항의 위반행위를 하면 그 대리인, 사용인, 그 밖의 종업원을 벌하는 외에 그 선박소유자에게도 같은 항의 벌금형을 과(科)한다. 다만, 선박소유자가 그 위반행위를 방지하기 위하여 해당 업무에 관하여 상당한 주의와 감독을 게을리하지 아니한 경우에는 그러하지 아니하다(법 제84조 제4항).

---

3. 벌칙 적용의 예외

이 법과 이 법에 따른 명령을 위반한 선박소유자에게 적용할 벌칙은 선박소유자가 국가 또는 지방자치단체인 때에는 이를 적용하지 아니한다(법 제87조).

---

4. 선박관리인등에의 적용

벌칙의 적용에 있어 이 법 중 선박소유자에 관한 규정은 선박공유의 경우에 선박관리인을 임명하였을 때에는 이를 선박관리인에게, 선박임대차의 경우에는 이를 선박차용인에게, 용선(傭船)의 경우에는 실질적으로 선박의 관리·운항을 담당하는 자에게 각각 적용하고, 선장에 관한 규정은 선장을 대신하여 그 직무를 행하는 자에게 이를 적용한다(법 제88조).

---

5. 징역형

가. 선박소유자, 선장 또는 선박직원이 다음 각 호의 어느 하나에 해당하는 행위를 하는 때에는 1년 이하의 징역 또는 1천만원 이하의 벌금에 처한다(법 제84조 제1항).

1. 법 제8조 제2항의 규정에 따른 선박검사증서에 기재된 항해구역을 넘어서 선박을 항해에 사용한 때
2. 법 제8조 제2항의 규정에 따른 선박검사증서에 기재된 최대승선인원을 초과하여 승선자를 탑승한 채 선박을 항해에 사용한 때
3. 법 제8조 제2항의 규정에 따른 선박검사증서에 기재된 만재흘수선의 지정된 위치를 위반하여 선박을 항해에 사용한 때
4. 삭제
5. 법 제17조 제1항을 위반하여 선박검사증서등이 없거나 선박검사증서등의 효력이 정지된 선박을 항해에 사용한 때
6. 법 제17조 제2항의 규정을 위반하여 선박검사증서등에 기재된 항해와 관련한 조건을 위반하여 선박을 항해에 사용한 때

6의2. 법 제23조제8항을 위반하여 컨테이너형식승인판이 부착되지 아니한 컨테이너를 선박에 적재한 때

6의3. 법 제24조제1항을 위반하여 컨테이너의 안전점검을 실시하지 아니한 때

6의4. 법 제25조제1항을 위반하여 컨테이너의 안전점검을 실시하지 아니하고 컨테이너를 사용한 때

7. 삭제
8. 법 제27조 제1항의 규정을 위반하여 만재흘수선의 표시를 은폐·변경 또는 말소한 때
9. 삭제
10. 법 제29조 제3항의 규정을 위반하여 무선설비를 갖추지 아니하고 선박을 항해에 사용한 때
11. 법 제74조제1항에 따른 선박의 결함신고를 하지 아니한 때

나. 선장이 선박소유자의 업무에 관하여 법 제84조 제1항의 위반행위를 하면 선장을 벌하는 외에 선박

소유자에게도 같은 항의 벌금형을 과(科)한다. 다만, 선박소유자가 그 위반행위를 방지하기 위하여 해당 업무에 관하여 상당한 주의와 감독을 게을리하지 아니한 경우에는 그러하지 아니하다(법 제84조 제2항)).

다. 선장 외에 선박승무원이 법 제84조 제1항의 위반행위를 하면 그 선박승무원을 벌하는 외에 그 선장에게도 같은 항의 벌금형을 과(科)한다. 다만, 선장이 그 위반행위를 방지하기 위하여 해당 업무에 관하여 상당한 주의와 감독을 게을리하지 아니한 경우에는 그러하지 아니하다(법 제84조 제3항).

라. 선박소유자의 대리인(선박소유자가 법인인 경우 대표자를 포함한다), 사용인, 그 밖의 종업원(선박승무원은 제외한다)이 선박소유자의 업무에 관하여 법 제84조 제1항의 위반행위를 하면 그 대리인, 사용인, 그 밖의 종업원을 벌하는 외에 그 선박소유자에게도 같은 항의 벌금형을 과(科)한다. 다만, 선박소유자가 그 위반행위를 방지하기 위하여 해당 업무에 관하여 상당한 주의와 감독을 게을리하지 아니한 경우에는 그러하지 아니하다(법 제84조 제4항).

---

6. 벌금형

가. 500만원 이하의 벌금(법 제85조).

1. 거짓 그 밖의 부정한 방법으로 제41조 제2항의 규정에 따른 위험물의 적재・운송 또는 저장방법의 적합 여부에 관한 검사를 받거나 승인을 얻은 자

1의2. 법 제58조의2를 위반하여 직무상 알게 된 비밀을 누설하거나 도용한 자

2. 법 제69조 제4항의 규정에 따른 명령에 따르지 아니한 자

3. 법 제71조 제3항의 규정에 따른 명령에 따르지 아니한 자

4. 삭제

5. 법 제74조 제3항의 규정에 따른 출항정지명령에 따르지 아니한 자

6. 법 제75조 제1항의 규정을 위반하여 거짓의 보고를 하거나 거짓의 자료를 제출한 자

7. 정당한 사유 없이 법 제75조 제2항의 규정에 따른 공무원의 출입을 거부・방해 또는 기피한 자

8. 법 제75조 제5항의 규정에 따른 처분에 따르지 아니한 자

나. 500만원 이하의 벌금(법 제86조).

1. 삭제

1의2. 법 제39조제4항을 위반하여 컨테이너형식승인판에 표시된 최대총중량을 초과하여 화물을 수납・적재한 자

2. 법 제43조 제1항의 규정을 위반하여 예인선항해검사를 받지 아니하고 부선 및 구조물 등을 예인한 자

3. 법 제44조의 규정을 위반하여 고인화성 연료유・윤활유 등을 선박에서 사용한 자

---

7. 과태료

가. 500만원 이하의 과태료(법 제89조 제2항)

1. 정당한 사유 없이 선박검사를 받지 아니한 자

2. 법 제13조 제4항의 규정을 위반하여 승인된 도면을 선박에 비치하지 아니한 자

3. 삭제

3의2. 법 제17조 제3항을 위반하여 선박검사증서등을 선박(소형선박은 제외한다) 안에 갖추어 두지 아니한 자

4. 법 제18조 제5항의 규정에 따른 형식승인시험 또는 변경승인시험에 합격한 선박용물건을 보관하지 아니한 자

5. 삭제

6. 삭제

7. 법 제28조 제2항의 규정을 위반하여 복원성자료를 선장에게 제공하지 아니한 자

8. 법 제31조의 규정을 위반하여 선장의 전문적인 판단을 방해하거나 간섭한 자

9. 법 제32조의 규정을 위반하여 항해용 간행물을 선박에 비치하지 아니한 자

10. 법 제33조 제1항의 규정을 위반하여 조타실의 시야를 확보하지 아니한 자
11. 법 제33조 제2항의 규정을 위반하여 조타실과 조타기가 설치된 장소 사이에 통신장치를 설치하지 아니한 자
12. 법 제34조 제3항의 규정을 위반하여 제한하중등의 표시를 하지 아니한 자
13. 법 제34조 제4항의 규정을 위반하여 제한하중등의 사항을 위반하여 하역시설을 사용한 자
14. 법 제35조 제2항의 규정을 위반하여 하역설비검사기록부 등의 서류를 선내에 비치하지 아니한 자
15. 법 제36조 제1항의 규정을 위반하여 화물에 관한 정보를 선장에게 제공하지 아니한 자
16. 법 제37조의 규정을 위반하여 유독성가스 또는 산소의 농도를 측정할 수 있는 기기 및 이에 관한 사용설명서를 선장에게 제공하지 아니한 자
17. 법 제38조의 규정을 위반하여 안전조치를 취하지 아니한 자
18. 삭제
19. 법 제39조 제3항의 규정을 위반하여 안전조치를 취하지 아니한 자
20. 삭제
21. 법 제40조 제1항의 규정을 위반하여 선박의 복원성·화물의 성질 및 적재방법에 관한 정보를 선장에게 제공하지 아니한 자
22. 법 제40조 제2항의 규정을 위반하여 안전조치를 취하지 아니한 자
23. 법 제41조 제1항의 규정을 위반하여 위험물을 적재·운송 또는 저장한 자
24. 정당한 사유 없이 법 제41조 제2항의 규정에 따른 위험물의 적재·운송 또는 저장방법의 적합 여부에 관한 검사 또는 승인을 받지 아니한 자

24의2. 정당한 사유 없이 법 제41조의2 제1항에 따른 위험물 안전운송에 관한 교육을 받지 아니하고 위험물을 취급한 자

25. 정당한 사유 없이 법 제42조 제1항의 규정에 따른 강화검사를 받지 아니한 자
26. 법 제43조 제3항의 규정을 위반하여 예인선항해검사증서를 예인선에 비치하지 아니한 자

26의2. 법 제58조의3을 위반하여 유사명칭을 사용한 자

27. 법 제69조 제1항의 규정을 위반하여 외국 항만당국의 항만국통제로 인하여 출항정지된 대한민국 선박의 소유자
28. 정당한 사유 없이 법 제75조 제1항에 따른 보고 또는 자료제출을 하지 아니한 다음 각 목의 어느 하나에 해당하는 자
    가) 선박소유자
    나) 법 제18조 제3항에 따른 지정시험기관
    다) 법 제23조 제1항에 따른 컨테이너형식승인을 받은 자
    라) 법 제24조 제1항 후단에 따른 안전점검사업자

나. 정당한 사유 없이 법 제30조 제1항의 규정에 따른 선박위치발신장치를 작동하지 아니한 선박의 선장은 1백만원 이하의 과태료에 처한다(법 제89조 제3항).

다. 법 제89조 제1항부터 제3항까지의 규정에 따른 과태료는 대통령령으로 정하는 바에 따라 해양수산부장관이 부과·징수한다(법 제89조 제4항).

「선박안전법 시행령」

제22조(과태료의 부과기준) 법 제89조제1항부터 제3항까지의 규정에 따른 과태료의 부과기준은 별표 2와 같다.

[별표 2]
과태료의 부과기준(제22조 관련)

1. 일반기준

가. 위반행위의 횟수에 따른 과태료 부과기준은 최근 1년간 같은 위반행위로 과태료를 부과받은 경우에 적용한다. 이 경우 같은 위반행위로 과태료 부과처분을 한 날과 다시 같은 위반행위로 적발한 날을 기준으로 하여 위반횟수를 계산한다.
나. 하나의 위반행위가 둘 이상의 과태료 부과기준에 해당하는 경우에는 그 중 금액이 큰 과태료 부과기준을 적용한다.
다. 부과권자는 다음의 어느 하나에 해당하는 경우에는 제2호에 따른 과태료 금액의 2분의 1의 범위에서 그 금액을 감경할 수 있다. 다만, 과태료를 체납하고 있는 위반행위자의 경우에는 그러하지 아니하다.
  1) 위반행위자가 「질서위반행위규제법 시행령」 제2조의2제1항 각 호의 어느 하나에 해당하는 경우
  2) 위반행위가 사소한 부주의나 오류로 인한 것으로 인정되는 경우
  3) 위반행위자의 법 위반상태를 시정하거나 해소하기 위한 노력이 인정되는 경우
  4) 그 밖에 위반행위의 정도, 위반행위의 동기와 결과 등을 고려하여 감경할 필요가 있다고 인정되는 경우
라. 부과권자는 다음의 어느 하나에 해당하는 경우에는 제2호에 따른 과태료 금액의 2분의 1의 범위에서 그 금액을 가중할 수 있다. 다만, 법 제89조제1항 및 제2항에 따른 과태료 금액의 상한을 넘을 수 없다.
  1) 위반의 내용·정도가 중대하여 소비자 등에게 미치는 피해가 크다고 인정되는 경우
  2) 법 위반상태의 기간이 6개월 이상인 경우
  3) 그 밖에 위반행위의 정도, 위반행위의 동기와 결과 등을 고려하여 가중할 필요가 있다고 인정되는 경우

2. 개별기준 (단위: 만원)

위반행위	근거 법조문	과태료 금액		
		1회	2회	3회 이상
가. 정당한 사유 없이 선박검사를 받지 않은 경우 1) 10일 이내의 기간이 지난 경우 2) 10일을 초과한 경우에는 5만원 외에 매 1일 초과 시마다	법 제89조 제2항 제1호	 5 1		
나. 법 제13조 제4항을 위반하여 승인된 도면을 선박에 갖추어 두지 않은 경우	법 제89조 제2항 제2호	15	30	50
다. 삭제 〈2015.7.6.〉				
라. 법 제17조 제3항을 위반하여 선박검사증서등을 선박 안에 갖추어 두지 않은 경우(소형선박은 제외한다)	법 제89조 제2항 제3호의2	15	30	50
마. 법 제18조 제5항에 따른 형식승인시험 또는 변경승인시험에 합격한 선박용물건을 보관하지 않은 경우	법 제89조 제2항 제4호	15	30	50
바. 삭제 〈2015.7.6.〉				
사. 삭제 〈2015.7.6.〉				
아. 삭제 〈2015.7.6.〉				
자. 법 제28조 제2항을 위반하여 복원성 자료를 선장에게 제공하지 않은 경우	법 제89조 제2항 제7호	25	50	100

차. 선박의 선장이 정당한 사유 없이 법 제30조제1항에 따른 선박위치발신장치를 작동하지 않은 경우	법 제89조 제3항	15	30	50
카. 법 제31조를 위반하여 선장의 전문적인 판단을 방해하거나 간섭한 경우	법 제89조 제2항 제8호	25	50	100
타. 법 제32조를 위반하여 항해용 간행물을 선박에 갖추어 두지 않은 경우	법 제89조 제2항 제9호	10	20	30
파. 법 제33조 제1항을 위반하여 조타실의 시야를 확보하지 않은 경우	법 제89조 제2항 제10호	15	30	50
하. 법 제33조 제2항을 위반하여 조타실과 조타기(操舵機)가 설치된 장소 사이에 통신장치를 설치하지 않은 경우	법 제89조제2항 제11호	10	20	30
거. 법 제34조 제3항을 위반하여 제한하중등의 표시를 하지 않은 경우	법 제89조 제2항 제12호	5	10	20
너. 법 제34조 제4항을 위반하여 제한하중등의 사항을 위반하여 하역설비를 사용한 경우	법 제89조 제2항 제13호	5	10	20
더. 법 제35조 제2항을 위반하여 하역설비검사기록부 등의 서류를 선내에 갖추어 두지 않은 경우	법 제89조 제2항 제14호	3	6	10
러. 법 제36조 제1항을 위반하여 화물에 관한 정보를 선장에게 제공하지 않은 경우	법 제89조 제2항 제15호	10	20	30
머. 법 제37조를 위반하여 유독성가스 또는 산소의 농도를 측정할 수 있는 기기(機器) 및 이에 관한 사용설명서를 선장에게 제공하지 않은 경우	법 제89조 제2항 제16호	10	20	30
버. 법 제38조를 위반하여 안전조치를 취하지 않은 경우	법 제89조 제2항 제17호	10	20	30
서. 삭제 〈2015.7.6.〉				
어. 법 제39조 제3항을 위반하여 안전조치를 취하지 않은 경우	법 제89조 제2항 제19호	10	20	30
저. 삭제 〈2015.7.6.〉				
처. 법 제40조 제1항을 위반하여 선박의 복원성·화물의 성질 및 적재방법에 관한 정보를 선장에게 제공하지 않은 경우	법 제89조 제2항 제21호	10	20	30
커. 법 제40조 제2항을 위반하여 안전조치를 취하지 않은 경우	법 제89조 제2항 제22호	10	20	30
터. 법 제41조 제1항을 위반하여 위험물을 적재·운송 또는 저장한 경우	법 제89조 제2항 제23호	5	10	20
퍼. 정당한 사유 없이 법 제41조 제2항에 따른 위험물의 적재·운송 또는 저장방법의 적합 여부에 관한 검사 또는 승인을 받지 않은 경우	법 제89조 제2항 제24호	50	100	200
허. 정당한 사유 없이 법 제41조의2제1항에 따른 위험물 안전운송에 관한 교육을 받지 아니하고 위험물을 취급한 경우	법 제89조 제2항 제24호의2	15	30	50

고. 정당한 사유 없이 법 제42조 제1항에 따른 강화검사를 받지 않은 경우	법 제89조 제2항 제25호	25	50	100
노. 법 제43조 제3항을 위반하여 예인선항해검사증서를 예인선에 갖추어 두지 않은 경우	법 제89조 제2항 제26호	15	30	50
도. 법 제58조의3을 위반하여 유사명칭을 사용한 경우	법 제89조 제2항 제26호의2	25	50	100
로. 법 제69조 제1항을 위반하여 대한민국 선박의 소유자가 외국 항만당국의 항만국통제로 인하여 출항정지된 경우	법 제89조 제2항 제27호	50	100	200
모. 정당한 사유 없이 법 제75조 제1항에 따른 보고 또는 자료제출을 하지 않은 경우	법 제89조 제2항 제28호	15	30	50

비고

가목에 따라 과태료를 부과하는 경우에는 30만원을 과태료 금액의 상한으로 한다.

제 3 편

선원법규

제5장 선원법
제6장 선박직원법

5

선원법

제1절 | 총론

제1관 입법 목적

1. 입법 목적

「선원법」은 선원의 직무, 복무, 근로조건의 기준, 직업안정, 복지 및 교육훈련에 관한 사항 등을 정함으로써 선내(船內) 질서를 유지하고, 선원의 기본적 생활을 보장・향상시키며 선원의 자질 향상을 도모함을 목적으로 한다(법 제1조).

이 법 제1조에서는 선원의 직무・복무 및 근로조건 등을 규정・하여 ① 선내질서를 유지하고, ② 선원근로조건의 보장 · 향상, ③ 선원의 자질 향상을 입법 목적으로 규정하고 있다. 근로조건의 기준을 정하는 일반법으로는 「근로기준법」[1]이 있다. 그러나 선원의 근로관계에 대하여는 「근로기준법」이 아닌 「선원법」이 적용된다. 이는 「선원법」 중 근로조건의 기준에 관한 규정은 해상노동의 특수성을 감안하여 특별히 제정된 '선원근로기준법'에 해당하기 때문이다. 그러나 이 법은 선원의 근로조건 외에 「근로기준법」에서는 찾아 볼 수 없는

1) 「근로기준법」은 「헌법」에 따라 근로조건의 기준을 정함으로써 근로자의 기본적 생활을 보장, 향상시키며 균형 있는 국민경제의 발전을 꾀하는 것을 목적으로 하여, 법률 제5309호, 1997.3.13., 제정되었다. 2014년 12월 31일 현재 24차에 걸쳐 개정되었다.

선장의 직무·권한과 선내질서의 유지, 선원의 직업안정 및 교육훈련 등에 관한 사항도 규정하고 있다. 이 때문에 선원근로기준법이라고 하지 않고 「선원법」이라는 포괄적인 이름을 붙이게 된 것이다. 또 선원근로의 특수성을 인정하기 때문에 「근로자직업능력개발법」[2]은 선원의 교육·훈련에 관하여 적용하지 아니한다(법 제5조 제2항).

「선원법」 중 제4장 선원근로계약, 제5장 임금, 제6장 근로시간 및 승무정원, 제7장 유급휴가, 제8장 선내급식과 안전 및 보건, 제9장 소년 선원과 여성 선원, 제10장 재해보상, 제11장 복지와 직업안정 및 교육훈련, 제12장 취업규칙, 제13조 감독 등, 제14조 해사노동적합증서와 해사노동적합선언, 제15장 한국선원복지고용센터에 관한 규정은 「근로기준법」의 특별법에 해당하는 규정으로 성격 지을 수 있다.[3] 반면, 제2장 선장의 직무와 권한, 제3장 선내 질서의 유지에 관한 규정은 선박운항과 관련된 선원의 권한과 의무 등을 규정한 질서행정법규에 해당한다고 볼 수 있다.

2. 해상노동의 특수성

선원의 근로관계에 「근로기준법」을 적용하지 않고 「선원법」을 적용하는 것은 '해상노동의 특수성'을 그 이유로 들고 있다. 해상노동의 특수성은 다음과 같이 설명할 수 있을 것이다.

첫째, 멀리 해양을 항행하고 있는 선박에서 전개되는 선원의 노동은 해상에서 일어나는 갖가지 위험을 스스로 극복해 나갈 수밖에 없고 국가의 보호감독으로부터 고립된 선내에서 이루어지므로 선박은 하나의 위험공동체를 이루고 있다.

둘째, 선원이 노동을 제공하고 있는 선박은 모든 선원이 공동생활을 하는 장소이므로 승무원의 생활공동체를 형성하고 있다. 이와 같이 선원은 가정생활과 분리된 이중생활을 강요받고 있다.

제2관 용어의 정의

이 법에서 사용하는 용어의 뜻은 다음과 같다(법 제2조).

1. "선원"이란 이 법이 적용되는 선박에서 근로를 제공하기 위하여 고용된 사람을 말한

---

2) 「근로자직업능력개발법」은 근로자의 생애에 걸친 직업능력개발을 촉진·지원하고 산업현장에서 필요로 하는 기술·기능 인력을 양성하며 산학협력 등에 관한 사업을 수행함으로써 근로자의 고용촉진·고용안정 및 사회·경제적 지위 향상과 기업의 생산성 향상을 도모하고 사회·경제의 발전에 이바지함을 목적으로 1997년 12월 24일 법률 제5474호로 제정되어 2014년 12월 31일 현재 21차에 걸쳐 개정되었다.

3) 「근로기준법」은 제1장 총칙, 제2장 근로계약, 제3장 임금, 제4장 근로시간과 휴식, 제5장 여성과 소년, 제6장 안전과 보건, 제7장 기능습득, 제8장 재해보상, 제9장 취업규칙, 제10장 기숙사, 제11장 근로감독관 등으로 구성되어 있다.

다. 다만, 대통령령으로 정하는 사람은 제외한다.

2. "선박소유자"란 선주, 선주로부터 선박의 운항에 대한 책임을 위탁받고 이 법에 따른 선박소유자의 권리 및 책임과 의무를 인수하기로 동의한 선박관리업자, 대리인, 선체용선자(船體傭船者) 등을 말한다.
3. "선장"이란 해원(海員)을 지휘·감독하며 선박의 운항관리에 관하여 책임을 지는 선원을 말한다.
4. "해원"이란 선박에서 근무하는 선장이 아닌 선원을 말한다.
5. "직원"이란 「선박직원법」 제2조제3호에 따른 항해사, 기관장, 기관사, 전자기관사, 통신장, 통신사, 운항장 및 운항사와 그 밖에 대통령령으로 정하는 해원을 말한다.
6. "부원"(部員)이란 직원이 아닌 해원을 말한다.
7. "예비원"이란 선박에서 근무하는 선원으로서 현재 승무(乘務) 중이 아닌 선원을 말한다.
8. "항해선"[4]이란 내해, 「항만법」 제2조제4호에 따른 항만구역 내의 수역 또는 이에 근접한 수역 등으로서 해양수산부령으로 정하는 수역만을 항해하는 선박 외의 선박을 말한다.
9. "선원근로계약"이란 선원은 승선(乘船)하여 선박소유자에게 근로를 제공하고 선박소유자는 근로에 대하여 임금을 지급하는 것을 목적으로 체결된 계약을 말한다.
10. "임금"이란 선박소유자가 근로의 대가로 선원에게 임금, 봉급, 그 밖에 어떠한 명칭으로든 지급하는 모든 금전을 말한다.
11. "통상임금"이란 선원에게 정기적·일률적으로 일정한 근로 또는 총근로에 대하여 지급하기로 정하여진 시간급금액, 일급금액, 주급금액, 월급금액 또는 도급금액(都給金額)을 말한다.
12. "승선평균임금"이란 산정하여야 할 사유가 발생한 날 이전 승선기간(3개월을 초과하는 경우에는 최근 3개월로 한다)에 그 선원에게 지급된 임금 총액을 그 승선기간의 총일수로 나눈 금액을 말한다. 다만, 이 금액이 통상임금보다 적은 경우에는 통상임금을 승선평균임금으로 본다.
13. "월 고정급"이란 어선소유자가 어선원에게 매월 일정한 금액을 임금으로 지급하는

4) 일반적으로 항해선(sea-going vessel)이라 함은 통상적으로 해상항행을 하는 선박을 의미하는 것으로 호천, 항만 등 평수구역 이내에서만 항행하는 선박인 내수항행선과 구분한다(상법 제125조, 상법 시행령 제4조). 반면, 선원법 제2조 제8호가 정의한 항해선은 항행구역상 우리나라 영해 이내 만을 항행하는 선박을 제외하고 있기 때문에 해사법에서 통상적으로 구분하는 항해선 보다 그 범위가 좁다고 할 수 있다. 따라서 선원법 제2조 제8호의 항해선의 정의는 선원법의 적용범위와 관련하여서만 적용되는 개념으로 보아야 한다.

것을 말한다.

14. "생산수당"이란 어선소유자가 어선원에게 지급하는 임금으로 월 고정급 외에 단체협약, 취업규칙 또는 선원근로계약에서 정하는 바에 따라 어획금액이나 어획량을 기준으로 지급하는 금액을 말한다.
15. "비율급"(比率給)이란 어선소유자가 어선원에게 지급하는 임금으로서, 어획금액에서 대통령령으로 정하는 공동경비를 뺀 나머지 금액을 단체협약, 취업규칙 또는 선원근로계약에서 정하는 분배방법에 따라 배정한 금액을 말한다.
16. "근로시간"이란 선박을 위하여 선원이 근로하도록 요구되는 시간을 말한다.
17. "휴식시간"이란 근로시간 외의 시간(근로 중 잠시 쉬는 시간은 제외한다)을 말한다.
18. "해양항만관청"이란 해양수산부장관, 지방해양항만청장 및 해양사무소장을 말한다.
19. "선원신분증명서"란 국제노동기구의 「2003년 선원신분증명서에 관한 협약 제185호」에 따라 발급하는 선원의 신분을 증명하기 위한 문서를 말한다.
20. "선원수첩"이란 선원의 승무경력, 자격증명, 근로계약 등의 내용을 수록한 문서를 말한다.
21. "해사노동적합증서"란 선원의 근로기준 및 생활 기준에 대한 검사 결과 이 법과 「2006 해사노동협약」(이하 "해사노동협약"이라 한다)에 따른 인증기준에 적합하다는 것을 증명하는 문서를 말한다.
22. "해사노동적합선언서"란 해사노동협약을 이행하는 국내기준을 수록하고 그 기준을 준수하기 위하여 선박소유자가 채택한 조치사항이 이 법과 해사노동협약의 인증기준에 적합하다는 것을 승인하는 문서를 말한다.

「선원법 시행령」

제2조(선원이 아닌 사람) 「선원법」(이하 "법"이라 한다) 제2조제1호 단서에서 "대통령령으로 정하는 사람"이란 다음 각 호의 어느 하나에 해당하는 사람을 말한다.
1. 「선박안전법」 제77조제1항에 따른 선박검사원
2. 선박의 수리를 위하여 선박에 승선하는 기술자 및 작업원
3. 「도선법」 제2조제2호에 따른 도선사
4. 「항만운송사업법」 제2조제2항에 따른 항만운송사업 또는 같은 조 제4항에 따른 항만운송관련사업을 위하여 고용하는 근로자
5. 선원이 될 목적으로 실습을 위하여 선박에 승선하는 사람
6. 선박에서의 공연(公演) 등을 위하여 일시적으로 승선하는 연예인
7. 제1호부터 제6호까지의 어느 하나에 준하는 사람으로서 선박소유자 단체 및 선원 단체의 대표자와 협의를 거쳐 해양수산부장관이 정하여 고시하는 사람

제3조(기타 직원의 범위) 법 제2조제5호에서 "대통령령으로 정하는 해원"이란 다음 각 호의 사람을 말한다.
1. 어로장
2. 사무장
3. 의 사
4. 제1호 내지 제3호의 자와 동등이상의 대우를 받는 해원으로서 해양수산부령이 정하는 자

제3조의2(시간급 통상임금의 산정방법)
① 법 제2조제11호에 따른 통상임금을 시간급금액으로 산정할 때에는 다음 각호의 방법에 의한다.
1. 시간급금액으로 정하여진 임금에 대하여는 그 금액
2. 일급금액으로 정하여진 임금에 대하여는 그 금액을 1일의 소정근로시간수로 나눈 금액
3. 주급금액으로 정하여진 임금에 대하여는 그 금액을 주의 소정근로시간수로 나눈 금액
4. 월급금액으로 정하여진 임금에 대하여는 그 금액을 월의 소정근로시간수로 나눈 금액
5. 일·주·월외의 일정한 기간으로 정하여진 임금에 대하여는 제2호 내지 제4호에 준하여 산정된 금액
6. 도급제에 의하여 정하여진 임금에 대하여는 그 임금산정기간에 있어서 도급제에 의하여 계산된 임금의 총액을 당해 임금산정기간(임금마감일이 있는 경우에는 임금마감 기간을 말한다. 이하 같다)의 총근로시간수로 나눈 금액
7. 임금이 제1호 내지 제6호에서 정한 2이상의 임금으로 되어 있는 경우에는 그 부분에 대하여 제1호 내지 제6호의 방법에 의하여 각각 산정된 금액의 합산액
② 제1항에서 "1일의 소정근로시간" 또는 "1주의 소정근로시간"이란 법 제60조에 따른 근로시간의 범위내에서 단체협약 또는 선원과 선박소유자간에 정한 근로시간을 말하며, "월의 소정근로시간"이라 함은 월의 소정근로일수에 1일의 소정근로시간을 곱한 시간을 말한다. 다만, 임금체계가 근로시간에 관계없이 책정되어 있는 경우에는 항해중인 항해당직자의 소정근로시간은 항해중인 항해당직자외의 선원의 소정근로시간과 같아야 한다.

제3조의3(승선평균임금의 산정방법)
① 법 제2조제12호에 따른 승선기간 중에 다음 각 호의 어느 하나에 해당하는 기간이 있는 경우에는 그 일수와 그 기간중에 지급된 임금은 당해 기간 및 임금의 총액에서 이를 공제한다.
1. 법 제54조에 따른 부상 또는 질병으로 직무에 종사하지 못한 기간
2. 선원이 될 목적으로 실습을 위하여 승선하는 기간
② 법 제2조제12호에 따른 임금의 총액에는 임시로 지급된 임금 또는 수당으로서 해양수산부장관이 정하는 것에 한하여 임금의 총액에 산입한다.
③ 일용선원에 대하여는 해양수산부장관이 업종별로 정하는 금액을 승선평균임금으로 한다.
④ 법 제2조제12호, 이 조 제1항 및 제2항에 따라 승선평균임금을 산정할 수 없는 경우에는 해양수산부장관이 정하는 바에 의한다.

제3조의5(공동경비) 법 제2조제15호에서 "대통령령으로 정하는 공동경비"란 첫출어부터 조업종료까지 발생하는 직접 경비를 말한다.

「선원법 시행규칙」

제1조의2(항해선의 항해수역) 「선원법」(이하 "법"이라 한다) 제2조제8호에서 "해양수산부령으로 정하는 수역"이란 「영해 및 접속수역법」 제1조에 따른 영해 내의 수역을 말한다.

제3관 적용범위

이 법은 특별한 규정이 있는 경우를 제외하고는 「선박법」에 따른 대한민국 선박(「어선법」에 따른 어선을 포함한다),[5] 대한민국 국적을 취득할 것을 조건으로 용선(傭船)한 외국선박 및 국내 항과 국내 항 사이만을 항해하는 외국선박에 승무하는 선원과 그 선박의 선박소유자에 대하여 적용한다(법 제3조 제1항 본문). 다만, 다음 각 호의 어느 하나에 해당하는 선박에 승무하는 선원[6]과 그 선박의 선박소유자에게는 이 법을 적용하지 아니한다(법 제3조 제1항).

1. 총톤수 5톤 미만의 선박으로서 항해선이 아닌 선박
2. 호수, 강 또는 항내(港內)만을 항행하는 선박(「선박의 입항 및 출항에 관한 법률」 제24조에 따른 예선은 제외한다)[7]

---

5) 대법원 2002.7.23, 선고, 2002두1847, 판결 : 1999. 4. 15. 법률 제5972호로 「선박법」이 개정되어 부선(艀船)이 선박의 범위에 포함되게 됨에 따라 근로자가 「선원법」상 선원이 되어 「선원법」에 따른 재해보상 대상자가 되었는데, 「선원법」에 따라 재해보상이 행하여지는 사업은 구 「산업재해보상보험법 시행령」(2000. 6. 7. 대통령령 제16871호로 개정되기 전의 것) 제3조 제1항 제4호에 따라 「산업재해보상보험법」의 적용제외사업에 해당하고, 사업주가 보험의 당연가입자가 되는 사업이 사업규모의 변동 등으로 인하여 적용제외사업에 해당하게 된 경우 보험의 의제가입에 관한 구 「산업재해보상보험법」(1999. 12. 31. 법률 제6100호로 개정되기 전의 것) 제8조 제1항의 규정은 위와 같이 「선원법」에 의하여 재해보상이 행하여지는 경우에는 적용되지 아니한다.

6) 대법원 2000.7.6, 자, 2000마1029, 결정 : 전국원양수산노동조합 규약 제10조 및 제14조 제4호의 규정을 종합하면 피선거권을 갖는 위 노동조합의 정조합원은 선장을 제외한 국적 원양어선에 종사하는 「선원법」상의 선원인 해원 및 예비원(승무중이 아닌 자) 중 위 규약 제10조 제2호 소정의 명예조합원과 제3호 소정의 특별조합원 이외의 자를 말하는 것으로서 반드시 승선 중에 있는 자만을 의미하는 것은 아니므로, 선원고용계약을 체결하고 그 승선을 위하여 대기 중인 예비원도 위 정조합원에 포함된다.

7)

「선박의 입항 및 출항 등에 관한 법률」

제24조(예선업의 등록 등)

① 무역항에서 예선업무를 하는 사업(이하 "예선업"이라 한다)을 하려는 자는 해양수산부장관에게 등록하여야 한다. 등록한 사항 중 해양수산부령으로 정하는 사항을 변경하려는 경우에도 또한 같다.

② 제1항에 따른 예선업의 등록 또는 변경등록은 무역항별로 하되, 다음 각 호의 기준을 충족하여야 한다.

1. 예선은 자기소유예선[자기 명의의 국적취득조건부 나용선(裸傭船) 또는 자기 소유로 약정된 리스예선을 포함한다]으로서 해양수산부령으로 정하는 무역항별 예선보유기준에 따른 마력[이하 "예항력"(曳航力)이라 한다]과 척수가 적합할 것
2. 예선추진기형은 전(全)방향추진기형일 것
3. 예선에 소화설비 등 해양수산부령으로 정하는 시설을 갖출 것
4. 등록 또는 변경등록 당시 해당 예선의 선령(船齡)이 12년 이하일 것. 다만, 해양수산부장관이 예선 수요가 적어 사업의 수익성이 낮다고 인정하는 무역항에 등록 또는 변경등록하는 선박의 경우와 해양환경관리공단이 「해양환경관리법」 제67조에 따라 해양오염방제에 대비·대응하기 위하여 선박을 배치하고자 변경등록하는 경우에는 그러하지 아니하다.

③ 제2항에도 불구하고 다음 각 호의 어느 하나에 해당하는 경우에는 해양수산부령으로 정하는 무역항별 예선보유기준에 따라 2개 이상의 무역항에 대하여 하나의 예선업으로 등록하게 할 수 있다.

1. 1개의 무역항에 출입하는 선박의 수가 적은 경우
2. 2개 이상의 무역항이 인접한 경우

3. 총톤수 20톤 미만인 어선으로서 해양수산부령으로 정하는 선박
4. 「선박법」 제1조의2 제1항 제3호에 따른 부선(艀船). 다만, 「해운법」 제24조 제1항 또는 제2항에 따라 해상화물운송사업을 하기 위하여 등록한 부선은 제외한다.

선원이 될 목적으로 실습을 위하여 승선하는 사람에 대하여도 해양수산부령으로 정하는 바에 따라 이 법 중 선원에 관한 규정을 적용한다(법 제3조 제2항).

「선원법 시행규칙」

제2조(적용제외 어선) 법 제3조제1항제3호에서 "총톤수 20톤 미만의 어선으로서 해양수산부령으로 정하는 선박"이란 「선박안전법 시행령」 제2조제1항제3호가목에 따른 평수구역(이하 "평수구역"이라 한다), 같은 법 시행령 제2조제1항제3호나목 본문에 따른 연해구역(이하 "연해구역"이라 한다) 또는 같은 법 시행규칙 제15조제4항에 따른 근해구역(이하 "근해구역"이라 한다)에서 어로작업에 종사하는 총톤수 20톤미만의 어선(운반선을 포함한다)을 말한다.

제3조(실습선원의 적용범위)
① 법 제3조제2항에 따라 선원이 될 목적으로 실습을 위하여 승선하는 사람에 대하여는 다음 각 호의 규정을 적용한다.
1. 법 제22조 및 제25조에 따른 선내질서의유지에관한규정
2. 법 제38조 · 제40조 및 제44조부터 제51조까지의 규정에 따른 송환 · 송환보험가입 · 선원명부 · 선원수첩 · 선원신분증명서 및 승무경력증명서에 관한 규정
3. 법 제76조(제2항을 제외한다) · 제77조 및 제87조에 따른 선내급식 · 선내급식비 및 건강진단서에 관한 규정
4. 법 제9장(법 제90조부터 제93조까지)에 따른 소년선원과 여자선원에 관한 규정
5. 법 제10장(법 제94조부터 제106조까지)에 따른 재해보상에 관한 규정
6. 법 제116조에 따른 교육훈련에 관한 규정
② 제1항제5호의 규정을 적용함에 있어서 실습선원의 통상임금 및 승선평균임금은 그 실습선원이 실습을 마치고 승무하게 될 직급에 해당되는 선원의 통상임금 및 승선평균임금의 100분의 70으로 한다.

「선원법」상 항해선은 항행구역상 우리나라의 영해 내에서만 항행하는 선박과 구분하여 우리나라 영해 내외를 모두 항행할 수 있는 선박을 의미한다. 통상적으로 항해선은 내수(호수 · 하천 및 항계내의 바다)이내에서만 항행이 가능한 내수항행선(inland going vessel)과 구분하여 내수와 항계 바깥의 바다를 항행할 수 있는 선박(sea going vessel)을 의미하는데, 「선원법」은 이보다 좁은 개념으로 정의하고 있어서, 5톤 미만의 선박 중 영해이내에서만 항행하는 선박은 적용대상에서 제외하고 있다. 「선원법」 제2조 제18호의 항해선의 개념에서 내해는 법률에 근거한 용어가 아니기 때문에 정확한 의미는 알 수 없으나 호수 · 하천 및 항계내의 바다인 내수를 의미하는 것으로 추측된다.

또 평수구역, 연해구역 또는 근해구역에서만 어로작업에 종사하는 20톤 미만의 어선(운반선 포함)의 경우에는 「선원법」의 적용대상에서 제외하고 있어서, 20톤 미만 어선의 경우에는 원양 어선의 경우에만 「선원법」을 적용하도록 하고 있다. 또 부선의 경우에는 「해운법」상 해상화물운송사업을 위하여 등록된 경우가 아닌 한 「선원법」을 적용하지 아니한다.

5톤 미만의 항해선이나 20톤 미만의 어선의 경우 가족 승선을 하는 경우가 많다거나 항행시간이 짧아서 해상근로의 특성이 상대적으로 희박하기 때문에 「선원법」의 적용에서 제외하고 있으나 우리나라 영해 내에서 항행하는 항해선과 연해구역과 근해구역을 항행하는 어선까지 모두 「선원법」의 적용에서 제외한 것은 이들 선박에 승선하는 선원의 근로관계의 보호는 물론 선박운항 안전과 관련하여서도 선원의 보호에 매우 미흡하다고 할 수 있다.

이 법에서 "선원"이라 함은 이 법이 적용되는 선박에서 근로를 제공하기 위하여 고용된 사람을 말한다(법 제2조 제1호). 이때 '선박에서 근로를 제공하기 위하여 고용된 사람'이라 함은 선내항행조직의 일원으로서 계속적으로 근로를 제공하기 위하여 고용된 사람을 말한다. 선내항행조직은 선박의 운항조직 뿐만 아니라 그 선박의 임무·용도 등을 종합하여 판단해야 하므로 선내의 항행조직에 계속적으로 참가하고 있으면 의사, 은행원, 매점의 점원, 어획물의 가공원, 기상관측원 등 그의 직무의 종류를 불문하고 모두 선원이다. 예비원은 임금을 받을 목적으로 선내에서 근로를 제공하기 위하여 고용된 자 가운데 현재는 배에 승무중이 아닌 자를 말한다. 예컨대 자택 대기원, 출근 대기원, 신조선의 의장원 등이 여기에 포함되며 휴직 중인 자, 상병으로 하선하여 요양 중인 자, 관혼상제 때문에 특별휴가를 얻은 자도 선박소유자와의 사이에 선원근로계약이 존속하는 한 예비원이다. 해기사로서 해운기업체 등에서 육상근무하는 자는 이 법에서 말하는 선원은 아니다. 이 법 시행령에서 「선원법」의 적용대상에서 제외한 자는 선내의 역무에 종사하는 경우라 하더라도 선박소유자와의 직접적인 고용관계가 성립하지 않을 뿐 아니라 일시적으로 특정한 역무에 종사하는 경우라고 할 수 있다. 실습선원은 선내에서 근로를 제공할 목적으로 고용계약을 체결하고 승선하는 것은 아니기 때문에 원칙적으로 「선원법」의 적용대상은 아니지만(선원법 시행령 제2조 제5호), 실습을 위한 승선 중 선내근로를 제공하고 이에 상응하는 실습수당 등의 금전

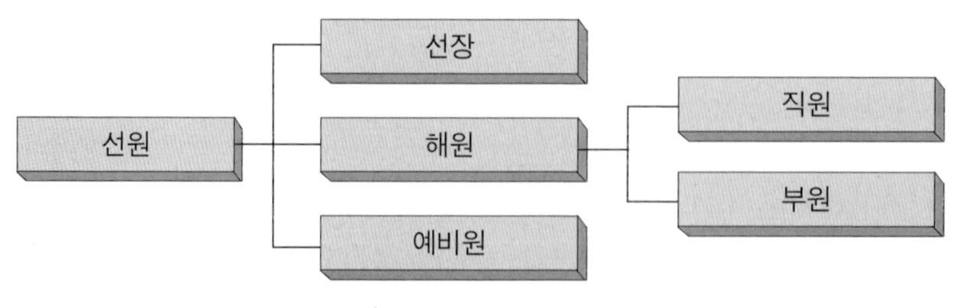

그림 5.1 선원의 구성

적 보상을 받기 때문에 「선원법」의 일부 규정을 적용하도록 하고 있다(선원법 시행규칙 제3조).

또 "선박소유자"란 선주, 선주로부터 선박의 운항에 대한 책임을 위탁받고 이 법에 따른 선박소유자의 권리 및 책임과 의무를 인수하기로 동의한 선박관리업자, 대리인, 선체용선자(船體傭船者) 등을 말한다(법 제2조 제2호). 이 법의 성격상 선박소유자는 첫째, 선원근로관계에서 선원을 고용하여 근로에 종사하게 하는 「근로기준법」상의 사용자에 해당하는 자와 둘째, 선박운항관리와 관련된 규정에서는 선박운항에 대한 책임을 지는 자의 의미를 모두 가진 자를 의미한다. 다만, 이 법 제2조 제2호의 규정에서 선박소유자를 정의하면서 선박소유자는 선주라고 정의한 것은 매우 부적절한 표현이라고 생각된다. 해상법에서는 해상기업의 주체로서 선박의 운항에 책임을 지는 자를 선박소유자라고 하고, 자선의장자와 타선의장자를 포함하는 개념으로 설명하고 있다. 이러한 개념을 고려하여 해석하면, 선주는 선박의 소유권을 보유하고 선박운항관리를 직접 하는 자를 의미한다고 본다. 또 선박관리업자(ship management company) 또는 대리인의 경우에도 선박운항의 책임자로서 「선원법」상의 선주의 권리를 행사하고 책임과 의무를 행사하는 자를 의미하고, 선체용선자는 타인의 선박을 임대차하여 운항하는 기업의 주체를 의미한다고 본다. 그리고 '선주로부터 선박의 운항에 대한…'이라고 할 때의 선주는 '선박소유자란 선주,…'라고 할 때의 선주보다 넓은 의미로 이러한 선주 뿐 아니라 선체용선자 등이 다시 재 선체용선을 할 경우의 선체용선자도 포함하는 개념으로 보아야 한다.

제4관 다른 법률과의 관계

1. 「근로기준법」의 적용

선원의 근로관계에 관하여는 「근로기준법」 제2조 제1항 제1호부터 제3호까지, 제3조부터 제6조까지, 제8조부터 제10조까지, 제36조, 제38조, 제40조, 제68조, 제74조, 제107조(제8조 및 제9조 또는 제40조를 위반한 경우로 한정한다), 제109조(제36조를 위반한 경우로 한정한다), 제110조(제10조와 제74조를 위반한 경우로 한정한다) 및 제114조(제6조를 위반한 경우로 한정한다)를 적용한다(법 제5조 제1항).[8)]

8) 2003. 2. 11. 선고2002도5679 : 「선원법」 제5조에 의하면, 「근로기준법」 제36조 소정의 근로자가 사망 또는 퇴직한 경우의 임금 · 보상금 기타 일체의 금품청산규정은 선원의 근로관계에 관하여도 적용되는바, 사용자가 기업이 불황이라는 사유만을 이유로 하여 임금을 지급하지 아니하는 것은 허용되지 아니하나, 사용자가 임금을 지급하기 위하여 최선의 노력을 다하였으나 경영부진으로 인한 자금사정 등으로 도저히 지급기일 안에 임금을 지급할 수 없었다는 등의 피할 수 없는 사정이 인정된다면 그러한 사유는 「근로기준법」 제36조 위반죄의 책임조각사유가 된다.

선원근로관계에 적용하는 「근로기준법」 조항

제2조(정의)
① 이 법에서 사용하는 용어의 뜻은 다음과 같다.
1. "근로자"란 직업의 종류와 관계없이 임금을 목적으로 사업이나 사업장에 근로를 제공하는 자를 말한다.
2. "사용자"란 사업주 또는 사업 경영 담당자, 그 밖에 근로자에 관한 사항에 대하여 사업주를 위하여 행위하는 자를 말한다.
3. "근로"란 정신노동과 육체노동을 말한다.

제3조(근로조건의 기준) 이 법에서 정하는 근로조건은 최저기준이므로 근로 관계 당사자는 이 기준을 이유로 근로조건을 낮출 수 없다.

제4조(근로조건의 결정) 근로조건은 근로자와 사용자가 동등한 지위에서 자유의사에 따라 결정하여야 한다.

제5조(근로조건의 준수) 근로자와 사용자는 각자가 단체협약, 취업규칙과 근로계약을 지키고 성실하게 이행할 의무가 있다.

제6조(균등한 처우) 사용자는 근로자에 대하여 남녀의 성(性)을 이유로 차별적 대우를 하지 못하고, 국적·신앙 또는 사회적 신분을 이유로 근로조건에 대한 차별적 처우를 하지 못한다.

제7조(강제 근로의 금지) 사용자는 폭행, 협박, 감금, 그 밖에 정신상 또는 신체상의 자유를 부당하게 구속하는 수단으로써 근로자의 자유의사에 어긋나는 근로를 강요하지 못한다.

제8조(폭행의 금지) 사용자는 사고의 발생이나 그 밖의 어떠한 이유로도 근로자에게 폭행을 하지 못한다.

제9조(중간착취의 배제) 누구든지 법률에 따르지 아니하고는 영리로 다른 사람의 취업에 개입하거나 중간인으로서 이익을 취득하지 못한다.

제10조(공민권 행사의 보장) 사용자는 근로자가 근로시간 중에 선거권, 그 밖의 공민권(公民權) 행사 또는 공(公)의 직무를 집행하기 위하여 필요한 시간을 청구하면 거부하지 못한다. 다만, 그 권리 행사나 공(公)의 직무를 수행하는 데에 지장이 없으면 청구한 시간을 변경할 수 있다.

제33조(이행강제금)
① 노동위원회는 구제명령(구제명령을 내용으로 하는 재심판정을 포함한다. 이하 이 조에서 같다)을 받은 후 이행기한까지 구제명령을 이행하지 아니한 사용자에게 2천만원 이하의 이행강제금을 부과한다.
② 노동위원회는 제1항에 따른 이행강제금을 부과하기 30일 전까지 이행강제금을 부과·징수한다는 뜻을 사용자에게 미리 문서로써 알려 주어야 한다.
③ 제1항에 따른 이행강제금을 부과할 때에는 이행강제금의 액수, 부과 사유, 납부기한, 수납기관, 이의제기방법 및 이의제기기관 등을 명시한 문서로써 하여야 한다.
④ 제1항에 따라 이행강제금을 부과하는 위반행위의 종류와 위반 정도에 따른 금액, 부과·징수된 이행강제금의 반환절차, 그 밖에 필요한 사항은 대통령령으로 정한다.
⑤ 노동위원회는 최초의 구제명령을 한 날을 기준으로 매년 2회의 범위에서 구제명령이 이행될 때까지 반복하여 제1항에 따른 이행강제금을 부과·징수할 수 있다. 이 경우 이행강제금은 2년을 초과

하여 부과 · 징수하지 못한다.
⑥ 노동위원회는 구제명령을 받은 자가 구제명령을 이행하면 새로운 이행강제금을 부과하지 아니하되, 구제명령을 이행하기 전에 이미 부과된 이행강제금은 징수하여야 한다.
⑦ 노동위원회는 이행강제금 납부의무자가 납부기한까지 이행강제금을 내지 아니하면 기간을 정하여 독촉을 하고 지정된 기간에 제1항에 따른 이행강제금을 내지 아니하면 국세 체납처분의 예에 따라 징수할 수 있다.
⑧ 근로자는 구제명령을 받은 사용자가 이행기한까지 구제명령을 이행하지 아니하면 이행기한이 지난 때부터 15일 이내에 그 사실을 노동위원회에 알려줄 수 있다.

제38조(임금채권의 우선변제)
① 임금, 재해보상금, 그 밖에 근로 관계로 인한 채권은 사용자의 총재산에 대하여 질권(質權) · 저당권 또는 「동산 · 채권 등의 담보에 관한 법률」에 따른 담보권에 따라 담보된 채권 외에는 조세 · 공과금 및 다른 채권에 우선하여 변제되어야 한다. 다만, 질권 · 저당권 또는 「동산 · 채권 등의 담보에 관한 법률」에 따른 담보권에 우선하는 조세 · 공과금에 대하여는 그러하지 아니하다.
② 제1항에도 불구하고 다음 각 호의 어느 하나에 해당하는 채권은 사용자의 총재산에 대하여 질권 · 저당권 또는 「동산 · 채권 등의 담보에 관한 법률」에 따른 담보권에 따라 담보된 채권, 조세 · 공과금 및 다른 채권에 우선하여 변제되어야 한다.
1. 최종 3개월분의 임금
2. 재해보상금

제40조(취업 방해의 금지) 누구든지 근로자의 취업을 방해할 목적으로 비밀 기호 또는 명부를 작성 · 사용하거나 통신을 하여서는 아니 된다.

제68조(임금의 청구) 미성년자는 독자적으로 임금을 청구할 수 있다.

제74조(임산부의 보호)
① 사용자는 임신 중의 여성에게 출산 전과 출산 후를 통하여 90일(한 번에 둘 이상 자녀를 임신한 경우에는 120일)의 출산전후휴가를 주어야 한다. 이 경우 휴가 기간의 배정은 출산 후에 45일(한 번에 둘 이상 자녀를 임신한 경우에는 60일) 이상이 되어야 한다.
② 사용자는 임신 중인 여성 근로자가 유산의 경험 등 대통령령으로 정하는 사유로 제1항의 휴가를 청구하는 경우 출산 전 어느 때 라도 휴가를 나누어 사용할 수 있도록 하여야 한다. 이 경우 출산 후의 휴가 기간은 연속하여 45일(한 번에 둘 이상 자녀를 임신한 경우에는 60일) 이상이 되어야 한다.
③ 사용자는 임신 중인 여성이 유산 또는 사산한 경우로서 그 근로자가 청구하면 대통령령으로 정하는 바에 따라 유산 · 사산 휴가를 주어야 한다. 다만, 인공 임신중절 수술(「모자보건법」 제14조 제1항에 따른 경우는 제외한다)에 따른 유산의 경우는 그러하지 아니하다.
④ 제1항부터 제3항까지의 규정에 따른 휴가 중 최초 60일(한 번에 둘 이상 자녀를 임신한 경우에는 75일)은 유급으로 한다. 다만, 「남녀고용평등과 일 · 가정 양립 지원에 관한 법률」 제18조에 따라 출산전후휴가급여 등이 지급된 경우에는 그 금액의 한도에서 지급의 책임을 면한다.
⑤ 사용자는 임신 중의 여성 근로자에게 시간외근로를 하게 하여서는 아니 되며, 그 근로자의 요구가 있는 경우에는 쉬운 종류의 근로로 전환하여야 한다.
⑥ 사업주는 제1항에 따른 출산전후휴가 종료 후에는 휴가 전과 동일한 업무 또는 동등한 수준의 임금을 지급하는 직무에 복귀시켜야 한다.

제107조(벌칙) 제7조, 제8조, 제9조, 제23조 제2항 또는 제40조를 위반한 자는 5년 이하의 징역 또는 3천만원 이하의 벌금에 처한다.

제109조(벌칙)
① 제36조, 제43조, 제44조, 제44조의2, 제46조, 제56조, 제65조 또는 제72조를 위반한 자는 3년 이하

의 징역 또는 2천만원 이하의 벌금에 처한다.
② 제36조, 제43조, 제44조, 제44조의2, 제46조 또는 제56조를 위반한 자에 대하여는 피해자의 명시적 인 의사와 다르게 공소를 제기할 수 없다.

제110조(벌칙) 다음 각 호의 어느 하나에 해당하는 자는 2년 이하의 징역 또는 1천만원 이하의 벌금에 처한다.
1. 제10조, 제22조 제1항, 제26조, 제50조, 제53조 제1항 · 제2항 · 제3항 본문, 제54조, 제55조, 제60조 제1항 · 제2항 · 제4항 및 제5항, 제64조 제1항, 제69조, 제70조 제1항 · 제2항, 제71조, 제74조 제1항부터 제5항까지, 제75조, 제78조부터 제80조까지, 제82조, 제83조 및 제104조 제2항을 위반한 자
2. 제53조 제4항에 따른 명령을 위반한 자

제114조(벌칙) 다음 각 호의 어느 하나에 해당하는 자는 500만원 이하의 벌금에 처한다.
1. 제6조, 제16조, 제17조, 제20조, 제21조, 제22조 제2항, 제47조, 제53조 제3항 단서, 제67조 제1항 · 제3항, 제70조 제3항, 제73조, 제74조 제6항, 제77조, 제94조, 제95조, 제100조 및 제103조를 위반한 자
2. 제96조 제2항에 따른 명령을 위반한 자

가. 의의

「근로기준법」은 사용자와 근로자와의 근로계약에 근거한 개별적 근로관계에 있어서 근로자의 보호를 목적으로 하는 법으로서 종속적 근로관계의 합리적인 조정 및 근로자의 존엄성의 보장을 위하여 사용자에게 일정한 책임을 지우고 그 책임을 국가의 감독에 의하여 실현시키고자 하는 법이다. 이는 「헌법」 제32조[9]를 정점으로 하여 사용자를 강제함으로써 근로조건의 향상을 도모하는 개별적 근로관계법의 하나에 속한다.[10]

「선원법」도 일정한 선박에 승무하는 선원과 그 선박의 소유자를 적용대상으로 하는 개별적 근로관계를 규율하는 법으로서 이들 두 법률의 관계에 대하여는 「선원법」을 「근로기준법」의 특별법으로 볼 것인가 아니면 대등한 관계의 법으로 볼 것인가가 문제된다. 이는

---

9)

「대한민국 헌법」

제32조
① 모든 국민은 근로의 권리를 가진다. 국가는 사회적 · 경제적 방법으로 근로자의 고용의 증진과 적정임금의 보장에 노력하여야 하며, 법률이 정하는 바에 의하여 최저임금제를 시행하여야 한다.
② 모든 국민은 근로의 의무를 진다. 국가는 근로의 의무의 내용과 조건을 민주주의원칙에 따라 법률로 정한다.
③ 근로조건의 기준은 인간의 존엄성을 보장하도록 법률로 정한다.
④ 여자의 근로는 특별한 보호를 받으며, 고용 · 임금 및 근로조건에 있어서 부당한 차별을 받지 아니한다.
⑤ 연소자의 근로는 특별한 보호를 받는다.
⑥ 국가유공자 · 상이군경 및 전몰군경의 유가족은 법률이 정하는 바에 의하여 우선적으로 근로의 기회를 부여받는다.

10) 박상필, 「한국노동법(전정판)」, (대왕사, 1993), 117-119쪽 참조.

선원근로관계에 적용할 「선원법」 규정이 흠결된 경우 해상노동의 특수성 등을 고려하여 「근로기준법」의 규정을 적용함으로써 입법의 흠결[11)]을 보충할 수 있는가의 문제로, 그 보충 여부에 따라 선원근로관계의 당사자나 입법의 해석・적용 등에 있어서 커다란 영향을 미칠 수 있기 때문에 중요한 문제가 아닐 수 없다.

나. 「선원법」은 「근로기준법」의 특별법인가?

첫째, 「선원법」을 「근로기준법」의 특별법으로 보는 견해가 있다.[12)] 이 견해에 따르면, ① 「선원법」이 일정부분 선원들에 대한 근로조건에 관한 사항을 특별히 규정하고 있는 경우 「근로기준법」의 적용이 배제된다는 점, ② 다른 법률과의 관계에 관한 「선원법」 제5조 제1항은 예시적 규정일 뿐만 아니라 동조가 「근로기준법」 제2조 제1항 제1호(근로자의 정의) 및 제2호(사용자의 정의)를 선원의 근로관계에 적용하고 있으며, ③ 「선원법」 제2조 제3항의 선박소유자의 적용범위와 제3조 제1호의 선원의 정의규정을 고려할 때 선박소유자는 사용자이고, 선원은 근로자임을 전제로 선원의 근로관계를 규정한 법률임이 분명하며, ④ 「근로기준법」에는 일본의 「노동기준법」[13)]과 같이 「선원법」을 적용하는 선원에 대하여 「근로기준법」의 적용을 배제한다는 명문의 규정이 없다는 점 등을 근거로 「근로기준법」의 특별법이라고 주장한다.

「근로기준법」의 특별법으로 보는 경우 선원근로관계에 적용할 법령의 흠결이 있는 경우에는 「근로기준법」의 규정을 그대로 적용하여 이를 보충할 수 있다는 장점이 있다.

둘째, 「선원법」을 「근로기준법」과 대등한 관계의 법률로 해석하는 견해가 있다. 이 견해에 의하면, ① 1962년 「선원법」 제정 당시 제128조는 "선원의 근로에 관하여 본 법에 규정한 것을 제외하고는 「근로기준법」을 준용한다"라고 명시하였기 때문에 「선원법」을 「근로기준법」의 특별법으로 보는데 큰 무리는 없을 것으로 해석되지만, 1984년 개정 이후 제5조에는 「선원법」에 별도의 규정이 없으나 선원의 개별적 근로관계 중 기본원

---

11) 「근로기준법」과 비교하여 볼 때 근로조건에 관한 규정 중 경영상의 이유에 의한 해고(법 제24조), 탄력적 근로시간제(법 제51조), 선택적 근로시간제(법 제52조) 등은 「선원법」에 전혀 없는 규정이다.

12) 이상윤, 「근로기준법」, (법문사, 1999), 53쪽; 하갑래, 「근로기준법」, (중앙경제), 89쪽; 유명윤, "선원법의 문제점과 개선방향에 관한 연구", 「한국해양대학교 박사학위논문」, (1999), 17쪽; 佳田正二, 「船員法の研究」, (東京 : 成山堂書店, 1973), 19쪽.

13)

일본 「勞動基準法」
第116條 第１條から第11條まで´次項´第117條から第119條まで及び第121條の規定を提き´この法律は´船員法(昭和22年 法律第100號) 第１條 第１項に規定する船員については´適用しない.

칙에 해당하는 몇 가지 사항에 대하여 「근로기준법」의 해당 조항을 제한적으로 열거하였다는 점,[14] ② 특별법으로 보기 위해서는 입법목적과 규제대상 등이 근로자의 근로조건의 결정에 관한 것이어야 하는데, 「선원법」에는 근로조건의 결정과는 관계없는 규정이 많다는 점,[15] ③ 「선원법」 제5조 제1항은 「근로기준법」의 일부조항을 제한적 열거규정으로 이를 적용한다고 하고 있으며, 동조가 「근로기준법」 제2조 제1호 내지 제2호를 적용한다고 하고 있으나 「선원법」에 선박소유자와 선원에 관한 규정을 두고 있기 때문에 이를 적용할 실익이 없다는 점,[16] ④ 「근로기준법」에 일본의 「勞動基準法」과 같은 규정이 없는 것은 입법자의 착오에 기인한 것일 뿐만 아니라, 해상노동이 질적으로 다르다는 특수성을 고려하여 「선원법」이 제정된 이상 같은 것을 전제로 한 특별법과 일반법의 관계를 설정할 수는 없다는 점,[17] ⑤ 「근로기준법」의 특별법으로 볼 경우에는 「근로기준법」 제24조의 규정[18]에 의한 경영상의 해고사유가 적용될 경우가 있는데, 「선원법」(제63조 내지 제65조 등) 및 「선박직

14) 「선원법」 제5조 제1항에서 열거된 「근로기준법」의 조항을 '…적용한다'라고 규정함으로서 형식적으로는 제한적 열거사유로 보이기도 하지만 이는 법률 해석의 문제로 선원의 근로관계를 보호하기 위해서는 특별법인 「선원법」에 「근로기준법」과 동일한 조항을 규정할 필요가 없기 이를 열거한 것으로 예시적 열거사유로 해석하는 것이 타당하다고 본다.

15) 「선원법」에서 선원의 근로조건과 관계없는 규정으로는 제2장 선장의 직무와 권한, 제3장 선내 질서의 유지에 관한 규정을 의미한다. 「선원법」이 이와 같이 선원의 근로관계와 무관한 규정이 포함되어 있다고 하더라도 대부분의 내용이 선원의 근로관계를 규정한 법률이기 때문에 일부 규정에 의하여 특별법과 일반법의 관계가 성립될 수 없다고 해석할 수는 없다.

16) 「선원법」을 「근로기준법」과 대등한 법률로 주장하는 입장에서는 구체적 근로조건에 대하여는 「선원법」에서 별도의 규정을 두고 있기 때문에 입법방식 상 「선원법」 제정 당시의 준용규정과는 달리 상호대등관계로 보지 않을 수 없다고 해석한다.

17) 해상노동의 특수성이라는 것은 육지에서 멀리 떨어져서 고립된 선내에서 생활한다는 점과 선박이 선원의 생활공동체를 형성하는 장소로서 가정생활과 분리된 이중생활을 한다는 점인데, 「선원법」의 적용대상 선원 중에는 내항상선이나 항내 예선 등과 같이 항행시간이 짧아서 육상근로자와 같이 출퇴근이 가능한 경우도 있기 때문에 「근로기준법」과 「선원법」이 서로 완전히 다른 법률로 대등적 관계로만 해석할 수 있는 것은 아니라고 본다.

18)

「근로기준법」

제24조(경영상 이유에 의한 해고의 제한)
① 사용자가 경영상 이유에 의하여 근로자를 해고하려면 긴박한 경영상의 필요가 있어야 한다. 이 경우 경영 악화를 방지하기 위한 사업의 양도·인수·합병은 긴박한 경영상의 필요가 있는 것으로 본다.
② 제1항의 경우에 사용자는 해고를 피하기 위한 노력을 다하여야 하며, 합리적이고 공정한 해고의 기준을 정하고 이에 따라 그 대상자를 선정하여야 한다. 이 경우 남녀의 성을 이유로 차별하여서는 아니 된다.
③ 사용자는 제2항에 따른 해고를 피하기 위한 방법과 해고의 기준 등에 관하여 그 사업 또는 사업장에 근로자의 과반수로 조직된 노동조합이 있는 경우에는 그 노동조합(근로자의 과반수로 조직된 노동조합이 없는 경우에는 근로자의 과반수를 대표하는 자를 말한다. 이하 "근로자대표"라 한다)에 해고를 하려는 날의 50일 전까지 통보하고 성실하게 협의하여야 한다.
④ 사용자는 제1항에 따라 대통령령으로 정하는 일정한 규모 이상의 인원을 해고하려면 대통령령으로 정하는 바에 따라 고용노동부장관에게 신고하여야 한다.
⑤ 사용자가 제1항부터 제3항까지의 규정에 따른 요건을 갖추어 근로자를 해고한 경우에는 제23조제1항에 따른 정당한 이유가 있는 해고를 한 것으로 본다.

원법」(제11조[19] 등)상의 자격요건, 법정정원 또는 승무요건에 관한 규정에 의하여 일정한 해기사 자격을 갖춘 선박직원에 대하여는 사실상 해고가 불가능하기 때문에 부원에 한하여 경영상의 해고규정이 적용된다고 해석되므로 공정한 해고가 불가능하게 되는 모순이 생긴다는 점,[20] ⑥ 선원근로관계에 적용할 법규가 흠결될 경우에 「근로기준법」을 그대로 적용할 경우에는 죄형법정주의원칙에 위반될 수 있다. 예컨대 사용자가 근로계약기간에 관한 규정이나 정당한 이유 없이 전직을 명한 경우에는 형사처벌을 받는데(근로기준법 제112조), 이러한 규정은 「선원법」에 없기 때문에 이를 선원근로관계에 그대로 적용하면 이를 위반한 선박소유자에 대하여 처벌법규 없이 처벌하게 되는 것이다. 이는 죄형법정주의에 위반될 뿐만 아니라 「근로기준법」의 규정을 선원근로관계에 적용한다고 하더라도 그 실효성을 담보할 수 있는 수단이 없게 된다는 점을 들고 있다.[21]

「선원법」을 「근로기준법」과 대등한 관계의 법률로 해석한다면 선원근로관계에 적용할 「선원법」 규정이 흠결된 경우에는 「근로기준법」 규정을 그대로 적용하여 보충할 것이 아니

---

19)

「선박직원법」

제11조(승무기준 및 선박직원의 직무)

① 선박소유자는 선박의 항행구역, 크기, 용도 및 추진기관의 출력과 그 밖에 선박 항행의 안전에 관한 사항을 고려하여 대통령령으로 정하는 선박직원의 승무기준(이하 "승무기준"이라 한다)에 맞는 해기사(제10조의2에 따라 승무자격인정을 받은 사람을 포함한다. 이하 이 장에서 같다)를 승무시켜야 한다.

② 선박직원의 직무는 다음 각 호와 같다.

1. 선장은 선박의 운항관리에 대하여 책임을 진다. 다만, 사망·질병 또는 부상 등 부득이한 사유로 선장이 직무를 수행할 수 없을 때에는 자동화선박에서는 항해를 전문으로 하는 1등 운항사가 그 직무를 대행하고, 그 밖의 선박에서는 1등 항해사가 그 직무를 대행한다.
2. 항해사는 갑판부에서 항해당직을 수행한다.
3. 기관장은 선박의 기계적 추진, 기계와 전기설비의 운전 및 보수관리에 대하여 책임을 진다. 다만, 사망·질병 또는 부상 등 부득이한 사유로 기관장이 직무를 수행할 수 없을 때에는 자동화선박에서는 기관을 전문으로 하는 1등 운항사가 그 직무를 대행하고, 그 밖의 선박에서는 1등 기관사가 그 직무를 대행한다.
4. 기관사는 기관부에서 기관당직을 수행한다.
5. 통신장과 통신사는 선박통신에 대하여 책임을 진다.
6. 운항장과 운항사는 자동화선박에서 운항당직(항해·기관 및 전자장비 등에 대한 통합당직을 말한다)을 수행한다.

20) 김동인, "선원법의 적용범위에 대한 고찰", 「21세기 해양환경변화와 해사법의 과제」, 32쪽 주 4) 참조; 그러나 「선박직원법」상의 승무경력이나 자격요건은 선박의 종류, 톤수, 출력 등에 따른 선박직원의 승무요건에 지나지 않는 것이고, 경영상의 해고사유가 발생하였다 함은 예컨대 장기적 수익성 감소 등을 이유로 감척 등을 실시함으로 인하여 선원의 해고하는 경우 등을 들 수 있는데, 이는 해운기업에서도 발생할 수 있는 것으로 「선박직원법」 상의 승무요건이 경영상의 해고를 불가능하게 하지는 않는다고 본다.

21) 이상 정영석, 「해사법규강의(제5판)」, (해인출판사, 2007), 204-208쪽 참조; 필자가 2007년 발행한 「해사법규강의(제5판)」에서 「근로기준법」과 대등한 관계로 본 견해는 김동인 변호사의 논문 [김동인, "선원법의 적용범위에 대한 고찰", 「21세기 해양환경변화와 해사법의 과제」]에서 주장한 것과 거의 일치하였다.
이 경우에도 「선원법」에 흠결된 규정이 있다고 하여 무조건 「근로기준법」을 적용하는 것이 아니라 해석상 적용가능한 경우에 「선원법」을 보충하기 위하여 「근로기준법」이 적용되는 것이기 때문에 죄형법정주의에 무조건 위반된다고 전제하는 것은 타당하지 않다고 본다.

라 「선원법」의 입법취지 등을 고려하여 「선원법」의 규정이나 판례, 조리 등을 통해서 이를 보충해야 한다.

셋째, 「선원법」을 「근로기준법」의 부분적 특별법으로 보는 견해[22]가 있다.

항만 예선의 경우 법률 제11188호(2012년 1월 17일)에 의한 개정이 있기 전, 항내 작업에만 종사할 경우에는 「근로기준법」이 적용되고 항계 밖에서 작업하는 경우에는 「선원법」이 적용되는 등 항행장소에 따라 각각 다른 법을 적용하게 되어 있었다. 특히 평소 항내 작업에만 종사하는 예선이 타 항만에서의 작업을 위해서 또는 수리 등을 위해서 일시적으로 이동하는 경우도 있어서 적용법률을 둘러싼 심각한 해석상 문제가 대두되기도 했다. 「선원법」과 「근로기준법」을 대등한 법률관계로 해석하게 되면 이러한 문제가 발생할 경우 법률적용의 사각지대가 발생함으로써 선원의 근로관계의 보호에 허점을 드러내게 된다고 본다. 이러한 문제점을 고려하면, 「근로기준법」이 「선원법」을 보충하는 일반법과 특별법의 관계를 인정하는 것이 합리적이라고 본다. 일부 규정이 선원의 근로관계를 규정한 것이 아니라고 하더라도 「선원법」 중 제4장 선원근로계약, 제5장 임금, 제6장 근로시간 및 승무정원, 제7장 유급휴가, 제8장 선내급식과 안전 및 보건, 제9장 소년 선원과 여성 선원, 제10장 재해보상, 제11장 복지와 직업안정 및 교육훈련, 제12장 취업규칙, 제13조 감독 등, 제14조 해사노동적합증서와 해사노동적합선언, 제15장 한국선원복지고용센터에 관한 규정이 선원의 근로관계를 규율한 것이 명백하다는 점에서 적어도 「선원법」의 이들 규정에 대하여 「근로기준법」의 특별법이라는 점을 부인하기는 어렵다고 본다.

다. 「근로기준법」으로의 일원화 문제

선원들의 근로조건이나 복지후생 등은 「근로기준법」이 적용되는 근로자들과 비교하여 낮은 경우가 많은 것이 현실이고, 해상노동의 특수성이 존재함에도 불구하고 일부 선원들에 대하여는 성질이 다른 노동관계를 규율하고 있는 「근로기준법」이 적용됨으로써 이들에 대한 근로감독이 미흡하여 법의 사각지대에 놓여 있는 경우가 많다. 이러한 문제점을 해결하기 위한 방법으로 선원의 근로관계를 「근로기준법」으로 일원화하는 방법도 논의할 수 있다. 이러한 견해는 ① 「선원법」 적용의 선원들이 배제되고 있는 근로관계법에는 그 적용대상을 대부분 「근로기준법」상의 근로자를 상정하면서 그 적용범위를 「근로기준법」의 적용범위와 같게 하거나 이를 확대하고 있기 때문에 통합함으로써 이러한 문제점을 한꺼번에 해결할 수 있고, ② 「선원법」과 「근로기준법」은 모두 개별적 근로관계를 규율하는 법이므로

22) 유명윤, "선원법의 문제점과 개선방향에 관한 연구", 「한국해양대학교 박사학위논문」, (1999), 15-16쪽.

이를 단일법으로 규정함이 타당하며, ③ 사회환경의 변화에 따라 「근로기준법」이 개정됨으로써 동법 적용 근로자들의 근로조건 등이 향상될 때 「선원법」 적용 선원들의 근로조건 등도 함께 향상시킬 수 있고, ④ 육상의 근로자들은 수적 우세를 내세워 단체행동 등을 통하여 그들의 근로조건을 급격히 향상시키고 있는 노동현실을 볼 때 이러한 노동현실에 순응함이 타당하며, ⑤ 단일기관에서 근로감독을 함으로써 선원들의 노동행정과 근로감독의 실효성을 위해서라도 통합하는 것이 타당하다는 점 등을 근거를 들 수 있다.

운항시간이 짧아 출퇴근이 가능한 연근해선박 등은 육상근로자와 근로조건이 근본적으로 다르다고 볼 수 없을 뿐 아니라, 원양항해에 종사하는 선박의 경우에 발생하는 해상노동의 특수성은 취업규칙 등을 통하여 충분히 구현될 수 있다는 점 등을 볼 때 선원근로관계에 관한 규정은 「근로기준법」으로 일원화하는 것도 검토해 볼 필요가 있다. 이럴 경우에는 현행 「선원법」 제2장 선장의 직무와 권한, 제3장 선내 질서의 유지에 관한 규정은 「해운법」, 「선박직원법」 등 각종 해사법규에 산재되어 있는 선박운항관리와 관련된 규정들과 함께 정리하여 가칭 「선박운항의 안전관리에 관한 법률」을 제정하여 이를 한꺼번에 정리하는 것도 검토해 볼 만하다.

외국의 입법례를 보면,[23] 선원노동관계법을 별도로 둔 경우, 일반 해사법에 선원근로관계를 규율한 경우, 「근로기준법」 외에 특별법을 두지 않는 경우 등 각국의 노동관계법의 발달단계에 따라 그 입법방식을 달리 하고 있다.

---

23) 선원들의 개별적 근로관계를 규율하는 각국의 법적 체계는 대략 다음과 같이 구분된다.

1. 독립된 해상노동법 혹은 「선원법」을 두고 있는 나라는 그리스(Act respecting Employment at Sea), 스페인(Ordinance respecting Employment in the Merchant Marine, Orden por la que se Aprueba la Ordenanza del Trabajo en la Marina Mercante), 폴란드(Act of 23 May 1991 on Work on Board Merchant Sea Going Vessels), 독일(Seemannsgesetz), 프랑스(Code du Travail Maritime), 노르웨이(The Seaman's Act), 파키스탄(Seamen Employment Rules), 스웨덴(the Seaman's Act), 네덜란드(The Seaman's Act), 일본(「선원법」) 등이다.

2. 다음으로 해사일반에 관한 법률 속에 해상노동관련규정을 두고 있는 나라는 리베리아(Liberian Maritime Regulations), 이탈리아(Code de la Navigation Maritime), 싱가포르(The Merchant Shipping Act), 캐나다(The Merchant Shipping Act), 영국(Merchant Shipping Act), 미국(Federal Law Code 46), 오스트레일리아(Navigation Act), 덴마크(Merchant Shipping (Masters' and Seamen's) Act), 인도(Merchant Shipping Act), 말레이지아(The Merchant Shipping Ordinance), 말타(Merchant Shipping Act), 베트남(The Maritime Code of Vietnam), 중국(중화인민공화국 해상법) 등이다.

3. 마지막으로 일반노동법 속에 선원에 관한 특별규정을 두거나(멕시코, 노동법 제6부 제3장), 일반노동법을 그대로 선원에게 적용하고 있는 나라(러시아)가 있으며, 파나마는 「상법」과 노동법에 의해서 선원노동관계가 규율된다.

관련 자료는 다음 참조.
① http://www.law.cornell.edu/world/
② http://www.admiraltylawguide.com/
③ http://natlex.ilo.org/
④ 『外國の船員關係法規』 I-XI(昭和 58-昭和 60), (東京, 海事産業研究所)
⑤ 金秋, "중국법상 선원의 법적 지위에 관한 고찰", 해사법연구, 제11권 제1호
⑥ 파나마의 선원관계법규 등.

표 5.1 각국의 선원노동법의 입법 형태

독립된 해상노동법 또는 선원법에 규정하는 나라	일반 해사법에 규정하는 나라	노동법에 규정하는 나라
그리스, 스페인, 폴란드, 독일, 프랑스, 노르웨이, 파키스탄, 스웨덴, 네덜란드, 일본	리베리아, 이탈리아, 싱가포르, 캐나다, 영국, 미국, 오스트레일리아, 덴마크, 인도, 말레이지아, 말타, 베트남, 중국	멕시코,러시아

출처: 김동인,「선원법」, (법률문화원, 2007), 98쪽.

2. 선원의 교육훈련

선원의 교육훈련에 관하여는「근로자직업능력개발법」을 적용하지 아니한다(법 제5조 제2항).

선원의 교육훈련에 대하여는 해상근로의 특수성과 ILO와 IMO에서 제정한 각종 해사협약 등에 따라 이루어져야 하기 때문에「선원법」제11장 복지와 직업안정 및 교육훈련에서 별도의 규정을 두고 있다.

제5관 선원노동위원회

「노동위원회법」제2조 제3항에 따른 특별노동위원회로서 해양수산부장관 소속으로 선원노동위원회를 둔다(법 제4조 제1항). 법 제4조 제1항에 따른 선원노동위원회(이하 "선원노동위원회"라 한다)의 설치와 그 명칭, 위치, 관할구역, 소관 사무, 위원의 위촉, 그 밖에 선원노동위원회의 운영에 필요한 사항은 이 법 및「노동위원회법」에서 규정한 사항을 제외하고는 대통령령으로 정한다(법 제4조 제2항).

「선원법」은「노동위원회법」의 특별법으로 해석된다.

제2절 | 선장의 직무와 권한

제1관 의의

제2장 선장의 직무와 권한, 제3장 선내질서의 유지에 관한 규정은 선원의 개별적 근로관계

를 규정한 것이 아니라 선박운항상 안전관리법규와 선내질서 유지를 위한 질서행정법에 해당한다.

선원과 여객 등은 필연적으로 일정한 기간에 걸쳐 선박 안에서 공동생활을 하므로 선내에서 하나의 공동사회(community)를 형성하게 된다. 이 선박공동체는 또 항해 중에는 갖가지 해상위험을 스스로 극복해 나가지 않으면 아니 되는 고립적인 존재이다. 그러므로 이 법은 선박공동체의 책임자인 선장에게 공법상의 일정한 권한과 의무를 부과하여 선내질서를 유지하도록 함으로써 선박공동체의 안전을 확보하도록 규정하고 있다. 또 이들 규정과 함께 선박운항의 안전관리와 관련된 규정은 선박소유자의 이익만이 아니라 인명, 선박, 화물의 안전을 도모하려는 공익적인 목적에서 규정된 것이다.

제2관 선박의 안전운항과 관련된 직무와 권한

1. 지휘명령권

선장은 해원을 지휘·감독하며, 선내에 있는 사람에게 선장의 직무를 수행하기 위하여 필요한 명령을 할 수 있다(법 제6조).

선장의 지휘명령권은 이른바 선장의 선박권력의 핵심이다. 선장의 직무라 함은 「선원법」에 규정된 직무뿐만 아니라 「상법」·「선박안전법」·「형사소송법」 등에 규정된 것을 모두 포함한다. 다만, 선내에 있는 자에 대하여 선장이 할 수 있는 명령은 공법적인 것에 한하며 사법적인 필요에서는 지휘명령권을 행사할 수 없다.[24)]

지휘명령권이 선장에게 부여되어 있으므로 선내의 질서를 어지럽히는 해원에 대하여는 징계권을 행사할 수 있고(법 제22조), 그밖에 위험물 등에 대한 강제조치와 행정기관에 대한 원조요청을 할 수 있다(법 제23조, 제24조). 그러나 선장의 지휘명령권은 선장의 직무집행상 필요한 범위에 한정되므로 선장의 권한을 남용하는 경우에는 1년 이상 5년 이하의 징역에 처하는 벌칙이 따른다(법 제160조).

2. 출항 전의 검사·보고의무 등

선장은 해양수산부령으로 정하는 바에 따라 출항 전에 다음 각 호의 사항에 대하여 검사 또는 점검(이하 "검사등"이라 한다)을 하여야 한다(법 제7조 제1항).

1. 선박이 항해에 견딜 수 있는지 여부

---

24) 정영석 「해사법규강의(제5판)」, (해인출판사, 2007), 219-220쪽 참조.

2. 선박에 화물이 실려 있는 상태
3. 항해에 적합한 장비, 인원, 식료품, 연료 등의 구비 및 상태
4. 그 밖에 선박의 안전운항을 위하여 해양수산부령으로 정하는 사항

선장은 법 제7조 제1항에 따른 검사 등의 결과를 선박소유자 등에게 보고하여야 한다(법 제7조 제2항). 선장은 법 제7조 제1항에 따른 검사 등의 결과, 문제가 있다고 인정하는 경우 지체 없이 선박소유자에게 적절한 조치를 요청하여야 한다(법 제7조 제3항). 법 제7조 제3항에 따른 조치를 요청받은 선박소유자는 선박과 선박의 안전운항에 필요한 조치를 하여야 한다(법 제7조 제4항).

「선원법 시행규칙」

제4조(출항 전의 검사 또는 점검)
① 선장은 검사 또는 점검사항을 목록으로 작성하여 법 제7조제1항에 따른 검사 또는 점검을 하여야 한다.
② 법 제7조 제1항 제4호에서 "해양수산부령으로 정하는 사항"이란 다음 각 호의 사항을 말한다.
1. 항로 및 항해계획의 적정성
2. 선박의 항해와 관련한 기상 및 해상 정보
3. 법 제15조에 따른 비상배치표 및 비상시에 조치하여야 할 해원의 임무 숙지상태
4. 그 밖에 선장이 선박의 안전운항을 위하여 필요하다고 인정하는 사항

출항 전이라 함은 발항 항에서 최초로 출항하는 경우뿐만 아니라 각 기항지에서의 출항을 포함한 매 항해단계 마다를 의미한다. 다만, 선박의 설비, 선용품, 수로도지에 대한 것은 특별한 변화가 있는 경우가 아닌 한, 직전 검사로부터 24시간 이내라면 검사를 되풀이할 필요는 없다고 본다. 검사는 반드시 선장 자신이 직접 행하여야 하는 것은 아니고 부하인 직원에게 시킨 후 이를 확인할 수도 있다. 또 선박의 정비 상태에 대한 검사는 선급법인의 검사원에게 위촉할 수도 있다. 그러나 어떠한 경우에도 선장은 검사의 결과에 대하여 책임을 진다.[25)]

'항해에 견딜 수 있는가'는 보통의 해상에서 예상되는 기상상태 하에서 선체·기관 등이 고장 없이 당해 항해를 안전하게 수행할 수 있는 감항능력을 갖추고 있는가를 말한다. 또 선박의 설비와 속구의 정비, 화물의 안정된 적하상태 및 흘수상태, 항해에 필요한 자격을 갖춘 승무원의 배치·건강상태·충분한 인원수, 연료·식료·청수·의약품 등 선용품의 준

---

25) 정영석 「해사법규강의(제5판)」, (해인출판사, 2007), 220쪽 참조.

비, 해도 · 수로도지 · 기상예보 · 수로고시 등의 비치를 요한다.[26)]

3. 항로에 의한 항해

선장은 항해의 준비가 끝나면 지체 없이 출항하여야 하며, 부득이한 사유가 있는 경우를 제외하고는 미리 정하여진 항로를 따라 도착항까지 항해하여야 한다(법 제8조).

'항해의 준비'란 사실상의 준비뿐만 아니라 행정관청에 대한 출항절차 등 법률상의 준비를 포함한다. '지체 없이 출항 한다'는 것은 악천후 등 부득이한 사유가 없는 한 지체 없이 발항한다는 것을 말한다.[27)] 일단 발항하면 부득이한 경우가 아니면 예정항로를 직항하여야 한다. 여기서 '부득이한 사유'란 해상의 위험을 피하거나 인명구조, 연료의 보급을 위하여 필요한 경우 등을 가리킨다. 또 '예정항로'는 운송계약상 합의된 항로 또는 관습상의 항로 등을 의미하는 것으로 보지만, 이들 항로가 안전하지 않다고 판단될 경우에는 항행 기술상 가장 안전하고 신속한 항로를 의미한다고 본다.

4. 선장의 직접 지휘

선장은 다음 각 호의 어느 하나에 해당하는 때에는 선박의 조종을 직접 지휘하여야 한다(법 제9조 제1항).

1. 항구를 출입할 때
2. 좁은 수로를 지나갈 때
3. 선박의 충돌 · 침몰 등 해양사고가 빈발하는 해역을 통과할 때
4. 그 밖에 선박에 위험이 발생할 우려가 있는 때로서 해양수산부령으로 정하는 때

선장은 법 제9조 제1항에 해당하는 때를 제외하고는 법 제60조 제3항에 따라 휴식을 취하는 시간에 1등항해사 등 대통령령으로 정하는 직원에게 선박의 조종을 지휘하게 할 수 있다(법 제9조 제2항).

「선원법 시행령」

제3조의6(선장의 선박 조종 지휘를 대행할 수 있는 직원) 법 제9조제2항에서 "1등항해사 등 대통령령으로 정하는 직원"이란 다음 각 호의 어느 하나에 해당하는 직원을 말한다.

---

26) 정영석 「해사법규강의(제5판)」, (해인출판사, 2007), 220쪽 참조.

27) 정영석 「해사법규강의(제5판)」, (해인출판사, 2007), 220-221쪽 참조.

1. 1등항해사
2. 운항장
3. 「선박직원법 시행령」 별표 3에 따른 1등항해사 또는 운항장의 승무자격 이상의 자격을 갖춘 직원

「선원법 시행규칙」

제4조의2(선장의 직접 지휘) 법 제9조제1항제4호에서 "해양수산부령으로 정하는 때"란 다음 각 호의 어느 하나에 해당하는 때를 말한다.
1. 안개, 강설(降雪) 또는 폭풍우 등으로 시계(視界)가 현저히 제한되어 선박의 충돌 또는 좌초의 우려가 있는 때
2. 조류(潮流), 해류 또는 강한 바람 등의 영향으로 선박의 침로(針路) 유지가 어려운 때
3. 선박이 항해 중 어선군(漁船群)을 만나거나 운항 중인 항로의 통행량이 크게 증가하는 때
4. 선박의 안전항해에 필요한 설비 등의 고장으로 정상적인 선박 운항이 곤란하게 된 때

항구의 출입 시나 좁은 수로를 지나갈 때, 그밖에 위험이 생길 염려가 있는 때에는 항행의 경험이 많고 본선의 항행에 대하여 최고 책임자인 선장이 직접 지휘하도록 함으로써 선박, 여객, 화물의 안전을 기하도록 한 규정이다. '그 밖에 선박에 위험이 생길 염려가 있는 때'라 함은 통상의 항로에 비하여 유속이 매우 빠른 항로, 해도가 불완전한 미지의 항로 등을 항행할 때, 황천·폭우 또는 안개 속을 항행할 때 등을 가리킨다. 위험항로를 운항할 경우 선장은 선원으로 하여금 전방주시와 선측감시를 철저히 하도록 유의하여야 한다. 또 도선사가 도선할 경우에도 선장의 직접지휘의무가 면제되는 것은 아니다.

이 조의 취지는 항행상 위험이 생기기 쉬운 경우에 선박의 안전운항을 확보하기 위하여 경험과 지식이 풍부하고 본선에 대한 최종적인 운항책임을 담당한 선장이 직접 선박의 조종을 지휘하여야 하는데 있기 때문에 다른 사람에게 그 직무를 대행시킬 수 없다고 본다.

이 조 제2항의 규정은 선장도 근로자의 1인이므로 법 제60조 제3항의 연속휴식시간을 선장에게도 보장하도록 하는데 취지가 있다. 그러나 선박의 운항은 항행의 안전 확보가 가장 우선적으로 확보되어야 할 것이고, 항행안전에 대한 최종적인 책임은 선장에게 있기 때문에 항행 도중 선장의 휴식의 보장이 선장의 직접지휘의무를 우선하지는 못한다.

선장을 대행하여 선박을 지휘할 수 있는 자는 1등항해사, 운항장 및 「선박직원법 시행령」 별표 3에 따른 1등항해사 또는 운항장의 승무자격 이상의 자격을 갖춘 직원에 한한다. 선장의 직접지휘의무 위반에 대하여 본조 단서규정의 요건을 충족할 경우 법 제164조 제3호의 규정에 따른 행정벌은 부과할 수 없다고 하더라도 해난 등이 발생한 경우 선장의 직접지휘의무 위반에 대한 형사책임을 면하지는 못한다고 본다.[28)]

---

28) 대법원 2015도6809 살인등 (아) 상고기각 : 선장의 권한이나 의무, 해원의 상명하복체계 등에 관한 「해사안전법」, 구 「선원법」(2015. 1. 6. 법률 제13000호로 개정되기 전의 것)의 관련 규정들은 모두 선박의 안전과 선원 관리에

5. 재선의무

선장은 화물을 싣거나 여객이 타기 시작할 때부터 화물을 모두 부리거나 여객이 다 내릴 때까지 선박을 떠나서는 아니 된다.[29] 다만, 기상 이상 등 특히 선박을 떠나서는 아니 되는 사유가 있는 경우를 제외하고는 선장이 자신의 직무를 대행할 사람을 직원 중에서 지정한 경우에는 그러하지 아니하다(법 제10조).

선장은 선박공동체의 책임자로서 타인의 생명과 재산을 보호해야 할 책임이 있다. 특히 여객과 타인의 화물을 운송 중인 경우에는 선박운항의 최고지휘자로서 선장이 항시 재선할 것을 원칙으로 한다. 다만, 선장의 재선의무는 항행지휘자로서 통상적인 의무에 속하는 것으로, 본선이 항구에 정박 중에 있을 경우에는 본점 및 대리점과의 업무협조, 행정관청에서의 업무 등 선박외의 장소에서 선박운항과 관련된 업무를 긴급하게 수행하여야 할 필요가 있는 경우, 선장이 질병이나 부상의 치료를 위하여 일시적으로 본선을 떠나 있어야 할 경우 등 부득이한 경우가 있을 수 있으므로, 단서규정에 의하여 선장이 직무대행자를 지정한 후 이선할 수 있도록 하였다. 단서규정상으로는 선장이 임의로 직무대행자를 지정할 수 있는 것처럼 되어 있으나, 특단의 사정이 없는 한 법 제9조 제2항에 따라 선장을 대행하여 선박의 조종을 지휘할 수 있는 1등 항해사 등의 직원(동법 시행령 제3조의6 각호)에 관하여 대행자로 지정할 수 있는 것으로 해석하는 것이 타당하다고 본다. 다만, 1등 항해사 등이 질병 등 부득이한 사유로 대행할 수 없는 경우에는 선박의 운항조직상 항행지휘부 중 1등항해사의 후순위자의 순서인 2등 항해사, 3등 항해사 등의 순으로 직무대행자를 지정하여야 한다고 본다.

6. 비상배치표 및 훈련

다음 각 호의 어느 하나에 해당하는 선박의 선장은 비상시에 조치하여야 할 해원의 임무를 정한 비상배치표를 선내의 보기 쉬운 곳에 걸어두고 선박에 있는 사람에게 소방훈련, 구명정훈련 등 비상시에 대비한 훈련을 실시하여야 한다. 이 경우 해원은 비상배치표에 명시된 임무대로 훈련에 임하여야 한다(법 제15조 제1항).

대한 포괄적이고 절대적인 권한을 가진 선장을 수장으로 한 효율적인 지휘명령체계를 갖추어 항해 중인 선박의 위험을 신속하고 안전하게 극복할 수 있도록 하기 위한 것이므로, 선장은 승객 등 선박공동체의 안전에 대한 총책임자로서 선박공동체가 위험에 직면할 경우 그 사실을 당국에 신고하거나 구조세력의 도움을 요청하는 등의 기본적인 조치뿐만 아니라 위기상황의 태양, 구조세력의 지원가능성과 그 규모, 시기 등을 종합적으로 고려하여 실현가능한 구체적인 구조계획을 신속히 수립하고 선장의 포괄적이고 절대적인 권한을 적절히 행사하여 선박공동체 전원의 안전이 종국적으로 확보될 때까지 적극적·지속적으로 구조조치를 취할 법률상 의무가 있다고 할 것이다.

29) 대법원 1977.9.13. 선고, 77도951, 판결 : 「선원법」 제10조의 상황에서는 선장은 갑판상에서 직접 선박을 지휘하여야 하며 그 경우에는 「국제해상충돌예방규칙」에 따른 주의의무를 다하여야 한다.

1. 총톤수 500톤 이상의 선박. 다만, 평수구역을 항행구역으로 하는 선박을 제외한다.
2. 「선박안전법」 제2조제10호에 따른 여객선(이하 "여객선"이라 한다)

여객선의 선장은 탑승한 모든 여객에 대하여 비상시에 대비할 수 있도록 비상신호와 집합장소의 위치, 구명기구의 비치 장소를 선내에 명시하고, 피난요령 등을 선내의 보기 쉬운 곳에 걸어두며, 구명기구의 사용법, 피난절차, 그 밖에 비상시에 대비하기 위하여 여객이 알고 있어야 할 필요한 사항을 주지시켜야 한다(법 제15조 제2항).

선장은 법 제15조 제1항에 따라 비상시에 대비한 훈련을 실시할 경우에는 해원의 휴식시간에 지장이 없도록 하여야 한다(법 제15조 제3항). 법 제15조 제2항에 따른 비상신호의 방법, 비상시 여객주지사항의 안내시기 등에 관하여는 해양수산부령으로 정한다(법 제15조 제4항).

「선원법 시행규칙」

제7조(선내비상훈련)
① 삭제
②법 제15조제1항에 따른 소방훈련·구명정훈련 등 비상시에 대비한 훈련은 매월 1회 선장이 지정하는 일시에 실시하되, 여객선의 경우에는 10일(국내항과 외국항을 운항하는 여객선은 7일)마다 실시하여야 한다.
③ 삭제
④선장은 당해선박의 해원 4분의 1 이상이 교체된 때에는 출항후 24시간이내에 선내비상훈련을 실시하여야 한다.
⑤선장은 구명정훈련시에 구명정을 순차적으로 사용하여야 하며, 가능한 한 2월에 한번씩 구명정을 바다에 띄워 놓고 훈련을 실시하여야 한다.
⑥법 제15조제2항에 따른 비상신호의 방법은 기적 또는 싸이렌에 의한 연속 7회의 단음과 계속 1회의 장음으로 한다.
⑦ 법 제15조제2항에 따라 여객선의 선장은 다음 각 호의 사항을 안내방송 또는 동영상 방영 등의 방법으로 선박의 출항 후 1시간(국제항해에 종사하는 여객선의 경우에는 4시간) 이내에 여객에게 안내하여야 한다.
1. 승·하선 질서의 유지 등 여객안전을 위하여 필요한 사항
2. 여객선의 구명설비, 소화기 등의 사용법
3. 비상시 여객 행동요령
4. 항해시간, 기상정보 및 입출항 예정시간
5. 그 밖에 여객이 비상시에 대비하여 알아야 할 사항

제8조(선내비상훈련사항의 기록) 선장은 선내 비상훈련시마다 훈련내용을 항해일지에 기록하고, 훈련 실시 상황을 동영상 또는 사진으로 촬영하여 보존하여야 한다.

제9조(선내순시 및 점검)
① 선장 또는 선장이 지정하는자는 1일 1회 선내를 순시하여 구명기구·대피통로 그밖에 안전에 관하여 필요한 사항을 검사·정비하고 그 사실을 항해일지에 기록하여야 한다. 다만, 동일목적지를 1일 2회 이상 운항하는 선박의 경우에는 운항시마다 실시하고 기록하여야 한다.

② 선장 또는 선장이 지정하는 사람은 다음 각 호의 사항을 매월 1회 이상 점검하고, 기록을 유지・관리하여야 한다.
1. 선내 식량과 식수의 보유량
2. 식량과 식수의 선내 저장 및 취급에 사용하는 장소와 설비의 위생 및 작동 상태
3. 선내에서 식사를 준비하고 제공하는 취사실과 그 밖의 취사 설비의 위생 및 작동 상태
4. 선원 거주설비의 위생 및 수리 상태

선장은 선박운항의 최고책임자로서 안전운항을 위해 비상시에 대비한 훈련을 실시하도록 의무화하였다. 다만, 선내소방훈련 등 비상시에 대비한 훈련을 실시할 경우에 선원의 휴식시간의 방해를 최소화하도록 함으로써 선원에 대하여 충분한 휴식시간의 보장도 함께 고려하였다. 이는 ILO의 「1996년 선원근로시간 및 정원에 관한 협약」의 내용을 수용한 것이다.[30]

7. 항해의 안전 확보

법 제7조부터 제15조까지에서 규정한 사항 외에 항해당직, 선박의 화재 예방, 그 밖에 항해안전을 위하여 선장이 지켜야 할 사항은 해양수산부령으로 정한다(법 제16조).

「선원법 시행규칙」

제10조(항해의 안전 확보) 법 제16조에 따른 항해당직의 실시, 선박의 화재예방 그밖에 항해안전을 위하여 선장이 지켜야 할 사항은 다음 각호와 같다.
1. 「국제 해상충돌 방지규칙」의 준수
2. 「해상에서의 인명안전을 위한 국제협약」의 준수
3. 모든 항해장치의 정기적 점검과 그 기록의 유지
4. 선원 거주설비의 정기적 점검과 그 기록의 유지

법 제7조 내지 제15조의 규정은 위에서 본 바와 같이 모두 선박의 안전항해를 위한 규정이다. 이외에도 항해안전을 위하여 선장이 지켜야 할 통상적인 업무에 대하여 해양수산부령에 의하여 열거하였다.[31] 동법 시행령 제10조의 각호의 열거사항은 예시적 열거사유로서 이러한 유형의 업무는 모두 선장이 준수해야 한다고 본다.

30) 정영석 「해사법규강의(제5판)」, (해인출판사, 2007), 225쪽 참조.
31) 정영석 「해사법규강의(제5판)」, (해인출판사, 2007), 226쪽 참조.

8. 선박 운항에 관한 보고

선장은 다음 각 호의 어느 하나에 해당하는 경우에는 해양수산부령으로 정하는 바에 따라 지체 없이 그 사실을 해양항만관청에 보고하여야 한다(법 제21조).

1. 선박의 충돌 · 침몰 · 멸실 · 화재 · 좌초, 기관의 손상 및 그 밖의 해양사고가 발생한 경우
2. 항해 중 다른 선박의 조난을 안 경우(무선통신으로 알게 된 경우는 제외한다)
3. 인명이나 선박의 구조에 종사한 경우
4. 선박에 있는 사람이 사망하거나 행방불명된 경우
5. 미리 정하여진 항로를 변경한 경우
6. 선박이 억류되거나 포획된 경우
7. 그 밖에 선박에서 중대한 사고가 일어난 경우

「선원법 시행규칙」

제15조(선박운항에 관한 보고 및 조사)
① 법 제21조의 규정에 의한 보고는 별지 제5호 서식에 의하되, 긴급한 때에는 구두로 보고할 수 있다. 이 경우 법 제21조제4호에 해당하는 경우에는 선장을 포함한 3인이상의 관련자가 서명날인한 사건의 경위서를 제출하여야 한다.
② 선장은 부득이한 사유가 있는 경우에는 대리인으로 하여금 제1항의 보고를 하게 할 수 있으며, 선장 또는 그 대리인이 보고할 수 없는 경우에는 선박소유자가 보고하여야 한다.
③ 법 제21조의 규정에 의한 보고를 하는 때에는 지방해양항만관청에 항해일지를 제시하여야 한다. 다만, 해양사고 기타의 사유로 항해일지가 멸실된 때에는 그러하지 아니하다.

선박의 운항관리에 대한 주무관청으로서 해양항만관청이 선박의 운항에 관한 중대한 사고내용을 파악하고 이에 대하여 신속한 조치를 결정하기 위하여 선장에게 부과한 의무이다.[32)]

제3관 위험시의 조치 등

1. 선박 위험 시의 조치

선장은 선박에 급박한 위험이 있을 때에는 인명, 선박 및 화물을 구조하는 데 필요한 조치를

32) 정영석「해사법규강의(제5판)」, (해인출판사, 2007), 230쪽 참조.

다하여야 한다(법 제11조 제1항). 선장은 법 제11조 제1항에 따른 인명구조 조치를 다하기 전에 선박을 떠나서는 아니 된다(법 제11조 제2항). 법 제11조 제1항 및 제2항은 해원에게도 준용한다(법 제11조 제3항).

'급박한 위험'이란 재해, 충돌, 좌초에 의한 침몰 등 절박한 위험을 말한다. 구조는 인명, 선박, 화물의 순으로 한다. 선박 위험시의 조치는 모든 선원의 당연한 의무이기 때문에 본조의 규정이 선장에게만 의무를 부과한 것이 아니라 선원을 대표하는 자격으로 선장에게 의무를 부과한 것이다. 인명구조 조치를 다하기 전에 선장과 선원이 선박을 떠나지 않는 것은 타이타닉호 사고 이후 해사법의 영역에서는 관습법으로 확립되어 선원의 상무로 보고 있으나, 2014년 세월호 사고에서 여객을 구조할 의무를 이행하지 않고 선장과 선원이 먼저 퇴선함으로 인하여 많은 인명 피해를 가져왔기 때문에 제2항과 제3항의 규정을 신설하여 명문화하게 되었다. 법 제166조 제1호에서 해원의 처벌규정을 둠으로써 선원 전체의 의무임을 명확하게 하였다.[33)]

2. 선박 충돌 시의 조치

선박이 서로 충돌하였을 때에는 각 선박의 선장은 서로 인명과 선박을 구조하는 데 필요한 조치를 다하여야 하며 선박의 명칭・소유자・선적항・출항항 및 도착항을 상대방에게 통보하여야 한다. 다만, 자기가 지휘하는 선박에 급박한 위험이 있을 때에는 그러하지 아니하다(법 제12조).

선박공동체의 고립성으로 인하여 선박이 충돌하면 육상에서의 사고와 같이 신속한 구조를 받을 수 없으므로 인명이나 선박에 대한 피해 및 해양오염 등의 피해가 상대적으로 클 수밖에 없다. 이러한 선박충돌사고의 특수성을 반영하여 충돌현장에서 신속한 구조를 하게 하여 그 피해를 최소화하기 위하여 선박 상호간에 취하여야 할 의무를 규정한 것이다.[34)] 구조의 대상은 인명과 선박에 한하고 화물의 구조는 동 규정에 의한 의무에는 포함되지 아니한다.[35)]

3. 조난 선박 등의 구조

선장은 다른 선박 또는 항공기의 조난을 알았을 때에는 인명을 구조하는 데 필요한 조치를 다하여야 한다. 다만, 자기가 지휘하는 선박에 급박한 위험이 있는 경우 등 해양수산부령으

33) 정영석 「해사법규강의(제5판)」, (해인출판사, 2007), 222쪽 참조.

34) 김동인, 「선원법(제2판)」, (법률문화원, 2006), 257쪽 참조.

35) 정영석 「해사법규강의(제5판)」, (해인출판사, 2007), 222쪽 참조.

로 정하는 경우에는 그러하지 아니하다(법 제13조).

「선원법 시행규칙」

제5조(조난 선박 등에 대한 구조의무의 한계)
① 법 제13조 단서에서 "자기가 지휘하는 선박에 급박한 위험이 있는 경우 등 해양수산부령으로 정하는 경우"란 다음 각 호의 어느 하나에 해당하는 경우를 말한다.
1. 조난장소에 도착한 다른 선박으로부터 구조의 필요가 없다는 통보를 받은 경우
2. 조난장소에 접근하였으나 부득이한 사유로 인하여 구조할 수 없거나 구조할 필요가 없다고 판단되는 경우
3. 부득이한 사유로 조난장소까지 갈 수 없거나 기타 구조가 적당하지 아니하다고 판단되는 경우
4. 선장이 지휘하는 선박에 급박한 위험이 있는 경우
② 제1항제2호부터 제4호까지의 규정에 따라 구조를 하지 아니하는 경우에는 조난선박 또는 조난항공기에 가까이 있는 선박에 그 뜻을 통보하여야 하되, 다른 선박에 의한 조난 구조가 행하여지지 아니할 것으로 판단되는 경우에는 해양경비안전관서의장에 통보하여야 한다.

---

4. 기상 이상 등의 통보

해양수산부령으로 정하는 선박의 선장은 폭풍우 등 기상 이상이 있거나 떠돌아다니는 얼음덩이, 떠다니거나 가라앉은 물건 등 선박의 항해에 위험을 줄 우려가 있는 것과 마주쳤을 때에는 해양수산부령으로 정하는 바에 따라 그 사실을 가까이 있는 선박의 선장과 해양경비안전관서의 장에게 통보하여야 한다. 다만, 폭풍우 등 기상 이상의 경우 기상기관 또는 해양경비안전관서(대한민국 영해 밖에 있는 선박의 경우에는 가장 가까운 국가의 해상보안기관을 말한다)의 장이 예보(豫報)한 경우에는 그러하지 아니하다(법 제14조).

「선원법 시행규칙」

제6조(기상 이상 등의 통보)
① 법 제14조 본문에서 "해양수산부령으로 정하는 선박"이란 무선전신 또는 무선전화의 설비를 갖춘 선박을 말한다.
② 법 제14조 본문에 따라 선장이 가까이 있는 선박 및 해양경비안전관서의장에 통보하여야 할 사항은 별표 1과 같다.

[별표 1]
선장이 통보하여야 할 사항(제6조제2항관련)

이상한 기상의 종류	통보하여야 할 사항

1. 열대성 폭풍우 또는 기타 풍속이 매초 24.5미터 이상의 바람을 동반한 폭풍우	가. 일시 및 위치 나. 3시간동안의 기압변화의 상황 다. 풍향(진방위에 의한다) · 풍력 및 풍속 라. 파도의 진행방향(진방위에 의한다) · 주기 · 파장 기타 해면의 상태 마. 선박의 침로(진방위에 의한다) 및 속력
2. 배의 상부구조물에 얼음을 얼게 하는 강풍	가. 일시 및 위치 나. 기온 다. 표면 물온도 라. 풍향 · 풍력 및 풍속
3. 표류물 또는 통상 표류해역 외에 있는 유빙 또는 빙산	가. 일시 및 위치 나. 형상 · 표류방향(진방위에 의한다) 및 표류속도
4. 침몰물	가. 일시 및 위치 나. 형상 및 심도
5. 기타 선박의 항행에 위험을 줄 염려가 있는 이상한 기상	가. 일시 및 위치 나. 개요

선장은 폭풍우・빙산과 같은 이상기상 등 선박의 항행에 위험을 줄 염려가 있는 것과 마주친 경우 해양경비안전관서의 장에게 통보하도록 하고 있다. 국제협약의 규정에 따라 우리나라의 영해를 벗어난 곳에서도 통보하게 할 필요가 있다. 우리나라 영해 밖에서 이상기상 등 선박의 항행에 위험을 줄 염려가 있는 것과 마주친 경우 가장 가까운 국가의 해양경비안전본부와 같은 해상보안기관에 통보하도록 하였다. IMO의 국제협약상의 이행합의의 취지에 따라 국제항행에 이용되는 세계 각국의 선박의 안전항행에 기여할 것으로 기대된다.[36]

제4관 통상적인 직무

1. 수장

선장은 항해 중 선박에 있는 사람이 사망한 경우에는 해양수산부령으로 정하는 바에 따라 수장(水葬)할 수 있다(법 제17조). 수장의 요건과 방법은 「선원법 시행규칙」 제11조에 따른다.

36) 정영석 「해사법규강의(제5판)」, (해인출판사, 2007), 224쪽 참조.

「선원법 시행규칙」

제11조(수장)
① 법 제17조의 규정에 의하여 선장은 다음 각호의 요건을 갖춘 경우에 한하여 시체를 수장할 수 있다.
1. 선박이 공해상에 있을 것
2. 사망후 24시간이 경과할 것. 다만, 감염병으로 사망한 경우에는 그러하지 아니하다.
3. 위생상 시체를 선내에 보존할 수 없거나 선박에 시체를 싣고 입항함을 금지하는 항에 입항할 예정일 것
4. 의사가 승선한 선박에 있어서는 그 의사가 사망진단서를 작성한 후 일 것
5. 감염병으로 인하여 사망한 때에는 의사 또는 의료관리자가 적절한 소독을 실시한 후 일 것
② 선장은 수장을 할 때에는 상당한 의식을 갖추되 시체가 떠오르지 아니하도록 필요한 조치를 하여야 한다.
③ 선장은 수장을 하는 경우 사망한 사람의 유발(遺髮) 및 그 밖의 유품을 보관하여야 한다.

2. 유류품의 처리

선장은 선박에 있는 사람이 사망하거나 행방불명된 경우에는 법령에 특별한 규정이 있는 경우를 제외하고는 해양수산부령으로 정하는 바에 따라 선박에 있는 유류품(遺留品)에 대하여 보관이나 그 밖에 필요한 조치를 하여야 한다(법 제18조).

「선원법 시행규칙」

제12조(유류품의 처리)
① 법 제18조에 따라 선장은 선박에 있는 사람이 사망 또는 행방불명된 경우에는 지체없이 그 선박에 승선중인 사망 또는 행방불명된 사람의 친족 또는 친지를 참여시켜 그 유류품을 조사하여 유류품 목록을 작성하되, 친족 또는 친지가 없는 경우에는 그 선박에 승선한 다른 2명을 참여시켜야 한다.
② 제1항의 유류품 목록에는 다음 각호의 사항을 기재하여 선장과 참여인이 기명・날인하여야 한다.
1. 사망 또는 행방불명된 사람의 성명・주소
2. 사망 또는 행방불명이 된 일시 및 위치
3. 유류품의 품명과 수량
4. 유류품의 조사 및 목록을 작성한 일자
5. 기타의 처분을 한 경우에는 그 사유 및 처분내용
③ 선장은 제1항에 따른 유류품 및 그 목록을 사망 또는 행방불명된 사람의 유족 또는 가족에게 인도 또는 교부하여야 한다.

3. 재외국민의 송환

선장은 외국에 주재하는 대한민국의 영사가 법령에서 정하는 바에 따라 대한민국 국민의 송환을 명하였을 때에는 정당한 사유 없이 거부하지 못한다(법 제19조 제1항). 법 제19조 제1항에 따른 송환에 든 비용의 부담과 송환에 필요한 사항은 대통령령으로 정한다(법 제

19조 제2항).

「선원법 시행령」

제4조(재외국민송환비용의 부담 및 상환)

① 법 제19조의 규정에 의한 송환에 쓰인 비용은 송환된 자가 부담하며, 그 비용은 송환에 쓰인 운임·식비·의료비 기타 비용으로 한다.

② 법 제19조의 규정에 의하여 송환된 자는 선박소유자 또는 선장이 송환에 쓰인 비용의 지급을 청구하는 경우 즉시 이를 상환하여야 한다.

'대한민국 국민의 송환을 명한 때'라 함은 예를 들어 생활이 곤궁하여 귀국을 희망하는 국민, 체류국으로부터 강제퇴거명령을 받은 국민, 외국에서 선박을 이탈한 선원 등의 송환을 명한 경우를 말한다. '정당한 사유'란 예를 들면 송환될 자가 전염병에 걸렸거나 송환될 인원을 수용할 선실이 없는 경우 등을 말한다.[37)]

4. 서류의 비치

선장은 다음 각 호의 서류를 선내에 갖추어 두어야 한다(법 제20조 제1항).[38)]

1. 선박국적증서
2. 선원명부
3. 항해일지
4. 화물에 관한 서류
5. 그 밖에 해양수산부령으로 정하는 서류

---

37) 정영석 「해사법규강의(제5판)」, (해인출판사, 2007), 228쪽 참조.

38) 대전지방법원 2008.12.10, 선고, 2008노1644, 판결 : '피고인 1이 충돌 사고 이전에는 유조선 허베이 스피리트호(HEBEI SPIRIT, 이하 '허베이호'라 한다)와 교신하지 않았으면서도 2007. 12. 7. 05:52경 허베이호와 교신한 것으로 항해일지를 거짓으로 기재하였다'는 공소사실에 대하여, 원심은 상피고인 4의 원심 법정에서의 진술 및 대검찰청의 음성감정결과에 따르면 피고인 1이 2007. 12. 7. 06:30경 허베이호와 '기관사용을 준비하고 양묘해 달라'는 내용으로 교신한 사실이 인정되고, 항해일지에 기재된 시간과 실제 교신 시간에 큰 차이가 없어 피고인 1에게 고의를 인정하기 어렵다는 취지로 무죄를 선고하였다.

그러나 대검찰청의 음성감정결과는 피고인 1의 목소리와 대산지방해양수산청해상교통관제센터(이하 '대산 VTS'라고 한다)에 녹취된 목소리 사이의 동일성이 인정되지 않는다는 것이고, 항해 중 상호 교신을 할 경우 선명을 먼저 알린 후 하여야 하는데 피고인 1이 선명을 밝힌 바 없으며, 피고인 1의 진술이 상피고인 4와 대화를 나눈 후에 번복되고 있는 점 등에 비추어보면, 피고인 1의 항해일지 거짓 기재에 대한 고의가 인정됨에도, 피고인 1이 허베이호측과 교신을 한 사실을 인정한 나머지 항해일지 거짓 기재에 대한 고의를 부인한 원심판결에는 사실을 오인하여 판결 결과에 영향을 미친 위법이 있다.

선장은 해양수산부령으로 정하는 서식에 따라 선원명부 및 항해일지 등을 기록・보관하여야 한다(법 제20조 제2항).

「선원법 시행규칙」

제13조(서류의 비치)
① 삭제
② 법 제20조 제1항 제5호에서 "해양수산부령으로 정하는 서류"란 다음 각 호의 서류를 말한다.
1. 선박검사증서
2. 항행하는 해역의 해도
3. 기관일지
4. 속구목록
5. 선박의 승무정원증서
6. 선원을 피보험자로 한 재해보상보험, 임금채권보장보험(공제를 포함한다) 및 송환보험(공제를 포함한다) 가입증서의 사본 또는 선원의 체불임금의 지급을 보장하기 위한 기금의 조성증서 사본
7. 「2006 해사노동협약」 내용이 포함된 도서(항해선이 아닌 선박과 어선은 제외한다)

제14조(비치서류의 서식) 법 제20조에 따른 선원명부 및 항해일지등의 서식은 다음 각호와 같다.
1. 선원명부 : 별지 제1호서식. 다만, 선원명부의 공인면제자인 경우에는 별지 제1호의2서식에 의한다.
2. 항해일지 : 별지 제2호서식
3. 삭제
4. 속구목록 : 별지 제4호서식

이들 서류를 배 안에 비치하도록 한 것은 선박의 국적 등을 분명히 하고, 법령 준수의 여부와 사고 등에 대비한 책임소재, 배상책임의 보장, 선원임금채권의 보장 등을 위한 것으로 선장・해원・여객・화물・사고로 인한 피해자 등의 보호를 위한 것이다.[39)]

제5관 선장의 선내 질서유지권

1. 해원의 징계

가. 징계사유

선장은 해원이 다음 각 호의 어느 하나에 해당할 경우에는 해원을 징계할 수 있다(법 제22조 제1항)

---

39) 정영석 「해사법규강의(제5판)」, (해인출판사, 2007), 229쪽 참조.

1. 상급자의 직무상 명령에 따르지 아니하였을 경우
2. 선장의 허가 없이 선박을 떠났을 경우[40)]
3. 선장의 허가 없이 흉기나 「마약류 불법거래 방지에 관한 특례법」 제2조 제1항에 따른 마약류를 선박에 들여왔을 경우
4. 선내에서 싸움, 폭행, 음주, 소란행위를 하거나 고의로 시설물을 파손하였을 경우
5. 직무를 게을리하거나 다른 해원의 직무수행을 방해하였을 경우
6. 정당한 사유 없이 선장이 지정한 시간까지 선박에 승선하지 아니하였을 경우
7. 그 밖에 선내 질서를 어지럽히는 행위로서 단체협약, 취업규칙 또는 선원근로계약에서 금지하는 행위를 하였을 경우

나. 징계의 종류

징계는 훈계, 상륙금지 및 하선으로 하며, 상륙금지는 정박 중에 10일 이내로 한다(법 제22조 제2항). 법 제22조 제2항에 따른 하선의 징계는 해원이 폭력행위 등으로 선내 질서를 어지럽히거나 고의로 선박 운항에 현저한 지장을 준 행위가 명백한 경우에만 하여야 한다. 이 경우 선장은 지체 없이 선박소유자에게 하선의 징계를 한 사실을 알려야 한다(법 제22조 제3항).

다. 징계절차

선장은 해원을 징계할 경우에는 미리 5명(해원 수가 10명 이내인 경우에는 3명) 이상의 해원으로 구성되는 징계위원회의 의결을 거쳐야 한다(법 제22조 제4항). 법 제22조 제4항에 따른 징계위원회의 구성 및 운영 등에 필요한 사항은 해양수산부령으로 정한다(법 제22조 제5항).

「선원법 시행규칙」

제16조(징계위원회)

① 법 제22조 제4항에 따른 징계위원회는 기관장·운항장·1등항해사·1등기관사·1등운항사·통신장·징계대상자의 소속 부원중 최상위 직책을 가진 사람의 순위로 구성하되, 이들에 의한 징계위원회의 구성이 불가능한 경우에는 선장이 정하는 사람으로 구성한다.

---

40) 1984.2.14. 제1부 판결 83도3016 : 피고인이 대한민국 외의 지역인 기항지에서 하선·상륙하여 선장이 지정한 귀선 시간 내에 귀선하지 아니하였다면 신병을 치료하고 또 귀국 절차를 밟기 위하여 한국 주재 공관을 찾아갔다 하더라도 사전에 선장의 허가를 받지 아니한 이상, 선원이 「선원법」 상 일방적으로 승선계약을 해제할 수 있다 하여도 그것과 대한민국 외의 지역에서의 이선과는 아무런 상관이 없다고 할 것이니 위 피고인의 소위는 밀항단속법 제3조 제1항의 이선죄에 해당한다.

② 징계위원회는 선장의 요구에 의하여 소집된다.
③ 징계위원회는 징계대상해원을 출석시켜 진술할 기회를 주어야 하며, 필요한 경우에는 다른 해원을 출석시켜 그의 진술을 들을 수 있다.
④ 징계위원회가 해원에 대한 징계사항을 심사한 때에는 징계위원회 위원이 날인한 징계심사 서류 및 회의록을 작성하여야 한다.

육지로부터 고립된 생활을 하는 선박공동체의 질서유지와 공동의 안전에 위험을 주는 해원의 질서문란 행위에 대하여 선장에게 징계권을 부여하고 있다. 다만, 징계권의 남용을 방지하기 위하여 징계사유와 징계절차를 법과 시행규칙에서 엄격하게 제한하고 있다.

2. 위험물 등에 대한 조치

흉기, 폭발하거나 불붙기 쉬운 물건, 「화학물질관리법」에 따른 유독물질과 그 밖의 위험한 물건을 가지고 승선한 사람은 즉시 선장에게 신고하여야 한다(법 제23조 제1항). 선장은 법 제23조 제1항에 따른 물건에 대하여 보관·폐기 등 필요한 조치를 할 수 있다(법 제23조 제2항). 선장은 해원이나 그 밖에 선박에 있는 사람이 인명이나 선박에 위해(危害)를 줄 우려가 있는 행위를 하려고 할 때에는 그 위해를 방지하는 데 필요한 조치를 할 수 있다(법 제23조 제3항).

선장은 선내에 있는 인명·재산을 포함한 선박공동체의 안전확보를 위하여 선박권력을 행사할 권한이 있는데, 그러한 권한의 하나로 위험방지를 위하여 필요한 강제조치를 취할 수 있도록 한 것이다. 법 제253 제1항과 제2항의 규정은 대물강제조치권, 제3항의 규정은 대인강제조치권에 관한 규정이다. 여기서 「위험물」이라 함은 흉기, 폭발하거나 불붙기 쉬운 물건, 「화학물질관리법」에 의한 유독물[41]과 같이 선박과 화물, 인명의 안전을 해할 수 있는 것을 말한다. 과거에는 "독약 또는 극약"이라고 하여 그 적용범위가 애매하였던 것을 「화학물질관리법」에 의한 유독물로 그 의미를 명확하게 하여 해석상 논란의 소지를 제거하였다. 또한 '위험물을 가지고 승선한 자'란 해원과 여객뿐만 아니라 그 이외의 자도 포함되며, 그 승선자가 위험물에 대하여 소유권을 가지고 있는지의 여부를 묻지 아니한다. 따라서 선장은 여객이 위험물을 사실상 점유하거나 지배력을 행사하고 있는 경우에도 강제조치권을 행사할 수 있다.[42] 대인강제조치권은 법 제23조 제3항의 규정의 선장의 위해방지조

---

41) 「유해화학물질관리법」에 의한 유독물이란 사람의 건강 또는 환경에 위해를 미칠 유해성이 있는 화학물질로서 대통령령이 정하는 지정기준에 따라 환경부장관이 정하여 고시한 것을 말한다(동법 제2조 제3호). 그러므로 그 범위는 환경부장관의 고시기준에 따라 달라질 수 있다.

42) 김동인, 「선원법(제2판)」, (법률문화원, 2006), 290-291쪽.

치권을 말하는데, 이에는 행정기관에 대한 원조요청권뿐만 아니라 위해행위자에 대한 구속권한도 포함된다고 보아야 한다.[43] 「선원법」에서는 그 수단을 제한하지 않고 있고, 「사법경찰관리의 직무를 행할 자와 그 직무범위에 관한 법률」 제7조는 '해선(연해항로 이상의 항로를 항행구역으로 하는 총톤수 20톤 이상 또는 積石數 200석 이상의 것) 내에서 발생하는 범죄에 관하여는 선장은 사법경찰관의 직무를, 사무장 또는 갑판부, 기관부, 사무부의 해원 중 선장의 지명을 받은 자는 사법경찰리의 직무를 행한다'라고 규정하고 있다(형사소송법 제200조의3 참조).[44]

3. 행정기관에 대한 원조 요청

선장은 해원이나 그 밖에 선박에 있는 사람의 행위가 인명이나 선박에 위해를 미치거나 선내 질서를 매우 어지럽게 할 때에는 관계 행정기관의 장에게 선내 질서의 유지 등을 위하여 필요한 원조를 요청할 수 있다(법 제24조 제1항). 선장으로부터 법 제24조 제1항에 따른 원조 요청을 받은 관계 행정기관의 장은 이에 협조하여야 한다(법 제24조 제2항).

원조요청권은 선박공동체 구성원의 자력으로 선내질서를 유지할 수 없는 경우에 국가공권력을 가진 행정기관에 원조요청을 함으로써 인명・선박・화물 등을 보호하는 제도로써, 선장의 대물강제조치권과 대인강제조치권 등에 실효성을 가지도록 하는 것이다.[45]

---

43) 여객선에 승선한 여객이 음주 후 선내질서를 문란하게 하는 행위를 한 경우에 선장은 여객의 국적을 불문하고 목적지 항에 다른 승객이 상륙할 때까지 당해 승객을 격리 또는 신체적 보호조치를 할 수 있다; 해양수산부, 「선원행정사례집」, 부산청선원, 33751-952, 1992.6.2.; 김동인, 「선원법(제2판)」, (법률문화원, 2006), 291쪽.

44)

「형사소송법」

제200조의3(긴급체포)
① 검사 또는 사법경찰관은 피의자가 사형・무기 또는 장기 3년이상의 징역이나 금고에 해당하는 죄를 범하였다고 의심할 만한 상당한 이유가 있고, 다음 각 호의 어느 하나에 해당하는 사유가 있는 경우에 긴급을 요하여 지방법원판사의 체포영장을 받을 수 없는 때에는 그 사유를 알리고 영장없이 피의자를 체포할 수 있다. 이 경우 긴급을 요한다 함은 피의자를 우연히 발견한 경우등과 같이 체포영장을 받을 시간적 여유가 없는 때를 말한다.
1. 피의자가 증거를 인멸할 염려가 있는 때
2. 피의자가 도망하거나 도망할 우려가 있는 때
② 사법경찰관이 제1항의 규정에 의하여 피의자를 체포한 경우에는 즉시 검사의 승인을 얻어야 한다.
③ 검사 또는 사법경찰관은 제1항의 규정에 의하여 피의자를 체포한 경우에는 즉시 긴급체포서를 작성하여야 한다.
④ 제3항의 규정에 의한 긴급체포서에는 범죄사실의 요지, 긴급체포의 사유등을 기재하여야 한다.

45) 김동인, 「선원법(제2판)」, (법률문화원, 2007), 293쪽.

4. 쟁의행위의 제한

선원은 다음 각 호의 어느 하나에 해당하는 경우에는 선원근로관계에 관한 쟁의행위를 하여서는 아니 된다(법 제25조).

1. 선박이 외국 항에 있는 경우
2. 여객선이 승객을 태우고 항해 중인 경우
3. 위험물 운송을 전용으로 하는 선박이 항해 중인 경우로서 위험물의 종류별로 해양수산부령으로 정하는 경우
4. 법 제9조에 따라 선장 등이 선박의 조종을 지휘하여 항해 중인 경우
5. 어선이 어장에서 어구를 내릴 때부터 냉동처리 등을 마칠 때까지의 일련의 어획작업 중인 경우
6. 그 밖에 선원근로관계에 관한 쟁의행위로 인명이나 선박의 안전에 현저한 위해를 줄 우려가 있는 경우

「선원법 시행규칙」

제17조(쟁의행위의 제한) 법 제25조 제3호에서 "위험물의 종류별로 해양수산부령으로 정하는 경우"란「위험물 선박운송 및 저장규칙」제3조에 규정된 위험물중 다음 각 호의 어느 하나에 해당하는 위험물을 적재하고 항행중인 경우를 말한다. 다만, 제1호 내지 제3호의 경우에는 당해 위험물을 적재하지 아니하고 항행중인 경우를 포함한다.
1. 고압가스
2. 인화성액체류
3. 방사성물질
4. 화약류
5. 산화성물질류
6. 부식성물질
7. 유해성물질

쟁의행위라 함은 동맹파업, 태업, 감속·서행, 직장폐쇄(lockout), 피키팅(picketing), 기타 근로관계의 당사자가 그의 주장을 관철할 목적으로 한 행위 및 이에 대항하는 행위로서 업무의 정상운영을 저해하는 것을 말한다. 원래 쟁의권의 행사는 무제한으로 인정되는 것이 아니므로「선원법」은 선박의 특수성을 참작하여 선원의 쟁의행위를 제한하고 있다.

선박이 외국에 있을 때 쟁의행위가 벌어지면 여론의 반향이 불분명하며 공정하고 신속한 쟁의조정이 매우 어렵고 때로는 불가능한 경우도 일어난다. 이때 선박소유자가 쟁의행위에 직장폐쇄로 대항하면, 하선할 수밖에 없는 선원의 주거 및 송환문제로 복잡하고 곤란

한 문제가 생기게 된다. 즉, 인명 또는 선박에 위해를 줄 경우에는 선원이 쟁의행위를 이유로 선장의 직무상 명령에 불복할 수 없다. 쟁의행위가 벌어지는 장소는 선박의 내부이든 외부이든 불문한다.[46] 법에 규정한 정당한 쟁의가 아닌 경우는 민사상 선박소유자 또는 하주에게 손해배상책임을 지게 되며, 형사상으로 업무상과실치사상죄[47] 또는 재물손괴죄[48]로 처벌받게 될 수도 있다.

5. 강제근로의 금지

선박소유자 및 선원은 폭행, 협박, 감금, 그 밖의 정신상 또는 신체상의 자유를 부당하게 구속하는 수단으로써 선원의 자유의사에 어긋나는 근로를 강요하지 못한다(법 제25조의2).

제3절 | 선원근로계약

제1관 의의

1. 개념

"선원근로계약"이란 선원은 승선(乘船)하여 선박소유자에게 근로를 제공하고 선박소유자는 근로에 대하여 임금을 지급하는 것을 목적으로 체결된 계약을 말한다(법 제2조 제9호).

46) 정영석「해사법규강의(제5판)」, (해인출판사, 2007), 232쪽 참조.

47)

형법
제268조 (업무상과실・중과실 치사상) 업무상 과실 또는 중대한 과실로 인하여 사람을 사상에 이르게 한 자는 5년 이하의 금고 또는 2천만원 이하의 벌금에 처한다.

48)

형법
제366조 (재물손괴등) 타인의 재물, 문서 또는 전자기록등 특수매체기록을 손괴 또는 은닉 기타 방법으로 기 효용을 해한 자는 3년이하의 징역 또는 700만원 이하의 벌금에 처한다.
제369조 (특수손괴) ① 단체 또는 다중의 위력을 보이거나 위험한 물건을 휴대하여 제366조의 죄를 범한 때에는 5년 이하의 징역 또는 1천만원 이하의 벌금에 처한다. ② 제1항의 방법으로 제367조의 죄를 범한 때에는 1년 이상의 유기징역 또는 2천만원 이하의 벌금에 처한다.

선원근로계약은 선박소유자와 선원의 합의에 의하여 성립되는 법률행위이고, 낙성·불요식계약이다. 또 선원근로관계는 선원근로계약의 체결만으로 성립된다.[49]

한편 선원근로계약의 유형은 여러 가지 기준으로 나눌 수 있지만, 해상근로의 특성상 선원의 근로·주거환경, 임금 등의 근로조건은 선박의 종류·크기·선령·운항형태·항로·업종 등에 따라 달라지고, 선원근로계약기간은 근로의 제공기간임과 동시에 선원의 고용보장기간이기 때문에 승무선의 특정 유무와 선원근로계약의 기간을 약정하는가의 유무로 구분하는 것이 일반적이다.[50] 이러한 기준에 따르면 ① 승무선 및 선원근로계약기간이 특정된 경우, ② 승무선은 특정되었으나 선원근로계약기간이 특정되지 않은 경우, ③ 선원근로계약기간은 특정되었으나 승무선은 특정되지 않은 경우, ④ 승무선 및 선원근로계약기간이 모두 특정되지 않은 경우로 나누어 볼 수 있다.[51]

선원근로계약의 유형에 따른 특징으로 볼 때, 승무선의 특정계약은 선박단위의 고용형태이고, 불특정계약은 선단단위의 고용형태이다. 그러므로 예비원 확보의무가 없는 3척 이하를 소유하고 있는 선박소유자나 어선의 선박소유자는 인건비 절감과 유능한 선원을 확보하기 위하여 승무선 및 선원근로계약기간이 특정된 계약을 선호할 것이고, 선단단위로 해상기업을 영위하는 선박소유자는 고용안정과 우수인력육성을 위하여 장기고용형태인 승무선 및 선원근로계약기간이 특정되지 않는 계약을 선호할 것이다.[52]

2. 당사자

선원근로계약의 당사자는 사용자인 선박소유자와 근로자인 선원이다.[53] 해원과의 선원근로계약은 선장이 선박소유자의 대리인으로 그를 대리하여 체결하는 경우도 있다(상법 제749조 제2항 참조).[54]

---

49) 대판 1968.5.28. 67다2422: 선박에 승무하는 해원의 고용은 선장 고유의 대리권에 속하는 것이므로 선원이 선장과 승선계약을 한 날짜에 회사에 입사한 것으로 보아야 할 것이지 그 후의 인사명령에 의하여 정식으로 발령된 날에 입사한 것으로 볼 것이 아니다.

50) 서병기,「개정선원법해설」, (해사문제연구소, 1987), 14-20쪽 참조.

51) 김동인,「선원법(제2판)」, (법률문화원, 2007), 332-333쪽 참조.

52) 김동인,「선원법(제2판)」, (법률문화원, 2007), 334쪽.

53) 대법원 1968.5.28. 선고 67다2422 판결 :「상법」제773조에 의하면 선박에 승무하는 해원의 고용은 선장의 고유의 대리권에 속하는 것이므로 선장이 기관사의 채용 알선을 한 것이 아니고, 동 선장과 일등기관사 사이에 1953년 12월 5일 승선계약이 체결되어 그날 부산해사국의 공인을 받은 후 1953년 12월 11일 회사의 총재에 의하여 기관사가 선박의 1등 기관사로 정식발령되었다면 다른 특별한 사정이 없는 이상 일등기관사는 위 선장에 의하여 고용된 1953년 12월 5일에 회사에 입사한 것으로 보아야 한다.

54)

「상법」

법은 미성년자가 선원근로계약을 체결하는 경우에 관하여 특별규정을 두고 있다. 즉, 미성년자를 보호한다는 취지에서 미성년자가 선원이 되고자 하는 경우에는 법정대리인의 동의를 얻도록 규정하고 있다(법 제90조 제1항). 그러나 일단 선원이 되는 데 대하여 법정대리인의 동의를 얻은 미성년자는 구체적인 계약 내용의 합의 등 선원근로계약에 관하여는 성년자와 동일한 능력을 가지게 되므로 다시 법정대리인의 동의가 필요한 것은 아니다(법 제90조 제2항).

제2관 선원근로계약의 원칙

1. 「선원법」 위반의 효과

가. 「선원법」 위반의 계약

이 법에서 정한 기준에 미치지 못하는 근로조건을 정한 선원근로계약은 그 부분만 무효로 한다. 이 경우 그 무효 부분은 이 법에서 정한 기준에 따른다(법 제26조).

법에서 정한 임금・근로시간 그 밖의 근로조건의 기준은 선박소유자가 선원을 고용하는 최저기준으로 정한 것이므로 강행규정으로서의 효력을 가진다. 「민법」의 일반원칙에 의하면 계약의 주된 내용이 무효인 경우에는 계약 전체가 무효로 되며, 계약의 일부가 무효인 경우에는 그 무효로 된 부분만이 공백으로 되기 때문에(민법 제137조 참조), 법 제68조 제2문에서는 무효부분의 보충규정을 두어 위법한 계약에 의하여 근로조건이 불명확하게 되는 것을 입법적으로 해결하고자 한 것이다.[55)]

나. 근로조건의 위반

선원은 선원근로계약에 명시된 근로조건이 사실과 다른 경우에는 선원근로계약을 해지하고, 근로조건 위반에 따른 손해배상을 선박소유자에게 청구할 수 있다(법 제28조 제1항). 법 제28조 제1항에 따라 손해배상을 청구하려는 선원은 선원노동위원회에 신청하여 근로조건 위반 여부에 대하여 선원노동위원회의 인정을 받을 수 있다(법 제28조 제2항).

제749조(대리권의 범위)
① 선적항 외에서는 선장은 항해에 필요한 재판상 또는 재판 외의 모든 행위를 할 권한이 있다.
② 선적항에서는 선장은 특히 위임을 받은 경우 외에는 해원의 고용과 해고를 할 권한만을 가진다.

55) 정영석 「해사법규강의(제5판)」, (해인출판사, 2007), 237쪽 참조.

2. 근로조건의 명시 등

선박소유자는 선원근로계약을 체결할 때 선원에 대하여 임금, 근로시간 및 그 밖의 근로조건을 구체적으로 밝혀야 한다. 선원근로계약을 변경하는 경우에도 또한 같다(법 제27조 제1항). 선박소유자는 선원근로계약을 체결할 때 선원이 원하는 경우에는 선원근로계약의 내용에 대하여 검토하고 자문을 받을 수 있는 기회를 주어야 한다. 선원근로계약을 변경하는 경우에도 또한 같다(법 제27조 제2항).

근로조건은 사실상 선박소유자가 일방적으로 정하고 선원은 다만 이에 따를 수 밖에 없는 경우가 많다. 그러므로 근로조건을 선원에게 충분히 알려서, 선원이 부당한 근로조건 하에서 어쩔 수 없이 일하는 사례가 생기지 않도록 선박소유자에게 명시의무를 지운 것이다. 명시할 내용에 관한 규정은 없으나, 근로계약기간, 직무에 관한 사항, 임금·근로시간·휴가·퇴직·해고·예비원제도 등이 이에 해당하며 구체적인 내용을 선원이 알 수 있도록 하여야 한다.[56)]

3. 금지행위

가. 위약금 등의 예정 금지

선박소유자는 선원근로계약의 불이행에 대한 위약금이나 손해배상액을 미리 정하는 계약을 체결하지 못한다(법 제29조).

「근로기준법」 제20조의 위약예정의 금지[57)]와 같은 취지의 규정으로써, 선원이 자기의 의사에 반하여 노동을 강제 당하거나 선박소유자에게 예속 당하는 사태를 방지하기 위한 것이다. 「위약금」이란 선원이 근로계약에 의한 근로제공의무를 이행하지 않은 경우, 그로 인한 손해발생의 여부를 묻지 않고 사용자가 근로자 본인, 친권자 또는 신원보증인으로부터 미리 약정한 일정금액을 지급받는 위약벌을 의미한다. '손해배상액의 예정'이라 함은 위약금과는 달리 제재로서가 아니라 손해배상을 명목으로 하되, 손해발생사실과 손해액과의 인과관계에 대한 입증을 필요로 하지 않고 일정한 금액을 지급 받는 것을 말한다. 선원의 위약금 또는 손해배상액의 예정을 금지하는 것은 선원이 장차 근로계약을 불이행함으로써 선박소유자에게 피해가 발생할 것을 대비하여 미리 일정액의 손해액 등을 지급할 것을 약정

56) 정영석 「해사법규강의(제5판)」, (해인출판사, 2007), 238쪽 참조.

57)

「근로기준법」
제20조(위약 예정의 금지) 사용자는 근로계약 불이행에 대한 위약금 또는 손해배상액을 예정하는 계약을 체결하지 못한다.

하는 계약을 금지하는 것이다.

선원의 불법행위나 채무불이행으로 인하여 실제 손해가 발생한 경우에 선박소유자가 선원에게 손해배상청구를 할 수 없다고 하는 것은 아니다. 선박소유자가 선원의 불법행위로 인하여 직접 손해를 입었거나 그 피해자에게 사용자로서 손해배상책임을 부담한 경우에는 그 선원에게 구상권을 행사할 수 있다고 보아야 한다.[58]

나. 강제저축 등의 금지

선박소유자는 선원근로계약에 부수하여 강제저축 또는 저축금 관리를 약정하는 계약을 체결하지 못한다(법 제30조).

「근로기준법」 제22조의 강제저금의 금지[59]와 같은 취지의 규정으로 동조 제2항과 같은 예외규정을 설정하지 않았기 때문에 강제저축 등을 완전히 금지하고 있다는 점에서 「근로기준법」에 비하여 더 강력히 금지하고 있다고 본다. 강제저축은 선원의 저축 장려, 낭비의 방지 등을 위하여 행하여진다 하더라도 한편으로는 선원의 직장이동을 어렵게 하고, 또한 선박소유자가 선원의 저축금을 사업에 유용하여 그 반환을 어렵게 하거나 불가능하게 하는 등의 위험이 있으므로 원칙적으로 이를 금지하고 있다.[60]

다. 상계의 제한

선박소유자는 선원에 대한 채권과 임금지급의 채무를 상계(相計)하지 못한다. 다만, 상계금액이 통상임금의 3분의 1을 초과하지 아니하는 경우에는 그러하지 아니하다(법 제31조).

「선원법 시행규칙」
제18조(채권채무의 상계보고) 선박소유자는 법 제31조 단서에 따라 선원에 대한 채권과 임금지급의 채무를 상계한 때에는 지체없이 그 내용을 지방해양항만관청에 보고하여야 한다.

58) 정영석 「해사법규강의(제5판)」, (해인출판사, 2007), 239-240쪽 참조.

59)

「근로기준법」
제22조(강제 저금의 금지) ① 사용자는 근로계약에 덧붙여 강제 저축 또는 저축금의 관리를 규정하는 계약을 체결하지 못한다. ② 사용자가 근로자의 위탁으로 저축을 관리하는 경우에는 다음 각 호의 사항을 지켜야 한다. 1. 저축의 종류 · 기간 및 금융기관을 근로자가 결정하고, 근로자 본인의 이름으로 저축할 것 2. 근로자가 저축증서 등 관련 자료의 열람 또는 반환을 요구할 때에는 즉시 이에 따를 것

60) 정영석 「해사법규강의(제5판)」, (해인출판사, 2007), 239쪽 참조.

상계(相計)라 함은 채무자가 그의 채권자에 대하여 역시 같은 종류의 채권(예를 들면 금전 채권 등)을 가지고 있는 경우에 그 채권과 채무를 대등액에서 소멸시키는 의사표시이다(민법 제492조 참조). 「근로기준법」 제21조[61]에서는 전차금(前借金)과 임금과의 상계를 전면적으로 금지함으로써, 금전대차관계와 근로관계를 완전히 분리하고 있으며, 이는 금전대차관계에서 생기는 분신적 구속의 폐단을 방지하는 데 그 목적이 있다.[62] 그러나 「선원법」은 해상노동의 특수성을 고려하여 장기항해를 시작하는 선원의 출항 전의 준비금이나 한꺼번에 지출할 필요가 있는 경비를 고리의 자금으로부터 조달해야 하는 폐단을 방지하기 위하여 상계를 전면적으로 금지하지는 않고 통상임금의 3분의 1까지는 허용하고 있다.[63]

제3관 선원근로계약의 해지와 종료

1. 선원근로계약의 해지 등의 제한

선박소유자는 정당한 사유 없이 선원근로계약을 해지하거나 휴직, 정직, 감봉 및 그 밖의 징벌을 하지 못한다(법 제32조 제1항).

선박소유자는 다음 각 호의 어느 하나에 해당하는 기간 동안은 선원근로계약을 해지하지 못한다. 다만, 천재지변이나 그 밖의 부득이한 사유로 사업을 계속할 수 없는 경우로서 선원노동위원회의 인정을 받았을 때와 선박소유자가 법 제98조에 따른 일시보상을 하였을 때에는 그러하지 아니하다(법 제32조 제2항).[64]

1. 선원이 직무상 부상의 치료 또는 질병의 요양을 위하여 직무에 종사하지 아니한 기간과 그 후 30일

---

61)

「근로기준법」
제21조(전차금 상계의 금지) 사용자는 전차금(前借金)이나 그 밖에 근로할 것을 조건으로 하는 전대(前貸)채권과 임금을 상계하지 못한다.

62) 박상필, 「한국노동법(전정판)」, (대왕사, 1993), 184쪽.

63) 정영석 「해사법규강의(제5판)」, (해인출판사, 2007), 240쪽 참조.

64) 대법원 2001.6.12, 선고, 2001다13044, 판결 : [1] 선원이 「선원법 시행규칙」 [별표 3] 선원건강진단판정기준표에서 규정하고 있는 건강진단 합격판정기준에 미달하여 선박에 승무할 수 없게 되었다는 사정만으로는 선원근로계약이 자동 종료된다고 볼 수 없다.
[2] 「선원법」 제34조 제2항 제1호는 선박소유자는 선원이 직무상 부상 또는 질병의 요양을 위하여 직무에 종사하지 아니하는 기간 및 그 후 30일간은 선원근로계약을 해지할 수 없다고 규정하고 있는바, 위와 같이 선원근로계약의 해지를 제한하는 취지는 선원이 업무상의 재해로 인하여 노동력을 상실하고 있는 기간과 노동력을 회복하기에 상당한 그 후의 30일간은 선원을 실직의 위협으로부터 절대적으로 보호하고자 함에 있는 것이므로 선박소유자가 이에 위반하여 선원을 해고한 경우에는 위법한 해고로서 무효라고 할 것이고, 해고 후 위 기간의 경과로 인하여 무효였던 해고가 유효로 될 수도 없다.

2. 산전・산후의 여성선원이 「근로기준법」 제74조[65]에 따라 작업에 종사하지 아니한 기간과 그 후 30일

선박소유자는 정당한 사유 없이 선원근로계약을 해지할 수 없을 뿐만 아니라, 법 제32조 제2항의 규정에 의하여 계약해지권이 인정되는 경우에도 ① 선원의 직무상 부상 또는 질병의 요양이나, ② 여자선원의 출산 전후휴가 및 회복휴가 등 임산부의 보호 규정에 의한 휴가기간 중에는 선원근로계약을 해지하지 못하도록 하고 있다. 이는 계약해지 후 재취업이 어려울 뿐만 아니라 생계의 위협을 받을 수도 있고 여성선원의 경우에는 출산 장려등의 정책적 고려가 필요하기 때문이다.[66]

그러나 「선원법」은 다음과 같은 두 가지의 예외규정을 두고 있다.

첫째, 천재・지변 기타 부득이한 사유로 사업을 계속할 수 없는 경우에 선원노동위원회의 승인을 얻어 선원근로계약을 해지할 수 있도록 하고 있다. 이때 사업이 불가능한 경우로는 천재・지변 기타 이에 준하는 불가항력적인 것이어야 하므로, 홍수・지진・전쟁・화재 등 뜻밖의 재난을 말하며, 그러한 사유가 아닌 기업경영의 부실 등은 여기에 해당하지 아니한다.

---

65)

「근로기준법」

제74조(임산부의 보호)
① 사용자는 임신 중의 여성에게 출산 전과 출산 후를 통하여 90일(한 번에 둘 이상 자녀를 임신한 경우에는 120일)의 출산전후휴가를 주어야 한다. 이 경우 휴가 기간의 배정은 출산 후에 45일(한 번에 둘 이상 자녀를 임신한 경우에는 60일) 이상이 되어야 한다.
② 사용자는 임신 중인 여성 근로자가 유산의 경험 등 대통령령으로 정하는 사유로 제1항의 휴가를 청구하는 경우 출산 전 어느 때 라도 휴가를 나누어 사용할 수 있도록 하여야 한다. 이 경우 출산 후의 휴가 기간은 연속하여 45일(한 번에 둘 이상 자녀를 임신한 경우에는 60일) 이상이 되어야 한다.
③ 사용자는 임신 중인 여성이 유산 또는 사산한 경우로서 그 근로자가 청구하면 대통령령으로 정하는 바에 따라 유산・사산 휴가를 주어야 한다. 다만, 인공 임신중절 수술(「모자보건법」 제14조제1항에 따른 경우는 제외한다)에 따른 유산의 경우는 그러하지 아니하다.
④ 제1항부터 제3항까지의 규정에 따른 휴가 중 최초 60일(한 번에 둘 이상 자녀를 임신한 경우에는 75일)은 유급으로 한다. 다만, 「남녀고용평등과 일・가정 양립 지원에 관한 법률」 제18조에 따라 출산전후휴가급여 등이 지급된 경우에는 그 금액의 한도에서 지급의 책임을 면한다.
⑤ 사용자는 임신 중의 여성 근로자에게 시간외근로를 하게 하여서는 아니 되며, 그 근로자의 요구가 있는 경우에는 쉬운 종류의 근로로 전환하여야 한다.
⑥ 사업주는 제1항에 따른 출산전후휴가 종료 후에는 휴가 전과 동일한 업무 또는 동등한 수준의 임금을 지급하는 직무에 복귀시켜야 한다.
⑦ 사용자는 임신 후 12주 이내 또는 36주 이후에 있는 여성 근로자가 1일 2시간의 근로시간 단축을 신청하는 경우 이를 허용하여야 한다. 다만, 1일 근로시간이 8시간 미만인 근로자에 대하여는 1일 근로시간이 6시간이 되도록 근로시간 단축을 허용할 수 있다.
⑧ 사용자는 제7항에 따른 근로시간 단축을 이유로 해당 근로자의 임금을 삭감하여서는 아니 된다.
⑨ 제7항에 따른 근로시간 단축의 신청방법 및 절차 등에 필요한 사항은 대통령령으로 정한다.

66) 정영석 「해사법규강의(제5판)」, (해인출판사, 2007), 241쪽 참조.

둘째, 직무상 부상이나 질병으로 요양보상(법 제94조 제1항) 및 상병수당(법 제96조 제1항)을 받고 있는 선원이 2년이 지나도 그 부상이나 질병이 치유되지 아니하는 경우에 「산업재해보상보험법」에 따른 제1급 장해보상에 상당하는 금액을 일시보상한 후 선원근로계약을 해지할 수 있도록 하고 있다(법 제98조).

2. 선원근로계약 해지의 예고

선박소유자는 선원근로계약을 해지하려면 30일 이상의 예고기간을 두고 서면으로 그 선원에게 알려야 하며, 알리지 아니하였을 때에는 30일분 이상의 통상임금을 지급하여야 한다. 다만, 다음 각 호의 어느 하나에 해당하는 경우에는 그러하지 아니하다(법 제33조 제1항).[67]

1. 선박소유자가 천재지변, 선박의 침몰・멸실 또는 그 밖의 부득이한 사유로 사업을 계속할 수 없는 경우로서 선원노동위원회의 인정을 받은 경우
2. 선원이 정당한 사유 없이 하선한 경우
3. 선원이 법 제22조 제3항에 따라 하선 징계를 받은 경우

선원은 선원근로계약을 해지하려면 30일의 범위에서 단체협약, 취업규칙 또는 선원근로계약에서 정한 예고기간을 두고 선박소유자에게 알려야 한다(법 제33조 제2항).

선박소유자는 법 제33조 제1항 각호가 정하는 정당한 사유가 없는 한 선원근로계약을 해지할 수 없도록 제한하여 선원을 보호하는 반면 선원은 선원근로계약을 자유로이 해지할 수 있도록 하였다. 다만, 선원근로계약의 해지에 관한 사항 중 「선원법」에 정하지 않은 사항은 「민법」의 규정(민법 제658조 내지 제661조)에 따라야 한다. 그러므로 선원근로계약의 해지로 인하여 상대방에게 손해를 입혔을 경우에는 민사상 손해배상의무를 부담할 수도 있다(민법 제661조).

선원근로계약 해지는 크게 다음과 같은 두 가지로 구분할 수 있다.[68]

---

67) 대법원 2001.6.12, 선고, 2001다13044, 판결 : [1] 선원이 「선원법 시행규칙」 [별표 3] 선원건강진단판정기준표에서 규정하고 있는 건강진단 합격판정기준에 미달하여 선박에 승무할 수 없게 되었다는 사정만으로는 선원근로계약이 자동 종료된다고 볼 수 없다.

[2] 「선원법」 제34조 제2항 제1호는 선박소유자는 선원이 직무상 부상 또는 질병의 요양을 위하여 직무에 종사하지 아니하는 기간 및 그 후 30일간은 선원근로계약을 해지할 수 없다고 규정하고 있는바, 위와 같이 선원근로계약의 해지를 제한하는 취지는 선원이 업무상의 재해로 인하여 노동력을 상실하고 있는 기간과 노동력을 회복하기에 상당한 그 후의 30일간은 선원을 실직의 위협으로부터 절대적으로 보호하고자 함에 있는 것이므로 선박소유자가 이에 위반하여 선원을 해고한 경우에는 위법한 해고로서 무효라고 할 것이고, 해고 후 위 기간의 경과로 인하여 무효였던 해고가 유효로 될 수도 없다.

68) 신동진, 「근로기준법(개정판)」, (중앙경제, 2009), 132-133쪽 참조.

첫째, 선박소유자는 1차적으로 「선원법」 제33조 제1항에 의거한 정당한 사유 등에 의한 해고권의 제한을 받고, 「선원법」에서 정하지 않은 사항에 대해서는 「민법」의 제한을 받는다.

둘째, 선원이 선원근로계약을 해지하는 경우에는 「선원법」에 달리 정하는 바가 없기 때문에 평등한 고용계약의 당사자로서 「민법」의 제한만을 받는다. 다만, 상대적 약자인 선원의 고용을 보호한다는 법의 취지를 감안하면, 선원의 일방적인 해지에 관한 「민법」의 규정을 원용하더라도, 중도에 일방적인 해지를 할 수밖에 없는 부득이한 사유가 있었는지, 계약해지를 전후해 사전통보 등 신의성실을 다했는지 여부 등을 고려하여 종합적으로 판단해야 한다.

선박소유자가 선원근로계약을 해지하고자 하는 때에는 적어도 30일 이상의 예고기간을 두고 서면으로 그 선원에게 알려야 하며, 만약 30일전에 예고하지 아니한 경우에는 30일분 이상의 통상임금을 지급하도록 규정함으로써 선원의 생활안정을 도모하였다.

「근로기준법」 제26조[69]에서도 30일전에 예고하지 아니하고 근로계약을 해지한 경우에는 30일분 이상의 통상임금을 지급하도록 규정하고 있는데, 「선원법」 제33조 제1항은 「근로기준법」의 내용을 수용하여 선원의 생활안정을 도모하도록 하고 있다. 또한 같은 조 제2항에서는 선원이 선원근로계약을 해지할 경우에도 선박소유자에게 사전에 알려야 하며, 예고기간은 30일의 범위 안에서 단체협약·취업규칙 또는 선원근로계약으로 정하도록 규정하고 있는데, 이는 선원수급의 어려움과 특수성을 감안한 규정으로 「근로기준법」에는 없는 조항이다.

3. 정당한 사유 없는 해지 등의 구제신청

선박소유자가 법 제32조 제1항을 위반하여 선원에 대하여 정당한 사유 없이 선원근로계약을 해지하거나 휴직, 정직, 감봉 또는 그 밖의 징벌을 하였을 경우에는 그 선원은 선원노동위원회에 그 구제를 신청할 수 있다(법 제34조 제1항). 법 제34조 제1항에 따른 구제신청, 심사절차 등에 관하여는 「노동조합 및 노동관계조정법」 제82조부터 제86조(제85조 제5항

---

69)

「근로기준법」

제26조(해고의 예고) 사용자는 근로자를 해고(경영상 이유에 의한 해고를 포함한다)하려면 적어도 30일 전에 예고를 하여야 하고, 30일 전에 예고를 하지 아니하였을 때에는 30일분 이상의 통상임금을 지급하여야 한다. 다만, 천재·사변, 그 밖의 부득이한 사유로 사업을 계속하는 것이 불가능한 경우 또는 근로자가 고의로 사업에 막대한 지장을 초래하거나 재산상 손해를 끼친 경우로서 고용노동부령으로 정하는 사유에 해당하는 경우에는 그러하지 아니하다.

은 제외한다)까지의 규정을 준용한다(법 제34조 제2항).

「노동조합 및 노동관계조정법」

第82조(구제신청)

① 사용자의 부당노동행위로 인하여 그 권리를 침해당한 근로자 또는 노동조합은 노동위원회에 그 구제를 신청할 수 있다.

②제1항의 규정에 의한 구제의 신청은 부당노동행위가 있은 날(계속하는 행위는 그 종료일)부터 3월 이내에 이를 행하여야 한다.

第83조(조사등)

① 노동위원회는 제82조의 규정에 의한 구제신청을 받은 때에는 지체없이 필요한 조사와 관계 당사자의 심문을 하여야 한다.

②노동위원회는 제1항의 규정에 의한 심문을 할 때에는 관계 당사자의 신청에 의하거나 그 직권으로 증인을 출석하게 하여 필요한 사항을 질문할 수 있다.

③노동위원회는 제1항의 규정에 의한 심문을 함에 있어서는 관계 당사자에 대하여 증거의 제출과 증인에 대한 반대심문을 할 수 있는 충분한 기회를 주어야 한다.

④제1항의 규정에 의한 노동위원회의 조사와 심문에 관한 절차는 중앙노동위원회가 따로 정하는 바에 의한다.

第84조(구제명령)

① 노동위원회는 제83조의 규정에 의한 심문을 종료하고 부당노동행위가 성립한다고 판정한 때에는 사용자에게 구제명령을 발하여야 하며, 부당노동행위가 성립되지 아니한다고 판정한 때에는 그 구제신청을 기각하는 결정을 하여야 한다.

②제1항의 규정에 의한 판정・명령 및 결정은 서면으로 하되, 이를 당해 사용자와 신청인에게 각각 교부하여야 한다.

③관계 당사자는 제1항의 규정에 의한 명령이 있을 때에는 이에 따라야 한다.

第85조(구제명령의 확정)

① 지방노동위원회 또는 특별노동위원회의 구제명령 또는 기각결정에 불복이 있는 관계 당사자는 그 명령서 또는 결정서의 송달을 받은 날부터 10일 이내에 중앙노동위원회에 그 재심을 신청할 수 있다.

②제1항의 규정에 의한 중앙노동위원회의 재심판정에 대하여 관계 당사자는 그 재심판정서의 송달을 받은 날부터 15일 이내에 행정소송법이 정하는 바에 의하여 소를 제기할 수 있다.

③제1항 및 제2항에 규정된 기간내에 재심을 신청하지 아니하거나 행정소송을 제기하지 아니한 때에는 그 구제명령・기각결정 또는 재심판정은 확정된다.

④제3항의 규정에 의하여 기각결정 또는 재심판정이 확정된 때에는 관계 당사자는 이에 따라야 한다.

⑤사용자가 제2항의 규정에 의하여 행정소송을 제기한 경우에 관할법원은 중앙노동위원회의 신청에 의하여 결정으로써, 판결이 확정될 때까지 중앙노동위원회의 구제명령의 전부 또는 일부를 이행하도록 명할 수 있으며, 당사자의 신청에 의하여 또는 직권으로 그 결정을 취소할 수 있다.

第86조(구제명령등의 효력) 노동위원회의 구제명령・기각결정 또는 재심판정은 제85조의 규정에 의한 중앙노동위원회에의 재심신청이나 행정소송의 제기에 의하여 그 효력이 정지되지 아니한다.

이 조항은 선박소유자가 정당한 사유 없이 선원근로계약을 해지한 경우에 선원의 권익보호를 위하여 선원이 선원노동위원회에 구제신청을 할 수 있는 절차를 마련하였다는데 의의가 있다. 「근로기준법」 제28조[70]에서도 정당한 사유 없는 근로계약해지 등에 대한 구제절차를 규정하고 있다. 「선원법」 제34조는 선원의 권익보호를 위하여 「근로기준법」의 내용을 수용한 것이다.

4. 선원근로계약의 존속

선원근로계약이 선박의 항해 중에 종료할 경우에는 그 계약은 선박이 다음 항구에 입항하여 그 항구에서 부릴 화물을 모두 부리거나 내릴 여객이 다 내릴 때까지 존속하는 것으로 본다(법 제35조 제1항). 선박소유자는 승선・하선 교대에 적당하지 아니한 항구에서 선원근로계약이 종료할 경우에는 30일을 넘지 아니하는 범위에서 승선・하선 교대에 적당한 항구에 도착하여 그 항구에서 부릴 화물을 모두 부리거나 내릴 여객이 다 내릴 때까지 선원근로계약을 존속시킬 수 있다(법 제35조 제2항).

선원근로계약의 종료시점에 대한 특례규정으로서 종료된 선원근로계약을 연장함으로써 선박공동체의 안전을 확보하고, 선원의 근로보호와 선박소유자 및 적하이해관계인 등의 이익을 보호하기 위한 것이다. 선장의 경우에 「선원법」 제35조 이외에도 「상법」 제747조[71]에 의하여 선원근로계약이 연장될 수 있다. 「적당한 지」의 판단은 그 항구와 본국 간의 거리, 교통사정, 승하선교대에 소요되는 시간과 비용 등 여러 가지를 종합적으로 고려하여 판단해야 할 것이다.

종료된 선원근로계약은 동일한 조건으로 연장기간이 종료할 때까지 존속하게 된다. 연장된 기간에 대하여 선박소유자는 선원에게 근로의 제공을 요구할 수 있다. 또 선원은 선박소유자에게 임금 등을 청구할 수 있고, 그 연장기간은 계속근로년수에 포함된다.

연장된 선원근로계약은 한시적인 성질을 가지고 있으므로 그 기간이 만료되면 선원근

---

70)

「근로기준법」
제28조(부당해고등의 구제신청) ① 사용자가 근로자에게 부당해고등을 하면 근로자는 노동위원회에 구제를 신청할 수 있다. ② 제1항에 따른 구제신청은 부당해고등이 있었던 날부터 3개월 이내에 하여야 한다.

71)

「상법」
제747조(선장의 계속직무집행의 책임) 선장은 항해 중에 해임 또는 임기가 만료된 경우에도 다른 선장이 그 업무를 처리할 수 있는 때 또는 그 선박이 선적항에 도착할 때까지 그 직무를 집행할 책임이 있다.

로관계는 당사자의 의사표시에 관계없이 자동 종료된다. 그러므로 선원근로관계의 종료에 따른 권리행사의 기산점 등도 이를 기준으로 하여야 한다.[72]

5. 선원근로계약 종료의 특례

상속 등 포괄승계에 의한 경우를 제외하고 선박소유자가 변경된 경우에는 옛 선박소유자와 체결한 선원근로계약은 종료하며, 그때부터 새로운 선박소유자와 선원 간에 종전의 선원근로계약과 같은 조건의 새로운 선원근로계약이 체결된 것으로 본다. 다만, 새로운 선박소유자나 선원은 72시간 이상의 예고기간을 두고 서면으로 알림으로써 선원근로계약을 해지할 수 있다(법 제36조).[73]

상속 또는 포괄승계 이외에 선박의 매각·증여 등에 의한 선박소유자의 변경의 경우(이른바 단순승계의 경우)에 「민법」 제657조 제1항[74]에 의하면 사용자는 근로자의 동의 없이 그 권리를 제3자에게 양도할 수 없으므로 선원의 동의가 없는 한 신소유자는 선원근로계약을 승계할 수 없다. 그러나 법은 선박항행의 원활과 선원의 고용안정을 도모하기 위하여 「민법」 제657조 제1항을 배제하고 새로운 소유자와 선원 사이에 종전과 같은 조건의 선원근로계약이 체결된 것으로 본다.

한편 이와 같은 선원근로계약 존속의 의제가 반드시 당사자에게 유리하다고만 볼 수는 없으므로 법은 이 경우 당사자의 의사를 존중하여 72시간 이상의 예고기간을 두고 각 당사자는 서면으로 통지함으로써 계약을 해지할 수 있도록 하였다.

그리고 상속이나 회사의 합병과 같은 포괄승계의 경우를 선원근로계약의 종료사유에서 제외한 것은, 근로관계는 본래 특정한 선박소유자와의 관계라기보다는 기업 자체와 결

72) 같은 의견, 김동인, 「선원법(제2판)」, (법률문화원, 2007), 722쪽.

73) 대법원 2008.4.24, 선고, 2008도618, 판결 : 「선원법」 제37조 제3항은 "상속 또는 포괄승계에 의한 경우를 제외하고는 선박 소유자가 변경된 경우에는 구 소유자와의 선원근로계약은 종료되며 그 때부터 신 소유자와 선원 간에 종전의 선원근로계약과 같은 조건의 새로운 선원근로계약이 체결된 것으로 본다. 이 경우 신 소유자 또는 선원은 72시간 이상의 예고기간을 두고 서면으로 통지함으로써 선원근로계약을 해지할 수 있다."고 규정하고 있는바, 이에 의하면 주식회사 동신이엠씨와 김종래 등 이 사건 선박의 선원들 사이의 각 선원근로계약은 주식회사 동진이엠씨가 이 사건 선박을 주식회사 에이취케이마린에게 매각함으로써 종료되었고, 그 후 피고인이 김종래 등 이 사건 선박의 선원들에게 한 해고통지는 「선원법」 제37조 제3항에 의하여 선원근로계약이 종료되었음을 통지하는 의미를 가질 뿐이므로, 피고인이 이러한 취지의 해고통지를 함에 있어 단체협약에서 정한 해고절차를 준수하여야 한다고 볼 수는 없다.

74)

「민법」
제657조 (권리의무의 전속성) ① 사용자는 노무자의 동의없이 그 권리를 제삼자에게 양도하지 못한다. ② 노무자는 사용자의 동의없이 제3자로 하여금 자기에 가름하여 노무를 제공하게 하지 못한다. ③ 당사자일방이 전2항의 규정에 위반한 때에는 상대방은 계약을 해지할 수 있다.

합한 것으로 보아야 할 것이므로 기업이 실질적으로 동일성을 유지하는 한 근로관계는 새로운 선박소유자와의 사이에 존속하는 것으로 보는 것이 합리적이기 때문이다.

제4관 선원근로계약 종료에 따른 선원의 보호

1. 의의

선원근로계약이 종료하면 선원은 실직하게 되므로, 사회정책적 배려에서 선원에게 책임을 돌릴 수 없는 사유로 계약이 종료 또는 해지된 경우에는 선박소유자로 하여금 실업수당을 지급하도록 하고, 선원의 송환의무와 송환수당의 지급의무를 선박소유자에게 지우고 있다. 그 밖에 선원이 퇴직하는 경우에 대비하여 법은 선박소유자로 하여금 금품청산을 하고 또한 소정의 퇴직금을 지급하는 제도를 마련하도록 규정하고 있다.

2. 실업수당

선박소유자는 다음 각 호의 어느 하나에 해당하는 경우에는 선원에게 법 제55조에 따른 퇴직금 외에 통상임금의 2개월분에 상당하는 금액을 실업수당으로 지급하여야 한다(법 제37조).

1. 선박소유자가 선원에게 책임을 돌릴 사유가 없음에도 불구하고 선원근로계약을 해지한 경우
2. 선원근로계약에서 정한 근로조건이 사실과 달라 선원이 선원근로계약을 해지한 경우
3. 선박의 침몰, 멸실 또는 그 밖의 부득이한 사유로 사업을 계속할 수 없어 선원근로계약을 해지한 경우

제1호의 '선원에게 책임 없는 사유'라 함은 「선원법」 제33조 제1항 1호에서 규정한 '천재지변, 선박의 침몰·멸실 그밖의 부득이한 사유로 사업을 계속할 수 없는 경우로서 선원노동위원회의 인정을 받고 선원근로계약을 해지한 경우' 등을 들 수 있다. 제2호는 선원에게 책임이 없을 뿐만 아니라 선박소유자가 근로조건을 위반하였으므로 선원은 선원근로계약을 해지하는 외에 근로조건의 위반으로 인한 손해배상을 선박소유자에게 청구할 수 있다(법 제28조 제1항). 이때 손해배상을 청구하고자 하는 선원은 선원노동위원회에 신청하여 근로조건의 위반여부에 대한 인정을 받을 수 있다(법 제28조 제2항).

실업수당은 「선원법」 제정 당시의 실업수당과 퇴직수당을 합한 개념으로 선원에게 책임을 돌릴 수 없는 사유로 인하여 선원근로계약이 해지된 경우에 지급된다는 점에서 실업

에 대한 보상적 성격과 함께 퇴직에 따른 위로금적인 성격도 가지고 있다.[75]

3. 송환과 송환수당

가. 송환의무

선박소유자는 선원이 거주지 또는 선원근로계약의 체결지가 아닌 항구에서 하선하는 경우에는 선박소유자의 비용과 책임으로 선원의 거주지 또는 선원근로계약의 체결지 중 선원이 원하는 곳까지 지체 없이 송환하여야 한다. 다만, 선원의 요청에 의하여 송환에 필요한 비용을 선원에게 지급할 경우에는 그러하지 아니하다(법 제38조 제1항).

나. 송환비용

선박소유자는 법 제38조 제1항에도 불구하고 다음 각 호의 어느 하나에 해당하는 경우에는 송환에 든 비용을 선원에게 청구할 수 있다. 다만, 선박소유자는 6개월 이상 승무하고 송환된 선원에게는 송환에 든 비용의 100분의 50에 상당하는 금액 이상을 청구할 수 없다(법 제38조 제2항).

1. 선원이 정당한 사유 없이 임의로 하선한 경우
2. 선원이 법 제22조 제3항에 따라 하선 징계를 받고 하선한 경우
3. 단체협약, 취업규칙 또는 선원근로계약으로 정하는 사유에 해당하는 경우

법 제38조 제1항에 따라 선박소유자가 부담할 비용은 송환 중의 교통비, 숙박비, 식비 및 그 밖에 해양수산부령으로 정하는 비용을 말한다(법 제38조 제3항). 선박소유자는 선원근로계약을 체결할 때 선원에게 송환비용을 미리 내도록 요구하여서는 아니 된다(법 제38조 제4항).

「선원법 시행규칙」

제19조(송환비용의 범위) 법 제38조제3항에서 "해양수산부령으로 정하는 비용"이란 다음 각 호의 비용을 말한다.
1. 선원이 보유한 30킬로그램 이하의 화물에 대한 운송비용
2. 선원의 부상 또는 질병에 따른 의료관리에 필요한 비용

---

75) 藤崎道好, 「船員法總論」, (東京 : 成山堂書店, 1975), 208쪽.

다. 송환수당

선박소유자는 법 제38조 제2항 각 호의 어느 하나에 해당하는 경우를 제외하고는 하선한 선원에게 송환에 걸린 일수(日數)에 따라 그 선원의 통상임금에 상당하는 금액을 송환수당으로 지급하여야 한다. 송환을 갈음하여 그 비용을 지급하는 경우에도 또한 같다(법 제39조).

라. 송환보험 등의 가입

대통령령으로 정하는 선박소유자는 법 제38조 제1항에 따라 선원의 거주지 또는 선원근로계약의 체결지까지 선원을 송환하기 위하여 대통령령으로 정하는 보험이나 공제에 가입하여야 한다(법 제40조).

「선원법 시행령」

제5조(송환보험가입 대상자의 범위)

① 법 제40조에서 "대통령령으로 정하는 선박소유자"란 국제항해에 종사하는 선박의 선박소유자를 말한다.

② 법 제40조에서 "대통령령으로 정하는 보험이나 공제"란 다음 각 호의 어느 하나에 해당하는 것을 말한다.

1. 「선주상호보험조합법」 제2조에 따른 선주상호보험조합(이하 "선주상호보험조합"이라 한다)이 운영하는 손해보험
2. 「보험업법」 제2조제6호 및 제8호에 따른 보험회사 및 외국보험회사가 선원의 송환비용 보장을 목적으로 운영하는 같은 법 제2조제4호에 따른 손해보험
3. 선박소유자 단체가 선원의 송환비용 보장을 목적으로 「한국해운조합법」 제6조, 「수산업협동조합법」 제60조 또는 「원양산업발전법」 제28조에 따른 정관에 따라 소속업체 등으로부터 부담금을 징수하여 운영하는 공제
4. 「민법」 제32조에 따라 주무관청의 허가를 받아 설립된 사단법인이 선원의 송환비용 보장을 목적으로 같은 법 제40조에 따른 정관에 따라 소속업체 등으로부터 부담금을 징수하여 운영하는 공제
5. 국제적인 공제 업무를 운영하는 자의 공제로서 선원의 송환비용을 보증할 능력이 있다고 해양수산부장관이 인정하여 고시하는 공제

③ 법 제40조에 따라 보험 또는 공제에 가입하는 선박소유자는 선원이 보험자 또는 공제사업자에 대하여 보험금을 직접 청구할 수 있도록 그 선원을 피보험자로 지정하여야 한다.

마. 송환 관련 서류의 비치

선박소유자는 송환과 관련된 법 제38조부터 제40조까지 및 제42조와 그 관련 내용을 적은 서류를 선원이 볼 수 있도록 선내에 갖추어 두어야 한다(법 제41조).

바. 선원 송환을 위한 조치 등

해양수산부장관은 선박소유자가 법 제38조에 따른 송환 의무를 이행하지 아니하여 선원이

송환을 요청하는 경우에는 그 선원을 송환하여야 한다. 이 경우 송환에 든 비용은 그 선박소유자에게 구상(求償)할 수 있다(법 제42조 제1항). 해양수산부장관은 외국선박에 승선하는 외국인 선원이 국내에 유기(遺棄)되어 해당 선원이 송환을 요청하는 경우에는 해당 선원을 자기나라로 송환할 수 있다. 이 경우 송환에 든 비용은 해당 외국선박의 기국(旗國)에 구상할 수 있다(법 제42조 제2항). 해양수산부장관은 법 제42조 제1항 또는 제2항에 따른 송환조치에 든 비용을 선원에게 부담시켜서는 아니 된다(법 제42조 제3항). 해양수산부장관은 법 제42조 제1항 또는 제2항에 따른 송환조치에 든 비용이 변제(辨濟)될 때까지 해당 선박의 출항정지를 명하거나 출항을 정지시킬 수 있다(법 제42조 제4항).

선원근로관계는 근로제공의 장소가 선박이라는 점이 특징이다. 선박은 바다를 무대로 활동하는 이상 항해의 목적을 달성하기 위해서 선적항이 아닌 다른 항구를 기항해야 하는 경우가 많다. 또 선원은 선박의 운항 지역에 관계없이, 선원근로계약을 해지하거나, 선박공동체의 안전을 위해서 선내질서를 문란하게 한 선원을 하선시키거나 해고하거나, 선박의 침몰・멸실 등으로 선원근로계약이 종료될 수 있다. 이러한 사유로 인하여 선원이 거주지나 선원근로계약의 체결지가 아닌 곳에서 하선하면, 선원 본인이 출입국절차를 이행하기가 어렵고 귀향수단과 비용조달이 여의치 않은 경우가 발생하기 때문에 하선한 곳에서 유랑하거나 열악한 조건에서 근로를 할 수밖에 없는 상황이 발생할 수 있다. 그러므로 하선한 선원이 송환될 수 있는 제도가 마련되어야 한다. 「선원법」은 ILO의 「해원의 송환에 관한 협약(제23호)」 및 「선원송환에 관한 개정협약(제166호)」을 수용하여 선박소유자에게 송환의무를 부담시키면서 일정한 경우에는 송환수당을 지급하도록 하고 이와 동시에 송환보험의 가입을 강제하여 그 실효성을 확보하고 있다.

4. 금품청산

선박소유자는 선원이 사망 또는 퇴직한 경우에는 그 지급사유가 발생한 때부터 14일 이내에 임금, 보상금 그 밖에 일체의 금품을 지급하여야 한다. 다만, 특별한 사정이 있을 경우에는 당사자 사이의 합의에 의하여 기일을 연장할 수 있다(법 제5조 제1항, 근로기준법 제36조).[76)]

선원이 사망하거나 퇴직한 경우에 당해 선원의 권리에 속하는 금품이 신속하게 지급되

---

76)

「근로기준법」

제36조(금품 청산) 사용자는 근로자가 사망 또는 퇴직한 경우에는 그 지급 사유가 발생한 때부터 14일 이내에 임금, 보상금, 그 밖에 일체의 금품을 지급하여야 한다. 다만, 특별한 사정이 있을 경우에는 당사자 사이의 합의에 의하여 기일을 연장할 수 있다.

지 않는다면 퇴직 선원이나 사망 선원의 유족의 생활이 어렵게 되고 또한 기일이 경과함으로써 금품의 반환에 따르는 불편과 시비가 발생할 염려가 있기 때문에 둔 규정이다.[77] 보상금은 요양보상, 상병보상, 장해보상, 일시보상, 행방불명보상, 장제비, 소지품유실보상 등의 일체의 보상금을 말한다. 「기타 일체의 금품」이라 함은 적립금, 저축금, 보증금, 퇴직금 등은 물론 선원의 소유에 속하는 모든 금전 또는 물건으로서 근로관계와 관련하여 사용자에게 예치 또는 보관을 부탁한 것을 포함한다. 금품청산시기의 기산점은 '지급사유가 발생한 때', 즉 선원의 퇴직, 선원근로계약의 해지, 사망 등 근로관계가 종료한 때이다. 이때 퇴직이라 함은 '선원이 사직원을 제출하여 선박소유자가 이를 수리한 날'을 말한다.[78] 취업규칙이나 단체협약으로 금품의 지급기한이나 방식을 달리 정해 두었다고 하더라도 임금의 지급기일은 퇴직, 사망, 해고 등 지급사유가 발생한 날이 기산점이 된다. 지급기일 연장에 관한 합의는 사용자에게 지급의무가 있는 14일 이내의 일정한 시점에서 법정기일 내에 임금을 지급하지 못할 불가피한 특별한 사정이 존재해야 하고, 그 사유를 바탕으로 당사자간 별도의 지급기일 연장에 관한 합의가 있어야만 그 시점까지 연장할 수 있다.[79]

제5관 선원근로계약서, 선원명부 등

1. 선원근로계약서의 작성 및 신고

선원과 선원근로계약을 체결한 선박소유자는 해양수산부령으로 정하는 사항을 적은 선원근로계약서 2부를 작성하여 1부는 보관하고 1부는 선원에게 주어야 하며, 그 선원이 승선하기 전 또는 승선을 위하여 출국하기 전에 해양항만관청에 신고하여야 한다(법 제43조 제1항). 법 제43조 제1항의 경우 같은 내용의 선원근로계약이 여러 번 반복하여 체결되는 경우에 미리 선원근로계약의 내용에 대하여 신고하였을 때에는 계약체결을 증명하는 서류를 제출함으로써 신고를 갈음할 수 있다(법 제43조 제2항). 선박소유자가 법 제119조에 따라 취업규칙을 작성하여 신고한 경우에는 그 취업규칙에 따라 작성한 선원근로계약은 법 제43조 제1항에 따라 신고한 것으로 본다(법 제43조 제3항).

「선원법 시행규칙」

제20조(선원근로계약서에 포함되어야 할 사항) 법 제43조제1항에서 "해양수산부령으로 정하는 사항"

---

77) 박상필, 「한국노동법(전정판)」, (대왕사, 1993), 211쪽 참조.

78) 근기 1451-1393, 1984.1.19.

79) 신동진, 「근로기준법(개정판)」, (중앙경제, 2009), 523쪽 참조.

이란 다음 각 호의 사항을 말한다.
1. 선원의 국적, 성명, 생년월일 및 출생지
2. 선박소유자의 성명(법인의 경우에는 대표자의 성명을 말한다) 및 주소(법인의 경우에는 주사무소의 소재지를 말한다)
3. 선원근로계약이 체결된 장소 및 날짜
4. 선원의 직무에 관한 사항
5. 임금에 관한 사항
6. 유급휴가 일수에 관한 사항
7. 선원근로계약의 종료에 관한 사항
8. 선박소유자가 그 비용을 부담하는 건강보호 및 사회보장 등에 관한 사항
9. 선원의 송환비용에 관한 사항
10. 선원의 근로조건에 관한 사항
11. 단체협약에 관한 규정이 필요한 경우에는 해당 단체협약에 관한 사항

선원은 해상을 항행하는 선박이나 해상에서 근로를 제공한다. 또 선박은 국내외의 여러 항구를 기항할 수 있다. 이와 같이 선원의 근로에 대하여는 선박공동체의 육지로부터의 고립성으로 인하여 행정관청의 감독을 통하여 특별한 보호를 행하지 아니하면 「선원법」이 정한 최소한의 근로조건도 반드시 지켜진다고 보기 어려운 면이 있다. 이에 「근로기준법」과는 달리 「선원법」은 해상근로의 특수성을 고려하여 선박소유자에게 선원근로계약서를 작성하고 선원이 승무하기 전 또는 승선을 위하여 출국하기 전에 이를 신고하도록 하여 국가가 준수여부를 감독하도록 한 규정이다.[80)]

2. 선원명부의 공인

가. 선원명부의 공인의무

선박소유자는 해양수산부령으로 정하는 바에 따라 선박별로 선원명부를 작성하여 선박과 육상사무소에 갖추어 두어야 한다(법 제44조 제1항). 선박소유자는 선원의 근로조건 또는 선박의 운항 형태에 따라서 해양수산부령으로 정하는 바에 따라 선원의 승선·하선 교대가 있을 때마다 선박에 갖추어 둔 선원명부에 그 사실과 승선 선원의 성명을 적어야 한다. 다만, 선박소유자가 선원명부에 교대 관련 사항을 적을 수 없을 때에는 선장이 선박소유자를 갈음하여 적어야 한다(법 제44조 제2항). 선박소유자는 법 제2항에 따른 승선·하선 교대가 있을 때에는 선원 중 항해구역이 「선박안전법」 제8조 제3항[81)]에 따라 정하여진 근해구역 안인 선박의 선원으로서 대통령령으로 정하는 사람을 제외한 선원의 선원명부에 대하여

80) 정영석, 「해사법규강의(제5판)」, (해인출판사, 2007), 250쪽.

81)

「선박안전법 시행규칙」 제15조(항해구역의 종류)

해양항만관청의 공인(인터넷을 통한 공인을 포함한다. 이하 같다)을 받아야 한다. 이 경우 선박소유자는 선장에게 자신을 갈음하여 공인을 신청하게 할 수 있다(법 제44조 제3항).

「선원법 시행령」

제6조(선원명부의 공인면제) 법 제44조제3항 전단에서 "대통령령으로 정하는 사람"이란 다음 각 호의 어느 하나에 해당하는 사람을 말한다.
1. 「수산업법」 제41조제1항에 따른 근해어업에 사용하는 어선에 승무하는 부원
2. 「수산업법」 제41조제2항에 따른 연안어업에 사용하는 어선에 승무하는 부원
3. 「선박안전법 시행령」 제2조제1항제3호가목에 따른 평수구역(이하 "평수구역"이라 한다) 안을 운항하는 부선에 승무하는 선원
4. 국가 또는 지방자치단체의 공무원으로서 관공선에 승무하는 선원

공인이라 함은 선원의 승선・하선・직무변경・계약갱신 등이 적법하게 이루어졌음을 해양항만관청에 공적으로 확인하는 행위를 말한다. 그러므로 공인을 받지 아니하였을 경우에 「선원법」 위반으로 벌칙 규정이 적용되기는 하지만, 승선・하선・직무변경・계약갱신 등의 근로계약과 관련된 행위가 법률적으로 효과가 발생되지 않는 것은 아니다.

공인제도는 국가가 승선계약 등 사인 간의 계약에 간섭하여 그 계약내용을 선원에게 충분히 알려서 부당한 구속이 없도록 하는 한편, 근로조건이 적법한 지, 안전항해에 지장이 없는 지의 여부를 감독하며 선원보호의 실질적인 효과를 거둘 것을 목적으로 하는 제도이다. 「선원법」이 선원의 개별적 근로관계를 규율하는 보호・감독적 강행규정이라는 성격에서 이러한 제도를 두고 있다.

선원명부의 작성・비치는 선원의 승하선 동태를 파악함으로써 선원의 인력관리와 선박의 입출항절차 및 승하선공인에 사용하기 위한 것이다. 선원명부의 공인은 선원의 승하선교대가 있었다는 사실에 대하여 공적증거력을 부여하고, 선원명부의 공인과정과 목록을 통하여 근로감독의 실효성을 강화함으로써 선원을 보호하기 위한 것이다.

---

① 법 제8조 제3항에 따른 항해구역의 종류는 다음 각 호와 같다.
1. 평수구역(平水區域)
2. 연해구역
3. 근해구역
4. 원양구역
② 영 제2조 제1항 제3호가목 본문에서 "해양수산부령으로 정하는 수역"이란 별표 4의 수역을 말한다.
③ 영 제2조 제1항 제3호나목에서 "해양수산부령으로 정하는 수역"이란 별표 5의 수역을 말한다.
④ 근해구역은 동쪽은 동경 175도, 서쪽은 동경 94도, 남쪽은 남위 11도 및 북쪽은 북위 63도의 선으로 둘러싸인 수역을 말한다.
⑤ 원양구역은 모든 수역을 말한다.

공인의 법적성질에 대하여는 선원의 승하선교대가 선원근로관계에 미치는 법적 효과를 보충함으로써 법률상의 효력을 완성시키는 형성적 행정행위라는 인가설과 승하선교대의 사실이 있었다는 사실을 해양항만관청이 형식적으로 증명하여 공적증거력을 부여하는 확인행위에 불과하다는 확인설(증명설)로 나누어지는데, 확인설이 타당하다고 본다.[82)]

나. 공인의 종류

「선원법 시행규칙」

제20조의2(일괄공인)
① 법 제44조제2항 및 제3항에 따라 지방해양항만관청은 다음 각 호의 어느 하나에 해당하는 경우에는 선원의 승무자격이 같고 선박의 성능 및 규모가 유사한 다수의 선박간에 선원이 교대승무할 수 있도록 교대승무하는 선박과 선원명부를 일괄하여 공인할 수 있다.
1. 선박소유자가 같은 선박(어선은 제외한다) 다수가 같은 항로 또는 인접항로에 계속하여 1일 2회 이상 왕복 운항하는 경우
2. 운항중인 여객선이 수리 등으로 운항이 불가능한 때를 대비하여 이를 대체하여 운항할 예비여객선을 운영하는 경우(예비여객선의 승무정원이 운항중인 여객선의 승무정원을 초과하지 아니하는 경우에 한한다)
3. 동일한 선박소유자에 속하는 다수의 어선이 인접한 장소에서 공동으로 조업하는 경우
② 제1항의 규정에 의한 일괄공인을 신청하고자 하는 선박소유자는 별지 제8호의3서식의 신청서를 지방해양항만관청에 제출하여야 한다.

제20조의3(예비공인)
① 법 제44조제2항 및 제3항의 규정에 의하여 지방해양항만관청은 선박이 운항중에 승무한 선원이 사망하거나 질병·부상 등으로 인하여 직무를 수행할 수 없는 경우 그 직무를 인수하여 수행할 선원을 미리 공인할 수 있다.
② 제1항의 경우 그 직무를 인수하여 수행할 선원은 수행할 직무에 맞는 자격요건을 갖추고 있는 자이어야 한다.
③ 제1항의 규정에 의한 공인을 신청하고자 하는 선박소유자는 별지 제8호의4서식의 신청서를 지방해양항만관청에 제출하여야 한다.

다. 선원명부 등의 공인신청

「선원법 시행규칙」

제21조(선원명부 등의 공인신청)
① 선박소유자 또는 선장은 법 제44조제3항 및 제45조제3항에 따라 선원명부 및 선원수첩 또는 신원보증서에 대한 승선·하선 또는 승선취소의 공인을 신청하는 경우에는 별지 제7호서식의 공인신청서를, 직무변경 및 계약갱신의 공인을 신청하는 경우에는 별지 제8호의2서식의 승선변경공인신청

82) 해양수산부, 「선원행정사례집」, (선원 91540-706, 2001.11.6), 51쪽; 유명윤, "선원법의 문제점과 개선방향에 관한 연구", 「박사학위논문」, (한국해양대학교, 1999), 42-43쪽 참조.

서를 그 사실이 발생한 곳을 관할하는 지방해양항만관청에 제출(팩스 또는 인터넷 등에 의한 제출을 포함한다)하여야 한다. 다만, 그 사실이 발생한 곳이 지방해양항만관청과 멀리 떨어져 있거나 선박이 항행중인 때 등 부득이한 사유가 있는 때에는 그 후의 도착항을 관할하는 지방해양항만관청에 제출할 수 있다.
② 법 제45조제1항 단서의 규정에 의한 신원보증서는 별지 제8호의5서식에 의한다.

제22조(선원명부를 제출할 수 없는 경우의 공인신청) 선원근로계약의 종료에 따라 하선 공인을 신청하는 자가 선원명부를 제출할 수 없는 경우에는 별지 제9호서식의 선원명부 멸실·훼손에 따른 공인(공인확인)신청서에 그 사유서와 선원수첩 또는 신원보증서를 첨부하여 지방해양항만관청에 제출하여야 한다.

제30조(귀국후 선원수첩의 공인) 선원이 외국에서 하선공인을 받지 아니하고 귀국한 때에는 선박소유자 또는 선원관리사업자는 20일이내에 지방해양항만관청에 신고하고 선원수첩의 공인을 받아야 한다.

제31조(선원수첩멸실시의 공인사항등 증명)
① 선원수첩을 소지한 사람이 이를 잃어버리거나 선원수첩이 헐어 못쓰게 된 때에는 지방해양항만관청에 승하선공인의 증명을 신청할 수 있다.
② 제1항의 신청을 하려는 사람은 다음 각호의 사항을 기재한 신청서를 지방해양항만관청에 제출하여야 한다.
1. 증명을 신청하는 자의 성명·생년월일 및 주소
2. 선원수첩을 발급한 지방해양항만관청과 수첩번호
3. 증명을 받고자 하는 사항
4. 증명을 받고자 하는 사유

라. 공인의 면제

「선원법 시행령」

제6조(선원명부의 공인면제) 법 제44조 제3항 전단에서 "대통령령으로 정하는 사람"이란 다음 각 호의 어느 하나에 해당하는 사람을 말한다.
1. 「수산업법」 제41조 제1항에 따른 근해어업에 사용하는 어선에 승무하는 부원
2. 「수산업법」 제41조 제2항에 따른 연안어업에 사용하는 어선에 승무하는 부원
3. 「선박안전법 시행령」 제2조 제1항 제3호가목에 따른 평수구역(이하 "평수구역"이라 한다) 안을 운항하는 부선에 승무하는 선원
4. 국가 또는 지방자치단체의 공무원으로서 관공선에 승무하는 선원

3. 선원수첩

가. 선원수첩 등의 발급

선원이 되려는 사람은 대통령령으로 정하는 바에 따라 해양항만관청으로부터 선원수첩을 발급받아야 한다. 다만, 대통령령으로 정하는 선원의 경우에는 해양수산부령으로 정하는 바에 따라 선박소유자로부터 신원보증서를 받음으로써 선원수첩의 발급을 갈음할 수 있다

(법 제45조 제1항). 선원수첩의 발급 절차 등에 필요한 사항은 대통령령으로 정한다(법 제45조 제6항).

「선원법 시행령」

제8조(선원수첩의 발급절차)
① 법 제45조제1항에 따라 선원수첩을 발급받으려는 경우에는 본인 · 선박소유자 · 「한국해양수산연수원법」에 의한 한국해양수산연수원의 장(이하 "한국해양수산연수원장"이라 한다) · 법 제112조에 따른 선원관리사업을 영위하는 자(이하 "선원관리사업자"라 한다) · 「선박직원법 시행령」 제2조제7호의 규정에 의한 지정교육기관의 장 또는 해양수산부장관이 지정하는 기관이나 단체의 장이 지방해양항만청장(지방해양항만청해양사무소의 관할구역에서는 지방해양항만청해양사무소장을 말한다. 이하 같다)에게 신청하여야 한다. 다만, 외국에 거주하는 대한민국 국민인 경우에는 주재국 대한민국영사를 거쳐 신청하여야 한다.
② 외국인이 대한민국선박에 고용되어 선원수첩을 발급받고자 하는 경우에는 미리 그의 본국정부(우리나라에 주재하는 그의 본국 영사를 포함한다)로부터 그가 승선에 적합하다는 사실의 확인을 받아야 한다.
③ 선원수첩을 소지한 자는 법 제49조에 따른 재발급신청의 경우를 제외하고는 선원수첩의 발급신청을 할 수 없다.

제9조(미성년자의 선원수첩 발급신청) 미성년자가 선원수첩의 발급을 신청할 때에는 그 신청서에 법정대리인의 동의서를 첨부하여야 한다.

제10조(신원보증서에 의한 선원수첩의 갈음)
① 법 제45조제1항 단서에서 "대통령령으로 정하는 선원"이란 다음 각호의 자를 말한다.
1. 외국 영토에 기항하지 아니하고 어로작업에 종사하는 선박에 승무하는 부원. 다만, 당직부원의 직무에 종사하는 자와 해양수산부령이 정하는 자를 제외한다.
2. 국내항 사이만을 운항하는 여객선에 승무하는 부원으로서 해양수산부령이 정하는 자
3. 평수구역 안을 운항하는 부선에 승무하는 선원
4. 외국인 선원
② 삭제

제9조(미성년자의 선원수첩 발급신청) 미성년자가 선원수첩의 발급을 신청할 때에는 그 신청서에 법정대리인의 동의서를 첨부하여야 한다.

제54조(외국선박에 승무하는 자에 대한 선원수첩 및 선원신분증명서의 발급 등)
① 지방해양항만청장은 법 제3조에 따른 적용범위에 해당되지 아니하는 외국선박에 승무하고자 하는 자가 선원수첩 또는 선원신분증명서의 발급을 신청하는 경우 선원수첩 또는 선원신분증명서를 발급할 수 있다. 이 경우에는 제8조 · 제9조 및 제11조 내지 제16조의 규정을 준용한다.
② 지방해양항만청장은 제1항의 규정에 의하여 선원수첩을 발급받은 자에 대하여 제43조의 규정에 의한 교육을 받게 할 수 있다.
③ 지방해양항만청장은 제2항의 교육을 받지 아니한 자에 대하여 선박에의 승무를 제한할 수 있다.

「선원법 시행규칙」

제34조(선원수첩의 발급 신청) 「선원법 시행령」(이하 "영"이라 한다) 제8조에 따라 선원수첩의 발급을 신청하려는 자는 별지 제15호서식의 선원수첩 발급신청서에 다음 각호의 서류를 첨부하여 지방해

양항만관청에 제출하여야 한다. 이 경우 지방해양항만관청은 「전자정부법」 제36조제1항에 따른 행정정보의 공동이용을 통하여 병적증명서(선원수첩의 발급을 신청하는 해의 1월 1일부터 12월 31일까지의 사이에 18세 이상 30세 이하에 해당하는 남자에게만 적용하며, 외국인인 경우를 제외한다) 및 외국인등록사실증명(외국인인 경우에만 적용한다)을 확인하여야 하며, 신청인이 확인에 동의하지 아니하는 경우에는 해당 서류(외국인등록증의 경우 그 사본을 말한다)를 첨부하도록 하여야 한다.

1. 삭제
2. 삭제
3. 삭제
4. 사진 1매(최근 6개월 이내에 촬영한 가로 3.5센티미터, 세로 4.5센티미터의 것)
5. 외국인의 경우 다음 각 목의 1의 서류
   가. 여권 사본 1통
   나. 자국정부에서 발행한 선원수첩 또는 영 제8조제2항의 규정에 의하여 확인받은 서류
6. 삭제

제35조의2(선원수첩 발급의 특례)

① 영 제10조제1항제1호 단서에서 "해양수산부령이 정하는 자"라 함은 다음 각호의 자를 말한다.

1. 삭제
2. 구명정 조정사인 부원
3. 의료관리자
4. 제2호 및 제3호에 해당하는 자외에 원양어선에 승무하는 부원

② 영 제10조제1항제2호에서 "해양수산부령이 정하는 자"라 함은 선박의 운항과 관련되지 아니하는 업무에 종사하는 자로서 사무원·매점원 및 안내원등으로 승무하는 자를 말한다.

제37조(선원수첩 등의 발급)

① 선원수첩은 별지 제16호서식에 따르되, 본인에게 직접 발급하거나 영 제8조제1항에 따른 발급신청인을 통하여 발급할 수 있다.

② 선원신분증명서는 별지 제16호의2서식에 따르되, 본인에게 발급하거나 본인이 지정한 대리인(선장 또는 고용인에 한한다)을 통하여 발급할 수 있다.

③ 선원수첩 또는 선원신분증명서의 발급대상자가 법 제46조제1항제1호에 따른 신원이 분명하지 아니한 사람에 해당하는 지의 여부를 판단하기 위하여 지방해양항만관청에 심사위원회를 둔다.

④ 법 제46조제2항에 따라 선원수첩에 승선선박 또는 승선구역을 한정하거나 유효기간을 정하여 발급하여야 할 사람은 다음 각 호의 어느 하나와 같다.

1. 국외출입의 제한이 있는 사람
2. 어선 또는 외국영토에 기항하지 아니하는 선박에 승무하려는 사람
3. 그 밖에 지방해양항만관청이 승선선박 또는 승선구역을 제한할 필요가 있다고 인정하는 사람

⑤ 지방해양항만관청은 제4항에 따라 승선 선박이나 승선구역을 제한하여 선원수첩을 발급하는 경우 선원수첩의 관청기재사항란에 그 제한내용을 기재하고 날인하되, 그 제한사유가 없어진 경우에는 선원의 신청에 의하여 그 제한을 해제한다.

제38조(선원수첩 등의 정정 및 재발급)

① 선원은 선원수첩 또는 선원신분증명서에 기재사항의 착오나 변경이 있는 때에는 지체없이 별지 제17호서식에 의하여 지방해양항만관청에 기재사항의 정정을 신청하여야 한다.

② 법 제49조에서 "해양수산부령으로 정하는 경우"란 선원수첩 또는 선원신분증명서의 사진이나 주요 기재사항을 알아볼 수 없거나 알아보기 곤란하게된 경우 또는 기재사항란의 여백이 없게 된 경우를 말하며, 이 경우에는 지체없이 별지 제17호의4서식에 다음 각 호의 서류를 첨부하여 지방해양항만관청에 재발급 신청을 하여야 한다.

1. 사진 1매(최근 6개월 이내에 촬영한 가로 3센티미터 5밀리미터, 세로 4센티미터 5밀리미터의 것으로서 선원수첩의 재발급만 해당한다)

2. 선원신분증명서(선원신분증명서의 재발급만 해당한다)
③ 제1항 또는 제2항에 따른 정정 또는 재발급의 신청은 선원수첩 또는 선원신분증명서를 발급한 지방해양항만관청 또는 다른 지방해양항만관청에 할 수 있다.
④ 삭제

제61조(외국선박에 승무하는 자에 대한 선원수첩의 교부등)
① 지방해양수산관청은 법 제3조의 규정에 의한 적용범위에 해당하지 아니하는 외국선박에 승무하고자 하는 자에 대하여 제21조 내지 제35조·제37조 및 제38조의 규정을 준용할 수 있다.
② 외국선박에 승무하고자 하는 자가 선원수첩의 교부를 받아 출국할 때에는 지방해양수산관청에서 선원수첩의 공인을 받아야 한다.

다. 선원수첩의 보관 및 소지

선원은 승선하고 있는 동안에는 법 제45조 제1항에 따른 선원수첩이나 신원보증서를 선장에게 제출하여 선장이 보관하게 하여야 하고, 승선을 위하여 여행하거나 선박을 떠날 때에는 선원 자신이 지녀야 한다(법 제45조 제2항). 선박소유자나 선장은 법 제44조 제3항에 따라 선원명부의 공인을 받을 때에는 해양수산부령으로 정하는 바에 따라 승선하거나 하선하는 선원의 선원수첩이나 신원보증서를 선원명부와 함께 해양항만관청에 제출하여 선원수첩이나 신원보증서에 승선·하선 공인을 받아야 한다. 다만, 선박소유자나 선장이 고의로 선원명부의 공인을 받지 아니하거나 행방불명 등 해양수산부령으로 정하는 사유로 선원명부의 공인을 받을 수 없을 때에는 하선하려는 선원이 직접 선원수첩이나 신원보증서에 하선 공인을 받을 수 있다(법 제45조 제3항). 법 제45조 제3항에도 불구하고 인터넷을 통하여 승선·하선 공인을 받은 경우 해양항만관청은 선원수첩이나 신원보증서에 대한 공인을 면제할 수 있다(법 제45조 제4항). 해양수산부장관은 선원의 취업실태나 선원수첩 소지 여부를 파악하거나 그 밖에 필요하다고 인정하는 경우에는 선원수첩을 검사할 수 있다(법 제45조 제5항).

「선원법 시행규칙」

제23조(선원수첩 등을 제출할 수 없는 경우의 공인신청)
① 법 제45조제3항 본문에 따른 공인을 신청함에 있어 부득이한 사유로 선원수첩 또는 신원보증서를 제출할 수 없는 경우에는 별지 제10호서식의 선원수첩(신원보증서) 제출 불능사유서를 공인신청서에 첨부하여야 한다.
② 제1항에 따라 공인을 받은 선원은 선원수첩 또는 신원보증서를 제출할 수 없는 부득이한 사유가 소멸된 경우에는 지체없이 공인을 받은 사실을 증명하는 서류 및 선원수첩 또는 신원보증서를 지방해양항만관청에 제출하여 확인을 받아야 한다.

제24조(선원의 하선 공인)
① 법 제45조제3항 단서에서 "행방불명 등 해양수산부령으로 정하는 사유"란 다음 각 호의 어느 하나에 해당하는 사유를 말한다.

1. 선박소유자 또는 선장이 고의 또는 정당한 사유 없이 선원명부의 공인을 받지 아니하는 경우
2. 선박소유자 또는 선장이 1개월 이상 행방불명된 경우
3. 선박소유자 또는 선장이 사망한 경우(선박소유자가 법인인 경우에는 파산한 경우를 말한다)

② 법 제45조제3항 단서에 따라 하선 공인을 받으려는 선원은 별지 제7호서식의 공인신청서에 선원수첩 또는 신원보증서와 제1항에 따른 사유가 있음을 증빙하는 서류를 첨부하여 지방해양항만관청에 제출하여야 한다.

③ 제2항에도 불구하고 하선 공인을 받으려는 선원이 선원수첩 또는 신원보증서를 제출할 수 없는 경우에 그 공인신청과 공인의 사후 확인을 위한 절차 및 방법에 관하여는 제23조를 준용한다.

제26조(공인신청에 대한 확인)

① 지방해양항만관청은 법 제45조제3항에 따라 선박소유자 또는 선장으로부터 승선공인신청을 받은 때에는 다음 각 호의 사항을 확인(「전자정부법」 제36조제1항에 따른 행정정보의 공동이용을 통한 확인을 포함한다. 이하 이조에서 같다)한 후 공인하여야 한다. 다만, 선원근로계약이 없는 선장의 승선공인신청을 받은 때에는 제4호 및 제6호의 사항을 확인한 후 공인하여야 한다.

1. 선원근로계약이 항해의 안전 또는 선원의 근로관계에 관한 법령에 위반되는지 여부
2. 선박소유자가 선원법령에서 정한 재해보상 및 송환을 위한 보험 또는 공제에 가입하였는지 여부
3. 선원근로계약 당사자의 합의 여부

3의2. 법 제56조에 따른 임금채권보장 보험・공제 또는 기금에 가입하였는지 여부

4. 법 제87조제1항에 따른 건강진단서(외국인 선원의 경우에는 자국에서 받은 건강진단서로 갈음할 수 있다)
5. 법 제109조에 따른 구직등록 및 구인등록의 여부(외국인의 경우를 제외한다)
6. 제57조의 규정에 의한 선원의 교육・훈련에 관한 사항
7. 선원수첩 또는 「출입국관리법」에 의한 입국사증 발급 여부(국내에서 승선하는 외국인 선원의 경우에 한한다)

② 제21조제1항에 따라 승선공인신청을 팩스 또는 인터넷 등으로 받은 지방해양항만관청은 제1항 각 호의 사항을 확인한 후 공인한 선원명부・선원수첩 또는 신원보증서 사본을 팩스 또는 인터넷 등으로 송부하고, 사본을 받은 선박소유자 또는 선장은 사후에 지방해양항만관청으로부터 선원명부・선원수첩 또는 신원보증서 원본에 공인을 받을 수 있다.

③ 삭제

제27조(승선공인사항 확인신청)

① 선박소유자 또는 선장은 선박에 비치한 선원명부를 잃어버리거나 선원명부가 헐어 못쓰게 된 때에는 지체없이 선원명부를 새로 작성하여 선원의 현재의 승선현황에 관한 확인을 지방해양항만관청에 신청하여야 한다.

② 제1항에 따른 신청에는 별지 제9호서식의 선원명부 멸실・훼손에 따른 공인(공인확인)신청서에 다음 각 호의 서류를 첨부하여야 한다.

1. 새로 작성한 선원명부
2. 현재 승선사항이 기록된 선원수첩 또는 신원보증서
3. 사유서

라. 선원수첩의 발급 제한

해양항만관청은 다음 각 호의 어느 하나에 해당하는 사람에게 선원수첩을 발급하지 아니할 수 있다(법 제46조 제1항).

1. 신원이 분명하지 아니한 사람

2. 「병역법」 제76조 제1항 각 호의 어느 하나에 해당하는 사람
3. 수사기관으로부터 수사 중인 사람으로 통보된 사람

해양항만관청은 선원수첩을 발급할 때 필요하다고 인정하면 해양수산부령으로 정하는 바에 따라 승선선박 또는 승선구역을 한정하거나 유효기간을 정하여 발급할 수 있다(법 제46조 제2항).

마. 선원수첩의 반환

「선원법 시행령」

제11조(선원수첩의 반환) 다른 사람의 선원수첩을 가지고 있는 자는 본인의 요구가 있는 때에는 지체없이 이를 반환하여야 한다. 다만, 법 제45조제2항의 규정에 따라 선장이 보관하는 경우에는 그러하지 아니하다.

바. 선원수첩의 실효

다음 각 호의 어느 하나에 해당하는 선원수첩은 그 효력을 상실한다(법 제47조).

1. 선원수첩을 발급한 날 또는 하선한 날부터 5년(군 복무기간 등 해양수산부장관이 인정하는 기간은 제외한다) 이내에 승선하지 아니한 선원의 선원수첩
2. 사망한 선원의 선원수첩
3. 선원수첩을 재발급한 경우 종전의 선원수첩

4. 선원신분증명서

외국 항을 출입하는 선박에 승선할 선원(대한민국 국민인 선원만 해당한다)은 대통령령으로 정하는 바에 따라 해양항만관청으로부터 선원신분증명서를 발급받아야 한다(법 제48조 제1항). 법 제48조 제1항에도 불구하고 제3조 제1항 본문에 따른 선박에 승선하는 외국인으로서 대통령령으로 정하는 사람과 외국선박에 승선하는 대한민국 국민인 선원은 대통령령으로 정하는 바에 따라 선원신분증명서를 발급받을 수 있다(법 제48조 제2항). 선원신분증명서의 유효기간은 발급일부터 10년으로 한다(법 제48조 제3항). 선원신분증명서의 발급 제한 및 실효에 관하여는 제46조 제1항 및 제47조를 준용한다. 이 경우 "선원수첩"은 "선원신분증명서"로 본다(법 제48조 제4항). 선원은 선장이 안전유지에 필요하여 선원의 서면동의를 받아 보관하는 경우 외에는 선원신분증명서를 지녀야 한다(법 제48조 제5항). 해양수산부장관은 선원신분증명서의 제작・보관・발급과정, 데이터베이스 및 정보화시스템 등

과 관련하여 개인정보의 보호수준 및 보안장비의 상태 등에 관한 평가기준을 마련하여 5년마다 평가하여야 한다(법 제48조 제6항). 선원신분증명서의 규격, 수록내용 및 발급 절차 등에 필요한 사항은 대통령령으로 정한다(법 제48조 제7항).

「선원법 시행령」

제13조(선원신분증명서의 발급 등)

① 법 제48조제1항 및 제2항에 따라 선원신분증명서를 발급받으려는 경우에는 본인이 지방해양항만청장(지방해양항만청 해양사무소장의 경우에는 선원신분증명서 발급장비를 갖춘 사무소의 장에 한한다)에게 신청하여야 한다.

② 미성년자가 선원신분증명서의 발급을 신청할 때에는 그 신청서에 법정대리인의 동의서를 첨부하여야 한다.

③ 선원신분증명서를 소지한 자가 법 제48조제3항에 따른 그 유효기간의 만료 전에 발급신청을 하거나 법 제49조에 따라 재발급신청을 하는 경우 또는 기재사항의 정정신청을 하는 경우에는 소지하고 있는 선원신분증명서를 반납하여야 한다.

④ 선원신분증명서 발급·정정 등에 관하여 필요한 사항은 해양수산부령으로 정한다.

제14조(외국인에 대한 선원신분증명서의 발급) 법 제48조제2항에서 "대통령령으로 정하는 사람"이란 「출입국관리법 시행령」 별표 1 제28호의3의 규정에 따른 영주의 자격을 가진 사람을 말한다.

제15조(선원신분증명서의 규격 및 수록내용)

① 법 제48조제7항에 따른 선원신분증명서의 규격은 가로 8센티미터 6밀리미터, 세로 5센티미터 4밀리미터로 한다.

② 선원신분증명서에는 다음 각 호의 사항이 표기되어야 한다.

1. 앞면 : 증명서 번호, 성명, 성별, 국적, 생년월일, 출생지, 주민등록번호, 신체특징, 발급지, 발급일, 기간만료일, 사진, 서명
2. 뒷면 : 발급관청, 생체인식정보(지문), 기계판독자료

③ 선원신분증명서의 재질 등에 관하여 필요한 사항은 해양수산부장관이 정하여 고시한다.

「선원법 시행규칙」

제34조의2(선원신분증명서의 발급 신청 등) 영 제13조에 따라 선원신분증명서를 발급받으려는 사람은 별지 제15호의2서식의 선원신분증명서 발급신청서에 다음 각 호의 서류를 첨부하여 지방해양항만관청에 제출하여야 한다. 이 경우 지방해양항만관청은 「전자정부법」 제36조제1항에 따른 행정정보의 공동이용을 통하여 병적증명서(선원수첩의 발급을 신청하는 해의 1월 1일부터 12월 31일까지의 사이에 18세 이상 30세 이하에 해당하는 남자에게만 적용하며, 외국인인 경우를 제외한다) 및 외국인등록사실증명(외국인인 경우에만 적용한다)을 확인하여야 하며, 신청인이 확인에 동의하지 아니하는 경우에는 해당 서류(외국인등록증의 경우 그 사본을 말한다)를 첨부하도록 하여야 한다.

1. 삭제
2. 선원수첩
3. 선원신분증명서(신규 발급신청의 경우를 제외한다)

제35조(신원조사)

① 지방해양항만관청은 제34조 및 제34조의2에 따라 선원수첩 또는 선원신분증명서의 발급 신청을 받은 경우에는 즉시 그 발급과 관련된 행정전산망을 통하여 선원수첩 또는 선원신분증명서의 발급 대상자의 신원을 확인하여야 한다.

② 지방해양항만관청은 제1항에 따라 신원을 확인할 수 없는 경우에는 별지 제15호서식 및 별지 제15호의2서식 중 신원조사기관 통보서에 관한 서식을 신원조사기관에 송부하여 신원조사를 의뢰하여야 한다.

선원신분증명서라 함은 ILO의 「2003년 선원신분증명서에 관한 협약 제185호」[83]에 따라 발급하는 선원의 신분임을 증명하기 위한 문서를 말한다(법 제2조 제19호). 「출입국관리법」에서는 '선원신분증명서라 함은 대한민국정부 또는 외국정부가 발급한 문서로서 선원임을 증명하는 것을 말한다'라고 규정하고 있다(동법 제2조 제4호).

2001년 9월 11일의 미국 뉴욕 테러로 인하여 미국이 2002년 5월 「국경보안법」(Border Security Act)을 제정・발효하였다. 선원신분증명서는 이 법의 영향으로 ILO가 2003년 6월 19일 「선원신분증명서에 관한 협약 제185호」를 채택함에 따라 도입되었다. 이는 선원의 신분을 생체인식정보를 수록한 선원신분증명서에 의하여 확인하도록 하는 것으로 선원수첩의 여권 기능을 폐지하고 선원의 신분증명기능 만을 가지도록 한 것이다. 그러므로 외국항을 입출항하는 선원은 선원신분증명서와 여권을 소지하여야만 입국이 가능하게 되었다. 다만, 외국항에 입항한 선원은 상륙이나 전선 등을 할 수 있다는 점을 고려하여 유효한 선원신분증명서를 가지고 있는 선원에 대하여는 신분조회, 각종 절차의 이행에 있어서 편의를 제공하도록 하고 있다. 예를 들어, 상륙(shore leave)의 경우에는 입항 시 사전통지를 하도록 하고 유효한 선원신분증명서를 소지한 선원에 대하여 그 진위를 의심할 만한 명백한 근거가 없는 한 가능한 빨리 상륙을 허용하도록 하였다. 또 전선, 승선 또는 통과 여행(송환 등)의 경우에는 유효한 선원신분증명서 및 여권을 소지한 선원에 대하여는 가능한 빨리 절차를 취한 후 입국을 허용하도록 하였다(동 협약 제6조).

5. 선원수첩 등의 재발급

선원수첩이나 선원신분증명서를 발급받은 사람은 선원수첩이나 선원신분증명서를 잃어버린 경우, 헐어서 못 쓰게 된 경우, 그 밖에 해양수산부령으로 정하는 경우에는 재발급 받을 수 있다(법 제49조).

「선원법 시행규칙」

---

83) C185 - Seafarers' Identity Documents Convention (Revised), 2003 (No. 185)
Convention revising the Seafarers' Identity Documents Convention, 1958 (Entry into force: 09 Feb 2005); Adoption: Geneva, 91st ILC session (19 Jun 2003) - Status: Up-to-date instrument (Technical Convention).

제38조(선원수첩 등의 정정 및 재발급)
① 선원은 선원수첩 또는 선원신분증명서에 기재사항의 착오나 변경이 있는 때에는 지체없이 별지 제17호서식에 의하여 지방해양항만관청에 기재사항의 정정을 신청하여야 한다.
② 법 제49조에서 "해양수산부령으로 정하는 경우"란 선원수첩 또는 선원신분증명서의 사진이나 주요 기재사항을 알아볼 수 없거나 알아보기 곤란하게된 경우 또는 기재사항란의 여백이 없게 된 경우를 말하며, 이 경우에는 지체없이 별지 제17호의4서식에 다음 각 호의 서류를 첨부하여 지방해양항만관청에 재발급 신청을 하여야 한다.
1. 사진 1매(최근 6개월 이내에 촬영한 가로 3센티미터 5밀리미터, 세로 4센티미터 5밀리미터의 것으로서 선원수첩의 재발급만 해당한다)
2. 선원신분증명서(선원신분증명서의 재발급만 해당한 다)
③ 제1항 또는 제2항에 따른 정정 또는 재발급의 신청은 선원수첩 또는 선원신분증명서를 발급한 지방해양항만관청 또는 다른 지방해양항만관청에 할 수 있다.
④ 삭제

제28조(선원수첩 재발급시의 확인) 선원이 선원수첩의 재발급을 받은 때에는 현재의 승선 공인사항에 대하여 지방해양항만관청의 확인을 받아야 한다.

---

6. 선원수첩 등의 대여 및 부당사용 금지

선원은 선원수첩 또는 선원신분증명서를 부당하게 사용하거나 다른 사람에게 빌려 주어서는 아니 된다(법 제50조).

7. 승무경력증명서의 발급

선박소유자나 선장은 선원으로부터 승무경력에 관한 증명서의 발급 요청을 받으면 즉시 발급하여야 한다(법 제51조).

「선원법 시행령」

제16조(승무경력증명서의 발급) 선박소유자 또는 선장은 법 제51조에 따라 승무경력에 관한 증명서를 발급하는 경우에는 본인이 요구한 사항만을 기재하여야 하며, 본인에게 불리한 기호나 표시를 하거나 허위사실을 기재하여서는 아니된다.

제6관 취업규칙

1. 의의

취업규칙이란 사업장에서의 근로자의 복무규율과 당해 사업의 근로자에게 적용될 근조조건에 관한 준칙을 규정한 것으로서 사용자에 의하여 일방적으로 작성되는 사업장 내부의 규칙을 말한다.[84] 근로조건이라 함은 사용자와 근로자 사이의 근로관계에서 임금, 근로시간, 후생, 해고 기타 근로자의 대우에 관하여 정한 조건을 말한다. 다수의 근로자를 사용하는 기업에서 효율적인 사업경영을 위하여 근로조건을 공평하고 통일되게 설정하고, 또한 직장규율을 규칙으로 명확히 정할 필요에 의하여 취업규칙을 작성하게 된다. 실무적으로는 사규, 인사규정, 운영규정, 복무규정, 임금규정, 상여금규정 등으로 불리고 있으나 명칭에 관계없이 사업장의 전체 근로자에게 적용되는 근로조건 등을 포함하고 있다면 이는 취업규칙으로 해석한다.

「선원법」은 「근로기준법」과 거의 같은 내용으로 취업규칙에 관한 사항을 규정하고 있지만 해상근로의 특성을 고려하여 그 기재사항 등에 있어서는 다르게 규정하고 있다. 따라서 선원취업규칙은 육상과는 별도로 「선원법」의 규정에 따라 해양항만관청에 신고하여야 한다.[85]

2. 작성 및 신고

선박소유자는 해양수산부령으로 정하는 바에 따라 다음 각 호의 사항이 포함된 취업규칙을 작성하여 해양항만관청에 신고하여야 한다. 취업규칙을 변경한 경우에도 또한 같다(법 제119조 제1항).

1. 임금의 결정 · 계산 · 지급 방법, 마감 및 지급시기와 승급에 관한 사항
2. 근로시간, 휴일, 선내 복무 및 승무정원에 관한 사항
3. 유급휴가 부여의 조건, 승선 · 하선 교대 및 여비에 관한 사항
4. 선내 급식과 선원의 후생 · 안전 · 의료 및 보건에 관한 사항
5. 퇴직에 관한 사항
6. 실업수당, 퇴직금, 재해보상, 재해보상보험 가입 등에 관한 사항
7. 인사관리, 상벌 및 징계에 관한 사항
8. 교육훈련에 관한 사항
9. 단체협약이 있는 경우 단체협약의 내용 중 선원의 근로조건에 해당되는 사항
10. 산전 · 산후 휴가, 육아휴직 등 여성선원의 모성 보호 및 직장과 가정생활의 양립 지원에 관한 사항

선박소유자는 법 제119조 제1항에 따라 취업규칙을 신고할 때에는 「노동조합 및 노동

84) 권오성, 「근로기준법론」, (청목출판사, 2010), 319쪽.
85) 행정해석, 선원노정과-42, 2008.4.17.

관계조정법」 제31조에 따른 단체협약(단체협약이 제출되어 있는 경우는 제외한다)의 내용을 적은 서류를 함께 제출하여야 한다(법 제119조 제2항).

「선원법 시행규칙」

제57조의3(취업규칙의 신고)
① 선박소유자가 법 제119조제1항에 따라 취업규칙을 신고하고자 할 때에는 취업규칙 2부 또는 취업규칙의 전자문서 파일(정보통신망을 이용하는 경우에 한한다)을 작성하여 지방해양항만청장에게 제출하여야 한다. 다만, 자동화선박의 취업규칙에는 선박의 정박중 선박설비의 점검·정비 및 하역 등의 작업에 대한 육상지원체제와 자동화선박의 승무자격이 있는 운항사의 확보에 관한 사항이 명시되어야 한다.
② 지방해양항만청장은 제1항의 규정에 의한 취업규칙의 내용이 법령 또는 단체협약에 위반되는지의 여부를 확인하여야 한다.

---

3. 작성 절차

법 제119조 제1항에 따라 취업규칙을 작성하거나 변경하려는 선박소유자는 그 취업규칙이 적용되는 선박소유자가 사용하는 선원의 과반수로써 조직되는 노동조합이 있는 경우에는 그 노동조합의 의견을 들어야 하며, 선원의 과반수로써 조직되는 노동조합이 없는 경우에는 선원 과반수의 의견을 들어야 한다. 다만, 취업규칙을 선원에게 불리하게 변경하는 경우에는 그 동의를 받아야 한다(법 제120조 제1항). 법 제119조 제1항에 따라 취업규칙을 신고할 때에는 제1항에 따른 의견 또는 동의의 내용을 적은 서류를 붙여야 한다(법 제120조 제2항).

법 제120조 제1항은 의견청취의무라고 하는데, 선원 과반수와의 합의결정을 요구하는 것이 아니고 취업규칙의 작성·변경에 관한 의견을 듣고 그 의견을 기입한 서면을 첨부하는 것으로 충분하다. 선원 측에서 반대하더라도 그 의견에 구속되는 것은 아니다.[86]

근로조건의 내용을 기존의 취업규칙보다 선원에게 불리하게 변경하는 것을 불이익변경이라 한다. 이때 취업규칙에 정한 근로조건을 어떻게 개정하는 것이 불이익변경에 해당하는지가 문제된다. 개정되는 근로조건이 유리한 조건과 불리한 조건이 함께 섞여 있을 경우에는 각 근로조건의 성격 등을 종합적으로 고려하여 불리한 지를 판단한다.[87]

---

86) 권오성, 「근로기준법론」, (청목출판사, 2010), 323-324쪽.

87) 대법원 2000. 9. 29. 선고 99다45376 판결 : 취업규칙의 작성·변경의 권한은 원칙적으로 사용자에게 있으므로 사용자는 그 의사에 따라 취업규칙을 작성·변경할 수 있으나, 취업규칙의 작성·변경이 근로자가 가지고 있는 기득의 권리나 이익을 박탈하여 불이익한 근로조건을 부과하는 내용일 때에는 종전 근로조건 또는 취업규칙의 적용을 받고 있던 근로자의 집단적 의사결정방법에 의한 동의, 즉 당해 사업장에 근로자의 과반수로 조직된 노동조합이 있는 경우에는 노동조합, 근로자의 과반수로 조직된 노동조합이 없는 경우에는 근로자의 과반수의 동의를 요하

취업규칙의 변경이 어떤 선원에는 유리하고 어떤 선원에게는 불리한 경우에는 불리한 선원을 기준으로 판단한다. 따라서 적용되는 선원 중에서 단 1명이라도 불리하면 불리한 변경으로 보아 선원 과반수로 구성된 노동조합 또는 해당 노동조합이 없을 경우에는 선원 과반수의 동의를 얻어야 효력이 있으며 불리한 1명의 동의는 효력이 없다.[88)]

이미 작성된 취업규칙 자체에 정한 근로조건을 불리하게 변경하는 경우뿐 아니라 취업규칙 작성 이전에 이미 선원에게 적용되는 근로조건이 있었는데, 그 후 취업규칙을 새로 작성하면서 그 근로조건의 내용을 선원에게 불리하게 변경하는 경우도 포함된다.[89)]

불이익변경에 해당하는지 여부를 판단하는 시점은 취업규칙의 변경이 이루어진 시점이다. 따라서 취업규칙의 변경 이후에 사정변경이 있었다는 점은 고려되지 않는다.[90)]

4. 취업규칙의 감독

해양항만관청은 법령이나 단체협약을 위반한 취업규칙에 대하여는 그 변경을 명할 수 있다(법 제121조).

5. 취업규칙의 효력

취업규칙에서 정한 기준에 미치지 못하는 근로조건을 정한 선원근로계약은 그 부분만 무효로 한다. 이 경우 그 무효 부분은 취업규칙에서 정한 기준에 따른다(법 제122조).

이 경우 무효로 된 부분은 취업규칙에 정한 기준에 따른다고 하여 취업규칙에 강행적・보충적 효력을 인정하고 있다.[91)] 근로조건은 근로계약상의 기본적인 내용이므로 계약

고, 이러한 동의를 얻지 못한 경우에는 사회통념상 합리성이 있다고 인정되지 않는 한 기득 이익이 침해되는 기존의 근로자에 대하여는 변경된 취업규칙이 적용되지 아니하며, 취업규칙의 변경이 사회통념상 합리성이 있느냐의 여부와 근로자에게 불이익하느냐 여부는 그 변경의 취지와 경위, 해당 사업체의 업무의 성질, 취업규칙 각 규정의 전체적인 체제 등 제반 사정을 종합하여 판단하여야 한다.

88) 권오성, 「근로기준법론」, (청목출판사, 2010), 332-333쪽.

89) 대법원 1997. 5. 16. 선고 96다2507 판결 : 취업규칙에 정년규정이 없던 운수회사에서 55세 정년규정을 신설한 경우, 그 운수회사의 근로자들은 정년제 규정이 신설되기 이전에는 만 55세를 넘더라도 아무런 제한 없이 계속 근무할 수 있었으나, 그 정년규정의 신설로 인하여 만 55세로 정년에 이르고, 회사의 심사에 의하여 일정한 경우에만 만 55세를 넘어서 근무할 수 있도록 되었다면 이와 같은 정년제 규정의 신설은 근로자가 가지고 있는 기득의 권리나 이익을 박탈하는 불이익한 근로조건을 부과하는 것에 해당한다.

90) 대법원 1997. 8. 26. 선고 96다1726 판결 : 취업규칙의 일부인 퇴직금 규정의 개정이 근로자들에게 유리한지 불리한지 여부를 판단하기 위하여는 퇴직금 지급률의 변화와 함께 그와 대가관계나 연계성이 있는 기초임금의 변화도 고려하여 종합적으로 판단하여야 하지만, 그 판단의 기준 시점은 퇴직금 규정의 개정이 이루어진 시점이며, 그 종합 판단의 결과, 일부 근로자에게는 유리하고 일부 근로자에게는 불리하여 근로자 상호간에 유・불리에 따른 이익이 충돌되는 경우에는 전체적으로 보아 근로자에게 불리한 것으로 취급하여 종전의 급여규정의 적용을 받고 있던 근로자들의 집단적 의사결정 방법에 의한 동의를 필요로 한다.

91) 권오성, 「근로기준법론」, (청목출판사, 2010), 330쪽.

법의 원칙에서 본다면 계약당사자의 합의에 의해 결정되어야 한다. 따라서 사용자가 일방적으로 작성한 취업규칙에 법규와 동동한 효력을 인정하고 있다. 그 근거에 대하여 계약설과 법규범설의 대립이 있으나, 우리 대법원은 법규범설 중 수권설을 취하고 있다. 취업규칙은 사용자가 작성하는 것으로서 원래는 법규성을 가질 수 없는 것이지만 근로자의 보호라는 정책적 목적에 의해 법이 취업규칙에 법규성을 부여한 것이고, 이에 따라 취업규칙은 근로자 보호를 위한 수단으로 승격된 것으로 해석한다.[92)]

6. 취업규칙 등의 공시 등

선박소유자는 이 법 또는 이 법에 따른 명령, 단체협약 및 취업규칙을 적은 서류를 선박 내의 보기 쉬운 곳에 걸어 두어야 하며, 법 제43조 제1항에 따라 작성된 선원근로계약서 사본 1부를 선내에 갖추어 두어야 한다(법 제151조 제1항). 선박소유자(국내 항 사이를 항해하는 선박과 「어선법」에 따른 어선의 선박소유자는 제외한다)는 선원의 근로기준 및 생활기준에 관한 내용을 해양수산부장관이 정하는 바에 따라 한글과 영문으로 작성하여 선내에 갖추어 두어야 한다(법 제151조 제2항).

이를 주지 및 비치의무 또는 공시의무라고 하는데, 이 의무에 위반한 취업규칙의 효력에 대해서는 '무효'라는 견해와 '유효'라는 견해가 나뉜다. 판례에서는 취업규칙은 사용자가 정하는 기업내의 규범이기 때문에 사용자가 취업규칙을 신설 또는 변경하기 위한 조항을 정하였다고 하여도 그로 인하여 바로 효력이 생기는 것이라고는 할 수 없고 신설 또는 변경된 취업규칙의 효력이 생기기 위하여는 적어도 법령의 공포에 준하는 절차로서 그것이 새로운 기업내 규범인 것을 널리 종업원 일반으로 하여금 알게 하는 절차(공시)가 필요하다고 한다.[93)]

---

92) 대법원 1977.7.26. 선고 77다355 판결.

93) 대법원 2004. 2. 12. 선고 2001다63599 판결 : 「근로기준법」 제96조 소정의 취업규칙은 사용자가 근로자의 복무규율과 임금 등 당해 사업의 근로자 전체에 적용될 근로조건에 관한 준칙을 규정한 것을 말하는 것으로서, 그 명칭에 구애받을 것은 아니고, 한편 취업규칙은 사용자가 정하는 기업 내의 규범이기 때문에 사용자가 취업규칙을 신설 또는 변경하기 위한 조항을 정하였다고 하여도 그로 인하여 바로 효력이 생기는 것이라고는 할 수 없고 신설 또는 변경된 취업규칙의 효력이 생기기 위하여는 반드시 같은 법 제13조 제1항에서 정한 방법에 의할 필요는 없지만, 적어도 법령의 공포에 준하는 절차로서 그것이 새로운 기업 내 규범인 것을 널리 종업원 일반으로 하여금 알게 하는 절차 즉, 어떠한 방법이든지 적당한 방법에 의한 주지가 필요하다.

제4절 | 임금

제1관 임금지급의 원칙

1. 임금의 정의

가. 임금

"임금"이란 선박소유자가 근로의 대가로 선원에게 임금, 봉급, 그 밖에 어떠한 명칭으로든 지급하는 모든 금전을 말한다(법 제2조 제10호).

임금은 선원에게 있어서 유일한 생활수단이기 때문에 그 개념은 되도록 명확하게 규정함이 바람직하다. 그러나 현실적으로 임금이 지급되고 있는 형태는 매우 다양하기 때문에 임금이 무엇인지를 구체적으로 규정하는 것은 입법기술상 용이하지 않다. 「선원법」상 임금이라 함은 선원근로계약을 체결한 선박소유자와 선원과의 관계에서 지급된 것이어야 한다. 따라서 그 명칭이 임금이라 하더라도 그러한 금품을 지급하는 자가 「선원법」상 선박소유자가 아니거나 이를 수령하는 자가 「선원법」상 선원이 아니라면 임금이라고 할 수 없다.[94)]

선박소유자가 선원에게 지급하는 금품의 명칭에 따라서 임금인지의 여부가 결정되는 것이 아니라 선박소유자가 사용종속관계에 있는 선원에게 근로의 대상으로 지급되는 것인지의 여부에 따라 결정된다. 따라서 식비, 가계보조비, 생산장려금, 물가수당 등과 같이 그 명칭만으로는 임금의 성질을 갖는지 여부가 분명하지 않은 것이라 하더라도 취업규칙, 단체협약 등에서 선박소유자에게 지급의무가 정하여져 있고 그 지급조건에 해당하는 모든 선원에게 정기적·일률적으로 지급되는 것이라면 근로의 대상으로서 임금의 성질을 갖는다.[95)]

나. 통상임금

"통상임금"이란 선원에게 정기적·일률적으로 일정한 근로 또는 총근로에 대하여 지급하기로 정하여진 시간급금액, 일급금액, 주급금액, 월급금액 또는 도급금액(都給金額)을 말한다(법 제2조 제11호).

---

94) 대법원 1999. 1. 26. 선고 98다46198 판결 : 임금이란 사용자가 근로의 대상으로 근로자에게 임금·봉급 기타 어떠한 명칭으로든지 지급하는 일체의 금품을 말하는 것인바, 카지노 영업장의 고객이 자의에 의하여 직접 카지노 영업직 사원들에게 지급한 봉사료를 근로자들이 자율적으로 분배한 것은 사용자로부터 지급받은 근로의 대상이라고 할 수 없으므로 그 성질상 「근로기준법」이 정한 임금의 범위에 포함되지 않는다.

95) 권오성, 「근로기준법론」, (청목출판사, 2010), 240쪽.

「선원법 시행령」

제3조의2(시간급 통상임금의 산정방법)
① 법 제2조제11호에 따른 통상임금을 시간급금액으로 산정할 때에는 다음 각호의 방법에 의한다.
1. 시간급금액으로 정하여진 임금에 대하여는 그 금액
2. 일급금액으로 정하여진 임금에 대하여는 그 금액을 1일의 소정근로시간수로 나눈 금액
3. 주급금액으로 정하여진 임금에 대하여는 그 금액을 주의 소정근로시간수로 나눈 금액
4. 월급금액으로 정하여진 임금에 대하여는 그 금액을 월의 소정근로시간수로 나눈 금액
5. 일・주・월외의 일정한 기간으로 정하여진 임금에 대하여는 제2호 내지 제4호에 준하여 산정된 금액
6. 도급제에 의하여 정하여진 임금에 대하여는 그 임금산정기간에 있어서 도급제에 의하여 계산된 임금의 총액을 당해 임금산정기간(임금마감일이 있는 경우에는 임금마감 기간을 말한다. 이하 같다)의 총근로시간수로 나눈 금액
7. 임금이 제1호 내지 제6호에서 정한 2이상의 임금으로 되어 있는 경우에는 그 부분에 대하여 제1호 내지 제6호의 방법에 의하여 각각 산정된 금액의 합산액

② 제1항에서 "1일의 소정근로시간" 또는 "1주의 소정근로시간"이란 법 제60조에 따른 근로시간의 범위내에서 단체협약 또는 선원과 선박소유자간에 정한 근로시간을 말하며, "월의 소정근로시간"이라 함은 월의 소정근로일수에 1일의 소정근로시간을 곱한 시간을 말한다. 다만, 임금체계가 근로시간에 관계없이 책정되어 있는 경우에는 항해중인 항해당직자의 소정근로시간은 항해중인 항해당직자외의 선원의 소정근로시간과 같아야 한다.

통상임금은 근로의 양 및 질에 관계되는 근로의 대상으로서 실제 근무일수나 수령액에 구애됨이 없이 정기적・일률적으로 1 "임금산정기간"에 지급하기로 정하여진 고정급임금을 의미한다.[96] 통상임금은 가산임금 등의 산정기초로 작용하고 있는 도구적 개념으로서 사전적・평가적 성격을 갖는다.[97]

통상임금은 그 자체가 임금선정의 기초가 되는 하나의 단위이므로 「선원법」상 임금에 해당하는 것임이 전제가 되어야 한다. 승선평균임금은 선원에게 지급되어야 하는 부분을 포함하여 실제로 지급된 임금은 모두 포함하지만 통상임금은 지급하기로 정하여진 것으로서 정기적・일률적인 고정급만을 의미한다.

선원이 실제로 근무한 일수나 근무성적에 따라 지급액이 달라지는 것은 고정적이 아니

---

96) 대법원 2003. 4. 22. 선고 2003다10650 판결 : 소정 근로 또는 총 근로의 대상(대상)으로 근로자에게 지급되는 금품으로서 그것이 정기적・일률적으로 지급되는 것이면 원칙적으로 모두 통상임금에 속하는 임금이라 할 것이나, 「근로기준법」의 입법 취지와 통상임금의 기능 및 필요성에 비추어 볼 때 어떤 임금이 통상임금에 해당하려면 그것이 정기적・일률적으로 지급되는 고정적인 임금에 속하여야 하므로, 정기적・일률적으로 지급되는 것이 아니거나 실제의 근무성적에 따라 지급 여부 및 지급액이 달라지는 것과 같이 고정적인 임금이 아닌 것은 통상임금에 해당하지 아니한다.
부양가족이 있는 근로자에게만 지급된 가족수당과 상근자에 한하여 현물로 지급되며 현물을 제공받지 않은 근로자에 대하여 그에 상당하는 금품이 제공되지 않은 경우의 중식대가 통상임금에 포함되지 않는다고 본 사례.

97) 권오성, 「근로기준법론」, (청목출판사, 2010), 254쪽.

므로 통상임금에 포함되지 않는다. 승무수당, 항해수당 등의 명목으로 실제승무일수와 관계없이 지급하기로 정하여져 있다면 통상임금에 포함되나 실제승무실적에 비례하여 지급하는 경우라면 통상임금에서 제외된다.

일률적이라 함은 모든 선원을 지급대상으로 하여 임금이 지급되기로 정하여져 있는 것뿐 아니라 일정한 조건 또는 기준에 또한 모든 선원에게 지급되는 것도 포함된다. 다만, 일정한 조건이나 고정적인 조건이어야 하고 일시적, 유동적인 조건은 제외된다.[98)]

다. 승선평균임금

"승선평균임금"이란 산정하여야 할 사유가 발생한 날 이전 승선기간(3개월을 초과하는 경우에는 최근 3개월로 한다)에 그 선원에게 지급된 임금 총액을 그 승선기간의 총일수로 나눈 금액을 말한다. 다만, 이 금액이 통상임금보다 적은 경우에는 통상임금을 승선평균임금으로 본다(법 제2조 제12호).

「선원법 시행규칙」

제3조의3(승선평균임금의 산정방법)
① 법 제2조제12호에 따른 승선기간 중에 다음 각 호의 어느 하나에 해당하는 기간이 있는 경우에는 그 일수와 그 기간중에 지급된 임금은 당해 기간 및 임금의 총액에서 이를 공제한다.
1. 법 제54조에 따른 부상 또는 질병으로 직무에 종사하지 못한 기간
2. 선원이 될 목적으로 실습을 위하여 승선하는 기간
② 법 제2조제12호에 따른 임금의 총액에는 임시로 지급된 임금 또는 수당으로서 해양수산부장관이 정하는 것에 한하여 임금의 총액에 산입한다.
③ 일용선원에 대하여는 해양수산부장관이 업종별로 정하는 금액을 승선평균임금으로 한다.
④ 법 제2조제12호, 이 조 제1항 및 제2항에 따라 승선평균임금을 산정할 수 없는 경우에는 해양수산부장관이 정하는 바에 의한다.

승선평균임금이란 이를 산정하여야 할 사유가 발생한 날 이전 3개월 동안에 그 선원에게 지급된 임금의 총액을 그 기간의 총일수로 나눈 금액을 의미하므로 승선평균임금을 산정하기 위하여는 산정기간의 확정, 산정기간 중 근로자에게 지급된 임금총액의 산정, 산정기간에 포함된 날짜의 합산이라는 과정이 필요하다.

승선평균임금의 산정기간이라 함은 승선평균임금을 산정하여야 할 사유가 발생한 날 이전 3개월간을 의미한다. 먼저 '승선평균임금을 산정하여야 할 사유가 발생한 날'이란「선

---

98) 권오성,「근로기준법론」, (청목출판사, 2010), 256쪽.

원법」상 승선평균임금을 기초로 하는 각종 급여를 지급하거나 감액하여야 할 사유가 발생한 날을 의미한다.

'산정하여야 할 사유가 발생한 날 이전 승선기간'이란 사유가 발생한 날의 전일(前日)부터 소급하여 산정하는 기간을 말하며 사유가 발생한 날은 포함되지 않는다고 해석한다.[99] 최대 3개월을 초과하지 않아야 한다. 승선평균임금의 산정기간에는 ① 법 제54조에 따른 부상 또는 질병으로 직무에 종사하지 못한 기간, ② 선원이 될 목적으로 실습을 위하여 승선하는 기간은 포함하지 않는다(시행규칙 제3조의3 제1항 제1호 내지 제2호).

2. 임금지급의 원칙

임금은 통화(通貨)로 직접 선원에게 그 전액을 지급하여야 한다. 다만, 법령이나 단체협약에 특별한 규정이 있는 경우에는 임금의 일부를 공제하거나 통화 외의 것으로 지급할 수 있다(법 제52조 제1항). 임금은 매월 1회 이상 일정한 날짜를 정하여 지급하여야 한다. 다만, 임시로 지급하는 임금, 수당, 그 밖에 이에 준하는 것 등 대통령령으로 정하는 것에 대하여는 그러하지 아니하다(법 제52조 제2항). 선박소유자는 법 제52조 제1항에도 불구하고 선원이 청구하거나 법령이나 단체협약에 특별한 규정이 있는 경우에는 임금의 전부 또는 일부를 그가 지정하는 가족이나 그 밖의 사람에게 통화로 지급하거나 금융회사 등에 예금하는 등의 방법으로 지급하여야 한다(법 제52조 제3항). 선박소유자는 승무 중인 선원이 청구하면 제1항에도 불구하고 선장에게 임금의 일부를 상륙하는 기항지(寄港地)에서 통용되는 통화로 직접 선원에게 지급하게 하여야 한다(법 제52조 제4항). 임금을 일할계산(日割計算)하는 경우에는 30일을 1개월로 본다(법 제52조 제5항).

「선원법 시행령」

제17조(임금의 지급)

① 법 제52조제2항 단서에서 "임시로 지급하는 임금, 수당, 그 밖에 이에 준하는 것 등 대통령령으로 정하는 것"이란 다음 각 호의 어느 하나에 해당하는 것을 말한다.

1. 1개월을 초과하는 일정기간의 계속 근무에 대하여 지급되는 근속수당
2. 1개월을 초과하는 기간에 걸친 사유에 의하여 산정되는 장려금·능률수당 또는 상여금
3. 그 밖에 부정기적으로 지급되는 각종 수당

② 선박소유자는 법 제52조에 따라 임금을 지급하는 경우에는 다음 각 호의 사항이 포함된 급여명세서를 선원에게 주어야 한다.

1. 임금의 금액에 관한 사항
2. 임금의 구성항목에 관한 사항

---

99) 권오성, 「근로기준법론」, (청목출판사, 2010), 245쪽.

법 제52조 제1항은 임금의 지급방법에 대하여 직접지급, 전액지급, 통화지급, 정기지급을 원칙으로 규정하고 있다.

① **직접지급의 원칙** : 임금은 반드시 본인에게 지급되어야 한다. 임금 직접지급의 원칙은 임금이 확실히 본인의 수중에 들어가게 하여 선원의 생활을 보호하고자 하는데 그 취지가 있다. 통화지급, 전액지급 원칙이 법령이나 단체협약으로 예외를 인정하고 있는 반면, 직접지급의 원칙에는 예외를 인정하지 않는다. 다만, 선원 본인에게 불가피한 사정이 있어 그의 배우자가 인감을 가지고 임금을 수령하는 것과 같이 사자(使者)에게 임금을 지급하는 것은 직접지급의 원칙에 반하지 않는다고 본다. 임금채권의 양도와 양도통지가 있었다고 하더라도 임금채권의 양수인은 사용자로부터 임금채권을 직접 변제받을 수는 없고 임금채권의 양도인인 선원이 직접 임금을 수령한 다음 선원으로부터 다시 지급받아야 한다. 즉, 임금채권양도의 효력은 양도인과 양수인 사이에서만 인정되고 채무자에 대한 관계에서는 제한된다.[100)]

② **전액지급의 원칙** : 임금은 전액이 선원에게 지급되어야 하며, 법령 또는 단체협약에 특별한 규정이 없는 한 일방적으로 공제할 수 없다는 원칙이다. 선원에게 임금은 생활을 지탱하는 중요 재원으로서 일상생활에 필요로 하는 임금을 확실히 선원이 수령하도록 함으로써 생활에 불안이 없게 하기 위하여 선박소유자로 하여금 함부로 선원의 다른 채무의 존재를 이유로 임의적인 공제를 하지 못하도록 하려는데 그 취지가 있다. 전액지급의 원칙에 의하면 선박소유자가 선원에 대하여 가지는 채권으로써 상계하지 못하는 것이 원칙이다. 다만, 판례는 계산의 착오 등으로 임금이 초과 지급되었을 때 그 행사의 시기가 초과 지급된 시기와 임금의 정산, 조정의 실질을 잃지 않을 만큼 합리적으로 밀접되어 있고 금액과 방법이 미리 예고되는 등 선원의 경제생활의 안정을 해할 염려가 없는 경우나, 선원이 퇴직 한 후에 그 재직 중 지급되지 아니한 임금이나 퇴직금을 청구하는 경우에는 초과 지급된 임금의 반환청구권을 자동채권으로 하여 상계하는 것은 허용된다고 한다. 한편 임금 전액지급의 원칙에 따라 상계가 금지된다고 하더라도 선박소유자가 선원에 대한 채무명의의 집행을 위하

100) 대법원 1996. 3. 22. 선고 95다2630 판결 : 근로자가 그 임금채권을 양도한 경우라 할지라도 그 임금의 지급에 관하여는 「근로기준법」 제36조 제1항에 정한 임금 직접지급의 원칙이 적용되어 사용자는 직접 근로자에게 임금을 지급하지 아니하면 안 되고, 그 결과 비록 적법 유효한 양수인이라도 스스로 사용자에 대하여 임금의 지급을 청구할 수 없으며, 그러한 법리는 근로자로부터 임금채권을 양도받았거나 그의 추심을 위임받은 자가 사용자의 집행 재산에 대하여 배당을 요구하는 경우에도 그대로 적용된다.

여 선원의 자신에 대한 임금채권에 관하여 압류 및 전부명령[101]을 받는 것까지 금지되는 것은 아니라는 것이 판례의 입장이다.[102] 선박소유자가 선원의 동의를 얻어 선원의 임금채권에 대해 상계하는 것이 임금 전액지급의 원칙에 반하는지가 문제된다. 판례는 임금 전액지급의 원칙의 취지는 선박소유자가 일방적으로 임금을 공제하는 것을 금지하여 선원에게 임금 전액을 확실하게 지급받게 함으로써 선원의 경제생활을 위협하는 일이 없도록 그 보호를 도모하려는데 있으므로, 선박소유자가 선원에 대하여 가지는 채권을 가지고 일방적으로 선원의 임금채권을 상계하는 것은 금지된다고 할 것이지만, 선박소유자가 선원의 동의를 얻어 선원의 임금채권에 대하여 상계하는 경우에 그 동의가 선원의 자유로운 의사에 터잡아 이루어진 것이라고 인정할 만한 합리적인 이유가 객관적으로 존재하는 때에는 유효하다는 입장이다.[103] 다만, 임금 전액지급의 원칙에 비추어 볼 때 그 동의가 선원의 자유로운 의사에 기한 것이라는 판단은 엄격하고 신중하게 이루어져야 한다고 본다.

③ 통화지급의 원칙 : 임금은 법령, 단체협약에 특별한 규정이 있는 경우가 아니면 법적 통용력이 있는 통화로 지급해야 한다. 이 규정은 현물급여(truck-system)를 통해 선원의 자유를 구속하거나 회사의 제품을 과잉지급함으로써 선원의 실질적인 임금확보에 지장을 주는 것을 방지하는데 그 목적이 있다. 당좌수표나 주식, 어음 등으로 지급하는 경우에는 은행에 의하여 지급이 보증되지 않는다면 이는 통화지급원칙에 반한다.[104] 노사당사자간에 선원의

---

101) 전부명령(轉付命令)이란 채무자가 제3채무자에 대하여 가지는 압류한 금전채권을 집행채권과 집행비용청구권의 변제에 갈음하여 압류채권자에게 이전시키는 집행법원의 결정을 말한다 ; 김기두 외, 「최신 콘사이스법학사전」, (법통사, 1966), 1254쪽.

102) 대법원 1994.3.16. 자 93마1822,1823 결정 : 「근로기준법」 제36조 제1항 본문에 규정된 임금의 전액지급의 원칙에 비추어 사용자가 근로자의 급료나 퇴직금 등 임금채권을 수동채권으로 하여 사용자의 근로자에 대한 다른 채권으로 상계할 수 없지만, 그렇다고 하여 사용자가 근로자에 대한 채무명의의 집행을 위하여 근로자의 자신에 대한 임금채권 중 2분의 1 상당액에 관하여 압류 및 전부명령을 받는 것까지 금지하는 취지는 아니고, 같은 법 제25조는 사용자가 전차금 기타 근로할 것을 조건으로 하는 전대채권과 임금을 서로 상계하지 못한다는 취지를 규정한 데 불과하므로 이를 근거로 하여 위와 같은 사용자의 임금채권에 관한 압류 및 전부명령이 허용되지 않는다고 풀이할 수도 없다.

103) 대법원 2003. 6. 27. 선고 2003다7623 판결 : 「근로기준법」 제42조 제1항 본문은, '임금은 통화로 직접 근로자에게 그 전액을 지급하여야 한다.'고 규정하여 임금직접지급의 원칙을 천명하고 있으나, 그 단서에서 '법령 또는 단체협약에 특별한 규정이 있는 경우에는 임금의 일부를 공제하거나 또는 통화 이외의 것으로 지급할 수 있다'고 예외를 두고 있는바, 단체협약은 노동조합이 사용자 또는 사용자 단체와 근로조건 기타 노사관계에서 발생하는 사항에 관하여 체결하는 협정으로서 사용자가 근로자의 집단적 의사결정 방법에 의한 동의를 얻지 아니한 채 기득 이익을 침해하는 방법으로 변경하는 것이 금지되어 있고, 체결과정에 있어서도 그 진정성과 명확성이 담보되어 있다는 점과, 개별 근로자의 자유로운 의사에 터잡아 이루어진 동의가 있는 경우 사용자는 근로자에 대한 자동채권과 근로자의 임금채권을 상계할 수 있다는 점(대법원 2001. 10. 23. 선고 2001다25184 판결) 등에 비추어 볼 때, 적법하게 체결된 단체협약이 사용자의 근로자에 대한 대출원리금 등 채권 등을 공제할 수 있도록 규정하고 있다 하여 특별한 사정이 없는 한 이것이 「근로기준법」 제42조의 정신에 반하는 것으로서 무효라고 볼 이유는 없다고 할 것이다.

104) 권오성, 「근로기준법론」, (청목출판사, 2010), 263쪽 참조.

임금을 외화로 지급하기로 정한 경우에도 동 외화는 은행 등을 통하여 별도로 환전절차를 거쳐야 하는 등 국내에서 강제통용력이 있는 화폐로 보기 어려울 것이므로 임금의 통화지급 원칙에 위배되는 것으로 보아야 할 것이다.[105] 법 제52조 제4항은 통화지급원칙에 대한 예외로서 국제항행에 종사하는 선박의 선원의 경우에 노사간의 합의에 의하여 임금의 일부를 사용하기 위한 용도로 해당 외국의 법정 통화를 지급하는 경우에는 통화지급원칙에 반하지 않는다고 본 것이다.

④ 정기지급의 원칙 : 임금이 선원생활의 기초가 된다는 점을 주시하여, 선원의 생활안정과 계획성 확보를 위해 1개월을 넘지 않는 범위에서 일정한 기일에 지급하도록 한 것이다. 취업규칙이나 단체협약에 주기적으로 도래하는 일정한 기일을 특정하여 임금을 지급하는 것이 원칙이다. 선박소유자가 특정된 임금지급기일에 임금을 지급하지 않는 이상 그 후에 그 임금의 일부 또는 전부를 지급하였다고 하더라도 정기지급원칙의 위반에 따른 책임을 면할 수는 없다.[106] 매월 1회 이상 정해진 기일에 임금이 지급된다고 하더라도 선원근로관계가 종료됨으로 인하여 1월 미만의 임금지급기간이 있는 경우에는 30일을 1월로 간주하고 일할계산하도록 규정하고 있다.

3. 기일 전 지급

선박소유자는 선원이나 그 가족의 출산, 질병, 재해, 그 밖에 대통령령[107]으로 정하는 비상(非常)한 경우의 비용에 충당하기 위하여 선원이 임금 지급을 청구하는 경우에는 임금 지급일 전이라도 이미 제공한 근로에 대한 임금을 지급하여야 한다(법 제53조).

선원에게 정기지급원칙의 준수만으로는 충당하기 어려운 사정이 발생한 경우에 임금을 미리 지급함으로써 선원과 그 가족의 경제적 안정을 보장하기 위한 것이다.[108]

---

105) 2002.7.29., 임금 68207-552.

106) 대법원 1985.10.08. 선고 85도1566 판결「근로기준법」위반 : 원심이 확정한대로 피고인이 임금지급기일인 매월 25일에 판시 근로자들에게 판시 각 임금을 지급하지 않은 것이라면 피고인이 그후에 그 임금의 일부 또는 전부를 지급하였다 하더라도「근로기준법」제109조, 제36조 소정 범죄의 죄책을 면할 수 없다 할 것이다. 원심이 판시 근로자들이 그 임금지급기일 이후 체임된 임금의 일부를 지급받은 사실을 인정하면서 미지급한 임금 전액에 관하여「근로기준법」위반죄가 성립한다고 판시한 것은 정당하다.

107)

「선원법 시행령」
제17조의2(기일 전 지급) 법 제53조에서 "대통령령으로 정하는 비상(非常)한 경우"란 선원이나 그 가족이 다음 각 호의 어느 하나에 해당하게 되는 경우를 말한다. 1. 혼인 또는 사망한 경우 2. 해양수산부장관이 정하는 부득이한 사유로 7일 이상 하선하게 되는 경우

108) 광주고법 2003. 7. 16. 선고 2002나10553 판결 : 갑 제7호증의 1 내지 26(각 고용계약서)의 각 기재에 변론의 전

4. 승무 선원의 부상 또는 질병 중의 임금

선박소유자는 승무 중인 선원이 부상이나 질병으로 직무에 종사하지 못하는 경우에도 선원이 승무하고 있는 기간에는 어선원 외의 선원에게는 직무에 종사하는 경우의 임금을, 어선원에게는 통상임금을 지급하여야 한다. 다만, 선원노동위원회가 그 부상이나 질병이 선원의 고의로 인한 것으로 인정한 경우에는 그러하지 아니하다(법 제54조).

선원의 재선의무에 따라 선원은 상병 중에도 선장의 허락 없이 선박을 임의로 하선할 수 없을 뿐 아니라, 해상근로의 특성상 통상적으로 항구에 도착하기 전에는 물리적으로 하선을 할 수도 없다. 선원이 승무 중 부상이나 질병으로 직무에 종사하지 못하는 경우라 하더라도 이를 엄격하게 해석하여 승무중이 아니라고 할 수도 없다. 따라서 승무 중인 선원에 대하여는 무노동무임금의 원칙을 엄격하게 적용하지 않고 예외를 인정하여 임금을 지급하도록 하고 있다. 다만 어선원의 임금은 "월 고정급+ 생산수당" 또는 "비율급"으로 정할 수 있기 때문에 실제 직무에 종사하는 경우와 상병으로 직무에 종사하지 못하는 경우를 달리 하는 것이 합리적이라고 판단하여, 어선원에게는 통상임금을 지급하도록 하고 있다.

5. 임금대장

선박소유자는 임금대장을 갖추어 두고, 임금을 지급할 때마다 임금 계산의 기초가 되는 사항 등 대통령령으로 정하는 사항을 적어야 한다(법 제58조).

「선원법 시행령」

제20조(임금대장의 기재사항) 법 제58조에서 "대통령령으로 정하는 사항"이란 다음 각호의 사항을 말한다.
1. 선원의 성명 · 주민등록번호 · 고용연월일 및 직책
2. 임금 및 가족수당 계산의 기초가 되는 사항
3. 근로일수 및 근로시간수
4. 시간외근로 및 휴일근로를 시킨 경우에는 그 시간수
5. 임금의 내역별 금액
6. 법 제52조제1항 단서에 따라 임금의 일부를 공제한 경우에는 그 사유 및 금액

취지를 종합하면, 선원전도금(선급금)은 선주와 선원 사이에 고용계약을 확실히 이행하기 위하여 선주가 선원에게 계약 체결 당시에 선급금으로 지급하는 것(위 각 계약서 제3조)으로서 매월 임금지급시 위 선급금 만큼이 공제되므로(위 각 계약서 제5조) 이는 통상임금의 선지급의 성격을 가지는 것으로 봄이 상당하고, 달리 위 선급금이 선원들의 통상임금 외의 추가적 급부의 성격을 가진다고 볼 아무런 증거가 없으므로 위 선원전도금이 통상임금과 별개임을 전제로 하는 원고의 위 주장은 이유 없다.

6. 최저임금

해양수산부장관은 필요하다고 인정하면 선원의 임금 최저액을 정할 수 있다. 이 경우 해양수산부장관은 해양수산부령으로 정하는 자문을 하여야 한다(법 제59조).

「선원법 시행규칙」

제38조의2(자문) 법 제59조, 법 제115조제2항 및 영 제23조에 따른 자문이란 「정책자문위원회규정」 제2조에 따라 해양수산부에 설치되는 정책자문위원회의 자문을 말한다.

제2관 퇴직금제도

1. 의의

퇴직금이란 선박소유자가 일정기간을 계속근로하고 퇴직하는 선원에게 그 계속근로에 대한 대가로 지급하는 후불적 임금의 성격을 띤 금전을 말한다. 선박소유자가 임의로 지급하는 일종의 은혜적·자선적 성격을 가진 제도로 출발하였으나 선원의 지위가 많이 향상된 오늘날에는 법정 권리로 인정되고 있다. 선원이 퇴직하거나 이직하더라도 육상의 직업을 가지지 쉽지 않은 선원의 직업적 특성과 선원의 장기승선을 유도함으로써 선원의 직업안정과 해상기업의 유지·발전을 도모하기 위해서는 퇴직금제도는 중요성이 크다고 하겠다.[109)]

2005년 12월 1일 「근로자퇴직급여보장법」이 시행되면서 「근로기준법」에서는 퇴직금에 대한 규정이 삭제되었으나, 「선원법」은 여전히 기존의 퇴직금제도를 유지하고 있다. 다만, 「선원법」 제55조 제1항 단서규정의 해석상 선원노동위원회의 승인을 얻어 「선원법」상의 퇴직금의 수준에 밑돌지 않는 범위 안에서 단체협약이나 선원근로계약에 의하여 퇴직금제도에 대체하는 제도를 둘 수 있기 때문에 「근로자퇴직급여보장법」에서 정한 확정급여형 퇴직연금 또는 확정기여형퇴직연금제도로 「선원법」상의 퇴직금제도를 대체할 수 있다.

퇴직금은 후불적 임금의 성격을 가진 금전으로서, 선박소유자가 단독으로 전액을 부담

---

109) 김동인, 「선원법」, 제2판, 법률문화원, 2007, 732쪽.

하여야 하고,[110] 퇴직사유를 불문하며,[111] 임금의 성질을 가진 채권[112]이다.

2. 지급요건

「선원법」상 퇴직금은 선원의 퇴직과 1년 이상의 계속근로를 지급요건으로 한다(법 제55조 제1항). 다만, 예외적으로 선박소유자는 계속근로기간이 6개월 이상 1년 미만인 선원으로서 선원근로계약의 기간이 끝나거나 선원에게 책임이 없는 사유로 선원근로계약이 해지되어 퇴직하는 선원에게 승선평균임금의 20일분에 상당하는 금액을 퇴직금으로 지급하여야 한다(법 제55조 제5항).

3. 산정기준과 방법

선박소유자가 퇴직선원에게 지급하여야 할 최소법정퇴직금은 계속근로년수 1년에 대하여 승선평균임금 30일분으로 산출한 금액이고(법 제55조 제1항), 계속근로기간이 6개월 이상 1년 미만인 선원으로서 선원근로계약의 기간이 끝나거나 선원에게 책임이 없는 사유로 선원근로계약이 해지되어 퇴직하는 선원에게는 승선평균임금의 20일분에 상당하는 금액을 퇴직금으로 지급하여야 한다(법 제55조 제5항).

계속근로년수라 함은 선원근로계약을 체결한 날로부터 선원근로관계가 종료될 때까지의 기간을 의미한다. 또 승선평균임금은 이를 산정하여야 할 사유가 발생한 날 이전 승선기간에 그 선원에게 지급된 임금의 총액을 승선기간의 일수로 나눈 금액을 의미한다.

4. 기타

선박소유자는 계속근로기간이 1년 이상인 선원이 퇴직하는 경우에는 계속근로기간 1년에

---

110) 대법원 1999. 4. 23. 선고 98다18568 판결 : 구 「근로기준법」(1997. 3. 13. 법률 제5309호로 제정되기 전의 것)상의 퇴직금 규정은 사용자의 출연으로 퇴직금을 지급할 것을 명한 강행규정으로서 퇴직금은 항상 그 전액을 사용자가 출연하여야 하는바, 이와 같은 퇴직금 출연에 예측가능성을 기할 수 있게 하기 위하여는 퇴직금 산정의 기초인 평균임금은 근로자가 얻는 총수입 중 사용자가 관리 가능하거나 지배 가능한 부분에 한정된다고 보아야 한다.

111) 퇴직시에 발생하는대법원 1996. 5. 14. 선고 95다19256 판결 : 퇴직금청구권은 계속 근로가 끝나는 퇴직이라는 사실을 요건으로 하여 발생하는 것이므로, 퇴직금 산정의 기초가 되는 계속근로연수, 평균임금 및 퇴직금지급률은 특별한 사정이 없는 한 모두 퇴직 당시를 기준으로 하여야 한다.

112) 대법원 1998. 3. 27. 선고 97다49732 판결 : 퇴직금은 사용자가 일정기간을 계속근로하고 퇴직하는 근로자에게 그 계속근로에 대한 대가로서 지급하는 후불적 임금의 성질을 띤 금원으로서 구체적인 퇴직금청구권은 계속근로가 끝나는 퇴직이라는 사실을 요건으로 하여 발생되는 것인바, 최종 퇴직시 발생하는 퇴직금청구권을 사전에 포기하거나 사전에 그에 관한 민사상 소송을 제기하지 않겠다는 부제소특약을 하는 것은 강행법규인 구 「근로기준법」(1997. 3. 13. 법률 제5305호로 폐지되기 전의 법률)에 위반되어 무효이다.

대하여 승선평균임금의 30일분에 상당하는 금액을 퇴직금으로 지급하는 제도를 마련하여야 한다. 다만, 이와 같은 수준을 밑돌지 아니하는 범위에서 선원노동위원회의 승인을 받아 단체협약이나 선원근로계약에 의하여 퇴직금제도를 갈음하는 제도를 시행하는 경우에는 그러하지 아니하다(법 제55조 제1항). 선박소유자는 법 제55조 제1항에 따른 퇴직금제도를 시행할 때 선원이 요구하면 선원이 퇴직하기 전에 그 선원의 계속근로기간에 대한 퇴직금을 미리 정산하여 지급할 수 있다. 이 경우 미리 정산한 후의 퇴직금 산정을 위한 계속근로기간은 정산시점부터 새로 계산한다(법 제55조 제2항). 퇴직금을 산정할 경우 계속근로기간이 1년 이상인 선원의 계속근로기간을 계산할 때 1년 미만의 기간에 대하여는 6개월 미만은 6개월로 보고, 6개월 이상은 1년으로 본다. 다만, 법 제55조 제2항에 따라 퇴직금을 미리 정산하기 위한 계속근로기간을 계산할 때 1년 미만의 기간은 제외한다(법 제55조 제3항). 법 제55조 제3항에도 불구하고 계속근로기간의 계산에 관하여 단체협약이나 취업규칙에서 달리 정한 경우에는 그에 따른다(법 제55조 제4항). 선박소유자는 계속근로기간이 6개월 이상 1년 미만인 선원으로서 선원근로계약의 기간이 끝나거나 선원에게 책임이 없는 사유로 선원근로계약이 해지되어 퇴직하는 선원에게 승선평균임금의 20일분에 상당하는 금액을 퇴직금으로 지급하여야 한다(법 제55조 제5항).

제3관 어선원의 임금에 대한 특례

어선원의 임금은 월 고정급 및 생산수당으로 하거나 비율급으로 할 수 있다(법 제57조 제1항). 법 제57조 제1항에 따라 임금을 받는 어선원에 대하여 제37조, 제39조, 제54조, 제55조, 제96조, 제97조 및 제99조부터 제102조까지의 규정에 따른 실업수당 등을 산정할 때 적용할 통상임금 및 승선평균임금은 월 고정급에 대통령령으로 정하는 비율을 곱한 금액으로 한다(법 제57조 제2항). 법 제57조 제1항에 따라 어선원의 임금을 비율급으로 하는 경우에 어선소유자는 어선원에게 월 고정급에 해당하는 금액을 미리 지급하여야 한다. 이 경우 비율급의 월액이 월 고정급보다 적을 때에는 미리 지급한 월 고정급에 해당하는 금액을 비율급의 월액으로 본다(법 제57조 제3항).

「선원법 시행령」

제19조(어선원의 임금에 대한 특례)
① 삭제
② 삭제
③ 삭제
④ 법 제57조제1항에 따른 어선원의 비율급 및 생산수당의 정산은 첫출어부터 조업종료까지의 기간을

단위로 하되, 그 기간이 1월미만인 때에는 1월단위로 정산하고, 그 기간이 6월이상인 때에는 6월단위로 정산한다. 다만, 그 기간이 6월이상인 경우에는 단체협약 또는 취업규칙으로 정산기간을 달리 정할 수 있다.
⑤ 삭제

제19조의2(어선원의 통상임금 및 승선평균임금의 산정기준) ①법 제57조제2항에 따른 어선원의 통상임금은 다음 각호의 방법에 의하여 산정한다.
1. 월고정급 및 생산수당으로 임금을 지급하되 임금중 월고정급의 비율이 큰 업종 또는 선박으로서 어선원과 어선소유자가 합의한 경우에는 월고정급의 135퍼센트로 한다.
2. 월고정급 및 생산수당으로 임금을 지급하는 경우로서 제1호외의 경우에는 월고정급의 140퍼센트로 한다.
3. 제1호 및 제2호외의 업종 또는 선박의 경우에는 월고정급의 145퍼센트로 한다.
② 법 제57조제2항에 따른 어선원의 승선평균임금은 다음 각호의 방법에 의하여 산정한다.
1. 월고정급 및 생산수당으로 임금을 지급하되 임금중 월고정급의 비율이 큰 업종 또는 선박으로서 어선원과 어선소유자가 합의한 경우에는 월고정급의 165퍼센트로 한다.
2. 월고정급 및 생산수당으로 임금을 지급하는 경우로서 제1호외의 경우에는 월고정급의 170퍼센트로 한다.
3. 제1호 및 제2호외의 업종 또는 선박의 경우에는 월고정급의 175퍼센트로 한다.
③ 삭제

제4관 임금채권보장보험 등의 가입

1. 강제보험

선박소유자(선박소유자 단체를 포함한다. 이하 이 조에서 같다)는 선박소유자의 파산 등 대통령령으로 정하는 사유로 퇴직한 선원이 받지 못할 임금 및 퇴직금(이하 "체불임금"이라 한다)의 지급을 보장하기 위하여 대통령령으로 정하는 보험 또는 공제에 가입하거나 기금을 조성하여야 한다. 다만, 다른 법률에 따라 선원의 체불임금 지급을 보장하기 위한 기금의 적용을 받는 선박소유자는 그러하지 아니하다(법 제56조 제1항).

2. 체불임금의 보장

법 제56조 제1항에 따른 보험, 공제 또는 기금은 적어도 다음 각 호의 모두에 해당하는 체불임금의 지급을 보장하여야 한다(법 제56조 제2항).

1. 법 제52조에 따른 임금의 최종 3개월분
2. 법 제55조에 따른 퇴직금의 최종 3년분

법 제56조 제1항에 따른 보험업자, 공제업자 또는 기금운영자는 그 퇴직한 선원이 체불임금을 청구하는 경우에는 「민법」 제469조에도 불구하고 선박소유자를 대신하여 체불임금을 지급한다(법 제56조 제3항).

3. 청구권의 대위

법 제56조 제3항에 따라 선원에게 체불임금을 대신 지급한 보험업자, 공제업자 또는 기금 운영자는 그 지급한 금액의 한도에서 해당 선박소유자에 대한 선원의 체불임금 청구권을 대위(代位)한다(법 제56조 제4항). 「근로기준법」 제38조 제2항에 따른 임금채권의 우선변제권 및 「근로자퇴직급여 보장법」 제12조에 따른 퇴직금의 우선변제권은 제4항에 따라 대위되는 권리에 존속한다(법 제56조 제5항). 체불임금의 청구와 지급에 필요한 사항은 대통령령으로 정한다(법 제56조 제6항).

「선원법 시행령」

제18조(체불임금의 지급사유) 법 제56조제1항 본문에서 "선박소유자의 파산 등 대통령령으로 정하는 사유"란 다음 각 호의 어느 하나에 해당하는 경우를 말한다.

1. 「채무자 회생 및 파산에 관한 법률」에 따른 파산의 선고 또는 회생절차 개시의 결정(이하 "파산선고등"이라 한다)
2. 제18조의2의 규정에 따른 지방해양항만청장의 도산등사실인정

제18조의2(도산등사실인정의 요건 · 절차)

① 지방해양항만청장은 선박소유자가 다음 각 호의 어느 하나에 해당되는 경우 당해 선박소유자로부터 임금 및 퇴직금을 지급받지 못하고 퇴직한 선원의 신청이 있는 때에는 당해 선박소유자가 미지급한 임금 및 퇴직금(이하 "체불임금"이라 한다)을 지급할 능력이 없는 것으로 인정(이하 "도산등사실인정"이라 한다)할 수 있다.

1. 사업이 폐지되었거나 다음 각 목의 어느 하나에 해당하는 사유로 인하여 사업이 폐지과정에 있을 것
   가. 그 사업의 영업활동이 중단된 상태에서 주된 업무시설이 압류 또는 가압류되거나 채무변제를 위하여 양도된 경우(「민사집행법」에 의한 경매가 진행중인 경우를 포함한다)
   나. 그 사업에 대한 인가 · 허가 · 등록 등이 취소되거나 말소된 경우
   다. 그 사업의 영업활동이 1월 이상 중단된 경우
2. 체불임금을 지급할 능력이 없거나 다음 각 목의 어느 하나에 해당하는 사유로 인하여 체불임금의 지급이 현저히 곤란할 것
   가. 도산등사실인정일 현재 선박소유자가 1월 이상 소재불명인 경우
   나. 선박소유자의 재산을 환가하거나 회수하는데 도산등사실인정의 신청일부터 3월 이상이 소요될 것으로 인정되는 경우

②제1항의 규정에 따른 도산등사실인정의 신청은 선원이 퇴직한 날의 다음날부터 1년 이내에 하여야 한다.

③제1항의 규정에 의한 도산등사실인정의 신청 등에 관하여 필요한 사항은 해양수산부령으로 정한다.

제18조의3(임금채권보장보험 등의 종류)

① 법 제56조 제1항 본문에 따라 선박소유자(선박소유자단체를 포함한다)가 가입하거나 조성하여야 하는 보험 · 공제 또는 기금은 다음 각 호와 같다.

1. 선주상호보험조합이 운영하는 손해보험
2. 「보험업법」 제2조 제6호 및 제8호에 따른 보험회사 및 외국보험회사가 선원의 임금채권 보장을 목

적으로 운영하는 같은 법 제2조 제4호에 따른 손해보험
3. 선박소유자 단체가 선원의 임금채권 보장을 목적으로 「한국해운조합법」 제6조, 「수산업협동조합법」 제60조 또는 「원양산업발전법」 제28조에 따른 정관에 따라 소속업체 등으로부터 부담금을 징수하여 운영하는 공제
4. 선박소유자 단체가 선원의 임금채권 보장을 목적으로 「한국해운조합법」 제10조, 「수산업협동조합법」 제17조 또는 「원양산업발전법」 제28조에 따른 정관에 따라 소속업체 등으로부터 부담금을 징수하여 운영하는 기금
5. 「민법」 제32조에 따라 주무관청의 허가를 받아 설립된 사단법인이 선원의 임금채권 보장을 목적으로 같은 법 제40조에 따른 정관에 따라 소속업체 등으로부터 부담금을 징수하여 운영하는 공제 또는 기금
② 제1항제3호 및 제5호에 따른 공제업자는 공제금의 조성기준 및 지급요건 등 그 운영에 관하여 필요한 사항을 정하여 해양수산부장관의 승인을 얻어야 한다.
③ 제1항제4호 및 제5호에 따른 기금의 조성기준 및 지급요건 등 그 운영에 관하여 필요한 사항은 해양수산부장관이 정한다.

제18조의4(체불임금의 청구와 지급)
① 법 제56조에 따라 체불임금을 지급받고자 하는 선원은 당해 선박소유자에 대하여 파산선고등이 있거나 도산등사실인정이 있은 날부터 2년 이내에 제18조의3의 규정에 따른 선주상호보험조합·보험업자·공제업자 또는 기금운영자에게 체불임금의 지급을 청구하여야 한다.
② 선주상호보험조합·보험업자·공제업자 또는 기금운영자가 제1항의 규정에 따라 체불임금 지급청구를 받은 때에는 특별한 사유가 없는 한 체불임금을 청구받은 날부터 7일 이내에 체불임금을 지급하여야 한다.
③ 제1항 및 제2항의 규정에 의한 체불임금의 청구와 지급에 관하여 그 밖에 필요한 사항은 해양수산부령으로 정한다.

제18조의5(체불임금 지급사유의 확인 등)
① 제18조의4의 규정에 따라 체불임금의 지급을 청구하는 때에는 다음 각 호의 사항에 관하여 지방해양항만청장의 확인을 받아 함께 제출하여야 한다.
1. 파산선고등 또는 도산등사실인정이 있은 날 및 그 신청일
2. 퇴직일
3. 최종 3월분의 임금 및 최종 3년분의 퇴직금중 미지급액
② 지방해양항만청장은 제1항의 규정에 따른 확인을 위하여 필요한 경우에는 현장조사를 하거나 해당 선박소유자·관리인 등에게 파산선고등과 관련된 사항의 보고 또는 관계서류의 제출을 요구하는 등 필요한 조치를 할 수 있다.

제18조의6(체불임금 청구권의 대위) 제18조의3의 규정에 따른 선주상호보험조합·보험업자·공제업자 및 기금운영자가 법 제56조제4항에 따라 선원의 체불임금 청구권을 대위하는 경우에는 청구권의 행사 및 확보 등에 관하여 필요한 조치를 할 수 있다.

「선원법 시행규칙」

제39조(도산등사실인정의 신청)
① 영 제18조의2의 규정에 의한 도산등 사실인정(이하 "도산등사실인정"이라 한다)을 신청하고자 하는 자는 별지 제17호의5서식에 다음 각 호의 서류를 첨부하여 당해 사업장의 선원근로감독을 관할하는 지방해양항만관청에 제출하여야 한다.
1. 퇴직 당시의 선박소유자가 발행한 퇴직증명서 1부
2. 당해 선박소유자의 사업활동이 정지중에 있고 당해 선박소유자가 체불임금을 지급할 능력이 없다는 사실을 기재하거나 증명하는 자료(사실의 기재나 증명이 가능한 경우에 한한다) 1부

② 동일 사업 또는 사업장에서 퇴직한 선원이 2인 이상인 경우에 그 중 1인의 퇴직선원이 제1항의 규정에 의한 도산등사실인정신청서를 제출한 때에는 다른 퇴직선원은 이를 제출하지 아니할 수 있다.

제39조의2(도산등사실인정의 통지) 지방해양항만관청은 제39조의 규정에 따른 도산등사실인정의 신청에 대하여 도산등사실인정의 여부를 결정한 때에는 지체없이 별지 제17호의6서식에 의하여 그 내용을 신청인에게 통지하여야 한다.

제39조의3(체불임금 지급사유의 확인 신청) 영 제18조의5 제1항의 규정에 따라 체불임금 지급사유의 확인을 받고자 하는 자는 별지 제17호의7서식에 다음 각 호의 서류를 첨부하여 당해 사업장의 선원근로감독을 관할하는 지방해양항만관청에게 제출하여야 한다.

1. 퇴직 당시의 선박소유자가 발행한 퇴직증명서 또는 제39조의2의 규정에 따른 도산등사실인정통지서 사본 1부
2. 당해 선박소유자가 체불임금 등을 증명한 서류 1부(소유자가 발급한 경우에 한한다)

제39조의4(체불임금 지급사유 확인의 통지 등) 제39조의3의 규정에 따른 확인신청서를 접수한 지방해양항만관청은 영 제18조의5 제1항 각 호에 대하여 사실확인을 한 후 그 결과를 별지 제17호의8서식에 의하여 신청인에게 통지하여야 한다. 다만, 사실확인이 불가능한 경우에는 제17호의9서식에 의하여 그 사유를 통지하여야 한다.

제5절 | 근로시간, 승무정원, 유급휴가

제1관 의의

1. 입법 취지

「선원법」은 선원으로 하여금 건강하고 문화적 생활을 할 권리를 보장하기 위하여 임금과 함께 대표적인 근로조건인 근로시간 및 휴일에 관한 규정을 두고 또 위험화물적재선박 등 일정한 선박에는 안전운항을 위한 승무요건, 근로조건과 자격요건에 관한 규정에 따를 수 있도록 필요한 선원의 정원, 즉 승무정원에 관하여 규정하고 있다.

이러한 규정의 기준이 된 것은 ILO의 「선원의 선내근로시간 및 선박정원에 관한 협

약」[113]과 권고(recommendation),[114] IMO의 「1978년 선원의 훈련·자격증명 및 당직근무의 기준에 관한 국제협약」(International Convention on Standards of Training, Certification and Watchkeeping for Seafarers, 1978)[115] 등이다. 이들 협약은 2013년 8월 20일 발효된 「2006년 통합해사협약」(Maritime Labour Convention, 2006)으로 대체되었다. 이에 우리나라도 2013년 동 협약을 비준하고 이에 따라 「선원법」을 전면 개정하여 이 협약에 따른 해사적합증서 등을 발급하도록 하고 있다.

2. 적용제외

다음 각 호의 어느 하나에 해당하는 선박(「선박의 입항 및 출항 등에 관한 법률」 제24조에 따른 예선[116]은 제외한다)에 대하여는 법 제6장의 규정(근로시간 및 승무정원 등)을 적용하지 아니한다(법 제68조 제1항).

1. 범선으로서 항해선이 아닌 것

---

113) 「선내 근로시간 및 정원에 관한 협약」(Convention concerning Hours of Work on Board Ship and Manning)은 1936년 제57호 협약의 제정을 시작으로 1946년 제76호, 1949년 제93호, 1958년 제109호 협약으로 개정되었다 ; 홍병태 편역, 「ILO 해사협약」, (경양사, 1985) 참조.

114) 권고는 1936년 제49호로부터 시작하여 1958년 제109호 권고로 발전하였다 ; 홍병태 편역, 「ILO 해사협약」, (경양사, 1985) 참조.

115) 「1978년 STCW 협약」은 1984년 4월 28일 발효 이후 1991년 GMDSS와 관련된 일부 개정, 1995년 전면 개정, 「2006년 통합해사협약」의 채택에 따른 2010년 전면 개정이 있었다. 2010년 전면개정 협약은 2012년 1월 1일 발효하였다.

116)

「선박의 입항 및 출항 등에 관한 법률」
제24조(예선업의 등록 등) ① 무역항에서 예선업무를 하는 사업(이하 "예선업"이라 한다)을 하려는 자는 해양수산부장관에게 등록하여야 한다. 등록한 사항 중 해양수산부령으로 정하는 사항을 변경하려는 경우에도 또한 같다. ② 제1항에 따른 예선업의 등록 또는 변경등록은 무역항별로 하되, 다음 각 호의 기준을 충족하여야 한다. 1. 예선은 자기소유예선[자기 명의의 국적취득조건부 나용선(裸傭船) 또는 자기 소유로 약정된 리스예선을 포함한다]으로서 해양수산부령으로 정하는 무역항별 예선보유기준에 따른 마력[이하 "예항력"(曳航力)이라 한다]과 척수가 적합할 것 2. 예선추진기형은 전(全)방향추진기형일 것 3. 예선에 소화설비 등 해양수산부령으로 정하는 시설을 갖출 것 4. 등록 또는 변경등록 당시 해당 예선의 선령(船齡)이 12년 이하일 것. 다만, 해양수산부장관이 예선 수요가 적어 사업의 수익성이 낮다고 인정하는 무역항에 등록 또는 변경등록하는 선박의 경우와 해양환경관리공단이 「해양환경관리법」 제67조에 따라 해양오염방제에 대비·대응하기 위하여 선박을 배치하고자 변경등록하는 경우에는 그러하지 아니하다. ③ 제2항에도 불구하고 다음 각 호의 어느 하나에 해당하는 경우에는 해양수산부령으로 정하는 무역항별 예선보유기준에 따라 2개 이상의 무역항에 대하여 하나의 예선업으로 등록하게 할 수 있다. 1. 1개의 무역항에 출입하는 선박의 수가 적은 경우 2. 2개 이상의 무역항이 인접한 경우

2. 어획물 운반선을 제외한 어선
3. 총톤수 500톤 미만의 선박으로서 항해선이 아닌 것
4. 그 밖에 해양수산부령으로 정하는 선박

해양수산부장관은 필요하다고 인정하면 법 제68조 제1항 각 호의 어느 하나에 해당하는 선박에 대하여 적용할 선원의 근로시간 및 승무정원에 관한 기준을 따로 정할 수 있다(법 제68조 제2항).

「선원법 시행규칙」

제46조(근로시간 및 승무정원의 적용제외 선박) 법 제68조제1항제4호에서 "해양수산부령으로 정하는 선박"이란 평수구역을 그 항해구역으로 하는 선박을 말한다.

「선원법」상의 근로시간과 승무정원 규정은 육지에서 고립되어 해상항행을 하는 해상근로의 특성으로 고려한 것인데, 범선, 어로에 종사하는 어선, 500톤 미만의 내수항행선 등은 주로 단거리, 단시간의 항행에 종사하거나 어로선의 특성상 계속근로시간 등이 항해선(seagoing vessel)에서의 근로시간보다는 육상사업장에서의 근로시간과 더 유사하기 때문에 항해선과 동일한 수준의 근로시간과 승무정원 규정을 적용하기는 곤란하다고 판단하여 적용의 예외를 둔 것이다.

제2관 근로시간 및 승무정원

1. 근로시간과 휴식시간의 개념

"근로시간"이란 선박을 위하여 선원이 근로하도록 요구되는 시간을 말한다(법 제2조 제16호). 또 "휴식시간"은 근로시간 외의 시간(근로 중 잠시 쉬는 시간은 제외한다)을 말한다(법 제2조 제17호). 「근로기준법」 등 노동관계법에서 '근로 중에 잠시 쉬는 시간'은 대기시간이라 한다.

종래 학설상 근로시간은 특별한 구분없이 사용되어 왔으나, 「선원법」의 적용상 문제되는 시간과 임금청구의 대상이 되는 임금시간, 근로의무의 존부가 문제되는 근로계약상의 근로시간으로 구분된다. 법 제2조 제16호의 규정은 법정근로시간을 의미하는 것으로 당사자의 합의나 취업규칙과는 별도로 법적 관점에서 객관적으로 파악되는 개념이다. 학설상으로는 근로시간이란 근로자가 사용자의 지휘명령하에 있는 시간을 의미한다고 보는 순수지

휘명령설이 통설이다. 법 제2조 제16호의 규정도 통설의 개념에 따른 것으로 판단된다.

2. 근로시간 및 휴식시간

가. 근로시간

근로시간은 1일 8시간, 1주간 40시간으로 한다. 다만, 선박소유자와 선원 간에 합의하여 1주간 16시간을 한도로 근로시간을 연장(이하 "시간외근로"라 한다)할 수 있다(법 제60조 제1항). 선박소유자는 법 제60조 제1항에도 불구하고 항해당직근무를 하는 선원에게 1주간에 16시간의 범위에서, 그 밖의 선원에게는 1주간에 4시간의 범위에서 시간외근로를 명할 수 있다(법 제60조 제2항).

당사자간의 합의로 근로시간을 연장할 수 있는데, 「근로기준법」이 1주간 12시간을 한도로 한 반면, 「선원법」은 16시간을 한도로 하고 있다. 이는 토요일 내지 일요일에도 항해를 중단할 수 없기 때문에 1주간 40시간외에 토요일, 일요일에 각각 1일 8시간씩 근로시간을 연장할 수밖에 없기 때문이다.

나. 휴식시간과 유급휴가에 대한 특칙

선박소유자는 법 제60조 제1항 및 제2항에도 불구하고 선원에게 임의의 24시간에 10시간 이상의 휴식시간과 임의의 1주간에 77시간 이상의 휴식시간을 주어야 한다. 이 경우 임의의 24시간에 대한 10시간 이상의 휴식시간은 한 차례만 분할할 수 있으며, 분할된 휴식시간 중 하나는 최소 6시간 이상 연속되어야 하고 연속적인 휴식시간 사이의 간격은 14시간을 초과하여서는 아니 된다(법 제60조 제3항). 법 제60조 제2항 및 제3항에도 불구하고 해양항만관청은 입항·출항 빈도, 선원의 업무특성 등을 고려하여 불가피하다고 인정할 경우에는 당직선원이나 단기 항해에 종사하는 선박에 승무하는 선원에 대하여 근로시간의 기준, 휴식시간의 분할과 부여 간격에 관한 기준을 달리 정하는 단체협약을 승인할 수 있다. 이 경우 해양항만청장은 해당 단체협약이 해양수산부령으로 정하는 휴식시간의 완화에 관한 기준에 적합한 것에 한하여 승인하여야 한다(법 제60조 제4항). 법 제60조 제4항의 단체협약에는 제69조 제1항에 따른 유급휴가의 부여 간격보다 더 빈번하거나 법 제70조 제1항에 따른 유급휴가일수보다 더 긴 기간의 유급휴가를 부여하는 내용이 포함되어야 한다(법 제60조 제5항).

「선원법 시행규칙」

제39조의5(휴식시간의 완화에 관한 기준 등)
① 법 제60조제4항 후단에서 "해양수산부령으로 정하는 휴식시간의 완화에 관한 기준"이란 다음 각 호의 기준을 모두 충족하는 것을 말한다.
1. 선원에게 임의의 1주간에 70시간 이상의 휴식시간을 줄 것
2. 휴식시간의 완화는 계속하여 2주를 초과하지 아니할 것. 다만, 휴식시간의 완화가 적용되는 기간의 2배에 해당하는 기간이 경과한 후에는 계속하여 휴식시간의 완화를 적용할 수 있다.
3. 선원에게 임의의 24시간에 10시간 이상의 휴식시간을 줄 것
4. 제3호에 따른 휴식시간을 주되, 다음 각 목의 기준에 따를 것
가. 휴식시간의 분할은 두 차례를 초과하지 아니할 것
나. 휴식시간을 두 차례로 분할하는 경우 휴식시간 중 1회는 연속하여 최소한 6시간 이상, 다른 휴식시간은 1시간 이상이어야 하고, 연속되는 휴식시간 사이의 간격은 14시간을 초과하지 아니할 것
5. 제3호 및 제4호에 따른 휴식시간의 완화를 적용하는 기간은 임의의 1주간에 48시간을 초과하지 아니할 것
② 제1항에도 불구하고 제1항제4호에 따른 휴식시간의 분할에 관한 기준을 적용하기 곤란한 항로를 운항하는 선박에 승무한 선원에 대한 휴식시간의 완화는 다음 각 호의 기준을 모두 충족하여야 한다.
1. 선원에게 제1항제1호·제3호 및 제5호의 기준에 적합한 휴식시간을 줄 것
2. 제1항제2호 단서에도 불구하고 휴식시간의 완화가 적용되는 기간의 2배에 해당하는 기간이 경과하지 하지 아니하여도 휴식시간의 완화를 적용할 수 있으나, 휴식시간의 완화의 적용기간은 계속하여 48시간을 초과하지 아니할 것
3. 제1항제4호에도 불구하고 휴식시간을 최대 세 차례까지 분할할 수 있으나, 나음 각 목의 기준에 적합할 것
가. 휴식시간을 세 차례로 분할 할 경우 휴식시간 중 1회는 연속하여 4시간 이상, 다른 휴식시간은 각각 1시간 이상일 것
나. 연속되는 휴식시간의 간격은 14시간을 초과하지 아니할 것
4. 법 제69조제1항에 따른 유급휴가 간격보다 더 짧은 간격으로 유급휴가를 주거나 법 제70조에 따른 유급휴가의 일수에 1일 이상을 더한 날 수 만큼의 유급휴가를 줄 것. 이 경우 유급휴가에 관한 사항은 단체협약으로 정하여야 한다.
③ 제1항제4호에 따른 휴식시간의 분할에 관한 기준을 적용하기 곤란한 항로는 다음 각 호의 어느 하나에 해당하는 항로를 말한다.
1. 대한민국, 중화인민공화국(중화인민공화국 홍콩특별행정구는 제외한다), 일본국 및 러시아연방공화국(극동지역에 한정한다)의 항구 사이의 항로
2. 그 밖에 선박소유자단체 및 선원단체의 대표자의 의견을 들어 해양수산부장관이 정하여 고시하는 항로

근로시간이 문제되는 경우 중의 하나가 근로자가 시업시각에서 종업시각의 중간에 외형상 아무런 활동을 하지 않은 시간이 있는 경우, 이것이 근로시간에 포함되는 대기시간인가 아니면 근로시간에서 제외되는 휴식시간인가 하는 문제이다.[117] 특히 항해선의 선원은

117) 권오성, 「근로기준법론」, (청목출판사, 2010), 263쪽 참조.

24시간 항해 등이 계속되기 때문에 대기시간과 휴식시간의 구분이 매우 모호할 수 있다는 점이 특징이기도 하다.

휴식시간[118]은 실근로시간과 반대되는 개념으로 선원이 현실적인 작업에서 떠나 1일의 근로시간 도중에 잠시 선박소유자의 지휘감독에서 벗어나 있는 시간을 말한다. 휴식시간은 소정근로시간에 포함되지 않기 때문에 이에 대하여 임금지급의무가 없다. 반면, 선원이 작업시간의 도중에 현실로 작업에 종사하지 않는 대기시간이나 휴식·수면시간 등이라 하더라도 그것이 휴식시간으로서 선원에게 자유로운 이용이 보장된 것이 아니고 실질적으로 선박소유자의 지휘·감독에 놓여있는 시간이라면 이는 근로시간에 포함된다.[119]

법은 선원에게 1일 10시간 이상의 휴식시간을 부여하고, 1회에 한하여 분할가능하도록 하고 있다. 또 1주간 77시간 이상의 휴식 기간을 반드시 부여해야 하며 분할된 휴식시간 중 하나는 최소한 6시간 이상을 연속하여 제공하여야 한다고 규정하고 있다.

다. 소년선원의 근로시간 등

선박소유자는 18세 미만의 소년선원의 보호를 위하여 해양수산부령으로 정하는 근로시간, 휴식시간 등에 관한 규정을 지켜야 한다(법 제61조).

「선원법 시행규칙」

제39조의6(소년선원의 근로시간 등) 법 제61조에서 "해양수산부령으로 정하는 근로시간, 휴식시간 등에 관한 규정"이란 다음 각 호를 말한다.
1. 18세 미만인 소년선원의 근로시간은 1일 8시간, 1주간 40시간을 초과하지 아니할 것
2. 18세 미만인 소년선원에 대해서는 다음 각 목의 기준에 따른 휴식시간을 줄 것
  가. 1일 1시간 이상의 식사를 위한 휴식시간
  나. 매 2시간 연속 근로 후 즉시 15분 이상의 휴식시간

---

3. 시간외근로 등

가. 시간외근로

선박소유자는 인명, 선박 또는 화물의 안전을 도모하거나, 해양 오염 또는 해상보안을 확보

---

118) 「근로기준법」에서는 이를 휴게시간이라 한다(근로기준법 제54조 참조).

119) 대법원 1993.5.27. 선고 92다24509 판결 : 「근로기준법」상의 근로시간이라 함은 근로자가 사용자의 지휘, 감독 아래 근로계약상의 근로를 제공하는 시간을 말하는바, 근로자가 작업시간의 중도에 현실로 작업에 종사하지 않은 대기시간이나 휴식, 수면시간 등이라 하더라도 그것이 휴게시간으로서 근로자에게 자유로운 이용이 보장된 것이 아니고 실질적으로 사용자의 지휘, 감독하에 놓여 있는 시간이라면 이를 당연히 근로시간에 포함시켜야 할 것이다.

하거나, 인명이나 다른 선박을 구조하기 위하여 긴급한 경우 등 부득이한 사유가 있을 때에는 법 제60조 제1항 및 제2항에 따른 근로시간을 초과하여 선원에게 시간외근로를 명하거나 법 제60조 제3항에 따른 휴식시간에도 불구하고 필요한 작업을 하게 할 수 있다(법 제60조 제6항). 선박소유자는 법 제60조 제6항에 따라 휴식시간에도 불구하고 필요한 작업을 한 선원 또는 휴식시간 중에 작업에 호출되어 정상적인 휴식을 취하지 못한 선원에게 작업시간에 상응한 보상휴식을 주어야 한다(법 제60조 제7항).

선박소유자는 부득이한 사유가 있을 경우 법정근로시간을 초과하여 선원에게 시간외근로를 명할 수 있다. 이때 적절한 휴식시간이 규정되어 있음에도 불구하고 필요한 작업을 한 선원 또는 휴식시간 중에 작업에 호출되어 정상적인 휴식을 취하지 못한 선원에게 작업시간에 상응하여 제공하는 휴식을 보상휴식이라 한다. 별도의 제재규정이 없으므로 당사자간의 합의가 있으면 시간외수당을 지급하고 보상휴식에 갈음할 수 있다고 본다.[120)]

나. 시간외근로수당 등

선박소유자는 다음 각 호의 어느 하나에 해당하는 선원에게 시간외근로나 휴일근로에 대하여 통상임금의 100분의 150에 상당하는 금액 이상을 시간외근로수당으로 지급하여야 한다(법 제62조 제1항).

1. 법 제60조 제1항・제2항 및 제6항에 따라 시간외근로를 한 선원(같은 조 제7항에 따라 보상휴식을 받은 선원은 제외한다)
2. 휴일에 근로를 한 선원

선박소유자는 법 제62조 제1항에도 불구하고 단체협약, 취업규칙 또는 선원근로계약에서 정하는 바에 따라 선종(船種), 선박의 크기, 항해 구역에 따른 근로의 정도・실적 등을 고려하여 일정액을 시간외근로수당으로 지급하는 제도를 마련할 수 있다(법 제62조 제2항). 선박소유자는 해양수산부령으로 정하는 바에 따라 선원의 1일 근로시간, 휴식시간 및 시간외근로를 기록할 서류를 선박에 갖추어 두고 선장에게 근로시간, 휴식시간, 시간외근로 및 그 수당의 지급에 관한 사항을 적도록 하여야 한다(법 제62조 제3항). 선원은 선박소유자 또는 선장에게 본인의 기록이 적혀 있는 법 제62조 제3항에 따른 서류의 사본을 요청할 수 있다(법 제62조 제4항). 선박소유자는 법 제62조 제1항에도 불구하고 법 제60조 제1항・제2항 및 제6항에 따른 시간외근로 중 1주간에 4시간의 시간외근로에 대하여는 시간외근로수당을 지급하는 것을 갈음하여 법 제70조에 따른 유급휴가 일수에 1개월의 승무기

120) 한국해운조합, 「선원고용관리매뉴얼」, (한국해운조합, 2012), 75쪽.

간마다 1일을 추가하여 유급휴가를 주어야 한다(법 제62조 제5항).

「선원법 시행규칙」

제40조(근로시간 등의 기록 서류) 법 제62조제3항에 따른 선원의 1일 근로시간, 휴식시간 및 시간외 근로를 기록할 서류는 별지 제18호서식에 따른다.

---

4. 휴일

선박소유자는 선박이 정박 중일 때에는 선원에게 1주간에 1일 이상의 휴일을 주어야 한다(법 제60조 제8항)

「근로기준법」 제55조는 사용자가 근로자에게 1주일에 평균 1회 이상 유급휴일을 주도록 규정하고 있다. 그러나 항해중인 선박은 1주일에 1일의 휴일 부여가 사실상 불가능하므로 정박 중일 때에는 반드시 1일 이상의 휴일을 주도록 하여 그 요건을 완화하고 있다. 이를 주휴일제도라고 하는데 단순히 선원의 정신적・육체적 피로를 회복할 시간이라는 소극적인 의미 뿐 아니라, 선원이 선박 이외에서 사회적・문화적 활동시간을 누려야 한다는 적극적인 의미를 가진다.

제3관 승무자격과 승무정원 등

1. 안전운항을 위한 선박소유자의 의무

「선원의 훈련・자격증명 및 당직근무의 기준에 관한 국제협약」(이하 "선원당직국제협약"이라 한다)을 적용받는 선박소유자는 선박 운항의 안전을 위하여 다음 각 호의 사항을 이행하여야 한다(법 제63조 제1항).

1. 해기(海技) 능력의 향상을 위한 선원의 선상훈련 및 평가계획의 수립・실시
1의2. 해양사고에 대비하기 위한 선상 비상훈련의 실시
2. 항해당직에 관한 상세한 기준의 작성・시행
3. 선박 운항의 안전을 위하여 대통령령으로 정하는 사항

법 제63조 제1항 제1호에 따른 선상훈련・평가계획의 수립 및 같은 항 제2호에 따른 항해당직 기준의 작성에 필요한 사항은 해양수산부령으로 정한다(법 제63조 제2항).

「선원법 시행령」

제52조의2(안전운항을 위한 선박소유자의 의무) 「선원의 훈련 · 자격증명 및 당직근무의 기준에 관한 국제협약」의 적용을 받는 선박소유자는 법 제63조제1항제3호에 따라 선박운항의 안전을 위한 다음 각 호의 사항을 이행하여야 한다.
1. 선원에게 선박안에서의 임무 및 선박의 특성을 숙지하도록 교육을 실시할 것
2. 선장에게 선박안에서 필요한 근무지침서를 제공할 것
3. 선장에게 해상인명안전 및 해양환경보호와 관련된 국내외의 규정등 자료를 제공할 것
4. 선원을 교체할 때에는 업무의 인계 · 인수에 소요되는 충분한 시간을 선원에게 줄 것

「선원법 시행규칙」

제40조의2(선상훈련 및 평가계획의 수립기준 등)
① 법 제63조제1항제1호에 따른 선상훈련 및 평가계획의 수립기준은 별표 4와 같다.
② 법 제63조제1항제2호에 따른 항해당직 기준의 작성방법은 별표 5와 같다.

[별표 4]
선내교육훈련 및 평가계획의 수립기준(제40조의2 제1항 관련)

<table>
<tr><td colspan="3">구분</td><td>주기</td><td>대상자</td></tr>
<tr><td colspan="3">선내숙지훈련</td><td>수시</td><td>모든 선원</td></tr>
<tr><td rowspan="4">해상인명안전훈련</td><td colspan="2">소화훈련</td><td>매월(여객선은 10일, 국제항해여색선은 7일)</td><td rowspan="4">모든 선원</td></tr>
<tr><td rowspan="3">단정훈련</td><td>퇴선훈련</td><td>매월(국제항해여객선은 출항 후 24시간 이내)</td></tr>
<tr><td>구명정 강하</td><td>3개월</td></tr>
<tr><td>진수훈련</td><td>1년</td></tr>
<tr><td rowspan="4">해난사고대응훈련</td><td colspan="2">선체손상 대처훈련
- 충돌 및 좌초
- 추진기관 고장
- 악천후대비 등</td><td rowspan="3">6개월
(국제안전관리규약을 따르는 경우에는 그에 의함)</td><td rowspan="4">모든 선원</td></tr>
<tr><td rowspan="2">인명사고시 행동요령</td><td>해상추락</td></tr>
<tr><td>밀폐공간에서의 구조</td></tr>
<tr><td colspan="2">비상조타훈련</td><td>3개월</td></tr>
<tr><td colspan="3">기름유출 대처훈련</td><td>매월
(국제안전관리규약을 따르는 경우에는 그에 의함)</td><td>모든 선원</td></tr>
<tr><td colspan="3">선박보안 숙지교육</td><td>선상직무 수행전 및 필요시</td><td>국제항해에 종사하는 선박의 모든 선원</td></tr>
</table>

[별표 5]
항해당직 기준의 작성방법(제40조의2 제2항 관련)

1. 총칙
   가. 당직을 담당하는 해기사 또는 부원에게는 연속되는 24시간 중 최소 10시간의 휴식시간이 부여되어야 한다.
   나. 휴식시간은 2회로 나눌 수 있으며, 그 중 1회의 휴식은 최소 6시간 이상 계속되어야 한다.
   다. 당직계획표는 선내의 잘 보이는 곳에 게시하여야 한다.
2. 갑판부의 항해당직
   가. 항해당직 해기사는 국제해상충돌방지규칙에 따라 적절한 경계를 하여야 한다.
   나. 항해당직 해기사는 당직임무외의 다른 임무를 수행하여서는 아니된다.
   다. 항해당직 해기사와 조타자의 임무는 분리되어야 하며, 기상상태·시정 등의 요소가 충분히 고려된 경우에는 해기사 단독으로 경계를 할 수 있다.
   라. 선장은 적절한 경계를 위하여 모든 관련사항을 고려하여야 한다.
   마. 당직인계시 당직을 인계하는 해기사는 당직을 인수하는 해기사가 당직임무를 유효하게 수행할 수 있다고 판단될 경우 당직을 인계하여야 한다.
   바. 당직을 인수할 해기사는 선박의 위치·항로 및 속력 등을 확인하여야 한다.
   사. 교대시각에 선박의 조정 또는 피험조치가 진행 중일 경우에는 그 조치가 완료될 때까지 교대가 연기되어야 한다.
   아. 항해당직 해기사는 어떠한 상황에서도 선교를 떠나지 말아야 하며, 선위 및 속력 등을 충분히 점검하여야 한다.
   자. 항해당직 해기사는 필요시 타·기관 및 음향신호장치를 사용하여야 한다.
   차. 항해당직 해기사는 상황이 허락하는 경우 선내 항해장치의 작동시험을 자주 실시하고 이에 대한 기록을 유지하여야 한다.
   카. 항해당직 해기사는 한 당직에 적어도 한 번의 자동조타장치의 수동작동, 자기컴퍼스와 자이로컴퍼스의 오차측정을 하여야 하며, 기타 항해등·신호등·항해장치 및 무선통신장치를 규칙적으로 점검하여야 한다.
   타. 항해당직 해기사는 시정제한, 선박폭주 수역의 항해, 물표의 탐지 및 플로팅 등을 위하여 레이더를 사용하여야 한다.
   파. 항해당직 해기사는 시정제한, 기타 의심이 가는 경우에는 선장에게 보고하여야 한다.
   하. 연안 및 선박폭주 수역에서는 최신정보에 의하여 소개정된 가장 큰 축척의 해도를 사용하여야 한다.
   거. 선장 및 항해당직 해기사는 도선사의 승선시 도선사와 긴밀히 협조하되, 도선사의 승선으로 선장 및 항해당직 해기사 임무와 의무가 면제되는 것이 아님을 감안하여 선박의 이동에 관하여 계속 점검하여야 하며, 도선사의 조치 등에 의심이 갈 경우 도선사의 명확한 설명을 구하는 등 필요한 조치를 취하여야 한다.
   너. 선장은 필요시 정박 중에도 항해당직을 계속 유지시켜야 하며 선위의 확인 및 선내순시 등의 필요한 조치를 취하여야 한다.
3. 기관부의 항해당직
   가. 기관당직이란 당직을 구성하는 자가 기관구역에 있는 지의 여부를 불문하고 기관구역에 대하여 책임을 지는 당직을 말한다.
   나. 기관당직 해기사는 안전하고 효율적인 작동과 유지에 대한 일차적인 책임을 진다.
   다. 당직을 인계할 경우에는 당직을 인수하는 해기사가 당직임무를 유효하게 수행할 수 있다고 판단될 경우 당직을 인계하여야 한다.
   라. 당직을 인수할 자는 선박의 여러 시스템의 작동 등 필요사항을 확인하여야 한다.
   마. 기관당직 해기사는 기관실에 기관장이 있다고 하더라도 기관장과 책임을 맡겠다는 통지가 서로 이해될 때까지 기관구역의 운전에 대한 책임을 진다.
   바. 기관구역이 유인상태인 경우 기관당직 해기사는 항상 추진장치를 조정시킬 준비를 하여야 한다.

사. 기관실이 정기적으로 무인상태인 경우에 기관당직 해기사는 즉시 호출을 받을 수 있어야 하며, 호출시 즉시 기관실로 가야 한다.

아. 모든 선교의 지시사항은 즉시 이행되어야 하며, 특별한 경우를 제외하고는 주기관의 회전방향 또는 속도의 변화는 기록되어야 한다.

자. 기관당직 해기사는 당직 중 수행하는 수리작업에 관하여 통지하여야 한다.

차. 기관실을 운전준비 중인 상태로 둔 경우, 기관당직 해기사는 조선 중에 사용할 수 있는 모든 기계와 장치를 즉시 이용할 수 있는 준비상태로 두어야 한다.

카. 당직임무가 끝나기 전에 기관당직 해기사는 주기관 및 보조기계와 관련하여 당직 중 발생한 모든 사건을 적절히 기록하여야 한다.

타. 제한된 시정 등의 여러 가지 조건에서 기관당직 해기사는 선교의 명령이행 등 필요조치를 취할 수 있게 준비하여야 한다.

4. 무선통신의 항해당직

가. 무선통신 당직근무자는 국제통신연합(ITU)의 「전파규칙」과 국제해사기구(IMO)의 「해상에있어서의인명의안전을위한국제협약」의 규정에 따라 적절한 무선통신당직이 유지되도록 하여야 한다.

나. 무선통신에 대하여 책임을 지도록 지정된 무선통신사는 무선기록을 유지하여야 하며 조난·긴급 및 안전통신, 무선통신서비스와 관련된 중대한 사건, 적어도 하루 1회의 선박위치, 전원을 포함한 무선통신설비의 상태에 관한 사항을 기록하여야 한다.

5. 항해계획의 확인과 준비

가. 선장은 항해시작 전에 계획된 침로와 청수 등의 필요한 물품을 미리 확보하여야 한다.

나. 선장은 예정항해에 필요한 해도 등의 최신정보를 확보하여야 한다.

2. 자격요건을 갖춘 선원의 승무

가. 원칙

대통령령으로 정하는 선박의 선박소유자는 해양수산부령으로 정하는 자격요건을 갖춘 선원을 갑판부나 기관부의 항해당직 부원으로 승무시켜야 한다(법 제64조 제1항). 총톤수 500톤 이상으로 1일 항해시간이 16시간 이상인 선박의 선박소유자는 법 제64조 제1항의 자격요건을 갖춘 선원 3명 이상을 갑판부의 항해당직 부원으로 승무시켜야 한다(법 제64조 제2항). 대통령령으로 정하는 위험화물적재선박[산적액체화물(散積液體貨物)을 수송하기 위하여 사용되는 선박만 해당한다]의 선박소유자는 해양수산부령으로 정하는 자격요건을 갖춘 선원을 승무시켜야 한다(법 제64조 제3항). 대통령령으로 정하는 선박의 선박소유자는 해양수산부령으로 정하는 구명정 조종사 자격증을 가진 선원을 승무시켜야 한다(법 제64조 제4항). 대통령령으로 정하는 선박의 소유자는 해양수산부령으로 정하는 여객의 안전관리에 필요한 자격요건을 갖춘 선원을 승무시켜야 한다(법 제64조 제5항).

「선원법 시행령」

제21조(자격요건을 갖춘 선원의 승무선박)

① 법 제64조제1항에서 "대통령령으로 정하는 선박"이란 총톤수 500톤이상 또는 「선박직원법 시행령」 제2조제10호에 따른 주기관 추진력 750킬로와트이상의 선박을 말한다. 다만, 평수구역을 항행구역으로 하는 선박, 「항만법」 제2조제6호에 따른 예선(曳船) 및 「해사안전법」 제2조제4호에 따른 수면비행선박은 제외한다.
② 법 제64조제3항에서 "대통령령으로 정하는 위험화물적재선박"이란 통등에 넣지 아니한 석유류 액체화학물질 또는 액화가스를 그대로 싣는데 전용되는 선박을 말한다. 다만, 평수구역을 항행구역으로 하는 선박을 제외한다.
③ 법 제64조제4항에서 "대통령령으로 정하는 선박"이란 「선박안전법」 제2조제2호에 따른 선박시설 중 구명정・구명뗏목・구조정 또는 고속구조정을 비치하여야 하는 선박을 말한다.
④ 법 제64조제5항에서 "대통령령으로 정하는 선박"이란 「선박안전법」 제2조제10호에 따른 여객선을 말한다. 다만, 평수구역만을 항해구역으로 하는 선박과 「유선 및 도선 사업법」 제2조제1호 또는 제2호에 따른 유선사업 또는 도선사업을 위하여 사용되는 선박은 제외한다.

나. 항해당직부원의 자격요건

「선원법 시행규칙」

제41조(항해당직 부원의 자격요건)
①법 제64조제1항에 따라 갑판부 또는 기관부의 항해당직 부원이 될 수 있는 사람은 16세 이상인 사람으로서 다음 각 호의 어느 하나에 해당하는 사람으로 한다.
1. 총톤수 200톤이상의 선박에서 갑판부 또는 기관부의 부원으로서 1년 이상 승무한 경력이 있을 것
2. 갑판부 또는 기관부의 부원으로서 2월 이상 승무한 경력을 가지고 별표 2의 당직부원교육과정을 이수하였을 것
3. 「선박직원법 시행령」 제16조제1항제1호의 규정에 의한 승무경력이 있을 것
②제1항에도 불구하고 법 제64조제1항에 따른 선박 중 「선박직원법 시행령」 제3조의2에 따른 자동화선박(이하 "자동화선박"이라 한다)에서 갑판부 및 기관부의 항해당직을 겸하여 행하는 부원(이하 "운항당직부원"이라 한다)이 될 수 있는 사람은 16세 이상인 사람으로서 다음 각 호의 어느 하나에 해당하는 사람으로 한다.
1. 제1항제1호에 해당하는 사람으로서 자동화 선박에서 1년이상 승무한 경력이 있거나 별표 2중 운항당직부원교육과정을 이수하였을 것
2. 「선박직원법 시행령」 제16조제1항 또는 제2항의 규정에 의한 승무경력이 있을 것. 다만, 운항과외의 학과를 이수한 자는 별표2중 운항당직부원교육과정을 이수하였을 것
3. 총톤수 200톤이상의 선박의 승무경력이 3년 이상인 사람으로서 해양수산부장관으로부터 제1호 또는 제2호와 동등이상의 자격이 있다고 인정을 받았을 것
③해양수산부장관은 제1항 및 제2항 각 호의 어느 하나에 해당하는 사람이 별지 제18호의2서식에 따라 당직부원자격증의 교부를 신청하는 경우에는 그의 선원수첩에 그가 당직부원의 자격이 있음을 증명할 수 있으며, 「전자정부법」 제2조제10호에 따른 정보통신망(이하 "정보통신망"이라 한다)을 통하여 증명서를 발급할 수 있다.

[별표 2]
교육과정별 교육대상자・교육내용 및 교육기간
(제42조제5항・제43조제2항・제43조의3 제1항・제43조의2・제47조의2 및 제57조제1항 관련)

교육과정	교육대상자	교육내용	교육기간	유효기간

<table>
<tr><td colspan="2" rowspan="2">기초안전교육</td><td>1. 여객선 또는 연해구역 이상을 항행구역으로 하는 상선에 승무하고자 하는 사람. 다만, 선박의 안전 또는 오염방지 임무를 담당하지 아니하고 비상배치표상 비상 시 여객보조업무를 담당하지 아니하는 사람으로서 비고란 제10호에 따른 선상훈련을 받은 자는 제외한다.
2. 어선의 선박직원, 원양어선의 갑판장 또는 조기장으로 승무하고자 하는 사람</td><td>친숙훈련, 개인의 안전 및 사회적 책임, 개인의 생존기술, 방화 및 소화, 기초응급처치, 해난방지에 관한 사항</td><td>4.5일(재교육의 경우에는 2일)</td><td>5년</td></tr>
<tr><td>연해구역 이상을 항행구역으로 하는 어선(20톤 이상 25톤 미만 어선을 제외한다)의 부원으로 승무하고자 하는 사람(원양어선의 갑판장 또는 조기장으로 승무하고자 하는 사람을 제외한다)</td><td>친숙훈련, 개인의 안전 및 사회적 책임, 개인의 생존기술, 방화 및 소화, 기초응급처치, 해난방지에 관한 사항</td><td>2일(재교육의 경우에는 1일)</td><td>5년</td></tr>
<tr><td rowspan="4">상급안전교육</td><td>구명정 조종사 교육</td><td>1. 구명정, 구명뗏목 또는 구조정이 탑재되어 있는 선박(어선을 제외한다)에서 선장・항해사・기관장・기관사・운항장・운항사 또는 구명정 조종사로 승무하고자 하는 사람
2. 여객선의 선박직원 또는 구명정 조종사로 승무하고자 하는 사람</td><td>「선원의 훈련・자격증명 및 당직근무의 기준에 관한 국제협약」의 구명정 조종사에 관한 교육내용</td><td>3일(재교육의 경우에는 0.5일)</td><td>5년</td></tr>
<tr><td>상급소화 교육</td><td>여객선 선박직원 및 5급항해사, 5급기관사, 4급운항사 이상의 해기사면허 소지자로서 연해구역 이상을 항행구역으로 하는 상선의 선박직원으로 승무하고자 하는 자</td><td>「선원의 훈련・자격증명 및 당직근무의 기준에 관한 국제협약」의 상급소화에 관한 교육내용</td><td>3일
(재교육의 경우에는 1일)</td><td>5년</td></tr>
<tr><td>응급처치 담당
자 교육</td><td>1. 5급항해사, 5급기관사, 4급운항사 이상의 해기사면허 소지자로서 연해구역 이상 을 항행구역으로 하는 상선의 선박직원으로 승무하고자 하는 사람
2. 응급처치담당자로 승무하고자 하는 사람</td><td>「선원의 훈련・자격증명 및 당직근무의 기준에 관한 국제협약」의 응급처치담당자에 관한 교육내용</td><td>3일(재교육의 경우에는 0.5일)</td><td>5년</td></tr>
<tr><td>고속구조정 조종사 교육</td><td>구명정 조종사 교육 이수자로서 고속구조정이 탑재된 선박에서 고속구조정 조종사로 승무하고자 하는 자</td><td>「선원의 훈련・자격증명 및 당직근무의 기준에 관한 국제협약」의 고속구조정 조종사에 관한 교육내용</td><td>1일</td><td>5년</td></tr>
</table>

여객선교육	여객선 기초교육	여객선에 부원으로 승무하고자 하는 사람(선박의 안전 또는 오염방지 임무를 담당하지 아니하고 비상배치표상 비상 시 여객보조업무를 담당하지 아니하는 사람으로서 비고란 제10호에 따른 선상훈련을 받은 사람은 제외한다)	「선원의 훈련·자격증명 및 당직근무의 기준에 관한 국제협약」의 교육내용(친숙훈련, 여객선 안전훈련)	2일(재교육의 경우에는 1일)	5년
	여객선 상급교육	여객선에 선박직원으로 승무하고자 하는 사람 또는 여객의 안전관리 업무를 담당하기 위하여 승무하려는 사람	「선원의 훈련·자격증명 및 당직근무의 기준에 관한 국제협약」의 교육내용(여객선의 특성, 군중관리, 여객과 화물의 안전, 선박의 복원성, 위기관리 및 인간행동의 특수성)	4일(재교육의 경우에는 2일)	5년
당직부원교육		2월 이상 갑판부 또는 기관부에 승무한 자로서 항해당직부원이 되고자 하는 자(기초안전교육 이수자에 한한다)	항해당직 요령 및 정박당직 요령	5일	없음
		3년 이상 갑판부 또는 기관부의 부원으로 승무한 경력이 있는 자로서 자동화선박의 운항당직부원이 되고자 하는 자	선박의 운항, 기관의 운전 및 운항당직 요령	1월 이상	없음
탱커기초교육		유조선 또는 케미칼탱커에 선장, 항해사, 기관사, 운항사 또는 갑판부·기관부의 부원 또는 자동화선박의 부원으로 승무하려는 사람	유조선 및 케미컬탱커의 화물특성·독성·위험·인명보호 및 오염방지 등	3일	없음
		액화가스탱커에 선장, 항해사, 기관사, 운항사 또는 갑판부·기관부의 부원 또는 자동화선박의 부원으로 승무하려는 사람	액화가스탱커의 화물특성·독성·위험·인명보호및 오염방지 등	3일	없음
선박조리사교육		영 제22조제1항제1호 또는 제2호에 따라 선박조리사가 되려는 사람	• 집단급식 및 위생관리 • 식중독 예방 및 관리 • 그 밖에 선박조리사의 자질 향상 및 식품위생과 관련하여 필요한 사항	「국가기술자격법」에 따른 조리기능사 이상의 자격증을 취득한 사람 또는 선박에서 3년 이상 조리업무에 종사한 경력이 있는 사람: 1일 그 밖의 사람: 3일	없음

의료관리자 교육	자격취득교육	의료관리자 자격시험에 합격한 자와 동등한 자격을 취득하고자 하는 자	선원의 훈련 · 자격증명 및 당직근무의 기준에 관한 국제협약」에서 규정한 의료관리자 교육내용	5일	없음
	보수교육	의료관리자자격증 취득 또는 보수교육을 이수한 날부터 5년이 경과하여 의료관리자 자격을 유지하려는 사람	「선원의 훈련 · 자격증명 및 당직근무의 기준에 관한 국제협약」에서 규정한 의료관리자 교육내용	2일	5년
고속선교육		국제항해에 종사하는 고속선에 승무하고자 하는 선원	1. 탈출설비, 배수설비, 구명설비 및 소방설비의 조작에 관한 사항 2. 여객의 소집 및 유도, 구명동의 착용의 지원, 기타 비상시에 있어서의 여객의 안전 확보에 관한 사항 3. 선박의 복원성을 확보하기 위해 필요한 사항	2일	없음
		국제항해에 종사하는 고속선에 승무하고자 하는 선장 및 갑판부 직원	1. 선박의 특성 및 항행상의 조건에 따른 조신방법에 관한 사항 2. 조타시설, 기타 선박의 항행을 위해 필요한 설비(기관을 제외한다)의 조작에 관한 사항	1일 (재교육의 경우에는 0.5일)	2년
		국제항해에 종사하는 고속선에 승무하고자 하는 기관부 직원	기관의 조작에 관한 사항	1일(재교육의 경우에는 0.5일)	2년
선박보안교육	선박보안 상급교육	국제항해선박 및 항만시설의 보안에 관한 법률」 제8조에 따라 선박보안책임자로 지정받으려는 사람	선박보안계획, 선박보안 등급, 선박보안장비 및 시설, 선박보안점검 및 평가, 선박보안위험 및 대응에 관한 사항	2일	없음
	선박보안중급교육	「국제항해선박 및 항만시설의 보안에 관한 법률」 제8조에 따른 선박보안책임자를 보조하려는 사람	선박보안계획, 선박보안점검, 선박보안장비 및 시설, 선박보안 위험 및 대응에 관한 사항	1일	없음
	선박보안기초교육	국제항해에 종사하는 선박에 승무하려는 사람	선박보안장비, 선박보안 위험 및 대응에 관한 사항	0.5일	없음

비고

1. 「선박직원법 시행령」 제2조제7호의 규정에 따른 지정교육기관에서 이수한 교육과목에 대하여는 당

해 과목을 면제할 수 있다.
2. 연해구역 이상을 항행구역으로 하는 선박으로서 국제항행에 종사하지 아니하는 선박에 대하여는 다음 각 목의 규정을 적용한다.
   가. 상급안전교육을 이수한 경우에는 기초안전교육을 면제한다.
   나. 1997년 12월 15일부터 5년 이내에 1년 이상의 승무경력이 있는 부원은 기초안전교육의 교육기간을 3일로 할 수 있다.
   다. 상급안전교육과정 중 구명정 조종사 교육·상급소화교육 및 응급처치담당자교육을 통합하여 교육을 실시할 경우 교육기간을 5일(재교육의 경우는 2일)로 할 수 있다.
3. 삭제
4. 1월 이상의 승무경력이 있는 자 또는 1999년 6월 24일 이전에 신규교육을 이수한 자가 어선의 부원(원양어선의 갑판장 및 조기장을 제외한다)으로 승무하고자 하는 경우에는 기초안전교육을 면제한다.
5. 기초안전재교육대상자가 상급안전재교육을 받는 경우 기초안전교육의 재교육을 면제한다.
6. 유사한 과목이 중복되는 경우 지정교육기관의 장은 해양수산부장관의 승인을 얻어 중복된 과목에 대해서는 해당교육과목의 이수를 면제할 수 있다.
7. 삭제
8. 기초안전교육을 이수한 연해구역 이상을 항행구역으로 하는 어선의 부원(원양어선의 갑판장, 조기장을 제외한다)이 여객선 또는 연해구역 이상을 항행구역으로 하는 상선 및 어선의 선박직원(원양어선의 갑판장, 조기장을 포함한다)으로 승무하고자 하는 경우에 기초안전교육기간은 2일로 한다.
9. 고속선이라 함은 최대속력이 3.7×▽ 0.1667 이상인 선박으로서 해양수산부장관이 정하여 고시하는 선박을 말한다. 이 경우 ▽는 계획 홀수선에 있어서의 배수용적(m^3)을 말한다.
10. 기초안전교육, 선박보안기초교육 및 여객선교육 대상에서 제외되는 자의 선상훈련 내용 및 실시방법 등은 다음 각 목에 따른다.
   가. 선상훈련은 「선원의 훈련·자격증명 및 당직근무의 기준에 관한 국제협약」에 따른 친숙훈련 내용을 포함하여야 한다.
   나. 선상훈련은 선박승선 시부터 1주일 내에 실시하여야 한다.
   다. 선상훈련은 선장 또는 상급안전교육 등을 이수한 선박직원 등이 시켜야 한다.
11. 삭제
12. 탱커기초교육 중 유조선 및 케미칼탱커와 액화가스탱커 기초교육을 통합하여 교육을 실시할 경우 교육기간을 5일로 할 수 있다.

다. 위험물적재선박 승무원의 자격요건

「선원법 시행규칙」

제42조(위험화물적재선박 승무원의 자격요건)
① 법 제64조제3항에서 "해양수산부령으로 정하는 자격요건을 갖춘 선원"이란 다음 각 호의 구분에 따른 요건을 갖춘 선원을 말한다.
1. 유조선 또는 케미칼탱커에 선장, 1등항해사, 기관장, 1등기관사, 운항장으로 승무하려는 사람은 다음 각 목의 모든 기준을 충족할 것
   가. 별표 2에 따른 탱커기초 교육과정을 이수하였을 것
   나. 「선박직원법 시행규칙」 별표 1에 따른 보수교육과정 중 유조선 또는 케미컬탱커 직무교육과정을 이수하였을 것
   다. 유조선 또는 케미칼탱커에서 3개월(3회 이상의 하역작업 경력이 있는 경우에는 1개월) 이상 승무한 경력이 있을 것
2. 유조선 또는 케미칼탱커에 항해사(1등항해사는 제외한다), 기관사(1등기관사는 제외한다), 운항사,

갑판부 및 기관부 부원 또는 운항당직 부원으로 승무하려는 사람은 다음 각 목의 어느 하나에 해당하는 기준을 충족할 것

가. 별표 2에 따른 탱커기초 교육과정을 이수하였을 것

나. 유조선 또는 케미칼탱커에서 3개월 이상 승무한 경력이 있을 것

3. 액화가스탱커에 선장, 1등항해사, 기관장, 1등기관사, 운항장으로 승무하려는 사람은 다음 각 목의 모든 기준을 충족할 것

가. 별표 2에 따른 탱커기초 교육과정을 이수하였을 것

나. 「선박직원법 시행규칙」 별표 1에 따른 보수교육과정 중 액화가스탱커 직무교육과정을 이수하였을 것

다. 액화가스탱커에서 3개월(3회 이상의 하역작업 경력이 있는 경우에는 1개월) 이상 승무한 경력이 있을 것

4. 액화가스탱커에 항해사(1등항해사는 제외한다), 기관사(1등기관사는 제외한다), 운항사, 갑판부 및 기관부 부원 또는 운항당직 부원으로 승무하려는 사람은 다음 각 목의 어느 하나에 해당하는기준을 충족할 것

가. 별표 2에 따른 탱커기초 교육과정을 이수하였을 것

나. 액화가스탱커에서 3개월 이상 승무한 경력이 있을 것

② 제1항에도 불구하고 법 제64조제3항에 따른 위험화물적재선박 중 항해선이 아닌 선박에 승무하는 선장, 1등항해사, 기관장, 1등기관사, 운항장 또는 운항사는 다음 각 호에 따른 기준을 충족하여야 한다.

1. 유조선 또는 케미칼탱커: 제1항제1호 각 목의 어느 하나에 해당하는 기준을 충족할 것
2. 액화가스탱커: 제1항제3호 각 목의 어느 하나에 해당하는 기준을 충족할 것

③ 해양수산부장관은 제1항 각 호의 어느 하나에 해당하는 선원으로부터 별지 제18호의2서식에 따라 유조선, 케미칼탱커 또는 액화가스탱커의 승무자격증의 발급을 신청받은 경우에는 그의 선원수첩에 해당 자격이 있음을 증명하여 주고, 별지 제16호서식에 따른 승무자격증을 발급(정보통신망을 통한 발급을 포함한다)하여야 한다.

④ 제3항에 따른 유조선, 케미칼탱커 또는 액화가스탱커의 승무자격의 유효기간은 「선원의 훈련·자격증명 및 당직근무의 기준에 관한 국제협약」(이하 "선원당직국제협약"이라 한다)에 따라 각각 5년으로 한다. 다만, 부원의 승무자격의 유효기간은 따로 없는 것으로 한다.

⑤ 제4항에 따른 승무자격의 유효기간 만료일 이후 승무자격의 효력을 계속 유지시키려는 사람 또는 제4항에 따른 승무자격의 유효기간이 지나서 승무자격의 효력이 상실된 후 승무자격을 되살리려는 사람은 다음 각 호의 어느 하나에 해당하는 요건을 갖추어야 한다.

1. 승무자격 유효기간 만료일 또는 승선일 전 5년 이내에 같은 종류의 위험화물적재선박에 3개월 이상 승무한 경력이 있을 것
2. 승무자격 유효기간 만료일 또는 승선일 전에 별표 2에 따른 탱커기초 교육과정(제1항 각 호에 따라 승무자격을 갖추기 위하여 이수한 교육과정은 제외한다)을 이수하였을 것

라. 구명정 조종사의 자격요건 등

「선원법 시행규칙」

제43조(구명정 조종사의 자격요건 등)

① 법 제64조제4항에 따라 구명정 조종사의 자격증을 발급받으려는 선원은 별지 제18호의2서식의 발급신청서를 지방해양항만청장에게 제출하여야 한다.

② 제1항에 따른 신청을 받은 지방해양항만청장은 다음 각 호의 요건을 갖춘 선원에 대하여 그의 선원수첩에 구명정 조종사의 자격이 있음을 증명하여 주고, 별지 제20호서식의 구명정 조종사 자격증을 발급(정보통신망을 통한 발급을 포함한다)하여야 한다. 이 경우 구명정 조종사 자격의 유효기간은

선원당직국제협약에 따라 5년으로 한다.
1. 18세이상일 것
2. 12개월 이상의 승무경력이 있거나 또는 6월 이상의 승무경력과 한국해양수산연수원에서 별표 2의 상급안전교육 중 구명정 조종사 교육과정을 이수하였을 것
③ 영 제21조제3항에 따른 선박에는 그 적재하여야 할 구명정·구조정 또는 고속구조정 및 구명뗏목(연해구역을 항행구역으로 하는 선박에 있어서는 팽창식구명뗏목을 제외한다. 이하 "구명정등"이라 한다)마다 다음 각호의 인원수(연해구역을 항행구역으로 하는 선박에 있어서는 1인)의 구명정 조종사를 승선시켜야 한다. 다만, 최대탑재인원보다 적은 인원을 탑재하고 항해를 할 경우에는 가까운 지방해양항만관청의 허가를 받아 그 인원수를 감할 수 있다.
1. 정원 40인이하의 구명정 : 2인
2. 정원 41인이상 61인이하의 구명정 : 3인
3. 정원 62인이상 85인이하의 구명정 : 4인
4. 정원 86인 이상의 구명정 : 5인
5. 구조정 또는 고속구조정 : 2인
6. 구명뗏목 : 1인
④ 선장은 미리 구명정등에 그 구명정 조종사를 배치하고 각기 그 지휘자를 정하여 두어야 한다.
⑤ 구명정 조종사는 다음 각호의 업무에 종사한다.
1. 식료·항해용구·기타·물품의 구명정등에의 적재, 구명정등의 하강과 해원 및 여객의 구명정등에의 승정지휘
2. 구명정등의 운항지휘 또는 보좌
3. 구명줄발사기·구명부환·기타 구명설비의 조작
4. 구명정등과 기타의 구명설비(구명조끼를 제외한다)의 정비 및 관리

제43조의2(고속구조정 조종사 자격)
① 지방해양항만청장은 제43조제2항에 따른 구명정 조종사 자격요건을 갖춘 사람이 별표 2에 따른 고속구조정 조종사 교육과정을 이수한 경우에는 그의 선원수첩에 고속구조정 조종사 자격이 있음을 증명하여 주고, 별지 제20호의2서식의 고속구조정 조종사 자격증을 발급(정보통신망을 통한 발급을 포함한다)하여야 한다.
② 제1항에 따른 고속구조정 조종사 자격의 유효기간은 선원당직국제협약에 따라 5년으로 한다.

마. 여객선안전관리선원의 자격 등

「선원법 시행규칙」

제43조의3(여객안전관리선원의 자격 등)
① 법 제64조제5항에서 "해양수산부령으로 정하는 여객의 안전관리에 필요한 자격요건을 갖춘 선원"이란 별표 2에 따른 여객선 상급교육 과정을 이수한 선원을 말한다.
② 영 제21조제4항에 따른 여객선에는 제1항에 따른 선원(이하 "여객안전관리선원"이라 한다)을 다음 각 호의 구분에 따라 승무시켜야 한다.
1. 여객 정원이 100명 이상 500명 이하인 경우: 1명 이상
2. 여객 정원이 500명 초과 1천명 이하인 경우: 2명 이상
3. 여객 정원이 1천명 초과 1천 500명 이하인 경우: 3명 이상
4. 여객 정원이 1천 500명을 초과하는 경우: 4명 이상
③ 선장은 여객안전관리선원을 여객선의 객실 갑판에 배치하고, 다음 각 호의 업무에 종사하도록 하여야 한다.
1. 비상시 여객에 대한 구명조끼 등 구명기구의 지급 및 착용 안내

2. 비상시 여객의 집합장소 안내
3. 여객의 구명정등 탑승 보조
4. 비상시 여객의 탈출로 정비 및 관리
5. 그 밖에 선장이 지시하는 비상시 여객지원 업무

바. 선원의 자격요건 등에 대한 특례

선박의 설비가 해양수산부령으로 정하는 기준에 맞는 경우 그 선박에 적용할 선원의 자격요건 및 정원에 관한 사항은 법 제64조와 제65조에도 불구하고 해양수산부령으로 정하는 바에 따른다(법 제66조).

「선원법 시행규칙」

제45조(선원의 자격요건 등에 대한 특례)
① 법 제66조에서 "해양수산부령으로 정하는 기준에 맞는 경우"란 다음 각 호의 어느 하나에 해당하는 선박으로서 지방해양항만청장의 인정을 받은 선박을 말한다.
1. 항해사가 기관실의 기관을 원격조정할 수 있는 설비를 갖춘 선박
2. 선박의 항해·정박등을 위한 자동설비를 갖춘 선박
3. 압항부선 : 기선과 결합되어 밀려서 추진되는 선박
4. 해저조망부선 : 잠수하여 해저를 조망할 수 있는 시설을 실치한 선박으로서 스스로 항행할 수 없는 선박
② 지방해양항만청장은 제1항에 해당하는 선박에 대하여는 법 제64조제1항 및 제2항에 따른 항해당직부원의 자격요건 또는 법 제65조에 따른 승무정원에 관한 규정을 완화하여 적용할 수 있다.
③ 제1항의 규정에 의하여 지방해양항만청장의 인정을 받고자 하는 자는 별지 제22호의2서식의 승무정원완화허가신청서에 지방해양항만관청,「선박안전법」제45조에 따른 선박안전기술공단, 같은 법 제60조제2항에 따른 선급법인 또는 해양수산부장관이 인정하는 국제선급협회가 발급한 당해선박이 제1항의 규정에 해당하는 사실을 증명하는 증서 기타 필요한 증빙서류를 첨부하여 신청하거나 정보통신망을 통하여 신청할 수 있다.

사. 여객선 선장에 대한 적성심사 기준

「선원법 시행규칙」

제45조의2(여객선선장에 대한 적성심사 기준 및 절차 등)
① 법 제66조의2 제1항에 따른 여객선선장에 대한 적성심사 기준(이하 "적성심사기준"이라 한다) 및 적성심사기준의 충족 여부 확인은 별표 5의2에 따른다.
② 법 제66조의2 제1항에 따른 여객선선장에 대한 적성심사(이하 "적성심사"라 한다) 결과 적성심사기준을 충족하는 것으로 확인된 경우 그 유효기간은 적성심사기준을 충족하였음을 확인한 날부터 3년(여객선선장이 적성심사를 받을 당시 65세 이상인 경우에는 2년)으로 한다.
③ 제2항에 따른 적성심사의 유효기간을 연장하려는 사람은 적성심사의 유효기간 만료 전에 다시 적성심사를 받을 수 있다. 이 경우 여객선선장이 적성심사기준을 충족하면 원래의 적성심사의 유효기간 만료일 다음 날부터 적성심사의 유효기간을 기산한다.

④ 적성심사기준을 충족한 여객선선장이 그 유효기간에 같은 항로를 항해하는 같은 형태의 다른 여객선에 승무하려는 경우에는 적성심사를 생략할 수 있다.
⑤ 해양항만관청은 적성심사를 매년 6회 이상 실시하여야 한다. 이 경우 다음 각 호의 어느 하나에 해당하는 사람 5명 이상으로 적성심사위원회를 구성하여 적성심사를 실시하여야 한다.
1. 해운・선박안전 관련 분야에서 3년 이상 공무원으로 근무한 경력이 있는 사람
2. 2급 이상의 항해사・기관사 또는 운항사의 해기사 면허를 받고 5년 이상 승선한 경력이 있는 사람
3. 「해운법」 제2조제1호에 따른 해운업과 관련한 사업장에서 선원・선박안전 관련 업무에 10년 이상 종사한 경력이 있는 사람
4. 다음 각 목의 어느 하나에 해당하는 학교 또는 기관에서 3년 이상 선박의 운항 또는 선박용 기관의 운전과 관련한 과목을 강의한 경력이 있는 사람
가. 「고등교육법」 제2조제1호부터 제4호까지의 어느 하나에 해당하는 학교
나. 한국해양수산연수원

---

3. 승무정원

선박소유자는 법 제60조, 제64조 및 제76조를 지킬 수 있도록 필요한 선원의 정원[이하 "승무정원"(乘務定員)이라 한다]을 정하여 해양항만관청의 인정을 받아야 한다(법 제65조 제1항). 해양항만관청은 법 제65조 제1항에 따라 선박의 승무정원을 인정할 때에는 해양수산부령으로 정하는 바에 따라 승무정원 증서를 발급하여야 한다(법 제65조 제2항). 선박소유자는 운항 중인 선박에는 항상 승무정원 증서에 적힌 수의 선원을 승무시켜야 하며, 결원이 생기면 지체 없이 인원을 채워야 한다. 다만, 해당 선박이 외국 항에 있는 등 지체 없이 인원을 채우는 것이 곤란하다고 인정되어 해양수산부장관의 허가를 받은 경우에는 그러하지 아니하다(법 제65조 제3항).

「선원법 시행규칙」

제44조(승무정원증서의 발급)
① 선박소유자가 법 제65조에 따라 선박의 승무정원을 정하여 지방해양항만청장의 인정을 받고자 하는 때에는 별지 제21호서식의 승무정원인정신청서에 법 제119조에 따른 취업규칙(이하 "취업규칙"이라 한다)을 첨부하여 제출하여야 한다.
② 제1항에 따른 신청서를 받은 지방해양항만청장은 취업규칙과 당해 선박의 승무정원을 심사하여 적정하다고 인정할 때에는 별지 제22호서식의 승무정원증서를 발급하여야 한다.
③ 제1항 및 제2항에 따른 승무정원인정신청 및 승무정원증서 발급은 정보통신망을 통하여 신청 및 발급을 할 수 있다.

선박이 적정하게 운용되기 위하여 필요하다고 인정되는 최소한의 인원으로서 해기사는 물론 그밖의 선원을 포함하는 개념이다. 충분한 승무정원을 요하는 이유는 피로가 누적되어 선박운항의 안정을 저해하는 것을 방지하여야 하기 때문이다. 선원의 승무정원에 대

하여는 법 제65조와 선원업무처리지침 제61조에 따른다. 승무정원을 산정하기 위해서는 먼저 승무시간을 결정하고 승무시간을 기준으로 최소승무정원이 결정되면 「선박직원법」에 따라 필요한 해기사의 급수가 결정된다.

4. 예비원

선박소유자는 그가 고용하고 있는 총승선 선원 수의 10퍼센트 이상의 예비원을 확보하여야 한다. 다만, 항해선이 아닌 선박의 경우에는 선박의 종류・용도 등을 고려하여 대통령령으로 다르게 정할 수 있다(법 제67조 제1항). 선박소유자는 유급휴가자 등 대통령령으로 정하는 사람 외의 예비원에게 통상임금의 70퍼센트를 임금으로 지급하여야 한다(법 제67조 제2항).

「선원법 시행령」

제21조의2(예비원)
① 법 제67조제1항 단서에 따라 항해선이 아닌 선박의 선박소유자가 예비원을 총승선 선원 수의 10퍼센트 이상 확보하지 아니할 수 있는 경우는 다음 각 호의 어느 하나에 해당하는 경우로 한다.
1. 선박소유자가 보유하고 있는 선박이 3척이하인 경우. 다만, 선박소유자가 보유하고 있는 선박이 다음 각 목의 어느 하나에 해당하는 선박인 경우에는 제외한다.
  가. 제21조제2항에 따른 위험화물적재선박
  나. 「해운법」 제3조제1호, 제3호, 제5호 또는 제6호에 따른 해상여객운송사업에 종사하는 선박
2. 지방해양항만청장의 승인을 얻어 승선할 선박을 특정하여 선원근로계약을 체결한 선원의 경우
3. 평수구역만을 항해구역으로 하는 선박의 경우
② 제1항제1호 단서에도 불구하고 제1항제1호 각 목의 어느 하나에 해당하는 선박의 선박소유자가 해양수산부장관이 정하는 바에 따라 같은 종류의 선박을 3척 이하 보유한 다른 선박소유자와 공동으로 해당 선박소유자와 다른 선박소유자가 고용하고 있는 총승선 선원 수의 10퍼센트 이상 예비원을 확보한 경우에는 해당 선박소유자가 고용하고 있는 총승선 선원 수의 10퍼센트 미만으로 예비원을 확보할 수 있다. 이 경우 선박소유자가 공동으로 확보한 예비원에 대하여 지방해양항만청장의 확인을받아야 한다.
③ 법 제67조제2항에서 "유급휴가자 등 대통령령으로 정하는 사람"이란 다음 각 호의 어느 하나에 해당하는 사람을 말한다.
1. 유급휴가자
2. 선박소유자의 귀책사유로 인하여 하선한 자
3. 법 제116조 또는 다른 법령에 따라 의무적으로 교육・훈련을 받는 자
4. 기타 단체협약 또는 취업규칙으로 정한 자
④ 휴직한 선원 및 정직중인 선원에 대하여는 예비원의 확보의무 및 임금의 지급의무에 관한 법 제67조를 적용하지 아니한다.

제4관 유급휴가

1. 의의

유급휴가제도는 일정한 요건을 갖춘 선원을 일정기간에 걸쳐 소정의 보수를 지급하면서 노동으로부터 해방시켜 정신적·육체적인 휴양을 취하게 함으로써 장기간의 승선에서 오는 피로 및 권태를 방지하고 또한 노동력을 유지·배양하여 인간다운 생활을 확보토록 하기 위한 제도이다. 유급휴가를 얻은 선장이나 해원은 예비원이 된다.

2. 적용 예외

다음 각 호의 어느 하나에 해당하는 선박에 대하여는 「선원법」 제7장(유급휴가)의 규정을 적용하지 아니한다(법 제75조).

1. 어선(어획물 운반선과 제74조에 따른 어선은 제외한다)
2. 범선으로서 항해선이 아닌 것
3. 가족만 승무하여 운항하는 선박으로서 항해선이 아닌 것

어업은 일반적으로 계절적 산업이기 때문에 상당 기간 계속 항해를 하는 상선과 근로환경이 다르다. 또 항해선이 아닌 범선이나 선박소유자와 그 가족만을 사용하는 선박은 상당 기간에 걸친 근로의 지속성이 부족하거나 가족만을 사용하는 선박에서 유급휴가를 보장하여 선원을 보호하기에는 부적절한 관계라 보기 때문에 유급휴가의 적용에 예외를 두고 있다.

3. 유급휴가의 원칙

선박소유자(법 제74조에 따른 어선의 선박소유자는 제외한다. 이하 이 조, 제72조 및 제73조에서 같다)는 선원이 8개월간 계속하여 승무(수리 중이거나 계류 중인 선박에 승무하는 것을 포함한다. 이하 이 장에서 같다)한 경우에는 그때부터 4개월 이내에 선원에게 유급휴가를 주어야 한다. 다만, 선박이 항해 중일 때에는 항해를 마칠 때까지 유급휴가를 연기할 수 있다(법 제69조 제1항). 법 제69조 제1항의 경우 선원이 같은 선박소유자의 다른 선박에 옮겨 타기 위하여 여행하는 기간은 계속하여 승무한 기간으로 본다(법 제69조 제2항). 산전·산후의 여성선원이 「근로기준법」 제74조[121]에 따른 휴가로 휴업한 기간은 계속하여 승

121)

「근로기준법」

무한 기간으로 본다(법 제69조 제3항). 선원이 8개월간 계속하여 승무하지 못한 경우에도 이미 승무한 기간에 대하여 유급휴가를 주어야 한다(법 제69조 제4항). 선박소유자는 18세 미만의 소년선원 보호를 위하여 해양수산부령으로 정하는 바에 따라 유급휴가를 주어야 한다(법 제69조 제5항).

4. 유급휴가의 일수

법 제69조 제1항·제2항·제4항 및 제5항에 따른 유급휴가의 일수는 계속하여 승무한 기간 1개월에 대하여 6일로 한다(법 제70조 제1항). 법 제70조 제1항에도 불구하고 「선박안전법」 제8조 제3항에 따라 정하여진 연해구역(이하 "연해구역"이라 한다)을 항해구역으로 하는 선박 또는 15일 이내의 기간마다 국내 항에 기항하는 선박에 승무하는 선원의 유급휴가 일수는 계속하여 승무한 기간 1개월에 대하여 5일로 한다(법 제70조 제2항). 2년 이상 계속 근로한 선원에게는 1년을 초과하는 계속근로기간 1년에 대하여 법 제70조 제1항 또는 제2항에 따른 휴가 일수에 1일의 유급휴가를 더한다(법 제70조 제3항). 법 제69조 제3항에 따른 휴가로 휴업한 기간에 대한 유급휴가 일수는 「근로기준법」 제60조 제1항의 유급휴가

제74조(임산부의 보호)

① 사용자는 임신 중의 여성에게 출산 전과 출산 후를 통하여 90일(한 번에 둘 이상 자녀를 임신한 경우에는 120일)의 출산전후휴가를 주어야 한다. 이 경우 휴가 기간의 배정은 출산 후에 45일(한 번에 둘 이상 자녀를 임신한 경우에는 60일) 이상이 되어야 한다.

② 사용자는 임신 중인 여성 근로자가 유산의 경험 등 대통령령으로 정하는 사유로 제1항의 휴가를 청구하는 경우 출산 전 어느 때 라도 휴가를 나누어 사용할 수 있도록 하여야 한다. 이 경우 출산 후의 휴가 기간은 연속하여 45일(한 번에 둘 이상 자녀를 임신한 경우에는 60일) 이상이 되어야 한다.

③ 사용자는 임신 중인 여성이 유산 또는 사산한 경우로서 그 근로자가 청구하면 대통령령으로 정하는 바에 따라 유산·사산 휴가를 주어야 한다. 다만, 인공 임신중절 수술(「모자보건법」 제14조제1항에 따른 경우는 제외한다)에 따른 유산의 경우는 그러하지 아니하다.

④ 제1항부터 제3항까지의 규정에 따른 휴가 중 최초 60일(한 번에 둘 이상 자녀를 임신한 경우에는 75일)은 유급으로 한다. 다만, 「남녀고용평등과 일·가정 양립 지원에 관한 법률」 제18조에 따라 출산전후휴가급여 등이 지급된 경우에는 그 금액의 한도에서 지급의 책임을 면한다.

⑤ 사용자는 임신 중의 여성 근로자에게 시간외근로를 하게 하여서는 아니 되며, 그 근로자의 요구가 있는 경우에는 쉬운 종류의 근로로 전환하여야 한다.

⑥ 사업주는 제1항에 따른 출산전후휴가 종료 후에는 휴가 전과 동일한 업무 또는 동등한 수준의 임금을 지급하는 직무에 복귀시켜야 한다.

⑦ 사용자는 임신 후 12주 이내 또는 36주 이후에 있는 여성 근로자가 1일 2시간의 근로시간 단축을 신청하는 경우 이를 허용하여야 한다. 다만, 1일 근로시간이 8시간 미만인 근로자에 대하여는 1일 근로시간이 6시간이 되도록 근로시간 단축을 허용할 수 있다.

⑧ 사용자는 제7항에 따른 근로시간 단축을 이유로 해당 근로자의 임금을 삭감하여서는 아니 된다.

⑨ 제7항에 따른 근로시간 단축의 신청방법 및 절차 등에 필요한 사항은 대통령령으로 정한다.

[시행일] 제74조 제7항, 제74조 제8항, 제74조 제9항의 개정규정은 다음 각 호의 구분에 따른 날

1. 상시 300명 이상의 근로자를 사용하는 사업 또는 사업장: 공포 후 6개월이 경과한 날
2. 상시 300명 미만의 근로자를 사용하는 사업 또는 사업장: 공포 후 2년이 경과한 날

일수 계산방법을 고려하여 해양수산부령으로 정한다(법 제70조 제4항).[122] 유급휴가 일수

---

122) 선원이 관공서의 공휴일 또는 근로자의 날에 휴무한 경우 이를 유급휴가를 사용한 것으로 보아 해당 일수에 대하여 통상임금에 상당하는 금액을 임금 외에 따로 지급하지 아니할 수 있는지 여부(「선원법」 제73조제2항 등 관련)[법제처 14-0142, 2014.4.15., 해양수산부] : 「선원법」 제69조제1항 본문에서는 선박소유자(같은 법 제74조에 따른 어선의 선박소유자는 제외함, 이하 같음)는 선원이 8개월간 계속하여 승무(수리 중이거나 계류 중인 선박에 승무하는 것을 포함, 이하 같음)한 경우에는 그때부터 4개월 이내에 선원에게 유급휴가를 주어야 한다고 규정하고 있고, 같은 법 제70조에서는 제1항에서 유급휴가의 일수는 계속하여 승무한 기간 1개월에 대하여 6일로 하는 등 유급휴가의 일수에 대하여 규정하고 있습니다.

또한, 「선원법」 제71조에서는 선원이 실제 사용한 유급휴가 일수의 계산은 선원이 유급휴가를 목적으로 하선하고 자기나라에 도착한 날(같은 법 제38조제1항에 따라 통상적으로 송환에 걸리는 기간이 도래하는 날을 말함)의 다음 날부터 계산하여 승선일(외국에서 승선하는 경우에는 출국일을 말함) 전날까지의 일수로 하되, 다음 각 호의 어느 하나에 해당하는 기간은 유급휴가 사용일수에 포함하지 아니한다고 하면서 제1호에서 관공서의 공휴일 또는 근로자의 날을 규정하고 있고, 같은 법 제73조제1항에서는 선박소유자는 유급휴가 중인 선원에게 통상임금을 유급휴가급으로 지급하여야 한다고 규정하고 있으며, 같은 조 제2항에서는 선박소유자는 선원이 같은 법 제69조부터 제71조까지의 규정에 따른 유급휴가의 전부 또는 일부를 사용하지 아니하였을 때에는 사용하지 아니한 유급휴가 일수에 대하여 통상임금에 상당하는 금액을 임금 외에 따로 지급하여야 한다고 규정하고 있는바,

이 사안에서는 「선원법」의 적용 대상인 선원이 「관공서의 공휴일에 관한 규정」에 따른 관공서의 공휴일(이하 "관공서의 공휴일"이라 함) 또는 「근로자의날제정에관한법률」에 따른 근로자의 날(이하 "근로자의 날"이라 함)에 휴무한 경우 이를 유급휴가를 사용한 것으로 보아, 「선원법」 제73조제2항에 따라 선박소유자는 해당 일수에 대하여 통상임금에 상당하는 금액을 임금 외에 따로 지급하지 아니할 수 있는지 여부가 문제될 수 있습니다.

살피건대, 「선원법」 제71조제1호에서 관공서의 공휴일 또는 근로자의 날에 해당하는 기간은 유급휴가 사용일수에 포함하지 아니한다고 규정한 취지는 유급휴가 사용일수의 계산에 있어서 관공서의 공휴일과 근로자의 날은 유급휴가기간으로 산정할 수 없도록 함으로써 실질적인 유급휴가를 보장하여 충분한 휴식기회를 부여하는 등 선원의 근로조건 향상을 위한 조치라고 할 것(1990. 7. 국회 교통체신위원회 선원법중개정법률안 심사보고서 참조)인바, 비록 이 사안에서 선원이 관공서의 공휴일 또는 근로자의 날에 휴무한 경우라고 하더라도 이를 「선원법」 제71조제1호의 명문의 규정에 반하여 유급휴가를 사용한 것으로 보아 유급휴가 사용일수에 포함시킬 수는 없다고 할 것입니다.

한편, 「근로기준법」 제60조제1항에서 사용자는 1년간 80퍼센트 이상 출근한 근로자에게 15일의 유급휴가를 주어야 하고, 같은 조 제4항에서는 사용자는 3년 이상 계속하여 근로한 근로자에게는 제1항에 따른 휴가에 최초 1년을 초과하는 계속 근로 연수 매 2년에 대하여 1일을 가산한 유급휴가를 주어야 하되 이 경우 가산휴가를 포함한 총 휴가 일수는 25일을 한도로 한다고 규정하고 있음에 비해, 「선원법」 제70조제1항에서 유급휴가의 일수는 계속하여 승무한 기간 1개월에 대하여 6일로 한다고 규정하고 있는바, 「근로기준법」에 비해 상대적으로 선원의 유급휴가 일수가 길고 이로 인해 선박소유자의 부담이 과도하므로 선원이 관공서의 공휴일 또는 근로자의 날에 휴무한 경우에는 이를 휴가기간에 포함되는 것으로 보아 「선원법」 제73조제2항에 따른 통상임금에 상당하는 금액을 임금 외에 따로 지급하지 않아도 된다는 의견이 있을 수 있으나, 「근로기준법」과 「선원법」간 규정의 차이는 「근로기준법」이 일반적인 근로관계를 규율대상으로 하는 것임에 비하여 「선원법」은 장기간 고립되어 이동하는 선박과 함께 일정한 생활을 영위하면서 침몰·좌초 등 해상 고유의 위험에 일상적으로 노출되어 있는 등으로 특수한 환경에 놓여 있는 선원의 근로관계를 규율대상으로 하는 데에서 비롯되는 것(대법원 2002. 10. 17. 선고 2002다8025 전원합의체 판결 참조)인 점, 「선원법」 제26조에서 이 법에서 정한 기준에 미치지 못하는 근로조건을 정한 선원근로계약은 그 부분만 무효로 하고, 그 무효 부분은 「선원법」에서 정한 기준에 따른다고 규정하고 있는 점 등을 고려하여 볼 때, 「선원법」 제71조 및 제73조의 규정을 선원에게 불리하게 해석·적용할 수는 없다고 할 것이고, 만약, 관공서의 공휴일 또는 근로자의 날이 아닌 유급휴일(예를 들어 유급휴일로 정한 토요일)과 관련하여 「선원법」 제73조제2항에 따른 금액을 지급하여야 하는지 여부의 판단은 별론으로 하더라도, 이 사안에서 관공서의 공휴일 또는 근로자의 날에 휴무한 경우를 유급휴가 사용일수에 포함시킬 수는 없다고 할 것이므로 이와 같은 의견은 타당하지 않다고 할 것입니다.

따라서, 「선원법」의 적용 대상인 선원이 관공서의 공휴일 또는 근로자의 날에 휴무한 경우에도 이를 유급휴가를 사용한 것으로 볼 수는 없으므로, 「선원법」 제73조제2항에 따라 선박소유자는 선원이 휴무한 관공서의 공휴일 또는 근로자의 날에 해당하는 일수에 대하여 통상임금에 상당하는 금액을 임금 외에 따로 지급하여야 한다고 할 것입니다.

를 계산할 때 1개월 미만의 승무기간에 대하여는 비율로 계산하되, 1일 미만은 1일로 계산한다(법 제70조 제5항).

「선원법 시행규칙」

제46조의2(유급휴가의 일수) 법 제70조제4항에 따른 보호휴가로 휴업한 기간에 대한 유급휴가의 일수는 1개월에 12분의 15일로 하되, 1일 미만의 단수는 1일로 계산한다.

---

5. 유급휴가 사용일수의 계산

선원이 실제 사용한 유급휴가 일수의 계산은 선원이 유급휴가를 목적으로 하선하고 자기나라에 도착한 날(법 제38조 제1항에 따라 통상적으로 송환에 걸리는 기간이 도래하는 날을 말한다)의 다음 날부터 계산하여 승선일(외국에서 승선하는 경우에는 출국일을 말한다) 전 날까지의 일수로 하되, 다음 각 호의 어느 하나에 해당하는 기간은 유급휴가 사용일수에 포함하지 아니한다(법 제71조).

1. 관공서의 공휴일 또는 근로자의 날
2. 선원이 법 제116조 또는 다른 법령에 따라 받은 교육훈련 기간
3. 그 밖에 해양수산부령으로 정하는 기간

「선원법 시행규칙」

제46조의3(유급휴가 사용일수의 계산) 법 제71조제3호에서 "해양수산부령으로 정하는 기간"이란 다음 각호의 기간을 말한다.
1. 선박소유자가 인정하는 포상 또는 보상 성격의 휴가기간
2. 기상악화・천재지변 또는 사변으로 인한 정박기간
3. 정박중 선장의 허가를 받아 일시 상륙한 기간

---

6. 유급휴가의 부여방법

유급휴가를 줄 시기와 항구에 대하여는 선박소유자와 선원의 협의에 따른다(법 제72조 제1항). 유급휴가는 단체협약에서 정하는 바에 따라 기간을 나누어 줄 수 있다(법 제72조 제2항).

7. 유급휴가급

선박소유자는 유급휴가 중인 선원에게 통상임금을 유급휴가급으로 지급하여야 한다(법 제73조 제1항). 선박소유자는 선원이 법 제69조부터 제71조까지의 규정에 따른 유급휴가의 전부 또는 일부를 사용하지 아니하였을 때에는 사용하지 아니한 유급휴가 일수에 대하여 통상임금에 상당하는 금액을 임금 외에 따로 지급하여야 한다(법 제73조 제2항).

「선원법 시행규칙」

제46조의7(유급휴가급)
① 제46조의4에 따른 어선의 소유자는 유급휴가중인 어선원에게 통상임금을 유급휴가급으로 지급하여야 한다.
② 제46조의4에 따른 어선의 소유자는 어선원이 제46조의5에 따른 유급휴가의 전부 또는 일부를 사용하지 아니한 때에는 사용하지 아니한 유급휴가일수에 대하여 임금 외에 유급휴가급을 따로 지급하여야 한다.

---

8. 어선원의 유급휴가에 대한 특례

가. 원칙

해양수산부령으로 정하는 어업에 종사하는 어선(어획물 운반선은 제외한다. 이하 이 조에서 같다)의 선박소유자는 어선원이 같은 사업체에 속하는 어선에서 1년 이상 계속 승무한 경우에는 유급휴가를 주어야 한다(법 제74조 제1항). 어선원이 고의나 중대한 과실 없이 어선에서의 승무를 중지한 경우 그 중지한 기간이 30일을 초과하지 아니할 때에는 계속하여 승무한 것으로 본다(법 제74조 제2항). 법 제74조 제1항에 따른 어선원의 유급휴가 일수, 부여방법, 유급휴가급 등 어선원의 유급휴가에 관하여 필요한 사항은 해양수산부령으로 정한다(법 제74조 제3항).

나. 적용대상

「선원법 시행규칙」

제46조의4(어선원의 유급휴가 적용대상 어선) 법 제74조제1항에서 "해양수산부령으로 정하는 어업에 종사하는 어선"이란 다음 각 호의 어선을 말한다.
1. 「원양산업발전법」 제2조제2호에 따른 원양어업에 종사하는 어선
2. 「어업의 허가 및 신고 등에 관한 규칙」 별표 1의 규정에 의한 대형선망어업에 종사하는 어선
3. 「어업의 허가 및 신고 등에 관한 규칙」 별표 1에 따른 대형저인망어업에 종사하는 어선

다. 유급휴가일수와 부여방법

「선원법 시행규칙」

제46조의5(어선원의 유급휴가 일수) 법 제74조에 따른 유급휴가의 일수는 계속 승무한 1년에 대하여 20일로 하고, 1년을 초과하여 계속 승무한 매 1월마다 1일의 유급휴가를 가산한다.

제46조의6(어선원의 유급휴가 부여방법)
① 제46조의4에 따른 어선의 소유자는 어선원이 1년간 계속하여 승무한 경우에는 1년이 되는 날부터 3월 이내에 어선원에게 유급휴가를 주어야 한다. 다만, 어획작업 및 항행중인 때에는 해당 항해를 마칠 때까지 휴가를 연기할 수 있다.
② 유급휴가는 단체협약 또는 고용계약이 정하는 바에 따라 시기를 분할하여 이를 부여할 수 있다.
③ 제1항 및 제2항의 규정 외에 유급휴가의 구체적인 부여방법에 대하여는 선박소유자와 선원과의 협의에 의한다.

제46조의7(유급휴가급)
① 제46조의4에 따른 어선의 소유자는 유급휴가중인 어선원에게 통상임금을 유급휴가급으로 지급하여야 한다.
② 제46조의4에 따른 어선의 소유자는 어선원이 제46조의5에 따른 유급휴가의 전부 또는 일부를 사용하지 아니한 때에는 사용하지 아니한 유급휴가일수에 대하여 임금 외에 유급휴가급을 따로 지급하여야 한다.

제6절 | 선내 급식과 안전 및 보건

제1관 선내 급식

1. 선내 급식

선박소유자는 승무 중인 선원을 위하여 해양수산부령으로 정하는 바에 따라 적당한 양과 질의 식료품과 물을 선박에 공급하고, 조리와 급식에 필요한 설비를 갖추어 선내급식을 하여야 한다. 이 경우 승무 중인 선원의 다양한 문화와 종교적 배경을 고려하여야 한다(법 제76조 제1항). 선박소유자는 법 제76조 제1항에 따른 선내 급식을 위하여 대통령령으로 정하는 자격을 갖춘 선박조리사(이하 "선박조리사"라 한다)를 선박에 승무시켜야 한다. 다만, 대통령령으로 정하는 선박에 대하여는 이를 면제하거나 선박조리사를 갈음하여 선상 조리와 급식에 관한 지식과 경험을 가진 사람을 승무하게 할 수 있다(법 제76조 제2항). 해양수산부장관은 대통령령으로 정하는 바에 따라 선박조리사의 자격을 위한 교육과 시험을 실시한다(법 제76조 제3항).

「선원법 시행령」

제22조(선박조리사의 자격 등)
① 법 제76조제2항 본문에서 "대통령령으로 정하는 자격을 갖춘 선박조리사"란 18세 이상인 사람으로서 다음 각 호의 어느 하나에 해당하는 사람을 말한다.
1. 해양수산부령으로 정하는 선박조리사교육을 이수하고 해양수산부장관이 실시하는 자격시험(이하 "선박조리사 자격시험"이라 한다)에 합격한 사람
2. 다음 각 목의 어느 하나에 해당하는 사람
가. 「국가기술자격법」에 따른 조리기능사 이상의 자격증을 취득하고, 선박에서 3년 이상 조리업무에 종사한 경력이 있는 사람으로서 해양수산부령으로 정하는 선박조리사교육을 이수한 사람
나. 선박에서 6년 이상 조리업무에 종사한 경력이 있고, 해양수산부령으로 정하는 선박조리사교육을 이수한 사람
3. 「2006 해사노동협약」에 따라 외국정부로부터 선박에서의 조리와 급식에 관한 자격을 취득한 사람
② 선박조리사 자격시험은 필기시험으로 실시한다.
③ 선박조리사 자격시험의 시험과목은 다음 각 호와 같다.
1. 집단급식 및 위생관리
2. 식중독 예방 및 관리
④ 선박조리사 자격시험의 응시절차, 합격기준 및 그 밖에 선박조리사 자격시험에 관하여 필요한 사항은 해양수산부령으로 정한다.

제22조의2(선박조리사 의무승무 대상 선박의 예외) 법 제76조제2항 단서에서 "대통령령으로 정하는 선박"이란 다음 각 호의 어느 하나에 해당하는 선박을 말한다.
1. 항해선이 아닌 선박
2. 법 제65조제1항에 따른 승무정원이 10명 미만인 선박
3. 어선

「선원법 시행규칙」

제47조(선내급식)
① 선박소유자는 법 제76조제1항에 따라 적당한 양과 질의 선내급식을 위하여 선박마다 선장과 조리책임자를 포함하여 5인이상의 위원으로 구성하는 급식위원회를 두어 선원의 식생활을 관리하게 하여야 한다. 다만, 외국영토에 기항하지 아니하는 선박 또는 새우트롤 어선은 그러하지 아니하다.
② 삭제

제47조의2(선박조리사교육) 영 제22조제1항제1호, 제2호가목 및 나목에서 "해양수산부령으로 정하는 선박조리사교육"이란 별표 2에 따른 선박조리사교육 말한다.

제47조의3(선박조리사 자격시험의 응시) 영 제22조제1항제1호에 따른 선박조리사 자격시험(이하 "선박조리사 자격시험"이라 한다)에 응시하려는 사람은 별지 제22호의3서식의 응시원서를 한국해양수산연수원장에게 제출하여야 한다.

제47조의4(선박조리사 자격시험의 합격기준) 선박조리사 자격시험의 합격자는 100점을 만점으로 하여 60점 이상을 득점한 사람으로 한다.

제47조의5(선박조리사 자격증의 발급)
① 영 제22조제1항에 따라 선박조리사의 자격을 갖춘 사람이 선박조리사 자격증을 발급받으려면 별지 제18호의2서식의 선박조리사 자격증 발급신청서를 한국해양수산연수원장에게 제출하여야 한다.
② 제1항에 따라 선박조리사 자격증 발급신청을 받은 한국해양수산연수원장은 별지 제23호서식의 선박조리사 자격증을 발급(정보통신망을 통한 발급을 포함한다)하여야 한다.

2. 선내 급식비

선박소유자는 해양수산부장관의 승인을 받아 법 제76조 제1항에 따른 식료품 공급을 갈음하여 선내 급식을 위한 식료품의 구입비용(이하 "선내 급식비"라 한다)을 선장에게 지급하고, 선장에게 선내 급식을 관리하게 할 수 있다. 이 경우 선장은 선원 모두에게 차별 없이 선내 급식이 이루어지도록 하여야 한다(법 제77조 제1항). 선박소유자는 선내 급식비를 지급할 때에는 선원 1인당 1일 기준액을 밝혀야 한다(법 제77조 제2항). 선내 급식비는 선내 급식을 위한 식료품 구입과 운반을 위한 비용 외의 용도로 지출하여서는 아니 된다(법 제77조 제3항). 해양수산부장관은 대통령령으로 정하는 바에 따라 선내 급식비의 최저기준액을 정할 수 있다. 이 경우 선박소유자는 최저기준액 이상의 선내 급식비를 지급하여야 한다(법 제77조 제4항).

「선원법 시행령」

제23조(선내급식비의 최저액결정) 법 제77조제4항 전단에 따라 해양수산부장관이 선내급식비의 최저기준액을 정하고자 할 때에는 해양수산부령이 정하는 바에 따른 자문을 거쳐야 한다.

「선원법 시행규칙」

제38조의2(자문) 법 제59조, 법 제115조제2항 및 영 제23조에 따른 자문이란 「정책자문위원회규정」 제2조에 따라 해양수산부에 설치되는 정책자문위원회의 자문을 말한다.

제2관 선내 안전 및 보건

1. 국가의 책임과 의무

가. 원칙

해양수산부장관은 승무 중인 선원의 건강을 보호하고 안전하고 위생적인 환경에서 생활, 근로 및 훈련을 할 수 있도록 다음 각 호의 사항을 성실히 이행할 책임과 의무를 진다(법 제78조 제1항).

1. 선내 안전・보건정책의 수립・집행・조정 및 통제
2. 선내 안전・보건 및 사고예방 기준의 작성
3. 선내 안전・보건의 증진을 위한 국내 지침의 개발과 보급
4. 선내 안전・보건을 위한 기술의 연구・개발 및 그 시설의 설치・운영
5. 선내 안전・보건 의식을 북돋우기 위한 홍보・교육 및 무재해운동 등 안전문화 추진
6. 선내 재해에 관한 조사 및 그 통계의 유지・관리
7. 그 밖에 선원의 안전 및 건강의 보호・증진

해양수산부장관은 법 제78조 제1항 각 호의 사항을 효율적으로 수행하기 위하여 필요한 경우 선박소유자 단체 및 선원 단체의 대표자와 협의하여야 한다(법 제78조 제2항). 해양수산부장관은 선내 안전・보건과 선내 사고예방을 위한 활동이 통일적으로 이루어지고 증진될 수 있도록 국제노동기구 등 관계 국제기구 및 그 회원국과의 협력을 모색하여야 한다(법 제78조 제3항).

나. 선내 안전・보건 및 사고예방 기준

법 제78조 제1항 제2호에 따른 선내 안전・보건 및 사고예방 기준(이하 "선내안전보건기준"이라 한다)에는 다음 각 호의 사항이 포함되어야 한다(법 제79조 제1항).

1. 선원의 안전・건강 관련 교육훈련 및 위험성 평가 정책
2. 선원의 직무상 사고・상해 및 질병(이하 "직무상 사고등"이라 한다)의 예방 조치
3. 선원의 안전과 건강 보호를 증진시키기 위한 선내 프로그램
4. 선내 안전저해요인의 검사・보고와 시정
5. 선내 직무상 사고등의 조사 및 보고
6. 선장과 선내 안전・건강담당자의 직무
7. 선내안전위원회의 설치 및 운영
8. 그 밖에 해양수산부령으로 정하는 사항

선내안전보건기준의 구체적인 사항은 해양수산부장관이 정하여 고시한다(법 제79조 제2항).

「선원법 시행규칙」

제47조의6(선내 안전・보건 및 사고예방 기준에 포함되어야 할 사항) 법 제79조제1항제8호에서 "그 밖에 해양수산부령으로 정하는 사항"이란 다음 각 호의 사항을 말한다.

1. 선내 시설 및 장비의 주기적인 점검 · 관리
2. 소년선원과 여성선원의 보호
3. 위험작업 또는 유해물질에 노출되는 작업에 대한 안전 및 방호
4. 법 제125조에 따른 선원근로감독관이 해양수산부장관 또는 지방해양항만청장의 명에 따라 수행하는 선내 안전 · 보건 및 사고예방 점검과 안전 진단 등에 관한 사항
5. 그 밖에 선내 안전 · 보건 및 사고예방과 관련하여 해양수산부장관이 필요하다고 인정하는 사항

다. 선내안전보건기준의 개정

해양수산부장관은 선박소유자 단체 및 선원 단체의 대표자와 협의하여 선내안전보건기준을 정기적으로 검토하여야 하며, 필요한 경우 검토 결과를 고려하여 선내안전보건기준을 개정할 수 있다(법 제80조).

라. 직무상 사고 등의 조사

해양수산부장관은 법 제82조 제4항에 따라 직무상 사고등의 발생 사실을 보고받은 경우에는 그 사실과 원인을 조사하여야 한다(법 제81조 제1항). 해양수산부장관은 직무상 사고 등을 예방하기 위하여 법 제81조 제1항에 따라 조사한 직무상 사고 등에 관한 통계를 유지 · 관리하여야 하고, 그 통계를 분석하여 자료집을 발간할 수 있다(법 제81조 제2항). 법 제81조 제1항에 따른 조사의 절차 및 내용이나 조사 결과의 조치 등에 필요한 사항은 해양수산부령으로 정한다(법 제81조 제3항).

2. 선박소유자 등의 의무

선박소유자는 선원에게 보호장구와 방호장치 등을 제공하여야 하며, 방호장치가 없는 기계의 사용을 금지하여야 한다(법 제82조 제1항). 선박소유자는 해양수산부령으로 정하는 바에 따라 위험한 선내 작업에는 일정한 경험이나 기능을 가진 선원을 종사시켜야 한다(법 제82조 제2항). 선박소유자는 감염병, 정신질환, 그 밖의 질병을 가진 사람 중에서 승무가 곤란하다고 해양수산부령으로 정하는 선원을 승무시켜서는 아니 된다(법 제82조 제3항). 선박소유자는 선원의 직무상 사고등이 발생하였을 때에는 즉시 해양항만관청에 보고하여야 한다(법 제82조 제4항). 선박소유자는 선내 작업 시의 위험 방지, 의약품의 비치와 선내위생의 유지 및 이에 관한 교육의 시행 등에 관하여 해양수산부령으로 정하는 사항을 지켜야 한다(법 제82조 제5항). 선장은 특별한 사유가 없으면 선박이 기항하고 있는 항구에서 선원이 의료기관에서 부상이나 질병의 치료를 받기를 요구하는 경우 거절하여서는 아니 된다(법 제82조 제6항). 대통령령으로 정하는 선박소유자는 선박에 승선하는 선원에게 제복을 제공하여야 한다. 이 경우 제복의 제공시기, 복제 등에 관하여는 해양수산부령으로 정한다

(법 제82조 제7항).

「선원법 시행령」

제23조의2(제복 제공 대상 선박) 법 제82조제7항 전단에서 "대통령령으로 정하는 선박소유자"란 「해운법」 제3조에 따른 해상여객운송사업에 종사하는 선박의 선박소유자를 말한다.

「선원법 시행규칙」

제47조의7(제복의 제공) 법 제82조제7항에 따라 선박소유자가 선박에 승선하는 선원에게 제공하여야 하는 제복의 제공 기준 및 복제는 별표 5의3에 따른다.

---

6. 선원의 의무 등

선원은 선내 작업 시의 위험 방지와 선내 위생의 유지에 관하여 해양수산부령으로 정하는 사항을 지켜야 한다(법 제83조 제1항). 선원은 방호시설이 없거나 제대로 작동하지 아니하는 기계의 사용을 거부할 수 있다(법 제83조 제2항). 선원은 법 제82조 제7항에 따라 선박소유자가 제공한 제복을 입고 근무하여야 한다(법 제83조 제4항).

「선원법 시행규칙」

제47조의8(선원의 준수사항) 법 제83조제1항에서 "선내 작업 시의 위험 방지와 선내 위생의 유지에 관하여 해양수산부령으로 정하는 사항"이란 다음 각 호의 사항을 말한다.

1. 법 제78조 제1항 제2호에 따른 선내 안전・보건 및 사고예방 기준을 숙지하고 준수할 것
2. 선내 위험장소임을 알리거나 선원의 접근이 금지・제한되는 장소임을 알리는 표지에 표시된 지시에 따를 것
3. 화물창 안에서의 작업, 용접작업, 도료작업, 무거운 물건을 취급하는 작업, 전기를 사용하는 작업, 어로작업, 높은 곳에서의 작업, 선체 외부작업 및 얼음을 제거하는 작업 등 위험한 작업을 하는 경우 안전벨트, 안전그물망 및 구명의 등의 보호기구나 장비를 사용할 것
4. 거주환경의 청결유지 등 개인의 위생 관리를 철저히 할 것

제3관 선내 보건

1. 의사의 승무

다음 각 호의 어느 하나에 해당하는 선박의 선박소유자는 그 선박에 의사를 승무시켜야 한다. 다만, 해양수산부령으로 정하는 바에 따라 해양항만관청의 승인을 받은 경우에는 그러하지 아니하다(법 제84조).

1. 3일 이상의 국제항해에 종사하는 선박으로서 최대 승선인원이 100명 이상인 선박(어선은 제외한다)
2. 해양수산부령으로 정하는 모선식(母船式) 어업에 종사하는 어선

「선원법 시행규칙」

제48조(의사의 승무)
① 선박소유자는 법 제84조 각 호 외의 부분 단서에 따른 승인을 받으려는 경우에는 다음 사항을 기재한 신청서 2통을 지방해양항만관청에 제출하여야 한다.
1. 선박의 명칭 · 종류 · 총톤수 및 항행구역
2. 최대 탑재인원 및 승선인원
3. 승인을 얻고자 하는 기간
4. 승인을 얻고자 하는 사유
② 지방해양항만관청이 제1항에 따른 승인을 하는 경우에는 법 제85조에 따른 의료관리자를 반드시 승무하게 하여야 한다.
③ 법 제84조제2호에서 "해양수산부령으로 정하는 모선식(母船式) 어업에 종사하는 어선"이란 총톤수 5천톤이상의 어선으로서 승선인원이 200인이상의 어선을 말한다.

---

2. 의료관리자

가. 원칙

의사를 승무시키지 아니할 수 있는 선박 중 다음 각 호의 어느 하나에 해당하는 선박의 선박소유자는 선박에 의료관리자를 두어야 한다. 다만, 해양수산부령으로 정하는 경우에는 그러하지 아니하다(법 제85조 제1항).

1. 「선박안전법」 제8조 제3항에 따라 정하여진 원양구역을 항해구역으로 하는 총톤수 5천톤 이상의 선박
2. 해양수산부령으로 정하는 어선

법 제85조 제1항에 따른 의료관리자(이하 "의료관리자"라 한다)는 제3항에 따라 발급된 의료관리자 자격증을 가진 선원(18세 미만인 사람은 제외한다) 중에서 선임하여야 한다. 다만, 부득이한 사유로 해양항만관청의 승인을 받은 경우에는 그러하지 아니하다(법 제85조 제2항). 법 제85조 제2항에 따른 의료관리자 자격증은 해양수산부령으로 정하는 바에 따라 해양수산부장관이 실시하는 시험에 합격하거나 시험에 합격한 사람과 같은 수준 이상의 지식과 경험을 가졌다고 해양수산부장관이 인정하는 사람에게 해양수산부장관이 발급한다(법 제85조 제3항). 의료관리자는 해양수산부령으로 정하는 바에 따라 선박 내의 의료

관리에 필요한 업무에 종사하여야 한다(법 제85조 제4항).

나. 의료관리자 자격시험

「선원법 시행규칙」

제49조(의료관리자)
① 삭제
② 법 제85조제1항제2호에서 "해양수산부령으로 정하는 어선"이란 총톤수 300톤이상의 어선을 말한다. 다만, 평수구역·연해구역 또는 근해구역을 항행구역으로 하는 어선을 제외한다.

제50조(의료관리자자격시험)
①법 제85조제3항에 따른 의료관리자자격 시험은 필기시험과 실기시험으로 구분하여 실시하며 시험과목은 다음 각호와 같다. 다만, 의료관리자자격시험의 필기시험에 합격한 자로서 「대한적십자사 조직법」에 의한 대한적십자사가 시행하는 실기교육과정중 해양수산부장관이 지정하는 교육과정을 이수한 자에 대하여는 실기시험을 면제한다.
1. 필기시험: 의료관계법령, 기초응급처치학, 기초간호학 및 공중보건학
2. 실기시험 : 구급처치법 및 간호법
② 한국해양수산연수원장은 제1항의 규정에 의한 의료관리자자격시험을 실시하고자 하는 경우에는 그 계획을 공고하여야 하며, 시험일시·시험장소 기타 시험에 관하여 필요한 사항을 시험시행 30일 전까지 공고하여야 한다.
③ 제1항에 따른 의료관리자자격시험에 응시하려는 사람은 별지 제22호의3서식의 응시원서를 한국해양수산연수원장에게 제출하여야 한다.
④ 한국해양수산연수원장은 의료관리자자격시험의 합격자가 결정된 때에는 한국해양수산연수원의 게시판 및 인터넷 홈페이지에 합격자의 명단을 지체없이 공고하여야 한다.
⑤ 의료관리자자격시험중 필기시험 합격의 유효기간은 필기시험에 합격한 날부터 2년으로 한다.

제50조의2(의료관리자 자격시험의 합격기준)
① 제50조제1항에 따른 필기시험의 합격자 결정에 있어서는 매 과목 만점의 40퍼센트 이상, 전 과목 평균이 만점의 60퍼센트 이상 득점한 자를 합격자로 한다.
② 제50조제1항에 따른 실기시험의 합격자 결정에 있어서는 과목별 실기시험 평가자로부터 매 과목 만점의 60퍼센트 이상 득점한 자를 합격자로 한다.

다. 의료관리자 자격증의 발급

「선원법 시행규칙」

제51조(의료관리자 자격증의 발급)
① 법 제85조제3항에 따라 의료관리자자격증을 발급받으려는 사람은 별지 제18호의2서식의 발급신청서를 한국해양수산연수원장에게 제출하여야 한다.
② 한국해양수산연수원장은 제1항에 따른 신청을 받은 때에는 별지 제24호서식의 의료관리자자격증을 발급(정보통신망을 통한 발급을 포함한다)하거나 선원수첩에 의료관리자의 자격이 있음을 증명하여 주어야 한다. 이 경우 한국해양수산연수원장은 선원수첩을 발급한 지방해양항만청장에게 그

사실을 통보하여야 한다.

라. 의료관리자의 업무

「선원법 시행규칙」

제52조(의료관리자의 업무)
① 법 제85조제4항에 따른 의료관리자의 업무는 다음 각호와 같다.
1. 선원의 건강관리 및 보건지도
2. 선내의 작업환경위생 및 거주환경위생의 유지
3. 식료 및 용수의 위생유지
4. 의료기구, 의약품, 그 밖의 위생용품 및 의료서적 등의 비치·보관 및 관리
5. 선내의료관리에 관한 기록의 작성 및 관리
6. 선내환자의 의료관리에 관한 사항
② 제1항제4호에 따른 의료기구, 의약품 등의 비치·보관 및 관리는 의료관계 법령과 국제노동기구의 「선내의료함 내용물에 관한 권고」에 따른다.
③ 선장 및 의료관리자는 별지 제25호의2서식에 따른 표준의료보고서에 따라 선내환자의 의료관리에 관한 사항 등을 기록·관리 하여야 한다. 이 경우 작성된 내용은 비밀을 유지하여야 한다.

3. 응급처치 담당자

법 제84조 또는 제85조 제1항에 따른 의사나 의료관리자를 승무시키지 아니할 수 있는 선박 중 다음 각 호의 어느 하나에 해당하는 선박의 선박소유자는 선박에 응급처치를 담당하는 선원(이하 "응급처치 담당자"라 한다)을 두어야 한다(법 제86조 제1항).

1. 연해구역 이상을 항해구역으로 하는 선박(어선은 제외한다)
2. 여객정원이 13명 이상인 여객선

선박소유자는 응급처치 담당자를 해양수산부령으로 정하는 응급처치에 관한 교육을 이수한 선원 중에서 선임하여야 한다(법 제86조 제2항).

4. 건강진단서

선박소유자는 「의료법」에 따른 병원급 이상의 의료기관 또는 해양수산부령으로 정하는 기준에 맞는 의원의 의사가 승무에 적당하다는 것을 증명한 건강진단서를 가진 사람만을 선원으로 승무시켜야 한다(법 제87조 제1항). 건강진단서의 발급 및 그 밖에 건강진단에 관한 사항은 해양수산부령으로 정한다(법 제87조 제2항).

「선원법 시행규칙」

제52조의2(건강검진의료기관)
① 법 제87조제1항에서 "해양수산부령이 정하는 기준에 적합한 의원"이란 다음 각 호의 의료기관을 말한다.
1. 연근해어선에 승무하는 선원의 경우 : 「의료법」에 따른 의원급 이상의 의료기관
2. 그 밖의 선원의 경우 : 「국민건강보험법 시행령」 제25조제4항에 따른 건강검진기관(해당 건강검진기관과 동등하다고 해양수산부장관이 지정 · 고시하는 의료기관을 포함한다)
② 선원의 건강검진을 실시하고자 하는 의원은 제1항의 기준에 적합한 의료기관임을 확인할 수 있는 증빙서류를 첨부하여 관할 지방해양항만관청에 신고하여야 한다.
③ 제2항의 규정에 따른 건강검진 의료기관 신고를 수리한 지방해양항만관청은 이를 다른 지방해양항만관청에 통보(해양수산부장관이 정하여 고시하는 정보통신망을 이용한 통보를 포함한다)하여야 한다.

제53조(건강진단)
① 평수구역 · 연해구역 또는 근해구역을 항행구역으로 하는 선박에 승무하려는 사람은 다음 각호의 검사항목이 포함된 일반건강진단을 받아야 한다.
1. 감각기, 순환기, 호흡기 및 신경계 기타 기관의 임상의학적 검사
2. 시력 · 색각(「선박직원법」 제2조제3호에 따른 선박직원 및 갑판부당직 부원만 해당한다) 및 청력의 검사
3. 운동기능검사
4. 신장 · 체중 · 흉위 · 흉위차 · 폐활량 · 혈압 · 혈당(당뇨)검사 · 간장검사(SGOT · SGPT) 및 비형간염항원검사
5. 엑스선검사 · 적혈구침강속도검사 · 객담검사 및 결핵에 관한 엑스선흉부검사
6. 매독반응검사
7. 소변 및 대변 검사
8. 정신질환 및 감염병검사
9. 삭제
② 제1항제4호 내지 제7호의 규정에 의한 검사중 건강진단을 행하는 의사가 필요없다고 인정하는 것은 그 검사를 받지 아니할 수 있다. 다만, 혈압검사 · 혈당(당뇨)검사 · 간장검사(SGOT · SGPT) · 비형간염항원검사 · 엑스선검사 및 소변검사는 그러하지 아니하다.
③ 「선박안전법 시행규칙」 제15조제1항제4호에 따른 원양구역을 항행구역으로 하는 선박에 승무하려는 사람은 일반건강진단 외에 다음 각 호의 검사항목이 포함된 특수건강진단을 받아야 한다.
1. 씨비씨(빈혈)검사
2. 소변검사(특별검사)
3. 매독반응특별검사
④ 일반건강진단과 특수건강진단의 판정기준은 별표 3에 의한다.
⑤ 삭제

제54조(건강진단의 유효기간) 제53조제1항에 따른 일반건강진단의 유효기간은 1년(색각검사에 대하여는 6년)으로 하고, 같은 조 제3항에 따른 특수건강진단의 유효기간은 2년(만 18세 미만인 사람은 1년)으로 하되, 항해중건강진단의 유효기간이 만료된 때에는 그 항해가 종료될 때(어선 외의 선박에 승선한 선원에 대한 건강진단의 유효기간이 항해 중 만료되고 건강진단의 유효기간 만료 후 항해가 종료될 때까지 3개월 이상이 소요되는 경우에는 건강진단의 유효기간 만료 후 3개월)까지로 한다.

제54조의2(건강진단서 발급) 제87조제2항에 따른 건강진단서의 발급은 별지 제23호의2서식에 의한다. 다만, 의료기관은 건강진단서의 발급과 동시에 정보통신망을 이용하여 송부하여야 한다.

제55조(건강진단비용)
① 법 제87조에 따라 실시하는 건강진단의 검진비용은 「국민건강보험법 시행령」 제25조 제7항에 따라 정한 기준에 따른다.
② 제1항의 규정에 의한 건강진단의 검진비용은 선박소유자가 부담한다.

5. 무선 등에 의한 의료조언

해양수산부장관은 대한민국 주변을 항해 중인 선박(외국국적 선박을 포함한다)의 선장이 부상을 당하거나 질병에 걸린 선원(이하 "상병선원"이라 한다)에 대한 의료조언을 요청할 경우에는 무선 또는 위성통신으로 의료조언을 무료로 제공하여야 한다(법 제88조 제1항). 해양수산부장관은 법 제88조 제1항에 따른 의료조언을 제공하기 위하여 「응급의료에 관한 법률」 제27조에 따라 응급의료정보센터를 설치・운영하는 보건복지부장관에게 협조를 요청하여야 하고, 보건복지부장관은 특별한 사유가 없으면 협조하여야 한다(법 제88조 제2항).

6. 외국인 선원에 대한 진료 등

해양수산부장관은 국내 항에 입항한 선박의 외국인 상병선원이 진료받기를 요청할 때에는 필요한 조치를 하여야 한다(법 제89조).

제7절 | 소년선원과 여성선원

제1관 의의

1. 소년선원과 여성선원 보호의 필요성

개별적 근로조건에 대한 기준을 정하고 규제・감독하는 「근로기준법」은 역사적으로 연소자와 부녀자로부터 시작되었다. 선원의 개별적 근로관계를 규정한 「선원법」의 적용에 있어서도 이와 같은 취지에서 소년선원은 육체적으로나 정신적으로 미숙하여 성장의 과정에 있고 또 근로자로서의 경험도 부족하므로 취업에 있어 특별한 배려가 필요하다. 또한 남자와 달리 여자에게는 생리 · 임신 · 출산 · 육아 등 특수한 문제가 있으므로 특별히 보호할 필요가 있다.

소년선원과 여성선원에 대하여 특별한 법적 보호를 하는 이유는 다음과 같이 설명할 수 있다.[123)]

첫째, 소년선원은 성인에 비하여 신체적으로 열악하고, 신체적 · 정신적으로 성장과정에 있으므로 장시간의 노동은 이들의 건강과 신체적 성장을 방해하게 된다. 따라서 소년선원의 신체적 · 정신적 성장을 보호하고, 원숙한 인간으로 성장할 수 있도록 특별한 법적 보호를 하여야 한다.

둘째, 여선선원은 신체적 · 생리적 특성과 모성의 보호라는 측면에서 남성선원과 구별된다. 여성은 인류종족의 번식이라는 숭고한 사명하에 임신 및 출산 등의 생리적 특성을 갖고 있으므로, 이를 단지 선원이라는 이유로 경시할 수 없다.

2. 법적 근거

「헌법」 제32조 제4항 및 제5항은 여성과 연소근로자의 근로에 대한 특별보호를, 「헌법」 제36조 제2항은 모성의 보호를 규정하고 있는데, 이를 「선원법」에서 구체화한 것이라고 할 수 있다.

제2관 미성년 선원의 특례

1. 미성년자의 능력

미성년자가 선원이 되려면 법정대리인의 동의를 받아야 한다(법 제90조 제1항). 법 제90조 제1항에 따라 법정대리인의 동의를 받은 미성년자는 선원근로계약에 관하여 성년자와 같은 능력을 가진다(법 제90조 제2항).

2. 사용제한

선박소유자는 16세 미만인 사람을 선원으로 사용하지 못한다. 다만, 그 가족만 승무하는 선박의 경우에는 그러하지 아니하다(법 제91조 제1항). 선박소유자는 18세 미만인 사람을 선원으로 사용하려면 해양수산부령으로 정하는 바에 따라 해양항만관청의 승인을 받아야 한다(법 제91조 제2항). 선박소유자는 18세 미만의 선원을 해양수산부령으로 정하는 위험한

---

123) 李時潤, 「勞動法」, 제5판, (법문사, 2010), 265-266쪽.

선내 작업과 위생상 해로운 작업에 종사시켜서는 아니 된다(법 제91조 제3항).

「선원법 시행규칙」

제56조(연소선원의 사용승인) 선박소유자가 법 제91조제2항에 따라 연소선원의 사용승인을 받으려는 경우에는 해당 선원의 승선공인신청서에 해당선원이 18세에 달하는 연월일을 빨간색글씨로 기재하여 지방해양항만관청에 제출하여야 한다.

---

3. 야간작업의 금지

선박소유자는 18세 미만의 선원을 자정부터 오전 5시까지를 포함하는 최소 9시간 동안은 작업에 종사시키지 못한다. 다만, 가벼운 일로서 그 선원의 동의와 해양수산부장관의 승인을 받은 경우에는 그러하지 아니하다(법 제92조 제1항). 법 제60조 제6항에 따른 작업에 종사시키는 경우나 가족만 승무하는 선박에 대하여는 법 제92조 제1항 본문을 적용하지 아니한다(법 제92조 제2항).

제3관 여성선원의 특례

1. 근로조건

선박소유자는 여성선원을 해양수산부령으로 정하는 임신・출산에 해롭거나 위험한 작업에 종사시켜서는 아니 된다(법 제91조 제4항). 선박소유자는 임신 중인 여성선원을 선내 작업에 종사시켜서는 아니 된다. 다만, 다음 각 호의 어느 하나에 해당하는 경우에는 그러하지 아니하다(법 제91조 제5항).

1. 해양수산부령으로 정하는 범위의 항해에 대하여 임신 중인 여성선원이 선내 작업을 신청하고, 임신이나 출산에 해롭거나 위험하지 아니하다고 의사가 인정한 경우
2. 임신 중인 사실을 항해 중 알게 된 경우로서 해당 선박의 안전을 위하여 필요한 작업에 종사하는 경우

선박소유자는 산후 1년이 지나지 아니한 여성선원을 해양수산부령으로 정하는 위험한 선내 작업과 위생상 해로운 작업에 종사시켜서는 아니 된다(법 제91조 제6항). 가족만 승무하는 선박의 경우에는 법 제91조 제4항부터 제6항까지의 규정을 적용하지 아니한다(법 제91조 제7항).

2. 생리휴식

선박소유자는 여성선원에게 월 1일의 생리휴식을 주어야 한다(법 제93조).

「근로기준법」에서는 생리휴식을 여성근로자의 청구를 전제로 하고 있으나(근로기준법 제73조), 「선원법」은 이를 유급휴가의 일종으로 규정하여 선원의 청구를 전제로 하지 않고 월 1일의 생리휴식을 보장하고 있다. 생리휴식은 1월간 소정근로일수의 만근 여부와 관계없이 1월 단위로 부여해야 한다.

제8절 | 재해보상

제1관 의의

1. 개념

선원이 직무상 부상・질병・행방불명 또는 사망 등의 재해를 당하였을 경우에 선박소유자에게 그 선원의 요양을 명하거나 그 선원 또는 그의 유족이나 피부양자 등에게 일정한 금액을 지급할 의무를 부과하는 제도가 바로 선원재해보상제도이다.

오늘날 산업은 고도로 기계화・자동화되어 있어 관계기관이나 선박소유자 등이 아무리 선박 등 산업설비의 안전유지 및 재해방지 등에 힘쓴다 하더라도 산업재해를 완전히 방지하기란 거의 불가능하다. 그런데 「민법」의 일반원칙인 이른바 과실책임의 원칙에 따르면 노동자인 선원에게 직무상의 재해가 발생하더라도 사용자인 선박소유자에게 고의 또는 과실이 없으면 선박소유자는 책임을 지지 아니한다. 더구나 이러한 재해가 생길 경우에 고의・과실 등 책임원인을 입증하기는 매우 어렵다. 그렇다면 재해를 입은 선원의 구제가 힘들고 그 희생이 너무 크다.[124)]

여기서 법은 선원의 직무상의 재해가 생길 경우 선박소유자 측의 고의・과실 등을 요건으로 하지 아니하고 선박소유자에게 재해를 보상할 의무를 지우고 있다. 뿐만 아니라 법은 선원이 승무 중에는 직무 외의 원인으로 부상하거나 질병에 걸린 직무외의 상병의 경우에도 직무외의 상병보상을 하도록 하고 있는데, 이는 육상근로에서는 볼 수 없는 해상근로의

124) 정영석, 「해사법규강의」, 제5판, (해인출판사, 2007), 303쪽.

특수성을 보여주는 것이다.

2. 특징

산업재해보상제도는 「민법」상의 손해배상제도, 「근로기준법」상의 재해보상제도 및 「산업재해보상보험법」의 순서로 발달해 왔다.[125)]

가. 「민법」상의 손해배상제도

산업재해에 대하여 사용자의 「민법」상의 손해배상책임이 인정되는데, 이 제도는 과실책임주의에 기초하고 있어서 근로자는 재해발생에 대하여 사용자의 고의・과실을 입증하여야 하는 어려움이 있다. 또 이로 인하여 소송비용과 시간이 많이 소요되므로 근로자를 보호하기에는 충분하지 못하다고 하겠다.

나. 「근로기준법」상의 재해보상제도

「근로기준법」상의 재해보상제도는 「민법」상 손해배상제도의 과실책임주의를 극복하고 무과실책임주의를 채택하였다. 따라서 사업장에서 산업재해가 발생하는 경우 근로자는 재해발생에 대한 자신의 ・고의・과실 여부에 상관없이 재해보상을 받을 수 있다. 그러나 「근로기준법」상의 재해보상제도는 사용자가 자신의 재산으로 근로자에게 직접보상하는 방식을 채택하고 있어 사용자가 충분한 재정적 능력이 없는 경우에는 근로자에 대한 적절한 보상을 할 수 없게 되는 문제점이 있다.

다. 「산업재해보상보험법」상의 재해보상제도

「산업재해보상보험법」에 의한 재해보상제도는 사용자를 산업재해보상보험에 가입하도록 하고, 산업재해가 발생한 경우 근로자의 고의・과실과는 상관없이 보험자가 근로자에게 재해보상을 하는 제도이다. 동 제도는 무과실책임제도를 채택하고 있다는 점에서 「근로기준법」상의 재해보상제도와 동일하나, 전자가 사회보험에 의한 간접보상방식을 채택하고 있다는 점에서 직접보상방식을 채택하고 있는 후자와 구별된다. 이 제도는 신속・공정한 보상과 사용자의 보상능력과 상관없이 언제든지 보상받을 수 있다는 장점이 있다.

라. 「선원법」상의 재해보상제도

「선원법」상의 재해보상제도는 위에서 설명한 「근로기준법」상의 재해보상제도와 마찬가

---

125) 李時潤, 「勞動法」, 제5판, (법문사, 2010), 316-317쪽.

지로 무과실책임주의와 사용자직접보상방식을 취하고 있다. 다만, 사용자에게 법에서 정한 종류의 보험에 가입을 강제함으로써 「산업재해보상보험법」상의 재해보상제도와 유사한 효과를 가져오게 하였다. 그러나 이는 사회보험제도인 산업재해보상보험과는 다르고 사용자의 직접보상책임의 보장을 위한 보험의 강제가입이라고 할 수 있다.

제2관 성립요건과 종류

1. 성립요건

가. 의의

「근로기준법」 및 「산업재해보상보험법」이 업무상 사유로 인하여 발생한 부상・질병・장해 및 사망 등에 한하여 재해보상을 인정하고 있는 반면, 「선원법」은 해상근로의 특성상 승무중에 발생한 직무외의 사유로 인한 부상에 대하여도 요양보상을 인정한다는 점이 다르다.

나. 직무상 재해의 성립요건

(1) 직무

재해보상의 대상이 되기 위해서는 기본적으로 직무상 재해에 해당하여야 한다. 여기서 직무상이라 함은 ① 선원이 직무를 수행하는 도중에 재해가 발생하였다는 의미에서의 직무수행성, ② 선원이 수행한 직무로 인하여 재해가 발생하였다는 의미의 직무기인성이라는 두 가지 개념이 존재한다.[126] 직무와 재해간의 상당인과관계의 존재와 관련하여 직무기인성과 직무수행성이 모두 필요한가에 대하여 의문이 제기되기도 하는데, 직무기인성은 반드시 필요하지만, 직무수행성까지 동시에 충족되어야 하는 것은 아니라고 본다.[127]

첫째, 직무기인성이라 함은 선원이 담당하는 직무와 재해발생 사이에 인과관계가 존재

---

126) 李時潤, 「勞動法」, 제5판, (법문사, 2010), 319-320쪽.

127) 대법원 2002. 11. 26. 선고 2002두6811 판결 : 「산업재해보상보험법」 제4조 제1호 소정의 업무상 재해라고 함은 근로자의 업무수행중 그 업무에 기인하여 발생한 질병을 의미하는 것이므로 업무와 질병 사이에 인과관계가 있어야 하지만, 질병의 주된 발생원인이 업무수행과 직접적인 관계가 없더라도 적어도 업무상의 과로나 스트레스가 질병의 주된 발생원인에 겹쳐서 질병을 유발 또는 악화시켰다면 그 사이에 인과관계가 있다고 보아야 할 것이고, 그 인과관계는 반드시 의학적・자연과학적으로 명백히 입증하여야 하는 것은 아니고 제반 사정을 고려할 때 업무와 질병 사이에 상당인과관계가 있다고 추단되는 경우에도 그 입증이 있다고 보아야 하고, 또한 평소에 정상적인 근무가 가능한 기초질병이나 기존질병이 직무의 과중 등이 원인이 되어 자연적인 진행속도 이상으로 급격하게 악화된 때에도 그 입증이 있는 경우에 포함되는 것이며, 업무와 질병과의 인과관계의 유무는 보통평균인이 아니라 당해 근로자의 건강과 신체조건을 기준으로 판단하여야 하고, 업무상 과로 등이 업무상 재해인 질병의 원인이 된 이상 그 발병장소가 사업장 밖이었고 업무수행중 발병한 것이 아니라고 할지라도 업무상의 재해로 보아야 한다(대법원 2002. 5. 28. 선고 2002두1014 판결 등 참조).

하여야 한다는 것을 의미한다. 이때 인과관계의 정도는 상당인과관계설이 판례[128]와 학설의 태도이다.

둘째, 직무수행성이라 함은 선박소유자의 지휘・명령하에서 구체적인 직무를 실제로 수행하는 도중에 발생하거나, 선박소유자가 관리하고 있는 선박 등의 시설물의 결함 또는 관리상의 하자로 인하여 발생한 재해를 말한다. 그러나 이에 국한하지 아니하고 직무에 부수하여 행하여질 것이 사회통념상 기대되는 행위 또는 사고로 인하여 발생한 재해도 이에 포함된다는 것이 일반적 견해이다.[129]

(2) 직무상의 사고 또는 질병 중 어느 하나에 해당될 것

사고 또는 질병이 직무상 발생하여야 한다. 예컨대, ① 선원이 선원근로계약에 따른 업무나 그에 따르는 행위를 하던 중 발생한 사고, ② 선박소유자가 제공한 시설물 등을 이용하던 중 그 시설물 등의 결함이나 관리소홀로 발생한 사고, ③ 선박소유자가 제공한 교통수단이나 그에 준하는 교통수단을 이용하는 등 선박소유자의 지배관리하에서 발생한 사고, ④ 휴식시간 중 선박소유자의 지배관리하에 있다고 볼 수 있는 행위로 발생한 사고, ⑤ 그 밖에 업무와 관련하여 발생한 사고 등을 들 수 있다.

또 직무상 질병이라 함은 ① 직무 수행과정에서 유해・위험요인을 취급하거나 그에 노출되어 발생한 질병, ② 직무상 부상이 원인이 되어 발생한 질병, ③ 그 밖에 직무와 관련하여 발생한 질병을 의미한다.

---

128) 대법원 2002. 11. 26. 선고 2002두6811 판결 :「산업재해보상보험법」제4조 제1호 소정의 업무상 재해라고 함은 근로자의 업무수행중 그 업무에 기인하여 발생한 질병을 의미하는 것이므로 업무와 질병 사이에 인과관계가 있어야 하지만, 질병의 주된 발생원인이 업무수행과 직접적인 관계가 없더라도 적어도 업무상의 과로나 스트레스가 질병의 주된 발생원인에 겹쳐서 질병을 유발 또는 악화시켰다면 그 사이에 인과관계가 있다고 보아야 할 것이고, 그 인과관계는 반드시 의학적・자연과학적으로 명백히 입증하여야 하는 것은 아니고 제반 사정을 고려할 때 업무와 질병 사이에 상당인과관계가 있다고 추단되는 경우에도 그 입증이 있다고 보아야 하고, 또한 평소에 정상적인 근무가 가능한 기초질병이나 기존질병이 직무의 과중 등이 원인이 되어 자연적인 진행속도 이상으로 급격하게 악화된 때에도 그 입증이 있는 경우에 포함되는 것이며, 업무와 질병과의 인과관계의 유무는 보통평균인이 아니라 당해 근로자의 건강과 신체조건을 기준으로 판단하여야 하고, 업무상 과로 등이 업무상 재해인 질병의 원인이 된 이상 그 발병장소가 사업장 밖이었고 업무수행중 발병한 것이 아니라고 할지라도 업무상의 재해로 보아야 한다(대법원 2002. 5. 28. 선고 2002두1014 판결 등 참조).

129) 대법원 1993.1.19. 선고 92누13073 판결 :「산업재해보상보험법」제3조 제1항 소정의 "업무상의 재해"에 해당하기위하여 요구되는 업무수행성이라 함은 사용자의 지배 또는 관리하에서 이루어지는 당해 근로자의 업무수행 및 그에 수반되는 통상적인 활동과정에서 재해의 원인이 발생한 것을 의미하며, 따라서 출・퇴근중의 근로자는 일반적으로 사용자의 지배 또는 관리하에 있다고 볼 수 없고 단순한 출・퇴근중에 발생한 재해가 업무상의 재해로 인정되기 위하여는 사용자가 근로자에게 제공한 차량등의 교통수단을 이용하거나 사용자가 이에 준하는 교통수단을 이용하도록 하여 근로자의 출・퇴근과정이 사용자의 지배, 관리하에 있다고 볼 수 있는 경우에 해당되어야 할 것이다.

(3) 부상 · 질병 · 장해 또는 사망의 재해가 발생할 것

직무상 사고 또는 질병의 사유에 해당하는 경우에도 부상 · 질병 · 장해 또는 사망이라는 재해가 결과로 발생하지 아니하는 경우에는 직무상 재해에 해당되지 아니한다.

(4) 상당인과관계의 존재

직무와 재해 간에 상당인과관계가 존재하여야 한다.

(5) 선원의 고의 · 자해행위 등의 부존재

선원의 고의 · 자해행위나 범죄행위 또는 그것이 원인이 되어 발생한 부상 · 질병 · 장해 또는 사망은 직무상의 재해로 보지 아니한다(산업재해보상보험법 제47조 제2항 본문 참조). 다만, 「선원법」은 승무 중에 발생한 직무외의 부상이나 질병에 대하여도 재해보상의 대상으로 규정하고 있기 때문에 법 제94조 제3항의 규정에 따라 선원의 고의에 의한 부상이나 질병에 대하여는 선원노동위원회의 인정을 받아 법 제94조 제2항에 따라 부담하는 비용을 부담하지 아니할 수 있도록 하여 제한적으로 직무외의 부상과 질병에 대하여는 선원의 고의에 기인한 경우에도 재해보상을 할 수 있는 여지를 두고 있다(법 제94조 제3항)

2. 재해보상의 내용

가. 요양보상

(1) 직무상 재해

선박소유자는 선원이 직무상 부상을 당하거나 질병에 걸린 경우[130]에는 그 부상이나 질병이 치유될 때까지 선박소유자의 비용으로 요양을 시키거나 요양에 필요한 비용을 지급하여야 한다(법 제94조 제1항).[131]

---

130) 대법원 2008.3.27, 선고, 2007다84420, 판결 : [1] 업무와 관련한 사고 등으로 기존의 질병이 악화되거나 그 증상이 비로소 발현된 경우, 「선원법」상의 '직무상 재해'에 해당하는지 여부(적극) [2] 「선원법」상 요양보상에서 기왕증 등 손해 확대에 기여한 부분이 있음을 이유로 보상액을 감액할 수 있는지 여부(소극)

131) ① 대법원 2011.5.26, 선고, 2011다14282, 판결 : [1] 선원이 육상이나 항구에 소재한 자신의 주소 · 거소와 같은 생활의 근거지에서 휴무 중에 재해를 당하여 부상을 입은 경우에는 임박한 항해를 위한 준비 중에 있었다는 등 특별한 사정이 없는 한 「선원법」 제85조 제1항에서 정한 '직무상 부상'에 해당한다고 볼 수 없다. [2] 선원 甲이 항해를 마친 후 선원 숙소 건물 내에 있는 자신의 방에서 쉬고 있던 중 같은 숙소에 거주하는 사람 부탁으로 건물 옆 컨테이너 위에서 사다리를 잡아주다가 부상을 입은 사안에서, 위 숙소는 甲의 생활 근거지가 되는 거소로 볼 수 있는데, 甲이 당시 숙소에서 항해를 위하여 대기 중에 사고를 당하였다고 인정할 증거가 부족하고, 오히려 숙소에서 휴식을 취하고 있던 중 사고를 당한 것으로 보일 뿐이므로, 甲이 입은 부상은 「선원법」 제85조 제1항에서 정한 직무상 부상에 해당하지 않는다고 본 원심판단을 수긍한 사례.
② 대법원 2008.3.27, 선고, 2007다84420, 판결 : 원심이 위와 같이 이 사건 진료의 대상이 된 소외인의 증상은 퇴행성 변화와 보험기간 전에 발생한 이 사건 1차 사고로 인한 기여 부분이 포함되어 있다고 하더라도 보험기간 중에 발생한 이 사건 2차 사고로 말미암아 자연적 경과를 넘어 급격히 악화된 것으로서 선박소유자에게 선원에 대

「선원법 시행령」

제24조(직무상 질병의 범위)법 제94조제1항 및 제97조에 따른 직무상 질병의 범위에 관하여는「근로기준법 시행령」제44조의 규정을 준용한다.

(2) 직무외의 원인

선박소유자는 선원이 승무(기항지에서의 상륙기간, 승선·하선에 수반되는 여행기간을 포함한다. 이하 이 장에서 같다) 중 직무 외의 원인에 의하여 부상이나 질병이 발생한 경우 다음 각 호에 따라 요양에 필요한 3개월 범위의 비용을 지급하여야 한다(법 제94조 제2항).

1. 선원이「국민건강보험법」에 따른 요양급여의 대상이 되는 부상을 당하거나 질병에 걸린 경우에는 같은 법 제44조에 따라 요양을 받는 선원의 본인 부담액에 해당하는 비용을 지급하여야 하고, 같은 법에 따른 요양급여의 대상이 되지 아니하는 부상을 당하거나 질병에 걸린 경우에는 그 선원의 요양에 필요한 비용을 지급하여야 한다.
2. 국제항해에 종사하는 선박에 승무하는 선원이 부상이나 질병에 걸려서 승무 중 치료받는 경우에는 제1호에도 불구하고 그 선원의 요양에 필요한 비용을 지급하여야 한다.

선박소유자는 법 제94조 제2항에도 불구하고 선원의 고의에 의한 부상이나 질병에 대하여는 선원노동위원회의 인정을 받아 법 제94조 제2항에 따라 부담하는 비용을 부담하지 아니할 수 있다(법 제94조 제3항)

(3) 요양의 범위

한 요양보상을 규정한「선원법」제85조 소정의 직무상 재해에 해당된다고 판단한 것은 정당하고, 한편 이 사건 보험계약은 그에 적용되는 근로자재해보장보험 보통약관 제5조, 재해보상책임담보특별약관 제1조 제1항 제2호에 따라「선원법」적용 근로자에 대하여는 '「선원법」제85조 내지 제92조에 정한 재해보상금액의 지급으로 인하여 피보험자에게 발생하는 손해'를 보상하는 것임이 기록상 분명하므로, 같은 취지에서 이 사건 진료비가 이 사건 보험계약이 보상하는 손해에 해당한다는 원심의 판단도 정당하다.

③ 인천지법 2011.4.13, 선고, 2009가합22910, 판결 : 모래채취선 선원이 거주지에서 설을 쇠다가 선박회사의 귀선명령을 받고 복귀하여 복귀신고를 한 다음 선장의 명령에 따라 출항에 필요한 물품을 선박에 실은 후 하선하여 다른 선원과 반주를 곁들여 저녁식사를 하고 다음날 있을 출항에 대비하여 취침하고자 선박에 돌아와 기관실로 내려가던 중 발이 미끄러져 추락하는 바람에 외상성 뇌지주막하출혈 등 상해를 입은 사안에서, 선박이 출항 준비에 착수한 후 사고가 발생하여 위 사고를 휴무기간 중 발생한 것으로 볼 수 없는 점, 선원 역시 복귀신고를 하고 식료품 등을 운반, 적재하는 등 출항 준비 업무를 시작한 상태였던 점, 선원이 저녁식사를 하고 귀선한 것은 취침 목적뿐 아니라 다음날 오전 출항에 대비한다는 성격도 있는 점 등을 종합할 때, 위 사고는「선원법」제85조 제1항 등에서 정한 직무상 재해에 해당한다.

법 제94조에 따른 요양의 범위는 다음과 같다(법 제95조).

1. 진찰
2. 약제나 치료재료와 의지(義肢) 및 그 밖의 보철구 지급
3. 수술 및 그 밖의 치료
4. 병원, 진료소 및 그 밖에 치료에 필요한 자택 외의 장소에 수용(식사 제공을 포함한다)
5. 간병(看病)
6. 이송
7. 통원치료에 필요한 교통비

「선원법 시행규칙」

제56조의2(간병의 범위) 법 제95조제5호에 따른 간병의 범위는 「산업재해보상보험법 시행규칙」 제11조에 따른 간병의 범위에 따른다.

나. 상병보상

(1) 직무상 재해

선박소유자는 법 제94조 제1항에 따라 요양 중인 선원에게 4개월의 범위에서 그 부상이나 질병이 치유될 때까지 매월 1회 통상임금에 상당하는 금액의 상병보상(傷病補償)을 하여야 하며, 4개월이 지나도 치유되지 아니하는 경우에는 치유될 때까지 매월 1회 통상임금의 100분의 70에 상당하는 금액의 상병보상을 하여야 한다(법 제96조 제1항).

(2) 직무외의 원인

선박소유자는 법 제94조 제2항에 따라 요양 중인 선원에게 요양기간(3개월의 범위로 한정한다) 중 매월 1회 통상임금의 100분의 70에 상당하는 금액의 상병보상을 하여야 한다(법 제96조 제2항).

다. 장해보상

선원이 직무상 부상이나 질병이 치유된 후에도 신체에 장해가 남는 경우에는 선박소유자는 지체 없이 「산업재해보상보험법」에서 정하는 장해등급에 따른 일수에 승선평균임금을 곱한 금액의 장해보상을 하여야 한다(법 제97조).

「선원법 시행령」

제27조(장해등급) 법 제97조에 따른 장해등급의 산정에 관한 사항은 「산업재해보상보험법 시행령」 제53조를 적용한다.

라. 일시보상

선박소유자는 법 제94조 제1항 및 제96조 제1항에 따라 보상을 받고 있는 선원이 2년이 지나도 그 부상이나 질병이 치유되지 아니하는 경우에는 「산업재해보상보험법」에 따른 제1급의 장해보상에 상당하는 금액을 선원에게 한꺼번에 지급함으로써 법 제94조 제1항, 제96조 제1항 또는 제97조에 따른 보상책임을 면할 수 있다(법 제98조).

마. 유족보상과 장제비

(1) 직무상재해로 인한 유족보상

선박소유자는 선원이 직무상 사망(직무상 부상 또는 질병으로 인한 요양 중의 사망을 포함한다)[132]하였을 때에는 지체 없이 대통령령으로 정하는 유족에게 승선평균임금의 1천300

132) 대법원 2008.2.1, 선고, 2006다63990, 판결 :

1. 선원근로계약에 기하여 선박에 승선한 선원이 선박의 항해 중 기항지에 상륙하여 다른 선원들과 모임을 갖던 중 재해를 당한 경우, 이를 직무상 재해로 인정하려면, 해양근로관계의 특수성에 비추어 그러한 모임의 개최와 이를 위한 하선 및 귀선에 대하여 선장의 지휘・감독이 있었는지 여부를 우선적으로 고려하는 한편 그 모임의 주최자, 목적, 내용, 참가인원과 그 강제성 여부, 운영방법, 비용부담 등의 사정들까지 종합하여, 사회통념상 그 모임의 전반적인 과정이 선박소유자 등을 대리하는 선장의 지배나 관리를 받는 상태에 있어야 한다.

원심은, 그 판시와 같이 이 사건 선박이 필리핀 다바오항에 기항하여 일시 정박하던 중 선장, 기관장, 1등 항해사, 1등 기관사 등이 함께 하선하여 저녁회식을 하고 노래방에 갔다가 1등 항해사와 1등 기관사가 먼저 돌아간 후 선장이 기관장과 함께 택시로 귀선하는 과정에서 교통사고로 기관장이 사망하는 이 사건 재해가 발생한 사실을 인정한 다음, 이 사건 선박의 기관장(이하 '망인'이라 한다)은 외국 항구에 기항한 후 선장과 함께 하선하여 해양근로로 인한 긴장을 해소하고 노동력을 회복하기 위하여 사회통념상 허용되는 행위를 하다가 이 사건 재해를 당한 것이고 그 당시 선장의 지배・관리를 받고 있었다는 이유를 들어, 이 사건 재해가 직무상 재해에 해당한다고 판단하였다.

기록에 의하면, 위 저녁 모임은 단순히 친목을 도모하기 위한 사적 모임이 아니라 고급선원으로 분류되는 1등 기관사의 '연가회식' 자리로 마련되어 선장 이하 고급선원 전원이 모두 참석하였음을 알 수 있고, 해양근로의 특성상 위 모임은 그 처음부터 끝까지 참석한 선장의 지휘・감독 아래 진행되었다고 볼 수 있는바, 이러한 사정을 앞서 본 법리에 비추어 보면, 이 사건 재해가 발생한 위 모임의 전 과정은 선박소유자 등을 대리한 선장의 지배나 관리를 받는 상태에 있었다고 봄이 상당하므로, 이 사건 재해를 직무상 재해로 인정할 수 있다.

원심의 위 판단은 이유 설시에 다소 부적절해 보이는 면이 없지 않으나 그 정당함을 수긍할 수 있고, 거기에 상고이유에서 주장하는 바와 같은 직무상 재해에 관한 법리오해나 채증법칙 위배 등의 위법이 없다.

2. 원심은, 그 판시와 같이 망인이 피고 이스트윈드 마리타임 인크(이하 '피고 이스트윈드'라고 한다)와 사이에 파나마 선적의 이 사건 선박에 기관장으로 승무하는 내용의 근로계약을 체결하면서 해외취업선원 재해보상에 관한 규정(해양수산부 고시 제2001-96호, 이하 '이 사건 보상규정'이라 한다)에 의하여 재해보상을 받기로 약정한 후 이 사건 선박에 승선하였다가 앞서 본 바와 같이 이 사건 재해를 당한 사실, 위 계약 당시 피고 이스트윈드는 이 사건 선박의 소유자인 피고 아폴로 쉽핑 프라퍼티즈 에스 에이(이하 '피고 아폴로쉽핑'이라 한다)로부터

일분에 상당하는 금액의 유족보상을 하여야 한다(법 제99조 제1항).

「선원법 시행령」

제29조(유족의 범위) 법 제99조제1항, 같은 조 제2항 본문 및 제100조제1항에서 "대통령령으로 정하는 유족"이란 다음 각 호의 사람을 말한다.

1. 선원의 사망당시 그에 의하여 부양되고 있던 배우자(사실상 혼인관계에 있던 자를 포함한다. 이하 같다)・자녀・부모・손 및 조부모
2. 선원의 사망당시 그에 의하여 부양되고 있지 아니한 배우자・자녀・부모・손 및 조부모
3. 선원의 사망당시 그에 의하여 부양되고 있던 형제자매
4. 선원의 사망당시 그에 의하여 부양되고 있지 아니한 형제자매
5. 선원의 사망당시 그에 의하여 부양되고 있던 배우자의 부모, 형제자매의 자녀 및 부모의 형제자매
6. 선원의 사망당시 그에 의하여 부양되고 있지 아니한 배우자의 부모, 형제자매의 자녀 및 부모의 형제자매

제30조(유족의 순위)

① 유족보상(장제비를 포함한다. 이하 이 조에서 같다)을 받을 순위는 제29조 각호의 순서에 의하고, 제29조의 같은 호에 규정된 자 사이에 있어서는 그 기재된 순서에 의하되, 제29조제1항제1호 및 제2호의 경우 배우자, 자녀 및 부모는 같은 순위로 하며, 부모에 있어서는 양부모를 선순위로 실부모를 후순위로 하고, 조부모에 있어서는 양부모의 부모를 선순위로 실부모의 부모를 후순위로, 부모의 양부모를 선순위로 부모의 실부모를 후순위로 한다.

② 선원이 유언 또는 선박소유자에게 대한 통보로서 제29조 각호의 1에 해당하는 자를 지정한 경우에는 그 순위에 따른다.

③ 태아는 제29조제1호 및 제2호를 적용함에 있어서는 이미 출생한 것으로 한다.

④ 유족보상을 받을 수 있는 같은 순위의 자가 2인이상 있는 경우에는 유족보상은 그 지급받을 사람의 수에 의하여 등분하여 지급한다.

⑤ 유족보상을 받을 수 있었던 자가 사망한 경우에는 유족보상을 받을 권리를 상실하고 같은 순위의 자가 있는 경우에는 같은 순위의 자가, 같은 순위의 자가 없는 경우에는 다음 순위의 자가 이를 승계한다.

이 사건 선박을 용선하여 운항하고 있었던 사실을 인정한 다음, 피고들은 그 대표이사가 동일하고 이 사건 재해 당시 파나마에 법인소재지를 두고 있었던 점, 이 사건 보상규정 제17조 등에 의하면 피고 이스트윈드가 망인에 대한 재해보상을 위한 보험에 가입하도록 되어 있는데 피고 이스트윈드가 아닌 피고 아폴로쉽핑이 그 재해보상 보험에 가입한 점 등에 비추어, 피고 아폴로쉽핑은 피고 이스트윈드와 연대하여 이 사건 보상규정에 의한 재해보상금을 지급할 의무가 있다고 판단하였다.

원심이 적법하게 인정한 바와 같이, 망인을 이 사건 선박의 선원으로 고용한 피고 이스트윈드가 이 사건 근로계약에 기하여 망인에 대한 재해보상과 이를 위한 보험가입의 의무를 부담하게 되어 있음에도 이 사건 선박의 소유자로서 피고 이스트윈드와 특수한 관계에 있다고 보이는 피고 아폴로쉽핑이 피고 이스트윈드 대신 그 재해보상을 위한 보험에 가입하였다면, 특별한 사정이 없는 한 피고 아폴로쉽핑은 피고 이스트윈드의 망인에 대한 재해보상의무를 중첩적으로 인수하였다고 봄이 상당하다.

이러한 취지에서, 원심의 위 판단은 이유 설시가 불비하나 결론적으로 정당하고, 거기에 상고이유에서 주장하는 바와 같이 재해보상의무 또는 연대책임 등에 관한 법리를 오해하여 판결 결과에 영향을 미친 위법이 없다.

(2) 직무외의 원인으로 인한 유족보상

선박소유자는 선원이 승무 중 직무 외의 원인으로 사망(법 제94조 제2항에 따른 요양 중의 사망을 포함한다)하였을 때에는 지체 없이 대통령령으로 정하는 유족에게 승선평균임금의 1천일분에 상당하는 금액의 유족보상을 하여야 한다. 다만, 사망 원인이 선원의 고의에 의한 경우로서 선박소유자가 선원노동위원회의 인정을 받은 경우에는 그러하지 아니하다(법 제99조 제2항).[133)]

(3) 장제비

선박소유자는 선원이 사망하였을 때에는 지체 없이 대통령령으로 정하는 유족에게 승선평균임금의 120일분에 상당하는 금액을 장제비(葬祭費)로 지급하여야 한다(법 제100조 제1항). 법 제100조 제1항에 따른 장제비를 지급하여야 할 유족이 없는 경우에는 실제로 장제를 한 자에게 장제비를 지급하여야 한다(법 제100조 제2항).

바. 행방불명보상

선박소유자는 선원이 해상에서 행방불명된 경우에는 대통령령으로 정하는 피부양자에게 1개월분의 통상임금과 승선평균임금의 3개월분에 상당하는 금액의 행방불명보상을 하여야 한다(법 제101조 제1항). 선원의 행방불명기간이 1개월을 지났을 때에는 법 제99조 및 제100조를 적용한다(법 제101조 제2항).

「선원법 시행령」

제31조(피부양자의 범위등) 법 제101조제1항에 따라 행방불명보상을 받을 수 있는 피부양자의 범위 및 순위에 관하여는 제29조 및 제30조의 규정을 준용한다.

---

133) 대법원 1999.9.17, 선고, 99다24836, 판결 : [1]「선원법」제90조 제2항은 "선박소유자는 선원이 승무 중 직무 외의 원인으로 사망한 경우에는 지체 없이 대통령령이 정하는 유족에게 승선평균임금의 1천일분에 상당하는 금액의 유족보상을 행하여야 한다."고 규정하고, 같은 법 제85조 제2항은 기항지에서의 상륙기간, 승하선에 수반되는 여행기간도 '승무 중'에 포함되는 것으로 규정하고 있는바, 선원 직무의 특수성 및 이를 참작하여 선원에 대한 재해보상을 확대한「선원법」의 취지에 비추어 보면 같은 법 제90조 제2항 소정의 '승무 중'이라는 개념에는 업무수행 여부를 떠나서 선원이 승선하고 있는 일체의 기간, 기항지에서의 상륙기간, 승하선에 수반되는 여행기간을 포함하는 것으로 해석하여야 하고, 휴무와 관련하여서 본다면, 휴무기간 중이더라도 계속 승선하고 있는 일체의 기간, 휴무를 마치고 배로 복귀하는 여행기간은 물론 비록 휴무기간이 만료되기 전이더라도 배로 복귀하는 기간도 이에 해당한다고 해석하여야 한다.
[2] 선원이 휴무기간 동안 갈 곳이 없어 선박에서 머물던 중 일시 하선하였다가 잠을 자기 위해 다시 승선하다가 사망한 경우, 망인이 휴무기간 중 갈 곳이 없어서 승선하고 있었다고 하더라도 그 승선기간은 사무(私務)가 아닌 '승무 중'이라고 보아야 하므로, 선원이 휴무기간 중 하선하였다가 휴무기간이 끝나기 전에 배로 복귀하던 중 사망하였다면 이는「선원법」제90조 제2항 '승무 중 직무 외의 원인으로 사망한 경우'에 해당한다고 한 사례.

사. 소지품 유실보상

선박소유자는 선원이 승선하고 있는 동안 해양사고로 소지품을 잃어버린 경우에는 통상임금의 2개월분의 범위에서 그 잃어버린 소지품의 가액(價額)에 상당하는 금액을 보상하여야 한다(법 제102조).

3. 보상방법

가. 보상방식

재해보상의 방법은 보상일시금과 보상연금으로 나누어진다. 보상일시금은 재해보상액의 전체 금액을 목돈으로 한꺼번에 수령하는 것을 말한다. 보상연금은 재해보상액을 매월 마다 일정 액수를 지속하여 수령하는 것을 말한다. 「선원법」은 「근로기준법」과 마찬가지로 보상일시금을 원칙으로 하고 있다. 반면 「산업재해보상보험법」상의 재해보상은 보상일시금과 보상연금제도를 병행하고 있다.[134)]

나. 통상임금 및 승선평균임금의 조정

「선원법 시행령」

제3조의4(통상임금 및 승선평균임금의 조정)

① 법 제96조부터 제102조까지의 규정에 따른 상병보상등을 지급할 선원에 대하여 적용할 통상임금 및 승선평균임금은 그 선원이 소속한 사업장에서 동일한 직무에 종사하는 선원에게 지급된 통상임금의 1인당 1월 평균액(이하 "평균액"이라 한다)이 그 부상 또는 질병이 발생한 날이 속하는 달에 동일한 직무에 종사하는 선원에게 지급된 통상임금 평균액의 100분의 105이상이 되거나, 100분의 95이하로 된 경우에는 그 변동비율에 의하여 인상 또는 인하된 금액으로 하되, 그 변동사유가 발생한 달의 다음 달부터 이를 적용한다. 다만, 제2회이후의 통상임금 및 승선평균임금의 증감을 위한 조정은 직전회의 변동사유가 발생한 달의 통상임금을 산정기준으로 한다.

② 제1항의 경우 그 선원이 소속한 사업장이 폐지된 경우에는 그 선원의 부상 또는 질병이 발생한 당시의 같은 규모의 업종·사업장 및 선박을 기준으로 하여 제1항의 규정을 적용한다.

③ 제1항 및 제2항의 경우에 그 선원과 동일한 직무에 종사하는 선원이 없는 때에는 그와 유사한 직무에 종사하는 선원에게 지급된 통상임금의 평균액의 변동비율에 의한다.

④ 법 제94조제1항에 따른 직무상 부상 또는 질병 선원에 대한 법 제37조 및 제55조에 따른 실업수당 및 퇴직금을 산정함에 있어서 적용할 통상임금 및 승선평균임금은 제1항부터 제3항까지의 규정에 따라 조정된 통상임금 및 승선평균임금으로 한다.

다. 양도·압류의 금지

재해보상을 받을 권리는 양도하거나 압류할 수 없다(법 제152조).

---

134) 李時潤, 「勞動法」, 제5판, (법문사, 2010), 332쪽.

라. 소멸시효

「선원법」상 재해보상청구권은 3년간 행사하지 아니하면 시효로 소멸한다(법 제156조).

제3관 재해보상급여의 보장 및 심사

1. 다른 급여와의 관계

법 제94조부터 제102조까지의 규정에 따라 요양비용, 보상 또는 장제비의 지급(이하 "재해보상"이라 한다)을 받을 권리가 있는 자가 그 재해보상을 받을 수 있는 같은 사유로 「민법」이나 그 밖의 법령에 따라 이 법에 따른 재해보상에 상당하는 급여를 받았을 때에는 선박소유자는 그 가액의 범위에서 이 법에 따른 재해보상의 책임을 면한다(법 제103조).

2. 해양항만관청의 심사 · 조정

선원의 직무상 부상 · 질병 또는 사망의 인정, 요양의 방법, 재해보상금액의 결정 및 그 밖에 재해보상에 관하여 이의가 있는 자는 해양항만관청에 심사나 조정을 청구할 수 있다(법 제104조 제1항). 해양항만관청은 법 제104조 제1항에 따른 심사 또는 조정의 청구를 받으면 1개월 이내에 심사나 조정을 하여야 한다(법 제104조 제2항). 해양항만관청은 법 제104조 제1항에 따른 심사 또는 조정의 청구가 없어도 필요하다고 인정하면 직권으로 심사 또는 조정을 할 수 있다(법 제104조 제3항). 해양항만관청이 법 제104조 제2항 및 제3항에 따라 심사나 조정을 할 경우에는 선장이나 그 밖의 이해관계인의 의견을 들어야 한다(법 제104조 제4항). 해양항만관청은 법 제104조 제2항 및 제3항에 따라 심사나 조정을 할 경우 필요하다고 인정하면 의사에게 진단이나 검안(檢案)을 시킬 수 있다(법 제104조 제5항). 법 제104조 제1항에 따른 심사나 조정의 청구는 시효의 중단에 관하여 재판상의 청구로 본다(법 제104조 제6항).

3. 선원노동위원회의 심사와 중재

해양항만관청이 법 제104조 제2항에 따른 기간에 심사나 조정을 하지 아니하거나 심사나 조정의 결과에 이의가 있는 자는 선원노동위원회에 심사나 중재를 청구할 수 있다(법 제105조 제1항). 선원노동위원회는 법 제105조 제1항에 따라 심사나 중재의 청구를 받으면 1개월 이내에 심사나 중재를 하여야 한다(법 제105조 제2항)

4. 보험가입 등

선박소유자는 해당 선박에 승무하는 모든 선원에 대하여 이 법에서 정한 재해보상을 완전히 이행할 수 있도록 대통령령으로 정하는 보험 또는 공제에 가입하여야 한다(법 제106조 제1항). 선박소유자는 법 제106조 제1항에 따른 보험 또는 공제에 가입할 경우 보험가입 금액은 승선평균임금 이상으로 하여야 한다(법 제106조 제2항).

「선원법 시행령」

제32조(보험가입)
① 법 제106조제1항에서 "대통령령으로 정하는 보험 또는 공제"란 다음 각 호의 어느 하나에 해당하는 것을 말한다.
1. 선주상호보험조합이 운영하는 손해보험
2. 「보험업법」 제2조제6호 및 제8호에 따른 보험회사 및 외국보험회사가 선원의 재해보상을 목적으로 운영하는 같은 법 제2조제4호에 따른 손해보험
3. 선박소유자 단체가 선원의 재해보상을 목적으로 「한국해운조합법」 제6조, 「수산업협동조합법」 제60조 또는 「원양산업발전법」 제28조에 따른 정관에 따라 소속업체 등으로부터 부담금을 징수하여 운영하는 공제
4. 「민법」 제32조에 따라 주무관청의 허가를 받아 설립된 사단법인이 선원의 재해보상을 목적으로 같은 법 제40조에 따른 정관에 따라 소속업체 등으로부터 부담금을 징수하여 운영하는 공제
5. 국제적인 공제 업무를 운영하는 자의 공제로서 선원의 재해보상을 보증할 능력이 있다고 해양수산부장관이 인정하여 고시하는 공제
② 보험 또는 공제에 가입하는 선박소유자는 선원이 보험자 또는 공제사업자에 대하여 보험금을 직접 청구할 수 있도록 그 선원을 피보험자로 지정하여야 한다.

제9절 | 복지와 직업안정 및 교육훈련

제1관 선원복지 및 직업안정

1. 선원복지기본계획 등

가. 선원정책기본계획의 수립

해양수산부장관은 선원정책의 효율적・체계적 추진을 위하여 제3항에 따른 선원정책위원회의 심의를 거쳐 5년마다 선원정책에 관한 기본계획(이하 "선원정책기본계획"이라 한다)을 수립・시행하여야 한다(법 제107조 제1항).

나. 선원정책기본계획의 내용

선원정책기본계획에는 다음 각 호의 사항이 포함되어야 한다(법 제107조 제2항).

1. 선원복지에 관한 사항
   가. 선원복지 수요의 측정과 전망
   나. 선원복지시설에 대한 장기・단기 공급대책
   다. 인력・조직과 재정 등 선원복지자원의 조달, 관리 및 지원
   라. 선원의 직업안정 및 직업재활
   마. 복지와 관련된 통계의 수집과 정리
   바. 선원복지시설 설치 항구의 선정
   사. 선내 식품영양의 향상
   아. 선원복지와 사회복지서비스 및 보건의료서비스의 연계
   자. 그 밖에 해양수산부장관이 선원 복지를 위하여 필요하다고 인정하는 사항
2. 선원인력 수급에 관한 사항
   가. 선원인력의 수요 전망 및 양성
   나. 선원의 구직・구인 및 직업소개 기관의 운영
   다. 외국인 선원의 고용
   라. 그 밖에 해양수산부장관이 선원인력의 수급관리에 필요하다고 인정하는 사항
3. 선원인력의 교육훈련에 관한 사항
   가. 선원 교육훈련의 중장기 목표
   나. 선원 교육훈련의 장기・중기・단기 추진계획
   다. 선원 교육훈련 기관 및 운영방식
   라. 그 밖에 해양수산부장관이 선원의 교육훈련을 위하여 필요하다고 인정하는 사항

다. 선원정책위원회의 설치

선원에 관한 다음 각 호의 사항을 심의하기 위하여 해양수산부에 선원정책위원회를 둔다(법 제107조 제3항).

1. 선원정책기본계획의 수립・변경에 관한 사항
2. 선원정책의 성과평가 및 개선에 관한 사항
3. 국제기구 등으로부터 요청된 선원정책에 관한 사항
4. 그 밖에 선원복지・선원인력의 수급 및 교육훈련에 관한 사항으로서 해양수산부장관이 필요하다고 인정하는 사항

선원정책위원회는 위원장 1명을 포함한 20명 이내의 위원으로 구성하되, 위원장은 해양수산부장관이 된다. 이 경우 위원 중 3분의 1 이상은 선원 관련 단체의 대표자나 전문가로 한다(법 제107조 제4항). 그 밖에 선원정책위원회의 구성·운영 등에 필요한 사항은 대통령령으로 정한다(법 제107조 제5항).

2. 선원의 직업안정업무

해양수산부장관은 필요한 선원인력을 확보하고 선원의 직업안정을 도모하기 위하여 다음 각 호의 업무를 수행한다(법 제108조 제1항).

1. 선원의 효과적인 취업 알선·모집 및 지원에 관한 업무
2. 선원인력 수요·공급의 실태 파악을 위한 선원의 등록과 실업 대책에 관한 업무
3. 법 제112조에 따른 선원관리사업에 대한 지도·감독에 관한 업무
4. 선원의 적성검사에 관한 업무

해양수산부장관은 국제노동기구 등 관련 국제기구·단체 및 그 회원국과의 협력과 관련된 업무로서 해양수산부령으로 정하는 업무를 수행한다(법 제108조 제2항).

「선원법 시행규칙」

제56조의3(국제협력) 법 제108조제2항에서 "해양수산부령으로 정하는 업무"란 다음 각 호의 업무를 말한다.
1. 선원인력의 수요 및 공급에 관한 정보의 교환
2. 선원노동 관계법령에 관한 정보의 교환
3. 선원직업소개사업에 관한 교류 및 협력
4. 선원관리사업에 관한 교류 및 협력

---

3. 선원의 구직 및 구인등록

선박에 승무하려는 사람은 해양수산부장관이 정하는 바에 따라 법 제142조에 따른 한국선원복지고용센터 또는 구직·구인 관계 기관으로서 대통령령으로 정하는 기관(이하 "구직·구인등록기관"이라 한다)에 구직등록을 하여야 한다(법 제109조 제1항). 선원을 고용하려는 자는 구직·구인등록기관에 해양수산부장관이 정하는 바에 따라 구인등록을 하여야 한다(법 제109조 제2항). 구직·구인등록기관은 선원의 직업소개사업을 할 때에는 선박소유자 단체나 법 제112조에 따른 선원관리사업을 운영하는 자의 단체에 협조를 요청할 수

있다(법 제109조 제3항).

「선원법 시행령」

제37조(구직 · 구인등록기관) 법 제109조제1항에서 "대통령령으로 정하는 기관"이란 지방해양항만청장을 말한다.

제55조(고유식별정보의 처리) 해양수산부장관, 법 제109조제1항에 따른 구직 · 구인등록기관 및 센터는 법 제109조에 따른 선원의 구직등록 및 선원을 고용하려는 자의 구인등록에 관한 사무를 수행하기 위하여 불가피한 경우「개인정보 보호법 시행령」제19조제1호에 따른 주민등록번호가 포함된 자료를 처리할 수 있다.

---

4. 선원공급사업의 금지

구직 · 구인등록기관, 법 제112조 제3항에 따른 선원관리사업자, 해양수산부령으로 정하는 해양수산 관련 단체 또는 기관 외에는 선원의 직업소개사업을 할 수 없다(법 제110조).

「선원법 시행규칙」

제56조의4(선원의 직업소개사업을 위한 기관 · 단체의 범위) 법 제110조에서 "해양수산부령으로 정하는 해양수산관련 단체 또는 기관"이란 다음 각 호의 어느 하나에 해당하는 단체 또는 기관을 말한다.

1. 「수산업협동조합법」에 따른 수산업협동조합중앙회
2. 「한국해운조합법」에 따른 한국해운조합
3. 선원의 직업소개에 관련된 기관 또는 단체로서 제39조의5에 따른 정책자문위원회의 자문을 거쳐 해양수산부장관이 지정하는 단체 또는 기관

---

5. 금품 등의 수령 금지

선원을 고용하려는 자, 선원의 직업소개 · 모집 · 채용 · 관리에 종사하는 자 또는 그 밖에 선원의 노무 · 인사 관리업무에 종사하는 자는 어떠한 명목으로든 선원 또는 선원이 되려는 사람으로부터 그 직업소개 · 모집 · 채용 등과 관련하여 금품이나 그 밖의 이익을 받아서는 아니 된다(법 제111조).

6. 선원관리사업

해양수산부장관은 선원관리사업제도를 수립 또는 변경하려면 관련 선박소유자 단체 및 선

원 단체와 협의하여야 한다(법 제112조 제1항). 「해운법」 제33조에 따라 선박관리업을 등록한 자가 아니면 선원의 인력관리업무를 수탁(受託)하여 대행하는 사업(이하 "선원관리사업"이라 한다)을 하지 못한다(법 제112조 제2항). 선원관리사업을 운영하는 자(이하 "선원관리사업자"라 한다)는 선박소유자의 인력관리업무 담당자로서 수탁한 업무를 성실하게 수행하여야 하며, 수탁한 업무 중 대통령령으로 정하는 업무에 관하여는 이 법을 적용할 때 선박소유자로 본다(법 제112조 제3항). 선원관리사업자는 선원관리업무를 위탁받거나 그 내용에 변경이 있을 때에는 해양항만관청에 신고하여야 한다(법 제112조 제4항). 선원관리사업자는 수탁한 업무의 내용을 선원근로계약을 체결하기 전에 승무하려는 선원에게 알려주어야 한다(법 제112조 제5항).

선원관리사업자는 선박소유자(외국인을 포함한다)로부터 선원의 인력관리업무를 수탁한 경우에는 다음 각 호의 사항을 그 업무에 포함시켜야 한다(법 제112조 제6항).

1. 근로조건에 관한 사항
2. 재해보상에 관한 사항

「국민건강보험법」, 「국민연금법」 및 「고용보험법」에 따른 보험료 또는 부담금의 의무에 관하여는 선원관리사업자를 사용자로 본다(법 제112조 제7항).

「선원법 시행령」

제38조(선원관리사업)

① 법 제112조제3항에서 "대통령령으로 정하는 업무"란 다음 각 호의 업무를 말한다.

1. 법 제2조제9호에 따른 선원근로계약서의 작성 및 신고
2. 법 제44조에 따른 선원명부의 작성 · 비치 및 공인신청
3. 법 제45조제3항에 따른 승선 · 하선 공인의 신청
4. 법 제51조에 따른 승무경력증명서의 발급
5. 법 제58조에 따른 임금대장의 비치와 임금 계산의 기초가 되는 사항의 기재
6. 법 제87조에 따른 건강진단에 관한 사항
7. 법 제109조제2항에 따른 구인등록
8. 법 제117조제2항에 따른 교육훈련에 필요한 경비의 부담
9. 법 제155조에 따른 수수료의 납부
10. 제17조제2항에 따른 선원급여명세서의 제공

② 해양수산부장관은 법 제112조제6항에 따라 선원관리사업자가 선박소유자(외국인을 포함한다)로부터 선원의 인력관리업무를 위탁받는 경우에 포함시켜야 되는 동항제1호 및 제2호의 사항에 대한 세부기준을 따로 정할 수 있다.

③ 해양수산부장관은 법 제112조제6항에 따라 정한 사항을 선원관리사업자가 성실하게 수행하도록 지도 · 감독하여야 한다.

7. 국제협약의 준수 등

구직·구인등록기관, 선원관리사업자 또는 해양수산부장관의 허가를 받아 공적 업무를 수행하는 해양수산 관련 단체나 기관은 선원의 노동권을 보호하고 증진하는 방식으로 선원의 직업소개사업을 운영하여야 하고, 선원의 직업소개와 관련하여 이 법,「해운법」및「해사노동협약」으로 정하는 사항을 준수하여야 한다(법 제113조 제1항). 선박소유자는「해사노동협약」이 적용되지 아니하는 국가의 선원직업소개소를 통하여 선원을 고용하려는 경우에는 해양수산부령으로 정하는 바에 따라「해사노동협약」의 기준을 충족하는지를 확인한 후「해사노동협약」의 기준을 충족하는 선원직업소개소로부터 소개받은 선원을 고용하여야 한다(법 제113조 제2항).

8. 불만 제기와 조사

해양수산부장관은 구직·구인등록기관, 선원관리사업자, 해양수산부령으로 정하는 해양수산 관련 단체 또는 기관의 직업소개 활동과 관련하여 선원으로부터 불만이 제기되면 이를 즉시 조사하여야 하고 필요한 경우에는 해당 선박소유자와 선원대표를 조사에 참여시킬 수 있다(법 제114조).

9. 선원인력수급관리

가. 선원인력수급관리

해양수산부장관은 선원의 자질향상 및 선원인력 수급(需給)의 균형을 도모할 수 있도록 선원인력 수급관리에 관한 제도(이하 "선원인력수급관리제도"라 한다)를 마련할 수 있다(법 제115조 제1항). 해양수산부장관은 선원인력의 수급이 균형을 잃어 수급의 조정(調整)이 불가피하다고 인정하는 경우에는 법 제107조 제3항에 따른 선원정책위원회의 심의를 거쳐 선원인력 공급의 우선순위를 정하는 등 필요한 조치를 할 수 있다(법 제115조 제2항). 선원인력수급관리제도를 시행하기 위하여 필요한 사항은 대통령령으로 정한다(법 제115조 제3항).

나. 선원인력수급계획

「선원법 시행령」

제39조(선원인력수급계획)

① 해양수산부장관은 법 제115조에 따른 선원인력 수급관리에 관한 제도의 실시를 위하여 다음 각 호의 사항이 포함된 선원인력수급계획을 5년마다 수립하여야 한다.

1. 선원인력의 수요 전망 및 양성에 관한 사항
2. 선원인력의 양성을 위한 교육·훈련에 관한 사항
3. 선원의 구직·구인 및 직업소개 기관의 운영에 관한 사항
4. 외국인 선원의 고용제도와 안정에 관한 사항
5. 그 밖에 해양수산부장관이 선원인력의 수급관리에 필요하다고 인정하는 사항

② 해양수산부장관은 제1항에 따른 선원인력수급계획을 수립·시행하기 위하여 필요하다고 인정하는 경우에는 관계 중앙행정기관, 지방자치단체, 공공기관 및 선원인력수급과 관련된 법인·단체에 필요한 협조를 요청할 수 있다.

③ 해양수산부장관은 제1항제4호의 외국인 선원의 고용에 관한 기준을 정하는 경우에는 관계 중앙행정기관의 장과 협의하여야 한다.

제2관 선원의 교육훈련

1. 선원의 교육훈련

가. 교육훈련 의무

선원과 선원이 되려는 사람은 대통령령으로 정하는 바에 따라 해양수산부장관이 시행하는 교육훈련을 받아야 한다(법 제116조 제1항). 해양수산부장관은 법 제116조 제1항에 따른 교육훈련을 이수하지 아니한 선원에 대하여는 특별한 사유가 없으면 승무를 제한하여야 한다(법 제116조 제2항).

나. 교육훈련의 내용

「선원법 시행령」

제43조(선원의 교육훈련)

① 법 제116조제1항에 따른 선원의 교육훈련은 기초안전교육·상급안전교육·여객선교육·당직부원교육·유능부원교육·전자기관부원교육·탱커기초교육·탱커보수교육·의료관리자교육·고속선교육·선박조리사교육 및 선박보안교육으로 구분한다.

② 제1항의 규정에 의한 교육과정별 교육대상자·교육내용 및 교육기간 그 밖에 필요한 사항은 해양수산부령으로 정한다.

③ 삭제

④ 선원(외국인 선원을 포함한다)이 「선원의 훈련·자격증명 및 당직근무의 기준에 관한 국제협약」에서 정하는 교육훈련을 받은 경우 그 교육과정이 제2항의 규정에 의한 교육과정과 동등이상의 수준이라고 해양수산부장관이 인정하는 경우에는 제1항의 규정에 의한 교육·훈련을 이수한 것으로 본다.

「선원법 시행규칙」

제57조(선원의 교육훈련)

① 영 제43조제2항의 규정에 의한 교육과정별 교육대상자·교육내용 및 교육기간은 별표 2와 같다.

② 삭제

③ 삭제

④ 해양수산부장관 또는 해양수산부장관이 지정한 교육기관의 장이 선원교육을 실시한 경우에는 교육을 받은 사람에게 별지 제25호서식의 교육이수증을 발급하거나 선원수첩에 그 사실을 기재하여 주어야 한다.

[별표 2]

교육과정별 교육대상자 · 교육내용 및 교육기간

(제42조제5항 · 제43조제2항 · 제43조의3 제1항 · 제43조의2 · 제47조의2 및 제57조제1항 관련)

교육과정		교육대상자	교육내용	교육기간	유효기간
기초안전교육		1. 여객선 또는 연해구역 이상을 항행구역으로 하는 상선에 승무하고자 하는 사람. 다만, 선박의 안전 또는 오염방지 임무를 담당하지 아니하고 비상배치표상 비상 시 여객보조업무를 담당하지 아니하는 사람으로서 비고란 제10호에 따른 선상훈련을 받은 자는 제외한다. 2. 어선의 선박직원, 원양어선의 갑판장 또는 조기장으로 승무하고자 하는 사람	친숙훈련, 개인의 안전 및 사회적 책임, 개인의 생존기술, 방화 및 소화, 기초응급처치, 해난방지에 관한 사항	4.5일(재교육의 경우에는 2일)	5년
		연해구역 이상을 항행구역으로 하는 어선(20톤 이상 25톤 미만 어선을 제외한다)의 부원으로 승무하고자 하는 사람(원양어선의 갑판장 또는 조기장으로 승무하고자 하는 사람을 제외한다)	친숙훈련, 개인의 안전 및 사회적 책임, 개인의 생존기술, 방화 및 소화, 기초응급처치, 해난방지에 관한 사항	2일(재교육의 경우에는 1일)	5년
상급안전교육	구명정 조종사 교육	1. 구명정, 구명뗏목 또는 구조정이 탑재되어 있는 선박(어선을 제외한다)에서 선장 · 항해사 · 기관장 · 기관사 · 운항장 · 운항사 또는 구명정 조종사로 승무하고자 하는 사람 2. 여객선의 선박직원 또는 구명정 조종사로 승무하고자 하는 사람	「선원의 훈련 · 자격증명 및 당직근무의 기준에 관한 국제협약」의 구명정 조종사에 관한 교육내용	3일(재교육의 경우에는 0.5일)	5년
	상급소화교육	여객선 선박직원 및 5급항해사, 5급기관사, 4급운항사 이상의 해기사면허 소지자로서 연해구역 이상을 항행구역으로 하는 상선의 선박직원으로 승무하고자 하는 자	「선원의 훈련 · 자격증명 및 당직근무의 기준에 관한 국제협약」의 상급소화에 관한 교육내용	3일 (재교육의 경우에는 1일)	5년

	응급처치담당자 교육	1. 5급항해사, 5급기관사, 4급운항사 이상의 해기사면허 소지자로서 연해구역 이상 을 항행구역으로 하는 상선의 선박직원으로 승무하고자 하는 사람 2. 응급처치담당자로 승무하고자 하는 사람	「선원의 훈련·자격증명 및 당직근무의 기준에 관한 국제협약」의 응급처치담당자에 관한 교육내용	3일(재교육의 경우에는 0.5일)	5년
	고속구조정 조종사 교육	구명정 조종사 교육 이수자로서 고속구조정이 탑재된 선박에서 고속구조정 조종사로 승무하고자 하는 자	「선원의 훈련·자격증명 및 당직근무의 기준에 관한 국제협약」의 고속구조정 조종사에 관한 교육내용	1일	5년
여객선교육	여객선 기초교육	여객선에 부원으로 승무하고자 하는 사람(선박의 안전 또는 오염방지 임무를 담당하지 아니하고 비상배치표상 비상시 여객보조업무를 담당하지 아니하는 사람으로서 비고란 제10호에 따른 선상훈련을 받은 사람은 제외한다)	「선원의 훈련·자격증명 및 당직근무의 기준에 관한 국제협약」의 교육내용(친숙훈련, 여객선 안전훈련)	2일(재교육의 경우에는 1일)	5년
	여객선 상급교육	여객선에 선박직원으로 승무하고자 하는 사람 또는 여객의 안전관리 업무를 담당하기 위하여 승무하려는 사람	「선원의 훈련·자격증명 및 당직근무의 기준에 관한 국제협약」의 교육내용(여객선의 특성, 군중관리, 여객과 화물의 안전, 선박의 복원성, 위기관리 및 인간행동의 특수성)	4일(재교육의 경우에는 2일)	5년
당직부원교육		2월 이상 갑판부 또는 기관부에 승무한 자로서 항해당직부원이 되고자 하는 자(기초안전교육 이수자에 한한다)	항해당직 요령 및 정박당직 요령	5일	없음
		3년 이상 갑판부 또는 기관부의 부원으로 승무한 경력이 있는 자로서 자동화선박의 운항당직부원이 되고자 하는 자	선박의 운항, 기관의 운전 및 운항당직 요령	1월 이상	없음
탱커기초교육		유조선 또는 케미칼탱커에 선장, 항해사, 기관사, 운항사 또는 갑판부·기관부의 부원 또는 자동화선박의 부원으로 승무하려는 사람	유조선 및 케미컬탱커의 화물특성·독성·위험·인명보호 및 오염방지 등	3일	없음
		액화가스탱커에 선장, 항해사, 기관사, 운항사 또는 갑판부·기관부의 부원 또는 자동화선박의 부원으로 승무하려는 사람	액화가스탱커의 화물특성·독성·위험·인명보호및 오염방지 등	3일	없음

선 박 조리사 교 육		영 제22조제1항제1호 또는 제2호에 따라 선박조리사가 되려는 사람	• 집단급식 및 위생관리 • 식중독 예방 및 관리 • 그 밖에 선박조리사의 자질 향상 및 식품위생과 관련하여 필요한 사항	「국가기술자격법」에 따른 조리기능사 이상의 자격증을 취득한 사람 또는 선박에서 3년 이상 조리업무에 종사한 경력이 있는 사람: 1일 그 밖의 사람: 3일	없음
의료관리자교육	자격취득교육	의료관리자 자격시험에 합격한 자와 동등한 자격을 취득하고자 하는 자	「선원의 훈련 · 자격증명 및 당직근무의 기준에 관한 국제협약」에서 규정한 의료관리자 교육내용	5일	없음
	보수교육	의료관리자자격증 취득 또는 보수교육을 이수한 날부터 5년이 경과하여 의료관리자 자격을 유지하려는 사람	「선원의 훈련 · 자격증명 및 당직근무의 기준에 관한 국제협약」에서 규정한 의료관리자 교육내용	2일	5년
고속선교육		국제항해에 종사하는 고속선에 승무하고자 하는 선원	1. 탈출설비, 배수설비, 구명설비 및 소방설비의 조작에 관한 사항 2. 여객의 소집 및 유도, 구명동의 착용의 지원, 기타 비상시에 있어서의 여객의 안전확보에 관한 사항 3. 선박의 복원성을 확보하기 위해 필요한 사항	2일	없음
		국제항해에 종사하는 고속선에 승무하고자 하는 선장 및 갑판부 직원	1. 선박의 특성 및 항행상의 조건에 따른 조선방법에 관한 사항 2. 조타시설, 기타 선박의 항행을 위해 필요한 설비(기관을 제외한다)의 조작에 관한 사항	1일 (재교육의 경우에는 0.5일)	2년
		국제항해에 종사하는 고속선에 승무하고자 하는 기관부 직원	기관의 조작에 관한 사항	1일(재교육의 경우에는 0.5일)	2년

선박보안교육	선박보안상급교육	「국제항해선박 및 항만시설의 보안에 관한 법률」 제8조에 따라 선박보안책임자로 지정받으려는 사람	선박보안계획, 선박보안등급, 선박보안장비 및 시설, 선박보안점검 및 평가, 선박보안위험 및 대응에 관한 사항	2일	없음
	선박보안중급교육	「국제항해선박 및 항만시설의 보안에 관한 법률」 제8조에 따른 선박보안책임자를 보조하려는 사람	선박보안계획, 선박보안점검, 선박보안장비 및 시설, 선박보안 위험 및 대응에 관한 사항	1일	없음
	선박보안기초교육	국제항해에 종사하는 선박에 승무하려는 사람	선박보안장비, 선박보안위험 및 대응에 관한 사항	0.5일	없음

비고

1. 「선박직원법 시행령」 제2조제7호의 규정에 따른 지정교육기관에서 이수한 교육과목에 대하여는 당해 과목을 면제할 수 있다.
2. 연해구역 이상을 항행구역으로 하는 선박으로서 국제항행에 종사하지 아니하는 선박에 대하여는 다음 각 목의 규정을 적용한다.
   가. 상급안전교육을 이수한 경우에는 기초안전교육을 면제한다.
   나. 1997년 12월 15일부터 5년 이내에 1년 이상의 승무경력이 있는 부원은 기초안전교육의 교육기간을 3일로 할 수 있다.
   다. 상급안전교육과정 중 구명정 조종사 교육 · 상급소화교육 및 응급처치담당자교육을 통합하여 교육을 실시할 경우 교육기간을 5일(재교육의 경우는 2일)로 할 수 있다.
3. 삭제
4. 1월 이상의 승무경력이 있는 자 또는 1999년 6월 24일 이전에 신규교육을 이수한 자가 어선의 부원(원양어선의 갑판장 및 조기장을 제외한다)으로 승무하고자 하는 경우에는 기초안전교육을 면제한다.
5. 기초안전재교육대상자가 상급안전재교육을 받는 경우 기초안전교육의 재교육을 면제한다.
6. 유사한 과목이 중복되는 경우 지정교육기관의 장은 해양수산부장관의 승인을 얻어 중복된 과목에 대해서는 해당교육과목의 이수를 면제할 수 있다.
7. 삭제
8. 기초안전교육을 이수한 연해구역 이상을 항행구역으로 하는 어선의 부원(원양어선의 갑판장, 조기장을 제외한다)이 여객선 또는 연해구역 이상을 항행구역으로 하는 상선 및 어선의 선박직원(원양어선의 갑판장, 조기장을 포함한다)으로 승무하고자 하는 경우에 기초안전교육기간은 2일로 한다.
9. 고속선이라 함은 최대속력이 3.7×▽ 0.1667 이상인 선박으로서 해양수산부장관이 정하여 고시하는 선박을 말한다. 이 경우 ▽는 계획 홀수선에 있어서의 배수용적(m^3)을 말한다.
10. 기초안전교육, 선박보안기초교육 및 여객선교육 대상에서 제외되는 자의 선상훈련 내용 및 실시방법 등은 다음 각 목에 따른다.
    가. 선상훈련은 「선원의 훈련 · 자격증명 및 당직근무의 기준에 관한 국제협약」에 따른 친숙훈련 내용을 포함하여야 한다.
    나. 선상훈련은 선박승선 시부터 1주일 내에 실시하여야 한다.
    다. 선상훈련은 선장 또는 상급안전교육 등을 이수한 선박직원 등이 시켜야 한다.
11. 삭제
12. 탱커기초교육 중 유조선 및 케미칼탱커와 액화가스탱커 기초교육을 통합하여 교육을 실시할 경우 교육기간을 5일로 할 수 있다.

2. 선원의 교육훈련 위탁

해양수산부장관은 대통령령으로 정하는 바에 따라 법 제116조에 따른 교육훈련 업무를「한국해양수산연수원법」에 따라 설립된 한국해양수산연수원(이하 "한국해양수산연수원"이라 한다)이나 그 밖의 선원교육기관에 위탁할 수 있다(법 제117조 제1항). 선원을 고용하고 있는 선박소유자 또는 법 제116조에 따른 교육훈련을 받는 사람은 대통령령으로 정하는 바에 따라 교육훈련에 필요한 경비를 부담한다. 다만, 선박 승선을 위한 안전교육 등 해양수산부령으로 정하는 교육에 관하여는 그 경비의 일부를 감면받을 수 있다(법 제117조 제2항). 법 제117조 제1항에 따라 해양수산부장관으로부터 교육훈련 업무를 위탁받은 자의 감독에 필요한 사항은 대통령령으로 정한다(법 제117조 제3항).

「선원법 시행령」

제44조(선원의 교육훈련 위탁)

① 해양수산부장관은 법 제117조제1항에 따라 선원의 교육훈련 업무를 위탁하는 경우에는 다음 각 호의 사항이 포함된 협약을 체결하여야 한다.

1. 위탁업무의 내용 및 범위
2. 위탁업무의 기간 및 연장에 관한 사항
3. 위탁업무의 보고에 관한 사항
4. 협약의 변경 및 해지에 과한 사항
5. 그 밖에 위탁업무의 효율적 수행을 위하여 해양수산부장관이 정하는 사항

② 해양수산부장관은 제1항에 따라 협약을 체결하는 경우에는 그 체결사실을 관보에 고시하여야 한다.

제45조(선원교육훈련경비의 부담) 선박소유자 또는 교육훈련을 받는 자(이하 "피교육자"라 한다)는 법 제117조제2항에 따라 다음 각 호의 구분에 따라 교육훈련에 필요한 경비를 부담한다.

1. 피교육자가 선박소유자에게 고용되어 있는 경우 : 선박소유자
2. 피교육자가 선박소유자에게 고용되어 있지 아니한 경우 : 피교육자

「선원법 시행규칙」

제57조의2(교육비 등의 감면) 법 제117조제2항 단서에서 "해양수산부령으로 정하는 교육"이란 다음 각 호의 교육을 말한다.

1. 별표 2에 따른 기초안전교육
2. 별표 2에 따른 상급안전교육

제59조의2(선원교육기관) 법 제117조제1항에서 "그 밖의 선원교육기관"이란「선박직원법 시행령」제2조제7호에 따른 지정교육기관을 말한다.

---

3. 정부의 보조

해양수산부장관은 법 제117조 제1항 및 제158조 제1항에 따라 업무를 위탁받은 한국해양수산연수원 및 한국선원복지고용센터에 대통령령으로 정하는 바에 따라 필요한 경비를 보조하거나 국유재산 또는 항만시설을 무상으로 대부할 수 있다(법 제118조 제1항). 해양수산부장관은 선원의 복지 증진과 기술 향상을 위하여 필요하다고 인정하면 해당 사업을 수행하는 자에게 그 사업비를 보조하거나 국유재산 또는 항만시설을 무상으로 대부할 수 있다(법 제118조 제2항).

「선원법 시행령」
제47조(정부보조의 범위) 법 제118조제1항에 따라 정부의 보조는 예산의 범위안에서 이를 행한다.

제3관 한국선원복지고용센터

1. 설립

해양수산부장관은 선원의 복지 증진과 고용 촉진 및 직업안정을 위하여 한국선원복지고용센터(이하 "센터"라 한다)를 설립한다(법 제142조 제1항). 센터는 법인으로 한다(법 제142조 제2항). 센터는 그 주된 사무소의 소재지에서 설립등기를 함으로써 성립한다(법 제142조 제3항). 센터는 정관을 변경하려면 해양수산부장관의 인가를 받아야 한다(법 제142조 제4항).

2. 사업

센터는 다음 각 호의 사업을 한다(법 제143조 제1항).

1. 선원복지시설의 설치・운영
2. 국내외 선원의 취업 동향과 고용 정보의 수집・분석 및 제공
3. 선원의 구직 및 구인 등록
4. 국가로부터 위탁받은 선원의 직업안정업무
5. 국가, 지방자치단체, 그 밖의 공공단체 또는 민간단체로부터 위탁받은 선원 관련 사업
6. 제1호부터 제5호까지의 규정에 따른 사업의 부대사업

센터는 해양수산부장관의 승인을 받아 제1항에 따른 사업과 관련된 사업으로서 그 목적을 달성하기 위하여 필요한 수익사업을 할 수 있다(법 제143조 제2항).

3. 임원

센터에는 임원으로 이사장 1명을 포함한 13명 이내의 이사와 1명의 감사를 둔다(법 제144조 제1항). 이사장을 제외한 이사와 감사는 비상임으로 한다(법 제144조 제2항). 이사장과 감사는 정관으로 정하는 바에 따라 이사회에서 선임하되, 해양수산부장관의 승인을 받아야 한다(법 제144조 제3항). 임원의 자격, 선임, 임기, 직무 및 그 밖에 필요한 사항은 정관으로 정한다(법 제144조 제4항).

4. 이사회

센터의 업무에 관한 중요한 사항을 심의・의결하기 위하여 센터에 이사회를 둔다(법 제145조 제1항). 이사회에 관하여 필요한 사항은 정관으로 정한다(법 제145조 제2항).

5. 국유재산의 대부 등

국가는 센터의 사업을 효율적으로 수행하기 위하여 필요하다고 인정하면 「국유재산법」에도 불구하고 센터에 국유재산을 무상으로 대부하거나 사용・수익하게 할 수 있다(법 제146조 제1항). 법 제146조 제1항에 따른 대부 또는 사용・수익에 관하여 필요한 사항은 대통령령으로 정한다(법 제146조 제2항).

「선원법 시행령」

제50조의5(국유재산의 무상 대부 등)
① 법 제146조제1항에 따른 무상 대부 및 무상 사용・수익은 법 제142조제1항에 따른 한국선원복지고용센터(이하 "센터"라 한다)와 해당 국유재산 관리청과의 계약에 따른다.
② 국유재산의 관리청은 센터가 제1항에 따른 국유재산을 목적 외의 용도로 사용하는 경우에는 그 계약을 해지할 수 있다.

---

6. 사업계획의 승인 등

센터의 사업연도는 정부의 회계연도에 따른다(법 제147조 제1항). 센터는 대통령령으로 정하는 바에 따라 회계연도마다 사업계획서 및 예산서를 작성하여 해양수산부장관의 승인을 받아야 한다. 이를 변경할 때에도 또한 같다(법 제147조 제2항). 센터는 회계연도마다 사업실적과 공인회계사 또는 회계법인의 감사를 받은 결산서를 다음 연도 2월 말까지 해양수산부장관에게 제출하여야 한다(법 제147조 제3항).

「선원법 시행령」

제50조의6(사업계획의 승인)
① 센터는 법 제147조제2항에 따라 매 회계연도의 사업계획서 및 예산서를 당해연도 개시 30일전까지 해양수산부장관에게 제출하고 그 승인을 얻어야 한다.
② 센터는 제1항의 규정에 의하여 승인을 얻은 사업계획서 또는 예산서를 변경하고자 하는 경우에는 그 변경할 내용 및 사유를 기재한 사업계획서 또는 예산서를 해양수산부장관에게 미리 제출하여 승인을 얻어야 한다.
③ 제1항의 규정에 의한 사업계획서에는 사업목표, 시행방침 및 사업별 소요예산을 구분하여 기재하여야 한다.

---

7. 지도 · 감독

해양수산부장관은 필요하다고 인정하는 경우에는 센터의 업무 · 회계 및 재산에 관한 사항을 보고하게 하거나 소속 공무원으로 하여금 센터의 장부, 서류, 시설 및 그 밖의 물건을 검사하게 할 수 있다(법 제148조 제1항).

해양수산부장관은 법 제148조 제1항에 따른 보고 또는 검사의 결과 다음 각 호의 어느 하나에 해당하는 경우에는 센터에 대하여 그 시정을 요구하거나 그 밖에 필요한 조치를 명할 수 있다(법 제148조 제2항).

1. 승인을 받은 사업계획과 다르게 예산을 집행한 경우
2. 회계 관계 법령을 위반하여 예산을 집행한 경우
3. 법 제143조 제2항을 위반하여 승인을 받지 아니하고 수익사업을 한 경우

8. 민법의 준용

센터에 관하여 이 법에서 규정한 사항을 제외하고는 「민법」 중 재단법인에 관한 규정을 준용한다(법 제149조).

9. 벌칙 적용 시의 공무원 의제

센터의 임직원은 「형법」 제129조부터 제132조까지의 규정을 적용할 때에는 공무원으로 본다(법 제150조).

제10절 | 감독과 해사노동적합증서 등

제1관 선원의 근로기준에 등에 대한 감독

1. 선원의 근로기준 등에 대한 검사

해양수산부장관은 선원의 근로기준 및 생활기준이 이 법이나 관계 법령에서 정하는 기준에 맞는지를 확인하기 위하여 3년마다 선박과 그 밖의 사업장에 대하여 검사를 하여야 한다. 다만, 해양수산부장관은 법 제136조 제1항에 따라 해사노동적합증서 등을 선내에 갖추어 둔 선박에 대하여는 검사를 면제할 수 있다(법 제123조 제1항). 「어선법」에 따른 어선에 대하여는 대통령령으로 정하는 바에 따라 법 제123조 제1항에 따른 검사주기를 늘릴 수 있다(법 제123조 제2항).

선박소유자는 선원의 근로조건과 생활조건이 이 법에서 정한 최저기준에 적합하게 준수하여야 할 의무가 있다. 선박소유자의 근로조건 등의 최저기준의 준수여부를 해양수산부장관이 검사하도록 규정하고 있다. 다만, 「2006 해사노동협약」의 발효에 따라 이 법의 규정에 따라 동 협약의 기준에 적합함을 인증하는 해사노동적합증서 등을 선내에 비치한 선박에 대하여는 이 조에 의한 검사의무를 면제하고 있다.

2. 행정처분

해양수산부장관은 선박소유자나 선원이 이 법, 「근로기준법」(제5조 제1항에 따라 선원의 근로관계에 관하여 적용하는 부분만 해당한다. 이하 같다) 또는 이 법에 따른 명령을 위반하였을 때에는 그 선박소유자나 선원에 대하여 시정에 필요한 조치를 명할 수 있다(법 제124조 제1항). 해양수산부장관은 선박소유자나 선원이 법 제124조 제1항에 따른 명령에 따르지 아니하는 경우로서 항해를 계속하는 것이 해당 선박과 승선자에게 현저한 위험을 불러일으킬 우려가 있는 경우 그 선박의 항해정지를 명하거나 항해를 정지시킬 수 있다. 이 경우 선박이 항해 중일 때에는 해양수산부장관은 그 선박이 입항하여야 할 항구를 지정하여야 한다(법 제124조 제2항). 해양수산부장관은 법 제124조 제2항에 따라 처분을 한 선박에 대하여 그 처분을 계속할 필요가 없다고 인정하면 지체 없이 그 처분을 취소하여야 한다(법 제124조 제3항).

제2관 선원근로감독관

1. 선원근로감독관의 설치

법 제123조에 따른 검사와 선원의 근로감독을 위하여 해양수산부에 선원근로감독관을 둔다(법 제125조 제1항). 선원근로감독관의 자격・임면 및 직무 등에 필요한 사항은 대통령령[135]으로 정한다(법 제125조 제2항).

선원근로감독관은 「선원법」에 선원의 근로기준에 대한 검사와 선원의 근로조건의 기준을 정한 각종 법률에 규정된 선박소유자의 근로조건준수의무가 제대로 이행되는지의 여부를 감독하는 기관이다. 즉, 「선원법」과 각종 근로기준과 관련된 법령에서 정한 선원의 근로기준 및 생활기준이 준수되도록 행정지도를 하고 위반사항을 적발하여 이를 시정 또는 제재하는 것이 주요 역할이다.[136]

2. 선원근로감독관의 권한

가. 행정적 권한

선원근로감독관은 이 법에 따른 선원근로감독을 위하여 선박소유자, 선원 또는 그 밖의 관계인에게 출석을 요구하거나 장부나 서류의 제출을 명할 수 있으며, 선박이나 그 밖의 사업장을 출입하여 검사하거나 질문할 수 있다(법 제126조 제1항). 법 제126조 제1항에 따라 출입・검사를 하는 경우에는 검사 개시 7일 전까지 검사 일시, 검사 이유 및 검사 내용 등에 대한 검사계획을 조사대상자에게 알려야 한다. 다만, 긴급히 검사하여야 하거나 사전에 통지하면 증거인멸 등으로 검사 목적을 달성할 수 없다고 인정하는 경우에는 그러하지 아니할 수 있다(법 제126조 제2항). 법 제126조 제1항에 따라 출입・검사를 하는 선원근로감독관은 그 권한을 표시하는 증표를 지니고 이를 관계인에게 보여주어야 하며, 출입 시 성명・출입 시간・출입 목적 등이 표시된 문서를 관계인에게 내주어야 한다(법 제126조 제3항). 선원근로감독관은 승무를 금지하여야 할 질병에 걸렸다고 인정하는 선원의 진찰을 의사에게 위촉할 수 있다(법 제126조 제4항). 법 제126조 제4항에 따라 위촉받은 의사는 해양수산부장관의 진찰명령서를 선원에게 보여주어야 한다(법 제126조 제5항).

나. 사법경찰권

선원근로감독관은 「사법경찰관리의 직무를 수행할 자와 그 직무범위에 관한 법률」에서 정

---

135) 「선원근로감독관직무규칙」

136) 李時潤, 「勞動法」, 제5판, (법문사, 2010), 130쪽 참조.

하는 바에 따라 사법경찰관의 직무를 수행한다(법 제127조 제1항). 이 법, 「근로기준법」 및 그 밖의 선원근로관계 법령에 따른 서류의 제출, 심문이나 신문(訊問) 등 수사는 오로지 검사(檢事)와 선원근로감독관이 수행한다. 다만, 선원근로감독관의 직무에 관한 범죄의 수사에 대하여는 그러하지 아니하다(법 제127조 제2항).

선원근로감독관은 「선원법」 기타 노동관계법령 위반 사항에 대해서는 「사법경찰관리의 직무를 수행할 자와 그 직무범위에 관한 법률」과「사법경찰관리집무규칙」이 정하는 바에 따라 사법경찰관의 직무권한을 행사할 수 있다(법 제127조, 선원근로감독관직무규칙 제2조 제2항). 따라서 선원근로감독관은 「선원법」 등의 노동관계법령의 위반에 한하여 사법경찰관으로서의 권한을 행사할 수 있으며 이와 관련없는 일반범죄사건에 대해서는 권한을 행사할 수 없다. 또 선박이나 사업장에 대한 임검, 서류의 제출 및 심문 등의 수사는 검사와 근로감독관 만이 전담하며, 일반사법경찰관은 이에 관하여 수사권이 없다(법 제127조 본문). 그러나 선원근로감독관의 직무에 관한 범죄의 수사에 한하여는 일반사법경찰관도 권한을 행사할 수 있다(법 제127조 단서).

3. 선원근로감독관의 의무(비밀유지 의무 등)

선원근로감독관이거나 선원근로감독관이었던 사람은 직무상 알게 된 비밀을 누설하여서는 아니 된다(법 제128조 제1항). 선원근로감독관은 직무를 공정하고 독립적으로 수행하여야 한다(법 제128조 제2항). 선원근로감독관은 선원근로감독과 관련하여 직접적 또는 간접적인 이해관계가 있는 업무를 수행하여서는 아니 된다(법 제128조 제3항).

4. 감독기관 등에 대한 신고 등

선원은 선박소유자나 선장이 이 법, 「근로기준법」 또는 이 법에 따른 명령을 위반한 사실이 있다고 판단하는 경우에는 선박소유자나 선장에게 그 불만을 제기하거나, 대통령령으로 정하는 바에 따라 해양항만관청, 선원근로감독관 또는 선원노동위원회에 그 사실을 신고할 수 있다(법 제129조 제1항). 선박소유자는 선원이 법 제129조 제1항에 따라 불만을 제기하거나 신고한 것을 이유로 그 선원과의 선원근로계약을 해지하거나 불리한 처우를 하여서는 아니 된다(법 제129조 제2항). 법 제129조 제1항에 따라 신고된 사항에 대한 처리 절차는 해양수산부령으로 정한다(법 제129조 제3항). 선박소유자는 법 제129조 제1항에 따라 제기되는 선원의 불만사항을 처리하기 위하여 대통령령으로 정하는 바에 따라 선내 불만 처리절차를 마련하여 선박 내의 보기 쉬운 곳에 게시하여야 한다(법 제129조 제4항).

「선원법 시행령」

제49조(감독기관에 대한 신고) 법 제129조제1항에 따라 신고를 하는 선원은 선박소유자 또는 선장이 법·「근로기준법」이나 법에 의하여 발하는 명령에 위반한 사실을 증명하는 서류나 기타 자료를 제출하여야 한다.

제49조의2(선내 불만 처리절차의 게시) 법 제129조제4항에 따라 선박소유자가 마련하여 선박 내에 게시하여야 하는 선내 불만 처리절차에는 다음 각 호의 사항이 포함되어야 한다.
1. 선원의 선내 불만 제기 방법
2. 선내 불만 처리절차도
3. 선원의 선내 불만 처리를 담당하는 선내고충처리 담당자
4. 제3호에 따른 선내고충처리 담당자의 임무와 권한에 관한 사항

「선원법 시행규칙」

제57조의4(신고 사항에 대한 처리 절차) 법 제129조제1항에 따라 선원이 해양항만관청, 선원근로감독관 또는 선원노동위원회에 신고한 사항에 대한 처리 절차는 별표 5의4에 따른다.

5. 행정관청의 업무

가. 해양항만관청의 주선

해양항만관청은 선박소유자와 선원 간에 생긴 근로관계에 관한 분쟁(「노동조합 및 노동관계조정법」 제2조 제5호에 따른 노동쟁의는 제외한다)의 해결을 주선할 수 있다(법 제130조).

나. 외국에서의 행정관청의 업무

이 법에 따라 해양항만관청이 수행할 사무는 외국에서는 대통령령으로 정하는 바에 따라 대한민국 영사가 수행한다(법 제131조).

「선원법 시행령」

제49조의3(외국에서의 행정관청의 업무)
① 법 제131조에 따라 대한민국 영사(이하 이 조에서 "영사"라 한다)가 외국에서 수행하는 해양항만관청의 사무는 다음 각 호와 같다.
1. 법 제21조에 따른 선장의 선박 운항에 관한 보고 접수
2. 법 제44조제3항에 따른 선원의 선원명부에 대한 공인
3. 법 제82조제4항에 따른 선박소유자의 보고 접수
4. 법 제129조제1항에 따른 선원의 불만신고 접수
② 영사는 제1항에 따른 사무를 수행하는 경우 해양수산부령으로 정하는 바에 따라 관계 행정기관의 장에게 그 사무 수행 사실을 통보하여야 한다.
③ 제2항에 따른 통보를 받은 관계 행정기관의 장은 필요한 조치를 할 수 있다. 이 경우 관계 행정기관의 장은 해양수산부령으로 정하는 바에 따라 필요한 조치를 한 결과를 영사에게 통보하여야 한다.

④ 영사는 필요하다고 인정하면 제3항에 따라 관계 행정기관의 장이 통보한 사항을 관계 선원, 선박의 선장이나 해당 외국의 관계 기관에 알릴 수 있다.

「선원법 시행규칙」

제57조의5(대한민국 영사의 통보 내용 등)
① 영 제49조의3 제2항에 따라 대한민국 영사(이하 "영사"라 한다)가 외국에서 영 제49조의3 제1항 각 호의 해양항만관청의 사무를 수행하는 경우 다음 각 호의 사항을 관계 행정기관의 장에게 통보하여야 한다.
1. 영사가 수행한 사무와 관련한 보고자, 신고자 또는 그 밖의 관련자의 인적사항
2. 영사가 수행한 사무의 대상이 되는 선박의 국적, 선박명(국제해사기구번호를 포함한다), 선박소유자 및 선장의 인적사항
3. 영사가 수행한 사무의 내용(해양사고가 발생한 경우 사고일시, 장소 및 사고 발생경위 등을 포함한다)
4. 관계 행정기관의 조치가 필요한 사항
5. 그 밖에 영사가 수행한 사무와 관련한 자료 및 서류
② 관계 행정기관의 장은 영 제49조의3 제3항에 따라 필요한 조치를 하고, 다음 각 호의 사항을 영사에게 통보하여야 한다.
1. 영 제49조의3 제2항에 따른 영사의 통보 사항 개요
2. 관계 행정기관의 조치 결과 또는 향후 조치 계획
3. 관계 행정기관이 한 조치와 관련한 다른 기관
4. 그 밖에 관련 자료 및 서류

제3관 외국선박에 대한 감독

1. 외국선박에 대한 점검

해양수산부장관은 소속 공무원에게 국내 항(정박지를 포함한다. 이하 같다)에 있는 외국선박에 대하여 다음 각 호의 사항을 점검하게 할 수 있다(법 제132조 제1항).

1. 기국에서 발급한 승무정원증명서와 그 증명서에 따른 선원의 승선 여부
2. 선원당직국제협약의 항해당직 기준에 따른 항해당직의 시행 여부
3. 선원당직국제협약에 따른 유효한 선원자격증명서나 그 면제증명서의 소지 여부
4. 해사노동협약에 따른 해사노동적합증서 및 해사노동적합선언서의 소지 여부
5. 해사노동협약에 따른 선원의 근로기준 및 생활기준의 준수 여부

해양수산부장관은 법 제132조 제1항에 따라 점검을 할 경우 소속 공무원으로 하여금 그 선박에 출입하여 장부·서류 및 그 밖의 물건을 점검하고, 해당 선원에게 질문하거나 선원의 근로기준 및 생활기준 등에 대하여 직접 확인하게 할 수 있다(법 제132조 제2항). 법 제132조 제1항 제1호부터 제3호까지의 규정에 해당하는 사항에 대한 점검은 「선박안전법」

제68조에 따른다(법 제132조 제3항).

국제해운계에서는 그동안 편의치적이라는 편법으로 인하여 선원의 근로관계, 해상안전, 해양환경 보호를 위한 강력한 법령의 시행에 지장을 초래 해왔다. 이에 법률의 적용에 있어서 전통적인 기국주의를 수정한 연안국주의를 채택하여 선박의 기항국이 자국의 관할하에 있는 해역에서 해상안전, 해양환경을 보호하고 ILO가 정한 최소한도의 노동기준을 준수하기 위하여 외국선박에 대하여 국제기준을 준수하고 있는 지를 점검하여 기준미달(sub-standard)로 판명될 경우 당해 선박의 입출항을 규제하고 IMO와 ILO 등에 통보하는 등의 처분을 하는 항만국통제(PSC)를 도입하고 있다. 법은 우리 정부의 외국선박에 대한 항만국통제의 관한 권한과 절차 및 시정에 대한 내용을 규정하고 있다.

2. 외국선박의 점검 절차 등

법 제132조 제1항 제4호 및 제5호에 따른 외국선박의 점검 절차는 다음 각 호와 같다(법 제133조 제1항).

1. 기본항목의 점검
   가. 해사노동협약에 따른 해사노동적합증서와 해사노동적합선언서의 적절성과 유효성 확인
   나. 선원의 근로기준 및 생활기준이 해사노동협약의 기준에 맞는지 여부
   다. 선박이 해사노동협약의 준수를 회피할 목적으로 국적을 변경하였는지 여부
   라. 선원의 불만 신고가 있었는지 여부
2. 제1호에 따른 기본항목의 점검 결과 다음 각 목의 어느 하나에 해당하는 경우 상세점검의 시행. 이 경우 담당 공무원은 선장에게 상세점검을 한다는 사실을 알려야 한다.
   가. 선원의 안전, 건강이나 보안에 명백히 위해를 끼칠 수 있는 사실이 발견된 경우
   나. 점검결과 해사노동협약의 기준을 현저하게 위반하였다고 믿을만한 근거가 있는 경우

「선원법 시행령」

제49조의4(상세점검의 범위) 법 제133조제1항제2호에 따른 상세점검(이하 "상세점검"이라 한다)의 범위는 법 제136조제2항에 따른 해사노동적합선언서의 내용으로 한다.

법 제133조 제1항 제2호에 따른 상세점검 범위에 관하여는 대통령령으로 정한다. 다만, 제1항 제1호라목에 따라 불만사항이 신고되었을 때의 점검범위는 해당 신고사항으로 한정한다(법 제133조 제2항). 해양수산부장관은 법 제133조 제1항 제2호에 따른 상세점검 결과 선원의 근로기준 및 생활기준이 해사노동협약의 기준에 맞지 아니한 것으로 밝혀진 경우에는 기국에 통보하는 등 대통령령으로 정하는 조치를 하여야 한다(법 제133조 제3항).

법 제133조 제1항 제2호에 따른 상세점검 결과 그 선박이 다음 각 호의 어느 하나에 해당할 경우에는 그 선박의 출항정지를 명하거나 출항을 정지시킬 수 있다(법 제133조 제4항).

1. 선원의 안전, 건강 및 보안에 명백히 위해가 되는 경우
2. 해사노동협약의 기준을 현저하게 위반하거나 반복적으로 위반하는 경우

해양수산부장관은 법 제133조 제4항에 따른 처분을 한 경우에는 기국에 통보하는 등 대통령령으로 정하는 조치를 하여야 한다(법 제133조 제5항). 법 제133조 제4항에 따른 처분에 불복하는 자의 이의신청과 그 처리 절차에 관하여는 「선박안전법」 제68조 제5항부터 제7항까지의 규정을 준용한다(법 제133조 제6항).

3. 외국선박에 대한 조치

「선원법 시행령」

제49조의5(외국선박에 대한 조치)
① 법 제133조제3항에서 "기국에 통보하는 등 대통령령으로 정하는 조치"란 다음 각 호의 조치를 말한다.
1. 다음 각 목의 사항을 선장에게 문서로 통보
  가. 상세점검 결과
  나. 상세점검 결과 선원의 근로기준 및 생활기준과 관련하여 시정이 필요한 사항 및 시정조치를 하여야 하는 기한
2. 다음 각 목의 사항을 대한민국 국민인 선원 및 선박소유자 단체에 문서로 통보
  가. 상세점검 결과
  나. 법 제133조제1항제1호라목에 따른 선원의 불만 신고
3. 다음 각 목의 외국정부 등에 해당 외국선박의 「2006 해사노동협약」 위반사실 등을 통보(해양수산부장관이 필요하다고 판단하는 경우에 한정한다)
  가. 해당 외국선박의 기국(旗國) 정부 또는 대한민국 주재 기국 영사
  나. 해당 외국선박의 다음 기항지 국가의 정부
② 해양수산부장관은 외국선박에 대한 상세점검 결과를 기록한 상세점검보고서를 작성·관리하여야 하고, 필요한 경우 상세점검보고서의 사본에 해당 외국선박의 기국 정부가 보낸 모든 문서를 첨부하여 국제노동기구 사무총장에게 통보할 수 있다.
③ 해양수산부장관은 법 제133조제4항에 따른 출항정지 명령 또는 출항정지 조치의 원인이 된 사항이

시정되었거나 신속하게 시정될 것으로 인정되는 경우 지체 없이 해당 외국선박의 출항정지 명령 또는 출항정지 조치의 해제 여부를 결정하여야 한다.
④ 법 제133조제5항에서 "기국에 통보하는 등 대통령령으로 정하는 조치"란 법 제133조제4항에 따른 출항정지 명령 또는 출항정지 조치를 한 사실을 해당 외국선박의 기국 정부 또는 대한민국 주재 기국 영사에게 통보하는 것을 말한다.
⑤ 해양수산부장관은 법 제133조제5항에 따라 제4항에 따른 통보의 조치를 한 경우 해당 기국 정부 대표의 출석을 요구하거나 기한을 정하여 해당 기국 정부의 회신을 요청할 수 있다.

---

4. 외국선박의 선원 불만 처리절차

해양수산부장관은 국내 항에 정박 중이거나 계류 중인 외국선박이 해사노동협약의 기준을 위반하였다는 신고를 선원 등으로부터 받은 경우 법 제132조에 따라 점검을 시작하는 등 대통령령으로 정하는 조치를 하여야 한다(법 제134조).

「선원법 시행령」

제49조의6(외국선박의 선원 불만 처리)
① 법 제134조에서 "점검을 시작하는 등 대통령령으로 정하는 조치"란 다음 각 호의 조치를 말한다.
1. 법 제129조제3항에 따른 선내 불만 처리절차의 이행 지시
2. 법 제132조 및 제133조에 따른 점검의 실시 및 점검 결과에 따른 시정조치의 이행
② 해양수산부장관은 법 제134조에 따른 신고를 한 선원 등의 신원이 알려지지 아니하도록 필요한 조치를 하여야 한다.

제4관 해사노동적합증서와 해사노동적합선언서

1. 의의

가. 배경

2013년 8월 19일 발효한 「2006 해사노동협약」은 1920년에서 1996년 사이에 채택된 ILO의 해사노동관계 39개 협약과 29개의 권고 및 1개의 의정서를 통합하여 단일의 선원노동기준을 정한 협약이다. 이 협약의 발효에 따라 「선원법」을 개정하고 협약이 정한 해사노동적합증서 및 국제노동적합선언서 제도를 도입하여 법에 따라 증서의 인증검사, 발급 등과 관련된 규정을 신설하였다.

나. 적용범위

다음 각 호의 어느 하나에 해당하는 선박(어선은 제외한다)에 대하여 법 제14장(해사노동적합증서와 해사노동적합선언서)의 규정을 적용한다(법 제135조).

1. 총톤수 500톤 이상의 국제항해에 종사하는 항해선
2. 총톤수 500톤 이상의 항해선으로서 다른 나라 안의 항 사이를 항해하는 선박
3. 제1호 및 제2호에 해당하는 선박 외의 선박소유자가 요청하는 선박

2. 해사노동적합증서 등의 선내 비치 등

가. 선내비치

법 제135조에 해당하는 선박의 선박소유자는 법 제138조에 따라 발급받은 해사노동적합증서 및 해양수산부령으로 정하는 절차에 따라 승인받은 해사노동적합선언서를 선내에 갖추어 두어야 하며, 그 사본 각 1부를 선내의 잘 보이는 곳에 게시하여야 한다(법 제136조 제1항). 법 제136조 제1항에 따른 해사노동적합선언서의 형식과 내용은 해양수산부령으로 정한다(법 제136조 제2항).

나. 해사노동적합선언서의 승인절차

「선원법 시행규칙」

제58조(해사노동적합선언서의 승인절차)
① 법 제136조제1항에 따라 해사노동적합선언서의 승인을 받으려는 선박소유자는 별지 제26호서식의 「2006 해사노동협약」 해사노동적합선언서 제1부 및 별지 제27호서식의 「2006 해사노동협약」 해사노동적합선언서 제2부를 지방해양항만청장에게 제출하여야 한다.
② 지방해양항만청장은 제1항에 따라 해사노동적합선언서의 승인신청을 받은 경우에는제58조의3에 따른 최초인증검사의 합격여부를 확인한 후 그 승인여부를 결정하여야 한다.
③ 지방해양항만청장은 제2항에 따라 해사노동적합선언서의 승인을 하는 경우에는 별지 제26호서식 및 별지 제27호서식에 따른 해사노동적합선언서와 별지 제28호서식에 따른 해사노동적합증서를 발급하여야 한다.

다. 해사노동적합선언서의 내용 및 형식

「선원법 시행규칙」

제58조의2(해사노동적합선언서의 내용 및 형식)
① 법 제136조제2항에 따라 해사노동적합선언서의 내용에 포함되어야 할 사항은 다음 각 호와 같다.
1. 선원의 최소연령

2. 건강진단서
3. 선원의 자격
4. 선원근로계약
5. 선원직업소개소
6. 근로 또는 휴식 시간
7. 선박에 대한 승무기준
8. 거주설비
9. 선내 오락시설
10. 식량 및 조달
11. 건강, 안전 및 사고방지
12. 선내 의료관리
13. 선내불만처리절차
14. 임금의 지급

② 법 제136조제2항에 따른 해사노동적합선언서의 형식은 별지 제26호서식 및 별지 제27호서식에 따른다.

---

3. 해사노동적합증서의 인증검사

가. 인증검사의 종류와 시기

법 제135조에 해당하는 선박의 선박소유자는 법 제138조 제1항에 따라 해사노동적합증서를 발급받으려는 경우에는 다음 각 호의 구분에 따른 인증검사를 받아야 한다(법 제137조 제1항).

1. 최초인증검사: 이 법과 해사노동협약의 기준을 충족하는지 확인하기 위한 최초 검사
2. 갱신인증검사: 해사노동적합증서의 유효기간이 끝났을 때에 하는 검사
3. 중간인증검사: 최초인증검사와 갱신인증검사 사이 또는 갱신인증검사와 갱신인증검사 사이에 해양수산부령으로 정하는 시기에 하는 검사

「선원법 시행규칙」

제58조의3(인증검사)

① 법 제137조제1항·제3항 및 제4항에 따라 인증검사를 받으려는 선박소유자는 별지 제30호서식의 인증검사 신청서를 지방해양항만청장에게 제출하여야 한다.

② 지방해양항만청장은 제1항에 따른 인증검사의 신청을 받은 경우 법 제139조에 따른 해사노동인증검사관 또는 법 제140조제1항에 따른 인증검사 대행기관(이하 "인증검사 대행기관"이라 한다)으로 하여금 제58조의2 제1항 각 호 및 다음 각 호에 따른 내용이 선원관계 법령 및 「2006 해사노동협약」에 적합한지 여부를 검사하게 하여야 한다. 다만, 임시인증검사 및 특별인증검사의 경우에는 해당 검사에 따른 사유와 관련있는 내용만 해당한다.

1. 선원의 휴가에 관한 권리
2. 선원의 송환 권리

3. 「2006 해사노동협약」 사본 비치
4. 선박소유자의 선원에 대한 재해보상 책임 의무
5. 선원에 대한 사회보장제도의 제공
③ 지방해양항만청장 또는 인증검사 대행기관은 제2항에 따른 인증검사를 위하여 필요하다고 인정하는 경우에는 관계 행정기관, 공공기관 또는 법인·단체 등에 대하여 관련 서류 및 의견의 제출이나 그 밖의 필요한 협력을 요청할 수 있다.
④ 인증검사 대행기관이 인증검사를 실시한 경우에는 인증검사 종료 후 지체 없이 그 결과를 지방해양항만청장에게 보고하여야 한다.

제58조의4(중간인증검사의 시행시기 등)
① 법 제137조제1항제3호에서 "해양수산부령으로 정하는 시기"란 해사노동적합증서의 유효기간 기산일부터 2년 6개월이 되는 날의 전후 6개월 이내를 말한다.
② 법 제137조제3항에서 "선박의 국적변경 등 해양수산부령으로 정하는 사유"란 다음 각 호의 어느 하나에 해당하는 사유를 말한다.
1. 신조선의 인도
2. 선박의 국적 변경
3. 선박소유자의 변경
③ 법 제137조제4항에서 "선박 거주설비의 주요 개조나 선박에서 노동분쟁이 발생하는 등 해양수산부령으로 정하는 사유"란 다음 각 호의 어느 하나에 해당하는 사유를 말한다.
1. 선박 거주설비의 주요 개조
2. 선원의 근로조건 및 생활조건 등과 관련된 선박에서의 노동분쟁의 발생
3. 선원의 근로기준 및 생활기준에 관한 위반행위에 따라 선원의 사망 또는 중대한 사고가 있는 경우
④ 법 제137조제6항 단서에서 "해양수산부령으로 정하는 경우"란 다음 각 호의 어느 하나에 해당하는 경우를 말한다.
1. 「선박안전법」 제8조부터 제12조까지의 규정에 따라 선박의 검사를 받거나, 같은 법 제18조제1항에 따른 선박의 형식승인을 받기 위하여 시운전(試運轉)을 하는 경우
2. 천재지변 등으로 인하여 인증검사를 받을 수 없다고 인정되는 경우

제58조의10(인증검사의 수수료) 법 제137조제1항에 따른 인증검사에 관한 수수료는 별표 6과 같다.

나. 인증검사의 기준

선원의 근로기준 및 생활기준 등 인증검사의 구체적인 기준은 대통령령으로 정한다(법 제137조 제2항).

「선원법 시행령」

제50조의2(인증검사 기준)
① 법 제137조제2항에 따른 인증검사의 기준은 다음 각 호와 같다.
1. 선원의 근로기준에 관한 기준
2. 선원의 거주설비에 관한 기준
3. 선원의 복지후생에 관한 기준
4. 선원의 선내안전에 관한 기준
5. 선원의 건강 및 급식에 관한 기준
6. 그 밖에 선원의 노동과 관련되는 관계법령 및 국제협약에 비추어 해양수산부장관이 필요하다고 인

정하는 기준
② 제1항에 따른 인증검사 기준의 세부적 내용 등에 관하여 필요한 사항은 해양수산부장관이 정하여 고시한다.

선박소유자는 법 제137조 제1항 제1호의 최초인증검사를 받기 전에 선박의 국적 변경 등 해양수산부령으로 정하는 사유로 선박을 항해에 사용하려는 경우에는 임시인증검사를 받아야 한다(법 제137조 제3항). 해양수산부장관은 선박 거주설비의 주요 개조나 선박에서 노동분쟁이 발생하는 등 해양수산부령으로 정하는 사유가 있을 경우에는 특별인증검사를 시행할 수 있다(법 제137조 제4항).

다. 인증검사의 절차 등

법 제137조 제1항, 제3항 및 제4항에 따른 인증검사의 내용, 절차 및 검사방법 등에 필요한 사항은 해양수산부령으로 정한다(법 제137조 제5항). 법 제135조에 해당하는 선박의 선박소유자는 해당 인증검사에 합격하지 아니한 선박을 항해에 사용하여서는 아니 된다. 다만, 선박의 시운전 등 해양수산부령으로 정하는 경우에는 그러하지 아니하다(법 제137조 제6항).

「선원법 시행규칙」

제58조의3(인증검사)
① 법 제137조제1항·제3항 및 제4항에 따라 인증검사를 받으려는 선박소유자는 별지 제30호서식의 인증검사 신청서를 지방해양항만청장에게 제출하여야 한다.
② 지방해양항만청장은 제1항에 따른 인증검사의 신청을 받은 경우 법 제139조에 따른 해사노동인증검사관 또는 법 제140조제1항에 따른 인증검사 대행기관(이하 "인증검사 대행기관"이라 한다)으로 하여금 제58조의2 제1항 각 호 및 다음 각 호에 따른 내용이 선원관계 법령 및「2006 해사노동협약」에 적합한지 여부를 검사하게 하여야 한다. 다만, 임시인증검사 및 특별인증검사의 경우에는 해당 검사에 따른 사유와 관련있는 내용만 해당한다.
1. 선원의 휴가에 관한 권리
2. 선원의 송환 권리
3.「2006 해사노동협약」사본 비치
4. 선박소유자의 선원에 대한 재해보상 책임 의무
5. 선원에 대한 사회보장제도의 제공
③ 지방해양항만청장 또는 인증검사 대행기관은 제2항에 따른 인증검사를 위하여 필요하다고 인정하는 경우에는 관계 행정기관, 공공기관 또는 법인·단체 등에 대하여 관련 서류 및 의견의 제출이나 그 밖의 필요한 협력을 요청할 수 있다.
④ 인증검사 대행기관이 인증검사를 실시한 경우에는 인증검사 종료 후 지체 없이 그 결과를 지방해양항만청장에게 보고하여야 한다.

---

4. 해사노동적합증서의 발급 등

해양수산부장관은 법 제137조 제1항 제1호 또는 제2호에 따른 최초인증검사나 갱신인증검사에 합격한 선박에 대하여 해양수산부령으로 정하는 바에 따라 해사노동적합증서를 발급하고, 그 발급사실을 발급대장에 기재하며 이를 공개하여야 한다(법 제138조 제1항). 외국선박의 경우에는 법 제138조 제1항에도 불구하고 기국 정부나 그 정부가 지정한 대행기관에서 이 법의 기준과 같거나 그 이상의 기준에 따라 최초인증검사나 갱신인증검사를 받고 해사노동적합증서를 발급받아 유효한 증서를 선내에 갖추어 둔 경우 그 해사노동적합증서는 이 법에 따라 발급한 증서로 본다(법 제138조 제2항). 해양수산부장관은 법 제137조 제1항 제3호 및 같은 조 제4항에 따른 중간인증검사나 특별인증검사에 합격한 선박에 대하여 제1항에 따라 발급된 해사노동적합증서에 해양수산부령으로 정하는 바에 따라 그 검사 결과를 표시하여야 한다(법 제138조 제3항). 해양수산부장관은 법 제137조 제3항에 따른 임시인증검사에 합격한 선박에 대하여 해양수산부령으로 정하는 바에 따라 임시해사노동적합증서를 발급하여야 한다(법 제138조 제4항). 법 제138조 제1항에 따라 발급된 해사노동적합증서의 유효기간은 5년의 범위에서 대통령령으로 정한다. 다만, 법 제138조 제4항에 따라 발급된 임시해사노동적합증서의 유효기간은 6개월을 넘을 수 없다(법 제138조 제5항). 법 제138조 제5항에 따른 유효기간의 계산방법 등에 관하여 필요한 사항은 해양수산부령으로 정한다(법 제138조 제6항). 선박소유자가 법 제137조 제1항 제3호에 따른 중간인증검사에 합격하지 못한 경우에는 합격할 때까지 법 제138조 제1항에 따라 발급된 해사노동적합증서의 효력은 정지된다(법 제138조 제7항). 해양수산부장관은 해사노동적합증서를 발급받은 선박이 특별인증검사를 통하여 법 제137조 제2항의 기준을 충족하지 못한 사실이 발견된 경우에는 선박소유자에게 기간을 정하여 필요한 시정조치를 명할 수 있으며, 이에 따르지 아니한 경우에는 해사노동적합증서를 되돌려 주도록 명할 수 있다(법 제138조 제8항).

「선원법 시행령」

제50조의3(해사노동적합증서 등의 유효기간)
① 법 제138조제5항에 따른 해사노동적합증서의 유효기간은 5년으로 하고, 임시해사노동적합증서의 유효기간은 6개월로 한다.
② 제1항에 따른 해사노동적합증서 및 임시해사노동적합증서의 유효기간의 기산은 다음 각 호의 구분에 따른다.
1. 해사노동적합증서
가. 최초인증검사를 받은 경우: 해사노동적합증서를 발급한 날
나. 갱신인증검사를 받은 경우: 해사노동적합증서 유효기간의 만료일의 다음 날. 다만, 갱신인증검사 기간 이전에 받은 경우에는 해당 인증검사를 받은 날부터 기산한다.

2. 임시해사노동적합증서: 임시해사노동적합증서를 발급한 날

「선원법 시행규칙」

제58조의5(해사노동적합증서의 발급 등)
① 법 제138조제1항에 따른 최초인증검사 및 갱신인증검사에 대한 해사노동적합증서는 별지 제28호서식에 따른다.
② 법 제138조제3항에 따라 해사노동적합증서에 중간인증검사 및 특별인증검사의 검사결과를 표시하는 경우에는 다음 각 호의 사항을 표시하여야 한다.
1. 검사의 종류
2. 검사일시
3. 검사항목
4. 검사담당기관
5. 검사담당자의 성명 및 직위
③ 법 제138조제4항에 따른 임시해사노동적합증서는 별지 제29호서식에 따른다.
④ 법 제138조제6항에 따른 유효기간의 계산은 영 제50조의3 제2항에 따른다.
⑤ 선박소유자는 해사노동적합증서(임시해사노동적합증서를 포함한다. 이하 이 항에서 같다) 또는 해사노동적합선언서를 분실하였거나 헐어 사용하지 못하게 된 경우에는 별지 제31호서식의 해사노동적합증서(해사노동적합선언서) 재발급 신청서에 다음 각 호의 서류를 첨부하여 지방해양항만청장이나 인증검사 대행기관의 장에게 재발급을 신청하여야 한다.
1. 재발급에 관한 사유서
2. 해사노동적합증서 또는 해사노동적합선언서의 원본(헐어 사용하지 못하게 된 경우만 해당한다)

5. 해사노동인증검사관

가. 임명

해양수산부장관은 해양수산부령으로 정하는 자격을 갖춘 소속 공무원 중에서 다음 각 호의 업무를 수행할 해사노동인증검사관(이하 "인증검사관"이라 한다)을 임명할 수 있다(법 제139조).

1. 법 제132조부터 제134조까지의 규정에 따른 외국선박에 대한 점검 등의 업무
2. 법 제136조 제1항에 따른 해사노동적합선언서의 승인에 관한 업무
3. 법 제137조 제1항, 제3항 및 제4항에 따른 인증검사, 임시인증검사 및 특별인증검사에 관한 업무
4. 법 제138조에 따른 해사노동적합증서의 발급 등에 관한 업무

나. 자격

「선원법 시행규칙」

제58조의6(해사노동인증검사관의 자격)

① 법 제139조 각 호 외의 부분에서 "해양수산부령으로 정하는 자격"이란 다음 각 호의 어느 하나에 해당하는 자격을 말한다.
1. 대학 또는 해양수산계 전문대학(「고등교육법」 제2조제1호 및 제4호에 따른 대학 또는 전문대학을 말한다)에서 항해 또는 기관 관련 학과를 졸업하고 국제항해 선박에 2년 이상 승무한 경력이 있는 경우
2. 법 제125조에 따른 선원근로감독관으로 근무한 경력 또는 해운・선박안전 관련 분야에서 3년 이상 공무원으로 근무한 경력이 있는 경우
3. 「고등교육법」 제2조에 따른 학교의 전임강사 이상의 직위에서 3년 이상 근무한 경력(선원관리・선원근로 또는 선박안전 분야만 해당한다)이 있는 경우
4. 「선박안전법」 제76조 및 제77조에 따른 선박검사관 또는 선박검사원으로서 같은 법 제45조 및 제60조제2항에 따른 선박안전기술공단 또는 선급법인에서 5년 이상 근무한 경력이 있는 경우
5. 「해운법」 제2조제1호에 따른 해운업 관련 사업장에서 선원관리・선원근로 또는 선박안전 관련 업무에 10년 이상 종사한 경력이 있는 경우

② 해양수산부장관은 해사노동인증검사관에 대하여 연 1회 이상 「2006 해사노동협약」 관련 교육을 실시하여야 한다.
③ 해사노동인증검사관의 신분증은 별지 제31호의2서식과 같다.
④ 해양수산부장관은 제3항에 따른 해사노동인증검사관의 신분증을 발급하면 그 발급 내역을 기록・관리하여야 한다.
⑤ 해사노동인증검사관이 법 제139조 각 호의 업무를 수행하기 위하여 선박에 승선하는 경우에는 선장 등 관계인에게 신분증을 제시하고 그 뜻을 알려야 한다.

6. 인증검사업무 등의 대행

가. 원칙

해양수산부장관은 필요하다고 인정하는 경우에는 법 제139조 제2호부터 제4호까지의 규정에 따른 업무를 해양수산부장관이 지정하는 기관에서 대행하게 할 수 있다. 이 경우 해양수산부장관은 지정된 대행기관(이하 "인증검사 대행기관"이라 한다)과 대통령령으로 정하는 바에 따라 협정을 체결하여야 한다(법 제140조 제1항). 인증검사 대행기관의 지정기준, 인증검사업무에 종사할 수 있는 사람의 자격 등에 필요한 사항은 해양수산부령으로 정한다(법 제140조 제2항). 법 제140조 제1항에 따라 인증검사 대행기관에서 인증검사 등을 받으려는 자는 해당 인증검사 대행기관이 정하는 수수료를 내야 한다(법 제140조 제3항). 인증검사 대행기관은 법 제140조 제3항에 따른 수수료를 정할 때에는 해양수산부장관의 승인을 받아야 한다. 승인받은 수수료를 변경할 때에도 또한 같다(법 제140조 제4항). 인증검사 대행기관은 인증검사 대행업무에 관하여 해양수산부령으로 정하는 바에 따라 해양수산부장관에게 보고하여야 한다(법 제140조 제5항).

해양수산부장관은 인증검사 대행기관이 다음 각 호의 어느 하나에 해당하는 경우에는 그 지정을 취소하거나 6개월 이내의 기간을 정하여 그 업무를 정지할 수 있다. 다만, 제1호 및 제6호에 해당하는 경우에는 그 지정을 취소하여야 한다(법 제140조 제6항).

1. 거짓이나 그 밖의 부정한 방법으로 지정을 받은 경우
2. 인증검사 대행기관의 지정기준을 충족하지 못하게 된 경우
3. 인증검사에 관한 업무를 수행할 능력이 없다고 인정된 경우
4. 법 제140조 제4항을 위반하여 수수료의 승인 또는 변경승인을 받지 아니하고 수수료를 징수한 경우
5. 법 제140조 제5항을 위반하여 인증검사 대행업무에 관한 보고를 하지 아니한 경우
6. 업무정지처분을 받고 업무정지처분 기간 중에 인증검사 대행업무를 계속한 경우

법 제140조 제6항에 따른 업무정지 등 처분절차 등에 관하여는 해양수산부령으로 정한다(법 제140조 제7항). 해양수산부장관은 법 제140조 제6항에 따라 인증검사 대행기관의 지정을 취소하려는 경우에는 청문을 실시하여야 한다(법 제140조 제8항).

나. 협정의 체결 등

「선원법 시행규칙」

제50조의4(협정의 체결 등) 해양수산부장관은 법 제140조제1항 후단에 따라 인증심사 대행기관과 협정을 체결하는 경우에는 다음 각 호의 사항을 포함시켜야 한다.
1. 대행업무의 범위에 관한 사항
2. 대행기간 및 그 연장에 관한 사항
3. 협정의 변경 및 해지에 관한 사항
4. 국제해사기구에서 지정하는 사항
5. 그 밖에 대행업무의 효율적 수행을 위하여 해양수산부장관이 필요하다고 인정하는 사항

다. 인증검사 대행기관의 신청절차 등

「선원법 시행규칙」

제58조의7(인증검사 대행기관의 신청절차 등)
① 법 제140조제1항 따라 인증검사 대행기관으로 지정받으려는 자는 별지 제32호서식의 인증검사 대행기관 지정신청서에 다음 각 호의 서류를 첨부하여 해양수산부장관에게 신청하여야 한다. 이 경우 해양수산부장관은 「전자정부법」 제36조제1항에 따른 행정정보의 공동이용을 통하여 법인 등기사항증명서(법인의 경우만 해당한다)를 확인하여야 한다. 〈개정 2013.3.24〉
1. 제58조의8제1항에 따른 지정기준에 적합함을 증명하는 서류
2. 인증검사업무의 운영계획에 관한 서류
3. 인증검사업무의 기준 및 절차에 관한 내부규정
4. 정관(법인의 경우만 해당한다)
② 해양수산부장관은 제1항에 따른 지정신청이 적합하다고 인정하는 경우에는 인증검사 대행기관으로 지정한 후 별지 제33호서식에 따른 인증검사 대행기관 지정서를 발급하여야 한다. 〈개정

2013.3.24〉
③ 인증검사 대행기관은 법 제140조제5항에 따라 매 반기 종료일부터 10일 이내에 인증검사업무의 운영실적을 해양수산부장관에게 보고하여야 한다.

라. 인증검사 대행기관의 지정기준 등

「선원법 시행규칙」

제58조의8(인증검사 대행기관의 지정기준 등)
① 법 제140조제2항에 따른 인증검사 대행기관의 지정기준은 다음 각 호와 같다.
1. 인증검사업무를 전문적으로 수행하는 전담조직을 갖출 것
2. 인증검사업무에 종사할 수 있는 자격이 있는 인력을 7명 이상 확보할 것
3. 11개 이상의 지방사무소를 확보할 것. 이 경우 7개 이상의 광역시·도 또는 특별자치도에 각각 1개 이상의 지방사무소를 확보하여야 한다.
4. 삭제
② 법 제140조제2항에 따른 인증검사업무에 종사할 수 있는 사람의 자격요건에 관하여는 제58조의6을 준용한다.

7. 이의신청

인증검사에 불복하는 자는 검사결과를 통지받은 날부터 30일 이내에 그 사유를 적어 해양수산부장관에게 이의신청을 할 수 있다(법 제141조 제1항). 해양수산부장관은 법 제141조 제1항에 따른 이의신청이 있을 때 해양수산부령으로 정하는 바에 따라 필요한 조치를 하여야 한다(법 제141조 제2항). 법 제141조 제1항에 따른 이의신청에 필요한 사항은 해양수산부령으로 정한다(법 제141조 제3항).

「선원법 시행규칙」

제58조의9(이의신청의 절차 등)
① 법 제141조제1항에 따라 이의신청을 하려는 자는 별지 제34호서식의 이의신청서에 그 사유서를 첨부하여 해양수산부장관에게 제출하여야 한다.
② 해양수산부장관은 제1항에 따른 이의신청이 이유있다고 인정하는 경우에는 지방해양항만청장 또는 인증검사 대행기관으로 하여금 2주 이내에 재검사를 하게 하여야 한다.

제11절 | 보칙 및 벌칙

제1관 부칙

1. 양도 또는 압류의 금지

실업수당, 퇴직금, 송환비용, 송환수당, 상병보상 또는 재해보상을 받을 권리는 양도하거나 압류할 수 없다(법 제152조).

2. 서류 보존

선박소유자는 선원명부, 선원근로계약서, 취업규칙, 임금대장 및 재해보상 등에 관한 서류를 작성한 날부터 3년간 보존하여야 한다(법 제153조).

3. 외국정부에 대한 협조

해양수산부장관은 외국정부가 다음 각 호의 어느 하나에 해당하는 사유로 대한민국의 선박소유자나 선원과 소송절차를 진행하는 경우에는 선원당직국제협약에서 정하는 바에 따라 협조하여야 한다(법 제154조).

1. 선박소유자나 선장이 선원당직국제협약에서 요구하는 자격증명서를 지니지 아니한 선원을 승무시킨 경우
2. 선원당직국제협약에 따라 적합한 선원자격증명서를 지닌 사람이 수행하여야 할 임무를 선원자격증명서를 지니지 아니한 사람이 수행하도록 해당 선장이 허용한 경우
3. 선원당직국제협약에 따른 적합한 선원자격증명서를 지니지 아니한 사람이 그 선원자격증명서를 지닌 사람이 수행하여야 할 임무를 수행하기 위하여 거짓이나 부정한 방법으로 승무한 경우

4. 시효의 특례

선원의 선박소유자에 대한 채권(재해보상청구권을 포함한다)은 3년간 행사하지 아니하면 시효로 소멸한다(법 제156조).

5. 국가 또는 지방자치단체에 대한 적용

이 법 또는 이 법에 따른 명령은 대통령령으로 정하는 것을 제외하고는 국가나 지방자치단체에 대하여도 적용한다(법 제157조).

「선원법 시행령」

제51조(국가 또는 지방자치단체에 대한 적용) 법 제157조에서 "대통령령으로 정하는 것"이란 해군함정·경찰용선박 기타 해양수산부장관이 따로 정하는 선박을 말한다.

---

6. 권한의 위임·위탁

이 법에 따른 해양수산부장관의 권한은 그 일부를 대통령령으로 정하는 바에 따라 그 소속기관의 장에게 위임하거나 한국해양수산연수원, 센터 또는 대통령령으로 정하는 기관에 위탁할 수 있다(법 제158조 제1항). 법 제158조 제1항에 따라 업무를 위탁받은 법인은 해양수산부령으로 정하는 바에 따라 위탁받은 업무와 관련된 수수료를 징수할 수 있다(법 제158조 제2항).

「선원법 시행령」

제52조(권한 등의 위임·위탁)

① 해양수산부장관은 법 제158조제1항에 따라 다음 각 호의 권한을 지방해양항만청장에게 위임한다.

1. 법 제124조제1항에 따른 시정명령에 관한 사항
2. 법 제124조제2항 및 제3항에 따른 선박의 항해정지 명령, 항해정지 조치, 항구의 지정 및 그 취소에 관한 사항
3. 법 제132조제1항 및 제2항에 따른 외국선박의 점검 및 확인에 관한 사항
4. 법 제133조제3항부터 제6항까지의 규정에 따른 조치, 출항정지 명령, 출항정지 조치 및 이의신청에 관한 사항
5. 법 제134조에 따른 신고수리 및 조치에 관한 사항
6. 법 제137조제1항·제3항 및 제4항에 따른 해사노동적합증서의 인증검사, 임시인증검사 및 특별인증검사에 관한 사항
7. 법 제138조제1항·제3항·제4항 및 제8항에 따른 해사노동적합증서의 발급·공개·표시, 임시해사노동적합증서의 발급, 특별인증검사 결과에 따른 시정명령에 관한 사항

② 해양수산부장관은 법 제158조제1항에 따라 다음 각 호의 사무를 한국해양수산연수원에 위탁한다.

1. 법 제76조제3항에 따른 선박조리사 자격을 위한 교육과 선박조리사 자격시험의 실시
2. 법 제85조제3항에 따른 의료관리자 자격시험의 시행 및 의료관리자 자격증의 발급

③ 해양수산부장관은 법 제158조제1항에 따라 법 제108조제1호·제2호·제4호에 따른 업무를 센터에 위탁한다.

④ 해양수산부장관은 필요하다고 인정하는 경우 제2항 및 제3항에 따라 업무를 위탁받은 자에 대하여 그 추진사항을 보고하게 하거나, 업무의 개선을 요구하는 등 필요한 감독을 할 수 있다.

---

7. 민원사무의 전산처리 등

이 법에 따른 민원사무의 전산처리 등에 관하여는 「항만법」 제89조를 준용한다(법 제159조).

8. 규제의 재검토

「선원법 시행령」

제56조(규제의 재검토) 해양수산부장관은 제9조에 따른 미성년자의 선원수첩 발급신청에 대하여 2015년 1월 1일을 기준으로 2년마다(매 2년이 되는 해의 1월 1일 전까지를 말한다) 그 타당성을 검토하여 개선 등의 조치를 하여야 한다.

「선원법 시행규칙」

제62조(규제의 재검토)
① 해양수산부장관은 제16조에 따른 징계위원회에 대하여 2014년 1월 1일을 기준으로 3년마다(매 3년이 되는 해의 1월 1일 전까지를 말한다) 그 타당성을 검토하여 개선 등의 조치를 하여야 한다.
② 해양수산부장관은 다음 각 호의 사항에 대하여 다음 각 호의 기준일을 기준으로 2년마다(매 2년이 되는 해의 기준일과 같은 날 전까지를 말한다) 그 타당성을 검토하여 개선 등의 조치를 하여야 한다.
1. 제15조에 따른 선박운항에 관한 보고 및 조사: 2015년 1월 1일
2. 제17조에 따른 쟁의행위의 제한: 2015년 1월 1일
3. 제20조에 따른 선원근로계약서에 포함되어야 할 사항: 2015년 1월 1일
4. 제21조에 따른 선원명부 등의 공인신청: 2015년 1월 1일
5. 제22조에 따른 선원명부를 제출할 수 없는 경우의 공인신청: 2015년 1월 1일
6. 제23조에 따른 선원수첩 등을 제출할 수 없는 경우의 공인신청: 2015년 1월 1일
7. 제27조에 따른 승선공인사항 확인신청: 2015년 1월 1일
8. 제30조에 따른 귀국 후 선원수첩의 공인: 2015년 1월 1일
9. 제31조에 따른 선원수첩 멸실 시의 공인사항 등 증명: 2015년 1월 1일
10. 제34조의2에 선원신분증명서 발급 신청 등: 2015년 1월 1일
11. 제45조에 따른 선원의 자격요건 등에 대한 특례: 2015년 1월 1일
12. 제46조의5에 따른 어선원의 유급휴가 일수: 2015년 1월 1일
13. 제53조에 따른 건강진단: 2015년 1월 1일
14. 제57조의3에 따른 취업규칙의 신고: 2015년 1월 1일

제2관 벌칙

1. 양벌규정
선박소유자의 대표자나 대리인, 사용인, 그 밖의 종업원이 선박소유자의 업무에 관하여 법 제167조부터 제170조까지, 제172조, 제173조, 제174조제1호·제2호, 제175조 또는 제177조의 위반행위를 하면 그 행위자를 벌하는 외에 그 선박소유자에게도 해당 조문의 벌금형을 과(科)한다. 다만, 선박소유자

(선박소유자가 법인인 경우에는 그 대표자를, 선박소유자가 영업에 관하여 성년자와 같은 능력을 가지지 아니한 미성년자・한정치산자 또는 금치산자인 경우에는 그 법정대리인을 말한다)가 그 위반행위를 방지하기 위하여 해당 업무에 관하여 상당한 주의와 감독을 게을리하지 아니한 경우에는 그러하지 아니하다(법 제178조).

---

2. 징역형

가. 선장이 그 권한을 남용하여 해원이나 선박 내에 있는 사람에게 의무 없는 일을 시키거나 그 권리의 행사를 방해하였을 때에는 1년 이상 5년 이하의 징역에 처한다(법 제160조).

나. 법 제11조를 위반한 사람은 다음 각 호의 구분에 따라 처벌한다(법 제161조).
1. 인명을 구조하는 데 필요한 조치를 다하지 아니하였거나 필요한 조치를 다하지 아니하고 선박을 떠나 사람을 사망에 이르게 한 선장: 무기 또는 3년 이상의 징역
2. 인명을 구조하는 데 필요한 조치를 다하지 아니하였거나 필요한 조치를 다하지 아니하고 선박을 떠나 사람을 사망에 이르게 한 해원: 3년 이상의 징역
3. 인명을 구조하는 데 필요한 조치를 다하지 아니하였거나 필요한 조치를 다하지 아니하고 선박을 떠나 사람을 상해에 이르게 한 선원: 1년 이상 5년 이하의 징역
4. 선박 및 화물을 구조하는 데 필요한 조치를 다하지 아니하여 선박 또는 화물에 손상을 입힌 선원: 1년 이하의 징역 또는 1천만원 이하의 벌금

다. 법 제12조 본문을 위반한 사람은 다음 각 호의 구분에 따라 처벌한다(법 제162조).
1. 인명을 구조하는 데 필요한 조치를 다하지 아니하여 사람을 사망에 이르게 한 선장: 무기 또는 3년 이상의 징역
2. 인명을 구조하는 데 필요한 조치를 다하지 아니하여 사람을 상해에 이르게 한 선장: 1년 이상 5년 이하의 징역
3. 선박을 구조하는 데 필요한 조치를 다하지 아니한 선장: 1년 이하의 징역 또는 1천만원 이하의 벌금

라. 선장이 다음 각 호의 어느 하나에 해당할 때에는 3년 이하의 징역 또는 3천만원 이하의 벌금에 처한다(법 제163조).
1. 법 제13조를 위반하여 인명을 구조하는 데 필요한 조치를 다하지 아니하였을 때
2. 선박을 유기(遺棄)하였을 때
3. 외국에서 해원을 유기하였을 때

마. 선장이 다음 각 호의 어느 하나에 해당할 때에는 1년 이하의 징역 또는 1천만원 이하의 벌금에 처한다(법 제164조).
1. 법 제7조제1항에 따른 출항 전의 검사등의 의무를 위반하였을 때
1의2. 법 제7조제2항에 따른 보고를 하지 아니하였거나 거짓으로 한 때
1의3. 법 제7조제3항에 따른 조치를 요청하지 아니하였을 때
2. 법 제8조를 위반하여 미리 정하여진 항로를 변경하였을 때
3. 법 제9조제1항를 위반하여 선박의 조종을 직접 지휘하지 아니하였을 때
4. 법 제10조를 위반하여 선박을 떠났을 때
5. 법 제16조에 따른 항해의 안전 확보 의무를 위반하였을 때
6. 법 제17조를 위반하여 수장하였을 때
7. 법 제19조제1항을 위반하여 대한민국 국민의 송환을 거부하였을 때
8. 법 제20조제1항 각 호의 서류를 거짓으로 작성하여 갖추어 두었을 때
9. 법 제21조에 따른 보고를 거짓으로 하였을 때
10. 법 제82조제6항을 위반하여 선원의 부상・질병 치료 요구를 거절하였을 때

바. 해원이 직무수행 중 상사에게 폭행이나 협박을 하였을 때에는 3년 이하의 징역 또는 3천만원 이하의 의 벌금에 처한다(법 제165조 제1항).

사. 법 제25조를 위반하여 쟁의행위를 한 사람은 다음 각 호의 구분에 따라 처벌한다(법 제165조 제2항).
1. 쟁의행위를 지휘하거나 지도적 임무에 종사한 사람: 3년 이하의 징역
2. 쟁의행위 모의에 적극적으로 참여하거나 선동한 사람: 1년 이하의 징역 또는 1천만원 이하의 벌금

법 제165조 제2항의 경우 해당 쟁의행위가 선박소유자(그 대리인을 포함한다)가 선원의 이익에 반하여 법령을 위반하거나 정당한 사유 없이 선원근로계약을 위반한 것을 이유로 한 것일 때에는 벌하지 아니한다(법 제165조 제3항).

아. 해원이 다음 각 호의 어느 하나에 해당할 때에는 1년 이하의 징역에 처한다(법 제166조).
1. 선박에 급박한 위험이 있는 경우에 선장의 허가 없이 선박을 떠났을 때
2. 법 제11조부터 제13조까지의 규정에 따라 선장이 인명, 선박 또는 화물의 구조에 필요한 조치를 하는 경우에 상사의 직무상 명령을 따르지 아니하였을 때

자. 선박소유자 또는 선원이 다음 각 호의 어느 하나에 해당할 때에는 5년 이하의 징역 또는 5천만원 이하의 벌금에 처한다(법 제167조).
1. 선박소유자가 법 제32조제1항을 위반하여 선원근로계약을 해지하거나 휴직, 정직, 감봉 및 그 밖의 징벌을 하였을 때
2. 선박소유자가 법 제32조제2항을 위반하여 선원근로계약을 해지하였을 때
3. 선박소유자 또는 선원이 법 제25조의2를 위반하였을 때

차. 제168조(벌칙) 선박소유자(제5호의 경우에는 선박소유자 외의 자를 포함한다)가 다음 각 호의 어느 하나에 해당할 때에는 3년 이하의 징역 또는 3천만원 이하의 벌금에 처한다(법 제168조 제1항).
1. 법 제52조제1항부터 제4항까지의 규정을 위반하였을 때
2. 법 제57조제1항 또는 제3항을 위반하여 월 고정급, 생산수당 또는 비율급을 지급하지 아니하였을 때
3. 법 제62조제1항 또는 제2항을 위반하여 시간외근로수당을 지급하지 아니하였을 때
4. 법 제91조제2항 또는 제4항부터 제6항까지의 규정을 위반하였을 때
5. 법 제111조를 위반하여 선원 또는 선원이 되려는 사람으로부터 직업소개, 모집 및 채용과 관련하여 금품이나 그 밖의 이익을 받았을 때

법 제168조 제1항제1호부터 제3호까지의 벌칙에 대하여는 피해자가 명시한 의사에 반하여 공소를 제기할 수 없다(법 제168조 제2항).

카. 선박소유자가 법 제59조에 따라 해양수산부장관이 정한 임금의 최저액 이상을 지급하지 아니하였을 때에는 3년 이하의 징역 또는 3천만원 이하의 벌금에 처한다(법 제169조).

타. 선박소유자가 다음 각 호의 어느 하나에 해당할 때에는 2년 이하의 징역 또는 2천만원 이하의 벌금에 처한다(법 제170조).
1. 법 제30조를 위반하여 강제저축 등을 약정하는 계약을 체결하였을 때
2. 법 제33조제1항을 위반하여 30일분 이상의 통상임금을 지급하지 아니하였을 때
3. 법 제55조제1항 또는 제5항을 위반하여 퇴직금을 지급하지 아니하였을 때
4. 법 제62조제5항을 위반하여 유급휴가를 주지 아니하였을 때
5. 법 제69조제1항 또는 제4항을 위반하여 유급휴가를 주지 아니하였을 때
6. 법 제73조제1항 또는 제2항을 위반하여 유급휴가급을 지급하지 아니하였을 때
7. 법 제74조제1항을 위반하여 어선원에게 유급휴가를 주지 아니하였을 때
8. 법 제91조제1항을 위반하여 16세 미만인 사람을 선원으로 사용하였을 때
9. 법 제92조제1항을 위반하여 18세 미만의 선원을 야간작업에 종사시켰을 때
10. 법 제94조제1항을 위반하여 요양하게 하지 아니하였거나 요양에 필요한 비용을 지급하지 아니하였을 때
11. 법 제94조제2항(같은 조 제3항에 해당하지 아니하는 경우로 한정한다)을 위반하여 요양에 필

요한 비용을 지급하지 아니하였거나, 「국민건강보험법」 제44조에 따라 요양을 받는 선원이 부담하여야 하는 비용을 지급하지 아니하였거나 요양에 필요한 비용을 지급하지 아니하였을 때
12. 법 제96조제1항 또는 제2항을 위반하여 상병보상을 하지 아니하였을 때
13. 법 제97조를 위반하여 장해보상을 하지 아니하였을 때
14. 법 제99조제1항 또는 제2항을 위반하여 유족보상을 하지 아니하였을 때
15. 법 제100조를 위반하여 장제비를 지급하지 아니하였을 때
16. 법 제101조를 위반하여 행방불명보상을 하지 아니하였을 때
17. 법 제129조제2항을 위반하여 선원근로계약을 해지하거나 불리한 처우를 하였을 때

파. 법 제110조를 위반하여 선원의 직업소개사업을 한 자는 2년 이하의 징역 또는 2천만원 이하의 벌금에 처한다(법 제171조).

하. 선박소유자가 법 제7조제4항 또는 제82조제1항부터 제3항까지의 규정을 위반하였을 때에는 1년 이하의 징역 또는 1천만원 이하의 벌금에 처한다(법 제172조).

하-1. 선박소유자가 다음 각 호의 어느 하나에 해당할 때에는 1년 이하의 징역 또는 1천만원 이하의 벌금에 처한다(법 제173조 제1항).
1. 법 제37조를 위반하여 실업수당을 지급하지 아니하였을 때
2. 법 제38조제1항을 위반하여 선원을 송환하지 아니하였을 때
3. 법 제38조제4항을 위반하여 송환비용을 미리 내도록 요구하였을 때
4. 법 제39조를 위반하여 송환수당을 지급하지 아니하였을 때
5. 법 제40조를 위반하여 송환보험이나 공제에 가입하지 아니하였을 때
6. 법 제54조를 위반하여 승무선원의 부상이나 질병 중 임금을 지급하지 아니하였을 때
7. 법 제56조제1항을 위반하여 선원의 체불임금 지급을 보장할 수 있는 보험 또는 공제에 가입하지 아니하였거나 기금을 조성하지 아니하였을 때
8. 법 제64조제1항부터 제4항까지의 규정을 위반하여 자격요건을 갖춘 선원을 승무시키지 아니하였을 때
9. 법 제65조제1항을 위반하여 승무정원의 인정을 받지 아니하였을 때 또는 같은 조 제3항을 위반하여 승무정원을 승무시키지 아니하였거나 결원을 충원하지 아니하였을 때
10. 법 제66조에 따른 선원의 자격요건 및 정원을 위반하였을 때
10의2. 법 제66조의2 제2항을 위반하여 적성심사기준을 충족하지 못한 사람을 여객선선장으로 승무시켰을 때
11. 법 제67조제1항을 위반하여 예비원을 확보하지 아니하였거나 같은 조 제2항을 위반하여 예비원에게 임금을 지급하지 아니하였을 때
12. 법 제76조제1항에 따른 선내 급식을 하지 아니하였거나 같은 조 제2항을 위반하여 선박조리사를 선박에 승무시키지 아니하였을 때
13. 법 제84조를 위반하여 의사를 승무시키지 아니하였을 때
14. 법 제85조제1항을 위반하여 선박에 의료관리자를 두지 아니하였거나 같은 조 제2항을 위반하여 의료관리자 자격증을 가진 선원을 의료관리자로 선임하지 아니하였을 때
15. 법 제86조제1항을 위반하여 선박에 응급처치 담당자를 두지 아니하였거나 같은 조 제2항을 위반하여 응급처치에 관한 교육을 이수한 선원을 응급처치 담당자로 선임하지 아니하였을 때
16. 법 제102조를 위반하여 소지품 유실보상을 하지 아니하였을 때
17. 법 제106조를 위반하여 재해보상을 완전히 이행할 수 있는 보험 또는 공제에 가입하지 아니하였을 때

법 제173조 제1항제6호 및 제11호의 벌칙에 대하여는 피해자가 명시한 의사에 반하여 공소를 제기할 수 없다(법 제173조 제2항).

하-2. 다음 각 호의 어느 하나에 해당하는 자는 1년 이하의 징역 또는 1천만원 이하의 벌금에 처한다(법 제174조).

1. 거짓이나 그 밖의 부정한 방법으로 법 제43조제1항에 따른 선원근로계약의 신고를 한 자
2. 거짓이나 그 밖의 부정한 방법으로 선원수첩을 발급받거나 선원신분증명서의 발급 또는 정정을 받은 사람
3. 다른 사람의 선원수첩이나 선원신분증명서를 대여받거나 사용한 사람
4. 법 제50조를 위반하여 선원수첩이나 선원신분증명서를 부당하게 사용하거나 다른 사람에게 대여한 사람
5. 법 제124조제2항 전단 또는 제133조제4항을 위반하여 항해정지나 출항정지명령을 따르지 아니한 자

---

3. 벌금형

가. 선박소유자가 법 제27조제1항, 제53조, 제91조제3항 또는 제93조를 위반하였을 때에는 1천만원 이하의 벌금에 처한다(법 제175조 제1항).
법 제53조의 벌칙에 대하여는 피해자가 명시한 의사에 반하여 공소를 제기할 수 없다(법 제175조 제2항).

나. 선원근로감독관이거나 선원근로감독관이었던 사람이 법 제128조제1항을 위반하였을 때에는 1천만원 이하의 벌금에 처한다(법 제176조).

다. 500만원 이하의 벌금(법 제177조).

1. 법 제29조를 위반하여 위약금 등을 미리 정하는 계약을 체결한 선박소유자
2. 법 제31조를 위반하여 선원에 대한 채권과 임금지급의 채무를 상계한 선박소유자
3. 법 제43조를 위반하여 선원근로계약서를 작성・신고하지 아니하거나 선원에게 선원근로계약서 1부를 주지 아니한 자
4. 법 제119조제1항을 위반하여 취업규칙을 작성하지 아니하거나 취업규칙을 거짓으로 작성하여 신고한 자
5. 법 제120조제1항을 위반하여 취업규칙의 작성 절차에 따라 취업규칙을 작성하지 아니한 자
6. 법 제121조를 위반하여 취업규칙 변경명령을 따르지 아니한 자
7. 법 제137조제6항을 위반하여 인증검사에 합격하지 아니한 선박을 항해에 사용한 선박소유자
8. 법 제138조제8항에 따른 해사노동적합증서를 되돌려 주라는 명령을 위반하여 되돌려 주지 아니한 선박소유자
9. 법 제153조를 위반하여 3년간 서류를 보존하지 아니한 자

---

4. 과태료

가. 500만원 이하의 과태료(법 제179조 제1항).

1. 법 제15조제1항에 따른 비상대비훈련을 실시하지 아니한 선장
2. 법 제15조제2항에 따라 여객에게 비상시에 대비하기 위하여 필요한 사항을 주지시키지 아니한 선장
3. 법 제15조제3항을 위반하여 비상대비훈련을 실시할 때 해원의 휴식시간에 지장을 준 선장
4. 법 제63조제1항에 따른 의무를 이행하지 아니한 선박소유자
5. 법 제82조제7항을 위반하여 선원에게 제복을 제공하지 아니한 선박소유자
6. 법 제129조제1항에 따른 신고를 거짓으로 한 선원

나. 다음 각 호의 어느 하나에 해당하는 자에게는 200만원 이하의 과태료를 부과한다(법 제179조 제2항).

1. 법 제12조 본문 또는 제14조 본문에 따른 통보, 제18조에 따른 조치를 하지 아니한 사람
2. 법 제109조제1항・제2항 또는 제151조를 위반한 자
3. 법 제20조제1항에 따른 서류를 갖추어 두지 아니한 사람
4. 법 제21조에 따른 보고를 하지 아니한 사람
5. 법 제23조제1항에 따른 신고를 하지 아니한 사람

6. 법 제44조제2항 또는 제3항을 위반하여 선원명부에 적지 아니하거나 선원명부의 공인을 받지 아니한 자
7. 법 제62조제3항을 위반하여 근로시간, 휴식시간 및 시간외근로 관련 장부를 갖추어 두지 아니하거나 선장에게 근로시간 등에 관한 사항을 적도록 하지 아니한 선박소유자
8. 삭제
9.법 제77조제1항 후단을 위반하여 차별 급식을 한 선장
10. 법 제82조제4항을 위반하여 선원의 직무상 사고 등이 발생하였을 때에 해양항만관청에 즉시 보고하지 아니한 선박소유자
11. 법 제82조제5항을 위반한 선박소유자
12. 법 제87조제1항을 위반하여 건강진단서를 가지지 아니한 사람을 선원으로 승무시킨 선박소유자
13. 법 제112조제4항을 위반하여 선원관리사업의 위탁사실과 내용 변경을 신고하지 아니한 자
14. 법 제119조제1항을 위반하여 취업규칙을 신고하지 아니한 자
15. 법 제126조제1항에 따른 출석요구에 따르지 아니하거나 선박 또는 사업장 출입을 거부·기피·방해한 사람, 장부나 서류의 제출명령을 따르지 아니하거나 거짓 장부 또는 서류를 제출한 사람 또는 거짓 진술을 한 사람

다. 100만원 이하의 과태료(법 제179조 제3항).
1. 법 제58조를 위반하여 임금대장을 갖추어 두지 아니하거나 임금 지급 시마다 임금 계산의 기초가 되는 사항 등을 기재하지 아니한 선박소유자
2. 정당한 사유 없이 법 제83조제3항을 위반하여 제복을 입지 아니한 선원

라. 법 제1279조 제1항부터 제3항까지의 규정에 따른 과태료는 대통령령으로 정하는 바에 따라 해양항만관청이 부과·징수한다(법 제179조 제4항).

「선원법 시행령」

제53조(과태료의 부과기준) 법 제179조제4항에 따른 과태료의 부과기준은 별표 2와 같다.

[별표 2]
과태료의 부과기준(제53조 관련)

1. 일반기준
가. 위반행위의 횟수에 따른 과태료 부과기준은 최근 1년간 같은 위반행위로 과태료 처분을 받은 경우에 적용한다. 이 경우 위반행위에 대하여 과태료 부과처분을 한 날과 다시 같은 위반행위로 적발된 날을 각각 기준으로 하여 위반횟수를 계산한다.
나. 부과권자는 다음의 어느 하나에 해당하는 경우에는 제2호에 따른 과태료 금액의 2분의 1의 범위에서 그 금액을 감경할 수 있다. 다만, 과태료를 체납하고 있는 위반행위자의 경우에는 그러하지 아니하다.
1) 위반행위자가 「질서위반행위규제법 시행령」 제2조의2 제1항 각 호의 어느 하나에 해당하는 경우
2) 위반행위가 사소한 부주의나 오류로 인한 것으로 인정되는 경우
3) 위반행위자의 법 위반상태를 시정하거나 해소하기 위한 노력이 인정되는 경우
4) 그 밖에 위반행위의 정도, 위반행위의 동기와 결과 등을 고려하여 감경할 필요가 있다고 인정되는 경우
다. 부과권자는 다음의 어느 하나에 해당하는 경우에는 제2호에 따른 과태료 금액의 2분의 1의 범위에서 그 금액을 가중할 수 있다. 다만, 법 제179조제1항부터 제3항까지의 규정에 따른 과태료 금액의 상한을 넘을 수 없다.
1) 위반의 내용·정도가 중대하여 선원의 근로 및 생활 등에 미치는 피해가 크다고 인정되는 경우

2) 법 위반상태의 기간이 6개월 이상인 경우
3) 그 밖에 위반행위의 정도, 위반행위의 동기와 결과 등을 고려하여 가중할 필요가 있다고 인정되는 경우

2. 개별기준(단위: 만원)

위반행위	근거 법조문	과태료 금액		
		1회 위반	2회 위반	3회 위반
가. 선장이 법 제12조 본문을 위반하여 선박의 충돌 시 선박의 명칭 · 소유자 · 선적항 · 출항항 및 도착항을 상대방에게 통보하지 않은 경우	법 제179조 제2항제1호	50	100	200
나. 선장이 법 제14조 본문을 위반하여 폭풍우 등 기상 이상이 있거나 떠돌아다니는 얼음덩이, 떠다니거나 가라앉은 물건 등 선박의 항해에 위험을 줄 우려가 있는 것과 마주친 경우 그 사실을 가까이 있는 선박의 선장과 해양경비안전관서의 장에게 통보하지 않은 경우	법 제179조 제2항제1호	50	100	200
다. 선장이 법 제15조제1항에 따른 비상대비훈련을 실시하지 않은 경우	법 제179조 제1항제1호	125	250	500
라. 선장이 법 제15조제2항에 따라 여객에게 비상시에 대비하기 위하여 필요한 사항을 주지시키지 않은 경우	법 제179조 제1항제2호	125	250	500
마. 선장이 법 제15조제3항을 위반하여 비상대비훈련을 실시할 때 해원의 휴식시간에 지장을 준 경우	법 제179조 제1항제3호	125	250	500
바. 선장이 법 제18조를 위반하여 선박에 있는 사람이 사망하거나 행방불명된 경우 선박에 있는 유류품에 대하여 보관이나 그 밖에 필요한 조치를 하지 않은 경우	법 제179조 제2항제1호	30	60	100
사. 선장이 법 제20조제1항을 위반하여 선박국적증서, 선원명부, 항해일지, 화물에 관한 서류 또는 그 밖에 해양수산부령으로 정하는 서류를 선내에 갖춰 두지 않은 경우	법 제179조 제2항제3호	30	60	100
아. 선장이 법 제21조를 위반하여 선박의 충돌 · 침몰 · 멸실 · 화재 · 좌초, 기관의 손상 및 그 밖의 해양사고가 발생한 경우, 항해 중 다른 선박의 조난을 안 경우(무선통신으로 알게 된 경우는 제외한다), 인명이나 선박의 구조에 종사한 경우, 선박에 있는 사람이 사망하거나 행방불명된 경우, 미리 정하여진 항로를 변경한 경우, 선박이 억류되거나 포획된 경우 또는 그 밖에 선박에서 중대한 사고가 일어난 경우에 지체 없이 그 사실을 해양항만관청에 보고하지 않은 경우	법 제179조 제2항제4호	50	100	200
자. 법 제23조제1항을 위반하여 흉기, 폭발하거나 불붙기 쉬운 물건, 「화학물질관리법」에 따른 유독물질, 그 밖에 위험한 물건을 가지고 승선한 사람이 즉시 선장에게 신고하지 않은 경우	법 제179조 제2항제5호	30	60	100
차. 선박소유자 또는 선장이 법 제44조제2항을 위반하여 선원의 승선 · 하선 교대가 있을 때마다 선원명부에 그 사실과 승선 선원의 성명을 적지 않은 경우	법 제179조 제2항제6호	10	30	50
카. 선박소유자 또는 선장이 법 제44조제3항을 위반하여 선원의 승선 · 하선 교대가 있을 때마다 선박에 갖추어 둔 선원명부의 공인을 받지 않은 경우	법 제179조 제2항제6호	30	60	100
타. 선박소유자가 법 제58조를 위반하여 임금대장을 갖춰두지 않거나 임금 지급 시마다 임금 계산의 기초가 되는 사항 등을 적지 않은 경우	법 제179조 제3항제1호	10	30	50

파. 선박소유자가 법 제62조제3항을 위반하여 선원의 1일 근로시간, 휴식시간 및 시간외근로를 기록할 서류를 선박에 갖춰두지 않거나, 선장에게 근로시간, 휴식시간, 시간외근로 및 그 수당의 지급에 관한 사항을 적도록 하지 않은 경우	법 제179조 제2항제7호	10	30	50
하. 선박소유자가 법 제63조제1항을 위반하여 해기 능력의 향상을 위한 선원의 선상훈련 및 평가계획의 수립 · 실시, 해양사고에 대비하기 위한 선상 비상훈련의 실시, 항해당직에 관한 상세한 기준의 작성 · 시행 및 선박 운항의 안전을 위하여 제52조의2에서 정한 사항을 이행하지 않은 경우	법 제179조 제1항제4호	125	250	500
거. 선장이 법 제77조제1항 후단을 위반하여 차별 급식을 한 경우	법 제179조 제2항제9호	30	60	100
너. 선박소유자가 법 제82조제4항을 위반하여 선원의 직무상 사고 등이 발생하였을 때에 즉시 해양항만관청에 보고하지 않은 경우	법 제179조 제2항제10호	50	100	200
더. 선박소유자가 법 제82조제5항을 위반하여 선내 작업 시의 위험 방지, 의약품의 비치와 선내위생의 유지 및 이에 관한 교육의 시행 등을 지키지 않은 경우	법 제179조 제2항제11호	50	100	200
러. 선박소유자가 법 제82조제7항을 위반하여 선박에 승선하는 선원에게 제복을 제공하지 않은 경우	법 제179조 제1항제5호	125	250	500
머. 선원이 법 제83조제3항을 위반하여 정당한 사유 없이 선박소유자가 제공한 제복을 입고 근무하지 않은 경우	법 제179조 제3항제2호	30	60	100
버. 선박소유자가 법 제87조제1항을 위반하여 건강진단서를 가지지 않은 사람을 선원으로 승무시킨 경우	법 제179조 제2항제12호	50	100	200
서. 선박에 승무하려는 사람이 법 제109조제1항을 위반하여 한국선원복지고용센터 또는 구직 · 구인등록기관에 구직등록을 하지 않고 선박에 승무한 경우	법 제179조 제2항제2호	10	20	30
어. 선원을 고용하려는 자가 법 제109조제2항을 위반하여 구직 · 구인등록기관에 구인등록을 하지 않고 선원을 고용한 경우	법 제179조 제2항제2호	50	100	200
저. 선원관리사업자가 법 제112조제4항을 위반하여 선원관리업무를 위탁받거나 그 내용에 변경이 있을 때 해양항만관청에 신고하지 않은 경우	법 제179조 제2항제13호	50	100	200
처. 선박소유자가 법 제119조제1항을 위반하여 취업규칙을 작성하여 해양항만관청에 신고 또는 변경신고를 하지 않은 경우	법 제179조 제2항제14호	50	100	200
커. 법 제126조제1항을 위반하여 선원근로감독관의 출석요구에 따르지 않거나 선박 또는 사업장 출입을 거부 · 기피 · 방해한 경우, 장부 · 서류의 제출명령에 따르지 않거나 거짓 장부 · 서류를 제출한 사람 또는 거짓의 진술을 한 경우	법 제179조 제2항제15호	50	100	200
터. 선원이 법 제129조제1항에 따른 신고를 거짓으로 한 경우	법 제179조 제1항제6호	125	250	500
퍼. 선박소유자가 법 제151조를 위반한 경우	법 제179조 제2항제2호	50	100	200

6

선박직원법

제1절 | 총론

제1관 입법 목적

1. 입법 목적

이 법은 선박직원으로서 선박에 승무(乘務)할 사람의 자격을 정함으로써 선박 항행의 안전을 도모함을 목적으로 한다(법 제1조).

이 법은 「선원의 훈련·자격증명 및 당직근무의 기준에 관한 국제협약」(STCW 협약)과 「어선 선원의 훈련·자격증명 및 당직근무의 기준에 관한 국제협약」(F-STCW 협약)을 국내 수용한 법으로서, 주로 해기사 등 선박직원의 훈련과 자격요건 및 당직근무기준 등을 정하고 이를 준수함으로써 선박의 항행안전을 목적으로 하고 있다. 입법 목적과 적용대상에 있어서 차이는 있지만 선원의 생활관계를 규율하는 법률이라는 점에서 선원법규로 분류할 수 있다. 한편, 선박항행의 안전을 도모하기 위한 법규로 「선박안전법」, 「국제해상충돌예방규칙협약」, 「선박의 입항 및 출항 등에 관한 법률」, 「해사안전법」, 「항로표지법」, 「도선법」, 「수로업무법」, 「해양사고의 조사 및 심판에 관한 법률」 등과 궁극적으로 목적을 같이 하고 있다.

제2관 용어의 정의

이 법에서 사용하는 용어의 뜻은 다음 각 호와 같다(법 제2조).

1. "선박"이란 「선박안전법」 제2조제1호에 따른 선박과 「어선법」 제2조제1호에 따른 어선을 말한다. 다만, 다음 각 목의 어느 하나에 해당하는 선박은 제외한다.
   가. 총톤수 5톤 미만의 선박. 다만, 총톤수 5톤 미만의 선박이라 하더라도 다음의 어느 하나에 해당하는 선박에 대하여는 이 법을 적용한다.
      1) 여객 정원이 13명 이상인 선박
      2) 「낚시 관리 및 육성법」 제25조에 따라 낚시어선업을 하기 위하여 신고된 어선
      3) 「유선 및 도선사업법」 제3조에 따라 영업구역을 바다로 하여 면허를 받거나 신고된 유선·도선
      4) 수면비행선박
   나. 주로 노와 삿대로 운전하는 선박
   다. 그 밖에 대통령령으로 정하는 선박

1의2. "한국선박"이란 선박 중 다음 각 목의 어느 하나에 해당하는 선박을 말한다.
   가. 국유 또는 공유의 선박
   나. 대한민국 국민이 소유하는 선박
   다. 대한민국의 법률에 따라 설립된 상사법인(商事法人)이 소유한 선박
   라. 대한민국에 주된 사무소를 둔 다목의 상사법인 외의 법인으로서 그 대표자(공동대표자인 경우에는 그 전원)가 대한민국 국민인 경우 그 법인이 소유하는 선박

2. "외국선박"이란 한국선박 외의 선박을 말한다.
3. "선박직원"이란 해기사(법 제10조의2에 따라 승무자격인정을 받은 외국의 해기사를 포함한다)로서 선박에서 선장·항해사·기관장·기관사·전자기관사·통신장·통신사·운항장 및 운항사의 직무를 수행하는 사람을 말한다.
4. "해기사"(海技士)란 법 제4조에 따른 면허를 받은 사람을 말한다.
5. "자동화선박"이란 대통령령으로 정하는 자동운항설비를 갖춘 선박을 말한다.
6. "승무경력"이란 선박에 승선하여 복무한 경력을 말한다.

「선박직원법 시행령」

제2조(정의) 이 영에서 사용하는 용어의 정의는 다음과 같다.

1. "연안수역"이라 함은 다음 각목의 해역을 말한다.
   가. 「선박안전법 시행령」 제2조제1항제3호가목에 따른 평수구역
   나. 「선박안전법 시행령」 제2조제1항제3호나목에 따른 연해구역

다. 제주도 남단 20마일의 지점으로부터 북위 29도40분과 동경 122도의 교차점에 이르는 선 이북의 해역
2. "원양수역"이라 함은 모든 해역을 말한다.
2의2. "무제한수역"이란 「원양산업발전법」 제2조제5호에 따른 해외수역을 말한다.
2의3. "제한수역"이란 제2호의2에 따른 무제한수역 외의 수역을 말한다.
3. "상선"이라 함은 제4호의 규정에 의한 어선이 아닌 선박을 말한다.
4. "어선"이란 「어선법」 제2조제1호에 따른 어선(국내항과 외국항간을 또는 외국항간을 운항하면서 어획물운반업에 종사하는 선박을 제외한다)을 말한다.
5. "소형선박"이라 함은 총톤수 25톤미만의 선박을 말한다.
6. "함정"이라 함은 군용 선박 및 경찰용 선박을 말한다.
7. "지정교육기관"이라 함은 해양수산부령이 정하는 바에 의하여 해양수산부장관의 지정을 받아 선원이 되고자 하는 자 또는 선원에게 교육을 실시하는 대학 · 전문대학 또는 고등학교(이들에 준하는 각종 학교를 포함한다)와 그 밖의 교육기관을 말한다.
8. "졸업예정자"라 함은 지정교육기관에서 관계법령의 규정에 의한 수업연한의 최종학년에 재학중인 자를 말한다.
9. "이수예정자"라 함은 지정교육기관에 설치한 전교육과정 · 학년별 또는 과정별 교육기간의 100분의 80 이상을 이수한 자를 말한다.
10. "주 기관 추진력"이라 함은 선박의 모든 주 기관의 총 최대연속정격출력을 말한다.

제3조(선박의 범위) 「선박직원법」(이하 "법"이라 한다) 제2조제1호다목에서 "대통령령으로 정하는 선박"이란 부선과 계류된 선박중 총톤수 500톤 미만의 선박을 말한다.

제3조의2(자동화선박의 설비 등)

① 법 제2조제5호에서 "대통령령으로 정하는 자동운항설비"란 자동화선박의 종류에 따른 별표1의 규정에 의한 설비를 말한다.
② 선박소유자는 제1항의 규정에 의한 자동화선박의 설비를 갖추었거나 그 설비가 변경된 때에는 해양수산부령이 정하는 바에 따라 관할 지방해양수산청장에게 자동화선박의 인정을 신청하여야 한다.
③ 제2항의 규정에 의하여 자동화선박 인정의 신청을 받은 지방해양수산청장은 당해 자동화선박의 설비를 확인한 후 별표1의 규정에 의한 설비에 적합하다고 인정하는 때에는 해양수산부령이 정하는 자동화선박의 종류별 인정서를 교부한다.
④ 선박소유자는 제2항의 규정에 의하여 인정을 받은 자동화선박의 설비가 기준에 미달되게 된 때에는 이를 인정한 지방해양수산청장에게 제3항의 규정에 의한 인정서를 반납하여야 한다.

「선박직원법 시행규칙」

제7조(자동화선박의 설비내역 및 종류인정)

① 영 제3조의2에 따라 자동화선박의 인정을 받고자 하는 자는 별지 제3호서식의 자동화선박의 종류별 인정(변경인정) 신청서에 「선박안전법」 제45조에 따른 선박안전기술공단 또는 같은 법 제60조제2항에 따른 선급법인이 발급한 해당 선박이 영 별표 1에 따른 자동화선박의 설비에 적합함을 증명하는 서류를 첨부하여 지방해양수산청장에게 제출하여야 한다.
② 지방해양수산청장은 제1항에 따른 신청을 받은 경우에는 별지 제4호서식의 자동화선박의 종류별 인정(변경인정)서를 신청인에게 발급하여야 한다.

제3관 적용범위

이 법은 한국선박 및 그 선박소유자, 한국선박에 승무하는 선박직원에 대하여 적용한다. 다만, 이 법에 특별한 규정이 있는 경우에는 외국선박 및 그 선박소유자, 외국선박에 승무하는 선박직원에 대하여도 적용한다(법 제3조 제1항). 이 법에서 선박소유자에 관한 규정은 선박을 공유하여 선박관리인을 둔 경우에는 선박관리인에게 적용하고, 선박임대차의 경우에는 선박차용인에게 적용한다(법 제3조 제2항). 국내의 조선소에서 건조 또는 개조되는 선박을 진수(進水) 시부터 인도 시까지 시운전하는 경우에는 법 제11조 및 제13조부터 제15조까지의 규정만 적용한다(법 제3조 제3항).

선박은 동산이지만 자연인이나 법인과 마찬가지로 국적을 가지기 때문에, 공해상에서는 선박의 기국법을 적용하는 것이 국제법상 확립된 원칙이다. 법의 적용범위와 관련해서는 영토주권과 대인주권의 원칙에 의하여 자기나라의 영토와 자기 국민에 대하여는 자기나라 법을 적용한다. 이러한 원칙에서 선박은 국적을 부여받기 때문에 자국민과 같은 취급을 받아서 대인주권의 개념에서 선적국 법의 적용을 받는 것이 원칙이다. 이러한 원칙에 의하여 한국선박, 한국선박의 소유자와 선박직원에 대하여 이 법이 적용되는 것이 원칙이다. 한편, 특별한 규정이 있는 경우 외국선박 등에 이 법을 적용하는 것은 우리나라의 영역에서 외국인 등에게 주권이 미치는 영토주권의 개념에서 비롯된 것이다.

국내조선소에서 건조 또는 개조되는 선박은 한국선박과 외국선박을 구분하지 않고, 우리나라 법에 의하여 우리나라의 주권이 미치는 영역에서 시운전이 이루어지기 때문에 영토주권에 의하여 우리 법의 적용을 받도록 규정한 것이다.

좁은 의미의 선박소유자는 선박의 소유권을 가진 자를 의미하지만, 해사법에서는 선박의 소유권을 중요하게 생각하기 보다는 선박의 운항주체를 의미한다. 선박의 소유권을 가지고 직접 선박을 운항하는 자, 타인 소유의 선박을 선체용선하여 운항하는자, 타인 소유의 선박을 운항해 주는 선박관리인(ship management company) 등으로서 선원을 고용한 자는 모두 이 법에서 의미하는 선박소유자로 해석된다. 법 제3조 제2항의 규정은 선체용선자와 선박공유에서 선박관리인에 한하는 것처럼 규정되어 있지만, 예시적으로 열거한 것으로 보아 실질적으로 선원을 고용하고 선박을 운항하는 자는 모두 포함하는 것으로 해석하여야 한다. 해상법에서는 영리목적으로 선박을 기업활동에 이용하는 해상기업의 주체로서 선박을 운항하는 자를 선박소유자로 해석하지만, 이 법에서는 이러한 형태의 해상기업의 주체가 아니어도 선원을 고용하여 선박운항을 하는 자는 선박소유자로 볼 수 있다.

제4관 국가 간 협력 및 지원

해양수산부장관은 해사기술의 국가 간 교류 · 협력을 촉진하기 위하여 필요하다고 인정하면 「선원의 훈련 · 자격증명 및 당직근무의 기준에 관한 국제협약」 또는 「어선 선원의 훈련 · 자격증명 및 당직근무의 기준에 관한 국제협약」의 당사국 중 개발도상국가에 다음 각 호의 어느 하나에 해당하는 지원을 할 수 있다(법 제3조의2).

1. 해기사 교육(실습교육을 포함한다. 이하 이 조에서 같다)을 위한 기관의 설립 지원
2. 해기사 교육과 관련한 행정 · 기술 요원의 교육 및 훈련 지원
3. 해기사 교육을 위한 장비 · 시설의 무상 지원
4. 해기사 교육을 위한 계획의 수립 · 개발 지원
5. 그 밖에 해기사의 능력개발을 위하여 필요하다고 인정되는 조치로서 해기사 교육과 관련된 지원

제2절 | 해기사의 자격과 면허

제1관 면허의 직종 및 등급

1. 면허발급 의무

선박직원이 되려는 사람은 해양수산부장관의 해기사 면허(이하 "면허"라 한다)를 받아야 한다(법 제4조 제1항).

해기사는 이 법에 따라 면허를 취득한 자를 말하는데, 항해사, 기관사, 통신사, 운항사, 수면비행선박 조종사, 소형선박 조종사 등의 해기사 면허를 소지하고 선박운항조직상 갑판부와 기관부를 지휘하는 자를 의미한다.

2. 직종과 등급

가. 원칙

해양수산부장관은 법 제5조에 따른 요건을 갖춘 사람에게 다음 각 호의 직종과 등급별로 면허를 한다. 이 경우 해양수산부장관은 대통령령으로 정하는 바에 따라 선박의 종류, 항행구

역 등에 따라 한정면허를 할 수 있다(법 제4조 제2항).

1. 항해사	2. 기관사	2의2. 전자기관사	3. 통신사(전파통신급과 전파전자급으로 구분한다)	4. 운항사	5. 수면비행선박 조종사	6. 소형선박 조종사
1급 항해사 2급 항해사 3급 항해사 4급 항해사 5급 항해사 6급 항해사	1급 기관사 2급 기관사 3급 기관사 4급 기관사 5급 기관사		1급 통신사 2급 통신사 3급 통신사 4급 통신사	1급 운항사 2급 운항사 3급 운항사 4급 운항사	• 중형 수면비행선박 조종사[최대 이수중량(離水重量) 10톤 이상 500톤 미만의 선박만 해당한다] • 소형 수면비행선박 조종사(최대 이수중량 10톤 미만의 선박만 해당한다)	미상

직종별 면허의 상하 등급은 법 제4조 제2항 각 호의 등급별 순서에 따른다(법 제4조 제3항). 운항사는 대통령령으로 정하는 전문분야별로 해당 등급과 같은 등급의 항해사(한정면허의 경우에는 상선에 한정된 면허만 해당한다) 또는 기관사로 보며, 소형선박 조종사는 6급 항해사 또는 6급 기관사의 하위등급의 해기사로 본다(법 제4조 제4항).

나. 한정면허

「선박직원법 시행령」

제4조(한정면허)

① 법 제4조제2항 각 호 외의 부분 후단에 따른 한정면허는 다음 각 호의 구분에 따른다.

1. 다음 각 목의 어느 하나에 해당하는 해기사면허(이하 "면허"라 한다)에 대하여 상선으로 한정하여 승무하도록 하는 상선면허 및 어선으로 한정하여 승무하도록 하는 어선면허
   가. 1급부터 6급까지의 항해사면허. 다만, 항해선(「선원법」 제2조제8호에 따른 항해선을 말한다. 이하 같다)에 승무하는 경우에 한정한다.
   나. 5급·6급의 기관사면허(제16조제5항 또는 제6항에 따라 취득하는 면허로 한정한다)
   다. 6급의 기관사면허(총톤수 100톤 이상의 선박에서 1년 이상 승선한 승무경력으로 취득하는 면허로 한정한다)
2. 5급·6급의 항해사면허 또는 기관사면허에 대하여 해저자원굴착선·해양자원탐사선·준설선 등

특수한 용도에 사용되는 선박으로 한정하여 승무하도록 하는 특수선박면허
3. 5급·6급의 항해사면허 또는 기관사면허에 대하여 호수·하천 또는 국제통신이 필요하지 아니하는 국내항 등 특정 수역만을 운항하는 선박으로 한정하여 승무하도록 하는 특정수역면허
3의2. 6급의 항해사면허 또는 기관사면허에 대하여 「수상레저안전법」에 따른 동력수상레저기구 중 총톤수 55톤 미만의 모터보트 또는 동력요트에 한정하여 승무하도록 하는 모터보트·동력요트면허
4. 소형선박 조종사면허(「수상레저안전법」에 따른 동력수상레저기구조종면허 소지자에게 교부되는 것으로 한정한다)에 대하여 요트로 한정하여 승무하도록 한정하는 요트면허 및 요트를 제외한 동력수상레저기구로 한정하여 승무하도록 한정하는 동력수상레저기구면허
5. 수면비행선박 조종사면허에 대하여 표면효과(WIG: Wing In Ground Effect)가 발생하는 높이(수면비행선박 주 날개의 종방향 평균폭을 말한다) 이하에서만 운항하는 선박으로 한정하여 승무하도록 하는 표면효과전용선면허
6. 소형 수면비행선박 조종사면허에 대하여 자가운전 등 비사업용으로 한정하여 승무하도록 하는 비사업용조종사면허
② 제1항제1호나목 및 다목에 따라 발급받은 상선면허 및 어선면허는 해당 한정면허를 소지한 자가 해당 선박에서 실제 승무하는 1년의 기간 동안 유효하며, 그 이후에는 선박의 종류별 승무 제한이 없는 면허를 받은 것으로 보고 해당 한정면허를 소지한 자는 해양수산부령으로 정하는 바에 따라 면허증 기재사항의 변경을 신청하여야 한다.

다. 운항사면허의 전문분야

「선박직원법 시행령」

제4조의2(운항사면허의 전문분야) 법 제4조제4항의 규정에 의한 운항사면허의 전문분야는 항해전문과 기관전문으로 한다.

제2관 면허의 요건 등

1. 면허의 요건

해양수산부장관은 다음 각 호의 요건을 갖춘 사람에게 면허를 한다(법 제5조 제1항).

1. 해양수산부장관이 시행하는 해기사 시험에 합격하고, 그 합격한 날부터 3년이 지나지 아니할 것
2. 등급별 면허의 승무경력 또는 「수상레저안전법」에 따른 조종면허 등 승무경력으로 볼 수 있는 것으로서 대통령령으로 정하는 자격·경력이 있을 것
3. 「선원법」에 따라 승무에 적당한 건강상태가 확인될 것
4. 등급별 면허에 필요한 교육·훈련을 이수할 것

5. 통신사 면허의 경우에는 「전파법」 제70조[1])에 따른 무선종사자의 자격이 있을 것

2. 등급별 면허의 승무경력

「선박직원법 시행령」

제5조의2(면허를 위한 승무경력) 법 제5조의 규정에 의한 직종 및 등급별 면허를 위한 승무경력(외국선박의 승무경력을 포함한다. 이하 같다)은 별표1의3과 같다.

제7조(승무경력기간의 계산)
① 승무경력기간은 승선한 날로부터 하선한 날까지의 기간으로 하되, 승선한 날로부터 기산한다.
② 제1항의 경우 1월에 미달되는 승무경력기간은 합산하여 30일을 1월로 하고, 1년에 미달되는 승무경력기간은 합산하여 12월을 1년으로 한다.

제8조(상이한 승무경력기간의 합산등)
① 승무경력기간을 계산함에 있어서 다른 직무로 승무한 기간이 있는 경우에는 별표1의3에 의한 직무별 기간의 비례에 따라 이를 환산하여 서로 합산할 수 있다.
② 삭제
③ 「전파법 시행령」 제29조제4호에 따른 해안국에서 무선통신에 관한 업무를 담당(실습을 포함한다)한 경력은 3월 이내의 범위 내에서 별표1의3제3호가목의 규정에 의한 직무별 기간에 합산할 수 있다.

제9조(승무경력의 증명)
① 승무경력은 다음 각 호의 어느 하나에 해당하는 서류에 의하여 증명되어야 한다.
1. 선원수첩
2. 삭제
3. 선원수첩을 가진 자가 이를 잃어버렸거나 헐어 못쓰게 된 경우에는 선원수첩을 교부한 지방해양수산청장, 지방해양수산청 해양수산사무소장, 「한국해양수산연수원법」에 따른 한국해양수산연수원(이하 "한국해양수산연수원"이라 한다)의 원장 또는 「선원법」 제142조에 따른 한국선원복지고용센터의 이사장이 증명하는 서류
4. 삭제
5. 삭제
② 함정 및 그 밖의 선박으로서 선원수첩을 가지지 아니하고 승무할 수 있는 선박에 승무한 경력의 증명방법은 해양수산부장관이 정하는 바에 의한다.

---

1)

「전파법」

제70조(무선종사자의 자격)
① 무선종사자가 되려는 자는 국가기술자격에 관한 법령 또는 대통령령으로 정하는 바에 따라 시행하는 기술자격검정에 합격하여야 한다.
② 미래창조과학부장관은 제1항에 따른 기술자격검정에 합격한 자에게 대통령령으로 정하는 바에 따라 기술자격증을 발급한다.
③ 무선종사자의 자격종목 및 자격종목별 종사범위는 대통령령으로 정한다.
④ 무선국의 무선설비는 무선종사자가 아니면 이를 운용하거나 그 공사를 하여서는 아니 된다. 다만, 선박이나 항공기가 항행 중이어서 무선종사자를 보충할 수 없거나 그 밖에 대통령령으로 정하는 경우에는 그러하지 아니하다.

③ 제2항의 규정에 의하여 승무경력을 증명하는 경우에는 다음 각호의 사항을 명시하여야 한다. 다만, 함정 및 시운전 선박의 경우에는 제1호・제6호 및 제7호의 사항을 제외한다.
1. 선박번호・선종 및 선명
2. 총톤수, 배수톤수 또는 최대 이수중량
3. 기관의 종류 및 주기관 추진력
4. 직무 및 승무기간
5. 무선통신설비의 유무
6. 선박의 용도 및 항행구역
7. 선박소유자의 성명 또는 명칭과 선박의 국적

④ 제1항 내지 제3항의 규정에 불구하고 지정교육기관의 해기사양성 교과과정 이수자(이수예정자를 포함한다)로서 면허를 받고자 하는 자는 다음 각 호에 해당하는 서류에 의하여 승무경력을 증명하여야 한다.
1. 제16조제1항 각 호의 규정에 따른 교육기간 및 동조제2항제2호의 규정에 따른 기간은 그 소속기관의 장 또는 대표자가 증명하는 서류
2. 신규로 다음 각 목에 해당하는 면허를 받고자 하는 자의 승무경력(승선실습을 포함하며, 항해분야 및 운항분야는 1년 이상, 기관분야는 6월 이상의 경력에 한한다)은 해양수산부장관이 정하는 바에 따른 지정교육기관의 장 또는 선박소유자가 증명하는 훈련기록부. 다만, 하위 등급의 면허를 소지한 자가 상위 등급의 면허를 신규로 취득하는 경우에는 훈련기록부의 제출을 면제한다.
   가. 3급 항해사 또는 4급 항해사(어선면허를 제외한다)
   나. 3급 기관사 또는 4급 기관사
   다. 3급 운항사 또는 4급 운항사

⑤ 지정교육기관의 상선교육과정을 이수한 자가 제4항제2호 가목의 규정에 따른 승무경력을 증명하는 경우에는 상선의 훈련기록부를 제출하여야 한다.

⑥ 삭제

[별표 1의3]
해기사면허를 위한 승무경력(제5조의2관련)

1. 항해사

받으려는 면허	승무경력			
	자격	선박	직무	기간
1급 항해사	2급 항해사 또는 2급 운항사	연안수역 또는 원양수역을 항행구역으로 하는 총톤수 1천600톤 이상의 상선(자동화선박을 포함한다) 또는 무제한수역을 항행구역으로 하는 길이 24미터 이상의 어선	선장, 1등 항해사 또는 1등 운항사	2년
			선장, 1등 항해사 및 1등 운항사를 제외한 선박직원	4년
		연안수역 또는 원양수역을 항행구역으로 하는 총톤수 500톤 이상 1천600톤 미만의 상선	선장 또는 1등 항해	3년
			선장 및 1등 항해사를 제외한 선박직원	5년
		배수톤수 1천600톤 이상의 함정	함장 또는 부장	2년
2급 항해사	3급 항해사 또는 3급 운항사	연안수역 또는 원양수역을 항행구역으로 하는 총톤수 1천600톤 이상의 상선(자동화선박을 포함한다) 또는 무제한수역을 항행구역으로 하는 길이 24미터 이상의 어선	선박직원	2년

		연안수역 또는 원양수역을 항행구역으로 하는 총톤수 500톤 이상 1천600톤 미만의 상선	선장 또는 1등 항해사	3년
			선장 및 1등 항해사를 제외한 선박직원	4년
		배수톤수 1천600톤 이상의 함정	함장 또는 부장	2년
			함정의 운항	3년
3급 항해사	4급 항해사 또는 4급 운항사	연안수역 또는 원양수역을 항행구역으로 하는 총톤수 500톤 이상의 상선, 총톤수 50톤 이상의 여객선 또는 제한수역 또는 무제한수역을 항행구역으로 하는 길이 15미터 이상의 어선	선박직원	2년
		연안수역 또는 원양수역을 항행구역으로 하는 총톤수 100톤 이상 500톤 미만의 상선	선장 또는 1등 항해사	3년
			선장 및 1등 항해사를 제외한 선박직원	4년
		연안수역 또는 원양수역을 항행구역으로 하는 총톤수 500톤 이상의 상선, 총톤수 200톤 이상의 여객선 또는 제한수역 또는 무제한수역을 항행구역으로 하는 길이 20미터 이상의 어선	선박의 운항	5년
	4급 항해사	배수톤수 500톤 이상의 함정	함장 또는 부장	2년
			함정의 운항	3년
		배수톤수 500톤 이상의 함정	함정의 운항	5년
4급 항해사	5급 항해사	총톤수 100톤 이상의 상선, 총톤수 30톤 이상의 여객선 또는 길이 12미터 이상의 어선	선박직원	1년
		총톤수 100톤 미만의 상선, 총톤수 5톤 이상 30톤 미만의 여객선 또는 길이 9미터 이상 12미터 미만의 어선	선박직원	2년
		총톤수 100톤 이상의 상선, 총톤수 30톤 이상의 여객선 또는 길이 12미터 이상의 어선	선박의 운항	4년
	5급 항해사	배수톤수 100톤 이상의 함정	함정의 운항	1년
		배수톤수 100톤 이상의 함정	함정의 운항	4년
5급 항해사	6급 항해사	길이 12미터 이상의 어선	선박직원	1년
		총톤수 30톤 이상의 상선	선박직원	1년
		길이 9미터 이상 12미터 미만의 어선	선박직원	2년
		총톤수 5톤 이상 30톤 미만의 상선	선박직원	2년
		길이 12미터 이상의 어선	선박의 운항	3년
		총톤수 30톤 이상의 상선	선박의 운항	3년
	6급 항해사	배수톤수 30톤 이상의 함정	함정의 운항	1년
		배수톤수 30톤 이상의 함정	함정의 운항	3년

6급 항해사		길이 20미터 이상의 어선	선박의 운항	1년
		총톤수 100톤 이상의 상선	선박의 운항	2년
		배수톤수 100톤 이상의 함정	함정의 운항	2년
		길이 9미터 이상 20미터 미만의 어선	선박의 운항	2년
		총톤수 5톤 이상 100톤 미만의 상선	선박의 운항	3년
		배수톤수 5톤 이상 100톤 미만의 함정	함정의 운항	3년

비고
1. 5급 항해사부터 3급 항해사까지의 면허(어선면허는 제외한다)를 위한 승무경력에는 6개월 이상의 항해당직근무(실습을 포함한다)경력을 포함하여야 한다.
2. 4급 항해사부터 1급 항해사까지의 면허(어선면허는 제외한다)를 위한 승무경력에는 해당 선박 중 최상급 총톤수 이상의 선박에서의 6개월 이상의 승무경력(실습을 포함한다)을 포함하여야 하며, 5급 항해사 이하의 면허(어선면허는 제외한다)를 위한 승무경력에는 해당 선박 중 최상급 총톤수 이상의 선박에서의 3개월 이상의 승무경력(실습을 포함한다)을 포함하여야 한다.
3. 받으려는 면허가 3급 항해사 이상의 면허 중 상선면허인 경우의 승무경력은 상선에 승무한 경력만 해당하고, 어선면허인 경우의 승무경력은 어선에 승무한 경력만 해당한다. 다만, 함정에 승무한 경력은 상선면허 또는 어선면허를 위한 승무경력 산정에서 모두 인정한다.
4. 비고 제3호에도 불구하고 항해선인 상선에서 당직항해사로 승무한 경력은 6개월에 한정하여 어선면허를 위한 승무경력으로 인정한다.
5. 5급 이상의 면허를 가지고 있는 사람은 6급 이하의 면허를 취득하기 위한 승무경력이 있는 것으로 본다(이하 이 표에서 같다).
6. 시운전 선박에 승무한 경력은 2007년 11월 23일 이후 시운전 선박에 승무한 경력부터 인정한다(이하 이 표에서 같다).
7. 자격란 중 운항사는 항해전문의 운항사를 말한다.
8. 어선의 "길이"란 「선박안전법」 제27조제1항제2호에 따라 해양수산부령으로 정하는 방법으로 측정한 어선의 길이를 말한다(이하 이 표에서 같다).
9. "여객선"이란 여객정원이 13명 이상인 선박을 말한다(이하 이 표에서 같다).
10. "함정의 운항"이란 함정에 승선하여 기관의 운전과 조리업무를 제외한 직무를 수행하는 것을 말한다(이하 이 표에서 같다).
11. "선박의 운항"이란 선박직원이 아닌 자로서 선박에 승선하여 선박직원의 기관업무 보조 및 조리업무를 제외한 나머지 직무를 수행하는 것을 말한다(이하 이 표에서 같다).

2. 기관사

받으려는 면허	승무경력			
	자격	선박	직무	기간
1급 기관사	2급 기관사 또는 2급 운항사	연안수역 또는 원양수역(어선의 경우에는 무제한수역)을 항행구역으로 하는 선박 중 주기관 추진력이 3천킬로와트 이상의 선박	기관장, 운항장, 1등 기관사 또는 1등 운항사	2년
			기관장, 운항장, 1등 기관사 및 1등 운항사를 제외한 선박직원	4년
		연안수역 또는 원양수역(어선의 경우에는 무제한수역)을 항행구역으로 하는 선박 중 주기관 추진력이 1천 500킬로와트 이상 3천킬로와트 미만의 선박	기관장 또는 1등 기관사	3년
			기관장 및 1등 기관사를 제외한 선박직원	5년

		주기관 추진력이 3천킬로와트 이상의 함정	기관장	2년
2급 기관사	3급 기관사 또는 3급 운항사	연안수역 또는 원양수역(어선의 경우에는 무제한수역)을 항행구역으로 하는 선박 중 주기관 추진력이 1천 500킬로와트 이상의 선박	선박직원	2년
		연안수역 또는 원양수역(어선의 경우에는 무제한수역)을 항행구역으로 하는 선박 중 주기관 추진력이 750킬로와트 이상 1천 500킬로와트 미만의 선박	기관장 또는 1등 기관사	3년
			기관장 및 1등 기관사를 제외한 선박직원	4년
		주기관 추진력이 1천 500킬로와트 이상의 함정	기관장	2년
			기관의 운전	3년
3급 기관사	4급 기관사 또는 4급 운항사	연안수역 또는 원양수역(어선의 경우에는 제한수역 또는 무제한수역)을 항행구역으로 하는 선박 중 주기관 추진력이 750킬로와트 이상의 선박	선박직원	2년
		연안수역 또는 원양수역(어선의 경우에는 제한수역 또는 무제한수역)을 항행구역으로 하는 선박 중 주기관 추진력이 350킬로와트 이상 750킬로와트 미만의 선박	기관장 또는 1등 기관사	3년
			기관장 및 1등 기관사를 제외한 선박직원	4년
		연안수역 또는 원양수역(어선의 경우에는 제한수역 또는 무제한수역)을 항행구역으로 하는 선박 중 주기관 추진력이 750킬로와트 이상의 선박	기관의 운전	5년
	4급 기관사	주기관 추진력이 750킬로와트 이상의 함정	기관장	2년
			기관의 운전	3년
		주기관 추진력이 750킬로와트 이상의 함정	기관의 운전	5년
4급 기관사	5급 기관사	주기관 추진력이 350킬로와트 이상의 선박	선박직원	1년
		주기관 추진력이 350킬로와트 미만의 선박	선박직원	2년
		주기관 추진력이 350킬로와트 이상의 선박	기관의 운전	4년
	5급 기관사	주기관 추진력이 350킬로와트 이상의 함정	기관의 운전	1년
		주기관 추진력이 350킬로와트 이상의 함정	기관의 운전	4년

5급 기관사	6급 기관사	주기관 추진력이 350킬로와트 이상의 선박	선박직원	1년
		주기관 추진력이 150킬로와트 이상 350킬로와트 미만의 선박	선박직원	2년
		주기관 추진력이 350킬로와트 이상의 선박	기관의 운전	3년
	6급 기관사	주기관 추진력이 350킬로와트 이상의 함정	기관의 운전	1년
		주기관 추진력이 350킬로와트 이상의 함정	기관의 운전	3년
6급 기관사		주기관 추진력이 500킬로와트 이상의 선박	기관의 운전	1년
		주기관 추진력이 500킬로와트 이상의 함정	기관의 운전	2년
		주기관 추진력이 150킬로와트 이상 500킬로와트 미만의 선박	기관의 운전	3년
		주기관 추진력이 150킬로와트 이상 500킬로와트 미만의 함정	기관의 운전	3년

비고

1. 5급 기관사부터 3급 기관사까지의 면허를 위한 승무경력에는 6개월 이상의 기관당직근무(실습을 포함한다)경력을 포함하여야 한다.
2. 4급 기관사부터 1급 기관사까지의 면허를 위한 승무경력에는 해당 선박 중 최상급 주기관 추진력 이상의 선박에서의 6개월 이상의 승무경력(실습을 포함한다)을 포함하여야 하며, 5급 기관사 이하의 면허를 위한 승무경력에는 해당 선박 중 최상급 주기관 추진력 이상의 선박에서의 3개월 이상의 승무경력(실습을 포함한다)을 포함하여야 한다.
3. 6급 기관사 면허를 위한 승무시간 중 총톤수 5톤 이상 100톤 미만의 어선과 총톤수 100톤 이상의 어선에서 승무한 경력으로 면허를 취득하는 경우에는 어선면허에 한정하여 면허를 발급하여야 한다.
4. 자격란 중 운항사는 기관전문의 운항사를 말한다.

2의2. 전자기관사

받으려는 면허	승무경력			
	자격	선박	직무	기간
전자 기관사	4급 기관사 이상의 기관사 또는 4급 운항사 이상의 운항사	연안수역 또는 원양수역(어선의 경우에는 제한수역 또는 무제한수역)을 항행구역으로 하는 선박 중 주기관 추진력이 750킬로와트 이상의 선박	기관부 선박직원	
		연안수역 또는 원양수역(어선의 경우에는 제한수역 또는 무제한수역)을 항행구역으로 하는 선박 중 주기관 추진력이 350킬로와트 이상 750킬로와트 미만의 선박	기관장 또는 1등 기관사	1년

			기관장 및 1등 기관사를 제외한 기관부 선박직원	2년
	4급 기관사 이상의 기관사	주기관 추진력이 750킬로와트 이상의 함정	기관장	2년
	5급 기관사	연안수역 또는 원양수역(어선의 경우에는 제한수역 또는 무제한수역)을 항행구역으로 하는 선박 중 주기관 추진력이 750킬로와트 이상의 선박	기관부 선박직원	2년
		연안수역 또는 원양수역을 항행구역으로 하는 선박 중 주기관 추진력이 350킬로와트 이상 750킬로와트 미만의 선박	기관장 또는 1등 기관사	2년
			기관장 및 1등 기관사를 제외한 기관부 선박직원	3년
		연안수역 또는 원양수역(어선의 경우에는 제한수역 또는 무제한수역)을 항행구역으로 하는 선박 중 주기관 추진력이 750킬로와트 이상의 선박	기관의 운전	5년
		주기관 추진력이 750킬로와트 이상의 함정	기관의 운전	5년

3. 통신사

가. 전파통신급

받으려는 면허	승무경력			
	자격	선박	직무	기간
1급 통신사	전파통신 기사이상	연안수역 또는 원양수역을 항행구역으로 하는 무선통신설비를 갖춘 선박	무선통신의 담당 또는 실습	6월
		함정		
2급 통신사	전파통신 산업기사 이상	연안수역 또는 원양수역을 항행구역으로 하는 무선통신설비를 갖춘 선박	무선통신의 담당 또는 실습	6월
		함정		
3급 통신사	전파통신 기능사 이상	무선통신설비를 갖춘 선박	무선통신의 담당 또는 실습	없음
		함정		
4급 통신사	제한무선 통신사 이상	무선통신설비를 갖춘 선박	무선통신의 담당 또는 실습	없음
		함정		

나. 전파전자급

받으려는 면허	승무경력			
	자격	선박	직무	기간

1급 통신사	전파전자기사 이상	연안수역 또는 원양수역을 항행구역으로 하는 세계해상조난 및 안전제도(GMDSS) 관련설비를 갖춘 선박	통신의 담당 또는 실습	3월
2급 통신사	전파전자산업기사 이상	연안수역 또는 원양수역을 항행구역으로 하는 세계해상조난 및 안전제도(GMDSS) 관련설비를 갖춘 선박	통신의 담당 또는 실습	3월
3급 통신사	전파전자기능사 이상	세계해상조난 및 안전제도(GMDSS) 관련설비를 갖춘 선박	통신의 담당 또는 실습	없음
4급 통신사	해상무선통신사 이상	세계해상조난 및 안전제도(GMDSS) 관련설비를 갖춘 선박	통신의 담당 또는 실습	없음

비고
1. 가목 및 나목의 자격은 전파법의 규정에 의한 자격이어야 한다.
2. 무선통신 또는 통신의 실습은 선장·항해사 또는 운항사의 직무와 병행하여 할 수 있다.

4. 소형선박 조종사

받으려는 면허	승무경력			
	자격	선박	직무	기간
소형선박 조종사		총톤수 2톤 이상의 선박	선박의 운항 또는 기관의 운전	2년
		배수톤수 2톤 이상의 함정	함정의 운항 또는 기관의 운전	2년

비고
「낚시 관리 및 육성법」에 따라 낚시어선업을 하기 위하여 신고한 낚시어선 및 「유선 및 도선사업법」에 따라 면허를 받거나 신고한 유선 및 도선에 승무한 경력은 톤수의 제한을 받지 아니한다.

5. 운항사

받으려는 면허	승무경력			
	자격	선박	직무	기간
1급 운항사	2급 운항사, 1급 항해사 또는1급 기관사	연안수역 또는 원양수역을 항행구역으로 하는 총톤수 1천600톤 이상의 자동화선박	선장·운항장 또는 1등 운항사	2년
			선박직원	4년
		연안수역 또는 원양수역을 항행구역으로 하는 총톤수 1천600톤 이상의 상선	선장·기관장·1등 항해사 또는 1등 기관사	3년
			선박직원	5년
		배수톤수 1천600톤 이상의 함정	함장 또는 부장	3년

2급 운항사	3급 운항사, 2급 항해사 또는 2급 기관사	연안수역 또는 원양 수역을 항행구역으로 하는 총톤수 1천600톤 이상의 자동화선박	선장・운항장 또는 1등 운항사	2년
			선박직원	3년
		연안수역 또는 원양수역을 항행구역으로 하는 총톤수 500톤 이상의 상선	선장・기관장・1등 항해사 또는 1등 기관사	3년
			선박직원	4년
		배수톤수 500톤 이상의 함정	함장 또는 부장	3년
			함정의 운항	4년
3급 운항사	4급 운항사, 3급 항해사 또는 3급 기관사	연안수역 또는 원양수역을 항행구역으로 하는 총톤수 1천600톤 이상의 자동화선박	선박직원	2년
		연안수역 또는 원양수역을 항행구역으로 하는 총톤수 500톤 이상의 상선	선장・기관장・1등 항해사 또는 1등 기관사	2년
			선박직원	3년
		배수톤수 200톤 이상의 함정	함장 또는 부장	2년
			함정의 운항	3년
4급 운항사	4급항해사 또는4급기관사			

비고
1. 받고자 하는 면허가 항해전문의 운항사인 경우의 자격은 항해사 또는 항해전문의 운항사에 한하며, 받고자 하는 면허가 기관전문의 운항사인 경우의 자격은 기관사 또는 기관전문의 운항사에 한한다.
2. 운항사면허를 취득하기 위해서는 위 표에 따른 승무경력에 등급별로 각각 다음 각 목의 어느 하나에 해당하는 항해당직근무경력 또는 기관당직근무경력이 있어야 한다. 이 경우 항해당직근무경력 또는 기관당직근무경력을 산정할 때에는 위 표에 따른 승무경력기간에 포함되지 아니한 기간 동안 행한 항해당직근무경력 또는 기관당직근무경력을 합산한다.
   가. 1급 항해전문의 운항사는 24월 이상의 항해당직근무와 6월 이상의 기관당직근무
   나. 1급 기관전문의 운항사는 24월 이상의 기관당직근무와 6월 이상의 항해당직근무
   다. 2급 항해전문의 운항사는 12월 이상의 항해당직근무와 6월 이상의 기관당직근무
   라. 2급 기관전문의 운항사는 12월 이상의 기관당직근무와 6월 이상의 항해당직근무
   마. 3급 운항사 또는 4급 운항사는 6월 이상의 항해당직근무(실습을 포함한다)와 6월 이상의 기관당직근무(실습을 포함한다)

6. 수면비행선박 조종사

받으려는 면허	승무경력				
	자격	선박 또는 항공기	직무	기간	승선시간
중형수면 비행선박 조종사	4급 항해사 또는 4급 운항사 이상	연안수역 또는 원양수역을 항행구역으로 하는 총톤수 500톤 이상의 상선, 총톤수 50톤 이상의 여객선・어선	선박직원	2년	-
		연안수역 또는 원양수역을 항행구역으로 하는 총톤수 100톤 이상 500톤 미만의 상선	선박직원	3년	-

		배수톤수 500톤 이상의 함정	함장 또는 부장	2년	-
			함정의 운항	3년	-
	소형 수면 비행선박 조종사	최대 이수중량 10톤 미만의 수면비행선박	선박직원	-	200시간
소형 수면 비행 선박 조종사	5급 항해사 이상	연안수역 또는 원양수역을 항행구역으로 하는 총톤수 100톤 이상의 상선 또는 총톤수 30톤 이상의 여객선·어선	선박직원	1년	-
		연안수역 또는 원양수역을 항행구역으로 하는 총톤수 100톤 미만의 상선 또는 총톤수 5톤 이상 30톤 미만의 여객선·어선		2년	
		배수톤수 100톤 이상의 함정	함장 또는 부장	1년	-
			함정의 운항	2년	-
		수면비행선	수면비행선박의 운항	2년	-

비고
항해사 또는 운항사 자격과 그에 따른 승무경력을 갖춘 사람이 수면비행선박 조종사 면허를 받으려는 경우 해당 승무경력 외에 「항공법」에 따른 경량항공기 조종사 이상의 면허를 가지고 있어야 한다.

제14조의2(해기사에 대한 승무경력의 특례)
① 삭제
②통신사면허를 받고 무선설비를 갖춘 선박에서 3년 이상의 승무경력이 있는 통신사가 다음 각호의 1에 해당하는 경우에는 당해 등급의 면허를 위한 승무경력이 있는 것으로 본다.
1. 1급 통신사 및 2급 통신사가 2급 이하의 항해사시험에 합격한 경우
2. 3급 통신사가 3급 이하의 항해사시험에 합격한 경우

제14조의3(모터보트·동력요트면허와 관련한 승무경력의 특례) 제4조제1항제4호의 요트면허 또는 동력수상레저기구면허를 4년 이상 보유(법 제9조제1항에 따른 업무정지기간은 제외한다)한 사람은 같은 항 제3호의2의 모터보트·동력요트면허를 위한 승무경력이 있는 것으로 본다.

제14조의4(소형선박 조종사면허와 관련한 승무경력의 특례) 제12조제3항 및 제6항에 따라 필기시험 및 실기시험을 모두 합격한 자와 「수상레저안전법」에 따른 동력수상레저기구조종면허를 소지한 자는 별표 1의3 제4호에 따른 소형선박 조종사면허를 위한 승무경력이 있는 것으로 본다.

제14조의5(수면비행선박 조종사면허와 관련된 승무경력의 특례)
① 별표 1의3 제6호에도 불구하고 6급 항해사 이상의 면허를 가지고 있는 「항공법」 제26조제1호에 따른 운송용 조종사 또는 같은 조 제2호에 따른 사업용 조종사로서 사업용 조종사 면허를 가진 사람이 조종 가능한 비행기 또는 회전익항공기를 500시간 이상 비행한 경력을 가진 경우에는 중형 수면비행선박 조종사면허를 위한 승무경력이 있는 것으로 본다.
② 별표 1의3 제6호에도 불구하고 6급 항해사 이상의 면허를 가지고 있는 「항공법」 제26조제1호에 따른 운송용 조종사, 같은 조 제2호에 따른 사업용 조종사 또는 같은 조 제3호에 따른 자가용 조종사

로서 자가용 조종사 면허를 가진 사람이 조종 가능한 비행기 또는 회전익항공기를 400시간 이상 비행한 경력을 가진 경우에는 소형 수면비행선박 조종사면허를 위한 승무경력이 있는 것으로 본다.
③ 제1항 및 제2항에 따른 승무경력의 인정을 위한 비행경력은 해양수산부장관이 정하는 바에 따라 작성된 비행경력증명서로 증명되어야 한다.

3. 결격사유

다음 각 호의 어느 하나에 해당하는 사람은 해기사가 될 수 없다(법 제6조).

1. 18세 미만인 사람
2. 면허가 취소된 날부터 2년(「수산업법」 제71조제1항[2]에 따라 면허가 취소된 경우에는 1년)이 지나지 아니한 사람

제3관 해기사시험, 승무교육, 교육 · 훈련 등

1. 법적 근거

법 제5조 제1항제1호 · 제2호 및 제4호에 따른 해기사 시험, 승무경력 및 교육 · 훈련에 관하여 필요한 사항은 대통령령으로 정한다(법 제5조 제2항).

2. 교육 · 훈련

가. 면허취득교육

「선박직원법 시행령」

제5조(면허취득교육 등)
① 법 제5조제1항제4호에 따라 교육 · 훈련과정을 이수하여야 하는 자는 다음 각 호와 같다.
1. 지정교육기관에서 해당 직종의 해기사양성 교과과정을 이수하지 아니하고 신규로 다음 각 목의 면허를 받고자 하는 자. 다만, 받고자 하는 면허의 바로 아래등급의 면허를 소지한 경우에는 그러하지

---

2)

「수산업법」

제71조(해기사면허의 취소 등)
① 행정관청은 어업종사자나 어획물운반업종사자가 이 법이나 「수산자원관리법」 또는 이 법이나 「수산자원관리법」에 따른 명령을 위반한 때에는 관계 행정기관의 장에게 해기사면허의 취소 · 정지 또는 해기사에 대한 견책을 요구할 수 있다.
② 관계 행정기관의 장은 제1항에 따른 요구가 있으면 이에 따라야 한다.

아니하다.
가. 3급 항해사부터 6급 항해사까지
나. 3급 기관사부터 6급 기관사까지
다. 1급 통신사부터 4급 통신사까지
2. 제12조제3항 및 제5항에 따라 필기시험 및 실기시험으로 소형선박 조종사면허를 받으려는 자
3. 제13조제4항에 따라 필기시험과목의 전부 또는 일부를 면제받고 6급 항해사면허, 6급 기관사면허 또는 소형선박 조종사면허를 받으려는 자
4. 제14조제1항에 따라 면접시험으로 면허를 받으려는 자
5. 제14조의2제2항에 따라 면허를 받으려는 자
6. 수면비행선박 조종사면허를 받으려는 사람
② 제1항의 규정에 의한 교육·훈련의 과정·기간 및 내용 등에 관하여 필요한 사항은 해양수산부령으로 정한다.
③ 해기사시험에 합격한 자가 면허를 받기 전에 「병역법」에 의하여 병역의무를 마치기 위한 기간은 법 제5조제1항제1호의 규정에 의한 기간에 이를 산입하지 아니한다.

「선박직원법 시행규칙」

제2조(교육)
① 다음 각 호의 교육과정의 과정별 교육대상자·교육내용 및 교육기간은 별표 1과 같다.
1. 「선박직원법」(이하 "법"이라 한다) 제5조제1항제4호와 「선박직원법 시행령」(이하 "영"이라 한다) 제5조제1항 및 영 제15조제2항 전단에 따른 면허취득교육
2. 법 제7조제3항제2호에 따른 면허갱신교육
3. 법 제16조에 따른 보수교육
4. 영 제13조제2항에 따른 필기시험면제교육
4의2. 영 제13조제6항에 따른 면접시험면제를 위한 교육
5. 영 별표 3 제4호에 따른 소형선박직무교육
② 제1항에 따른 교육을 실시하는 자는 그 교육을 받은 사람에 대하여 「선원법 시행규칙」 제57조제4항에 따른 교육이수증을 발급하거나 선원수첩의 관청기사란에 교육이수사실을 기재하여야 한다.
③ 제1항에 따른 교육대상자로서 별표 1에 따라 교육과정을 이수한 것으로 보는 사람은 지방해양수산청장(지방해양수산청해양수산사무소의 관할구역에서는 지방해양수산청해양수산사무소장을 말한다) 또는 지정교육기관의 장에게 선원수첩에 교육과정이수사실을 기재하여 줄 것을 요청할 수 있다.

[별표 1]
교육과정별 교육대상자·교육내용 및 교육기간(제2조제1항 관련)

교육과정	교육대상자		교육내용	교육기간
면허취득교육	영 제5조제1항 제1호에 해당하는 사람	3급 항해사, 3급 기관사, 전파전자급 3급 통신사의 면허를 받으려는 사람	선박의 운항, 기관의 운전 또는 통신 직무	5일
		4급 또는 5급 항해사, 4급 또는 5급 기관사, 전파전자급 4급 통신사의 면허를 받으려는 사	선박의 운항, 기관의 운전 또는 통신 직무	3일
	영 제5조제1항 제2호에 해당하는 사람	승무경력 없이 필기시험 및 실기시험 으로 소형선박 조종사면허를 받으려는 사람	선박의 운항 및 기관의 운전	3일

	영 제5조제1항 제3호에 해당하는 사람	필기시험과목 전부를 면제받아 6급 항해사면허, 6급 기관사면허 또는 소형선박 조종사면허를 받으려는 사람	선박의 운항 또는 기관의 운전	3일
		필기시험과목 일부를 면제받아 6급 항해사면허, 6급 기관사면허 또는 소형선박 조종사면허를 받으려는 사람	선박의 운항 또는 기관의 운전	2일
	영 제5조제1항 제4호에 해당하는 사람	3급 항해사 이상, 3급 기관사 이상, 3급 운항사 이상의 면허를 받으려는 사람	선박의 운항관리 또는 기관의 운전	10일
		4급 항해사 이하, 4급 기관사 이하, 4급 운항사의 면허 또는 통신사의 면허를 받으려는 사람	선박의 운항관리 또는 기관의 운전	5일
	영 제5조제1항 제5호에 해당하는 사람	2급 이하의 항해사 면허를 받으려는 사람	선박의 운항	10일
	영 제5조제1항 제6호에 해당하는 사람	소형 수면비행선박 조종사면허(한정면허를 포함한다)를 받으려는 사람	수면비행선박 모의조종훈련	35시간
			수면비행선박 실선 실습훈련	60시간
		중형 수면비행선박 조종사면허(한정면허를 포함한다)를 받으려는 사람	수면비행선박 모의조종훈련	50시간
			수면비행선박 실선 실습훈련	100시간
	영 제15조제2항에 해당 하는 사람	상선면허를 가지고 동급 이하의 어선면허를 받으려는 사람 또는 어선면허를 가지고 동급 이하의 상선면허를 받으려는 사람	선박의 운항 및 영어	5일
면허갱신교육	법 제7조제3항 제2호에 따라 교육을 이수하고 면허를 갱신하려는 사람	3급 항해사 이상, 3급 기관사 이상, 3급 운항사 이상, 중형 수면비행선박 조종사면허를 갱신하려는 사람	선박의 운항관리 또는 기관의 운전	3일
		4급 항해사 이하, 4급 기관사 이하, 4급 운항사, 소형 수면비행선박 조종사면허를 갱신하려는 사람	선박의 운항관리 또는 기관의 운전	2일
		통신사, 소형선박조종사면허를 갱신하려는 사람	통신직무 또는 소형선박의 운항관리	1일

보수교육	기술교육	운항사 교육	영 제22조제4항에 따라 운항사 면허를 받고 최초로 운항사의 직무를 행하려는 사람	선박의 운항관리	10일
		레이더 시뮬레이션교육	최초로 항해선에서 선장, 항해사 또는 운항사로 승무하려는 사람	레이더관측 · 레이더기초지식 및 레이더항법	5일
			통신사면허를 소지하고 통신사 이상의 직무를 수행한 사람 중 최초로 항해선에서 선장, 항해사 또는 운항사로 승무하려는 사람	레이더 정보 · 분석	2일
		선교자원관리 교육	최초로 항해선에서 선장, 항해사, 운항사로 승무하려는 사람	선교 인적자원의 효과적인 관리와 운용에 관한 교육	3일
		기관실자원 관리교육	최초로 항해선에서 기관장, 기관사, 운항사로 승무하려는 사람	기관실 인적자원의 효과적인 관리와 운용에 관한 교육	3일
		전자해도장치 교육	최초로 전자해도장치(ECDIS)가 설치된 항해선에서 선장, 항해사 또는 운항사로 승무하려는 사람	전자해도장치에 관한 지식과 활용능력 배양	3일
		자동충돌 예방교	최초로 자동충돌예방장치가 설치된 항해선에서 선장, 항해사, 운항사로 승무하려는 사람	자동충돌예방장치에 관한 지식과 시뮬레이션 훈련	3일
	안전 및 해양오염 방지 교육	탱커기초 교육	「선원법 시행령」 제43조제1항에 따른 기초안전교육을 이수하고, 최초로 유조선이나 케미컬탱커에서 항해사, 기관사, 운항사로 승무하려는 사람(「선원법 시행규칙」 별표 2에 따른 탱커교육 이수자는 제외한다)	화물의 특성 · 독성 · 위험, 위험통제, 인명보호, 오염방지절차	3일
		액화가스 탱커 기초 교육	최초로 액화가스탱커에 항해사, 기관사 또는 운항사로 승무하려는 사람(「선원법 시행규칙」 별표 2에 따른 탱커교육 이수자는 제외한다)	화물의 특성 · 독성 · 위험, 위험통제, 인명보호, 오염방지절차	3일
		해양오염 방지 교육	항해선에 해양오염방지관리인으로 승무하려는 사람 또는 해양오염방지관리인의 자격을 유지하려는 사람	해양환경오염방지에 관한 교육	3일(유지하려는 경우 2일)

	직무교육	유조선 직무교육	탱커기초교육을 이수하고, 3개월 이상의 유조선 승무경력이 있거나 1개월 이상의 승무기간 중 3회 이상 적·양하 작업에 참여한 사람 중에서 유조선에 선장, 1등 항해사, 기관장, 1등 기관사, 운항장 또는 1등 운항사로 승무하려는 사람	안전규칙, 실무지침, 유조선 구조, 화물의 특성, 설비 보수관리, 비상절차	5일
		액화가스 탱커 직무교육	액화가스탱커기초교육을 이수하고, 3개월 이상의 액화가스탱커 승무경력이 있거나 1개월 이상의 승무기간 중 3회 이상 적·양하 작업에 참여한 사람 중에서 액화가스탱커에 선장, 1등 항해사, 기관장, 1등 기관사, 운항장 또는 1등 운항사로 승무하려는 사람	안전규칙, 실무지침, 화학·물리학, 오염방지절차, 화물취급설비, 선내 작업절차, 비상절차	5일
		케미컬탱커 직무교육	탱커기초교육을 이수하고, 3개월 이상의 케미컬탱커 승무경력이 있거나 1개월 이상의 승무기간 중 3회 이상 적·양하 작업에 참여한 사람 중에서 케미컬탱커에 선장, 1등 항해사, 기관장, 1등 기관사, 운항장 또는 1등 운항사로 승무하려는 사람	안전규칙, 실무지침, 화물 특성, 선내 작업절차, 설비 보수 관리, 비상절차	5일
		원양선 직무교육	영 제22조제2항에 따라 원양수역을 항행구역으로 하는 선박에 선장, 기관장, 1등 항해사, 1등 기관사, 통신장, 운항장 또는 1등 운항사로 승무하려는 사람	선박의 운항관리, 기관의 운전 또는 통신 직무	5일(어선 또는 통신장의 경우에는 3일)
		연안선 직무교육	영 제22조제3항에 따라 연안수역을 항행구역으로 하는 총톤수 5톤 이상(어선의 경우에는 30톤 이상)선박에 선장, 기관장, 운항장 또는 통신장(200톤 이상 선박인 경우에 한정한다)으로 승무하려는 사람	선박의 운항관리, 기관의 운전 또는 통신 직무	3일(어선 또는 통신장의 경우에는 2일, 30톤 미만 상선의 경우에는 1일)
		예인선 직무교육	최초로 예인선에 선장, 운항장, 항해사 또는 운항사로 승무하려는 사람	선박운항 관리를 위한 모의운항시뮬레이션	2일
		여객선 직무교육	영 제22조제3항에 따라 연안수역을 항행구역으로 하는 여객선에 선박직원으로 승무하려는 사람	선내 인적 자원의 효율적인 관리와 운용에 관한 교육	3일
필기시험 면제교육		영 제13조제2항에 따라 필기시험을 면제받으려는 사람	2급 항해사면허, 2급 기관사면허, 2급 운항사 면허를 받으려는 사람	필기시험 관련과목	15일

		3급 항해사면허, 3급 기관사면허, 3급 운항사 면허를 받으려는 사람	필기시험 관련과목	15일
		4급 또는 5급 항해사면허, 4급 또는 5급 기관사면허를 받으려는 사람	필기시험 관련과목	10일
면접시험 면제교육	영 제13조제6항에 따라 면접시험을 면제받으려는 사람		면접시험 관련과목	1일
소형선박 직무교육	영 별표 3 제4호에 따라 소형선박의 선장 및 기관장의 직무를 겸직하려는 사람		소형선박의 운항 또는 소	3일

비고 :

1. 2개 이상의 교육과정을 통합하여 1개의 교육과정을 운영하는 경우에는 중복되는 과목에 해당하는 교육기간을 단축할 수 있다.
2. 항해사 또는 운항사의 면허를 가지고 전파전자급 3급 통신사 면허를 받으려는 사람의 면허 취득교육은 2일, 전파전자급 4급 통신사 면허를 받으려는 사람의 면허취득교육은 1일로 한다.
3. 다음 각 목의 어느 하나에 해당하는 교육과정을 이수한 경우에는 해당 직종의 연안선 직무교육을 이수한 것으로 본다.
   가. 영 제5조제1항제4호에 따른 면허 재취득교육
   나. 영 제5조제1항제5호에 따른 통신사의 항해사면허 취득교육
   다. 영 제13조제2항에 따른 필기시험 면제교육(3급 이상 항해사면허, 3급 이상 기관사면허, 3급 이상 운항사면허를 받으려는 사람로 한정한다)
   라. 원양선 직무교육
   마. 예인선 직무교육
4. 면허갱신 교육대상자가 다음 각 목의 어느 하나의 교육과정을 이수한 경우에는 면허갱신 교육과정을 이수한 것으로 본다. 다만, 어선의 연안선 직무교육과정을 이수한 경우에는 4급 항해사 이하 또는 4급 기관사 이하의 면허갱신 교육과정을 이수한 것으로 본다.
   가. 원양선 직무교육
   나. 연안선 직무교육
   다. 직무인정교육(전파법령 및 국가자격기술법령에 따른 보수교육을 포함하되, 통신사면허 소지자로 한정한다)
5. 영 제5조제1항제4호에 따라 3급 항해사 이상, 3급 기관사 이상 또는 3급 운항사 이상의 면허취득 교육과정을 이수한 경우에는 원양선 직무교육과정을 이수한 것으로 본다.
6. 표면효과전용선면허를 받으려는 사람은 위 표에 따른 교육과정 외에 35시간의 수면비행선박 운항관리 교육과정을 추가로 이수하여야 한다. 이 경우 수면비행선박 실선 실습훈련 교육기간을 2분의 1 이내의 범위에서 단축할 수 있다.
7. 비사업용조종사 면허를 받으려는 경우 또는 소형 수면비행선박 조종사면허를 소지한 사람가 중형 수면비행선박 조종사면허를 받으려는 경우에는 2분의 1이내의 범위에서 교육기간을 단축할 수 있다.
8. 「선원의 훈련 · 자격증명 및 당직근무의 기준에 관한 국제협약」(STCW)에서 정한 교육과정 중 해양수산부장관이 위 표에서 정하는 교육과정과 동일하다고 인정하는 교육과정을 동 협약 당사국에서 이수한 경우에는 위 표에서 정하는 교육과정을 이수한 것으로 본다.
9. 소형선박 조종사면허 취득교육 또는 소형선박 직무교육과정을 이수한 경우에는 25톤 미만(법률 제3641호 선박법개정법률 부칙 제3조제1호에 따라 종전의 「선박법」에 따라 총톤수가 측정된 선박의 경우에는 30톤 미만)의 상선의 연안선 직무교육과정을 이수한 것으로 본다.
10. 위 표에서 정하는 교육과정을 사이버교육(사이버 공간을 이용하여 원격교육을 행하는 것을 말한다) 방법에 따라 실시하는 경우에는 해양수산부장관의 승인을 거쳐 교육기간을 가감할 수 있다.
11. 위 표에서 "항해선"이란 「선원법」 제2조제8호에 따른 선박을 말한다.
12. 예인선에 승선 중인 기관사가 항해사로 전직하려는 경우 관련 교육을 이수한 때에는 예인선 직무교육을 면제한다.

13. 위 표의 해양오염방지교육을 이수한 경우에는 「해양환경관리법」에 따른 선박의 해양오염방지관리인 과정을 이수한 것으로 보며, 해양환경관리법에 따른 선박의 해양오염방지관리인 과정을 이수한 경우에는 위 표의 해양오염방지교육을 이수한 것으로 본다.

나. 지정교육기관의 지정 및 지정해제

「선박직원법 시행규칙」

제3조(지정교육기관의 지정신청)
① 지정교육기관으로 지정받고자 하는 자는 해양수산부장관이 정하여 고시하는 지정교육기관기준에 적합한 시설 등을 갖추고 별지 제1호서식의 지정교육기관 지정(변경지정) 신청서(전자문서로 된 신청서를 포함한다)에 다음 각 호의 사항을 기재한 서류를 첨부하여 해양수산부장관에게 제출하여야 한다.
1. 해당 교육기관의 연혁・조직 및 운영계획
2. 교육시설・실습선의 현황・실습장비・실습기간 및 실습계획
3. 교직원의 인적사항・자격, 교원별 담당과목 및 담당시간
4. 교육과정별 정원・입학자격, 교육과목 및 교육시간
5. 해당 교육기관의 예산내역
6. 정관(법인인 경우에 한한다)
②제1항에 따른 신청서 제출시 해양수산부장관은 「전자정부법」 제36조제1항에 따라 행정정보의 공동이용을 통하여 법인 등기사항증명서(법인인 경우만 해당한다)를 확인하여야 한다.

제4조(지정교육기관의 지정) 제3조에 따른 지정신청을 받은 해양수산부장관은 선원수급정책・교육기관의 시설・교육과정등을 참작하여 지정교육기관으로 지정할 필요가 있다고 인정되는 경우에는 별지 제2호서식의 지정교육기관 지정(변경지정)서를 신청인에게 발급하여야 한다.

제5조(지정내용의 변경신청)
① 지정교육기관의 장은 지정내용을 변경하려는 때에는 별지 제1호서식의 지정교육기관 지정(변경지정) 신청서(전자문서로 된 신청서를 포함한다)에 다음 각 호의 서류를 첨부하여 해양수산부장관에게 제출하여야 한다.
1. 지정교육기관지정서
2. 변경사유를 기재한 서류
② 제1항에 따른 지정내용의 변경에 대하여는 제4조를 준용한다.

제6조(지정의 해제) 해양수산부장관은 지정교육기관이 다음 각 호의 어느 하나에 해당되는 경우에는 그 지정을 해제할 수 있다.
1. 지정의 조건을 위반한 경우
2. 영 제16조의2의 규정에 의한 해기품질평가 결과 해양수산부장관이 통보한 시정사항을 이행하지 아니한 경우
3. 법・영 또는 이 규칙을 위반한 경우

다. 해기품질평가

「선박직원법 시행령」

제16조의2(지정교육기관 등에 대한 평가)
① 해양수산부장관은 다음 각 호의 어느 하나에 해당하는 기관에 대하여 국제협약에서 정하는 해기사 양성교육·해기사시험 또는 면허관리에 관한 품질평가(이하 "해기품질평가"라 한다)를 실시하여야 한다.
1. 지정교육기관
2. 제24조의 규정에 의하여 해기사시험 또는 면허의 관리에 관한 업무를 위임 또는 위탁받은 기관
② 제1항의 규정에 의한 해기품질평가는 5년마다 실시하여야 한다.
③ 제1항의 규정에 의한 해기품질평가의 실시방법, 실시결과의 사후관리에 관하여 필요한 사항은 해양수산부령으로 정한다.

「선박직원법 시행규칙」

제21조(해기품질평가의 실시방법)
① 영 제16조의2에 따른 해기품질평가는 다음 각 호와 같이 구분한다.
1. 영 제16조의2제1항 각 호에 따른 평가대상기관(이하 "평가대상기관"이라 한다)에서 자체적으로 실시하는 내부평가(이하 "내부평가"라 한다)
2. 해양수산부장관이 실시하는 외부평가(이하 "외부평가"라 한다)
② 평가대상기관은 해양수산부장관이 정하여 고시하는 해기품질에 관한 기준에 따라 해기품질관리체제를 갖추고 제1항에 따른 해기품질평가를 받아야 한다.

제22조(해기품질평가결과의 처리)
① 내부평가를 실시한 평가대상기관은 평가실시 후 외부평가를 실시하기 전 1월 이내에 그 결과를 해양수산부장관에게 제출하여야 한다.
② 해양수산부장관은 외부평가를 실시한 후 평가결과 및 시정요구사항을 해당평가대상기관에 통보하여야 한다.

3. 해기사 면허 시험

가. 시험의 시행

「선박직원법 시행령」

제10조(시험의 시행) 시험은 해양수산부장관이 해양수산부령이 정하는 바에 의하여 정기시험·임시시험 및 상시시험으로 구분하여 시행한다.

「선박직원법 시행규칙」

제9조(시험의 시행) 영 제10조에 따른 정기시험, 임시시험 및 상시시험은 다음 각 호와 같이 시행한다.
1. 「한국해양수산연수원법」에 따라 설립된 한국해양수산연수원(이하 "연수원"이라 한다)의 장(이하 "연수원장"이라 한다)은 정기시험의 직종별 등급·시험일시·시험장소 그 밖에 필요한 사항을 매년 1월 10일까지 관보 및 주요 일간지에 게재하여 이를 공고(정보통신망을 통한 공고를 포함한다)

한다.

2. 임시시험은 연수원장이 필요하다고 인정하는 때에 수시로 시행하며, 그 직종별 등급·시험일시·시험장소 그 밖에 필요한 사항은 시험시행 7일 전까지 연수원 홈페이지에 이를 공고한다.
3. 연수원장은 상시시험을 시행하려는 경우 그 직종별 등급·시험일시·시험장소 그 밖에 필요한 사항을 시험시행 15일 전까지 연수원 홈페이지에 공고한다.

제10조(시험위원의 위촉 등)

① 연수원장은 다음 각 호의 어느 하나에 해당하는 사람 중에서 시험위원을 위촉하여야 한다.

1. 지정교육기관에서 선박의 운항관리·기관운전 또는 통신에 관한 교육과정을 담당하는 전임교원으로 3년 이상 근무한 사람
2. 다음 각 목의 어느 하나에 해당하는 사람 중 해당 시험등급 이상의 면허를 받은 사람
   가. 3급 항해사 이상, 3급 기관사 이상, 3급 운항사 이상, 2급 통신사 이상 또는 수면비행선박 조종사 중형 이상의 해기사면허를 받고 3년 이상 승무한 경력이 있는 사람
   나. 선박검사관 또는 선박검사원으로 근무하고 있는 사람
3. 다음 각 목의 어느 하나에 해당하는 사람(수면비행선박 조종사 시험에 한정한다)
   가. 「고등교육법」 제2조제1호 및 제4호에 따른 대학 또는 전문대학에서 항공운항에 관한 교육과정을 담당하는 전임교원으로 3년 이상 근무한 경력이 있는 사람
   나. 사업용 또는 운송용 항공기 조종사 면허 또는 수면비행선박 조종사면허를 받고 해당 분야에서 3년 이상 경력이 있는 사람
   다. 관련 분야 박사학위를 소지하고 수면비행선박의 설계 또는 제조업에 1년 이상 근무한 경력이 있는 사람
4. 해사에 관한 영어 회화능력을 갖춘 사람(영어면접시험의 경우에 한정한다)
5. 제1호, 제2호 및 제3호에 해당하는 사람과 동등 이상의 자격이 있다고 인정되는 사람(제3호에 해당하는 사람과 동등 이상의 자격이 있다고 인정되는 사람은 수면비행선박 조종사 시험에 한정한다)

② 연수원장은 제1항에 따라 위촉된 시험위원에 대하여 예산의 범위에서 수당과 여비를 지급할 수 있다.

제11조(시험의 신청)

① 시험에 응시하려는 사람은 별지 제5호서식의 응시원서(전자문서로 된 원서를 포함한다)를 연수원장에게 제출하여야 한다.

1. 삭제
2. 삭제

② 제1항에 따라 응시원서를 제출하려는 사람 중 다음 각 호의 어느 하나에 해당하는 사람은 응시원서에 면제사유를 기재하여야 한다.

1. 영 제13조제2항에 따라 필기시험을 면제받으려는 사람
2. 영 제13조제4항에 따라 필기시험과목의 전부 또는 일부를 면제받으려는 사람
3. 영 제14조제1항에 따라 필기시험을 면제받으려는 사람
4. 영 제14조제3항에 따라 필기시험과목의 일부를 면제받으려는 사람
5. 영 제16조제4항에 따라 필기시험을 면제받으려는 사람
6. 영 별표 2 제5호의 비고 및 제6호의 비고에 따라 필기시험과목의 일부를 면제받으려는 사람

③ 삭제

제12조(필기시험의 면제 등)

① 영 제13조제3항에 따라 60점 이상을 취득한 과목에 대해서는 2년의 기간동안 필기시험을 면제한다. 다만, 해당 필기시험을 면제받은 사람이 제11조제1항에 따른 응시원서에 그 과목 면제를 포기한다는 뜻을 기재하고 모든 과목을 다시 응시하는 경우에는 그러하지 아니하다.

② 영 제13조제4항에 따라 일부 면제되는 필기시험과목은 다음 각 호와 같다.

1. 6급 항해사 : 항해 및 운용

2. 6급 기관사 : 기관(1) · 기관(2) 및 기관(3)
3. 소형선박 조종사 : 선박의 운항 및 기관의 운전 중 항해 · 운용 및 기관

③ 영 제13조제4항에 따라 필기시험을 면제받으려는 사람은 제11조제1항에 따른 응시원서에 필기시험과목 전부를 면제받아 면접시험에 응시할 것인지, 필기시험과목 일부를 면제받아 필기시험에 응시할 것인지를 구분하여 기재하여야 한다.

④ 영 제14조제3항에 따라 일부 면제되는 필기시험과목은 법규 · 영어 및 전문으로 한다.

제13조(합격자 공고) 연수원장은 시험을 시행하여 합격자가 결정된 때에는 연수원 홈페이지에 합격자의 명단을 지체없이 공고하고, 합격자의 신청이 있는 경우에는 별지 제6호서식의 해기사시험 합격증명서를 신청인에게 발급하여야 한다.

나. 시험과목

「선박직원법 시행령」

제11조(시험과목)

① 시험과목은 별표2와 같이 하고, 과목 내용별 출제비율은 해양수산부장관이 정하여 고시한다.

② 제4조제2항의 규정에 의한 항해사 또는 기관사의 한정면허시험에 응시하는 자에 대하여는 해양수산부장관이 고시하는 바에 의하여 승무하고자 하는 선박의 특성에 적합한 다른 과목으로 변경하거나 일부과목의 시험을 면제할 수 있다.

③ 삭제

④ 해양수산부장관은 「국가기술자격법」 등 다른 법령에 의한 자격을 가진 자가 시험에 응시하는 경우에는 면허를 받은 자가 「국가기술자격법」 등 다른 법령에 의한 자격시험에 응시하는 경우에 그 법령의 규정에 의하여 필기시험의 면제를 받는 과목과 같은 필기시험의 해당 과목을 면제할 수 있다.

⑤ 해양수산부장관은 제2항의 규정에 의한 시험과목의 내용을 세부적으로 구분하여 정할 수 있다.

[별표 2]
시험과목(제11조제1항관련)

1. 항해사

시험과목	과목내용	시험응시대상 면허등급
1. 항해	1. 항해계기	6급 항해사이상
	2. 항로표지	3급 항해사이하
	3. 해도(수로도지)	3급 항해사이하
	4. 조석 및 해류	3급 항해사이하
	5. 지문항법	6급 항해사이상
	6. 천문항법	5급 항해사이상
	7. 전파 및 레이더항법	6급 항해사이상
	8. 항해계획	4급 항해사이상
	9. 국제해사기구의 표준해사 통신영어	5급 항해사(국내항 한정)

2. 운용		1. 선박의 구조 및 설비 2. 선박의 이동 및 조종 3. 선박의 복원성 4. 당직근무 5. 기상 및 해상 6. 선박의 동력장치 7. 비상조치 및 손상제어 8. 선내의료 9. 수색 및 구조, 해상통신 10. 승무원의 관리 및 훈련 11. 선내의 의료제공에 관한 조직과 관리	2급 항해사이하 6급 항해사이상 6급 항해사이상 3급 항해사이하 6급 항해사이상 6급 항해사이상 6급 항해사이상 3급 항해사이하 6급 항해사이상 3급 항해사이상 2급 항해사이상
3. 법규		1. 선박의 입항 및 출항 등에 관한 법률 2. 선원법 및 선박직원법 3. 선박안전법 4. 해난사고의 조사 및 심판에 관한 법률 5. 해양환경관리법 6. 상법(해상편) 7. 해사안전법 8. 국제해상충돌예방규칙	6급 항해사이상 5급 항해사이상 6급 항해사이상 4급 항해사이상 6급 항해사이상 3급 항해사이상 6급 항해사이상 6급 항해사이상
4. 영어		1. 국제해사기구의 표준 해사 통신영어 2. 해사영어	5급 항해사이상[5급 항해사(국내항 한정)을 제외한다] 3급 항해사이상
5. 전문	상선	1. 화물의 취급 및 적하 2. 선박법 3. 해운실무(보험편 포함) 4. 해사관련 국제협약(상선)	4급 항해사이상 3급 항해사・4급 항해사 3급 항해사이상 4급 항해사이상
	어선	1. 어획물의 취급 및 적하 2. 수산관련법 3. 수산실무 4. 해사관련 국제협약(어선)	4급 항해사이상 3급 항해사・4급 항해사 3급 항해사이상 4급 항해사이상

2. 기관사

시험과목	과목내용	시험응시대상 면허등급
1. 기관(1)	1. 내연기관 2. 외연기관 3. 추진장치 및 동력전달장치 4. 연료 및 윤활제	6급 기관사이상 6급 기관사이상 6급 기관사이상 6급 기관사이상
2. 기관(2)	1. 유체기계 및 환경오염방지기기 2. 냉동공학 및 공기조화장치 3. 기계공작법 4. 열역학 및 열전달 5. 기계역학 및 유체역학 6. 재료역학 및 금속재료학 7. 조선학(5급 기관사의 경우는 선체구조에 한한다) 8. 설계제도	6급 기관사이상 6급 기관사이상 3급 기관사 내지 5급 기관사 3급 기관사이상 3급 기관사이상 3급 기관사이상 2급 기관사 내지 5급 기관사 3급 기관사 내지 5급 기관사

3. 기관(3)	1. 전기공학 및 전기기기 2. 전자공학 및 전자회로 3. 공업계측 및 전기·전자계측 4. 제어공학 및 제어기기	6급 기관사이상 6급 기관사이상 3급 기관사이상 3급 기관사이상
4. 직무일반	1. 당직근무 및 직무일반 2. 선박에 의한 환경오염방지 3. 응급의료 4. 비상조치 및 손상제어 5. 방화 및 소화요령 6. 해사관계법령 7. 기관관리 8. 승무원관리 및 훈련 9. 해사관련 국제협약 10. 기관영어	3급 기관사이하 3급 기관사이하 3급 기관사이하 6급 기관사이상 3급 기관사이하 3급 기관사이하 2급 기관사이상 3급 기관사이상 3급 기관사이상 5급 기관사(국내항 한정)
5 영어	1. 기관영어 2. 해사영어	5급 기관사이상[5급 기관사(국내항 한정)을 제외한다] 3급 기관사이상

2의2. 전자기관사

시험과목	과목내용
전자기관(1)	전기공학 전자기기 전자공학 및 전자회로 공업계측 및 전기·전자계측 제어공학 및 제어기기
전자기관(2)	선박자동화 및 선내컴퓨터 네트워크 시스템 전자 분사제어 시스템 전자항해 시스템 무선통신 시스템 갑판기기와 하역기기 제어 시스템 전력변환 시스템
직무일반	당직근무 및 직무일반 선박에 의한 환경오염 방지 응급의료 비상조치 및 손상제어 방화 및 소화 방법 해사관계 법령 승무원관리 및 훈련 해사관련 국제협약
영어	기관영어 해사영어

비고
3급 기관사 또는 3급 운항사(기관전문) 이상의 면허를 가진 사람(3급 기관사 이상 또는 기관전문 3급 운항사 이상의 시험에 합격한 사람을 포함한다)이 전자기관사 시험에 응시하는 경우에는 직무일반 및 영어 과목의 시험을 면제한다.

3. 통신사

시험과목	과목내용	시험응시대상 면허등급
1. 선박통신 운용	1. 선박통신설비의 보수 관리 2. 수색과 구조 무선통신 3. 허위의 조난경보 방지와 취소절차 4. 선박보고시스템 5. 무선통신 의료서비스 6. 국제신호서와 표준해사항해용어의 이용	2급 통신사이상 4급 통신사이상 4급 통신사이상 4급 통신사이상 4급 통신사이상 3급 통신사이상
2. 비상무선 통신	1. 퇴선, 화재 및 통신설비 고장시의 비상무선통신에 관한 규정 2. 무선통신의 취급 안전	4급 통신사이상 4급 통신사이상

4. 소형선박 조종사

가. 소형선박 조종사의 필기시험 및 면접시험

시험과목	과목내용	
선박의 운항 및 기관의 운전	(1) 항해 (가) 항해계기 (나) 항로표지 (다) 해도 (라) 조석 및 해류 (마) 선위결정법 (2) 운용 (가) 선체 · 설비 및 속구 (나) 선박조종 (다) 기상 (라) 선체안전 및 트림 (마) 신호	(3) 기관 (가) 내연기관 및 추진장치 (나) 보조기기 및 전기설비 (다) 기관에 관한 기초지식 (4) 법규 (가) 해사안전법」 (나) 선박의 입항 및 출항 등에 관한 법률 (다) 해양환경관리법

나. 소형선박 조종사의 실기시험

시험과목	과목내용
(1) 소형선박의 취급	(가) 출항의 준비 및 점검 (나) 출항 준비작업 및 계류 (다) 결삭(結索) (라) 방위측정
(2) 기본조종	(가) 안전 확인 (나) 발진 · 직진 · 정지 (다) 후진 (라) 변침(變針) · 선회 및 연속선회
(3) 응용조종	(가) 인명구조 (나) 피항(避航) (다) 이안(移岸) 및 착안(着岸)

5. 운항사

시험과목	과목내용	시험응시대상 면허등급	
		항해전문	기관전문

1. 항해	1. 항해계기 2. 항로표지 3. 해도(수로표지를 말한다) 4. 조선 및 해류 5. 지문항법 6. 천문항법 7. 전파 및 레이다 항법 8. 항해계획	4급 운항사이상 3급 운항사이하 3급 운항사이하 3급 운항사이하 4급 운항사이상 4급 운항사이상 4급 운항사이상 4급 운항사이상	4급 운항사이상 4급 운항사이상 4급 운항사이상 4급 운항사이상 4급 운항사이상 4급 운항사이상 4급 운항사이상 4급 운항사이상
2. 운용	1. 선박의 구조 및 설비 2. 선박의 이동 및 조종 3. 선박의 복원성 4. 기상 및 해상 5. 비상조치 및 손상제어 6. 선내의료 7. 수색 및 구조 8. 승무원의 관리 및 훈련	2급 운항사이하 4급 운항사이상 4급 운항사이상 4급 운항사이상 4급 운항사이상 3급 운항사이하 4급 운항사이상 3급 운항사이상	4급 운항사이상 4급 운항사이상 4급 운항사이상 4급 운항사이상 4급 운항사이상 4급 운항사이상 4급 운항사이상 3급 운항사이상
3. 전문	1. 화물의 취급 및 적하 2. 선박법 3. 해운실무(보험편을 포함한다) 4. 해사관련 국제협약(상선의 경우에 한한다) 5. 상법(해상편에 한한다)	4급 운항사이상 3급 운항사이하 3급 운항사이상 4급 운항사이상 3급 운항사이상	4급 운항사이상 4급 운항사이상 - 4급 운항사이상 -
4. 기관(1)	1. 내연기관 2. 외연기관 3. 추진장치 및 동력전달장치 4. 연료 및 윤활제	4급 운항사이상 4급 운항사이상 4급 운항사이상 4급 운항사이상	4급 운항사이상 4급 운항사이상 4급 운항사이상 4급 운항사이상
5. 기관(2)	1. 유체기계 및 환경오염방지기기 2. 냉동공학 및 공기조화장치 3. 기계공작법 4. 열역학 및 열전달 5. 기계역학 및 유체역학 6. 재료역학 및 금속재료학 7. 조선학 8. 설계제도	4급 운항사이상 4급 운항사이상 4급 운항사이상 - - - 4급 운항사이상 4급 운항사이상	4급 운항사이상 4급 운항사이상 3급 운항사이하 3급 운항사이상 3급 운항사이상 3급 운항사이상 2급 운항사이하 3급 운항사이하
6. 기관(3)	1. 전기공학 및 전기기기 2. 전자공학 및 전자회로 3. 공업계측 및 전기·전자계측 4. 제어공학 및 제어기기 5. 선박자동화 시스템	4급 운항사이상 4급 운항사이상 - - 4급 운항사이상	4급 운항사이상 4급 운항사이상 3급 운항사이상 3급 운항사이상 4급 운항사이상
7. 법규 및 직무 일반	1. 해사안전법 및 선박의 입항 및 출항 등에 관한 법률 2. 국제해상충돌예방규칙 3. 선박안전법 4. 해양환경관리법 5. 선원법 및 선박직원법 6. 자동화선박의 운항당직에 관한 사항 7. 자동화선박의 직무일반 8. 기관관리	4급 운항사이상 4급 운항사이상 4급 운항사이상 4급 운항사이상 4급 운항사이상 4급 운항사이상 4급 운항사이상 4급 운항사이상	4급 운항사이상 4급 운항사이상 4급 운항사이상 4급 운항사이상 4급 운항사이상 4급 운항사이상 4급 운항사이상 2급 운항사이상

8. 영어	1. 국제해사기구의 표준해사통신 영어 2. 해사영어 3. 기관영어	4급 운항사이상 3급 운항사이상 4급 운항사이상	4급 운항사이상 - 4급 운항사이상

비고
1. 항해사의 면허를 가진 자(항해사시험에 합격한 자를 포함한다)가 운항사시험에 응시하는 경우에는 시험문제의 출제는 4급 기관사의 수준으로 하고, 항해 · 운용 및 전문의 시험과목을 면제한다.
2. 기관사의 면허를 가진 자(기관사시험에 합격한 자를 포함한다)가 운항사시험에 응시하는 경우에는 시험문제의 출제는 4급 항해사의 수준으로 하고, 기관(1) · 기관(2) 및 기관(3)의 시험과목을 면제한다.
3. 운항사의 면허를 가진 자가 1등급 상위의 동일전문분야의 운항사시험에 응시하는 경우 항해전문은 기관(1) · 기관(2) 및 기관(3)의 시험과목을 면제하고, 기관전문은 항해 · 운용 및 전문의 시험과목을 면제한다.

6. 수면비행선박 조종사

시험과목	과목내용	시험응시대상 면허등급
항해	항해계기 항로표지 해도(수로도지) 조석 및 해류 지문항법 천문항법 전파 및 레이더항법 항해계획	중형 수면비행선박 조종사 소형 수면비행선박 조종사 이상 소형 수면비행선박 조종사 이상 소형 수면비행선박 조종사 이상 중형 수면비행선박 조종사 중형 수면비행선박 조종사 소형 수면비행선박 조종사 이상 중형 수면비행선박 조종사
운용	수면비행선의 구조, 설비 및 기능 수면비행선의 조종 복원성 비상조치 및 손상제어 당직근무 기상 및 해상 선내의료 수색 및 구조, 해상통신 승무원의 관리 및 훈련	소형 수면비행선박 조종사 이상 소형 수면비행선박 조종사 이상 중형 수면비행선박 조종사 소형 수면비행선박 조종사 이상 중형 수면비행선박 조종사 중형 수면비행선박 조종사 중형 수면비행선박 조종사 소형 수면비행선박 조종사 이상 중형 수면비행선박 조종사
법규	선박의 입항 및 출항 등에 관한 법률 선원법 및 선박직원법 선박안전법 해양사고의 조사 및 심판에 관한 법률 해양환경관리법 상법(해상편) 해사안전법 및 1972년 국제해상충돌예방규칙 협약 선박법 해운실무 해사관련국제협약 항공법규 개론	소형 수면비행선박 조종사 이상 소형 수면비행선박 조종사 이상 소형 수면비행선박 조종사 이상 중형 수면비행선박 조종사 소형 수면비행선박 조종사 이상 중형 수면비행선박 조종사 소형 수면비행선박 조종사 이상 중형 수면비행선박 조종사 중형 수면비행선박 조종사 중형 수면비행선박 조종사 소형 수면비행선박 조종사 이상
영어	국제해사기구의 표준해사통신영어 해사영어	소형 수면비행선박 조종사 이상 중형 수면비행선박 조종사

수면비행 선박공학	공기역학	소형 수면비행선박 조종사 이상
	유체역학	소형 수면비행선박 조종사 이상
	제어시스템	소형 수면비행선박 조종사 이상
	공기조화	소형 수면비행선박 조종사 이상
	비행이론	소형 수면비행선박 조종사 이상
	동력장치	소형 수면비행선박 조종사 이상
	연료 및 윤활제	소형 수면비행선박 조종사 이상
	전기전자공학 기초	소형 수면비행선박 조종사 이상

비고

1. 응시자가 5급 항해사 자격을 가진 경우에는 항해의 시험과목을 면제하고, 4급항해사 이상의 자격을 가진 경우에는 항해 및 영어의 시험과목을 면제한다.
2. 응시자가 「항공법」에 따른 사업용 조종사 자격을 가진 경우에는 운용의 시험과목을 면제하고, 같은 법에 따른 운송용 조종사 자격을 가진 경우에는 운용 및 수면비행선박공학의 시험과목을 면제한다.
3. 응시자가 수면비행선박 조종사 자격(한정면허를 포함한다)을 가진 경우에는 운용과 수면비행선박 공학의 시험과목을 면제한다.

제12조(시험방법)

① 항해사・기관사 및 운항사의 시험은 필기시험과 면접시험으로 구분한다.
② 통신사의 시험은 면접시험으로 한다.
③ 소형선박조종사의 시험은 필기시험・면접시험 또는 실기시험으로 한다.
④ 전자기관사 및 수면비행선박 조종사의 시험은 필기시험으로 한다.
⑤ 제1항에 따른 면접시험은 필기시험에 합격한 자 또는 필기시험이 면제된 자에 대하여 실시한다. 다만, 필기시험과 면접시험을 함께 실시하는 경우에는 그러하지 아니하다.
⑥ 제1항부터 제5항까지의 규정에 따른 필기시험, 면접시험 또는 실기시험의 시행에 관하여 필요한 사항은 해양수산부장관이 정한다.

제13조(필기시험 또는 면접시험의 면제)

① 2급 항해사・2급 기관사 또는 2급 운항사 이상의 시험중 필기시험에 합격하고 면접시험에 불합격된 자가 그 필기시험에 합격한 날부터 4년 이내에 같은 직종, 같은 등급의 시험에 응시하는 경우에는 필기시험을 면제한다.
② 다음 각호의 1에 해당하는 자가 별표1의3의 규정에 의한 승무경력의 2배 이상의 승무경력이 있고 해양수산부령이 정하는 교육과정을 이수한 경우에는 1등급 상위면허의 시험중 필기시험을 면제한다.

1. 3급 항해사 이하의 면허를 가진 자
2. 3급 기관사 이하의 면허를 가진 자
3. 3급 운항사 이하의 면허를 가진 자

③ 제18조의 규정에 의한 합격기준에 미달된 자로서 필기 시험과목중 60점 이상을 취득한 과목이 2과목 이상인 자가 2년 내에 같은 직종, 같은 등급의 시험에 응시하는 경우에는 이미 60점 이상을 취득한 과목에 대한 필기시험을 해양수산부령으로 정하는 바에 따라 면제할 수 있다.
④ 6급 항해사・6급 기관사 또는 소형선박 조종사의 면허를 받고자 하는 자가 별표1의3의 규정에 의한 승무경력의 2배 이상의 승무경력이 있는 경우에는 해양수산부령이 정하는 바에 의하여 별표2의 규정에 의한 시험과목의 전부 또는 일부를 면제할 수 있다.
⑤ 다음 각호의 1의 시험중 필기시험에 합격한 자에 대하여는 면접시험을 면제한다. 다만, 해양수산부장관이 정하는 바에 따라 영어에 의한 의사소통능력의 평가를 위한 면접시험을 시행할 수 있다.

1. 3급 항해사 이하의 시험
2. 3급 기관사 이하의 시험
3. 3급 운항사 이하의 시험

⑥ 항해사 또는 운항사면허를 가지고 전파전자급 또는 전파통신급 4급 통신사면허를 받고자 하는 자가 해양수산부령이 정하는 교육과정을 이수한 경우에는 면접시험을 면제한다.

나.시험의 특례

「선박직원법 시행령」

제14조(해기사이었던 자 또는 해기사에 대한 시험의 특례)
① 다음 각 호의 어느 하나에 해당하는 자가 그 효력이 상실되거나 취소된 면허와 같은 직종, 같은 등급의 면허를 위한 시험에 응시하는 경우에는 제12조제1항 또는 제3항의 규정에 불구하고 면접시험만을 실시한다.
1. 법률 제3715호「선박직원법개정법률」제8조제1항제4호의 규정에 의하여 면허의 유효기간 만료 전에 면허의 갱신을 하지 아니하여 면허의 효력이 상실된 자
2. 법 제9조제1항의 규정에 의하여 면허가 취소된 날부터 5년(「병역법」에 의한 병역의무를 마치기 위하여 징집 또는 소집된 경우에는 그 기간을 뺀다)이 경과하지 아니한 자
② 제1항의 규정에 의한 면접시험에 합격한 자는 별표1의3의 규정에 의한 면허를 위한 승무경력이 있는 것으로 본다.
③ 제14조의2제2항의 규정에 의하여 항해사시험에 응시하는 자중 동 규정에 의한 최소 승무경력 2배 이상의 승무경력이 있는 자에 대하여는 해양수산부령이 정하는 바에 의하여 필기시험과목중 일부 과목을 면제할 수 있다.

제15조(한정면허를 받은 자에 대한 특례)
① 제4조제1항제1호가목에 따라 상선면허를 받은 자는 상위등급의 상선면허에 한하여 이를 받을 수 있으며, 어선면허를 받은 자는 상위등급의 어선면허에 한하여 이를 받을 수 있다.
② 제1항에도 불구하고 상선면허 또는 어선면허를 받은 사람으로서 다음 각 호의 요건을 모두 갖춘 사람은 이미 받은 면허의 등급과 같거나 그보다 낮은 등급의 어선면허 또는 상선면허를 받을 수 있다.
1. 받으려는 면허를 위한 시험에 합격할 것
2. 해양수산부령으로 정하는 교육을 이수할 것
③ 제2항의 규정에 의하여 면허를 받고자 하는 자는 별표1의3의 규정에 의한 당해 면허를 위한 승무경력이 있는 것으로 본다.
④ 제2항의 규정에 의하여 면허를 받고자 하는 자에 대하여는 별표2의 규정에 의한 시험과목중 전문과목 외의 과목을 면제한다.

제16조(지정교육기관의 교육과정 이수자 등에 대한 특례)
① 지정교육기관에서 해양수산부장관이 인정하는 교육과정을 이수한 자(이수예정자를 포함한다. 이하 같다)에 대하여는 별표1의3의 규정에 의한 승무경력기간을 계산함에 있어 교육과정중의 실습기간을 뺀 교육기간을 다음 각 호의 방법에 의하여 산출한 기간의 범위 내에서 선박의 운항, 기관의 운전, 전자기관의 운전 또는 무선통신의 담당의 직무로 승무한 경력에 산입한다.
1. 지정교육기관중 대학·전문대학 또는 고등학교의 지정 받은 학과[「선원의 훈련·자격증명 및 당직근무의 기준에 관한 국제협약」 또는 「어선 선원의 훈련·자격증명 및 당직근무의 기준에 관한 국제협약」(이하 "국제협약"이라 한다)을 비준한 외국의 지정교육기관의 해당 학과를 포함한다]를 2년 이상 이수한 자로서 상선교육과정을 이수한 자는 상선면허를 위한 승무경력 2년, 어선교육과정을 이수한 자는 어선면허를 위한 승무경력 2년
2. 지정교육기관 외의 대학·전문대학 또는 고등학교(해양수산부장관이 인정하는 외국의 대학·전문대학 또는 고등학교를 포함한다)를 졸업하고 한국해양수산연수원에서 해양수산부장관이 인정하는 3급 또는 4급의 해기사 양성교육과정을 이수한 자중 상선해기사 양성교육과정을 이수한 자는 상선

면허를 위한 승무경력 2년, 어선해기사 양성교육과정을 이수한 자는 어선면허를 위한 승무경력 2년
3. 별표1의3의 규정에 의한 승무경력이 1년 이상인 자가 소정의 교육과정을 이수한 경우에는 그 교육기간
4. 선박모의조종장비 · 선박기관모의조종장비 또는 선박통신모의조종장비에 의한 소정의 교육과정을 이수한 자는 1회에 한하여 2월(별표 1의3에 따른 면허를 위한 승무경력이 국제협약에서 요구하는 최소승무경력보다 긴 경우에 한정한다)

② 지정교육기관에서 교육과정중 실습을 한 경우에 별표1의3에 의한 승무경력기간을 계산함에 있어 1년의 범위 내에서 다음 각 호의 1에 해당하는 실습기간을 승무경력기간에 산입한다.
1. 별표 1의3에 따라 받으려는 면허에 요구되는 승무경력이 인정되는 규모 이상의 선박(실습선을 포함한다)에서 10일 이상 계속하여 실습을 한 기간
2. 기관의 운전에 관한 훈련을 실시할 수 있는 시설을 갖추었다고 해양수산부장관이 인정하는 조선소 등의 육상실습장에서 계속하여 실습을 한 6월 이내의 기간
3. 삭제

③ 지정교육기관중 대학 · 전문대학 또는 고등학교의 지정받은 학과를 졸업한 자(졸업예정자를 포함한다) 또는 지정교육기관에서 해양수산부장관이 인정하는 교육과정을 이수한 자의 승무경력이 3년 이상인 경우에는 별표1의3의 규정에 불구하고 다음 각호의 1에 해당하는 동일직종의 면허(운항사과정의 경우에는 전문분야별로 항해사면허 또는 기관사면허를 포함한다)를 받기 위한 승무경력이 있는 것으로 본다.
1. 대학 또는 전문대학을 졸업한 자는 3급 항해사, 3급 기관사, 전자기관사 또는 3급 운항사
2. 고등학교를 졸업한 자는 4급 항해사, 4급 기관사, 전자기관사 또는 4급 운항사
3. 1년 이상의 통신에 의한 교육과정을 이수한 자는 4급 항해사 · 4급 기관사 또는 4급 운항사

④ 지정교육기관중 제16조의2의 규정에 의한 해기품질평가 결과 적정하다고 인정되는 대학 · 전문대학 또는 고등학교의 지정학과를 졸업한 자(졸업예정자를 포함한다) 및 해양수산부장관이 정하여 고시하는 승선실습 프로그램을 이수한 자에 대하여는 해양수산부장관이 정하는 바에 따라 필기시험을 면제할 수 있다.

⑤ 한국해양수산연수원에서 해양수산부장관이 인정하는 5급 이하의 해기사 양성교육과정을 이수한 자는 별표 1의3의 규정에 불구하고 해당 교육과정과 같은 직종 5급 이하의 항해사 또는 기관사의 면허취득 및 시험응시를 위한 승무경력이 있는 것으로 본다.

⑥ 지정교육기관 중 제16조의2에 따른 해기품질평가 결과 적정하다고 인정되는 대학 · 전문대학 또는 고등학교의 지정학과를 졸업한 자(졸업예정자를 포함한다)가 해양수산부장관이 정하여 고시하는 승선실습 프로그램을 이수한 경우에는 해당 교육과정과 같은 직종 5급의 항해사 또는 기관사의 면허취득을 위한 승무경력이 있는 것으로 본다.

⑦ 삭제

다. 합격기준

「선박직원법 시행령」

제18조(시험의 합격기준)

① 필기시험은 1과목 100점을 만점으로 하여 매 과목 40점(항해사의 법규과목은 60점) 이상, 전과목 평균 60점 이상 득점한 자를 합격자로 한다.

② 제11조제2항 · 제4항, 제13조제3항 · 제4항, 제14조제3항, 제15조제4항의 규정에 의하여 시험과목의 일부를 면제받는 경우라도 면제받지 아니한 시험과목에 대하여 제1항의 규정을 적용한다.

③ 면접시험의 합격기준은 위원마다 100점을 만점으로 하여 평균 60점이상으로 한다.

④ 실기시험의 합격기준은 시험과목당 100점을 만점으로 하여 60점 이상으로 한다.

라. 부정행위자에 대한 제재

해양수산부장관은 해기사 시험에서 부정한 행위를 한 응시자에 대하여는 해당 시험을 정지시키거나 합격결정을 취소하고, 그 정황에 따라 처분을 한 날부터 2년 이내의 기간을 정하여 이 법에 따른 시험의 응시자격을 정지할 수 있다(법 제5조의3 제1항). 법 제5조의3 제1항에 따른 부정한 행위의 유형 등에 대하여는 대통령령으로 정한다(법 제5조의3 제2항).

「선박직원법 시행령」

제19조(부정한 행위의 유형 등)
① 법 제5조의3제1항에 따른 부정한 행위의 유형은 다음 각 호와 같다.
1. 다른 응시자와 시험과 관련된 대화를 하는 행위
2. 답안지를 교환하는 행위
3. 다른 응시자의 답안지 또는 문제지를 엿보고 자신의 답안지를 작성하는 행위
4. 다른 응시자를 위하여 답안을 알려주거나 엿보게 하는 행위
5. 시험문제 내용과 관련된 물건을 휴대하여 사용하거나 이를 주고받는 행위
6. 시험장 내외의 사람으로부터 도움을 받고 답안지를 작성하는 행위
7. 사전에 시험문제를 알고 시험을 치르는 행위
8. 다른 응시자와 성명 또는 응시번호를 바꾸어 제출하는 행위
9. 대리시험을 치르거나 치르게 하는 행위
10. 응시자가 시험시간 중에 통신기기 및 전자기기[휴대용 전화기, 휴대용 개인정보단말기(PDA), 휴대용 멀티미디어 재생장치(PMP), 휴대용 컴퓨터, 휴대용 카세트, 디지털 카메라, 음성파일 변환기(MP3 Player), 휴대용 게임기, 전자사전, 카메라펜, 시각표시 외의 기능이 부착된 시계]를 사용하여 답안지를 작성하거나 다른 응시자를 위하여 답안을 송신하는 행위
11. 그 밖에 부정 또는 불공정한 방법으로 시험을 치르는 행위

② 해양수산부장관은 법 제5조의3제1항에 따라 해기사시험의 응시자격을 정지하는 경우에는 그 부정한 행위의 유형, 내용, 정도, 동기 및 결과 등을 종합적으로 고려하여야 한다.
③ 해양수산부장관은 법 제5조의3제1항에 따라 시험을 정지하는 경우에는 즉시 수험행위를 중지시키고, 부정행위자로부터 그 사실을 확인하여 서명 또는 날인된 확인서를 받아야 한다. 다만, 부정행위자가 확인 또는 서명・날인을 거부하는 경우에는 해당 시험을 감독하는 사람이 작성한 확인서로 갈음할 수 있다.
④ 해양수산부장관은 법 제5조의3제1항에 따라 합격결정 취소 및 응시자격 정지를 하는 경우에는 그 이유를 붙여 해당 응시자에게 서면으로 알려야 한다.

제4관 면허의 발급 및 관리

1. 면허의 발급

해양수산부장관이 법 제5조 제1항에 따라 면허를 할 때에는 해양수산부령으로 정하는 바에 따라 해기사 면허증(이하 "면허증"이라 한다)을 발급하여야 한다(법 제5조 제3항).

「선박직원법 시행규칙」

제14조(면허증의 발급신청)
① 법 제5조제3항에 따라 해기사면허증(이하 "면허증"이라 한다)을 발급받으려는 사람은 별지 제7호서식의 해기사면허증 발급(재발급) 신청서에 다음 각 호의 서류를 첨부하여 지방해양수산청장에게 제출하여야 한다. 다만, 제6호부터 제10호까지의 규정에 따른 서류는 선원수첩으로 그 승무경력 등을 증명할 수 있는 경우에는 첨부하지 아니할 수 있다.
1. 「선원법」 제87조에 따른 건강진단서. 다만, 선박에 승무 중인 경우에는 선박소유자가 발급한 신청인이 승무 중임을 증명하는 서류로써 이에 갈음할 수 있으며, 「선원법 시행규칙」 제53조에 따른 건강진단을 받고 그 유효기간 내에 있는 사람의 경우에는 선원수첩의 제시로써 이에 갈음할 수 있다.
2. 영 제5조제1항 및 영 제15조제2항 전단에 따른 면허취득교육과정을 이수한 사실을 증명하는 서류(면허취득교육과정을 이수하여야 하는 사람에 한정한다)
3. 영 별표 1의3 제3호에 따른 자격을 증명하는 서류(통신사면허를 받고자 하는 사람에 한정한다)
4. 영 제9조에 따라 면허를 위한 승무경력이 있음을 증명하는 서류. 다만, 지방해양수산청장이 그 승무경력을 확인할 수 있는 경우에는 그 제출을 생략하게 할 수 있다.
5. 사진 1매(최근 6월 이내에 촬영한 가로 3.5센티미터, 세로 4.5센티미터의 것)
6. 영 제13조제2항에 따라 필기시험을 면제받은 경우: 해당 승무경력을 증명하는 서류와 해당 교육과정 이수증
7. 영 제13조제4항에 따라 필기시험과목의 전부 또는 일부를 면제받은 경우
   가. 해당 승무경력을 증명할 수 있는 서류
   나. 가목의 승무경력 증명서류와 관련된 어선원부등본(어선의 승무경력을 증명하는 경우로 한정한다) 또는 수산업협동조합 등 해양수산부장관이 정하여 고시하는 기관에서 발행한 서류로서 그 선박소유자 및 선박제원을 확인할 수 있는 것(승무한 선박이 감척(減隻)되거나 폐선된 경우로 한정한다)
8. 영 제14조제1항에 따라 필기시험을 면제받은 경우: 응시하려는 면허와 같은 직종, 같은 등급의 면허를 소지하였음을 증명할 수 있는 서류
9. 영 제14조제3항에 따라 필기시험과목의 일부를 면제받은 경우: 해당 승무경력을 증명할 수 있는 서류
10. 영 제16조제4항에 따라 필기시험을 면제받은 경우: 해당 승선실습 프로그램을 이수하였음을 증명할 수 있는 서류
11. 영 별표 2 제5호 비고 및 제6호 비고에 따라 관련 자격증 소지를 이유로 필기시험의 일부과목을 면제받은 경우: 해당 면허 또는 자격을 증명할 수 있는 서류
② 제1항에 따른 첨부서류를 제출하는 경우 담당공무원은 「전자정부법」 제36조제1항에 따라 행정정보의 공동이용을 통하여 다음 각 호의 서류를 확인하여야 한다. 다만, 신청인이 확인에 동의하지 아니하는 경우에는 이를 첨부하도록 하여야 한다.
1. 주민등록표등(초)본 또는 병적증명서(승무경력 증명기간 안에 군에 복무한 사실이 있는 사람으로 한정한다)
2. 선박원부(제1항제7호에 해당하는 사람이 상선의 승무경력을 증명하는 경우로 한정한다)
③ 「수상레저안전법」에 따른 동력수상레저기구조종면허 소지자는 별지 제7호서식의 해기사면허증 발급(재발급) 신청서에 다음 각 호의 서류를 첨부하여 지방해양수산청장에게 제출하여야 한다.
1. 동력수상레저기구조종면허증 사본 1매
2. 사진 1매(최근 6개월 이내에 촬영한 가로 3.5센티미터, 세로 4.5센티미터의 것)

제15조(면허증의 발급)
① 지방해양수산청장이 제14조 또는 제16조에 따라 해기사면허증 발급(재발급) 신청서를 받은 때에는 별지 제8호서식의 해기사면허증 발급대장에 다음 각 호의 사항을 기재하고 신청인에게 별지 제9호서식의 해기사면허증을 발급하여야 한다.

1. 면허번호・발급일・유효기간만료일등 면허에 관한 사항
2. 면허를 받는 사람의 성명・생년월일・주소 및 전화번호
3. 시험실시기관의 명칭 및 시험합격일
② 제1항의 해기사면허증 발급대장은 전자적 처리를 할 수 없는 특별한 사유가 있는 경우를 제외하고는 전자적 방법에 의하여 국문・영문을 포함하여 작성・관리하여야 한다.

2. 면허의 재발급 또는 기재사항의 변경

해기사는 다음 각 호의 어느 하나에 해당할 때에는 해양수산부령으로 정하는 바에 따라 면허증의 재발급 또는 기재사항의 변경을 신청할 수 있다(법 제5조 제4항).

1. 면허증을 잃어버렸을 때
2. 면허증이 헐어 못쓰게 되었을 때
3. 면허증의 기재사항이 변경되었을 때

「선박직원법 시행규칙」

제16조(면허증의 재발급) 법 제5조제4항에 따라 면허증을 재발급받으려는 사람은 별지 제7호서식의 해기사면허증 발급(재발급) 신청서에 다음 각 호의 서류를 첨부하여 지방해양수산청장에게 제출하여야 한다.
1. 면허증(면허증이 헐어 못쓰게 되어 재발급을 신청하는 경우에 한정한다)
2. 면허증을 잃어버린 경위를 기재한 서류(면허증을 잃어버려 재발급을 신청하는 경우에 한정한다)
3. 최근 6개월 이내에 촬영한 사진 1매(탈모 정면 상반신 반명함판)

제17조(면허증 기재사항의 변경 등) 법 제5조제4항에 따른 면허증의 기재사항을 변경하거나 정정하고자 하는 사람은 별지 제10호서식의 해기사면허증 기재사항 변경(정정) 신청서에 다음 각 호의 서류를 첨부하여 지방해양수산청장에게 제출하여야 한다.
1. 면허증
2. 변경 또는 정정하고자 하는 내용이 사실임을 증명하는 서류

3. 면허의 유효기간 및 갱신 등

면허의 유효기간은 5년으로 하고, 법 제7조 제2항에 따른 면허 갱신을 받지 아니하고 면허의 유효기간이 지나면 면허의 유효기간이 끝나는 날의 다음 날부터 면허의 효력이 정지된다(법 제7조 제1항). 면허를 받은 사람으로서 그 면허의 효력을 계속 유지시키려는 사람 또는 면허의 유효기간이 지나서 면허의 효력이 정지된 경우 면허의 효력을 되살리려는 사람은 해양수산부령으로 정하는 바에 따라 면허 갱신을 받아야 한다(법 제7조 제2항).

해양수산부장관은 법 제7조 제2항에 따라 면허 갱신을 신청한 사람이 다음 각 호의 어느 하나에 해당하는 경우에는 이를 갱신하여야 한다(법 제7조 제3항).

1. 면허 갱신 신청일 전부터 5년 이내에 선박직원으로 1년 이상 승무한 경력이 있거나 대통령령으로 정하는 바에 따라 이와 동등한 수준 이상의 능력이 있다고 인정되는 경우

1의2. 면허의 유효기간이 지나지 아니하고 면허 갱신 신청일 직전 6개월 이내에 선박직원으로 3개월 이상 승무한 경력이 있는 경우. 다만, 「어선법」 제2조제1호에 따른 어선에 승무한 경력은 제외한다.

2. 해양수산부령으로 정하는 교육을 받은 경우

「선박직원법 시행령」

제20조(면허의 갱신) 법 제7조제3항제1호에서 "대통령령으로 정하는 바에 따라 이와 동등한 수준 이상의 능력이 있다고 인정되는 경우"란 다음 각 호의 어느 하나에 해당하는 경우를 말한다.
1. 면허 갱신 신청일 전날부터 5년 이내에 외국선박 또는 함정에서 선박직원 또는 그 면허에 적합한 직무로 1년 이상 승무한 경력이 있는 경우
2. 면허 갱신 신청일 전날부터 5년 이내에 외국선박 또는 함정에서 선박직원이 아닌 자격으로 2년 이상 승무한 경력이 있는 경우
3. 면허 갱신 신청일 전날부터 6개월 이내에 외국선박(어선을 제외한다) 또는 함정에서 선박직원 또는 그 면허에 적합한 직무로 3개월 이상 승무한 경력이 있는 경우(면허 갱신 신청일을 기준으로 면허의 유효기간이 지나지 아니하는 경우에 한정한다)
4. 다음 각 목의 어느 하나에 해당하는 직무에 3년 이상 종사한 경력이 있는 경우
   가. 「도선법」 제2조제2호에 따른 도선사
   나. 「선박안전법」 제76조에 따른 선박검사관 또는 같은 법 제77조제1항에 따른 선박검사원
   다. 「해양사고의 조사 및 심판에 관한 법률」 제9조의2에 따른 심판관, 같은 법 제16조에 따른 수석조사관 또는 조사관
   라. 「해운법」 제22조에 따른 운항관리자
   마. 지정교육기관에서 선박의 운항 또는 기관의 운전에 관한 교육을 담당하는 전임교원
   바. 그 밖에 가목부터 마목까지에서 규정한 사람이 종사하는 직무와 유사한 직무로서 해양수산부장관이 지정하는 직무에 종사하는 사람

「선박직원법 시행규칙」

제18조(면허의 갱신)
① 법 제7조제2항에 따라 면허를 갱신하려는 사람은 별지 제11호서식의 해기사면허증 갱신 신청서에 다음 각 호의 서류를 첨부하여 지방해양수산청장에게 제출하여야 한다.
1. 면허증. 다만, 선박에 승무중인 사람은 승무중임을 증명하는 서류를 말한다.
2. 법 제7조제3항제1호 또는 제2호의 규정에 해당함을 증명하는 서류
3. 영 별표 1의3 제3호에 따른 자격을 증명하는 서류(통신사면허를 갱신하고자 하는 사람에 한정한다)
4. 「선원법」 제87조에 따른 건강진단서. 다만, 선박에 승무 중인 경우에는 선박소유자가 발급한 신청인이 승무 중임을 증명하는 서류로써 이에 갈음할 수 있으며, 「선원법 시행규칙」 제53조의 규정에 의

한 건강진단을 받고 그 유효기간 내에 있는 사람의 경우에는 선원수첩의 제시로써 이에 갈음할 수 있다.

5. 사진 1매(최근 6월 이내에 촬영한 가로 3.5센티미터, 세로 4.5센티미터의 것)

② 제1항에 따른 면허의 갱신신청은 면허의 유효기간 만료일 1년 이전부터 유효기간 만료일 전까지 할 수 있다. 다만, 면허의 유효기간 만료일 1년 이전부터 유효기간 만료일 전까지의 기간에 장기승선 또는 해외체류 등으로 우리나라 이외의 지역에 체재할 것으로 예상되는 경우에는 면허의 유효기간 만료일 1년 전에 면허의 갱신을 신청할 수 있다.

③ 법 제7조제3항제2호에 따른 교육을 받은 경우에는 그 교육기간이 종료된 날부터 1년 이내에 면허의 갱신을 신청하여야 한다.

④ 「수상레저안전법」에 따른 동력수상레저기구조종면허 소지자는 별지 제11호서식의 해기사면허증 갱신신청서에 제14조제3항 각 호의 서류를 첨부하여 지방해양수산청장에게 제출하여야 한다.

⑤ 갱신되는 면허의 유효기간은 다음 각 호의 구분에 따른다. 다만, 제4항에 따라 동력수상레저기구조종면허를 가지고 있는 사람이 소형선박 조종사면허를 갱신하는 경우 그 면허의 유효기간은 해당 동력수상레저기구조종면허의 유효기간으로 하되, 그 유효기간은 5년을 초과할 수 없다.

1. 종전 면허의 유효기간 만료일 6개월 이전부터 유효기간 만료일 전까지 갱신을 신청한 경우: 종전 면허의 유효기간 만료일부터 5년
2. 제1호 외의 경우: 갱신되는 날부터 5년

제19조(면허증의 제출) 해기사는 다음 각 호의 어느 하나에 해당하는 경우에는 행정처분의 통지를 받거나 잃어버린 면허증을 발견한 날 또는 하선한 날부터 30일 이내에 면허증(제2호의 경우에는 잃어버린 면허증, 제4호의 경우에는 갱신하기 전의 면허증)을 지방해양수산청장에게 제출하여야 한다.

1. 법 제9조제1항 또는 제2항에 따라 면허의 취소 또는 업무의 정지처분을 받은 경우
2. 면허증을 잃어버려 면허증을 재발급받은 후에 잃어버린 면허증을 발견한 경우
3. 「해양사고의 조사 및 심판에 관한 법률」 제5조제2항 및 같은 법 제6조제1항제1호・제2호에 따라 면허의 취소 또는 업무의 정지처분을 받은 경우

3의2. 제14조제3항에 따른 발급신청으로 해기사면허를 발급받은 사람이 「수상레저안전법」에 따라 해당 동력수상레저기구조종면허의 취소 또는 정지처분을 받은 경우

4. 제18조제1항제1호 단서에 따라 선박에 승무중임을 증명하는 서류를 제출하고 면허를 갱신한 경우

---

4. 면허의 실효

다음 각 호의 어느 하나에 해당하는 면허는 효력을 잃는다(법 제8조).

1. 상위등급 면허를 받았을 때의 그 동일 직종의 하위등급 면허. 다만, 법 제4조제2항 후단에 따라 한정된 상위등급 면허를 받은 경우 그 한정된 상위등급 면허로 한정되지 아니한 하위등급 면허는 효력을 잃지 아니한다.
2. 「전파법」 제70조에 따른 무선종사자의 자격을 잃었을 때의 통신사 면허

5. 면허의 취소 등

해양수산부장관은 해기사가 다음 각 호의 어느 하나에 해당할 경우에는 면허를 취소하거나 1년 이내의 기간을 정하여 업무정지를 명하거나 견책(譴責)을 할 수 있다. 다만, 해당 사유

와 관련된 해양사고에 대하여 해양안전심판원이 심판을 시작하였을 때에는 그러하지 아니하다(법 제9조 제1항).

1. 법 제14조를 위반하여 승무한 경우
2. 법 제15조를 위반하여 선박직원으로 승무할 때에 면허증이나 승무자격증을 제출하지 아니하거나 이를 선박에 갖추어 두지 아니한 경우
3. 법 제22조를 위반하여 면허증이나 승무자격증을 다른 사람에게 빌려 주거나 부당하게 사용한 경우
4. 선박직원으로서 직무를 수행할 때 비행(非行)이 있거나 인명(人命) 또는 재산에 위험을 초래하거나 해양환경보전에 장해가 되는 행위를 한 경우
5. 업무정지처분을 받고 법 제9조 제4항에 따른 기간 내에 면허증을 제출하지 아니한 경우
6. 업무정지기간 중에 선박직원으로 승무한 경우
7. 「해사안전법」 제42조제1호 또는 제2호에 해당하여 국민안전처장관이 요청하는 경우

해양수산부장관은 해기사가 거짓이나 그 밖의 부정한 방법으로 면허를 받은 경우에는 그 면허를 취소하여야 한다(법 제9조 제2항). 해양수산부장관은 법 제9조 제1항이나 제2항에 따라 면허취소, 업무정지처분 또는 견책을 할 때에는 해양수산부령으로 정하는 바에 따라 그 처분 내용을 해당 해기사에게 통지하여야 한다. 이 경우 해양수산부장관은 그 해기사가 선박직원으로 승무 중일 때에는 선박소유자에게도 통지하여야 한다(법 제9조 제3항). 법 제9조 제3항에 따른 면허취소 또는 업무정지처분의 통지를 받은 해기사는 통지를 받은 날부터 30일 이내에 면허증을 해양수산부장관에게 제출하여야 한다. 이 경우 업무정지기간이 끝나면 그 해기사에게 면허증을 되돌려 주어야 한다(법 제9조 제4항). 법 제9조 제1항에 따른 업무정지기간은 해양수산부장관이 면허증을 제출받은 날부터 기산(起算)한다(법 제9조 제5항). 법 제9조 제1항 및 제2항에 따른 행정처분의 세부 기준은 그 위반행위의 유형과 위반의 정도 등을 고려하여 해양수산부령으로 정한다(법 제9조 제6항).

「선박직원법 시행규칙」

제20조(행정처분의 기준등)

① 법 제9조제6항에 따른 해기사행정처분의 기준은 별표 2와 같다.
② 지방해양수산청장은 법 제9조제6항에 따라 행정처분을 한 때에는 그 처분의 내용을 별지 제12호서식에 따라 지체없이 처분대상자에게 통지하여야 한다.
③ 국민안전처장관은 「수상레저안전법」에 따라 동력수상레저기구조종면허에 대하여 행정처분을 받

은 사람이 영 제4조제1항제4호에 따른 한정면허를 가지고 있는 경우에는 그 행정처분의 사실을 관할 지방해양수산청장에게 통보하여야 하며, 통보를 받은 지방해양수산청장은 그 한정면허를 가지고 있는 사람에 대하여 동력수상레저기구조종면허에 대한 행정처분의 내용과 동일한 내용의 행정처분을 하여야 한다.

[별표 2]
행정처분의 기준(제20조제1항 관련)

1. 일반기준
가. 위반행위가 둘 이상인 경우로서 그에 해당하는 각각의 처분기준이 다른 경우에는 그 중 무거운 처분기준에 따른다. 다만, 둘 이상의 처분기준이 모두 업무정지인 경우에는 각 처분기준을 합산한 기간을 넘지 아니하는 범위에서 무거운 정지처분기간에 각각의 정지처분기준의 2분의 1 범위까지 가중할 수 있되, 그 가중한 기간을 합산한 기간은 1년을 초과할 수 없다.
나. 위반사항의 횟수에 따른 처분의 기준은 해당 위반행위가 있는 날 이전 최근 1년간 같은 위반행위로 인하여 처분을 받은 경우에 적용한다.
다. 처분권자는 위반행위의 동기·내용·회수 및 위반의 정도 등 아래에 해당하는 사유를 고려하여 그 처분을 감경할 수 있다. 이 경우 그 처분이 업무정지인 경우에는 그 처분기준의 2분의 1 범위에서 감경할 수 있고, 면허취소인 경우(법 제9조제2항에 해당하는 경우에는 제외한다)에는 1년의 업무정지 처분으로 감경할 수 있다.
1) 위반행위가 고의나 중대한 과실이 아닌 사소한 부주의나 오류로 인한 것으로 인정되는 경우
2) 위반의 내용·정도가 경미하여 인명 또는 재산에 미치는 피해가 적다고 인정되는 경우
3) 위반 행위자가 처음 해당 위반행위를 한 경우로서 3년 이상 해기사 직무를 모범적으로 해 온 사실이 인정된 경우
4) 위반 행위자가 해당 위반행위로 인하여 검사로부터 기소유예 처분을 받거나 법원으로부터 선고유예의 판결을 받은 경우

2. 개별기준

위반사항	근거법	행정처분		
		1차 위반	2차 위반	3차 위반
가. 법 제14조를 위반하여 승무한 때	법 제9조 제1항제1호	경고	업무정지 1개월	업무정지 3개월
나. 법 제15조를 위반하여 선박직원으로 승무하는 때에 면허증 또는 승무자격증을 제출하지 아니하거나 이를 선박 안에 비치하지 아니한 때	법 제9조 제1항제2호	경고	업무정지 15일	업무정지 1개월
다. 법 제22조를 위반하여 면허증 또는 승무자격증을 다른 사람에게 대여하거나 부당하게 행사한 때	법 제9조 제1항제3호	업무정지 6개월	업무정지 1년	면허취소
라. 선박직원으로서 직무를 수행함에 있어 비행이 있거나 인명 또는 재산에 위험을 초래하거나 해양환경보전에 장해를 미치는 행위를 한 때	법 제9조 제1항제4호	업무정지 3개월	업무정지 1년	면허취소
마. 법 제9조제4항 전단을 위반하여 업무정지처분의 통지를 받은 날부터 30일 이내에 해기사면허증을 지방해양수산청장에게 제출하지 아니한 때	법 제9조 제1항제5호	업무정지 1개월	업무정지 2개월	업무정지 4개월

바. 업무정지기간 중에 승무한 때	법 제9조 제1항제6호	면허취소	-	-
사. 「해상교통안전법」 제8조의2제1호 또는 제2호에 해당하여 국민안전처장관의 요청이 있는 경우	법 제9조 제1항제7호	업무정지 3개월	업무정지 1년	면허취소
아. 거짓이나 그 밖의 부정한 방법으로 면허를 받은 때	법 제9조 제2항	면허취소	-	-

6. 청문

해양수산부장관은 법 제9조제1항 또는 제2항에 따라 면허를 취소하려면 청문을 하여야 한다(법 제10조).

7. 면허증 등의 부당사용 금지

해기사 또는 제10조의2에 따라 승무자격인정을 받은 사람은 면허증이나 승무자격증을 다른 사람에게 빌려 주거나 부당하게 사용하여서는 아니 된다(법 제22조).

8. 자료의 보관 및 이용

해양수산부장관은 해양수산부령으로 정하는 바에 따라 면허의 발급·갱신·취소 등에 관한 자료를 유지·관리하고 「선원의 훈련·자격증명 및 당직근무의 기준에 관한 국제협약」 또는 「어선 선원의 훈련·자격증명 및 당직근무의 기준에 관한 국제협약」의 당사국 및 선박소유자가 그 자료를 이용할 수 있도록 통보 등 필요한 조치를 하여야 한다(법 제5조의2).

「선박직원법 시행규칙」

제20조의2(자료의 유지·관리) 지방해양수산청장은 면허의 발급·갱신·취소 등에 관한 자료를 전산화하여 유지·관리하여야 한다.

제5관 외국의 해기사 자격을 가진 사람에 대한 특례

1. 한국선박의 직원 자격

「선원의 훈련·자격증명 및 당직근무의 기준에 관한 국제협약」 또는 「어선 선원의 훈련·자격증명 및 당직근무의 기준에 관한 국제협약」에 따라 다른 당사국이 발급한 해기사

자격을 인정하기로 협정을 체결한 국가(이하 "체약국"이라 한다)의 해기사 자격을 가진 사람으로서 해양수산부장관의 인정을 받은 사람은 제4조제1항에도 불구하고 국제항해에 종사하는 한국선박의 선박직원이 될 수 있다(법 제10조의2 제1항). 해양수산부장관은 법 제10조의2 제1항에 따른 인정을 받으려는 사람이 법 제11조에 따른 승무기준에 맞는 자격을 가졌다고 인정하면 해당 체약국의 해기사 면허증에 승무할 수 있는 것으로 되어 있는 선박 및 그 선박에서 수행할 수 있는 직무의 범위에서 선박직원으로서 승무할 수 있는 선박 및 그 선박에서의 직무 범위를 정하여 이를 인정(이하 "승무자격인정"이라 한다)하고, 승무자격증을 발급할 수 있다(법 제10조의2 제2항). 승무자격인정의 신청 및 승무자격증의 발급에 필요한 사항은 대통령령으로 정한다(법 제10조의2 제3항). 승무자격인정의 유효기간은 5년으로 한다. 다만, 해당 체약국에서 해기사 자격을 잃은 때에는 그 때부터 효력을 잃는다(법 제10조의2 제4항). 승무자격인정 및 승무자격증에 대하여는 법 제5조제4항, 제5조의2, 제6조, 제9조 및 제10조를 각각 준용한다. 이 경우 "해기사"는 "승무자격인정을 받은 사람"으로, "면허"는 "승무자격인정"으로, "면허증"은 "승무자격증"으로 본다(법 제10조의2 제5항).

2. 해기사 시험 및 교육 · 훈련의 면제

「선박직원법 시행령」

제17조(외국의 해기사면허증 소지자에 대한 특례)

① 해양수산부장관은 법 제10조의2의 규정에 의하여 국제해사기구가 국제협약의 규정을 준수하고 있다고 인정한 국가에서 국제협약에서 정하고 있는 기준에 따라 발급된 외국의 해기사자격증을 소지한 자(이하 이 조에서 "외국인해기사"라 한다)가 동일한 직종 · 등급으로 인정하는 국내의 승무자격증을 받고자 하는 경우 이를 위한 해기사시험 및 교육 · 훈련을 면제할 수 있다.

② 제1항의 경우 외국인해기사는 별표 1의3의 규정에 의한 승무경력이 있는 것으로 보며, 해기사면허증 발급국의 건강검진증명서(「선원법」 제87조에 따른 건강진단서 요건을 갖춘 것에 한한다)를 제출한 경우에는 법 제5조제1항제3호의 요건을 갖춘 것으로 본다.

③ 제1항의 규정에 따라 승무자격증을 받고자 하는 외국인해기사는 해양수산부장관에게 승무자격증의 승무직종 및 승무등급 지정을 신청(전자문서로 된 신청서를 포함한다) 하여야 한다.

④ 해양수산부장관은 제1항의 규정에 따라 승무자격증을 받고자 하는 외국인해기사가 선박직원으로서의 직무를 원활히 수행할 수 있도록 우리나라 해사법규에 관한 지식을 갖추도록 자료를 제공하고, 교육을 실시하는 등 필요한 조치를 하여야 한다.

⑤ 해양수산부장관은 제4항의 규정에 따른 교육의 실시를 위하여 외국인해기사 교육기관을 별도로 지정 · 고시하여야 한다.

⑥ 제1항의 규정에 따른 승무자격증의 교부 및 갱신에 관한 사항, 제1항의 규정에 따른 해기사시험의 면제에 관한 사항 및 제5항의 규정에 따른 외국인해기사 교육기관의 지정절차에 관한 사항은 해양수산부령으로 정한다.

「선박직원법 시행규칙」

제22조의4(외국인해기사의 해기사면접시험)

① 외국인해기사가 승무자격증을 발급받고자 하는 경우에는 별지 제12호의7서식의 외국인해기사 면접시험 응시원서에 해기사면허증 사본을 첨부하여 연수원장에게 신청하여야 한다.

② 연수원장은 해기사면접시험에 합격한 사람에게 합격증을 발급하여야 한다.

제22조의5(외국인해기사의 시험 및 교육・훈련의 면제)

① 영 제17조제1항 및 제6항에 따라 외국인해기사가 다음 각 호의 어느 하나에 해당하는 교육을 이수한 경우에는 해기사필기시험의 해당 과목 및 해당 교육・훈련을 면제한다.

1. 기초 및 상급안전교육
2. 레이더시뮬레이션 교육
3. 레이더 알파교육
4. 전자해도장치 교육
5. 선교자원관리 교육
6. 기관실자원관리 교육
7. 직무교육(승선할 선박의 선박직원직무를 수행하는데 필요한 교육을 말한다)

② 제22조의4제1항에 불구하고 외국인해기사가 영 제17조제4항에 따른 해사법규교육을 이수한 경우에는 해기사면접시험을 면제할 수 있다.

제22조의6(외국인해기사의 교육기관 지정절차)

① 영 제17조제4항에 따라 외국인해기사 교육을 실시하려는 자는 별지 제12호의8서식의 외국인해기사 교육기관지정(변경지정) 신청서에 다음 각 호의 사항이 기재된 서류를 첨부하여 신청(전자문서로 된 신청서를 포함한다. 이하 이 조에서 같다)하여야 한다.

1. 해당 교육기관의 연혁・조직 및 운영계획
2. 교육시설 현황
3. 교직원의 인적사항・자격, 교직원별 담당과목 및 담당시간
4. 교육과목 및 교육시간
5. 해당 교육기관의 예산내역
6. 정관(법인인 경우에 한한다)

② 제1항에 따른 신청서 제출시 해양수산부장관은 「전자정부법」 제36조제1항에 따라 행정정보의 공동이용을 법인 등기사항증명서(법인인 경우만 해당한다)를 통하여 확인하여야 한다.

③ 해양수산부장관은 제1항에 따라 신청한 자가 외국인해기사 교육기관으로 지정할 필요가 있다고 인정되는 경우 별지 제12호의9서식의 외국인해기사 교육기관지정(변경지정)서를 신청인에게 교부하여야 한다.

④ 제2항에 따라 지정된 외국인해기사 교육기관은 해당 기관에서 교육을 받은 자에 대하여 별지 제12호의10서식의 교육이수증을 발급하여야 한다.

⑤ 교육기관으로 지정된 자가 지정내용을 변경하려는 경우에는 별지 제12호의8서식의 외국인해기사 교육기관지정(변경지정) 신청서에 다음 각 호의 서류를 첨부하여 해양수산부장관에게 제출하여야 한다.

1. 외국인해기사 교육기관지정서
2. 변경사유를 적은 서류

⑥ 해양수산부장관은 외국인해기사 교육기관이 다음 각 호의 어느 하나에 해당하는 경우에는 그 지정을 취소할 수 있다.

1. 지정된 조건을 위반한 경우
2. 법・영 또는 이 규칙을 위반한 경우

⑦ 영 제17조제4항에 따른 해사법규교육의 내용・시간 및 제2항에 따른 교육기관지정 등에 관하여 그 밖에 필요한 사항은 해양수산부장관이 정한다.

---

3. 외국인 해기사의 승무자격증 발급 등

「선박직원법 시행규칙」

제22조의2(외국인해기사의 승무자격증 발급신청 등)
① 법 제10조의2제2항 및 영 제17조제1항에 따라 승무자격증을 발급받으려는 외국인해기사는 별지 제12호의2서식의 승무자격증 발급(재발급) 신청서에 다음 각 호의 서류를 첨부하여 지방해양수산청장에게 제출하여야 한다.
1. 해기사면허증 사본 1부
2. 건강진단서 1부
3. 우리나라 선사와 계약한 근로계약서 사본 1부
4. 제22조의4제2항의 규정에 따른 해기사면접시험 합격증 사본 1부 또는 제22조의5제2항의 규정에 따른 해사법규 교육이수증 사본 1부
5. 제22조의5제1항 각 호의 교육이수증 사본 각 1부
6. 사진 2매(최근 6개월 이내에 촬영한 가로 3센티미터 5밀리미터, 세로 4센티미터 5밀리미터의 것)
② 제1항에 따라 승무자격증의 발급신청을 받은 지방해양수산청장은 별지 제12호의3서식의 승무자격증 발급대장에 다음 각 호의 사항을 기재하고 신청인에게 별지 제12호의4서식의 승무자격증을 발급하여야 한다.
1. 승무자격증번호, 발급일, 유효기간, 승선선박명 등 승무자격에 관한 사항
2. 승무자격증을 받고자 하는 사람의 국가명, 성명, 생년월일, 여권 및 해기사면허증의 번호 등 개인 신상에 관한 사항
③ 승무자격증을 재발급받고자 하는 외국인해기사는 별지 제12호의2서식의 승무자격증 발급(재발급) 신청서에 다음 각 호의 서류를 첨부하여 지방해양수산청장에게 제출하여야 한다.
1. 승무자격증(승무자격증이 헐어 못쓰게 되어 재발급을 신청하는 경우에 한정한다)
2. 승무자격증을 잃어버린 경위를 기재한 서류 1부(승무자격증을 잃어버려 재발급을 신청하는 경우에 한정한다)
3. 사진 2매(최근 6개월 이내에 촬영한 가로 3센티미터 5밀리미터, 세로 4센티미터 5밀리미터의 것)
④ 승무자격증의 기재사항을 변경하거나 정정하고자 하는 사람은 별지 제12호의5서식의 승무자격증 기재사항 변경(정정) 신청서에 다음 각 호의 서류를 첨부하여 지방해양수산청장에게 제출하여야 한다.
1. 승무자격증
2. 변경 또는 정정하고자 하는 내용이 사실임을 증명하는 서류

제22조의3(외국인해기사의 승무자격증의 갱신)
① 영 제17조제6항에 따라 승무자격증을 갱신하고자 하는 외국인해기사는 별지 제12호의6서식의 승무자격증 갱신 신청서에 다음 각 호의 서류를 첨부하여 지방해양수산청장에게 제출하여야 한다.
1. 해기사면허증 사본 1부
2. 건강진단서 1부(선박에 승무중인 경우에는 선박소유자가 신청인이 승무중임을 증명하는 서류로써 이에 갈음할 수 있다)
3. 승무자격증(선박에 승무중인 자는 승무중임을 증명하는 서류를 말한다) 1부
4. 우리나라 선박의 승선경력증명서(갱신하고자 하는 시점을 기준으로 5년 이내에 1년 이상 승선한 증명서를 말한다) 1부
5. 사진 2매(최근 6개월 이내에 촬영한 가로 3센티미터 5밀리미터, 세로 4센티미터 5밀리미터의 것)
② 갱신되는 승무자격증의 유효기간은 5년으로 하되, 외국인해기사가 소지하고 있는 해기사면허증의 유효기간을 초과할 수 없다.

제3절 | 선박직원

제1관 승무기준

1. 승무기준

선박소유자는 선박의 항행구역, 크기, 용도 및 추진기관의 출력과 그 밖에 선박 항행의 안전에 관한 사항을 고려하여 대통령령으로 정하는 선박직원의 승무기준(이하 "승무기준"이라 한다)에 맞는 해기사(제10조의2에 따라 승무자격인정을 받은 사람을 포함한다. 이하 이 장에서 같다)를 승무시켜야 한다(법 제11조 제1항).

「선박직원법 시행령」

제22조(승무기준)

① 법 제11조의 규정에 의한 선박별 선박직원의 최저승무기준은 별표3과 같다. 다만, 제3조의2 의 규정에 의한 자동화선박중「선원법」제119조에 따른 취업규칙에 다음 각 호의 사항이 명시되지 아니한 선박에 대하여는 별표3제1호 내지 제3호의 승무기준을 적용한다.

1. 정박중 선박설비의 점검・정비 및 하역 등에 대한 육상지원체제에 관한 사항
2. 자동화선박의 승무자격이 있는 운항사의 확보에 관한 사항

② 원양수역(어선의 경우에는 무제한수역을 말한다)을 항행구역으로 하는 선박(연안수역을 항행구역으로 하는 선박중 국제항해에 종사하는 상선을 포함한다)에서 선장・1등 항해사・기관장・1등 기관사・운항장・1등 운항사 또는 통신장의 직무를 행하고자 하는 자는 별표4의 규정에 의한 승무경력이 있고, 해양수산부령이 정하는 교육과정을 이수하여야 한다.

③ 연안수역(어선의 경우에는 제한수역을 말한다)을 항행구역으로 하는 선박에서 선장・기관장・운항장 또는 통신장의 직무를 행하고자 하는 자는 해양수산부령이 정하는 교육과정을 이수하여야 한다.

④ 항해사 또는 기관사가 운항사 면허를 받고 최초로 운항사의 직무를 행하고자 하는 자중 해양수산부장관이 인정하는 교육과정을 이수하지 아니한 자는 해양수산부령이 정하는 교육과정을 이수하여야 한다.

⑤ 운항사가 자동화선박 외의 선박에 항해사 또는 기관사로 승무하는 경우에는 당해 운항사가 부여받은 전문분야와 동일한 직종의 직무로 승무하여야 한다.

⑥ 해양수산부장관은 필요하다고 인정하는 경우에는 여객선 및「선원법 시행령」제21조제2항의 규정에 의한 위험물 적재선박(위험물 적재부선과 예선이 결합하여 운항하는 위험물 운반선을 포함한다)에 승무하는 선박직원의 승무기준을 해양수산부장관이 정하여 고시하는 바에 의하여 제1항의 규정에 의한 승무기준보다 강화하거나 필요한 교육을 이수하게 할 수 있다.

⑦「선박안전법」제29조에 따라 무선설비를 갖추어야 하는 선박중 다음 각 호의 선박 외의 선박에서 선장・항해사・운항장 또는 운항사로 승무하고자 하는 자는 당해 직무와 관련한 면허 외에 4급 이상의 통신사면허를 갖추어야 한다. 이 경우 세계해상조난 및 안전제도 관련설비를 갖춘 선박에 승무하고자 하는 자는 전파전자급의 통신사면허를 갖추어야 하며, 그 밖의 선박에 승무하고자 하는 자는 전파통신급 또는 전파전자급의 통신사면허를 갖추어야 한다.

1.「전파법 시행령」제116조에 따라 무선종사자가 아닌 자가 무선설비를 운용할 수 있는 선박
2. 어선 및 소형선박

⑧ 기관사 또는 운항사(기관전문 운항사에 한정한다)가 전자기관사 면허를 받고 최초로 전자기관사의 직무를 수행하려는 경우에는 해양수산부령으로 정하는 교육과정을 이수하여야 한다.

[별표 3]

선박직원의 최저승무기준(제22조제1항관련)

1. 소형선박을 제외한 선박의 갑판부의 승무기준

선박의 항행구역		선박의 크기 (총톤수)	선박직원	승무자격	
				여객선	여객선 외의 선박
연안 수역	평수구역	200톤 미만	선장	5급 항해사	6급 항해사
		200톤 이상 1천600톤 미만	선장	4급 항해사	5급 항해사
		1천600톤 이상	선장 1등 항해사	3급 항해사 4급 항해사	4급 항해사 5급 항해사
	평수구역을 제외한 연안 수역	200톤 미만	선장 1등 항해사	5급 항해사 6급 항해사	6급 항해사 -
		200톤 이상 500톤 미만	선장 1등 항해사	4급 항해사 5급 항해사	5급 항해사 6급 항해사
		500톤 이상 1천600톤 미만	선장 1등 항해사	3급 항해사 5급 항해사	4급 항해사 5급 항해사 (어선의 경우 6급 항해사)
		1천600톤 이상 3천톤 미만	선장 1등 항해사	3급 항해사 4급 항해사	4급 항해사 5급 항해사
		3천톤 이상	선장 1등 항해사 2등 항해사	2급 항해사 3급 항해사 4급 항해사	3급 항해사 4급 항해사 5급 항해사
원양수역		500톤 이상 1천600톤 미만	선장 1등 항해사 2등 항해사 3등 항해사	2급 항해사 3급 항해사 4급 항해사 5급 항해사	3급 항해사 4급 항해사 5급 항해사 -
		1천600톤 이상 3천톤 미만	선장 1등 항해사 2등 항해사 3등 항해사	1급 항해사 2급 항해사 3급 항해사 4급 항해사	2급 항해사 3급 항해사 4급 항해사 5급 항해사
		3천톤 이상 6천톤 미만	선장 1등 항해사 2등 항해사 3등 항해사	1급 항해사 2급 항해사 3급 항해사 4급 항해사	2급 항해사 3급 항해사 4급 항해사 4급 항해사
		6천톤 이상	선장 1등 항해사 2등 항해사 3등 항해사	1급 항해사 2급 항해사 3급 항해사 3급 항해사	1급 항해사 2급 항해사 3급 항해사 4급 항해사

비고

1. 부선・로프 등으로 결합하여 운항하는 예선(曳船)의 경우 위 표의 승무기준보다 1등급 상위의 자격

소지자가 선장으로 승무하여야 한다.
2. 1천600톤 이상의 부선과 결합하여 운항하는 예선의 경우 위 표의 최하위 선박직원의 승무기준과 동급 또는 바로 아래 등급의 자격소지자 1인 이상이 추가하여 승무하여야 한다.
3. 제1호와 제2호에도 불구하고 압항(押航) 예・부선(曳艀船)의 경우 예선과 부선(艀船)의 총톤수를 합산한 톤수로 한 단일선박의 승무기준을 적용하여야 한다.
4. "여객선"이란 여객정원이 13인 이상인 선박을 말한다(이하 같다).
5. 「해양환경관리법」 제23조제1항에 따른 해양폐기물 배출해역으로 한정하여 운항하는 폐기물운반선(선박검사증서상 항행구역이 해양폐기물 배출해역으로 지정된 선박을 말한다)은 연안수역의 승무기준을 적용한다.
6. 부선・로프 등으로 결합하여 운항하는 예선의 항행구역이 평수구역을 제외한 연안수역으로서 해당 예선의 크기가 총톤수 200톤 미만이고, 주기관 추진력이 750킬로와트 이상인 경우에는 6급 항해사 이상의 자격을 소지한 1등 항해사 1명이 추가하여 승무하여야 한다.
7. 해양수산부령으로 정하는 선박운항교육을 이수한 6급 기관사 이상의 기관사는 연안수역을 항행구역으로 하는 「수상레저안전법」에 따른 비상업용 동력요트 중 총톤수 55톤 미만의 요트에서 선장의 직무를 할 수 있다.

2. 소형선박을 제외한 선박의 기관부의 승무기준
가. 총톤수 500톤 미만의 어선

선박의 항행구역	선박의 크기(총톤수)	선박직원	승무자격
연안수역	200톤 미만	기관장	6급 기관사
	200톤 이상 500톤 미만	기관장	5급 기관사
원양수역	200톤 미만	기관장	6급 기관사
	200톤 이상 500톤 미만	기관장 1등 기관사	5급 기관사 6급 기관사

나. 어선 외의 선박 및 총톤수 500톤 이상의 어선

선박의 항행구역		주기관추진력(킬로와트)	선박직원	승무자격
연안수역	평수구역	750킬로와트 미만	기관장	6급 기관사
		750킬로와트 이상 3천킬로와트 미만	기관장	5급 기관사
		3천킬로와트 이상	기관장 1등 기관사	4급 기관사 5급 기관사
	평수구역을 제외한 연안수역	750킬로와트 미만	기관장	6급 기관사
		750킬로와트 이상 1천500킬로와트 미만	기관장 1등 기관사	5급 기관사 6급 기관사
		1천500킬로와트 이상 3천킬로와트 미만	기관장 1등 기관사	4급 기관사 5급 기관사(어선의 경우에는 6급 기관사)
		3천킬로와트 이상	기관장 1등 기관사	3급 기관사 4급 기관사(어선의 경우에는 5급 기관사)

원양수역	750킬로와트 미만	기관장 1등 기관사	4급 기관사(어선의 경우에는 5급 기관사) 6급 기관사
	750킬로와트 이상 1천500킬로와트 미만	기관장 1등 기관사	4급 기관사(어선의 경우에는 5급 기관사) 5급 기관사(어선의 경우에는 6급 기관사)
	1천500킬로와트 이상 3천킬로와트 미	기관장 1등 기관사 2등 기관사	3급 기관사 4급 기관사 5급 기관사
	3천킬로와트 이상 6천킬로와트 미만	기관장 1등 기관사 2등 기관사 3등 기관사	2급 기관사 3급 기관사 4급 기관사 5급 기관사
	6천킬로와트 이상	기관장 1등 기관사 2등 기관사 3등 기관사	1급 기관사 2급 기관사 3급 기관사 4급 기관사

비고

1. 기관의 운전에 관한 직무를 행하는 자중「국가기술자격법」에 따른 전기기사 또는 발전기・전기기기에 관한 전기기능사 2급 이상의 자격을 가진 자가 있거나 전기기사 또는 전자기기・계측제어에 관한 전기기능사 2급 이상의 자격증을 가진 자가 있는 경우에는 3등 기관사의 승무를 요하지 아니한다.
2. 영해안의 해역만을 항행하는 예선 또는 연안여객선으로서 선박의 통상적인 항행시간(최근 6개월간 각 항차당 항행시간이 가장 긴 순서로부터 차례로 6회를 합산하여 평균한 시간)이 10시간 미만(연안여객선은 6시간미만)인 경우에는 1등 기관사의 승무를 요하지 아니한다.
3. 「해양환경관리법」 제23조제1항에 따라 근해구역에 지정된 해양폐기물 배출해역을 한정하여 운항하는 폐기물운반선(선박검사증서상 항행구역이 해양폐기물 배출해역으로 지정된 선박을 말한다)은 연안 수역의 승무기준을 적용한다.
4. 부선・로프 등으로 결합하여 운항하는 예선의 항행구역이 평수구역을 제외한 연안수역으로서 해당 예선의 크기가 총톤수 200톤 미만이고, 주기관 추진력이 750킬로와트 이상인 경우에는 1등 기관사 1명의 승무를 요하지 아니한다.
5. 해양수산부령으로 정하는 기관운전교육을 이수한 6급 항해사 이상의 항해사는 연안수역을 항행구역으로 하는「수상레저안전법」에 따른 비상업용 동력요트 중 총톤수 55톤 미만이고, 주기관 추진력이 750킬로와트 미만인 요트의 기관장의 직무를 할 수 있다.

3. 통신급(전파통신급에 한함)의 승무기준

선종별	선박		선박직원	승무자격
여객선(무선전신시설을 설비한 선박에 한한다)	여객선(무선전신시설을 설비한 선박에 한한다)		통신장	2급 통신사
	국제항해에 취항하는 선박	여객정원 250인 미만	통신장 통신사	1급 통신사 2급 통신사
		여객정원 250인 이상	통신장 통신사 2인	1급 통신사 2급 통신사

<table>
<tr><td rowspan="3">여객선 및 어선외의 선박(무선전신시설을 설비한 선박에 한한다)</td><td colspan="2">국제항해에 취항하지 아니하는 선박</td><td>통신장</td><td>3급 통신사</td></tr>
<tr><td rowspan="2">국제항해에 취항하는 선박</td><td>총톤수 2만톤 미만의 선박</td><td>통신장</td><td>2급 통신사</td></tr>
<tr><td>총톤수 2만톤 이상의 선박</td><td>통신장</td><td>1급 통신사(외국선박은 2급 통신사)</td></tr>
<tr><td rowspan="3">어선(무선전신시설을 설비한 선박에 한한다)</td><td colspan="2">총톤수 500톤 미만의 선박</td><td>통신장</td><td>3급 통신사</td></tr>
<tr><td colspan="2">총톤수 500톤 이상 2만톤 미만의 선박</td><td>통신장</td><td>2급 통신사</td></tr>
<tr><td colspan="2">총톤수 2만톤 이상의 선박</td><td>통신장</td><td>1급 통신사(외국선박은 2급 통신사)</td></tr>
</table>

비고
해양수산부장관은 방송통신위원회가 「전파법 시행령」 제117조제2항에 따라 무선종사자의 자격별 정원을 줄여 고시하는 경우에는 그에 상응하는 통신부의 승무기준을 경감할 수 있으며, 국제항해에 취항하는 총톤수 1천600톤 미만의 외국선박(여객선을 제외한다)에 배치하여야 할 통신장의 승무자격은 이를 3급 통신사로 한다.

4. 소형선박의 승무기준

선박의 항행구역	선박의 구분	선박직원	승무자격
연안수역	여객선	선장 기관장	6급 항해사 소형선박 조종사
	여객선외의 선박	선장 및 기관장	소형선박 조종사
원양수역	여객선	선장 기관장	6급 항해사 6급 기관사
	여객선 및 어선외의 선박	선장 기관장	6급 항해사 소형선박 조종사
	어선	선장 및 기관장	소형선박 조종사

비고
1. 6급 항해사 이상의 항해사가 소형선박의 기관과정교육을 이수할 경우 또는 6급 기관사 이상의 기관사가 소형선박의 항해과정교육을 이수할 경우에는 연안수역의 여객선외의 선박 또는 원양수역의 어선에서 선장 및 기관장의 직무를 행할 수 있다.
2. 원양수역에서의 어선의 항행구역은 수산업법 제41조의 규정에 의하여 허가받은 조업구역으로 한다.
3. 부선·로프 등으로 결합하여 운항하는 예선의 경우에는 6급 이상의 항해사면허를 가지고 소형선박의 기관과정교육을 이수한 자가 선장 및 기관장의 직무로 승무하여야 한다.
4. 항만법 제2조제4호의 규정에 의한 항만구역내만을 운항하는 통선은 여객선외의 선박의 승무기준을 적용한다.

5. 자동화선박의 승무기준

선박의 항행구역	선박의 구분		선박 직원	승무자격	
	크기(총톤수 또는 주기관추진력)	유형		여객선	여객선외의 선박
연안수역	3천톤 이상	제2종 또는 제3종	선장 운항장 2등 항해사 3등 항해사 통신장	2급 운항사(항해전문) 3급 운항사(기관전문) 4급 운항사(기관전문) 4급 운항사(항해전문) 별표 3의2의 규정에 의한 통신사	3급 운항사(항해전문) 3급 운항사(기관전문) 4급 운항사(기관전문) 4급 운항사(항해전문) 별표 3의2의 규정에 의한 통신사
원양수역	3천톤이상 6천톤 미만 또는 3천킬로와트 이상 6천킬로와트 미만	제1종	선장 기관장 1등 항해사 1등 기관사 2등 항해사 2등 기관사 3등 운항사 통신장	1급 항해사 2급 기관사 2급 항해사 또는 2급 운항사(항해전문) 3급 기관사 또는 3급 운항사(기관전문) 3급 항해사 또는 3급 운항사(항해전문) 4급 기관사 또는 4급 운항사(기관전문) 4급 운항사(항해전문 또는 기관전문) 별표 3의2의 규정에 의한 통신사	2급 항해사 2급 기관사 3급 항해사 또는 3급 운항사(항해전문) 3급 기관사 또는 3급 운항사(기관전문) 4급 항해사 또는 4급 운항사(항해전문) 4급 기관사 또는 4급 운항사(기관전문) 4급 운항사(항해전문 또는 기관전문) 별표 3의2의 규정에 의한 통신사
		제2종	선장 기관장 1등 항해사 1등 기관사 2등 운항사(2명) 통신장	1급 항해사 2급 기관사 2급 항해사 또는 2급 운항사(항해전문) 3급 기관사 또는 3급 운항사(기관전문) 4급 운항사(항해전문 1명, 기관전문 1명) 별표 3의2의 규정에 의한 통신사	2급 항해사 2급 기관사 3급 항해사 또는 3급 운항사(항해전문) 3급 기관사 또는 3급 운항사(기관전문) 4급 운항사(항해전문 1명, 기관전문 1명) 별표 3의2의 규정에 의한 통신사
		제3종	선장 운항장 1등 운항사(2명) 2등 운항사(3명) 3등 운항사(3명)	1급 운항사(항해전문) 1급 운항사(기관전문) 2급 운항사(항해전문 1명, 기관전문 1명) 3급 운항사(항해전문 2명, 기관전문 1명) 4급 운항사(항해전문 1명, 기관전문 2명)	2급 운항사(항해전문) 2급 운항사(기관전문) 3급 운항사(항해전문 1명, 기관전문 1명) 4급 운항사(항해전문 2명, 기관전문 1명) 4급 운항사(항해전문 1명, 기관전문 2명)

	6천톤 이상 또는 6천킬로와트 이상	제1종	선장 기관장 1등 항해사 1등 기관사 2등 항해사 2등 기관사 3등 운항사 통신장	1급 항해사 1급 기관사 2급 항해사 또는 2급 운항사(항해전문) 2급 기관사 또는 2급 운항사(기관전문) 3급 항해사 또는 3급 운항사(항해전문) 3급 기관사 또는 3급 운항사(기관전문) 3급 운항사(항해전문 또는 기관전문) 별표 3의2의 규정에 의한 통신사	1급 항해사 1급 기관사 2급 항해사 또는 2급 운항사(항해전문) 2급 기관사 또는 2급 운항사(기관전문) 3급 항해사 또는 3급 운항사(항해전문) 3급 기관사 또는 3급 운항사(기관전문) 3급 운항사(항해전문 또는 기관전문) 별표 3의2의 규정에 의한 통신사
		제2종	선장 기관장 1등 항해사 1등 기관사 2등 운항사 (2명) 통신장	1급 항해사 1급 기관사 2급 항해사 또는 2급 운항사(항해전문) 2급 기관사 또는 2급 운항사(기관전문) 3급 운항사(항해전문 1명, 기관전문 1명) 별표 3의2의 규정에 의한 통신사	1급 항해사 1급 기관사 2급 항해사 또는 2급 운항사(항해전문) 2급 기관사 또는 2급 운항사(기관전문) 3급 운항사(항해전문 1명, 기관전문 1명) 별표 3의2의 규정에 의한 통신사
		제3종	선장 운항장 1등 운항사 (2명) 2등 운항사 (3명) 3등 운항사 (3명)	1급 운항사(항해전문) 1급 운항사(기관전문) 2급 운항사(항해전문 1명, 기관전문 1명) 3급 운항사(항해전문 2명, 기관전문 1명) 4급 운항사(항해전문 1명, 기관전문 2명)	1급 운항사(항해전문) 1급 운항사(기관전문) 2급 운항사(항해전문 1명, 기관전문 1명) 3급 운항사(항해전문 2명, 기관전문 1명) 4급 운항사(항해전문 1명, 기관전문 2명)

비 고

1. 선장 · 운항장 · 1등 운항사 · 2등 운항사 또는 3등 운항사의 직무를 수행할 운항사가 없는 경우에는 같은 등급의 항해사 및 기관사를 각각 승무시켜야 한다.
2. 총톤수 3천톤 미만의 자동화선박은 갑판부 · 기관부 및 통신부의 승무기준을 적용한다.
3. 선박직원의 승무자격은 항해사와 운항사의 경우에는 총톤수를 기준으로 하며, 기관사의 경우에는 주기관 추진력을 기준으로 한다.

6. 수면비행선박의 승무기준

항행구역	선박의 종류	선박직원	승무자격
연안수역	소형 수면비행선박	선장 1등 항해사	소형 수면비행선박 조종사 소형 수면비행선박 조종사
	중형 수면비행선박	선장 1등 항해사	소형 수면비행선박 조종사 중형 수면비행선박 조종사

원양수역	소형 수면비행선박	선장 1등 항해사	소형 수면비행선박 조종사 소형 수면비행선박 조종사
	중형 수면비행선박	선장 1등 항해사	중형 수면비행선박 조종사 중형 수면비행선박 조종사

비고

1. 국제항해에 종사하지 아니하는 소형 수면비행선박의 연속항행시간이 2시간 이내이거나, 해당 선박에 해양수산부장관이 정한 충돌예방을 위한 장애물 탐지 및 회피 장치가 설치되어 있는 경우에는 1등 항해사의 승무를 면제할 수 있다. 다만, 수면비행선박이 여객선인 경우에는 이를 적용하지 아니한다.
2. 국제항해에 종사하는 중형 수면비행선박의 연속항행시간이 6시간 이상인 경우에는 승무자격이 적합한 1등 항해사 1명을 추가로 승무시켜야 한다.

제22조의2(세계해상조난 및 안전제도 관련설비를 갖춘 선박의 전파전자급 통신사 승무 기준)

① 세계해상조난 및 안전제도 관련설비를 갖춘 선박의 전파전자급 통신사의 승무기준은 별표3의2와 같다.

② 선장・항해사・기관장・기관사・운항장 또는 운항사는 무선설비가 2중으로 설치되고 육상정비체제가 갖추어진 선박에서 다음 각 호의 구분에 따라 통신장 또는 통신사의 직무를 겸임할 수 있다. 이 경우 선박소유자는 통신장 또는 통신사의 직무를 겸임할 사람을 지정하여야 한다.

1. 통신장: 항해사・운항장 또는 운항사 중에서 전파전자급 3급 통신사 이상의 면허를 받은 사람
2. 통신사: 선장・항해사・기관장・기관사・운항장 또는 운항사 중에서 통신사의 직무수행에 필요한 승무자격을 갖춘 사람

③ 제2항의 규정에 의하여 직무를 겸임하고자 할 경우에는 나머지 선박직원중 최소한 2인 이상은 전파전자급 4급 통신사 이상의 면허를 받은 자이어야 한다.

[별표 3의2]

세계해상조난 및 안전제도(GMDSS)관련설비를 갖춘 선박의
전파전자급 통신사 승무기준(제22조의2제1항 관련)

선박의 종류	항행구역		선박 직원	승무자격	
				무선설비의 2중설치 및 육상정비가능 선박	무선설비의 2중설치 및 선상정비가능 선박
여객선 (「해운법」 제2조제2호에 따른 여객선을 말한다)	국제항해	여객정원 250명 이상	통신장	2급 통신사 1명	1급 통신사 1명
		여객정원 250명 미만	통신장	3급 통신사 1명	2급 통신사 1명
	국내항해		통신장	3급 통신사 1명	2급 통신사 1명
화물선	국제항해		통신장	3급 통신사 1명	2급 통신사 1명
	국내항해		통신장	3급 통신사 또는 4급 통신사 1명	2급 통신사 1명
어선	500톤 이상		통신장	3급 통신사 1명	2급 통신사 1명
	500톤 미만		통신장	4급 통신사 1명	3급 통신사 1명

2. 결원이 있는 경우의 승무기준의 특례

다음 각 호의 어느 하나에 해당하는 경우에는 법 제11조를 적용하지 아니한다. 이 경우 선박소유자는 지체 없이 그 결원을 보충하여야 한다(법 제12조 제1항).

1. 외국의 각 항(港) 간을 항행하는 선박으로서 선박직원에 결원이 생겼으나 보충하기 곤란한 경우
2. 본국항과 외국항 간을 항행하는 선박이 국외에서 선박직원에 결원이 생기고 본국항까지 항행하는 경우
3. 제1호 및 제2호의 경우 외에 선박이 항행 중 선박직원에 결원이 생겼으나 보충하기 곤란한 경우

선박소유자는 법 제12조 제1항 각 호의 어느 하나에 해당하는 경우에는 지체 없이 그 사실과 결원보충계획을 해양수산부장관에게 통보하여야 한다(법 제12조 제2항). 해양수산부장관은 법 제12조 제2항에 따른 통보를 받은 경우에 필요하다고 인정하면 선박소유자에게 그 결원을 지체 없이 보충할 것을 명할 수 있다(법 제12조 제3항).

3. 허가에 의한 승무기준의 특례

선박소유자는 선박이 다음 각 호의 어느 하나에 해당하는 경우에 해양수산부장관의 허가를 받았을 때에는 법 제11조에도 불구하고 그 허가된 해기사를 그 직무의 선박직원으로 승무시킬 수 있다(법 제13조 제1항).

1. 다른 선박에 예인(曳引)되어 항행하는 경우
2. 배가 선거(船渠)에 들어가거나 수리 · 계류 또는 그 밖의 사유로 항행에 사용되지 아니하는 경우
3. 그 밖에 해양수산부령으로 정하는 경우

해양수산부장관은 해기사의 수급(需給)상 부득이하여 대통령령으로 정하는 경우에는 6개월 범위에서 법 제11조에 따른 승무기준 중 등급을 완화하여 승무를 허가할 수 있다(법 제13조 제2항).

「선박직원법 시행령」

제23조(허가에 의한 승무기준의 특례)

① 법 제13조제2항의 규정에 의하여 승무기준을 완화하여 승무를 허가할 수 있는 경우는 다음과 같다.
1. 국민경제 또는 국가안보에 중대한 영향을 미치는 물자를 긴급히 수송하는 경우로서 관계기관의 장의 요청이 있는 경우
2. 긴급히 도서민을 수송하는 경우
3. 그 밖에 해양수산부장관이 해기사의 수급상 부득이 하다고 인정하는 경우
② 해양수산부장관이 법 제13조제2항의 규정에 의하여 승무기준의 완화에 관한 허가를 함에 있어서는 승무하고자 하는 자의 면허의 등급 및 승무경력등을 참작하여 선박항행의 안전을 확보할 수 있도록 하여야 한다. 이 경우 선장 또는 기관장에 대한 승무기준 완화에 관한 허가는 불가항력의 경우에 한하여 이를 할 수 있다.

「선박직원법 시행규칙」

제23조(허가에 의한 승무기준의 특례)
① 법 제13조제1항제3호에서 "해양수산부령으로 정하는 경우"란 다음 각 호의 어느 하나에 해당하는 경우를 말한다.
1. 선박의 구조나 설비가 특수한 경우
2. 특정한 항로나 수역만을 항행하는 경우
3. 외국의 영토에 기지를 두고 연안항해를 하는 경우
4. 외국선박의 경우
5. 항행예정시간이 4시간 이내인 국내항간을 긴급히 항행할 필요가 있다고 인정되는 경우
② 법 제13조에 따라 선박직원의 승무기준 완화허가를 받으려는 자는 다음 각호에서 정하는 자에게 별지 제13호서식의 선박직원 승무기준 완화허가 신청서를 제출하여야 한다.
1. 법 제13조제1항에 따라 승무기준 완화허가를 받으려는 경우에는 지방해양수산청장
2. 법 제13조제2항에 따라 승무기준 완화허가를 받으려는 경우에는 해양수산부장관
③ 해양수산부장관 또는 지방해양수산청장은 법 제13조에 따라 허가를 한 때에는 별지 제14호서식의 선박직원 승무기준 완화허가서를 지체없이 신청인에게 교부하여야 한다.

---

4. 해기사의 승무 범위

선박직원으로 승무하는 해기사는 법 제13조에 따라 허가를 받은 경우를 제외하고는 법 제11조에 따른 승무기준에 따라 승무하여야 한다(법 제14조).

5. 면허증 등의 비치

해기사가 선박직원으로 승무할 때에는 면허증이나 승무자격증을 선장에게 제출하여야 하며, 선장은 이를 선박에 갖추어 두어야 한다(법 제15조).

제2관 선박직원의 직무

1. 선박직원의 직무

선박직원의 직무는 다음 각 호와 같다(법 제11조 제2항).

1. 선장은 선박의 운항관리에 대하여 책임을 진다. 다만, 사망・질병 또는 부상 등 부득이한 사유로 선장이 직무를 수행할 수 없을 때에는 수리비용에서는 항해를 전문으로 하는 1등 운항사가 그 직무를 대행하고, 그 밖의 선박에서는 1등 항해사가 그 직무를 대행한다.
2. 항해사는 갑판부에서 항해당직을 수행한다.
3. 기관장은 선박의 기계적 추진, 기계와 전기설비의 운전 및 보수관리에 대하여 책임을 진다. 다만, 사망・질병 또는 부상 등 부득이한 사유로 기관장이 직무를 수행할 수 없을 때에는 수리비용에서는 기관을 전문으로 하는 1등 운항사가 그 직무를 대행하고, 그 밖의 선박에서는 1등 기관사가 그 직무를 대행한다.
4. 기관사는 기관부에서 기관당직을 수행한다.

4의2. 전자기관사는 항해장비 및 갑판기기를 포함한 선박의 전기・전자 및 자동제어 설비・시스템의 유지・점검・보수관리・수리 등의 업무를 수행한다.

5. 통신장과 통신사는 선박통신에 대하여 책임을 진다.
6. 운항장과 운항사는 수리비용에서 운항당직(항해・기관 및 전자장비 등에 대한 통합당직을 말한다)을 수행한다.

2. 해기사의 보수교육

해양수산부장관은 해기사의 자질 향상, 기술 향상 및「선원의 훈련・자격증명 및 당직근무의 기준에 관한 국제협약」또는「어선 선원의 훈련・자격증명 및 당직근무의 기준에 관한 국제협약」의 이행을 위하여 필요하다고 인정하면 해양수산부령으로 정하는 바에 따라 해기사에게 보수교육(補修教育)을 받게 할 수 있다(법 제16조).

제4절 | 보칙 및 벌칙

제1관 보칙

1. 외국선박의 감독

가. 외국선박의 감독

해양수산부장관은 소속 공무원으로 하여금 대한민국 영해 안에 있는 외국선박에 승무하는 선박직원에 대하여 다음 각 호의 사항을 검사하거나 심사하게 할 수 있다(법 제17조 제1항).

1. 「선원의 훈련·자격증명 및 당직근무의 기준에 관한 국제협약」 또는 「어선 선원의 훈련·자격증명 및 당직근무의 기준에 관한 국제협약」에 적합한 면허증 또는 증서를 가지고 있는지 여부
2. 「선원의 훈련·자격증명 및 당직근무의 기준에 관한 국제협약」 또는 「어선 선원의 훈련·자격증명 및 당직근무의 기준에 관한 국제협약」에서 정한 수준의 지식과 능력을 갖추고 있는지 여부

해양수산부장관은 법 제17조 제1항에 따른 검사 또는 심사를 한 결과 그 선박직원이 제1항 각 호의 요건을 충족하지 못한다고 인정할 때에는 그 외국선박의 선장에게 그 요건을 충족하는 선박직원을 승무시키도록 문서로 통보하여야 한다. 이 경우 해양수산부장관은 대한민국에 있는 해당 국가의 영사(해당 선박이 소속된 선적국가의 영사를 말하며, 영사가 없는 경우에는 가장 가까운 곳의 외교관 또는 해운당국을 말한다)에게 그 선장으로 하여금 적합한 선박직원을 승무시키게 하는 데에 필요한 조치를 하도록 문서로 통보하여야 한다(법 제17조 제2항). 해양수산부장관은 법 제17조 제2항 전단에 따른 통보를 받은 그 외국선박의 선장이 제1항 각 호의 요건을 충족하는 선박직원을 승무시키지 아니한 경우에 항행을 계속하는 것이 인명 또는 재산에 위험을 초래하거나 해양환경보전에 장해가 될 염려가 있다고 인정할 때에는 그 외국선박에 대하여 항행정지를 명하거나 그 항행을 정지시킬 수 있다(법 제17조 제3항). 해양수산부장관은 법 제17조 제3항에 따른 위험과 장해가 없어졌다고 인정할 때에는 지체 없이 항행을 하게 하여야 한다(법 제17조 제4항). 법 제17조 제1항에 따른 검사 및 심사의 방법과 검사 및 심사를 하는 소속 공무원의 자격에 관하여는 「선박안

전법」 제68조 및 제76조[3])에 따른다(법 제17조 제5항).

나. 증표의 제시

법 제17조에 따라 검사 또는 심사를 하는 공무원은 그 권한을 표시하는 증표를 관계인에게 보여주어야 한다(법 제19조).

2. 해기사 실습자의 실무수습

선박소유자는 법 제11조에 따라 승무하는 선박직원 외에 실무수습을 하는 해기사 실습자가

3)

「선박안전법」

제68조(항만국통제)
① 해양수산부장관은 외국선박의 구조·시설 및 선원의 선박운항지식 등이 대통령령이 정하는 선박안전에 관한 국제협약에 적합한지 여부를 확인하고 그에 필요한 조치(이하 "항만국통제"라 한다)를 할 수 있다.
② 해양수산부장관은 제1항의 규정에 따른 항만국통제를 하는 경우 소속 공무원으로 하여금 대한민국의 항만에 입항하거나 입항예정인 외국선박에 직접 승선하여 행하게 할 수 있다. 이 경우 당해 선박의 항해가 부당하게 지체되지 아니하도록 하여야 한다.
③ 해양수산부장관은 제1항의 규정에 따른 항만국통제의 결과 외국선박의 구조·설비 및 선원의 선박운항지식 등이 제1항의 규정에 따른 국제협약의 기준에 미달되는 것으로 인정되는 때에는 해당선박에 대하여 수리 등 필요한 시정조치를 명할 수 있다.
④ 해양수산부장관은 제1항의 규정에 따른 항만국통제 결과 선박의 구조·설비 및 선원의 선박운항지식 등과 관련된 결함으로 인하여 당해 선박 및 승선자에게 현저한 위험을 초래할 우려가 있다고 판단되는 때에는 출항정지를 명할 수 있다.
⑤ 외국선박의 소유자는 제3항 및 제4항에 따른 시정조치명령 또는 출항정지명령에 불복하는 경우에는 해당명령을 받은 날부터 90일 이내에 그 불복사유를 기재하여 해양수산부장관에게 이의신청을 할 수 있다.
⑥ 제5항의 규정에 따라 이의신청을 받은 해양수산부장관은 소속 공무원으로 하여금 당해 시정조치명령 또는 출항정지명령의 위법·부당 여부를 직접 조사하게 하고 그 결과를 신청인에게 60일 이내에 통보하여야 한다. 다만, 부득이한 사정이 있는 때에는 30일 이내의 범위에서 통보시한을 연장할 수 있다.
⑦ 시정조치명령 또는 출항정지명령에 대하여 불복이 있는 자는 제5항 및 제6항의 규정에 따른 이의신청의 절차를 거치지 아니하고는 행정소송을 제기할 수 없다. 다만, 「행정소송법」 제18조제2항 및 제3항의 규정에 해당되는 경우에는 그러하지 아니하다.
⑧ 제3항 내지 제7항의 규정에 따른 외국선박에 대한 조치 및 이의신청 등에 관하여 필요한 사항은 대통령령으로 정한다.

제76조(선박검사관) 해양수산부장관은 필요한 경우 소속 공무원 중에서 해양수산부령이 정하는 자격을 갖춘 자를 선박검사관으로 임명하여 다음 각 호에 해당하는 업무를 수행하게 할 수 있다.
1. 건조검사, 정기검사, 중간검사, 임시검사, 임시항해검사, 국제협약검사, 제41조제2항의 규정에 따른 위험물 적재방법의 적합 여부에 대한 검사, 강화검사, 예인선항해검사, 특별점검, 특별검사 및 제72조제2항의 규정에따른 재검사·재검정·재확인에 관한 업무
2. 제18조제6항의 규정에 따른 선박용물건 또는 소형선박의 검정, 제20조제3항 단서의 규정에 따른 선박용물건 또는 소형선박의 확인, 제23조제4항의 규정에 따른 컨테이너검정에 관한 업무
3. 제61조의 규정에 따른 대행업무의 차질에 따른 직접 수행에 관한 업무
4. 제68조의 규정에 따른 항만국통제에 관한 업무
5. 제74조제2항의 규정에 따른 결함신고 사실의 확인에 관한 업무
6. 제75조제2항의 규정에 따른 선박 또는 사업장의 출입·조사에 관한 업무

있는 경우에는 그를 승선시켜 실무수습을 할 수 있도록 하여야 한다(법 제21조).

3. 권한의 위임 · 위탁 등

이 법에 따른 해양수산부장관의 권한은 대통령령으로 정하는 바에 따라 그 일부를 소속 기관의 장에게 위임할 수 있다(법 제23조 제1항).

해양수산부장관은 법 제5조에 따른 해기사 시험 관리나 법 제7조에 따른 면허 갱신 신청의 접수 등 그 절차에 관한 업무의 일부를 대통령령으로 정하는 바에 따라 다음 각 호의 어느 하나에 해당하는 자에게 위탁할 수 있다(법 제23조 제2항).

1. 「한국해양수산연수원법」에 따른 한국해양수산연수원
2. 해양수산부장관의 허가를 받아 설립된 해기사가 회원인 법인

법 제23조 제2항에 따라 업무를 위탁받은 법인은 해양수산부령으로 정하는 바에 따라 위탁받은 업무와 관련된 수수료를 징수할 수 있다(법 제23조 제3항).

「선박직원법 시행령」

제24조(권한의 위임 · 위탁)

① 법 제23조제1항의 규정에 의한 해양수산부장관의 권한중 다음 각 호의 권한을 지방해양수산청장에게 위임한다.

1. 법 제4조의 규정에 의한 면허
2. 법 제5조제3항 및 제4항의 규정에 의한 해기사면허증의 발급 · 재발급 및 기재사항의 변경

2의2. 법 제5조의3제1항에 따른 시험정지, 합격결정 취소 및 응시자격 정지

3. 법 제7조제2항의 규정에 의한 면허의 갱신
4. 법 제9조제4항의 규정에 의하여 제출된 면허증의 수령 및 반환
5. 법 제9조의 규정에 의한 면허의 취소 · 업무의 정지 및 견책
6. 법 제10조의 규정에 의한 청문

6의2. 법 제10조의2제2항에 따른 승무자격증의 발급

6의3. 법 제12조제2항 및 제3항에 따른 결원사실과 결원보충계획의 접수 및 결원보충명령

7. 법 제13조에 따른 승무기준의 완화에 관한 허가
8. 법 제17조의 규정에 의한 외국선박의 감독
9. 삭제
10. 법 제31조의 규정에 의한 과태료의 부과 및 징수
11. 삭제

② 삭제

③ 해양수산부장관은 법 제23조제2항의 규정에 의하여 해기사시험의 관리에 관한 권한을 한국해양수산연수원장에게 위탁한다.

④ 삭제

---

4. 사무의 처리 등

외국에서의 선박직원에 관한 사무는 대한민국 영사가 수행한다(법 제24조 제1항). 영사가 법 제24조 제1항에 따른 사무를 수행하였을 때에는 대통령령으로 정하는 바에 따라 그 내용을 외교부장관을 통하여 해양수산부장관에게 통보하여야 한다(법 제24조 제2항).

「선박직원법 시행령」

제25조(외국에 있어서의 사무) 영사가 법 제24조제2항의 규정에 의하여 사무를 행한 때에는 1월이내에 그 내용을 외교부장관을 통하여 해양수산부장관에게 통보하여야 한다.

5. 민원사무의 전산처리 등

이 법에 따른 민원사무의 전산처리 등에 관하여는 「항만법」 제89조를 준용한다(법 제25조의2).

6. 수수료

이 법에 따른 면허증 또는 승무자격증의 발급·갱신 또는 그 밖의 증명 등을 신청하거나 해기사 시험에 응시하려는 사람은 해양수산부령으로 정하는 바에 따라 수수료를 내야 한다(법 제26조).

「선박직원법 시행규칙」

제25조(수수료)
① 법 제23조제3항 및 법 제26조에 따른 수수료의 금액은 별표 3과 같다.
② 제1항에 따른 수수료는 수입인지로 납부하여야 한다. 다만, 연수원이 법 제23조제2항제1호에 따라 업무를 위탁받은 경우에는 현금으로 납부하여야 한다.
③ 지방해양수산청장 또는 연수원장은 제2항에 따른 방법 외에 정보통신망을 이용하여 전자화폐·전자결제 등의 방법으로 수수료를 납부하게 할 수 있다.
④ 지방해양수산청장 또는 연수원장은 다음 각 호의 구분에 따라 납부된 수수료를 반환하여야 한다.
1. 수수료를 과오납한 경우: 과오납한 금액의 전부
2. 연수원의 귀책사유로 시험에 응하지 못한 경우: 납부된 수수료의 전부
3. 응시원서 접수기간 내에 접수를 취소한 경우: 납부된 수수료의 전부
4. 응시원서 접수마감일의 다음 날부터 7일 이내에 접수를 취소하는 경우: 납부된 수수료의 100분의 60
5. 해당 시험일이 경과하지 아니하고 제4호에서 정한 기간을 경과한 날부터 7일 이내에 접수를 취소하는 경우: 납부된 수수료의 100분의 50

7. 규제의 재검토

해양수산부장관은 총톤수 5톤 미만의 선박이라 하더라도 이 법을 적용하도록 하는 법 제2조제1호가목2)에 대하여 2008년 12월 31일을 기준으로 매 5년이 되는 시점마다 그 타당성을 검토하여 평가한 후 보고서를 작성하고 국회 소관 상임위원회에 제출하여야 한다(법 제26조의2).

「선박직원법 시행령」

제25조의2(규제의 재검토) 해양수산부장관은 다음 각 호의 사항에 대하여 다음 각 호의 기준일을 기준으로 3년마다(매 3년이 되는 해의 기준일과 같은 날 전까지를 말한다) 그 타당성을 검토하여 개선 등의 조치를 하여야 한다.

1. 제14조에 따른 해기사이었던 자 또는 해기사에 대한 시험의 특례: 2014년 1월 1일
2. 제16조에 따른 지정교육기관의 교육과정 이수자 등에 대한 특례: 2014년 1월 1일

「선박직원법 시행규칙」

제26조(규제의 재검토)

① 해양수산부장관은 제7조에 따른 자동화선박의 설비내역 및 종류인정에 대하여 2014년 1월 1일을 기준으로 3년마다(매 3년이 되는 해의 1월 1일 전까지를 말한다) 그 타당성을 검토하여 개선 등의 조치를 하여야 한다.

② 해양수산부장관은 제9조에 따른 시험의 시행에 대하여 2015년 1월 1일을 기준으로 2년마다(매 2년이 되는 해의 1월 1일 전까지를 말한다) 그 타당성을 검토하여 개선 등의 조치를 하여야 한다.

제2관 벌칙

---

1. 양벌규정

법인의 대표자나 법인 또는 개인의 대리인, 사용인, 그 밖의 종업원이 그 법인 또는 개인의 업무에 관하여 법 제27조제4호・제5호 또는 제29조제1호의 위반행위를 하면 그 행위자를 벌하는 외에 그 법인 또는 개인에게도 해당 조문의 벌금형을 과(科)한다. 다만, 법인 또는 개인이 그 위반행위를 방지하기 위하여 해당 업무에 관하여 상당한 주의와 감독을 게을리하지 아니한 경우에는 그러하지 아니하다(법 제30조).

---

2. 징역형 : 1년 이하의 징역 또는 1천만원 이하의 벌금(법 제27조).

가. 거짓이나 그 밖의 부정한 방법으로 법 제4조에 따른 면허 또는 제10조의2에 따른 승무자격인정을 받은 사람

나. 법 제4조에 따른 면허 또는 제10조의2에 따른 승무자격인정을 받지 아니하고 선박직원으로 승무한 사람과 그를 승무시킨 자. 다만, 승무 중에 면허 또는 승무자격인정의 유효기간이 만료된 사람은 제외한다.

다. 승무경력을 거짓으로 증명하여 준 자

라. 법 제9조(제10조의2제5항에 따라 준용되는 경우를 포함한다) 또는「해양사고의 조사 및 심판에 관

한 법률」에 따라 업무정지처분 중에 있는 사람을 선박직원으로 선박에 승무시킨 자
마. 법 제11조제1항을 위반하여 해기사(제10조의2에 따라 승무자격인정을 받은 사람을 포함한다)를 승무시킨 자
사. 법 제12조제3항 또는 제17조제3항에 따른 명령을 위반한 자

---

3. 벌금형
가. 300만원 이하의 벌금(법 제28조).
  1) 법 제9조(제10조의2제5항에 따라 준용되는 경우를 포함한다) 또는「해양사고의 조사 및 심판에 관한 법률」에 따른 업무정지처분을 위반하여 선박직원으로 승무한 사람
  2) 법 제14조를 위반한 사람
나. 100만원 이하의 벌금(법 제29조).
  1) 법 제21조를 위반하여 해기사 실습자의 승선 및 실무수습을 거부한 자
  2) 법 제22조를 위반하여 면허증이나 승무자격증을 다른 사람에게 빌려 준 사람

---

4. 과태료
가. 300만원 이하의 과태료(법 제31조 제1항).
  1) 선박직원의 면허 또는 승무자격인정의 유효기간이 승무 중에 만료되었음에도 불구하고 그 선박직원을 계속 승무시킨 자
  2) 법 제17조제1항에 따른 검사 또는 심사를 거부 · 방해하거나 기피한 자
나. 100만원 이하의 과태료(법 제31조 제2항).
  1) 법 제12조제2항에 따른 통보를 하지 아니한 자
  2) 법 제15조를 위반하여 면허증 또는 승무자격증을 갖추어 두지 아니한 사람
다. 징수방법
법 제31조 제1항 및 제2항에 따른 과태료는 대통령령으로 정하는 바에 따라 해양수산부장관이 부과 · 징수한다(법 제31조 제3항).

「선박직원법 시행령」

제26조(과태료의 부과기준) 법 제31조제1항 및 제2항에 따른 과태료의 부과기준은 별표 5와 같다.

[별표 5]
과태료의 부과기준(제26조 관련)

1. 일반기준
가. 부과권자는 다음의 어느 하나에 해당하는 경우에는 제2호에 따른 과태료 금액의 2분의 1의 범위에서 그 금액을 감경할 수 있다. 다만, 과태료를 체납하고 있는 위반행위자의 경우에는 그러하지 아니하다.
  1) 위반행위자가「질서위반행위규제법 시행령」제2조의2제1항 각 호의 어느 하나에 해당하는 경우
  2) 위반행위가 사소한 부주의나 오류로 인한 것으로 인정되는 경우
  3) 위반행위자의 법 위반상태를 시정하거나 해소하기 위한 노력이 인정되는 경우
  4) 그 밖에 위반행위의 정도, 위반행위의 동기와 결과 등을 고려하여 감경할 필요가 있다고 인정되는 경우
나. 부과권자는 다음의 어느 하나에 해당하는 경우에는 제2호에 따른 과태료 금액의 2분의 1의 범위에서 그 금액을 가중할 수 있다.
  1) 위반의 내용 · 정도가 중대하여 선박 항행의 안전에 미치는 피해가 크다고 인정되는 경우
  2) 법 위반상태의 기간이 6개월 이상인 경우
  3) 그 밖에 위반행위의 정도, 위반행위의 동기와 결과 등을 고려하여 가중할 필요가 있다고 인정되는 경우

2. 개별기준 (단위: 만원)

위반행위	근거 법조문	과태료 금액
가. 선박직원의 면허 또는 승무자격인정의 유효기간이 승무 중에 만료되었음에도 불구하고 그 선박직원을 계속 승무시킨 경우	법 제31조제1항제1호	100
나. 선박소유자가 법 제12조제2항을 위반하여 통보를 하지 않은 경우	법 제31조제2항제1호	30
다. 선장이 법 제15조를 위반하여 면허증 또는 승무자격증을 선박에 갖추어 두지 않은 경우	법 제31조제2항제2호	30
라. 법 제17조제1항에 따른 검사 또는 심사를 거부・방해하거나 기피한 경우	법 제31조제1항제2호	100

제 4 편

해상교통법규

제7장 해사안전법
제8장 선박의 입항 및 출항 등에 관한 법률
제9장 도선법
제10장 해양사고의 조사 및 심판에 관한 법률

7

해사안전법

제1절 | 총론

제1관 입법 목적

「해사안전법」은 선박의 안전운항을 위한 안전관리체계를 확립하여 선박항행과 관련된 모든 위험과 장해를 제거함으로써 해사안전(海事安全) 증진과 선박의 원활한 교통에 이바지함을 목적으로 한다(법 제1조).

이 법에서 "해사안전관리"란 선원 · 선박소유자 등 인적 요인, 선박 · 화물 등 물적 요인, 항행보조시설 · 안전제도 등 환경적 요인을 종합적 · 체계적으로 관리함으로써 선박의 운용과 관련된 모든 일에서 사고가 발생할 위험을 줄이는 활동을 말한다(법 제2조 제1호). 이 법은 2011년 법률 제10801호로 「해상교통안전법」을 전부개정하여 「해사안전법」으로 명명한 것으로, 「1972년 국제해상충돌예방규칙협약」(COLREG Convetion 72; International Regulations for Preventing Collisions at Sea, 1972)을 모태로 하고 있다.

법률의 명칭을 변경하고 전부개정한 이유는 ① IMO의 회원국 감사제도에서 요구하고 있는 해사안전정책의 수립 · 시행 · 평가 및 환류체계를 확립함으로써 해사안전정책의 실효성을 높이고, ② 「해양법에 관한 국제연합협약」 등에서 연안국의 권한으로 규정하고 있는 영해 밖 해양시설의 안전관리에 관한 사항, ③ 난파물 처리에 관한 사항의 수용 등을 들 수 있다. 전부개정으로 인하여 항법 중심의 선박충돌예방법적 성질이 강하던 구 「해상교통안전법」에 비하여 해상교통안전정책을 포괄한 종합적인 해상교통법규의 성격을 띄게 되었다. 결국 이 법의 목적은 ① 해상교통의 안전을 고도의 수준으로 유지하기 위하여 선박 등이 해상을 항행함에 있어서 상호간의 충돌을 사전에 예방함으로써 해양에서의 인명 및 재산의 안전 확보, ② 해사안전정책, ③ 영해 밖 해양시설의 안전관리, ④ 난파물 처리제도 확립 등이다.

그러므로 제1차적으로는 선박 등의 충돌예방, 제2차적으로는 이 법의 규정에 의한 항법, 등화, 신호 등에 관한 규정에 따라 선박충돌 방지수단을 강구한 결과로서 충돌에 의한 손해의 경감 등을 기대효과로 볼 수 있다.[1)]

제2관 용어의 정의

이 법에서 사용하는 용어의 뜻은 다음과 같다(법 제2조).

1. "해사안전관리"란 선원·선박소유자 등 인적 요인, 선박·화물 등 물적 요인, 항행보조시설·안전제도 등 환경적 요인을 종합적·체계적으로 관리함으로써 선박의 운용과 관련된 모든 일에서 사고가 발생할 위험을 줄이는 활동을 말한다.
2. "선박"이란 물에서 항행수단으로 사용하거나 사용할 수 있는 모든 종류의 배(물 위에서 이동할 수 있는 수상항공기와 수면비행선박을 포함한다)를 말한다.
3. "수상항공기"란 물 위에서 이동할 수 있는 항공기를 말한다.
4. "수면비행선박"이란 표면효과 작용을 이용하여 수면 가까이 비행하는 선박을 말한다.
5. "대한민국선박"이란 「선박법」 제2조 각 호에 따른 선박을 말한다.
6. "위험화물운반선"이란 선체의 한 부분인 화물창(貨物倉)이나 선체에 고정된 탱크 등에 해양수산부령으로 정하는 위험물을 싣고 운반하는 선박을 말한다.

「해사안전법 시행규칙」

제2조(위험물의 범위)
① 「해사안전법」(이하 "법"이라 한다) 제2조제6호에서 "해양수산부령으로 정하는 위험물"이란 다음 각 호의 어느 하나에 해당하는 것을 말한다. 다만, 해당 선박에서 연료로 사용되는 것은 제외한다.
1. 별표 1에 해당하는 화약류로서 총톤수 300톤 이상의 선박에 적재된 것
2. 고압가스 중 인화성 가스로서 총톤수 1천톤 이상의 선박에 산적된 것

---

1) 민성규·임동철, 「새 국제해상충돌예방규칙」, (한국해양대학 해사도서출판부, 1984), 15쪽 참조.

3. 인화성 액체류로서 총톤수 1천톤 이상의 선박에 산적된 것
4. 200톤 이상의 유기과산화물로서 총톤수 300톤 이상의 선박에 적재된 것
5. 제2호 및 제3호에 따른 위험물을 산적한 선박에서 해당 위험물을 내린 후 선박 내에 남아 있는 인화성 가스로서 화재 또는 폭발의 위험이 있는 것

② 제1항에 따른 화약류・고압가스・인화성 액체류 및 유기과산화물의 정의는 「위험물 선박운송 및 저장규칙」 제2조에 따른다.

---

7. "거대선"(巨大船)이란 길이 200미터 이상의 선박을 말한다.
8. "고속여객선"이란 시속 15노트 이상으로 항행하는 여객선을 말한다.
9. "동력선"(動力船)이란 기관을 사용하여 추진(推進)하는 선박을 말한다. 다만, 돛을 설치한 선박이라도 주로 기관을 사용하여 추진하는 경우에는 동력선으로 본다.
10. "범선"(帆船)이란 돛을 사용하여 추진하는 선박을 말한다. 다만, 기관을 설치한 선박이라도 주로 돛을 사용하여 추진하는 경우에는 범선으로 본다.
11. "어로에 종사하고 있는 선박"이란 그물, 낚싯줄, 트롤망, 그 밖에 조종성능을 제한하는 어구(漁具)를 사용하여 어로(漁撈) 작업을 하고 있는 선박을 말한다.
12. "조종불능선"(操縱不能船)이란 선박의 조종성능을 제한하는 고장이나 그 밖의 사유로 조종을 할 수 없게 되어 다른 선박의 진로를 피할 수 없는 선박을 말한다.
13. "조종제한선"(操縱制限船)이란 다음 각 목의 작업과 그 밖에 선박의 조종성능을 제한하는 작업에 종사하고 있어 다른 선박의 진로를 피할 수 없는 선박을 말한다.
    가. 항로표지, 해저전선 또는 해저파이프라인의 부설・보수・인양 작업
    나. 준설(浚渫)・측량 또는 수중 작업
    다. 항행 중 보급, 사람 또는 화물의 이송 작업
    라. 항공기의 발착(發着)작업
    마. 기뢰(機雷)제거작업
    바. 진로에서 벗어날 수 있는 능력에 제한을 많이 받는 예인(曳引)작업
14. "흘수제약선"(吃水制約船)이란 가항(可航)수역의 수심 및 폭과 선박의 흘수와의 관계에 비추어 볼 때 그 진로에서 벗어날 수 있는 능력이 매우 제한되어 있는 동력선을 말한다.
15. "해양시설"이란 자원의 탐사・개발, 해양과학조사, 선박의 계류(繫留)・수리・하역, 해상주거・관광・레저 등의 목적으로 해저(海底)에 고착된 교량・터널・케이블・인공섬・시설물이거나 해상부유 구조물로서 선박이 아닌 것을 말한다.
16. "해상교통안전진단"이란 해상교통안전에 영향을 미치는 다음 각 목의 사업(이하 "안전진단대상사업"이라 한다)으로 발생할 수 있는 항행안전 위험 요인을 전문적으

로 조사・측정하고 평가하는 것을 말한다.

가. 항로 또는 정박지의 지정・고시 또는 변경

나. 선박의 통항을 금지하거나 제한하는 수역(水域)의 설정 또는 변경

다. 수역에 설치되는 교량・터널・케이블 등 시설물의 건설・부설 또는 보수

라. 항만 또는 부두의 개발・재개발

마. 그 밖에 해상교통안전에 영향을 미치는 사업으로서 대통령령으로 정하는 사업

「해사안전법 시행령」

제1조의2(해상교통안전에 영향을 미치는 사업) 「해사안전법」(이하 "법"이라 한다) 제2조제16호마목에서 "대통령령으로 정하는 사업"이란 다음 각 호의 어느 하나에 해당하는 사업으로서 최고 속력이 시속 60노트 이상인 선박을 사용하는 사업을 말한다.

1. 「해운법」 제2조제2호에 따른 해상여객운송사업
2. 「해운법」 제2조제3호에 따른 해상화물운송사업

---

17. "항행장애물"(航行障碍物)이란 선박으로부터 떨어진 물건, 침몰・좌초된 선박 또는 이로부터 유실(遺失)된 물건 등 해양수산부령으로 정하는 것으로서 선박항행에 장애가 되는 물건을 말한다.

「해사안전법 시행령」

제4조(항행장애물) 법 제2조제17호에서 "해양수산부령으로 정하는 것"이란 다음 각 호의 어느 하나에 해당하는 것을 말한다.

1. 선박으로부터 수역에 떨어진 물건
2. 침몰・좌초된 선박 또는 침몰・좌초되고 있는 선박
3. 침몰・좌초가 임박한 선박 또는 침몰・좌초가 충분히 예견되는 선박
4. 제2호 및 제3호의 선박에 있는 물건
5. 침몰・좌초된 선박으로부터 분리된 선박의 일부분

---

18. "통항로"(通航路)란 선박의 항행안전을 확보하기 위하여 한쪽 방향으로만 항행할 수 있도록 되어 있는 일정한 범위의 수역을 말한다.
19. "제한된 시계"란 안개・연기・눈・비・모래바람 및 그 밖에 이와 비슷한 사유로 시계(視界)가 제한되어 있는 상태를 말한다.
20. "항로지정제도"란 선박이 통항하는 항로, 속력 및 그 밖에 선박 운항에 관한 사항

을 지정하는 제도를 말한다.

21. "선박교통관제"란 선박교통의 안전 및 효율성을 증진하고 해양환경과 해양시설을 보호하기 위하여 선박의 위치를 탐지하고 선박과 통신할 수 있는 설비를 설치・운영함으로써 선박의 동정을 관찰하며 선박에 대하여 안전에 관한 정보를 제공하는 것을 말한다.
22. "항행 중"이란 선박이 다음 각 목의 어느 하나에 해당하지 아니하는 상태를 말한다.
    가. 정박(碇泊)
    나. 항만의 안벽(岸壁) 등 계류시설에 매어 놓은 상태[계선부표(繫船浮標)나 정박하고 있는 선박에 매어 놓은 경우를 포함한다]
    다. 얹혀 있는 상태
23. "길이"란 선체에 고정된 돌출물을 포함하여 선수(船首)의 끝단부터 선미(船尾)의 끝단 사이의 최대 수평거리를 말한다.
24. "폭"이란 선박 길이의 횡방향 외판의 외면으로부터 반대쪽 외판의 외면 사이의 최대 수평거리를 말한다.
25. "통항분리제도"란 선박의 충돌을 방지하기 위하여 통항로를 설정하거나 그 밖의 적절한 방법으로 한쪽 방향으로만 항행할 수 있도록 항로를 분리하는 제도를 말한다.
26. "분리선"(分離線) 또는 "분리대"(分離帶)란 서로 다른 방향으로 진행하는 통항로를 나누는 선 또는 일정한 폭의 수역을 말한다.
27. "연안통항대"(沿岸通航帶)란 통항분리수역의 육지 쪽 경계선과 해안 사이의 수역을 말한다.
28. "예인선열"(曳引船列)이란 선박이 다른 선박을 끌거나 밀어 항행할 때의 선단(船團) 전체를 말한다.
29. "대수속력"(對水速力)이란 선박의 물에 대한 속력으로서 자기 선박 또는 다른 선박의 추진장치의 작용이나 그로 인한 선박의 타력(惰力)에 의하여 생기는 것을 말한다.

제3관 적용범위와 적용순위

1. 적용범위

가. 물적 적용범위와 장소적 적용범위

이 법은 다음 각 호의 어느 하나에 해당하는 선박과 해양시설에 대하여 적용한다(법 제3조 제1항).

1. 대한민국의 영해, 내수(해상항행선박이 항행을 계속할 수 없는 하천·호수·늪 등은 제외한다. 이하 같다)에 있는 선박이나 해양시설. 다만, 대한민국선박이 아닌 선박(이하 "외국선박"이라 한다) 중 다음 각 목에 해당하는 외국선박에 대하여 법 제46조부터 제50조까지의 규정을 적용할 때에는 대통령령으로 정하는 바에 따라 이 법의 일부를 적용한다.
   가. 대한민국의 항(港)과 항 사이만을 항행하는 선박
   나. 국적의 취득을 조건으로 하여 선체용선(船體傭船)으로 차용한 선박
2. 대한민국의 영해 및 내수를 제외한 해역에 있는 대한민국선박
3. 대한민국의 배타적경제수역에서 항행장애물을 발생시킨 선박
4. 대한민국의 배타적경제수역 또는 대륙붕에 있는 해양시설

「해사안전법 시행령」

제2조(외국선박에 대한 적용범위) 법 제3조제1항제1호 각 목 외의 부분 단서에 따라 대한민국선박이 아닌 선박(법 제3조제1항제1호가목 및 나목에 따른 선박을 말한다)에 대해서는 법 제46조제2항·제4항, 제47조, 제49조 및 제50조를 적용한다. 다만, 법 제3조제1항제1호나목에 따른 선박 중 그 선박의 소속 국가 또는 그 소속 국가가 인정하는 인증기관이 발급한 인증심사증서를 갖춘 선박에 대해서는 그러하지 아니하다.

나. 인적 적용범위

이 법 또는 이 법에 따른 명령 중 선박소유자에 관한 규정은 선박을 공유하는 경우로서 선박관리인을 임명하였을 때에는 그 선박관리인에게 적용하고, 선박을 임차(賃借)하였을 때에는 그 선박임차인에게 적용하며, 선장에 관한 규정은 선장을 대신하여 그 직무를 수행하는 자에게도 적용한다(법 제3조 제2항). 이 법 또는 이 법에 따른 명령 중 해양시설의 소유자에 관한 규정은 해양시설을 임대차한 경우에는 그 임차인에게 적용한다(법 제3조 제3항).

구 「해상교통안전법」이 영해 및 내수(內水)에만 적용되고 있어 배타적경제수역에서 발생한 난파물의 처리 또는 배타적경제수역 등에 설치된 해양시설의 안전관리 등을 위한 법

적 근거가 취약한 문제점이 있었기 때문에, 이 법은 대한민국의 배타적경제수역에서 난파물을 발생시킨 모든 선박과 배타적경제수역 또는 대륙붕상에 있는 해양시설에도 이 법이 적용되도록 하였다는 점에 의미가 있다. 따라서 배타적경제수역과 대륙붕상 해역에서 발생하는 해사안전 관련 문제에 대하여 우리나라가 관할권을 행사할 수 있도록 국내법상의 근거를 마련하였다.

2. 적용순위

구「해상교통안전법」은 '선박의 충돌방지와 안전관리 등에 관하여 조약에 다른 규정이 있는 경우에는 그 규정에서 정하는 바에 따른다(법 제5조)'라고 규정하여 국제협약 우선적용의 원칙을 선언하였으나,「해사안전법」에서는 이러한 규정을 삭제하고 있다. 구「해상교통안전법」 제5조의 규정은「1972년 국제해상충돌예방규칙협약」제1조 제(a)항[2]의 규정의 취지에 따라 국제법 우선적용의 원칙을 선언한 것이었다. 이는 해상에서 선박의 충돌예방을 위한 규칙이 국가나 지역에 따라 달리 적용될 경우 소위 해상교통법규가 서로 다름으로 인하여 충돌을 회피할 수 없기 때문이다. 따라서「국제해상충돌예방협약」 제1조 제(b)항은 '묘박지(錨泊地), 항내, 하천, 호수 및 내수로' 등 특정한 수역에서는 관할관청의 특별규칙의 제정을 금하는 것은 아니지만 가능한 한 국제규칙에 일치되도록 하고 있다. 국제협약의 취지는 항행규칙의 성질상 당연한 것으로 보기 때문에 국제협약 우선의 원칙은 국제법으로 확립된 원칙이라고 본다.

구「해상교통안전법」 제5조의 규정을 삭제함으로써「해사안전법」은 대한민국 선박에 대하여는 국내외 모든 수역에서, 외국선박의 경우에도 대한민국의 영해와 배타적경제수역에서는「해사안전법」이 적용되는 것으로 해석될 수 있어서 문제가 될 수 있다.「해사안전법」 제6장의 선박의 항법 등의 규정은 국제협약과 동일한 일반항법에 해당하는 것으로 국제협약 제1조 제(b)항의 규정과는 그 성격이 전혀 다르다. 따라서 국제협약의 체약국으로서 대한민국은 국제협약준수의 의무가 있기도 하기 때문에 동법 제6장의 규정보다 국제협약이 우선 적용되도록 개정이 필요하다고 본다.[3]

---

2)

「1972년 국제해상충돌예방규칙협약」
제1조(적용범위) 제(a)항 : 이 규칙은, 항해선(航海船)이 항행할 수 있는 해양과 이와 접속한 모든 수역의 수상에 있는 모든 선박에 적용한다.

3) 일본의 해상교통법규에도 국제협약의 우선적용을 규정한 조항은 없다. 그러나 일본의 해상교통법규는 국제해상충돌예방규칙협약(Colreg)의 적용을 목적으로 그 규칙의 항법, 등화, 형상물 표시 등의 규정을 그대로 옮겨 놓은 법률로서「해상충돌예방법」이 가장 일반법에 속한다. 이 법은 국제협약 우선의 원칙을 달리 규정하지 않았더라도 국

제4관 책무

1. 국가 등의 책무

국가 및 지방자치단체는 해양을 이용하거나 보존하기 위한 시책을 수립하는 경우에는 해사안전에 관한 사항을 고려하여야 한다(법 제4조 제1항). 국가는 국민의 안전한 해양이용을 촉진하기 위하여 국민에 대한 해사안전 지식 · 정보의 제공, 해사안전 교육 및 해사안전 문화의 홍보에 노력하여야 한다(법 제4조 제2항). 국가는 외국 및 국제기구 등과 해사안전에 관한 기술협력, 정보교환, 공동 조사 · 연구를 위한 기구설치 등 효율적인 국제협력을 추진하기 위하여 노력하여야 하며, 해사안전 관련 산업의 진흥 및 국제화에 필요한 지원을 하여야 한다(법 제4조 제3항).

2. 선박 · 해양시설 소유자의 책무

선박 · 해양시설 소유자는 국가의 해사안전에 관한 시책에 협력하여 자기가 소유 · 관리하거나 운영하는 선박 · 해양시설로부터 해양사고 등이 발생하지 아니하도록 종사자에 대한 교육 · 훈련 등을 실시하고 제반 안전규정을 준수하여야 한다(법 제5조).

제2절 | 해사안전관리계획

1. 국가해사안전기본계획

해양수산부장관은 해사안전 증진을 위한 국가해사안전기본계획(이하 "기본계획"이라 한다)을 5년 단위로 수립하여야 한다. 다만, 기본계획 중 항행환경개선에 관한 계획은 10년 단위로 수립할 수 있다(법 제6조 제1항). 해양수산부장관은 법 제6조 제1항에 따른 기본계획을 수립하는 경우 관계 행정기관의 장과 협의하여야 한다(법 제6조 제2항). 법 제6조 제

제협약의 내용이 그대로 적용되는 것을 목적으로 제정된 법률이기 때문에 국제법우선의 원칙이 적용되는 것과 같은 결과를 가져 오게 된다. 이 법률이 우리나라의「해사안전법」 제6장에 해당한다.

또 「해상교통안전법」은 동경만과 이세만에서만 적용되는 법령으로 국제규칙 제1조 제(b)항에 해당하는 법령으로 볼 수 있어서, 우리나라의 선박의 입항 및 출항 등에 관한 법률에 해당하는 「港則法」과 함께 법의 충돌시 「해상충돌예방법」의 규정에 우선적용된다(해상충돌예방법 제41조) : 巻幡竹夫 · 有山昭二, 「海上交通三法の解說」, 改訂版, 東京, 成山堂書店, 1999) 참조.

1항에 따른 기본계획의 수립 및 시행에 필요한 사항은 대통령령으로 정한다(법 제6조 제3항).

「해사안전법 시행령」

제3조(국가해사안전기본계획)
① 법 제6조제1항에 따른 국가해사안전기본계획(이하 "기본계획"이라 한다)에는 다음 각 호의 사항이 포함되어야 한다.
1. 해사안전정책의 추진목표 및 기본방향
2. 해사안전정책 환경의 변화 및 전망에 관한 사항
3. 선박·해양시설 및 여객·승무원 등의 안전 증진에 관한 사항
4. 수역의 설정, 교통환경 조사 및 사고 위해요소 개선에 관한 사항
5. 선박의 항행 관련 항행보조시설·장비·정보통신체제 등의 설치·운영에 관한 사항
6. 해사안전 관련 인력의 양성·수급에 관한 사항
7. 해사안전 지식의 보급 및 문화의 증진에 관한 사항
8. 해사안전 관련 기술의 연구·개발에 관한 사항
9. 해사안전 관련 산업의 육성에 관한 사항
10. 해사안전 관련 국제협력에 관한 사항
11. 해사안전 관련 제도·여건의 개선에 관한 사항
12. 해사안전 관련 투자 및 재원 조달에 관한 사항
13. 부문별·기관별·연차별 사업계획의 추진 및 시행에 관한 사항
14. 그 밖에 해사안전에 관한 사항으로서 해양수산부장관이 필요하다고 인정하는 사항
② 해양수산부장관은 기본계획을 수립하거나 변경하기 위하여 필요하다고 인정하는 경우에는 관계 중앙행정기관의 장, 특별시장·광역시장·도지사·특별자치도지사(이하 "시·도지사"라 한다), 시장·군수·구청장(자치구의 구청장을 말한다. 이하 같다), 「공공기관의 운영에 관한 법률」 제4조에 따른 공공기관의 장(이하 "공공기관의 장"이라 한다) 또는 해사안전과 관련된 기관·단체 또는 개인에 대하여 관련 자료의 제출, 의견의 진술 또는 그 밖에 필요한 협력을 요청할 수 있다.
③ 해양수산부장관은 기본계획을 수립하거나 변경한 경우에는 관보에 고시하여야 한다.

2. 해사안전시행계획

해양수산부장관은 기본계획을 시행하기 위하여 매년 해사안전시행계획(이하 "시행계획"이라 한다)을 수립하여야 한다(법 제7조 제1항). 해양수산부장관은 시행계획의 수립을 위하여 필요할 경우 관계 행정기관의 장, 「공공기관의 운영에 관한 법률」 제4조에 따른 공공기관의 장, 그 밖의 관계인에게 자료의 제출, 의견의 진술 또는 그 밖에 필요한 협력을 요청할 수 있다(법 제7조 제2항). 법 제7조 제1항에 따른 시행계획에 포함할 내용과 수립 절차·방법 등에 필요한 사항은 대통령령으로 정한다(법 제7조 제3항).

「해사안전법 시행령」

제4조(해사안전시행계획)
① 해양수산부장관은 법 제7조제1항에 따른 해사안전시행계획(이하 "시행계획"이라 한다)을 수립하려는 경우에는 시행계획의 수립지침을 작성하여 관계 중앙행정기관의 장, 시・도지사, 시장・군수・구청장 및 공공기관의 장(이하 이 조에서 "기관별 작성권자"라 한다)에게 통보하여야 한다.
② 기관별 작성권자는 제1항에 따라 수립지침을 통보받은 경우에는 매년 10월 31일까지 다음 연도의 기관별 해사안전시행계획(이하 이 조에서 "기관별 시행계획"이라 한다)을 작성하여 해양수산부장관에게 제출하여야 한다.
③ 해양수산부장관은 제2항에 따라 제출받은 기관별 시행계획이 기본계획에 위반되거나 그 보완이 필요하다고 인정하는 경우에는 해당 시행계획의 수정이나 보완 등을 요청할 수 있다. 이 경우 기관별 작성권자는 특별한 사유가 없으면 그 수정이나 보완 등에 관한 사항을 반영하여 지체 없이 해양수산부장관에게 제출하여야 한다.
④ 해양수산부장관은 제2항 및 제3항에 따라 제출받은 기관별 시행계획을 종합・조정하여 시행계획을 확정한 후 관보에 고시하여야 한다.
⑤ 기관별 작성권자는 매년 2월 말일까지 전년도 시행계획의 추진실적을 해양수산부장관에게 제출하여야 한다.

IMO에서 각 회원국에게 해사안전 전략계획의 수립・이행・평가 및 환류체제 구축을 요구하고 이에 대한 감사를 계획하고 있으나 국내에서는 그에 대한 대응이 미흡한 문제점이 있었다. 이에 해양수산부장관이 5년 단위로 국가해사안전기본계획, 매년 해사안전시행계획을 수립하도록 하였다. 법령별・부서별로 수립・시행되고 있는 개별정책을 일원화된 법적 근거 하에서 체계적으로 수립하도록 함으로써 정책의 시너지 효과를 거두고, IMO의 회원국감사제도에 대비할 수 있게 하였다.

제3절 | 수역 안전관리

제1관 해양시설의 보호수역 설정 및 관리

1. 보호수역의 설정 및 입역허가

해양수산부장관은 해양시설 부근 해역에서 선박의 안전항행과 해양시설의 보호를 위한 수역(이하 "보호수역"이라 한다)을 설정할 수 있다(법 제8조 제1항). 누구든지 보호수역에 입역(入域)하기 위하여는 해양수산부장관의 허가를 받아야 하며, 해양수산부장관은 해양시설의 안전 확보에 지장이 없다고 인정하거나 공익상 필요하다고 인정하는 경우 보호수역의 입역을 허가할 수 있다(법 제8조 제2항). 해양수산부장관은 법 제8조 제2항에 따른 입역허가에 필요한 조건을 달 수 있다(법 제8조 제3항). 해양수산부장관은 법 제8조 제2항에 따른 입역허가에 관하여 필요하면 관계 행정기관의 장과 협의하여야 한다(법 제9조 제4항). 보호수역의 범위는 대통령령으로 정하고, 보호수역 입역허가 등에 필요한 사항은 해양수산부령으로 정한다(법 제8조 제5항).

「해사안전법 시행령」

제5조(보호수역의 고시 등)
① 해양수산부장관은 법 제8조제1항에 따라 보호수역을 설정하는 경우에는 해당 보호수역의 위치 및 범위를 고시하고 해도(海圖)에 표시하여야 한다. 보호수역을 변경하거나 폐지하는 경우에도 또한 같다.
② 법 제8조제5항에 따른 보호수역의 범위는 법 제3조제1항제4호에 따른 해양시설 부근 해역의 선박 교통량 및 「해양법에 관한 국제연합 협약」에 따른 국제적인 기준을 고려하여 정한다.

「해사안전법 시행규칙」

제5조(보호수역 입역허가)
① 법 제8조제2항에 따라 보호수역 입역허가를 받으려는 자는 별지 제1호서식의 보호수역 입역허가 신청서를 관할 지방해양수산청장에게 제출하여야 한다.
② 지방해양수산청장은 제1항에 따른 입역허가 신청이 적합하다고 인정하는 경우에는 그 기간을 정하여 입역을 허가하여야 한다.

2. 보호수역의 입역

법 제8조 제2항에도 불구하고 다음 각 호의 어느 하나에 해당하면 해양수산부장관의 허가를 받지 아니하고 보호수역에 입역할 수 있다(법 제9조 제1항).

1. 선박의 고장이나 그 밖의 사유로 선박 조종이 불가능한 경우
2. 해양사고를 피하기 위하여 부득이한 사유가 있는 경우
3. 인명을 구조하거나 또는 급박한 위험이 있는 선박을 구조하는 경우
4. 관계 행정기관의 장이 해상에서 안전 확보를 위한 업무를 하는 경우
5. 해양시설을 운영하거나 관리하는 기관이 그 해양시설의 보호수역에 들어가려고 하는 경우

법 제9조 제1항에 따른 입역 등에 필요한 사항은 해양수산부령으로 정한다(법 제9조 제2항).

「해사안전법 시행규칙」

제6조(보호수역 입역통지)
① 법 제9조제1항에 따라 보호수역에 입역한 자는 지체 없이 그 입역 사유를 관할 지방해양수산청장에게 통지하여야 한다.
② 제1항에 따라 입역한 자는 그 입역 사유가 해소된 경우에는 관할 지방해양수산청장에게 통지한 후 지체 없이 보호수역으로부터 나와야 한다.

이어도 해양과학기지, 울산 외해 가스탐사시설 등 영해 밖에 설치된 해양시설의 보호를 위하여 보호수역 설정하고 해양수산부장관의 허가 없이 보호수역을 통항할 경우 처벌하도록 하였다. 영해 외 관할해역에서의 해양시설 보호의 실효성 확보를 목적으로 한 규정이다.

제2관 교통안전특정해역 등의 설정과 관리

1. 교통안전특정해역의 설정 등

해양수산부장관은 다음 각 호의 어느 하나에 해당하는 해역으로서 대형 해양사고가 발생할 우려가 있는 해역(이하 "교통안전특정해역"이라 한다)을 설정할 수 있다(법 제10조 제1항).

1. 해상교통량이 아주 많은 해역
2. 거대선, 위험화물운반선, 고속여객선 등의 통항이 잦은 해역

해양수산부장관은 관계 행정기관의 장의 의견을 들어 해양수산부령으로 정하는 바에 따라 교통안전특정해역 안에서의 항로지정제도를 시행할 수 있다(법 제10조 제2항). 교통안전특정해역의 범위는 대통령령으로 정한다(법 제10조 제3항).

「해사안전법 시행령」

제6조(교통안전특정해역의 범위) 법 제10조제3항에 따른 교통안전특정해역의 범위는 별표 1과 같다.

[별표 1]
교통안전특정해역의 범위(제6조 관련)

구분	특정해역의 범위
인천구역	다음 각 호의 기점을 순차적으로 연결한 선 안의 해역 1. 북위 37도18분55초, 동경 126도28분48초(남장자서) 2. 북위 37도21분38초, 동경 126도26분29초(해리도) 3. 북위 37도20분04초, 동경 126도20분01초 4. 북위 37도18분58초, 동경 126도17분59초 5. 북위 37도17분52초, 동경 126도16분03초 6. 북위 37도16분40초, 동경 126도14분14초 7. 북위 37도12분33초, 동경 126도11분41초(대금도) 8. 북위 37도11분34초, 동경 126도11분01초(진두타도) 9. 북위 37도09분44초, 동경 126도09분17초 10. 북위 37도09분03초, 동경 126도10분33초 11. 북위 37도11분50초, 동경 126도12분35초(동백도) 12. 북위 37도15분59초, 동경 126도15분17초 13. 북위 37도19분08초, 동경 126도20분34초 14. 북위 37도20분07초, 동경 126도26분47초 15. 북위 37도16분48초, 동경 126도23분59초 16. 북위 37도14분26초, 동경 126도23분59초(서어벌) 17. 북위 37도12분16초, 동경 126도23분03초(부도) 18. 북위 37도11분10초, 동경 126도22분03초(통서) 19. 북위 37도09분04초, 동경 126도19분19초(금도) 20. 북위 37도07분28초, 동경 126도18분13초 21. 북위 37도07분00초, 동경 126도19분53초 22. 북위 37도08분58초, 동경 126도20분53초(부도) 23. 북위 37도09분40초, 동경 126도22분29초(적초) 24. 북위 37도13분24초, 동경 126도25분37초 25. 북위 37도15분41초, 동경 126도25분41초 26. 북위 37도16분28초, 동경 126도25분59초 27. 북위 37도18분30초, 동경 126도27분31초 28. 북위 37도18분55초, 동경 126도28분48초(남장자서)
부산구역	오륙도와 생도를 잇는 항계선과 오륙도 등대(북위35도05분27초, 동경129도07분38초)로부터 043도선 및 생도(북위35도02분13초, 동경129도05분36초)로부터 198도선이 북위35도03분59초, 동경129도07분52초를 중심으로 하는 반지름 6.0마일 원호(圓弧)와 이루는 해역
울산구역	북위 35도24분37초, 동경 129도27분52초를 중심으로 반지름 6.0마일의 원호 및 울산항 항계선이 이루는 해역
포항구역	다음 각 호의 기점을 순차적으로 연결한 선 안의 해역 1. 북위 36도07분16초, 동경 129도28분24초 2. 북위 36도07분16초, 동경 129도29분45초 3. 북위 36도03분21초, 동경 129도29분45초 4. 북위 36도06분33초, 동경 129도33분32초 5. 북위 36도04분36초, 동경 129도36분05초 6. 북위 36도00분11초, 동경 129도36분47초 7. 북위 36도00분11초, 동경 129도43분52초 8. 북위 36도19분11초, 동경 129도43분52초 9. 북위 36도19분11초, 동경 129도27분04초 10. 북위 36도07분16초, 동경 129도28분24초

여수구역	다음 각 호의 기점을 순차적으로 연결한 선 안의 해역 1. 북위 34도50분23초, 동경 127도46분52초 2. 북위 34도43분15초, 동경 127도49분13초 3. 북위 34도40분18초, 동경 127도54분40초 4. 북위 34도35분41초, 동경 127도55분22초 5. 북위 34도35분41초, 동경 127도59분52초 6. 북위 34도39분47초, 동경 127도59분40초 7. 북위 34도43분05초, 동경 127도53분22초 8. 북위 34도43분16초, 동경 127도51분34초 9. 북위 34도44분01초, 동경 127도50분34초 10. 북위 34도44분57초, 동경 127도49분58초 11. 북위 34도46분13초, 동경 127도49분55초 12. 북위 34도50분53초, 동경 127도48분22초 13. 북위 34도50분23초, 동경 127도46분52초

「해사안전법 시행규칙」

제7조(교통안전특정해역에서의 항로지정제도)

① 법 제10조제2항에 따라 교통안전특정해역(법 제10조제1항에 따른 교통안전특정해역을 말한다. 이하 같다)에서의 항로지정제도는 다음 각 호의 구분에 따라 운영한다.

1. 교통안전특정해역 지정항로의 범위: 별표 2
2. 교통안전특정해역 지정항로에서의 속력: 별표 3. 다만, 해양사고를 피하거나 인명이나 선박을 구조하기 위하여 부득이한 경우에는 그러하지 아니하다.
3. 교통안전특정해역 지정항로에서의 항법: 별표 4

② 제1항제1호에도 불구하고 다음 각 호의 어느 하나에 해당하는 경우에는 별표 2에 따른 지정항로를 이용하지 아니하고 교통안전특정해역을 항행할 수 있다. 이 경우 해당 지정항로를 이용하고 있는 다른 선박의 안전한 통항을 방해하여서는 아니 된다.

1. 해양경비 · 해양오염방제 및 항로표지의 설치 등을 위하여 긴급히 항행할 필요가 있는 경우
2. 해양사고를 피하거나 인명이나 선박을 구조하기 위하여 부득이한 경우
3. 교통안전특정해역과 접속된 항구에 입 · 출항하지 아니하는 경우

[별표 2]

교통안전특정해역 지정항로의 범위(제7조제1항제1호 관련)

항로명	구분	적용수역
인천항 출입항로	입항항로 (제1항로, 동수 도 항로)	다음 각 호의 기점을 순차적으로 연결한 선 안의 해역 1. 북위 37도20분22초, 동경 126도27분32초 2. 북위 37도16분49초, 동경 126도24분25초 3. 북위 37도13분13초, 동경 126도24분29초 4. 북위 37도10분56초, 동경 126도22분17초 5. 북위 37도09분22초, 동경 126도20분02초 6. 북위 37도07분56초, 동경 126도19분06초 7. 북위 37도07분30초, 동경 126도19분53초 8. 북위 37도09분07초, 동경 126도20분37초 9. 북위 37도10분01초, 동경 126도22분14초 10. 북위 37도13분08초, 동경 126도25분11초 11. 북위 37도15분44초, 동경 126도25분09초 12. 북위 37도18분10초, 동경 126도26분43초 13. 북위 37도19분44초, 동경 126도28분08초

	출항항로(제2 항로, 서수도 항로)	다음 각 호의 기점을 순차적으로 연결한 선 안의 해역 1. 북위 37도20분56초, 동경 126도27분09초 2. 북위 37도20분22초, 동경 126도27분32초 3. 북위 37도19분53초, 동경 126도28분14초 4. 북위 37도19분25초, 동경 126도27분49초 5. 북위 37도20분14초, 동경 126도26분35초 6. 북위 37도19분22초, 동경 126도20분17초 7. 북위 37도16분38초, 동경 126도15분43초 8. 북위 37도09분28초, 동경 126도10분37초 9. 북위 37도09분49초, 동경 126도09분50초 10. 북위 37도12분28초, 동경 126도11분56초 11. 북위 37도16분31초, 동경 126도14분26초 12. 북위 37도19분52초, 동경 126도20분05초 13. 북위 37도20분40초, 동경 126도23분27초
	신항 출입항로(제3항로, 북장자 서항로)	다음 각 호의 기점을 순차적으로 연결한 선 안의 해역 1. 북위 37도18분10초, 동경 126도26분43초 2. 북위 37도18분45초, 동경 126도27분44초 3. 북위 37도19분42초, 동경 126도28분28초 4. 북위 37도19분53초, 동경 126도28분14초
	주의해역	다음 각 호의 기점을 순차적으로 연결한 선 안의 해역 1. 북위 37도20분22초, 동경 126도27분32초 2. 북위 37도19분53초, 동경 126도28분14초 3. 북위 37도19분25초, 동경 126도27분49초 4. 북위 37도19분54초, 동경 126도27분07초 5. 북위 37도20분22초, 동경 126도27분32초
부산항 출입항로	분리대	다음 각 호의 기점을 순차적으로 연결한 선 안의 해역 1. 북위 35도04분29초, 동경 129도07분02초(항계선) 2. 북위 35도03분31초, 동경 129도08분13초 3. 북위 35도03분51초, 동경 129도08분29초
	입항항로	분리대와 다음 각 호의 기점을 순차적으로 연결한 선 안의 해역 1. 북위 35도04분42초, 동경 129도07분10초(항계선) 2. 북위 35도04분25초, 동경 129도09분03초
	출항항로	분리대와 다음 각 호의 기점을 순차적으로 연결한 선 안의 해역 1. 북위 35도04분12초, 동경 129도06분51초(항계선) 2. 북위 35도02분53초, 동경 129도07분37초
광양만 출입항로	분리대	다음 각 호의 기점을 순차적으로 연결한 선 안의 해역 1. 북위 34도35분41초, 동경 127도56분37초 2. 북위 34도35분41초, 동경 127도56분48초 3. 북위 34도39분32초, 동경 127도56분05초 4. 북위 34도39분32초, 동경 127도55분48초
	입항항로 제1구간	분리대와 다음 각 호의 기점을 순차적으로 연결한 선 안의 해역 1. 북위 34도35분41초, 동경 127도58분02초 2. 북위 34도39분32초, 동경 127도57분05초
	출항항로 제1구간	분리대와 다음 각 호의 기점을 순차적으로 연결한 선 안의 해역 1. 북위 34도35분41초, 동경 127도55분22초 2. 북위 34도39분32초, 동경 127도54분47초

제1 주의해역	다음 각 호의 기점을 순차적으로 연결한 선 안의 해역 1. 북위 34도39분32초, 동경 127도54분47초 2. 북위 34도39분32초, 동경 127도57분05초 3. 북위 34도40분34초, 동경 127도56분50초 4. 북위 34도40분18초, 동경 127도54분40초
분리선	다음 각 호의 기점을 순차적으로 연결한 선 1. 북위 34도40분26초, 동경 127도55분45초 2. 북위 34도43분15초, 동경 127도50분12초
입항항로 제2구간	분리선과 다음 각 호의 기점을 순차적으로 연결한 선 안의 해역 1. 북위 34도40분34초, 동경 127도56분50초 2. 북위 34도41분22초, 동경 127도56분38초 3. 북위 34도43분05초, 동경 127도53분22초 4. 북위 34도43분16초, 동경 127도51분34초 5. 북위 34도44분01초, 동경 127도50분34초
출항항로 제2구간	분리선과 다음 각 호의 기점을 순차적으로 연결한 선 안의 해역 1. 북위 34도40분18초, 동경 127도54분40초 2. 북위 34도42분50초, 동경 127도49분59초
제2 주의해역	다음 각 호의 기점을 순차적으로 연결한 선 안의 해역 1. 북위 34도42분50초, 동경 127도49분59초 2. 북위 34도44분01초, 동경 127도50분34초 3. 북위 34도44분57초, 동경 127도49분58초 4. 북위 34도45분46초, 동경 127도49분56초 5. 북위 34도45분32초, 동경 127도48분39초 6. 북위 34도43분15초, 동경 127도49분13초
깊은 수심 항로 제1구간	다음 각 호의 기점을 순차적으로 연결한 선 안의 해역 1. 북위 34도45분37초, 동경 127도49분06초 2. 북위 34도45분41초, 동경 127도49분28초 3. 북위 34도46분38초, 동경 127도49분13초 4. 북위 34도47분44초, 동경 127도48분46초 5. 북위 34도47분41초, 동경 127도48분29초
입항항로 제3구간	깊은수심항로 제1구간과 다음 각 호의 기점을 순차적으로 연결한 선 안의 해역 1. 북위 34도45분46초, 동경 127도49분56초 2. 북위 34도46분13초, 동경 127도49분55초 3. 북위 34도48분05초, 동경 127도49분18초 4. 북위 34도48분02초, 동경 127도49분00초 5. 북위 34도47분46초, 동경 127도49분04초
출항항로 제3구간	깊은수심항로 제1구간과 다음 각 호의 기점을 순차적으로 연결한 선 안의 해역 1. 북위 34도45분32초, 동경 127도48분39초 2. 북위 34도47분37초, 동경 127도48분08초
항행 금지구역	다음 각 호의 기점을 순차적으로 연결한 선 안의 해역 1. 북위 34도47분44초, 동경 127도48분46초 2. 북위 34도47분46초, 동경 127도49분04초 3. 북위 34도48분02초, 동경 127도49분00초 4. 북위 34도48분01초, 동경 127도48분48초

	제3 주의해역	다음 각 호의 기점을 순차적으로 연결한 선 안의 해역 1. 북위 34도47분37초, 동경 127도48분08초 2. 북위 34도47분44초, 동경 127도48분46초 3. 북위 34도48분01초, 동경 127도48분48초 4. 북위 34도48분02초, 동경 127도49분00초 5. 북위 34도48분05초, 동경 127도49분18초 6. 북위 34도48분38초, 동경 127도49분07초 7. 북위 34도48분28초, 동경 127도47분54초
	깊은수심항로 제2구간	다음 각 호의 기점을 순차적으로 연결한 선 안의 해역 1. 북위 34도48분31초, 동경 127도48분18초 2. 북위 34도48분34초, 동경 127도48분41초 3. 북위 34도50분00초, 동경 127도48분16초 4. 북위 34도50분00초, 동경 127도47분53초
	입항항로 제4구간	깊은수심항로 제2구간과 다음 각 호의 기점을 순차적으로 연결한 선 안의 해역 1. 북위 34도48분38초, 동경 127도49분07초 2. 북위 34도50분00초, 동경 127도48분40초
	출항항로 제4구간	깊은수심항로 제2구간과 다음 각 호의 기점을 순차적으로 연결한 선 안의 해역 1. 북위 34도48분28초, 동경 127도47분54초 2. 북위 34도50분00초, 동경 127도47분29초
	제4 주의해역	다음 각 호의 기점을 순차적으로 연결한 선 안의 해역 1. 북위 34도50분00초, 동경 127도47분29초 2. 북위 34도50분00초, 동경 127도48분40초 3. 북위 34도50분53초, 동경 127도48분22초 4. 북위 34도50분32초, 동경 127도47분20초

[별표 3]
교통안전특정해역 지정항로에서의 속력(제7조제1항제2호 본문 관련)

항로명	구간	속력(대수속력을 말한다)
부산항 출입항로	다음 각 호의 기점을 순차적으로 연결한 선 안의 구간 1. 북위 35도04분42초, 동경 129도07분10초(항계선) 2. 북위 35도04분25초, 동경 129도09분03초 3. 북위 35도02분53초, 동경 129도07분37초 4. 북위 35도04분12초, 동경 129도06분51초(항계선)	10노트
광양항 출입항로	다음 각 호의 기점을 순차적으로 연결한 선 안의 구간 1. 북위 34도45분11초, 동경 127도49분57초 2. 북위 34도45분11초, 동경 127도48분34초 3. 북위 34도50분23초, 동경 127도46분52초 4. 북위 34도50분53초, 동경 127도48분22초 5. 북위 34도46분13초, 동경 127도49분55초	14노트 (위험화물운반선은 12노트)

[별표 4]
교통안전특정해역 지정항로에서의 항법(제7조제1항제3호 관련)

항로명	항법

인천항 출입항로	1. 선박이 인천항에 입항하고자 하는 경우에는 별표 2에 따른 인천항 출입항로의 입항항로(제1항로, 동수도항로)로 항행하여야 하고, 출항하고자 하는 경우에는 출항항로(제2항로, 서수도항로)로 항행하여야 한다. 2. 제1호에도 불구하고 길이 30미터 미만의 선박 또는 범선은 입항항로 및 출항항로의 바깥해역을 이용하여 출항하거나 입항할 수 있으며, 덕적도 서북쪽 해역에서 인천항으로 항행하는 선박은 출항항로의 바깥해역을 안전하게 항행할 수 있는 경우에는 출항항로의 바깥해역을 항행할 수 있으나 입항항로 또는 출항항로를 따라 항행하는 다른 선박의 안전한 통항을 방해하여서는 아니 된다. 3. 제2호에 따라 덕적도 서북쪽 해역에서 인천항으로 항행하고자 하는 선박은 낮에는 제1대표기 밑에 엔(N)기를 게양하여야 하며, 밤에는 음향신호, 발광신호 또는 무선전화 등을 이용하여 항로를 정상적으로 항행하고 있는 다른 선박이 충분히 식별할 수 있도록 적절한 조치를 취하여야 한다.
부산항 출입항로	1. 선박이 부산항에 입항하고자 하는 경우에는 별표 2에 따른 부산항 출입항로의 입항항로로 항행하여야 하고, 출항하고자 하는 경우에는 출항항로로 항행하여야 한다. 2. 제1호에도 불구하고 길이 20미터 미만의 선박 또는 범선은 부산항 출입항로의 바깥해역을 이용하여 입항하거나 출항할 수 있으나, 입항항로 또는 출항항로를 따라 항행하는 다른 선박의 안전한 통항을 방해하여서는 아니 된다.
광양만 출입항로	1. 선박이 별표 2에 따른 광양만 출입항로를 항행하고자 하는 경우에는 입항선박은 입항항로로 항행하여야 하고, 출항선박은 출항항로로 항행하여야 한다. 2. 제1호에도 불구하고 길이 20미터 미만의 선박 또는 범선은 광양만 출입항로의 바깥해역을 이용하여 입항하거나 출항할 수 있으나, 입항항로 또는 출항항로를 따라 항행하는 다른 선박의 안전한 통항을 방해하여서는 아니 된다. 3. 흘수제약선은 깊은수심항로가 설정된 수역에서는 동 항로를 따라 항행하여야 하고 항로 안에서 마주칠 우려가 있는 경우에는 깊은수심항로의 오른편으로 항행하여야 한다. 다만, 흘수제약을 받지 아니하는 선박은 급박한 위험을 피하기 위한 경우를 제외하고는 깊은수심항로를 항행하여서는 아니 된다. 4. 제1호에 따라 항로지정방식에 따라 항행하는 선박이 서로 충돌의 위험이 있을 경우에는 흘수제약을 받지 아니하는 선박이 흘수제약선의 진로를 피하여야 한다. 5. 주의해역에서 항행하는 모든 선박은 충돌을 회피하기 위한 최상의 조종 준비상태를 유지하여야 하고, 통상적인 통항흐름에 따라 항행하여야 한다.

비고
위 표에서 정한 항법 외의 사항에 대하여는 법 제68조에 따른 통항분리수역에서의 항법에 따른다. 이 경우, 법 제68조제4항 및 제10항에 따른 선박에는 길이 30미터 미만의 선박을 포함한다.

2. 거대선 등의 항행안전확보 조치

해양경비안전서장은 거대선, 위험화물운반선, 그 밖에 해양수산부령으로 정하는 선박이 교통안전특정해역을 항행하려는 경우 항행안전을 확보하기 위하여 필요하다고 인정하면 선장이나 선박소유자에게 다음 각 호의 사항을 명할 수 있다(법 제11조).

1. 통항시각의 변경

2. 항로의 변경
3. 제한된 시계의 경우 선박의 항행 제한
4. 속력의 제한
5. 안내선의 사용
6. 그 밖에 해양수산부령으로 정하는 사항

「해사안전법 시행규칙」

제8조(항행안전확보조치가 필요한 선박) 법 제11조 각 호 외의 부분에서 "그 밖에 해양수산부령으로 정하는 선박"이란 다음 각 호의 어느 하나에 해당하는 선박을 말한다.
1. 흘수제약선
2. 수면비행선박
3. 선박 또는 물체를 끌거나 미는 선박 중 그 예인선열(曳引船列)의 길이가 200미터 이상인 경우에 해당하는 선박

---

3. 어업의 제한 등

교통안전특정해역에서 어로 작업에 종사하는 선박은 항로지정제도에 따라 그 교통안전특정해역을 항행하는 다른 선박의 통항에 지장을 주어서는 아니 된다(법 제12조 제1항).[4] 교통안전특정해역에서는 어망 또는 그 밖에 선박의 통항에 영향을 주는 어구 등을 설치하거나 양식어업을 하여서는 아니 된다(법 제12조 제2항). 교통안전특정해역으로 정하여지기 전에 그 해역에서 면허를 받은 어업권을 행사하는 경우에는 해당 어업면허의 유효기간이 끝나는 날까지 법 제12조 제2항을 적용하지 아니한다(법 제12조 제3항). 특별자치도지사·시장·군수·구청장(자치구의 구청장을 말한다)이 교통안전특정해역에서 어업면허를 허가(어업면허의 유효기간 연장허가를 포함한다)하려는 경우에는 미리 국민안전처장관과 협의하여야 한다(법 제12조 제4항).

---

4) 대법원 2000.11.28, 선고, 2000추43, 판결 : 「해상교통안전법」 제2조 제13호, 제13조, 제45조 및 제47조 제1항, 같은 법 시행령 제4조 [별표 2], 같은 법 시행규칙(1999. 11. 26. 해양수산부령 제149호로 개정되기 전의 것) 제8조 제1항, 제4항과 [별표 3] 및 [별표 5]의 규정에 의하면, 모든 선박은 주위의 상황 및 다른 선박과의 충돌의 위험을 충분히 판단할 수 있도록 시각·청각 및 당시의 상황에 적합한 이용할 수 있는 모든 수단에 의하여 항상 적절한 경계를 하게 되어 있는 한편, 특히 대형 해양사고가 발생할 우려가 있는 해역에 대하여는 선박의 항행 안전을 위하여 그 해역을 '교통안전 특정해역'으로 정하여 선박이 통항하는 항로 등의 사항을 지정하는 항로지정방식과 같은 조치를 취할 수 있고, 여수구역 교통안전 특정해역은 그와 같은 해역의 하나로서 그 해역 내에서는 흘수제약(吃水制約)을 받지 아니하는 선박의 경우 선(線)으로 정하여진 깊은 수심 항로의 오른 편으로 항행하거나 멀리 떨어져 항행하여야 하는 것으로 항로지정방식이 정하여져 있으며, 그 해역 내에서 어로에 종사하는 선박은 그와 같은 항로지정방식에 따라 항행하는 다른 선박의 통항에 지장을 주어서는 아니 되는데, 여기서 말하는 항로지정방식에 따른 항행에 해당하기 위하여는 진로가 위와 같은 깊은 수심 항로의 방향과 거의 일치하고 있는 상태라야 하는 것으로 풀이된다.

4. 공사 또는 작업

교통안전특정해역에서 해저전선이나 해저파이프라인의 부설, 준설, 측량, 침몰선 인양작업 또는 그 밖에 선박의 항행에 지장을 줄 우려가 있는 공사나 작업을 하려는 자는 국민안전처장관의 허가를 받아야 한다. 다만, 관계 법령에 따라 국가가 시행하는 항로표지 설치, 수로측량 등 해사안전에 관한 업무의 경우에는 그러하지 아니하다(법 제13조 제1항). 국민안전처장관은 법 제13조 제1항에 따른 허가를 하면 그 사실을 해양수산부장관에게 보고하여야 하며, 해양수산부장관은 이를 고시하여야 한다(법 제13조 제2항).

국민안전처장관은 법 제13조 제1항에 따라 공사 또는 작업의 허가를 받은 자가 다음 각 호의 어느 하나에 해당하면 그 허가를 취소하거나 6개월의 범위에서 공사나 작업의 전부 또는 일부의 정지를 명할 수 있다. 다만, 제1호 또는 제4호에 해당하는 경우에는 그 허가를 취소하여야 한다(법 제13조 제3항).

1. 거짓이나 그 밖의 부정한 방법으로 제1항에 따른 허가를 받은 경우
2. 공사나 작업이 부진하여 이를 계속할 능력이 없다고 인정되는 경우
3. 법 제13조 제1항에 따라 허가를 할 때 붙인 허가조건 또는 허가사항을 위반한 경우
4. 정지명령을 위반하여 정지기간 중에 공사 또는 작업을 계속한 경우

법 제13조 제1항에 따라 허가를 받은 자는 해당 허가기간이 끝나거나 허가가 취소되었을 때에는 해당 구조물을 제거하고 원래 상태로 복구하여야 한다(법 제13조 제4항). 법 제13조 제1항에 따른 공사나 작업의 허가, 제3항에 따른 행정처분의 세부기준과 절차, 그 밖에 필요한 사항은 총리령으로 정한다(법 제13조 제5항).

제3관 유조선통항금지해역의 설정 및 관리

1. 유조선의 통항제한

가. 통항제한

다음 각 호의 어느 하나에 해당하는 석유 또는 유해액체물질을 운송하는 선박(이하 "유조선"이라 한다)의 선장이나 항해당직을 수행하는 항해사는 유조선의 안전운항을 확보하고 해양사고로 인한 해양오염을 방지하기 위하여 유조선의 통항을 금지한 해역(이하 "유조선통항금지해역"이라 한다)에서 항행하여서는 아니 된다(법 제14조 제1항).

1. 원유, 중유, 경유 또는 이에 준하는 「석유 및 석유대체연료 사업법」 제2조제2호가목에 따른 탄화수소유, 같은 조 제10호에 따른 가짜석유제품, 같은 조 제11호에 따른

석유대체연료 중 원유 · 중유 · 경유에 준하는 것으로 해양수산부령으로 정하는 기름 1천500킬로리터 이상을 화물로 싣고 운반하는 선박

2. 「해양환경관리법」 제2조제7호에 따른 유해액체물질을 1천500톤 이상 싣고 운반하는 선박

유조선통항금지해역의 범위는 대통령령으로 정한다(법 제14조 제2항).

「해사안전법 시행령」

제7조(유조선통항금지해역의 범위) 법 제14조제2항에 따른 유조선통항금지해역의 범위는 별표 2와 같다.

[별표 2]
유조선통항금지해역의 범위(제7조 관련)
다음 각 호의 기점을 순차적으로 연결한 선 안의 해역

1. 북위 36도38분58초, 동경 126도17분53초
2. 북위 36도38분58초, 동경 126도00분23초(옹도)
3. 북위 36도13분41초, 동경 125도57분23초(황도)
4. 북위 36도07분29초, 동경 125도57분59초(어청도)
5. 북위 35도39분29초, 동경 126도05분59초(상왕등도)
6. 북위 35도20분11초, 동경 125도59분05초(횡도)
7. 북위 35도12분41초, 동경 125도53분53초(소비치도)
8. 북위 34도47분11초, 동경 125도46분53초(칠발도)
9. 북위 34도37분11초, 동경 125도47분53초(우이도)
10. 북위 34도14분41초, 동경 125도53분53초(서거차도)
11. 북위 34도14분41초, 동경 125도55분41초(동거차도)
12. 북위 34도05분48초, 동경 126도36분11초(자개도)
13. 북위 34도10분12초, 동경 127도21분23초(역만도)
14. 북위 34도14분30초, 동경 127도32분04초(대두역서)
15. 북위 34도24분47초, 동경 127도54분10초(작도)
16. 북위 34도29분47초, 동경 128도04분52초(세존도)
17. 북위 34도29분47초, 동경 128도28분28초(고암)
18. 북위 34도40분11초, 동경 128도46분28초(남여도)
19. 북위 35도00분11초, 동경 129도07분52초
20. 북위 35도23분23초, 동경 129도28분32초
21. 북위 36도00분11초, 동경 129도38분52초
22. 북위 36도07분11초, 동경 129도35분52초
23. 북위 36도11분11초, 동경 129도27분52초
24. 북위 36도30분11초, 동경 129도30분52초
25. 북위 36도46분11초, 동경 129도31분52초
26. 북위 37도03분11초, 동경 129도28분52초
27. 북위 37도14분10초, 동경 129도24분52초
28. 북위 37도41분10초, 동경 129도06분52초

29. 북위 37도41분10초, 동경 129도02분52초

「해사안전법 시행규칙」

제10조(원유 등에 준하는 기름) 법 제14조제1항제1호에서 "해양수산부령으로 정하는 기름"이란 「산업표준화법」 제12조에 따른 한국산업표준의 석유제품 증류시험방법에 따라 시험하는 경우에 섭씨 266도 이하에서는 그 부피의 50퍼센트를 초과하는 양이 유출되지 아니하는 탄화수소유, 가짜석유제품 및 석유대체연료를 말한다.

나. 통항의 허용

유조선은 다음 각 호의 어느 하나에 해당하면 법 제14조 제1항에도 불구하고 유조선통항금지해역에서 항행할 수 있다(법 제14조 제3항).

1. 기상상황의 악화로 선박의 안전에 현저한 위험이 발생할 우려가 있는 경우
2. 인명이나 선박을 구조하여야 하는 경우
3. 응급환자가 생긴 경우
4. 항만을 입항・출항하는 경우. 이 경우 유조선은 출입해역의 기상 및 수심, 그 밖의 해상상황 등 항행여건을 충분히 헤아려 유조선통항금지해역의 바깥쪽 해역에서부터 항구까지의 거리가 가장 가까운 항로를 이용하여 입항・출항하여야 한다.

구 「해상교통안전법」은 경유나 중유를 운반하는 선박의 유조선통항금지구역 진입을 금지하고 있으나, 유출사고 시 해양 환경에 많은 피해를 줄 수 있는 원유, 중유, 이에 준하는 탄화수소유를 운반하는 선박은 유조선통항금지구역을 통항할 수 있는 문제점이 있었다. 이 법에서는 경유나 중유 외에 원유나 이에 준하는 탄화수소유를 운반하는 선박도 유조선통항금지구역 진입을 금지함으로써 원유나 탄화수소유 등에 의한 해양오염사고 발생 시 연안에 미치는 피해가 최소화될 수 있도록 통합금지규정을 강화하였다.

제4절 | 해상교통 안전관리

제1관 해상교통안전진단

1. 해상교통안전진단

해양수산부장관은 안전진단대상사업을 하려는 자(국가기관의 장 또는 지방자치단체의 장인 경우는 제외한다. 이하 "사업자"라 한다)에게 해양수산부령으로 정하는 안전진단기준에 따른 해상교통안전진단을 실시하도록 하여야 한다(법 제15조 제1항). 사업자는 안전진단대상사업에 대하여 「항만법」, 「공유수면 관리 및 매립에 관한 법률」 및 「선박의 입항 및 출항 등에 관한 법률」 등 해양의 이용 또는 보존과 관련된 관계 법령에 따른 허가・인가・승인・신고 등(이하 "허가등"이라 한다)을 받으려는 경우 법 제15조 제1항에 따라 실시한 해상교통안전진단의 결과(이하 "안전진단서"라 한다)를 허가등의 권한을 가진 행정기관(이하 "처분기관"이라 한다)의 장에게 제출하여야 한다(법 제15조 제2항). 법 제15조 제1항 및 제2항에 따라 해상교통안전진단을 실시하고 안전진단서를 제출하여야 하는 안전진단대상사업의 범위는 대통령령으로 정한다(법 제15조 제3항). 법 제15조 제2항에 따라 안전진단서를 제출받은 처분기관은 허가등을 하기 전에 사업자로부터 이를 제출받은 날부터 10일 이내에 해양수산부장관에게 제출하여야 한다(법 제15조 제4항). 해양수산부장관은 처분기관으로부터 안전진단서를 제출받은 날부터 45일 이내에 안전진단서를 검토한 후 해양수산부령으로 정하는 바에 따라 그 의견(이하 "검토의견"이라 한다)을 처분기관에 통보하여야 한다. 이 경우 안전진단서의 서류를 보완하거나 관계 기관과의 협의에 걸리는 기간은 통보기간에 산입하지 아니한다(법 제15조 제5항). 처분기관은 해양수산부장관으로부터 검토의견을 통보받은 날부터 10일 이내에 이를 사업자에게 통보하여야 한다(법 제15조 제6항). 법 제15조 제1항부터 제5항까지에서 규정한 사항 외에 안전진단서의 작성, 제출시기, 검토, 공개 및 진단기술인력에 대한 교육 등 해상교통안전진단에 필요한 사항은 해양수산부령으로 정한다(법 제15조 제7항).

「해사안전법 시행령」

제7조의2(안전진단대상사업의 범위) 법 제15조제3항에 따른 안전진단대상사업(이하 "안전진단대상사업"이라 한다)의 범위는 별표 2의2와 같다.

[별표 2의2]
안전진단대상사업의 범위(제7조의2 관련)

구분	안전진단대상사업의 범위
1. 항로 또는 정박지의 지정·고시 또는 변경	가. 길이 100미터 이상의 선박이 통항하는 수역에 다음의 어느 하나에 해당하는 항로를 지정·고시하려는 경우 1) 법 제31조제1항에 따른 항로 2)「선박의 입항 및 출항 등에 관한 법률」제10조에 따른 항로 3)「항만법」 제2조제5호가목(1)에 따른 항로 나. 가목에 따른 항로를 다음의 범위 이상으로 변경하려는 경우 1) 거대선이 이용하는 항로: 항로의 길이, 중심선의 교각(交角) 또는 폭을 10퍼센트 이상 변경하려는 경우 2) 그 밖의 항로: 항로의 길이, 중심선의 교각 또는 폭을 20퍼센트 이상 변경하려는 경우 다. 길이 100미터 이상의 선박이 통항하는 수역에 다음의 어느 하나에 해당하는 정박지를 지정·고시하려는 경우 1)「선박의 입항 및 출항 등에 관한 법률」 제5조에 따른 정박구역 또는 정박지 2)「항만법」 제2조제5호가목(1)에 따른 정박지 라. 다목에 따른 정박지(정박구역을 포함한다)를 다음의 범위 이상으로 변경하려는 경우 1) 거대선이 이용하는 정박지: 정박지의 면적을 10퍼센트 이상 변경하려는 경우 2) 그 밖의 정박지: 정박지의 면적을 20퍼센트 이상 변경하려는 경우
2. 선박의 통항을 금지하거나 제한하는 수역의 설정 또는 변경	가. 길이 100미터 이상의 선박이 통항하는 수역에 다음의 어느 하나에 해당하는 구역 등을 설정·지정하는 사업을 실시하려는 경우. 다만, 해당 수역의 해도에 표시된 수심이 4미터 미만인 경우는 제외한다. 1)「광업법」 제3조제3호의3에 따른 채굴권을 설정하여 광물을 채취하려는 경우 2)「골재채취법」 제21조의2 또는 같은 법 제34조에 따라 골재채취 예정지 또는 골재채취단지를 지정하거나 같은 법 제22조에 따른 골재채취 허가를 받아 골재를 채취하려는 경우 나. 가목에 해당하는 구역 등의 면적을 10퍼센트 이상 확장하려는 경우
3. 수역에 설치되는 교량·터널·케이블 등 시설물의 건설·부설 또는 보수	가. 길이 100미터 이상의 선박이 통항하는 수역에「도로법」 등에 따른 교량을 건설하거나 터널(수심이 변경되거나 해상공사가 이루어지는 경우에 한정한다)을 부설하려는 경우. 다만, 해당 수역의 수심이 4미터 미만인 경우는 제외한다. 나. 가목에 해당하는 교량(교각을 포함한다)이나 터널의 위치, 교량의 수면상 높이 또는 터널의 수면하 깊이를 변경하려는 보수 다. 이 법,「선박의 입항 및 출항 등에 관한 법률」 또는「항만법」에 따라 지정·고시된 항로 또는 정박지(정박구역을 포함한다)를 횡단하는 해월(海越)케이블을 설치하려는 경우. 다만, 해당 수역의 수심이 4미터 미만인 경우는 제외한다. 라. 다목에 해당하는 해월케이블의 위치 또는 수면상 높이 또는 터널의 수면하 깊이를 변경하려는 보수

	마. 다음의 어느 하나에 해당하는 시설물(선박 계류시설은 제외한다)을 설치하는 사업으로서 공유수면의 점용·사용 또는 공유수면 매립 수역의 길이가 200미터 이상이거나 면적이 2만 제곱미터 이상인 경우. 다만, 해당 수역의 수심이 4미터 미만인 경우는 제외한다. 1)「공유수면 관리 및 매립에 관한 법률」 제8조에 따른 공유수면 점용·사용의 허가를 받아야 하는 시설물을 설치하는 사업 2)「공유수면 관리 및 매립에 관한 법률」 제10조에 따른 공유수면의 점용·사용 협의 또는 승인을 받아야 하는 시설물을 설치하는 사업 3)「공유수면 관리 및 매립에 관한 법률」 제28조에 따른 공유수면 매립면허를 받아야 하는 시설물을 설치하는 사업 4)「공유수면 관리 및 매립에 관한 법률」 제35조에 따른 공유수면 매립협의 또는 승인을 받아야 하는 시설물을 설치하는 사업 바. 마목에 해당하는 시설물의 점용·사용 수역 면적 또는 매립 수역 면적을 10퍼센트 이상 확장하려는 경우
4. 항만 또는 부두의 개발·재개발	가.「항만법」 제3조제1항에 따른 무역항 또는 연안항을 새로 지정하려는 경우 나.「항만법」 제3조제1항제1호에 따른 무역항의 항만구역 또는 무역항의 항만구역으로부터 10킬로미터 이내의 수역에 다음의 어느 하나에 해당하는 항만을 지정하려는 경우 1)「마리나항만의 조성 및 관리 등에 관한 법률」 제2조제1호에 따른 마리나항만 2)「어촌·어항법」 제2조제3호가목에 따른 국가어항 다. 길이 100미터 이상 선박이 이용하는 계류시설의 건설 라. 다목에 해당하는 계류시설의 변경 1) 거대선이 이용하는 계류시설: 해당 계류시설의 길이 또는 접안능력을 10퍼센트 이상 연장하거나 상향하려는 경우 2) 그 밖의 계류시설: 해당 계류시설의 길이 또는 접안능력을 20퍼센트 이상 연장하거나 상향하려는 경우 마. 이 표에 따라 안전진단대상사업의 범위에 포함되는 항로, 정박지, 계류시설로부터 해당 항로, 정박지, 계류시설을 이용하는 최대 선박의 길이의 3배 안의 수역에 방파제·파제제(波除堤)·방조제를 건설하려는 경우. 다만, 사업을 하려는 수역의 해도에 표시된 수심이 4미터 미만인 경우는 제외한다. 바. 마목에 해당하는 방파제·파제제·방조제의 길이 또는 면적을 10퍼센트 이상 확장하려는 경우
5. 그 밖에 해상교통안전에 영향을 미치는 사업	가. 최고 속력이 60노트 이상인 선박을 투입하여 「해운법」 제2조제2호에 따른 해상여객운송사업을 하려는 경우 나. 최고 속력이 60노트 이상인 선박을 투입하여 「해운법」 제2조제3호에 따른 해상화물운송사업을 하려는 경우

비고

1. "길이 100미터 이상의 선박이 통항하는 수역"이란 길이 100미터 이상의 선박이 1일 평균 4회 이상 통항하는 수역을 말한다. 이 경우 선박의 통항량이나 규모를 알 수 없는 경우에는 「기상법 시행령」 제8조제2항에 따른 폭풍해일주의보·지진해일주의보·태풍주의보·풍랑주의보 또는 폭풍해일경보·지진해일경보·태풍경보·풍랑경보의 기상특보가 발효되지 않은 3일 이상의 기간에 「선박안전법」 제30조에 따른 선박위치발신장치의 위치정보를 사용한 교통조사를 실시하여 길이 100미터 이상의 선박이 1일 평균 4회 이상 통항하는 것으로 확인되면 길이 100미터 이상의 선박이 통항하는 수역으로 본다.
2. 제1호에도 불구하고 위 표 제3호가목 또는 나목에 따라 교량의 건설, 위치 변경 또는 수면상 높이를

변경하려는 경우에 길이 100미터 이상의 선박이 통항하는 수역인지 여부는 「항만법」 제5조에 따른 항만기본계획, 같은 법 제51조에 따른 항만재개발기본계획 또는 「신항만건설 촉진법」 제3조에 따른 신항만건설기본계획에 따라 길이 100미터 이상의 선박이 대상수역을 통항할 가능성을 고려하여 판단한다.

3. 다른 법령에 따라 허가·인가 등을 받은 것으로 의제(擬制)되는 사업이 위 표에 따른 안전진단대상사업의 범위에 포함되는 경우에는 안전진단대상사업으로 본다.

「해사안전법 시행규칙」

제11조(안전진단서의 작성 및 제출 등)

① 법 제15조제1항에 따른 해상교통안전진단기준은 별표 5와 같고, 법 제15조제2항에 따른 해상교통안전진단의 결과(이하 "안전진단서"라 한다)의 작성기준은 별표 6과 같다.

② 법 제15조제2항에 따라 안전진단대상사업을 하려는 자(국가기관의 장 또는 지방자치단체의 장인 경우를 제외한다. 이하 "사업자"라 한다)가 안전진단대상사업에 대한 허가·인가·승인·신고 등(이하 "허가등"이라 한다)의 권한을 가진 행정기관(이하 "처분기관"이라 한다)에 안전진단서를 제출하여야 하는 시기 및 법 제18조의2제1항에 따라 국가기관의 장 또는 지방자치단체의 장(이하 "국가기관 등의 장"이라 한다)이 해양수산부장관에게 안전진단서를 제출하고 협의를 요청하여야 하는 시기는 별표 6의2와 같다.

③ 법 제15조제4항에 따라 안전진단서의 검토를 요청하려는 처분기관이나 법 제18조의2제1항에 따라 안전진단서를 제출하고 협의를 요청하려는 국가기관 등의 장은 별지 제4호서식의 해상교통안전진단 검토(협의)요청서에 안전진단서 17부를 첨부하여 해양수산부장관에게 제출하여야 한다.

④ 해양수산부장관은 제3항에 따라 안전진단서의 검토 또는 협의를 요청받은 경우에는 별표 5 및 별표 6에 따른 기준에의 적합여부를 심사한 후 이에 대한 검토의견을 처분기관 또는 국가기관 등의 장에게 통보하여야 한다. 이 경우 해양수산부장관은 안전진단서의 세부적 검토를 위하여 관련 분야의 전문가 또는 전문기관의 의견을 들을 수 있다.

⑤ 해양수산부장관은 해사안전의 증진에 필요하다고 인정하는 경우에는 제2항에 따른 안전진단서 및 제4항에 따른 검토의견을 인터넷 홈페이지 또는 그 밖의 다른 정보통신망을 통하여 공개할 수 있다.

⑥ 제1항부터 제5항까지의 규정에 따른 안전진단서의 작성·검토 및 공개 등에 필요한 세부사항은 해양수산부장관이 정하여 고시할 수 있다.

[별표 5]

해상교통안전진단기준(제11조제1항 관련)

구분	진단기준
1. 공통사항	가. 진단대상사업이 시행되는 수역의 물리적·사회적 특성에 대한 충분한 검토 나. 진단대상사업이 선박통항에 미치는 영향의 최소화 다. 진단대상사업자와 해상이용자의 의견 대립의 최소화 라. 안전여유(Safety Margin)를 고려한 설계 마. 진단대상사업에 따른 잠재적 위험요인의 최소화 바. 충분한 통항안전대책 수립 사. 적정한 항로표지 설치
2. 수역	가. 선박의 조종성능(선회성·정지거리)을 고려한 배치 나. 현재 해상교통 및 항만개발계획 등을 고려한 장래 교통흐름의 추정 다. 인근 항만 출입항 선박의 안전한 통항을 고려한 수역시설 배치

3. 수역 내 시설물	가. 다른 시설과 최대한 이격하여 설치 나. 항로횡단교량은 항로와 수직으로 설치하고, 전후 충분한 직선거리 확보 다. 시설물 건설 · 부설에 따른 공사단계별 충분한 안전대책 마련
4. 항만 또는 부두	가. 선박의 조종성능(선회성 · 정지거리)을 고려한 설계 나. 항만의 지형 · 자연특성을 충분히 고려한 설계 다. 장래 교통량 예측을 통한 계획적인 설계

비고
위 표에 따른 진단기준의 적용에 필요한 세부기준, 내용 및 방법 등에 관하여 필요한 사항은 해양수산부장관이 정하여 고시한다.

[별표 6]
안전진단서 작성기준(제11조제1항 관련)
1. 진단항목별 포함내용

항목	포함되어야 하는 내용
해상교통현황조사	가. 사업개요 나. 설계기준 다. 자연환경 라. 항행여건 마. 해상교통 조사 바. 해양사고 발생현황
해상교통현황측정	가. 해상교통특성 나. 해역이용자의 의견 다. 해상교통혼잡도 라. 현행 해상교통류
해상교통시스템 적정성평가	가. 통항안전성(通航安全性) 나. 접이안안전성(接離岸安全性) 다. 계류안전성(繫留安全性) 라. 해상교통류(海上交通流) 마. 종합평가
해상교통안전대책	가. 진단결과에 따른 안전대책 - 공사 중 안전대책 - 완공 후 안전대책 나. 필요한 경우, 안전진단대상사업 시행을 위한 대안 제시

2. 진단항목별 설정기준
가. 통항안전성 및 접이안안전성

항목	포함되어야 하는 내용
해상교통현황조사	가. 사업개요 나. 설계기준 다. 자연환경 라. 항행여건 마. 해상교통 조사 바. 해양사고 발생현황

해상교통현황측정	가. 해상교통특성 나. 해역이용자의 의견 다. 해상교통혼잡도 라. 현행 해상교통류
해상교통시스템 적정성평가	가. 통항안전성(通航安全性) 나. 접이안안전성(接離岸安全性) 다. 계류안전성(繫留安全性) 라. 해상교통류(海上交通流) 마. 종합평가
해상교통안전대책	가. 진단결과에 따른 안전대책 - 공사 중 안전대책 - 완공 후 안전대책 나. 필요한 경우, 안전진단대상사업 시행을 위한 대안 제시

나. 계류안전성 평가

항목	작성기준
자연환경	1) 바람: 순간 최대풍속 및 풍향 2) 조류: 해당 해역에 작용하는 최강창조류 및 최강낙조류 3) 파랑 가) 파고: 설계파 최대파고 나) 파향: 선박 계류에 영향을 미치는 주요 방향 다) 파주기: 설계파 주기 및 관측된 장주기파
선박시스템 동요 해석	1) 선박: 자유도 운동에 대한 시계열 동요 해석 2) 계류삭(繫留索): 선박거동에 따른 계류삭 장력의 시계열 해석 3) 방현재(防舷材): 선박거동에 따른 방현재 반력의 시계열 해석
하역 한계	1) 하역가능한계: 선박동요 요소별 하역한계 2) 항만가동률: 자연환경 분석을 통한 항만가동일수 및 가동률

다. 해상교통혼잡도 평가

항목	작성기준
해상교통량	장래 물동량: 과거 물동량을 바탕으로 장래 물동량 추정
해상교통혼잡도	1) 교통량: 기본교통량, 가능교통량, 실용교통량으로 구분하여 교통량의 혼잡도 모델링 평가 2) 환산교통량: 통항 선박의 제원을 활용한 환산교통량 평가 3) 교통혼잡도 분석: 주요 항로별 항로폭의 혼잡도지수 범위에 따른 교통혼잡도 분석

라. 교통류시뮬레이션 평가

항목	작성기준
종합환경스트레스 또는 위험도	1) 조건설정: 해역별 해상교통 환경조건 설정 및 해상교통 특성 2) 스트레스값: 해상교통환경・조선환경 스트레스값 및 종합환경 스트레스값 산출 또는 이와 유사한 형태의 위험도 산출

해역안전성	1) 안전성평가: 종합환경 스트레스값 분석을 통하여 산출된 대상해역 및 항로의 안전성 2) 위험해역 도출: 종합환경 스트레스값 분석을 통하여 산출된 교통량 밀집 위험해역

비고
위 표에 따른 진단항목 및 그 설정기준의 적용과 관련된 세부기준, 내용 및 방법 등에 관하여 필요한 사항은 해양수산부장관이 정하여 고시한다.

[별표 6의2]
안전진단서의 제출시기(제11조제2항 관련)

구분	안전진단서 제출시기
가. 항로 또는 정박지의 지정·고시 또는 변경	항로나 정박지의 지정·고시 또는 변경 전
나. 선박의 통항을 금지하거나 제한하는 수역의 설정 또는 변경	1)「광업법」제42조에 따른 채굴계획의 인가 전 - 변경의 경우 채굴계획 변경에 대한 인가 전 2)「골재채취법」제21조의2에 따른 골재채취 예정지의 지정 전, 같은 법 제34조에 따른 골재채취단지의 지정 전 또는 같은 법 제22조에 따른 골재채취 허가 전 - 변경의 경우 변경사항의 지정 전 또는 골재채취 허가의 변경 승인 전
다. 수역에 설치되는 교량·터널·케이블 등 시설물의 건설·부설 또는 보수	1) 교량 또는 터널의 건설·보수의 경우「도로법」제25조 등에 따른 도로구역의 결정 또는 이에 해당하는 처분 전 - 그 밖의 변경 또는 보수의 경우 실시계획의 인가 또는 승인 등에 해당하는 처분이나 결정 전 2) 해월케이블을 설치·부설하거나 변경하려는 경우「전원개발촉진법」제5조에 따른 전원개발사업 실시계획의 승인 등 그 밖의 공사 계획의 인가 전 3) 그 밖에「공유수면 관리 및 매립에 관한 법률」제8조 또는 제28조에 따른 공유수면의 점용·사용 또는 매립의 허가 신청 전, 협의 또는 승인 대상이 되는 시설물을 설치하거나 변경하려는 경우에는 공유수면의 점용·사용 또는 매립의 허가, 협의 또는 승인 전 - 변경의 경우 변경허가의 신청 또는 변경사항의 협의·승인 전
라. 항만 또는 부두의 개발·재개발	1) 무역항 또는 연안항을 신규 지정하려는 경우「항만법」제8조에 따른 항만기본계획의 고시 전 2)「마리나항만의 조성 및 관리 등에 관한 법률」제10조에 따른 마리나항만의 지정·고시 전 3)「어촌·어항법」제17조에 따른 국가어항의 지정·고시 전 4) 길이 100미터 이상의 선박이 이용하는 계류시설의 건설 또는 변경 -「항만법」제10조에 따른 항만공사실시계획의 수립·공고 전(관리청이 아닌 자가 항만공사를 실시하는 경우에는 항만공사실시계획 승인 전) - 항만공사실시계획의 수립·공고 또는 승인을 받지 아니하고「공유수면 관리 및 매립에 관한 법률」제8조 또는 제28조 등에 따른 공유수면의 점용·사용 또는 매립의 허가신청, 협의 또는 승인 대상이 되는 경우에는 허가, 협의 또는 승인 전 - 계류시설에 대한 증축·개축 없이 접안능력을 상향하려는 경우 시설능력의 변경 지정 전 5) 방파제·파제제 및 방조제의 건설 또는 변경

	-「항만법」 제10조에 따른 항만공사실시계획의 수립・공고 전(관리청이 아닌 자가 항만공사를 하는 경우에는 항만공사실시계획 승인 전) - 항만공사실시계획의 수립・공고 또는 승인을 받지 아니하고「공유수면 관리 및 매립에 관한 법률」 제8조 또는 제28조 등에 따른 공유수면의 점용・사용 또는 매립의 허가신청, 협의 또는 승인 대상이 되는 경우에는 허가, 협의 또는 승인 전
마. 그 밖의 사업	최고 속력이 시속 60노트 이상인 선박을 투입하여 해상운송사업을 하려는 경우「해운법」 제4조에 따른 해상여객운송사업 면허 전 또는 같은 법 제24조에 따른 해상화물운송사업 등록 전

비고
1. 하나의 사업이 둘 이상의 대상사업의 범위에 해당되는 경우 안전진단서의 제출시기는 가장 먼저 도래하는 시기로 한다.
2. 다른 법령에 따라 허가・협의・승인 등이 의제(擬制)되는 사업의 경우에는 의제처리되기 전까지 안전진단서를 제출하여야 한다.

제12조(해상교통안전진단사업의 지원 등)
① 해양수산부장관은 해상교통안전진단업무의 효율적 수행을 위하여 필요하다고 인정하는 경우에는 관계 전문인력의 지도 및 교육 등에 관한 시책을 수립・추진할 수 있다.
② 해양수산부장관은 해상교통안전진단업무와 관련된 정보를 종합적・체계적으로 유지・관리하기 위하여 해상교통안전정보관리체계를 구축・운영할 수 있다.

---

2. 안전진단서 제출이 면제되는 사업 등

사업자는 법 제15조 제2항에도 불구하고 안전진단대상사업이 다음 각 호의 어느 하나에 해당하여 안전진단서 제출이 필요하지 아니하다고 판단하는 경우 해양수산부령으로 정하는 바에 따라 해당 사업의 목적, 내용, 안전진단서 제출이 필요하지 아니한 사유 등이 포함된 의견서를 해양수산부장관에게 제출하여야 한다(법 제16조 제1항).

1. 선박통항안전, 재난대비 또는 복구를 위하여 긴급히 시행하여야 하는 사업
2. 그 밖에 선박의 통항에 미치는 영향이 적은 사업으로 해양수산부장관이 정하여 고시하는 사업

법 제16조 제1항에 따라 의견서를 제출받은 해양수산부장관은 해양수산부령으로 정하는 바에 따라 의견서를 검토한 후 의견서를 제출받은 날부터 30일 이내에 안전진단서 제출 필요성 여부를 결정하여 그 결과를 통보하여야 한다. 이 경우 의견서의 서류를 보완하는 데 걸리는 기간은 통보기간에 산입하지 아니한다(법 제16조 제2항). 해양수산부장관이 법 제16조 제2항에 따라 사업자에게 안전진단서를 제출하라고 통보한 경우 사업자는 해양수산부장관에게 안전진단서를 제출하여야 한다(법 제16조 제3항). 해양수산부장관은 사업자로부터 안전진단서를 제출받은 날부터 45일 이내에 안전진단서를 검토한 후 검토의견을 사업

자에게 통보하여야 한다. 이 경우 안전진단서의 서류를 보완하거나 관계 기관과의 협의에 걸리는 기간은 통보기간에 산입하지 아니한다(법 제16조 제4항).

「해사안전법 시행규칙」

제13조(안전진단서의 제출 면제)
① 법 제16조제1항 또는 법 제18조의2제8항에 따라 안전진단서의 제출을 면제받으려는 사업자 또는 국가기관 등의 장은 다음 각 호의 사항이 포함된 의견서를 관할 지방해양수산청장에게 제출하여야 한다.
1. 사업의 목적
2. 사업의 내용
3. 안전진단서 제출이 필요하지 아니한 사유
4. 사업이 해상교통에 미치는 영향 및 안전대책
5. 그 밖에 해상안전 및 선박항행의 안전을 위하여 해양수산부장관이 정하여 고시하는 사항
② 지방해양수산청장은 제1항에 따라 의견서를 제출받은 경우에는 해당 사업이 법 제16조제1항 각 호의 어느 하나에 해당하는지 여부를 검토한 후 그 결과를 사업자 또는 국가기관 등의 장에게 통보하여야 한다.

---

3. 검토의견에 대한 이의신청

검토의견에 이의가 있는 사업자는 처분기관을 경유하여 해양수산부장관에게 이의신청을 할 수 있다. 이 경우 사업자는 검토의견을 통보받은 날부터 30일 이내에 처분기관에 이의신청서를 제출하여야 한다. 다만, 천재지변 등 부득이한 사정이 있을 때에는 그 기간을 제출기간에 산입하지 아니한다(법 제17조 제1항). 해양수산부장관은 법 제17조 제1항에 따른 이의신청 내용의 타당성을 검토하여 그 결과(이하 "검토결과"라 한다)를 해양수산부령으로 정하는 바에 따라 20일 이내에 처분기관을 거쳐 이의신청을 한 자에게 통보하여야 한다. 다만, 천재지변 등 부득이한 사정이 있을 때에는 10일의 범위에서 통보기간을 연장할 수 있다(법 제17조 제2항). 법 제17조 제1항에 따른 이의신청의 방법, 절차 등에 필요한 사항은 해양수산부령으로 정한다(법 제17조 제3항).

「해사안전법 시행규칙」

제14조(이의신청)
① 법 제17조제1항 본문에 따라 이의신청을 하려는 사업자는 다음 각 호의 사항이 포함된 이의신청서를 처분기관에 제출하여야 한다.
1. 이의신청의 내용 및 사유
2. 제11조제4항에 따른 검토의견에 대한 수정의견
3. 제2호에 따른 수정의견에 대한 타당성 분석 자료

② 처분기관은 제1항에 따른 이의신청서를 제출받은 경우에는 그 제출받은 날부터 10일 이내에 해양수산부장관에게 해당 서류를 송부하여야 한다.
③ 해양수산부장관은 제2항에 따라 송부받은 경우에는 다음 각 호의 사항이 포함된 이의신청 검토결과를 처분기관을 경유하여 이의신청을 한 자에게 통보하여야 한다.
1. 이의신청에 대한 수용 여부
2. 이의신청의 내용 및 사유에 대한 타당성 분석결과
3. 추가적인 해양안전의 확보방안(필요한 경우만 해당한다)

4. 처분기관의 허가등

처분기관은 이의신청이 없는 검토의견 또는 검토결과를 반영하여 허가등을 하여야 하며, 허가등을 하였을 때에는 해양수산부장관에게 통보하여야 한다(법 제18조 제1항). 처분기관은 이의신청이 없는 검토의견 또는 검토결과대로 사업자가 사업을 시행하는지를 확인하여야 하며, 이를 위하여 사업자에게 이행에 관련된 자료의 제출을 요구하거나 현장조사를 실시할 수 있다(법 제18조 제2항). 처분기관은 사업자가 이의신청이 없는 검토의견 또는 검토결과대로 이행하지 아니한 사실이 확인된 경우에는 서면으로 이행 시한을 명시하여 이행할 것을 명하여야 한다(법 제18조 제3항). 처분기관은 사업자가 법 제18조 제3항에 따른 명령을 이행하지 아니하여 해상교통안전에 중대한 영향을 미칠 것으로 판단될 경우에는 그 사업의 전부 또는 일부에 대하여 사업중지명령을 하여야 한다(법 제18조 제4항). 해양수산부장관은 처분기관이 법 제15조 제2항부터 제5항까지의 규정에 따른 절차를 거치지 아니하고 허가등을 하였을 때에는 그 허가등의 취소, 사업의 중지, 인공구조물의 철거, 운영정지 및 원상회복 등 필요한 조치를 취할 것을 그 처분기관에 요청할 수 있다. 이 경우 그 처분기관은 특별한 사유가 없으면 그 요청에 따라야 한다(법 제18조 제5항).

「해사안전법 시행령」

제8조(처분기관의 조치 등) 법 제15조제2항에 따른 처분기관이 법 제18조제4항에 따른 사업중지명령을 한 경우에는 지체 없이 그 내용을 해양수산부장관에게 통보하여야 한다.

5. 국가기관 또는 지방자치단체의 해상교통안전진단 등

법 제15조에도 불구하고 국가기관의 장 또는 지방자치단체의 장은 안전진단대상사업을 시행하려는 경우에는 해양수산부장관에게 안전진단서를 제출하고 협의를 요청하여야 한다(법 제18조의2 제1항). 법 제18조의2 제1항에 따라 협의를 요청받은 해양수산부장관은 협의를 요청받은 날부터 45일 이내에 안전진단서를 검토한 후 그 검토의견을 협의를 요청한 국가기관의 장 또는 지방자치단체의 장에게 통보하여야 한다(법 제18조의2 제2항). 법 제18조의2 제2항에 따른 검토의견에 이의가 있는 국가기관의 장 또는 지방자치단체의 장은 검토의견을 통보받은 날부터 30일 이내에 이의의 내용·사유 등을 적어 해양수산부장관에게 재협의를 요청할 수 있다. 다만, 천재지변 등 부득이한 사정이 있을 때에는 그 기간을 재협의 요청기간에 산입하지 아니한다(법 제18조의2 제3항). 해양수산부장관은 법 제18조의2 제3항에 따른 재협의 요청을 받은 경우 그 타당성을 검토한 후 그 검토결과를 재협의를 요청받은 날부터 20일 이내에 재협의를 요청한 국가기관의 장 또는 지방자치단체의 장에게 통보하여야 한다. 다만, 천재지변 등 부득이한 사정이 있을 때에는 10일 이내의 범위에서 통보기간을 연장할 수 있다(법 제18조의2 제4항). 국가기관의 장 또는 지방자치단체의 장은 해양수산부장관의 검토의견 또는 검토결과에 따라 안전진단대상사업을 시행하여야 한다(법 제18조의2 제5항). 법 제18조의2 제1항부터 제5항까지에서 규정한 사항 외에 국가기관의 장 또는 지방자치단체의 장의 안전진단서 제출, 협의·재협의 요청의 방법, 절차 등에 필요한 사항은 대통령령으로 정한다(법 제18조의2 제6항). 해양수산부장관은 국가기관의 장 또는 지방자치단체의 장이 법 제18조의2 제1항부터 제4항까지의 규정에 따른 절차를 거치지 아니하거나 제5항에 따른 해양수산부장관의 검토의견 또는 검토결과에 따르지 아니하고 안전진단대상사업을 시행하는 경우에는 사업계획의 취소, 사업의 중지, 인공구조물의 철거, 운영정지 및 원상회복 등 필요한 조치를 할 것을 해당 국가기관의 장 또는 지방자치단체의 장에게 요청할 수 있다. 이 경우 국가기관의 장 또는 지방자치단체의 장은 특별한 사유가 없으면 해양수산부장관의 요청에 따라야 한다(법 제18조의2 제7항). 법 제18조의2 제1항에도 불구하고 국가기관의 장 또는 지방자치단체의 장은 시행하려는 안전진단대상사업이 법 제16조제1항 각 호의 어느 하나에 해당하여 안전진단서 제출이 필요하지 아니하다고 판단하는 경우 해당 사업의 목적, 내용, 안전진단서 제출이 필요하지 아니한 사유 등이 포함된 의견서를 해양수산부장관에게 제출하고 협의하여야 한다(법 제18조의2 제8항). 법 제18조의2 제8항에서 규정한 사항 외에 의견서의 작성, 검토 및 검토결과의 통보 등에 필요한 사항은 대통령령으로 정한다(법 제18조의2 제9항).

「해사안전법 시행령」

제8조의2(국가기관 또는 지방자치단체의 해상교통안전진단 등)

① 법 제18조의2제1항에 따라 국가기관의 장 또는 지방자치단체의 장(이하 "국가기관 등의 장"이라 한다)이 별표 2의2에 따른 안전진단대상사업을 시행하려는 경우에는 법 제15조제1항에 따른 안전진단기준에 따라 해상교통안전진단을 실시하고, 해상교통안전진단의 결과(이하 "안전진단서"라 한다)를 해양수산부령으로 정하는 바에 따라 해양수산부장관에게 제출하고 협의를 요청하여야 한다.

② 법 제18조의2제3항 본문에 따라 해양수산부장관에게 재협의를 요청하려는 국가기관 등의 장은 다

음 각 호의 사항이 포함된 이의신청서를 해양수산부장관에게 제출하여야 한다.

1. 법 제18조의2제2항에 따른 해양수산부장관의 검토의견에 대한 이의의 내용 및 사유
2. 법 제18조의2제2항에 따른 해양수산부장관의 검토의견에 대한 수정 의견
3. 제2호에 따른 수정 의견에 대한 타당성 분석 자료

③ 법 제18조의2제4항 본문에 따른 해양수산부장관의 검토결과에는 다음 각 호의 사항이 포함되어야 한다.

1. 법 제18조의2제3항에 따라 국가기관 등의 장이 제출한 이의의 수용 여부 및 그 타당성 분석 결과
2. 안전진단대상사업의 시행과 관련하여 해사안전을 확보하기 위하여 추가적인 조치 등이 필요한 경우에는 그 조치 등의 내용

④ 법 제18조의2제8항에 따른 의견서를 제출받은 해양수산부장관은 의견서를 제출받은 날부터 30일 이내에 안전진단서 제출이 필요한지 여부를 검토하고, 그 결과를 의견서를 제출한 국가기관 등의 장에게 통보하여야 한다. 이 경우 의견서의 서류 보완에 걸리는 기간은 통보기간에 산입하지 아니한다.

⑤ 제1항부터 제4항까지에서 규정한 사항 외에 국가기관 등의 장의 안전진단서, 이의신청서, 의견서의 작성 및 제출에 필요한 사항은 해양수산부령으로 정한다.

6. 해상교통안전진단의 대행

법 제15조 제1항에 따른 사업자나 제18조의2 제1항에 따라 해양수산부장관에게 협의를 요청하여야 하는 국가기관의 장 또는 지방자치단체의 장은 법 제19조 제2항에 따라 등록한 안전진단대행업자로 하여금 해상교통안전진단을 대행하게 할 수 있다(법 제19조 제1항). 해상교통안전진단을 대행하려는 자(이하 "안전진단대행업자"라 한다)는 해양수산부령으로 정하는 기술인력・장비 등 자격을 갖추어 해양수산부장관에게 등록하여야 한다. 등록한 사항 중 해양수산부령으로 정하는 사항을 변경하려는 경우에도 또한 같다(법 제19조 제2항). 법 제19조 제2항에서 규정한 사항 외에 등록절차 및 등록증의 발급 등에 필요한 사항은 해양수산부령으로 정한다(법 제19조 제3항).

「해사안전법 시행규칙」

제15조(안전진단대행업자의 등록)

① 법 제19조제2항에 따른 안전진단대행업자(이하 "안전진단대행업자"라 한다)의 등록기준은 별표 7과 같다.

② 법 제19조제2항 전단에 따라 안전진단대행업자로 등록하려는 자는 별지 제5호서식의 안전진단대행업자 등록(변경등록) 신청서에 별표 7에 따른 등록기준에 적합함을 증명하는 서류를 첨부하여 해양수산부장관에게 제출하여야 한다. 이 경우 해양수산부장관은 「전자정부법」 제36조제1항에 따라 행정정보의 공동이용을 통하여 법인 등기사항증명서(법인인 경우만 해당한다)를 확인하여야 한다.

③ 해양수산부장관은 제2항 전단에 따른 등록신청이 별표 7의 등록기준에 적합하다고 인정하는 경우에는 별지 제6호서식의 안전진단대행업자 등록증을 발급하여야 한다.

④ 해양수산부장관은 제3항에 따라 안전진단대행업자 등록증을 발급한 경우에는 별지 제7호서식의 안전진단대행업자 등록대장에 그 내용을 기록하고 관리하여야 한다.

제16조(등록사항의 변경)
① 법 제19조제2항 후단에서 "해양수산부령으로 정하는 사항"이란 기술인력 또는 장비의 보유현황에 관한 사항을 말한다.
② 안전진단대행업자는 법 제19조제2항 후단에 따라 변경등록을 하려는 경우에는 그 변경이 있는 날부터 30일 이내에 별지 제5호서식의 안전진단대행업자 등록(변경등록) 신청서에 안전진단대행업자 등록증 사본 및 그 변경내용을 증명하는 서류를 첨부하여 해양수산부장관에게 제출하여야 한다.
③ 안전진단대행업자는 다음 각 호의 어느 하나에 해당하는 변경이 있는 경우에는 그 변경이 있는 날부터 10일 이내에 해양수산부장관에게 그 변경사실을 알려야 한다.
1. 업체의 명칭 또는 대표자 성명의 변경
2. 사업자 등록번호의 변경
3. 주사무소 또는 분사무소의 주소 변경
④ 제2항에 따른 변경등록신청, 변경등록증의 발급 및 변경등록의 기록·관리에 관하여는 제15조제3항 및 제4항을 준용한다.

---

7. 안전진단대행업자의 결격사유

다음 각 호의 자는 안전진단대행업자로 등록할 수 없다(법 제20조).

1. 피성년후견인·피한정후견인 또는 미성년자
2. 이 법을 위반하거나 「형법」 제186조에 따른 등대·표지 손괴 또는 선박의 교통을 방해함으로써 금고 이상의 실형을 선고받고 그 집행이 끝나거나(집행이 끝난 것으로 보는 경우를 포함한다) 집행이 면제된 날부터 2년이 지나지 아니한 자
3. 이 법을 위반하거나 「형법」 제186조에 따른 등대·표지 손괴 또는 선박의 교통을 방해함으로써 금고 이상의 형의 집행유예를 선고받고 그 유예기간 중에 있는 자
4. 법 제23조에 따라 등록이 취소된 날부터 2년이 지나지 아니한 자

8. 권리와 의무의 승계

법 제19조에 따른 안전진단대행업자로 등록한 자가 그 영업을 양도하거나 법인이 합병한 경우에는 그 양수인 또는 합병 후에 존속하는 법인이나 합병으로 설립되는 법인은 그 등록에 따른 권리와 의무를 승계한다(법 제21조 제1항). 법 제21조 제1항에 따라 권리와 의무를 승계한 자는 승계한 날부터 30일 이내에 해양수산부령으로 정하는 바에 따라 해양수산부장관에게 신고하여야 한다(법 제21조 제2항). 법 제21조 제1항에 따라 안전진단대행업을 승계한 자에 관하여는 법 제20조를 준용한다(법 제21조 제3항).

「해사안전법 시행규칙」

제17조(권리·의무의 승계신고)

① 법 제21조제2항(법 제53조제1항에서 준용하는 경우를 포함한다)에 따라 권리·의무의 승계 신고를 하려는 자는 그 사유가 발생한 날부터 1개월 이내에 다음 각 호의 구분에 따라 해양수산부장관(안전관리대행업의 경우에는 지방해양수산청장을 말한다. 이하 이 조에서 같다)에게 신고하여야 한다.
1. 양수의 경우: 다음 각 목의 서류를 제출할 것
가. 별지 제8호서식의 안전진단대행업·안전관리대행업 양도·양수 신고서(전자문서로 된 신고서를 포함한다)
나. 양도·양수계약서 사본 등 권리·의무의 승계를 증명하는 서류
2. 합병의 경우: 다음 각 목의 서류를 제출할 것
가. 별지 제9호서식의 안전진단대행업·안전관리대행업 합병 신고서(전자문서로 된 신고서를 포함한다)
나. 합병계약서 사본 등 권리·의무의 승계를 증명하는 서류
② 제1항에 따른 신고를 받은 해양수산부장관은 「전자정부법」 제36조제1항에 따라 행정정보의 공동이용을 통하여 사업자등록증 또는 법인 등기사항증명서(법인인 경우만 해당한다)를 확인하여야 한다.

9. 사업의 휴업 또는 폐업의 신고

안전진단대행업자로 등록한 자는 그 사업을 휴업하거나 폐업하려면 해양수산부령으로 정하는 바에 따라 해양수산부장관에게 신고하여야 한다(법 제22조).

「해사안전법 시행규칙」

제18조(휴업·폐업의 신고) 법 제22조(법 제53조제2항에 따라 준용하는 경우를 포함한다)에 따라 휴업 또는 폐업 신고를 하려는 자는 별지 제10호서식의 안전진단대행업·안전관리대행업 휴업(폐업)신고서를 해양수산부장관(안전관리대행업의 경우에는 지방해양수산청장을 말한다)에게 제출하여야 한다. 이 경우 사업자등록증 등의 확인에 관하여는 제17조제2항을 준용한다.

10. 안전진단대행업자의 등록 취소 등

해양수산부장관은 안전진단대행업자가 다음 각 호의 어느 하나에 해당하면 그 등록을 취소하거나 6개월 이내의 기간을 정하여 영업의 정지를 명할 수 있다. 다만, 제1호부터 제3호까지, 제11호 또는 제12호에 해당하면 그 등록을 취소하여야 한다(법 제23조 제1항).

1. 법 제15조 제1항에 따른 안전진단기준을 따르지 아니하거나, 해상교통안전진단업무를 수행하지 아니하고 거짓으로 안전진단서를 작성한 경우
2. 거짓이나 그 밖의 부정한 방법으로 등록하거나 변경등록을 한 경우
3. 법 제19조 제2항 전단에 따른 해양수산부령으로 정한 자격을 갖추지 못하게 된 경우

4. 법 제19조 제2항 후단에 따른 변경등록을 하지 아니한 경우
5. 법인의 대표자가 법 제20조 각 호의 어느 하나에 해당하게 된 경우. 다만, 법인의 대표자가 법 제20조 각 호의 어느 하나에 해당하게 된 날부터 6개월이 되는 날까지 시정한 경우에는 그 등록을 취소하지 아니한다.
6. 법 제21조 제2항을 위반하여 권리·의무에 대한 승계신고를 하지 아니한 경우
7. 법 제22조를 위반하여 사업의 휴업 또는 폐업 신고를 하지 아니한 경우
8. 법 제58조 제1항제1호에 따른 출석 또는 진술을 거부·방해하거나 기피한 경우
9. 법 제58조 제1항제2호에 따른 출입·검사·확인·조사 또는 점검을 거부·방해하거나 기피한 경우
10. 법 제58조제1항제3호에 따른 서류제출 또는 보고를 하지 아니하거나 거짓으로 서류제출 또는 보고를 한 경우
11. 영업정지 명령을 위반하여 정지기간 중에 해상교통안전진단 대행 업무를 계속한 경우
12. 다른 안전진단대행업자로 하여금 해상교통안전진단을 하게 한 경우

법 제23조 제1항에 따른 처분의 세부기준과 절차, 그 밖에 필요한 사항은 해양수산부령으로 정한다(법 제23조 제2항).

「해사안전법 시행규칙」

제19조(안전진단대행업자에 대한 행정처분의 기준) 법 제23조제2항에 따른 안전진단대행업자에 대한 행정처분의 기준은 별표 8과 같다.

[별표 8]
행정처분의 기준(제19조, 제42조 및 제48조 관련)
1. 일반기준
가. 각각의 처분기준이 다른 둘 이상의 위반행위가 있는 경우에는 그 중 무거운 처분기준에 따른다. 다만, 둘 이상의 처분기준이 모두 업무정지인 경우에는 각 처분기준을 합산한 기간을 넘지 아니하는 범위에서 무거운 처분기준의 2분의 1 범위에서 가중할 수 있다.

나. 위반행위의 횟수에 따른 처분의 기준은 최근 1년간 같은 위반행위로 처분을 받은 경우에 적용한다. 이 경우 처분 기준의 적용은 같은 위반행위에 대하여 최초로 처분을 한 날을 기준으로 한다.
다. 처분권자는 위반행위의 동기·내용·회수 및 위반의 정도 등 다음 각 목에 해당하는 사유를 고려하여 그 처분을 감경할 수 있다. 이 경우 그 처분이 업무정지인 경우에는 그 처분기준의 2분의 1 범위에서 감경할 수 있고, 등록취소인 경우에는 30일 이상의 업무정지 처분으로 감경(법 제23조제1항제1호·제2호·제3호·제4호·제11호·제12호, 제48조제5항제1호·제6호 또는 제54조제1항제1호·제4호·제12호에 해당하는 경우는 제외한다)할 수 있다.
1) 위반행위가 고의나 중대한 과실이 아닌 사소한 부주의나 오류로 인한 것으로 인정되는 경우

2) 위반의 내용·정도가 경미하여 안전진단대상사업자 또는 선박소유자 등에게 미치는 피해가 적다고 인정되는 경우
3) 위반 행위자가 처음으로 해당 위반행위를 한 경우로서, 3년 이상 사업을 모범적으로 해 온 사실이 인정된 경우

2. 위반행위별 행정처분기준
가. 안전진단대행업자에 대한 행정처분기준

위반사항	근거법령	행정처분기준			
		1차위반	2차위반	3차위반	4차위반
1) 법 제15조제1항에 따른 안전진단기준을 따르지 아니하거나, 해상교통안전진단업무를 수행하지 아니하고 거짓으로 안전진단서를 작성한 경우	법 제23조제1항제1호	등록취소			
2) 거짓, 그 밖의 부정한 방법으로 법 제19조제2항에 따른 등록 또는 변경등록을 한 경우	법 제23조제1항제2호	등록취소			
3) 법 제19조제2항 전단에 따른 자격을 갖추지 못하게 된 경우	법 제23조제1항제3호	등록취소			
4) 법 제19조제2항 후단에 따른 변경등록을 하지 않은 경우	법 제23조제1항제4호	개선명령	영업정지 1개월	영업정지 3개월	등록취소
5) 법인의 대표자가 법 제20조 각 호의 어느 하나에 해당하게 된 경우	법 제23조제1항제5호	경고	등록취소		
6) 법 제21조제2항을 위반하여 권리·의무에 대한 승계신고를 하지 아니한 경우	법 제23조제1항제6호	경고	영업정지 1개월		
7) 법 제22조를 위반하여 휴업신고를 하지 아니한 경우	법 제23조제1항제7호	경고	영업정지 1개월	영업정지 3개월	등록취소
8) 법 제22조를 위반하여 폐업신고를 하지 아니한 경우	법 제23조제1항제7호	경고	등록취소		
9) 법 제23조제1항제12호를 위반하여 다른 안전진단대행업자로 하여금 해상교통안전진단을 하게 한 경우	법 제23조제1항제12호	등록취소			
10) 법 제58조제1항제1호에 따른 출석 또는 진술을 거부·방해하거나 기피한 경우	법 제23조제1항제8호	경고	영업정지 3개월	영업정지 6개월	
11) 법 제58조제1항제2호에 따른 출입·검사·확인·조사 또는 점검을 거부·방해하거나 기피한 경우	법 제23조제1항제9호	경고	영업정지 3개월	영업정지 6개월	
12) 법 제58조제1항제3호에 따른 서류의 제출 또는 보고를 하지 아니하거나 거짓으로 서류제출 또는 보고를 한 경우	법 제23조제1항제10호	경고	영업정지 3개월	영업정지 6개월	
13) 영업정지 명령을 위반하여 정지기간 중에 해상교통안전진단 대행 업무를 계속한 경우	법 제23조제1항제11호	등록취소			

나. 정부대행기관에 대한 행정처분기준

위반사항		근거법령	행정처분기준			
			1차위반	2차위반	3차위반	4차위반
1) 거짓, 그 밖의 부정한 방법으로 법 제48조제1항에 따른 지정이 된 경우		법 제48조 제5항제1호	등록취소			
2) 법 제48조제2항을 위반하여 지정기준을 못 미치게 된 때	가) 조직·인원 및 사무소 등 지정기준	법 제48조 제5항제2호	개선명령	업무정지 1개월	영업정지 3개월	등록취소
	나) 심사업무에 종사하는 사람의 자격		개선명령	영업정지 3개월	영업정지 6개월	등록취소
	다) 그 밖에 등록기준을 충족하지 못 하게 된 경우		개선명령	영업정지 3개월	영업정지 6개월	등록취소
3) 법 제48조제4항을 위반하여 해양수산부의 승인 없이 수수료를 정하거나 변경한 경우		법 제48조 제5항제4호	업무정지 1개월	업무정지 2개월	영업정지 3개월	영업정지 6개월
4) 법 제48조제5항을 위반하여 대행업무에 관한 보고를 하지 아니한 경우		법 제48조 제5항제5호	경고	영업정지 1개월	영업정지 3개월	영업정지 6개월
5) 업무정지명령을 위반하여 정지기간 중에 대행업무를 계속한 경우		법 제48조 제5항제6호	등록취소			

다. 안전관리대행업자에 대한 행정처분기준

위반사항		근거법령	행정처분기준			
			1차위반	2차위반	3차위반	4차위반
1) 거짓, 그 밖의 부정한 방법으로 법 제51조제1항에 따른 등록 또는 변경등록을 한 경우		법 제54조 제1항제1호	등록취소			
2) 법 제51조제1항 후단을 위반하여 변경등록을 하지 아니한 경우		법 제54조제1항제2호	개선명령	영업정지 1개월	영업정지 3개월	등록취소
3) 법 제51조제2항에 따른 사업장 안전관리체제를 갖추지 못하게 된 경우	가) 법 제49조제1항 또는 제2항에 따른 증서의 효력이 정지된 경우	법 제54조제1항제3호	영업정지 1개월	등록취소		
	나) 그 밖의 안전관리체제를 갖추지 못한 경우		개선명령	영업정지 1개월	영업정지 3개월	등록취소
4) 법인의 대표자가 법 제52조제1항에 따른 결격사유에 해당하게 된 경우		법 제54조제1항제4호	등록취소			
5) 안전관리체제의 수립과 시행에 관한 업무를 수행하지 아니하고 거짓으로 서류를 작성한 경우		법 제54조제1항제5호	영업정지 1개월	영업정지 3개월	등록취소	
6) 법 제53조제1항을 위반하여 권리·의무에 대한 승계신고를 하지 아니한 경우		법제54조제1항제6호	경고	영업정지 1개월		

7) 법 제53조제2항을 위반하여 휴업신고를 하지 아니한 경우	법 제54조 제1항제7호	경고	영업정지 1개월	영업정지 3개월	등록취소
8) 법 제53조제2항을 위반하여 폐업신고를 하지 아니한 경우	법 제54조 제1항제7호	경고	등록취소		
9) 법 제58조제1항제1호에 따른 출석 또는 진술을 거부·방해하거나 기피한 경우	법 제54조 제1항제8호	경고	영업정지 3개월	영업정지 6개월	
10) 법 제58조제1항제2호에 따른 출입·검사·확인·조사 또는 점검을 거부·방해하거나 기피한 경우	법 제54조 제1항제9호	경고	영업정지 3개월	영업정지 6개월	
11) 법 제58조제1항제3호에 따른 서류의 제출 또는 보고를 하지 아니하거나 거짓으로 서류제출 또는 보고를 한 경우	법 제54조 제1항제10호	경고	영업정지 3개월	영업정지 6개월	
12) 법 제59조에 따른 개선명령을 이행하지 아니한 경우	법 제54조 제1항제11호	영업정지 1개월	영업정지 3개월	등록취소	
13) 영업정지 명령을 위반하여 정지기간 중에 안전관리대행업의 영업을 계속한 경우	법 제54조 제1항제12호	등록취소			

11. 안전진단대행업자의 업무계속

안전진단대행업자는 법 제23조에 따른 등록취소 또는 영업정지 처분에도 불구하고 그 처분 전에 체결한 해상교통안전진단 대행 업무를 계속하여 수행할 수 있다. 다만, 법 제23조 제1항 제1호부터 제3호까지, 제11호 또는 제12호에 따라 등록취소의 처분을 받은 경우에는 그러하지 아니하다(법 제24조 제1항). 법 제24조 제1항에 따라 해상교통안전진단 대행 업무를 계속 수행할 수 있는 자는 그 업무를 끝낼 때까지 이 법에 따른 안전진단대행업자로 본다(법 제24조 제2항). 법 제23조 제1항에 따라 등록취소 또는 영업정지의 처분을 받은 안전진단대행업자는 그 사실을 등록취소 또는 영업정지 처분을 받은 날부터 10일 이내에 해상교통안전진단을 의뢰한 자에게 통지하여야 한다(법 제24조 제3항). 해상교통안전진단을 의뢰한 자는 특별한 사유가 있는 경우를 제외하고는 그 안전진단대행업자로부터 법 제24조 제3항에 따른 통지를 받거나 등록취소 또는 영업정지의 처분이 있었던 사실을 안 날부터 30일 이내에만 그 해상교통안전진단의 대행에 관한 계약을 해지할 수 있다(법 제24조 제4항).

제2관 항행장애물의 처리

1. 항행장애물의 보고 등

다음 각 호의 어느 하나에 해당하는 항행장애물을 발생시킨 선박의 선장, 선박소유자 또는 선박운항자(이하 "항행장애물제거책임자"라 한다)는 해양수산부령으로 정하는 바에 따라 해양수산부장관에게 지체 없이 그 항행장애물의 위치와 법 제27조에 따른 위험성 등을 보고하여야 한다(법 제25조 제1항).

1. 떠다니거나 침몰하여 다른 선박의 안전운항 및 해상교통질서에 지장을 주는 항행장애물
2. 「항만법」 제2조 제1호에 따른 항만의 수역, 「어촌 · 어항법」 제2조 제3호에 따른 어항의 수역, 「하천법」 제2조 제1호에 따른 하천의 수역(이하 "수역등"이라 한다)에 있는 시설 및 다른 선박 등과 접촉할 위험이 있는 항행장애물

대한민국선박이 외국의 배타적경제수역에서 항행장애물을 발생시켰을 경우 항행장애물제거책임자는 그 해역을 관할하는 외국 정부에 지체 없이 보고하여야 한다(법 제25조 제2항). 법 제25조 제1항의 보고를 받은 해양수산부장관은 항행장애물 주변을 항행하는 선박과 인접 국가의 정부에 항행장애물의 위치와 내용 등을 알려야 한다(법 제25조 제3항).

「해사안전법 시행규칙」

제20조(항행장애물의 보고) 법 제25조제1항에 따라 항행장애물을 발생시킨 선박의 선장, 선박소유자 또는 선박운항자(이하 "항행장애물제거책임자"라 한다)가 보고하여야 하는 사항에는 다음 각 호의 사항이 포함되어야 한다.
1. 선박의 명세에 관한 사항
2. 선박소유자 및 선박운항자의 성명(명칭) 및 주소에 관한 사항
3. 항행장애물의 위치에 관한 사항
4. 항행장애물의 크기 · 형태 및 구조에 관한 사항
5. 항행장애물의 상태 및 손상의 형태에 관한 사항
6. 선박에 선적된 화물의 양과 성질에 관한 사항(항행장애물이 선박인 경우만 해당한다)
7. 선박에 선적된 연료유 및 윤활유를 포함한 기름의 종류와 양에 관한 사항(항행장애물이 선박인 경우만 해당한다)

---

2. 항행장애물의 표시 등

항행장애물제거책임자는 항행장애물이 다른 선박의 항행안전을 저해할 우려가 있는 경우에는 지체 없이 항행장애물에 위험성을 나타내는 표시를 하거나 다른 선박에게 알리기 위한 조치를 하여야 한다. 다만, 항행장애물 중 침몰 · 좌초된 선박에 대하여는 「항로표지법」 제8조 제1항에 따라 조치하여야 한다(법 제26조 제1항). 해양수산부장관은 항행장애물제거책임자가 법 제26조 제1항에 따른 표시나 조치를 하지 아니하는 경우 항행장애물제거책

임자에게 그 표시나 조치를 하도록 명할 수 있다(법 제26조 제2항). 항행장애물제거책임자가 법 제26조 제2항에 따른 명령을 이행하지 아니하거나 시급히 표시하지 아니하면 선박의 항행안전에 위해(危害)를 미칠 우려가 큰 경우 해양수산부장관은 직접 항행장애물에 표시할 수 있다(법 제26조 제3항).

3. 항행장애물의 위험성 결정

해양수산부장관은 항행장애물이 선박의 항행안전이나 해양환경에 중대한 영향을 끼치는지를 고려하여 항행장애물의 위험성을 결정하여야 한다(법 제27조 제1항). 항행장애물의 위험성 결정에 필요한 사항은 해양수산부령으로 정한다(법 제27조 제2항).

「해사안전법 시행규칙」

제21조(항행장애물의 위험성 결정) 법 제27조제2항에 따른 항행장애물의 위험성 결정에 필요한 사항은 다음 각 호와 같다.

1. 항행장애물의 크기·형태 및 구조
2. 항행장애물의 상태 및 손상의 형태
3. 항행장애물에 선적된 화물의 성질·양과 연료유 및 윤활유를 포함한 기름의 종류·양
4. 침몰된 항행장애물의 경우에는 그 침몰된 상태(음파 및 자기적 측정 결과 등에 따른 상태를 포함한다)
5. 해당 수역의 수심 및 해저의 지형
6. 해당 수역의 조차·조류·해류 및 기상 등 수로조사 결과
7. 해당 수역의 주변 해양시설과의 근접도
8. 선박의 국제항해에 이용되는 통항대(通航帶) 또는 설정된 통항로와의 근접도
9. 선박 통항의 밀도 및 빈도
10. 선박 통항의 방법
11. 항만시설의 안전성
12. 국제해사기구에서 지정한 특별민감해역 또는 「1982년 해양법에 관한 국제연합협약」 제211조제6항에 따른 특별규제조치가 적용되는 수역

배타적경제수역에서 난파물을 발생시킨 선박에 대하여 난파물 제거명령 또는 처리비용에 대한 재정보증의 요구 등을 위한 법적 근거가 미약한 문제점이 있었다. 선박소유자나 선장 등에게 난파물 발생 시 보고 및 제거 의무를 부여하고, 국비로 직접 제거하여야 하는 경우에 비용징수를 담보하기 위하여 보험증서 등 관련 서류를 제출하도록 하였다. 배타적경제수역에서 발생한 난파물이 신속히 처리됨으로써 선박의 안전한 통항로 확보 및 해양환경 보호에 기여할 것으로 본다.

4. 항행장애물 제거

항행장애물제거책임자는 항행장애물을 제거하여야 한다(법 제28조 제1항). 항행장애물제거책임자가 법 제28조 제1항에 따라 항행장애물을 제거하지 아니하는 때에는 해양수산부장관은 그 항행장애물제거책임자에게 항행장애물을 제거하도록 명할 수 있다(법 제28조 제2항). 항행장애물제거책임자가 법 제28조 제2항에 따른 명령을 이행하지 아니하거나 항행장애물이 법 제27조에 따라 위험성이 있다고 결정된 경우 해양수산부장관이 직접 항행장애물을 제거할 수 있다(법 제28조 제3항). 법 제28조 제1항부터 제3항까지에서 규정한 사항 외에 항행장애물 제거에 필요한 사항은 해양수산부령으로 정한다(법 제28조 제4항).

「해사안전법 시행규칙」

제22조(항행장애물 제거)

① 지방해양수산청장 또는 시・도지사는 법 제28조제2항에 따라 항행장애물제거를 명하는 경우에는 그 제거기한을 정하여야 한다.
② 지방해양수산청장 또는 시・도지사는 법 제28조제3항에 따라 항행장애물을 직접 제거하려는 경우에는 항행장애물제거책임자에게 그 제거계획을 알려야 한다.
③ 지방해양수산청장 또는 시・도지사는 법 제28조제1항부터 제3항까지의 규정에 따라 항행장애물이 제거된 경우에는 주변 수역을 항행하는 선박과 인접한 국가에 대하여 그 제거 내용을 알려야 한다.

해양수산부장관이 장애물의 소유자 등에게 제거를 명할 수 있도록 하고, 이에 따르지 아니할 경우 행정기관이 장애물을 직접 제거할 수 있도록 하였다. 장애물을 신속히 이동시키거나 제거하여 안전한 해상교통로를 확보함으로써 해양사고 예방에 기여할 것을 기대한다.

5. 비용징수 등

해양수산부장관은 법 제26조 제3항 및 제28조 제3항에 따른 항행장애물의 표시・제거에 드는 비용의 징수에 대비하여 필요한 경우에는 선박소유자에게 비용 지불을 보증하는 서류의 제출을 요구할 수 있다(법 제29조 제1항). 법 제26조 제3항 및 제28조 제3항에 따른 항행장애물의 표시・제거에 쓰인 비용은 항행장애물제거책임자의 부담으로 하되, 항행장애물제거책임자를 알 수 없는 경우에는 대통령령으로 정하는 바에 따라 그 항행장애물 또는 항행장애물을 발생시킨 선박을 처분하여 비용에 충당할 수 있다(법 제29조 제2항).

「해사안전법 시행령」

제9조(비용징수)

① 해양수산부장관은 법 제29조제2항에 따라 항행장애물 또는 항행장애물을 발생시킨 선박을 처분하는 경우에는 공매(公賣)에 의하여 처분한다. 다만, 항행장애물 또는 항행장애물을 발생시킨 선박의 가액(價額)이 공매비용에 미치지 못할 우려가 있는 경우에는 그러하지 아니하다.

② 해양수산부장관은 제1항 본문에 따라 항행장애물 또는 항행장애물을 발생시킨 선박을 공매하는 경우에는 다음 각 호의 사항을 게시판 또는 인터넷 홈페이지에 7일 동안 공고하여야 한다.

1. 공매할 물건의 명칭 및 내용
2. 공매의 장소 및 일시
3. 입찰보증금을 받는 경우에는 그 금액

③ 해양수산부장관은 제1항에 따른 공매로 취득한 금액 중에서 해당 물건의 표시・제거와 공매 등에 든 비용을 제외하고 남은 금액이 있는 경우에는 「공탁법」에 따라 공탁하여야 한다.

6. 국내항의 입항・출항 등 거부

해양수산부장관은 법 제29조 제1항의 요구에 응하지 아니하는 선박에 대하여는 국내항의 입항・출항을 거부하거나 국내계류시설의 사용을 허가하지 아니할 수 있다(법 제30조).

제3관 항해 안전관리

1. 항로 및 수역의 안전관리

가. 항로의 지정 등

해양수산부장관은 선박이 통항하는 수역의 지형・조류, 그 밖에 자연적 조건 또는 선박 교통량 등으로 해양사고가 일어날 우려가 있다고 인정하면 관계 행정기관의 장의 의견을 들어 그 수역의 범위, 선박의 항로 및 속력 등 선박의 항행안전에 필요한 사항을 해양수산부령으로 정하는 바에 따라 고시할 수 있다(법 제31조 제1항). 해양수산부장관은 태풍 등 악천후를 피하려는 선박이나 해양사고 등으로 자유롭게 조종되지 아니하는 선박을 위한 수역 등을 지정・운영할 수 있다(법 제31조 제2항).

「해사안전법 시행규칙」

제23조(항로의 고시 등)

① 지방해양수산청장이 법 제31조제1항에 따라 선박의 항행안전에 필요한 사항을 고시하는 경우에는 다음 각 호의 사항이 포함되어야 한다.

1. 선박의 항로・속력 및 항법
2. 선박의 교통량

3. 수역의 범위
4. 기상여건
5. 그 밖에 해상교통 및 선박의 항행안전을 위하여 해양수산부장관이 필요하다고 인정하는 사항

② 제1항에 따라 지방해양수산청장이 고시한 수역 안을 통항하는 선박은 해당 고시에 따른 항로·항법 및 속력 등을 따라야 한다.

나. 항로 등의 보전

(1) 금지행위

누구든지 항로에서 다음 각 호의 어느 하나에 해당하는 행위를 하여서는 아니 된다(법 제34조 제1항).

1. 선박의 방치
2. 어망 등 어구의 설치나 투기

해양경비안전서장은 법 제34조 제1항을 위반한 자에게 방치된 선박의 이동·인양 또는 어망 등 어구의 제거를 명할 수 있다(법 제34조 제2항).

(2) 체육시설 등의 허가

누구든지 「항만법」 제2조제1호에 따른 항만의 수역 또는 「어촌·어항법」 제2조제3호에 따른 어항의 수역 중 대통령령으로 정하는 수역에서는 해상교통의 안전에 장애가 되는 스킨다이빙, 스쿠버다이빙, 윈드서핑 등 대통령령으로 정하는 행위를 하여서는 아니 된다. 다만, 해상교통안전에 장애가 되지 아니한다고 인정되어 해양경비안전서장의 허가를 받은 경우와 「체육시설의 설치·이용에 관한 법률」 제20조에 따라 신고한 체육시설업과 관련된 해상에서 행위를 하는 경우에는 그러하지 아니하다(법 제34조 제3항).

「해사안전법 시행령」

제10조(해상교통장애행위)

① 법 제34조제3항 본문에서 "대통령령으로 정하는 수역"이란 해상안전 및 해상교통 여건 등을 고려하여 해양경비안전서장이 정하여 고시하는 수역을 말하고, "대통령령으로 정하는 행위"란 스킨다이빙, 스쿠버다이빙 또는 윈드서핑을 하거나 다음 각 호의 어느 하나에 해당하는 레저기구나 장비를 이용하는 행위를 말한다.

1. 요트
2. 수상오토바이
3. 수상자전거
4. 스쿠터
5. 수상스키
6. 패러세일링 보트
7. 고무보트
8. 모터보트

9. 조정
10. 잠수장비
11. 카약
12. 카누
13. 호버크래프트
14. 워터슬레드
15. 노보트
16. 서프보드

② 해양경비안전서장은 제1항에 따른 수역을 정하여 고시하는 경우에는 해당 수역을 이용하는 사람이 보기 쉬운 장소에 그 사실을 게시하여야 한다.

「해사안전법 시행규칙」

제27조(해양레저활동의 허가신청)

① 법 제34조제3항 단서 및 영 제11조제1항에 따라 해양레저활동의 허가를 받으려는 자는 별지 제11호서식의 해양레저활동 허가 신청서(전자문서로 된 신청서를 포함한다)를 관할 해양경비안전서장에게 제출하여야 한다.

② 해양경비안전서장은 제1항에 따른 허가 신청이 적합하다고 인정하는 경우에는 신청인에게 별지 제12호서식의 해양레저활동 허가서를 발급하여야 한다.

---

(3) 체육시설 등의 허가의 취소 등

해양경비안전서장은 법 제34조 제3항에 따라 허가를 받은 사람이 다음 각 호의 어느 하나에 해당하면 그 허가를 취소하거나 해상교통안전에 장애가 되지 아니하도록 시정할 것을 명할 수 있다. 다만, 제3호에 해당하는 경우에는 그 허가를 취소하여야 한다(법 제34조 제4항).

1. 항로나 정박지 등 해상교통 여건이 달라진 경우
2. 허가 조건을 위반한 경우
3. 거짓이나 그 밖의 부정한 방법으로 허가를 받은 경우

법 제34조 제3항에 따른 허가에 필요한 사항은 대통령령으로 정한다(법 제34조 제5항).

「해사안전법 시행령」

제11조(해양레저활동의 허가)

① 법 제34조제3항 단서에 따른 허가를 받으려는 사람은 구명설비 등 안전에 필요한 장비를 갖추고 해양수산부령으로 정하는 바에 따라 관할 해양경비안전서장에게 허가신청서(전자문서로 된 신청서를 포함한다)를 제출하여야 한다.

② 해양경비안전서장은 제1항에 따른 허가신청을 받은 경우에는 해상교통안전에의 장애 여부 및 해상교통 여건을 종합적으로 고려하여 허가 여부를 결정하여야 한다.

③ 해양경비안전서장은 제2항에 따라 허가를 하는 경우에는 해양수산부령으로 정하는 허가서를 발급하여야 한다.

④ 제3항에 따라 허가를 받은 사람은 제10조제1항에 따른 행위를 하려면 그 허가서를 지녀야 하며, 국민안전처 소속 공무원의 제시 요구가 있으면 이에 따라야 한다.
⑤ 제4항에 따라 허가서 제시를 요구하는 공무원은 그 권한을 표시하는 증표를 관계인에게 내보여야 한다.

다. 수역등 및 항로의 안전 확보

누구든지 수역등 또는 수역등의 밖으로부터 10킬로미터 이내의 수역에서 선박 등을 이용하여 수역등이나 항로를 점거하거나 차단하는 행위를 함으로써 선박 통항을 방해하여서는 아니 된다(법 제35조 제1항). 해양경비안전서장은 법 제35조 제1항을 위반하여 선박 통항을 방해한 자 또는 방해할 우려가 있는 자에게 일정한 시간 내에 스스로 해산할 것을 요청하고, 이에 따르지 아니하면 해산을 명할 수 있다(법 제35조 제2항). 법 제35조 제2항에 따른 해산명령을 받은 자는 지체 없이 물러가야 한다(법 제35조 제3항).

라. 항행보조시설의 설치와 관리

해양수산부장관은 선박의 항행안전에 필요한 항로표지・신호・조명 등 항행보조시설을 설치하고 관리・운영하여야 한다(법 제44조 제1항). 국민안전처장관은 선박의 항행안전을 위하여 선박관제에 관련된 항행보조시설을 설치하고 관리・운영하여야 한다(법 제44조 제1항).

국민안전처장관, 지방자치단체의 장 또는 운항자는 다음 각 호의 수역에 「항로표지법」 제2조 제1항제1호에 따른 항로표지를 설치할 필요가 있다고 인정하면 해양수산부장관에게 그 설치를 요청할 수 있다(법 제44조 제1항).

1. 선박교통량이 아주 많은 수역
2. 항행상 위험한 수역

2. 외국 선박의 운항관리

가. 외국선박의 통항

외국선박은 해양수산부장관의 허가를 받지 아니하고는 대한민국의 내수에서 통항할 수 없다(법 제32조 제1항).

법 제32조 제1항에도 불구하고 「영해 및 접속수역법」 제2조 제2항에 따른 직선기선에 따라 내수에 포함된 해역에서는 정박・정류(停留)・계류 또는 배회(徘徊)함이 없이 계속적이고 신속하게 통항할 수 있다. 다만, 다음 각 호의 경우에는 그러하지 아니하다(법 제32조 제2항).

1. 불가항력이나 조난으로 인하여 필요한 경우
2. 위험하거나 조난상태에 있는 인명・선박・항공기를 구조하기 위한 경우
3. 그 밖에 대한민국 항만에의 입항 등 해양수산부령으로 정하는 경우

법 제32조 제1항에 따른 허가에 필요한 서류의 제출 등 관련 조치에 관하여 필요한 사항은 해양수산부령으로 정한다(법 제32조 제3항).

「해사안전법 시행규칙」

제24조(외국선박의 내수 통항허가)

① 법 제32조제1항에 따라 내수 통항의 허가를 받으려는 외국선박은 다음 각 호의 서류를 관할 지방해양수산청장에게 제출하여야 한다.

1. 선박의 명세
2. 선박소유자 및 선박운항자의 성명(명칭) 또는 주소
3. 내수 통항이 필요한 사유
4. 통항 위치 및 일정 등을 기재한 통항계획서
5. 해상교통에 미치는 영향 및 안전대책

② 지방해양수산청장은 제1항에 따른 허가신청을 받은 경우에는내수 통항이 필요한 사유 및 해상교통안전에 미치는 영향 등을 종합적으로 고려하여 허가 여부를 결정한 후 그 결과를 통보하여야 한다.

③ 지방해양수산청장은 제2항에 따라 허가를 하는 경우에 필요하다고 인정하는 때에는 해상교통안전의 확보에 관한 조건을 붙일 수 있다.

제25조(외국선박의 통항) 법 제32조제2항제3호에서 "해양수산부령으로 정하는 경우"란 다음 각 호의 어느 하나에 해당하는 경우를 말한다.

1. 「선박의 입항 및 출항 등에 관한 법률」 제4조에 따른 허가를 받거나 신고를 하고 무역항의 수상구역 등에 출입하기 위하여 대기하는 경우
2. 「선박법」 제6조 단서에 따라 불개항장에서의 기항 허가를 받고 대기하는 경우

나. 특정선박에 대한 안전조치

대한민국의 영해 또는 내수를 통항하는 외국선박 중 다음 각 호의 선박(이하 "특정선박"이라 한다)은 「해상에서의 인명안전을 위한 국제협약」 등 관련 국제협약에서 정하는 문서를 휴대하거나 해양수산부령으로 정하는 특별예방조치를 준수하여야 한다(법 제33조 제1항).

1. 핵추진선박
2. 핵물질 등 위험화물운반선

해양수산부장관은 특정선박에 의한 해양오염 방지, 경감 및 통제를 위하여 필요하면 통항로를 지정하는 등 안전조치를 명할 수 있다(법 제33조 제2항).

「해사안전법 시행규칙」

제26조(특정선박에 대한 안전조치) 법 제33조제1항 각 호 외의 부분에서 "해양수산부령으로 정하는 특별예방조치"란 「해상에서의 인명안전을 위한 국제협약」에서 정한 안전조치를 말한다.

외국선박의 무허가 내수 통항 금지 및 「해양법에 관한 국제연합협약」에서 정하는 바에 따라 위험화물운반선·핵추진선박 등의 영해 내 통항 시 안전조치 준수의무 등을 규정할 필요가 있다. 이에 외국선박이 대한민국의 내수를 항행하는 경우에는 허가를 받도록 하고, 위험물운반선 등이 영해를 통과할 경우에는 특별예방조치를 준수하도록 규정하였다. 외국선박의 무단 정박 등이 방지됨으로써 내수에서 선박의 통항이 원활해지고, 위험선박에 대한 통제가 효율적으로 이루어질 것으로 본다.

3. 선박교통관제

가. 선박교통관제의 시행 등

국민안전처장관은 선박교통의 안전을 도모하기 위하여 총리령으로 정하는 구역에 대하여 해양수산부장관의 의견을 들어 선박교통관제를 시행하여야 한다(법 제36조 제1항). 법 제36조 제1항에 따라 선박교통관제를 시행하는 구역(이하 "관제구역"이라 한다)을 출입·통항하는 선박의 선장은 선박교통관제에 따라야 한다. 다만, 선박을 안전하게 운항할 수 없는 명백한 사유가 있는 경우에는 선박교통관제에 따르지 아니할 수 있다(법 제36조 제2항). 선장은 선박교통관제에도 불구하고 그 선박의 안전운항에 대한 책임을 면제받지 아니한다(법 제36조 제3항). 총리령으로 정하는 선박의 선장은 관제구역을 출입하려는 때에 해당 관제구역을 관할하는 선박교통관제관서에 신고하여야 한다(법 제36조 제4항). 선박은 관제구역을 출입·통항하는 때에는 총리령으로 정하는 무선설비를 갖추고 법 제36조의2 제1항에 따른 선박교통관제사와의 상호 호출응답용 관제통신을 항상 청취·응답하여야 한다(법 제36조 제5항). 선박교통관제를 시행한 기관과 총리령으로 정하는 선박은 법 제36조 제5항에 따른 관제통신을 녹음하여 보존하여야 한다(법 제36조 제6항). 법 제36조 제1항부터 제6항까지에서 규정한 사항 외에 선박교통관제의 시행절차와 대상선박 및 시설관리, 신고절차, 관제구역별 관제통신의 제원(諸元), 관제통신 녹음방법과 보존기간 등에 필요한 사항은 총리령으로 정한다(법 제36조 제7항).

나. 선박교통관제사

법 제36조 제1항에 따른 선박교통관제를 담당하는 자(이하 이 조에서 "선박교통관제사"라 한다)는 총리령으로 정하는 공무원 중에서 선박교통관제사 교육을 이수하고 평가를 통과한 사람으로 한다(법 제36조의2 제1항).

선박교통관제사는 다음 각 호의 업무를 수행한다(법 제36조의2 제2항).

1. 관제구역에서 운항하는 선박에 대한 관찰확인 · 안전정보제공 · 조언 및 지시
2. 기상특보의 발표나 혼잡한 교통상황의 발생을 예방하기 위한 정보의 제공
3. 그 밖에 선박교통 안전과 효율성 증진을 위하여 총리령으로 정하는 업무

선박교통관제사는 직무수행에 필요한 정기적인 교육 및 평가를 받아야 한다(법 제36조의2 제3항). 법 제36조의2 제1항 및 제3항에 따른 선박교통관제사의 교육 및 평가 등에 필요한 사항은 총리령으로 정한다(법 제36조의2 제4항).

4. 선박의 운항관리

가. 선박위치정보의 공개 제한 등

항해자료기록장치 등 해양수산부령으로 정하는 전자적 수단으로 선박의 항적(航跡) 등을 기록한 정보(이하 "선박위치정보"라 한다)를 보유한 자는 다음 각 호의 경우를 제외하고는 선박위치정보를 공개하여서는 아니 된다(법 제37조 제1항).

1. 선박위치정보의 보유권자가 그 보유 목적에 따라 사용하려는 경우
2. 「해양사고의 조사 및 심판에 관한 법률」 제16조에 따른 조사관 등이 해양사고의 원인을 조사하기 위하여 요청하는 경우
3. 「재난 및 안전관리 기본법」 제3조 제7호에 따른 긴급구조기관이 급박한 위험에 처한 선박 또는 승선자를 구조하기 위하여 요청하는 경우
4. 6개월 이상의 기간이 지난 선박위치정보로서 해양수산부령으로 정하는 경우

직무상 선박위치정보를 알게 된 선박소유자, 선장 및 해원(海員) 등은 선박위치정보를 누설 · 변조 · 훼손하여서는 아니 된다(법 제37조 제2항).

「해사안전법 시행규칙」

제29조(자료기록장치 등) 법 제37조제1항 각 호외의 부분에서 "해양수산부령으로 정하는 전자적 수단"이란 「선박안전법」 제26조에 따라 선박설비기준에서 정하는 항해자료기록장치를 말한다.

제30조(선박위치정보의 공개) 법 제37조제1항제4호에서 "해양수산부령으로 정하는 경우"란 다음 각

호의 어느 하나에 해당하는 경우를 말한다.
1.「해양사고의 조사 및 심판에 관한 법률」에 따라 조사·심판이 종료된 경우
2. 선원에 대한 교육용으로 사용하는 경우
3. 해상교통안전진단을 위하여 필요한 경우
4. 그 밖에 해사안전의 증진 및 선박의 원활한 교통 확보를 위하여 해양수산부장관이 필요하다고 인정하는 경우

국제항해선박의 필수탑재장비인 항적기록장치(블랙박스)에 기록된 정보는 정부의 해양사고 조사관이 보유하도록 IMO에서 결의하였다. 어선·컨테이너선 등의 위치정보는 선박소유자의 영업비밀과 같이 취급되고 있으므로 해당 정보를 보호할 필요성이 있다. 따라서 전자적 수단으로 선박의 항적 등을 기록한 정보를 보유한 자는 승선원 구조, 해양사고 원인조사 등의 경우를 제외하고는 공개할 수 없도록 규정하였다. 이에 선박위치정보의 무분별한 공개를 금지함으로써 해양사고의 증거 유출 또는 훼손이 방지되고 선박 영업활동의 비밀이 보장될 수 있도록 하였다.

나. 선박 출항통제

해양수산부장관은 해상에 대하여 기상특보가 발표되거나 제한된 시계 등으로 선박의 안전운항에 지장을 줄 우려가 있다고 판단할 경우에는 선박소유자나 선장에게 선박의 출항통제를 명할 수 있다(법 제38조 제1항). 법 제38조 제1항에 따른 출항통제의 기준·방법 및 절차 등에 필요한 사항은 해양수산부령으로 정한다(법 제38조 제2항).

「해사안전법 시행규칙」

제31조(선박출항통제) 법 제38조제2항에 따른 선박출항통제의 기준 및 절차는 별표 10과 같다.

[별표 10]
선박출항통제의 기준 및 절차(제31조 관련)
1. 여객선(어선을 포함한다) 외의 선박

기상상태	출항통제선박	통제절차
풍랑·해일 주의보	1.「선박안전법 시행령」 제2조제1항제3호가목에 따른 평수구역(이하 이 표에서 "평수구역"이라 한다)밖을 운항하는 선박 중 총톤수 250톤 미만으로서 길이 35미터 미만의 내항선박 2. 국제항해에 종사하는 예부선 결합선박 3. 수면비행선박(여객용 수면비행선박은 제외한다)	출항통제권자는 해당 기상특보가 발효되거나 시계제한시 출항신고 선박의 총톤수·길이·항행구역 등을 확인하여 통제대상 여부를 판단한 후 해당 선박의 출항을 통제하여야 한다.

<table>
<tr><td colspan="2">풍랑·해일
경보</td><td>1. 총톤수 1,000톤 미만으로서 길이 63미터 미만의 내항선박
2. 국제항해에 종사하는 예부선 결합선박</td><td rowspan="4"></td></tr>
<tr><td colspan="2">태풍주의보 및 경보</td><td>1. 총톤수 7,000톤 미만의 내항선박
2. 국제항해에 종사하는 예부선 결합선박</td></tr>
<tr><td rowspan="2">시계
제한
시</td><td>시정
0.5킬로미터
이내</td><td>1. 화물을 적재한 유조선·가스운반선 또는 화학제품운반선(향도선을 활용하는 경우를 제외한다)
2. 레이더 및 VHF 통신설비를 갖추지 아니한 선박</td></tr>
<tr><td>시정
11킬로미터
이내</td><td>수면비행선박(여객용 수면비행선박은 제외한다)</td></tr>
<tr><td colspan="4">• 출항통제권자: 지방해양수산청장
비고
1. 출항통제권자는 다음의 경우에 출항통제를 완화할 수 있다.
가. 법 제47조에 따른 안전관리체제(별표 11 제1호에 따른 안전관리체제를 말한다) 인증심사에 합격한 경우
나. 그 밖에 선박의 안전운항 확보를 위하여 지방해양수산청장이 필요하다고 인정하는 경우
2. "총톤수" 및 "길이"란 선박국적증서 또는 선적증서상에 기재된 톤수 및 길이를 말한다. 이 경우 예부선 결합선박(압항부선은 제외한다)은 예선톤수만을 말한다.
3. 기상특보의 발표기준은 「기상법 시행령」 제9조에 따른다.
4. "여객용 수면비행선박"이란 「해운법」 제3조제1호 또는 제2호의 내항 정기여객운송사업 또는 내항 부정기 여객운송사업에 종사하는 수면비행선박을 말한다. 이하 이 표에서 같다.</td></tr>
</table>

2. 여객선(여객용 수면비행선박을 포함한다)

기상상태	출항통제선박	통제절차
풍랑·해일 주의보	1. 평수구역 밖을 운항하는 내항여객선 및 여객용 수면비행선박. 다만, 「기상법 시행령」 제8조제1항에 따른 해상예보구역 중 앞바다(이하 이 표에서 "앞바다"라고 한다)에서 운항하는 여객선과 총톤수 2,000톤 이상 여객선은 해당 항로의 실제 해상상태를 감안하여 출항을 허용할 수 있다.	•「해운법」 제22조에 따른 운항관리자(이하 이 표에서 "운항관리자"라 한다)는 풍랑·해일주의보 발효 시 기상상황을 종합분석할 것 •「해운법」 제21조에 따른 운항관리규정에 따른 해당 선박의 출항정지조건을 확인하고 선장의 의견을 들을 것 • 운항관리자는 앞바다에서 운항하는 여객선 및 총톤수 2,000톤 이상 여객선에 대하여 출항을 허용하고자 하는 경우에는 출항통제권자에게 보고할 것 • 출항통제권자는 해상상태 및 운항관리자의 보고 등을 고려하여 해당 선박의 출항 여부를 결정할 것

<table>
<tr><td colspan="2"></td><td>2. 평수구역 안에서 운항하는 내항여객선. 다만, 해당 항로의 실제 해상상태가 안전운항에 위험이 있다고 판단될 경우에만 운항을 통제할 수 있다.</td><td rowspan="4">• 운항관리자는 평수구역을 운항하는 선박의 안전운항에 지장이 있다고 판단되어 선박운항을 통제하고자 하는 경우에는 출항통제권자에게 보고할 것
• 출항통제권자는 해상상태 및 운항관리자의 보고 등을 고려하여 해당 선박의 출항 여부를 결정할 것</td></tr>
<tr><td colspan="2">풍랑・해일 경보, 태풍 주의보・경보</td><td>모든 내항여객선</td></tr>
<tr><td rowspan="2">시계 제한시</td><td>시정 1킬로미터 이내</td><td>모든 내항여객선(여객용 수면비행선박은 제외한다)</td></tr>
<tr><td>시정 11킬로미터 이내</td><td>여객용 수면비행선박</td></tr>
<tr><td colspan="4">• 출항통제권자: 해양경비안전서장
• 적용제외: 총톤수 2천톤 이상 여객선 중 법 제47조에 따른 안전관리체제(별표 11 제1호에 따른 안전관리체제를 말한다) 인증심사에 합격한 여객선은 출항통제대상에서 제외할 것. 이 경우 선박회사가 자율적으로 관리하도록 조치하여야 한다.</td></tr>
</table>

5. 선박운항관리상 해양경비안전본부의 직무

가. 순찰

해양경비안전서장은 선박 통항의 안전과 질서를 유지하기 위하여 소속 경찰공무원에게 수역등・항로 또는 보호수역을 순찰하게 하여야 한다(법 제39조).

나. 정선 등

해양경비안전서장은 이 법 또는 이 법에 따른 명령을 위반하였거나 위반한 혐의가 있는 사람이 승선하고 있는 선박에 대하여 정선(停船)하거나 회항(回航)할 것을 명할 수 있다(법 제40조 제1항). 법 제40조 제1항에 따른 정선명령이나 회항명령은 대통령령으로 정하는 방법으로 그 선박에서 항해당직을 수행하고 있는 사람에게 알려야 한다(법 제40조 제2항).

「해사안전법 시행령」

제13조(정선명령・회항명령의 고지) 법 제40조제2항에 따른 정선명령이나 회항명령은 음성・음향・수기(手旗)・발광(發光)・기류(旗旒) 신호・무선통신 등 해당 선박에서 항해당직을 수행하고 있는 사람이 알 수 있는 방법으로 하여야 한다.

6. 음주 등의 상태에서 조타기 조작의 금지

가. 술에 취한 상태에서의 조타기 조작 등 금지

술에 취한 상태에 있는 사람은 운항을 하기 위하여 「선박직원법」 제2조 제1호에 따른 선박[총톤수 5톤 미만의 선박과 같은 호 나목 및 다목에 해당하는 외국선박을 포함하고, 시운전선박(국내 조선소에서 건조 또는 개조하여 진수 후 인도 전까지 시운전하는 선박을 말한다) 및 이동식 시추선 · 수상호텔 등 「선박안전법」 제2조 제1호에 따라 해양수산부령으로 정하는 부유식 해상구조물은 제외한다. 이하 이 조 및 제41조의2에서 같다]에 따른 선박의 조타기(操舵機)를 조작하거나 조작할 것을 지시하는 행위 또는 「도선법」 제2조제1호에 따른 도선(이하 "도선"이라 한다)을 하여서는 아니 된다(법 제41조 제1항).

나. 음주측정

국민안전처 소속 경찰공무원은 다음 각 호의 어느 하나에 해당하는 경우에는 운항을 하기 위하여 조타기를 조작하거나 조작할 것을 지시하는 사람(이하 "운항자"라 한다) 또는 법 제41조 제1항에 따른 도선을 하는 사람(이하 "도선사"라 한다)이 술에 취하였는지 측정할 수 있으며, 해당 운항자 또는 도선사는 국민안전처 소속 경찰공무원의 측정 요구에 따라야 한다. 다만, 제3호에 해당하는 경우에는 반드시 술에 취하였는지를 측정하여야 한다(법 제41조 제2항).

1. 다른 선박의 안전운항을 해치거나 해칠 우려가 있는 등 해상교통의 안전과 위험방지를 위하여 필요하다고 인정되는 경우
2. 법 제41조 제1항을 위반하여 술에 취한 상태에서 조타기를 조작하거나 조작할 것을 지시하였거나 도선을 하였다고 인정할 만한 충분한 이유가 있는 경우
3. 해양사고가 발생한 경우

법 제41조 제2항에 따라 술에 취하였는지를 측정한 결과에 불복하는 사람에 대하여는 해당 운항자 또는 도선사의 동의를 받아 혈액채취 등의 방법으로 다시 측정할 수 있다(법 제41조 제3항).

다. 조타의 금지 등

해양경비안전서장은 운항자 또는 도선사가 법 제41조 제1항을 위반한 경우에는 그 운항자가 정상적으로 조타기를 조작하거나 조작할 것을 지시할 수 있는 상태가 될 때까지 조타기 조작 또는 조작 지시를 못하게 명령하거나 도선을 하지 못하게 명령하는 등 필요한 조치를

취할 수 있다(법 제41조 제4항). 법 제41조 제1항에 따른 술에 취한 상태의 기준은 혈중알코올농도 0.03퍼센트 이상으로 한다(법 제41조 제5항). 법 제41조 제1항부터 제5항까지의 규정에 따른 측정에 필요한 세부 절차 및 측정기록의 관리 등에 필요한 사항은 총리령으로 정한다(법 제41조 제6항).

라. 약물복용 등의 상태에서 조타기 조작 등 금지

약물(「마약류 관리에 관한 법률」 제2조 제1호에 따른 마약류를 말한다. 이하 같다)・환각물질(「화학물질관리법」 제22조 제1항에 따른 환각물질을 말한다. 이하 같다)의 영향으로 인하여 정상적으로 다음 각 호의 행위를 하지 못할 우려가 있는 상태에서는 해당 행위를 하여서는 아니 된다(법 제41조의2).

1. 「선박직원법」 제2조 제1호에 따른 선박(총톤수 5톤 미만의 선박을 포함한다) 또는 같은 조 제2호에 따른 외국선박의 조타기를 조작하거나 조작할 것을 지시하는 행위
2. 「선박직원법」 제2조 제1호에 따른 선박(총톤수 5톤 미만의 선박을 포함한다) 또는 같은 조 제2호에 따른 외국선박의 도선

마. 해기사면허의 취소、정지 요청

국민안전처장관은 「선박직원법」 제4조에 따른 해기사면허를 받은 자가 다음 각 호의 어느 하나에 해당하는 경우 해양수산부장관에게 해당 해기사면허를 취소하거나 1년의 범위에서 해기사면허의 효력을 정지할 것을 요청할 수 있다(법 제42조).

1. 법 제41조 제1항을 위반하여 술에 취한 상태에서 운항을 하기 위하여 조타기를 조작하거나 그 조작을 지시한 경우
2. 법 제41조 제2항 제2호를 위반하여 술에 취한 상태에서 조타기를 조작하거나 조작할 것을 지시하였다고 인정할 만한 상당한 이유가 있음에도 불구하고 국민안전처 소속 경찰공무원의 측정요구에 따르지 아니한 경우
3. 법 제41조의2를 위반하여 약물・환각물질의 영향으로 인하여 정상적으로 조타기를 조작하거나 그 조작을 지시하지 못할 우려가 있는 상태에서 조타기를 조작하거나 그 조작을 지시한 경우

7. 해양사고가 일어난 경우의 조치

선장이나 선박소유자는 해양사고가 일어나 선박이 위험하게 되거나 다른 선박의 항행안전에 위험을 줄 우려가 있는 경우에는 위험을 방지하기 위하여 신속하게 필요한 조치를 취하

고, 해양사고의 발생 사실과 조치 사실을 지체 없이 해양경비안전서장이나 지방해양수산청장에게 신고하여야 한다(법 제43조 제1항). 지방해양수산청장은 법 제43조 제1항에 따른 신고를 받으면 지체 없이 그 사실을 해양경비안전서장에게 통보하여야 한다(법 제43조 제2항). 해양경비안전서장은 선장이나 선박소유자가 법 제43조 제1항에 따라 신고한 조치 사실을 적절한 수단을 사용하여 확인하고, 조치를 취하지 아니하였거나 취한 조치가 적당하지 아니하다고 인정하는 경우에는 그 선박의 선장이나 선박소유자에게 해양사고를 신속하게 수습하고 해상교통의 안전을 확보하기 위하여 필요한 조치를 취할 것을 명하여야 한다(법 제43조 제3항). 해양경비안전서장은 해양사고가 일어나 선박이 위험하게 되거나 다른 선박의 항행안전에 위험을 줄 우려가 있는 경우 필요하면 구역을 정하여 다른 선박에 대하여 선박의 이동·항행 제한 또는 조업중지를 명할 수 있다(법 제43조 제4항).

「해사안전법 시행규칙」

제32조(해양사고신고 절차 등)

① 선장 또는 선박소유자는 법 제43조제1항에 따른 해양사고가 발생한 경우에는 다음 각 호의 사항을 관할 해양경비안전서장 또는 지방해양수산청장(이하 이 조에서 "관할관청"이라 한다)에게 신고하여야 한다. 다만, 외국에서 발생한 해양사고의 경우에는 선적항 소재지의 관할관청에 신고하여야 한다.

1. 해양사고의 발생일시 및 발생장소
2. 선박의 명세
3. 사고개요 및 피해상황
4. 조치사항
5. 그 밖에 해양사고의 처리 및 항행안전을 위하여 해양수산부장관이 필요하다고 인정하는 사항

② 선장 또는 선박소유자는 제1항에 따른 신고 후에 해당 해양사고에 대하여 추가로 조치한 사항이 있는 경우에는 지체 없이 관할관청에 알려야 한다.

제5절 | 선박 및 사업장의 안전관리

제1관 선박의 안전관리체제

1. 선장의 권한

누구든지 선박의 안전을 위한 선장의 전문적인 판단을 방해하거나 간섭하여서는 아니된다(법 제45조).

2. 선박의 안전관리체제 수립 등

가. 시책의 수립
해양수산부장관은 법 제46조 제2항에 따른 선박을 운항하는 선박소유자가 그 선박과 사업장에 대하여 해양수산부령으로 정하는 바에 따라 선박의 안전운항 등을 위한 관리체제(이하 "안전관리체제"라 한다)를 수립하고 시행하는 데 필요한 시책을 강구하여야 한다(법 제46조 제1항).

나. 안전관리체제의 수립
다음 각 호의 어느 하나에 해당하는 선박(해저자원을 채취・탐사 또는 발굴하는 작업에 종사하는 이동식 해상구조물을 포함한다. 이하 이 조 및 법 제47조부터 제54조까지의 규정에서 같다)을 운항하는 선박소유자는 안전관리체제를 수립하고 시행하여야 한다. 다만, 「해운법」 제21조에 따른 운항관리규정을 작성하여 해양수산부장관으로부터 심사를 받고 시행하는 경우에는 안전관리체제를 수립하여 시행하는 것으로 본다(법 제46조 제2항).

1. 「해운법」 제3조에 따른 해상여객운송사업에 종사하는 선박
2. 「해운법」 제23조에 따른 해상화물운송사업에 종사하는 선박으로서 총톤수 500톤 이상의 선박[기선(機船)과 밀착된 상태로 결합된 부선(艀船)을 포함한다]과 그 밖의 선박으로서 대통령령으로 정하는 선박
3. 국제항해에 종사하는 총톤수 500톤 이상의 어획물운반선과 이동식 해상구조물
4. 수면비행선박

「해사안전법 시행령」

제15조(안전관리체제를 수립하여야 하는 선박 등)

① 법 제46조제2항제2호에서 "대통령령으로 정하는 선박"이란 다음 각 호의 어느 하나에 해당하는 선박을 말한다.
1. 「해운법」 제23조에 따른 해상화물운송사업에 종사하는 선박으로서 총톤수 100톤 이상 500톤 미만의 유류·가스류 및 화학제품류를 운송하는 선박(기선과 밀착된 상태로 결합된 부선을 포함한다)
2. 「선박안전법 시행령」 제2조제1항제3호가목 본문에 따른 평수(平水)구역 밖을 운항하는 선박으로서 다음 각 목의 어느 하나에 해당하는 부선이나 구조물을 끌거나 미는 선박
   가. 총톤수가 2천톤 이상이거나 길이가 100미터 이상인 부선
   나. 길이가 100미터 이상인 구조물
   다. 각각의 부선의 총톤수의 합이 2천톤 이상인 2척 이상의 부선
   라. 밀리거나 끌리는 각각의 구조물의 길이의 합이 100미터 이상인 2개 이상의 구조물
   마. 밀리거나 끌리는 부선이나 구조물의 길이의 합이 100미터 이상인 부선과 구조물

② 법 제46조제4항 각 호 외의 부분 단서에서 "대통령령으로 정하는 선박"이란 제1항제2호에 따른 선박을 말한다.

다. 안전관리의 대행

법 제46조 제2항에 따라 안전관리체제를 수립·시행하여야 하는 선박소유자는 제51조에 따른 안전관리대행업자에게 이를 위탁할 수 있다. 이 경우 선박소유자는 그 사실을 10일 이내에 해양수산부장관에게 알려야 한다(법 제46조 제3항).

라. 안전관리체제의 내용

안전관리체제에는 다음 각 호의 사항이 포함되어야 한다. 다만, 법 제46조 제2항 제2호에 따른 선박 중 대통령령으로 정하는 선박의 안전관리체제에는 해양수산부령으로 정하는 바에 따라 그 일부를 포함시키지 아니할 수 있다(법 제46조 제4항).

1. 해상에서의 안전과 환경 보호에 관한 기본방침
2. 선박소유자의 책임과 권한에 관한 사항
3. 법 제46조 제5항에 따른 안전관리책임자와 안전관리자의 임무에 관한 사항
4. 선장의 책임과 권한에 관한 사항
5. 인력의 배치와 운영에 관한 사항
6. 선박의 안전관리체제 수립에 관한 사항
7. 선박충돌사고 등 발생 시 비상대책의 수립에 관한 사항
8. 사고, 위험 상황 및 안전관리체제의 결함에 관한 보고와 분석에 관한 사항
9. 선박의 정비에 관한 사항
10. 안전관리체제와 관련된 지침서 등 문서 및 자료 관리에 관한 사항
11. 안전관리체제에 대한 선박소유자의 확인·검토 및 평가에 관한 사항

마. 안전관리자

법 제46조 제2항에 따라 안전관리체제를 수립・시행하여야 하는 선박소유자는 안전관리체제의 시행을 위하여 안전관리책임자와 안전관리자를 두어야 한다(법 제46조 제5항). 법 제46조 제5항에 따른 안전관리책임자와 안전관리자의 자격기준・인원 등 필요한 사항은 대통령령으로 정한다(법 제46조 제6항).

「해사안전법 시행령」

제16조(안전관리책임자 및 안전관리자의 자격기준 등) 법 제46조제6항에 따른 안전관리책임자 및 안전관리자의 자격기준・인원 등은 별표 3과 같다.

[별표 3]
안전관리책임자 및 안전관리자의 자격기준 및 인원(제16조 관련)

구분			국제항해에 종사하는 선박(이하 "외항선"이라 한다)의 사업장	국제항해에 종사하지 아니하는 선박(이하 "내항선"이라 한다)의 사업장
자격기준	경력기준	안전관리책임자	다음 각 호의 어느 하나에 해당하는 경력이 있는 사람 1. 2급 항해사, 2급 기관사 또는 2급 운항사 이상의 면허를 가지고 외항선 또는 해당 사업장에서 3년 이상 근무한 경력 2. 외항선 안전관리자로 3년 이상 근무한 경력	5급 항해사, 5급 기관사 또는 5급 운항사 이상의 면허를 가지고 선박 또는 해당 사업장에서 2년 이상 근무한 경력
		안전관리자	3급 항해사, 3급 기관사 또는 3급 운항사 이상의 면허를 가지고 외항선 또는 해당 사업장에서 2년 이상 근무한 경력	
	교육기준	안전관리책임자	다음 각 호의 내용이 포함된 교육을 16시간 이상 수료한 사람 1. 안전관리체제 수립・운영 관련 국제협약 및 국내법령 2. 조사, 질문, 평가 등 심사기법 및 안전경영의 기술 3. 안전관리체제에 대한 내부 심사의 이론 및 기법 4. 해운・선박운항의 지식 및 육해상 직원 간의 효과적인 의사소통	다음 각 호의 내용이 포함된 교육을 14시간 이상 수료한 사람 1. 안전관리체제 수립・운영 관련 국내법령 2. 조사, 질문, 평가 등 심사기법 및 안전경영의 기술 3. 안전관리체제에 대한 내부 심사의 이론 및 기법 4. 해운・선박운항의 지식 및 육해상 직원 간의 효과적인 의사소통
		안전관리자	다음 각 호의 내용이 포함된 교육을 14시간 이상 수료한 사람 1. 안전관리체제 수립・운영 관련 국제협약 및 국내법령 2. 조사, 질문, 평가 등 심사기법 및 안전경영의 기술 3. 안전관리체제에 대한 내부 심사의 이론 및 기법	다음 각 호의 내용이 포함된 교육을 12시간 이상 수료한 사람 1. 안전관리체제 수립・운영 관련 국내법령 2. 조사, 질문, 평가 등 심사기법 및 안전경영의 기술 3. 안전관리체제에 대한 내부 심사의 이론 및 기법

인원	안전관리책임자	1명 이상	1명 이상
	안전관리자	4척 이하: 2척당 1명 이상 5척 이상: 3척당 1명 이상	8척 이하: 4척당 1명 이상 9척 이상 15척 이하: 5척당 1명 이상 16척 이상: 6척당 1명 이상

비고
1. 안전관리책임자 및 안전관리자의 자격기준은 위 표에 따른 경력기준 및 교육기준을 모두 갖추어야 한다.
2. 위 표의 근무경력에는 1년 이상의 승선경력을 포함하여야 한다.
3. 위 표의 교육기준에 따른 교육은 정부대행기관에서 해양수산부장관이 정하여 고시하는 바에 따라 실시한다.
4. 안전관리책임자는 안전관리자를 겸임할 수 있다.
5. 사업장 소속 선박이 1척(내항선은 2척 이하)인 경우에는 선박소유자가 경력기준을 충족하지 아니하여도 안전관리책임자의 업무를 수행할 수 있다.
6. 하나의 사업장에 외항선과 내항선이 동시에 있는 경우의 안전관리책임자의 자격기준 및 인원은 다음 각 목의 구분에 따른다.
 가. 안전관리책임자: 외항선의 기준을 적용한다.
 나. 안전관리자: 내항선 및 외항선의 자격기준 및 인원을 각각 적용한다.

「해사안전법 시행규칙」

제33조(안전관리체제의 수립 및 시행) 법 제46조제1항 및 같은 조 제4항에 따른 선박의 안전운항 등을 위한 관리체제(이하 "안전관리체제"라 한다)의 수립 및 시행은 별표 11에 따른다.

[별표 11]
안전관리체제의 수립·시행(제33조 관련)

1. 여객선 및 국제항해에 종사하는 500톤 이상의 여객선 외의 선박

구분	내용
가. 해상에서의 안전 및 환경보호에 관한 기본방침	1) 다음 사항을 포함하는 안전관리목표가 수립되어야 한다. 가) 선박의 안전운항 및 안전한 작업환경의 제공 나) 식별된 모든 위험에 대한 안전장치의 수립 다) 안전 및 환경보호에 대한 비상대책을 포함하여 육상직원 및 해상종사원의 지속적인 안전관리기술의 향상 2) 1)에 따라 수립된 안전관리목표를 달성하기 위한 방침을 수립하고, 육상직원 및 해상종사원이 이를 이행·유지하고 있는지 여부를 확인하여야 한다.
나. 선박소유자의 책임 및 권한에 관한 사항	1) 안전관리체제와 관련된 육상직원 및 해상종사원의 책임·권한 및 상호관계를 규정하고 문서화하여야 한다. 2) 안전관리책임자 및 안전관리자의 임무수행에 필요한 자원 및 육상지원을 적절하게 제공하여야 한다.

다. 안전관리책임자의 선임 및 임무에 관한 사항	1) 최고경영자와 직접 협의할 수 있는 권한을 가진 육상직원으로서 영 제16조 및 별표 3에서 정한 자격요건을 갖춘 자를 안전관리책임자 및 안전관리자로 선임하여야 한다. 2) 안전관리책임자는 안전관리자를 지휘하고, 선박의 안전운항 및 오염방지활동을 감시하며, 필요한 자원과 육상지원이 적절하게 제공되는지 여부를 확인하여야 한다. 3) 안전관리자는 2)에서 규정한 임무와 관련하여 안전관리책임자를 보좌한다.
라. 선장의 책임 및 권한에 관한 사항	1) 다음 사항에 대하여 선장의 책임을 명확히 규정하여야 한다. 가) 안전관리목표 및 방침의 시행 나) 해상종사원이 안전관리체제를 준수하는데 필요한 동기의 부여 다) 간단명료한 지시 및 지침의 시달 라) 안전관리체제의 준수여부 확인 마) 안전관리체제의 검토 및 그에 대한 결함사항의 안전관리책임자에게의 보고 2) 다음 사항에 대하여 선장의 최우선적인 결정권한과 책임을 규정하여야 한다. 가) 선박의 안전 및 오염방지를 위한 대응조치 나) 필요시 회사에 대한 지원요청
마. 인력의 배치 및 운영에 관한 사항	1) 선장에 대하여 다음 사항을 확인하여야 한다. 가) 해상종사원을 지휘할 수 있는 적절한 자격보유 나) 회사의 안전관리체제에 대한 숙지 다) 선장의 임무를 안전하게 수행하는데 필요한 지원의 제공 2) 회사는 다음 사항을 보장하여야 한다. 가) 관련 국제협약 및 국내법에 따라 자격이 인정되고 해당 자격증서를 가진 건강한 해상종사원의 승선 나) 모든 측면에서 선박의 안전운항을 유지하기 위하여 필요한 적정한 해상종사원의 승선 3) 신규채용되거나 임무가 변경된 종사원이 안전관리체제와 관련하여 해당 업무에 익숙할 수 있도록 절차를 수립하여야 하며, 모든 해상종사원에 대하여 해당 선박의 출항 전에 필수적으로 제공되어야 하는 지침을 문서화하여 제공하여야 한다. 4) 안전관리체제와 관련된 종사원들이 관련 법령·규칙·규약 및 지침을 충분히 이해하고 있는지 여부를 확인하여야 한다. 5) 안전관리체제를 지원하는데 필요한 훈련절차를 수립·유지하고 관련된 종사원이 훈련을 받을 수 있도록 하여야 한다. 6) 안전관리체제와 관련된 필요한 정보를 해상종사원들이 사용하거나 이해할 수 있는 언어로 제공할 수 있도록 절차를 수립하고, 그들이 임무를 수행하는데 효과적으로 의사소통을 할 수 있도록 하여야 한다.
바. 선상운용(船上運用)계획의 수립에 관한사항	1) 선박의 안전과 오염방지에 관한 주요 선상운용계획 및 지침을 작성하는 절차를 수립하여야 한다. 2) 1)에 따른 업무는 명확히 규정되고 자격이 있는 자에게 부여하여야 한다.
사. 비상대책의 수립에 관한 사항	1) 선박의 잠재적인 비상상황을 파악하고 이에 대한 대응절차를 수립하여야 한다. 2) 1)에 따른 비상상황에 대응하기 위한 훈련 및 연습계획을 수립하여야 한다. 3) 선박과 관련한 위험·사고 및 비상상황에 대하여 선박 및 사업장의 조직이 언제든지 대응할 수 있는 조치계획을 수립하여야 한다.

아. 사고, 위험상황 및 안전관리체제의 결함에 관한 보고와 분석에 관한 사항	1) 안전관리체제를 개선하기 위하여 부적합사항, 사고 및 위험발생에 대하여 보고하고, 조사·분석하는 절차를 수립하여야 한다. 2) 1)에 따른 조사·분석의 결과에 대한 시정조치 절차를 수립하여야 한다.
자. 선박의 정비에 관한 사항	1) 선박이 관련 법령 및 자체수립한 정비계획에 따라 정비·유지되고 있는지 여부를 확인하는 절차를 수립하여야 한다. 2) 1)에 따른 절차 수립에는 다음 사항이 포함되어야 한다. 가) 주기적인 검사 나) 가)의 검사에 관한 모든 부적합사항(추정원인을 포함한다)의 보고 및 시정조치 다) 가) 및 나)의 활동에 대한 기록유지 3) 갑자기 작동이 정지될 경우를 대비하여 선박의 안전과 관련하여 중요한 설비 및 기능을 식별할 수 있는 절차를 수립하여야 한다. 4) 3)에 따른 절차 수립에는 설비 및 기술적 체계를 향상시키는 방법과 지속적으로 사용하지 아니하는 예비설비 및 기술적 체계에 대한 정기적인 시험이 포함되어야 한다. 5) 2)가)에 따른 주기적인 검사 및 4)에 따른 설비 및 기술적 체계의 향상방법은 선박의 일상적인 운항정비에 포함하여야 한다.
차. 문서 및 자료관리에 관한 사항	1) 안전관리체제와 관련된 모든 문서 및 자료를 관리하는 절차를 수립하여야 한다. 2) 문서관리와 관련하여 다음 사항을 시행하여야 한다. 가) 모든 관련 부서에서는 안전관리체제와 관련하여 효력이 있는 문서만을 사용할 것 나) 문서의 개정은 권한을 부여받은 자가 검토·승인할 것 다) 무효화된 문서는 신속히 폐기할 것 3) 문서는 가장 효과적인 방법으로 관리되어야 하며, 해당 선박과 관련되는 모든 문서를 선내에 비치하여야 한다.
카. 안전관리체제에 대한 선박소유자의 확인·검토 및 평가에 관한 사항	1) 안전 및 오염방지활동이 안전관리체제에 적합한지 여부를 확인하기 위하여 정기적인 인증심사 시행 전에 내부심사를 시행하여야 한다. 2) 회사는 안전관리체제와 관련하여 회사의 업무를 위임받은 종사자 등이 이 표에서 규정하는 회사의 책임을 이행하는지를 주기적으로 검증하여야 한다. 3) 1)의 내부심사를 시행한 후 안전관리체제의 효율성에 대하여 정기적으로 평가 및 검토를 하여야 한다. 4) 내부심사와 시정조치는 문서화된 절차에 따라 시행하여야 한다. 5) 내부심사를 실시하는 자는 사업장의 규모 및 특성상 부득이한 경우를 제외하고는 심사를 받는 부서와 독립된 자이어야 한다. 6) 내부심사 결과 및 안전관리체제에 대한 효율성 검토 결과는 관련 부서의 책임 있는 모든 종사원에게 통보되어야 한다. 7) 내부심사 시 발견된 부적합사항에 대하여 책임 있는 자는 그 사항을 적절한 기간 내에 시정조치를 하여야 한다.

비고
수면비행선박의 안전관리체제에 대하여는 제3호에 따른다.

2. 국제항해에 종사하지 아니하는 선박 및 국제항해에 종사하는 총톤수 500톤 미만의 선박

구분	내용
가. 해상에서의 안전 및 환경보호에 관한 기본방침	1) 선박의 안전운항 및 안전한 작업환경의 제공을 포함하는 안전관리목표가 수립되어야 한다. 2) 1)에 따라 수립된 안전관리목표를 달성하기 위한 방침을 수립하고, 육상직원 및 해상종사원이 이를 이행ㆍ유지하고 있는지 여부를 확인하여야 한다.
나. 선박소유자의 책임 및 권한에 관한 사항	1) 안전관리체제와 관련된 육상직원 및 해상종사원의 책임ㆍ권한 및 상호관계를 규정하고 문서화하여야 한다. 2) 안전관리책임자 및 안전관리자의 임무수행에 필요한 자원 및 육상지원을 적절하게 제공하여야 한다.
다. 안전관리책임자의 선임 및 임무에 관한 사항	1) 최고경영자와 직접 협의할 수 있는 권한을 가진 육상직원으로서 영 제16조 및 별표 3에서 정한 자격요건을 갖춘 자를 안전관리책임자 및 안전관리자로 선임하여야 한다. 2) 안전관리책임자는 안전관리자를 지휘하고, 선박의 안전운항 및 오염방지활동을 감시하며, 필요한 자원과 육상지원이 적절하게 제공되는지 여부를 확인하여야 한다. 3) 안전관리자는 2)에서 규정한 임무와 관련하여 안전관리책임자를 보좌한다.
라. 선장의 책임 및 권한에 관한 사항	1) 안전관리목표 및 방침의 시행에 대하여 선장의 책임을 명확히 규정하여야 한다. 2) 다음 사항에 대하여 선장의 최우선적인 결정권한과 책임을 규정하여야 한다. 가) 선박의 안전 및 오염방지를 위한 대응조치 나) 필요시 회사에 대한 지원요청
마. 인력의 배치 및 운영에 관한 사항	1) 선장에 대하여 다음 사항을 확인하여야 한다. 가) 해상종사원을 지휘할 수 있는 적절한 자격보유 나) 회사의 안전관리체제에 대한 숙지 2) 회사는 다음 사항을 보장하여야 한다. 가) 관련 국내법에 따라 자격이 인정되고 해당 자격증서를 가진 건강한 해상종사원의 승선 나) 모든 측면에서 선박의 안전운항을 유지하기 위하여 필요한 적정한 해상종사원의 승선 3) 안전관리체제를 지원하는데 필요한 훈련절차를 수립ㆍ유지하고 관련된 종사원이 훈련을 받을 수 있도록 하여야 한다.
바. 선상운용(船上運用)계획의 수립에 관한사항	1) 선박의 안전과 오염방지에 관한 주요 선상운용계획 및 지침을 작성하는 절차를 수립하여야 한다. 2) 1)에 따른 업무는 명확히 규정되고 자격이 있는 자에게 부여하여야 한다. 3) 해상기상상태별 자체운항통제기준을 설정하여야 한다. 4) 자체운항통제기준에는 운항 중 기상악화 시의 피항 등의 대응계획 및 절차와 기상특보 시 운항 및 입출항을 통제하기 위한 기준이 포함되어야 한다.
사. 비상대책의 수립에 관한 사항	1) 선박의 잠재적인 비상상황을 파악하고 이에 대한 대응절차를 수립하여야 한다. 2) 1)에 따른 비상상황에 대응하기 위한 훈련 및 연습계획을 수립하여야 한다.
아. 사고, 위험상황 및 안전관리체제의 결함에 관한 보고와 분석에 관한 사항	1) 안전관리체제를 개선하기 위하여 부적합사항(사업장에 한함), 사고 및 위험발생에 대하여 보고하고, 조사ㆍ분석하는 절차를 수립하여야 한다. 2) 1)에 따른 조사ㆍ분석의 결과에 대한 시정조치 절차를 수립하여야 한다.

자. 선박의 정비에 관한 사항	1) 선박이 관련 법령에 따라 정비·유지되고 있는지 여부를 확인하는 절차를 수립하여야 한다. 2) 1)에 따른 절차 수립에는 주기적인 검사가 포함되어야 한다. 3) 갑자기 작동이 정지될 경우를 대비하여 선박의 안전과 관련하여 중요한 설비 및 기능을 식별할 수 있는 절차를 수립하여야 한다.
차. 문서 및 자료 관리에 관한 사항	1) 안전관리체제와 관련된 모든 문서 및 자료를 관리하는 절차를 수립하여야 한다. 2) 무효화된 문서는 신속히 폐기하여야 한다. 3) 문서는 가장 효과적인 방법으로 관리되어야 하며, 해당 선박과 관련되는 모든 문서를 선내에 비치하여야 한다.
카. 안전관리체제에 대한 선박소유자의 확인·검토 및 평가에 관한 사항	1) 안전 및 오염방지활동이 안전관리체제에 적합한지 여부를 확인하기 위하여 정기적인 인증심사 시행 전에 사업장에 대한 내부심사를 시행하여야 한다. 2) 회사는 안전관리체제와 관련하여 회사의 업무를 위임받은 종사자 등이 이 표에서 규정하는 회사의 책임을 이행하는지를 주기적으로 검증하여야 한다. 3) 안전관리책임자 또는 안전관리자는 매월 선박을 방문하여 선박의 안전 및 오염방지 활동이 안전관리체제에 적합한지 여부를 확인하여야 한다 4) 내부심사와 시정조치는 문서화된 절차에 따라 시행하여야 한다.

비고
1. 영 제15조제2항의 적용을 받는 선박에 대해서는 다음 각 목에서 정하는 내용만을 적용한다.
   가. 나목 1) 및 2): 바목 3) 및 4)의 자체운항통제기준의 시행을 위하여 필요한 육상직원 및 해상종사원의 책임과 권한 관계의 규정, 문서화 및 육상지원의 제공
   나. 라목 1) 및 2) 가): 바목 3) 및 4)의 자체운항통제기준의 시행을 위한 선장의 안전관리 목표 및 방침의 시행과 이를 위한 선장의 최우선적인 결정권한 및 책임의 규정
   다. 마목 1) 나): 바목 3) 및 4)의 자체운항통제기준의 시행에 필요한 선장의 권한과 책임을 보장한 회사규정의 숙지
   라. 바목 3) 및 4): 자체운항통제기준에 관한 사항
   마. 사목 1): 기상악화 시 자체 입출항통제 또는 운항 중 피항 등에 대한 비상대응절차의 수립
2. 영 제15조제2항의 적용을 받는 선박 외의 선박은 다음 각 목의 사항을 적용하지 아니한다.
   가. 마목 1)나)
   나. 바목 3) 및 4)
3. 여객선의 안전관리체제에 대하여는 제1호에 따르고, 수면비행선박의 안전관리체제에 대하여는 제3호에 따른다.

3. 수면비행선박

구분		내용
가. 해상에서의 안전 및 환경보호에 관한 기본방침	운항선 · 시운전선	1) 다음 사항을 포함하는 안전관리목표가 수립되어야 한다. 가) 선박의 안전운항 및 안전한 작업환경의 제공 나) 식별된 모든 위험에 대한 안전장치의 수립 다) 안전 및 환경보호에 대한 비상대책을 포함하여 육상직원 및 해상종사원의 지속적인 안전관리기술의 향상 라) 안전과 관련된 준해양사고 등의 보고를 장려하는 방침 마) 안전문화 2) 1)에 따라 수립된 안전관리목표를 달성하기 위한 방침과 안전성과지표를 수립하고, 육상직원 및 해상종사원이 이를 이행·유지하고 있는지 여부를 확인하여야 한다.

나. 선박소유자의 책임 및 권한에 관한 사항	운항선 · 시운전선	1) 안전관리업무를 총괄적으로 수행하고 지원하는 안전관리전담조직을 구성하여야 한다. 2) 안전관리체제와 관련된 육상직원 및 해상종사원의 책임·권한 및 상호관계를 규정하고 문서화하여야 한다. 3) 안전관리책임자 및 안전관리자의 임무수행에 필요한 자원 및 육상지원을 적절하게 제공하여야 한다.
다. 안전관리책임자의 선임 및 임무에 관한 사항	운항선 · 시운전선	1) 최고경영자와 직접 협의할 수 있는 권한을 가진 육상직원으로서 영 제16조 및 별표 3에서 정한 자격요건과 수면비행선박의 지식과 경험을 충분히 갖춘 자를 안전관리책임자 및 안전관리자로 선임하여야 한다. 2) 안전관리책임자는 안전관리자를 지휘하고, 선박의 안전운항 및 오염방지활동을 감시하며, 필요한 자원과 육상지원이 적절하게 제공되는지 여부를 확인하여야 한다. 3) 안전관리자는 2)에서 규정한 임무와 관련하여 안전관리책임자를 보좌한다.
라. 선장의 책임 및 권한에 관한 사항	운항선	1) 다음 사항에 대하여 선장의 책임을 명확히 규정하여야 한다. 가) 안전관리목표 및 방침의 시행 나) 해상종사원이 안전관리체제를 준수하는데 필요한 동기의 부여 다) 간단명료한 지시 및 지침의 시달 라) 안전관리체제의 준수여부 확인 마) 안전관리체제의 검토 및 그에 대한 결함사항의 안전관리책임자에게의 보고 2) 다음 사항에 대하여 선장의 최우선적인 결정권한과 책임을 규정하여야 한다. 가) 선박의 안전 및 오염방지를 위한 대응조치 나) 필요시 회사에 대한 지원요청
	시운전선	1) 다음 사항에 대하여 선장의 최우선적인 결정권한과 책임을 규정하여야 한다. 가) 선박의 안전 및 오염방지를 위한 대응조치 나) 필요시 회사에 대한 지원요청
마. 인력의 배치 및 운영에 관한 사항	운항선 · 시운전선	1) 선장에 대하여 다음 사항을 확인하여야 한다. 가) 해상종사원을 지휘할 수 있는 적절한 자격보유 나) 회사의 안전관리체제에 대한 숙지 다) 선장의 임무를 안전하게 수행하는데 필요한 지원의 제공 2) 회사는 다음 사항을 보장하여야 한다. 가) 관련 국제협약 및 국내법에 따라 자격이 인정되고 해당 자격증서를 가진 건강한 해상종사원의 승선 나) 모든 측면에서 선박의 안전운항을 유지하기 위하여 필요한 적정한 해상종사원의 승선 3) 신규채용되거나 임무가 변경된 종사원이 안전관리체제와 관련하여 해당 업무에 익숙할 수 있도록 절차를 수립하여야 하며, 모든 해상종사원에 대하여 해당 선박의 출항 전에 필수적으로 제공되어야 하는 지침을 문서화하여 제공하여야 한다. 4) 안전관리체제와 관련된 종사원들이 관련 법령·규칙·규약 및 지침을 충분히 이해하고 있는지 여부를 확인하여야 한다. 5) 안전관리체제를 지원하는데 필요한 훈련절차를 수립·유지하고 관련된 종사원이 훈련을 받을 수 있도록 하여야 한다. 6) 안전관리체제와 관련된 필요한 정보를 해상종사원들이 사용하거나 이해할 수 있는 언어로 제공할 수 있도록 절차를 수립하고, 그들이 임무를 수행하는데 효과적으로 의사소통을 할 수 있도록 하여야 한다.

		7) 안전관리체제와 관련된 종사원들 간에 의사소통절차를 수립하여야 하며 절차에는 다음 사항이 포함되어야 한다. 가) 안전관리업무와 관련된 중요 사항에 대한 협의·조정 및 심의·결정 등을 위한 안전위원회의 구성 나) 안전관리체제 운용 목적의 이해, 중요 안전정보의 전달, 제도의 신설·변경 등 협의를 위한 의사소통체제
바. 선상운용(船上運用)계획의 수립에 관한사항	운항선	1) 선박의 안전과 오염방지에 관한 주요 선상운용계획 및 지침을 작성하는 절차를 수립하여야하며 선상운용계획 및 지침에는 다음 사항이 포함되어야 한다. 가) 운항관리일반 나) 기상 다) 선원의 휴식 및 건강상태 관리 라) 수면효과 고도 한계, 임시 상승 고도 한계 및 임시 상승 고도에서 체공시간의 한계 등을 포함한 운항안전에 관한 사항 마) 보안 바) 위험물 사) 통신 및 보고 아) 탑재관리 자) 여객관리 2) 1)에 따른 업무는 명확히 규정되고 자격이 있는 자에게 부여하여야 한다. 3) 해상기상상태별 자체운항통제기준을 설정하여야 한다. 4) 자체운항통제기준에는 운항 중 기상악화 시의 피항 등의 대응계획 및 절차와 기상특보 시 운항 및 입출항을 통제하기 위한 기준이 포함되어야 한다. 5) 여객을 운송하는 선박의 경우 출항 전 여객의 안전 및 비상시 행동요령 등 여객 친숙화 절차를 수립하여야 한다.
	시운전선	1) 선박의 안전과 오염방지에 관한 주요 시운전계획 및 지침을 작성하는 절차를 수립하여야 하며 시운전계획 및 지침에는 다음 사항이 포함되어야 한다. 가) 시운전 해역 나) 시운전 항해계획 다) 시운전 업무 라) 시운전 단계 별 안전 확인 및 보고 사항 마) 시운전 제한 및 중단 사항 2) 1)에 따른 업무는 명확히 규정되고 자격이 있는 자에게 부여하여야 한다. 3) 시운전 전 대상 선박에 대해 자체적으로 감항성을 증명하는 절차를 수립하고 이행하여야 하며, 그 절차에는 다음 사항이 포함되어야 한다. 가) 해당 선박이 기술자료에 합치하는지 여부 나) 선박 중량의 한계 다) 탑재 및 분배 한계 라) 무게 및 양력 중심 한계 마) 속도의 한계 바) 수면효과 고도 한계 사) 선박 분류에 따른 임시 상승 고도 한계 아) 임시 상승 고도에서 체공시간의 한계 자) 운전 및 기기 사용의 제한 차) 인적 및 물적 자원의 보장

		4) 수면비행선박의 안전한 시운전 실행을 위하여 통신 및 보고 체계를 수립하여야 한다. 5) 해상기상상태별 자체운항통제기준을 설정하여야 한다. 6) 자체운항통제기준에는 운항 중 기상악화 시의 피항 등의 대응계획 및 절차와 기상특보 시 운항 및 입출항을 통제하기 위한 기준이 포함되어야 한다.
사. 비상대책의 수립에 관한 사항	운항선	1) 선박의 잠재적인 비상상황을 파악하고 이에 대한 대응절차를 수립하여야 하며 대응절차에는 다음 사항이 포함되어야 한다. 가) 비상상황 발생 시 업무수행을 위한 비상 운영체제 나) 비상상황을 총괄하는 책임자 지정 및 책임자 업무범위 다) 비상상황 발생 시 대응활동 2) 1)에 따른 비상상황에 대응하기 위한 훈련 및 연습계획을 수립하고 이행하여야 한다. 3) 비상상황의 식별에는 다음 사항이 포함되어야 한다. 가) 충돌 나) 퇴선 다) 오염 라) 좌초 마) 화재 및 폭발 바) 안정성 상실 사) 조종통제 불능 아) 구조결함 발생 자) 운항 중 결함 발생 차) 여객 및 해상종사원의 안전 위해 발생 4) 선박과 관련한 위험·사고 및 비상상황에 대하여 선박 및 사업장의 조직이 언제든지 대응할 수 있는 조치계획을 수립하여야 하며 유관기관과의 협조체계를 유지하여야 한다.
	시운전선	1) 시운전 선박의 잠재적 비상상황을 파악하고 이에 대한 대응 절차를 수립하여야 하며 비상상황의 식별에는 다음 사항이 포함되어야 한다. 가) 충돌 나) 퇴선 다) 오염 라) 좌초 마) 화재 및 폭발 바) 안정성 상실 사) 조종통제 불능 아) 구조결함 발생 자) 운항 중 결함 발생 차) 해상종사원의 안전 위해 발생 2) 1)에 따른 비상상황에 대응하기 위한 훈련 및 연습계획을 수립하고 이행하여야 한다. 3) 선박과 관련한 위험·사고 및 비상상황에 대하여 선박 및 사업장의 조직이 언제든지 대응할 수 있는 조치계획을 수립하여야 하며 유관기관과의 협조체계를 유지하여야 한다.

아. 사고, 위험상황 및 안전관리체제의 결함에 관한 보고와 분석에 관한 사항	운항선 · 시운전선	1) 안전관리체제를 개선하기 위하여 부적합사항, 사고, 준해양사고 및 위험발생에 대하여 자체 안전보고절차를 수립 및 운영하여야 하며 절차에는 다음 사항이 포함되어야 한다. 가) 항해안전정보의 수집, 분석, 활용을 위한 자체 자율보고 나) 자체 안전보고절차에 따라 보고 받은 자료에 대한 조사, 자료화, 분석 및 피드백 등 정보 처리절차 2) 선박, 인원 및 환경에 대하여 식별된 모든 위험성에 대한 평가 및 위험성 감소대책 절차를 수립하여야 한다. 3) 1)에 따른 자체 안전보고 결과를 분석하여 재발방지대책을 포함한 시정조치 절차를 수립 하여야 한다
자. 선박의 정비에 관한 사항	운항선	1) 선박이 관련 법령 및 자체수립한 정비계획에 따라 정비·유지되고 있는지 여부를 확인하는 절차를 수립하여야 한다. 2) 1)에 따른 절차 수립에는 다음 사항이 포함되어야 한다. 가) 주기적인 검사 나) 가)의 검사에 관한 모든 부적합사항(추정원인을 포함한다)의 보고 및 시정조치 다) 가) 및 나)의 활동에 대한 기록유지 3) 갑자기 작동이 정지될 경우를 대비하여 선박의 안전과 관련하여 중요한 설비 및 기능을 식별할 수 있는 절차를 수립하여야 한다. 4) 3)에 따른 절차 수립에는 설비 및 기술적 체계를 향상시키는 방법과 지속적으로 사용하지 아니하는 예비설비 및 기술적 체계에 대한 정기적인 시험이 포함되어야 한다. 5) 2) 가)에 따른 주기적인 검사 및 4)의 규정에 의한 설비 및 기술적 체계의 향상방법은 선박의 일상적인 운항정비에 포함하여야 한다 6) 선박 검사 및 정비를 위해 충분한 지식과 경험이 있는자로 구성된 검사·정비조직을 갖추어야한다.
	시운전선	1) 시운전 실행 전 선박의 선체 및 기기들의 안전한 상태를 확인하기 위한 절차를 수립하고 이행하여야 한다.
차. 문서 및 자료관리에 관한 사항	운항선	1) 안전관리체제와 관련된 모든 문서 및 자료를 관리하는 절차를 수립하여야 한다. 2) 문서관리와 관련하여 다음 사항을 시행하여야 한다. 가) 모든 관련 부서에서는 안전관리체제와 관련하여 효력이 있는 문서만을 사용할 것 나) 문서의 개정은 권한을 부여받은 자가 검토·승인할 것 다) 무효화된 문서는 신속히 폐기할 것 3) 문서는 가장 효과적인 방법으로 관리되어야 하며, 선박에서 필수 보유하여야 할 문서를 목록화하고 선내에 비치하여야 한다.
	시운전선	1) 시운전 안전관리체제 활동은 기록되어야 하며 기록에는 다음 사항이 포함되어야 한다. 가) 인력의 배치와 운영에 관한 사항 나) 선상운용(船上運用)계획의 수립에 관한사항 다) 비상대책의 수립에 관한 사항 라) 사고, 위험상황 및 안전관리체제의 결함에 관한 보고와 분석에 관한 사항 마) 선박의 정비에 관한 사항 바) 안전관리체제에 대한 선박소유자의 확인·검토 및 평가에 관한 사항

카. 안전관리체제에 대한 선박소유자의 확인·검토 및 평가에 관한 사항	운항선	1) 안전 및 오염방지활동이 안전관리체제에 적합한지 여부를 확인하기 위하여 정기적인 인증심사 시행 전에 내부심사를 시행하여야 한다. 2) 회사는 안전관리체제와 관련하여 회사의 업무를 위임받은 종사자 등이 이 표에서 규정하는 회사의 책임을 이행하는지를 주기적으로 검증하여야 한다. 3) 1)의 내부심사를 시행한 후 안전관리체제의 효율성에 대하여 정기적으로 평가 및 검토를 하여야 한다. 4) 내부심사와 시정조치는 문서화된 절차에 따라 시행하여야 한다. 5) 내부심사를 실시하는 자는 사업장의 규모 및 특성상 부득이한 경우를 제외하고는 심사를 받는 부서와 독립된 자이어야 한다. 6) 내부심사 결과 및 안전관리체제에 대한 효율성 검토 결과는 관련 부서의 책임 있는 모든 종사원에게 통보되어야 한다. 7) 내부심사 시 발견된 부적합사항에 대하여 책임있는 자는 그 사항을 적절한 기간 내에 시정조치 하여야 한다. 8) 안전관리체제 활동이 유효하게 이루어지는지 확인을 위한 모니터링 및 측정 절차를 수립하여야 하며 절차에는 다음 사항이 포함되어야 한다. 가) 자료수집, 보고, 분석, 평가 및 피드백의 절차 나) 안전관리체제 활동 저해 요인에 대한 주기적인 원인 분석 및 대책마련 절차 9) 운항해역, 운전절차, 장비 및 시스템 등의 변경 시 잠재적 위험을 식별하고 대응하기 위한 변경관리절차를 수립하여야 한다.
	시운전선	1) 계획된 시운전 완료 후 시운전 안전관리체제 이행 기록을 검토하여 개선하는 절차를 수립하고 이행하여야 한다. 2) 시운전 해역, 시운전 절차, 장비 및 시스템 등의 변경 시 잠재적 위험을 식별하고 대응하기 위한 변경관리절차를 수립하여야 한다.

비고

1. "운항선"이란 제1회 정기검사 완료 후 교통환경 안전성 검증을 위하여 항만 또는 인근해역에서 항행하는 수면비행선박과 「해운법」 제2조제2호 또는 제3호의 해상여객운송사업 또는 해상화물운송사업에 종사하는 수면비행선박을 말한다.
2. "시운전선"이란 자체 성능시험과 이 규칙 제37조제1호 및 제2호에 따라 시운전을 하는 수면비행선박을 말한다.
3. 「해운법」 제3조제1호 또는 제2호의 내항 정기 여객운송사업 또는 내항 부정기 여객운송사업에 종사하는 수면비행선박은 위 표의 안전관리체제를 적용하지 아니한다.

3. 인증심사

선박소유자는 법 제46조 제2항에 따라 안전관리체제를 수립·시행하여야 하는 선박이나 사업장에 대하여 다음 각 호의 구분에 따라 해양수산부장관으로부터 안전관리체제에 대한 인증심사(이하 "인증심사"라 한다)를 받아야 한다(법 제47조 제1항).

1. 최초인증심사: 안전관리체제의 수립·시행에 관한 사항을 확인하기 위하여 처음으로 하는 심사

2. 갱신인증심사: 선박안전관리증서 또는 안전관리적합증서의 유효기간이 끝난 때에 하는 심사
3. 중간인증심사: 최초인증심사와 갱신인증심사 사이 또는 갱신인증심사와 갱신인증심사 사이에 해양수산부령으로 정하는 시기에 행하는 심사
4. 임시인증심사: 최초인증심사를 받기 전에 임시로 선박을 운항하기 위하여 다음 각 목의 어느 하나에 대하여 하는 심사
가. 새로운 종류의 선박을 추가하거나 신설한 사업장
나. 개조 등으로 선종이 변경되거나 신규로 도입한 선박
5. 수시인증심사: 제1호부터 제4호까지의 인증심사 외에 선박의 해양사고 및 외국항에서의 항행정지 예방 등을 위하여 해양수산부령으로 정하는 경우에 사업장 또는 선박에 대하여 하는 심사

선박소유자는 인증심사에 합격하지 아니한 선박을 항행에 사용하여서는 아니 된다. 다만, 천재지변 등으로 인하여 인증심사를 받을 수 없다고 인정되는 등 해양수산부령으로 정하는 경우에는 그러하지 아니하다(법 제47조 제2항). 인증심사를 받으려는 자는 해양수산부령으로 정하는 바에 따라 수수료를 내야 한다(법 제47조 제3항). 인증심사의 절차와 심사방법 등에 필요한 사항은 해양수산부령으로 정한다(법 제47조 제4항).

「해사안전법 시행규칙」

제34조(인증심사의 신청) 법 제47조제1항에 따른 안전관리체제에 대한 인증심사(이하 "인증심사"라 한다)를 받으려는 자는 별지 제13호서식의 사업장 안전관리체제 인증심사 신청서 또는 별지 제14호서식의 선박 안전관리체제 인증심사 신청서에 다음 각 호의 구분에 따른 서류를 첨부하여 지방해양수산청장 또는 법 제48조제1항에 따른 인증심사대행기관(이하 "정부대행기관"이라 한다)에 제출하여야 한다.
1. 최초인증심사를 신청하는 경우
  가. 사업장: 안전관리체제 관련 서류 목록, 사업개요·조직 및 보유선박 현황에 관한 서류 및 임시안전관리적합증서 사본
  나. 선박: 안전관리적합증서 사본
2. 갱신인증심사 또는 중간인증심사를 신청하는 경우
  가. 사업장: 안전관리적합증서 사본
  나. 선박: 안전관리적합증서 사본 및 선박안전관리증서 사본
3. 임시인증심사를 신청하는 경우
  가. 사업장: 회사 조직도 및 부서별 업무개요에 관한 서류 및 안전관리적합증서 사본
  나. 새로운 종류의 선박을 추가하는 경우에 해당 선박: 새로 추가된 선박을 반영한 임시안전관리적합증서 사본
  다. 같은 종류의 선박을 도입하는 경우에 해당 선박: 기존의 안전관리적합증서 사본

제35조(중간인증심사의 시행시기) 법 제47조제1항제3호에서 "해양수산부령으로 정하는 시기"란 다음 각 호의 구분에 따른 시기를 말한다.
1. 사업장의 경우: 안전관리적합증서의 유효기간 개시일부터 매 1년이 되는 날 전후 3개월 이내
2. 선박의 경우: 선박안전관리증서의 유효기간 개시일부터 2년 6개월이 되는 날 전후 6개월 이내. 다만, 선박소유자의 요청이 있는 경우에는 유효기간 개시일부터 매 1년이 되는 날 전후 3개월 이내에 할 수 있다.

제36조(수시인증심사를 받아야 하는 사업장 또는 선박)
① 법 제47조제1항제5호에서 "해양수산부령으로 정하는 경우"란 다음 각 호의 어느 하나에 해당하는 경우를 말한다.
1. 법 제56조제1항 및 제2항에 따라 사업장이나 선박에 대한 점검 결과 선박의 안전 확보를 위하여 필요하다고 인정하는 경우
2. 법 제58조제1항에 따른 지도·감독 결과 해양사고를 방지하고 해사안전관리 업무를 효율적으로 수행하기 위하여 필요하다고 인정하는 경우
3. 「해양사고의 조사 및 심판에 관한 법률」 제2조제1호에 따른 해양사고가 발생한 경우로서 해당 선박의 안전 확보를 위하여 필요하다고 인정하는 경우
② 지방해양수산청장은 법 제47조제1항제5호에 따라 수시인증심사를 하려는 경우에는 선박소유자, 안전관리대행업자, 그 밖의 이해관계인에게 심사목적 및 심사시기 등을 서면으로 알려야 한다.

제37조(인증심사에 합격하지 아니한 선박의 항행) 법 제47조제2항 단서에서 "해양수산부령으로 정하는 경우"란 다음 각 호의 어느 하나에 해당하는 경우를 말한다.
1. 「선박안전법」제8조부터 제12조까지의 규정에 따른 선박의 검사를 받기 위하여 해당 항만 또는 인근해역에서 시운전을 하는 경우(수면비행선박은 제외한다)
2. 「선박안전법」제18조제1항에 따른 선박의 형식승인을 얻기 위하여 해당 항만 또는 인근해역에서 시운전을 하는 경우(수면비행선박은 제외한다)
3. 국제항해에 종사하지 아니하는 선박의 수리를 위하여 국제항해를 왕복하는 경우. 이 경우 왕복 횟수는 1회만 해당한다.
4. 외국으로부터 선박을 구입하여 국내로 국제항해를 하는 경우
5. 그 밖에 천재지변 및 불가항력 등 해양수산부장관이 정하여 고시하는 불가피한 사유로 인하여 인증심사를 받을 수 없는 경우

제38조(수수료) 법 제47조제3항에 따른 인증심사 수수료는 별표 12와 같다.

제39조(인증심사의 방법 등)
① 법 제47조제1항에 따른 인증심사의 방법은 별표 13과 같다.
② 법 제47조제1항에 따라 인증심사를 받는 선박소유자는 다음 각 호의 구분에 따른 사람을 인증심사에 참여하도록 하거나 직접 해당 인증심사(사업장에 대한 인증심사의 경우만 해당한다)에 참여하여야 한다. 이 경우 선박소유자는 특별한 사유가 없는 한 인증심사에 필요한 협조를 하여야 한다.
1. 사업장에 대한 인증심사의 경우: 선박소유자의 직무를 대행하는 사람
2. 선박에 대한 인증심사의 경우: 인증심사의 항목에 따라 선장·기관장 또는 그 직무를 대행하는 「선원법」 제2조제5호에 따른 직원

[별표 12]

인증심사 수수료(제38조 관련)

1. 기준수수료

가. 사업장에 대한 인증심사

<table>
<tr><th>인증심사 종류</th><th colspan="2">구분</th><th>수수료</th><th>비고</th></tr>
<tr><td rowspan="6">최초 · 갱신
인증심</td><td rowspan="6">종업원수</td><td>10명 미만</td><td>67,360원</td><td rowspan="12">• 별표 13에 따른 최초 · 갱신 · 중간인증심사 대상 분사무소에 대한 인증심사를 하는 경우에는 사업장에 대한 인증심사수수료와는 별도로 심사대상 분사무소마다 실제 심사소요시간당(1인 기준) 16,840원을 납부하여야 한다. 다만, 분사무소의 인증심사수수료는 사업장의 인증심사수수료를 초과할 수 없다.
• 최초인증심사의 수수료는 문서심사에 관한 수수료를 제외한 것이며, 문서심사에 관한 수수료는 다음과 같다.
1) 선박의 종류가 1개인 경우 : 67,360원
2) 선박의 종류가 2개 이상 4개 이하인 경우 : 134,720원
3) 선박의 종류가 5개 이상인 경우 : 202,080원</td></tr>
<tr><td>10명 이상~
30명 미만</td><td>84,200원</td></tr>
<tr><td>30명 이상~
100명 미만</td><td>101,040원</td></tr>
<tr><td>100명 이상~
500명 미만</td><td>134,720원</td></tr>
<tr><td>500명 이상~
1,000명 미만</td><td>202,080원</td></tr>
<tr><td>1,000명 이상</td><td>실제 소요된 심사일수
(1인 기준)×134,720원</td></tr>
<tr><td rowspan="6">중간
인증심사</td><td rowspan="6">종업원수</td><td>10명 미만</td><td>50,520원</td></tr>
<tr><td>10명 이상~
30명 미만</td><td>67,360원</td></tr>
<tr><td>30명 이상~
100명 미만</td><td>84,200원</td></tr>
<tr><td>100명 이상~
500명 미만</td><td>101,040원</td></tr>
<tr><td>500명 이상~
1,000명 미만</td><td>134,720원</td></tr>
<tr><td>1,000명 이상</td><td>실제 소요된 심사일수
(1인 기준)×134,720원</td></tr>
<tr><td>임시 인증심사</td><td colspan="4">수수료 : 50,520원</td></tr>
</table>

나. 선박에 대한 인증심사

<table>
<tr><th>인증심사 종류</th><th>선박의 종류</th><th>기본수수료</th><th>비고</th></tr>
<tr><td rowspan="2">최초 · 갱신
인증심사</td><td>제1군에 속하는 선박</td><td>67,360원</td><td rowspan="5">• 선박인증심사수수료는 기본수수료에 톤수계수를 곱하여 산정한다.</td></tr>
<tr><td>제2군에 속하는 선박</td><td>84,200원</td></tr>
<tr><td rowspan="2">중간인증심사</td><td>제1군에 속하는 선박</td><td>50,520원</td></tr>
<tr><td>제2군에 속하는 선박</td><td>67,360원</td></tr>
<tr><td>임시인증심사</td><td colspan="2">기본수수료: 50,520원</td></tr>
<tr><td colspan="4">• 선박종류에 의한 구분
- 제1군: 유조선 · 화학제품운반선 · 가스운반선 · 산적화물선 · 고속화물선 및 기타화물선
- 제2군: 여객선 · 고속여객선 및 이동식해양구조물
• 톤수계수
- 총톤수 500톤 미만: 0.8
- 총톤수 500톤 이상 1,600톤 미만: 0.9
- 총톤수 1,600톤 이상: 1</td></tr>
</table>

2. 공휴일 심사 및 국외 심사의 수수료
   가. 공휴일에 인증심사를 받고자 하는 자는 기준수수료의 50퍼센트를 가산한 수수료를 납부하여야 한다.
   나. 국외에서 인증심사를 받고자 하는 자는 기준수수료의 4배에 해당하는 수수료를 납부하여야 한다.

비고
인증심사를 받으려는 자는 해당 인증심사에 종사하는 자의 출장에 소요되는 여비를 부담하여야 한다.

4. 인증심사 업무의 대행 등

가. 인증심사의 대행

해양수산부장관은 다음 각 호의 업무를 해양수산부장관이 지정하는 인증심사대행기관(이하 "정부대행기관"이라 한다)이 대행하게 할 수 있다. 이 경우 해양수산부장관은 대통령령으로 정하는 바에 따라 정부대행기관과 협정을 체결하여야 한다(법 제48조 제1항).

1. 인증심사
2. 법 제49조 제1항 및 제2항에 따른 선박안전관리증서 등의 발급

정부대행기관의 조직·인원 및 사무소 등 지정기준, 심사업무에 종사하는 사람의 자격 등에 필요한 사항은 대통령령으로 정한다(법 제48조 제2항). 정부대행기관이 인증심사를 대행하는 경우 인증심사를 받으려는 자는 정부대행기관이 정하는 수수료를 그 정부대행기관에 내야 한다(법 제48조 제3항). 정부대행기관은 법 제48조 제3항에 따른 수수료의 기준을 정하여 해양수산부장관의 승인을 받아야 한다. 승인받은 사항을 변경하려는 경우에도 또한 같다(법 제48조 제4항).

「해사안전법 시행령」

제17조(인증심사대행기관의 지정신청 등)
① 법 제48조에 따라 인증심사대행기관(이하 "정부대행기관"이라 한다)으로 지정받으려는 자는 해양수산부령으로 정하는 바에 따라 지정신청서(전자문서로 된 신청서를 포함한다)에 다음 각 호의 서류(전자문서를 포함한다)를 첨부하여 해양수산부장관에게 제출하여야 한다.

1. 제18조제1항 각 호에 따른 지정요건에 적합함을 증명하는 서류
2. 인증심사 업무의 범위를 적은 사업계획서
3. 조직 및 업무처리규정
4. 정관(법인만 해당한다)
5. 그 밖에 인증심사 업무에 필요하다고 인정하여 해양수산부장관이 고시하는 서류

② 해양수산부장관은 제1항에 따라 정부대행기관의 지정신청을 받은 경우에는 제18조제1항 각 호에

따른 지정기준에의 적합 여부 및 사업계획의 타당성 등을 종합적으로 검토하여 정부대행기관의 지정 여부를 결정하여야 한다.

③ 해양수산부장관은 제2항에 따라 정부대행기관을 지정한 경우에는 해양수산부령으로 정하는 지정서를 발급하여야 하고, 다음 각 호의 사항을 고시하여야 한다.

1. 정부대행기관의 명칭과 주소
2. 대표자의 성명
3. 주된 사무소와 지방사무소의 소재지
4. 해외사무소의 소재지(해외사무소가 있는 경우만 해당한다)
5. 인증심사 업무의 범위
6. 정부대행기관의 지정 연월일

④ 법 제48조제1항 각 호 외의 부분 후단에 따라 해양수산부장관 및 정부대행기관 간에 체결하여야 하는 협정에는 다음 각 호의 내용이 포함되어야 한다.

1. 대행업무의 범위
2. 대행기간
3. 그 밖에 인증심사 업무의 대행에 필요하다고 해양수산부장관이 정하여 고시하는 사항

제18조(정부대행기관의 지정기준)

① 법 제48조제2항에 따른 정부대행기관의 지정기준은 다음 각 호와 같다.

1. 인증심사 업무를 수행하는 전담조직을 갖출 것
2. 제2항에 따른 인증심사원을 7명 이상 확보할 것
3. 11개 이상의 지방사무소를 확보할 것. 이 경우 7개 이상의 광역시·도 또는 특별자치도에 각각 1개 이상의 지방사무소를 확보하여야 한다.
4. 4개 이상의 해외사무소를 확보할 것(국제항해에 종사하는 선박에 대한 정부대행기관으로 지정받으려는 경우만 해당한다)

② 법 제48조제2항에 따른 심사업무에 종사하는 사람(이하 "인증심사원"이라 한다)의 자격기준은 별표 4와 같다.

[별표 4]

인증심사원의 자격기준(제18조제2항 관련)

구분	최초인증심사 또는 갱신인증심사를 할 수 있는 사람	중간인증심사 또는 수시인증심사를 할 수 있는 사람
심사경력	인증심사원이 되기 전에 사업장 또는 선박에 대한 3회 이상의 최초인증심사 또는 갱신인증심사에 참여한 경력이 있는 사람. 이 경우 사업장 및 선박에 대한 인증심사에 참여한 경력이 각각 1회 이상 포함되어야 한다.	인증심사원이 되기 전에 사업장 또는 선박에 대한 각각 1회 이상의 최초인증심사·갱신인증심사 또는 중간인증심사에 참여한 경력이 있는 사람

학력 · 유사경력	다음 각 호의 어느 하나에 해당하는 경력이 있는 사람 1. 해양계 전문대학 졸업자 또는 이와 같은 수준 이상의 학력이 있는 사람으로서 다음 각 목의 어느 하나에 해당하는 경력이 있는 사람 가. 국제항해에 종사하는 선박에서 3급 항해사, 3급 기관사 또는 3급 운항사 이상의 직무로 5년 이상 승무한 경력 나. 해운 관련 사업장에서 선박안전관리직무와 관련된 분야에 5년 이상 근무한 경력 2. 대학 · 전문대학의 공학 또는 자연과학에 관한 학과를 졸업한 사람으로서 선박안전관리에 관한 기술 또는 운항 분야에서 5년 이상 근무한 경력이 있는 사람 3. 「선박안전법」 제76조에 따른 선박검사관 또는 같은 법 제77조제1항에 따른 선박안전기술공단이나 선급법인의 선박검사원으로 5년 이상 근무한 경력이 있는 사람 4. 제1호부터 제3호까지의 규정에 따른 경력을 합산하여 4년 이상의 경력이 있는 사람	다음 각 호의 어느 하나에 해당하는 경력이 있는 사람 1. 해양계 전문대학 졸업자 또는 이와 같은 수준 이상의 학력이 있는 사람으로서 다음 각 목의 어느 하나에 해당하는 경력이 있는 사람 가. 국제항해에 종사하는 선박에서 3급 항해사, 3급 기관사 또는 3급 운항사 이상의 직무로 3년 이상 승무한 경력 나. 해운 관련 사업장에서 선박안전관리직무와 관련된 분야에 3년 이상 근무한 경력 2. 대학 · 전문대학의 공학 또는 자연과학에 관한 학과를 졸업한 사람으로서 선박안전관리에 관한 기술 또는 운항 분야에서 3년 이상 근무한 경력이 있는 사람 3. 「선박안전법」 제76조에 따른 선박검사관 또는 같은 법 제77조제1항에 따른 선박안전기술공단이나 선급법인의 선박검사원으로 3년 이상 근무한 경력이 있는 사람 4. 제1호부터 제3호까지의 규정에 따른 경력을 합산하여 3년 이상의 경력이 있는 사람
교육경력	다음 각 호의 교육을 받은 사람으로서 평가결과 총점의 100분의 70 이상을 취득한 사람 1. 「국제안전관리규약」 및 이 규약이 요구하는 용어의 이해: 8시간 2. 해운 관련 법령과 국제해사기구 · 선박안전기술공단 · 선급법인 및 해사단체가 발간하는 안내서 등의 이해: 8시간 3. 인증심사에 관한 계획 및 시행에 관한 교육: 8시간 4. 안전관리의 기술적 · 운영적 측면에 관한 교육: 16시간 5. 해운 및 선박운항의 기본지식: 40시간	

비고

1. 인증심사원의 자격기준은 위 표에 따른 심사경력, 학력 · 유사경력 및 교육경력을 모두 갖추어야 한다.
2. 사업장 및 선박에 대하여 「품질경영 및 공산품안전관리법」에 따른 품질경영체제 인증심사 업무에 참여한 경력은 심사경력의 인증심사 참여경력으로 본다.
3. 위 표에 따른 교육과 평가는 「한국해양수산연수원법」에 따른 한국해양수산연수원 또는 정부대행기관에서 해양수산부장관이 정하여 고시하는 바에 따라 실시한다.
4. 국제항해에 종사하지 아니하는 선박 및 사업장에 대한 인증심사를 하려는 사람에 대해서는 위 표의 교육경력에 따른 제1호부터 제3호까지의 규정에 따른 교육을 면제하고, 제5호에 따른 교육시간의 2분의 1을 경감한다.
5. 다음 각 목의 어느 하나에 해당하는 사람은 각 목의 구분에 따라 위 표의 교육경력에 따른 일부 교육을 면제한다.
   가. 「국제안전관리규약」에 따른 안전관리체제 인증심사 또는 「품질경영 및 공산품안전관리법」에 따른 품질경영체제 인증심사에 48시간 이상 참여한 사람: 제3호 및 제4호에 관한 교육
   나. 선박검사에 관한 지침 작성 업무에 2년 이상 종사한 경력이 있는 사람: 제2호에 관한 교육
   다. 2년 이상의 선박승무경력 또는 선박운항경력이 있는 사람: 제5호에 관한 교육

6. 인증심사원은 최초인증심사·갱신인증심사 및 중간인증심사 중 어느 하나에 대하여 3년 단위로 2회 이상의 심사경력을 유지하여야 하며, 그 심사경력을 유지하지 못한 인증심사원은 교육경력의 제1호 및 제3호를 내용으로 하는 8시간 이상의 보수교육을 받아야 하고, 3년 이내에 최초인증심사·갱신인증심사 또는 중간인증심사 중 어느 하나에 2회 이상 참여하여야 한다.

「해사안전법 시행규칙」

제40조(정부대행기관의 지정신청)

① 영 제17조제1항 각 호외의 부분에 따른 정부대행기관 지정신청서(전자문서로 된 신청서를 포함한다)는 별지 제15호서식에 따른다.

② 영 제17조제1항제3호에 따른 업무처리규정에는 다음 각 호의 사항이 포함되어야 한다.

1. 인증심사의 절차 및 방법에 관한 사항
2. 심사기준의 체계적인 수립·유지 및 준수에 관한 사항
3. 법 제48조제2항에 따른 심사업무에 종사하는 사람의 책임·권한·상호관계 및 교육에 관한 사항
4. 인증심사업무의 기록유지에 관한 사항
5. 인증심사업무에 대한 내부감사체제에 관한 사항

③ 영 제17조제3항에 따른 정부대행기관 지정서는 별지 제16호서식에 따른다.

나. 대행기관의 지정취소 등

해양수산부장관은 정부대행기관이 다음 각 호의 어느 하나에 해당하면 그 지정을 취소하거나 6개월의 범위에서 업무의 전부나 일부를 정지할 것을 명할 수 있다. 다만, 제1호 또는 제6호에 해당하는 경우에는 그 지정을 취소하여야 한다(법 제48조 제5항).

1. 거짓이나 그 밖의 부정한 방법으로 지정을 받은 경우
2. 정부대행기관의 지정기준을 충족하지 못하게 된 경우
3. 인증심사에 관한 업무를 수행할 능력이 없다고 인정된 경우
4. 법 제48조 제4항을 위반하여 수수료의 승인 또는 변경승인을 받지 아니하고 수수료를 징수한 경우
5. 법 제48조 제6항을 위반하여 대행업무에 관한 보고를 하지 아니한 경우
6. 업무정지명령을 위반하여 정지기간 중에 대행업무를 계속한 경우

다. 대행업무의 보고 등

정부대행기관은 대행업무에 관하여 해양수산부령으로 정하는 바에 따라 해양수산부장관에게 보고하여야 한다(법 제48조 제6항). 해양수산부장관은 법 제48조 제6항에 따라 정부대행기관이 보고한 대행업무에 관하여 그 처리 내용을 확인하여야 하며, 법 제48조 제5항 각 호의 위반사항이 발견된 경우에는 정부대행기관 지정의 취소 등 필요한 조치를 하여야 한다(법 제48조 제7항). 법 제48조 제5항에 따른 행정처분의 세부기준과 절차, 그 밖에 필요

한 사항은 해양수산부령으로 정한다(법 제48조 제8항).

「해사안전법 시행규칙」

제41조(정부대행업무의 보고)
① 정부대행기관은 법 제48조제6항에 따라 매반기 종료일부터 10일 이내에 인증심사 대행업무의 실적을 해양수산부장관에게 보고하여야 한다.
② 정부대행기관은 인증심사 결과 불합격판정을 받은 사업장 및 선박에 관하여는 지체 없이 그 사실을 해양수산부장관에게 보고하여야 한다.

제42조(정부대행기관에 대한 행정처분 기준) 법 제48조제8항에 따른 정부대행기관에 대한 행정처분의 기준은 별표 8과 같다.

[별표 8]
행정처분의 기준(제19조, 제42조 및 제48조 관련)
1. 일반기준
가. 각각의 처분기준이 다른 둘 이상의 위반행위가 있는 경우에는 그 중 무거운 처분기준에 따른다. 다만, 둘 이상의 처분기준이 모두 업무정지인 경우에는 각 처분기준을 합산한 기간을 넘지 아니하는 범위에서 무거운 처분기준의 2분의 1 범위에서 가중할 수 있다.
나. 위반행위의 횟수에 따른 처분의 기준은 최근 1년간 같은 위반행위로 처분을 받은 경우에 적용한다. 이 경우 처분 기준의 적용은 같은 위반행위에 대하여 최초로 처분을 한 날을 기준으로 한다.
다. 처분권자는 위반행위의 동기·내용·회수 및 위반의 정도 등 다음 각 목에 해당하는 사유를 고려하여 그 처분을 감경할 수 있다. 이 경우 그 처분이 업무정지인 경우에는 그 처분기준의 2분의 1 범위에서 감경할 수 있고, 등록취소인 경우에는 30일 이상의 업무정지 처분으로 감경(법 제23조제1항제1호·제2호·제3호·제4호·제11호·제12호, 제48조제5항제1호·제6호 또는 제54조제1항제1호·제4호·제12호에 해당하는 경우는 제외한다)할 수 있다.
  1) 위반행위가 고의나 중대한 과실이 아닌 사소한 부주의나 오류로 인한 것으로 인정되는 경우
  2) 위반의 내용·정도가 경미하여 안전진단대상사업자 또는 선박소유자 등에게 미치는 피해가 적다고 인정되는 경우
  3) 위반 행위자가 처음으로 해당 위반행위를 한 경우로서, 3년 이상 사업을 모범적으로 해 온 사실이 인정된 경우

2. 위반행위별 행정처분기준
가. 안전진단대행업자에 대한 행정처분기준

위반사항	근거법령	행정처분기준			
		1차위반	2차위반	3차위반	4차위반
1) 법 제15조제1항에 따른 안전진단기준을 따르지 아니하거나, 해상교통안전진단업무를 수행하지 아니하고 거짓으로 안전진단서를 작성한 경우	법 제23조 제1항제1호	등록취소			
2) 거짓, 그 밖의 부정한 방법으로 법 제19조제2항에 따른 등록 또는 변경등록을 한 경우	법 제23조 제1항제2호	등록취소			

3) 법 제19조제2항 전단에 따른 자격을 갖추지 못하게 된 경우	법 제23조 제1항 제3호	등록취소			
4) 법 제19조제2항 후단에 따른 변경등록을 하지 않은 경우	법 제23조 제1항 제4호	개선명령	영업정지 1개월	영업정지 3개월	등록취소
5) 법인의 대표자가 법 제20조 각 호의 어느 하나에 해당하게 된 경우	법 제23조 제1항 제5호	경고	등록취소		
6) 법 제21조제2항을 위반하여 권리·의무에 대한 승계신고를 하지 아니한 경우	법 제23조 제1항 제6호	경고	영업정지 1개월		
7) 법 제22조를 위반하여 휴업신고를 하지 아니한 경우	법 제23조 제1항 제7호	경고	영업정지 1개월	영업정지 3개월	등록취소
8) 법 제22조를 위반하여 폐업신고를 하지 아니한 경우	법 제23조 제1항 제7호	경고	등록취소		
9) 법 제23조제1항제12호를 위반하여 다른 안전진단대행업자로 하여금 해상교통안전진단을 하게 한 경우	법 제23조 제1항 제12호	등록취소			
10) 법 제58조제1항제1호에 따른 출석 또는 진술을 거부·방해하거나 기피한 경우	법 제23조 제1항 제8호	경고	영업정지 3개월	영업정지 6개월	
11) 법 제58조제1항제2호에 따른 출입·검사·확인·조사 또는 점검을 거부·방해하거나 기피한 경우	법 제23조 제1항 제9호	경고	영업정지 3개월	영업정지 6개월	
12) 법 제58조제1항제3호에 따른 서류의 제출 또는 보고를 하지 아니하거나 거짓으로 서류제출 또는 보고를 한 경우	법 제23조 제1항 제10호	경고	영업정지 3개월	영업정지 6개월	
13) 영업정지 명령을 위반하여 정지기간 중에 해상교통안전진단 대행 업무를 계속한 경우	법 제23조 제1항 제11호	등록취소			

나. 정부대행기관에 대한 행정처분기준

위반사항		근거법령	행정처분기준			
			1차위반	2차위반	3차위반	4차위반
1) 거짓, 그 밖의 부정한 방법으로 법 제48조제1항에 따른 지정이 된 경우		법 제48조 제5항 제1호	등록취소			
2) 법 제48조 제2항을 위반하여 지정기준을 못 미치게 된 때	가) 조직·인원 및 사무소 등 지정기준	법 제48조 제5항 제2호	개선명령	영업정지 1개월	영업정지 3개월	등록취소
	나) 심사업무에 종사하는 사람의 자격		개선명령	영업정지 3개월	영업정지 6개월	등록취소
	다) 그 밖에 등록기준을 충족하지 못 하게 된 경우		개선명령	영업정지 3개월	영업정지 6개월	등록취소
3) 법 제48조제4항을 위반하여 해양수산부의 승인 없이 수수료를 정하거나 변경한 경우		법 제48조 제5항 제4호	업무정지 1개월	업무정지 2개월	업무정지 3개월	영업정지 6개월

위반사항	근거법령	1차위반	2차위반	3차위반	4차위반
4) 법 제48조제5항을 위반하여 대행업무에 관한 보고를 하지 아니한 경우	법 제48조 제5항 제5호	경고	영업정지 1개월	영업정지 3개월	영업정지 6개월
5) 업무정지명령을 위반하여 정지기간 중에 대행업무를 계속한 경우	법 제48조 제5항 제6호	등록취소			

다. 안전관리대행업자에 대한 행정처분기준

위반사항	근거법령	행정처분기준			
		1차위반	2차위반	3차위반	4차위반
1) 거짓, 그 밖의 부정한 방법으로 법 제51조제1항에 따른 등록 또는 변경등록을 한 경우	법 제54조 제1항 제1호	등록취소			
2) 법 제51조제1항 후단을 위반하여 변경등록을 하지 아니한 경우	법 제54조 제1항 제2호	개선명령	영업정지 1개월	영업정지 3개월	등록취소
3) 법 제51조제2항에 따른 사업장 안전관리체제를 갖추지 못하게 된 경우 가) 법 제49조제1항 또는 제2항에 따른 증서의 효력이 정지된 경우	법 제54조 제1항 제3호	영업정지 1개월	등록취소		
나) 그 밖의 안전관리체제를 갖추지 못한 경우		개선명령	영업정지 1개월	영업정지 3개월	등록취소
4) 법인의 대표자가 법 제52조제1항에 따른 결격사유에 해당하게 된 경우	법 제54조 제1항 제4호	등록취소			
5) 안전관리체제의 수립과 시행에 관한 업무를 수행하지 아니하고 거짓으로 서류를 작성한 경우	법 제54조 제1항 제5호	영업정지 1개월	영업정지 3개월	등록취소	
6) 법 제53조제1항을 위반하여 권리·의무에 대한 승계신고를 하지 아니한 경우	법제54조 제1항 제6호	경고	영업정지 1개월		
7) 법 제53조제2항을 위반하여 휴업신고를 하지 아니한 경우	법 제54조 제1항 제7호	경고	영업정지 1개월	영업정지 3개월	등록취소
8) 법 제53조제2항을 위반하여 폐업신고를 하지 아니한 경우	법 제54조 제1항 제7호	경고	등록취소		
9) 법 제58조제1항제1호에 따른 출석 또는 진술을 거부·방해하거나 기피한 경우	법 제54조 제1항 제8호	경고	영업정지 3개월	영업정지 6개월	
10) 법 제58조제1항제2호에 따른 출입·검사·확인·조사 또는 점검을 거부·방해하거나 기피한 경우	법 제54조 제1항 제9호	경고	영업정지 3개월	영업정지 6개월	
11) 법 제58조제1항제3호에 따른 서류의 제출 또는 보고를 하지 아니하거나 거짓으로 서류제출 또는 보고를 한 경우	법 제54조 제1항 제10호	경고	영업정지 3개월	영업정지 6개월	
12) 법 제59조에 따른 개선명령을 이행하지 아니한 경우	법 제54조 제1항 제11호	영업정지 1개월	영업정지 3개월	등록취소	

13) 영업정지 명령을 위반하여 정지기간 중에 안전관리대행업의 영업을 계속한 경우	법 제54조 제1항 제12호	등록취소			

5. 선박안전관리증서 등의 발급 등

해양수산부장관은 최초인증심사나 갱신인증심사에 합격하면 그 선박에 대하여는 선박안전관리증서를 내주고, 그 사업장에 대하여는 안전관리적합증서를 내주어야 한다(법 제49조 제1항). 해양수산부장관은 임시인증심사에 합격하면 그 선박에 대하여는 임시선박안전관리증서를 내주고, 그 사업장에 대하여는 임시안전관리적합증서를 내주어야 한다(법 제49조 제2항). 선박소유자는 그 선박에는 선박안전관리증서나 임시선박안전관리증서의 원본과 안전관리적합증서나 임시안전관리적합증서의 사본을 갖추어 두어야 하며, 그 사업장에는 안전관리적합증서나 임시안전관리적합증서의 원본을 갖추어 두어야 한다(법 제49조 제3항). 법 제49조 제1항에 따른 선박안전관리증서와 안전관리적합증서의 유효기간은 각각 5년으로 하고, 제2항에 따른 임시안전관리적합증서의 유효기간은 1년, 임시선박안전관리증서의 유효기간은 6개월로 한다(법 제49조 제4항). 법 제49조 제1항에 따른 선박안전관리증서는 5개월의 범위에서, 제2항에 따른 임시선박안전관리증서는 6개월의 범위에서 해양수산부령으로 정하는 바에 따라 각각 한 차례만 유효기간을 연장할 수 있다(법 제49조 제5항). 해양수산부장관은 선박소유자가 법 제47조 제1항 제3호에 따른 중간인증심사 또는 같은 항 제5호에 따른 수시인증심사에 합격하지 못하면 그 인증심사에 합격할 때까지 법 제49조 제1항에 따른 안전관리적합증서 또는 선박안전관리증서의 효력을 정지하여야 한다(법 제49조 제6항). 법 제49조 제6항에 따라 안전관리적합증서의 효력이 정지된 경우에는 해당 사업장에 속한 모든 선박의 선박안전관리증서의 효력도 정지된다(법 제49조 제7항). 법 제49조 제4항 및 제5항에 따른 유효기간의 기산(起算) 방법 등에 필요한 사항은 해양수산부령으로 정한다(법 제49조 제8항).

「해사안전법 시행규칙」

제43조(증서)

① 법 제49조제1항에 따른 선박안전관리증서는 별지 제17호서식, 안전관리적합증서는 별지 제18호서식에 따른다.

② 법 제49조제2항에 따른 임시선박안전관리증서는 별지 제19호서식, 임시안전관리적합증서는 별지 제20서식에 따른다.

제44조(증서의 유효기간 연장)

① 법 제49조제5항에 따라 유효기간을 연장하려는 자는 별지 제21호서식의 유효기간 연장 신청서에 선박안전관리증서 또는 임시선박안전관리증서의 사본을 첨부하여 관할 지방해양수산청장 또는 정부대행기관에 제출하여야 한다.
② 지방해양수산청장 또는 정부대행기관은 제1항에 따른 연장신청이 적합하다고 인정하는 경우에는 해당 증서에 연장의 뜻을 표기하여야 한다.

제45조(증서의 유효기간 기산) 법 제49조제8항에 따른 선박안전관리증서 및 안전관리적합증서의 유효기간 기산은 다음 각 호의 구분에 따른다. 다만, 임시선박안전관리증서 및 임시안전관리적합증서의 경우에는 해당 인증심사의 완료일로 한다.
1. 최초인증심사를 받은 경우: 해당 인증심사의 완료일
2. 유효기간 만료일 전 3개월 이내에 갱신인증심사를 받은 경우: 유효기간 만료일의 다음날
3. 유효기간 만료일 3개월 전에 갱신인증심사를 받은 경우: 해당 인증심사의 완료일

---

6. 인증심사에 대한 이의신청

인증심사에 불복하는 자는 심사결과를 통지받은 날부터 30일 이내에 그 사유를 적어 해양수산부장관이 정하는 바에 따라 이의신청을 할 수 있다(법 제50조 제1항). 인증심사에 관하여 이의가 있는 자는 법 제50조 제1항에 따른 이의신청 여부와 관계없이 「행정심판법」에 따른 행정심판청구 또는 「행정소송법」에 따른 행정소송을 제기할 수 있다(법 제50조 제2항).

「해사안전법 시행규칙」

제46조(이의신청의 절차 등)
① 법 제50조제1항에 따라 이의신청을 하려는 자는 별지 제22호서식의 이의신청서에 사유서를 첨부하여 해양수산부장관에게 제출하여야 한다.
② 해양수산부장관은 제1항에 따른 이의신청이 이유 있다고 인정하는 경우에는 해당 인증심사를 행한 지방해양수산청장 또는 정부대행기관으로 하여금 재심사를 하게 할 수 있다.

---

7. 안전관리대행업의 등록

선박소유자로부터 안전관리체제의 수립과 시행에 관한 업무를 위탁받아 대행하는 업(이하 "안전관리대행업"이라 한다)을 경영하려는 자는 해양수산부장관에게 등록하여야 한다. 등록한 사항 중 해양수산부령으로 정하는 사항을 변경하려는 경우에도 또한 같다(법 제51조 제1항). 안전관리대행업의 등록을 하려는 자는 법인으로서 법 제46조 제2항에 따른 사업장 안전관리체제를 갖추어야 한다(법 제51조 제2항). 안전관리대행업의 등록 절차 등에 필요한 사항은 해양수산부령으로 정한다(법 제51조 제3항).

「해사안전법 시행규칙」

제47조(안전관리대행업의 등록신청)

① 법 제51조제1항에 따라 안전관리대행업의 등록 또는 변경등록을 하려는 자는 별지 제23호서식의 안전관리대행업 등록(변경등록) 신청서(전자문서로 된 신청서를 포함한다)에 다음 각 호의 구분에 따른 서류를 첨부하여 지방해양수산청장에게 제출하여야 한다. 이 경우 지방해양수산청장은 「전자정부법」 제36조제1항에 따라 행정정보의 공동이용을 통하여 법인 등기사항증명서를 확인하여야 한다.

1. 등록: 다음 각 목의 서류
   가. 정관
   나. 사업계획서(사업의 개요, 조직 및 종사원 현황, 안전관리를 대행하고자 하는 선박의 명세를 포함한다)
   다. 안전관리적합증서 또는 임시안전관리적합증서의 사본
   라. 안전관리대행에 관한 계약서(안전관리를 대행하고자 하는 선박을 확보하지 아니한 경우에는 그 확보방법 및 확보기한을 증명하는 서류를 말한다)
   마. 대표자가 외국인인 경우에는 법 제52조의 결격사유에 해당하지 아니함을 확인할 수 있는 다음의 구분에 따른 서류
      1) 「외국공문서에 대한 인증의 요구를 폐지하는 협약」을 체결한 국가의 경우: 해당 국가의 정부 또는 그 밖에 권한이 있는 기관이 발급한 서류이거나 공증인이 공증한 해당 외국인의 진술서로서 해당 국가의 아포스티유(Apostille) 확인서 발급 권한이 있는 기관이 그 확인서를 발급한 서류
      2) 「외국공문서에 대한 인증의 요구를 폐지하는 협약」을 체결하지 아니한 국가의 경우: 해당 국가의 정부 또는 그 밖에 권한이 있는 기관이 발행한 서류이거나 공증인이 공증한 해당 외국인의 진술서로서 해당 국가에 주재하는 우리나라 영사가 확인한 서류
2. 변경등록: 변경사유서

② 지방해양수산청장은 제1항에 따른 등록 또는 변경등록 신청이 적합하다고 인정하는 경우에는 별지 제24호서식의 안전관리대행업 등록증을 발급하여야 한다.

③ 법 제51조제1항 후단에서 "해양수산부령으로 정하는 사항"이란 다음 각 호의 어느 하나에 해당하는 사항을 말한다.

1. 상호 및 주소
2. 대표자
3. 안전관리대행 선박

8. 안전관리대행업의 결격사유

법인의 대표자가 법 제20조 제1호 · 제2호 또는 제3호에 해당하면 안전관리대행업을 등록할 수 없다(법 제52조 제1항). 법 제54조에 따라 등록이 취소된 날부터 2년이 지나지 아니한 법인은 안전관리대행업을 등록할 수 없다(법 제52조 제2항).

9. 권리와 의무의 승계 등

안전관리대행업을 등록한 자의 권리와 의무의 승계에 관하여는 법 제21조 제1항 및 제2항을 준용하며, 안전관리대행업을 승계한 자에 관하여는 법 제52조를 준용한다(법 제53조 제

1항). 안전관리대행업의 휴업과 폐업에 관하여는 법 제22조를 준용한다(법 제53조 제2항).

10. 안전관리대행업의 등록 취소 등

해양수산부장관은 안전관리대행업을 등록한 자가 다음 각 호의 어느 하나에 해당하면 그 등록을 취소하거나 6개월 이내의 기간을 정하여 영업의 전부나 일부를 정지할 것을 명할 수 있다. 다만, 제1호・제4호 또는 제12호에 해당하면 그 등록을 취소하여야 한다(법 제54조 제1항).

1. 거짓이나 그 밖의 부정한 방법으로 등록한 경우
2. 법 제51조 제1항 후단을 위반하여 변경등록을 하지 아니한 경우
3. 법 제51조 제2항에 따른 사업장 안전관리체제를 갖추지 못하게 된 경우
4. 법인의 대표자가 법 제52조 제1항의 결격사유에 해당하게 된 경우. 다만, 법인의 대표자가 법 제52조 제1항의 결격사유에 해당하게 된 날부터 6개월이 되는 날까지 시정한 경우에는 그 등록을 취소하지 아니한다.
5. 안전관리체제의 수립과 시행에 관한 업무를 수행하지 아니하고 거짓으로 서류를 작성한 경우
6. 법 제53조 제1항을 위반하여 권리・의무에 대한 승계신고를 하지 아니한 경우
7. 법 제53조 제2항을 위반하여 사업의 휴업 또는 폐업 신고를 하지 아니한 경우
8. 법 제58조 제1항 제1호에 따른 출석 또는 진술을 거부・방해하거나 기피한 경우
9. 법 제58조 제1항 제2호에 따른 출입・검사・확인・조사 또는 점검을 거부・방해하거나 기피한 경우
10. 법 제58조 제1항 제3호에 따른 서류제출 또는 보고를 하지 아니하거나 거짓으로 서류제출 또는 보고를 한 경우
11. 법 제59조에 따른 개선명령을 이행하지 아니한 경우
12. 영업정지 명령을 위반하여 정지기간 중에 안전관리대행업의 영업을 계속한 경우

법 제54조 제1항에 따른 처분의 세부기준과 절차, 그 밖에 필요한 사항은 해양수산부령으로 정한다(법 제54조 제2항).

「해사안전법 시행규칙」

제48조(안전관리대행업자에 대한 행정처분의 기준) 법 제54조제2항에 따른 안전관리대행업자에 대한 행정처분의 기준은 별표 8과 같다.

제2관 선박 점검 및 사업장 안전관리

1. 외국선박 통제

해양수산부장관은 대한민국의 영해에 있는 외국선박 중 대한민국의 항만에 입항하였거나 입항할 예정인 선박에 대하여 선박 안전관리체제, 선박의 구조·시설, 선원의 선박운항지식 등이 대통령령으로 정하는 해사안전에 관한 국제협약의 기준에 맞는지를 확인할 수 있다(법 제55조 제1항). 해양수산부장관은 법 제55조 제1항에 따른 확인 결과 외국선박의 안전관리체제, 선박의 구조·시설, 선원의 선박운항지식 등이 국제협약의 기준에 미치지 못하는 경우로서, 해당 선박의 크기·종류·상태 및 항행기간을 고려할 때 항행을 계속하는 것이 인명이나 재산에 위험을 불러일으키거나 해양환경 보전에 장해를 미칠 우려가 있다고 인정되는 경우에는 그 선박에 대하여 항행정지를 명하는 등 필요한 조치를 할 수 있다(법 제55조 제2항). 해양수산부장관은 법 제55조 제2항에 따른 위험과 장해가 없어졌다고 인정할 때에는 지체 없이 해당 선박에 대한 조치를 해제하여야 한다(법 제55조 제3항). 법 제55조 제1항에 따른 확인 및 제2항에 따른 조치에 필요한 사항은 해양수산부령으로 정한다(법 제55조 제4항).

「해사안전법 시행령」

제19조(해사안전에 관한 국제협약) 법 제55조제1항에서 "대통령령으로 정하는 해사안전에 관한 국제협약"이란 국제해사기구 등에서 채택·시행하고 있는 해사안전에 관한 국제협약으로서 대한민국이 체결·비준한 국제협약을 말한다.

「해사안전법 시행규칙」

제49조(외국선박 통제의 시행)
① 지방해양수산청장은 법 제55조제1항에 따라 외국선박을 확인하려는 경우에는 소속 공무원으로 하여금 직접 승선하여 확인하게 할 수 있다.
② 지방해양수산청장은 법 제55조제2항에 따라 필요한 조치를 하려는 경우에는 해당 선박의 선장에게 별지 제25호서식의 외국선박 통제점검보고서를 발급하여야 한다. 이 경우 해당 서류에는 법 제60조제1항에 따른 이의신청에 대한 안내문이 포함되어야 한다.
③ 지방해양수산청장은 법 제55조제2항에 따라 항행정지를 명한 경우에는 팩스 및 전자우편 등의 방법으로 해당 선박이 등록된 국가의 정부 또는 영사에게 그 정지사실을 알려야 한다.

---

2. 선박 점검 등

해양수산부장관은 대한민국선박이 외국 정부의 선박통제에 따라 항행정지 처분을 받은 경우에는 그 선박의 사업장에 대하여 안전관리체제의 적합성 여부를 점검하거나 그 선박이 국내항에 입항할 경우 해양수산부령으로 정하는 바에 따라 관련되는 선박의 안전관리체제, 선박의 구조・시설, 선원의 선박운항지식 등에 대하여 점검을 할 수 있다. 다만, 외국 정부에서 확인을 요청하는 경우 등 필요한 경우에는 외국에서 점검을 할 수 있다(법 제56조 제1항). 해양수산부장관은 외국 정부의 선박통제에 따른 항행정지를 예방하기 위한 조치가 필요하다고 인정하는 경우 해양수산부령으로 정하는 바에 따라 관련되는 선박에 대하여 법 제56조 제1항에 따른 점검(이하 "특별점검"이라 한다)을 할 수 있다(법 제56조 제2항). 해양수산부장관은 특별점검의 결과 선박의 안전 확보를 위하여 필요하다고 인정하면 그 선박의 소유자 또는 해당 사업장에 대하여 해양수산부령으로 정하는 바에 따라 시정・보완 또는 항행정지를 명할 수 있다(법 제56조 제3항).

「해사안전법 시행규칙」

제50조(선박 점검 등)
① 지방해양수산청장은 법 제56조제1항 및 제2항에 따라 점검(이하 "기국통제"라 한다)하려는 경우에는 그 점검대상, 점검시기 및 점검방법 등을 선박소유자에게 알려야 한다.
② 지방해양수산청장은 법 제56조제3항에 따른 시정・보완 또는 항행정지를 명하는 경우에는 해당 선박의 선장에게 별지 제26호서식의 기국통제점검보고서를 발급하여야 한다. 이 경우 해당 서류에는 법 제60조제1항에 따른 이의신청에 대한 안내문이 포함되어야 한다.

---

3. 선박의 안전도에 관한 정보의 제공

해양수산부장관은 국민의 선박 이용의 안전을 도모하기 위하여 다음 각 호에서 정하는 선박의 해양사고 발생 건수, 관계 법령이나 국제협약에서 정한 선박의 안전에 관한 기준의 준수 여부 및 그 선박의 소유자・운항자 또는 안전관리대행자 등에 대한 정보를 공표할 수 있다. 다만, 대통령령으로 정하는 중대한 해양사고가 발생한 선박에 대하여는 사고개요, 해당 선박의 명세 및 소유자 등 해양수산부령으로 정하는 정보를 공표하여야 한다(법 제57조 제1항).

1. 「해운법」 제3조에 따른 해상여객운송사업에 종사하는 선박으로서 해양수산부령으로 정하는 선박
2. 「해운법」 제23조에 따른 해상화물운송사업에 종사하는 선박으로서 해양수산부령으로 정하는 선박
3. 대한민국의 항만에 기항(寄港)하는 외국선박으로서 해양수산부령으로 정하는 선박
4. 그 밖에 국제해사기구 등 해사안전과 관련된 국제기구의 요청 등에 따라 해당 선박

의 안전도에 대한 정보를 제공할 필요가 있다고 해양수산부장관이 인정하는 선박

법 제57조 제1항에 따른 공표의 절차 · 방법 등에 필요한 사항은 해양수산부령으로 정한다(법 제57조 제2항).

「해사안전법 시행령」

제19조의2(선박안전도정보의 공표) 법 제57조제1항 각 호 외의 부분 단서에서 "대통령령으로 정하는 중대한 해양사고가 발생한 선박"이란 선박의 구조 · 설비 또는 운용과 관련하여 다음 각 호의 어느 하나에 해당하는 해양사고가 발생한 선박을 말한다.
1. 사람이 사망하거나 실종된 사고
2. 선박이 충돌 · 좌초 · 전복(顚覆) · 침몰 등으로 멸실되거나 감항능력(堪航能力)을 상실하여 선박에 대한 수난구호 또는 예인(曳引)작업이 이루어진 사고
3. 다음 각 목의 구분에 따른 유류(油類) 또는 기름이 유출된 사고
가. 「유류오염손해배상 보장법」 제2조제5호에 따른 유류: 30킬로리터 이상
나. 법 제14조제1항제1호에 따른 기름(가목에 따른 유류는 제외한다): 100킬로리터 이상

「해사안전법 시행규칙」

제51조(선박안전도정보의 공표 등)
① 법 제57조제1항제1호부터 제3호까지의 규정에서 "해양수산부령으로 정하는 선박"이란 다음 각 호의 어느 하나에 해당하는 선박을 말한다.
1. 해양사고를 야기한 선박
2. 법 제55조제2항에 따라 항행정지명령 등 필요한 조치를 받은 외국선박
3. 법 제56조제1항에 따른 외국정부의 항행정지 처분을 받은 선박
② 법 제57조제1항에 따라 해양수산부장관이 공표하는 선박안전도정보에는 다음 각 호의 사항이 포함되어야 한다. 이 경우 그 공표는 인터넷 홈페이지 또는 일간신문 등에 게재하는 방법에 따른다.
1. 해당 선박의 명세: 선박명, 총톤수, 선박번호, 국제해사기구번호
2. 해당 선박의 해양사고 발생건수 및 사고개요
3. 해당 선박의 안전기준 준수 여부 및 위반 실적
4. 선박소유자, 선박운항자, 안전진단대행업자 및 안전관리대행업자의 성명(상호)
③ 해양수산부장관은 선박의 안전을 도모하기 위하여 필요하다고 인정하는 경우에는 제2항에 따른 공표사항을 다음 각 호의 단체에 알릴 수 있다.
1. 「선박안전법」 제45조제1항, 제60조제2항, 제63조제1항, 제64조제1항 및 제65조제1항에 따른 선박안전기술공단, 선급법인, 두께측정대행업체, 컨테이너검정등대행기관 및 위험물검사등대행기관
2. 「한국해운조합법」에 따른 한국해운조합 또는 「민법」 제32조에 따라 설립된 한국선주협회
3. 「선주상호보험조합법」에 따른 한국선주상호보험조합 또는 「민법」 제32조에 따라 설립된 손해보험협회

---

4. 해사안전 우수사업자의 지정 등

가. 지정 요건과 지원

해양수산부장관은 다음 각 호의 어느 하나에 해당하는 자 중 해사안전의 수준 향상과 해양사고 감소에 기여한 자로서 해양수산부령으로 정하는 기준에 적합한 자를 해사안전 우수사업자로 지정할 수 있다(법 제57조의2 제1항).

1. 「해운법」 제4조 제1항에 따라 해상여객운송사업의 면허를 받은 자
2. 「해운법」 제24조 제1항에 따라 내항 화물운송사업의 등록을 한 자
3. 「해운법」 제24조 제2항에 따라 외항화물운송사업의 등록을 한 자
4. 그 밖에 해사안전관리 또는 해상운송과 관련된 사업으로서 해양수산부장관이 정하여 고시하는 사업을 영위하는 자

해양수산부장관은 해사안전 우수사업자의 지정에 필요한 경우에는 그 지정을 받으려는 자, 관계 행정기관의 장, 「공공기관의 운영에 관한 법률」 제4조에 따른 공공기관의 장이나 그 밖에 해사안전과 관련된 기관・단체 또는 관계인에게 필요한 자료의 제출을 요청할 수 있다(법 제57조의2 제2항). 해양수산부장관은 해사안전 우수사업자로 지정된 자에 대하여 우수사업자로 지정되었음을 나타내는 표지의 제공 등 해양수산부령으로 정하는 지원을 할 수 있다(법 제57조의2 제3항).

나. 지정의 취소 또는 효력정지

해양수산부장관은 해사안전 우수사업자로 지정된 자가 다음 각 호의 어느 하나에 해당하는 경우에는 그 지정을 취소하거나 3개월 이내의 기간을 정하여 지정의 효력을 정지할 수 있다. 다만, 제1호에 해당하는 경우에는 그 지정을 취소하여야 한다(법 제57조의2 제4항).

1. 거짓이나 그 밖의 부정한 방법으로 해사안전 우수사업자의 지정을 받은 경우
2. 법 제57조의2 제1항에 따른 해양수산부령으로 정하는 해사안전 우수사업자의 지정 기준에 적합하지 아니하게 된 경우
3. 해사안전 우수사업자가 다음 각 목의 어느 하나에 해당하는 위반행위를 한 경우
   가. 법 제47조 제2항 본문을 위반하여 인증심사에 합격하지 아니한(법 제49조 제6항 및 제7항에 따라 선박안전관리증서나 안전관리적합증서의 효력이 정지된 경우를 포함한다) 선박을 항행에 사용한 경우
   나. 법 제58조에 따른 지도・감독을 거부・방해하거나 기피한 경우
   다. 법 제59조에 따른 개선명령을 따르지 아니한 경우

다. 지정 및 지정 취지 등의 절차

법 제57조의2 제1항부터 제4항까지에서 규정한 사항 외에 해사안전 우수사업자의 지정・취소 또는 효력정지의 기준 및 절차 등에 필요한 사항은 해양수산부령으로 정한다(법 제57조의2 제5항).

「해사안전법 시행규칙」

제51조의2(해사안전 우수사업자의 지정・취소 기준 등)

① 법 제57조의2 제1항에 따른 해사안전 우수사업자(이하 "해사안전 우수사업자"라 한다)의 지정・취소 또는 지정의 효력정지 기준은 별표 13의2와 같다.

② 해사안전 우수사업자 지정의 유효기간은 지정을 받은 날부터 3년으로 한다.

③ 해양수산부장관은 해사안전 우수사업자를 지정하거나 해사안전 우수사업자에 대하여 지정 취소 또는 효력정지 등을 하는 경우에는 그 내용 등을 적은 서면으로 하여야 한다.

④ 해양수산부장관은 법 제57조의2제3항에 따라 해사안전 우수사업자에 대하여 다음 각 호의 지원을 할 수 있다.

1. 해사안전 우수사업자로 지정되었음을 나타내는 표지의 제공 또는 해사안전 우수사업자 관련 포상
2. 다음 각 호에 해당하는 수수료의 경감 또는 면제

가. 법 제47조제3항 또는 제48조제3항에 따른 인증심사 수수료

나.「선박안전법」제80조제1항제1호에 따른 수수료(같은 법 제67조에 따른 대행검사기관에 대한 수수료를 포함한다)

다.「국제항해선박 및 항만시설의 보안에 관한 법률」제43조제1항 또는 제2항에 따른 수수료

3.「해운법」제38조에 따른 선박확보 등을 위한 재정적 지원 또는 같은 법 제39조제2항에 따른 선박현대화지원사업 대상자의 선정 시 우대

⑤ 법 제57조의2제4항 본문에 따라 해사안전 우수사업자의 지정 취소 또는 효력정지의 처분을 받은 자는 해사안전 우수사업자로 지정되었음을 나타내는 표지를 지체 없이 제거하고 이를 해양수산부장관에게 반납하여야 한다.

⑥ 해양수산부장관은 제1항부터 제3항까지에서 정한 사항 외에 해사안전 우수사업자로 지정된 자에 대한 지원 기준의 세부적인 사항을 고시할 수 있다.

---

5. 지도・감독

해양수산부장관은 해양사고가 발생할 우려가 있거나 해사안전관리의 적정한 시행 여부를 확인하기 위하여 필요한 경우 등 해양수산부령으로 정하는 경우에는 법 제58조 제2항에 따른 해사안전감독관으로 하여금 정기 또는 수시로 다음 각 호의 조치를 하게 할 수 있다. 다만,「수상레저안전법」에 따른 수상레저기구와 선착장 등 수상레저시설,「유선 및 도선 사업법」에 따른 유・도선, 유・도선장에 대해서는 그러하지 아니하다(법 제58조 제1항).

1. 선장, 선박소유자, 안전진단대행업자, 안전관리대행업자, 그 밖의 관계인에게 출석 또는 진술을 하게 하는 것

2. 선박이나 사업장에 출입하여 관계 서류를 검사하게 하거나 선박이나 사업장의 해사안전관리 상태를 확인·조사 또는 점검하게 하는 것
3. 선장, 선박소유자, 안전진단대행업자, 안전관리대행업자, 그 밖의 관계인에게 관계 서류를 제출하게 하거나 그 밖에 해사안전관리에 관한 업무를 보고하게 하는 것

법 제58조 제1항에 따른 지도·감독 업무를 수행하기 위하여 해양수산부에 해사안전감독관을 둔다. 다만, 법 제99조 제1항에 따라 해양수산부장관의 지도·감독 권한의 일부를 위임하는 경우에는 그 권한을 위임받은 기관의 장이 소속된 기관에 해사안전감독관을 둔다(법 제58조 제2항). 법 제58조 제1항 제1호 또는 제2호의 조치(이하 "지도·감독"이라 한다)를 실시하려는 해사안전감독관은 지도·감독 실시일 7일 전까지 지도·감독의 목적, 내용, 날짜 및 시간 등을 서면으로 해당 지도·감독의 대상이 되는 자에게 알려야 한다. 다만, 긴급한 경우 또는 사전에 지도·감독의 실시를 알리면 증거 인멸 등으로 해당 지도·감독의 목적을 달성할 수 없다고 인정되는 경우에는 그러하지 아니할 수 있다(법 제58조 제3항). 법 제58조 제1항에 따라 지도·감독을 실시하는 해사안전감독관은 그 권한을 표시하는 증표를 지니고 이를 관계인에게 내보여야 한다(법 제58조 제4항). 법 제58조 제1항에 따라 지도·감독을 실시한 해사안전감독관은 그 결과를 서면으로 해당 지도·감독의 대상이 되는 자에게 알려야 한다(법 제58조 제5항). 법 제58조 제2항에 따른 해사안전감독관의 자격·임면 및 직무범위에 관하여 필요한 사항은 대통령령으로 정한다(법 제58조 제6항). 법 제58조 제1항부터 제5항까지에서 규정한 사항 외에 지도·감독에 필요한 사항은 해양수산부령으로 정한다(법 제58조 제7항).

「해사안전법 시행령」

제19조의3(해사안전감독관)

① 법 제58조제2항에 따른 해사안전감독관(이하 "해사안전감독관"이라 한다)의 자격기준은 별표 4의2와 같다.

② 제1항에도 불구하고 법 제58조제2항 단서에 따라 해양수산부장관의 지도·감독 권한을 위임받은 기관의 장(지방자치단체의 장으로 한정한다)이 속한 기관에 두는 해사안전감독관에 대하여 해당 기관의 장은 다음 각 호의 어느 하나에 해당되는 경우에는 제1항에 따른 자격기준의 일부를 완화하여 정할 수 있다. 이 경우 해당 기관의 장은 미리 해양수산부장관의 의견을 들어야 한다.

1. 법 제58조제1항에 따른 지도·감독의 대상이 되는 선박이나 사업장의 규모 등을 고려할 때 제1항에 따른 자격기준을 완화하여 정하는 것이 필요하다고 인정하는 경우
2. 제1항에 따른 자격기준을 갖춘 사람을 해사안전감독관으로 채용하기 어려운 경우

③ 법 제58조제2항 본문에 따라 해양수산부에 두는 해사안전감독관은 해양수산부장관이 임면하고, 법 제58조제2항 단서에 따라 해양수산부장관의 권한을 위임받은 기관의 장이 속한 기관에 두는 해사안전감독관은 해당 기관의 장이 임면한다.

④ 해사안전감독관은 다음 각 호의 직무를 수행한다.

1. 법 제58조제1항에 따른 지도·감독
2. 그 밖에 해양수산부장관이 해양사고의 예방 및 해사안전관리의 적정한 시행 여부를 확인하거나, 법 제59조에 따른 개선명령 또는 항행정지명령의 집행 및 이행 확인에 필요하다고 인정하여 정하는 직무

[별표 4의2]
해사안전감독관의 자격기준(제19조의3제1항 관련)

구분	자격기준
1. 책임급 해사안전감독	다음 각 목의 어느 하나에 해당하는 경력을 포함하여 해사안전 관련 분야에서 20년 이상 근무한 경력이 있는 65세 미만의 사람 가. 1급 항해사나 1급 기관사의 해기사 면허를 소지하고 총톤수 1만톤(여객선의 경우에는 총톤수 3천톤을 말한다. 이하 이 표에서 같다) 이상의 선박에서 선장 또는 기관장으로 5년 이상 근무한 경력 나. 1급 항해사나 1급 기관사의 해기사 면허를 소지하고 대형 선단(총톤수 1만톤 이상의 선박 7척 이상으로 이루어진 선단을 말한다. 이하 이 표에서 같다)의 안전관리책임자로 7년 이상 또는 안전관리자(안전관리책임자 경력을 포함한다. 이하 이 표에서 같다)로 10년 이상 근무한 경력 다.「선박안전법」제60조제2항에 따른 선급업무를 수행하는 법인·기관·단체[국제선급연합회(International Association of Classification Society)의 정회원인 경우로 한정한다. 이하 이 표에서 같다]에서 선박검사원으로 10년 이상 근무한 경력 라. 선임급 해사안전감독관으로 5년 이상 근무한 경력 마.「원양산업발전법」제6조제1항에 따른 원양어업허가를 받은 어선에서 선장 또는 기관장으로 10년 이상 근무한 경력
2. 선임급 해사안전감독관	다음 각 목의 어느 하나에 해당하는 경력을 포함하여 해사안전 관련 분야에서 15년 이상 근무한 경력이 있는 65세 미만의 사람 가. 1급 항해사나 1급 기관사의 해기사 면허를 소지하고 총톤수 1만톤 이상의 선박에서 선장 또는 기관장으로 2년 이상 근무한 경력 나. 1급 항해사나 1급 기관사의 해기사 면허를 소지하고 대형 선단의 안전관리책임자로 2년 이상 또는 안전관리자로 5년 이상 근무한 경력 다.「선박안전법」제60조제2항에 따른 선급업무를 수행하는 법인·기관·단체에서 선박검사원으로 5년 이상 근무한 경력 라.「원양산업발전법」제6조제1항에 따른 원양어업허가를 받은 어선에서 선장 또는 기관장으로 5년 이상 근무한 경력

비고
1. "해사안전 관련 분야"란 선박의 운항(항해사 또는 기관사로 선박에 승무한 경우를 말한다), 조선, 선박안전관리, 선박검사 등에 관한 업무 분야를 말한다.
2. 유급휴가기간은 경력기간의 산정에 포함한다.
3. 제1호마목 및 제2호라목에 따른 자격기준은「원양산업발전법」제6조제1항에 따라 원양어업허가를 받은 어선에 대하여 법 제58조제1항 각 호에 따른 지도·감독을 하는 해사안전감독관의 경우에 한정하여 적용한다.

「해사안전법 시행규칙」

제52조(지도・감독) 법 제58조제1항 각 호 외의 부분 본문에서 "해양수산부령으로 정하는 경우"란 다음 각 호의 어느 하나에 해당하는 경우를 말한다.
1. 중대한 해양사고가 발생한 경우로서 유사한 사고의 발생을 예방하기 위하여 필요한 경우
2. 안전진단서가 안전진단기준 또는 안전진단서 작성기준에 현저히 미달한 경우
3. 안전관리체제의 수립 및 시행에 중대한 결함이나 부적합사항이 발생한 경우
4. 선박 또는 사업장의 해사안전관리 상태에 대하여 종사자 또는 도선사 등 관계인의 결함 신고가 있는 경우
5. 외국정부로부터 선박안전에 관한 결함사항의 통보가 있어 기국통제가 필요한 경우
6. 선장, 선박소유자, 안전진단대행업자, 안전관리대행업자나 그 밖의 관계인이 법・영이나 이 규칙을 위반하여 법 제58조제1항 각 호의 어느 하나에 해당하는 조치를 하여야 할 필요성이 인정되는 경우
7. 그 밖에 해양사고가 발생할 우려가 있거나 해사안전관리의 적정한 시행 여부를 확인하기 위하여 필요한 경우

제52조의2(해사안전감독관의 권한 표시 증표) 법 제58조제4항에 따른 해사안전감독관의 권한을 표시하는 증표는 별지 제27호서식에 따른다.

---

6. 개선명령

해양수산부장관은 지도・감독 결과 필요하다고 인정하거나 해양사고의 발생빈도와 경중 등을 고려하여 필요하다고 인정할 때에는 그 선박의 선장, 선박소유자, 안전관리대행업자, 그 밖의 관계인에게 다음 각 호의 조치를 명할 수 있다(법 제59조 제1항).

1. 선박 시설의 보완이나 대체
2. 소속 직원의 근무시간 등 근무 환경의 개선
3. 소속 임직원에 대한 교육・훈련의 실시
4. 그 밖에 해사안전관리에 관한 업무의 개선

해양수산부장관은 법 제59조 제1항 제1호에 따른 조치를 명할 경우에는 선박 시설을 보완하거나 대체하는 것을 마칠 때까지 해당 선박의 항행정지를 함께 명할 수 있다(법 제59조 제2항).

7. 이의신청

법 제55조 제2항에 따른 항행정지명령 또는 제56조 제3항에 따른 시정・보완 명령, 항행정지명령에 불복하는 선박소유자는 명령을 받은 날부터 90일 이내에 그 불복 사유를 적어 해양수산부장관에게 이의신청을 할 수 있다(법 제60조 제1항). 법 제60조 제1항에 따라 이의신청을 받은 해양수산부장관은 이의신청에 대하여 검토한 결과를 60일 이내에 신청인에게 통보하여야 한다. 다만, 부득이한 사정이 있을 때에는 30일 이내의 범위에서 통보시한을 연

장할 수 있다(법 제60조 제2항). 법 제60조 제1항 및 제2항에 따른 이의신청, 검토 및 결과 통보 등에 필요한 사항은 대통령령으로 정한다(법 제60조 제3항). 법 제55조 제2항에 따른 항행정지명령 또는 제56조 제3항에 따른 시정・보완 명령, 항행정지명령에 이의가 있는 자는 법 제60조 제1항에 따른 이의신청여부와 관계없이 「행정심판법」에 따른 행정심판청구 또는 「행정소송법」에 따른 행정소송을 제기할 수 있다(법 제60조 제4항).

「해사안전법 시행령」

제20조(이의신청)
① 법 제60조제3항에 따른 이의신청을 하려는 자는 그 사유 및 이를 증명하는 서류를 갖추어 해양수산부장관에게 제출하여야 한다.
② 해양수산부장관은 제1항에 따른 이의신청을 받은 경우에는 해당 선박의 선장・선박소유자・선급법인(「선박안전법」 제60조제2항에 따른 선급법인을 말한다. 이하 같다) 또는 선박이 등록된 국가 등에 필요한 자료를 요청하거나 관계 전문가의 의견을 들을 수 있다.
③ 해양수산부장관은 제1항에 따른 이의신청이 타당하다고 인정되는 경우에는 즉시 해당 시정・보완 명령 또는 항행정지명령을 취소하여야 한다.

8. 외국선박 통제 및 선박점검 등에 관한 수수료

해양수산부장관은 법 제55조 제1항에 따른 확인 또는 제56조 제1항・제2항에 따른 특별점검 결과 결함이 발견되어 제55조 제2항에 따른 항행정지명령 또는 제56조 제3항에 따른 시정・보완 명령, 항행정지명령을 받은 선박에 대하여 해양수산부령으로 정하는 바에 따라 그 결함의 시정 여부 확인 등에 소요되는 수수료를 징수할 수 있다(법 제61조 제1항). 법 제56조 제1항 단서에 따라 외국에서 특별점검을 하는 경우 해양수산부장관은 항공료 등 필요한 실비의 수수료를 징수할 수 있다(법 제61조 제2항).

「해사안전법 시행규칙」

제53조(외국선박 통제 및 기국통제 관련 수수료) 법 제61조제1항에 따른 수수료는 별표 14와 같다.

[별표 14]
외국선박 통제 및 기국통제 관련 수수료(제53조 관련)

수수료의 종류 / 근무시간의 구분	기본 수수료
근무시간 내	300,000원
근무시간 외	450,000원

비고
1. 기본수수료는 사무실 출발부터 사무실 도착까지를 기준으로 4시간을 적용한다.
2. 4시간을 초과하는 경우에는 초과 시간당 5만원을 할증한다.
3. 해양수산부장관이 필요하다고 인정하는 경우에는 선박의 유형, 통제의 대상 등을 종합적으로 고려하여 부과기준을 달리 정할 수 있다.

제6절 | 선박의 항법 등

제1관 의의

1. 항법규정의 성격

「해사안전법」에서 규정한 항법 등은 「국제해상충돌예방규칙협약」(Colreg)의 내용을 그대로 국내법으로 수용한 것으로 해상교통법규 중 일반법에 속한다.

따라서 「국제해상충돌예방규칙협약」과 「해사안전법」상의 항법은 ① 모든 시계상태에서의 선박의 항법, ② 선박이 서로시계상태 안에 있는 때의 항법, ③ 제한된 시계에서 선박의 항법으로 구분하여 규정하고 있어서 조문의 배열순서와 그 내용이 완전히 일치함을 알 수 있다.

표 7.1 「해사안전법」과 「COLREG」의 항법 조항 비교

	「해사안전법」 제6장	「COLREG」
1. 모든 시계상태에 있어서의 선박의 항법	제1절 제62조 적용 제63조 경계 제64조 안전한 속력 제65조 충돌 위험 제66조 충돌을 피하기 위한 동작 제67조 좁은 수로 등 제68조 통항분리제도	제4조 Application(적용) 제5조 Look-out(경계) 제6조 Safe Speed (안전속력) 제7조 Risk of Collision(충돌의 위험성) 제8조 Action to avoid Collision(충돌을 피하기 위한 동작) 제9조 Narrow Channel(좁은 수로) 제10조 Traffic Separation Schemes(통항분리방식)

2. 선박이 서로시계 안에 있는 때의 항법	제2절 제69조 적용 제70조 범선 제71조 추월 제72조 마주치는 상태 제73조 횡단하는 상태 제74조 피항선의 동작 제75조 유지선의 동작 제76조 선박 사이의 책무	제11조 Application(적용) 제12조 Sailing vessel(범선) 제13조 Overtaking(추월) 제14조 Head-on Situation(마주치는 상태) 제15조 Crossing Situation(교차상태) 제16조 Action by Give-way Vessel(피항선의 동작) 제17조 Action by Stand-on Vessel(유지선의 동작) 제18조 Responsibilities between Vessels(선박상호간의 책임)
3. 제한된 시계에서 선박의 항법	제3절 제77조 제한된 시계에서 선박의 항법	제19조 Conduct of Vessels in Restricted Visibility (제한된 시계에서의 선박의 항법)

2. 충돌시 항법 간의 적용순위

모든 시계 상태에 있어서의 항법, 선박이 서로시계 안에 있는 때의 항법, 제한된 시계에서 선박의 항법은 실제로 충돌위험에 처한 상황이 전혀 다르기 때문에, 사실관계만 정확하게 이해한다면 조문의 적용에 있어서 충돌할 가능성이 높지는 않다고 본다. 그러나 법리적으로만 본다면 이들 항법 사이에서는 일반법과 특별법의 관계가 성립하기 때문에 특별법우선의 원칙이 적용된다고 볼 수 있다. 따라서 ① 제한된 시계에서의 항법, ② 선박이 서로 시계 안에 있는 때의 항법, ③ 모든 시계 상태에 있어서의 선박의 항법의 순으로 우선적용된다고 해석할 수 있다.

3. 항법 적용의 기본원칙

「해사안전법」과 「국제해상충돌예방규칙협약」상 항법규칙은 다음과 같은 세 가지 원칙하에 규정된 것이기 때문에 항해시 항해사가 항법을 적용함에 있어서도 이러한 원칙하에 항행규칙을 채택해야 한다.

가. 좌현 대 좌현 통항원칙(port to port, red to red)

① 좁은 수로를 항행하는 선박은 가능한 한, 본선의 우현쪽에 있는 수로의 바깥쪽 한계선에 접근하여 항행해야 한다.
② 서로시계내에서 두 선박이 마주치는 상태일 경우에는 두 선박 모두 우현변침을 해야 한다.
③ 방파제, 부두 등을 우현에 두고 항행할 때에는 이에 접근한다.

나. 조종성능이 우수한 선박이 피하라

① 선박 사이의 책무(법 제76조, COLREG 제18조)
② 입항선이 출항선의 진로를 피하라.

다. 합의에 의한 항법을 우선하라
VHF 무선교신으로 항법에 합의하였을 때는 합의된 방법이 우선 적용되어야 한다. 다만, 그 합의 내용이 실행가능성이 있다는 것을 전제로 한 것이기 때문에 실행가능성이 없다고 판단되면 이를 포기해야 한다. 따라서 실행가능성이 없는데도 불구하고 무리하게 합의된 항법을 고집하다가 충돌하게 되면 이는 행위자의 과실로 판단될 수 있다.

제2관 모든 시계상태에서의 항법

1. 적용

법 제6장 제1절은 모든 시계상태에서 적용한다(법 제62조).

2. 경계

선박은 주위의 상황 및 다른 선박과 충돌할 수 있는 위험성을 충분히 파악할 수 있도록 시각·청각 및 당시의 상황에 맞게 이용할 수 있는 모든 수단을 이용하여 항상 적절한 경계를 하여야 한다(법 제63조).

3. 안전한 속력

선박은 다른 선박과의 충돌을 피하기 위하여 적절하고 효과적인 동작을 취하거나 당시의 상황에 알맞은 거리에서 선박을 멈출 수 있도록 항상 안전한 속력으로 항행하여야 한다(법 제64조 제1항). 법 제64조 제1항에 따른 안전한 속력을 결정할 때에는 다음 각 호(레이더를 사용하고 있지 아니한 선박의 경우에는 제1호부터 제6호까지)의 사항을 고려하여야 한다(법 제64조 제2항).

1. 시계의 상태
2. 해상교통량의 밀도
3. 선박의 정지거리·선회성능, 그 밖의 조종성능
4. 야간의 경우에는 항해에 지장을 주는 불빛의 유무

5. 바람 · 해면 및 조류의 상태와 항행장애물의 근접상태
6. 선박의 흘수와 수심과의 관계
7. 레이더의 특성 및 성능
8. 해면상태 · 기상, 그 밖의 장애요인이 레이더 탐지에 미치는 영향
9. 레이더로 탐지한 선박의 수 · 위치 및 동향

4. 충돌 위험

선박은 다른 선박과 충돌할 위험이 있는지를 판단하기 위하여 당시의 상황에 알맞은 모든 수단을 활용하여야 한다(법 제65조 제1항). 레이더를 설치한 선박은 다른 선박과 충돌할 위험성 유무를 미리 파악하기 위하여 레이더를 이용하여 장거리 주사(走査), 탐지된 물체에 대한 작도(作圖), 그 밖의 체계적인 관측을 하여야 한다(법 제65조 제2항). 선박은 불충분한 레이더 정보나 그 밖의 불충분한 정보에 의존하여 다른 선박과의 충돌 위험 여부를 판단하여서는 아니 된다(법 제65조 제3항). 선박은 접근하여 오는 다른 선박의 나침방위에 뚜렷한 변화가 일어나지 아니하면 충돌할 위험성이 있다고 보고 필요한 조치를 하여야 한다. 접근하여 오는 다른 선박의 나침방위에 뚜렷한 변화가 있더라도 거대선 또는 예인작업에 종사하고 있는 선박에 접근하거나, 가까이 있는 다른 선박에 접근하는 경우에는 충돌을 방지하기 위하여 필요한 조치를 하여야 한다(법 제65조 제4항).

5. 충돌을 피하기 위한 동작

선박은 법 제6장 제1절부터 제3절까지 및 제6절에 따른 항법에 따라 다른 선박과 충돌을 피하기 위한 동작을 취하되, 이 법에서 정하는 바가 없는 경우에는 될 수 있으면 충분한 시간적 여유를 두고 적극적으로 조치하여 선박을 적절하게 운용하는 관행에 따라야 한다(법 제66조 제1항). 선박은 다른 선박과 충돌을 피하기 위하여 침로(針路)나 속력을 변경할 때에는 될 수 있으면 다른 선박이 그 변경을 쉽게 알아볼 수 있도록 충분히 크게 변경하여야 하며, 침로나 속력을 소폭으로 연속적으로 변경하여서는 아니 된다(법 제66조 제2항). 선박은 넓은 수역에서 충돌을 피하기 위하여 침로를 변경하는 경우에는 적절한 시기에 큰 각도로 침로를 변경하여야 하며, 그에 따라 다른 선박에 접근하지 아니하도록 하여야 한다(법 제66조 제3항). 선박은 다른 선박과의 충돌을 피하기 위하여 동작을 취할 때에는 다른 선박과의 사이에 안전한 거리를 두고 통과할 수 있도록 그 동작을 취하여야 한다. 이 경우 그 동작의 효과를 다른 선박이 완전히 통과할 때까지 주의 깊게 확인하여야 한다(법 제66조 제4항). 선박은 다른 선박과의 충돌을 피하거나 상황을 판단하기 위한 시간적 여유를 얻기 위하여 필요하면 속력을 줄이거나 기관의 작동을 정지하거나 후진하여 선박의 진행을 완전히 멈추

어야 한다(법 제66조 제5항).

이 법에 따라 다른 선박의 통항이나 통항의 안전을 방해하여서는 아니 되는 선박은 다음 각 호의 사항을 준수하고 유의하여야 한다(법 제66조 제6항).

1. 다른 선박이 안전하게 지나갈 수 있는 여유 수역이 충분히 확보될 수 있도록 조기에 동작을 취할 것
2. 다른 선박에 접근하여 충돌할 위험이 생긴 경우에는 그 책임을 면할 수 없으며, 피항동작(避航動作)을 취할 때에는 이 장(章)에서 요구하는 동작에 대하여 충분히 고려할 것

이 법에 따라 통항할 때에 다른 선박의 방해를 받지 아니하도록 되어 있는 선박은 다른 선박과 서로 접근하여 충돌할 위험이 생긴 경우 이 장의 규정에 따라야 한다(법 제66조 제7항).

6. 좁은 수로 등

좁은 수로나 항로(이하 "좁은 수로 등"이라 한다)를 따라 항행하는 선박은 항행의 안전을 고려하여 될 수 있으면 좁은 수로 등의 오른편 끝 쪽에서 항행하여야 한다.[5] 다만, 법 제31조 제1항에 따라 해양수산부장관이 특별히 지정한 수역 또는 법 제68조 제1항에 따라 통항분리제도가 적용되는 수역에서는 좁은 수로 등의 오른편 끝 쪽에서 항행하지 아니하여도 된다(법 제67조 제1항). 길이 20미터 미만의 선박이나 범선은 좁은 수로 등의 안쪽에서만 안전하게 항행할 수 있는 다른 선박의 통행을 방해하여서는 아니 된다(법 제67조 제2항). 어로에 종사하고 있는 선박은 좁은 수로 등의 안쪽에서 항행하고 있는 다른 선박의 통항을 방해하여서는 아니 된다(법 제67조 제3항). 선박이 좁은 수로 등의 안쪽에서만 안전하게 항행할 수 있는 다른 선박의 통항을 방해하게 되는 경우에는 좁은 수로 등을 횡단하여서는 아니 된다(법 제67조 제4항). 법 제71조 제2항 및 제3항에 따른 추월선(追越船)은 좁은 수로 등에서 추월당하는 선박이 추월선을 안전하게 통과시키기 위한 동작을 취하지 아니하면 추월할 수 없는 경우에는 기적신호를 하여 추월하겠다는 의사를 나타내야 한다. 이 경우 추월당하는 선박은 그 의도에 동의하면 기적신호를 하여 그 의사를 표현하고, 추월선을 안전하

5) 대법원 2005. 9. 28. 선고 2004추65 판결 :「해상교통안전법」 제17조에서 정한 좁은 수로 항법은 좁은 수로에서의 선박의 충돌을 효과적으로 예방하기 위하여 선박의 종류나 기상상황 등에 관계없이 적용되는 특별항법으로서 조종제한선이라고 하여 적용이 배제되지 아니하므로 좁은 수로에서는 상대 선박으로부터 진로우선권을 양보받았다는 등 다른 특별한 사정이 없는 한 조종제한선이라고 하여 좁은 수로 항법을 지키는 선박에 대한 진로우선권이 보장되는 것은 아니다.

게 통과시키기 위한 동작을 취하여야 한다(법 제67조 제5항). 선박이 좁은 수로 등의 굽은 부분이나 항로에 있는 장애물 때문에 다른 선박을 볼 수 없는 수역에 접근하는 경우에는 특히 주의하여 항행하여야 한다(법 제67조 제6항). 선박은 좁은 수로 등에서 정박(정박 중인 선박에 매어 있는 것을 포함한다)을 하여서는 아니 된다. 다만, 해양사고를 피하거나 인명이나 그 밖의 선박을 구조하기 위하여 부득이하다고 인정되는 경우에는 그러하지 아니하다(법 제67조 제7항).

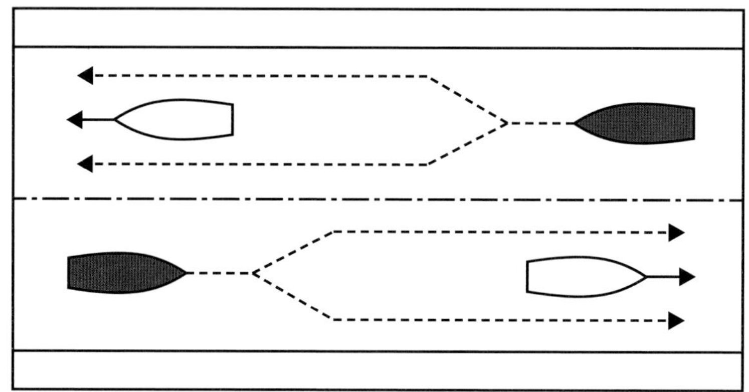

그림 7.1 좁은 수로 · 항로에서의 추월 방법

7. 통항분리제도

가. 적용범위

이 조는 다음 각 호의 수역(이하 "통항분리수역"이라 한다)에 대하여 적용한다(법 제68조 제1항).

1. 국제해사기구가 채택하여 통항분리제도가 적용되는 수역
2. 해상교통량이 아주 많아 충돌사고 발생의 위험성이 있어 통항분리제도를 적용할 필요성이 있는 수역으로서 해양수산부령으로 정하는 수역

「해사안전법 시행규칙」

제54조(통항분리방식이 적용되는 수역) 법 제68조제1항제2호에서 "해양수산부령으로 정하는 수역"이란 별표 15의 통항분리방식이 적용되는 수역을 말한다.

[별표 15]
통항분리방식이 적용되는 수역(제54조 관련)

구분	적용수역
홍도 항로	• 분리대 : 다음 각 호의 기점을 순차적으로 연결한 선 안의 해역 1. 북위 34도36분17초, 동경 128도44분22초 2. 북위 34도35분53초, 동경 128도44분40초 3. 북위 34도32분59초, 동경 128도39분40초 4. 북위 34도33분23초, 동경 128도39분22초 • 서항로 : 다음 각 호의 기점을 순차적으로 연결한 선 안의 해역 1. 북위 34도36분17초, 동경 128도44분22초 2. 북위 34도33분23초, 동경 128도39분22초 3. 북위 34도35분11초, 동경 128도37분52초 4. 북위 34도37분59초, 동경 128도42분52초 • 동항로 : 다음 각 호의 기점을 순차적으로 연결한 선 안의 해역 1. 북위 34도32분59초, 동경 128도39분40초 2. 북위 34도35분53초, 동경 128도44분40초 3. 북위 34도34분11초, 동경 128도46분04초 4. 북위 34도31분17초, 동경 128도41분04초
보길도 항로	• 분리대 : 다음 각 호의 기점을 순차적으로 연결한 선 안의 해역 1. 북위 34도05분17초, 동경 126도29분35초 2. 북위 34도04분41초, 동경 126도32분53초 3. 북위 34도03분59초, 동경 126도32분41초 4. 북위 34도03분41초, 동경 126도30분53초 5. 북위 34도03분59초, 동경 126도29분11초 • 서항로 : 다음 각 호의 기점을 순차적으로 연결한 선 안의 해역 1. 북위 34도05분17초, 동경 126도29분35초 2. 북위 34도04분41초, 동경 126도32분53초 3. 북위 34도06분11초, 동경 126도33분23초 4. 북위 34도06분53초, 동경 126도29분47초 • 동항로 : 다음 각 호의 기점을 순차적으로 연결한 선 안의 해역 1. 북위 34도03분59초, 동경 126도32분41초 2. 북위 34도03분41초, 동경 126도30분53초 3. 북위 34도03분59초, 동경 126도29분11초 4. 북위 34도02분05초, 동경 126도28분11초 5. 북위 34도01분41초, 동경 126도30분41초 6. 북위 34도01분53초, 동경 126도33분05초
거문도 항로	• 분리대 : 다음 각 호의 기점을 순차적으로 연결한 선 안의 해역 1. 북위 34도07분06초, 동경 127도14분12초 2. 북위 34도07분54초, 동경 127도21분42초 3. 북위 34도09분00초, 동경 127도25분12초 4. 북위 34도08분24초, 동경 127도25분18초 5. 북위 34도07분18초, 동경 127도21분54초 6. 북위 34도06분30초, 동경 127도14분18초

	• 서항로 : 다음 각 호의 기점을 순차적으로 연결한 선 안의 해역 1. 북위 34도08분30초, 동경 127도14분00초 2. 북위 34도09분18초, 동경 127도21분36초 3. 북위 34도10분30초, 동경 127도25분06초 4. 북위 34도09분00초, 동경 127도25분12초 5. 북위 34도07분54초, 동경 127도21분42초 6. 북위 34도07분06초, 동경 127도14분12초 • 동항로 : 다음 각 호의 기점을 순차적으로 연결한 선 안의 해역 1. 북위 34도06분54초, 동경 127도25분30초 2. 북위 34도05분54초, 동경 127도22분06초 3. 북위 34도05분06초, 동경 127도14분30초 4. 북위 34도06분36초, 동경 127도14분24초 5. 북위 34도07분18초, 동경 127도21분54초 6. 북위 34도08분24초, 동경 127도25분18초

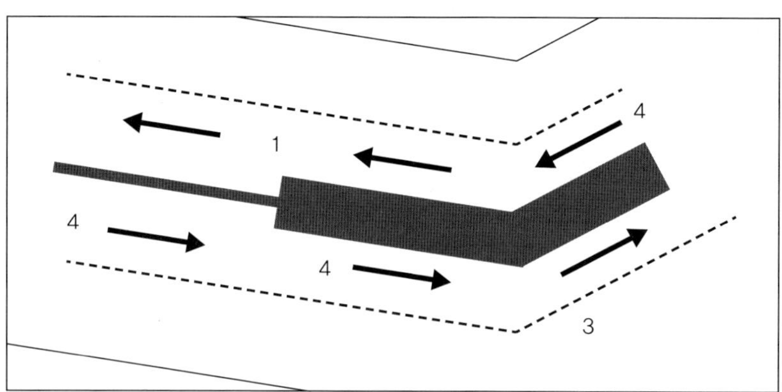

그림 7.2 통항분리수역의 설정 사례

"통항분리제도"란 선박의 충돌을 방지하기 위하여 통항로를 설정하거나 그 밖의 적절한 방법으로 한쪽 방향으로만 항행할 수 있도록 항로를 분리하는 제도를 말한다(법 제2조 제25호). 이는 IMO가 채택한 선박의 통항분리방식[6]을 의미하는 것이다.[7]

최근 40~50년 사이에 해상교통의 질적 양적 변화가 급격히 이루어지고 있다. 그러나 해상교통법의 항법규칙은 100년 전이나 지금이나 일대일의 피항동작에 대한 권리・의무관계를 규율하는 정도에 지나지 않고, 선박교통을 일정한 집단의 흐름으로는 파악하려고 하

6) 교통이 혼잡한 수역에서 반대편으로부터 오는 교통의 무질서한 흐름을 분리선 또는 분리대 등을 이용하여 선박이 통항로를 따라 질서 있게 진행되도록 분리하는 것을 말한다.

7) 윤점동, 「국제해상충돌예방규칙」, 최신 2000년도 개정판, (세종출판사, 2000), 109-124쪽 참조.

지 않았다. 해상에는 눈에 보이는 도로나 차선이 없는 등 해상교통의 특수성이 있고, 특히 선박교통이 복잡한 해역[8]에서는 일 대 일의 관계를 규율하는 현행의 해상교통법규체계로는 교통의 원활화를 기하기 어렵다. 따라서 도로교통과 마찬가지로 선박교통을 하나의 집단의 흐름현상으로 파악하여 그 집단이 원활하게 일정방향으로 흐르도록 하는 것이 선박충돌의 방지와 교통흐름의 원활화에 중요하다고 생각하게 되었다.

1967년 토리캐년호 좌초사고 후 이러한 해양사고를 방지하기 위하여 첫 번째로 생각해 낸 것이 항로지정(routing)방식이었다. 이에 따라 선박의 운항판단을 선장에게만 일임하지 말고 선박으로 하여금 사고가 발생할 염려가 있는 해역으로 통항을 못하도록 한다던가, 또는 통항을 시키더라도 그 해역에 통항을 분리하는 항로를 설정하여 항행을 규제하려고 하였다. 그러나 이러한 항행규칙에는 한계가 노출되어 국제해사기구에서는 항로의 선정에 대한 최종적인 판단은 선장에게 있다는 생각이 지배적이었다. 이러한 배경 하에 통항분리방식을 채택하게 되었다.

나. 준수사항

선박이 통항분리수역을 항행하는 경우에는 다음 각 호의 사항을 준수하여야 한다(법 제68조 제2항).

1. 통항로 안에서는 정하여진 진행방향으로 항행할 것
2. 분리선이나 분리대에서 될 수 있으면 떨어져서 항행할 것
3. 통항로의 출입구를 통하여 출입하는 것을 원칙으로 하되, 통항로의 옆쪽으로 출입하는 경우에는 그 통항로에 대하여 정하여진 선박의 진행방향에 대하여 될 수 있으면 작은 각도로 출입할 것

통항로란 선박의 일방통항을 위하여 설정된 수역을 말한다. 이 수역은 분리선 또는 분리대 등을 가운데 두고 양쪽으로 외측한계가 설정되며, 우측통항원칙에 의하여 교통흐름의 방향을 화살표로 표시하고 있다. 통항로를 주로 이용하는 선박은 소형선, 범선 및 어선 외의 선박이다.

또 분리선 및 분리대는 서로 반대방향 또는 거의 반대방향으로부터 항진해 오는 선박의 흐름을 분리하는 선 또는 일정한 수역을 말한다. 통항분리제도의 대표적인 것으로 가능한 한 분리대를 설치하여 분리하고, 수로의 폭이 좁으면 분리선에 의하여 통로를 이용한다.

---

8) 도버해협, 일본의 내해, 말라카 해협 등을 들 수 있다.

다. 횡단금지의 원칙

선박은 통항로를 횡단하여서는 아니 된다. 다만, 부득이한 사유로 그 통항로를 횡단하여야 하는 경우에는 그 통항로와 선수방향(船首方向)이 직각에 가까운 각도로 횡단하여야 한다(법 제68조 제3항).

라. 연안통항대의 항행금지

선박은 연안통항대에 인접한 통항분리수역의 통항로를 안전하게 통과할 수 있는 경우에는 연안통항대를 따라 항행하여서는 아니 된다. 다만, 다음 각 호의 선박의 경우에는 연안통항대를 따라 항행할 수 있다(법 제68조 제6항).

1. 길이 20미터 미만의 선박
2. 범선
3. 어로에 종사하고 있는 선박
4. 인접한 항구로 입항·출항하는 선박
5. 연안통항대 안에 있는 해양시설 또는 도선사의 승하선(乘下船) 장소에 출입하는 선박
6. 급박한 위험을 피하기 위한 선박

마. 통항분리대의 횡단금지 등

통항로를 횡단하거나 통항로에 출입하는 선박 외의 선박은 급박한 위험을 피하기 위한 경우나 분리대 안에서 어로에 종사하고 있는 경우 외에는 분리대에 들어가거나 분리선을 횡단하여서는 아니 된다(법 제68조 제5항). 통항분리수역에서 어로에 종사하고 있는 선박은 통항로를 따라 항행하는 다른 선박의 항행을 방해하여서는 아니 된다(법 제68조 제6항). 모든 선박은 통항분리수역의 출입구 부근에서는 특히 주의하여 항행하여야 한다(법 제68조 제7항). 선박은 통항분리수역과 그 출입구 부근에 정박(정박하고 있는 선박에 매어 있는 것을 포함한다)하여서는 아니 된다. 다만, 해양사고를 피하거나 인명이나 선박을 구조하기 위하여 부득이하다고 인정되는 사유가 있는 경우에는 그러하지 아니하다(법 제68조 제8항). 통항분리수역을 이용하지 아니하는 선박은 될 수 있으면 통항분리수역에서 멀리 떨어져서 항행하여야 한다(법 제68조 제9항). 길이 20미터 미만의 선박이나 범선은 통항로를 따라 항행하고 있는 다른 선박의 항행을 방해하여서는 아니 된다(법 제68조 제10항). 통항분리수역 안에서 해저전선을 부설·보수 및 인양하는 작업을 하거나 항행안전을 유지하기 위한 작업을 하는 중이어서 조종능력이 제한되고 있는 선박은 그 작업을 하는 데에 필요한 범위에서 법 제68조 제1항부터 제10항까지의 규정을 적용하지 아니한다(법 제68조 제11항).

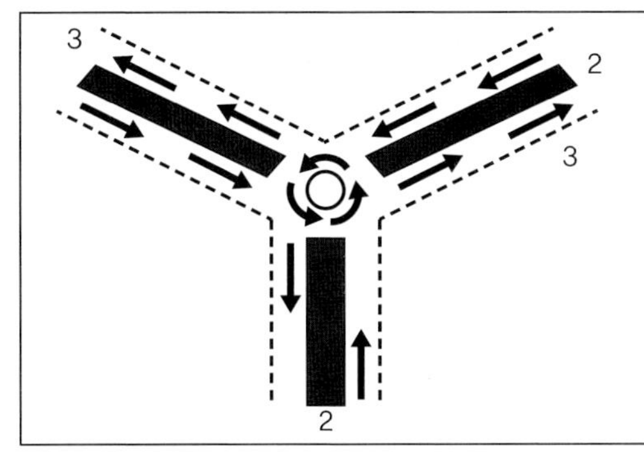

그림 7.3 통항분리제도의 선회 해역

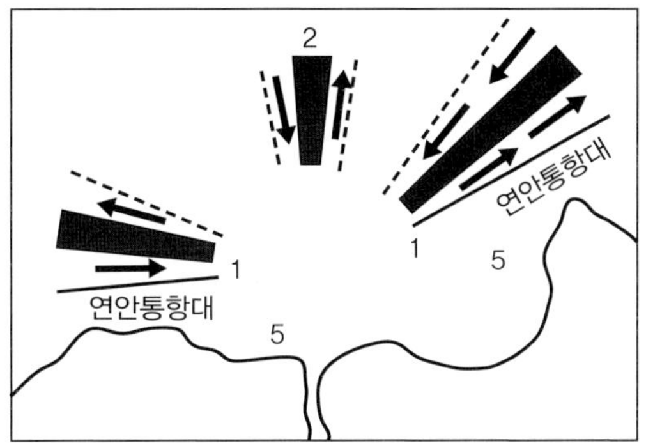

그림 7.4 연안통항대의 항행방법

제3관 선박이 서로 시계 안에 있는 때의 항법

1. 적용

법 제6장 제2절은 선박에서 다른 선박을 눈으로 볼 수 있는 상태에 있는 선박에 적용한다(법 제69조).

2. 범선

2척의 범선이 서로 접근하여 충돌할 위험이 있는 경우에는 다음 각 호에 따른 항행방법에 따라 항행하여야 한다(법 제70조 제1항).

1. 각 범선이 다른 쪽 현(舷)에 바람을 받고 있는 경우에는 좌현(左舷)에 바람을 받고 있는 범선이 다른 범선의 진로를 피하여야 한다.
2. 두 범선이 서로 같은 현에 바람을 받고 있는 경우에는 바람이 불어오는 쪽의 범선이 바람이 불어가는 쪽의 범선의 진로를 피하여야 한다.
3. 좌현에 바람을 받고 있는 범선은 바람이 불어오는 쪽에 있는 다른 범선을 본 경우로서 그 범선이 바람을 좌우 어느 쪽에 받고 있는지 확인할 수 없는 때에는 그 범선의 진로를 피하여야 한다.

법 제70조 제1항을 적용할 때에 바람이 불어오는 쪽이란 종범선(縱帆船)에서는 주범(主帆)을 펴고 있는 쪽의 반대쪽을 말하고, 횡범선(橫帆船)에서는 최대의 종범(縱帆)을 펴고 있는 쪽의 반대쪽을 말하며, 바람이 불어가는 쪽이란 바람이 불어오는 쪽의 반대쪽을 말한다(법 제70조 제2항).

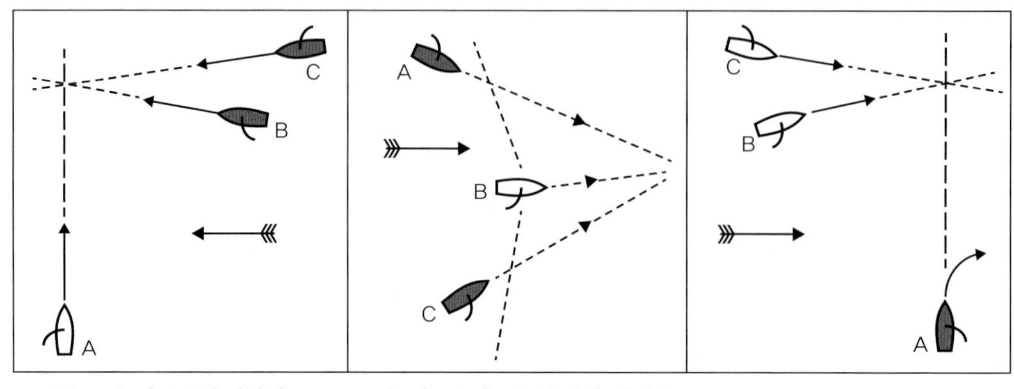

A호는 B호 및 C호에 대하여 유지선임

A호 및 C호가 B호의 전횡 뒤에서 그림과 같이 접근할 때에는 양 선박은 B호를 피할 것

그림 7.5 범선 사이의 피항순서

3. 추월

추월선은 이 법 제6장 제1절과 제2절의 다른 규정에도 불구하고 추월당하고 있는 선박을 완전히 추월하거나 그 선박에서 충분히 멀어질 때까지 그 선박의 진로를 피하여야 한다(법 제71조 제1항). 다른 선박의 양쪽 현의 정횡(正横)으로부터 22.5도를 넘는 뒤쪽[밤에는 다른 선박의 선미등(船尾燈)만을 볼 수 있고 어느 쪽의 현등(舷燈)도 볼 수 없는 위치를 말한다]에서 그 선박을 앞지르는 선박은 추월선으로 보고 필요한 조치를 취하여야 한다(법 제71조 제2항). 선박은 스스로 다른 선박을 추월하고 있는지 분명하지 아니한 경우에는 추월선으로 보고 필요한 조치를 취하여야 한다(법 제71조 제3항). 추월하는 경우 2척의 선박 사이의 방위가 어떻게 변경되더라도 추월하는 선박은 추월이 완전히 끝날 때까지 추월당하는 선박의 진로를 피하여야 한다(법 제71조 제4항).

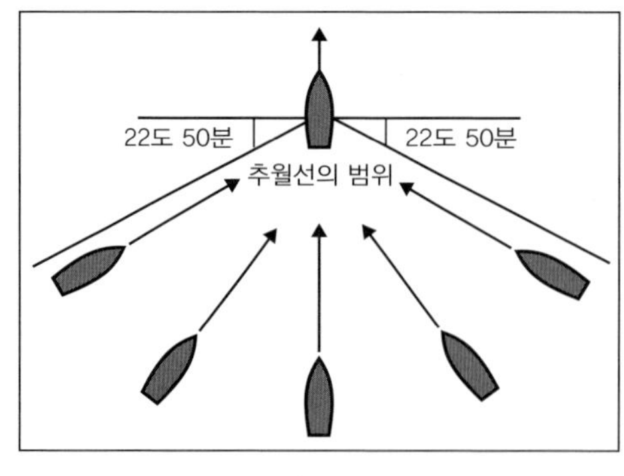

그림 7.6 추월선의 범위

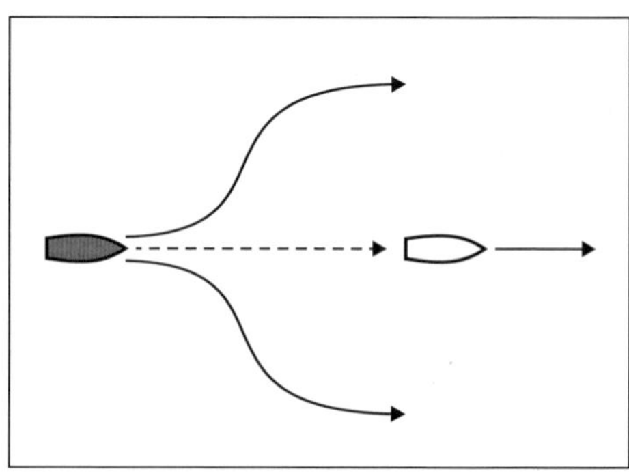

그림 7.7 추월방법

4. 마주치는 상태

2척의 동력선이 마주치거나 거의 마주치게 되어 충돌의 위험이 있을 때에는 각 동력선은 서로 다른 선박의 좌현 쪽을 지나갈 수 있도록 침로를 우현(右舷) 쪽으로 변경하여야 한다(법 제72조 제1항).

선박은 다른 선박을 선수(船首) 방향에서 볼 수 있는 경우로서 다음 각 호의 어느 하나에 해당하면 마주치는 상태에 있다고 보아야 한다(법 제72조 제2항).

1. 밤에는 2개의 마스트등을 일직선으로 또는 거의 일직선으로 볼 수 있거나 양쪽의 현등을 볼 수 있는 경우
2. 낮에는 2척의 선박의 마스트가 선수에서 선미(船尾)까지 일직선이 되거나 거의 일직선이 되는 경우

선박은 마주치는 상태에 있는지가 분명하지 아니한 경우에는 마주치는 상태에 있다고 보고 필요한 조치를 취하여야 한다(법 제72조 제3항).

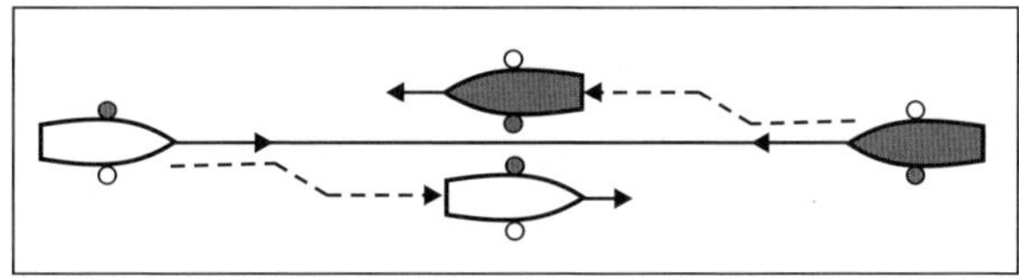

그림 7.8 마주치는 상태의 항법

5. 횡단하는 상태

2척의 동력선이 상대의 진로를 횡단하는 경우로서 충돌의 위험이 있을 때에는 다른 선박을 우현 쪽에 두고 있는 선박이 그 다른 선박의 진로를 피하여야 한다. 이 경우 다른 선박의 진로를 피하여야 하는 선박은 부득이한 경우 외에는 그 다른 선박의 선수 방향을 횡단하여서는 아니 된다(법 제73조).

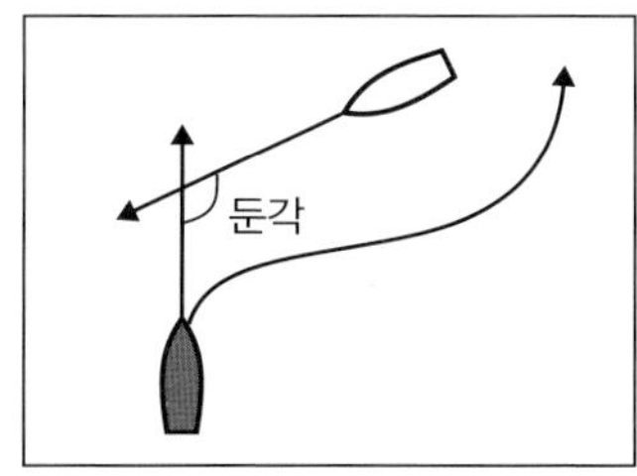

그림 7.9 둔각횡단시의 피항방법

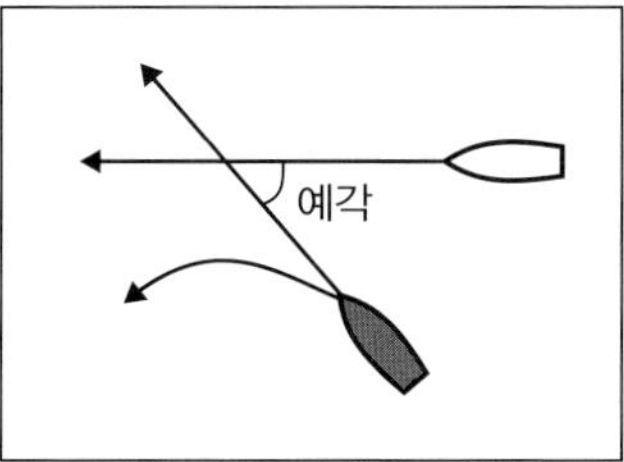

그림 7.10 예각횡단시의 피항방법

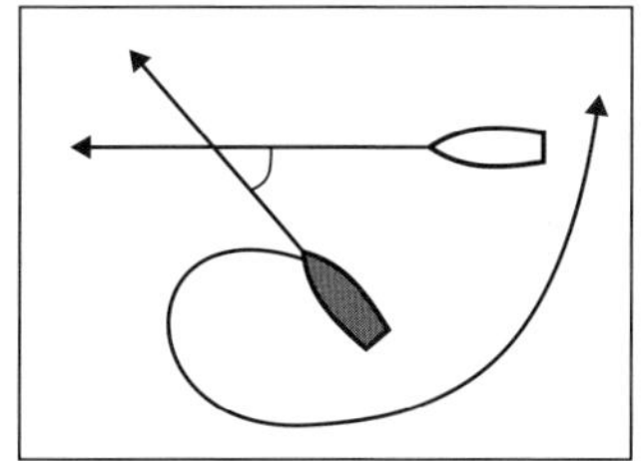

그림 11 예각횡단시의 적극적인 피항방법

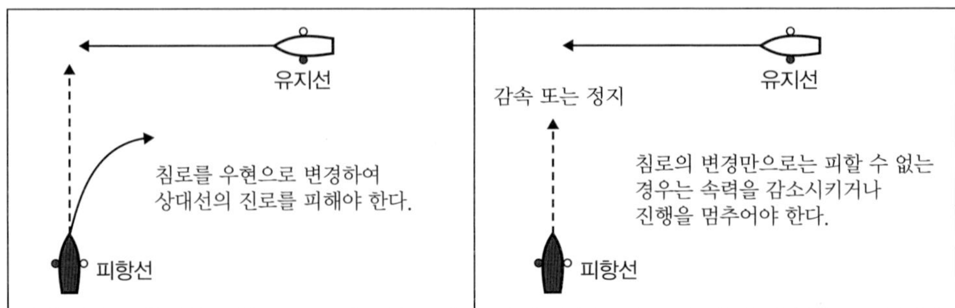

그림 7.12 서로의 진로를 횡단하는 상태

6. 피항선의 동작

이 법에 따라 다른 선박의 진로를 피하여야 하는 모든 선박[이하 "피항선"(避航船)이라 한다]은 될 수 있으면 미리 동작을 크게 취하여 다른 선박으로부터 충분히 멀리 떨어져야 한다(법 제74조).

7. 유지선의 동작

2척의 선박 중 1척의 선박이 다른 선박의 진로를 피하여야 할 경우 다른 선박은 그 침로와 속력을 유지하여야 한다(법 제75조 제1항). 법 제75조 제1항에 따라 침로와 속력을 유지하여야 하는 선박[이하 "유지선"(維持船)이라 한다]은 피항선이 이 법에 따른 적절한 조치를 취하고 있지 아니하다고 판단하면 법 제75조 제1항에도 불구하고 스스로의 조종만으로 피

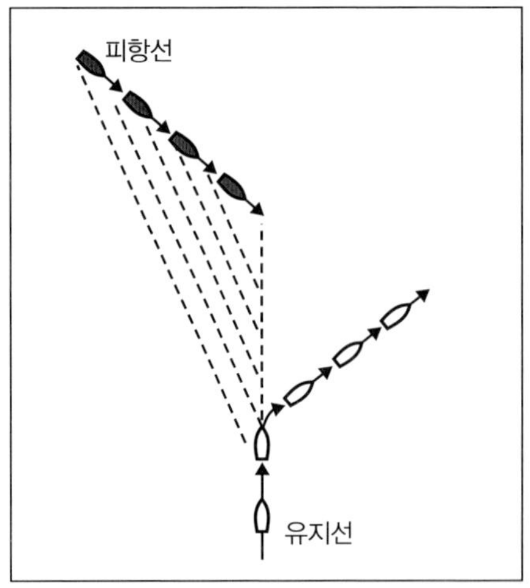

그림 7.13 유지선의 조기 피항으로충돌의 위험방지

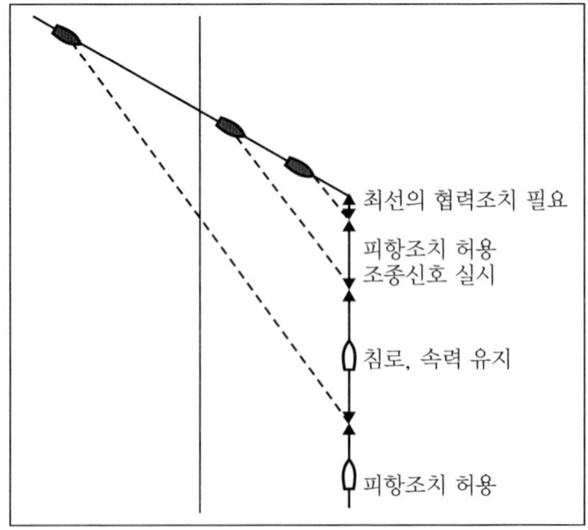

그림 7.14 피항의 원칙

항선과 충돌하지 아니하도록 조치를 취할 수 있다. 이 경우 유지선은 부득이하다고 판단하는 경우 외에는 자기 선박의 좌현 쪽에 있는 선박을 향하여 침로를 왼쪽으로 변경하여서는 아니 된다(법 제75조 제2항). 유지선은 피항선과 매우 가깝게 접근하여 해당 피항선의 동작만으로는 충돌을 피할 수 없다고 판단하는 경우에는 제1항에도 불구하고 충돌을 피하기 위하여 충분한 협력을 하여야 한다(법 제75조 제3항). 법 제75조 제2항과 제3항은 피항선에게 진로를 피하여야 할 의무를 면제하는 것은 아니다(법 제75조 제4항).

8. 선박 사이의 책무

항행 중인 선박은 법 제67조, 제68조 및 제71조에 따른 경우 외에는 이 조에서 정하는 항법에 따라야 한다(법 제76조 제1항).

가. 동력선

항행 중인 동력선은 다음 각 호에 따른 선박의 진로를 피하여야 한다(법 제76조 제2항).

1. 조종불능선
2. 조종제한선[9)]
3. 어로에 종사하고 있는 선박
4. 범선

나. 범선

항행 중인 범선은 다음 각 호에 따른 선박의 진로를 피하여야 한다(법 제76조 제3항).

1. 조종불능선
2. 조종제한선
3. 어로에 종사하고 있는 선박

다. 어로선

어로에 종사하고 있는 선박 중 항행 중인 선박은 될 수 있으면 다음 각 호에 따른 선박의 진

---

9) 대법원 2005. 9. 28. 선고 2004추65 판결 : 「해상교통안전법」 제2조 제7호 (바)목은 진로로부터의 이탈능력을 매우 제한받는 예인작업에 종사하고 있어 다른 선박의 진로를 피할 수 없는 선박을 조종제한선의 하나로 규정하고, 제26조 제2항은 항행중인 동력선은 조종제한선의 진로를 피하여야 한다고 규정하고 있어 조종제한선은 동력선에 대하여 진로우선권이 보장되어 있는바, 여기에서의 조종제한선에 해당하는지 여부는 예인선열의 총길이, 운항가능 최대속력(예인으로 인한 속력의 저하), 예인선과 피예인선의 크기, 피예인선에 화물을 실었는지 여부, 피항공간 등을 종합적으로 고려하여 판단되어야 한다.

로를 피하여야 한다(법 제76조 제4항).

1. 조종불능선
2. 조종제한선

라. 조종불능선 등

조종불능선이나 조종제한선이 아닌 선박은 부득이하다고 인정하는 경우 외에는 법 제86조에 따른 등화나 형상물을 표시하고 있는 흘수제약선의 통항을 방해하여서는 아니 된다(법 제76조 제5항).

마. 수상항공기 등

수상항공기는 될 수 있으면 모든 선박으로부터 충분히 떨어져서 선박의 통항을 방해하지 아니하도록 하되, 충돌할 위험이 있는 경우에는 이 법에서 정하는 바에 따라야 한다(법 제76조 제6항). 수면비행선박은 선박의 통항을 방해하지 아니하도록 모든 선박으로부터 충분히 떨어져서 비행(이륙 및 착륙을 포함한다. 이하 같다)하여야 한다. 다만, 수면에서 항행하는 때에는 이 법에서 정하는 동력선의 항법을 따라야 한다(법 제76조 제7항).

그림 7.15 각종 선박간의 책무

제4관 제한된 시계에서 선박의 항법

1. 원칙

이 조는 시계가 제한된 수역 또는 그 부근을 항행하고 있는 선박이 서로 시계 안에 있지 아니한 경우에 적용한다(법 제77조 제1항). 모든 선박은 시계가 제한된 그 당시의 사정과 조건에 적합한 안전한 속력으로 항행하여야 하며, 동력선은 제한된 시계 안에 있는 경우 기관을 즉시 조작할 수 있도록 준비하고 있어야 한다(법 제77조 제2항). 선박은 법 제6장 제1절에 따라 조치를 취할 때에는 시계가 제한되어 있는 당시의 상황에 충분히 유의하여 항행하여야 한다(법 제77조 제3항). 레이더만으로 다른 선박이 있는 것을 탐지한 선박은 해당 선박과 얼마나 가까이 있는지 또는 충돌할 위험이 있는지를 판단하여야 한다. 이 경우 해당 선박과 매우 가까이 있거나 그 선박과 충돌할 위험이 있다고 판단한 경우에는 충분한 시간적 여유를 두고 피항동작을 취하여야 한다(법 제77조 제4항).

2. 침로변경

법 제77조 제4항에 따른 피항동작이 침로를 변경하는 것만으로 이루어질 경우에는 될 수 있으면 다음 각 호의 동작은 피하여야 한다(법 제77조 제5항).

1. 다른 선박이 자기 선박의 양쪽 현의 정횡 앞쪽에 있는 경우 좌현 쪽으로 침로를 변경하는 행위(추월당하고 있는 선박에 대한 경우는 제외한다)
2. 자기 선박의 양쪽 현의 정횡 또는 그곳으로부터 뒤쪽에 있는 선박의 방향으로 침로를 변경하는 행위

3. 충돌가능성이 없을 때

충돌할 위험성이 없다고 판단한 경우 외에는 다음 각 호의 어느 하나에 해당하는 경우 모든 선박은 자기 배의 침로를 유지하는 데에 필요한 최소한으로 속력을 줄여야 한다. 이 경우 필요하다고 인정되면 자기 선박의 진행을 완전히 멈추어야 하며, 어떠한 경우에도 충돌할 위험성이 사라질 때까지 주의하여 항행하여야 한다(법 제77조 제6항).

1. 자기 선박의 양쪽 현의 정횡 앞쪽에 있는 다른 선박에서 무중신호(霧中信號)를 듣는 경우
2. 자기 선박의 양쪽 현의 정횡으로부터 앞쪽에 있는 다른 선박과 매우 근접한 것을 피할 수 없는 경우

제5관 등화와 형상물

1. 적용

법 제6장 제4절은 모든 날씨에서 적용한다(법 제78조 제1항).

선박은 해지는 시각부터 해뜨는 시각까지 이 법에서 정하는 등화(燈火)를 표시하여야 하며, 이 시간 동안에는 이 법에서 정하는 등화 외의 등화를 표시하여서는 아니 된다. 다만, 다음 각 호의 어느 하나에 해당하는 등화는 표시할 수 있다(법 제78조 제2항).

1. 이 법에서 정하는 등화로 오인되지 아니할 등화
2. 이 법에서 정하는 등화의 가시도(可視度)나 그 특성의 식별을 방해하지 아니하는 등화
3. 이 법에서 정하는 등화의 적절한 경계(警戒)를 방해하지 아니하는 등화

이 법에서 정하는 등화를 설치하고 있는 선박은 해뜨는 시각부터 해지는 시각까지도 제한된 시계에서는 등화를 표시하여야 하며, 필요하다고 인정되는 그 밖의 경우에도 등화를 표시할 수 있다(법 제78조 제3항). 선박은 낮 동안에는 이 법에서 정하는 형상물을 표시하여야 한다(법 제78조 제4항).

2. 등화의 종류

선박의 등화는 다음 각 호와 같다(법 제79조).

1. 마스트등: 선수와 선미의 중심선상에 설치되어 225도에 걸치는 수평의 호(弧)를 비추되, 그 불빛이 정선수 방향으로부터 양쪽 현의 정횡으로부터 뒤쪽 22.5도까지 비출 수 있는 흰색 등(燈)
2. 현등(舷燈): 정선수 방향에서 양쪽 현으로 각각 112.5도에 걸치는 수평의 호를 비추는 등화로서 그 불빛이 정선수 방향에서 좌현 정횡으로부터 뒤쪽 22.5도까지 비출 수 있도록 좌현에 설치된 붉은색 등과 그 불빛이 정선수 방향에서 우현 정횡으로부터 뒤쪽 22.5도까지 비출 수 있도록 우현에 설치된 녹색 등
3. 선미등: 135도에 걸치는 수평의 호를 비추는 흰색 등으로서 그 불빛이 정선미 방향으로부터 양쪽 현의 67.5도까지 비출 수 있도록 선미 부분 가까이에 설치된 등
4. 예선등(曳船燈): 선미등과 같은 특성을 가진 황색 등
5. 전주등(全周燈): 360도에 걸치는 수평의 호를 비추는 등화. 다만, 섬광등(閃光燈)은

제외한다.

6. 섬광등: 360도에 걸치는 수평의 호를 비추는 등화로서 일정한 간격으로 1분에 120회 이상 섬광을 발하는 등
7. 양색등(兩色燈): 선수와 선미의 중심선상에 설치된 붉은색과 녹색의 두 부분으로 된 등화로서 그 붉은색과 녹색 부분이 각각 현등의 붉은색 등 및 녹색 등과 같은 특성을 가진 등
8. 삼색등(三色燈): 선수와 선미의 중심선상에 설치된 붉은색·녹색·흰색으로 구성된 등으로서 그 붉은색·녹색·흰색의 부분이 각각 현등의 붉은색 등과 녹색 등 및 선미등과 같은 특성을 가진 등

3. 등화 및 형상물의 기준

이 법에서 규정하는 등화의 가시거리·광도 등 기술적 기준, 등화·형상물의 구조와 설치할 위치 등에 관하여 필요한 사항은 해양수산부장관이 정하여 고시한다(법 제80조).

4. 항행 중인 동력선

항행 중인 동력선은 다음 각 호의 등화를 표시하여야 한다(법 제81조 제1항).

1. 앞쪽에 마스트등 1개와 그 마스트등보다 뒤쪽의 높은 위치에 마스트등 1개. 다만, 길이 50미터 미만의 동력선은 뒤쪽의 마스트등을 표시하지 아니할 수 있다.
2. 현등 1쌍(길이 20미터 미만의 선박은 이를 대신하여 양색등을 표시할 수 있다. 이하 이 절에서 같다)
3. 선미등 1개

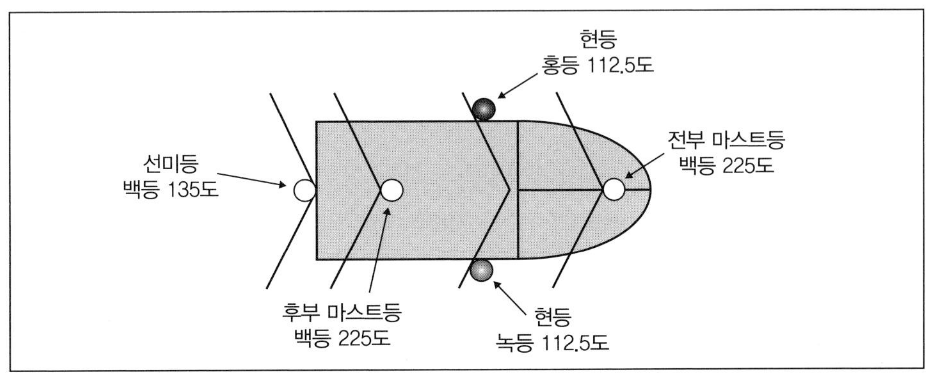

그림 7.16 항행 중인 동력선의 등화와 비춤 범위

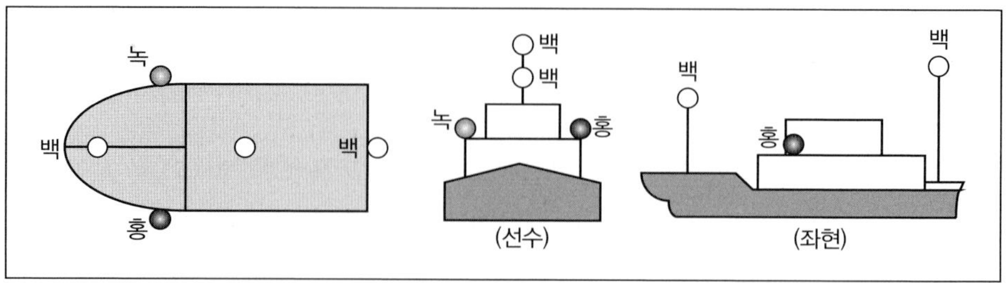

그림 7.17 길이 50미터 이상의 항행 중인 동력선

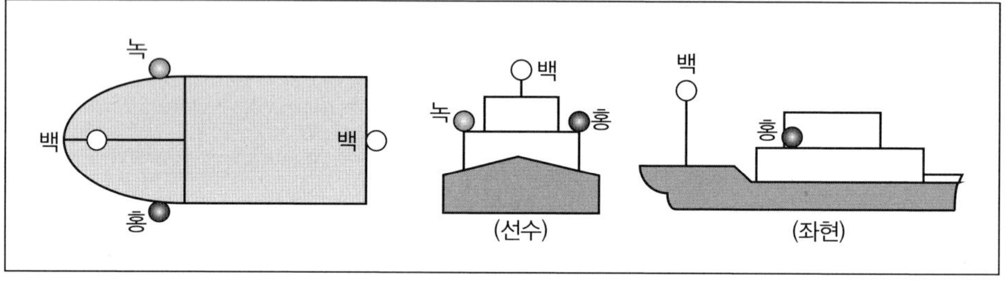

그림 7.18 길이 50미터 미만의 항행 중인 동력선

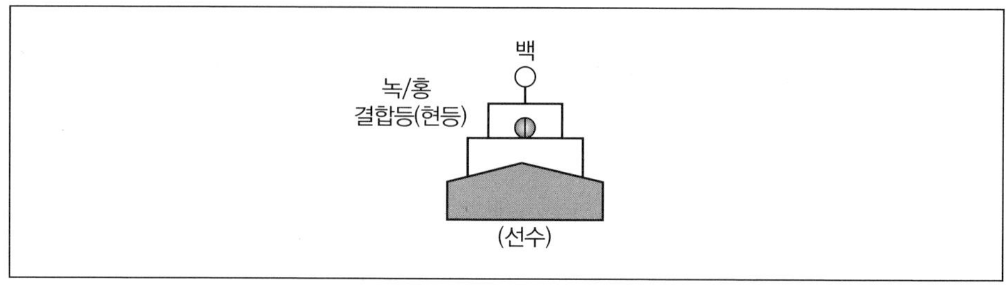

그림 7.19 길이 20미터 미만의 항행 중인 모든 선박 (범선 포함)

수면에 떠있는 상태로 항행 중인 해양수산부령으로 정하는 선박은 법 제81조 제1항에 따른 등화에 덧붙여 사방을 비출 수 있는 황색의 섬광등 1개를 표시하여야 한다(법 제81조 제2항). 수면비행선박이 비행하는 경우에는 법 제81조 제1항에 따른 등화에 덧붙여 사방을 비출 수 있는 고광도 홍색 섬광등 1개를 표시하여야 한다(법 제81조 제3항). 길이 12미터 미만의 동력선은 법 제81조 제1항에 따른 등화를 대신하여 흰색 전주등 1개와 현등 1쌍을 표시할 수 있다(법 제81조 제4항). 길이 7미터 미만이고 최대속력이 7노트 미만인 동력선은 법 제81조 제1항이나 제4항에 따른 등화를 대신하여 흰색 전주등 1개만을 표시할 수 있으며, 가능한 경우 현등 1쌍도 표시할 수 있다(법 제81조 제5항). 길이 12미터 미만인 동력선에서 마스트등이나 흰색 전주등을 선수와 선미의 중심선상에 표시하는 것이 불가능할 경우에는 그 중심선 위에서 벗어난 위치에 표시할 수 있다. 이 경우 현등 1쌍은 이를 1개의 등

화(燈火)로 결합하여 선수와 선미의 중심선상 또는 그에 가까운 위치에 표시하되, 그 표시를 할 수 없을 경우에는 될 수 있으면 마스트등이나 흰색 전주등이 표시된 선으로부터 가까운 위치에 표시하여야 한다(법 제81조 제6항).

「해사안전법 시행규칙」

제55조(황색섬광등을 표시하여야 할 선박) 법 제81조제2항에서 "해양수산부령으로 정하는 선박"이란 공기부양선을 말한다.

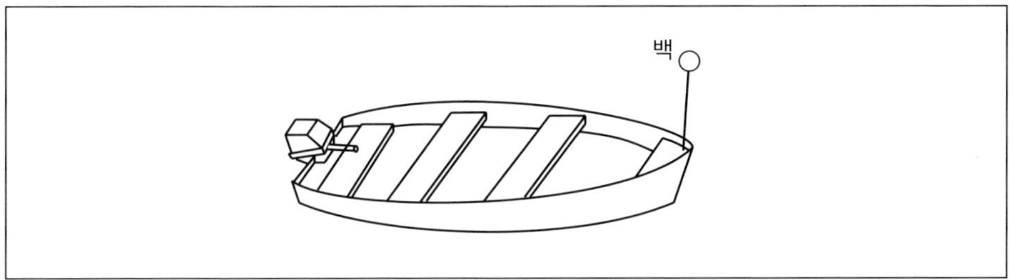

그림 7.20 길이 12미터 미만의 동력선 (대수속력이 있는 경우)

5. 항행 중인 예인선

동력선이 다른 선박이나 물체를 끌고 있는 경우에는 다음 각 호의 등화나 형상물을 표시하여야 한다(법 제82조 제1항).

1. 법 제81조 제1항 제1호에 따라 앞쪽에 표시하는 마스트등을 대신하여 같은 수직선 위에 마스트등 2개. 다만, 예인선의 선미로부터 끌려가고 있는 선박이나 물체의 뒤쪽 끝까지 측정한 예인선열의 길이가 200미터를 초과하면 같은 수직선 위에 마스트등 3개를 표시하여야 한다.
2. 현등 1쌍
3. 선미등 1개
4. 선미등의 위쪽에 수직선 위로 예선등 1개
5. 예인선열의 길이가 200미터를 초과하면 가장 잘 보이는 곳에 마름모꼴의 형상물 1개

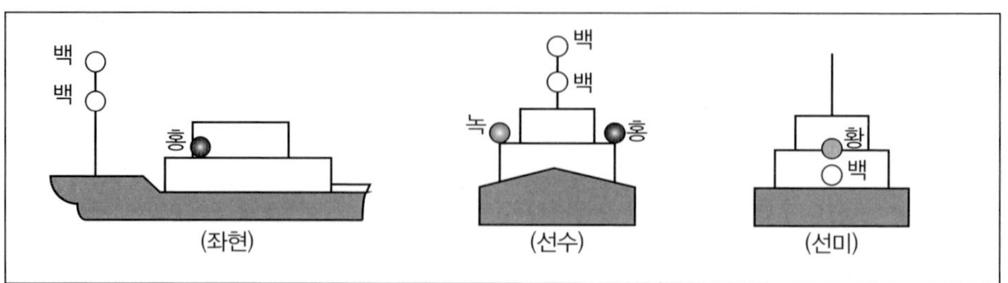

그림 7.21 길이 50미터 미만의 동력선이 타선을 선미에 연결하여 끌고 가는 경우 (예인선열의 길이가 200미터를 초과하지 않는 경우)

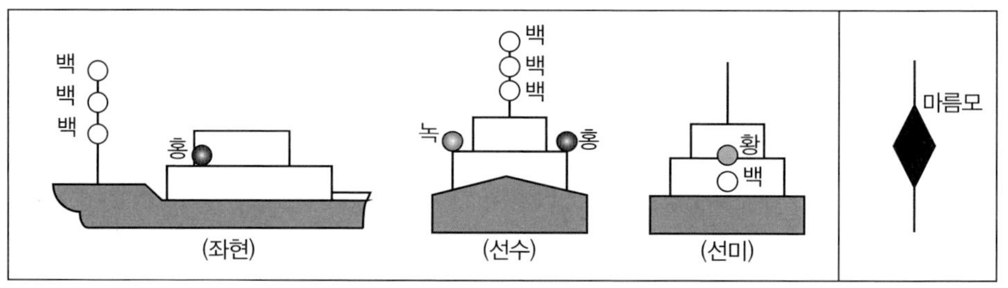

그림 7.22 길이 50미터 미만의 동력선이 타선을 선미에 연결하여 끌고 가는 경우 (예인선열의 길이가 200미터 이상일 때)

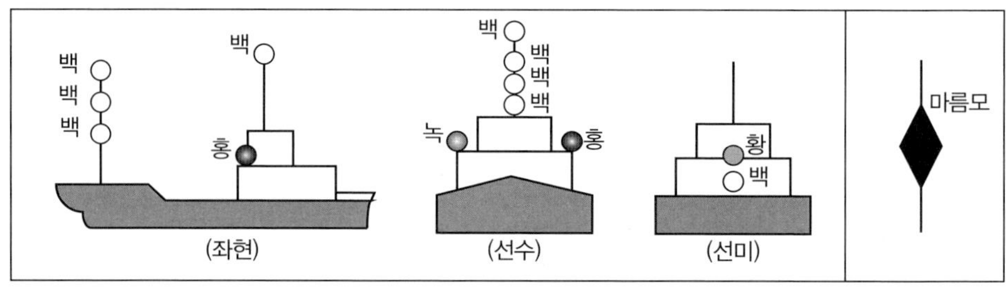

그림 7.23 길이 50미터 이상의 동력선이 타선을 선미에 끌고 있는 경우 (예인선열의 길이가 200미터 이상인 경우)

다른 선박을 밀거나 옆에 붙여서 끌고 있는 동력선은 다음 각 호의 등화를 표시하여야 한다(법 제82조 제2항).

1. 법 제81조 제1항 제1호에 따라 앞쪽에 표시하는 마스트등을 대신하여 같은 수직선 위로 마스트등 2개
2. 현등 1쌍
3. 선미등 1개

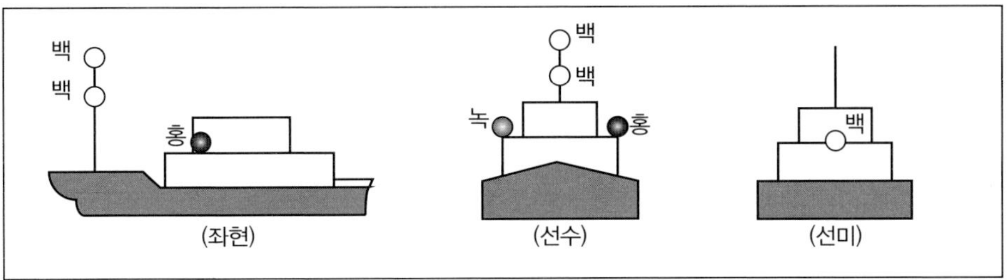

그림 7.24 타선을 앞으로 밀거나 옆에 붙여서 끌고 있는 동력선

끌려가고 있는 선박이나 물체는 다음 각 호의 등화나 형상물을 표시하여야 한다(법 제82조 제3항).[10)]

1. 현등 1쌍
2. 선미등 1개
3. 예인선열의 길이가 200미터를 초과하면 가장 잘 보이는 곳에 마름모꼴의 형상물 1개

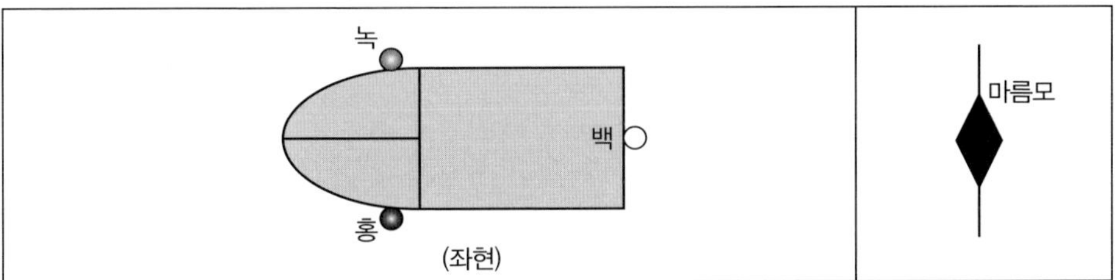

그림 7.25 끌려가고 있는 선박 또는 물체

10) 대법원 2010.1.28. 선고 2008다65686,65693 판결 :
[1] 구「해상교통안전법」(2007. 4. 11. 법률 제8380호로 전부 개정되기 전의 것) 제28조 및 제31조 제3항은 "끌려가고 있는 선박은 현등 1쌍, 선미등 1개를 표시하여야 한다"고 규정하고, 제42조 제1항 제4호는 "시계가 제한된 수역을 항행하는 경우 끌려가고 있는 선박은 승무원이 있을 경우에는 2분을 넘지 아니하는 간격으로 연속된 4회의 기적(장음 1회에 단음 3회를 말한다)을 울려야 한다"고 규정하고 있는바, 피예인선이 자력 항행이 불가능한 부선(부선)이라거나 피예인선의 승무원에게 예인선의 항해를 지휘·감독할 권한 또는 의무가 없다는 사정만으로는 피예인선 승무원의 위 음향신호 및 등화신호를 할 의무가 면제된다고 할 수 없고, 같은 법 제10조 제1항 제2호 단서가 선박의 안전관리체제를 수립해야 하는 선박에 선박법 제1조의2 제3호의 규정에 의한 부선을 포함하지 않고 있다고 하여, 피예인선인 부선이 다른 선박 또는 물체와 충돌한 경우 부선의 소유자나 승무원 등의 과실 유무와 무관하게 예인선 측만이 책임을 부담한다고 할 수 없다.
[2] 짙은 안개로 시계가 제한된 수역에서 예인선에 끌려가던 부선(부선)이 다른 선박과 충돌한 사안에서, 부선 측에서 구「해상교통안전법」(2007. 4. 11. 법률 제8380호로 전부 개정되기 전의 것)상의 음향신호와 등화신호를 제대로 하였더라면 다른 선박 측에서 부선의 존재를 알아채고 사전에 감속하거나 방향을 변경하여 충돌사고를 방지하였을 개연성이 상당하므로, 음향신호와 등화신호를 하지 아니한 부선 측의 과실도 충돌사고 발생의 한 원인이 되었다고 본 사례.
[3] 같은 취지의 판결 : 대법원 2010.1.14. 선고 2008다69107 판결.

2척 이상의 선박이 한 무리가 되어 밀려가거나 옆에 붙어서 끌려갈 경우에는 이를 1척의 선박으로 보고 다음 각 호의 등화를 표시하여야 한다(법 제82조 제4항).

1. 앞쪽으로 밀려가고 있는 선박의 앞쪽 끝에 현등 1쌍
2. 옆에 붙어서 끌려가고 있는 선박은 선미등 1개와 그의 앞쪽 끝에 현등 1쌍

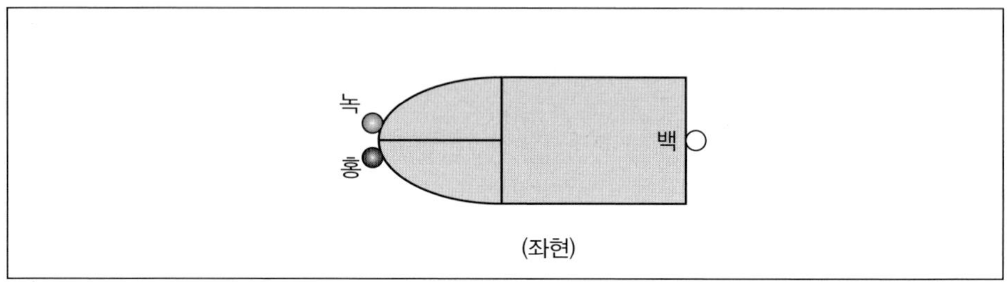

그림 7.26 옆에 붙어서 끌려가고 있는 선박

일부가 물에 잠겨 잘 보이지 아니하는 상태에서 끌려가고 있는 선박이나 물체 또는 끌려가고 있는 선박이나 물체의 혼합체는 제3항에도 불구하고 다음 각 호의 등화나 형상물을 표시하여야 한다(법 제82조 제5항).

1. 폭 25미터 미만이면 앞쪽 끝과 뒤쪽 끝 또는 그 부근에 흰색 전주등 각 1개
2. 폭 25미터 이상이면 제1호에 따른 등화에 덧붙여 그 폭의 양쪽 끝이나 그 부근에 흰색 전주등 각 1개
3. 길이가 100미터를 초과하면 제1호와 제2호에 따른 등화 사이의 거리가 100미터를 넘지 아니하도록 하는 흰색 전주등을 함께 표시
4. 끌려가고 있는 맨 뒤쪽의 선박이나 물체의 뒤쪽 끝 또는 그 부근에 마름모꼴의 형상물 1개. 이 경우 예인선열의 길이가 200미터를 초과할 때에는 가장 잘 볼 수 있는 앞쪽 끝 부분에 마름모꼴의 형상물 1개를 함께 표시한다.

끌려가고 있는 선박이나 물체에 법 제82조 제3항 또는 제5항에 따른 등화나 형상물을 표시할 수 없는 경우에는 끌려가고 있는 선박이나 물체를 조명하거나 그 존재를 나타낼 수 있는 가능한 모든 조치를 취하여야 한다(법 제82조 제6항). 통상적으로 예인작업에 종사하지 아니한 선박이 조난당한 선박이나 구조가 필요한 다른 선박을 끌고 있는 경우로서 법 제82조 제1항이나 제2항에 따른 등화를 표시할 수 없을 때에는 그 등화들을 표시하지 아니할 수 있다. 이 경우 끌고 있는 선박과 끌려가고 있는 선박 사이의 관계를 표시하기 위하여 끄

는 데에 사용되는 줄을 탐조등으로 비추는 등 법 제94조에 따른 가능한 모든 조치를 취하여야 한다(법 제82조 제7항). 밀고 있는 선박과 밀려가고 있는 선박이 단단하게 연결되어 하나의 복합체를 이룬 경우에는 이를 1척의 동력선으로 보고 법 제81조를 적용한다(법 제82조 제8항).

6. 항행 중인 범선 등

항행 중인 범선은 다음 각 호의 등화를 표시하여야 한다(법 제83조 제1항).

1. 현등 1쌍
2. 선미등 1개

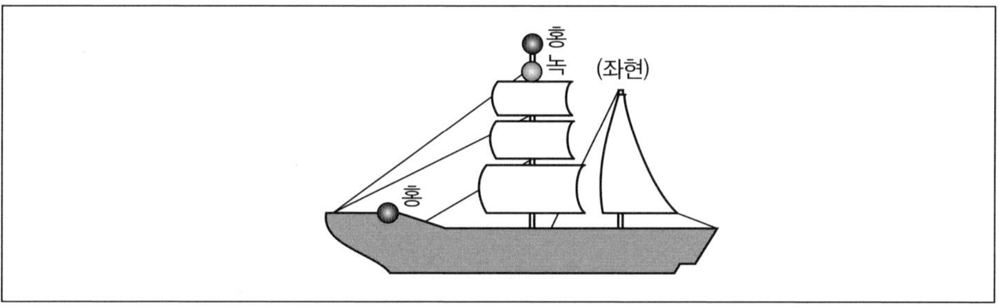

그림 7.27 항해 중인 범선

항행 중인 길이 20미터 미만의 범선은 법 제83조 제1항에 따른 등화를 대신하여 마스트의 꼭대기나 그 부근의 가장 잘 보이는 곳에 삼색등 1개를 표시할 수 있다(법 제83조 제2항). 항행 중인 범선은 법 제83조 제1항에 따른 등화에 덧붙여 마스트의 꼭대기나 그 부근의 가장 잘 보이는 곳에 전주등 2개를 수직선의 위아래에 표시할 수 있다. 이 경우 위쪽의 등화는 붉은색, 아래쪽의 등화는 녹색이어야 하며, 이 등화들은 법 제83조 제2항에 따른 삼색등과 함께 표시하여서는 아니 된다(법 제83조 제3항). 길이 7미터 미만의 범선은 될 수 있으면 법 제83조 제1항이나 제2항에 따른 등화를 표시하여야 한다. 다만, 이를 표시하지 아니할 경우에는 흰색 휴대용 전등이나 점화된 등을 즉시 사용할 수 있도록 준비하여 충돌을 방지할 수 있도록 충분한 기간 동안 이를 표시하여야 한다(법 제83조 제4항). 노도선(櫓櫂船)은 이 조에 따른 범선의 등화를 표시할 수 있다. 다만, 이를 표시하지 아니하는 경우에는 법 제83조 제4항 단서에 따라야 한다(법 제83조 제5항). 범선이 기관을 동시에 사용하여 진행하고 있는 경우에는 앞쪽의 가장 잘 보이는 곳에 원뿔꼴로 된 형상물 1개를 그 꼭대기가 아래로 향하도록 표시하여야 한다(법 제83조 제6항).

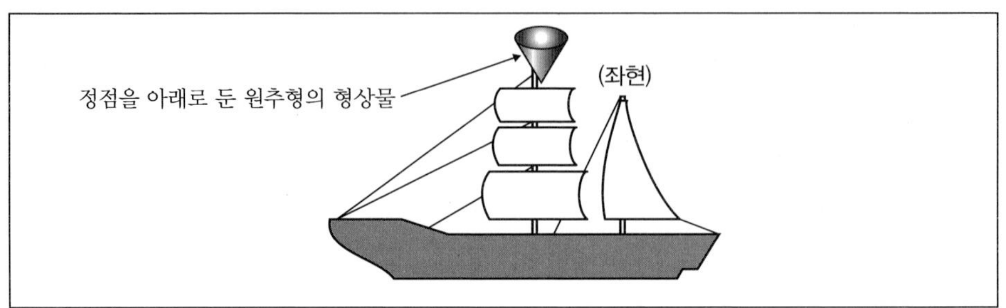

그림 7.28 범선이 돛과 기관을 동시 사용하여 진행할 때(야간 – 동력선 등화)

7. 어선

항망(桁網)이나 그 밖의 어구를 수중에서 끄는 트롤망어로에 종사하는 선박은 항행에 관계없이 다음 각 호의 등화나 형상물을 표시하여야 한다(법 제84조 제1항).

1. 수직선 위쪽에는 녹색, 그 아래쪽에는 흰색 전주등 각 1개 또는 수직선 위에 2개의 원뿔을 그 꼭대기에서 위아래로 결합한 형상물 1개
2. 제1호의 녹색 전주등보다 뒤쪽의 높은 위치에 마스트등 1개. 다만, 어로에 종사하는 길이 50미터 미만의 선박은 이를 표시하지 아니할 수 있다.
3. 대수속력이 있는 경우에는 제1호와 제2호에 따른 등화에 덧붙여 현등 1쌍과 선미등 1개

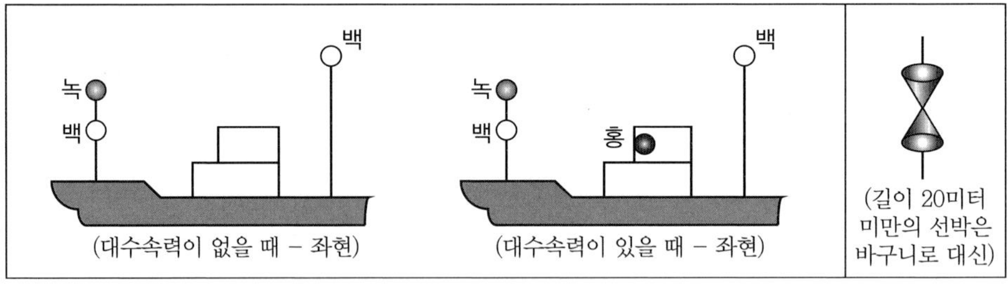

그림 7.29 길이 50미터 이상의 트롤망 어로에 종사하고 있는 선박

법 제84조 제1항에 따른 어로에 종사하는 선박 외에 어로에 종사하는 선박은 항행 여부에 관계없이 다음 각 호의 등화나 형상물을 표시하여야 한다(법 제84조 제2항).

1. 수직선 위쪽에는 붉은색, 아래쪽에는 흰색 전주등 각 1개 또는 수직선 위에 두 개의 원뿔을 그 꼭대기에서 위아래로 결합한 형상물 1개

2. 수평거리로 150미터가 넘는 어구를 선박 밖으로 내고 있는 경우에는 어구를 내고 있는 방향으로 흰색 전주등 1개 또는 꼭대기를 위로 한 원뿔꼴의 형상물 1개
3. 대수속력이 있는 경우에는 제1호와 제2호에 따른 등화에 덧붙여 현등 1쌍과 선미등 1개

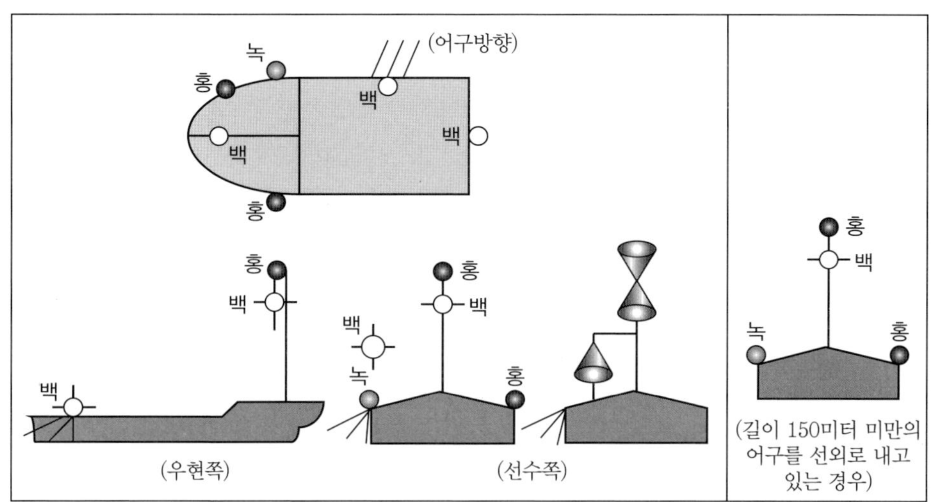

그림 7.30 트롤 이외의 어선이 어구를 선외로 내고 있을 때

트롤망어로와 선망어로(旋網漁撈)에 종사하고 있는 선박에는 법 제84조 제1항과 제2항에 따른 등화 외에 해양수산부령으로 정하는 추가신호를 표시하여야 한다(법 제84조 제3항). 어로에 종사하고 있지 아니하는 선박은 이 조에 따른 등화나 형상물을 표시하여서는 아니 되며, 그 선박과 같은 길이의 선박이 표시하여야 할 등화나 형상물만을 표시하여야 한다(법 제84조 제4항).

「해사안전법 시행규칙」

제56조(어로에 종사하고 있는 선박의 추가신호) 법 제84조제3항에서 "해양수산부령으로 정하는 추가신호"란 별표 16에서 정하는 신호를 말한다.

[별표 16]
어로에 종사하고 있는 선박의 추가신호(제56조 관련)

<table>
<tr><th>선종</th><th colspan="2">작업내용</th><th>표시등화</th><th>가시거리</th><th>설치기준</th></tr>
<tr><td rowspan="4">트롤어선</td><td rowspan="3">외끌이의 경우</td><td>어망을 투입하고 있는 경우</td><td>수직선상에 백색 등화 2개</td><td rowspan="4">법 제80조에 따라 해양수산부장관이 정하여 고시하는 기준에 의한 다른 등화보다 그 가시거리가 짧아야 하되, 1해리 이상의 수평선 주위에서 볼 수 있어야 한다.</td><td rowspan="4">0.9미터 이상의 간격으로 설치하여야 한다.</td></tr>
<tr><td>어망을 건져올리고 있는 경우</td><td>수직선상에 홍색의 등화 1개와 그 윗부분에 백색등화 1개</td></tr>
<tr><td>어망이 장애물이 걸린 경우</td><td>수직선상에 홍색 등화 2개</td></tr>
<tr><td colspan="2">쌍끌이의 경우</td><td>외끌이의 경우에 해당하는 등화 외에 야간에는 한 쌍을 이룬 다른 선박의 진행방향을 비추는 탐조등 1개</td></tr>
<tr><td>선망어선</td><td colspan="2">어구에 의하여 조종성능이 제약을 받고 있는 경우</td><td>수직선상에 1초마다 번갈아 섬광을 발하며, 꺼지고 켜지는 시간이 동일한 황색의 등화 2개</td><td></td><td></td></tr>
</table>

8. 조종불능선과 조종제한선

가. 조종불능선

조종불능선은 다음 각 호의 등화나 형상물을 표시하여야 한다(법 제85조 제1항).

1. 가장 잘 보이는 곳에 수직으로 붉은색 전주등 2개
2. 가장 잘 보이는 곳에 수직으로 둥근꼴이나 그와 비슷한 형상물 2개
3. 대수속력이 있는 경우에는 제1호와 제2호에 따른 등화에 덧붙여 현등 1쌍과 선미등 1개

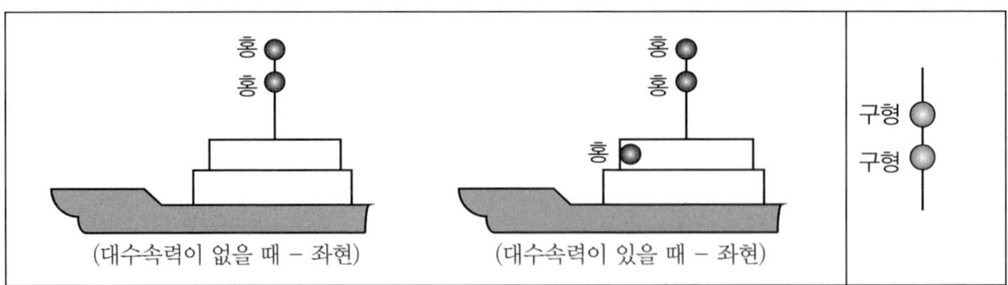

그림 7.31 조종불능선(vessels not under command)

나. 조종제한선

조종제한선은 기뢰제거작업에 종사하고 있는 경우 외에는 다음 각 호의 등화나 형상물을 표시하여야 한다(법 제85조 제2항).

1. 가장 잘 보이는 곳에 수직으로 위쪽과 아래쪽에는 붉은색 전주등, 가운데에는 흰색 전주등 각 1개
2. 가장 잘 보이는 곳에 수직으로 위쪽과 아래쪽에는 둥근꼴, 가운데에는 마름모꼴의 형상물 각 1개
3. 대수속력이 있는 경우에는 제1호에 따른 등화에 덧붙여 마스트등 1개, 현등 1쌍 및 선미등 1개
4. 정박 중에는 제1호와 제2호에 따른 등화나 형상물에 덧붙여 제88조에 따른 등화나 형상물

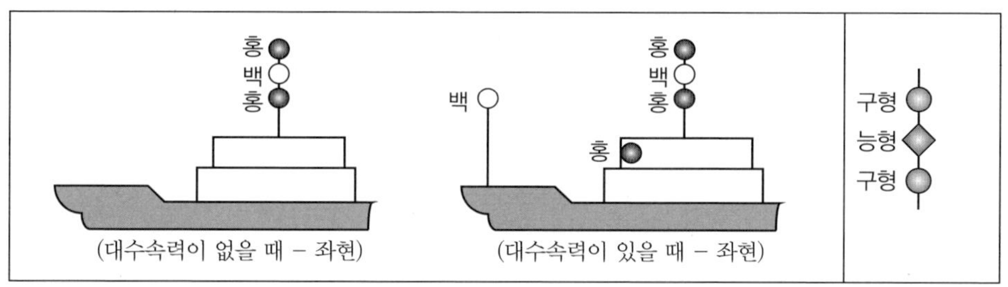

그림 7.32 조종제한선

다. 예인작업

동력선이 진로로부터 이탈능력을 매우 제한받는 예인작업에 종사하고 있는 경우에는 법 제82조 제1항에 따른 등화나 형상물에 덧붙여 법 제85조 제2항 제1호와 제2호에 따른 등화나 형상물을 표시하여야 한다(법 제85조 제3항).[11)]

라. 준설 등

준설(浚渫)이나 수중작업에 종사하고 있는 선박이 조종능력을 제한받고 있는 경우에는 법 제85조 제2항에 따른 등화나 형상물을 표시하여야 하며, 장애물이 있는 경우에는 이에 덧

11) 대법원 2009.4.23. 선고 2008도11921 판결 : 구「해상교통안전법」(2007. 1. 19. 법률 제8260호로 개정되어, 2008. 1. 20. 시행되기 전의 것) 제46조 제2항은 조종제한선이 표시하여야 할 등화나 형상물에 관하여 규정한 다음, 제3항에서 "동력선이 진로로부터 이탈능력을 매우 제한받는 예인작업에 종사하고 있는 경우에는 제43조 제1항에 따른 등화나 형상물에 덧붙여 제2항 제1호와 제2호에 따른 등화나 형상물을 표시하여야 한다."고 정하고 있다. 이에 의하면, 예인선이 진로로부터 이탈능력을 매우 제한받는 예인 작업에 종사하고 있는 경우에는 예인선 자체에 위와 같은 등화나 형상물을 표시하여야 하고, 예인 대상인 다른 선박 또는 물체에 위와 같은 등화나 형상물을 표시하는 것은 위 조항에 의한 적법한 등화나 형상물 표시 방법이라고 볼 수 없다.

원심이 같은 취지에서, 이 사건 주예인선과 부예인선에는 조종제한등화를 표시하지 아니하고 예인 대상인 부선에 조종제한등화를 한 것은 구「해상교통안전법」에 의한 적법한 등화 표시 방법이 아니고 이 역시 이 사건 충돌의 한 원인이 되었다고 판단한 것은 정당하고, 거기에 상고이유에서 주장하는 바와 같은 조종제한등화 표시방법, 인과관계에 관한 법리오해 등의 위법이 없다.

붙여 다음 각 호의 등화나 형상물을 표시하여야 한다(법 제85조 제4항).

1. 장애물이 있는 쪽을 가리키는 뱃전에 수직으로 붉은색 전주등 2개나 둥근꼴의 형상물 2개
2. 다른 선박이 통과할 수 있는 쪽을 가리키는 뱃전에 수직으로 녹색 전주등 2개나 마름모꼴의 형상물 2개
3. 정박 중인 때에는 법 제88조에 따른 등화나 형상물을 대신하여 제1호와 제2호에 따른 등화나 형상물

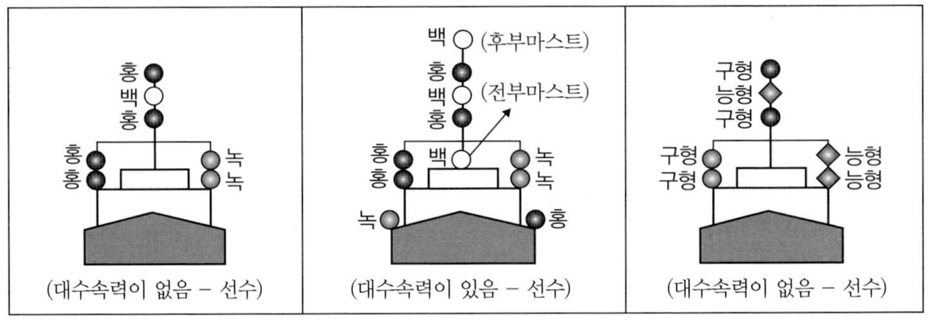

그림 7.33 준설 또는 수중 작업선

마. 잠수작업

잠수작업에 종사하고 있는 선박이 그 크기로 인하여 법 제85조 제4항에 따른 등화와 형상물을 표시할 수 없으면 다음 각 호의 표시를 하여야 한다(법 제85조 제5항).

1. 가장 잘 보이는 곳에 수직으로 위쪽과 아래쪽에는 붉은색 전주등, 가운데에는 흰색 전주등 각 1개
2. 국제해사기구가 정한 국제신호서(國際信號書) 에이(A) 기(旗)의 모사판(模寫版)을 1미터 이상의 높이로 하여 사방에서 볼 수 있도록 표시

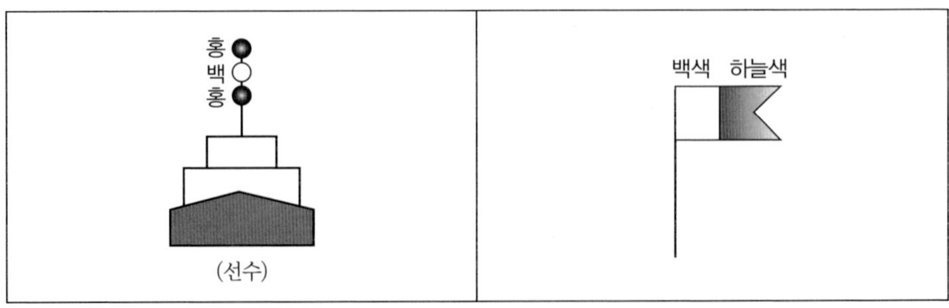

그림 7.34 잠수작업 종사선

바. 기뢰제거작업

기뢰제거작업에 종사하고 있는 선박은 해당 선박에서 1천미터 이내로 접근하면 위험하다는 경고로서 법 제81조에 따른 동력선에 관한 등화, 법 제88조에 따른 정박하고 있는 선박의 등화나 형상물에 덧붙여 녹색의 전주등 3개 또는 둥근꼴의 형상물 3개를 표시하여야 한다. 이 경우 이들 등화나 형상물 중에서 하나는 앞쪽 마스트의 꼭대기 부근에 표시하고, 다른 2개는 앞쪽 마스트의 가름대의 양쪽 끝에 1개씩 표시하여야 한다(법 제85조 제6항).

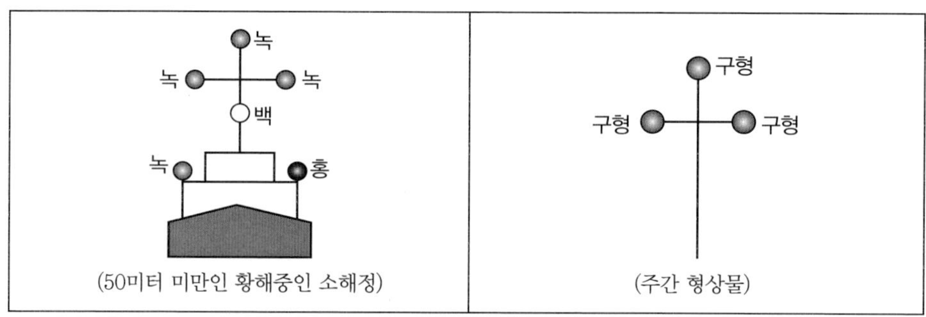

그림 7.35 기뢰 제거 작업 중인 선박 소해 작업에 종사하는 선박

사. 길이 12미터 미만선박

길이 12미터 미만의 선박은 잠수작업에 종사하고 있는 경우 외에는 이 조에 따른 등화와 형상물을 표시하지 아니할 수 있다(법 제85조 제7항).

9. 흘수제약선

흘수제약선은 법 제81조에 따른 동력선의 등화에 덧붙여 가장 잘 보이는 곳에 붉은색 전주등 3개를 수직으로 표시하거나 원통형의 형상물 1개를 표시할 수 있다(법 제86조).

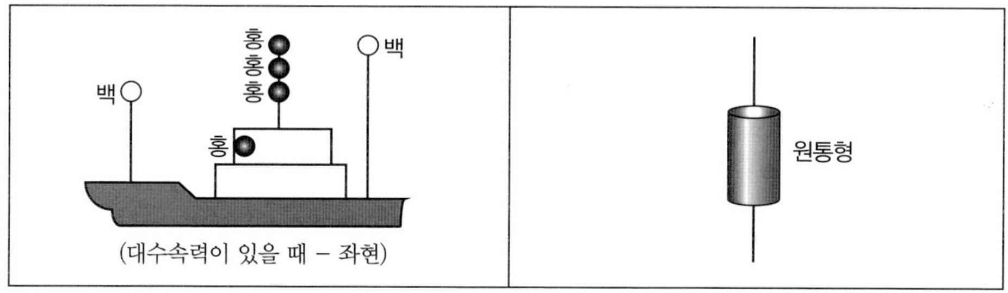

그림 7.36 흘수제약선

10. 도선선

가. 도선업무에 종사하고 있는 선박은 다음 각 호의 등화나 형상물을 표시하여야 한다(법 제87조 제1항).

1. 마스트의 꼭대기나 그 부근에 수직선 위쪽에는 흰색 전주등, 아래쪽에는 붉은색 전주등 각 1개
2. 항행 중에는 제1호에 따른 등화에 덧붙여 현등 1쌍과 선미등 1개
3. 정박 중에는 제1호에 따른 등화에 덧붙여 법 제88조에 따른 정박하고 있는 선박의 등화나 형상물

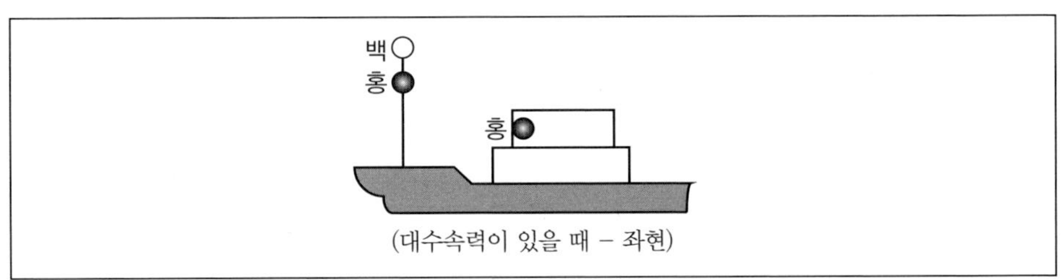

그림 7.37 항행 중인 도선선

나. 도선선이 도선업무에 종사하지 아니할 때에는 그 선박과 같은 길이의 선박이 표시하여야 할 등화나 형상물을 표시하여야 한다(법 제87조 제2항).

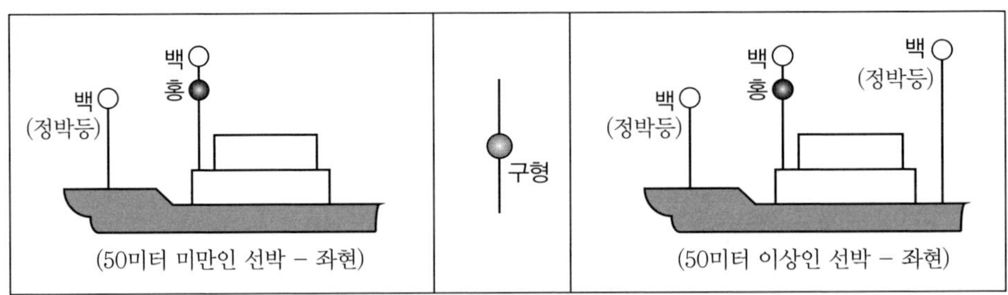

그림 7.38 정박 중인 도선선

11. 정박선과 얹혀 있는 선박

정박 중인 선박은 가장 잘 보이는 곳에 다음 각 호의 등화나 형상물을 표시하여야 한다(법 제88조 제1항).

1. 앞쪽에 흰색의 전주등 1개 또는 둥근꼴의 형상물 1개

2. 선미나 그 부근에 제1호에 따른 등화보다 낮은 위치에 흰색 전주등 1개

길이 50미터 미만인 선박은 법 제88조 제1항에 따른 등화를 대신하여 가장 잘 보이는 곳에 흰색 전주등 1개를 표시할 수 있다(법 제88조 제2항). 정박 중인 선박은 갑판을 조명하기 위하여 작업등 또는 이와 비슷한 등화를 사용하여야 한다. 다만, 길이 100미터 미만의 선박은 이 등화들을 사용하지 아니할 수 있다(법 제88조 제3항).

얹혀 있는 선박은 법 제88조 제1항이나 제2항에 따른 등화를 표시하여야 하며, 이에 덧붙여 가장 잘 보이는 곳에 다음 각 호의 등화나 형상물을 표시하여야 한다(법 제88조 제4항).

1. 수직으로 붉은색의 전주등 2개
2. 수직으로 둥근꼴의 형상물 3개

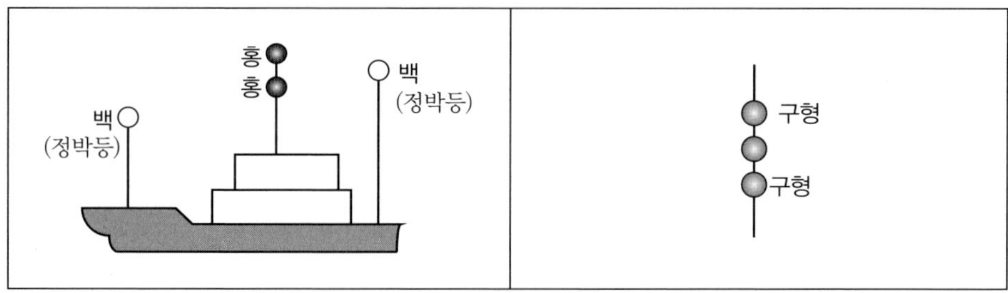

그림 7.39 얹혀 있는 선박

길이 7미터 미만의 선박이 좁은 수로 등 정박지 안 또는 그 부근과 다른 선박이 통상적으로 항행하는 수역이 아닌 장소에 정박하거나 얹혀 있는 경우에는 법 제88조 제1항과 제2항에 따른 등화나 형상물을 표시하지 아니할 수 있다(법 제88조 제5항). 길이 12미터 미만의 선박이 얹혀 있는 경우에는 법 제88조 제4항에 따른 등화나 형상물을 표시하지 아니할 수 있다(법 제88조 제6항).

12. 수상항공기 및 수면비행선박

수상항공기 및 수면비행선박은 이 절에서 규정하는 특성을 가진 등화와 형상물을 표시할 수 없거나 규정된 위치에 표시할 수 없는 경우 그 특성과 위치에 관하여 될 수 있으면 이 절에서 규정하는 것과 비슷한 등화나 형상물을 표시하여야 한다(법 제89조).

제6관 음향신호와 발광신호

1. 기적의 종류

"기적"(汽笛)이란 다음 각 호의 구분에 따라 단음(短音)과 장음(長音)을 발할 수 있는 음향신호장치를 말한다(법 제90조).

1. 단음: 1초 정도 계속되는 고동소리
2. 장음: 4초부터 6초까지의 시간 동안 계속되는 고동소리

2. 음향신호설비

길이 12미터 이상의 선박은 기적 1개를, 길이 20미터 이상의 선박은 기적 1개 및 호종(號鐘) 1개를 갖추어 두어야 하며, 길이 100미터 이상의 선박은 이에 덧붙여 호종과 혼동되지 아니하는 음조와 소리를 가진 징을 갖추어 두어야 한다. 다만, 호종과 징은 각각 그것과 음색이 같고 이 법에서 규정한 신호를 수동으로 행할 수 있는 다른 설비로 대체할 수 있다(법 제91조 제1항). 길이 12미터 미만의 선박은 법 제91조 제1항에 따른 음향신호설비를 갖추어 두지 아니하여도 된다. 다만, 이들을 갖추어 두지 아니하는 경우에는 유효한 음향신호를 낼 수 있는 다른 기구를 갖추어 두어야 한다(법 제91조 제2항). 선박이 갖추어 두어야 할 기적・호종 및 징의 기술적 기준과 기적의 위치 등에 관하여는 해양수산부장관이 정하여 고시한다(법 제91조 제3항).

3. 조종신호와 경고신호

항행 중인 동력선이 서로 상대의 시계 안에 있는 경우에 이 법의 규정에 따라 그 침로를 변경하거나 그 기관을 후진하여 사용할 때에는 다음 각 호의 구분에 따라 기적신호를 행하여야 한다(법 제92조 제1항).

1. 침로를 오른쪽으로 변경하고 있는 경우: 단음 1회
2. 침로를 왼쪽으로 변경하고 있는 경우: 단음 2회
3. 기관을 후진하고 있는 경우: 단음 3회

항행 중인 동력선은 다음 각 호의 구분에 따른 발광신호를 적절히 반복하여 법 제92조 제1항에 따른 기적신호를 보충할 수 있다(법 제92조 제2항).

1. 침로를 오른쪽으로 변경하고 있는 경우: 섬광 1회

2. 침로를 왼쪽으로 변경하고 있는 경우: 섬광 2회
3. 기관을 후진하고 있는 경우: 섬광 3회

법 제92조 제2항에 따른 섬광의 지속시간 및 섬광과 섬광 사이의 간격은 1초 정도로 하되, 반복되는 신호 사이의 간격은 10초 이상으로 하며, 이 발광신호에 사용되는 등화는 적어도 5해리의 거리에서 볼 수 있는 흰색 전주등이어야 한다(법 제92조 제3항).

선박이 좁은 수로 등에서 서로 상대의 시계 안에 있는 경우 법 제67조 제5항에 따른 기적신호를 할 때에는 다음 각 호에 따라 행하여야 한다(법 제92조 제4항).

1. 다른 선박의 우현 쪽으로 추월하려는 경우에는 장음 2회와 단음 1회의 순서로 의사를 표시할 것
2. 다른 선박의 좌현 쪽으로 추월하려는 경우에는 장음 2회와 단음 2회의 순서로 의사를 표시할 것
3. 추월당하는 선박이 다른 선박의 추월에 동의할 경우에는 장음 1회, 단음 1회의 순서로 2회에 걸쳐 동의의사를 표시할 것

서로 상대의 시계 안에 있는 선박이 접근하고 있을 경우에는 하나의 선박이 다른 선박의 의도 또는 동작을 이해할 수 없거나 다른 선박이 충돌을 피하기 위하여 충분한 동작을 취하고 있는지 분명하지 아니한 경우에는 그 사실을 안 선박이 즉시 기적으로 단음을 5회 이상 재빨리 울려 그 사실을 표시하여야 한다. 이 경우 의문신호(疑問信號)는 5회 이상의 짧고 빠르게 섬광을 발하는 발광신호로써 보충할 수 있다(법 제92조 제5항). 좁은 수로 등의 굽은 부분이나 장애물 때문에 다른 선박을 볼 수 없는 수역에 접근하는 선박은 장음으로 1회의 기적신호를 울려야 한다. 이 경우 그 선박에 접근하고 있는 다른 선박이 굽은 부분의 부근이나 장애물의 뒤쪽에서 그 기적신호를 들은 경우에는 장음 1회의 기적신호를 울려 이에 응답하여야 한다(법 제92조 제6항).100미터 이상 거리를 두고 둘 이상의 기적을 갖추어 두고 있는 선박이 조종신호 및 경고신호를 울릴 때에는 그 중 하나만을 사용하여야 한다(법 제92조 제7항).

1. 조종신호
   단성1발(섬광1회) : 우현변침(•)
   단성2발(섬광2회) : 좌현변침(• •)
   단성3발(섬광3회) : 후진기관사용(• • •)
2. 좁은 수로 서로 시계 안에 있을 때
   장성2발단성1발 : 우현측 추월하고자 함(■ ■ •)
   장성2발단성2발 : 좌현측 추월하고자 함(■ ■ • •)
   장1단1장1단1 : 추월에 동의함(■ • ■ •)⇨ 협력동작을 해야 함
3. 의문(경고) 신호 : 5회 이상 짧고 급속한 음향 또는 섬광(• • • • • •)
4. 협수로 • 만곡부 접근선박 : 장음1회 – 회답도 같은 신호(■)

그림 7.40 조종신호와 경고신호

4. 제한된 시계 안에서의 음향신호

시계가 제한된 수역이나 그 부근에 있는 모든 선박은 밤낮에 관계없이 다음 각 호에 따른 신호를 하여야 한다(법 제93조 제1항).

1. 항행 중인 동력선은 대수속력이 있는 경우에는 2분을 넘지 아니하는 간격으로 장음을 1회 울려야 한다.
2. 항행 중인 동력선은 정지하여 대수속력이 없는 경우에는 장음 사이의 간격을 2초 정도로 연속하여 장음을 2회 울리되, 2분을 넘지 아니하는 간격으로 울려야 한다.
3. 조종불능선, 조종제한선, 흘수제약선, 범선, 어로 작업을 하고 있는 선박 또는 다른 선박을 끌고 있거나 밀고 있는 선박은 제1호와 제2호에 따른 신호를 대신하여 2분을 넘지 아니하는 간격으로 연속하여 3회의 기적(장음 1회에 이어 단음 2회를 말한다)을 울려야 한다.
4. 끌려가고 있는 선박(2척 이상의 선박이 끌려가고 있는 경우에는 제일 뒤쪽의 선박)은 승무원이 있을 경우에는 2분을 넘지 아니하는 간격으로 연속하여 4회의 기적(장음 1회에 이어 단음 3회를 말한다)을 울릴 것. 이 경우 신호는 될 수 있으면 끌고 있는 선박이 행하는 신호 직후에 울려야 한다.
5. 정박 중인 선박은 1분을 넘지 아니하는 간격으로 5초 정도 재빨리 호종을 울릴 것. 다만, 정박하여 어로 작업을 하고 있거나 작업 중인 조종제한선은 제3호에 따른 신호를 울려야 하고, 길이 100미터 이상의 선박은 호종을 선박의 앞쪽에서 울리되, 호종을 울린 직후에 뒤쪽에서 징을 5초 정도 재빨리 울려야 하며, 접근하여 오는 선박에 대하여 자기 선박의 위치와 충돌의 가능성을 경고할 필요가 있을 경우에는 이에 덧붙여 연속하여 3회(단음 1회, 장음 1회, 단음 1회) 기적을 울릴 수 있다.
6. 얹혀 있는 선박 중 길이 100미터 미만의 선박은 1분을 넘지 아니하는 간격으로 재빨

리 호종을 5초 정도 울림과 동시에 그 직전과 직후에 호종을 각각 3회 똑똑히 울릴 것. 이 경우 그 선박은 이에 덧붙여 적절한 기적신호를 울릴 수 있다.

7. 얹혀 있는 선박 중 길이 100미터 이상의 선박은 그 앞쪽에서 1분을 넘지 아니하는 간격으로 재빨리 호종을 5초 정도 울림과 동시에 그 직전과 직후에 호종을 각각 3회씩 똑똑히 울리고, 뒤쪽에서는 그 호종의 마지막 울림 직후에 재빨리 징을 5초 정도 울릴 것. 이 경우 그 선박은 이에 덧붙여 알맞은 기적신호를 할 수 있다.
8. 길이 12미터 미만의 선박은 제1호부터 제7호까지의 규정에 따른 신호를, 길이 12미터 이상 20미터 미만인 선박은 제5호부터 제7호까지의 규정에 따른 신호를 하지 아니할 수 있다. 다만, 그 신호를 하지 아니한 경우에는 2분을 넘지 아니하는 간격으로 다른 유효한 음향신호를 하여야 한다.
9. 도선선이 도선업무를 하고 있는 경우에는 제1호, 제2호 또는 제5호에 따른 신호에 덧붙여 단음 4회로 식별신호를 할 수 있다.

밀고 있는 선박과 밀려가고 있는 선박이 단단하게 연결되어 하나의 복합체를 이룬 경우에는 이를 1척의 동력선으로 보고 법 제93조 제1항을 적용한다(법 제93조 제2항).

1. 대수속력이 있을 때 : 2분 이내의 간격으로 장음1회(■)
2. 대수속력이 없을 때 : 2분 이내의 간격으로 장음2회(■)
3. 어로선, 범선, 조종제한선, 조종불능선, 흘수제약선, 예인작업에 종사하는 선박 : 2분 이내의 간격으로 장음1회 단음2회(■ • •)
4. 최후단 피예인선 : 예인선 신호에 이어 2분 이내 간격 장음1회 단음3회(• • •)
5. 정박선 : 1분간격 5초이상 호종(선수)+징(선미-길이100M-이상). 동력선의 경고신호-단+장+단음
6. 좌초선 : 정박선신호 + 호종신호 전 · 후 각3회 타종
7. 길이 12M 미만 : 2분 이내 간격 유효한 신호

그림 7.41 제한된 시계에서의 음향신호

5. 주의환기신호

모든 선박은 다른 선박의 주의를 환기시키기 위하여 필요하면 이 법에서 정하는 다른 신호로 오인되지 아니하는 발광신호 또는 음향신호를 하거나 다른 선박에 지장을 주지 아니하는 방법으로 위험이 있는 방향에 탐조등을 비출 수 있다(법 제94조 제1항). 법 제94조 제1항에 따른 발광신호나 탐조등은 항행보조시설로 오인되지 아니하는 것이어야 하며, 스트로보등(燈)이나 그 밖의 강력한 빛이 점멸하거나 회전하는 등화를 사용하여서는 아니 된다(법 제94조 제2항).

6. 조난신호

선박이 조난을 당하여 구원을 요청하는 경우 국제해사기구가 정하는 신호를 하여야 한다(법 제95조 제1항). 선박은 법 제95조 제1항에 따른 목적 외에 같은 항에 따른 신호 또는 이와 오인될 위험이 있는 신호를 하여서는 아니 된다(법 제95조 제2항).

제7관 특수한 상황에서 선박의 항법 등

1. 절박한 위험이 있는 특수한 상황

선박, 선장, 선박소유자 또는 해원은 다른 선박과의 충돌 위험 등 절박한 위험이 있는 모든 특수한 상황(관계 선박의 성능의 한계에 따른 사정을 포함한다. 이하 같다)에 합당한 주의를 하여야 한다(법 제96조 제1항). 법 제96조 제1항에 따른 절박한 위험이 있는 특수한 상황에 처한 경우에는 그 위험을 피하기 위하여 법 제6장 제1절부터 제3절까지에 따른 항법을 따르지 아니할 수 있다(법 제96조 제2항). 선박, 선장, 선박소유자 또는 해원은 이 법의 규정을 태만히 이행하거나 특수한 상황에 요구되는 주의를 게을리함으로써 발생한 결과에 대하여는 면책되지 아니한다(법 제96조 제3항).

2. 등화 및 형상물의 설치와 표시에 관한 특례

선박의 구조나 그 운항의 성질상 이 절에 따른 등화나 형상물을 설치 또는 표시할 수 없거나 표시할 필요가 없는 선박에 대하여는 해양수산부령으로 정하는 바에 따라 등화 및 형상물의 설치와 표시에 관한 특례를 정할 수 있다(법 제97조).

「해사안전법 시행규칙」

제57조(등화 및 형상물의 설치와 표시에 관한 특례) 법 제97조에서 등화나 형상물을 설치 또는 표시할 수 없거나 표시할 필요가 없는 선박은 「선박안전법」 제26조에 따른 선박시설기준에 따라 등화의 설치가 면제된 선박이나 「어선법」 제3조에 따른 기준에 따라 등화나 형상물의 설치 또는 표시가 면제된 선박으로 한다.

제7절 | 보칙 및 벌칙

제1관 보칙

1. 해양안전헌장

해양수산부장관은 국민의 해양안전에 관한 의식을 고취하고 해양사고를 예방하기 위하여 해양안전에 관한 사항과 해사안전관리 등 해양안전과 관련된 업무에 종사하는 자가 준수하여야 할 사항 등을 규정한 해양안전헌장을 제정・고시할 수 있다(법 제97조의2 제1항). 해양안전과 관련된 행정기관 등은 법 제97조의2 제1항에 따른 해양안전헌장을 관계 시설이나 선박 등에 게시하는 등 해양안전헌장의 내용을 관계자에게 널리 알리고 이를 실천할 수 있도록 필요한 조치를 하여야 한다(법 제97조의2 제2항).

2. 해양안전의 날 등

해양수산부장관은 대통령령으로 정하는 바에 따라 국민의 해양안전에 관한 의식을 고취하기 위하여 해양안전의 날을 정하고 필요한 행사 등을 할 수 있다(법 제97조의3).

「해사안전법 시행령」

제20조의2(해양안전의 날 등)
① 법 제97조의3에 따른 해양안전의 날은 매월 1일로 한다.
② 해양수산부장관은 해양안전의 날에 해양안전에 관한 의식을 고취하기 위하여 교육・홍보 등 필요한 행사를 실시할 수 있다. 이 경우 해양수산부장관은 관계 행정기관의 장, 공공기관의 장 또는 해사안전과 관련된 기관・단체나 개인에게 행사의 실시에 필요한 협조를 요청할 수 있다.

---

3. 청문

해양수산부장관이나 국민안전처장관은 다음 각 호의 어느 하나에 해당하는 처분을 하려면 청문을 하여야 한다(법 제98조).

1. 법 제13조 제3항에 따른 공사 또는 작업 허가의 취소
2. 법 제23조 제1항에 따른 안전진단대행업자 등록의 취소
3. 법 제48조 제5항에 따른 정부대행기관 지정의 취소

4. 법 제54조 제1항에 따른 안전관리대행업 등록의 취소
5. 법 제57조의2 제4항에 따른 해사안전 우수사업자 지정의 취소 또는 지정 효력의 정지

4. 권한의 위임 · 위탁

이 법에 따른 해양수산부장관 또는 국민안전처장관의 권한은 대통령령으로 정하는 바에 따라 그 일부를 그 소속 기관의 장 또는 지방자치단체의 장에게 위임할 수 있다(법 제99조 제1항). 이 법에 따른 해양수산부장관의 권한은 대통령령으로 정하는 바에 따라 그 일부를 국민안전처장관 또는 그 소속기관의 장에게 위탁할 수 있다(법 제99조 제2항). 해양수산부장관은 법 제4조 제3항에 따른 해사안전에 관한 국제협력 등 이 법에 따른 업무의 일부를 대통령령으로 정하는 바에 따라 해사안전과 관련된 전문기관 중 해양수산부장관이 정하여 고시하는 전문기관에 위탁할 수 있다(법 제99조 제3항).

「해사안전법 시행령」

제21조(권한의 위임)

① 해양수산부장관은 법 제99조제1항에 따라 다음 각 호의 권한을 시 · 도지사에게 위임한다. 다만, 제1호부터 제5호까지, 제8호 및 제8호의3은 「배타적 경제수역법」 제2조에 따른 배타적 경제수역 및 「항만법」 제3조제2항제1호 및 같은 조 제3항제1호에 따른 국가관리무역항 및 국가관리연안항의 항만구역에 대해서는 적용하지 아니하며, 제6호, 제7호 및 제8호의2는 어선(「원양산업발전법」 제6조제1항에 따른 원양어업허가를 받은 어선은 제외한다)이나 어선사업장에 대해서만 적용한다.

1. 법 제26조제2항 및 제3항에 따른 항행장애물에 대한 표시나 조치의 명령 또는 직접 표시
2. 법 제27조제1항에 따른 항행장애물의 위험성 결정
3. 법 제28조제2항 및 제3항에 따른 항행장애물의 제거 명령 또는 직접 제거
4. 법 제29조제1항에 따른 비용 지불을 보증하는 서류의 제출 요구
5. 법 제30조에 따른 입항 · 출항의 거부 또는 국내계류시설 사용의 거부
6. 법 제58조에 따른 지도 · 감독
7. 법 제59조에 따른 개선명령
8. 법 제101조제1항에 따른 필요한 조치

8의2. 법 제110조제2항제2호 및 제3호에 따른 과태료의 부과 · 징수

8의3. 법 제110조제3항제8호부터 제10호까지의 규정에 따른 과태료의 부과 · 징수

9. 삭제

② 해양수산부장관은 법 제99조제1항에 따라 다음 각 호의 권한을 지방해양수산청장에게 위임한다. 다만, 제5호부터 제9호까지, 제27호 및 제28호의3은 「배타적 경제수역법」 제2조에 따른 배타적 경제수역 및 「항만법」 제3조제2항제1호 및 같은 조 제3항제1호에 따른 국가관리무역항 및 국가관리연안항의 항만구역에 대해서만 적용하고,제24호, 제25호 및 제28호는 어선(「원양산업발전법」 제6조제1항에 따른 원양어업허가를 받은 어선은 제외한다)이나 어선사업장에 대해서는 적용하지 아니한다.

1. 법 제8조제2항부터 제4항까지의 규정에 따른 보호수역의 입역 허가에 관한 업무
2. 법 제9조에 따른 보호수역 입역에 관한 업무

3. 법 제10조제2항에 따른 항로지정제도의 시행
3의2. 법 제13조제2항에 따른 허가사실 통보의 접수 및 고시
4. 법 제16조제1항 · 제2항 및 제18조의2제8항에 따른 의견서의 접수 · 검토 및 통보에 관한 업무
5. 법 제26조제2항 및 제3항에 따른 항행장애물에 대한 표시나 조치의 명령 또는 직접 표시
6. 법 제27조제1항에 따른 항행장애물의 위험성 결정
7. 법 제28조제2항 및 제3항에 따른 항행장애물의 제거 명령 또는 직접 제거
8. 법 제29조제1항에 따른 비용 지불을 보증하는 서류의 제출 요구
9. 법 제30조에 따른 입항 · 출항의 거부 또는 국내계류시설 사용의 거부
10. 법 제31조제1항에 따른 고시
11. 법 제31조제2항에 따른 수역 등의 지정 및 운영
12. 법 제32조제1항에 따른 외국선박에 대한 내수 통항허가
13. 법 제38조에 따른 선박 출항통제의 명령(여객선 및 어선은 제외한다)
13의2. 법 제42조에 따른 해기사면허의 취소 · 효력정지 요청의 접수
14. 법 제44조제1항에 따른 항행보조시설의 설치 · 관리 · 운영 및 같은 조 제3항에 따른 항로표지 설치 요청의 접수
15. 법 제46조제3항 후단에 따른 통보의 수리
16. 법 제47조제1항제1호부터 제4호까지의 규정에 따른 최초 · 갱신 · 중간 · 임시인증심사(수면비행선박과 국제항해에 종사하는 선박 및 각각의 사업장은 제외한다)
17. 법 제47조제1항제5호에 따른 수시인증심사
18. 법 제49조제1항 · 제2항 · 제5항 · 제6항에 따른 증서의 발급, 연장 및 효력의 정지(수면비행선박과 국제항해에 종사하는 선박 및 각각의 사업장은 제외한다)
19. 법 제51조에 따른 안전관리대행업의 등록 및 변경등록
20. 법 제53조제1항에 따른 안전관리대행업의 권리 · 의무의 승계신고의 수리
21. 법 제53조제2항에 따른 안전관리대행업의 휴업 또는 폐업신고의 수리
22. 법 제54조제1항에 따른 안전관리대행업의 등록취소 및 영업정지
23. 법 제55조에 따른 확인, 필요한 조치 및 그 조치의 해제
23의2. 법 제56조제1항 및 제2항에 따른 점검 · 특별점검 및 같은 조 제3항에 따른 시정 · 보완 · 항행정지 명령
24. 법 제58조에 따른 지도 · 감독
25. 법 제59조에 따른 개선명령 및 항행정지명령
25의2. 법 제61조에 따른 수수료의 징수
26. 법 제98조제4호에 따른 청문
27. 법 제101조제1항에 따른 필요한 조치
28. 법 제110조제2항제2호 및 제3호에 따른 과태료의 부과 · 징수
28의2. 법 제110조제3항제1호부터 제5호까지(제4호 및 제5호의 경우에는 법 제53조제1항 또는 제2항에 따라 준용되는 과태료만 해당한다), 제11호, 제17호부터 제19호까지 및 제22호부터 제24호까지의 규정에 따른 과태료의 부과 · 징수
28의3. 법 제110조제3항제8호부터 제10호까지의 규정에 따른 과태료의 부과 · 징수
29. 법 제110조제4항에 따른 과태료의 부과 · 징수

③ 삭제

④ 해양수산부장관은 법 제99조제2항에 따라 법 제38조에 따른 여객선과 어선에 대한 출항통제 권한을 해양경비안전서장에게 위탁한다.

⑤ 국민안전처장관은 법 제99조제1항에 따라 다음 각 호의 권한을 해양경비안전서장에게 위임한다.

1. 법 제12조제4항에 따른 협의
2. 법 제13조에 따른 공사 또는 작업의 허가, 허가사실의 보고, 허가의 정지 및 취소
3. 법 제44조제3항에 따른 항로표지의 설치 요청
4. 법 제98조제1호에 따른 청문
5. 법 제110조제3항제15호, 제15호의2 및 제15호의3에 따른 과태료의 부과 · 징수

⑥ 해양수산부장관은 법 제99조제2항 및 제3항에 따라 이 법에 따른 업무의 일부를 위탁하려는 경우에는 위탁받을 기관의 명칭, 주소, 대표자, 위탁할 업무의 내용과 처리방법 및 그 밖에 필요한 사항을 정하여 고시하여야 한다.

---

5. 비밀유지

다음 각 호의 어느 하나에 해당하는 업무에 종사하거나 종사하였던 사람은 그 직무상 알게 된 비밀을 타인에게 누설하거나 직무상 목적 외에 사용하여서는 아니 된다. 다만, 해사안전을 위하여 해양수산부장관이 필요하다고 인정하면 그러하지 아니하다(법 제100조).

1. 법 제48조 제1항에 따른 인증심사의 대행 업무
2. 법 제99조 제2항에 따라 전문기관에 위탁된 업무

6. 행정대집행의 적용 특례

해양수산부장관은 법 제26조 제2항 및 제28조 제2항에 따른 항행장애물의 표시・제거 명령을 신속하게 시행하여야 할 긴급한 필요가 있으나 「행정대집행법」 제3조 제1항 및 제2항에 따른 절차에 따르면 그 목적을 달성하기가 곤란한 경우에는 해당 절차를 거치지 아니하고 필요한 조치를 할 수 있다(법 제101조 제1항). 법 제101조 제1항에 따른 대집행으로 제거된 선박 등의 보관 및 처리에 관하여 필요한 사항은 대통령령으로 정한다(법 제101조 제2항).

「해사안전법 시행령」

제22조(선박 등의 보관 및 처리)
① 해양수산부장관은 법 제101조제2항에 따라 보관 중인 선박 등이 다음 각 호의 어느 하나에 해당하여 그 보관이 부적당하다고 인정될 경우에는 공매하여 그 대금을 보관할 수 있다.
1. 멸실・손상 또는 부패의 우려가 있거나 가격이 현저히 감소될 우려가 있을 때
2. 폭발물, 가연성의 물건이거나 보건상 유해한 물건 또는 그 밖에 보관상 위험이 발생할 우려가 있는 것일 때
3. 물건의 가격에 비하여 보관비용이 현저히 많을 때
② 제1항에 따른 공매로 취득한 금액 중에서 해당 물건의 보관과 공매 등에 든 비용을 제외하고 남은 금액이 있는 경우에는 「공탁법」에 따라 공탁하여야 한다.

---

7. 규제의 재검토

「해사안전법 시행령」

제22조의2(규제의 재검토) 해양수산부장관은 다음 각 호의 사항에 대하여 다음 각 호의 기준일을 기준으로 2년마다(매 2년이 되는 해의 기준일과 같은 날 전까지를 말한다) 그 타당성을 검토하여 개선 등의 조치를 하여야 한다.
1. 삭제
2. 법 제16조에 따른 안전관리책임자 및 안전관리자의 자격기준 등: 2015년 1월 1일
3. 법 제23조 및 별표 5에 따른 과태료의 부과기준: 2015년 1월 1일

「해사안전법 시행규칙」

제58조(규제의 재검토) 해양수산부장관은 다음 각 호의 사항에 대하여 다음 각 호의 기준일을 기준으로 2년마다(매 2년이 되는 해의 기준일과 같은 날 전까지를 말한다) 그 타당성을 검토하여 개선 등의 조치를 하여야 한다.
1. 법 제5조제1항에 따른 보호수역의 입역허가 신청: 2015년 1월 1일
2. 법 제6조에 따른 보호수역 입역통지: 2015년 1월 1일
3. 법 제8조에 따른 항행안전확보조치가 필요한 선박: 2015년 1월 1일
4. 법 제17조에 따른 권리・의무의 승계신고 시 제출하여야 하는 서류: 2015년 1월 1일
5. 법 제18조에 따른 휴업・폐업의 신고서: 2015년 1월 1일
6. 법 제19조 및 별표 8 제2호가목에 따른 안전진단대상사업자에 대한 행정처분의 기준: 2015년 1월 1일
7. 법 제20조에 따른 항행장애물의 보고: 2015년 1월 1일
8. 법 제23조제2항에 따른 통항 선박의 준수사항: 2015년 1월 1일
9. 법 제24조제1항에 따른 내수 통항의 허가를 받으려는 외국선박이 제출하여야 하는 서류: 2015년 1월 1일
10. 법 제26조에 따른 특정선박에 대한 안전조치: 2015년 1월 1일
11. 법 제31조 및 별표 10에 따른 선박출항통제의 기준 및 절차: 2015년 1월 1일
12. 법 제36조에 따른 수시인증심사를 받아야 하는 사업장 또는 선박: 2015년 1월 1일
13. 법 제48조 및 별표 8 제2호다목에 따른 안전관리대행업자에 대한 행정처분의 기준: 2015년 1월 1일
14. 법 제49조에 따른 외국선박 통제의 시행: 2015년 1월 1일
15. 법 제51조에 따른 선박안전도정보의 공표: 2015년 1월 1일
16. 법 제53조 및 별표 14에 따른 외국선박 통제 및 기국통제 관련 수수료: 2015년 1월 1일

제2관 벌칙

1. 양벌규정

법인의 대표자나 법인 또는 개인의 대리인, 사용인, 그 밖의 종업원이 그 법인 또는 개인의 업무에 관하여 법 제103조부터 제108조까지의 어느 하나에 해당하는 위반행위를 하면 그 행위자를 벌하는 외에 그 법인 또는 개인에게도 해당 조문의 벌금형을 과(科)한다. 다만, 법인 또는 개인이 그 위반행위를 방지하기 위하여 해당 업무에 관하여 상당한 주의와 감독을 게을리하지 아니한 경우에는 그러하지 아니

하다(법 제109조).

---

2. 징역형

가. 법 제18조 제4항에 따른 사업중지명령을 위반한 자는 5년 이하의 징역 또는 5천만원 이하의 벌금(법 제103조).

나. 3년 이하의 징역 또는 3천만원 이하의 벌금(법 제104조).

1. 법 제41조 제1항을 위반하여 술에 취한 상태에서 「선박직원법」 제2조 제1호에 따른 선박(같은 호 각 목의 어느 하나에 해당하는 외국선박을 포함한다)의 조타기를 조작하거나 그 조작을 지시한 운항자 또는 도선을 한 자
2. 법 제41조 제2항을 위반하여 국민안전처 소속 경찰공무원의 측정 요구에 따르지 아니한 「선박직원법」 제2조 제1호에 따른 선박(같은 호 각 목의 어느 하나에 해당하는 외국선박을 포함한다)의 조타기를 조작하거나 그 조작을 지시한 운항자 또는 도선을 한 자
3. 법 제41조의2를 위반하여 약물・환각물질의 영향으로 인하여 정상적으로 「선박직원법」 제2조 제1호에 따른 선박의 조타기를 조작하거나 그 조작을 지시하는 행위 또는 도선을 하지 못할 우려가 있는 상태에서 조타기를 조작하거나 그 조작을 지시한 운항자 또는 도선을 한 자
4. 법 제100조를 위반하여 업무를 수행하는 과정에서 알게 된 비밀을 누설한 자나 직무상 목적 외에 사용한 자

다. 1년 이하의 징역 또는 1천만원 이하의 벌금(법 제106조).

1. 법 제8조 제2항을 위반하여 허가 없이 보호수역에 입역한 자
2. 법 제8조 제3항의 허가조건을 위반한 자
3. 법 제12조 제2항을 위반하여 교통안전특정해역에서 어망 또는 그 밖에 선박의 통항에 영향을 주는 어구 등을 설치하거나 양식어업을 한 자
4. 법 제13조 제1항에 따른 허가를 받지 아니하고 교통안전특정해역에서 공사나 작업을 한 자
5. 법 제14조 제1항을 위반하여 유조선통항금지해역에서 항행한 자
6. 법 제15조 제1항에 따른 해상교통안전진단을 실시하지 아니하고 사업을 시행하거나 해상교통안전진단 절차가 끝나기 전에 사업을 시행한 자
7. 법 제15조 제2항에 따른 안전진단서를 거짓으로 작성하여 제출한 자
8. 법 제19조 제2항에 따른 안전진단대행업자의 등록을 하지 아니하고 해상교통안전진단을 대행한 자
9. 법 제23조 제1항에 따라 등록이 취소되거나 영업정지명령을 받은 후 해상교통안전진단을 대행한 자(법 제24조에 따라 해상교통안전진단을 대행한 경우는 제외한다)
10. 법 제34조 제2항에 따른 방치 선박의 이동・인양 또는 어망 등 어구의 제거 명령을 위반한 자
11. 법 제35조 제1항을 위반한 자 또는 같은 조 제3항을 위반하여 물러가지 아니한 자
12. 법 제40조 제1항에 따른 정선명령이나 회항명령을 위반한 자
13. 법 제47조 제2항 본문을 위반하여 인증심사에 합격하지 아니한(법 제49조 제6항 및 제7항에 따라 선박안전관리증서나 안전관리적합증서의 효력이 정지된 경우를 포함한다) 선박을 항행에 사용한 자
14. 거짓이나 그 밖의 부정한 방법으로 법 제49조 제1항 및 제2항에 따른 선박안전관리증서・안전관리적합증서・임시선박안전관리증서 또는 임시안전관리적합증서를 받은 자
15. 법 제51조 제1항을 위반하여 등록을 하지 아니하고 안전관리대행업을 한 자
16. 법 제59조 제1항에 따른 개선명령을 위반한 자
17. 「해운법」 제2조 제2호에 따른 해상여객운송사업에 종사하는 선박의 선장이나 선박소유자로서 법 제43조 제1항에 따른 신고를 하지 아니하였거나 또는 게을리하였거나 거짓으로 신고한 자
18. 「해운법」 제2조 제2호에 따른 해상여객운송사업에 종사하는 선박의 선장이나 선박소유자로서 법 제43조 제3항・제4항에 따른 명령을 위반한 자

---

3. 벌금형

가. 500만원 이하의 벌금(법 제107조).

1. 법 제11조 각 호에 따른 명령을 위반한 자
2. 법 제13조 제4항을 위반하여 해당 구조물을 제거하지 아니하거나 원래 상태로 복구하지 아니한 자
2의2. 법 제36조 제2항 본문에 따른 선박교통관제에 정당한 사유 없이 따르지 아니한 자
3. 법 제106조 제18호 외의 선박의 선장이나 선박소유자로서 법 제43조 제3항・제4항에 따른 명령을 위반한 자

나. 법 제38조 제1항에 따른 명령을 위반한 자는 300만원 이하의 벌금(법 제108조).

---

4. 과태료
가. 법 제37조를 위반하여 선박위치정보를 공개하거나 누설・변조・훼손한 자에게는 2천만원 이하의 과태료(법 제110조 제1항)

나. 1천만원 이하의 과태료(법 제110조 제2항).
1. 법 제18조 제3항에 따른 이행명령을 위반한 자
2. 법 제58조 제1항에 따른 출석이나 진술을 거부하거나 검사・확인・조사 또는 점검을 거부・방해하거나 기피한 자
3. 법 제58조 제1항에 따른 보고 또는 서류의 제출을 하지 아니하거나 거짓된 보고 또는 거짓된 서류를 제출한 자

다. 300만원 이하의 과태료(법 제110조 제3항)
1. 법 제10조 제2항에 따른 항로지정제도를 위반한 자
2. 법 제12조 제1항을 위반한 자
3. 법 제14조 제3항제4호 후단에 따른 유조선의 준수 사항을 위반한 자
4. 법 제21조 제2항(법 제53조 제1항에 따라 준용되는 경우를 포함한다)을 위반하여 양도 또는 합병에 따른 권리와 의무 승계의 신고를 하지 아니한 자
5. 법 제22조(법 제53조 제2항에 따라 준용되는 경우를 포함한다)를 위반하여 휴업 또는 폐업의 신고를 하지 아니한 자
6. 법 제24조 제3항에 따른 통지를 하지 아니한 자
7. 법 제25조 제1항에 따른 보고를 하지 아니한 자
8. 법 제26조 제1항에 따른 표시 또는 조치를 하지 아니한 자
9. 법 제26조 제2항에 따른 표시나 조치의 이행명령을 위반한 자
10. 법 제28조 제2항에 따른 제거명령을 위반한 자
11. 법 제31조 제1항에 따른 고시를 위반한 자
12. 법 제34조 제1항 각 호의 어느 하나를 위반한 자
13. 법 제34조 제3항을 위반하여 허가 없이 스킨다이빙, 스쿠버다이빙 등의 행위를 하거나 허가할 때에 붙인 조건을 위반한 자
14. 법 제34조 제4항에 따른 시정명령을 위반한 자
15. 법 제36조 제4항에 따른 신고를 하지 아니하거나 거짓으로 신고한 자
15의2. 법 제36조 제5항을 위반하여 무선설비를 갖추지 아니하거나 또는 호출응답용 관제통신을 청취・응답하지 아니한 자
15의3. 법 제36조 제6항을 위반하여 관제통신을 녹음하여 보존하지 아니한 선박의 선장
15의4. 법 제41조 제1항을 위반하여 술에 취한 상태에서 「선박직원법」 제2조 제1호가목 단서에 해당하지 아니하는 총톤수 5톤 미만 선박(한국선박에 한정한다)의 조타기를 조작하거나 그 조작을 지시한 운항자
15의5. 법 제41조 제2항을 위반하여 국민안전처 소속 경찰공무원의 측정 요구에 따르지 아니한 「선박직원법」 제2조 제1호가목 단서에 해당하지 아니하는 총톤수 5톤 미만 선박(한국선박에 한정한다)의 조타기를 조작하거나 그 조작을 지시한 운항자
15의6. 법 제41조 제4항에 따른 명령이나 조치에 따르지 아니한 자
16. 삭제 〈2015.6.22.〉

17. 법 제46조 제3항 후단에 따른 통보를 하지 아니한 자
18. 법 제46조 제5항에 따른 안전관리책임자나 안전관리자를 두지 아니한 자
19. 법 제49조 제3항에 따라 갖추어 두어야 할 증서를 갖추어 두지 아니한 자
20. 삭제 〈2015.6.22.〉
21. 삭제 〈2015.6.22.〉
22. 법 제63조부터 제68조까지, 제70조부터 제77조까지 및 제96조에 따른 항행방법에 관한 규정을 위반한 자
23. 법 제78조, 제81조부터 제85조까지, 제87조부터 제89조까지에 따른 등화와 형상물의 설치와 표시에 관한 규정을 위반한 자
24. 법 제91조부터 제95조까지에 따라 음향신호와 발광신호 등을 갖추어 두는 것과 그 사용에 관한 규정을 위반한 자
25. 법 제106조 제17호 외의 선박의 선장이나 선박소유자로서 제43조 제1항에 따른 신고를 하지 아니하였거나 또는 게을리하였거나 거짓으로 신고한 자

라. 법 제45조를 위반하여 선장의 전문적 판단을 방해하거나 간섭한 자에게는 200만원 이하의 과태료(법 제110조 제4항).

마. 징수절차
법 제110조 제1항부터 제4항까지의 규정에 따른 과태료는 대통령령으로 정하는 바에 따라 해양수산부장관, 국민안전처장관, 지방해양수산청장 또는 해양경비안전서장이 부과·징수한다(법 제110조 제5항).

「해사안전법 시행령」

제23조(과태료의 부과기준) 법 제110조에 따른 과태료의 부과기준은 별표 5와 같다.

[별표 5]
과태료의 부과기준(제23조 관련)
1. 일반기준
가. 하나의 위반행위가 둘 이상의 과태료 부과기준에 해당하는 경우에는 그 중 금액이 큰 과태료 부과기준을 적용한다.
나. 위반행위의 횟수에 따른 과태료 부과기준은 최근 1년간 같은 위반행위로 과태료를 부과받은 경우에 적용한다. 이 경우 같은 위반행위로 과태료 부과처분을 한 날과 다시 같은 위반행위(처분 후의 위반행위만 해당한다)로 적발한 날을 기준으로 하여 위반횟수를 계산한다.
다. 부과권자는 다음의 어느 하나에 해당하는 경우에는 제2호에 따른 과태료 금액의 2분의 1의 범위에서 그 금액을 줄일 수 있다. 다만, 과태료를 체납하고 있는 위반행위자의 경우에는 그러하지 아니하다.
1) 위반행위자가 「질서위반행위규제법 시행령」 제2조의2제1항 각 호의 어느 하나에 해당하는 경우
2) 위반행위가 사소한 부주의나 오류로 인한 것으로 인정되는 경우
3) 위반행위자의 법 위반상태를 시정하거나 해소하기 위한 노력이 인정되는 경우
4) 그 밖에 위반행위의 정도, 위반행위의 동기와 결과 등을 고려하여 그 금액을 줄일 필요가 있다고 인정되는 경우

2. 개별기준 (단위: 만원)

위반행위	근거 법조문	과태료 금액		
		1회 위반	2회 위반	3회 이상 위반
가. 법 제10조제2항에 따른 항로지정제도를 위반한 경우	법 제110조제3항제1호			
1) 통항로 진행방향 위반		25	50	100
2) 그 밖의 사항 위반		15	30	50
나. 법 제12조제1항을 위반한 경우	법 제110조제3항제2호	15	30	50
다. 법 제14조제3항제4호 후단에 따른 유조선의 준수 사항을 위반한 경우	법 제110조제3항제3호	15	30	50
라. 법 제18조제3항에 따른 이행명령을 위반한 경우	법 제110조제2항 제1호	250	500	1,000
마. 법 제21조제2항(법 제53조제1항에 따라 준용되는 경우를 포함한다)을 위반하여 양도 또는 합병에 따른 권리와 의무 승계의 신고를 하지 않은 경우	법 제110조제3항제4호	25	50	100
바. 법 제22조(법 제53조제2항에 따라 준용되는 경우를 포함한다)를 위반하여 휴업 또는 폐업의 신고를 하지 않은 경우	법 제110조제3항제5호	25	50	100
사. 법 제24조제3항에 따른 통지를 하지 않은 경우	법 제110조제3항제6호	80	160	300
아. 법 제25조제1항에 따른 보고를 하지 않은 경우	법 제110조제3항제7호	80	160	300
자. 법 제26조제1항에 따른 표시 또는 조치를 하지 않은 경우	법 제110조제3항제8호	50	100	200
차. 법 제26조제2항에 따른 표시나 조치의 이행명령을 위반한 경우	법 제110조제3항제9호	50	100	200
카. 법 제28조제2항에 따른 제거명령을 위반한 경우	법 제110조제3항제10호	80	160	300
타. 법 제31조제1항에 따른 고시를 위반한 경우	법 제110조제3항제11호	15	30	50
파. 법 제34조제1항 각 호의 어느 하나를 위반한 경우	법 제110조제3항제12호	50	100	200
하. 법 제34조제3항을 위반하여 허가 없이 스킨다이빙・스쿠버다이빙 등의 행위를 하거나 허가할 때에 붙인 조건을 위반한 경우	법 제110조제3항제13호	25	50	100
거. 법 제34조제4항에 따른 시정명령을 위반한 경우	법 제110조제3항제14호	25	50	100
너. 법 제36조제4항에 따른 신고를 하지 않거나 거짓으로 신고한 경우	법 제110조제3항제15호	25	50	100

더. 법 제36조제5항을 위반하여 무선설비를 갖추지 않았거나 호출응답용 관제통신을 청취·응답하지 않은 경우	법 제110조제3항제15호의2			
1) 무선설비를 갖추지 않은 경우		120		
2) 호출응답용 관제통신을 청취·응답하지 않은 경우		50		
러. 법 제36조제6항을 위반하여 관제통신을 녹음하여 보존하지 않은 경우	법 제110조제3항제15호의3	100	200	300
머. 법 제37조를 위반하여 선박위치정보를 공개하거나 누설·변조·훼손한 경우	법 제110조제1항	500	1,000	2,000
버. 법 제41조제1항을 위반하여 술에 취한 상태에서 「선박직원법」 제2조제1호가목 단서에 해당하지 않는 총톤수 5톤 미만 선박(한국선박에 한정한다)의 조타기를 조작하거나 그 조작을 지시한 경우	법 제110조제3항제15호의4			
1) 술에 취한 상태에서의 기준이 혈중알코올농도 0.03퍼센트 이상 0.1퍼센트 미만인 경우		50		
2) 술에 취한 상태에서의 기준이 혈중알코올농도 0.1퍼센트 이상 0.2퍼센트 미만인 경우		100		
3) 술에 취한 상태에서의 기준이 혈중알코올농도 0.2퍼센트 이상인 경우		200		
서. 「선박직원법」 제2조제1호가목 단서에 해당하지 않는 총톤수 5톤 미만 선박(한국선박에 한정한다)의 조타기를 조작하거나 그 조작을 지시한 사람이 법 제41조제2항을 위반하여 국민안전처 소속 경찰공무원의 측정 요구에 따르지 않은 경우	법 제110조제3항제15호의5	200		
어. 법 제41조제4항에 따른 명령이나 조치에 따르지 않은 경우	법 제110조제3항제15호의6	50		
저. 법 제106조제17호 외의 선박의 선장이나 선박소유자가 법 제43조제1항에 따른 신고를 하지 않거나 또는 게을리했거나 거짓으로 신고한 경우	법 제110조제3항제25호			
1) 신고를 하지 않거나 또는 게을리한 경우		15	30	50
2) 거짓으로 신고한 경우		100	100	100
처. 법 제45조를 위반하여 선장의 전문적 판단을 방해하거나 간섭한 경우	법 제110조제4항	50	100	200
커. 법 제46조제3항 후단에 따른 통보를 하지 않은 경우	법 제110조제3항 제17호	10		
터. 법 제46조제5항에 따른 안전관리책임자나 안전관리자를 두지 않은 경우	법 제110조제3항 제18호	100		

퍼. 법 제49조제3항에 따라 갖추어 두어야 할 증서를 갖추어 두지 않은 경우	법 제110조제3항제19호	10		
허. 법 제58조제1항에 따른 출석이나 진술을 거부하거나 검사・확인・조사 또는 점검을 거부・방해하거나 기피한 경우	법 제110조제2항 제2호	250	500	1,000
고. 법 58조제1항에 따른 보고 또는 서류의 제출을 하지 않거나 거짓된 보고 또는 거짓된 서류를 제출한 경우	법 제110조제2항 제3호	250	500	1,000
노. 법 제63조를 위반하여 주위의 상황 및 다른 선박과의 충돌 위험을 충분히 파악할 수 있도록 적절한 경계를 하지 않은 경우	법 제110조제3항제22호	10	20	30
도. 법 제64조를 위반하여 다른 선박과의 충돌을 피하기 위한 안전한 속력으로 항행하지 않은 경우	법 제110조제3항제22호	10	20	30
로. 법 제65조를 위반하여 다른 선박과의 충돌 위험 여부를 판단하기 위한 적절한 조치를 하지 않은 경우	법 제110조제3항제22호	15	30	50
모. 법 제66조를 위반하여 다른 선박과의 충돌을 피하기 위한 동작에 관한 의무를 위반한 경우	법 제110조제3항제22호	15	30	50
보. 법 제67조에 따른 좁은 수로 또는 항로에서 지켜야 할 항행방법을 위반한 경우	법 제110조제3항제22호	25	50	100
소. 법 제68조에 따른 통항분리수역에서 지켜야 할 항행방법을 위반한 경우	법 제110조제3항제22호			
1) 통항로 진행방향 위반		25	50	100
2) 그 밖의 항법 위반		15	30	50
오. 법 제70조에 따른 충돌을 방지하기 위하여 범선이 지켜야 할 항행방법을 위반한 경우	법 제110조제3항제22호	15	30	50
조. 법 제71조에 따른 다른 선박을 추월할 때 추월선이 지켜야 할 항행방법을 위반한 경우	법 제110조제3항제22호	15	30	50
초. 법 제72조에 따른 선박이 서로 마주치거나 거의 마주치게 되어 충돌의 위험이 있을 때 지켜야 할 항행방법을 위반한 경우	법 제110조제3항제22호	15	30	50
코. 법 제73조에 따른 상대의 진로를 횡단하게 되어 충돌의 위험이 있는 경우 지켜야 할 항행방법을 위반한 경우	법 제110조제3항제22호	15	30	50
토. 법 제74조에 따른 다른 선박의 진로를 피하여야 할 선박이 피항선의 동작에 관한 의무를 위반한 경우	법 제110조제3항제22호	15	30	50

8

선박의 입항 및 출항 등에 관한 법률

제1절 | 총론

제1관 입법 목적

1. 입법 목적

이 법(이하 「선박입출항법」이라 한다)은 무역항의 수상구역 등에서 선박의 입항 · 출항에 대한 지원과 선박운항의 안전 및 질서 유지에 필요한 사항을 규정함을 목적으로 한다(법 제1조 제1항).

「개항질서법」을 폐지하고 구 「개항질서법」과 「항만법」에 분산되어 있던 선박의 입항 및 출항 등에 관한 규정을 통합하여 법을 제정하였다. 항만의 수상구역 등은 제한된 조건을 가진 수역에 수많은 선박이 입 · 출항, 정박 또는 계류할 뿐만 아니라 각종의 하역작업, 선박의 건조 · 수리 등이 이루어지고 항내 각 분야의 업무에 종사하는 각종 소형선박 · 부선 등의 왕래가 빈번하므로 선박의 교통안전과 질서유지를 위하여 특별한 규제가 필요하여 이 법을 제정하였다.

이 법을 제정하면서 다음과 같은 점을 반영하여 구 「개항질서법」에 비하여 효율적이고 안전한 선박의 입항 및 출항을 추구하였다.

첫째, 운항선박의 대형화 및 수상레저활동 증가 등 선박의 입항 및 출항 환경변화에 따른 신규 수요를 반영하였다.

둘째, 항만관제 및 선박에 대한 통제를 강화하여 선박의 안전운항 여건 확보 및 안보 위해 요소의 제거를 도모하였다.

셋째, 위험물 운송선박의 부두 이・접안 시 위험물 안전관리자를 현장에 배치하도록 하는 등 효율적이고 안전한 선박의 입항 및 출항을 도모하였다.

제2관 용어의 정의

이 법에서 사용하는 용어의 뜻은 다음과 같다(법 제2조).

1. "무역항"이란 「항만법」 제2조 제2호에 따른 항만을 말한다.
2. "무역항의 수상구역등"이란 무역항의 수상구역과 「항만법」 제2조 제5호 가목(1)의 수역시설 중 수상구역 밖의 수역시설로서 해양수산부장관이 지정・고시한 것을 말한다.
3. "선박"이란 「선박법」 제1조의2 제1항에 따른 선박을 말한다.
4. "예선"(曳船)이란 「선박안전법」 제2조 제13호에 따른 예인선(曳引船)(이하 "예인선"이라 한다) 중 무역항에 출입하거나 이동하는 선박을 끌어당기거나 밀어서 이안(離岸)・접안(接岸)・계류(繫留)를 보조하는 선박을 말한다.
5. "우선피항선"(優先避航船)이란 주로 무역항의 수상구역에서 운항하는 선박으로서 다른 선박의 진로를 피하여야 하는 다음 각 목의 선박을 말한다.
   가. 「선박법」 제1조의2 제1항 제3호에 따른 부선(艀船)[예인선이 부선을 끌거나 밀고 있는 경우의 예인선 및 부선을 포함하되, 예인선에 결합되어 운항하는 압항부선(押航艀船)은 제외한다]
   나. 주로 노와 삿대로 운전하는 선박
   다. 예선
   라. 「항만운송사업법」 제26조의3 제1항에 따라 항만운송관련사업을 등록한 자가 소유한 선박
   마. 「해양환경관리법」 제70조 제1항에 따라 해양환경관리업을 등록한 자가 소유한 선박(폐기물해양배출업으로 등록한 선박은 제외한다)
   바. 가목부터 마목까지의 규정에 해당하지 아니하는 총톤수 20톤 미만의 선박
6. "정박"(碇泊)이란 선박이 해상에서 닻을 바다 밑바닥에 내려놓고 운항을 멈추는 것을 말한다.
7. "정박지"(碇泊地)란 선박이 정박할 수 있는 장소를 말한다.
8. "정류"(停留)란 선박이 해상에서 일시적으로 운항을 멈추는 것을 말한다.

9. "계류"란 선박을 다른 시설에 붙들어 매어 놓는 것을 말한다.
10. "계선"(繫船)이란 선박이 운항을 중지하고 정박하거나 계류하는 것을 말한다.
11. "항로"란 선박의 출입 통로로 이용하기 위하여 법 제10조에 따라 지정·고시한 수로를 말한다.
12. "위험물"이란 화재·폭발 등의 위험이 있거나 인체 또는 해양환경에 해를 끼치는 물질로서 해양수산부령으로 정하는 것을 말한다. 다만, 선박의 항행 또는 인명의 안전을 유지하기 위하여 해당 선박에서 사용하는 위험물은 제외한다.

「선박의 입항 및 출항등에 관한 법률 시행규칙」

제2조(위험물의 범위) 「선박의 입항 및 출항 등에 관한 법률」(이하 "법"이라 한다) 제2조제12호 본문에서 "해양수산부령으로 정하는 것"이란 「위험물 선박운송 및 저장규칙」 제2조제1호에 따른 위험물 및 같은 조 제2호에 따른 산적액체위험물(이하 "산적액체위험물"이라 한다)을 말한다.

---

13. "위험물취급자"란 법 제37조 제1항 제1호에 따른 위험물운송선박의 선장 및 위험물을 취급하는 사람을 말한다.
14. "선박교통관제"란 무역항의 수상구역등에서 선박교통의 안전과 효율성 증진 및 환경 보호를 위하여 선박을 탐지하거나 선박과 통신할 수 있는 설비를 설치·운영하고 필요한 조치를 하는 것을 말한다.
15. "선박교통관제사"란 법 제21조 제1항에 따른 자격을 갖추고 선박교통관제를 시행하는 사람을 말한다.

제3관 다른 법률과의 관계

무역항의 수상구역등에서의 선박 입항·출항에 관하여는 다른 법률에 특별한 규정이 있는 경우를 제외하고는 이 법에 따른다(법 제3조).

특히 이 법 제3장 항법 및 항법, 제4장 선박교통관제, 제8장 등화 및 신호의 규정과 「1972년 국제해상충돌예방규칙협약」(「COLREG」) 및 「해사안전법」과의 적용순위가 문제된다.[1)]

첫째, 「COLREG」 제1조 (b)항은, "이 규칙의 어느 규정도 해양에 접속하고 또한 항해선이 항해할 수 있는 정박지, 항만, 하천, 호수 또는 내륙수로에 관하여 권한 있는 당국이 제정

---

1) 이하 [정영석, 「해사법규강의(제5판)」, (해인출판사, 2007), 459쪽] 참조.

한 특별규칙의 시행을 방해하는 것은 아니다. 그 특별규칙은 될 수 있는 대로 이 규칙의 규정에 따라야 한다"라고 규정하고 있다. 무역항의 수상구역 등은 그 해역의 특수한 사정 때문에 「COLREG」에 규정된 사항만으로는 충돌방지의 목적을 달성하기 어려울 뿐만 아니라, 경우에 따라서는 오히려 충돌의 위험을 증대시킬 우려도 있어서 이 법에서 항법 등에 관한 별도의 규정을 두고 있고, 「COLREG」 제1조 (b)항의 규정과 특별법우선의 원칙에 의거하여 「COLREG」보다 우선하여 적용되는 것으로 해석된다.

둘째, 이러한 해석원칙은 「해사안전법」과의 관계에 있어서도 마찬가지라고 보아야 한다. 즉,「해사안전법」이 우리나라 수역에서의 일반항법을 규정한 반면, 「선박입출항법」은 "무역항의 수상 구역 등"이라는 제한된 구역을 적용범위로 하는 특별법이므로 특별법우선의 원칙에 의하여 우선적 효력을 가지는 것으로 보아야 한다.

제2절 | 입항 · 출항 및 정박

제1관 출입 신고

1. 출입신고

무역항의 수상구역 등에 출입하려는 선박의 선장(이하 이 조에서 "선장"이라 한다)은 대통령령으로 정하는 바에 따라 해양수산부장관에게 신고하여야 한다. 다만, 다음 각 호의 선박은 출입 신고를 하지 아니할 수 있다(법 제4조 제1항).

1. 총톤수 5톤 미만의 선박
2. 해양사고구조에 사용되는 선박
3. 「수상레저안전법」 제2조 제3호에 따른 수상레저기구 중 국내항 간을 운항하는 모터보트 및 동력요트
4. 그 밖에 공공목적이나 항만 운영의 효율성을 위하여 해양수산부령으로 정하는 선박

「선박의 입항 및 출항등에 관한 법률 시행령」

제2조(출입 신고) 「선박의 입항 및 출항 등에 관한 법률」(이하 "법" 이라 한다) 제4조제1항에 따른 출입 신고는 다음 각 호의 구분에 따른다. 다만, 내항어선(국내항 사이만을 항행하는 「어선법」 제2조제1

호에 따른 어선을 말한다)의 출입 신고는 해양수산부령으로 정하는 바에 따른다.
1. 내항선(국내에서만 운항하는 선박을 말한다)이 무역항의 수상구역등의 안으로 입항하는 경우에는 입항 전에, 무역항의 수상구역등의 밖으로 출항하려는 경우에는 출항 전에 해양수산부령으로 정하는 바에 따라 내항선 출입 신고서를 해양수산부장관에게 제출할 것
2. 외항선(국내항과 외국항 사이를 운항하는 선박을 말한다)이 무역항의 수상구역등의 안으로 입항하는 경우에는 입항 전에, 무역항의 수상구역등의 밖으로 출항하려는 경우에는 출항 전에 해양수산부령으로 정하는 바에 따라 외항선 출입 신고서를 해양수산부장관에게 제출할 것
3. 무역항을 출항한 선박이 피난, 수리 또는 그 밖의 사유로 출항 후 12시간 이내에 출항한 무역항으로 귀항하는 경우에는 그 사실을 적은 서면을 해양수산부장관에게 제출할 것
4. 선박이 해양사고를 피하기 위한 경우나 그 밖의 부득이한 사유로 무역항의 수상구역등의 안으로 입항하거나 무역항의 수상구역등의 밖으로 출항하는 경우에는 그 사실을 적은 서면을 해양수산부장관에게 제출할 것

「선박의 입항 및 출항등에 관한 법률 시행규칙」

제3조(선박 출입 신고서 등)
① 법 제4조제1항에 따라 무역항의 수상구역등에 출입하려는「선박의 입항 및 출항 등에 관한 법률 시행령」(이하 "영"이라 한다) 제2조제1호에 따른 내항선의 선장은 별지 제1호서식에 따른 내항선 출입신고서를 지방해양수산청장, 특별시장・광역시장・도지사・특별자치도지사(이하 "시・도지사"라 한다) 또는「항만공사법」에 따른 항만공사(이하 "항만공사"라 한다)에 제출하여야 한다.
② 법 제4조제1항에 따라 무역항의 수상구역등에 출입하려는 영 제2조제2호에 따른 외항선의 선장은 별지 제2호서식에 따른 외항선 출입신고서를 지방해양수산청장, 시・도지사 또는 항만공사에 제출하여야 한다. 이 경우 원양어선(「원양산업발전법」 제6조제1항에 따른 원양어업허가를 받은 어선을 말한다)의 선장은 출입신고서에 다음 각 호의 서류를 첨부하여야 한다.
1. 승무원 명부
2. 승객 명부
③ 무역항의 수상구역등으로 입항하는 선박의 선장은 해당 선박의 출항 일시가 이미 정해진 경우에는 입항과 출항의 신고를 동시에 할 수 있다.
④ 제1항부터 제3항까지에 따라 출입신고서를 제출한 선박의 선장은 해당 선박의 출입 일시가 변경된 경우에는 지체 없이 그 사실을 지방해양수산청장, 시・도지사 또는 항만공사에 신고하여야 한다.

제4조(신고의 면제) 법 제4조제1항제4호에서 "해양수산부령으로 정하는 선박"이란 다음 각 호의 선박을 말한다.
1. 관공선, 군함, 해양경비함정 등 공공의 목적으로 운영하는 선박
2. 도선선(導船船), 예선(曳船) 등 선박의 출입을 지원하는 선박
3. 「선박직원법 시행령」 제2조제1호에 따른 연안수역을 항행하는 정기여객선(「해운법」에 따라 내항 정기 여객운송사업에 종사하는 선박을 말한다)으로서 경유항(經由港)에 출입하는 선박
4. 피난을 위하여 긴급히 출항하여야 하는 선박
5. 그 밖에 항만운영을 위하여 지방해양수산청장이나 시・도지사가 필요하다고 인정하여 출입 신고를 면제한 선박

제5조(출입 허가의 신청) 법 제4조제2항에 따라 출입 허가를 받으려는 선박의 선장은 무역항의 수상구역등에 출입하기 3일 전까지 별지 제3호서식에 따른 출입 허가 신청서를 지방해양수산청장 또는 시・도지사에게 제출하여야 한다.

수상레저활동을 위한 모터보트・동력요트 등 선박형 수상레저기구가 단순히 국내항에

입항하거나 출항할 때에도 입항·출항 신고를 하여야 하는 불편을 제거하기 위하여 국내 항간을 운항하는 모터보트·동력요트의 경우에는 신고를 면제하도록 하여 수상레저활동의 편의를 도모하였다.

2. 출입허가

법 제4조 제1항에도 불구하고 전시·사변이나 그에 준하는 국가비상사태 또는 국가안전보장에 필요한 경우에는 선장은 대통령령으로 정하는 바에 따라 해양수산부장관의 허가를 받아야 한다(법 제4조 제2항).

「선박의 입항 및 출항등에 관한 법률 시행령」

제3조(출입 허가의 대상 선박) 법 제4조제2항에 따라 다음 각 호의 어느 하나에 해당하는 선박의 선장은 해양수산부장관의 출입 허가를 받아야 한다.

1. 외국 국적의 선박으로서 무역항을 출항한 후 바로 다음 기항 예정지가 북한인 선박
2. 외국 국적의 선박으로서 북한에 기항한 후 180일 이내에 무역항에 최초로 입항하는 선박
3. 전시·사변이나 이에 준하는 국가비상사태 또는 국가안전보장에 필요한 경우로서 관계 중앙행정기관의 장이나「국제항해선박 및 항만시설의 보안에 관한 법률」제2조제9호에 따른 국가보안기관의 장(이하 "국가보안기관의 장"이라 한다)이 무역항 출입에 특별한 관리가 필요하다고 인정하는 선박

제4조(출입 허가의 신청) 법 제4조제2항에 따라 출입 허가를 받으려는 선박의 선장은 해양수산부령으로 정하는 바에 따라 출입 허가 신청서에 다음 각 호의 서류를 첨부하여 입항하거나 출항하기 전에 해양수산부장관에게 제출하여야 한다.

1. 승무원 명부
2. 승객 명부
3. 「남북교류협력에 관한 법률 시행령」제33조에 따라 수송장비 운행의 승인을 받은 서류(「남북교류협력에 관한 법률」제20조제1항에 따라 통일부장관의 승인을 받아 남한과 북한 사이를 항행하는 선박만 해당한다)

제5조(출입 허가의 절차)

① 해양수산부장관이 법 제4조제2항에 따른 출입 허가를 하려는 경우에는 관계 국가보안기관의 장 및 출입국관리사무소장과 미리 협의하여야 한다.

② 해양수산부장관은 제4조에 따라 출입 허가를 신청한 선박의 출입 허가 신청서 내용의 사실 여부를 확인하기 위하여 필요한 경우 관계 국가보안기관의 장과 협조하여 관계 공무원으로 하여금 해당 선박에 승선하여 항행 관련 사항을 확인하게 할 수 있다. 다만,「남북교류협력에 관한 법률」제20조제1항에 따라 통일부장관의 승인을 받아 남한과 북한 사이를 항행하는 선박은 제외한다.

제2관 정박 등

1. 정박지의 사용 등

해양수산부장관은 무역항의 수상구역등에 정박하는 선박의 종류·톤수·흘수(吃水) 또는

적재물의 종류에 따른 정박구역 또는 정박지를 지정·고시할 수 있다(법 제5조 제1항). 무역항의 수상구역등에 정박하려는 선박(우선피항선은 제외한다)은 법 제5조 제1항에 따른 정박구역 또는 정박지에 정박하여야 한다. 다만, 해양사고를 피하기 위한 경우 등 해양수산부령으로 정하는 사유가 있는 경우에는 그러하지 아니하다(법 제5조 제2항).[2] 우선피항선은 다른 선박의 항행에 방해가 될 우려가 있는 장소에 정박하거나 정류하여서는 아니 된다(법 제5조 제3항). 법 제5조 제2항 단서에 따라 정박구역 또는 정박지가 아닌 곳에 정박한 선박의 선장은 즉시 그 사실을 해양수산부장관에게 신고하여야 한다(법 제5조 제4항).

「선박의 입항 및 출항등에 관한 법률 시행령」

제6조(정박지의 지정)
① 법 제5조제1항에 따라 해양수산부장관이 지정·고시하는 정박구역에 정박하려는 선박은 해양수산부령으로 정하는 바에 따라 정박지의 지정을 받아 정박하여야 한다.
② 해양수산부장관은 법 제5조제1항에 따라 지정·고시한 정박구역 안에 제1항에 따라 선박의 정박지를 지정할 수 없는 경우에는 정박구역 밖의 일정한 장소를 정박지로 지정할 수 있다.

「선박의 입항 및 출항등에 관한 법률 시행규칙」

제6조(정박지의 지정 신청)
① 영 제6조제1항에 따른 정박지의 지정 신청서는 「항만법 시행령」 제26조제1항에 따른 항만시설 사용허가신청서에 따른다.
② 법 제5조제2항 단서에서 "해양수산부령으로 정하는 사유"란 다음 각 호의 경우를 말한다.
1. 「해양사고의 조사 및 심판에 관한 법률」 제2조제1호에 따른 해양사고를 피하기 위한 경우
2. 선박의 고장이나 그 밖의 사유로 선박을 조종할 수 없는 경우
3. 인명을 구조하거나 급박한 위험이 있는 선박을 구조하는 경우
4. 해양오염 등의 발생 또는 확산을 방지하기 위한 경우
5. 그 밖에 선박의 안전운항을 위하여 지방해양수산청장 또는 시·도지사가 필요하다고 인정하는 경우

---

2. 정박의 제한 및 방법 등

가. 정박 및 정류의 금지

선박은 무역항의 수상구역등에서 다음 각 호의 장소에는 정박하거나 정류하지 못한다(법 제6조 제1항).

1. 부두·잔교(棧橋)·안벽(岸壁)·계선부표·돌핀 및 선거(船渠)의 부근 수역

---

2) 부산고등법원 1990.11.21, 선고, 89구3014, 판결(정박료부과처분취소).

2. 하천, 운하 및 그 밖의 좁은 수로와 계류장(繫留場) 입구의 부근 수역

법 제6조 제1항에 따른 선박의 정박 또는 정류의 제한 외에 무역항별 무역항의 수상구역등에서의 정박 또는 정류 제한에 관한 구체적인 내용은 해양수산부장관이 정하여 고시한다(법 제6조 제3항).

나. 예외적 정박 및 정류

법 제6조 제1항에도 불구하고 다음 각 호의 경우에는 제1항 각 호의 장소에 정박하거나 정류할 수 있다(법 제6조 제2항).

1. 「해양사고의 조사 및 심판에 관한 법률」 제2조 제1호에 따른 해양사고를 피하기 위한 경우
2. 선박의 고장이나 그 밖의 사유로 선박을 조종할 수 없는 경우
3. 인명을 구조하거나 급박한 위험이 있는 선박을 구조하는 경우
4. 법 제41조에 따른 허가를 받은 공사 또는 작업에 사용하는 경우

다. 정박 및 정류의 방법

무역항의 수상구역등에 정박하는 선박은 지체 없이 예비용 닻을 내릴 수 있도록 닻 고정장치를 해제하고, 동력선은 즉시 운항할 수 있도록 기관의 상태를 유지하는 등 안전에 필요한 조치를 하여야 한다(법 제6조 제4항). 해양수산부장관은 정박하는 선박의 안전을 위하여 필요하다고 인정하는 경우에는 무역항의 수상구역등에 정박하는 선박에 대하여 정박 장소 또는 방법을 변경할 것을 명할 수 있다(법 제6조 제5항).

3. 선박의 계선 신고 등

총톤수 20톤 이상의 선박을 무역항의 수상구역등에 계선하려는 자는 해양수산부령으로 정하는 바에 따라 해양수산부장관에게 신고하여야 한다(법 제7조 제1항). 법 제7조 제1항에 따라 선박을 계선하려는 자는 해양수산부장관이 지정한 장소에 그 선박을 계선하여야 한다(법 제7조 제2항). 해양수산부장관은 계선 중인 선박의 안전을 위하여 필요하다고 인정하는 경우에는 그 선박의 소유자나 임차인에게 안전 유지에 필요한 인원의 선원을 승선시킬 것을 명할 수 있다(법 제7조 제3항).

「선박의 입항 및 출항등에 관한 법률 시행규칙」

제7조(선박계선의 신고)
① 법 제7조제1항에 따라 선박을 계선(繫船)하려는 자는 별지 제4호서식에 따른 선박계선 신고서를 지방해양수산청장 또는 시・도지사에게 제출하여야 한다.
② 제1항에 따른 선박의 계선 신고를 받은 지방해양수산청장 또는 시・도지사는 별지 제4호서식에 따른 선박계선 신고서의 확인란에 날인하여 신고인에게 발급하여야 한다.

4. 선박의 이동명령

해양수산부장관은 다음 각 호의 경우에는 무역항의 수상구역등에 있는 선박에 대하여 해양수산부장관이 정하는 장소로 이동할 것을 명할 수 있다(법 제8조).

1. 무역항을 효율적으로 운영하기 위하여 필요하다고 판단되는 경우
2. 전시・사변이나 그에 준하는 국가비상사태 또는 국가안전보장에 있어서 필요하다고 판단되는 경우

5. 선박교통의 제한

해양수산부장관은 무역항의 수상구역등에서 선박교통의 안전을 위하여 필요하다고 인정하는 경우에는 항로 또는 구역을 지정하여 선박교통을 제한하거나 금지할 수 있다(법 제9조 제1항). 해양수산부장관이 법 제9조 제1항에 따라 항로 또는 구역을 지정한 경우에는 항로 또는 구역의 위치, 제한・금지 기간을 정하여 공고하여야 한다(법 제9조 제2항).

제3절 | 항로 및 항법

제1관 항로 및 항법

1. 항로 지정 및 준수

해양수산부장관은 무역항의 수상구역등에서 선박교통의 안전을 위하여 필요한 경우에는 무역항과 무역항의 수상구역 밖의 수로를 항로로 지정・고시할 수 있다(법 제10조 제1항).

우선피항선 외의 선박은 무역항의 수상구역등에 출입하는 경우 또는 무역항의 수상구역등을 통과하는 경우에는 법 제10조 제1항에 따라 지정·고시된 항로를 따라 항행하여야 한다. 다만, 해양사고를 피하기 위한 경우 등 해양수산부령으로 정하는 사유가 있는 경우에는 그러하지 아니하다(법 제10조 제2항).

「선박의 입항 및 출항등에 관한 법률 시행규칙」

제8조(항로 준수의 예외) 법 제10조제2항 단서에서 "해양수산부령으로 정하는 사유"란 제6조제2항 각 호의 어느 하나에 해당하는 경우를 말한다.

2. 항로에서의 정박 등 금지

선장은 항로에 선박을 정박 또는 정류시키거나 예인되는 선박 또는 부유물을 방치하여서는 아니 된다. 다만, 법 제6조 제2항 각 호의 어느 하나에 해당하는 경우는 그러하지 아니하다(법 제11조 제1항). 법 제6조 제2항 제1호부터 제3호까지의 사유로 선박을 항로에 정박시키거나 정류시키려는 자는 그 사실을 해양수산부장관에게 신고하여야 한다. 이 경우 제2호에 해당하는 선박의 선장은 「해사안전법」 제85조 제1항에 따른 조종불능선 표시를 하여야 한다(법 제11조 제2항).

3. 항로에서의 항법

모든 선박은 항로에서 다음 각 호의 항법에 따라 항행하여야 한다(법 제12조 제1항).

1. 항로 밖에서 항로에 들어오거나 항로에서 항로 밖으로 나가는 선박은 항로를 항행하는 다른 선박의 진로를 피하여 항행할 것
2. 항로에서 다른 선박과 나란히 항행하지 아니할 것
3. 항로에서 다른 선박과 마주칠 우려가 있는 경우에는 오른쪽으로 항행할 것
4. 항로에서 다른 선박을 추월하지 아니할 것. 다만, 추월하려는 선박을 눈으로 볼 수 있고 안전하게 추월할 수 있다고 판단되는 경우에는 「해사안전법」 제67조 제5항 및 제71조에 따른 방법으로 추월할 것
5. 항로를 항행하는 법 제37조 제1항 제1호에 따른 위험물운송선박(법 제2조 제5호 라목에 따른 선박 중 급유선은 제외한다) 또는 「해사안전법」 제2조 제14호에 따른 흘수제약선(吃水制約船)의 진로를 방해하지 아니할 것
6. 「선박법」 제1조의2 제1항 제2호에 따른 범선은 항로에서 지그재그(zigzag)로 항행

하지 아니할 것

해양수산부장관은 선박교통의 안전을 위하여 특히 필요하다고 인정하는 경우에는 법 제12조 제1항에서 규정한 사항 외에 따로 항로에서의 항법 등에 관한 사항을 정하여 고시할 수 있다. 이 경우 선박은 이에 따라 항행하여야 한다(법 제12조 제2항).

4. 방파제 부근에서의 항법

무역항의 수상구역등에 입항하는 선박이 방파제 입구 등에서 출항하는 선박과 마주칠 우려가 있는 경우에는 방파제 밖에서 출항하는 선박의 진로를 피하여야 한다(법 제13조).

5. 부두등 부근에서의 항법

선박이 무역항의 수상구역등에서 해안으로 길게 뻗어 나온 육지 부분, 부두, 방파제 등 인공시설물의 튀어나온 부분 또는 정박 중인 선박(이하 이 조에서 "부두등"이라 한다)을 오른쪽 뱃전에 두고 항행할 때에는 부두등에 접근하여 항행하고, 부두등을 왼쪽 뱃전에 두고 항행할 때에는 멀리 떨어져서 항행하여야 한다(법 제14조).

6. 예인선 등의 항법

예인선이 무역항의 수상구역등에서 다른 선박을 끌고 항행할 때에는 해양수산부령으로 정하는 방법에 따라야 한다(법 제15조 제1항). 범선이 무역항의 수상구역등에서 항행할 때에는 돛을 줄이거나 예인선이 범선을 끌고 가게 하여야 한다(법 제15조 제2항).

「선박의 입항 및 출항등에 관한 법률 시행규칙」

제9조(예인선의 항법 등)

① 법 제15조제1항에 따라 예인선이 무역항의 수상구역등에서 다른 선박을 끌고 항행하는 경우에는 다음 각 호에서 정하는 바에 따라야 한다.

1. 예인선의 선수(船首)로부터 피(被)예인선의 선미(船尾)까지의 길이는 200미터를 초과하지 아니할 것. 다만, 다른 선박의 출입을 보조하는 경우에는 그러하지 아니하다.
2. 예인선은 한꺼번에 3척 이상의 피예인선을 끌지 아니할 것

② 제1항에도 불구하고 지방해양수산청장 또는 시・도지사는 해당 무역항의 특수성 등을 고려하여 특히 필요한 경우에는 제1항에 따른 항법을 조정할 수 있다. 이 경우 지방해양수산청장 또는 시・도지사는 그 사실을 고시하여야 한다.

7. 진로방해의 금지

우선피항선은 무역항의 수상구역등이나 무역항의 수상구역 부근에서 다른 선박의 진로를 방해하여서는 아니 된다(법 제16조 제1항). 법 제41조 제1항에 따라 공사 등의 허가를 받은 선박과 제42조 제1항에 따라 선박경기 등의 행사를 허가받은 선박은 무역항의 수상구역등에서 다른 선박의 진로를 방해하여서는 아니 된다(법 제16조 제2항).

8. 속력 등의 제한

선박이 무역항의 수상구역등이나 무역항의 수상구역 부근을 항행할 때에는 다른 선박에 위험을 주지 아니할 정도의 속력으로 항행하여야 한다(법 제17조 제1항). 국민안전처장관은 선박이 빠른 속도로 항행하여 다른 선박의 안전 운항에 지장을 초래할 우려가 있다고 인정하는 무역항의 수상구역등에 대하여는 해양수산부장관에게 무역항의 수상구역등에서의 선박 항행 최고속력을 지정할 것을 요청할 수 있다(법 제17조 제2항). 해양수산부장관은 법 제17조 제2항에 따른 요청을 받은 경우 특별한 사유가 없으면 무역항의 수상구역등에서 선박 항행 최고속력을 지정・고시하여야 한다. 이 경우 선박은 고시된 항행 최고속력의 범위에서 항행하여야 한다(법 제17조 제3항).

9. 항행 선박 간의 거리

무역항의 수상구역등에서 2척 이상의 선박이 항행할 때에는 서로 충돌을 예방할 수 있는 상당한 거리를 유지하여야 한다(법 제18조).

제2관 선박교통관제

1. 선박교통관제의 시행

해양수산부장관은 국민안전처장관과 공동으로 무역항의 수상구역등을 포함하는 수역에서 선박교통관제를 시행할 수 있다(법 제19조 제1항). 법 제19조 제1항에 따른 선박교통관제를 시행할 때에는 국민안전처장관은 해양수산부장관의 의견을 들어 선박교통관제를 시행하는 수역(이하 "선박교통관제구역"이라 한다)을 정하여 고시하여야 한다(법 제19조 제2항).

이하의 규정에서는 무역항에 출입하는 선박이 안전하게 운항할 수 있도록 선박교통관제를 실시할 수 있는 법적 근거, 선박교통관제사의 자격 및 업무의 명시, 선박교통관제의 실효성 확보를 위해서 관제통신을 의무적으로 청취하도록 하였다.

2. 선박교통관제의 운영 등

선박이 선박교통관제구역을 출입·통과하거나 선박교통관제구역에서 이동·정박·계류할 때에는 선박교통관제에 따라야 한다. 다만, 선박을 안전하게 운항할 수 없는 명백한 사유가 있는 경우에는 선박교통관제를 따르지 아니할 수 있다(법 제20조 제1항). 선장은 선박교통관제에도 불구하고 그 선박의 안전 운항에 대한 책임을 면제받지 아니한다(법 제20조 제2항). 선박교통관제를 시행하기 위한 절차와 적용대상 선박, 선박교통관제 시설관리 등에 필요한 사항은 해양수산부장관의 의견을 들어 총리령으로 정한다(법 제20조 제3항).

3. 선박교통관제사의 자격 및 업무

가. 자격

선박교통관제사는 해양수산부 또는 국민안전처 소속 공무원 중에서 국민안전처장관이 해양수산부장관의 의견을 들어 시행하는 선박교통관제사 교육을 이수하고 평가를 통과한 사람으로 한다(법 제21조 제1항). 법 제21조 제1항에 따른 선박교통관제사의 교육, 평가 등에 필요한 사항은 해양수산부장관의 의견을 들어 총리령으로 정한다(법 제21조 제3항).

나. 업무

선박교통관제사는 다음 각 호의 업무를 수행한다(법 제21조 제2항).

1. 선박교통관제구역에서 운항하는 선박에 대한 관찰확인, 안전 확보에 필요한 정보제공과 조언 및 지시
2. 무역항의 수상구역등에서 항만의 효율적 운영에 필요한 선석·정박지·도선·예선 정보 등 항만운영정보의 제공

4. 선박교통관제 통신

법 제20조 제3항에 따른 선박교통관제 적용대상 선박이 선박교통관제구역에서 운항하는 경우에는 해양수산부장관의 의견을 들어 총리령으로 정하는 무선설비를 갖추고 해양수산부장관의 의견을 들어 총리령으로 정하는 호출응답용 관제통신을 항상 청취·응답하여야 한다(법 제22조).

제3관 등화 및 신호

1. 등화의 제한

누구든지 무역항의 수상구역등이나 무역항의 수상구역 부근에서 선박교통에 방해가 될 우려가 있는 강력한 불빛을 사용하여서는 아니 된다(법 제45조 제1항). 해양수산부장관은 법 제45조 제1항에 따른 불빛을 사용하고 있는 자에게 그 빛을 줄이거나 가리개를 씌우도록 명할 수 있다(법 제45조 제2항).

2. 기적 등의 제한

선박은 무역항의 수상구역등에서 특별한 사유 없이 기적(汽笛)이나 사이렌을 울려서는 아니 된다(법 제46조 제1항). 법 제46조 제1항에도 불구하고 무역항의 수상구역등에서 기적이나 사이렌을 갖춘 선박에 화재가 발생한 경우 그 선박은 해양수산부령으로 정하는 바에 따라 화재를 알리는 경보를 울려야 한다(법 제46조 제2항).

「선박의 입항 및 출항등에 관한 법률 시행규칙」

제29조(화재 시 경보방법)
① 법 제46조제2항에 따라 화재를 알리는 경보는 기적(汽笛)이나 사이렌을 장음(4초에서 6초까지의 시간 동안 계속되는 울림을 말한다)으로 5회 울려야 한다.
② 제1항의 경보는 적당한 간격을 두고 반복하여야 한다.

제4절 | 무역항의 수역관리

제1관 예선

1. 예선의 사용의무

해양수산부장관은 항만시설을 보호하고 선박의 안전을 확보하기 위하여 해양수산부장관이 정하여 고시하는 일정 규모 이상의 선박에 대하여 예선을 사용하도록 하여야 한다(법 제23조 제1항). 해양수산부장관은 법 제23조 제1항에 따라 예선을 사용하여야 하는 선박이 그 규모에 맞는 예선을 사용하게 하기 위하여 예선의 사용기준(이하 "예선사용기준"이라 한다)을 정하여 고시할 수 있다(법 제23조 제2항).

2. 예선업의 등록 등

가. 등록의무와 등록기준

무역항에서 예선업무를 하는 사업(이하 "예선업"이라 한다)을 하려는 자는 해양수산부장관에게 등록하여야 한다. 등록한 사항 중 해양수산부령으로 정하는 사항을 변경하려는 경우에도 또한 같다(법 제24조 제1항). 법 제24조 제1항에 따른 예선업의 등록 또는 변경등록은 무역항별로 하되, 다음 각 호의 기준을 충족하여야 한다(법 제24조 제2항).

1. 예선은 자기소유예선[자기 명의의 국적취득조건부 나용선(裸傭船) 또는 자기 소유로 약정된 리스예선을 포함한다]으로서 해양수산부령으로 정하는 무역항별 예선보유기준에 따른 마력[이하 "예항력"(曳航力)이라 한다]과 척수가 적합할 것
2. 예선추진기형은 전(全)방향추진기형일 것
3. 예선에 소화설비 등 해양수산부령으로 정하는 시설을 갖출 것
4. 등록 또는 변경등록 당시 해당 예선의 선령(船齡)이 12년 이하일 것. 다만, 해양수산부장관이 예선 수요가 적어 사업의 수익성이 낮다고 인정하는 무역항에 등록 또는 변경등록하는 선박의 경우와 해양환경관리공단이 「해양환경관리법」 제67조에 따라 해양오염방제에 대비・대응하기 위하여 선박을 배치하고자 변경등록하는 경우에는 그러하지 아니하다.

「선박의 입항 및 출항등에 관한 법률 시행규칙」

제10조(예선업의 등록 신청 등)

① 법 제24조제1항에 따라 예선업의 등록을 하려는 자는 별지 제5호서식에 따른 예선업 등록신청서(전자문서를 포함한다)에 다음 각 호의 서류를 첨부하여 지방해양수산청장 또는 시・도지사에게 제출하여야 한다.

1. 정관(법인인 경우만 해당한다)
2. 사업계획서
3. 예선의 척수(隻數), 제원(諸元) 현황 및 소화장비 등의 시설현황
4. 「선박안전법」 제45조제1항에 따른 선박안전기술공단(이하 "선박안전기술공단"이라 한다) 또는 같은 법 제60조제2항에 따른 선급법인(船級法人)(이하 "선급법인"이라 한다)이 발행한 예항력(曳航力) 증명서

② 제1항에 따른 신청을 받은 지방해양수산청장 또는 시・도지사는 「전자정부법」 제36조제1항에 따른 행정정보의 공동이용을 통하여 신청인의 법인 등기사항증명서(법인인 경우만 해당한다)를 확인하여야 한다.

③ 법 제24조제1항에 따라 등록을 한 예선업자는 등록사항을 변경하려는 경우에는 별지 제6호서식에

따른 예선업 등록사항 변경신청서에 변경 사실을 증명하는 서류를 첨부하여 지방해양수산청장 또는 시·도지사에게 제출하여야 한다.

④ 제1항제2호에 따른 사업계획서에는 다음 각 호의 사항이 포함되어야 한다.

1. 사업의 세부 추진계획 및 사업개시 예정일
2. 사업에 필요한 예선업 종사원 현황
3. 예선 현황
4. 그 밖에 예선의 관리·운영에 관한 사항

⑤ 법 제24조제2항제1호에서 "해양수산부령으로 정하는 무역항별 예선보유기준"은 별표 1과 같다.

⑥ 법 제24조제2항제2호에 따른 예선추진기형은 전(全)방향 회전속도가 60초 이내이여야 한다.

⑦ 법 제24조제2항제3호에서 "소화설비 등 해양수산부령으로 정하는 시설"이란 별표 2의 시설을 말한다.

⑧ 지방해양수산청장 또는 시·도지사는 제1항에 따라 예선업 등록 신청을 받은 경우 신청인이 법 제24조제2항에 따른 예선업 등록기준에 적합하고, 법 제25조에 따른 예선업 등록 제한 사유에 해당하지 아니하면 별지 제7호서식에 따른 예선업 등록증을 신청인에게 발급하여야 한다.

⑨ 지방해양수산청장 또는 시·도지사는 제8항에 따라 예선업 등록증을 발급하였을 때에는 예선업 등록대장에 다음 각 호의 사항을 기재하여야 한다.

1. 사업을 영위하는 무역항명
2. 상호 및 주소
3. 대표자 및 임원의 성명
4. 예선의 척수 및 선박별 제원

나. 2개 이상 무역항에서의 등록

법 24조 제2항에도 불구하고 다음 각 호의 어느 하나에 해당하는 경우에는 해양수산부령으로 정하는 무역항별 예선보유기준에 따라 2개 이상의 무역항에 대하여 하나의 예선업으로 등록하게 할 수 있다(법 제24조 제3항).

1. 1개의 무역항에 출입하는 선박의 수가 적은 경우
2. 2개 이상의 무역항이 인접한 경우

3. 예선업의 등록 제한

다음 각 호의 어느 하나에 해당하는 자는 예선업의 등록을 할 수 없다(법 제25조 제1항).

1. 원유, 제철원료, 액화가스류 또는 발전용 석탄의 화주(貨主)
2. 「해운법」에 따른 외항 정기 화물운송사업자와 외항 부정기 화물운송사업자
3. 조선사업자
4. 법 제25조 제1호부터 제3호까지의 어느 하나에 해당하는 자가 사실상 소유하거나 지배하는 법인(이하 "관계법인"이라 한다) 및 그와 특수한 관계에 있는 자(이하 "특수관계인"이라 한다)

관계법인과 특수관계인의 범위 등은 대통령령으로 정한다(법 제25조 제2항). 법 제28조에 따라 예선업의 권리와 의무를 승계한 자의 경우에는 법 제25조 제1항을 준용한다(법 제25조 제3항).

「선박의 입항 및 출항등에 관한 법률 시행령」

제7조(관계법인 및 특수관계인의 범위)

① 법 제25조제1항제4호에 따른 관계법인은 다음 각 호의 어느 하나에 해당하는 법인으로 한다.

1. 법 제25조제1항제1호부터 제3호까지의 어느 하나에 해당하는 자 또는 같은 항 제4호에 따른 특수관계인(이하 "특수관계인"이라 한다)이 단독으로 또는 합하여 발행주식(출자를 포함한다. 이하 같다) 총수의 100분의 30 이상을 소유하고 있는 법인
2. 제1호에 따른 법인 및 그 특수관계인이 단독으로 또는 합하여 발행주식 총수의 100분의 30 이상을 소유하고 있는 법인
3. 제1호에 따른 법인 및 그 특수관계인과 제2호에 따른 법인이 단독으로 또는 합하여 발행주식 총수의 100분의 30 이상을 소유하고 있는 법인
4. 임원의 임면, 가등기 또는 근저당권 설정등기 등으로 해당 법인의 경영에 대하여 영향력을 행사하고 있다고 인정되는 법인

② 특수관계인은 다음 각 호의 어느 하나에 해당하는 자로 한다.

1. 해당 법인의 발행주식 총수의 100분의 30 이상을 소유하고 있는 자
2. 해당 법인의 대표이사, 이사, 업무를 집행하는 무한책임사원 및 감사
3. 제1호 및 제2호에 해당하는 자의 「민법」 제777조에 따른 친족
4. 제1호 및 제2호에 해당하는 자의 사용인(개인인 경우에는 상업사용인, 고용계약에 따른 피고용인 및 그 개인의 금전이나 재산으로 생계를 유지하는 사람을 말한다)

---

4. 등록의 취소 등

해양수산부장관은 법 제24조에 따라 예선업의 등록을 한 자(이하 "예선업자"라 한다)가 다음 각 호의 어느 하나에 해당하는 경우에는 그 등록을 취소하거나 6개월 이내의 기간을 정하여 사업정지를 명할 수 있다. 다만, 법 제26조 제1호부터 제3호까지의 어느 하나에 해당하는 경우에는 그 등록을 취소하여야 한다(법 제26조).

1. 거짓이나 그 밖의 부정한 방법으로 등록 또는 변경등록을 한 경우
2. 법 제24조 제2항에 따른 기준을 충족하지 못하게 된 경우
3. 법 제25조 제1항 각 호의 어느 하나에 해당하게 된 경우
4. 법 제29조 제1항 또는 제2항을 위반하여 정당한 사유 없이 예선의 사용 요청을 거절하거나 예항력 검사를 받지 아니한 경우

「선박의 입항 및 출항등에 관한 법률 시행규칙」

제11조(등록의 취소 등 통보) 지방해양수산청장 또는 시・도지사는 법 제26조에 따라 행정처분을 한 경우에는 그 처분의 내용을 지체 없이 처분대상자에게 통지하여야 한다.

5. 과징금 처분

해양수산부장관은 예선업자가 법 제26조 제4호에 해당하여 사업을 정지시켜야 하는 경우로서 사업을 정지시키면 예선사용기준에 맞게 사용할 예선이 없는 경우에는 사업정지 처분을 대신하여 1천만원 이하의 과징금을 부과할 수 있다(법 제27조 제1항). 법 제27조 제1항에 따라 과징금을 부과하는 위반행위의 종류 및 위반 정도에 따른 과징금의 금액과 그 밖에 필요한 사항은 대통령령으로 정한다(법 제27조 제2항). 해양수산부장관은 예선업자가 법 제27조 제1항에 따른 과징금을 납부하지 아니하면 국세 체납처분의 예에 따라 징수할 수 있다(법 제27조 제3항).

「선박의 입항 및 출항등에 관한 법률 시행령」

제8조(과징금을 부과할 위반행위와 과징금의 금액) 법 제27조제1항에 따른 과징금을 부과하는 위반행위의 종류와 위반 정도에 따른 과징금의 금액은 별표 1과 같다.

[별표 1]
과징금의 부과기준(제8조 관련)

1. 일반기준
가. 위반행위의 횟수에 따른 과징금 부과기준은 최근 1년간 같은 위반행위로 과징금 부과처분을 받은 경우에 적용한다. 이 경우 위반횟수는 위반행위에 대하여 과징금 부과처분을 한 날과 그 처분 후에 다시 같은 위반행위를 적발한 날을 각각 기준으로 하여 위반횟수를 계산한다.
나. 부과권자는 위반행위의 내용・정도・동기 및 결과 등을 고려하여 제2호의 개별기준에 따른 과징금 금액의 2분의 1 범위에서 가중하거나 감경할 수 있다. 다만, 가중하여 부과하는 경우에도 과징금의 총액은 법 제27조제1항에 따른 과징금 금액의 상한을 초과할 수 없다.

2. 개별기준 (단위: 만원)

위반행위	근거 법조문	과징금		
		1회 위반	2회 위반	3회 이상 위반
가. 법 제29조제1항을 위반하여 정당한 사유 없이 예선의 사용 요청을 거절한 경우	법 제27조제1항	500	750	1,000
나. 법 제29조제2항을 위반하여 예항력 검사를 받지 않은 경우	법 제27조제1항	500	750	1,000

제9조(과징금의 부과 및 납부)
① 해양수산부장관은 법 제27조제1항에 따라 과징금을 부과하는 경우 위반행위의 내용과 해당 과징금의 금액을 서면으로 자세히 밝혀 과징금을 낼 것을 과징금 부과 대상자에게 통지하여야 한다.
② 제1항에 따른 통지를 받은 자는 통지를 받은 날부터 20일 이내에 해양수산부장관이 정하는 수납기관에 과징금을 내야 한다. 다만, 천재지변이나 그 밖의 부득이한 사유로 그 기간 내에 과징금을 낼 수 없는 경우에는 그 사유가 없어진 날부터 7일 이내에 내야 한다.
③ 제2항에 따라 과징금을 받은 수납기관은 영수증을 발급하고, 과징금을 받은 사실을 지체 없이 해양수산부장관에게 통보하여야 한다.
④ 과징금은 분할하여 낼 수 없다.

제10조(과징금의 독촉 및 징수) ① 해양수산부장관은 제9조제1항에 따라 과징금의 납부통지를 받은 자가 납부기한까지 과징금을 내지 아니하면 납부기한이 지난 날부터 7일 이내에 독촉장을 발급하여야 한다. 이 경우 납부기한은 독촉장 발급일부터 10일 이내로 하여야 한다.
② 해양수산부장관은 제1항에 따른 독촉을 받은 자가 납부기한까지 과징금을 내지 아니하면 소속 공무원으로 하여금 국세 체납처분의 예에 따라 과징금을 강제징수하게 할 수 있다. 이 경우 소속 공무원은 그 권한을 표시하는 증표를 지니고 관계인에게 보여 주어야 한다.

「선박의 입항 및 출항등에 관한 법률 시행규칙」

제12조(과징금 납부통지 서식 등)
① 영 제9조에 따른 과징금 납부통지서 · 영수통지서 · 납부영수증은 별지 제8호서식에 따른다.
② 영 제10조제1항에 따른 독촉장은 별지 제9호서식에 따른다.

---

6. 권리와 의무의 승계

다음 각 호의 어느 하나에 해당하는 자는 예선업자의 권리와 의무를 승계한다(법 제28조).

1. 예선업자가 사망한 경우 그 상속인
2. 예선업자가 사업을 양도한 경우 그 양수인
3. 법인인 예선업자가 다른 법인과 합병한 경우 합병 후 존속하는 법인이나 합병으로 설립되는 법인

7. 예선업자의 준수사항

예선업자는 다음 각 호의 경우를 제외하고는 예선의 사용 요청을 거절하여서는 아니 된다(법 제29조 제1항).

1. 다른 법령에 따라 선박의 운항이 제한된 경우
2. 천재지변이나 그 밖의 불가항력적인 사유로 예선업무를 수행하기가 매우 어려운 경우

3. 법 제30조에 따른 예선운영협의회에서 정하는 정당한 사유가 있는 경우

예선업자는 등록 또는 변경등록한 각 예선이 등록 또는 변경등록 당시의 예항력을 유지할 수 있도록 관리하고, 해양수산부령으로 정하는 바에 따라 예선이 적정한 예항력을 가지고 있는지 확인하기 위하여 해양수산부장관이 실시하는 검사를 받아야 한다(법 제29조 제2항). 해양수산부장관은 법 제29조 제2항에 따른 검사방법을 정하여 고시할 수 있다(법 제29조 제3항).

「선박의 입항 및 출항등에 관한 법률 시행규칙」

제13조(예선의 예항력검사)
① 법 제29조제2항에 따라 예선은 다음 각 호의 구분에 따른 예항력검사의 유효기간 내에 선박안전기술공단 또는 선급법인이 실시하는 정기 예항력검사를 받아야 한다.
1. 검사 당시 예선의 선령이 25년 미만인 경우: 5년
2. 검사 당시 예선의 선령이 25년 이상인 경우: 3년
② 지방해양수산청장 또는 시·도지사는 선사(船社), 도선사(導船士) 등 예선 사용자의 요청으로 예항력에 이상이 있다고 인정되는 예선에 대해서는 제1항 각 호의 구분에 따른 유효기간에도 불구하고 수시 예항력검사를 명할 수 있다.
③ 예선업자는 제1항에 따른 정기 예항력검사를 받은 경우에는 유효기간 만료일 3개월 전부터 만료일까지, 제2항에 따른 수시 예항력검사를 받은 경우에는 검사 명령일부터 15일 이내에 예항력검사를 받고 그 결과를 지방해양수산청장 또는 시·도지사에게 제출하여야 한다.
④ 제1항에 따른 정기 예항력검사의 유효기간은 제10조제1항제4호에 따른 예항력 증명서의 검사일부터 제1항 각 호의 구분에 따라 유효기간을 계산한다. 다만, 제2항에 따른 수시 예항력검사를 실시한 경우에는 본문에도 불구하고 수시 예항력검사를 받은 날부터 제1항 각 호의 구분에 따라 유효기간을 계산한다.

---

8. 예선운영협의회

해양수산부장관은 예선을 원활하게 운영하기 위하여 예선업을 대표하는 자, 예선 사용자를 대표하는 자 및 해운항만전문가가 참여하는 예선운영협의회를 설치·운영하게 할 수 있다(법 제30조 제1항). 법 제30조 제1항에 따른 예선운영협의회의 기능·구성 및 운영 등에 필요한 사항은 대통령령으로 정한다(법 제30조 제2항). 해양수산부장관은 예선운영협의회에서 예선운영 등에 대한 협의가 이루어지지 아니할 경우 조정을 하거나 재협의를 요구할 수 있다(법 제30조 제3항).

「선박의 입항 및 출항등에 관한 법률 시행령」

제11조(예선운영협의회의 구성 및 운영)
① 법 제30조제1항에 따른 예선운영협의회(이하 "협의회"라 한다)는 중앙예선운영협의회와 무역항별로 설치하는 지방예선운영협의회로 구분하여 구성・운영할 수 있다.
② 제1항에 따른 중앙예선운영협의회(이하 "중앙협의회"라 한다)는 위원장과 부위원장 각 1명을 포함하여 9명의 위원으로 구성하고, 위원은 다음 각 호의 사람을 해양수산부장관이 위촉한다.
1. 예선 사용자를 대표하는 사람 3명[선주(船主) 단체에서 추천하는 사람 2명 및 화주(貨主) 단체에서 추천하는 사람 1명]
2. 예선업자 단체에서 추천하는 예선업자를 대표하는 사람 3명
3. 예선 사용자를 대표하는 사람과 예선업자를 대표하는 사람이 합의하여 추천하는 해운항만전문가 3명. 이 경우 해운항만전문가 3명에는 도선사 단체에서 추천하는 도선사 1명 이상이 포함되어야 한다.
③ 제1항에 따른 지방예선운영협의회(이하 "지방협의회"라 한다)는 위원장과 부위원장 각 1명을 포함하여 9명 이내의 홀수 위원으로 구성하고, 위원은 다음 각 호의 기준에 따라 해양수산부장관이 위촉한다.
1. 예선 사용자를 대표하는 사람과 예선업자를 대표하는 사람이 합의하여 추천하는 해운항만전문가 3명을 포함할 것. 이 경우 해운항만전문가 3명에는 해당 무역항에 소속된 도선사 1명 이상이 포함되어야 한다.
2. 예선 사용자를 대표하는 위원과 예선업자를 대표하는 위원이 같은 수가 되도록 구성할 것
④ 협의회의 위원장과 부위원장은 위원 중에서 호선(互選)한다.
⑤ 협의회의 위원장은 협의회를 대표하고, 협의회의 업무를 총괄한다.
⑥ 협의회의 부위원장은 위원장을 보좌하며, 위원장이 부득이한 사유로 직무를 수행할 수 없을 때에는 그 직무를 대행한다.

제12조(협의회의 기능)
① 중앙협의회는 다음 각 호의 사항에 관하여 협의한다.
1. 예선 사용료의 산정 및 결정
2. 중앙협의회 운영규정의 제정・개정
3. 지방협의회의 지도・감독 및 지원
4. 그 밖에 예선운영에 필요한 사항
② 지방협의회는 다음 각 호의 사항에 관하여 협의한다.
1. 예선의 사용방법
2. 지방협의회 운영규정의 제정・개정
3. 예선의 사용 절차 및 배정 방법
4. 예선사용기준의 설정
5.「해양환경관리법」제96조제1항에 따른 해양환경관리공단 소속 예선의 배치에 관한 사항(법 제24조제2항제4호 단서에 해당하는 경우만 한정한다)
6. 그 밖에 해당 항만별 예선운영에 필요한 사항

제13조(협의회의 회의)
① 협의회의 회의는 위원장이 필요하다고 인정하거나 재적위원 과반수의 요청이 있는 경우에 위원장이 소집한다.
② 협의회의 회의는 재적위원 과반수의 출석으로 개의(開議)하고, 출석위원 과반수의 찬성으로 의결한다.
③ 협의회 운영규정에는 다음 각 호의 사항이 포함되어야 한다.
1. 협의회 위원의 선출방법, 임기 및 해촉에 관한 사항
2. 제12조에 따른 협의를 하기 위하여 필요한 사항

9. 예선업의 적용 제외

조선소에서 건조・수리 또는 시험 운항할 목적으로 선박 등을 이동시키거나 운항을 보조하기 위하여 보유・관리하는 예선에 대하여는 예선업에 관한 이 법의 규정을 적용하지 아니한다(법 제31조).

제2관 위험물의 관리 등

1. 위험물의 반입

위험물을 무역항의 수상구역등으로 들여오려는 자는 해양수산부령으로 정하는 바에 따라 해양수산부장관에게 신고하여야 한다(법 제32조 제1항). 해양수산부장관은 법 제32조 제1항에 따른 신고를 받았을 때에는 무역항 및 무역항의 수상구역등의 안전, 오염방지 및 저장능력을 고려하여 해양수산부령으로 정하는 바에 따라 들여올 수 있는 위험물의 종류 및 수량을 제한하거나 안전에 필요한 조치를 할 것을 명할 수 있다(법 제32조 제2항).

「선박의 입항 및 출항등에 관한 법률 시행규칙」

제14조(위험물 반입의 신고)

① 법 제32조제1항에 따라 위험물을 무역항의 수상구역등으로 들여오려는 자는 반입 24시간 전에 별지 제10호 서식에 따른 위험물 반입신고서에 별지 제11호서식에 따른 위험물 일람표를 첨부하여 지방해양수산청장 또는 시・도지사에게 제출하여야 한다. 다만, 위험물을 육상으로 반입하는 경우에는 무역항의 육상구역으로 위험물을 들여오기 전까지, 전(前) 출항지부터 반입항까지의 운항 시간이 24시간 이내이고 해상으로 위험물을 반입하는 경우에는 무역항의 수상구역등으로 위험물을 들여오기 전까지 위험물 반입신고서 등을 제출할 수 있다.

② 제1항에 따른 신고서를 제출받은 지방해양수산청장 또는 시・도지사는 별지 제10호서식에 따른 위험물 반입신고서의 확인란에 날인하여 신고인에게 발급하여야 한다.

제15조(위험물 반입의 제한) ① 지방해양수산청장 또는 시・도지사는 법 제32조제2항에 따라 다음 각 호의 어느 하나에 해당하는 위험물에 대해서는 그 반입을 제한할 수 있다.

1. 「위험물 선박운송 및 저장규칙」 제3조제1호가목・나목・다목에 따른 화약류
2. 「위험물 선박운송 및 저장규칙」 제3조제6호나목에 따른 독물류
3. 「위험물 선박운송 및 저장규칙」 제3조제7호에 따른 방사성 물질

② 지방해양수산청장 또는 시・도지사는 무역항의 수상구역등으로 반입된 위험물에 대하여 해당 위험물의 격리, 이동 또는 반출 등 안전에 필요한 조치를 할 수 있다.

---

2. 위험물운송선박의 정박 등

법 제37조 제1항 제1호에 따른 위험물운송선박은 해양수산부장관이 지정한 장소가 아닌

곳에 정박하거나 정류하여서는 아니 된다(법 제33조).

3. 위험물의 하역

무역항의 수상구역등에서 위험물을 하역하려는 자는 대통령령으로 정하는 바에 따라 자체안전관리계획을 수립하여 해양수산부장관의 승인을 받아야 한다. 승인받은 사항 중 대통령령으로 정하는 사항을 변경하려는 경우에도 또한 같다(법 제34조 제1항). 해양수산부장관은 무역항의 안전을 위하여 필요하다고 인정할 때에는 법 제34조 제1항에 따른 자체안전관리계획을 변경할 것을 명할 수 있다(법 제34조 제2항). 해양수산부장관은 기상 악화 등 불가피한 사유로 무역항의 수상구역등에서 위험물을 하역하는 것이 부적당하다고 인정하는 경우에는 법 제34조 제1항에 따른 승인을 받은 자에 대하여 해양수산부령으로 정하는 바에 따라 그 하역을 금지 또는 중지하게 하거나 무역항의 수상구역등 외의 장소를 지정하여 하역하게 할 수 있다(법 제34조 제3항). 무역항의 수상구역등이 아닌 장소로서 해양수산부령으로 정하는 장소에서 위험물을 하역하려는 자는 무역항의 수상구역등에 있는 자로 본다(법 제34조 제4항).

「선박의 입항 및 출항등에 관한 법률 시행령」

제14조(자체안전관리계획의 수립 및 승인 등)

① 법 제34조제1항 전단에 따른 자체안전관리계획(이하 "자체안전관리계획"이라 한다)에는 다음 각 호의 사항이 포함되어야 한다.

1. 최고경영책임자의 안전 및 환경보호 방침에 관한 사항
2. 위험물 취급 안전관리 전담조직의 운영 및 업무에 관한 사항
3. 위험물 안전관리자의 선임(選任) 및 임무에 관한 사항
4. 위험물 하역시설(급유선을 포함한다)의 명칭, 규격, 수량 등의 명세에 관한 사항
5. 위험물취급자에 대한 안전교육 및 훈련에 관한 사항
6. 소방시설, 안전장비 및 오염방제장비 등 안전시설에 관한 사항
7. 위험물 취급 작업기준 및 안전작업 요령에 관한 사항
8. 부두 및 선박에 대한 안전점검계획 및 안전점검의 실시에 관한 사항
9. 종합적인 비상대응훈련의 내용 및 실시 방법에 관한 사항
10. 비상사태 발생 시 지휘체계 및 비상조치계획에 관한 사항
11. 불안전 요소 발견 시 보고체계 및 처리 방법에 관한 사항
12. 그 밖에 위험물 취급의 안전을 위하여 필요하다고 인정하여 해양수산부장관이 고시하는 사항

② 자체안전관리계획의 유효기간은 자체안전관리계획의 승인 또는 변경승인을 받은 날부터 5년으로 한다.

③ 법 제34조제1항에 따라 자체안전관리계획의 승인을 받은 자는 자체안전관리계획의 유효기간 만료일 3개월 전부터 1개월 전까지 자체안전관리계획의 갱신을 신청할 수 있다.

④ 법 제34조제1항 후단에서 "대통령령으로 정하는 사항"이란 제1항제1호부터 제4호까지, 제6호, 제8호 및 제10호의 사항을 말한다.

⑤ 제1항부터 제4항까지에서 규정한 사항 외에 자체안전관리계획의 승인 절차 등 필요한 사항은 해양

수산부령으로 정한다.

「선박의 입항 및 출항등에 관한 법률 시행규칙」

제16조(자체안전관리계획의 승인 신청 및 승인 절차 등)
① 법 제34조제1항 전단에 따른 자체안전관리계획(이하 "자체안전관리계획"이라 한다)의 승인, 같은 항 후단에 따른 자체안전관리계획의 변경승인 및 영 제14조제3항에 따른 자체안전관리계획의 갱신을 신청하려는 자는 다음 각 호의 구분에 따른 기간 내에 별지 제12호서식에 따른 자체안전관리계획 승인·변경승인·갱신 신청서에 자체안전관리계획을 첨부하여 지방해양수산청장 또는 시·도지사에게 제출하여야 한다.
1. 최초 자체안전관리계획의 승인: 위험물 하역 전
2. 자체안전관리계획의 변경승인: 변경사유가 발생한 날부터 1개월
3. 자체안전관리계획의 유효기간 만료에 따른 갱신: 영 제14조제3항에서 정한 기간
② 제1항에 따라 승인 신청을 받은 지방해양수산청장 또는 시·도지사는 자체안전관리계획의 승인·변경승인 또는 갱신 여부를 검토하고 신청서 접수일부터 15일 이내에 그 결과를 신청인에게 통보하여야 한다.

제17조(위험물 하역의 제한 등) ① 지방해양수산청장 또는 시·도지사가 법 제34조제3항에 따라 위험물의 하역을 금지 또는 중지하게 하거나 무역항의 수상구역등 외의 장소를 지정하여 하역하게 하는 경우에는 그 사유 등을 명시한 서면으로 통보하여야 한다. 다만, 긴급한 경우에는 구두(口頭)로 통보할 수 있다.
② 법 제34조제4항에서 "해양수산부령으로 정하는 장소"란 총톤수 1천톤 이상의 위험물 운송선박이 접안할 수 있는 부두시설 및 위험물 하역작업에 필요한 시설을 갖추고, 산적액체위험물을 취급하는 장소를 말한다.

4. 위험물 취급 시의 안전조치 등

무역항의 수상구역등에서 위험물취급자는 다음 각 호에 따른 안전에 필요한 조치를 하여야 한다(법 제35조 제1항).

1. 위험물 취급에 관한 안전관리자(이하 "위험물 안전관리자"라 한다)의 확보 및 배치. 다만, 해양수산부령으로 정하는 바에 따라 위험물 안전관리자를 보유한 안전관리 전문업체로 하여금 안전관리 업무를 대행하게 한 경우에는 그러하지 아니하다.
2. 해양수산부령으로 정하는 위험물 운송선박의 부두 이안·접안 시 위험물 안전관리자의 현장 배치
3. 위험물의 특성에 맞는 소화장비의 비치
4. 위험표지 및 출입통제시설의 설치
5. 선박과 육상 간의 통신수단 확보
6. 작업자에 대한 안전교육과 그 밖에 해양수산부령으로 정하는 안전에 필요한 조치

위험물 안전관리자의 자격 및 보유기준은 해양수산부령으로 정한다(법 제35조 제2항). 해양수산부장관은 법 제35조 제1항에 따른 안전조치를 하지 아니한 위험물취급자에게 시설・인원・장비 등의 보강 또는 개선을 명할 수 있다(법 제35조 제3항).

「선박의 입항 및 출항등에 관한 법률 시행규칙」

제18조(위험물 안전관리자의 자격기준 등)
① 위험물취급자가 확보하여야 하는 법 제35조제1항제1호 본문에 따른 위험물 취급에 관한 안전관리자(이하 "위험물 안전관리자"라 한다)의 자격 및 보유기준은 별표 3과 같다.
② 위험물취급자가 제1항에 따른 위험물 안전관리자를 선임하는 경우에는 지방해양수산청장 또는 시・도지사에게 안전관리자 선임증 발급을 요청할 수 있다. 이 경우 지방해양수산청장 또는 시・도지사는 위험물취급자에게 별지 제13호서식에 따른 위험물 안전관리자 선임증을 발급할 수 있다.
제19조(위험물 취급 시의 안전조치) ① 위험물취급자가 법 제35조제1항제1호 단서에 따라 안전관리 전문업체(이하 "안전관리 전문업체"라 한다)로 하여금 위험물 안전관리 업무를 대행하게 하는 경우 안전관리 전문업체는 원래의 위험물취급자를 기준으로 별표 3에 따른 위험물 안전관리자의 자격 및 보유기준에 적합하게 위험물 안전관리자를 확보하여야 하고, 위험물 안전관리자마다 위험물취급자를 지정하여 해당 위험물취급자의 안전관리 업무를 전담하게 하여야 한다.
② 법 제35조제1항제2호에서 "해양수산부령으로 정하는 위험물 운송선박"이란 총톤수 1천톤 이상의 산적액체위험물을 운송하는 선박을 말한다.
③ 법 제35조제1항제6호에서 "해양수산부령으로 정하는 안전에 필요한 조치"란 다음 각 호의 조치를 말한다.
1. 지방해양수산청장 또는 시・도지사가 승인한 자체안전관리계획서의 현장 비치
2. 안전점검 사실을 확인할 수 있는 서류의 작성 및 현장 비치
3. 그 밖에 지방해양수산청장 또는 시・도지사가 정하여 고시하는 사항

위험물 운송선박의 부두 이안과 접안시 위험물 안전관리자를 현장에 배치하도록 하여 안전조치를 강화하였다.

5. 교육기관의 지정 및 취소 등

가. 교육기관의 지정

해양수산부장관은 위험물 안전관리자 중 산적액체위험물을 취급하는 위험물 안전관리자의 교육을 위하여 교육기관을 지정・고시할 수 있다(법 제36조 제1항). 법 제36조 제1항의 교육기관의 지정기준 및 교육내용 등 교육기관 지정・운영에 필요한 사항은 해양수산부령으로 정한다(법 제36조 제2항). 해양수산부장관은 교육기관의 교육계획 또는 실적 등을 확인・점검할 수 있으며, 확인・점검 결과 필요한 경우에는 시정을 명할 수 있다(법 제36조 제3항).

나. 교육기관 지정의 취소

해양수산부장관은 교육기관이 다음 각 호의 어느 하나에 해당하는 경우에는 그 지정을 취소하거나 6개월 이내의 기간을 정하여 업무의 정지를 명할 수 있다. 다만, 법 제36조 제4항 제1호의 경우에는 그 지정을 취소하여야 한다(법 제36조 제4항).

1. 거짓이나 그 밖의 부정한 방법으로 교육기관 지정을 받은 경우
2. 교육실적을 거짓으로 보고한 경우
3. 법 제36조 제3항에 따른 시정명령을 이행하지 아니한 경우
4. 교육기관으로 지정받은 날부터 2년 이상 교육 실적이 없는 경우
5. 해양수산부장관이 교육기관으로서 업무를 수행하기가 어렵다고 인정하는 경우

「선박의 입항 및 출항등에 관한 법률 시행규칙」

제20조(교육기관의 지정 및 운영 등)
① 법 제36조제1항에 따라 산적액체위험물을 취급하는 위험물 안전관리자를 양성하는 교육기관(이하 "교육기관"이라 한다)의 지정기준은 다음 각 호와 같다.
1. 강의실 면적은 60제곱미터 이상으로서 교육생 1명당 1.2제곱미터 이상이 되는 시설물을 확보할 것. 이 경우 소유・전세・임대차 또는 사용대차 등의 방법으로 해당 시설물에 대한 사용권을 확보하여야 한다.
2. 다음 각 목의 어느 하나에 해당하는 2명 이상의 강사를 확보할 것
가. 산적액체위험물 취급 안전관리자로서 경력이 5년 이상인 사람
나. 교육기관에서 산적액체위험물을 취급하는 위험물 안전관리자 양성과정 과목을 강의한 경력이 5년 이상인 사람
② 교육기관으로 지정받으려는 자는 별지 제14호서식에 따른 교육기관 지정신청서에 다음 각 호의 서류를 첨부하여 해양수산부장관에게 제출하여야 한다.
1. 교육기관의 시설물 사용권 확보를 증명할 수 있는 서류(전세 또는 임대의 경우 계약서 사본 등) 1부
2. 강사 확보에 관한 증명서류(재직증명서 사본 등) 1부
3. 연간 교육일정, 교육장소, 강사진, 교육교재 등을 포함한 교육계획서
③ 제2항에 따른 교육기관 지정신청서를 받은 해양수산부장관은 「전자정부법」 제36조제1항에 따른 행정정보의 공동이용을 통하여 신청인의 법인 등기사항증명서(법인인 경우만 해당한다)를 확인하여야 한다.
④ 해양수산부장관은 제2항에 따른 교육기관 지정신청서를 제출한 기관을 교육기관으로 지정하는 경우에는 별지 제15호서식에 따른 위험물 안전관리자 교육기관 지정서를 발급하여야 한다.
⑤ 교육기관의 장은 교육기관의 명칭, 교육기관의 장 또는 교육기관의 주소 등이 변경된 경우에는 그 내용을 즉시 해양수산부장관에게 보고하여야 한다.
⑥ 교육기관이 실시하는 산적액체위험물을 취급하는 위험물 안전관리자 교육과정은 별표 4와 같다.
⑦ 교육기관의 장은 제6항에 따른 교육과정을 수료한 사람에게 별지 제16호서식에 따른 수료증을 발급하여야 한다.
⑧ 교육기관의 장은 다음 각 호의 내용이 포함된 해당 연도의 교육 결과를 매년 12월 31일까지 해양수산부장관에게 보고하여야 한다.
1. 교육일시・장소 및 교육 예상인원 대비 교육 참석인원
2. 교육과목, 교육시간 및 강사

---

6. 선박수리의 허가 등

가. 허가사항

선장은 무역항의 수상구역등에서 다음 각 호의 선박을 불꽃이나 열이 발생하는 용접 등의 방법으로 수리하려는 경우 해양수산부령으로 정하는 바에 따라 해양수산부장관의 허가를 받아야 한다. 다만, 법 제37조 제1항 제2호의 선박은 기관실, 연료탱크, 그 밖에 해양수산부령으로 정하는 선박 내 위험구역에서 수리작업을 하는 경우에만 허가를 받아야 한다(법 제37조 제1항).

1. 위험물을 저장・운송하는 선박과 위험물을 하역한 후에도 인화성 물질 또는 폭발성 가스가 남아 있어 화재 또는 폭발의 위험이 있는 선박(이하 "위험물운송선박"이라 한다)
2. 총톤수 20톤 이상의 선박(위험물운송선박은 제외한다)

「선박의 입항 및 출항등에 관한 법률 시행규칙」

제21조(선박수리 허가의 신청 등)

① 법 제37조제1항 각 호 외의 부분 본문에 따라 선박수리 허가를 받으려는 선장 또는 같은 조 제3항에 따라 선박수리를 신고하려는 선장은 별지 제17호서식에 따른 선박수리 허가신청서・신고서에 다음 각 호의 서류를 첨부하여 지방해양수산청장 또는 시・도지사에게 제출하여야 한다.

1. 작업계획서(취급장비 명세를 포함한다)
2. 해당 작업에 필요한 작업자의 자격증 사본 1부(수리 대상 선박의 선원이 작업자인 경우는 제외한다)

② 지방해양수산청장 또는 시・도지사는 제1항에 따라 신청받은 선박수리를 허가하거나 선박수리의 신고를 받은 경우에는 별지 제17호서식에 따른 선박수리 허가신청서・신고서의 확인란에 날인하여 신청인에게 발급하여야 한다.

③ 법 제37조제1항 각 호 외의 부분 단서에서 "해양수산부령으로 정하는 선박 내 위험구역"이란 다음 각 호의 어느 하나에 해당하는 선박 내 구역을 말한다.

1. 윤활유탱크
2. 코퍼댐(coffer dam)
3. 공소(空所)
4. 축전지실
5. 페인트 창고
6. 가연성 액체를 보관하는 창고
7. 폐위(閉圍)된 차량구역

④ 법 제37조제5항에 따라 지방해양수산청장 또는 시・도지사가 명할 수 있는 안전에 필요한 조치는 다음 각 호와 같다.

1. 안전시설 및 인원의 보강
2. 작업시간의 조정
3. 수리장소의 일시적 변경
4. 그 밖에 선박안전을 위하여 필요한 사항

나. 허가금지사항

해양수산부장관은 법 제37조 제1항에 따른 허가 신청을 받았을 때에는 신청 내용이 다음 각 호의 어느 하나에 해당하는 경우를 제외하고는 허가하여야 한다(법 제37조 제2항).

1. 화재・폭발 등을 일으킬 우려가 있는 방식으로 수리하려는 경우
2. 용접공 등 수리작업을 할 사람의 자격이 부적절한 경우
3. 화재・폭발 등의 사고 예방에 필요한 조치가 미흡한 것으로 판단되는 경우
4. 선박수리로 인하여 인근의 선박 및 항만시설의 안전에 지장을 초래할 우려가 있다고 판단되는 경우
5. 수리장소 및 수리시기 등이 항만운영에 지장을 줄 우려가 있다고 판단되는 경우
6. 위험물운송선박의 경우 수리하려는 구역에 인화성 물질 또는 폭발성 가스가 없다는 것을 증명하지 못하는 경우

다. 신고사항

총톤수 20톤 이상의 선박을 법 제37조 제1항 단서에 따른 위험구역 밖에서 불꽃이나 열이 발생하는 용접 등의 방법으로 수리하려는 경우에 그 선박의 선장은 해양수산부령으로 정하는 바에 따라 해양수산부장관에게 신고하여야 한다(법 제37조 제3항).

라. 안전조치 등

법 제37조 제1항부터 제3항까지에 따라 선박을 수리하려는 자는 그 선박을 해양수산부장관이 지정한 장소에 정박하거나 계류하여야 한다(법 제37조 제4항). 해양수산부장관은 수리 중인 선박의 안전을 위하여 필요하다고 인정하는 경우에는 그 선박의 소유자나 임차인에게 해양수산부령으로 정하는 바에 따라 안전에 필요한 조치를 할 것을 명할 수 있다(법 제37조 제5항).

해양수산부장관은 무역항의 수상구역 및 그 밖의 수역시설 등에서 선박을 용접 등의 방법으로 수리하려고 허가를 신청한 경우에는 화재・폭발 등을 일으킬 우려가 있는 방식으로 수리하려는 경우 등을 제외하고는 원칙적으로 허가하게 하여 행정청의 자의적인 권한 행사를 방지하고 허가 여부에 대한 국민의 예측가능성을 확보할 수 있도록 하였다.

제3관 수로의 보전

1. 폐기물의 투기 금지 등

누구든지 무역항의 수상구역등이나 무역항의 수상구역 밖 10킬로미터 이내의 수면에 선박의 안전운항을 해칠 우려가 있는 흙·돌·나무·어구(漁具) 등 폐기물을 버려서는 아니 된다(법 제38조 제1항). 무역항의 수상구역등이나 무역항의 수상구역 부근에서 석탄·돌·벽돌 등 흩어지기 쉬운 물건을 하역하는 자는 그 물건이 수면에 떨어지는 것을 방지하기 위하여 대통령령으로 정하는 바에 따라 필요한 조치를 하여야 한다(법 제38조 제2항). 해양수산부장관은 법 제38조 제1항을 위반하여 폐기물을 버리거나 제2항을 위반하여 흩어지기 쉬운 물건을 수면에 떨어뜨린 자에게 그 폐기물 또는 물건을 제거할 것을 명할 수 있다(법 제38조 제3항).

「선박의 입항 및 출항등에 관한 법률 시행령」

제15조(흩어지기 쉬운 물건의 추락 방지 조치) 법 제38조제2항에 따라 흩어지기 쉬운 물건을 하역하는 자는 덮개를 사용하거나 물건의 추락을 방지하기 위한 시설을 설치하고, 수면에 떨어진 물건이 떠돌아다니거나 흩어지는 것을 방지하기 위한 시설을 설치하여야 한다.

---

2. 해양사고 등이 발생한 경우의 조치

무역항의 수상구역등이나 무역항의 수상구역 부근에서 해양사고·화재 등의 재난으로 인하여 다른 선박의 항행이나 무역항의 안전을 해칠 우려가 있는 조난선(遭難船)의 선장은 즉시 「항로표지법」 제2조 제1항 제1호에 따른 항로표지를 설치하는 등 필요한 조치를 하여야 한다(법 제39조 제1항). 법 제39조 제1항에 따른 조난선의 선장이 같은 항에 따른 조치를 할 수 없을 때에는 해양수산부령으로 정하는 바에 따라 해양수산부장관에게 필요한 조치를 요청할 수 있다(법 제39조 제2항). 해양수산부장관이 법 제39조 제2항에 따른 조치를 하였을 때에는 그 선박의 소유자 또는 임차인은 그 조치에 들어간 비용을 해양수산부장관에게 납부하여야 한다(법 제39조 제3항). 해양수산부장관은 선박의 소유자 또는 임차인이 법 제39조 제3항에 따른 조치 비용을 납부하지 아니할 경우 국세 체납처분의 예에 따라 이를 징수할 수 있다(법 제39조 제4항). 법 제39조 제3항에 따른 비용의 산정방법 및 납부절차는 해양수산부령으로 정한다(법 제39조 제5항).

「선박의 입항 및 출항등에 관한 법률 시행규칙」

제22조(위험 예방조치의 요청 등)
① 법 제39조제2항에 따라 조난선(遭難船)의 선장이 「항로표지법」 제2조제1항제1호에 따른 항로표지(이하 "항로표지"라 한다)의 설치나 그 밖에 다른 선박에 대한 위험을 예방하기 위하여 필요한 조치를 요청하는 경우에는 별지 제18호서식에 따른 위험 예방조치 요청서를 지방해양수산청장 또는 시・도지사에게 제출하여야 한다. 다만, 긴급한 경우에는 구두로 요청할 수 있다.
② 지방해양수산청장 또는 시・도지사는 제1항 단서에 따라 조난선 선장의 구두 요청을 받아 법 제39조제1항에 따른 위험 예방조치를 한 경우에는 제23조에 따른 위험 예방조치 비용의 산정을 위한 관계 서류의 보완을 해당 조난선의 선장에게 요청할 수 있다.

제23조(위험 예방조치 비용의 산정 및 납부) ① 법 제39조제3항에 따른 위험 예방조치 비용의 산정방법은 「항로표지법」 제10조제3항에 따른다.
② 법 제39조제3항에 따라 선박의 소유자 또는 임차인은 제1항에 따라 산정된 위험 예방조치 비용을 항로표지의 설치 등 위험 예방조치가 종료된 날부터 5일 이내에 지방해양수산청장 또는 시・도지사에게 납부하여야 한다.

3. 장애물의 제거

가. 장애물제거의무

해양수산부장관은 무역항의 수상구역등이나 무역항의 수상구역 부근에서 선박의 항행을 방해하거나 방해할 우려가 있는 물건(이하 "장애물"이라 한다)을 발견한 경우에는 그 장애물의 소유자 또는 점유자에게 제거를 명할 수 있다(법 제40조 제1항).

나. 행정대집행

해양수산부장관은 장애물의 소유자 또는 점유자가 법 제40조 제1항에 따른 명령을 이행하지 아니하는 경우에는 「행정대집행법」 제3조 제1항 및 제2항에 따라 대집행(代執行)을 할 수 있다(법 제40조 제2항).

다. 긴급조치의무

해양수산부장관은 다음 각 호의 어느 하나에 해당하는 경우로서 법 제40조 제2항에 따른 절차에 따르면 그 목적을 달성하기 곤란한 경우에는 그 절차를 거치지 아니하고 장애물을 제거하는 등 필요한 조치를 할 수 있다(법 제40조 제3항).

1. 장애물의 소유자 또는 점유자를 알 수 없는 경우
2. 법 제2조 제2호에 따른 수역시설을 반복적, 상습적으로 불법 점용하는 경우
3. 그 밖에 선박의 항행을 방해하거나 방해할 우려가 있어 신속하게 장애물을 제거하

여야 할 필요가 있는 경우

라. 조치 및 비용의 부담

법 제40조 제3항에 따라 장애물을 제거하는 데 들어간 비용은 그 물건의 소유자 또는 점유자가 부담하되, 소유자 또는 점유자를 알 수 없는 경우에는 대통령령으로 정하는 바에 따라 그 물건을 처분하여 비용에 충당한다(법 제40조 제4항). 법 제40조 제3항에 따른 조치는 선박교통의 안전 및 질서유지를 위하여 필요한 최소한도에 그쳐야 한다(법 제40조 제5항). 해양수산부장관은 법 제40조 제2항 및 제3항에 따라 제거된 장애물을 보관 및 처리하여야 한다. 이 경우 전문지식이 필요하거나 그 밖에 특수한 사정이 있어 직접 처리하기에 적당하지 아니하다고 인정할 때에는 대통령령으로 정하는 바에 따라 「금융회사부실자산 등의 효율적 처리 및 한국자산관리공사의 설립에 관한 법률」에 따라 설립된 한국자산관리공사에게 장애물의 처리를 대행하도록 할 수 있다(법 제40조 제6항). 해양수산부장관은 법 제40조 제6항에 따라 한국자산관리공사가 장애물의 처리를 대행하는 경우에는 해양수산부령으로 정하는 바에 따라 수수료를 지급할 수 있다(법 제40조 제7항). 법 제40조 제6항에 따라 한국자산관리공사가 장애물의 처리를 대행하는 경우에 한국자산관리공사의 임직원은 「형법」 제129조부터 제132조까지의 규정에 따른 벌칙을 적용할 때에는 공무원으로 본다(법 제40조 제8항). 법 제40조 제6항에 따른 장애물의 보관 및 처리, 장애물 처리의 대행에 필요한 사항은 대통령령으로 정한다(법 제40조 제9항).

「선박의 입항 및 출항등에 관한 법률 시행령」

제16조(장애물의 제거 등)

① 해양수산부장관은 법 제40조제4항에 따라 무역항의 수상구역등이나 무역항의 수상구역 부근에서 선박의 항행을 방해하거나 방해할 우려가 있는 물건(이하 "장애물"이라 한다)을 처분하려는 경우에는 공매(公賣)로 처분한다. 다만, 그 물건의 가액(價額)이 공매비용에 미치지 못할 우려가 있는 경우에는 공매 외의 방법으로 처분할 수 있다.

② 해양수산부장관이 제1항 본문에 따라 공매를 하려는 경우에는 다음 각 호의 사항을 공고하여야 한다. 이 경우 공고는 해양수산부의 게시판 및 인터넷 홈페이지에 7일 이상 게시하는 방법으로 하여야 하며, 필요하면 관보 또는 「신문 등의 진흥에 관한 법률」 제9조제1항에 따라 전국을 보급지역으로 등록한 일반일간신문에 게재하는 방법으로 할 수 있다.

1. 공매할 물건의 명칭 및 내용
2. 공매의 장소 및 일시
3. 입찰보증금을 받는 경우에는 그 금액

③ 해양수산부장관은 제1항과 제2항에 따른 공매로 취득한 금액 중에서 해당 물건의 제거와 공매 등에 든 비용을 제외하고 남은 금액이 있으면 「공탁법」에 따라 공탁하여야 한다.

④ 해양수산부장관이 법 제40조제6항 전단에 따라 장애물을 보관 및 처리하는 경우에는 장애물을 원형 상태로 보관하고, 그 장애물의 소유자 또는 점유자(이하 이 조 및 제17조에서 "소유자등"이라 한다)를 알 수 있는 경우에는 그 장애물의 보관 장소를 소유자등에게 통보하여 7일 이내에 처리하도

록 하여야 한다.

⑤ 해양수산부장관은 제4항에 따른 기간에 소유자등이 장애물을 처리하지 아니하는 경우 또는 소유자등을 알 수 없는 경우에는 제2항에 따라 공고를 하고 공매로 처분할 수 있다. 이 경우 공매로 취득한 금액 중에서 해당 물건의 보관과 공매 등에 든 비용을 제외하고 남은 금액이 있으면 소유자등에게 돌려주어야 하고, 소유자등을 알 수 없는 경우에는 「공탁법」에 따라 공탁하여야 한다.

제17조(공매대행의 의뢰 등)

① 해양수산부장관이 법 제40조제6항 후단에 따라 제거된 장애물의 처리를 「금융회사부실자산 등의 효율적 처리 및 한국자산관리공사의 설립에 관한 법률」 제6조에 따라 설립된 한국자산관리공사(이하 "한국자산관리공사"라 한다)로 하여금 대행하게 하는 경우에는 다음 각 호의 사항을 적은 공매대행의뢰서를 한국자산관리공사에 보내야 한다.

1. 장애물의 소유자등의 주소 또는 거소
2. 장애물의 종류 · 수량 · 품질 및 소재지
3. 장애물과 관련된 보험료 및 압류 현황
4. 그 밖에 장애물의 공매대행에 필요한 사항

② 해양수산부장관은 제1항에 따라 처리 대행을 의뢰한 경우에는 그 사실을 장애물의 소유자등과 그 장애물에 전세권 · 질권 · 저당권이나 그 밖의 권리를 가진 자에게 알려야 한다.

③ 한국자산관리공사는 장애물의 소유자등이 장애물의 제거 및 보관 등에 든 비용을 납부하는 등의 사유가 발생하여 해양수산부장관이 장애물 처리 대행의 중지를 요청하였을 때에는 즉시 장애물의 처리 대행을 중지하여야 한다.

④ 한국자산관리공사는 장애물의 처리 대행을 의뢰받은 날부터 2년이 지나도 처리하지 못하는 경우에는 해양수산부장관에게 그 장애물에 대한 처리 대행 의뢰를 해제하여 줄 것을 요구할 수 있다.

⑤ 제4항에 따라 요구를 받은 해양수산부장관은 특별한 사정이 있는 경우를 제외하고는 처리 대행 의뢰를 해제하여야 한다.

「선박의 입항 및 출항등에 관한 법률 시행규칙」

제24조(공매대행 수수료) 법 제40조제7항에 따른 수수료의 지급에 관해서는 「국세징수법 시행규칙」 제41조의5제1항 및 제2항을 준용한다.

---

4. 공사 등의 허가

무역항의 수상구역등이나 무역항의 수상구역 부근에서 대통령령으로 정하는 공사 또는 작업을 하려는 자는 해양수산부령으로 정하는 바에 따라 해양수산부장관의 허가를 받아야 한다(법 제41조 제1항). 해양수산부장관이 법 제41조 제1항에 따른 허가를 할 때에는 선박교통의 안전과 화물의 보전 및 무역항의 안전에 필요한 조치를 명할 수 있다(법 제41조 제2항).

「선박의 입항 및 출항등에 관한 법률 시행령」

제18조(공사 등의 허가 범위) 법 제41조제1항에서 "대통령령으로 정하는공사 또는 작업"이란 다음 각 호의 어느 하나에 해당하는 공사 또는 작업을 말한다. 다만, 「항만법」이나 「공유수면 관리 및 매립에 관한 법률」에 따라 해양수산부장관의 허가나 면허를 받은 공사 또는 작업은 제외한다.

1. 사람이나 장비를 수중(水中)에 투입하는 공사 또는 작업
2. 「항만법」 제2조제5호에 따른 항만시설 외의 시설물 또는 인공구조물을 신축·개축하거나 변경·제거하는 공사 또는 작업
3. 그 밖에 무역항의 안전을 위하여 해양수산부령으로 정하는 공사 또는 작업

「선박의 입항 및 출항등에 관한 법률 시행규칙」

제25조(공사 등의 허가 신청)
① 법 제41조제1항에 따라 공사 또는 작업을 허가를 받으려는 자는 별지 제19호서식에 따른 공사·작업 허가신청서에 다음 각 호의 서류를 첨부하여 지방해양수산청장 또는 시·도지사에게 제출하여야 한다.
1. 작업계획서(취급장비 명세를 포함한다)
2. 해당 작업에 필요한 작업자의 자격증 사본 1부
② 지방해양수산청장 또는 시·도지사는 제1항에 따라 신청을 받은 공사 또는 작업을 허가한 경우에는 별지 제19호서식에 따른 공사·작업 허가신청서의 확인란에 날인하여 신청인에게 발급하여야 한다.

제26조(공사 등의 허가 범위) 영 제18조제3호에서 "해양수산부령으로 정하는 공사 또는 작업"이란 「해양환경관리법 시행규칙」 별표 1 제1호에 따른 해양시설에 대하여 불꽃이나 열이 발생하는 용접 등의 방법으로 수리하는 공사 또는 작업을 말한다.

---

5. 선박경기 등 행사의 허가

무역항의 수상구역등에서 선박경기 등 대통령령으로 정하는 행사를 하려는 자는 해양수산부령으로 정하는 바에 따라 해양수산부장관의 허가를 받아야 한다(법 제42조 제1항). 해양수산부장관은 법 제42조 제1항에 따른 허가 신청을 받았을 때에는 다음 각 호의 어느 하나에 해당하는 경우를 제외하고는 허가하여야 한다(법 제42조 제2항).

1. 행사로 인하여 선박의 충돌·좌초·침몰 등 안전사고가 생길 우려가 있다고 판단되는 경우
2. 행사의 장소와 시간 등이 항만운영에 지장을 줄 우려가 있는 경우
3. 다른 선박의 출입 등 항행에 방해가 될 우려가 있다고 판단되는 경우
4. 다른 선박이 화물을 싣고 내리거나 보존하는 데에 지장을 줄 우려가 있다고 판단되는 경우

해양수산부장관은 법 제42조 제1항에 따른 허가를 하였을 때에는 국민안전처장관에게 그 사실을 통보하여야 한다(법 제42조 제3항).

「선박의 입항 및 출항등에 관한 법률 시행령」

제19조(선박경기 등 행사) 법 제42조제1항에서 "선박경기 등 대통령령으로 정하는 행사"란 다음 각 호의 어느 하나에 해당하는 행사를 말한다.
1. 요트, 모터보트 등을 이용한 선박경기
2. 해양폐기물 수거 등 해양환경 정화활동
3. 해상퍼레이드 등 축제 행사
4. 선박을 이용한 불꽃놀이 행사
5. 그 밖에 선박교통의 안전에 지장을 줄 우려가 있는 행사

「선박의 입항 및 출항등에 관한 법률 시행규칙」

제27조(행사의 허가 신청)
① 법 제42조제1항에 따라 선박경기 등의 행사 허가를 받으려는 자는 별지 제20호서식에 따른 행사 허가신청서에 행사계획서(위치도를 포함한다)를 첨부하여 지방해양수산청장 또는 시・도지사에게 제출하여야 한다.
② 지방해양수산청장 또는 시・도지사는 제1항에 따라 신청받은 행사를 허가하는 경우 별지 제20호서식에 따른 행사 허가신청서의 확인란에 날인하여 신청인에게 발급하여야 한다.

해양수산부장관은 무역항의 수상구역 및 그 밖의 수역시설 등에서 선박경기 등의 행사를 하려고 허가를 신청한 경우도 안전사고 우려가 있는 경우 등을 제외하고는 원칙적으로 허가하게 함으로써 행정청의 자의적인 권한 행사를 방지하고 허가 여부에 대한 국민의 예측가능성을 확보할 수 있도록 하였다.

6. 부유물에 대한 허가

무역항의 수상구역등에서 목재 등 선박교통의 안전에 장애가 되는 부유물에 대하여 다음 각 호의 어느 하나에 해당하는 행위를 하려는 자는 해양수산부령으로 정하는 바에 따라 해양수산부장관의 허가를 받아야 한다(법 제43조 제1항).

1. 부유물을 수상(水上)에 띄워 놓으려는 자
2. 부유물을 선박 등 다른 시설에 붙들어 매거나 운반하려는 자

해양수산부장관은 법 제43조 제1항에 따른 허가를 할 때에는 선박교통의 안전에 필요한 조치를 명할 수 있다(법 제43조 제2항).

「선박의 입항 및 출항등에 관한 법률 시행규칙」

제28조(부유 등의 허가 신청)

① 법 제43조제1항에 따라 무역항의 수상구역등에서 목재 등 선박교통의 안전에 장애가 되는 부유물(이하 "부유물"이라 한다)을 수상(水上)에 띄워 놓거나 운반 등을 하려는 자는 별지 제21호서식에 따른 부유 등 허가신청서를 지방해양수산청장 또는 시・도지사에게 제출하여야 한다.
② 지방해양수산청장 또는 시・도지사는 제1항에 따라 신청을 받은 부유물의 부유 또는 운반 등을 허가한 경우에는 별지 제21호서식에 따른 부유 등 허가신청서의 확인란에 날인하여 신청인에게 발급하여야 한다.

---

7. 어로의 제한

누구든지 무역항의 수상구역등에서 선박교통에 방해가 될 우려가 있는 장소 또는 항로에서는 어로(漁撈)(어구 등의 설치를 포함한다)를 하여서는 아니 된다(법 제44조).

제5절 | 보칙 및 벌칙

제1관 보칙

1. 출항의 중지

해양수산부장관은 선박이 이 법 또는 이 법에 따른 명령을 위반한 경우에는 그 선박의 출항을 중지시킬 수 있다(법 제47조).

「선박의 입항 및 출항등에 관한 법률 시행규칙」

제30조(출항 중지 통지서의 발급)
① 지방해양수산청장 또는 시・도지사는 법 제47조에 따라 선박의 출항을 중지시키는 경우에는 별지 제22호서식에 따른 선박 출항 중지 통지서를 해당 선박의 선장에게 발급하여야 한다. 다만, 시간적 여유가 없거나 그 밖의 부득이한 경우에는 구두로 통보할 수 있다.
② 지방해양수산청장 또는 시・도지사는 제1항 단서에 따라 구두로 선박의 출항 중지를 통보한 경우에는 지체 없이 제1항에 따른 선박 출항 중지 통지서를 해당 선박의 선장에게 발급하여야 한다.

---

2. 검사・확인 등

해양수산부장관은 다음 각 호의 경우 그 선박의 소유자・선장이나 그 밖의 관계인에게 출석 또는 진술을 하게 하거나 관계 서류의 제출 또는 보고를 요구할 수 있으며, 관계 공무원으로 하여금 그 선박이나 사무실 · 사업장, 그 밖에 필요한 장소에 출입하여 장부 · 서류 또는 그 밖의 물건을 검사하거나 확인하게 할 수 있다(법 제48조 제1항).

1. 법 제4조, 제5조제2항 · 제3항, 제6조제1항 · 제4항, 제7조, 제10조제2항, 제11조, 제20조제1항, 제22조, 제23조, 제32조, 제33조, 제34조제1항부터 제3항까지, 제35조, 제37조, 제40조제1항, 제41조, 제42조제1항, 제43조, 제44조 중 어느 하나를 위반한 자가 있다고 인정되는 경우
2. 법 제24조 제1항에 따른 예선업의 등록 사항을 이행하고 있는지 확인할 필요가 있는 경우

법 제48조 제1항에 따른 관계 공무원의 자격, 직무 범위 및 그 밖에 필요한 사항은 대통령령으로 정한다(법 제48조 제2항). 법 제48조 제1항에 따라 선박에 출입하여 관계 서류 등을 검사 · 확인하는 공무원은 그 권한을 표시하는 증표를 지니고 관계인에게 보여주어야 한다(법 제48조 제3항).

「선박의 입항 및 출항등에 관한 법률 시행령」

제20조(무역항 단속공무원의 자격) 법 제48조제1항에 따라 검사 · 확인 업무를 수행하는 공무원(이하 "무역항 단속공무원"이라 한다)은 해양수산부장관이 다음 각 호의 어느 하나에 해당하는 소속 공무원 중에서 임명한다.

1. 7급 이상 공무원은 2년 이상, 8급 및 9급 공무원은 3년 이상 해양수산관서 또는 해양수산관서 소속 순찰선에서 근무한 경력이 있는 사람
2. 5급 항해사, 5급 기관사 또는 4급 운항사 이상의 해기사 면허를 가진 사람으로서 3년 이상 선박에 승무한 경력이 있는 사람
3. 「선박안전법」 제65조제1항에 따른 위험물검사등대행기관에서 3년 이상 위험물검사 업무에 종사한 경력이 있는 사람

「선박의 입항 및 출항등에 관한 법률 시행규칙」

제31조(증표) 법 제48조제3항에 따라 선박에 출입하여 관계 서류 등을 검사 · 확인하는 공무원의 권한을 표시하는 증표는 별지 제23호서식에 따른다.

---

3. 개선명령

해양수산부장관은 법 제48조 제1항에 따른 검사 또는 확인 결과 무역항의 수상구역등에서 선박의 안전 및 질서 유지를 위하여 필요하다고 인정하는 경우에는 그 선박의 소유자 · 선

장이나 그 밖의 관계인에게 다음 각 호의 사항을 명할 수 있다(법 제49조).

1. 시설의 보강 및 대체(代替)
2. 공사 또는 작업의 중지
3. 인원의 보강
4. 장애물의 제거
5. 선박의 이동
6. 선박 척수의 제한
7. 그 밖에 해양수산부령으로 정하는 사항

「선박의 입항 및 출항등에 관한 법률 시행규칙」

제32조(그 밖의 개선명령) 법 제49조제7호에서 "해양수산부령으로 정하는 사항"이란 다음 각 호의 사항을 말한다.
1. 무역항의 수상구역등에서 선박 또는 승무원 및 승객에 대한 일시적인 출입제한
2. 작업 또는 행사의 일시적인 제한
3. 공사 또는 수리계획의 변경

---

4. 항만운영정보시스템의 사용 등

해양수산부장관은 이 법에 따른 입항·출항 선박의 정보관리 및 민원사무의 처리 등을 위하여 항만운영정보시스템을 구축·운영할 수 있다(법 제50조 제1항). 해양수산부장관은 법 제50조 제1항에 따른 항만운영정보시스템의 원활한 운영을 위하여 해양수산부령으로 정하는 바에 따라 항만운영정보시스템과 사용자의 전자문서를 중계하는 망사업자(이하 "중계망사업자"라 한다)를 지정할 수 있다(법 제50조 제2항).

법 제50조 제2항에 따라 지정을 받은 중계망사업자는 다음 각 호의 사업을 수행한다(법 제50조 제3항).

1. 전자문서 중계망시설의 운영과 중개사업
2. 전자문서 중계망시설과 다른 정보시스템 간의 연계사업
3. 선박 입항과 출항 정보관리 및 민원사무 처리 표준화에 관한 사업
4. 그 밖에 선박 입항과 출항 정보관리 및 민원사무의 처리를 위하여 대통령령으로 정하는 사업

해양수산부장관은 법 제50조 제2항에 따라 지정을 받은 중계망사업자가 제1호에 해당하는 경우에는 그 지정을 취소하여야 하며, 제2호에 해당하는 경우에는 그 지정을 취소하거나 6개월 이내의 기간을 정하여 그 사업의 전부 또는 일부의 정지를 명할 수 있다(법 제50조 제4항).

1. 거짓이나 그 밖의 부정한 방법으로 지정을 받은 경우
2. 법 제50조 제5항에 따른 해양수산부장관의 지도·감독을 위반한 경우

⑤ 해양수산부장관은 법 제50조 제3항에 따른 사업에 관하여 중계망사업자를 지도·감독할 수 있다(법 제50조 제5항).

「선박의 입항 및 출항등에 관한 법률 시행령」

제21조(중계망사업자의 업무)
① 법 제50조제3항제4호에서 "대통령령으로 정하는 사업"이란 다음 각 호의 사업을 말한다.
1. 선박의 입항·출항 등 항만물류 관련 정보를 체계적으로 처리·활용할 수 있는 시스템의 구축·보급과 이를 활용한 사업
2. 법 제50조제1항에 따른 항만운영정보시스템(이하 "항만운영정보시스템"이라 한다) 및 항만운영정보시스템과 사용자의 전자문서를 중계하는 망(이하 "중계망"이라 한다)의 이용에 관한 교육자료의 제작 및 보급 등 교육사업
3. 항만운영정보시스템의 이용촉진과 확산을 위한 홍보사업
② 법 제50조제5항에 따른 항만운영정보시스템과 사용자의 전자문서를 중계하는 망사업자(이하 "중계망사업자"라 한다)에 대한 지도·감독은 다음 각 호와 같다.
1. 법 제50조제3항 각 호의 사업을 수행하는 중계망사업자의 사업수행 현황 보고 및 확인
2. 항만운영정보시스템 및 중계망의 장애 예방·대응 및 복구에 관한 사항 보고 및 확인
3. 해양수산부령으로 정하는 중계망사업자 지정기준의 준수 여부 확인
4. 그 밖에 항만운영정보시스템의 원활한 운영을 위하여 필요한 사항의 점검

「선박의 입항 및 출항등에 관한 법률 시행규칙」

제33조(중계망사업자의 지정기준 등)
① 법 제50조제2항에 따른 중계망사업자(이하 "중계망사업자"라 한다)의 지정기준은 다음 각 호와 같다.
1. 「상법」에 따른 주식회사일 것
2. 납입자본금이 50억원 이상일 것
3. 법 제50조제2항에 따라 항만운영정보시스템과 사용자의 전자문서를 중계하는 망사업(이하 "중계망사업"이라 한다)을 영위하기 위하여 필요한 다음 각 목의 설비를 갖추거나 해당 설비에 대한 정당한 사용권을 가질 것
   가. 중계망사업을 안정적으로 수행할 수 있는 충분한 속도 및 용량을 갖춘 전산설비
   나. 전자문서를 변환·처리·전송 및 보관할 수 있는 소프트웨어
   다. 전자문서를 전달하려는 자의 전산처리설비부터 해양수산부의 전산처리설비까지 전자문서를 안전하게 전송할 수 있는 통신설비 및 통신망
   라. 전자문서의 변환·처리·전송·보관 및 데이터베이스의 안전한 운영과 보안을 위한 전산설비 및 소프트웨어

마. 전자문서 중계업무의 처리가 불가능한 경우를 대비한 원격지 재해복구시스템
4. 중계망사업을 영위하기 위하여 필요한 다음 각 목의 기술인력을 보유할 것
가. 중계망사업을 위한 표준전자문서의 개발 또는 전자문서 중계방식과 관련한 기술 분야에서 근무 경력이 2년 이상인 사람 10명 이상
나. 전자문서와 데이터베이스의 보안 관리를 위한 전문요원 3명 이상
② 제1항제3호 각 목 및 제4호 각 목의 세부적인 사항은 해양수산부장관이 정하여 고시한다.
③ 중계망사업자로 지정을 받으려는 자는 별지 제24호서식에 따른 중계망사업자 지정신청서에 다음 각 호의 서류를 첨부하여 해양수산부장관에게 제출하여야 한다. 지정받은 사항을 변경하려는 경우에도 또한 같다.
1. 정관
2. 자본금・주주 현황 등 사업자의 일반 현황을 기재한 서류
3. 제1항제3호에 따른 설비를 갖추었음을 증명하는 서류
4. 제1항제4호에 따른 인력을 갖추었음을 증명하는 서류
5. 임원의 신원증명서
6. 사업계획서
7. 전자문서 중계망 운영에 관한 업무설명서
④ 제3항에 따른 중계망사업자 지정신청서를 제출받은 해양수산부장관은 「전자정부법」 제36조제1항에 따른 행정정보의 공동이용을 통하여 신청인의 법인 등기사항증명서 및 외국인등록사실증명(외국인인 임원의 경우로서 신원증명서에 갈음하는 경우만 해당한다)을 확인하여야 한다. 다만, 신고인이 행정정보의 공동이용을 통한 외국인등록사실증명의 확인에 동의하지 아니하는 경우에는 그 사본을 첨부하게 하여야 한다.
⑤ 해양수산부장관은 법 제50조제2항에 따라 중계망사업자를 지정한 경우에는 별지 제25호서식에 따른 중계망사업자 지정서를 신청인에게 발급하고, 그 지정사실을 관계 기관의 장에게 통지하여야 한다.

5. 수수료

다음 각 호의 어느 하나에 해당하는 자는 해양수산부령으로 정하는 바에 따라 수수료를 납부하여야 한다(법 제51조).

1. 법 제24조 제1항에 따른 예선업의 등록을 하려는 자
2. 법 제41조 제1항에 따른 공사 등의 허가를 받으려는 자

「선박의 입항 및 출항등에 관한 법률 시행규칙」

제34조(수수료)
① 법 제51조에 따른 수수료는 별표 5와 같다.
② 제1항에 따른 수수료는 수입인지, 현금, 전자화폐 또는 전자결제 등의 방법으로 납부할 수 있다.

[별표 5]
수수료(제34조제1항 관련)

구분	금액(건당)
1. 법 제24조제1항에 따른 예선업의 등록	5천원

2. 법 제41조제1항에 따른 공사 등의 허	1천원

6. 청문

해양수산부장관은 다음 각 호의 어느 하나에 해당하는 처분을 하려는 경우에는 청문을 하여야 한다(법 제52조).

1. 법 제26조에 따른 예선업 등록의 취소
2. 법 제36조 제4항에 따른 지정교육기관 지정의 취소
3. 법 제50조 제4항에 따른 중계망사업자 지정의 취소

7. 권한의 위임 · 위탁

이 법에 따른 해양수산부장관의 권한 또는 국민안전처장관의 권한은 대통령령으로 정하는 바에 따라 그 일부를 지방해양수산청장, 특별시장 · 광역시장 · 도지사 또는 특별자치도지사에게 위임할 수 있다(법 제53조 제1항). 이 법에 따른 해양수산부장관의 권한은 대통령령으로 정하는 바에 따라 그 일부를 국민안전처장관에게 위탁할 수 있다(법 제53조 제2항). 해양수산부장관의 법 제4조 제1항에 따른 신고의 수리 권한은 대통령령으로 정하는 바에 따라 「항만공사법」에 따른 항만공사에 위탁할 수 있다(법 제53조 제3항).

「선박의 입항 및 출항등에 관한 법률 시행령」

제22조(권한의 위임 · 위탁)

① 해양수산부장관은 법 제53조제1항에 따라 「항만법」 제3조제2항제1호에 따른 국가관리무역항에 대해서는 다음 각 호의 권한을 지방해양수산청장에게 위임하고, 같은 항 제2호에 따른 지방관리무역항에 대해서는 다음 각 호의 권한을 특별시장 · 광역시장 · 도지사 · 특별자치도지사에게 위임한다.

1. 법 제4조에 따른 출입 신고의 수리 및 출입 허가
2. 법 제5조에 따른 정박구역 또는 정박지의 지정 · 고시 및 부득이한 사유에 의한 선박의 이동 신고 수리
3. 법 제6조제3항에 따른 무역항의 수상구역등에서의 선박의 정박 또는 정류 제한에 관한 구체적인 내용의 고시 및 같은 조 제5항에 따른 정박 장소 또는 방법의 변경 명령
4. 법 제7조에 따른 선박의 계선(繫船) 신고 수리, 계선 장소의 지정 및 안전 유지에 필요한 인원의 선원 승선 명령
5. 법 제8조에 따른 선박의 이동명령
6. 법 제9조에 따른 선박교통의 제한 또는 금지
7. 법 제10조제1항에 따른 항로의 지정 · 고시
8. 법 제11조제2항에 따른 항로에서의 정박 또는 정류 신고의 수리
9. 법 제12조제2항에 따른 항법 등의 고시
10. 법 제17조제3항에 따른 선박의 항행 최고속력의 지정 · 고시

11. 법 제23조에 따른 예선사용 명령 및 예선사용기준 고시
12. 법 제24조에 따른 예선업의 등록
13. 법 제26조에 따른 예선업 등록의 취소 및 사업정지 명령
14. 법 제27조에 따른 과징금의 부과 및 징수
15. 법 제32조에 따른 위험물 반입 신고의 수리, 들여올 수 있는 위험물의 종류 및 수량의 제한 또는 안전에 필요한 조치의 명령
16. 법 제33조에 따른 위험물운송선박의 정박 · 정류 장소 지정
17. 법 제34조에 따른 위험물 하역 시의 자체안전관리계획 승인 및 변경 명령, 하역의 금지 또는 중지 명령 및 하역 장소의 지정
18. 법 제35조제3항에 따른 위험물 취급 시 위험물취급자에 대한 안전조치 명령
19. 법 제37조에 따른 선박수리의 허가 및 신고 수리, 수리하려는 선박에 대한 정박 또는 계류 장소의 지정 및 수리 중인 선박에 대한 안전조치 명령
20. 법 제38조제3항에 따른 폐기물 등의 제거 명령
21. 법 제39조제2항 · 제3항에 따른 해양사고 등이 발생한 경우의 조치 및 조치에 들어간 비용 징수
22. 법 제40조에 따른 장애물의 제거 명령, 장애물의 제거 등의 조치 및 비용 징수, 장애물의 보관 및 처리
23. 법 제41조에 따른 공사 등의 허가 및 안전조치 명령
24. 법 제42조에 따른 선박경기 등의 행사 허가 및 국민안전처장관에 대한 허가 사실 통보
25. 법 제43조에 따른 부유물에 대한 행위의 허가 및 안전조치 명령
26. 법 제44조에 따른 어로(漁撈) 금지 장소 및 항로의 지정
27. 법 제45조제2항에 따른 등화의 제한 명령
28. 법 제47조에 따른 출항의 중지 명령
29. 법 제48조제1항에 따른 검사 · 확인 등
30. 법 제49조에 따른 개선명령
31. 법 제52조제1호에 따른 처분을 하는 경우의 청문
32. 법 제59조에 따른 과태료의 부과 · 징수
33. 제11조제3항에 따른 지방협의회 위원의 위촉
34. 제14조제1항제12호에 따른 위험물 취급의 안전을 위하여 필요한 고시

② 해양수산부장관은 법 제53조제3항에 따라 「항만공사법」 제4조제3항에 따른 항만공사 관할 무역항에 대하여 법 제4조제1항에 따른 출입 신고의 수리 업무를 항만공사에 위탁한다.

8. 규제의 재검토

「선박의 입항 및 출항등에 관한 법률 시행규칙」

제35조(규제의 재검토) 해양수산부장관은 다음 각 호의 사항에 대하여 2016년 1월 1일을 기준으로 3년마다(매 3년이 되는 해의 12월 31일까지를 말한다) 그 타당성을 검토하여 개선 등의 조치를 하여야 한다.

1. 제5조에 따른 출입 허가의 신청
2. 제6조에 따른 정박지의 지정 신청
3. 제10조에 따른 예선업의 등록 신청 등
4. 제14조에 따른 위험물 반입의 신고
5. 제17조에 따른 위험물 하역의 제한 등
6. 제19조에 따른 위험물 취급 시의 안전조치
7. 제21조에 따른 선박수리 허가의 신청 등

8. 제22조에 따른 위험 예방조치의 요청 등
9. 제25조에 따른 공사 등의 허가 신청
10. 제27조에 따른 행사의 허가 신청
11. 제28조에 따른 부유 등의 허가 신청
12. 제34조에 따른 수수료

제2관 벌칙

1. 양벌규정

법인의 대표자나 법인 또는 개인의 대리인, 사용인, 그 밖의 종업원이 그 법인 또는 개인의 업무에 관하여 법 제54조부터 제57조까지의 어느 하나에 해당하는 위반행위를 하면 그 행위자를 벌하는 외에 그 법인 또는 개인에게도 해당 조문의 벌금형을 과(科)한다. 다만, 법인 또는 개인이 그 위반행위를 방지하기 위하여 해당 업무에 관하여 상당한 주의와 감독을 게을리하지 아니한 경우에는 그러하지 아니하다(법 제58조).

2. 징역형

가. 다음 각 호의 어느 하나에 해당하는 자는 2년 이하의 징역 또는 2천만원 이하의 벌금에 처한다(법 제54조).
  1) 거짓이나 그 밖의 부정한 방법으로 법 제24조 제1항에 따른 등록을 한 자
  2) 법 제24조 제1항에 따른 등록을 하지 아니하고 예선업을 한 자

나. 다음 각 호의 어느 하나에 해당하는 자는 1년 이하의 징역 또는 1천만원 이하의 벌금에 처한다(법 제55조).
  1) 법 제4조 제2항에 따른 허가를 받지 아니하고 무역항의 수상구역등에 출입하거나 기항지에 대한 정보를 거짓으로 제출하여 출입허가를 받은 자
  2) 법 제23조 제1항을 위반하여 예선을 사용하지 아니한 자
  3) 법 제23조 제2항에 따른 예선사용기준에 미치지 못하는 예선을 사용한 자
  4) 정당한 사유 없이 법 제29조 제1항을 위반하여 예선의 사용 요청을 거절한 자
  5) 법 제33조에 따른 지정장소 외에 위험물운송선박을 정박하거나 정류한 자
  6) 법 제35조 제1항에 따른 안전조치를 하지 아니한 자
  7) 법 제35조 제3항에 따른 시설・인원・장비 등의 보강 또는 개선 명령을 이행하지 아니한 자
  8) 법 제37조 제1항에 따른 허가를 받지 아니하고 무역항의 수상구역등에서 선박을 수리한 자
  9) 법 제38조 제1항을 위반하여 폐기물을 버린 자
  10) 법 제38조 제3항에 따른 폐기물 또는 물건의 제거 명령을 이행하지 아니한 자
  11) 법 제47조에 따른 출항 중지 처분을 위반한 자

3. 벌금형

가. 다음 각 호의 어느 하나에 해당하는 자는 500만원 이하의 벌금에 처한다(법 제56조).
  1) 법 제4조 제1항에 따른 출입 신고를 하지 아니하거나 거짓이나 그 밖의 부정한 방법으로 신고한 자
  2) 법 제5조 제2항 본문에 따른 정박구역 및 정박지가 아닌 곳에 정박한 자
  3) 법 제6조 제1항 각 호에 따른 장소에 선박을 정박하거나 정류한 자
  4) 법 제6조 제5항에 따른 정박 장소 또는 방법의 변경 명령에 따르지 아니한 자
  5) 법 제7조 제3항에 따른 선원의 승선 명령을 이행하지 아니한 선박의 소유자 또는 임차인

6) 법 제8조에 따른 이동 명령에 따르지 아니한 자
7) 법 제9조 제1항에 따른 항로 또는 구역에서 선박교통의 제한 또는 금지 처분을 따르지 아니한 자
8) 법 제10조 제2항 본문을 위반하여 지정・고시한 항로를 따라 항행하지 아니한 자
9) 법 제11조 제1항을 위반하여 항로에 선박을 정박 또는 정류시키거나 예인되는 선박 또는 부유물을 항로에 방치한 자
10) 법 제32조 제2항에 따른 위험물의 종류 및 수량의 제한 또는 안전에 필요한 조치 명령을 이행하지 아니한 자
11) 법 제34조 제1항에 따른 위험물 하역을 위한 자체안전관리계획의 승인을 받지 아니한 자
12) 법 제34조 제2항에 따른 자체안전관리계획의 변경 명령을 이행하지 아니한 자
13) 법 제34조 제3항에 따른 하역의 금지 또는 중지 명령을 위반하거나 지정된 장소가 아닌 곳에서 하역을 한 자
14) 법 제37조 제4항에 따른 지정 장소가 아닌 곳에 선박을 정박하거나 계류한 자
15) 법 제37조 제5항에 따른 안전에 필요한 조치 명령을 이행하지 아니한 선박의 소유자 또는 임차인
16) 법 제38조 제2항을 위반하여 흩어지기 쉬운 물건이 수면에 떨어지는 것을 방지하기 위한 필요한 조치를 하지 아니한 자
17) 법 제43조 제1항에 따른 허가를 받지 아니하고 같은 항 각 호의 행위를 한 자
18) 법 제43조 제2항에 따른 안전에 필요한 조치 명령을 이행하지 아니한 자

나. 다음 각 호의 어느 하나에 해당하는 자는 300만원 이하의 벌금에 처한다(법 제57조).
1) 법 제12조 제1항에 따른 항법을 위반하여 항행한 자
2) 법 제41조 제1항에 따른 허가를 받지 아니하고 공사 또는 작업을 한 자
3) 법 제41조 제2항에 따른 선박교통의 안전과 화물의 보전 및 무역항의 안전에 필요한 조치 명령을 이행하지 아니한 자
4) 법 제42조 제1항에 따른 허가를 받지 아니하고 선박경기 등의 행사를 한 자
5) 법 제44조를 위반하여 어로를 한 자
6) 법 제45조 제2항에 따른 명령을 위반하여 불빛을 줄이지 아니하거나 가리개를 씌우지 아니한 자
7) 법 제49조에 따른 개선명령을 이행하지 아니한 자

---

4. 과태료

가. 다음 각 호의 어느 하나에 해당하는 자에게는 300만원 이하의 과태료를 부과한다(법 제59조 제1항).
1) 법 제11조제2항에 따른 신고 및 표시를 하지 아니한 자
2) 법 제22조를 위반하여 무선설비를 갖추지 아니하거나 호출응답용 관제통신을 청취・응답하지 아니한 자
3) 거짓이나 그 밖의 부정한 방법으로 법 제24조제1항에 따른 변경등록을 한 자
4) 법 제24조제1항에 따른 변경등록을 하지 아니하고 예선업을 한 자

나. 다음 각 호의 어느 하나에 해당하는 자에게는 200만원 이하의 과태료를 부과한다(법 제59조 제2항).
1) 법 제5조제3항을 위반하여 우선피항선을 정박하거나 정류한 자
2) 법 제5조제4항에 따른 신고를 하지 아니한 자
3) 법 제6조제4항에 따른 정박선박의 안전에 필요한 조치를 하지 아니한 자
4) 법 제7조제1항에 따른 계선 신고를 하지 아니한 자
5) 법 제7조제2항에 따른 지정장소에 계선하지 아니한 자
6) 법 제12조제2항에 따른 항법 등에 관한 고시를 위반하여 항행한 자
7) 법 제13조에 따른 항법을 위반하여 항행한 자
8) 법 제14조에 따른 항법을 위반하여 항행한 자

9) 법 제15조제1항을 위반하여 예인선을 항행한 자
10) 법 제15조제2항을 위반하여 범선을 항행한 자
11) 법 제16조를 위반하여 다른 선박의 진로를 방해한 자
12) 법 제17조 제1항 및 제3항에 따른 속력 제한을 위반하여 항행한 자
13) 법 제18조를 위반하여 다른 선박과의 상당한 거리를 유지하지 아니하고 선박을 항행한 자
14) 법 제20조제1항 본문에 따른 선박교통관제에 따르지 아니한 자
15) 법 제32조제1항에 따른 위험물의 반입 신고를 하지 아니한 자
16) 법 제37조제3항에 따른 수리 신고를 하지 아니한 자
17) 법 제39조제1항에 따른 표지의 설치 등 필요한 조치를 하지 아니한 선장
18) 법 제40조제1항에 따른 장애물 제거 명령을 이행하지 아니한 자
19) 법 제45조제1항을 위반하여 강력한 불빛을 사용한 자
20) 법 제46조제1항을 위반하여 기적이나 사이렌을 울린 자
21) 법 제46조제2항을 위반하여 화재경보를 울리지 아니한 자
22) 법 제48조제1항에 따른 출석·진술이나 서류제출·보고를 하지 아니하거나 거짓으로 서류제출·보고한 자 또는 관계 공무원의 출입을 거부하거나 방해한 자

다. 법 제59조 제1항 및 제2항에 따른 과태료는 대통령령으로 정하는 바에 따라 해양수산부장관(법 제20조 및 제22조를 위반한 자의 경우에는 국민안전처장관을 말한다)이 부과·징수한다(법 제59조 제3항).

「선박의 입항 및 출항등에 관한 법률 시행령」

제23조(과태료의 부과기준) 법 제59조제1항 및 제2항에 따른 과태료의 부과기준은 별표 2와 같다.

[별표 2]
과태료의 부과기준(제23조 관련)

1. 일반기준

가. 위반행위의 횟수에 따른 과태료 부과기준은 최근 1년간 같은 위반행위로 과태료 부과처분을 받은 경우에 적용한다. 이 경우 위반횟수는 위반행위에 대하여 과태료 부과처분을 한 날과 그 처분 후에 다시 같은 위반행위를 적발한 날을 각각 기준으로 하여 계산한다.
나. 부과권자는 다음의 어느 하나에 해당하는 경우에는 제2호의 개별기준에 따른 과태료 금액의 2분의 1 범위에서 그 금액을 감경할 수 있다. 다만, 과태료를 체납하고 있는 위반행위자의 경우에는 그러하지 아니하다.
  1) 위반행위자가 「질서위반행위규제법 시행령」 제2조의2제1항 각 호의 어느 하나에 해당하는 경우
  2) 위반행위가 사소한 부주의나 오류로 인한 것으로 인정되는 경우
  3) 법 위반상태를 시정하거나 해소하기 위한 위반행위자의 노력이 인정되는 경우
  4) 그 밖에 위반행위의 정도, 위반행위의 동기와 결과 등을 고려하여 감경할 필요가 있다고 인정되는 경우

2. 개별 기준 (단위: 만원)

위반행위	근거 법조문	과태료		
		1회 위반	2회 위반	3회 이상 위반
가. 법 제5조제3항을 위반하여 우선피항선을 정박하거나 정류한 경우	법 제59조제2항제1호	10	20	30

나. 법 제5조제4항에 따른 신고를 하지 않은 경우	법 제59조제2항제2호	10	20	30
다. 법 제6조제4항에 따른 정박선박의 안전조치를 하지 않은 경우	법 제59조제2항제3호	10	20	30
라. 법 제7조제1항에 따른 계선 신고를 하지 않은 경우	법 제59조제2항제4호	30		
마. 법 제7조제2항에 따른 지정장소에 계선하지 않은 경우	법 제59조제2항제5호	30		
바. 법 제11조제2항에 따른 신고 및 표시를 하지 않은 경우	법 제59조제1항제1호	50		
사. 법 제12조제2항에 따른 항법 등에 관한 고시를 위반하여 항행한 경우	법 제59조제2항제6호	15	30	50
아. 법 제13조에 따른 항법을 위반하여 항행한 경우	법 제59조제2항제7호	15	30	50
자. 법 제14조에 따른 항법을 위반하여 항행한 경우	법 제59조제2항제8호	25	50	100
차. 법 제15조제1항을 위반하여 예인선을 항행한 경우	법 제59조제2항제9호	15	30	50
카. 법 제15조제2항을 위반하여 범선을 항행한 경우	법 제59조제2항제10호	15	30	50
타. 법 제16조를 위반하여 다른 선박의 진로를 방해한 경우	법 제59조제2항제11호	15	30	50
파. 법 제17조제1항 및 제3항에 따른 속력 제한을 위반하여 항행한 경우	법 제59조제2항제12호	15	30	50
하. 법 제18조를 위반하여 다른 선박과의 상당한 거리를 유지하지 않고 선박을 항행한 경우	법 제59조제2항제13호	15	30	50
거. 법 제20조제1항 본문에 따른 선박교통관제를 따르지 않은 경우	법 제59조제2항제14호	50		
너. 법 제22조를 위반하여 무선설비를 갖추지 않은 경우	법 제59조제1항제2호	120		
더. 법 제22조를 위반하여 호출응답용 관제통신을 청취ㆍ응답하지 않은 경우	법 제59조제1항제2호	50		
러. 법 제24조제1항에 따른 예선업의 변경등록을 거짓이나 그 밖의 부정한 방법으로 한 경우	법 제59조제1항제3호	100	150	200
머. 법 제24조제1항에 따른 예선업의 변경등록을 하지 않고 예선업을 한 경우	법 제59조제1항제4호	100	150	200
버. 법 제32조제1항에 따른 위험물의 반입 신고를 하지 않은 경우	법 제59조제2항제15호	50	100	200
서. 법 제37조제3항에 따른 수리 신고를 하지 않은 경우	법 제59조제2항제16호	30		

어. 법 제39조제1항에 따른 표지의 설치 등 필요한 조치를 하지 않은 경우	법 제59조제2항제17호	50		
저. 법 제40조제1항에 따른 장애물 제거 명령을 이행하지 않은 경우	법 제59조제2항제18호	200		
처. 법 제45조제1항을 위반하여 강력한 불빛을 사용한 경우	법 제59조제2항제19호	10	20	30
커. 법 제46조제1항을 위반하여 기적이나 사이렌을 울린 경우	법 제59조제2항제20호	10	20	30
터. 법 제46조제2항을 위반하여 화재경보를 울리지 않은 경우	법 제59조제2항제21호	10	20	30
퍼. 법 제48조제1항에 따른 출석、진술이나 서류제출、보고를 하지 않거나 거짓으로 서류제출、보고한 경우 또는 관계 공무원의 출입을 거부하거나 방해한 경우	법 제59조제2항제22호	50	100	200

9

도선법

제1절 | 총론

제1관 입법 목적

1. 입법 목적

이 법은 도선사면허(導船士免許)와 도선구(導船區)에서의 도선에 관한 사항을 규정함으로써 도선구에서 선박 운항의 안전을 도모하고 항만을 효율적으로 운영하는 데에 이바지함을 목적으로 한다(법 제1조).

이 법은 도선방법과 도선사의 자격을 규정함으로써 도선구에서의 선박운항의 안전을 도모할 목적으로 제정되었다. 법에서는 도선이란 도선구에서 도선사가 선박에 승선하여 그 선박을 안전한 수로로 안내하는 것을 말한다(법 제2조 제1호)고 규정하여 뱃길안내라는 좁은 의미로 도선을 정의하고 있으나, 오늘날 실제 행하여지고 있는 도선업무는 해당 수로, 선박의 특성, 조선 이론, 예인선의 활용 등에 전문성을 갖추고 선장에게 선박의 뱃길을 안내하고, 선장을 도와서 선박의 입출항과 부두에의 접이안, 갑문을 입출거하는 행위를 말한다. 이와 같이 오늘날의 도선은 뱃길안내라는 고유한 의미 외에 법정기간의 항해사와 선장 경력을 통한 선박조종능력, 각종 선박에 대한 특성을 이해하고 이에 따라 해당 도선구에서의 선박의 안전한 입출항 등을 위한 선박조종의 조언 등을 포함한 넓은 의미로 이해되고 있다.[1] 따라서 도선제도는 특정 항만・수로・하천 등의 사정에 정통한 자로 하여금 도선사의 면허를 부여하고 이들로 하여금 선박의 뱃길을 안내하게 함으로써 선박충돌을 예방하고 해상교통안전을 도모함을 목적으로 한다.

"도선사"란 일정한 도선구에서 도선업무를 할 수 있는 도선사면허를 받은 사람을 말한다(법 제2조 제2호). 학문적으로는 암초・조류 등의 특정 수역의 사정을 잘 알고 있고, 항만당국 등으로부터 면허를 취득하여 하천이나 수로를 통항하거나 항구를 입출항하는 선박을 안내하는 자를 말한다.

도선사는 관점에 따라 여러 가지 기준으로 분류할 수 있다. 도선사의 선내지위에 따라 조언도선사와 운항도선사, 강제도선의 유무에 따라 강제도선사와 임의도선사, 수역에 의하여 항내도선사와 연안도선사, 도선계약의 형태에 따라 전속도선사와 순번도선사 등으로 분류할 수 있다.[2]

중세 도선사의 역할을 볼 때, 도선은 항로의 선정 내지 항해의 안내였다는 것이 분명하며, 영국의 심해도선사(deep sea pilot), 미국의 해양도선사(sea pilot), 일본의 内海도선사 등이 이러한 성질의 도선사라 하겠다. 오늘날은 물류의 증가로 거대한 상업항과 공업항이 발달하고 항해기술이 발달하고 있기 때문에 항만으로 출입하는 선박의 안전을 위하여 수로・기상 등의 자연적 조건은 물론 개항질서 등의 사회적 조건도 잘 알아서 도선하는 기술이 필요하다. 따라서 오늘날의 도선사는 단순한 항로의 지시만이 아니고 선박 조종에 대한 기술적 조언도 중요한 기능이라고 할 수 있다.[3]

제2관 용어의 정의

이 법에서 사용하는 용어의 뜻은 다음과 같다(법 제2조).

1. "도선"이란 도선구에서 도선사가 선박에 승선하여 그 선박을 안전한 수로로 안내하는 것을 말한다.
2. "도선사"란 일정한 도선구에서 도선업무를 할 수 있는 도선사면허를 받은 사람을 말한다.

---

1) 김길성, "도선업무의 특성과 도선제도", 「도선지」, 통권16호, (도선사협회, 1994년 봄호), 34쪽 참조.

2) 독마스터(dockmaster)를 도선사의 일종으로 분류하는 견해도 있다. 그러나 독마스터는 주로 선장 출신으로 선박의 입출거・진수현장・시운전 등을 지휘・감독하는 총책임자를 말하는 것으로, 도선법에 의하여 면허를 취득하고 선박의 뱃길을 안내하는 도선사와는 그 개념이 다르다.

3) 川島芳之助, "パイロットの本質についての一考察", 「日本船長協會」, 第29號, 28쪽.

3. "도선수습생"이란 법 제15조에 따른 도선수습생 전형시험에 합격한 후 일정한 도선구에 배치되어 도선에 관한 실무수습을 받고 있는 사람을 말한다.

제3관 적용범위

이 법 중 선장에 관한 규정은 선장의 직무를 대행하는 사람에게도 적용한다(법 제3조).

제2절 | 도선사면허 등

제1관 도선사면허

1. 도선사면허

도선사가 되려는 사람은 해양수산부장관의 면허를 받아야 한다(법 제4조 제1항). "도선사"란 일정한 도선구에서 도선업무를 할 수 있는 도선사면허를 받은 사람을 말한다(법 제2조 제2호). 법 제4조 제1항에 따른 면허는 1종과 2종으로 구분하여 법 제17조에 따른 도선구별로 한다(법 제4조 제2항). 도선사면허의 기준과 종류에 따라 도선할 수 있는 선박의 종류는 대통령령으로 정한다(법 제4조 제3항). 해양수산부장관은 도선사면허를 하면 해양수산부령으로 정하는 바에 따라 그 사실을 도선사면허 원부(原簿)에 등록하고 도선사면허증을 발급하여야 한다(법 제4조 제4항).

「도선법 시행령」

제1조의2(면허의 기준) 「도선법」(이하 "법"이라 한다) 제4조제3항에 따른 도선사면허의 기준은 다음 각 호와 같다.
1. 1종 도선사: 법 제4조제1항에 따라 2종 도선사면허를 받은 도선사로서 3년 이상 도선업무에 종사한 사람
2. 2종 도선사: 법 제5조 각 호의 요건을 갖춘 사람

제1조의3(도선 대상 선박)
① 도선사가 법 제4조제3항에 따라 도선할 수 있는 선박의 종류는 다음 각 호와 같다.
1. 1종 도선사: 모든 선박
2. 2종 도선사: 다음 각 목의 구분에 따른 선박

가. 도선경력이 1년 미만인 경우: 총톤수 3만톤 이하의 선박
나. 도선경력이 1년 이상 2년 미만인 경우: 총톤수 4만톤 이하의 선박
다. 도선경력이 2년 이상인 경우: 총톤수 5만톤 이하의 선박

② 제1항에도 불구하고 다음 각 호의 어느 하나에 해당하는 경우에는 2종 도선사가 모든 선박을 도선할 수 있다.

1. 1종 도선사와 함께 도선하는 경우
2. 해양수산부장관이 제18조의2제1항에 따른 중앙도선운영협의회의 의결을 거쳐 선박 운항의 안전상 및 도선구(導船區)의 운영특성상 2종 도선사가 도선하는 것이 부득이하다고 인정하는 경우
3. 법 제20조제1항에 따라 도선사가 도선을 하여야 하는 도선구 외의 구역에서 도선하는 경우

「도선법 시행규칙」

제2조(도선사면허 신청)

① 「도선법」(이하 "법"이라 한다) 제4조제1항에 따라 2종 도선사면허를 받으려는 사람은 별지 제1호서식의 도선사면허 신청서에 다음 각 호의 서류를 첨부하여 관할 지방해양항만청장 또는 관할 특별시장・광역시장・도지사・특별자치도지사(이하 "시・도지사"라 한다)에게 제출하여야 한다.

1. 이력서 1통
2. 「의료법」에 따른 종합병원에서 발행한 신체검사서 1통
3. 사진(최근 6개월 내에 촬영한 탈모 상반신 반명함판) 3장

② 법 제4조제1항에 따라 2종 도선사가 1종 도선사면허를 받으려는 경우에는 별지 제1호서식의 도선사면허신청서에 다음 각 호의 서류를 첨부하여 관할 지방해양항만청장 또는 시・도지사에게 제출하여야 한다.

1. 2종 도선사면허증
2. 사진(최근 6개월 내에 촬영한 탈모 상반신 반명함판) 3장

제3조(도선사면허 원부) 법 제4조제4항에 따른 도선사면허 원부는 별지 제2호서식과 같다.

제4조(도선사면허증의 발급)

① 제2조제1항에 따라 2종 도선사면허 신청을 받은 관할 지방해양항만청장 또는 시・도지사는 해당 신청자가 「도선법 시행령」(이하 "영"이라 한다) 제1조의2제2호에 따른 면허기준을 갖추었는지 확인한 후 별지 제3호서식의 2종 도선사면허증을 발급하여야 한다.

② 제2조제2항에 따라 1종 도선사면허 신청을 받은 관할 지방해양항만청장 또는 시・도지사는 해당 신청자가 영 제1조의2제1호에 따른 면허기준을 갖추었는지 확인한 후 별지 제3호서식의 1종 도선사면허증을 발급하여야 한다.

---

2. 면허의 재발급 등

도선사는 다음 각 호의 어느 하나에 해당하는 경우에는 해양수산부령으로 정하는 바에 따라 면허증을 재발급 받거나 변경사항을 개서(改書)받아야 한다(법 제4조 제5항).

1. 면허증을 잃어버린 경우
2. 면허증이 헐어 못쓰게 된 경우
3. 면허증의 기재사항에 변경이 있는 경우

「도선법 시행규칙」

제5조(면허증의 재발급 및 개서)
① 도선사면허증을 발급받은 후 면허증을 잃어버렸거나 면허증이 헐어 못쓰게 되어 재발급을 받으려는 도선사는 별지 제4호서식의 도선사면허증 재발급(개서) 신청서에 다음 각 호의 서류를 첨부하여 관할 지방해양항만청장 또는 시·도지사에게 제출하여야 한다.
1. 도선사면허증(도선사면허증이 헐어 못쓰게 된 경우만 해당한다)
2. 도선사면허증을 잃어버린 경위를 적은 서류(도선사면허증을 잃어버린 경우만 해당한다)
3. 사진(최근 6개월 이내에 촬영한 탈모 상반신 반명함판) 2장
② 도선사면허증을 발급받은 후 면허증의 기재사항에 변경이 있으면 별지 제4호서식의 도선사면허증 재발급(개서) 신청서에 다음 각 호의 서류를 첨부하여 관할 지방해양항만청장 또는 시·도지사에게 제출하여야 한다.
1. 도선사면허증
2. 변경내용이 사실임을 증명하는 서류

3. 면허의 요건

해양수산부장관은 다음 각 호의 요건을 모두 갖춘 사람에게 도선사면허를 한다(법 제5조).

1. 총톤수 6천톤 이상인 선박의 선장으로 5년 이상 승무한 경력이 있을 것
2. 법 제15조에 따른 도선수습생 전형시험에 합격하고 해양수산부령으로 정하는 바에 따라 도선업무를 하려는 도선구에서 도선수습생으로서 실무수습을 하였을 것
3. 법 제15조에 따른 도선사 시험에 합격하였을 것
4. 법 제8조 제1항에 따른 신체검사에 합격하였을 것

「도선법 시행령」

제2조(승무경력) 법 제5조제1호에 따른 승무경력의 계산과 그 증명에 관하여는 「선박직원법 시행령」 제7조와 제9조를 준용한다.

「도선법 시행규칙」

제7조(실무수습)
① 법 제5조제2호에 따른 도선수습생의 실무수습 기간은 6개월로 한다. 다만, 해양수산부장관은 도선수습생이 실무수습 기간 내에 제2항에 따른 승선 횟수를 채우지 못한 경우에는 실무수습기간을 6개월의 범위에서 한 번만 연장할 수 있다.
② 도선수습생은 제1항의 실무수습 기간 중에 제19조에 따른 도선구간(실무수습 기간 중에 선박 입항·출항 횟수가 10회 미만인 도선구간은 제외한다)별로 4회 이상 포함하여 200회 이상 승선하여 실무수습을 받아야 한다. 다만, 해양수산부장관은 해당 도선구의 선박 입항·출항 실적이 적은 경우 등 필요하다고 인정하는 경우에는 100회의 범위에서 도선구간별 승선 횟수를 포함한 승선 횟수를 조정할 수 있다.

③ 제1항과 제2항에 따라 실무수습을 마친 도선수습생에게는 별지 제5호서식의 실무수습 완료 증명서를 발급한다.
④ 해양수산부장관은 법 제15조 및 영 제7조에 따라 도선수습생 전형시험에 합격하고 실무수습을 마친 사람(이하 "도선사후보자"라 한다)을 별지 제7호서식의 도선사후보자 명부에 승무경력 가산점, 필기점수 및 면접점수를 합산하여 총득점이 높은 순서에 따라 도선구별로 등재하여야 한다.
⑤ 해양수산부장관은 도선사의 결원이 생겼을 때에는 해당 도선구에서 실무수습을 받은 도선사후보자로 하여금 도선사후보자 명부에 등재된 순서에 따라 도선사시험에 응시하게 하되, 도선사후보자 명부에 등재된 연도가 서로 다른 경우에는 연도순으로 응시하게 하여야 한다.

법 제3조에서 '이 법 중 선장에 관한 규정은 선장의 직무를 대행하는 사람에게도 적용한다'고 규정하고 있으나 이는 선장의 직무와 관련된 내용에서의 적용을 의미하는 것이고, 도선사의 면허요건에는 적용되지 않는다고 본다.

4. 도선사의 정년

도선사는 65세까지 도선업무를 할 수 있다(법 제7조).[4)]

구「도선법」은 단서조항으로 도선사의 정년을 연장할 수 있는 행정청의 자유재량권을 부여하였으나, 현행법은 단서조항을 폐지하였으므로 도선사의 정년연장은 불가능하다.

5. 신체검사

도선사가 되려는 사람은 최초 신체검사에 합격하여야 한다(법 제8조 제1항). 도선사는 법 제4조 제4항에 따라 도선사면허증을 발급받은 날부터 2년이 지날 때마다 그 2년이 되는 날의 전후 3개월 이내에 정기 신체검사를 받아야 한다(법 제8조 제2항). 법 제8조 제1항 및 제2항에 따른 신체검사의 합격기준과 검사의 방법·절차 등에 관하여 필요한 사항은 해양수산부령으로 정한다(법 제8조 제3항).

「도선법 시행규칙」

제7조의2(신체검사)
① 법 제8조제1항에 따른 최초 신체검사와 법 제8조제2항에 따른 정기 신체검사는「의료법」에 따른 종합병원에서 본인 부담으로 받아야 한다.
② 법 제8조제3항에 따른 신체검사의 합격기준은 별표 1과 같다.

---

4) 도선사정년연장불허가처분취소[대법원 1989.3.28, 선고, 88누4812, 판결] : 도선법 제7조의 단서의 규정취지는 도선사로서 다년간 무사고로 성실히 사무를 수행하여 그 능력이 우수하고 신체조건에 결함이 없으면 3년의 범위 내에서 정년을 연장함으로써 전문직종에 있어서 국가적, 사회적 손실을 막으려는데 있으나 그 정년의 연장여부는 도선업무량과 도선사의 수급 현황 등을 고려하여 결정할 행정청의 자유재량행위에 속한다.

[별표 1]
신체검사의 합격기준(제7조의2제2항 관련)

검사항목	합격기준
1. 시력	만국시력표로부터 5미터 떨어진 거리에서 두 눈 모두 0.4 이상을 분명히 볼 수 있을 것(교정시력을 포함한다)
2. 청력	두 귀의 교정청력이 모두 40데시벨을 넘지 않을 것
3. 색맹 및 안질환 여부	두 귀의 교정청력이 모두 40데시벨을 넘지 않을 것
4. 일반	합병증을 동반하는 중증의 당뇨병이 없을 것 중대한 내분비(內分泌)장애 또는 대사(代謝)장애가 없을 것
5. 호흡기계통	폐 또는 흉부의 수술로 인하여 도선업무에 지장을 줄 염려가 있는 후유증이 없을 것
6. 순환기계통	심근장애, 관동맥장애 또는 이들의 증후가 없을 것
7. 소화기계통	소화기계통이나 복막에 중대한 기능장애 또는 질환이 없을 것 직장 또는 항문부에 중대한 질환이 없을 것
8. 혈액 및 조혈장기(造血臟器)	고도의 빈혈이 없을 것 혈액 또는 조혈장기의 계통적 질환이 없을 것 출혈성 경향을 갖는 질환이 없을 것
9. 정신 및 신경계	중대한 두부외상(頭部外傷)의 병력 또는 두부외상후유증이 없을 것 중대한 정신장애의 병력이 없을 것
10. 운동기능	모든 관절의 움직임이 자유로울 것 손가락, 손, 팔뚝 또는 신체 각부의 부분적 또는 전체적인 결손이 없을 것 사지에 도선업무에 지장을 줄 염려가 있는 운동기능의 장애가 없을 것
11. 이비인후계통	모든 관절의 움직임이 자유로울 것 손가락, 손, 팔뚝 또는 신체 각부의 부분적 또는 전체적인 결손이 없을 것 사지에 도선업무에 지장을 줄 염려가 있는 운동기능의 장애가 없을 것
12. 종합	업무의 수행에 영향이 있을 중질환 또는 신체장애(결핵성질환, 신장질환, 뇌전증, 정신질환, 전염성질환, 간장질환, 신경장애, 언어장애, 기형이나 그 밖의 현저한 질병 또는 신체장애를 말한다)가 없을 것

비고: 제3호의 검사항목 중 색맹검사는 최초 신체검사의 경우에만 적용한다.

제2관 면허의 결격사유와 취소

1. 결격사유

다음 각 호의 어느 하나에 해당하는 사람은 도선사가 될 수 없다(법 제6조).

1. 대한민국 국민이 아닌 사람
2. 피성년후견인 또는 피한정후견인

3. 파산선고를 받은 사람으로서 복권되지 아니한 사람
4. 이 법을 위반하여 징역 이상의 실형(實刑)을 선고받고 그 집행이 끝나거나(집행이 끝난 것으로 보는 경우를 포함한다) 집행을 받지 아니하기로 확정된 후 2년이 지나지 아니한 사람
5. 「선박직원법」 제9조 제1항에 따라 해기사면허가 취소된 사람 또는 선장의 직무 수행과 관련하여 두 번 이상 업무정지처분을 받고 그 정지기간이 끝난 날부터 2년이 지나지 아니한 사람
6. 법 제9조 제1항에 따라 도선사면허가 취소된 날부터 2년이 지나지 아니한 사람

2. 면허의 취소 등

가. 취소사유

해양수산부장관은 도선사가 다음 각 호의 어느 하나에 해당하는 경우에는 면허를 취소하거나 6개월 이내의 기간을 정하여 업무정지를 명할 수 있다. 다만, 제1호나 제3호에 해당하는 경우에는 면허를 취소하여야 한다(법 제9조 제1항).

1. 거짓이나 그 밖의 부정한 방법으로 도선사면허를 받은 사실이 판명된 경우
2. 법 제4조 제3항을 위반하여 면허의 종류별로 도선할 수 있는 선박 외의 선박을 도선한 경우
3. 법 제6조 각 호에 따른 결격사유에 해당하게 된 경우
4. 법 제8조 제2항에 따른 정기 신체검사를 받지 아니한 경우
5. 법 제8조 제3항에 따른 신체검사 합격기준에 미달하게 된 경우
6. 법 제18조 제2항을 위반하여 정당한 사유 없이 도선 요청을 거절한 경우
7. 법 제18조의2를 위반하여 차별 도선을 한 경우
8. 도선 중 해양사고(「해양사고의 조사 및 심판에 관한 법률」 제2조 제1호에 따른 해양사고를 말한다)를 낸 경우. 다만, 그 사고가 불가항력으로 발생한 경우에는 그러하지 아니하다.
9. 업무정지기간에 도선을 한 경우
10. 「해사안전법」 제41조 제1항을 위반하여 술에 취한 상태에서 도선한 경우 또는 같은 조 제2항을 위반하여 국민안전처 소속 경찰공무원의 음주측정 요구에 따르지 아니한 경우
11. 「해사안전법」 제41조의2 제2호를 위반하여 약물・환각물질의 영향으로 인하여 정상적으로 도선을 하지 못할 우려가 있는 상태에서 도선을 한 경우

나. 취소절차

해양수산부장관은 법 제9조 제1항에 따라 면허를 취소하려면 청문을 하여야 한다(법 제9조 제2항). 해양수산부장관은 법 제9조 제1항에 따라 면허취소나 업무정지처분을 한 경우에는 그 처분의 내용을 해당 도선사에게 통지하여야 한다. 이 경우 통지를 받은 도선사는 30일 이내에 해양수산부장관에게 면허증을 반납하여야 한다(법 제9조 제3항). 해양수산부장관은 법 제9조 제1항 제8호의 경우 해당 해양사고가 「해양사고의 조사 및 심판에 관한 법률」에 따른 해양안전심판에 계류 중이면 법 제9조 제1항에 따른 처분을 할 수 없다. 이 경우 해양수산부장관은 그 사고가 중대하여 업무를 계속하게 하는 것이 적당하지 아니하다고 인정할 때에는 해당 도선사에게 4개월 이내의 기간을 정하여 도선업무를 중지하게 할 수 있다(법 제9조 제4항). 법 제9조 제1항에 따른 업무정지기간은 해양수산부장관이 면허증을 반납받은 날부터 계산한다(법 제9조 제5항). 법 제9조 제1항에 따른 행정처분의 세부기준은 그 위반행위의 종류와 위반의 정도 등을 고려하여 해양수산부령으로 정한다(법 제9조 제6항).

「도선법 시행규칙」

제11조(행정처분의 통지 등)

① 법 제9조제3항에 따라 행정처분을 하였을 때에는 그 처분 내용을 별지 제8호서식의 도선사면허 취소(업무정지) 통지서로 지체 없이 처분대상자에게 알려야 한다.

② 법 제9조제6항에 따른 도선사 행정처분의 기준은 별표 2와 같다.

[별표 2]
도선사 행정처분의 기준(제11조제2항 관련)

Ⅰ. 일반기준

1. 위반행위가 둘 이상인 경우로서 그에 해당하는 각각의 처분기준이 다른 경우에는 그 중 무거운 처분기준에 따른다. 다만, 둘 이상의 처분기준이 모두 업무정지인 경우에는 각 처분기준을 합산한 기간을 넘지 않는 범위에서 무거운 처분기준의 2분의 1 범위에서 늘릴 수 있다.
2. 위반행위의 횟수에 따른 행정처분의 기준은 최근 2년 간 같은 위반행위로 행정처분을 받은 경우에 적용한다. 이 경우 위반횟수별 처분기준의 적용일은 위반행위에 대하여 처분을 한 날과 다시 같은 위반행위(처분 후의 위반행위만 해당한다)를 적발한 날로 한다.
3. 처분권자는 처분기준이 업무정지에 해당하는 경우에는 위반행위의 동기·내용·횟수 및 위반의 정도 등 다음 각 목에 해당하는 사유를 고려하여 그 처분기간을 2분의 1 범위에서 줄일 수 있다.

가. 위반행위가 고의나 중대한 과실이 아닌 사소한 부주의나 오류로 인한 것으로 인정되는 경우
나. 위반의 내용·정도가 경미하여 소비자에게 미치는 피해가 적다고 인정되는 경우
다. 위반 행위자가 처음 해당 위반행위를 한 경우로서, 5년 이상 도선업무를 모범적으로 해온 사실이 인정되는 경우
라. 위반 행위자가 해당 위반행위로 인하여 검사로부터 기소유예처분을 받거나 법원으로부터 선고유예의 판결을 받은 경우

4. 법 제9조제1항제8호에 따라 도선 중 해양사고를 낸 때에는 「해양사고의 조사 및 심판에 관한 법률」

제5조제2항에 따라 해양안전심판원에서 재결로써 같은 법 제6조에서 정한 면허의 취소, 업무의 정지, 견책의 징계를 하고 같은 법 제17조에 따라 조사관이 집행한다.

5. 3차 위반행위에 따른 행정처분이 업무정지인 경우에 다시 4차 위반행위를 한 경우에는 그 면허를 취소한다.

Ⅱ. 개별기준

<table>
<tr><th colspan="2" rowspan="2">위반사항</th><th rowspan="2">근거법령</th><th colspan="3">행정처분</th></tr>
<tr><th>1차 위반</th><th>2차 위반</th><th>3차 위반</th></tr>
<tr><td colspan="2">1.거짓이나 그 밖의 부정한 방법으로 도선사 면허를 받은 사실이 판명된 경우</td><td>법 제9조제1항제1호</td><td>면허취소</td><td></td><td></td></tr>
<tr><td colspan="2">2.법 제4조제3항을 위반하여 면허의 종류별로 도선할 수 있는 선박 외의 선박을 도선한 경우</td><td>법 제9조제1항제2호</td><td>업무정지 3개월</td><td>업무정지 6개월</td><td>면허취소</td></tr>
<tr><td colspan="2">3. 법 제6조 각 호에 따른 결격사유에 해당하게 된 경우</td><td>법 제9조제1항 제3호</td><td>면허취소</td><td></td><td></td></tr>
<tr><td colspan="2">4.법 제8조제2항에 따른 정기 신체검사를 받지 않은 경우 및 법 제8조제3항에 따른 신체검사 합격기준에 미달하게 된 경우</td><td>법 제9조제1항제4호 및 제5호</td><td>업무정지 (신체검사 적합 결과 제출 시까지)</td><td></td><td></td></tr>
<tr><td colspan="2">5. 법 제18조제2항을 위반하여 정당한 사유 없이 도선 요청을 거절한 경우</td><td>법 제9조제1항 제6호</td><td>업무정지 1개월</td><td>업무정지 3개월</td><td>업무정지 6개월</td></tr>
<tr><td colspan="2">6. 법 제18조의2를 위반하여 차별 도선을 한 경우</td><td>법 제9조제1항제7호</td><td>업무정지 1개월</td><td>업무정지 3개월</td><td>업무정지 6개월</td></tr>
<tr><td colspan="2">7. 업무정지기간에 도선을 한 경우</td><td>법 제9조제1항제9호</td><td>업무정지 6개월</td><td></td><td></td></tr>
<tr><td rowspan="4">8. 도선 중 「해상교통안전법」 제8조제1항을 위반하여 술에 취한 상태에서 조타기(操舵機)를 조작하거나 조작할 것을 지시한 경우 또는 같은 조 제2항을 위반하여 국민안전처 소속 경찰공무원의 음주측정 요구에 따르지 않은 경우</td><td>가. 혈중알코올농도 0.08퍼센트 이상 0.10퍼센트 미만</td><td rowspan="4">법 제9조제1항제10호</td><td>업무정지 3개월</td><td>업무정지 6개월</td><td>면허취소</td></tr>
<tr><td>나. 혈중알코올농도 0.10퍼센트 이상 0.16퍼센트 미만</td><td>업무정지 6개월</td><td>면허취소</td><td></td></tr>
<tr><td>다. 혈중알코올농도 0.16% 이상</td><td>면허취소</td><td></td><td></td></tr>
<tr><td>라. 음주측정 요구에 따르지 않은 경우</td><td>업무정지 6개월</td><td>면허취소</td><td></td></tr>
<tr><td colspan="2">9.「해사안전법」 제41조의2제2호를 위반하여 약물・환각물질의 영향으로 인하여 정상적으로 도선을 하지 못할 우려가 있는 상태에서 도선을 한 경우</td><td>법 제9조제1항제11호</td><td>면허취소</td><td></td><td></td></tr>
</table>

제3관 도선사의 수급계획과 시험

1. 도선사의 수급계획

해양수산부장관은 매년 도선구별로 도선사 수급계획(需給計劃)을 수립하여야 한다(법 제14조 제1항). 법 제14조 제1항에 따른 도선사 수급계획에 필요한 사항은 대통령령으로 정한다(법 제14조 제2항).

「도선법 시행령」

제4조(도선사의 수급계획)
① 법 제14조에 따른 도선사 수급계획에는 다음 각 호의 사항이 포함되어야 한다.
1. 도선구별로 배치하는 도선사 수의 증감 및 도선사의 배치시기에 관한 사항
2. 도선사를 다른 도선구에 배치하는 것에 관한 사항
3. 그 밖에 도선사의 수급(需給)을 위하여 필요한 사항
② 해양수산부장관은 도선사 수급계획을 매년 3월 31일까지 수립하여야 한다.

도선사의 수급은 각 지방의 도선사와 선박회사가 지방도선운영협의회에서 수요를 산정하고, 중앙도선운영협의회에서 이를 협의 · 결정하여 해양수산부에 보고하면, 해양수산부는 매년 3월말까지 수급계획을 확정 · 공고한다.

2. 시험

해양수산부장관은 법 제14조 제1항에 따른 도선사 수급계획에 따라 도선수습생 전형시험과 도선사 시험을 실시한다(법 제15조 제1항). 법 제15조 제1항에 따른 시험의 과목 · 방법 및 실시 등에 관하여 필요한 사항은 대통령령으로 정한다(법 제15조 제2항).

「도선법 시행령」

제5조(시험의 실시 및 공고)
① 해양수산부장관은 법 제15조에 따라 도선수습생 전형시험 및 도선사 시험(이하 "시험"이라 한다)을 도선사 수급계획에 따라 실시하되, 도선사 수급계획을 변경한 경우에는 그 변경된 계획을 시행하기 위하여 따로 시험을 실시할 수 있다.
② 해양수산부장관은 제1항에 따라 시험을 실시하려는 때에는 시험 시행일 60일 전까지 다음 각 호의 사항을 관보 또는 신문에 공고하여야 한다.
1. 도선구별 선발예정인원
2. 시험 일시와 장소
3. 제출서류와 제출기한
4. 응시수수료의 반환에 관한 사항

5. 그 밖에 시험 실시를 위하여 필요한 사항

제6조(응시원서의 제출)
① 시험에 응시하려는 사람은 해양수산부령으로 정하는 바에 따라 해양수산부장관에게 응시원서를 제출하여야 한다. 이 경우 도선수습생 전형시험에 응시하려는 사람은 법 제5조제1호에 따른 승무경력을 증명하는 서류를 첨부하여야 한다.
② 해양수산부장관은 응시수수료를 낸 사람이 응시 의사를 철회하는 경우에는 해양수산부령으로 정하는 바에 따라 응시수수료의 전부 또는 일부를 반환하여야 한다.

제7조(도선수습생 전형시험)
① 법 제15조에 따른 도선수습생 전형시험은 필기시험과 면접시험으로 구분하여 실시하되, 면접시험은 필기시험에 합격한 사람을 대상으로 실시한다.
② 필기시험은 논문형으로 실시하는 것을 원칙으로 하되, 단답형을 포함할 수 있다.
③ 도선수습생 전형시험의 과목 및 배점비율은 별표 1과 같다.
④ 해양수산부장관은 각 과목 만점의 40퍼센트 이상 및 전 과목 총점의 60퍼센트 이상을 받은 사람의 점수에 별표 2에 따른 해당 응시자의 승무경력 가산점을 합산하여 총득점이 높은 순서대로 제5조제2항에 따라 공고한 선발예정인원의 150퍼센트의 범위에 드는 사람을 필기시험합격자로 결정한다.
⑤ 면접시험에 응시하려는 사람은 법 제8조제1항에 따른 최초 신체검사에 합격하였음을 증명하는 서류를 제출하여야 한다.
⑥ 해양수산부장관은 각 과목 만점의 40퍼센트 이상 및 전 과목 총점의 60퍼센트 이상을 받은 사람 중에서 총득점이 높은 순서대로 제5조제2항에 따라 공고한 선발예정인원의 130퍼센트의 범위에서 도선 실무수습자의 수를 고려하여 면접시험 합격자를 결정한다.
⑦ 제4항과 제6항의 합격자를 결정할 때에 같은 점수를 받은 사람이 2명 이상인 경우에는 승무경력이 많은 사람을 합격자로 한다.
⑧ 면접시험에 불합격한 사람에 대해서는 다음 회의 시험에서만 필기시험을 면제한다.

[별표1]
도선수습생 전형시험(필기 및 면접)의 과목 및 배점비율(제7조제3항 관련)

시험과목	배점비율 (단위: %)
1. 법규(「도선법」,「선박의 입항 및 출항 등에 관한 법률」, 「해사안전법」, 「국제해상충돌예방규칙」 및 「해양환경관리법」	35
2. 운용술 및 항로표지	35
3. 영어(해사영어를 포함한다)	30
계	100

[별표2]
승무경력 가산점(제7조제4항 관련)

승무경력	가산점(필기시험의 총점을 100점으로 할 경우)
1. 6년 이상 6년 6개월 미만	1.25점
2. 6년 6개월 이상 7년 미만	2.50점
3. 7년 이상 7년 6개월 미만	3.75점
4. 7년 6개월 이상 8년 미만	5.00점
5. 8년 이상 8년 6개월 미만	6.25점

6. 8년 6개월 이상 9년 미만	7.50점
7. 9년 이상 9년 6개월 미만	8.75점
8. 9년 6개월 이상 10년 미만	10.00점
9. 10년 이상 10년 6개월 미만	11.25점
10. 10년 6개월 이상 11년 미만	12.50점
11. 11년 이상 11년 6개월 미만	13.75점
12. 11년 6개월 이상 12년 미만	15.00점
13. 12년 이상 12년 6개월 미만	16.25점
14. 12년 6개월 이상 13년 미만	17.50점
15. 13년 이상 13년 6개월 미만	18.75점
16. 13년 6개월 이상	20.00점

제8조(도선사 시험)
① 법 제15조에 따른 도선사 시험은 면접시험과 실기시험으로 구분하여 실시하며, 실기시험은 선박 모의 조종장비를 이용하여 실시할 수 있다.
② 제1항에 따른 시험별 과목과 배점비율은 별표 3과 같다.
③ 해양수산부장관은 각 과목 만점의 40퍼센트 이상 및 전 과목 총점의 60퍼센트 이상 받은 사람 중에서 총득점이 높은 순서대로 도선사 시험합격자를 결정한다.
④ 해양수산부장관은 도선사 시험에 합격하지 못한 사람에 대해서는 3개월 이내의 기간을 정하여 도선 실무수습을 받은 도선구에서 다시 도선 실무수습을 받게 한 후 도선사 시험에 응시하게 할 수 있다.

[별표3]
도선사의 시험과목 및 배점비율(제8조제2항 관련)

구분	시험과목	배점비율 (단위: %)
면접	1. 항만 정보: 도선구의 수로(水路), 항로표지, 정박묘지,부두시설 등에 관란 사항	25
	2. 도선 여건: 도선에 관련된 기상, 해상 및 조류(潮流)등에 관한 사항	25
실기	선박 운용술: 선박 조종술, 선체운동역학, 예선(曳船)사용방법 등에 관한 사항	50
계		100

제9조(합격자 공고 등) 해양수산부장관은 시험을 실시한 후에는 그 합격자를 공고하고, 합격자에게는 합격증명서를 발급하여야 한다.

「도선법 시행규칙」

제14조(응시원서)
①법 제15조 및 영 제6조제1항에 따른 도선수습생 전형시험 및 도선사 시험의 응시원서는 별지 제9호 서식에 따른다.
② 영 제6조제2항에 따른 응시수수료(이하 이 조에서 "수수료"라 한다)의 반환기준은 다음 각 호와 같다.
1. 수수료를 과오납한 경우에는 그 과오납한 금액의 전부

2. 시험시행기관의 귀책사유로 시험에 응하지 못한 경우에는 납부한 수수료의 전부
3. 응시원서 접수기간에 접수를 취소하는 경우에는 납부한 수수료의 전부
4. 삭제
5. 응시원서 접수 마감일의 다음 날부터 시험시행일 10일 전까지 원서접수를 취소하는 경우에는 납부한 수수료의 100분의 80

③ 수수료의 반환절차 및 반환방법 등은 영 제5조제2항에 따른 시험의 시행 공고에서 정하는 바에 따른다.

3. 시험 부정행위자에 대한 조치

법 제15조 제1항에 따른 도선수습생 전형시험이나 도선사 시험에서 부정행위를 한 응시자에 대하여는 그 시험의 응시를 중지시키거나 시험을 무효로 한다(법 제16조 제1항). 법 제16조 제1항에 따라 해당 시험의 중지 또는 무효의 처분을 받은 응시자는 그 처분이 있은 날부터 2년간 도선수습생 전형시험이나 도선사 시험을 볼 수 없다(법 제16조 제2항).

제3절 | 도선 및 도선구

제1관 도선구

1. 도선구

도선구의 명칭과 구역은 해양수산부령으로 정한다(법 제17조).

「도선법 시행규칙」

제17조(도선구) 법 제17조에 따른 도선구의 명칭과 구역은 별표 3과 같다.

[별표 3]
도선구의 명칭과 구역(제17조 관련)

도선구의 명칭	구역
군산항 도선구	충청남도 서천군 마서면 송석리 서단, 연도 서단, 북위 36도00분11초 동경 126도27분53초, 북위 35도56분11초 동경 126도27분53초, 내초도 산정(해발 59미터)을 순차적으로 연결한 선 안의 수역

대산항 도선구	충청남도 안면도 남단으로부터 대화사도 남단, 연도 서단, 마서면 송석리 서단을 연결한 선 안의 수역과 충청남도 당진군 석문면 장고항각으로부터 국화도 동단, 입파도 동북단, 학산서, 말륙도, 풍도 남단, 안도 남단, 북위 36도51분47초 동경 126도07분03초를 거쳐 정자두를 순차적으로 연결한 선 안의 수역
동해항 도선구	「항만법 시행령」 별표 1에서 정한 옥계항 해상구역 북서단(북위37도37분35초 동경129도03분08초 및 북위37도38분10초 동경 129도04분43초), 옥계항 해상구역 북동단(북위37도38분10초 동경129도05분22초), 묵호항 해상구역 북동단(북위37도33분22초 동경129도08분12초), 동해항 해상구역 북동단(북위37도31분10초 동경129도10분22초), 삼척항 해상구역 북동단(북위37도26분15초 동경129도12분07초), 삼척항 해상구역 남동단(북위37도25분50초 동경129도12분07초) 및 삼척항 해상구역 남서단(북위37도25분44초 동경129도11분37초)을 순차적으로 연결한 선 안의 수역, 속초시 북동방(북위38도12분48초 동경128도36분01초)으로부터 조도 동단을 거쳐 조도 남단과 북위38도11분35초 동경128도36분07초를 순차적으로 연결한 선 안의 수역과 호산항 비화진 돌출부(북위37도12분42초 동경129도20분52초)로부터 북위37도12분42초 동경129도22분36초, 북위37도08분42초 동경129도23분56초 및 고포측 돌출부(북위37도08분42초 동경 129도21분53초)를 순차적으로 연결한 선 안의 수역
마산항 도선구	진해시 명동 신명 남단을 기점으로 하여 우도 남동단, 연도 남서단, 말막도 서단, 양지암취 등대, 서이말 등대를 순차적으로 연결한 선 안의 수역. 다만, 총톤수 1천톤 미만의 선박으로서 마산항 및 진해항에 입항 또는 출항하는 선박은 해당 항만의 검역묘지로부터 항내까지, 고현항에 입항 또는 출항하는 선박은 사두도앞 해상으로부터 항내까지, 옥포항에 입항 또는 출항하는 선박은 검역묘지로부터 항내까지 삼천포항에 입항 또는 출항하는 선박은 검역묘지로부터 한전부두까지, 지세포항에 입항 또는 출항하는 선박은 지심도 앞(북위 34도51분11초 동경 128도47분52초) 해역으로부터 항내까지로 한다.
목포항 도선구	목포시 산정동 목도 돌출부 남서단, 정주도 남단, 구례도 남단, 장좌도 북단, 불무기도, 가사도, 불도, 각흘도, 진도 서북단을 순차적으로 연결한 선 안의 수역과 완도읍 대구도로부터 달해도 서단과 신지도 서봉각을 순차적으로 연결한 선 안의 수역
부산항 도선구	용두동 승두말로부터 오륙도 등대, 생도, 영도 등대를 순차적으로 연결한 선 안의 수역과 감말부터 두도등대, 자담말 끝단을 순차적으로 연결한 선 안의 수역과 진해시 명동 신명 남단을 기점으로 하여 우도 남동단, 연도 남서단, 가덕도 감수서를 순차적으로 연결한 선 안의 수역
여수항 도선구	대도로부터 진서로 그은 선과 대도로부터 남해도 평산갑(북위 34도44분41초 동경 127도50분12초) 외난초도 서단(북위 34도54분50초 동경 127도50분12초), 경상남도 하동군 금성면 남단(북위 34도56분25초 동경 127도47분30초)을 순차적으로 연결한 선 안의 수역과 경상남도 하동군 금성면 남단(북위 34도56분25초 동경 127도47분30초), 외난초도 서단(북위 34도54분50초 동경 127도48분57초), 천석산 서남돌단(북위 34도57분01초 동경 127도50분45초)을 순차적으로 연결한 선 안의 수역
울산항 도선구	동대산 삼각점(해발 116미터)에서 남방 173도 1,730미터 지점(북위 35도28분40초, 동경 129도24분53초)과 북위 35도27분59초 동경 129도23분59초, 북위 35도24분11초 동경 129도25분27초, 북위 35도24분11초 동경 129도21분14초를 순차적으로 연결한 해안선까지의 선 안의 수역과 돌안산 최동단(북위 35도30분59초 동경 129도26분47초)을 중심으로 한 반경 2,000미터 원호(圓弧) 안의 수역
인천항 도선구	김포시 양촌면(북위 37도35분36.05초, 동경 126도34분08.57초)으로부터 세어도 북단, 영종도 북단, 덕적도, 울도, 안도, 장안서, 창서, 대부도 남서끝단을 순차적으로 연결한 선 안의 수역과 경인항 서해갑문으로부터 한강갑문까지의 수역

제주항 도선구	서방파제 동북단을 중심으로 한 반경 3,700m 원호 안의 수역
통영항 도선구	비진도 설품단으로부터 오곡도 남단, 연대도 담돌단까지 순차적으로 연결한 선 안의 수역
평택・당진항도선구	대부도 남서끝단으로부터 창서, 장안서, 안도, 풍도 남단, 말륙도, 학산서, 입파도 북동단 및 국화도 동단을 거쳐 충청남도 당진군 석문면 장고항각을 순차적으로 연결한 선 안의 수역
포항항 도선구	포항시 북구 용한리 동단(북위36도07분15.7초 동경 129도24분58.5초)으로부터 북위36도07분05.8초 동경129도26분22.9초, 북위36도05분53.6초 동경129도27분50.8초, 북위36도05분21.1초 동경129도27분50.8초, 북위36도05분20.7초 동경129도29분44.3초, 북위36도01분23.9초 동경129도29분44.4초를 순차적으로 연결한 선 안의 수역

비고: 지리학적 경도 및 위도는 세계 측지계에 따른다.

도선구는 도선사의 업무집행의 장소적 범위를 의미하며, 그 범위는 도선사의 면허・도선의무・도선료의 지급의무 등 도선에 관한 권리의무가 발생하는 기초가 되며, 사고발생시에는 그 지점이 도선구 내외의 여부, 어느 도선구에 속하는가에 따라 법령의 적용 등 취급이 달라질 수 있기 때문에 법률상 중요하다. 도선구는 선박의 통항량이 폭증하는 항구나 선박의 항행이 곤란한 구역으로서 항구 또는 연해구역에 설치된다.

우리나라에서는 「도선법 시행규칙」에서 9개의 도선구를 지정하고 있다(「도선법 시행규칙」 [별표 3] 참조).

2. 도선사의 다른 도선구에의 배치

해양수산부장관은 도선업무의 수행상 필요하다고 인정되는 경우에는 도선사 본인의 동의를 받아 그를 다른 도선구에 배치하여 해양수산부령으로 정하는 기간 동안 도선훈련을 받게 한 후 도선업무를 하게 할 수 있다(법 제22조 제1항). 법 제22조 제1항에 따른 도선사의 다른 도선구에의 배치에 필요한 사항은 해양수산부령으로 정한다(법 제22조 제2항).

「도선법 시행규칙」

第22조(도선사의 다른 도선구에의 배치)
① 해양수산부장관은 법 제22조에 따라 도선사를 다른 도선구에 배치하려는 경우에는 그 배치할 도선구의 명칭과 그 사유를 적은 동의요청서를 해당 도선사에게 보내야 한다.
② 제1항에 따른 동의요청서를 받은 도선사는 15일 이내에 동의 여부를 해양수산부장관에게 서면(전자문서를 포함한다)으로 알려야 한다. 이 경우 동의할 수 없으면 그 사유를 함께 알려야 한다.

第23조(도선훈련)
① 법 제22조제1항에 따른 도선훈련 기간은 3개월로 한다. 다만, 해양수산부장관은 도선사가 3개월 이

내에 제2항에 따른 승선 횟수를 채우지 못한 경우에는 3개월의 범위에서 한 번만 도선훈련 기간을 연장할 수 있다.
② 도선사는 제1항에 따른 도선훈련 기간 동안 100회 이상 승선하여 도선훈련을 받아야 한다. 다만, 해양수산부장관은 해당 도선구의 선박 입항·출항 실적이 적은 경우에는 50회의 범위에서 승선 횟수를 조정할 수 있다.
③ 제1항 및 제2항에 따라 도선훈련을 마친 도선사에게는 도선사면허증을 재발급하여야 한다.

제2관 도선절차 및 원칙 등

1. 도선요청

가. 도선요청

다음 각 호의 어느 하나에 해당하는 선장은 해당 도선구에 입항·출항하기 전에 미리 가능한 통신수단 등으로 도선사에게 도선을 요청하여야 한다(법 제18조 제1항).

1. 법 제20조 제1항에 따른 도선구에서 같은 항 각 호의 어느 하나에 해당하는 선박을 운항하는 선장
2. 도선사의 승무를 희망하는 선장

나. 도선요청의 거절금지

도선사가 법 제18조 제1항에 따른 도선 요청을 받으면 다음 각 호의 어느 하나에 해당하는 경우 외에는 이를 거절하여서는 아니 된다(법 제18조 제2항).

1. 다른 법령에 따라 선박의 운항이 제한된 경우
2. 천재지변이나 그 밖의 불가항력으로 인하여 도선업무의 수행이 현저히 곤란한 경우
3. 해당 도선업무의 수행이 도선약관(導船約款)에 맞지 아니한 경우

법은 도선의 도선의 공익성, 공공성을 중요시 하기 때문에 도선사의 권리보다 의무, 자율보다 규제에 중점을 두고 있다. 법에서 도선절차와 도선사의 도선요청의 거절을 금지하는 규정을 둔 것도 도선의 공익성과 공공성에 근거한 것이다.

2. 도선원칙

가. 차별 도선 금지

도선사는 도선 요청을 받은 선박의 입항·출항 순서에 따르지 아니하는 차별 도선을 하여

서는 아니 된다. 다만, 대통령령으로 정하는 사유에 해당되는 경우에는 그러하지 아니하다(법 제18조의2).

「도선법 시행령」

제10조의2(차별 도선 금지의 예외) 법 제18조의2 단서에서 "대통령령으로 정하는 사유에 해당되는 경우"란 다음 각 호의 경우를 말한다.
1. 긴급화물수송 등 공익상 필요하거나 항만을 효율적으로 운용하기 위하여 부득이 입항·출항 순서에 따라 접안(接岸) 또는 이안(離岸)시키지 못하는 경우
2. 태풍 등 천재지변으로 한꺼번에 많은 도선 수요가 발생한 경우
3. 항만시설의 형편에 따라 효율적으로 선박의 위치를 배정하기 위하여 입항·출항 순서를 조정할 필요가 있는 경우
4. 그 밖에 유류의 유출이나 수사에 필요한 경우 등 예상하지 못한 부득이한 사유로 항내 질서를 유지할 필요가 있는 경우

나. 도선의 제한

도선사가 아닌 사람은 선박을 도선하지 못한다(법 제19조 제1항). 선장은 도선사가 아닌 사람에게 도선을 하게 하여서는 아니 된다(법 제19조 제2항).

다. 도선 이용자의 도선사 선택의 자유

「도선법 시행령」

제11조(도선 이용자의 도선사 선택) 도선 이용자는 해당 도선구의 특정한 도선사를 선택하여 도선하게 할 수 있다.

---

3. 도선료

도선사는 해양수산부령으로 정하는 바에 따라 도선료를 정하여 해양수산부장관에게 미리 신고하여야 한다. 도선료를 변경하려는 경우에도 또한 같다(법 제21조 제1항). 도선사는 도선을 한 경우에는 선장이나 선박소유자에게 도선료의 지급을 청구할 수 있다(법 제21조 제2항). 법 제21조 제2항에 따라 도선료의 지급을 청구받은 선장이나 선박소유자는 지체 없이 도선료를 지급하여야 한다(법 제21조 제3항). 도선사는 법 제21조 제1항에 따라 신고한 도선료를 초과하여 받아서는 아니 된다(법 제21조 제4항).

「도선법 시행규칙」

제19조(도선구간) 법 제21조에 따른 도선료의 산정기준이 되는 도선구간은 해양수산부장관이 따로 정하여 고시한다.

제20조(도선료 등의 신고) 도선사가 법 제21조제1항에 따른 도선료와 법 제27조제3항에 따른 도선선료를 신고하거나 변경하려는 경우에는 별지 제11호서식의 도선료(도선선료) 신고서(전자문서로 된 신고서를 포함한다)에 다음 각 호의 서류를 첨부하여 해양수산부장관에게 제출하여야 한다.
1. 도선료와 도선선료의 요율 및 적용방법
2. 도선운영협의회의 협의를 거쳤음을 증명하는 서류(도선사와 도선 이용자가 계약으로 도선료 또는 도선선료를 정한 경우에는 도선이용 계약서로 이를 갈음한다)
3. 변경사항 대비표(변경신고의 경우만 해당한다)

도선사의 도선용역제공에 대하여 선박소유자는 도선료를 지급하기로 하는 도선계약(위임계약)에 의하여 도선서비스를 제공한다. 따라서 도선서비스의 제공에 대하여 도선사는 도선료청구권이 발생하고, 선박소유자 등은 도선료를 지급하여야 할 의무가 있다. 다만, 도선업무가 해상교통안전과 항만의 안정적 운영이라는 공익성과 공공성을 중요시하기 때문에 도선료를 정하거나 변경할 때는 법에 정해진 절차에 따리 이를 신고하도록 하여 사실상 정부가 행정적 규제를 하고 있다.

4. 도선기 등

도선업무에 종사하는 도선선(導船船)에는 도선기(導船旗)를 달아야 한다(법 제26조 제1항). 도선기의 형식 및 게양과 신호 방법 등은 해양수산부령으로 정한다(법 제26조 제2항).

「도선법 시행규칙」

제24조(도선기의 형식 등)
① 법 제26조제1항에 따라 도선선에 달아야 하는 도선기의 형식은「1974년 해상에서의 인명안전을 위한 국제협약」에 따른 국제신호기류 중 에이치(H)기류에 따른다.
② 도선선의 선장은 오염되었거나 헐어 못 쓰게 된 도선기를 게양해서는 아니 된다.
③ 도선선의 등화(燈火)·형상물 및 도선 신호방법 등은「1972년 국제 해상충돌 예방규칙 협약」에 따른다.

---

5. 도선선 및 도선선료

가. 도선선

도선사는 도선업무를 수행하기 위하여 도선선과 그 밖에 필요한 장비를 갖추어야 한다(법 제27조 제1항). 도선선의 장비와 의장(意匠) 및 운영에 관하여 필요한 사항은 해양수산부령으로 정한다(법 제27조 제2항).

「도선법 시행규칙」

제25조(도선선의 의장) 법 제27조제2항에 따른 도선선의 의장은 다음 각 호와 같다.
1. 선체의 외부는 흰색 또는 귤(Orange)색으로 하여야 한다.
2. 선측에 영문으로 "PILOT"라는 표지를 검은색으로 명확하게 표시하여야 한다.

나. 도선선료

도선사는 해양수산부령으로 정하는 바에 따라 도선선료를 정하여 해양수산부장관에게 미리 신고하여야 한다. 이를 변경하려는 경우에도 또한 같다(법 제27조 제3항). 도선사는 도선을 한 경우에는 도선을 한 선박의 선장이나 선박소유자에게 도선료 외에 해양수산부장관에게 신고한 도선선료를 청구할 수 있다(법 제27조 제4항). 도선사는 법 제27조 제3항에 따라 신고한 도선선료를 초과하여 받아서는 아니 된다(법 제27조 제5항).

도선서비스를 제공하기 위하여는 반드시 보조수단인 도선선(pilot boat)이 필요하다. 우리나라의 경우 도선선의 운영은 전체 도선사가 공동으로 출자하여 취득・운영하고 있다.[5)]

6. 도선약관

도선사는 해양수산부령으로 정하는 바에 따라 도선료 등에 관한 도선약관을 정하여야 한다(법 제36조 제1항). 해양수산부장관은 법 제36조 제1항에 따른 도선약관이 이용자의 정당한 이익을 침해할 우려가 있다고 인정되는 경우에는 그 변경을 명할 수 있다(법 제36조 제2항).

「도선법 시행규칙」

---

5) 정연직, "도선업무에 대한 소고", 「도선지」, 통권2호, (한국도선사협회, 1989년 봄호), 17쪽.

제30조(도선약관의 기재사항) 법 제36조제1항에 따른 도선약관은 다음 각 호의 사항을 포함하여야 한다.
1. 도선의 신청・변경 및 취소에 관한 사항
2. 도선의 안전에 관한 사항
3. 도선사의 권리와 의무에 관한 사항
4. 도선료의 청구와 지급에 관한 사항
5. 영 제11조에 따른 도선이용자의 도선사 선택에 관한 사항

도선약관은 도선사가 정하게 되어 있지만 도선의 공익성, 공공성에 근거하여 도선약관은 법이 정하는 바에 따라 정하도록 규정하고, 도선약관이 이용자의 정당한 이익을 침해할 우려가 있다고 인정되는 경우에는 변경을 명할 수 있도록 규정하고 있다. 법 제36조 제2항의 규정상 현행 도선약관 제16조의 면책약관은 법적 근거도 없고, 약관해석의 원칙인 작성자불이익의 원칙에 비추어 그 효력에 의문이 든다. 필자는 이 약관을 무효로 보고 있다.

제3관 강제도선

1. 강제도선

다음 각 호의 어느 하나에 해당하는 선박의 선장은 해양수산부령으로 정하는 도선구에서 그 선박을 운항할 때에는 도선사를 승무하게 하여야 한다(법 제20조 제1항).[6), 7)]

---

6) 업무상과실치상,해양오염방지법위반,업무상과실선박파괴[대법원 1995.4.11, 선고, 94도3302, 판결] :
가. 도선사는 법률에 의하여 상당히 고도의 주의의무가 부과되어, 해도에 표시된 장애물 뿐 아니라 해도에 표시되어 있지 않고 외관상 쉽게 발견되지 않는 위험물을 포함하여 지방수역에 관한 지식을 가지고 있어야 하며 이를 활용할 의무가 있고 더욱이 강제도선사는 전문지식이 있다고 판단하여 선임된 자이기 때문에 선박이 임의로 승선시킨 도선사보다 고도의 주의의무를 부담하고 있는 점을 고려하여 볼 때, 강제도선사인 피고인이 선택한 항로로 운항중이던 유조선의 수중암초 충돌로 인한 업무상과실치상 및 해양오염방지법위반 사건에 관하여 피고인이 해도를 믿고 항행을 하였다 하여 면책될 수 없다.
나. 선장이 강제도선구에서의 도선사의 조선지휘사항에 일일이 간섭할 수는 없다 하더라도, 도선사의 운항로선택 등 조선지휘상황이 통상의 예에서 벗어난 위험한 것임을 알았음에도 조기에 이를 시정토록 촉구하여 안전한 운항로선택 및 안전운항조치를 취하도록 적극적인 조치를 취하지 아니한 것은 잘못이다.

7) 업무상과실선박파괴[대법원 2007.9.21, 선고, 2006도6949, 판결] : 원심판결 이유에 의하면, 원심은 그 채택 증거에 의하여 그 판시와 같은 사실을 인정한 다음, 도선법 제2조 제2호 소정의 도선사(導船士)인 피고인으로서는 도선법 제20조 제1항, 「도선법 시행규칙」 제18조 제1항 [별표 5] 소정의 강제도선구(强制導船區)인 부산항 도선구에서 판시 현대 하모니호(HYUNDAI HARMONY, 총톤수 13,267톤, 이하 '하모니호'라 한다)에 승선하여 당해 선박을 도선하게 되었으면 위 선박을 부산항 도선구 밖까지 직접 도선하여 충돌위험을 미연에 방지하여야 할 업무상 주의의무가 있음에도 불구하고, 이에 위배하여 하모니호가 부산항 제3호 등부표를 지날 무렵 정당한 사유 없이 하모니호에서 하선함으로써 도선사에 비하여 상대적으로 항만사정이나 한국인과의 교신에 익숙하지 못한 데다 선박운용기술이 떨어지는 중국인 선장 공소외 1로 하여금 부산항 강제도선구 내에서 조선하도록 한 업무상 과실이 있고, 나아가 피고인이 위와 같이 강제도선구역 내에서 조기 하선함으로 인하여 그 후 하모니호의 선장 공소외 1은 부산항 항만교통정보센터로부터 입항선인 판시 씨에스씨엘 칭다오호(CSCL QINDAO, 총톤수 39,941톤)의 행동이 의심스러우니 주의하라는 경고를 받았음에도 적기에 충돌회피동작을 취하지 못하여 결국 이 사건 선박충돌사고가 발생하게

1. 대한민국 선박이 아닌 선박으로서 총톤수 500톤 이상인 선박
2. 국제항해에 취항하는 대한민국 선박으로서 총톤수 500톤 이상인 선박
3. 국제항해에 취항하지 아니하는 대한민국 선박으로서 총톤수 2천 톤 이상인 선박. 다만, 부선(艀船)인 경우에는 예선(曳船)에 결합된 부선으로 한정하되, 이 경우의 총톤수는 부선과 예선의 총톤수를 합하여 계산한다.

2. 강제도선의 면제

가. 강제도선 면제사유

법 제20조 제1항에도 불구하고 해당 선박을 안전하게 운항할 수 있다고 해양수산부장관이 인정하는 경우로서 다음 각 호의 어느 하나에 해당하는 경우에는 선장이 해당 도선구에서 도선사를 승무시키지 아니할 수 있다(법 제20조 제2항).

1. 해양수산부령으로 정하는 대한민국 선박(대한민국 국적을 취득할 것을 조건으로 임차한 선박을 포함한다)의 선장으로서 해양수산부령으로 정하는 횟수 이상 해당 도선구에 입항·출항하는 경우. 이 경우 해양수산부장관은 도선구의 특성을 고려하여 도선사를 승무시키지 아니할 수 있는 선장의 입항·출항 횟수와 선박의 범위를 도선구별로 따로 정하여 고시할 수 있다.
2. 항해사 자격 등 해양수산부령으로 정하는 승무자격을 갖춘 자가 조선소에서 건조·수리한 선박을 시운전하기 위하여 해양수산부령으로 정하는 횟수 이상 해당 도선구에 입항·출항하는 경우

나. 강제도선 면제절차

법 제20조 제2항에 따른 강제 도선의 면제 절차 등에 관한 사항은 해양수산부령으로 정한다(법 제20조 제3항).

「도선법 시행규칙」

제18조(강제 도선구 및 강제 도선의 면제)
① 법 제20조제1항에 따라 도선사의 도선(이하 "강제 도선"이라 한다)을 받아야 하는 도선구는 별표 4와 같다.
② 법 제20조제2항제1호에 따라 강제 도선을 면제받을 수 있는 선장 및 선박은 다음 각 호와 같다. 다

하였으므로, 피고인의 위와 같은 업무상 과실과 이 사건 사고발생 사이의 상당인과관계도 인정된다고 판단하여, 이를 다투는 피고인의 법리오해 내지 사실오인에 관한 항소이유를 배척하였다.

만, 인천항 및 경인항의 갑문을 통과하는 선박과 「위험물 선박운송 및 저장규칙」에 따른 위험물 중 화약류·고압가스·독물·인화성 액체류 또는 방사성물질(이하 "위험물"이라 한다)이나 「해양환경관리법」 제2조제5호에 따른 기름(이하 "기름"이라 한다)을 실은 총톤수[분리평형수탱크(Segregated Ballast Tank)를 설치한 선박의 경우 분리평형수탱크의 용적톤수를 뺀 총톤수를 말한다] 6천톤 이상의 선박은 강제 도선을 받아야 한다.

1. 선장이 강제 도선을 면제받으려는 선박의 총톤수를 기준으로 30퍼센트의 범위에서 크거나 작은 선박에 승선하여 동일한 도선구(동일한 도선구 내에 항로여건 등 입항·출항 환경이 서로 다른 수역이 있는 경우 별표 3의 도선구별 수역을 기준으로 한다)에 입항하거나 출항하여 강제 도선을 받은 횟수가 강제 도선의 면제 신청일부터 소급하여 1년 이내에 4회 이상 또는 3년 이내에 9회 이상(위험물 또는 기름을 실은 선박은 1년 이내에 8회 이상 또는 3년 이내에 18회 이상)인 해당 선장과 강제 도선을 면제받으려는 해당 선박. 이 경우 강제 도선의 면제대상 선박의 총톤수는 3만톤 미만으로 한다.
2. 제1호에 따라 강제 도선을 면제받은 선장이 강제 도선을 면제받은 해당 선박의 총톤수보다 작거나 30퍼센트의 범위에서 큰 선박(이하 "유사선박"이라 한다)에 옮겨 승선하여 강제 도선을 면제받은 동일한 도선구에 입항하거나 출항하는 경우 해당 선장과 해당 유사선박. 이 경우 강제 도선의 면제대상 선박의 총톤수는 3만톤 미만으로 한다.

③ 제2항제1호 및 제2호에 따라 강제 도선을 면제받은 선장이 해당 선박 또는 해당 유사선박에서 하선하여 3개월 이상이 지난 후 다시 그 선박 또는 그 유사선박에 승선하여 해당 도선구에 입항 또는 출항하려는 경우에는 강제 도선을 받아야 한다. 다만, 해당 선박 또는 해당 유사선박으로부터 하선한 기간이 1년 미만인 경우로서 강제 도선 면제 신청일로부터 소급하여 1년 이내에 2회 이상 강제 도선을 받은 경우에는 강제 도선을 면제한다.

④ 제2항제1호 및 제2호에 따라 강제 도선을 면제받은 선장이 해당 선박 또는 해당 유사선박에 승선하여 출항한 후 1년 이내에 다시 해당 도선구에 입항하지 아니한 경우에는 강제 도선을 받아야 한다. 다만, 강제도선 면제 신청일부터 소급하여 1년 이내에 2회 이상 강제 도선을 받은 경우에는 강제 도선을 면제한다.

⑤ 법 제20조제2항제2호에 따라 조선소에서 건조·수리한 선박을 시운전하는 사람(이하 "시운전 운항관리자"라 한다)이 강제 도선을 면제받기 위해서는 해당 도선구에 입항 또는 출항하여 강제 도선을 받은 횟수가 강제 도선 면제 신청일부터 소급하여 1년 이내에 6회 이상이어야 한다.

⑥ 제5항에 따라 강제 도선을 면제받은 시운전 운항관리자가 연속하여 1년 이상 건조·수리한 선박을 시운전하지 아니한 경우에는 강제 도선을 받아야 한다. 다만, 강제 도선 면제 신청일부터 소급하여 1년 이내에 2회 이상 강제 도선을 받은 경우에는 강제 도선을 면제한다.

⑦ 제2항부터 제6항까지의 요건에 해당되어 강제 도선을 면제받으려는 사람은 별지 제10서식의 강제 도선 면제 신청서(전자문서로 된 신청서를 포함한다)에 경력증명서(조선소에 근무하는 시운전 운항관리자만 해당하며, 해당 조선소에서 발급한 것을 말한다)를 첨부하여 관할 지방해양항만청장 또는 시·도지사에게 제출하여야 한다. 다만, 항만운영전산망을 이용하는 경우에는 입항·출항 사실의 기재를 생략할 수 있다.

⑧ 제7항에 따라 강제 도선의 면제 신청을 받은 관할 지방해양항만청장 또는 시·도지사는 제2항부터 제6항까지의 사실을 확인한 후 도선사를 승무시키지 아니하여도 안전하게 입항 또는 출항할 수 있다고 인정되는 경우에는 강제 도선을 면제하고, 별지 제10호서식의 강제 도선 면제증을 발급하여야 한다.

⑨ 법 제20조제2항제2호의 항해사 자격 등 해양수산부령으로 정하는 승무자격은 별표 5와 같다.

[별표 4]

강제 도선을 받아야 하는 도선구(제18조제1항 관련)

1. 인천항 도선구 중 「항만법 시행령」 별표 1에서 정한 인천항・경인항의 해상구역과 경인항 서해갑문으로부터 한강갑문까지의 수역 2. 대산항 도선구(보령항과 태안항을 포함한다) 3. 군산항 도선구 4. 목포항 도선구 중 장좌도 북단, 외달도 등대, 북위 34도46분12초 동경 126도16분00초, 화원등대를 순차적으로 연결한 선 안의 수역을 포함한 항계 안의 전 수역 5. 여수항 도선구 6. 마산항 도선구 7. 부산항 도선구 8. 울산항 도선구 9. 포항항 도선구. 다만, 총톤수 5천톤 미만의 선박이 강제도선구 밖에서 강제 도선구 안에 있는 정박지에 정박하기 위해 이동하는 경우에는 강제도선 대상에서 제외 가능 10. 동해항 도선구 11. 평택・당진항 도선구 중 대부도 남서끝단(북위 37도11분52초 동경 126도32분08초), 입파도선점(북위 37도08분10초 동경 126도29분53초), 학산서(북위 37도07분22초 동경 126도31분48초), 입파도 북동단(북위 37도06분44초 동경 126도32분29초), 국화도 동단(북위 37도03분40초 동경 126도33분37초), 충청남도 당진군 석문면 장고항각(북위 37도02분10초 동경 126도33분35초)을 순차적으로 연결한 선 안의 수역

비고
1. 강제 도선 구역 안의 조선소 수역(「공유수면의 관리 및 매립에 관한 법률」 제8조에 따른 관리청으로부터 공유수면 점용허가를 받은 수역)은 제외한다.
2. 지리학적 경도・위도는 세계 측지계에 따른다.

[별표 5]
승무자격(제18조제9항 관련)
1. 조선소에서 근무하는 시운전 운항관리자

시운전 선박	승무자격
가. 총톤수 3만톤 이상 선박	1) 7년 이상 경력자로서 3급 항해사 이상의 자격 소지자 2) 5년 이상 7년 미만 경력자로서 2급 항해사 이상의 자격 소지자 3) 5년 미만 경력자로서 1급 항해사 자격 소지자
나. 총톤수 6천톤 이상 3만톤 미만 선박	1) 7년 이상 경력자 2) 5년 이상 7년 미만 경력자로서 3급 항해사 이상의 자격 소지자 3) 5년 미만 경력자로서 2급 항해사 이상의 자격 소지자
다. 총톤수 5백톤 이상 6천톤 미만 선박	1) 5년 이상 경력자 2) 5년 미만 경력자로서 3급 항해사 이상의 자격 소지자

2. 조선소와 일시 계약의 방법으로 선박을 시운전하는 시운전 운항관리자

시운전 선박	승무자격
가. 총톤수 6천톤 이상 선박	1급 항해사
나. 총톤수 3천톤 이상 6천톤 미만 선박	2급 항해사 이상의 자격 소지자
다. 총톤수 1천6백톤 이상 3천톤 미만 선박	3급 항해사 이상의 자격 소지자

도선은 선박의 안전운항과 항만 운영의 효율성의 제고를 목적으로 한다. 이러한 목적하에 특정 도선구의 수심, 암초 등의 항로에 관한 전문적인 지식과 경험을 갖춘 자에게 도선사의 면허를 부여하고 이들과 도선계약에 의하여 도선을 하도록 하고 있다. 비록 도선계약은 위임계약이라는 사적계약의 형식을 취한다고 하더라도 선박의 안전운항과 항만운영의 효율성을 기하기 위해서는 일정 규모 이상의 선박으로서 해당 선박의 운항을 책임지고 있는 선장이 법에서 정한 일정횟수 이상(강제도선면제사유)의 입항경험이 없는 경우에는 의무적으로 도선을 하도록 법적 의무를 지우고 있다. 법에서는 이를 강제도선이라고 하고 있으나 도선의무를 지우는 것이기 때문에 의무도선이라고 하는 것이 타당하다고 본다.

제4관 선장의 의무와 책임

1. 선장의 의무와 책임

법 제18조 제1항에 따라 도선 요청을 한 선박의 선장은 해양수산부령으로 정하는 승선·하선 구역에서 도선사를 승선·하선시켜야 하며, 도선사는 이에 따라야 한다(법 제18조 제3항). 선장은 도선사가 선박에 승선한 경우 정당한 사유가 없으면 그에게 도선을 하게 하여야 한다(법 제18조 제4항). 도선사가 선박을 도선하고 있는 경우에도 선장은 그 선박의 안전 운항에 대한 책임을 면제받지 아니하고 그 권한을 침해받지 아니한다(법 제4조 제1항).[8)]

「도선법 시행규칙」

제17조의2(도선사의 승선·하선 구역)
① 법 제18조제3항에 따라 도선 요청을 한 선박의 선장이 도선사를 승선 또는 하선시켜야 하는 승선·하선 구역(기상특보 또는 이에 준하는 기상악화 시 도선사의 승선·하선 구역을 포함한다)은 제19조의 도선구간별로 관할 지방해양항만청장 또는 시·도지사가 정하여 고시한다.

---

8) 대법원 1984.5.29, 선고, 84추1, 판결 : 이 사건 도선사는 제한된 수로에서 대형유조선을 도선함에 있어 예선으로 하여금 향도케 하고 전방경계를 철저히 하면서 동 선박의 침로를 유지할 수 있는 최소한의 속력으로 점차 항진하는 등 기관을 적절히 사용하여야 할 직무상 주의의무가 있음에도 예선을 미리 준비해 두지 않았을 뿐 아니라 선속 10노트 이상의 과속으로 동 선박을 수로에 진입시킴으로 인해 이후 감속조치를 취했으나 과속으로 인한 타력으로 전방장애물에 너무 접근하게 된 후에야 비로소 기관전속후진 극미속전진등 조치를 취하여 결국 위 장애물에 접촉케 한 잘못이 있으며, 선장은 동 선박의 속도계가 고장이 났으면 사전에 이를 수리하여 선박의 운항에 지장이 없도록 하여야 하며 강제도선구에서는 도선사의 조선지휘 사항에 일일이 간섭할 수는 없다 하더라도 도선사의 도선과정에서 보통 때와는 달리 과속임을 알았다면 조기에 이를 시정토록 촉구하여 감속조치를 취하도록 하여야 할 직무상 주의의무가 있음에도 속도계를 사전에 수리하지 아니하여 도선사로 하여금 속도계에 의거한 도선을 하지 못하게 하였고 선박이 10노트 이상으로 진행함을 알고도 뒤늦게 과속임을 알리는 등 소극적인 조언만을 하고 별다른 조치를 취하지 않은 것으로 안전운항을 소홀히 한 책임이 있다.

도선사가 해당 도선구의 사정에 능통하고, 해당 선박의 조종에 있어서도 오랜 경험과 지식을 갖추고 있어서, 도선중인 선박에서는 실질적으로 도선사가 선장을 지휘하여 선박의 조종이 이루어지다고 볼 수 있다. 그러나 이러한 도선실태는 사실상의 행위에 불과하고 법적으로 도선사는 선장의 조언자의 위치에 있는 것에 불과하여 도선 중에도 선박운항에 대한 최종적인 책임은 선장에게 있고, 또한 선장의 권한을 도선사가 침해할 수도 없다. 따라서 선장은 도선 중 도선사의 행위나 명령이 의심스럽거나 부적당하다고 판단하면 이의를 제기하거나 도선사의 지시를 중지시킬 수 있다.

도선사의 과실로 선박이 해양사고를 일으켰다고 하더라도 도선사의 지시라는 이유만으로는 선장의 책임이 면제되기 않기 때문에 선장의 업무상 과실 등에 대한 행정적 책임, 형사책임 또는 선장이나 선박소유자의 민사책임은 면할 수 없다. 그러나 선장이나 선박소유자가 도선사의 과실로 인한 해양사고에 대하여 책임을 진다고 하더라고 도선사의 행정적 책임, 형사책임 또는 민사책임은 별도로 남아있음은 물론이다(상법 제880조 참조).

현행 도선약관 제16조에서 도선사의 과실에 대하여 면책을 규정하고 있지만, 이는 도선사가 일방적으로 작성한 약관으로 약관해석원칙상 작성자불이익의 원칙 등에 비추어 그 효력은 의문시 된다.

2. 선장의 고지의무

선장은 도선사가 도선할 선박에 승선한 경우에는 그 선박의 제원(諸元), 흘수(吃水), 기관(機關)의 상태, 그 밖에 도선에 필요한 자료를 도선사에게 제공하여야 한다(법 제13조).

선장은 계약에 의하여 도선업무를 도선사에게 위임하지만, 선박운항에 관한 최고책임자로서 실제 선박의 입출항 등의 도선과정에서 도선사는 선장의 조선을 도와서 안전한 항해를 수행해야 할 상호협력의무를 가지고 있다. 또 해당 선박의 제원과 특성에 대하여 선장이 가장 많은 내용을 알고 있기 때문에 선장은 도선사에게 도선에 필요한 자료를 제공할 고지의무를 지우고 있다.

3. 도선수습생 등의 승선

도선사의 승무를 요청한 선장은 도선사가 도선훈련이나 실무수습을 위하여 법 제22조 제1항에 따라 도선훈련을 받고 있는 도선사 및 도선수습생 각 1명과 함께 승선하더라도 거부하여서는 아니 된다(법 제23조).

도선은 도선계약이라는 사적계약에 의하여 이루어지는 계약의 영역에 있지만, 도선의 공익성과 공공성에 비추어 도선법은 도선사의 수급, 자격요건, 도선사의 권리의무, 선박소유자 등의 도선의무 등에 대한 규제와 감독 등을 주된 내용으로 규정하고 있다. 공익성의 실현을 위해서는 도선사의 수급과 교육·훈련을 통한 능력있는 도선사의 선발과 양성이 필요하기 때문에 도선수습생의 교육·훈련에 협조할 의무를 지우고 있다.

4. 도선사의 강제 동행 금지

선장은 해상에서 해당 선박을 도선한 도선사를 정당한 사유 없이 도선구 밖으로 동행하지 못한다(법 제24조).

5. 승선·하선 시의 안전조치

선장은 도선사가 안전하게 승선·하선할 수 있도록 승선·하선 설비를 제공하는 등 필요한 조치를 하여야 한다(법 제25조).

제4절 | 보칙 및 벌칙

제1관 보칙

1. 보고·검사

해양수산부장관은 선박운항의 안전 등을 위하여 필요한 경우에는 해양수산부령으로 정하는 바에 따라 도선사 또는 선장에게 그 업무에 관하여 보고하게 하거나 관계 공무원에게 도선사사무소, 그 밖의 사업장 또는 도선선에 출입하여 장부·서류나 그 밖의 물건을 검사하게 할 수 있다(법 제29조 제1항). 법 제29조 제1항에 따른 검사공무원은 그 권한을 표시하는 증표를 지니고 이를 관계인에게 내보여야 하며, 성명·출입시간·출입목적 등을 적은 서면을 관계인에게 내주어야 한다(법 제29조 제2항).

「도선법 시행규칙」

제28조(보 고)

① 관할 지방해양항만청장 또는 시·도지사는 법 제29조제1항에 따라 도선사 및 선장으로 하여금 보고하게 하는 경우에는 미리 서면(전자문서를 포함한다)으로 보고 일시·보고방법 및 보고할 내용 등을 알려야 한다. 이 경우 긴급한 사유가 있으면 구두로 알릴 수 있다.

② 관할 지방해양항만청장 또는 시·도지사는 법 제29조제1항에 따라 소속 공무원을 도선사사무소,

그 밖의 사업장 또는 도선선에 출입하여 검사하게 하는 경우에는 미리 서면으로 검사일시 · 검사장소 · 검사목적 및 검사공무원의 인적사항 등을 알려야 한다. 다만, 긴급한 사유가 있으면 그러하지 아니하다.

③ 법 제29조제2항의 규정에 따른 검사공무원의 증표는 별지 제12호서식에 따른다.

---

2. 도선운영협의회의 설치 · 운영

해양수산부장관은 원활한 도선 운영을 위하여 도선사를 대표하는 사람과 이용자를 대표하는 사람이 참여하는 도선운영협의회(이하 "협의회"라 한다)를 설치 · 운영하게 할 수 있다(법 제34조의2 제1항). 협의회의 구성 · 기능 및 운영 등에 관하여 필요한 사항은 대통령령으로 정한다(법 제34조의2 제2항). 해양수산부장관은 협의회에서 협의 · 결정이 이루어지지 아니한 경우에는 이를 조정하거나 다시 협의할 것을 요구할 수 있다(법 제34조의2 제3항).

「도선법 시행령」

제18조의2(도선운영협의회의 구성)

① 법 제34조의2에 따른 도선운영협의회(이하 "협의회"라 한다)는 중앙협의회와 항만별로 설치하는 지방협의회로 구분하여 구성 · 운영할 수 있다.

② 중앙협의회는 위원 중에서 호선(互選)하는 위원장 및 부위원장 각 1명을 포함한 9명의 위원으로 구성하며, 위원은 다음 각 호의 사람으로서 해양수산부장관이 위촉하는 사람으로 한다.

1. 도선 이용자 대표 3명[선주(船主)단체에서 추천하는 사람 2명과 화주(貨主)단체에서 추천하는 사람 1명을 포함한다]
2. 도선사 단체에서 추천하는 도선사 대표 3명
3. 도선 이용자 대표와 도선사 대표가 합의하여 추천하는 해운항만 전문가 2명
4. 도선 이용자 대표와 도선사 대표가 합의하여 추천하는 공정거래분야의 학식과 경험이 풍부한 사람 1명

③ 지방협의회는 위원 중에서 호선하는 위원장 및 부위원장 각 1명을 포함한 9명 이내의 홀수 위원으로 구성하며, 위원은 다음 각 호의 사람 중에서 관할 지방해양항만청장 또는 관할 특별시장 · 광역시장 · 도지사 · 특별자치도지사(이하 "시 · 도지사"라 한다)가 위촉하는 사람으로 한다. 이 경우 제1호와 제2호에 해당하는 사람의 수는 같아야 하며, 제4호의 사람은 당연직으로 한다.

1. 관할 도선구의 도선 이용자 대표
2. 관할 도선구의 도선사 대표
3. 제1호의 도선 이용자 대표와 제2호의 도선사 대표가 합의하여 추천하는 해운항만 전문가 2명
4. 관할 지방해양항만청장 또는 시 · 도지사가 지명하는 항만 운영담당 공무원

제18조의3(협의회 위원장의 직무 등)

① 협의회의 위원장은 협의회를 대표하고, 협의회의 업무를 총괄한다.

② 협의회의 부위원장은 위원장을 보좌하며, 위원장이 부득이한 사유로 직무를 수행할 수 없을 때에는 그 직무를 대행한다.

제18조의4(협의회의 기능)

① 중앙협의회의 협의사항은 다음 각 호와 같다.
1. 도선사 수요의 결정에 관한 사항
2. 도선료 및 도선선료의 결정에 관한 사항
3. 협의회 운영규정의 제정과 개정에 관한 사항
4. 지방협의회의 지도와 지원에 관한 사항
5. 도선 이용자가 특정한 도선사를 선택하여 도선하게 하는 경우 그 선택 요건에 관한 사항
6. 그 밖에 도선 운영에 필요한 사항
② 지방협의회의 협의사항은 다음 각 호와 같다.
1. 관할 도선구의 도선사 수요에 관한 사항
2. 관할 도선구의 도선료 및 도선선료의 산정에 관한 사항
3. 도선사의 이용방법에 관한 사항
4. 그 밖에 도선 운영에 필요한 사항

제18조의5(협의회의 회의)
① 협의회의 회의는 위원장이 필요하다고 인정하거나 위원의 과반수가 요청하는 경우에는 위원장이 소집한다.
② 협의회의 회의는 재적위원 과반수의 출석과 출석위원 과반수의 찬성으로 의결한다.

제18조의6(협의회 운영규정) 제18조의4제1항제3호에 따른 협의회 운영규정에는 다음 각 호의 사항이 포함되어야 한다.
1. 협의회 위원의 선출방법 및 임기
2. 협의회 기능의 효율적인 수행을 위하여 필요한 사항
3. 그 밖에 도선 운영에 관한 사항

---

3. 권한의 위임

이 법에 따른 해양수산부장관의 권한은 대통령령으로 정하는 바에 따라 그 일부를 지방해양항만청장 또는 특별시장・광역시장・도지사・특별자치도지사에게 위임할 수 있다(법 제37조).

「도선법 시행령」

제19조(권한의 위임) 해양수산부장관은 법 제37조에 따라 무역항 중「항만법」제3조제2항제1호에 따른 국가관리항에 관한 다음 각 호의 권한을 관할 지방해양항만청장에게, 무역항 중「항만법」제3조제2항제2호에 따른 지방관리항에 관한 다음 각 호의 권한을 시・도지사에게 각각 위임한다.
1. 법 제4조에 따른 도선사면허, 등록, 면허증의 발급・재발급 및 개서
2. 법 제9조에 따른 도선사면허의 취소, 업무의 정지, 청문, 처분 내용의 통지 및 면허증의 회수
3. 법 제20조제2항에 따른 강제 도선의 면제
4. 법 제29조에 따른 보고의 수리와 검사
5. 법 제41조에 따른 과태료의 부과와 징수

4. 민원사무의 전산처리 등

이 법에 따른 민원사무의 전산처리 등에 관하여는 「항만법」 제89조를 준용한다(법 제37조의2).

5. 수수료

다음 각 호의 어느 하나에 해당하는 사람은 해양수산부령으로 정하는 수수료를 내야 한다(법 제38조).

1. 도선사면허증의 발급・갱신・재발급 등을 신청하는 사람
2. 도선수습생 전형시험이나 도선사 시험에 응시하는 사람

「도선법 시행규칙」

제32조(수수료)
① 법 제38조에 따른 수수료는 별표 6과 같다.
② 제1항에 따른 수수료는 수입인지 또는 수입증지로 내야 한다. 다만, 「항만법」에 따른 항만운영전산망을 이용하는 경우에는 현금으로 낼 수 있다.
③ 해양수산부장관, 관할 지방해양항만청장 또는 시・도지사는 제2항에 따른 방법 외에 정보통신망을 이용하여 전자화폐・전자결제 등의 방법으로 수수료를 내게 할 수 있다.

[별표 6]
수수료(제32조제1항 관련)

구분	금액
1. 도선수습생 전형시험이나 도선사 시험에의 응시하는 경우	5,000원
2. 도선사의 정년연장을 신청하는 경우	10,000원
3. 도선사면허증의 발급・재발급(개서)・갱신을 신청하는 경우	2,000원

---

6. 규제의 재검토

「도선법 시행규칙」

제제33조(규제의 재검토)
①해양수산부장관은 다음 각 호의 사항에 대하여 다음 각 호의 기준일을 기준으로 3년마다(매 3년이 되는 해의 기준일과 같은 날 전까지를 말한다) 그 타당성을 검토하여 개선 등의 조치를 하여야 한다.
1. 제2조에 따른 도선사면허 신청: 2014년 1월 1일
2. 제18조제1항 및 별표 4에 따른 강제 도선을 받아야 하는 도선구: 2014년 1월 1일
3. 제20조에 따른 도선료 등의 신고: 2014년 1월 1일

② 해양수산부장관은 다음 각 호의 사항에 대하여 다음 각 호의 기준일을 기준으로 2년마다(매 2년이 되는 해의 기준일과 같은 날 전까지를 말한다) 그 타당성을 검토하여 개선 등의 조치를 하여야 한다.
1. 제7조에 따른 실무수습: 2015년 1월 1일
2. 제11조에 따른 행정처분의 통지 등: 2015년 1월 1일
3. 제28조에 따른 보고: 2015년 1월 1일
4. 제30조에 따른 도선약관의 기재사항: 2015년 1월 1일

제2관 벌칙

1. 징역형
다음 각 호의 어느 하나에 해당하는 사람은 1년 이하의 징역 또는 1천만원 이하의 벌금에 처한다(법 제39조).
1) 속임수나 그 밖의 부정한 방법으로 도선사면허를 받은 사람
2) 법 제19조를 위반하여 도선사가 아니면서 도선을 한 사람 또는 도선사가 아닌 사람에게 도선을 하게 한 선장
3) 법 제20조 제1항을 위반하여 도선사가 승무하지 아니한 선박을 운항한 선장

2. 벌금형
다음 각 호의 어느 하나에 해당하는 사람은 300만원 이하의 벌금에 처한다(법 제40조).
1) 법 제18조 제2항을 위반하여 도선 요청을 거절한 도선사
2) 법 제18조 제4항을 위반하여 정당한 사유 없이 도선사에게 도선을 하지 못하게 한 선장
3) 법 제18조의2 본문을 위반하여 차별 도선을 한 도선사

3. 과태료
다음 각 호의 어느 하나에 해당하는 사람에게는 300만원 이하의 과태료를 부과한다(법 제41조 제1항).
1) 법 제4조 제5항을 위반하여 면허증의 재발급 또는 개서를 받지 아니한 도선사
2) 법 제9조 제3항을 위반하여 면허취소나 업무정지처분을 통지받고 30일 이내에 도선사면허증을 반납하지 아니한 도선사
3) 법 제13조를 위반하여 해당 선박의 제원 등 도선에 필요한 자료를 도선사에게 제공하지 아니한 선장
4) 법 제18조 제3항을 위반하여 도선사를 승선·하선 구역에서 승선·하선시키지 아니한 선장 또는 승선·하선 구역에서 승선·하선시키려는 선장의 조치에 따르지 아니한 도선사
5) 법 제21조 제1항 또는 제4항을 위반하여 도선료를 신고하지 아니하거나 신고한 도선료를 초과하여 받은 도선사
6) 법 제23조에 따른 다른 도선구에 배치된 도선사나 도선수습생의 승선을 거부한 선장
7) 법 제25조를 위반하여 승선·하선 설비 제공 등의 필요한 조치를 하지 아니한 선장
7의2) 법 제26조 제1항을 위반하여 도선기를 달지 아니한 도선선의 선장
8) 법 제27조 제3항을 위반하여 도선선료를 신고하지 아니한 도선사 또는 같은 조 제5항을 위반하여 신고한 도선선료를 초과하여 받은 도선사
9) 정당한 사유 없이 법 제29조 제1항에 따른 보고·검사를 거부·방해 또는 기피한 도선사 또는 선장
법 제41조 제1항에 따른 과태료는 대통령령으로 정하는 바에 따라 해양수산부장관이 부과·징수한다(법 제41조 제2항).

「도선법 시행령」

제20조(과태료의 부과기준) 법 제41조제1항에 따른 과태료의 부과기준은 별표 4와 같다.

[별표4]
과태료의 부과기준(제20조 관련)

처분대상자	근거법령	과태료 금액
1. 법 제4조5항을 위반하여 면허증의 제발급 또는 개서를 받지 아니한 도선사	법 제41조제1항제1호	100만원
2. 법 제9조제3항을 위반하여 면허취소나 업무정지처분을 통지받고 30일 이내에 도선사면허증을 반납하지 아니한 도선사	법 제41조제1항제2호	100만원
3. 법 제13조를 위반하여 해당 선박의 제원 등 도선에 필요한 자료를 도선사에게 제공하지 아니한 선장	법 제41조제1항제3호	200만원
4. 법 제18조제3항을 위반하여 도선사를 승선 · 하선시키지 아니한 선키려는 선장의 조치에따르지 아니한 도선사	법 제41조제1항제4호	300만원
5. 법 제21조제1항 또는 제4항을 위반하여 도선료를 신고하지 아니하거나 신고한 도선료를 초과하여 받은 도선사	법 제41조제1항제5호	200만원
6. 법 제23조에 따른 다른 도선구에 배치된 도선사나 도선수습생의 승선을 거부한 선장	법 제41조제1항제6호	200만원
7. 법 제25조를 위반하여 장 또는 승선 · 하선 구역에서 승선 · 하선시승선 · 하선 설비 제공 등의 필요한 조치를 하지 아니한 선장	법 제41조제1항제7호	200만원
8. 법 제26조제1항을 위반하여 도선기를 달지 아니한 도선사의 선장	법 제41조제1항제7호의2 법 제41조제1항제8호	100만원 300만원
9. 법 제27조제3항을 위반하여 도선료를 신고하지 아니한 도선사 또는 같은 조재5항을 위반하여 신고한 도선선료를 초과하여 받은 도선사	법 제41조제1항제9호	100만원
10. 정당한 사유 없이 법 제29조제1항에 따른 보고 · 검사를 거부 · 방해 또는 기피한 도산사 또는 선장		

비고
관할 지방해양항만청장 또는 시・도지사는 위반행위의 동기・내용 및 횟수 등을 고려하여 위 표에서 정한 과태료 금액의 2분의1의 범위에서 줄이거나 늘릴 수 있다. 다만, 늘려서 부과하는 경우에도 과태료의 총액은 300만원을 초과할 수 없다.

10

해양사고의 조사 및 심판에 관한 법률

제1절 | 총론

제1관 입법 목적

이 법은 해양사고에 대한 조사 및 심판을 통하여 해양사고의 원인을 밝힘으로써 해양안전의 확보에 이바지함을 목적으로 한다(법 제1조).

이 법은 해상교통사고의 대형화, 원인의 복잡에 따라 해양사고의 원인규명을 위하여 행하는 사실조사업무와 그 사실조사에 근거하여 행하는 심판업무의 전문성과 신뢰성을 높여서 해양사고의 발생을 미리 방지할 수 있도록 하고, 해양사고에 대하여 이해관계가 있는 자의 권익보호를 강화하기 위하여 제정되었다.

이 법은 해양사고의 원인을 밝히는 것을 법의 목적으로 하고 있으나, 사고의 조사 및 심판이라는 수단을 사용하는 행정심판법의 형식을 띠고 있다. 또 재결로써 그 결과를 명백하게 하여야 한다는 점과 사고의 원인이 해기사나 도선사의 직무상 고의 또는 과실로 발생한 경우 재결로서 해당자를 징계하여야 한다는 점(법 제5조 제2항)에서 「선박직원법」에 의하여 면허를 발급한 「해양수산부」가 해기사면허에 대한 징계를 재결이라는 형식으로 한다는 점에서 형식적으로는 특별행정심판의 일종으로 볼 수 있다.

제2관 용어의 정의

이 법에서 사용하는 용어의 뜻은 다음과 같다(법 제2조).

1. "해양사고"란 해양 및 내수면(內水面)에서 발생한 다음 각 목의 어느 하나에 해당하는 사고를 말한다.
   가. 선박의 구조·설비 또는 운용과 관련하여 사람이 사망 또는 실종되거나 부상을 입은 사고
   나. 선박의 운용과 관련하여 선박이나 육상시설·해상시설이 손상된 사고
   다. 선박이 멸실·유기되거나 행방불명된 사고
   라. 선박이 충돌·좌초·전복·침몰되거나 선박을 조종할 수 없게 된 사고
   마. 선박의 운용과 관련하여 해양오염 피해가 발생한 사고

1의2. "준해양사고"란 선박의 구조·설비 또는 운용과 관련하여 시정 또는 개선되지 아니하면 선박과 사람의 안전 및 해양환경 등에 위해를 끼칠 수 있는 사태로서 해양수산부령으로 정하는 사고를 말한다.

2. "선박"이란 수상 또는 수중을 항행하거나 항행할 수 있는 구조물로서 대통령령으로 정하는 것을 말한다.

3. "해양사고관련자"란 해양사고의 원인과 관련된 자로서 법 제39조에 따라 지정된 자를 말한다.

3의2. "이해관계인"이란 해양사고의 원인과 직접 관계가 없는 자로서 해양사고의 심판 또는 재결로 인하여 경제적으로 직접적인 영향을 받는 자를 말한다.

4. "원격영상심판(遠隔映像審判)"이란 해양사고관련자가 해양수산부령으로 정하는 동영상 및 음성을 동시에 송수신하는 장치가 갖추어진 관할 해양안전심판원 외의 원격지 심판정(審判廷) 또는 이와 같은 장치가 갖추어진 시설로서 관할 해양안전심판원이 지정하는 시설에 출석하여 진행하는 심판을 말한다.

「해양사고의 조사 및 심판에 관한 법률 시행령」

제1조의2(선박의 범위) 「해양사고의 조사 및 심판에 관한 법률」(이하 "법"이라 한다) 제2조제2호에서 "대통령령으로 정하는 것"이란 다음 각 호의 것을 말한다. 다만, 다른 선박과 관련 없이 단독으로 해양사고를 일으킨 군용 선박 및 국가경찰용 선박, 그 상호간에 해양사고를 일으킨 군용 선박 및 국가경찰용 선박, 그 밖에 해양수산부장관이 정하여 고시하는 수상레저기구는 제외한다.

1. 동력선(기관을 사용하여 추진하는 선박을 말하며, 선체의 외부에 추진기관을 붙이거나 분리할 수 있는 선박을 포함한다)
2. 무동력선(범선과 부선을 포함한다)
3. 수면비행선박(표면효과 작용을 이용하여 수면에 근접하여 비행하는 선박을 말한다)

4. 수상에서 이동할 수 있는 항공기

「해양사고의 조사 및 심판에 관한 법률 시행규칙」

제2조(준해양사고) 「해양사고의 조사 및 심판에 관한 법률」(이하 "법"이라 한다) 제2조제1호의2에서 "해양수산부령으로 정하는 사고"란 다음 각 호의 어느 하나에 해당하는 것을 말한다.

1. 항해 중 운항 부주의로 다른 선박에 근접하여 충돌할 상황이 발생하였으나 가까스로 피한 사태
2. 항로 내에서의 정박 중 다른 선박에 근접하여 충돌할 상황이 발생하였으나 가까스로 피한 사태
3. 입·출항 중 항로를 이탈하거나 예정된 항로를 이탈하여 좌초될 상황이 발생하였으나 가까스로 안전한 수역으로 피한 사태
4. 화물을 싣거나 묶고 고정시킨 상태가 불량한 사유 등으로 선체가 기울어져 뒤집히거나 침몰할 상황이 발생하였으나 가까스로 피한 사태
5. 전기설비의 상태 불량 등으로 화재가 발생할 상황이었으나 가까스로 화재가 나지 아니하도록 조치한 사태
6. 해양오염설비의 조작 부주의 등으로 오염물질이 해양에 배출될 상황이 발생하였으나 가까스로 배출되지 아니하도록 조치한 사태
7. 그 밖에 제1호부터 제6호까지의 사태와 유사한 사태로서 해양수산부장관이 정하여 고시하는 사태

제3관 심판원의 설치 및 심판의 원칙

1. 심판원의 설치

해양사고사건을 심판하기 위하여 해양수산부장관 소속으로 해양안전심판원(이하 "심판원"이라 한다)을 둔다(법 제3조).

2. 해양사고의 원인규명 등

심판원이 심판을 할 때에는 다음 사항에 관하여 해양사고의 원인을 밝혀야 한다(법 제4조 제1항).

1. 사람의 고의 또는 과실로 인하여 발생한 것인지 여부[1)]
2. 선박승무원의 인원, 자격, 기능, 근로조건 또는 복무에 관한 사유로 발생한 것인지 여부

---

1) 대법원 1991.1.15, 선고, 88추27, 판결 : 태풍과 같은 기상의 상황은 변화무쌍하여 정확한 예측이 불가능한 속성을 지니고 있으므로 이미 상당한 시간 전에 태풍경보가 있었던 이상 대형공선의 선박관리자인 원고로서는 태풍의 진로가 예상과 달라져 해상에 더 심한 강풍과 파랑이 일어날 지도 모르는 경우까지 대비하여 태풍의 피해가 생기지 아니하도록 안전한 장소로 피항하는 등 안전조치를 철저히 강구하여야 할 주의의무가 있는 것이므로 태풍의 진로가 당초 예보된 것과는 달리 지나감에 따라 위 선박이 정박중이던 항구가 예상보다 더 강한 태풍권에 들게 되어 위 선박의 계선삭이 절단되어 표류하게 되었다 하더라도 이에 제대로 대비하지 못하였던 원고에게 선박관리상의 잘못이 없다고는 할 수 없는 것으로써 이 사건 해난을 가지고 불가항력에 의한 사고라고 볼 수는 없다고 할 것이다.

3. 선박의 선체 또는 기관의 구조 · 재질 · 공작이나 선박의 의장(艤裝) 또는 성능에 관한 사유로 발생한 것인지 여부
4. 수로도지(水路圖誌) · 항로표지 · 선박통신 · 기상통보 또는 구난시설 등의 항해보조시설에 관한 사유로 발생한 것인지 여부
5. 항만이나 수로의 상황에 관한 사유로 발생한 것인지 여부
6. 화물의 특성이나 적재에 관한 사유로 발생한 것인지 여부

심판원은 법 제4조 제1항에 따른 해양사고의 원인을 밝힐 때 해양사고의 발생에 2명 이상이 관련되어 있는 경우에는 각 관련자에 대하여 원인의 제공 정도를 밝힐 수 있다(법 제4조 제2항). 심판원은 법 제4조 제1항 각 호에 해당하는 해양사고의 원인규명을 위하여 필요하다고 인정하면 해양수산부령으로 정하는 전문연구기관에 자문할 수 있다(법 제4조 제3항).

「해양사고의 조사 및 심판에 관한 법률 시행규칙」

제3조(전문연구기관) 법 제4조제3항에서 "해양수산부령으로 정하는 전문연구기관"이란 다음 각 호의 어느 하나에 해당하는 연구기관을 말한다.
1. 「한국해양수산연수원법」에 따른 한국해양수산연수원
2. 「정부출연연구기관 등의 설립 · 운영 및 육성에 관한 법률」에 따른 한국해양수산개발원
3. 「한국해양과학기술원법」에 따른 한국해양과학기술원

이 법은 해기사 등의 과실에 대하여 재결을 통한 징계를 실질적인 목적으로 하고 있다고 볼 수 있으므로 형사소송 절차에 준한 심판절차를 취하고 있다. 형사소송 등에서는 피고인의 고의 · 과실이 형사법상의 비난을 받을 정도인가에 따라 판단하고 있기 때문에 고의 · 과실의 유무와 비난의 가능성에 대하여만 판단하는 것이 원칙이다. 따라서 이 법에서도 해기사 등의 징계라는 처벌의 판단기준으로서 사고의 원인에 기여한 해기사 등의 고의 또는 과실은 징계를 받을 정도의 비난가능성이 있는가에 의하여 판단되어야 하는 것이 원칙이라고 할 수 있으나, 이 법은 해기사 등 해양사고 관련자에 대하여 원인의 제공 정도를 밝힐 수 있도록 하여 사실상 해기사 등의 과실의 비율을 정할 수 있도록 규정하고 있다(법 제4조 제2항). 이 규정에 의하여 해양안전심판의 목적과 법의 성격이 애매하게 되어 심판절차상 취하게 될 자유심증주의 등의 심판원칙의 적용에 있어서 법의 해석에 있어서 혼란을 가져 올 수 있다.

3. 일사부재리의 원칙

심판원은 본안(本案)에 대한 확정재결이 있는 사건에 대하여는 거듭 심판할 수 없다(법 제7조).

일단 처리된 사건은 다시 다루지 않는다는 법의 원칙을 일사부재리의 원칙(一事不再理原則)이라 한다. 「형사소송법」상으로는 어떤 사건에 대하여 유죄 또는 무죄의 실체적 판결 또는 면소(免訴)의 판결이 확정되었을 경우, 판결의 기판력(旣判力 : 판결의 구속력)의 효과로서 동일사건에 대하여 두 번 다시 공소의 제기를 허용하지 않는 원칙을 말한다. 「헌법」은 "동일한 범죄에 대하여 거듭 처벌받지 아니한다"고 규정하여 이 원칙을 명문화하고 있다(헌법 제13조 제1항 후단). 따라서 다시 공소가 제기되었을 때에는 실체적 소송조건의 흠결을 이유로 면소의 판결이 선고된다. 즉, 일사부재리원칙은 판결로써 확정된 범죄는 다시 처벌할 수 없고, 본인의 이익을 위하는 경우를 제외하고는 그 행위를 재심사하는 것까지 금하는 것으로, 개인의 인권옹호와 법적 안정의 유지를 위해 수립된 형사법상 원칙이다. 이 원칙의 효과가 미치는 범위는 사건과 동일의 관계에 있는 한, 그 전부에 걸친다. 사건의 일부가 공소장에 기재되고, 그것에 대하여 재판이 행하여질 때에도 일사부재리의 효과는 그 처분상의 한 죄의 전부에 미치는 것이 일반적이다.

또한 「민사소송법」상으로는 확정판결에 일사부재리의 효과는 없다. 다만, 소송요건이 결여되면 재소는 각하된다. 따라서 「민사소송법」상의 기판력의 효과는 뒤의 소송에 있어서 법원이 앞서 한 판결과 다른 판결을 할 수 없다는 것에 지나지 않는다.

「해양사고심판법」은 해양사고의 원인을 밝히는 것을 법의 목적으로 하고 있으나, 사고의 조사 및 심판이라는 수단을 사용하여 해기사나 도선사의 직무상 고의 또는 과실로 해양사고가 발생한 것으로 인정되는 경우 해당자를 징계하여야 하기 때문에(법 제5조 제2항), 인적 과실에 대하여 일종의 행정벌을 내린다는 점에서 「형사소송법」에서와 같이 일사부재리의 원칙을 적용하고 있다.

4. 공소 제기 전 심판원의 의견청취

검사는 해양사고가 발생하여 해양사고관련자에 대하여 공소를 제기하는 경우에는 관할 지방해양안전심판원의 의견을 들을 수 있다(법 제7조의2).

5. 불이익한 처우 등의 금지

누구든지 해양사고의 조사 및 심판과 관련하여 이 법에 따른 증언·감정·진술을 하거나 자료·물건을 제출하였다는 이유로 해고, 전보, 징계, 부당한 대우, 그 밖에 신분·처우와 관련한 불이익을 받지 아니한다(법 제85조의2).

6. 심판정에서의 용어

심판정에서는 국어를 사용한다(법 제7조의3 제1항). 국어가 통하지 아니하는 사람의 진술은 통역인으로 하여금 통역하게 하여야 한다(법 제7조의3 제2항).

제2절 | 심판원의 조직과 직무

제1관 심판원의 조직과 심급

1. 심판원의 조직

심판원은 중앙해양안전심판원(이하 "중앙심판원"이라 한다)과 지방해양안전심판원(이하 "지방심판원"이라 한다)의 2종으로 한다(법 제8조 제1항). 각급 심판원에 원장 1명과 대통령령으로 정하는 수의 심판관을 둔다(법 제8조 제2항).[2] 중앙심판원의 조직과 지방심판원의 명칭・조직 및 관할구역은 대통령령으로 정한다(법 제8조 제3항).

「해양사고의 조사 및 심판에 관한 법률 시행령」

제2조(지방해양안전심판원의 명칭・위치 및 관할구역 등)
① 삭제
② 법 제8조제1항에 따른 지방해양안전심판원(이하 "지방심판원"이라 한다)의 명칭・위치 및 관할구역과 법 제24조제5항에 따른 사건의 관할은 별표 1과 같다.

[별표 1]
지방해양안전심판원의 명칭・위치 및 관할(제2조제2항 관련)

2) 대법원 1983.5.24, 선고, 81추5, 판결 : 중앙해난심판원장이 해난심판법 제11조 제1항 제4호에 의하여 지방해난심판원장을 중앙심판원 심판관 충원시까지 중앙심판원 심판관의 직무를 겸하도록 인사발령하고 이에 따라 동인이 중앙해난심판원 재결에 관여하였다면 위법이라 할 수 없다.

명칭	위치	관할구역 및 사건의 관할	
		관할구역	법 제24조제5항에 따른 사건의 관할
동해지방해양안전심판원	동해시	1. 경상북도와 경상남도의 해안경계(북위 35도38분55초, 동경 129도27분08초)로부터 진방위(眞方位) 90도로 일본국 효고 현의 해안까지 그은 선(이하 "가선"이라 한다) 이북의 영해 2. 함경북도 3. 함경남도 4. 강원도 5. 경상북도(가선 이남의 구역은 제외한다)	가. 가선 이북의 한반도 해안과 동경 150도의 자오선까지의 시베리아의 해안, 가선, 가선 이동(以東)의 일본국 혼슈의 서부와 북부 해안, 혼슈 동북쪽 끝의 시리야사키(북위 41도25분45초, 동경 141도28분00초)로부터 진방위 90도로 동경 150도의 자오선까지 그은 선(이하 "나선"이라 한다) 및 나선의 동쪽 끝으로부터 자오선을 따라 북으로 시베리아 해안까지 그은 선을 연결한 선으로 둘러싸인 수역 중 국외의 수역과 이에 접속된 하천에서 발생한 사건 나. 동은 서경 120도, 서는 동경 150도의 자오선 사이의 수역과 이에 접속된 하천에서 발생한 사건
부산지방해양안전심판원	부산광역시	1. 북은 가선, 서는 섬진강 하구의 강 중심(북위 34도58분18초, 동경 127도45분57초)에서 경상남도 하동군 길전면 마도 북서쪽 끝(북위 34도56분15초, 동경 127도46분41초), 같은 면 소마도 서남쪽 끝(북위 34도55분54초, 동경 127도47분00초), 같은 도 남해군 고현면 외난조도 북쪽 끝(북위 34도54분40초, 동경 127도49분05초), 같은 면 외난조도 남쪽 끝(북위 34도54분35초, 동경 127도49분08초), 같은 면 송도 남동쪽 끝(북위 34도52분53초, 동경 127도49분12초) 및 같은 군 서면 노구리 서북의 북위 34도52분17초, 동경 127도49분13초까지 그은 선(이하 "다선"이라 한다), 다선의 남쪽 끝으로부터 같은 면 남상리 남쪽의 서쪽 끝(북위 34도51분02초, 동경 127도48분36초)까지의 해안, 같은 면 남상리 남쪽의 서쪽 끝에서 북위 34도45분00초, 동경 127도50분00초, 북위 34도35분00초, 동경 128도00분00초를 지나 북위 32도00분00초, 동경 128도00분00초까지 그은 선(이하 "라선"이라 한다) 이내의 영해 2. 부산광역시 3. 울산광역시 4. 경상남도(다선 및 라선 이동의 구역은 제외한다)	가. 가선으로부터 다선까지의 한반도 해안, 가선, 가선 이남의 일본국 혼슈의 서부 및 남부 해안과 혼슈의 동부 해안, 나선, 나선의 동쪽 끝으로부터 동경 150도의 자오선을 따라 남으로 북위 32도까지 그은 선, 다선, 다선과 라선 사이의 경상남도 남해군 서면 해안, 라선 및 라선의 남쪽 끝으로부터 진방위 90도로 동경 150도의 자오선까지 그은 선을 연결한 선으로 둘러싸인 수역 중 국외의 수역과 이에 접속된 하천에서 발생한 사건 나. 동은 동경 060도, 서는 서경 030도의 자오선 사이의 수역과 이에 접속된 하천에서 발생한 사건

목포지방해양안전심판원	전라남도 목포시	1. 동은 다선, 다선과 라선 사이의 경상남도 남해군 서면 해안, 라선 및 북은 전라남도와 전라북도의 해안 경계(북위 35도25분35초, 동경 126도27분00초)로부터 북위 35도25분42초, 동경 126도26분00초를 지나 진방위 270도로 중국의 해안까지 그은 선(이하 "마선"이라 한다) 이내의 영해 2. 전라남도(마선 이북의 지역은 제외한다) 3. 제주특별자치도	가. 다선, 다선과 라선 사이의 경상남도 남해군 서면 해안, 라선, 다선과 마선 사이의 한반도 해안, 마선, 라선의 남쪽 끝으로부터 진방위 270도로 중국의 해안까지 그은 선(이하 "바선"이라 한다) 및 마선과 바선 사이의 중국 해안을 연결한 선으로 둘러싸인 수역 중 국외의 수역과 이에 접속된 하천에서 발생한 사건 나. 동은 서경 030도, 서는 서경 120도의 자오선 사이의 수역과 이에 접속된 하천에서 발생한 사건
인천지방해양안전심판원	인천광역시	1. 마선 이북의 영해 2. 서울특별시 3. 인천광역시 4. 세종특별자치시 5. 경기도 6. 충청북도 7. 충청남도 8. 전라북도 9. 황해도 10. 평안남도 11. 평안북도	가. 마선 이북의 한반도 해안과 중국의 해안 및 마선을 연결한 선으로 둘러싸인 수역 중 국외의 수역과 이에 접속된 하천에서 발생한 사건 나. 동은 동경 150도, 서는 동경 060도의 자오선 사이의 수역과 이에 접속된 하천에서 발생한 사건(동해지방해양안전심판원, 부산지방해양안전심판원 및 목포지방해양안전심판원에서 관할하는 사건은 제외한다)

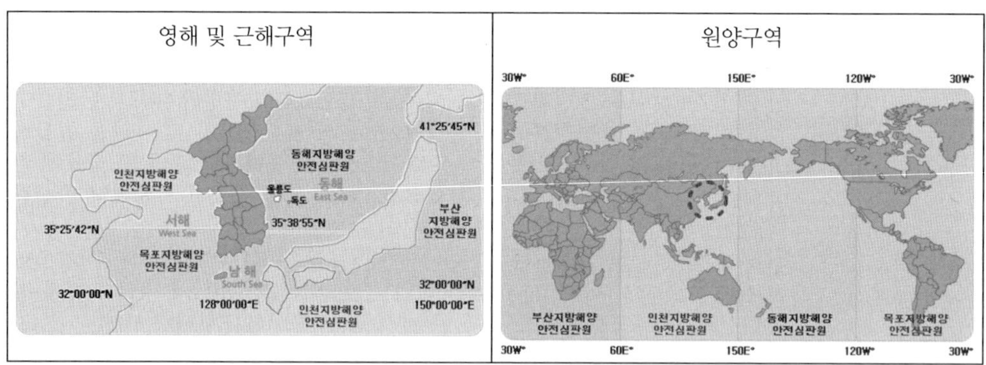

출처 : 중앙해양안전심판원 홈페이지(http://www.kmst.go.kr/introduction/jurisdiction.jsp)

2. 심판관 및 조사관 등의 연수교육

중앙심판원장은 심판관, 조사관 및 그 밖의 직원의 자질 향상을 위하여 필요하다고 인정하면 해양수산부령으로 정하는 바에 따라 연수교육을 할 수 있다(법 제20조의2).

「해양사고의 조사 및 심판에 관한 법률 시행규칙」

제5조(연수교육계획의 수립) 중앙해양안전심판원장(이하 "중앙심판원장"이라 한다)은 법 제20조의2에 따라 심판관, 조사관 및 그 밖의 직원에 대한 연수교육을 실시하려면 다음 각 호의 사항이 포함된 연수교육계획을 수립하여야 한다.
1. 연수교육의 목표
2. 연수교육의 내용
3. 교육대상 및 교육기간
4. 그 밖에 연수교육에 필요한 사항

제6조(연수교육과정)
① 연수교육과정은 신규교육과정과 전문교육과정으로 구분한다.
② 신규교육과정은 해양안전심판 관련 업무를 처음으로 담당하는 사람이 그 직무 수행에 필요한 기초적인 지식과 기술을 습득할 수 있도록 실시한다.
③ 전문교육과정은 신규교육과정을 마친 사람이 담당 직무분야에 필요한 전문적인 지식과 기술을 습득할 수 있도록 실시한다.

제7조(위탁교육 등) 중앙심판원장은 심판관, 조사관 및 그 밖의 직원의 자질 향상을 위하여 필요하다고 인정하는 경우에는 국외에 파견하여 연수교육을 받게 하거나 관계 행정기관 또는 교육훈련기관과 협의하여 위탁교육을 받게 할 수 있다.

제8조(교육훈련자료 등) 중앙심판원장은 연수교육을 효율적으로 실시하기 위하여 필요하다고 인정하는 경우에는 관계 행정기관 또는 교육훈련기관에 연수교육에 필요한 자료 제공 등의 협조를 요청할 수 있다.

3. 심급

지방심판원은 제1심 심판을 하고, 중앙심판원은 제2심 심판을 한다(법 제21조).

4. 심판부의 구성 및 의결

지방심판원은 심판관 3명으로 구성하는 합의체에서 심판을 한다. 다만, 대통령령으로 정하는 경미한 사건 및 법 제38조의2에 따른 약식심판 사건에 관하여는 1명의 심판관이 심판을 한다(법 제22조 제1항). 중앙심판원은 심판관 5명 이상으로 구성하는 합의체에서 심판을 한다(법 제22조 제2항). 각급 심판원은 법 제14조 제2항에 규정된 사건에는 법 제22조 제1항과 제2항에도 불구하고 원장이 지명하는 비상임심판관 2명을 참여시켜야 한다(법 제22조 제3항). 합의체심판부는 합의체를 구성하는 심판관(심판장과 비상임심판관을 포함한다)의 과반수의 찬성으로 의결한다(법 제22조 제4항).

「해양사고의 조사 및 심판에 관한 법률 시행령」

제35조(단독심판의 범위) 법 제22조제1항 단서에서 "대통령령으로 정하는 경미한 사건"이란 다음 각 호의 사건을 말한다. 다만, 여객선에 관한 사건은 제외한다.
1. 해양사고의 원인이 단순하고 분명한 사건
2. 선박이나 그 밖의 시설의 손상이 중대하지 아니한 사건

제36조(심판부 구성의 변경) 법 제22조제1항 단서에 따라 1명의 심판관이 심판하는 경우라도 심판관은 해당 사건이 1명의 심판관으로 심판하기에 부적당하다고 인정할 때에는 이를 합의체에서 심판할 것을 결정할 수 있다.

5. 특별심판부의 구성

중앙심판원장은 다음 각 호의 어느 하나에 해당하는 해양사고 중 그 원인규명에 고도의 전문성이 필요하다고 인정할 때에는 그 사건을 관할하는 지방심판원에 특별심판부를 구성할 수 있다(법 제22조의2 제1항).

1. 10명 이상이 사망하거나 부상당한 해양사고
2. 선박이나 그 밖의 시설의 피해가 현저히 큰 해양사고
3. 기름 등의 유출로 심각한 해양오염을 일으킨 해양사고

법 제22조의2 제1항에 따른 특별심판부는 해당 해양사고의 원인규명에 전문지식을 가진 심판관 2명과 그 사건을 관할하는 지방심판원장으로 구성하되, 지방심판원장이 심판장이 된다(법 제22조의2 제1항).

6. 심판부의 직원

심판부에 서기, 심판정 경위(警衛) 및 심판 보조직원을 둔다(법 제23조 제1항). 서기는 심판에 참석하며 심판장과 심판관의 명을 받아 서류의 작성·보관 또는 송달에 관한 사무를 담당한다(법 제23조 제2항). 심판정 경위는 심판장의 명을 받아 심판정의 질서유지를 담당한다(법 제23조 제3항). 심판 보조직원은 심판장과 심판관의 명을 받아 증거조사 및 서기업무를 제외한 심판 보조업무를 담당한다(법 제23조 제4항). 서기, 심판정 경위 및 심판 보조직원은 심판원장이 그 소속 직원 중에서 지명하거나 임명한다(법 제23조 제5항).

제2관 심판원의 관할

1. 관할

심판에 부칠 사건의 관할권은 해양사고가 발생한 지점을 관할하는 지방심판원에 속한다. 다만, 해양사고 발생 지점이 분명하지 아니하면 그 해양사고와 관련된 선박의 선적항을 관할하는 심판원에 속한다(법 제24조 제1항). 하나의 사건이 2곳 이상의 지방심판원에 계속(係屬)되었을 때에는 최초의 심판청구를 받은 지방심판원에서 심판한다(법 제24조 제2항). 하나의 선박에 관한 2개 이상의 사건이 2곳 이상의 지방심판원에 계속되었을 때에는 최초의 심판청구를 받은 지방심판원이 병합하여 심판한다(법 제24조 제3항). 하나의 선박에 관한 2개 이상의 사건은 병합하여 심판한다(법 제24조 제4항). 국외에서 발생한 사건의 관할에 대하여는 대통령령으로 정한다(법 제24조 제5항).

2. 사건 이송

지방심판원은 사건이 그 관할이 아니라고 인정할 때에는 결정으로써 이를 관할 지방심판원에 이송하여야 한다(법 제25조 제1항). 법 제25조 제1항에 따라 이송을 받은 지방심판원은 다시 사건을 다른 지방심판원에 이송할 수 없다(법 제25조 제2항). 법 제25조 제1항에 따라 이송된 사건은 처음부터 이송을 받은 지방심판원에 계속된 것으로 본다(법 제25조 제3항).

3. 관할 이전의 신청

조사관이나 해양사고관련자는 해당 해양사고의 해양사고관련자가 관할 지방심판원에 출석하는 것이 불편하다고 인정되는 경우에는 대통령령으로 정하는 바에 따라 중앙심판원에 관할의 이전을 신청할 수 있다. 이 경우 신청인은 관할 지방심판원에 신청서를 제출할 수 있으며, 이를 제출받은 관할 지방심판원은 지체 없이 중앙심판원에 보내야 한다(법 제26조 제1항). 중앙심판원은 법 제26조 제1항의 신청이 있는 경우로서 심판상 편의가 있다고 인정할 때에는 결정으로 관할을 이전할 수 있다(법 제26조 제2항).

「해양사고의 조사 및 심판에 관한 법률 시행령」

제3조(관할 이전의 신청)

① 법 제26조제1항에 따라 관할 이전을 신청하려는 조사관 또는 해양사고관련자는 법 제8조제1항에 따른 중앙해양안전심판원(이하 "중앙심판원"이라 한다) 또는 관할 지방심판원에 관할 이전 신청서를 제출하여야 한다.

② 제1항에 따른 관할 이전 신청은 다음 각 호의 어느 하나에 해당하는 경우에는 하지 못한다.

1. 심판정(審判廷)에서 해당 사건에 대하여 이미 진술한 경우

2. 법 제39조의2제1항에 따라 심판불필요처분(審判不必要處分)이 올바른지에 대한 심판이 신청된 경우

제4조(관할 이전 신청에 대한 처리)
① 중앙심판원은 제3조제1항에 따라 관할 이전 신청서를 받았을 때에는 지체 없이 관할 지방심판원에 보내야 한다.
② 제1항과 제3조제1항에 따라 관할 이전 신청서를 받은 지방심판원은 지체 없이 의견을 붙여 중앙심판원에 보내야 한다.
③ 지방심판원은 제2항에 따라 관할 이전 신청서를 중앙심판원에 보낸 후에는 중앙심판원의 결정이 있을 때까지 심판의 절차를 중지하고 그 사실을 조사관 및 해양사고관련자에게 알려야 한다.

제5조(중앙심판원의 결정)
① 중앙심판원은 관할 이전 신청이 타당하다고 인정될 때에는 그 사건을 관할할 지방심판원을 지정하여 관할 이전 결정을 하여야 한다.
② 중앙심판원은 제1항에 따른 경우를 제외하고는 신청기각 결정을 하여야 한다.

제6조(결정서 송달과 통지)
① 중앙심판원은 제5조에 따른 결정을 하였을 때에는 결정서의 정본(正本)을 원(原) 관할 지방심판원을 거쳐 그 신청인에게 송달하여야 한다.
② 중앙심판원은 제5조제1항에 따른 관할 이전 결정을 하였을 때에는 지체 없이 새로 그 사건을 관할하는 지방심판원에 알려야 한다.
③ 원 관할 지방심판원은 제5조에 따른 결정이 있을 때에는 그 사실을 관할 이전의 신청을 한 자 외의 조사관 및 해양사고관련자에게 알려야 한다.

제7조(서류 및 증거물의 발송)
① 제5조제1항에 따른 관할 이전 결정이 있을 때에는 원 관할 지방심판원은 관련 서류 및 증거물을 지체 없이 새로 그 사건을 관할하는 지방심판원의 수석조사관에게 보내야 한다.
② 지방심판원의 수석조사관은 제1항에 따른 서류를 받았을 때에는 그 내용을 검토한 후 5일 이내에 소속 지방심판원의 심판부로 이송하여야 한다.

제3관 심판원장과 심판관의 자격과 직무

1. 중앙심판원장 및 지방심판원장

중앙심판원에 중앙해양안전심판원장(이하 "중앙심판원장"이라 한다)을, 지방심판원에 지방해양안전심판원장(이하 "지방심판원장"이라 한다)을 둔다(법 제9조 제1항). 중앙심판원장은 법 제9조의2 제2항 각 호의 어느 하나에 해당하는 자격이 있는 사람 중에서 해양수산부장관의 제청에 따라 대통령이 임명한다(법 제9조 제2항). 지방심판원장은 법 제9조의2 제2항 각 호의 어느 하나에 해당하는 자격이 있는 사람 또는 지방심판원의 심판관 중에서 해양수산부장관의 제청으로 대통령이 임명한다(법 제9조 제3항).

2. 심판관의 임명 및 자격

가. 임명

중앙심판원의 심판관은 해양수산부장관의 제청에 따라 대통령이 임명하고, 지방심판원의 심판관은 중앙심판원장의 추천을 받아 해양수산부장관이 임명한다(법 제9조의2 제1항).

「해양사고의 조사 및 심판에 관한 법률 시행령」
제8조(정원) 각급 심판원의 비상임심판관의 수는 20명 이내로 한다.

나. 중앙심판원의 심판관 자격

중앙심판원의 심판관이 될 수 있는 사람은 다음 각 호의 어느 하나에 해당하는 사람이어야 한다(법 제9조의2 제2항).

1. 지방심판원의 심판관으로 4년 이상 근무한 사람
2. 2급 이상의 항해사·기관사 또는 운항사의 해기사면허(이하 "2급 이상의 해기사면허"라 한다)를 받은 사람으로서 4급 이상의 일반직 국가공무원으로 4년 이상 근무한 사람
3. 3급 이상의 일반직 국가공무원으로서 해양수산행정에 3년 이상 근무한 사람
4. 제1호부터 제3호까지의 경력 연수를 합산하여 4년 이상인 사람

다. 지방심판원의 심판관 자격

지방심판원의 심판관이 될 수 있는 사람은 다음 각 호의 어느 하나에 해당하는 사람이어야 한다(법 제9조의2 제3항).

1. 1급 항해사, 1급 기관사 또는 1급 운항사의 해기사면허를 받은 사람으로서 원양구역을 항행구역으로 하는 선박의 선장 또는 기관장으로 3년 이상 승선한 사람
2. 2급 이상의 해기사면허를 받은 사람으로서 5급 이상의 일반직 국가공무원으로 2년 이상 근무한 사람
3. 2급 이상의 해기사면허를 받은 사람으로서 대통령령으로 정하는 교육기관에서 선박의 운항 또는 선박용 기관의 운전에 관한 과목을 3년 이상 가르친 사람
4. 제1호부터 제3호까지의 경력 연수를 합산하여 3년 이상인 사람
5. 변호사 자격이 있는 사람으로서 3년 이상의 실무경력이 있는 사람

「해양사고의 조사 및 심판에 관한 법률 시행령」

제7조의4(교육기관) 법 제9조의2제3항제3호에서 "대통령령으로 정하는 교육기관"이란 다음 각 호의 어느 하나에 해당하는 교육기관을 말한다.
1. 「고등교육법」 제2조제1호부터 제4호까지의 학교
2. 「한국해양수산연수원법」에 따른 한국해양수산연수원

라. 결격사유

「국가공무원법」 제33조 각 호의 어느 하나에 해당하는 사람은 심판원장이나 심판관이 될 수 없다(법 제10조).

3. 심판원장과 심판관의 직무

가. 중앙심판원장

중앙심판원장의 직무는 다음과 같다(법 제11조 제1항).

1. 중앙심판원의 일반사무를 관장하며, 소속 직원을 지휘・감독한다.
2. 중앙심판원의 심판부를 구성하고 심판관 중에서 심판장을 지명한다. 다만, 특히 중요한 사건에 대하여는 스스로 심판장이 될 수 있다.
3. 지방심판원의 일반사무를 지휘・감독한다.
4. 각급 심판원의 심판관에 결원이 있거나 그 밖의 부득이한 사유가 있을 때에는 중앙심판원의 심판관은 지방심판원장으로, 지방심판원의 심판관은 다른 지방심판원의 심판관으로 하여금 심판관의 직무를 하게 할 수 있다.

나. 지방심판원장

지방심판원장의 직무는 다음과 같다(법 제11조 제2항).

1. 해당 지방심판원의 일반사무를 관장하며, 소속 직원을 지휘・감독한다.
2. 해당 지방심판원의 심판부를 구성하고 심판장이 된다.

다. 심판관의 직무 등

심판관은 심판직무에 종사한다(법 제11조 제3항). 심판원장이 부득이한 사유로 직무를 수행할 수 없을 때에는 그 심판원의 심판관 중 선임자가 그 직무를 대행한다. 다만, 심판업무 외의 업무는 법 제16조 제1항에 따른 수석조사관이 그 직무를 대행한다(법 제11조 제4항).

라. 심판직무의 독립

심판장과 심판관은 독립하여 심판직무를 수행한다(법 제12조).

4. 심판관의 신분 및 임기

심판원장과 심판관은 일반직공무원으로서 「국가공무원법」 제26조의5에 따른 임기제공무원으로 한다(법 제13조 제1항). 심판원장과 심판관의 임기는 3년으로 하며, 연임할 수 있다(법 제13조 제2항). 심판원장과 심판관은 형의 선고, 징계처분 또는 법에 의하지 아니하고는 그 의사에 반하여 면직·감봉이나 그 밖의 불리한 처분을 받지 아니한다(법 제13조 제3항). 심판원장과 심판관의 근무상한 연령에 관하여는 「국가공무원법」에 따른다(법 제13조 제4항).

5. 심판관의 전보

해양수산부장관은 심판업무 수행상 부득이하다고 인정되는 경우에만 법 제13조 제2항의 임기 중인 지방심판원장 또는 각급 심판원의 심판관을 다른 심판원의 해당 직급에 전보(轉補)할 수 있다(법 제13조의2).

6. 비상임심판관

각급 심판원에 비상임심판관을 두고 그 직무에 필요한 학식과 경험이 있는 사람 중에서 각급 심판원장이 위촉한다(법 제14조 제1항). 비상임심판관은 해양사고의 원인규명이 특히 곤란한 사건의 심판에 참여한다(법 제14조 제2항). 심판에 참여하는 비상임심판관의 직무와 권한은 심판관과 같다(법 제14조 제3항). 각급 심판원에 두는 비상임심판관의 수와 자격 등에 관하여 필요한 사항은 대통령령으로 정한다(법 제14조 제4항).

「해양사고의 조사 및 심판에 관한 법률 시행령」

제9조(위촉)

① 각급 심판원장이 법 제14조제1항에 따라 비상임심판관을 위촉할 때에는 법 제10조에 해당하는 사람을 위촉해서는 아니 된다.

② 지방심판원장이 비상임심판관을 위촉할 때에는 중앙심판원장의 승인을 받아야 한다.

제10조(비상임심판관의 자격) 비상임심판관은 다음 각 호의 어느 하나에 해당하는 분야에 관하여 학식과 경험이 있는 사람 중에서 위촉한다.

1. 선박의 운항 또는 선박용 기관의 운전
2. 어로(漁撈) 기술

3. 조선(造船)・조기(造機)・의장(艤裝)
4. 해사(海事)의 검정 또는 항만 하역
5. 선박의 구조
6. 항만의 축조
7. 기상(氣象)・해상(海象)
8. 선박통신
9. 해사 관련 법령
10. 선박 운영
11. 전자기기
12. 수로도서지(水路圖書誌) 또는 항로표지
13. 화물의 특성 또는 적재
14. 해양오염 방지
15. 그 밖에 해당 사건과 관련된 특수한 분야

제11조(비상임심판관의 결원 등에 대한 조치) 중앙심판원장은 각급 심판원의 비상임심판관에 결원이 생겼거나 그 밖의 부득이한 사유로 비상임심판관이 직무를 수행할 수 없을 때에는 다른 심판원의 비상임심판관으로 하여금 그 직무를 수행하게 할 수 있다.

---

7. 심판관・비상임심판관의 제척・기피・회피

가. 제척사유

심판관(심판장을 포함한다. 이하 이 조에서 같다)이나 비상임심판관은 다음 각 호의 어느 하나에 해당하는 경우에는 직무집행에서 제척된다(법 제15조 제1항).

1. 심판관・비상임심판관이 해양사고관련자의 친족이거나 친족이었던 경우
2. 심판관・비상임심판관이 해당 사건에 대하여 증언이나 감정을 한 경우
3. 심판관・비상임심판관이 해당 사건에 대하여 해양사고관련자의 심판변론인이나 대리인으로서 심판에 관여한 경우
4. 심판관・비상임심판관이 해당 사건에 대하여 조사관의 직무를 수행한 경우
5. 심판관・비상임심판관이 전심(前審)의 심판에 관여한 경우
6. 심판관・비상임심판관이 심판 대상이 된 선박의 소유자・관리인 또는 임차인인 경우

「해양사고심판법」은 심판청구사건에 대한 심리・재결의 공정과 이에 대한 신뢰를 확보하기 위하여 심판에 참여하는 심판관과 비상임심판관의 제척, 기피 및 회피에 대하여 명시하고 있다.[3)]

---

3) 金南辰, 金連泰, 「行政法 I (제17판)」, (법문사, 2013), 704쪽 참조.

제척이란 법정사유가 있으면 당연히 그 사건에 대한 심리 · 재결에서 배제되는 것을 의미한다.

나. 기피사유

조사관, 해양사고관련자 및 심판변론인은 다음 각 호의 어느 하나에 해당하는 경우 심판관과 비상임심판관의 기피를 신청할 수 있다(법 제15조 제2항).

1. 심판관 · 비상임심판관이 법 제15조 제1항 각 호의 사유에 해당하는 경우
2. 심판관 · 비상임심판관이 불공평한 심판을 할 우려가 있는 경우

심판정에서 해당 사건에 대하여 이미 진술을 한 사람은 법 제15조 제2항 제2호의 사유만을 이유로 하여 기피의 신청을 하지 못한다. 다만, 기피 사유가 있음을 알지 못하였을 때 또는 기피 사유가 그 후 발생하였을 때에는 그러하지 아니하다(법 제15조 제3항).

기피는 제척사유 이외에 심리 · 재결의 공정을 의심할 만한 사유가 있는 때에 당사자의 신청에 기하여 심리 · 재결로부터 배제되는 것을 말한다.

다. 회피사유

심판관 · 비상임심판관은 법 제15조 제2항에 해당하는 사유가 있다고 인정할 때에는 회피할 수 있다(법 제15조 제4항).

회피는 심판관 또는 비상임심판관이 스스로 제척 또는 기피의 사유가 있다고 인정하여 자발적으로 심리 · 재결을 피하는 것을 말한다.

라. 제척, 기피, 회피의 결정

심판관 · 비상임심판관의 제척 · 기피 · 회피에 대한 결정은 그 심판관 · 비상임심판관의 소속 심판원 합의체심판부에서 한다. 다만, 특별심판부를 구성하는 경우에는 그 특별심판부가 구성된 지방심판원 합의체심판부에서 결정한다(법 제15조 제5항).

「해양사고의 조사 및 심판에 관한 법률 시행령」

제12조(제척 결정) 심판원은 심판관이나 비상임심판관에게 제척(除斥)의 사유가 있을 때에는 직권으로 또는 당사자의 신청에 의하여 제척 결정을 한다.

제13조(기피신청의 절차) 기피신청은 이유를 분명하게 밝힌 서면으로 해당 심판관 또는 비상임심판관이 소속된 심판원에 하여야 한다.

제14조(의견서) 기피신청을 당한 심판관 또는 비상임심판관은 그 신청에 대하여 의견서를 지체 없이 제출하여야 한다.

제15조(기피신청에 대한 결정)
① 심판원은 제13조에 따른 기피신청이 이유 있다고 인정할 때에는 해당 심판관 또는 비상임심판관에 대한 제척 결정을 하여야 한다. 다만, 기피신청을 당한 심판관 또는 비상임심판관이 기피신청이 이유 있다고 스스로 인정할 때에는 제척 결정이 있었던 것으로 본다.
② 심판원은 기피신청이 이유 없다고 인정할 때에는 신청기각 결정을 하여야 한다.
③ 기피신청을 당한 심판관은 제1항과 제2항의 결정에 관여하지 못한다.

제16조(회피신청) 회피신청은 이유를 분명하게 밝힌 서면으로 심판관이나 비상임심판관이 소속된 심판원에 하여야 한다.

제17조(심판절차의 정지) 제척·기피·회피의 신청이 있을 때에는 심판원은 특히 긴급한 경우 외에는 심판절차를 정지하여야 한다.

제4관 조사관 등

1. 조사관 등

각급 심판원에 수석조사관, 조사관 및 조사사무를 보조하는 직원을 둔다(법 제16조 제1항). 법 제16조 제1항의 수석조사관, 조사관 및 조사사무를 보조하는 직원은 일반직 국가공무원으로 임명하되, 그 정원은 대통령령으로 정한다(법 제16조 제2항).

2. 조사관의 자격

가. 중앙심판원의 수석조사관

중앙심판원의 수석조사관(이하 "중앙수석조사관"이라 한다)이 될 수 있는 사람은 다음 각 호의 어느 하나에 해당하는 사람으로 한다(법 제16조의2 제1항).

1. 법 제9조의2 제2항 제1호 및 제2호에 해당하는 사람
2. 3급 이상의 일반직 국가공무원으로서 해양수산행정에 3년(해양안전 관련 업무에 1년 이상 근무한 경력을 포함한다) 이상 근무한 사람
3. 제1호 및 제2호의 경력 연수를 합산하여 4년 이상인 사람

나. 지방심판원의 수석조사관

중앙심판원의 조사관과 지방심판원의 수석조사관(이하 "지방수석조사관"이라 한다)이 될

수 있는 사람은 법 제9조의2 제3항 제1호부터 제4호까지의 규정에 해당하는 사람으로 한다. 다만, 지방심판원의 조사관의 자격에 관하여는 대통령령으로 정한다(법 제16조의2 제2항).

「해양사고의 조사 및 심판에 관한 법률 시행령」

제17조의2(지방심판원 조사관의 자격) 법 제16조의2제2항 단서에 따라 지방심판원의 조사관이 될 수 있는 사람은 다음 각 호의 어느 하나에 해당하는 사람으로 한다.

1. 1급 항해사, 1급 기관사 또는 1급 운항사의 해기사면허를 가진 사람
2. 2급 항해사, 2급 기관사 또는 2급 운항사의 해기사면허를 가진 사람으로서 다음 각 목의 경력 연수(年數)를 합산하여 5년 이상인 사람
   가. 7급 이상의 해양수산직 공무원으로 근무한 경력
   나. 「선박안전법」 제77조제1항에 따라 선박검사원으로 근무한 경력
   다. 제7조의4에 따른 교육기관 또는 「초・중등교육법 시행령」 제91조제1항에 따른 특성화고등학교(수산 또는 해양계열 고등학교만 해당한다)에서 선박의 운항 또는 선박용 기관의 운전에 관한 학과를 교수한 경력

---

3. 조사관의 직무

수석조사관과 조사관은 해양사고의 조사, 심판의 청구, 재결의 집행, 그 밖에 대통령령으로 정하는 사무를 담당한다(법 제17조).

「해양사고의 조사 및 심판에 관한 법률 시행령」

제17조의3(조사관의 사무) 법 제17조에서 "대통령령으로 정하는 사무"란 다음 각 호의 사무를 말한다.

1. 해양사고 통계의 종합・분석
2. 해양사고 사건의 현장검증
3. 해양사고에 대한 국제공조
4. 해양사고 법규자료의 수집에 관한 사항

---

4. 조사관 동일체의 원칙

가. 조사사무에 관한 지휘・감독

조사관은 조사사무에 관하여 소속 상급자의 지휘・감독에 따른다(법 제18조 제1항). 조사관은 구체적 사건과 관련된 법 제18조 제1항의 지휘・감독의 적법성 또는 정당성 여부에 대하여 이견이 있는 경우에는 이의를 제기할 수 있다(법 제18조 제2항). 중앙수석조사관은

조사사무의 최고 감독자로서 일반적으로 모든 조사관을 지휘 · 감독하고, 구체적인 사건에 대하여는 중앙심판원의 조사관과 지방수석조사관을 지휘 · 감독한다(법 제18조 제3항).

나. 조사관 직무의 위임 · 이전 및 승계

중앙수석조사관 또는 지방수석조사관은 소속 조사관으로 하여금 그 권한에 속하는 직무의 일부를 처리하게 할 수 있다(법 제18조의2 제1항). 중앙수석조사관 또는 지방수석조사관은 소속 조사관의 직무를 자신이 처리하거나 다른 조사관으로 하여금 처리하게 할 수 있다(법 제18조의2 제2항).

「형사소송법」상 검사동일체원칙에서 차용한 규정으로 해양사고의 조사, 심판청구 및 집행에 이르는 조사관의 권한 행사의 전국적 통일성과 공정성 유지, 조사업무의 효과를 거두기 위한 중앙수석조사관의 지방심판원의 조사관에 대한 지휘 · 감독권 확보를 목적으로 하고 있다. 검찰권을 행사하는 검사가 사법부와 독립된 관청이라는 점에서 검찰총장을 중심으로 전국적으로 일체분가분의 통일적인 계층조직체로서 활동하는 것을 의미하는 것이 검사동일체의 원칙인데,[4] 조사관은 심판원의 구성원으로서 심판원장의 인사권과 지휘권 아래에 있기 때문에 이러한 원칙의 합리성이 어느 정도 보장될 지는 의문이다.

5. 특별조사부의 구성

가. 특별조사부의 구성사유

중앙수석조사관은 다음 각 호의 어느 하나에 해당하는 해양사고로서 심판청구를 위한 조사와는 별도로 해양사고를 방지하기 위하여 특별한 조사가 필요하다고 인정하는 경우에는 특별조사부를 구성할 수 있다(법 제18조의3 제1항).

1. 사람이 사망한 해양사고
2. 선박 또는 그 밖의 시설이 본래의 기능을 상실하는 등 피해가 매우 큰 해양사고
3. 기름 등의 유출로 심각한 해양오염을 일으킨 해양사고
4. 제1호부터 제3호까지에서 규정한 해양사고 외에 해양사고 조사에 국제협력이 필요한 해양사고 및 준해양사고

나. 특별조사부의 구성

법 제18조의3 제1항에 따른 특별조사부(이하 "특별조사부"라 한다)는 다음 각 호의 어느

---

4) 손동권, 「형사소송법」, (세창출판사, 2008), 57-58쪽 참조.

하나에 해당하는 사람 10명 이내로 구성하되, 특별조사부의 장은 조사관 중에서 중앙수석조사관이 지명하는 사람으로 한다. 다만, 특히 중요한 사건에 대하여는 중앙수석조사관이 스스로 특별조사부의 장이 될 수 있다(법 제18조의3 제2항).

1. 조사관(수석조사관을 포함한다. 이하 같다)
2. 해양사고와 관련된 관계 기관의 공무원
3. 해양사고 관련 전문가

「해양사고의 조사 및 심판에 관한 법률 시행규칙」

제4조(특별조사부의 구성 및 운영)
① 중앙해양안전심판원(이하 "중앙심판원"이라 한다)의 수석조사관은 법 제18조의3제2항에 따라 특별조사부(이하 "특별조사부"라 한다)를 구성할 경우에는 그 구성원이 해당 해양사고의 심판청구를 위한 조사 업무 및 심판 업무 또는 이와 관련된 업무를 겸임하지 아니하도록 하여야 한다.
② 법 제18조의3제2항제3호에 따른 해양사고 관련 전문가의 범위는 다음 각 호와 같다.
1. 「해양사고의 조사 및 심판에 관한 법률 시행령」(이하 "영"이라 한다) 제10조 각 호의 어느 하나에 해당하는 분야의 전문가
2. 해양사고 조사대상자에 대한 심리적 · 의학적 또는 그 밖의 잠재적 원인을 분석 · 연구하는 분야의 전문가
3. 해양사고 조사와 관련된 국제공조 분야의 전문가
③ 법 제18조의3제3항에 따라 특별조사부의 장이 조사보고서를 작성하는 경우에는 다음 각 호의 사항이 포함되어야 한다.
1. 해양사고와 관련된 사실정보
2. 해양사고의 개요 및 경위
3. 해양사고의 원인에 대한 분석
4. 해양사고에 대한 조사결과
5. 해양사고 방지를 위한 권고 및 건의사항
④ 특별조사부의 조사 절차 및 방법 등에 관하여는 법령에 특별한 규정이 있는 경우를 제외하고는 해양사고의 조사 및 심판과 관련하여 국제적으로 발효된 국제협약에 따른다.

다. 특별조사부의 조사절차

특별조사부의 장은 조사가 끝난 후 10일 이내에 조사보고서를 작성하여 해양수산부장관 및 중앙수석조사관에게 제출하고, 이를 제출받은 중앙수석조사관은 그 보고서를 관계 행정기관의 장 및 국제해사기구에 송부(해양사고의 조사 및 심판과 관련하여 국제적으로 발효된 국제협약에 따른 보고대상 해양사고만 해당한다)하여야 한다(법 제18조의3 제3항). 중앙수석조사관은 법 제18조의3 제3항에 따른 조사보고서를 공표하여야 한다. 다만, 국가의 안전보장이 침해될 우려가 있는 경우에는 그러하지 아니하다(법 제18조의3 제4항). 중앙수석조사관은 특별조사부의 해양사고 조사가 종료된 후에 그 해양사고 조사 결과를 변경시킬

수 있을 정도의 중요한 증거가 발견된 경우에는 해당 해양사고를 다시 조사할 수 있다(법 제18조의3 제5항). 특별조사부의 해양사고 조사는 민형사상 책임과 관련된 사법절차, 심판청구를 위한 조사 절차 및 행정처분절차 또는 행정쟁송절차와 분리하여 독립적으로 수행되어야 하며, 특별조사부의 조사관에 대하여는 법 제18조 및 제18조의2를 적용하지 아니한다(법 제18조의3 제6항). 특별조사부의 해양사고 조사과정에서 얻은 정보는 공개한다. 다만, 해당 해양사고 조사나 장래의 해양사고 조사에 부정적 영향을 줄 수 있거나, 국가의 안전보장 또는 개인의 사생활이 침해될 우려가 있는 정보로서 대통령령으로 정하는 정보는 공개하지 아니할 수 있다(법 제18조의3 제7항). 해양사고의 조사절차, 조사보고서의 작성방법 등 특별조사부의 운영에 필요한 사항은 해양수산부령으로 정한다(법 제18조의3 제8항).

「해양사고의 조사 및 심판에 관한 법률 시행령」

제17조의4(공개제한 정보의 범위) 법 제18조의3제7항 단서에서 "대통령령으로 정하는 정보"란 다음 각 호의 어느 하나에 해당하는 정보를 말한다.
1. 조사대상자의 진술
2. 선박운항과 관련된 통신기록(음성 및 번역물 등을 포함한다)
3. 조사대상자의 사생활 정보(의학적인 정보를 포함한다)
4. 항해자료기록장치 또는 이와 유사한 선박운항기록장치 등에 기록된 정보
5. 조사과정에서 제출된 도면 및 선박검사증서

제17조의5(공개제한 정보의 예외적 공개) 법 제18조의3제7항에 따라 제17조의4 각 호의 정보를 공개하려면 다음 각 호의 기준을 모두 갖추어야 한다.
1. 해당 공개제한 정보가 해양사고 또는 준해양사고의 원인규명에 필수적일 것
2. 법 제18조의3제3항에 따른 조사보고서에 포함하여 공개할 것

---

6. 조사관 일반사무의 지휘·감독

심판원장은 조사관의 일반사무를 지휘·감독한다. 이 경우 조사관의 고유사무에 관여하거나 영향을 주어서는 아니 된다(법 제19조).

제5관 심판변론인

1. 심판변론인의 선임

해양사고관련자나 이해관계인은 심판변론인을 선임할 수 있다(법 제27조 제1항). 해양사고관련자의 법정대리인·배우자·직계친족과 형제자매는 독립하여 심판변론인을 선임할 수 있다(법 제27조 제2항). 심판변론인은 중앙심판원에 심판변론인으로 등록한 사람 중에

서 선임하여야 한다. 다만, 각급 심판원장의 허가를 받은 경우에는 그러하지 아니하다(법 제27조 제3항). 심판의 결과에 대하여 같은 이해관계를 가지는 해양사고관련자 또는 이해관계인이 선임한 심판변론인이 2명 이상이면 대표심판변론인 1명을 선임하여야 한다(법 제27조 제4항).

「해양사고의 조사 및 심판에 관한 법률 시행령」

제22조(특별심판변론인의 신청) 법 제27조제3항 단서에 따라 허가를 받으려는 사람은 심판원에 서면으로 신청하여야 한다. 이 경우 그 심판원은 이에 대한 허가 여부를 결정하여야 한다.

제23조(심판변론인의 선임시기) 해양사고관련자나 이해관계인은 심판정에서의 변론이 끝나기 전까지는 언제든지 심판변론인을 선임할 수 있다.

제24조(심급과 심판변론인의 선임) 해양사고관련자나 이해관계인은 법 제27조에 따라 심판변론인을 선임하려면 심급마다 선임하여야 하며, 심판변론인과 연명으로 날인한 서면을 심판원에 제출하여야 한다.

제25조(심판변론인의 서류 및 증거물의 열람 등)

① 심판변론인은 사건에 관한 서류 및 증거물을 열람하거나 복사할 수 있다. 다만, 심판장(단독심판을 하는 심판관을 포함한다. 이하 같다)은 증거를 보존하기 위하여 필요할 때에는 이를 제한할 수 있다.

② 심판변론인은 심판장의 허가를 받아 자기의 사용인이나 그 밖의 사람으로 하여금 제1항에 따른 복사를 하게 할 수 있다.

제26조(심판변론인의 속기사 사용) 심판변론인은 심판장의 허가를 받아 심판정에서 속기사를 사용할 수 있다.

---

2. 심판변론인의 자격과 등록

가. 자격

심판변론인이 될 수 있는 사람은 다음 각 호의 어느 하나에 해당하는 사람으로 한다(법 제28조 제1항).

1. 법 제9조의2 제3항 제1호부터 제4호까지의 규정에 해당하는 사람
2. 심판관 및 조사관으로 근무한 경력이 있는 사람
3. 1급 항해사, 1급 기관사 또는 1급 운항사 면허를 받은 사람으로서 5년 이상 해사 관련 법률자문업무에 종사하였거나 해양수산부령으로 정하는 해사 관련 분야의 법학박사 학위를 취득한 사람
4. 변호사 자격이 있는 사람

「해양사고의 조사 및 심판에 관한 법률 시행규칙」

제10조(해사 관련 분야) 법 제28조제1항제3호에서 "해양수산부령으로 정하는 해사 관련 분야"란 다음 각 호의 분야를 말한다.
1. 해사공법
2. 해사사법
3. 해사국제법

나. 등록

심판변론인의 업무에 종사하려는 사람은 대통령령으로 정하는 바에 따라 중앙심판원에 등록하여야 한다(법 제28조 제2항).

「해양사고의 조사 및 심판에 관한 법률 시행령」

제20조(심판변론인의 등록)
① 법 제28조제2항에 따라 심판변론인으로 등록하려는 사람은 해양수산부령으로 정하는 바에 따라 중앙심판원에 등록하여야 한다.
② 중앙심판원장은 제1항에 따라 등록한 사람에게 해양수산부령으로 정하는 바에 따라 심판변론인 등록증을 발급하여야 한다.
③ 이 영에서 규정한 사항 외에 심판변론인 등록에 필요한 사항은 해양수산부령으로 정한다.

제21조(등록의 취소)
① 중앙심판원장은 심판변론인이 다음 각 호의 어느 하나에 해당할 때에는 심판변론인 등록을 취소하여야 한다.
1. 법 제28조제1항에 규정된 자격이 없거나 그 자격을 상실하였을 때
2. 법 제28조의2 각 호의 어느 하나에 해당하거나 해당하게 되었을 때
3. 법 제29조를 위반하였을 때
4. 사망하였을 때
② 중앙심판원장은 제1항제3호의 사유로 심판변론인 등록을 취소하려면 중앙심판원의 결정을 받아야 한다. 이 경우 결정의 절차에 관하여는 심판의 절차에 관한 규정을 준용한다.
③ 중앙심판원장은 심판변론인 등록을 취소하였을 때에는 지체 없이 그 취소 사유를 구체적으로 밝혀 등록이 취소되는 사람(제1항제4호에 해당하는 사람은 제외한다)에게 알려야 한다.

「해양사고의 조사 및 심판에 관한 법률 시행규칙」

제11조(심판변론인의 등록신청)
① 영 제20조제1항에 따라 심판변론인으로 등록하려는 사람은 별지 제2호서식의 심판변론인 등록신청서에 다음 각 호의 서류를 첨부하여 중앙심판원에 제출하여야 한다.
1. 법 제28조제1항에 따른 자격이 있음을 증명하는 서류 1부
2. 사진(최근 6개월 이내에 모자를 벗고 찍은 상반신 반명함판) 2장
② 제1항에 따라 등록신청을 하는 경우에는 1천원의 등록수수료를 수입인지로 납부하여야 한다. 다만, 정보통신망을 이용하여 등록신청을 하는 경우에는 800원의 등록수수료를 전자화폐 · 전자결제 등

의 방법으로 납부하여야 한다.

제12조(등록증의 발급 등)
① 중앙심판원장은 제11조에 따른 등록신청을 받으면 검토한 후 별지 제3호서식의 심판변론인 등록대장에 등록을 하고 별지 제4호서식의 심판변론인 등록증을 발급하여야 한다.
② 중앙심판원장은 심판변론인 등록을 신청한 사람이 법 제28조제1항에 따른 자격이 없거나 법 제28조의2에 따른 결격사유에 해당하여 심판변론인 등록을 하지 못하는 경우에는 그 사유를 신청인에게 알려야 한다.

제13조(심판변론인 등록부)
① 중앙심판원장은 심판변론인별로 별지 제5호서식의 심판변론인 등록부를 작성하여 관리하여야 하며, 이 경우 전자적으로 처리할 수 없는 특별한 사유가 있는 경우 외에는 전자적 방법으로 작성·관리하여야 한다.
② 제1항의 심판변론인 등록부에는 다음 각 호의 사항이 포함되어야 한다.
1. 성명, 생년월일
2. 등록번호, 등록 연월일
3. 심판변론인 자격의 취득 근거
4. 사무소의 소재지
5. 등록을 취소하였을 때에는 등록취소 연월일 및 그 사유

제14조(등록사항 변경신고) 심판변론인은 사무소의 소재지가 변경된 때에는 지체 없이 별지 제6호서식의 심판변론인 등록사항 변경신고서를 중앙심판원에 제출하여야 한다.

제15조(등록대장의 기록 말소) 중앙심판원장은 영 제21조제1항에 따라 심판변론인의 등록을 취소하였을 때에는 심판변론인 등록대장에 적힌 그 심판변론인의 등록사항을 말소하여야 한다.

제16조(등록 등의 통지) 중앙심판원장은 심판변론인이 등록하거나 그 등록이 취소되었을 때에는 이를 관계기관 및 관계단체에 알려야 한다.

다. 심판변론인의 결격사유

다음 각 호의 어느 하나에 해당하는 사람은 심판변론인이 될 수 없다(법 제28조의2).

1. 「국가공무원법」 제33조 각 호의 어느 하나에 해당하는 사람
2. 등록이 취소된 날부터 3년이 지나지 아니한 사람

3. 심판변론인의 업무 등

가. 업무

심판변론인은 다음 각 호의 업무를 수행한다(법 제29조 제1항).

1. 해양사고관련자나 이해관계인이 이 법에 따라 심판원에 대하여 하는 신청·청구·진술 등의 대리 또는 대행

2. 해양사고관련자 등에 대하여 하는 해양사고와 관련된 기술적 자문

나. 업무상 의무

심판변론인은 수임(受任)한 직무를 성실하게 수행하여야 한다(법 제29조 제2항). 심판변론인 또는 심판변론인이었던 사람은 직무상 알게 된 비밀을 누설하여서는 아니 된다(법 제29조 제3항).

4. 국선 심판변론인의 선정

다음 각 호의 어느 하나에 해당하는 경우로서 심판변론인이 없는 때에는 심판원은 예산의 범위에서 직권으로 법 제28조 제2항에 따라 등록한 사람 중에서 심판변론인(이하 이 조에서 같다)을 선정하여야 한다(법 제30조 제1항).

1. 해양사고관련자가 미성년자인 경우
2. 해양사고관련자가 70세 이상인 경우
3. 해양사고관련자가 청각 또는 언어 장애인인 경우
4. 해양사고관련자가 심신장애의 의심이 있는 경우

심판원은 해양사고관련자가 빈곤 또는 그 밖의 사유로 심판변론인을 선임할 수 없는 경우로서 해양사고관련자의 청구가 있는 경우에는 예산의 범위에서 심판변론인을 선정할 수 있다(법 제30조 제2항). 심판원은 해양사고관련자의 연령・지능 및 교육 정도 등을 고려하여 권리보호를 위하여 필요하다고 인정하는 경우에는 예산의 범위에서 심판변론인을 선정할 수 있다. 이 경우 해양사고관련자의 명시한 의사에 반하여서는 아니 된다(법 제30조 제3항). 법 제30조 제1항부터 제3항까지의 규정에 따른 심판변론인의 선정 등 국선심판변론인의 운영에 필요한 사항은 해양수산부령으로 정한다(법 제30조 제4항).

「해양사고의 조사 및 심판에 관한 법률 시행규칙」

제17조(국선 심판변론인의 선정 청구 등)

① 법 제30조제2항에 따른 빈곤 또는 그 밖의 사유로 심판변론인을 선임할 수 없는 경우는 해양사고관련자가 다음 각 호의 어느 하나에 해당하는 경우로 한다.

1. 「국민기초생활 보장법」 제2조제1호에 따른 수급권자인 경우
2. 월 소득이 매년 보건복지부장관이 고시하는 4인 가구 최저생계비의 150퍼센트에 해당되는 금액 미만의 사람인 경우
3. 「국가유공자 등 예우 및 지원에 관한 법률」 제4조제1항 각 호에 따른 국가유공자, 그 유족 또는 가족인 경우

4. 그 밖에 관할 해양안전심판원이 국선 심판변론인을 선임할 필요가 있다고 인정하는 경우
② 법 제30조제2항에 따라 해양사고관련자가 심판변론인 선정을 청구하려는 경우에는 별지 제7호서식의 국선 심판변론인 선정 청구서에 제1항 각 호의 어느 하나에 해당됨을 증명하는 서류를 첨부하여 관할 해양안전심판원에 제출하여야 한다.
③ 법 제30조제3항 전단에 따른 연령・지능 및 교육 정도 등을 고려하여 권리보호를 위하여 필요하다고 인정하는 경우는 해양사고관련자가 다음 각 호의 어느 하나에 해당하는 경우로 한다.
1. 최종학력이 고등학교 졸업 이하인 경우
2. 「선박직원법」 제2조제3호에 따른 선박직원이 아닌 경우

제18조(국선 심판변론인의 선정 통보) 관할 해양안전심판원장은 법 제30조제1항부터 제3항까지의 규정에 따라 국선 심판변론인을 선정한 경우에는 지체 없이 해당 국선 심판변론인 및 해양사고관련자에게 그 선정사실을 알려야 한다.

---

5. 심판변론인협회

가. 협회의 설립과 법적 성질

심판변론인은 해양수산부장관의 허가를 받아 심판변론인협회(이하 "협회"라 한다)를 설립할 수 있다(법 제30조의2 제1항). 협회는 법인으로 한다(법 제30조의2 제1항).

「해양사고의 조사 및 심판에 관한 법률 시행령」

제26조의2(협회설립 허가의 신청등)
① 법 제30조의2에 따라 심판변론인협회(이하 "협회"라 한다)를 설립하려는 심판변론인은 허가신청서에 다음 각 호의 사항을 적은 서류와 정관을 첨부하여 해양수산부장관에게 제출하여야 한다.
1. 사무소의 소재지
2. 대표자 및 임원의 성명・주소
② 협회의 정관에는 다음 각 호의 사항이 포함되어야 한다.
1. 목적
2. 명칭
3. 사무소의 소재지
4. 총회와 이사회에 관한 사항
5. 임원과 직원에 관한 사항
6. 업무에 관한 사항
7. 자산과 회계에 관한 사항
8. 심판변론인의 보수기준에 관한 사항
9. 지회(支會)의 설치에 관한 사항
10. 회원의 권리와 의무에 관한 사항

나. 사업

협회는 다음의 사업을 한다(법 제30조의3).

1. 해양사고관련자의 심판구조사업
2. 해양사고의 방지에 관한 사업
3. 심판변론인과 위임인 간의 분쟁조정
4. 그 밖에 심판과 관련된 것으로서 대통령령으로 정하는 사업

「해양사고의 조사 및 심판에 관한 법률 시행령」

제26조의3(협회의 사업) 법 제30조의3제4호에서 "대통령령으로 정하는 사업"이란 다음 각 호의 사업을 말한다.
1. 해양안전심판 상담
2. 해양사고의 조사·연구
3. 해양안전심판 관계 법령의 연구
4. 해양안전심판 정보의 수집·정비
5. 심판변론인의 연수교육
6. 중앙심판원장이 위탁하는 교육

다. 설립절차 등

협회의 설립절차, 정관의 기재 사항, 임원과 감독에 필요한 사항은 대통령령으로 정한다(법 제30조의4).

라. 「민법」의 준용

협회에 관하여 이 법에 규정이 있는 것을 제외하고는 「민법」 중 사단법인에 관한 규정을 준용한다(법 제30조의5).

제3절 | 심판 전의 절차

제1관 해양사고 등의 통보의무

1. 해양수산관서 등의 의무

해양수산관서, 국가경찰공무원, 특별시장·광역시장·도지사·특별자치도지사 및 시

장・군수・구청장은 해양사고가 발생한 사실을 알았을 때에는 지체 없이 그 사실을 자세히 기록하여 관할 지방심판원의 조사관에게 통보하여야 한다(법 제31조 제1항). 조사관이 해양사고에 관한 증거 수집이나 조사를 하기 위하여 관계 기관에 협조를 요청하면 그 기관은 이에 따라야 한다(법 제31조 제2항).

2. 준해양사고의 통보

선박소유자 또는 선박운항자는 해양사고를 방지하기 위하여 선박(「어선법」 제2조 제1호에 따른 어선은 제외한다. 이하 이 조에서 같다)의 운용과 관련하여 발생한 준해양사고를 해양수산부령으로 정하는 바에 따라 중앙수석조사관에게 통보하여야 한다(법 제31조의2 제1항). 중앙수석조사관은 법 제31조의2 제1항에 따라 통보받은 내용을 분석하여 선박과 사람의 안전 및 해양환경 등에 위해를 끼칠 수 있는 사항이 포함되어 있는 경우에는 선박소유자 등 관계인에게 그 내용을 알려야 한다(법 제31조의2 제2항). 중앙수석조사관은 법 제31조의2 제1항에 따라 준해양사고를 통보한 자의 의사에 반하여 통보자의 신분을 공개하여서는 아니 된다(법 제31조의2 제3항).

「해양사고의 조사 및 심판에 관한 법률 시행규칙」

제19조(준해양사고의 통보) 법 제31조의2제1항에 따라 준해양사고를 통보할 때에는 별지 제8호서식의 준해양사고 통보서에 따르되, 인터넷 또는 팩스 등 정보통신망을 이용하여 제출할 수 있다.

3. 영사의 임무

영사는 국외에서 해양사고가 발생한 사실을 알았을 때에는 지체 없이 그 사실과 증거를 수집하여 중앙수석조사관에게 통보하여야 한다(법 제32조 제1항). 중앙수석조사관은 법 제32조 제1항의 통보를 받으면 지체 없이 관할 지방수석조사관에게 보내야 한다(법 제32조 제2항).

제2관 조사 및 처리

1. 사실조사의 요구

해양사고에 대하여 이해관계가 있는 사람은 그 사실을 자세히 기록하여 관할 조사관에게 사실조사를 요구할 수 있다(법 제33조 제1항). 법 제33조 제1항의 요구를 받은 조사관은 사실조사를 하여 심판청구 여부를 결정하고 이를 요구자에게 알려야 한다(법 제33조 제2항). 조사관이 법 제33조 제2항의 심판청구를 거부할 때에는 미리 중앙수석조사관의 승인을 받아야 한다(법 제33조 제3항).

2. 해양사고의 조사 및 처리

조사관은 해양사고가 발생한 사실을 알게 되면 즉시 그 사실을 조사하고 증거를 수집하여야 한다(법 제34조 제1항). 조사관은 조사 결과 사건을 심판에 부칠 필요가 없다고 인정하는 경우에는 그 사건에 대하여 심판불필요처분(審判不必要處分)을 하여야 한다(법 제34조 제2항).

3. 증거보전

가. 원칙

조사관, 해양사고관련자 또는 심판변론인이 미리 증거를 보전하지 아니하면 그 증거를 채택하기 곤란하다고 인정하여 증거보전을 신청할 때에는 심판원은 심판청구 전이라도 검증 또는 감정을 할 수 있다(법 제35조 제1항). 법 제35조 제1항의 신청에는 서면으로 증거를 표시하고 그 증거보전의 사유를 밝혀야 한다(법 제35조 제2항). 「선박안전법」 제26조에 따라 선박시설기준에서 정하는 항해자료기록장치(이하 이 항에서 “항해자료기록장치”라 한다)를 설치한 선박의 선장은 해당 선박과 관련하여 해양사고가 발생한 경우 지체 없이 항해자료기록장치의 정보를 보존하기 위한 조치를 하여야 한다(법 제35조 제4항).

나. 금지행위

해양사고가 발생한 경우 누구든지 다음 각 호의 어느 하나에 해당하는 행위를 하여서는 아니 된다. 다만, 선원이나 선박의 안전 확보, 해양환경의 보호 등 공공의 중대한 이익 보호 또는 인명 구조 등을 위하여 제5호에 따른 행위를 하여야 할 필요가 있는 경우에는 그러하지 아니하다(법 제35조 제3항).

1. 해당 해양사고와 관련된 선박에 비치하거나 기록·보관하는 다음 각 목의 간행물 또는 서류 등(전자적 간행물 또는 서류 등을 포함하며, 이하 이 항에서 “기록물”이라 한다)의 파기 또는 변경
   가. 「선박안전법」 제32조에 따라 선박소유자가 선박에 비치하여야 하는 항해용 간행물
   나. 「선원법」 제20조 제1항에 따라 선장이 선내에 비치하여야 하는 서류 및 같은 조

제2항에 따라 선장이 기록·보관하여야 하는 서류

2. 해당 해양사고와 관련된 선박으로서 「해사안전법」 제46조 제2항에 따른 안전관리체제를 수립·시행하여야 하는 선박의 소유자 또는 같은 법 제51조에 따른 안전관리대행업자가 해당 선박의 안전관리체제 수립·시행과 관련하여 작성·보관하거나 선박에 비치하는 기록물의 파기 또는 변경
3. 해당 해양사고와 관련된 선박으로서 제2호에 따른 선박 외의 선박의 소유자 또는 「선박관리산업발전법」 제2조 제2호의 선박관리사업자가 해당 선박의 운용, 선원의 관리 또는 선박의 정비와 관련하여 작성·보관하는 기록물의 파기 또는 변경
4. 해당 해양사고와 관련된 선박과 「해사안전법」 제36조에 따른 선박교통관제 또는 「선박의 입항 및 출항 등에 관한 법률」 제28조[5]에 따른 해상교통관제를 시행하는 기관 사이의 선박교통관제 또는 해상교통관제와 관련하여 작성·보관되는 기록물의 파기 또는 변경
5. 해당 해양사고와 관련된 선박의 손상된 선체·기관 및 각종 계기(計器)와 그 밖의 부분에 대한 수리

4. 비밀준수의무

조사관이나 그의 보조자는 사실조사와 증거수집을 할 때 비밀을 준수하고 관계인의 명예를 훼손하지 아니하도록 주의하여야 한다(법 제36조).

5. 조사관의 권한

조사관은 그 직무를 수행하기 위하여 필요할 때에는 다음 각 호의 처분을 할 수 있다(법 제37조 제1항).

1. 해양사고와 관계있는 사람을 출석하게 하거나 그 사람에게 질문하는 일
2. 선박이나 그 밖의 장소를 검사하는 일
3. 해양사고와 관계있는 사람에게 보고하게 하거나, 장부·서류 또는 그 밖의 물건을 제출하도록 명하는 일
4. 관공서에 대하여 보고 또는 자료의 제출 및 협조를 요구하는 일
5. 증인·감정인·통역인 또는 번역인을 출석하게 하거나 증언·감정·통역·번역을

5) 2015년 8월 4일부로 「개항질서법」은 폐지되고 「선박의 입항 및 출항 등에 관한 법률」이 시행되고 있기 때문에 동법 제4장(선박교통관제) 제19조를 의미한다고 본다.

하게 하는 일

법 제37조 제1항 제1호의 처분을 받은 사람으로서 조사관이 특히 필요하다고 인정하면 해양수산관서에 대하여 72시간 이내의 기간 동안 해당자의 하선조치를 요구할 수 있다(법 제37조 제2항). 조사관이 법 제37조 제1항 제2호의 처분을 할 때에는 그 권한을 표시하는 증표를 지니고 이를 관계인에게 내보여야 한다(법 제37조 제3항).

「해양사고의 조사 및 심판에 관한 법률 시행령」

제27조(조사관의 질문조서 · 검사조서 등의 작성)
① 조사관은 법 제37조제1항제1호 또는 제2호에 따라 해양사고와 관계있는 사람에게 질문하거나 선박이나 그 밖의 장소를 검사하였을 때에는 질문조서 또는 검사조서를 작성하고, 조서 내용을 질문받은 사람 또는 선박이나 그 밖의 장소의 관리인에게 읽어 들려 준 후 이들과 함께 해당 조서에 서명날인하여야 한다. 다만, 이들이 서명날인할 수 없을 때에는 조사관은 그 사유를 덧붙여 적고 조서에 서명날인하여야 한다.
② 조사관은 법 제37조제1항제5호에 따라 증언 · 감정 또는 번역을 시켰을 때에는 증언서 · 감정서 또는 번역서를 작성하여야 한다.

제3관 심판청구

1. 심판의 청구

조사관은 사건을 심판에 부쳐야 할 것으로 인정할 때에는 지방심판원에 심판을 청구하여야 한다. 다만, 사건이 발생한 후 3년이 지난 해양사고에 대하여는 심판청구를 하지 못한다(법 제38조 제1항). 법 제38조 제1항의 청구는 해양사고사실을 표시한 서면으로 하여야 한다(법 제38조 제2항).

「해양사고의 조사 및 심판에 관한 법률 시행령」

제29조(심판청구서) 법 제38조제1항 본문에 따라 심판을 청구할 때에는 심판청구서에 다음 각 호의 사항을 적어야 한다.
1. 사건명
2. 해양사고관련자의 성명 · 생년월일 · 주소
3. 해양사고관련자의 당시 직명(職名)
4. 가지고 있는 면허의 종류
5. 해양사고의 개요

제30조(단독심판의 청구) 조사관은 사건이 제35조 각 호의 어느 하나에 해당하여 단독심판으로 하는 것이 적당하다고 인정할 때에는 심판청구서에 그 뜻을 적어 청구하여야 한다.

제31조(비상임심판관의 참여) 조사관은 사건의 심판에 비상임심판관의 참여가 필요하다고 인정할 때에는 심판청구서에 그 뜻을 적어 청구하여야 한다.

제33조(해양사고관련자의 성명 · 직업 등이 명백하지 아니한 경우) 제29조 및 제32조에 따라 해양사고관련자의 성명 · 생년월일 · 직명, 가지고 있는 면허의 종류 또는 직업을 적어야 할 경우에 이들 사항이 명백하지 아니하면 그 사람을 특정할 수 있는 사항을 적는 것으로 갈음할 수 있다.

제37조(심판기일의 지정) 심판청구가 있을 때에는 심판장은 심판기일을 정하여야 한다.

---

2. 약식심판의 청구

조사관은 다음 각 호의 어느 하나에 해당하는 경미한 해양사고로서 해양사고관련자의 소환이 필요하지 아니하다고 인정할 때에는 약식심판을 청구할 수 있다. 다만, 해양사고관련자의 명시한 의사에 반하여서는 아니 된다(법 제38조의2 제1항).

1. 사람이 사망하지 아니한 사고
2. 선박 또는 그 밖의 시설의 본래의 기능이 상실되지 아니한 사고
3. 대통령령으로 정하는 기준 이하의 오염물질이 해양에 배출된 사고

법 제38조의2 제1항에 따른 약식심판의 청구는 심판청구와 동시에 서면으로 하여야 한다(법 제38조의2 제2항).

「해양사고의 조사 및 심판에 관한 법률 시행령」

제31조의2(약식심판의 청구 사건) 법 제38조의2제1항제3호에서 "대통령령으로 정하는 기준 이하의 오염물질"이란 「해양환경관리법 시행령」 별표 6에 따른 오염물질로서 해당 별표에서 정한 최저기준 이하로 배출되는 오염물질을 말한다.

---

3. 해양사고관련자의 지정과 통고

조사관은 법 제38조에 따라 심판을 청구하는 경우에는 그 해양사고 발생의 원인과 관계가 있다고 인정되는 자를 해양사고관련자로 지정하여야 한다(법 제39조 제1항). 조사관은 법 제39조 제1항에 따라 해양사고관련자를 지정하면 그 내용을 대통령령으로 정하는 바에 따라 그 해양사고관련자에게 통고하여야 한다(법 제39조 제2항).

「해양사고의 조사 및 심판에 관한 법률 시행령」

제32조(심판청구의 통고) 조사관은 법 제39조제1항에 따라 해양사고관련자를 지정하여 지방심판원에 심판청구를 한 경우에는 같은 조 제2항에 따라 해양사고관련자에게 다음 각 호의 사항을 서면으로 통고하여야 한다.
1. 심판청구를 한 심판원의 명칭
2. 사건명 및 사실의 개요
3. 해양사고관련자의 성명·생년월일·주소 및 당시의 직명·직업과 가지고 있는 면허의 종류
4. 심판청구를 한 날짜
5. 조사관의 성명

4. 이해관계인의 심판신청

해양사고에 대하여 이해관계가 있는 자는 법 제34조 제2항에 따른 심판불필요처분을 받은 해양사고에 대하여 원인규명이 필요하다고 인정하면 대통령령으로 정하는 바에 따라 관할 지방심판원에 그 처분이 올바른지에 대하여 심판을 신청할 수 있다(법 제39조의2 제1항). 관할 지방심판원은 법 제39조의2 제1항에 따라 심판이 신청된 경우 그 신청이 이유 있는 것으로 인정되는 경우에는 결정으로써 조사관으로 하여금 조사를 시작하여 심판을 청구하도록 하고, 그 신청이 이유 없는 것으로 인정되는 경우에는 결정으로써 이를 기각하여야 한다(법 제39조의2 제2항).

「해양사고의 조사 및 심판에 관한 법률 시행령」

제32조의2(이해관계인의 심판신청)
① 이해관계인이 법 제39조의2제1항에 따라 심판을 신청하는 경우에는 심판불필요처분사건 심판신청서를 관할 지방심판원에 제출하여야 한다.
② 지방심판원은 제1항에 따른 신청이 있는 경우에는 해당 지방심판원의 수석조사관에게 그 신청서를 보내야 한다.
③ 제2항에 따라 신청서를 받은 지방심판원의 수석조사관은 5일 이내에 그 신청서에 의견서를 첨부하여 지방심판원에 제출하여야 한다.

「해양사고의 조사 및 심판에 관한 법률 시행규칙」

제20조(심판불필요처분사건 심판신청서) 영 제32조의2제1항에 따른 심판불필요처분사건 심판신청서는 별지 제9호서식에 따른다.

제4절 | 지방심판원의 심판

제1관 심판 절차

1. 심판의 시작

지방심판원은 조사관의 심판청구에 따라 심판을 시작한다(법 제40조).

「해양사고의 조사 및 심판에 관한 법률 시행령」

제41조(심판정)
① 심판기일에 하는 심판은 각급 심판원의 심판정에서 개정(開廷)한다. 다만, 합의체심판부는 중앙심판원장의 승인을, 단독심판관은 소속 심판원장의 승인을 받아 해당 심판원의 심판정 외의 장소에서 개정할 수 있다.
② 심판정은 정수의 심판관 · 비상임심판관 및 서기가 참석하고 조사관이 출석하여 개정한다.

제43조(출석할 수 없을 때의 신고 등)
① 해양사고관련자는 심판기일에 출석할 수 없을 때에는 지체 없이 그 사유를 구체적으로 밝혀 심판원에 신고하여야 한다.
② 심판원은 제1항에 따른 신고의 사유가 정당하다고 인정할 때에는 조사관의 의견을 들은 후 심판기일을 연기할 수 있다.

제44조(대리인의 심판정 출석)
① 해양사고관련자 중 해기사 및 도선사(면허를 가지고 해당 직무를 수행한 사람만 해당한다) 외의 사람은 심판정에 대리인을 출석시킬 수 있다. 다만, 심판원은 필요하다고 인정할 때에는 본인의 심판정 출석을 명할 수 있다.
② 제1항에 따른 대리인은 위임장으로 그 자격을 증명하여야 한다.

---

2. 심판장의 권한

심판장은 개정(開廷) 중 심판을 지휘하고 심판정의 질서를 유지한다(법 제42조 제1항). 심판장은 심판을 방해하는 사람에게 퇴정(退廷)을 명하거나 그 밖에 심판정의 질서를 유지하기 위하여 필요한 조치를 할 수 있다(법 제42조 제2항).

3. 심판기일의 지정 및 변경

심판장은 심판기일을 정하여야 한다(법 제43조 제1항). 심판기일에는 해양사고관련자를 소환하여야 한다. 다만, 심판장은 1회 이상 출석한 해양사고관련자에 대하여는 소환하지 아니할 수 있다(법 제43조 제2항). 심판장은 조사관, 심판변론인, 법 제44조의2에 따라 심판 참여의 허가를 받은 이해관계인 및 소환하지 아니하는 해양사고관련자에게 심판기일을 알려야 한다(법 제43조 제3항). 심판장은 직권으로 또는 해양사고관련자, 조사관 및 심판변론인의 신청을 받아 제1회 심판기일을 변경할 수 있다(법 제43조 제4항).

「해양사고의 조사 및 심판에 관한 법률 시행령」

제38조(심판기일의 변경신청)
① 법 제43조제4항에 따른 심판기일의 변경신청은 이유를 구체적으로 적은 서면으로 하여야 한다.
② 심판장은 제1항의 신청이 이유 있다고 인정할 때에는 새로 심판기일을 정하여야 하며, 이유 없다고 인정할 때에는 신청기각 결정을 하여야 한다.
③ 제2항에 따른 신청기각 결정에 대해서는 결정서를 송달하지 아니한다.

제39조(심판장의 심판기일 변경) 심판장은 직권으로 심판기일을 변경할 수 있다.

---

4. 집중심리

심판원은 심리에 2일 이상이 걸릴 때에는 가능하면 매일 계속 개정하여 집중심리를 하여야 한다(법 제43조의2 제1항). 심판장은 특별한 사정이 없으면 직전 심판기일부터 10일 이내에 다음 심판기일을 지정하여야 한다(법 제43조의2 제2항).

5. 소환과 신문

지방심판원은 심판기일에 해양사고관련자, 증인, 그 밖의 이해관계인을 소환하고 신문할 수 있다(법 제44조).

「해양사고의 조사 및 심판에 관한 법률 시행령」

제45조(심판장의 신문 등)
① 심판관계인에 대한 신문(訊問)과 증거조사는 심판장이 한다.
② 배석심판관이나 조사관 및 심판변론인은 심판장에게 말한 후에 심판관계인을 신문할 수 있다.

제46조(증인이 심판원 안에 있을 경우의 신문) 증인이 심판원 안에 있을 때에는 소환하지 아니하였더라도 그 증인을 신문할 수 있다.

제48조(개별신문과 대질)
① 증인신문은 각 증인에 대하여 하여야 한다.
② 심판장은 심판정에 신문받지 아니하는 증인이 있을 때에는 퇴정을 명하여야 한다. 다만, 심판장이

필요하다고 인정할 때에는 그러하지 아니하다.
③ 심판장은 필요하다고 인정하면 증인과 다른 증인 또는 해양사고관련자를 대질신문(對質訊問)할 수 있다.

---

6. 이해관계인의 심판참여

이해관계인은 심판장의 허가를 받고 심판에 참여하여 진술할 수 있다(법 제44조의2 제1항). 법 제44조의2 제1항에 따라 심판참여의 허가를 받은 이해관계인이 법 제44조에 따른 심판원의 소환과 신문에 연속하여 2회 이상 불응하거나 심판의 진행을 방해하는 것으로 인정되는 경우 심판장은 직권으로 해당 이해관계인에 대한 심판참여의 허가를 취소할 수 있다(법 제44조의2 제2항). 심판장은 법 제44조의2 제1항에 따라 심판참여를 허가하거나 제2항에 따라 심판참여의 허가를 취소한 경우에는 해당 조사관과 해양사고관련자 및 심판변론인에게 그 사실을 알려야 한다(법 제44조의2 제3항). 이해관계인의 심판참여 절차 등에 필요한 사항은 해양수산부령으로 정한다(법 제44조의2 제4항).

「해양사고의 조사 및 심판에 관한 법률 시행규칙」

제21조(이해관계인의 심판참여) 법 제44조의2에 따라 심판에 참여하려는 이해관계인은 별지 제10호 서식의 이해관계인 심판참여 신청서에 이해관계가 있음을 증명하는 서류를 첨부하여 관할 해양안전심판원의 심판장에게 제출하여야 한다.

---

7. 필요적 구술변론

심판의 재결은 구술변론을 거쳐야 한다. 다만, 다음 각 호의 어느 하나에 해당하는 경우에는 구술변론을 거치지 아니하고 재결을 할 수 있다(법 제45조 제1항).

1. 해양사고관련자가 정당한 사유 없이 심판기일에 출석하지 아니한 경우
2. 해양사고관련자가 심판장의 허가를 받고 서면으로 진술한 경우
3. 조사관이 사고 조사를 충분히 실시하여 해양사고관련자의 구술변론이 불필요한 경우 등 심판장이 원인규명을 위한 해양사고관련자의 소환이 불필요하다고 인정하는 경우
4. 법 제41조의3에 따른 약식심판을 행하는 경우

법 제45조 제1항 제3호에 해당하는 경우에는 해양사고관련자의 명시한 의사에 반하여

서는 아니 된다(법 제45조 제2항).

8. 인정신문

심판장은 해양사고관련자의 성명 · 주민등록번호 및 주소를 신문하고 해양사고관련자가 해기사 및 도선사인 경우에는 면허의 종류 등을 신문하여 해양사고관련자임이 틀림없다는 것을 확인하여야 한다(법 제46조).

9. 조사관의 최초 진술

조사관은 심판청구서에 따라 심판청구의 요지를 진술하여야 한다(법 제47조).

10. 증거조사

지방심판원은 조사관, 해양사고관련자 또는 심판변론인의 신청에 의하거나 직권으로 필요한 증거조사를 할 수 있다(법 제48조 제1항).

지방심판원은 제1회 심판기일 전에는 다음의 방법에 따른 조사만을 할 수 있다(법 제48조 제2항).

1. 선박이나 그 밖의 장소를 검사하는 일
2. 장부 · 서류 또는 그 밖의 물건을 제출하도록 명하는 일
3. 관공서에 대하여 보고 또는 자료제출을 요구하는 일

지방심판원은 구속 · 압수 · 수색이나 그 밖에 신체 · 물건 또는 장소에 대한 강제처분을 하지 못한다(법 제48조 제3항).

「해양사고의 조사 및 심판에 관한 법률 시행령」

제40조(제1회 심판기일 전의 검사에의 입회) 심판원은 법 제48조제2항제1호에 따른 검사를 하려면 미리 그 뜻을 조사관 · 해양사고관련자 및 심판변론인에게 알려 입회할 기회를 주어야 한다.

제42조(증거조사)
① 심판기일에 하는 증거조사는 심판정에서 한다.
② 심판기일 외의 증거조사에 관하여는 제40조를 준용한다.

제50조(수명심판관의 증거조사)
① 심판원은 소속 심판관 중 1명에게 필요한 사항의 증거조사를 명할 수 있다.

② 제1항에 따른 수명심판관(受命審判官)은 심판정에서 그 증거조사의 결과를 심판원에 보고하여야 한다.
③ 수명심판관이 하는 증거조사에 관하여는 심판원의 심판절차에 관한 규정을 준용한다.

11. 증거자료의 한글사용

심판원에 증거로 제출하는 항해일지 등의 문서는 한글(국한문혼용을 포함한다)로 작성하여 제출하는 것을 원칙으로 하되, 외국어로 작성된 문서를 제출하는 경우에는 그 번역문을 첨부하여야 한다(법 제48조의2).

12. 선서

지방심판원은 법 제48조 제1항에 따른 증거조사를 할 때 증인・감정인・통역인 또는 번역인에게 증언・감정・통역 또는 번역을 하게 하는 경우에는 대통령령으로 정하는 방법에 따라 선서하게 하여야 한다(법 제49조).

「해양사고의 조사 및 심판에 관한 법률 시행령」

제47조(선서의 방식)
① 선서는 선서문으로 한다.
② 선서문에는 "양심에 따라 숨김과 보탬 없이 사실 그대로 말하고 만일 거짓이 있으면 위증의 벌을 받기로 맹세합니다"라고 적어야 한다.
③ 심판장은 증인으로 하여금 선서문을 낭독하고 서명날인하게 한다. 다만, 증인이 선서문을 낭독하지 못하거나 선서문에 서명하지 못하는 경우에는 참여한 서기로 하여금 대행하게 한다.
④ 선서는 일어서서 엄숙히 하여야 한다.
⑤ 심판장은 선서할 증인에게 선서 전에 위증의 벌을 경고하여야 한다.

제49조(선서의 예외규정)
① 해양사고관련자 중 해기사 및 도선사(면허를 가지고 해당 직무를 수행한 사람만 해당한다)의 배우자나 친족 또는 배우자나 친족이었던 사람에 대해서는 선서 없이 증인으로 신문할 수 있다.
② 선서의 취지를 이해하지 못하는 사람에 대해서는 선서를 시키지 아니하고 신문하여야 한다.

13. 심판청구서의 변경 등

조사관은 심판청구서에 기재된 사건명을 변경하거나 해양사고 사실 또는 해양사고관련자를 추가・철회 또는 변경할 수 있다(법 제49조의2 제1항). 심판장은 심리의 경과에 비추어 필요하다고 인정하면 조사관에게 해양사고관련자를 추가・철회 또는 변경할 것을 서면으로 요구할 수 있다(법 제49조의2 제2항). 심판장은 법 제49조의2 제1항과 제2항에 따라 해양사고 사실 또는 해양사고관련자가 추가·철회 또는 변경되었을 때에는 지체 없이 해양사고관련자, 심판변론인 및 법 제44조의2에 따라 심판참여의 허가를 받은 이해관계인에게 그 사실을 알려야 한다(법 제49조의2 제3항). 법 제49조의2 제1항과 제2항에 따른 심판청구서의 추가·철회 또는 변경의 요건·절차 등에 관하여 필요한 사항은 대통령령으로 정한다(법 제49조의2 제4항).

「해양사고의 조사 및 심판에 관한 법률 시행령」

제32조의3(심판청구서의 변경 등)
① 조사관은 법 제49조의2 제1항에 따라 심판청구서에 적힌 사건명을 변경하거나 해양사고 사실 또는 해양사고관련자를 추가·철회 또는 변경하려면 그 내용과 사유를 구체적으로 적은 서면을 관할 지방심판원에 제출하여야 한다.
② 심판장은 법 제49조의2 제2항에 따라 조사관에게 해양사고관련자의 추가·철회 또는 변경을 요구할 때에는 그 내용과 사유를 구체적으로 적은 서면으로 알리고, 그 서면을 받은 조사관은 특별한 사유가 없으면 요구에 따라야 한다.

14. 심판청구의 취하

조사관은 심판청구된 사건에 대한 심판이 불필요하게 된 경우로서 대통령령으로 정하는 경우에는 제1심의 재결이 있을 때까지 심판청구를 취하할 수 있다. 다만, 법 제39조의2에 따라 심판원의 결정으로 조사관이 청구한 사건에 대하여는 그러하지 아니하다(법 제49조의 3).

「해양사고의 조사 및 심판에 관한 법률 시행령」

제32조의4(심판청구의 취하)
① 법 제49조의3 본문에서 "대통령령으로 정하는 경우"란 다음 각 호의 어느 하나에 해당하는 경우를 말한다.
1. 심판청구 후 사건에 대하여 심판권이 없다는 사실을 알게 된 경우
2. 심판청구 후 사건에 대하여 심판청구가 법령을 위반하여 제기되었음을 알게 된 경우
3. 심판청구 후 사건에 대하여 법 제7조에 따라 심판할 수 없다는 사실을 알게 된 경우
② 법 제49조의3 본문에 따른 심판청구의 취하는 서면으로 하여야 한다. 다만, 심판정에서는 말로 취하할 수 있다.
③ 지방심판원은 조사관이 제2항에 따라 심판청구를 취하한 경우에는 결정으로 심판청구를 각하하여야 한다.

15. 법령에의 위임

「해양사고의 조사 및 심판에 관한 법률 시행령」

제51조(심판개정 후 장기간 개정하지 아니한 경우의 심판절차 갱신 등)
① 심판원은 심판개정(審判開廷) 후 장기간 심판을 열지 아니한 경우 필요하다고 인정할 때에는 심판절차를 갱신(更新)할 수 있다.
② 심판원은 심판개정 후 해양사고관련자가 추가로 지정된 경우에는 심판절차를 갱신하여야 한다.

제52조(심판개정 후 심판관 등이 경질된 경우의 심판절차 갱신) 심판원은 심판개정 후 심판관이나 비상임심판관이 경질되었을 때에는 심판절차를 갱신하여야 한다. 다만, 재결(裁決)의 고지(告知)만을 하는 경우에는 그러하지 아니하다.
이 법에서 규정한 것 외에 심판절차에 관하여 필요한 사항은 대통령령으로 정한다(법 제57조).

제53조(비상임심판관 참여의 결정)
① 심판원은 심판개정 후에 해당 사건의 심판에 비상임심판관의 참여가 필요하다고 인정할 때에는 조사관의 의견을 들어 비상임심판관의 참여를 결정할 수 있다.
② 제1항의 경우 심판원은 심판절차를 갱신하여야 한다.

제54조(조사관과 해양사고관련자 등의 의견 진술)
① 증거의 조사가 끝났을 때에는 조사관은 사실을 제시하고 그 해양사고의 원인에 대한 판단, 해양사고관련자에 대한 징계 또는 시정, 개선의 권고나 명령에 관하여 의견을 진술하여야 한다.
② 해양사고관련자와 심판변론인은 제1항에 따른 조사관의 진술에 대하여 의견을 진술할 수 있다.

제55조(최후진술) 해양사고관련자와 심판변론인에게는 최후진술의 기회를 주어야 한다.

제56조(변론의 재개) 심판원은 변론이 종결된 이후에도 필요하다고 인정되는 경우에는 결정으로써 변론을 재개할 수 있다.

제62조(결정) 심판정에서의 청구에 의하여 결정을 할 때에는 심판관계인의 진술을 들어야 하며, 그 밖의 경우에는 심판관계인의 진술을 듣지 아니하고 결정을 할 수 있다.

제63조(결정을 하기 위한 조사)
① 심판원은 결정을 하기 위하여 필요할 때에는 사실을 조사할 수 있다.
② 심판원은 소속 심판관 중 1명에게 제1항에 따른 사실조사를 하게 할 수 있다.

제64조(결정의 고지) 결정의 고지를 심판정에서 하는 경우에는 결정서를 낭독하거나 그 요지를 알려주는 방법으로 하고, 그 외의 경우에는 결정서 정본을 송달하는 방법으로 한다.

제65조(준용규정) 제62조부터 제64조까지에서 규정한 사항 외에 결정에 관하여는 재결에 관한 규정을 준용한다.

제73조(해양사고관련자 등의 심판서류 등의 열람 및 복사)
① 해양사고관련자나 이해관계인은 사건에 관한 서류의 열람 및 복사를 청구할 수 있다. 다만, 심판장은 증거를 보존하기 위하여 필요할 때에는 열람 및 복사를 제한할 수 있다.
② 제1항에 따라 열람 및 복사를 청구한 사람이 조서를 읽지 못할 때에는 조서를 읽어 줄 것을 요청할 수 있다.

제74조(조서와 관련한 관계인의 청구에 대한 조치) 심판정에서 한 심판관계인의 진술을 수록한 조서에 대하여 진술자가 청구할 때에는 심판장은 서기로 하여금 그 진술에 관한 부분을 읽어 들려주고 증감 또는 변경 신청이 있을 때에는 그 사실을 조서에 적게 하여야 한다.

제2관 원격영상심판과 약식심판

1. 원격영상심판

심판원장은 해양사고관련자가 교통의 불편 등으로 심판정에 직접 출석하기 어려운 경우에는 원격영상심판을 할 수 있다(법 제41조의2 제1항). "원격영상심판(遠隔映像審判)"이란 해양사고관련자가 해양수산부령으로 정하는 동영상 및 음성을 동시에 송수신하는 장치가 갖추어진 관할 해양안전심판원 외의 원격지 심판정(審判廷) 또는 이와 같은 장치가 갖추어진 시설로서 관할 해양안전심판원이 지정하는 시설에 출석하여 진행하는 심판을 말한다(법 제2조 제4호). 법 제41조의2 제1항에 따른 원격영상심판의 절차 등에 관하여 필요한 사항은 해양수산부령으로 정한다(법 제41조의2 제2항).

2. 약식심판 절차

법 제38조의2 제1항에 따라 약식심판이 청구된 사건에 대하여는 심판의 개정(開廷)절차를 거치지 아니하고 서면으로 심판한다. 다만, 재결을 고지하는 경우에는 법 제55조의 절차를 따른다(법 제41조의3 제1항). 심판장은 법 제41조의3 제1항에 따라 약식심판을 할 경우에는 해양사고관련자에게 기한을 정하여 서면으로 변론의 기회를 주어야 한다(법 제41조의3 제2항). 심판원은 법 제41조의3 제1항에 따라 약식심판으로 심판을 하기에 부적당하다고 인정할 때에는 심판의 개정절차에 따라 심판할 것을 결정할 수 있다(법 제41조의3 제3항).

제3관 심판의 원칙

1. 심판의 공개

심판의 대심(對審)과 재결은 공개된 심판정에서 한다(법 제41조).

심판의 공개주의를 의미하는데, 일반국민에게 심판의 방청을 허용하는 원칙을 말한다. 일체의 방청을 허용하지 않는 밀행주의(密行主義)와 일정한 심판관계인에게만 방청을 허용하는 당사자공개주의와 구별되는 개념이다.

2. 증거심판주의

사실의 인정은 심판기일에 조사한 증거에 의하여야 한다(법 제50조).

재결은 사실을 인정한 후 관련 법령의 적용 등을 통하여 행하여진다. 이 사실의 인정은 심판관의 자의에 의해서가 아니라 증거에 의하여야 한다는 원칙을 증거심판주의라 한다. 형사소송법상 증거재판주의를 차용한 것이다(형사소송법 제307조 제1항 참조).

3. 자유심증주의

증거의 증명력은 심판관의 자유로운 판단에 따른다(법 제51조).

자유심증주의는 증거의 증명력 즉 실질적 가치판단을 심판관의 자유판단에 맡기고 법률로서 규제하지 않는다는 주의를 말한다.「형사소송법」제308조를 차용한 원칙으로 규문절차시대의 법정증거주의[6]에 대한 개념이다.

제4관 재결

1. 의의

심판원은 해양사고의 원인을 밝히고 재결(裁決)로써 그 결과를 명백하게 하여야 한다(법 제5조 제1항).[7] 심판원은 해양사고가 해기사나 도선사의 직무상 고의 또는 과실로 발생한

---

6) 법정증거주의는 모든 증거의 증명력을 미리 법률로써 정해 두고 법관의 확신에 의한 판단을 봉쇄하는 것으로서 이는 법관의 개인차와 자의를 배제하고 불확실한 증거에 의한 처불을 방지하여 법적 안정성을 보장하는데 의미가 있으나 사실상 천차만별한 구체적 증거의 증명력을 일률적으로 법률로써 규정한다는 것은 구체적 사건의 진상을 파악하는 데 부당한 결과를 가져올 우려가 있다. 또 자백에 과대한 증거가치를 인정함으로써 자백을 얻기 위한 잔인한 고문이 행하여져서 인권침해의 결과를 가져오기도 한다. 이러한 법정증거주의의 결함을 제거하고 사실인정의 능률적인 합리성을 도모함으로써 실체적 진실을 발견하기 위해서 자유심증주의가 의미를 가진다; 손동권,「형사소송법」, (세창출판사, 2008), 512쪽 참조.

7) ① 대법원 1984.5.29, 선고, 84추1, 판결 : 중앙해난심판원의 재결중 원인규명재결은 국민의 권리의무를 형성하거나 확정하는 효력을 갖는 행정청의 권력적 행위인 행정처분이라 할 수 없어 이는 행정소송의 대상이 되는 행정처분이 아니다.
② 대법원 2014.4.10, 선고, 2013추74, 판결 : [1] 중앙해양안전심판원의 재결 중 해양사고의 원인규명재결 부분이 해양사고의 조사 및 심판에 관한 법률 제74조 제1항에 따른 재결취소소송의 대상이 될 수 있는지 여부(소극)
[2] 해양사고의 조사 및 심판에 관한 법률 제5조 제2항, 제3항에 따른 시정이나 개선의 권고재결을 할 때 요구되는 시정・개선을 권고할 사항과 해양사고 간의 관련성의 정도 및 선박 충돌 사고에서 과실이 가벼운 쪽 선박의 관련자에게도 시정권고재결을 할 수 있는지 여부(적극)
③ 대법원 2008.8.21, 선고, 2007추80, 판결 : 상법상 정기용선계약에서 선박의 항행 및 관리에 관련된 해기적인 사항에 관하여 선장 및 선원들에 대한 객관적인 지휘・감독권은 특별한 사정이 없는 한 오로지 선주에게 있으나, 해양사고의 원인을 규명함으로써 해양안전의 확보에 이바지함을 목적으로 하는 해양사고의 조사 및 심판에 관한 법률과 선박의 운행 중 사고로 인한 공평한 손해배상 등을 목적으로 하는 상법은 각기 그 입법 취지가 다르므로, 상법상 손해배상책임을 지지 않는 정기용선자라 하더라도 해양사고의 원인에 관계있는 사유가 밝혀진 경우에는 해양사고의 조사 및 심판에 관한 법률에 의한 시정권고재결을 할 수 있지만, 정기용선자가 선박의 항행 및 관리에 관련

것으로 인정할 때에는 재결로써 해당자를 징계하여야 한다(법 제5조 제2항).[8] 심판원은 필요하면 법 제5조 제2항에 규정된 사람 외에 해양사고관련자에게 시정 또는 개선을 권고하거나 명하는 재결을 할 수 있다. 다만, 행정기관에 대하여는 시정 또는 개선을 명하는 재결을 할 수 없다(법 제5조 제3항).

재결이란 심판청구사건에 대한 심리의 결과에 따라 최종적인 법적 판단을 하는 행위를 말한다. 즉, 심판청구사건에 대한 심판원의 종국적 판단으로서의 의사표시이다. 행정법상으로는 법률관계에 관한 분쟁에 대하여 재결기관이 일정한 절차를 거쳐서 판단·확정하는 행위를 말한다.[9] 반면, 해양안전심판에서의 심판은 애초부터 행정법상의 분쟁의 해결을 목적으로 하는 것이 아니고 해양사고의 원인을 규명하고, 그 결과로 해기사를 징계하거나 시정·권고를 하는 등 일종의 행정처분을 하는 것이기 때문에 재결이 행정처분을 명하는 것이라고 보아야 한다는 점에서 행정청의 위법 또는 부당한 처분에 대하여 취소, 무효 등의 확인, 의무이행을 명하는 「행정심판법」상의 재결과는 그 내용이 다르다. 다만, 해양안전심판원이 「해양사고심판법」에 정해진 심판절차에 따라 내려지는 처분이라는 점에서 이를 재결이라 한다.

일반적으로 「행정심판법」상 행정심판(行政審判)의 청구 등에 대하여 행정심판위원회가 쟁송절차에 따라 판단을 하는 처분을 재결이라 한다. 재결은 보통 문서로써 행하고 그 이유를 첨부하여야 한다(행정심판법 제35조). 재결은 판결에 준한 재판적 행위로서의 효력 즉 기속력(羈束力)과 확정력(確定力)을 가지며, 당사자 및 관계자뿐만이 아니라 하급행정청을 기속한다. 그러나 해양안전심판은 행정청의 위법 또는 부당한 처분을 다투는 것이 아니기 때문에 하급행정청을 기속하는 효력은 없고, 해기사, 도선사에 대한 징계재결만이 행정처분으로서의 효력이 발생할 뿐이다. 이와 같이 행정기관에 대하여는 시정 또는 개선을 명하는 재결을 할 수 없도록 함으로써 행정청을 기속하는 효력은 가지지 않는다는 점에서 해양안전심판의 재결은 한계를 가지고 있을 뿐만 아니라, 내용상 행정심판의 일종으로 볼 수 있는지도 의문이다.

된 해기적인 사항에 관한 안전의무를 게을리하지 않았거나 정기용선자에게 안전의무를 기대할 수 없는 경우에까지 그에 대하여 시정권고재결을 하는 것은 위법하다.

8) 대법원 1987.7.7, 선고,, 83추1, 판결 : 가. 해난에 관하여 직무상과실이 있어 징계재결을 하는 경우에도 그 징계의 정도가 사회통념상 재량권의 범위를 넘을 때는 징계권의 일탈 내지 남용으로서 그 처분은 위법한 것이고 징계의 정도가 사회통념상 재량권의 범위를 넘는가의 여부는 징계의 사유가 된 사실의 내용과 성질 및 징계에 의하여 달하려는 행정목적과 이에 수반되는 제반사정을 객관적으로 심사하여 판단하여야 한다.
나. 중앙해난심판원의 징계재결이 그 재량권을 일탈한 위법이 있다 하여 그 재량을 취소한 사례

9) 金南辰, 金連泰, 「행정법 I (제17판)」, (법문사, 2013), 722쪽.

2. 재결의 종류

가. 심판청구기각의 재결

지방심판원은 다음 각 호의 경우에는 재결로써 심판청구를 기각하여야 한다(법 제52조).

1. 사건에 대하여 심판권이 없는 경우
2. 심판의 청구가 법령을 위반하여 제기된 경우
3. 법 제7조에 따라 심판할 수 없는 경우

「해양사고의 조사 및 심판에 관한 법률 시행령」
제57조(심판청구 기각의 재결) 심판원은 법 제24조제2항에 따라 해당 심판원이 심판해서는 아니 될 사건에 대해서는 재결로써 심판청구를 기각하여야 한다.

「행정심판법」상 기각재결이라 함은 심판청구가 이유 없다고 인정하여 청구를 배척하고 원처분을 지지하는 재결을 말한다(행정심판법 제43조 제2항). 이를 보통의 기각재결이라 하고, 심판청구가 이유가 있다고 인정하는 경우에도 이를 인용하는 것이 공공복리에 크게 위배된다고 인정하면 그 심판청구를 기각하는 경우를 사정재결이라 한다(행정심판법 제44조 제1항). 그러나 해양안전심판은 행정청의 위법 또는 부당한 처분에 대한 심판을 구하는 것이 아니기 때문에 원처분이라는 것이 존재하지 않는다는 점과 심판청구자가 국가(조사관)이기 때문에 심판청구가 이유 없다고 판단할 여지가 없다고 보아서 심판청구의 제기요건을 갖추지 못한 부적합 심판청구에 해당하는 사유를 법 제52조 각호 및 동법 시행령 제57조에 열거하여 본안에 대한 심리를 거절하도록 하는 기각재결을 하도록 하고 있다. 그러나 심판청구의 제기요건을 충복하지 못한 부적합 심판청구에 대하여는 「행정심판법」과 같이 각하재결로 용어를 수정하는 것이 타당하다고 본다.[10)]

나. 본안재결

「행정심판법」상 본안의 재결은 본안심리의 결과 심판청구를 이유 있다고 인정하여 심판청구인의 청구의 취지를 받아들이는 내용의 재결로서, 취소・변경재결(행정심판법 제43조 제3항), 확인재결(행정심판법 제43조 제4항), 이행재결(행정심판법 제43조 제5항)이 있다. 그러나 「해양사고심판법」은 본안심리의 결과, 원인규명재결(법 제5조 제1항), 징계재결(법

---

10) 金南辰, 金連泰, 「행정법 I (제17판)」, (법문사, 2013), 724쪽 참조.

제5조 제2항), 시정・개선권고재결(법 제5조 제3항)이라는 점에서 「행정심판법」과는 전혀 그 내용이 다르다. 또 「행정심판법」상 재결은 행정청에 대하여 그 효력이 미치는 반면, 「해양사고심판법」상 재결은 행정기관에 대하여는 미치지 못한다(법 제5조 제3항 단서).

3. 본안재결의 내용

가. 본안재결의 종류

「해양사고심판법」상 본안의 재결은 원인규명재결, 징계재결, 시정・권고재결의 세 가지로 구분할 수 있다(법 제5조 제1항 내지 제3항).

나. 원인규명재결

본안의 재결에는 해양사고의 구체적 사실과 원인을 명백히 하고 증거를 들어 그 사실을 인정한 이유를 밝혀야 한다. 다만, 그 사실이 없다고 인정한 경우에는 그 뜻을 명백히 하여야 한다(법 제54조).

법 제54조는 본안 재결의 형식을 규정한 것이지만, 다른 한편으로는 「해양사고심판법」의 목적이 해양사고의 원인을 규명하는 것이라는 점을 분명히 하고 이를 재결로서 의사표시하도록 한 법 제5조 제1항의 원인규명 재결의 내용을 구체적으로 규정하고 있다는 점에 의미가 있다.

다. 징계재결

(1) 징계의 종류와 감면

법 제5조 제2항의 징계는 다음 세 가지로 하고, 행위의 경중(輕重)에 따라서 심판원이 징계의 종류를 정한다(법 제6조 제1항).

1. 면허의 취소
2. 업무정지
3. 견책(譴責)

법 제6조 제1항 제2호의 업무정지 기간은 1개월 이상 1년 이하로 한다(법 제6조 제2항). 심판원은 법 제6조 제5조 제2항에 따른 징계를 할 때 해양사고의 성질이나 상황 또는 그 사람의 경력과 그 밖의 정상(情狀)을 고려하여 이를 감면할 수 있다(법 제6조 제3항).

「해양사고의 조사 및 심판에 관한 법률 시행령」

제7조의2(해기사 또는 도선사에 대한 징계 결정의 기준) 법 제6조제1항에 따라 해양안전심판원(이하 "심판원"이라 한다)이 정하는 해기사(海技士) 또는 도선사(導船士)에 대한 징계는 그 해양사고에서의 직무상 고의 또는 과실의 정도, 해양사고로 인한 피해의 경중(輕重), 해양사고 발생 당시의 상황 및 그 밖의 사정을 종합적으로 판단하여 공정하게 하여야 한다.

심판원은 해양사고가 해기사나 도선사의 직무상 고의 또는 과실로 발생한 것으로 인정할 때에는 재결로서 해당자를 징계하여야 한다(법 제5조 제2항). 「해양사고심판법」상 해기사나 도선사를 대상으로 면허의 취소, 업무정지, 견책(譴責)의 징계재결을 할 수 있는데, 이는 행정처분으로 보아야 한다. 또 업무정지기간은 1개월 이상 1년 이하로 할 수 있는데 경력과 정상 등을 참작하여 이를 경감할 수 있다.

(2) 징계의 집행유예

심판원은 법 제6조 제1항 제2호에 따른 업무정지 중 그 기간이 1개월 이상 3개월 이하의 징계를 재결하는 경우에 선박운항에 관한 직무교육(이하 "직무교육"이라 한다)이 필요하다고 인정할 때에는 그 징계재결과 함께 3개월 이상 9개월 이하의 기간 동안 징계의 집행유예(이하 "집행유예"라 한다)를 재결할 수 있다(법 제4조 제1항). 이 경우 해당 징계재결을 받은 사람의 명시한 의사에 반하여서는 아니 된다(법 제6조의2 제1항). 법 제6조의2 제1항에 따른 집행유예의 기준 등에 필요한 사항은 심판원이 정한다(법 제6조의2 제2항).

(3) 직무교육의 이수명령

심판원은 법 제6조의2에 따라 징계의 집행을 유예하는 때에는 그 유예기간 내에 직무교육을 이수하도록 명하여야 한다(법 제6조의3 제1항). 법 제6조의3 제1항에 따라 직무교육을 이수하도록 명령을 받은 사람은 심판원 또는 대통령령으로 정하는 위탁 교육기관에서 직무교육을 받아야 한다(법 제6조의3 제2항). 법 제6조의3 제2항에 따라 교육을 실시하는 심판원 또는 위탁 교육기관은 교육생으로부터 소정의 수강료를 받을 수 있다(법 제6조의3 제3항). 법 제6조의3 제1항부터 제3항까지에서 규정한 사항 외에 직무교육의 기간, 내용 등 직무교육 이수에 관하여 필요한 사항은 심판원이 정한다(법 제6조의4 제4항).

「해양사고의 조사 및 심판에 관한 법률 시행령」

제7조의3(직무교육의 위탁 교육기관) 법 제6조의3제2항에서 "대통령령으로 정하는 위탁 교육기관"이

란「한국해양수산연수원법」에 따른 한국해양수산연수원을 말한다.

---

(4) 집행유예의 실효

법 제6조의2에 따라 징계의 집행유예 재결을 받은 사람이 다음 각 호의 어느 하나에 해당하는 경우에는 그 집행유예의 재결은 효력을 잃는다(법 제6조의4).

1. 집행유예기간 내에 직무교육을 이수하지 아니한 경우
2. 집행유예기간 중에 업무정지 이상의 징계재결을 받아 그 재결이 확정된 경우

(5) 집행유예의 효과

법 제6조의2에 따라 징계의 집행유예 재결을 받은 후 그 집행유예의 재결이 실효됨이 없이 집행유예기간이 지난 때에는 징계를 집행한 것으로 본다(법 제6조의5).

집행유예란「형법」상 형을 선고함에 있어서 일정한 기간 동안 형의 집행을 유예하고 그 유예기간을 경과한 때에는 형의 선고의 효력을 잃게 하는 제도를 말한다(형법 제62조). 형의 집행을 유예하는 경우에는 보호관찰을 받을 것을 명하거나 사회봉사 또는 수강을 명할 수 있다(형법 제62조의2 제1항). 보호관찰, 사회봉사 또는 수강명령은 집행유예기간 내에 이를 집행한다(형법 제62조의2 제3항).[11)]

집행유예의 선고를 받은 후 그 선고의 실효 또는 취소됨이 없이 유예기간을 경과한 때에는 형의 선고는 효력을 잃는다(형법 제65조). 형의 선고가 효력을 잃게 되므로 형의 집행이 면제될 뿐 아니라 처음부터 형의 선고가 없었던 상태로 돌아가게 된다. 다만, 형의 선고가 효력을 잃는다는 것은 형의 선고의 법률적 효과가 없어진다는 것을 의미한 뿐이며, 형의 선고가 있었다는 기왕의 사실까지 없어지는 것은 아니다.[12)] 따라서 형의 선고에 의하여 이미 발생한 법률효과에는 영향을 미치지 않는다고 보아야 한다.[13)]

집행유예제도는「형법」상 형벌의 집행을 유예하는 제도인데, 이를「해양사고심판법」에서 도입하였다. 그 취지는 해기사 또는 도선사의 징계를 유예함으로써 이들의 고의 또는 과실로 발생한 해양사고에 대하여 관용을 베풀고자 하는 것으로 보아야 한다. 그러나「해양사고심판법」상의 징계는 해기사 또는 도선사의 면허 발행한 행정기관이 사고의 원인을 제공한 자의 면허에 대한 일정한 행정처분을 내리는 것인데, 이러한 행정처분을 일종의 행정벌

---

11) 이재상,「형법총론(제7판)」, (박영사, 2014), 600쪽.

12) 대법원 1983.4.2. 83 모 8; 대법원 2003. 12. 26. 2003 도 3768; 대법원 2007. 5. 11 2005 누 5756; 대법원 2008. 1. 18. 2007 도 9405.

13) 이재상,「형법총론(제7판)」, (박영사, 2014), 607쪽.

로 이해하여 그 집행을 유예하도록 한 것으로 보인다. 또 「형법」상 집행유예 기간이 경과하면 형의 선고가 실효하는 것과는 달리 「해양사고심판법」에서는 징계를 집행한 것으로 규정하고 있기 때문에 그 효력이 다르다고 할 수 있다. 형벌의 집행유예와 같이 이해되는 집행유예라는 용어보다는 "집행정지"로 개념을 정립하는 것이 합리적이라고 본다.

집행유예의 실효사유가 발생한 경우에는 집행유예의 재결은 효력을 상실하고 재결을 집행하게 된다.

라. 시정 · 개선권고의 재결과 시정 등의 요청

심판원은 필요하면 법 제5조 제2항에 규정된 사람 외에 해양사고관련자에게 시정 또는 개선을 권고하거나 명하는 재결을 할 수 있다. 다만, 심판원은 행정기관에 대한 시정 또는 개선을 명하는 재결을 할 수 없다(법 제5조 제3항). 심판원은 심판의 결과 해양사고를 방지하기 위하여 시정하거나 개선할 사항이 있다고 인정할 때에는 해양사고관련자가 아닌 행정기관이나 단체에 대하여 해양사고를 방지하기 위한 시정 또는 개선조치를 요청할 수 있다(법 제5조의2).

해양사고의 원인은 행정기관에 의한 법령 정비의 미비, 시설물 설치 및 관리의 미비, 행정기관간의 협력체계의 미비에 의하여 발생하는 경우도 많기 때문에 행정기관에 대한 시정 · 권고의 재결을 할 수 없도록 한 것은 해양사고심판의 한계를 보여준 것으로 실질적인 입법 목적이 해기사 또는 도선사의 징계에 있음을 알 수 있다.

4. 재결의 방식

가. 재결이유의 표시

재결에는 주문(主文)을 표시하고 이유를 붙여야 한다(법 제53조).

「해양사고의 조사 및 심판에 관한 법률 시행령」

제58조(재결서)
① 재결서는 심판을 한 심판관이 작성하고 심판에 참여한 비상임심판관과 함께 서명날인하여야 한다.
② 심판관이나 비상임심판관이 경질 등의 사유로 서명날인할 수 없을 때에는 다른 심판관이 그 사유를 적고 서명날인하여야 한다.

제59조(재결서의 기재사항) 재결서에는 다음 각 호의 사항을 적어야 한다.
1. 심판원의 명칭
2. 사건명
3. 해양사고관련자의 성명 · 생년월일 및 주소
4. 심판청구 취지

5. 심판에 관여한 조사관의 성명
6. 재결 주문
7. 재결 이유
8. 재결 연월일

나. 재결의 고지

재결은 심판정에서 재결원본에 따라 심판장이 고지한다(법 제55조).

「해양사고의 조사 및 심판에 관한 법률 시행령」

제60조(재결의 고지) 재결의 고지는 재결서를 낭독하거나 그 요지를 알려주는 방법으로 한다.

다. 재결서의 송달

심판원장은 법 제55조에 따라 재결을 고지한 날부터 10일 이내에 재결서의 정본을 조사관과 해양사고관련자 또는 심판변론인에게 송달하여야 한다(법 제56조). 해양사고관련자, 심판변론인 또는 대리인에 대한 통고·통지 또는 서류의 송달에 필요한 사항은 대통령령으로 정한다(법 제56조의2 제1항).

「해양사고의 조사 및 심판에 관한 법률 시행령」

제61조(재결서 등본의 청구) 해양사고관련자, 심판변론인 또는 이해관계인은 재결서 등본 발급을 청구할 수 있다.

제75조(통고 등을 받을 장소의 신고)
① 해양사고관련자, 심판변론인 또는 대리인은 통고·통지 또는 서류의 송달을 받을 장소를 해당 심판원의 소재지에 정하고 이를 심판원에 신고할 수 있다.
② 제1항에 따른 신고가 없을 때에는 해양사고관련자, 심판변론인 또는 대리인의 주소로 통지하거나 서류를 송달하여야 한다.
③ 제1항에 따른 신고는 심급마다 서면으로 하여야 한다.

제76조(우편에 의한 서류의 송달)
① 법 제56조의2에 따라 서기는 해양사고관련자, 심판변론인 또는 대리인에 대한 통고·통지 또는 서류의 송달을 등기우편으로 할 수 있다.
② 제1항에 따라 등기우편으로 송달하였을 때에는 발송한 날부터 5일이 지난 날에 송달된 것으로 본다. 다만, 법 제43조제2항·제3항, 제44조 및 제56조의 경우에는 그러하지 아니하다.

제77조(공시송달)
① 주소를 모르거나 법 제43조제2항·제3항, 제44조 및 제56조에 따른 통지 등의 대상자로서 등기우

편에 의한 통고·통지 또는 서류의 송달을 받지 아니하는 자에게 통고·통지 또는 서류의 송달을 하여야 할 경우에는 그 내용을 관보에 싣는 것으로 통고·통지 또는 서류의 송달을 갈음할 수 있다.
② 제1항의 경우에는 관보에 실린 날부터 14일이 지난 날에 통고·통지 또는 서류의 송달이 된 것으로 본다.

제78조(기간의 계산)
① 일, 월 또는 연을 단위로 기간을 계산할 때에는 첫날을 산입하지 아니한다. 다만, 법 제38조제1항 단서의 경우와 업무정지기간을 계산하는 경우에는 첫날을 산입한다.
② 기간의 말일이 공휴일일 때에는 기간은 그 다음 날로 끝난다. 다만, 법 제38조제1항 단서의 경우와 업무정지기간을 계산하는 경우에는 해당 공휴일에 끝난다.
③ 업무정지기간은 해당 면허증을 직접 제출하였을 때에는 제출한 날부터 기산(起算)하고, 우편 등으로 제출하였을 때에는 발송일부터 기산한다. 다만, 발송일을 확인할 수 없을 때에는 도달일부터 기산하며, 재결 확정 이전에 제출하였을 때에는 그 재결 확정일부터 기산한다.

재결의 방식, 재결의 고지, 재결서의 송달 등은 대체로 「형사소송법」상 판결선고절차와 유사하게 규정되어 있다(형사소송법 제42조, 제43조, 제324조 참조).[14]

제5절 | 중앙심판원의 심판

제1관 심판청구

1. 제2심의 청구

조사관 또는 해양사고관련자는 지방심판원의 재결(특별심판부의 재결을 포함한다)에 불복하는 경우에는 중앙심판원에 제2심을 청구할 수 있다(법 제58조 제1항). 심판변론인은 해양사고관련자를 위하여 법 제58조 제1항의 청구를 할 수 있다. 다만, 해양사고관련자의 명시한 의사에 반하여서는 아니 된다(법 제58조 제2항). 제2심 청구는 이유를 붙인 서면으로 원심심판원에 제출하여야 한다(법 제58조 제3항).

---

14) 이재상, 「형법총론(제7판)」, (박영사, 2014), 458쪽 참조.

「해양사고의 조사 및 심판에 관한 법률 시행령」

제66조(제2심 청구서의 우편 발송) 조사관과 해양사고관련자 또는 심판변론인이 재결서 정본을 송달받은 날부터 14일 이내에 법 제58조제3항에 따른 제2심 청구서를 등기우편으로 발송하였을 때에는 법 제59조제1항 및 제2항에서 정한 기간 내에 이를 제출한 것으로 본다.

제67조(서류 및 증거물의 송부 등)
① 제2심의 청구가 있을 때에는 원심지방심판원은 지체 없이 일건서류(一件書類) 및 증거물을 그 심판원의 조사관에게 보내고, 조사관은 그 일건서류 및 증거물을 받은 날부터 7일 내에 중앙심판원의 조사관에게 보내야 한다.
② 중앙심판원의 조사관은 제1항에 따라 받은 일건서류 및 증거물을 받은 날부터 5일 내에 중앙심판원에 제출하여야 한다.
③ 제2심의 청구가 있을 때에는 원심지방심판원은 지체 없이 청구인 외의 해양사고관련자에게 그 사실을 알려야 한다.

제2심은 지방심판원의 제1심 재결에 중앙심판원에 구제를 구하는 불복신청제도를 말한다. 제1심 심판에서 오판을 시정하기 위하여 인정되는 제도로서, 제1심 재결의 잘못을 시정하여 이에 대하여 불이익을 받은 당사자를 구제하기 위한 제도이다.

제2심을 청구할 수 있는 권리를 제2심 청구권이라 할 수 있는데, 조사관과 해양사고관련자가 고유의 제2심 청구권자로서 청구권을 갖는다.

2. 제2심의 청구기간

법 제58조의 청구는 재결서 정본을 송달받은 날부터 14일 이내에 하여야 한다(법 제59조 제1항). 제2심 청구를 할 수 있는 자가 본인이 책임질 수 없는 사유로 인하여 법 제59조 제1항의 기간 내에 심판청구를 하지 못한 경우에는 그 사유가 끝난 날부터 14일 이내에 서면으로 원심심판원에 제출할 수 있다(법 제59조 제2항). 법 제59조 제2항의 경우에는 그 사유를 소명하여야 한다(법 제59조 제3항).

3. 제2심 청구의 효력

제2심 청구의 효력은 그 사건과 당사자 모두에게 미친다(법 제60조).

4. 제2심 청구의 취하

제2심 청구를 한 자는 재결이 있을 때까지 그 청구를 취하할 수 있다(법 제61조).

「해양사고의 조사 및 심판에 관한 법률 시행령」

제68조(제2심 청구의 취하방식)
① 제2심 청구의 취하는 서면을 중앙심판원에 제출하는 것으로 한다. 다만, 심판정에서는 말로 취하할 수 있다.
② 제1항에 따른 취하는 제2심 청구를 한 자 전원(全員)이 하지 아니하면 효력이 없다.
③ 제2항에 따라 제2심 청구를 한 자 전원이 그 청구를 취하하였을 때에는 중앙심판원은 결정으로 제2심의 청구를 각하하여야 한다.

제2심 청구의 취하는 일단 제기한 제2심 청구를 철회하는 것을 말한다. 고유의 제2심 청구권자는 제2심 청구를 취하할 수 있다. 제2심 청구의 취하는 청구를 한 자 전원이 하여야 그 효력이 발생하고, 전원이 취한 경우에는 중앙심판원은 제2심 청구의 각하결정을 하여야 한다.

제2관 재결

1. 청구기각의 재결

가. 법령위반으로 인한 청구의 기각

중앙심판원은 제2심의 심판청구의 절차가 법령을 위반한 경우에는 재결로써 그 청구를 기각한다(법 제62조).

나. 지방심판원의 청구기각 사유로 인한 청구의 기각

중앙심판원은 지방심판원이 법 제52조 각 호의 어느 하나에 해당하는 사유가 있음에도 불구하고 심판의 청구를 기각하지 아니한 경우에는 재결로써 기각하여야 한다(법 제64조).

2. 사건환송의 재결

중앙심판원은 지방심판원이 법령을 위반하여 심판청구를 기각한 경우에는 재결로써 사건을 지방심판원에 환송(還送)하여야 한다(법 제63조).

3. 본안의 재결

중앙심판원은 법 제62조부터 제64조까지의 경우 외에는 본안에 관하여 재결을 하여야 한다(법 제65조).

「해양사고의 조사 및 심판에 관한 법률 시행령」

제69조(원심재결의 인용) 제2심의 재결에는 원심재결에 적은 사실과 증거를 인용할 수 있다.

제3관 제2심의 심판원칙 등

1. 불이익변경의 금지

해양사고관련자인 해기사나 도선사가 제2심을 청구한 사건과 해양사고관련자인 해기사나 도선사를 위하여 제2심을 청구한 사건에 대하여는 제1심에서 재결한 징계보다 무거운 징계를 할 수 없다(법 제65조의2).

불이익변경의 금지라 함은 해기사 또는 도선사의 징계재결에 있어서 제2심 절차에서 제1심의 재결보다 무거운 징계를 할 수 없다는 원칙을 말한다. 이는 「형사소송법」상 불이익변경금지의 원칙(중형변경금지의 원칙)에서 차용한 것이다. 「형사소송법」상 불이익변경금지의 원칙을 인정하는 이론적 근거는 피고인이 중형변경의 위험 때문에 상소제기를 단념하는 것을 방지함으로써 피고인의 상소권을 보장하려는 정책적 이유를 들고 있다.[15] 이와 같은 이유로 해양사고심판에서도 해기사 또는 도선사가 제2심을 청구한 사건에 대하여만 적용한다.

2. 준용규정

중앙심판원은 심판에 관하여는 이 장(법 제6장 중앙심판원의 심판)에서 규정한 사항 외에는 법 제5장(지방심판원의 심판)을 준용한다. 다만, 법 제41조의3과 제49조의2 제1항 및 제2항(해양사고관련자의 추가·철회 또는 변경 부분만 해당한다)은 준용하지 아니한다(법 제66조).

「해양사고의 조사 및 심판에 관한 법률 시행령」

제70조(심판절차 규정의 준용) 제66조부터 제69조까지에서 규정한 사항 외에 중앙심판원의 심판절차에 관하여는 지방심판원의 심판절차에 관한 규정을 준용한다.

---

15) 이재상, 「형법총론(제7판)」, (박영사, 2014), 718쪽.

제4관 이의신청

1. 결정에 대한 이의신청

지방심판원에서 결정을 받은 자는 중앙심판원에 이의를 신청할 수 있다(법 제67조 제1항). 이의신청은 제2심 재결이 있을 때까지 할 수 있다(법 제67조 제2항).

2. 이의신청의 절차

이의신청을 하려면 신청서를 지방심판원에 제출하여야 한다(법 제68조 제1항). 지방심판원은 이의신청이 이유 있다고 인정하면 원심결정을 경정할 수 있다(법 제68조 제2항). 지방심판원은 이의신청이 전부 또는 일부가 이유 없다고 인정하면 그 신청서를 수리(受理)한 날부터 3일 이내에 중앙심판원에 보내야 한다(법 제68조 제3항). 이의신청은 원심결정의 집행을 정지하지 아니한다. 다만, 지방심판원은 상당한 이유가 있다고 인정할 때에는 조사관의 의견을 들어 집행을 정지할 수 있다(법 제68조 제4항).

3. 이의신청과 관계 서류 및 증거물

이의신청이 있을 때에 지방심판원은 필요하면 원심조서, 그 밖의 관계 서류 및 증거물을 중앙심판원에 보내야 한다(법 제69조 제1항). 중앙심판원은 지방심판원에 대하여 원심조서, 그 밖의 관계 서류 및 증거물을 보내도록 요구할 수 있다(법 제69조 제2항).

4. 원심결정의 집행정지

이의신청이 있는 경우 중앙심판원은 상당한 이유가 있다고 인정하면 조사관의 의견을 들어 결정으로써 원심결정의 집행을 정지할 수 있다(법 제70조 제1항). 법 제70조 제1항의 경우에 중앙심판원은 그 결정서의 정본을 지방심판원에 보내야 한다(법 제70조 제2항).

5. 이의신청에 대한 결정

중앙심판원은 조사관의 의견을 들어 이의신청에 대한 결정을 하여야 한다(법 제71조 제1항). 이의신청이 절차를 위반하였을 때 또는 그 이유가 없을 때에는 이의신청의 기각 결정을 하여야 한다(법 제71조 제2항).[16] 법 제71조 제1항과 제2항에 따른 결정에는 반드시 그

---

16) 대법원 2002.8.27, 선고, 2002추30, 판결 : 원고는 해양사고관련자로서 이 사건 선박에 대하여 보험계약을 체결한 보험자인 삼성화재해상보험 주식회사(이하 '삼성화재'라 한다)의 심판변론인에 대한 심판절차 참여배제 주장을 하였다가 부산지방해양안전심판원으로부터 이를 기각하는 결정을 받고, 이에 불복하여 이의신청을 하였으나 중

이유를 붙일 필요는 없다(법 제71조 제3항).

6. 지방심판원에 대한 결정의 통지

이의신청에 대한 중앙심판원의 결정은 이의신청인과 지방심판원에 알려야 한다(법 제72조).

7. 위임규정

이의신청에 대한 결정에 관하여 필요한 사항은 대통령령으로 정한다(법 제73조).

「해양사고의 조사 및 심판에 관한 법률 시행령」

제71조(이의신청의 결정에 관한 준용규정) 법 제7장의 규정 외에 이의신청에 대한 결정에 관하여는 제62조부터 제65조까지의 규정을 준용한다.

제6절 | 중앙심판원의 재결에 대한 소송과 재결의 집행

제1관 중앙심판원의 재결에 대한 소송

1. 관할과 제소기간 및 그 제한

중앙심판원의 재결에 대한 소송은 중앙심판원의 소재지를 관할하는 고등법원에 전속(專屬)한다(법 제74조 제1항). 법 제74조 제1항의 소송은 재결서 정본을 송달받은 날부터 30일 이내에 제기하여야 한다(법 제74조 제2항). 법 제74조 제2항의 기간은 불변기간(不變期

앙해양안전심판원으로부터 이의신청을 기각하는 결정을 받았는데, 삼성화재는 해양사고의조사및심판에관한법률(이하 '법'이라 한다)상의 이해관계인이 아닐 뿐만 아니라 가사 이해관계인이라 하더라도 심판절차에 적극적으로 참여할 수 없으므로, 법시행령 제71조, 제65조에 의하여 준용되는 법 제74조 제1항에 따라 중앙해양안전심판원의 위 결정에 대한 취소를 구한다고 주장한다.

그러나 법 제74조 제1항은 중앙해양안전심판원의 재결에 대하여 소를 제기할 수 있다고 규정하고 있고, 법시행령 제71조, 제65조에서 이의신청에 대한 결정에 관하여 법 제74조를 준용하고 있지도 아니하므로 결국 중앙해양안전심판원의 이의신청에 대한 위 결정은 법 제74조 제1항에 규정한 소의 대상이 될 수 없다 할 것이다.

間)으로 한다(법 제74조 제3항). 지방심판원의 재결에 대하여는 소송을 제기할 수 없다(법 제74조 제4항).

1962년 「해난심판법」의 제정 이후 최근까지 해양사고 사건은 해양수산부장관 소속 지방심판원과 중앙심판원의 심판을 거쳐 대법원이 사실심리와 법률판단을 단심으로 처리하는 심급체계로 운영되고 있었다. 이에 대하여 해외 주요국가의 사례에서도 해양사고를 최고법원이 단심으로 처리하는 입법례가 없고, 사실관계에 대한 법원의 판단이 1회에 그침으로서 국민의 법원으로부터 재판을 받을 권리를 침해할 우려가 있다는 점과 법령의 최종적 해석을 통하여 사회의 법적가치와 기준을 제시하는 역할을 하는 대법원의 성격에도 부합하지 않는 측면이 있다는 지적을 받아왔다. 이에 중앙심판원의 재결에 대한 소의 관할을 대법원에서 중앙심판원 소재지 관할 고등법원으로 변경함으로써, 고등법원이 사실심을 담당하고 그에 불복이 있을 경우 대법원이 최종심으로서 법률심을 담당하는 심급체계를 갖추어, 보다 충실한 사실심리와 신중한 법률판단을 통해 국민의 기본권을 더욱 공고히 보장하고, 해양사고의 적정한 처리를 도모하기 위하여 법률 제정 50여년 만에 개정하게 되었다.

1998년 2월까지는 「행정소송법」 등에 의하여 행정청의 행정처분 등에 불복하는 행정소송은 원칙적으로 「행정심판법」에 의한 행정심판을 거친 뒤에 제기할 수 있도록 하는 소위 행정심판전치주의를 채택하고 있었고, 이에 불복하는 소의 관할을 고등법원으로 하였다.

이와 같이 과거 행정심판과정 자체를 법원의 제1심으로 보고 이에 불복하는 소는 바로 고등법원의 관할로 하였다. 그러나 행정청의 처분에 불복하는 자 등에게 행정심판을 거친 뒤에야 행정소송을 제기할 수 있도록 한 것이 국민의 권익을 침해할 수 있다는 주장에 따라 다른 법률에 특별한 규정이 없는 한 1998년 3월부터 행정심판을 거치지 않고도 행정소송을 제기할 수 있도록 하였다. 이에 따라 행정심판을 거친 지의 여부에 관계없이 행정소송은 원칙적으로 제1심을 지방법원급의 행정법원의 관할로 하였다. 행정청의 처분 등에 대한 행정소송을 항고소송이라 하는데, 항고소송을 제1심 법원인 행정법원에 제기하도록 한 「행정소송법」의 취지(행정소송법 제3조 제1호)에 비추어 보면, 해양안전심판에 불복하는 경우에도 대법원소재지를 관할하는 행정법원으로 함이 타당하다고 본다(행정소송법 제9조 제2항).

2. 피고

제74조 제1항의 소송에서는 중앙심판원장을 피고로 한다(법 제75조).

대법원은 위법한 징계재결을 받은 해양사고관련자가 소로써 불복하지 아니하는 경우, 「해양사고심판법」상의 조사관이 공익의 대표자로서 대법원에 대하여 위법한 징계재결의 취소를 구할 법률상의 이익이 있다고 판결하였다.[17] 그러나 비록 법 제19조 단서로 심판원장이 조사관의 고유사무에 관여하거나 영향을 주어서는 아니된다고 규정하고 있으나, 중앙심판원의 소속 직원으로서 심판원장이 조사관의 일반사무를 지휘・감독하고 있어서 실질적으로 중앙심판원의 일부라는 점, 조사관의 임무는 공익의 대표자로서 해양사고의 원인을 규명하고 과실있는 해기사 등의 징계를 심판으로 청구하는 위치에 있다는 점, 조사관의 심판 청구에 대응하여 심판변론인제도를 두고 있고, 심판변론인을 개인적으로 선임하기 어려운 경우에는 본법 제30조의 규정에 의하여 해양사고관련자의 청구에 의하여 국선심판변론인을 선임할 수 있도록 규정한 본법의 규정상 조사관이 소속 기관장인 중앙심판원장을 피고로 재결취소소송을 제기할 수 있는 원고적격을 가진다는 것은 본법의 해석상 합리적인지 제고할 필요가 있다고 본다.

또 행정처분의 상대방이 아닌 제3자라도 당해 행정처분의 취소를 구할 법률상의 이익이 있는 경우에는 그 처분의 취소를 구할 수 있으나, 이 경우 법률상의 이익이란 당해 처분의 근거 법률에 의하여 직접 보호되는 구체적인 이익을 말하므로 제3자가 단지 간접적인 사실상 경제적인 이해관계를 가지는 경우에는 그 처분의 취소를 구할 원고적격이 없다.[18]

3. 재판

법원은 법 제74조에 따라 소송이 제기된 경우 그 청구가 이유 있다고 인정하면 판결로써 재결을 취소하여야 한다(법 제77조 제1항).[19] 중앙심판원은 법 제77조 제1항에 따라 재결의

---

17) 대법원 2002.9.6, 선고, 2002추54, 판결 : 해양사고의조사및심판에관한법률에서 규정하는 조사관의 직무와 권한 및 역할 등에 비추어 보면, 조사관은 해양사고관련자와 대립하여 심판을 청구하고, 지방해양안전심판원의 재결에 대하여 불복이 있을 때에는 중앙해양안전심판원에 제2심의 청구를 할 수 있는 등 공익의 대표자인 지위에 있는바, 징계재결이 위법한 경우에 징계재결을 받은 당사자가 소로써 불복하지 아니하는 한 그 재결의 취소를 구할 수 없다고 한다면, 이는 공익에 대한 침해로서 부당하므로, 이러한 경우 조사관이 공익의 대표자로서 대법원에 대하여 위법한 징계재결의 취소를 구할 법률상의 이익이 있다.

18) 대법원 2002.8.23, 선고, 2002추61, 판결 : 해양사고의조사및심판에관한법률은 제27조 제1항, 제39조의2 등에서 해양사고의 이해관계인에게 심판변호인 선임권과 조사관의 심판불요처분에 대한 심판신청권 등을 인정하고 있지만, 나아가 해양사고의 이해관계인이 중앙해양안전심판원의 재결에 대하여 대법원에 소를 제기할 수 있다는 규정은 두고 있지 않고, 같은 법 제74조 제1항에서 규정하는 중앙해양안전심판원의 재결에 대한 소는 행정처분에 대한 취소소송의 성질을 가지므로, 중앙해양안전심판원의 재결에 대한 취소소송을 제기하기 위하여는「행정소송법」제12조에 따른 원고적격이 있어야 할 것인데, 침몰선박의 부보 보험회사는 같은 법 제2조 제3호에 의한 해양사고관련자도 아니고 재결의 취소로 간접적이거나 사실적, 경제적인 이익을 얻을 뿐, 재결의 근거 법률에 의하여 직접 보호되는 구체적인 이익을 얻는다고 보기도 어렵다고 할 것이므로, 재결의 취소를 구할 법률상 이익이 없어 원고 적격이 없다.

19) 대법원 2002.8.23, 선고, 2002추61, 판결 : 행정처분의 상대방이 아닌 제3자라도 당해 행정처분의 취소를 구할 법률상의 이익이 있는 경우에는 그 처분의 취소를 구할 수 있으나, 이 경우 법률상의 이익이란 당해 처분의 근거 법률에 의하여 직접 보호되는 구체적인 이익을 말하므로 제3자가 단지 간접적인 사실상 경제적인 이해관계를 가지는 경우에는 그 처분의 취소를 구할 원고적격이 없다.

취소판결이 확정되면 다시 심리를 하여 재결하여야 한다(법 제77조 제2항). 법 제77조 제1항에 따른 법원의 판결에서 재결취소의 이유가 되는 판단은 그 사건에 대하여 중앙심판원을 기속(羈束)한다(법 제77조 제3항). 이 법에 따른 중앙심판원의 재결에 관한 소송에 관하여는 이 법에서 규정하는 사항 외에 「행정소송법」을 준용한다(법 제77조 제4항).

중앙심판원의 재결에 대한 소는 행정처분에 대한 취소소송의 성질을 가지는 것이어서 소의 대상이 되는 재결의 내용도 행정청의 공권력 행사와 같이 국민의 권리의무를 형성하고 제한하는 효력을 갖는 것이어야 한다. 재결 중 단지 해양사고의 원인이라는 사실관계를 규명하는 데 그치는 원인규명재결 부분은 해양사고 관련자에 대한 징계재결이나 권고재결과는 달리 그 자체로는 국민의 권리의무를 형성 또는 확정하는 효력을 가지지 아니하여 행정처분에 해당한다고 할 수 없으므로 재결취소소송의 대상이 될 수 없다.[20] 이러한 의미에서 중앙심판원 조사관의 청구의 기각을 구하는 부분도 재결취소소송의 대상이 될 수 없다고 본다.[21] 다만, 징계재결여부 및 그 양정의 적법 여부를 따지는 전제로서 원인규명재결에서의 사실인정과 법령 적용은 다툴 수 있다고 본다.[22]

---

20) 대법원 2014.4.10, 선고, 2013추74, 판결 : 해양사고의 조사 및 심판에 관한 법률 제74조 제1항에 규정한 중앙해양안전심판원의 재결에 대한 소는 행정처분에 대한 취소소송의 성질을 가지는 것이어서 소의 대상이 되는 재결의 내용도 행정청의 공권력 행사와 같이 국민의 권리의무를 형성하고 제한하는 효력을 갖는 것이어야 하는데, 그 재결 중 단지 해양사고의 원인이라는 사실관계를 규명하는 데 그치는 원인규명재결 부분은 해양사고 관련자에 대한 징계재결이나 권고재결과는 달리 그 자체로는 국민의 권리의무를 형성 또는 확정하는 효력을 가지지 아니하여 행정처분에 해당한다고 할 수 없으므로 이는 위 법률 조항에 따른 재결취소소송의 대상이 될 수 없다(대법원 2000. 6. 9. 선고 99추16 판결, 대법원 2008. 10. 9. 선고 2006추21 판결 등 참조).

21) 대법원 2000.6.9, 선고, 99추16, 판결 : 해양사고의조사및심판에관한법률 제74조 제1항에 규정한 중앙해양안전심판원의 재결에 대한 소는 행정처분에 대한 취소소송의 성질을 가지는 것이어서 소의 대상이 되는 재결의 내용도 행정청의 공권력 행사와 같이 국민의 권리의무를 형성하고 제한하는 효력을 갖는 것이어야 하는데, 그 재결 중 단지 해난의 원인이라는 사실관계를 규명하는데 그치는 원인규명재결 부분은 해난 관련자에 대한 징계재결이나 권고재결과는 달리 그 자체로는 국민의 권리의무를 형성 또는 확정하는 효력을 가지지 아니하여 행정처분에 해당한다고 할 수가 없으므로 이는 위 법률 조항에 따른 재결 취소소송의 대상이 될 수 없고, 또한 위의 재결 취소소송은 중앙해양안전심판원의 재결 자체를 심판 대상으로 할 뿐 그 심판원 조사관의 제2심 청구의 당부를 심판대상으로 삼는 것이 아니므로 그러한 조사관 청구의 기각을 구하는 것 역시 위 재결 취소소송의 대상이 되지 아니한다.

22) 대법원 2007.7.13, 선고, 2005추93, 판결 : …기록에 의하면, 원고들은 징계처분의 결정에 필수적인 사고발생 원인비율에 관한 판단을 하지 않고 견책의 징계처분을 한 것은 판단유탈로서 재량권의 일탈 또는 남용이라는 주장을 하고 있고(원고들의 05. 11. 22.자 준비서면 2쪽), 해양사고의 조사 및 심판에 관한 법률(이하 '법'이라 한다) 제5조 제2항 소정의 징계재결 여부 및 그 양정은 원인규명재결의 내용, 즉 해양사고의 원인을 포함하여 그 원인에 대한 해기사 또는 도선사의 직무상의 고의 또는 과실의 정도, 해양사고에 의한 피해의 경중, 해양사고 발생 당시의 상황, 해기사 또는 도선사의 경력, 기타 정상 등을 종합적으로 고려하여 이루어지므로 징계재결 여부 및 그 양정의 적법 여부를 따지는 전제로서 원인규명재결에서의 사실인정과 법령의 적용을 다툴 수 있다고 할 것이므로 (대법원 2005. 9. 28. 선고 2004추65 판결 참조), 원고들로서는 사고발생 원인비율에 대하여도 다툴 수는 있다고 할 것이므로,….

제2관 재결 등의 집행

1. 재결의 집행시기

재결은 확정된 후에 집행한다(법 제78조).

「해양사고의 조사 및 심판에 관한 법률 시행령」

제72조의2(재결의 집행시기) 법 제78조에 따른 재결의 집행시기는 다음 각 호와 같다.
1. 지방심판원 재결의 경우: 법 제59조제1항에 따른 제2심의 청구기간이 지났거나 법 제62조에 따른 기각재결서 또는 제68조제3항에 따른 각하 결정서의 정본을 송달받은 때
2. 중앙심판원 재결의 경우: 재결을 고지한 때

---

2. 재결의 집행자

중앙심판원의 재결은 중앙수석조사관이, 지방심판원의 재결은 해당 지방수석조사관이 각각 집행한다(법 제79조).

3. 재결의 집행

가. 면허취소

면허취소 재결이 확정되면 조사관은 해기사면허증 또는 도선사면허증을 회수하여 관계 해양수산관서에 보내야 한다(법 제80조).

나. 업무정지

조사관은 업무정지 재결이 확정된 때에는 해기사면허증 또는 도선사면허증을 회수하여 보관하였다가 업무정지 기간이 끝난 후에 돌려주어야 한다. 다만, 법 제6조의2에 따라 집행유예 재결을 받은 경우에는 회수하지 아니 한다(법 제81조).

「해양사고의 조사 및 심판에 관한 법률 시행규칙」

제22조(면허취소 및 업무정지 재결의 집행)

① 중앙심판원과 지방해양안전심판원의 수석조사관(이하 "수석조사관"이라 한다)은 해양안전심판의 결과 해기사 또는 도선사에 대한 면허취소 또는 업무정지의 재결이 확정되었을 때에는 그 해기사 또는 도선사에게 지정된 날까지 해기사면허증 또는 도선사면허증을 제출할 것을 문서로 알려야 하며, 재결 집행을 시작하였을 때에는 그 사실을 해당 면허증을 발급한 지방해양수산청장(이하 "면허관청"이라 한다)에게 통보하여야 한다.

② 면허관청은 제1항에 따라 통보를 받았을 때에는 해기사면허원부 또는 도선사면허원부(이하 "면허원부"라 한다)에 그 내용을 적어야 한다.
③ 수석조사관은 제1항에 따른 면허증 제출 통지를 받고 이행하지 아니하는 사람에 대해서는 법 제82조에 따른 면허증 무효선언에 관한 절차를 밟고 그 사실을 면허관청에 알려야 한다.
④ 수석조사관은 업무정지 기간 만료일의 다음 날(그날이 일요일 또는 공휴일일 때에는 그 다음 날)에 해당 면허증을 반환하여야 한다.

다. 견책재결

「해양사고의 조사 및 심판에 관한 법률 시행규칙」

제23조(견책재결의 집행)
① 수석조사관은 해양안전심판의 결과 해기사나 도선사에 대한 견책재결이 확정되었을 때에는 그 견책재결의 요지를 면허관청에 통보하여야 한다.
② 면허관청은 제1항에 따른 통보를 받았을 때에는 그 사실을 면허원부에 적어야 한다.

라. 징계기록부의 작성

「해양사고의 조사 및 심판에 관한 법률 시행규칙」

제24조(징계기록부의 작성)
① 중앙심판원장은 업무정지나 견책의 징계를 받은 해기사 또는 도선사에 대한 징계사항을 별지 제11호서식의 징계기록부에 기록하여야 한다.
② 제1항의 징계기록부는 전자적으로 처리할 수 없는 특별한 사유가 있는 경우 외에는 전자적 방법으로 기록하고 관리하여야 한다.

5. 징계의 실효

법 제5조에 따라 업무정지 또는 견책의 징계를 받은 해기사나 도선사가 그 징계 재결의 집행이 끝난 날부터 5년 이상 무사고 운항을 하였을 경우에는 그 징계는 실효(失效)된다. 이 경우 그 징계기록의 말소절차에 관하여 필요한 사항은 해양수산부령으로 정한다(법 제81조의2).

「해양사고의 조사 및 심판에 관한 법률 시행규칙」

제25조(징계기록 말소의 요청)
① 중앙심판원장은 법 제81조의2에 따라 징계가 실효(失效)된 해기사 또는 도선사에 대해서는 면허원부의 징계기록을 말소할 것을 해당 면허관청에 요청하여야 한다.

② 제1항에 따라 징계기록의 말소 요청을 받은 면허관청은 면허원부의 징계기록을 말소하고, 그 사람에 대한 면허원부를 새로 작성하여야 한다.
③ 면허관청은 제2항에 따라 징계기록을 말소하였을 때에는 그 사실을 중앙심판원장에게 알려야 한다.

---

6. 면허증의 무효선언과 고시

면허취소 또는 업무정지 재결을 받은 사람이 조사관에게 그 해기사면허증 또는 도선사면허증을 제출하지 아니할 때에는 중앙수석조사관은 그 면허증의 무효를 선언하고 그 사실을 관보에 고시한 후 해양수산부장관에게 보고하여야 한다(법 제82조).

7. 재결의 공고

중앙수석조사관은 법 제5조 제3항에 따른 시정・개선을 권고하거나 명하는 재결을 하였을 때에는 그 내용을 관보에 공고하고 해양수산부장관에게 보고하여야 한다. 다만, 필요하다고 인정하는 경우에는 관보를 대신하여 신문에 공고할 수 있다(법 제83조).

8. 재결 등의 이행

다음 각 호의 어느 하나에 해당하는 자는 그 취지에 따라 필요한 조치를 하고, 수석조사관이 요구하면 그 조치내용을 지체 없이 통보하여야 한다(법 제84조 제1항).

1. 법 제5조 제3항에 따라 시정 또는 개선을 명하는 재결을 받은 자
2. 법 제5조의2에 따라 시정 또는 개선조치의 요청을 받은 자

수석조사관은 법 제84조 제1항에 따른 통보내용을 검토하여 그 조치가 부족하다고 인정할 때에는 그 이행을 요구할 수 있다(법 제84조 제2항).

9. 행정심판 등의 제한

이 법에 따른 재결에 대하여는 「행정심판법」이나 그 밖의 법령에 따른 행정심판의 청구 또는 이의신청을 할 수 없다(법 제87조).

제7절 | 보칙 및 벌칙

제1관 보칙

1. 증인 등의 수당지급

이 법에 따라 출석하는 증인, 감정인, 통역인 및 번역인에게 대통령령으로 정하는 바에 따라 여비·일당·숙박료, 감정료, 통역료 또는 번역료를 지급할 수 있다(법 제85조).

「해양사고의 조사 및 심판에 관한 법률 시행령」

제79조(증인 등의 비용 지급 등)
① 법 제85조에 따라 증인, 감정인, 통역인 또는 번역인에게 지급할 여비는「공무원 여비 규정」별표 2 제2호에서 정하는 지급기준에 따른다.
② 제1항의 여비의 지급에 관하여는 이 영에서 규정한 사항 외에는「공무원 여비 규정」제4조, 제5조 및 제16조제3항부터 제5항까지의 규정을 준용한다.
③ 증인, 감정인, 통역인 및 번역인에게 지급할 일당·감정료·통역료 또는 번역료는 매년 예산의 범위에서 중앙심판원장이 정한다.
④ 중앙심판원장 또는 지방심판원장은 다음 각 호의 어느 하나에 해당하는 사람에게는 여비, 일당, 감정료, 통역료 또는 번역료를 지급하지 아니할 수 있다.
1. 증인이 거짓 진술을 하였다고 인정할 만한 상당한 이유가 있거나 정당한 이유 없이 진술을 거부하였을 때
2. 감정인, 통역인 또는 번역인이 거짓의 감정·통역 또는 번역을 하였다고 인정할 만한 상당한 이유가 있거나 정당한 이유 없이 감정·통역 또는 번역을 거부하였을 때
⑤ 증인, 감정인, 통역인 또는 번역인은 본인의 여비, 일당, 감정료, 통역료 또는 번역료를 해당 해양사고의 재결 확정 전에 청구하여야 한다.

---

2. 비상임심판관 등의 수당

심판에 참여하는 비상임심판관과 법 제30조에 따라 선정된 국선 심판변론인에 대하여는 대통령령으로 정하는 바에 따라 수당을 지급할 수 있다(법 제86조).

「해양사고의 조사 및 심판에 관한 법률 시행령」

제79조의2(비상임심판관 등의 수당 지급 등)
① 비상임심판관이 해양안전심판 및 현장검증에 참여하는 경우에는「공무원보수규정」에 따른 해당 심판원 심판관의 봉급월액의 30분의 1에 상당하는 금액을 수당으로 지급한다.
② 법 제30조에 따라 선정된 국선 심판변론인(이하 "국선 심판변론인"이라 한다)이 해양안전심판 및

현장검증에 참여하는 경우에는 예산의 범위에서 중앙심판원장이 정하는 금액을 수당으로 지급한다. 다만, 국선 심판변론인이 같은 해양안전심판에 2회 이상 참여하였을 때에는 초과하는 1회마다 본문에 따른 수당의 2분의 1에 해당하는 금액을 수당으로 지급한다.
③ 비상임심판관 및 국선 심판변론인이 해양안전심판에 참여하거나 해양사고의 원인규명을 위한 현장검증 또는 그 밖의 업무상 필요에 의하여 출장을 갈 때에는 제1항 및 제2항에 따른 수당과 별도로 매년 예산의 범위에서 「공무원 여비 규정」에 따른 지방심판원의 심판관의 여비에 준하는 금액을 그 여비로 지급한다.

---

3. 수수료

각급 심판원으로부터 이 법에 따른 재결서·결정서 등의 등본을 발급받으려는 사람은 해양수산부령으로 정하는 수수료를 내야 한다(법 제88조).

「해양사고의 조사 및 심판에 관한 법률 시행규칙」

제26조(수수료) 법 제88조에 따라 재결서·결정서의 등본 발급을 요청하는 사람은 그 등본의 쪽수당 100원의 수수료를 수입인지로 납부하여야 한다.

제2관 벌칙

---

1. 벌칙 적용 시의 공무원 의제
다음 각 호의 어느 하나에 해당하는 사람은 「형법」 제129조부터 제132조까지의 규정을 적용할 때에는 공무원으로 본다(법 제88조의2).
  1) 법 제14조제2항에 따라 심판에 참여하는 비상임심판관
  2) 법 제18조의3에 따라 특별조사부에서 조사를 담당하는 해양사고 관련 전문가

---

2. 징역형
법 제29조제3항을 위반하여 직무상 알게 된 비밀을 누설한 사람은 1년 이하의 징역 또는 1천만원 이하의 벌금(법 제89조).

---

3. 과태료
가. 법 제85조의2를 위반하여 해양사고의 조사 및 심판과 관련하여 증언·감정·진술을 하거나 자료·물건을 제출한 사람에게 그 증언·감정·진술이나 자료·물건의 제출을 이유로 해고, 전보, 징계, 부당한 대우, 그 밖에 신분·처우와 관련한 불이익을 준 자에게는 1천만원 이하의 과태료(법 제90조 제1항)

나. 200만원 이하의 과태료(법 제90조 제2항)
  1) 법 제5조제3항에 따른 시정 또는 개선을 명하는 재결을 이행하지 아니한 자
  2) 법 제35조제3항을 위반한 자
  2의2) 법 제35조제4항을 위반한 자

3) 법 제37조제1항제1호부터 제3호까지의 규정에 따른 조사관의 처분에 따르지 아니하거나 처분에 따르는 것을 방해한 자. 다만, 법 제37조제1항제1호·제3호의 경우 해양사고의 원인과 직접 관련이 없는 자는 제외한다.
4) 법 제48조제2항제1호에 따른 심판원의 검사를 거부, 방해 또는 기피한 자
5) 법 제48조제2항제2호에 따른 심판원의 제출명령을 받은 장부, 서류, 그 밖의 물건을 제출하지 아니하거나, 거짓으로 기록한 장부, 서류, 그 밖의 물건을 제출한 자
6) 법 제49조에 따른 선서를 위배하여 거짓 사실을 진술한 사람

다. 50만원 이하의 과태료(법 제90조 제3항)
1) 심판원으로부터 계속 2회의 소환을 받고도 정당한 사유 없이 출석하지 아니한 해양사고관련자
2) 심판원으로부터 계속 2회의 소환을 받고 정당한 사유 없이 출석하지 아니하거나 그 의무를 이행하지 아니한 증인·감정인·통역인 또는 번역인
3) 법 제42조제2항에 따른 심판장의 명령에 복종하지 아니한 사람

라. 부과 및 징수
법 제90조 제1항부터 제3항까지의 규정에 따른 과태료는 대통령령으로 정하는 바에 따라 심판원장이 부과·징수한다(법 제90조 제4항).

「해양사고의 조사 및 심판에 관한 법률 시행령」

제80조(과태료의 부과기준) 법 제90조제1항부터 제3항까지의 규정에 따른 과태료의 부과기준은 별표 2와 같다.

[별표 2]
과태료의 부과기준(제80조 관련)
1. 일반기준
가. 위반행위의 횟수에 따른 과태료의 부과기준은 최근 1년간 같은 위반행위로 과태료 부과처분을 받은 경우에 적용한다. 이 경우 위반행위에 대하여 과태료 부과처분을 한 날과 그 처분 후에 다시 같은 위반행위를 하여 적발된 날을 각각 기준으로 하여 위반횟수를 계산한다.
나. 심판원장은 다음의 어느 하나에 해당하는 경우에는 제2호에 따른 과태료 금액의 2분의 1의 범위에서 그 금액을 감경할 수 있다. 다만, 과태료를 체납하고 있는 위반행위자의 경우에는 그러하지 아니하다.
1) 위반행위자가 「질서위반행위규제법 시행령」 제2조의2제1항 각 호의 어느 하나에 해당하는 경우
2) 위반행위가 위반행위자의 사소한 부주의나 오류로 인한 것으로 인정되는 경우
3) 위반행위자가 법 위반상태를 시정하거나 해소하기 위하여 노력한 것으로 인정되는 경우
4) 그 밖에 위반행위의 정도, 동기와 그 결과 등을 고려하여 감경할 필요가 있다고 인정되는 경우

2. 개별기준

위반행위	근거 법조문	과태료 금액		
		1차	2차	3차 이상
가. 법 제5조제3항에 따른 시정 또는 개선을 명하는 재결을 이행하지 않은 경우	법 제90조 제2항제1호	50만원	100만원	200만원
나. 법 제35조제3항을 위반하여 다음의 어느 하나에 해당하는 행위를 한 경우	법 제90조 제2항제2호			

1) 해당 해양사고와 관련된 선박에 비치하거나 기록·보관하는 다음의 간행물 또는 서류 등(전자적 간행물 또는 서류를 포함하며, 이하 "기록물"이라 한다)의 파기 또는 변경 가) 「선박안전법」 제32조에 따라 선박소유자가 선박에 비치하여야 하는 항해용 간행물 나) 「선원법」 제20조제1항에 따라 선장이 선내에 비치하여야 하는 서류 및 같은 조 제2항에 따라 선장이 기록·보관하여야 하는 서류		50만원	100만원	200만원
2) 해당 해양사고와 관련된 선박으로서 「해사안전법」 제46조제2항에 따른 안전관리체제를 수립·시행하여야 하는 선박의 소유자 또는 같은 법 제51조에 따른 안전관리대행업자가 해당 선박의 안전관리체제 수립·시행과 관련하여 작성·보관하거나 선박에 비치하는 기록물의 파기 또는 변경		50만원	100만원	200만원
3) 해당 해양사고와 관련된 선박으로서 「해사안전법」 제46조제2항에 따른 안전관리체제를 수립·시행하여야 하는 선박이 아닌 선박의 소유자 또는 「선박관리산업발전법」 제2조제2호에 따른 선박관리사업자가 해당 선박의 운용, 선원의 관리 또는 선박의 정비와 관련하여 작성·보관하는 기록물의 파기 또는 변경		50만원	100만원	200만원
4) 해당 해양사고와 관련된 선박과 「해사안전법」 제36조에 따른 선박교통관제 또는 「선박의 입항 및 출항 등에 관한 법률」 제28조에 따른 해상교통관제를 시행하는 기관 사이의 선박교통관제 또는 해상교통관제와 관련하여 작성·보관되는 기록물의 파기 또는 변경		50만원	100만원	200만원
5) 해당 해양사고와 관련된 선박의 손상된 선체·기관 및 각종 계기(計器)와 그 밖의 부분에 대한 수리		50만원	100만원	200만원
다. 법 제35조제4항을 위반하여 「선박안전법」 제26조에 따라 선박시설기준에서 정하는 항해자료기록장치(이하 "항해자료기록장치"라 한다)를 설치한 선박의 선장이 해당 선박과 관련하여 해양사고가 발생한 경우 지체 없이 항해자료기록장치의 정보를 보존하기 위한 조치를 취하지 않은 경우	법 제90조 제2항제2호의2	100만원	150만원	200만원
라. 법 제37조제1항제1호부터 제3호까지의 규정에 따른 조사관의 다음의 처분에 따르지 아니하거나, 그 처분에 따르는 것을 방해한 경우. 다만, 법 제37조제1항제1호·제3호의 경우 해양사고의 원인과 직접적으로 관련되지 아니하는 사람이 그 처분에 따르지 않은 경우는 제외한다.	법 제90조 제2항제3호			
1) 해양사고와 관계있는 사람을 출석하게 하거나 그 사람에게 질문하는 일		50만원	100만원	200만원
2) 선박이나 그 밖의 장소를 검사하는 일		50만원	100만원	200만원

3) 해양사고와 관계있는 사람에게 보고하게 하거나, 장부·서류 또는 그 밖의 물건을 제출하도록 명하는 일		50만원	100만원	200만원
마. 법 제42조제2항에 따른 심판장의 명령에 복종하지 않은 경우	법 제90조 제3항제3호	10만원	30만원	50만원
바. 법 제48조제2항제1호에 따른 심판원의 검사를 거부, 방해 또는 기피한 경우	법 제90조 제2항제4호	50만원	100만원	200만원
사. 법 제48조제2항제2호에 따른 심판원의 제출명령을 받은 자가 장부, 서류 또는 그 밖의 물건을 제출하지 않거나, 거짓으로 기록한 장부, 서류 또는 그 밖의 물건을 제출한 경우	법 제90조 제2항제5호	50만원	100만원	200만원
아. 법 제49조에 따른 선서를 위배하여 거짓 사실을 진술한 경우	법 제90조 제2항제6호	50만원	100만원	200만원
자. 법 제85조의2를 위반하여 해양사고의 조사 및 심판과 관련하여 증언·감정·진술을 하거나 자료·물건을 제출한 사람에게 그 증언·감정·진술이나 자료·물건의 제출을 이유로 해고, 전보, 징계, 부당한 대우 그 밖에 신분·처우와 관련한 불이익을 준 경우	법 제90조 제1항	250만원	500만원	1천만원
차. 해양사고관련자가 심판원으로부터 계속 2회의 소환을 받고도 정당한 사유 없이 출석하지 않은 경우	법 제90조 제3항제1호	10만원	30만원	50만원
카. 증인·감정인·통역인 또는 번역인이 심판원으로부터 계속 2회의 소환을 받고도 정당한 사유 없이 출석하지 않거나 그 의무를 이행하지 않은 경우	법 제90조 제3항제2호	10만원	30만원	50만원

제 5 편

해양환경법규

제11장 해양환경관리법
제12장 선박평형수관리법

11

해양환경관리법

제1절 | 총론

제1관 입법 목적

이 법은 해양환경의 보전 및 관리에 관한 국민의 의무와 국가의 책무를 명확히 하고 해양환경의 보전을 위한 기본사항을 정함으로써 해양환경의 훼손 또는 해양오염으로 인한 위해를 예방하고 깨끗하고 안전한 해양환경을 조성하여 국민의 삶의 질을 높이는데 이바지함을 목적으로 한다(법 제1조).

구「해양오염방지법」이 선박기인 오염물질에 의한 해양오염의 예방과 오염방제를 목적으로 제한된 범위내에서 해양환경정책을 규정한 반면, 이 법은 환경친화적 해양자원의 지속가능한 이용·개발을 도모하고 해양환경의 효과적인 보전·관리를 위하여 국가 차원의 해양환경종합계획을 수립·시행하고, 해양에 유입되거나 해양에서 발생되는 각종 오염원을 통합관리하게 하는 등 해양분야에서의 환경정책을 종합적·체계적으로 추진할 수 있는 법적근거를 마련하는 것을 목적으로 하고 있다. 따라서 이 법의 하위법령은「해양환경관리법 시행령」,「해양환경관리법 시행규칙」과 함께 선박에서의「오염방지에 관한 규칙」이 제정되어 있다는 점이 특징이다.

그 밖에 종전의 한국해양오염방제조합을 해양환경관리공단으로 확대·개편하여 기름방제사업 및 해양환경사업을 효과적으로 수행할 수 있도록 하는 등 해양환경의 훼손 또는 해양오염을 방지하고, 깨끗하고 안전한 해양환경을 조성하는데 기여할 수 있도록 해양환경 관리체계를 전면개편하려는데 법의 제정 목적이 있다.

제2관 용어의 정의

제2조(정의) 이 법에서 사용하는 용어의 뜻은 다음과 같다(법 제2조).

1. "해양환경"이라 함은 해양에 서식하는 생물체와 이를 둘러싸고 있는 해양수(海洋水)·해양지(海洋地)·해양대기(海洋大氣) 등 비생물적 환경 및 해양에서의 인간의 행동양식을 포함하는 것으로서 해양의 자연 및 생활상태를 말한다.
2. "해양오염"이라 함은 해양에 유입되거나 해양에서 발생되는 물질 또는 에너지로 인하여 해양환경에 해로운 결과를 미치거나 미칠 우려가 있는 상태를 말한다.
3. "배출"이라 함은 오염물질 등을 유출(流出)·투기(投棄)하거나 오염물질 등이 누출(漏出)·용출(溶出)되는 것을 말한다. 다만, 해양오염의 감경·방지 또는 제거를 위한 학술목적의 조사·연구의 실시로 인한 유출·투기 또는 누출·용출을 제외한다.
4. "폐기물"이라 함은 해양에 배출되는 경우 그 상태로는 쓸 수 없게 되는 물질로서 해양환경에 해로운 결과를 미치거나 미칠 우려가 있는 물질(제5호·제7호 및 제8호에 해당하는 물질을 제외한다)을 말한다.
5. "기름"이라 함은 「석유 및 석유대체연료 사업법」에 따른 원유 및 석유제품(석유가스를 제외한다)과 이들을 함유하고 있는 액체상태의 유성혼합물(이하 "액상유성혼합물"이라 한다) 및 폐유를 말한다.
6. "선박평형수(船舶平衡水)"란 「선박평형수 관리법」 제2조 제2호에 따른 선박평형수를 말한다.
7. "유해액체물질"이라 함은 해양환경에 해로운 결과를 미치거나 미칠 우려가 있는 액체물질(기름을 제외한다)과 그 물질이 함유된 혼합 액체물질로서 해양수산부령이 정하는 것을 말한다.
8. "포장유해물질"이라 함은 포장된 형태로 선박에 의하여 운송되는 유해물질 중 해양에 배출되는 경우 해양환경에 해로운 결과를 미치거나 미칠 우려가 있는 물질로서 해양수산부령이 정하는 것을 말한다.
9. "유해방오도료(有害防汚塗料)"라 함은 생물체의 부착을 제한·방지하기 위하여 선박 또는 해양시설 등에 사용하는 도료(이하 "방오도료"라 한다) 중 유기주석 성분 등 생물체의 파괴작용을 하는 성분이 포함된 것으로서 해양수산부령이 정하는 것을 말한다.

10. "잔류성유기오염물질(殘留性有機汚染物質)"이라 함은 해양에 유입되어 생물체에 농축되는 경우 장기간 지속적으로 급성 · 만성의 독성(毒性) 또는 발암성(發癌性)을 야기하는 화학물질로서 해양수산부령이 정하는 것을 말한다.
11. "오염물질"이라 함은 해양에 유입 또는 해양으로 배출되어 해양환경에 해로운 결과를 미치거나 미칠 우려가 있는 폐기물 · 기름 · 유해액체물질 및 포장유해물질을 말한다.
12. "오존층파괴물질"이라 함은 「오존층 보호를 위한 특정물질의 제조규제 등에 관한 법률」 제2조제1호에 해당하는 물질을 말한다.
13. "대기오염물질"이란 오존층파괴물질, 휘발성유기화합물과 「대기환경보전법」 제2조제1호의 대기오염물질 및 같은 조 제3호의 온실가스 중 이산화탄소를 말한다.
14. "황산화물배출규제해역"이라 함은 황산화물에 따른 대기오염 및 이로 인한 육상과 해상에 미치는 악영향을 방지하기 위하여 선박으로부터의 황산화물 배출을 특별히 규제하는 조치가 필요한 해역으로서 해양수산부령이 정하는 해역을 말한다.
15. "휘발성유기화합물"이라 함은 탄화수소류 중 기름 및 유해액체물질로서 「대기환경보전법」 제2조제10호에 해당하는 물질을 말한다.
16. "선박"이라 함은 수상(水上) 또는 수중(水中)에서 항해용으로 사용하거나 사용될 수 있는 것(선외기를 장착한 것을 포함한다) 및 해양수산부령이 정하는 고정식 · 부유식 시추선 및 플랫폼을 말한다.
17. "해양시설"이라 함은 해역(「항만법」 제2조 제1호의 규정에 따른 항만을 포함한다. 이하 같다)의 안 또는 해역과 육지 사이에 연속하여 설치 · 배치하거나 투입되는 시설 또는 구조물로서 해양수산부령이 정하는 것을 말한다.
18. "선저폐수(船底廢水)"라 함은 선박의 밑바닥에 고인 액상유성혼합물을 말한다.
19. "항만관리청"이라 함은 「항만법」 제20조의 관리청, 「어촌 · 어항법」 제35조의 어항관리청 및 「항만공사법」에 따른 항만공사를 말한다.
20. "해역관리청"이란 「영해 및 접속수역법」에 따른 영해 및 내수의 경우에는 해당 광역시장 · 도지사 및 특별자치도지사(이하 "시 · 도지사"라 한다)로 하며, 다음 각 목의 어느 하나에 해당하는 경우에는 해양수산부장관을 말한다.
    가. 「배타적경제수역법」 제2조의 규정에 따른 배타적경제수역 및 대통령령이 정하는 해역
    나. 대통령령이 정하는 항만 안의 해역
21. "선박에너지효율"이란 선박이 화물운송과 관련하여 사용한 에너지량을 이산화탄소 발생비율로 나타낸 것을 말한다.

22. "선박에너지효율설계지수"란 1톤의 화물을 1해리 운송할 때 배출되는 이산화탄소량을 해양수산부장관이 정하여 고시하는 방법에 따라 계산한 선박에너지효율을 나타내는 지표를 말한다.

「해양환경관리법 시행령」

제2조(관할 대상 해역) 「해양환경관리법」(이하 "법"이라 한다) 제2조 제20호가목에서 "대통령령이 정하는 해역"이란 다음 각 호의 해역을 말한다.
1. 「해양법에 관한 국제연합협약」에 따라 대한민국이 해양환경의 보전에 관한 관할권을 갖는 해역
2. 법 제15조제1항에 따른 환경관리해역

제3조(관할 대상 항만) 법 제2조제20호나목에서 "대통령령이 정하는 항만"이란 다음 각 호의 항만을 말한다.
1. 「항만법」 제3조제1항에 따른 무역항 및 연안항
2. 「어촌 · 어항법」 제2조제3호에 따른 국가어항

「해양환경관리법 시행규칙」

제2조(잔류성유기오염물질) 「해양환경관리법」(이하 "법"이라 한다) 제2조 제10호에서 "해양수산부령이 정하는 것"이란 「잔류성유기오염물질 관리법 시행령」 별표 1의 물질을 말한다.

제3조(해양시설) 법 제2조제17호에서 "해양수산부령이 정하는 것"이란 별표 1의 시설을 말한다.

[별표 1]
해양시설의 범위(제3조 관련)

구분	시설의 종류	범위
1. 기름, 유해액체물질, 폐기물, 그 밖의 물건의 공급(공급받는 경우를 포함한다) · 처리 또는 저장 등의 목적으로 해역 안 또는 해역과 육지 사이에 연속하여 설치 · 배치된 시설 또는 구조물(해역과 일시적으로 연결되는 시설 또는 구조물을 포함한다)	가. 기름 및 유해액체물질 저장(비축을 포함한다)시설	계류시설(돌핀), 선박과 저장시설을 연결하는 이송설비, 저장시설, 자가처리시설
	나. 법 제38조에 따른 오염물질저장시설	저장시설, 교반시설, 처리시설
	다. 선박 건조 및 수리시설, 해체시설	저장시설, 상가시설 및 수리시설(이동식 시설은 제외한다)
	라. 시멘트 · 석탄 · 사료 · 곡물 · 고철 · 광석 · 목재 · 토사의 하역시설	해양수산부장관이 정하여 고시하는 계류시설, 하역설비(컨베이어 벨트를 포함한다)
	마. 폐기물해양배출업자의 폐기물저장시설	폐기물저장시설, 교반시설 및 이송관

2. 해양레저, 관광, 주거, 해수이용, 그 밖의 목적으로 해역 안 또는 해역과 육지 사이에 연속하여 설치·배치·투입된 시설 또는 구조물	가. 연면적 100㎡ 이상의 해상관광시설, 주거시설(호텔·콘도), 음식점(「선박안전법」상 선박은 제외한다)	해역 안에 설치된 시설, 해역과 육지 사이에 연 속하여 설치된 시설의 경우에는 취수 및 배수 시설(배관을 포함한다)
	나. 관경의 지름이 600㎜ 이상의 취수·배수시설(관이 2개 이상인 경우는 각각의 지름을 합한다)	취수 및 배수시설(배관을 포함한다)
	다. 유어장	유어시설, 가두리낚시터
	라. 그 밖의 시설	해상송전철탑, 해저광케이블, 해상부유구조물
3. 그 밖에 해역 안에 설치·배치·투입된 시설 또는 구조물	「해양수산발전기본법」 제17조제1항에 따른 국가해양관측을 위한 종합해양과학기지	기상관측 등 그 밖의 목적시설

비고
1. 자가처리시설이란 해양시설의 소유자가 그의 해양시설에서 발생하거나 기름 및 유해액체물질을 선박으로부터 공급받거나 선박에 공급하는 과정에서 생기는 기름 및 유해액체물질을 처리하기 위한 시설을 말한다.
2. 처리시설이란 선박 또는 해양시설에서 수거한 유성혼합물을 처리하기 위한 유수분리시설 등의 시설을 말한다.

「선박에서의 오염방지에 관한 규칙」

제2조(정의) 이 규칙에서 사용하는 용어의 뜻은 다음과 같다.
1. ~9호. -생략-
10. "건조된 선박"이란 선박의 용골(龍骨)이 거치되거나 이와 동등한 건조단계에 있는 것을 말한다.
11. "동등한 건조단계"란 선박의 전체 구조물 견적중량의 1퍼센트 또는 50톤 이상의 조립이 이루어진 단계를 말한다.
12. "주요개조"란 다음 각 목의 어느 하나에 해당하는 개조를 말한다.
가. 선박의 길이·너비·깊이 또는 운송능력을 실질적으로 변경하기 위한 개조
나. 선박의 용도를 변경하기 위한 개조
다. 선박의 사용연한을 연장하기 위한 것으로 해양수산부장관이 인정하는 개조
13. "유조선"이란 화물창의 대부분이 산적한 기름을 운반하기 위한 구조로 된 선박을 말한다.
14. "국내항해"란 우리나라 항간의 항해를 말한다.
15. "국제항해"란 우리나라의 항에서 우리나라 밖의 외국항으로 가는 항해 또는 그 반대의 항해를 말한다.
16. "분뇨"란 다음 각 목의 어느 하나에 해당하는 것을 말한다.
  가. 모든 형태의 화장실이나 소변소로부터 나오는 배출물과 쓰레기
  나. 의무실, 병실 등의 의료구역의 세면기, 세탁통 및 배수구를 통하여 나오는 배출물
  다. 살아 있는 동물이 들어있는 장소로부터의 배출물
  라. 가목부터 다목까지의 배출물과 혼합된 폐수
17. "총톤수"란 「선박법」 제3조제1항 또는 「어선법」 제37조제3항에 따른 총톤수(국제항해에 운항하는 선박의 경우에는 국제총톤수)를 말한다.
18. "국제특별해역"이란 「1978년 의정서에 의하여 개정된 선박으로부터의 오염방지를 위한 1973년 국제협약」(이하 "국제협약"이라 한다)에 따라 국제해사기구(IMO)가 지정한 특별해역을 말한다.

19. "유성찌꺼기(sludge)"란 다음 각 목의 어느 하나에 해당하는 것을 말한다.
   가. 연료유 및 윤활유를 청정할 때 생기는 폐유
   나. 기름여과장치로부터 분리된 폐유
   다. 기관구역에서 기름의 누출 등으로 생기는 폐유
   라. 폐유압유 및 폐윤활유 등 선박의 운항 중에 발생하는 폐유
20. "혼합물탱크(slop tank)"란 다음 각 목의 어느 하나에 해당하는 것을 한 곳에 모으기 위한 탱크를 말한다.
   가. 유조선 또는 유해액체물질 산적운반선의 화물창 안의 화물잔류물 또는 화물창 세정수
   나. 화물펌프실 바닥에 고인 기름, 유해액체물질 또는 포장유해물질의 혼합물
21. "분리평형수"란 기름 또는 유해액체물질 외의 물질의 적재를 위하여 영구적으로 설치되어 있는 탱크에 적재된 선박평형수(平衡水)로서 화물용 관(管) 또는 연료유계통으로부터 완전히 분리된 것을 말한다.
22. "맑은평형수"란 다음 각 목의 어느 하나에 해당하는 것을 말한다.
   가. 유조선의 경우에는 제10조제2항에 따른 요건 이상으로 세정된 선박평형수
   나. 유해액체물질산적운반선의 경우에는 유해액체물질을 운송한 후 제11조에 따라 세정하고 비운 탱크에 적재된 선박평형수
23. "기름여과장치"란 기름이 섞여있는 폐수를 유분함유량 0.0015퍼센트(15ppm)이하로 처리하여 배출할 수 있는 해양오염방지설비를 말한다.
24. "응고성 물질"이란 유해액체물질로서 다음 각 목의 어느 하나에 해당하는 것을 말한다.
   가. 녹는점이 섭씨 15도 미만의 물질인 경우에는 화물을 내릴 때의 온도가 그 물질의 녹는점보다 섭씨 5도 미만의 높은 범위 안에 있는 온도의 물질
   나. 녹는점이 섭씨 15도 이상의 물질인 경우에는 화물을 내릴 때의 온도가 그 물질의 녹는점보다 섭씨 10도 미만의 높은 범위 안에 있는 온도의 물질
25. "고점성 물질"이란 제3조 제1항 제1호의 X류물질 또는 같은 항 제2호의 Y류물질로서 화물을 내릴 때의 온도에서 해당 물질의 점도가 50밀리파스칼초 이상인 물질을 말한다.
26. "겸용선"이란 기름이나 고체화물을 산적(散積)상태로 적재할 수 있도록 설계 · 건조된 선박을 말한다.
27. "검사기준일"이란 제39조 제3항에 따른 해양오염방지검사증서 또는 제48조에 따른 협약검사증서의 유효기간에 속하는 날로서 해당 증서의 유효기간 기산일(중간검사를 받아야 할 시기보다 3개월 이상 앞당겨 중간검사를 받은 경우에는 해당 중간검사의 완료일부터 3개월이 경과한 날)부터 1년씩이 만료되는 날을 말한다.

제3조(유해액체물질의 분류)

① 「해양환경관리법」(이하 "법"이라 한다) 제2조 제7호에서 "해양수산부령이 정하는 것"이란 다음 각 호의 물질을 말한다.

1. X류 물질 : 해양에 배출되는 경우 해양자원 또는 인간의 건강에 심각한 위해를 끼치는 것으로서 해양배출을 금지하는 유해액체물질
2. Y류 물질 : 해양에 배출되는 경우 해양자원 또는 인간의 건강에 위해를 끼치거나 해양의 쾌적성 또는 해양의 적합한 이용에 위해를 끼치는 것으로서 해양배출을 제한하여야 하는 유해액체물질
3. Z류 물질 : 해양에 배출되는 경우 해양자원 또는 인간의 건강에 경미한 위해를 끼치는 것으로서 해양배출을 일부 제한하여야 하는 유해액체물질
4. 기타 물질 : 「위험화학품 산적운송선박의 구조 및 설비를 위한 국제코드」 제18장의 오염분류에서 기타 물질로 표시된 물질로서 탱크세정수 배출 작업으로 해양에 배출할 경우 현재는 해양자원, 인간의 건강, 해양의 쾌적성 그 밖에 적법한 이용에 위해가 없다고 간주되어 제1호부터 제3호까지의 규정에 따른 범주에 해당되지 아니하는 것으로 알려진 물질
5. 잠정평가물질 : 제1호부터 제4호까지의 규정에 따라 분류되어 있지 아니한 액체물질로서 산적(散積)운송하기 위한 신청이 있는 경우 해양수산부장관이 「산적된 유해액체물질에 의한 오염규제를 위한 규칙」 부록 1에 정하여진 유해액체물질의 분류를 위한 지침에 따라 잠정적으로 제1호부터 제4

호까지의 어느 하나에 해당하는 것으로 평가한 물질
② 제1항 각 호에 따른 유해액체물질의 세부 분류기준 및 분류된 유해액체물질의 목록은 별표 1과 같다.

제4조(포장유해물질) 법 제2조제8호에서 "해양수산부령이 정하는 것"이란 「위험물 선박운송 및 저장규칙」 제2조 제1호에 따른 위험물[1]을 말한다.

---

1)

「위험물 선박운송 및 저장규칙」

제2조(정의) 이 규칙에서 사용하는 용어의 뜻은 다음과 같다.
1. "위험물"이란 다음 각 목에서 정하는 것을 말한다.
가. 화약류: 다음에 정하는 폭발성 물질(화학반응으로 주위환경에 손상을 줄 수 있는 온도 · 압력 및 속도를 가진 가스를 발생시키는 고체 물질, 액체 물질 또는 그 혼합물을 말한다. 이하 같다) 및 폭발성 제품(한 종류이상의 폭발성 물질을 포함한 제품을 말한다. 이하 같다)으로서 해양수산부장관이 고시하는 것
1) 대폭발(발화 시 해당 폭발성 물질 또는 폭발성 제품의 대부분이 동시에 폭발하는 것을 말한다. 이하 같다) 위험성이 있는 폭발성 물질 및 폭발성 제품
2) 대폭발위험성은 없으나 분사(발화 시 해당 폭발성 물질 또는 폭발성 제품이 연소되면서 빠른 속도로 가스를 내뿜는 것을 말한다. 이하 같다) 위험성이 있는 폭발성 물질 및 폭발성 제품
3) 대폭발위험성은 없으나 화재위험성 · 폭발위험성 또는 분사위험성이 있는 폭발성 물질 및 폭발성 제품: 화재 시 상당한 복사열을 발산하거나 약한 폭발 또는 분사를 하면서 연소되는 폭발성 물질 및 폭발성 제품
4) 대폭발위험성 · 분사위험성 또는 화재위험성은 적으나 민감한 폭발성 물질 및 폭발성 제품: 운송 중 발화하는 경우 위험성이 적은 폭발성 물질 및 폭발성 제품
5) 대폭발위험성이 있는 매우 둔감한 폭발성 물질: 대폭발위험성은 있으나 매우 둔감하여 통상적인 운송조건에서는 발화하기 어렵고 화재가 나도 폭발하기 어려운 폭발성 물질
6) 대폭발위험성이 없는 극히 둔감한 폭발성 제품: 극히 둔감한 폭발성 물질을 주성분으로 하여 만들어진 것으로서 우발적으로 발화하기 어려운 폭발성 제품
나. 고압가스: 섭씨 50도에서 0.30메가파스칼을 초과하는 증기압을 가진 물질 또는 섭씨 20도 및 압력 0.1013메가파스칼에서 완전히 기체인 물질 중 다음에 정하는 물질로서 해양수산부장관이 고시하는 것
1) 인화성 가스: 섭씨 20도와 압력 0.1013메가파스칼에서 해당 가스가 공기 중에 용적비로 13퍼센트 이하 혼합된 경우에도 발화되는 가스와 공기 중에서 인화될 수 있는 가스 농도의 최대값과 최소값의 차이가 12퍼센트 이상인 가스
2) 비(非) 인화성 · 비 독성 가스: 인화성 가스 또는 독성 가스가 아닌 가스
3) 독성 가스: 해당 가스를 흰쥐의 입을 통하여 투여한 경우 또는 피부에 24시간 동안 계속하여 접촉시키거나 1시간 동안 계속하여 흡입시킨 경우 그 흰쥐의 2분의 1 이상이 14일 이내에 죽게 되는 독량이 1세제곱미터당 5리터 이하인 가스
다. 인화성 액체류: 다음에 정하는 인화성 액체로서 해양수산부장관이 고시하는 것
1) 저인화점 인화성 액체: 인화점(밀폐용기 시험에 의한 인화점을 말한다. 이하 같다)이 섭씨 영하 18도 미만인 액체
2) 중인화점 인화성 액체: 인화점이 섭씨 영하 18도 이상 섭씨 23도 미만인 액체
3) 고인화점 인화성 액체: 인화점이 섭씨 23도 이상 섭씨 60도 이하인 액체(인화점이 섭씨 35도를 초과하는 액체로서 연소계속성으로 인하여 그 액체의 인화점 미만의 온도로 운송되는 경우는 제외한다) 또는 인화점이 섭씨 60도를 초과하는 액체로서 인화점 이상의 온도로 운송되는 액체
라. 가연성 물질류: 다음의 물질로서 해양수산부장관이 고시하는 것
1) 가연성 물질: 화기 등으로 쉽게 점화되거나 연소하기 쉬운 물질, 자체반응 물질과 이와 관련된 물질 및 둔감화된 화약류
2) 자연발화성 물질: 자연발열이나 자연발화하기 쉬운 물질
3) 물 반응성 물질: 물과 반응하여 인화성 가스를 발생하는 물질
마. 산화성 물질류: 다음의 물질로서 해양수산부장관이 고시하는 것과 제200조 각 호에서 정하는 것
1) 산화성 물질: 다른 물질을 산화시키는 성질을 가진 물질(유기과산화물은 제외한다)

제5조(유해방오도료) 법 제2조제9호에서 "해양수산부령이 정하는 것"이란 생물체에 파괴작용을 하는 성분이 포함된 것으로서 다음 각 호의 어느 하나에 해당하는 도료를 말한다.
1. 수산화트리알킬주석과 그 염류(산화 트리알킬주석을 포함한다), 트리부틸주석화합물 또는 그중 하나를 0.1퍼센트 이상 함유한 혼합물질을 포함한 도료
2. 국제해사기구가 유해방오도료로 정한 도료

제6조(황산화물배출규제해역) 법 제2조제14호에서 "해양수산부령이 정하는 해역"이란 다음 각 호의 해역을 말한다.
1. 발틱해역(보스니아만, 핀란드만 및 스카게락해협의 스카우를 지나는 북위 57도 44.8분의 위도선을 경계선으로 하는 발틱해의 입구를 포함한 고유의 발틱해역)
2. 다음 경계 내에 있는 북해해역
   가. 북위 62도의 남쪽과 서경 4도의 동쪽 사이
   나. 스카게락해협(남쪽 한계는 북위 57도 44.89분의 스카우에서 동쪽으로 그은 위도선)
   다. 영국해협과 서경 5도의 동쪽, 북위 48도 30분의 북쪽으로의 영국해협 사이

2의2. 별표 1의2에 따른 북아메리카 해역
2의3. 별표 1의3에 따른 캐리비안 해역
3. 국제해사기구가 황산화물배출규제해역으로 지정한 해역

제7조(고정식·부유식 시추선 및 플랫폼) 법 제2조제16호에서 "해양수산부령이 정하는 고정식·부유식 시추선 및 플랫폼"이란 「해저광물자원 개발법」 제2조제2호에 따른 해저광업을 위한 고정식·부유식 시추선 및 플랫폼(이하 "시추선 및 플랫폼"이라 한다)을 말한다.

제3관 적용범위 및 순위

1. 장소적 적용범위

이 법은 다음 각 호의 해역·수역·구역 및 선박·해양시설 등에서의 해양환경관리에 관하여 적용한다. 다만, 방사성물질과 관련한 해양환경관리 및 해양오염방지에 대하여는 「원자력안전법」이 정하는 바에 따른다(법 제3조 제1항).

---

2) 유기과산화물: 쉽게 활성산소를 방출하여 다른 물질을 산화시키는 성질을 가진 유기물질

바. 독물류: 다음에서 정하는 것
   1) 독물: 인체에 독작용을 미치는 물질로서 해양수산부장관이 고시하는 것
   2) 병독(病毒)을 옮기기 쉬운 물질: 살아있는 병원체, 살아있는 병원체를 함유하고 있는 물질이나 살아있는 병원체가 붙어있다고 인정되는 것

사. 방사성 물질: 「원자력법」 제2조에 따른 방사성물질(방사성물질에 오염된 것을 포함한다)

아. 부식성(腐蝕性) 물질: 부식성을 가진 물질로서 해양수산부장관이 고시하는 것

자. 유해성 물질: 가목부터 아목까지의 물질 외에 사람에게 해를 끼치거나 다른 물건을 손상시킬 우려가 있는 물질로서 해양수산부장관이 고시하는 것

2호 이하 -생략-

1. 「영해 및 접속수역법」에 따른 영해 및 대통령령이 정하는 해역[2)]
2. 「배타적경제수역법」 제2조의 규정에 따른 배타적경제수역[3)]
3. 법 제15조의 규정에 따른 환경관리해역
4. 「해저광물자원 개발법」 제3조의 규정에 따라 지정된 해저광구[4)]

「해양환경관리법 시행령」

제4조(해역의 범위) 법 제3조 제1항 제1호에서 "대통령령이 정하는 해역"이란 다음 각 호의 해역을 말한다.
1. 「영해 및 접속수역법」 제3조에 따른 내수
2. 「해양법에 관한 국제연합협약」에 따라 대한민국이 해양환경의 보전에 관한 관할권을 갖는 해역

---

2)

「영해 및 접속수역법」

제1조(영해의 범위) 대한민국의 영해는 기선(基線)으로부터 측정하여 그 바깥쪽 12해리의 선까지에 이르는 수역(水域)으로 한다. 다만, 대통령령으로 정하는 바에 따라 일정수역의 경우에는 12해리 이내에서 영해의 범위를 따로 정할 수 있다.

3)

「배타적경제수역법」

제2조(배타적 경제수역의 범위)
① 대한민국의 배타적 경제수역은 협약에 따라 「영해 및 접속수역법」 제2조에 따른 기선(基線)으로부터 그 바깥쪽 200해리의 선까지에 이르는 수역 중 대한민국의 영해를 제외한 수역으로 한다.
② 대한민국과 마주 보고 있거나 인접하고 있는 국가(이하 "관계국"이라 한다) 간의 배타적 경제수역의 경계는 제1항에도 불구하고 국제법을 기초로 관계국과의 합의에 따라 획정한다.

4)

「해저광물자원개발법」

제3조(해저광구 등)
① 해저광구 또는 해저조광구의 경계는 직선으로 정하고 해저의 경계선 바로 아래를 한계로 한다.
② 해저광구의 위치 및 형태는 경도・위도를 기준으로 하여 대통령령으로 정한다.
③ 산업통상자원부장관은 하나의 해저광구를 둘 이상으로 분할하여 해저조광권을 설정할 수 있다.
④ 산업통상자원부장관은 경제적 가치가 있는 해저광물의 채취 가능성이 높은 해저광구를 유망광구로 지정하여 공표할 수 있다.
⑤ 산업통상자원부장관은 제4항에 따른 유망광구에서 해저조광권의 설정허가를 받은 자에게 우선적으로 자금을 지원할 수 있다.
⑥ 제4항에 따른 유망광구의 지정 및 공표에 필요한 사항은 대통령령으로 정한다.

2. 물적 적용범위

가. 대한민국 선박

법 제3조 제1항 각 호의 해역・수역・구역 밖에서 「선박법」 제2조의 규정에 따른 대한민국 선박(이하 "대한민국선박"이라 한다)에 의하여 행하여진 해양오염의 방지에 관하여는 이 법을 적용한다(법 제3조 제2항).

나. 외국선박

대한민국선박 외의 선박(이하 "외국선박"이라 한다)이 법 제3조 제1항 각 호의 해역・수역・구역 안에서 항해 또는 정박하고 있는 경우에는 이 법을 적용한다. 다만, 법 제32조(해양오염방지관리인), 제49조부터 제54조까지(정기검사, 중간검사, 임시검사, 임시항해검사, 방오시스템검사, 대기오염방지설비의 예비검사 등), 제54조의2(에너지효율검사), 제56조부터 제58조까지(해양오염방지검사증서 등의 유효기간, 해양오염방지검사증서 등을 교부받지 아니한 선박의 항해 등, 부적합 선박에 대한 조치), 제60조(재검사), 제112조 및 제113조(업부의 대행 등, 업무대행 등의 취소)의 규정은 국제항해에 종사하는 외국선박에 대하여 적용하지 아니한다(법 제3조 제3항).

3. 법령간 우선순위

가. 타법의 적용

법 제44조의 규정에 따른 연료유의 황함유량 기준 및 제45조의 규정에 따른 연료유의 품질기준에 관하여 이 법에서 규정하고 있는 경우를 제외하고는 「석유 및 석유대체연료 사업법」 및 「대기환경보전법」이 정하는 바에 따른다(법 제3조 제4항). 오염물질의 처리는 이 법에서 규정하고 있는 경우를 제외하고는 「폐기물관리법」・「수질 및 수생태계 보전에 관한 법률」, 「하수도법」 및 「가축분뇨의 관리 및 이용에 관한 법률」에서 정하는 바에 따른다(법 제3조 제5항). 선박의 디젤기관으로부터 발생하는 질소산화물 등 대기오염물질의 배출허용기준에 관하여 이 법에서 규정하고 있는 경우를 제외하고는 「대기환경보전법」이 정하는 바에 따른다(법 제3조 제6항).

한 나라의 법은 원칙적으로 그 국가의 모든 영역에 걸쳐 적용된다. 국가의 영역이라는 것은 주권이 미치는 공간을 말하며, 영토, 영해, 영공을 포함한다. 이 법에서는「영해 및 접속수역법」에 따른 영해 및 대통령령이 정하는 해역, 「배타적경제수역법」 제2조의 규정에 따른 배타적경제수역, 이 법 제15조의 규정에 따른 환경관리해역, 「해저광물자원 개발법」 제3조의 규정에 따라 지정된 해저광구 등을 이 법이 적용되는 지역적 범위로 규정하고 있다. 이러한 영역에서는 내국인・외국인을 불문하고 모든 사람에게 우리 나라의 법률이 적용된다.

공해(high seas)상의 선박도 기국법(旗國法)의 적용을 받는다. 즉 이 법 제3조 제2항은 기국법주의를 명시한 규정이다(속인주의 원칙).

다른 나라의 이와 유사한 법률과 적용상 충돌될 경우에는 속지주의 우선의 원칙이 적용된다. 따라서 외국선박이 법 제3조 제1항 각호의 장소에서 이 법을 위반한 경우에는 이 법이 우선 적용된다.

나. 국제협약과의 관계

해양환경 및 해양오염과 관련하여 국제적으로 발효된 국제협약에서 정하는 기준과 이 법에서 규정하는 내용이 다른 때에는 국제협약의 효력을 우선한다. 다만, 이 법의 규정내용이 국제협약의 기준보다 강화된 기준을 포함하는 때에는 그러하지 아니하다(법 제4조).

「해양오염방지협약」(Protocol of 1997 to Amend the International Convention for the Prevention of Pollution from Ships, 1973, as Modified by the Protocol of 1978 relating thereto : 이하 「Marpol 73/78」이라 한다)과 「2001년 유해방오시스템 사용규제에 관한 국제협약」(International Convention on the Control of Harmful Anti-Fouling Systems on Ships, 2001 : 이하 「AFS 2001」이라 한다) 등, 우리나라가 가입한 국제협약이 정한 기준을 최소기준으로 하여 해양환경관리를 강화하고자 하는 것이 이 법의 취지라고 할 수 있다. 국제적으로 발효된 국제협약은 항만국통제 등의 기준이 된다는 점에서도 국제적으로 준수하여야 할 최소기준이기 때문에 국제협약의 우선적용원칙은 국제협약의 체약국의 의무를 이행하는 것이기도 하다. 다만, 이 법에서 국제협약 보다 강화된 기준은 이를 우선 적용함으로써 해양환경관리를 더욱 강화하고자 원칙을 규정하고 있다.

제4관 국가의 책무 등

1. 국가의 책무

국가와 지방자치단체는 해양오염으로 인한 위해(危害)를 예방하고 훼손된 해양환경을 복원하는 등 해양환경의 적정한 보전・관리에 필요한 시책을 수립・시행하여야 한다(법 제5조 제1항). 해양에서의 개발・이용행위 등 해양환경에 영향을 미치는 행위 또는 사업을 행하는 자는 해양오염 및 해양환경의 훼손을 최소화하도록 필요한 조치를 하여야 한다(법 제5조 제2항). 모든 국민은 건강하고 쾌적한 해양환경에서 생활할 권리를 가지며, 국가와 지방자치단체가 시행하는 해양환경의 보전・관리와 관련한 시책에 적극 협력하여야 한다(법 제5조 제3항).

법은 해양환경의 보전과 관리에 관한 국가의 책무를 다음과 같이 규정하고 있다.

첫째, 해양오염으로 인한 위해를 예방하고 훼손된 해양환경을 복원하는 등 해양환경의 적정한 보전・관리에 필요한 시책을 수립 시행해야 한다.

둘째, 해양에서의 개발・이용행위 등 해양환경에 영향을 미치는 행위 또는 사업을 행하는 자는 해양오염 및 해양환경의 훼손을 최소화하도록 필요한 조치를 해야 한다.

셋째, 모든 국민은 건강하고 쾌적한 해양환경에서 생활할 권리를 가지며, 국가와 지방자치단체가 시행하는 해양환경의 보전・관리와 관련한 시책에 적극 협력해야 한다.

2. 해양환경 관련 과학기술 및 국제협력의 촉진

해양수산부장관은 해양환경의 효과적인 관리 및 선박에너지효율의 개선에 필요한 과학기술을 개발하고 관련 산업의 발전을 촉진시키기 위하여 필요한 시책을 강구하여야 한다(법 제6조 제1항). 해양수산부장관은 해양환경의 보전・관리, 해양오염방지 및 선박에너지효율의 개선에 공동으로 대처하기 위하여 외국의 정부 또는 해양환경 관련 국제기구와 협력하여 필요한 사업을 실시할 수 있다. 이 경우 당해 사업에 우리나라의 관련 연구기관 및 학술기관 등을 공동으로 참여하게 할 수 있다(법 제6조 제2항). 해양수산부장관은 법 제6조 제2항 후단의 규정에 따라 공동으로 참여하는 관련 연구기관 및 학술기관에 대하여 예산의 범위 안에서 필요한 지원을 할 수 있다(법 제6조 제3항). 법 제6조 제2항 및 제3항의 규정에 따른 국제협력 사업의 종류와 공동 참여기관 및 지원 등에 관하여 필요한 사항은 대통령령으로 정한다(법 제6조 제4항).

「해양환경관리법 시행령」

제5조(국제협력 사업 및 지원대상 등)

① 법 제6조 제4항에 따른 국제협력 사업은 다음 각 호와 같다.

1. 해양환경의 보전・관리, 해양오염방지 및 선박에너지효율의 개선과 관련된 국제협약의 국내이행에 필요한 사업
2. 해양환경의 보전・관리, 해양오염방지 및 선박에너지효율의 개선과 관련된 국제기구와의 국제협력 사업
3. 해양환경의 보전・관리, 해양오염방지 및 선박에너지효율의 개선과 관련된 국제공동연구개발 및 조사사업
4. 해양환경의 보전・관리, 해양오염방지 및 선박에너지효율의 개선과 관련된 인력・정보의 국제교류
5. 해양환경의 보전・관리, 해양오염방지 및 선박에너지효율의 개선과 관련된 국제회의・학술회의 관련 사업
6. 그 밖에 해양환경의 보전・관리, 해양오염방지 및 선박에너지효율의 개선과 관련하여 필요하다고 인정되는 국제협력 사업

② 법 제6조 제4항에 따라 국제협력 사업에 공동으로 참여할 수 있는 기관은 다음 각 호와 같다.

1. 국공립 연구기관
2. 「고등교육법」 제2조에 따른 학교

3. 「정부출연연구기관 등의 설립・운영 및 육성에 관한 법률」과 「과학기술분야 정부출연연구기관 등의 설립・운영 및 육성에 관한 법률」에 따른 정부출연연구기관
4. 「특정연구기관 육성법」의 적용을 받는 연구기관
5. 법 제96조에 따른 해양환경관리공단
6. 법 제125조에 따른 해양환경보전협회
7. 「선박안전법」 제45조에 따른 선박안전기술공단
8. 「선박안전법」 제60조 제2항에 따른 선급법인
9. 그 밖에 해양수산부장관이 지정하여 고시하는 기관 및 단체

③ 해양수산부장관은 법 제6조 제4항에 따라 제1항의 국제협력 사업에 참여하는 제2항의 기관에 대하여 국제공동연구개발, 전문 인력 및 정보의 국제교류, 국제회의 유치 또는 참석 등에 필요한 예산 등을 지원할 수 있다.

---

3. 오염원인자 책임의 원칙

자기의 행위 또는 사업활동으로 인하여 해양환경의 훼손 또는 해양오염을 야기한 자(이하 "오염원인자"라 한다)는 훼손・오염된 해양환경을 복원할 책임을 지며, 해양환경의 훼손・오염으로 인한 피해의 구제에 소요되는 비용을 부담함을 원칙으로 한다(법 제7조).

법은 해양환경훼손 또는 해양오염을 야기한 자가 해양환경복원과 피해구제에 소요되는 비용을 부담하도록 하는 원인자책임의 원칙을 규정하고 있다. 환경법에서 원인자책임의 원칙이라 함은 자기 또는 자기의 영향권 내에 있는 자의 행위 또는 물건으로 인하여 환경오염의 발생에 원인을 제공한 자가 그 환경오염의 방지・제거 및 손실보전에 관하여 책임을 져야 한다는 원칙을 말한다. 이 원칙은 환경관련 목적을 직접적인 내용으로 하는 것이 아니라 환경개선비용부담을 내용으로 한다는 점에서 환경보호에 있어서 비용귀속의 원칙으로 이해할 수 있다.[5] 따라서 훼손・오염된 해양환경을 복원할 책임을 진다는 것도 종국적으로는 비용부담문제로 귀결된다고 본다. 원인자책임의 원칙은 환경오염의 원인을 제공한 자가 금전적인 부담을 지게 함으로써 그에게 오염방지를 위한 충분한 조치를 취하도록 동기를 부여함으로써 원인자는 환경오염을 통하여 얻게 되는 경제적 이익과 환경오염으로 부담하게 되는 책임과를 비교하여 환경오염 여부를 결정하게 될 것이며 환경의 질을 일정수준으로 유지하기 위하여 어떻게 하는 것이 최소비용이 들어가는 가장 효과적인 방법인가를 찾도록 하는 경제적인 효율성의 기준이 된다.

---

5) 천병태・김명길, 「環境法論」, (삼영사, 1997), 44쪽.

제2절 | 해양환경의 보전·관리를 위한 조치

제1관 해양환경기준 및 자료관리

1. 해양환경기준

해양수산부장관은 「환경정책기본법」 제13조[6]에 따른 환경기준을 고려하고 「해양수산발전기본법」 제13조의 규정[7]에 따른 해양환경의 보전을 위한 시책에 필요한 해양환경의 기준(이하 "해양환경기준"이라 한다)을 해역별·용도별로 정하여 고시하여야 한다. 이 경우 해양수산부장관은 미리 관계 행정기관의 장의 의견을 들어야 한다(법 제8조 제1항). 시·도지사는 법 제8조 제1항의 규정에 따라 해양수산부장관이 정한 해양환경기준을 참고하여 관할 해역 안에서의 해양자원의 적정한 이용·개발 및 해양환경보전 등을 위하여 해양환경기준을 별도로 정하여 고시할 수 있다. 이 경우 시·도지사가 관할 해역의 해양환경기준을 정하거나 그 내용을 변경하려는 때에는 미리 해양수산부장관의 승인을 얻어야 한다(법 제8조 제2항). 법 제8조 제1항 및 제2항의 규정에 따른 해양환경기준을 정하는 방법 그 밖에 필요한 사항은 해양수산부령으로 정한다(법 제8조 제3항).

「해양환경관리법 시행규칙」

제4조(해양환경기준) 법 제8조에 따른 해양환경기준은 다음 각 호의 기준에 따라 설정하여야 한다.
1. 해역별 해양환경기준은 해역별 특성에 따라 구분하여 지정할 것

---

6)

「환경정책기본법」

제13조(환경기준의 유지) 국가 및 지방자치단체는 환경에 관계되는 법령을 제정 또는 개정하거나 행정계획의 수립 또는 사업의 집행을 할 때에는 제12조에 따른 환경기준이 적절히 유지되도록 다음 사항을 고려하여야 한다.
1. 환경 악화의 예방 및 그 요인의 제거
2. 환경오염지역의 원상회복
3. 새로운 과학기술의 사용으로 인한 환경오염 및 환경훼손의 예방
4. 환경오염방지를 위한 재원(財源)의 적정 배분

7)

「해양수산발전기본법」

제13조(해양환경의 보전) 정부는 해양환경의 보전을 위하여 오염·폐기물질의 발생·유입의 방지, 오염·폐기물질의 제거 등을 위한 시책을 마련하여야 한다.

2. 용도별 해양환경기준은 해역이용목적별로 구분하여 설정할 것
3. 다음 각 목의 사항에 따라 구분하여 설정할 것
   가. 해수수질
   나. 해저퇴적물
   다. 해양생물

해양환경의 보전은 환경정책의 한 분야이면서 동시에 해양수산정책의 한 분야이기도 하다. 따라서 이 법은 「환경정책기본법」의 환경기준과 「해양수산발전기본법」의 규정에 따라 해양수산부장관이 해양환경의 보전을 위한 시책에 필요한 해양환경기준을 해역별・용도별로 지정하여 고시하도록 하고, 시도지사는 관할해역에서의 지역해양환경기준을 별도로 고시할 수 있도록 하였다.

환경기준은 행정의 노력목표를 나타내는 지표로서 행정에게 이를 달성해야 할 법적 의무를 부과한다든지, 사업자에 대한 규제기준으로서 직접 기능하는 것은 아니다. 이러한 의미에서 국민의 권리의무를 직접 규정한 것은 아니라고 본다.[8] 그렇지만 해양환경기준은 다음의 경우에는 규범적 의미를 가진다고 할 수 있다.

첫째, 해양환경기준은 해양환경영향평가를 함에 있어서 평가기준으로 작용할 수 있다. 둘째, 해양환경기준은 총량규제[9]의 기준 내지 근거가 될 수 있다. 셋째, 해양환경기준은 환경오염으로 인한 민사상의 손해배상청구나 중지청구소송에 있어 수인한도의 판단기준이 될 수 있다.[10]

해양환경기준(standards of marine environmental quality)이 무엇을 의미하는 것인지 분명하지는 않다. 일반적으로 '국민이 건강하고 쾌적한 생활을 위하여 국가가 달성하고 유지하여야 하는 해양환경의 질적 수준에 대한 기준'이라고 할 수 있으며, 이는 수치에 의하여 계수화한 기준으로 나타난다.[11] 종래의 환경대책이 오염물질을 배출하는 발생원에 대한 농도규제를 중심으로 실시되었으나, 이러한 수단으로는 개별적인 발생원으로부터의 오염물질의 발생은 적정하게 규제할 수 있다고 하더라도 발생원의 규모 수의 증대와 그 집적으로

---

8) 일본의 항고소송에서 이산화질소(NO_2)에 관한 환경기준을 현저히 완화시킨 환경기준개정고시의 취소를 구하는 항고소송에서 환경기준고시는 정책상의 노력목표를 추상적으로 정립하는 행위이며 총량규제기준도 오직 환경기준으로부터 자동적으로 결정되지 않는 것이므로, 양기준의 관계는 사실상의 것에 불과하다고 판시함으로써 그 고시의 처분성을 부인하였다(東京地判, 1981.9.17., 判例時報 1014號, 26쪽).

9) 최대허용농도를 규제하는 농도규제방식도 있으나 이는 오염발생시설단위별로 배출기준이 적용되므로 오염원이 많은 경우나 배출량을 줄이지 않고 물을 부어 희석시키는 경우 등에는 환경오염을 방지하는데 있어서 적절한 방법이 될 수 없다. 총량규제란 이러한 문제점을 시정하기 위한 규제방식 중의 하나로 일정단위별(시간당, 일 또는 연)로 최대허용량을 기준으로 오염물질의 배출량을 통제하는 방식이다.

10) 大阪地判, 1974.2.27., 判例時報 729호, 3쪽.

11) 구연창, 「환경법론」, (법문사, 1991), 300쪽.

인한 오염물질의 총량의 증대현상을 막을 수가 없게 된다. 따라서 자연적 정화력을 넘어서는 오염물질의 배출을 금지해야 할 뿐만 아니라 자연적 정화력의 감소를 방지하기 위한 방법을 강구할 필요가 있는 바 이러한 목표를 수량화한 것이 해양환경기준이라 할 수 있다.

해양환경기준의 법적성질은 어디까지나 행정의 노력목표를 나타내는 지표에 불과하고, 직접 국민의 구체적인 권리의무를 규정하는 법률로서의 성격을 갖는 것은 아니다. 국민에 대한 직접적인 규제는 규제기준으로서의 배출기준에 따라 행하여진다. 배출기준은 환경기준의 실현을 목표로 하여 정해지는 것이므로 환경기준과 무관한 것은 아니지만 환경기준과 자동적으로 관련하여 정하는 것은 아니다. 그러므로 특정해역의 환경이 해양환경기준을 넘어 악화되더라도 즉시 공해발생원에 대하여 규제를 강화할 법적 근거가 되는 것은 아니고, 행정청으로서는 행정지도 등을 통하여 오염원에 대한 오염행위의 제한을 요청할 수 있는데 그칠 것이다.

법 제8조 제1항의 해양환경기준이 국가해양환경기준이라고 한다면, 제8조 제2항은 지역해양환경기준이라고 할 수 있다. 이는 지역에 따라 주민의 해양환경에 대한 욕구가 상이할 수 있으므로 지역실정에 맞게 개별화하려는 데 그 의의가 있다.

지역해양환경기준은 지방자치단체인 시도지사가 지역해양환경의 특수성을 감안하여 별도로 고시한 해양환경기준을 의미한다. 이는 지역에 따라 주민의 해양환경에 대한 욕구가 상이할 수 있으므로 해양환경기준을 지역의 실정에 맞게 개별화하려는데 그 의의가 있다. 지역해양환경기준은 해양수산부장관의 승인을 얻어야 한다. 해양수산부장관의 승인은 지역해양환경기준의 유효요건이지만, 지역해양환경기준의 설정은 지방자치단체의 자치사무이므로 해양수산부장관은 승인 여부를 결정함에 있어서 합법성 여분만을 기준으로 판단하여야 하며, 합목적성 여부를 기준으로 판단하여서는 아니된다.[12)]

국가해양환경기준(일반해양환경기준)은 전국적인 효력을 지니므로 지역해양환경기준이 설정되어 있는 곳에서 국가해양환경기준과의 관계가 문제된다. 지역해양환경기준의 준수는 당연히 국가해양환경기준의 준수를 포함하게 된다. 즉, 지역해양환경기준은 국가해양환경기준 보다 엄격하고 높은 수준일 경우에만 허용된다. 국가해양환경기준은 전국적으로 통일적인 기준에 의할 것이 요구되는 국가사무이므로 국가의 관할에 속하여 그 유지를 위한 비용과 책임도 국가에 귀속되는 반면, 지역해양환경기준의 설정과 준수는 지방자치단체의 고유사무이므로 그 비용과 책임도 해당 지방자치단체에 귀속된다.[13)]

---

12) 천병태 · 김명길, 「環境法論」, (삼영사, 1997), 139쪽.

13) 천병태 · 김명길, 「環境法論」, (삼영사, 1997), 141쪽.

2. 해양환경측정망

해양수산부장관은 연근해의 해양환경 상태 및 오염원의 측정・조사 등을 위하여 해양수산부령이 정하는 바에 따라 해양환경측정망을 구성하고 정기적으로 해양환경을 측정하여야 한다(법 제9조 제1항). 시・도지사는 법 제9조 제1항의 규정에 따라 해양수산부장관이 구성한 해양환경측정망을 참고하여 관할 해역에 적합한 해양환경측정망을 별도로 구성할 수 있다. 이 경우 시・도지사는 관할 해역의 해양환경측정망을 구성하거나 구성된 내용을 변경하려는 때에는 해양수산부장관에게 미리 통보하여야 한다(법 제9조 제2항).

「해양환경관리법 시행규칙」

제5조(해양환경측정망)
① 해양수산부장관은 법 제9조 제1항에 따라 다음 각 호의 해양환경측정망(이하 "해양환경측정망"이라 한다)을 구성・운영할 수 있다.
1. 항만환경측정망
2. 연근해환경측정망
3. 환경관리해역환경측정망
4. 하구역환경측정망
5. 해양대기환경측정망
6. 오염우심해역수질자동측정망
② 해양수산부장관은 해양환경측정망을 구성하려는 경우에는 다음 각 호의 사항이 포함된 해양환경측정망 구성・운영계획을 수립하여야 한다.
1. 조사 시기 및 횟수
2. 측정위치 및 위치도면
3. 측정항목 및 방법
4. 해역구분 및 측정망 종류
5. 그 밖에 해양환경측정망의 구성・운영에 필요한 사항
③ 해양수산부장관은 제2항에 따른 해양환경측정망 구성・운영계획을 수립하거나 변경한 경우에는 고시하여야 한다.
④ 해양수산부장관은 매년 해양환경측정망의 운영결과를 평가하여야 한다.

---

3. 해양환경공정시험기준

해양수산부장관은 법 제9조 제1항의 규정에 따른 해양환경측정망의 구성・운영 등 해양환경상태를 조사・평가함에 있어서 그 정확성과 통일성 확보를 위한 해양환경공정시험기준을 정하여 고시하여야 한다. 이 경우 해양환경공정시험기준과 관련하여「산업표준화법」제12조 제1항에 따른 한국산업표준이 고시되어 있는 경우에는 특별한 사유가 없으면 고시된 한국산업표준의 내용에 따른다(법 제10조).

4. 해양환경정보망

해양수산부장관은 대통령령이 정하는 바에 따라 해양환경정보망을 구축하고 국민에게 해양환경정보를 제공하여야 한다(법 제11조 제1항). 해양수산부장관은 법 제11조 제1항의 규정에 따른 해양환경정보망의 구축을 위하여 필요한 때에는 관계 행정기관의 장에게 필요한 자료의 제출을 요구할 수 있다. 이 경우 관계 행정기관의 장은 특별한 사정이 없는 한 이에 따라야 한다(법 제11조 제2항). 법 제11조 제1항 및 제2항의 규정에 따른 해양환경정보망의 구축·운영 및 관리 등에 관하여 필요한 사항은 해양수산부령으로 정한다(법 제11조 제3항).

「해양환경관리법 시행령」

제6조(해양환경정보망의 구축·운영 등)
① 해양수산부장관은 법 제11조 제1항에 따라 법 제9조의 해양환경측정결과 및 국가에서 시행하는 해양환경 관련 연구조사사업의 결과를 제공받아 해양환경자료의 표준화와 기관별 분산된 정보를 통합 관리할 수 있는 해양환경정보망을 구축·운영하여야 한다.
② 제5조 제2항에 따른 기관이 국가기관 또는 지방자치단체(이하 "국가기관등"이라 한다)의 예산으로 사업을 실시하는 경우 사업계획서를 그 국가기관등에 제출하여야 한다. 이 경우 해당 기관은 해양환경 관련 관측·연구 및 조사를 체계적으로 하여야 하고, 관측·연구 및 조사 완료 후 1년 이내에 국가기관등에 그 자료를 해양환경정보망의 구축·운영에 적합하게 전산화하여 제공하여야 한다.

「해양환경관리법 시행규칙」

제6조(해양환경정보망)
① 법 제11조에 따른 해양환경정보망(이하 "해양환경정보망"이라 한다)의 구축대상이 되는 해양환경정보는 별표 2와 같다.
② 법 제123조제3항제2호 및 「해양환경관리법 시행령」(이하 "영"이라 한다) 제95조제1항제2호에 따라 해양환경정보망의 구축 및 해양환경정보의 제공 등의 업무를 위탁받은 법 제96조의 해양환경관리공단(이하 "해양환경관리공단"이라 한다)은 이용자의 요청이 있으면 법 제11조제1항에 따라 해양환경정보를 제공할 때에 해양환경정보의 기초자료를 함께 제공할 수 있다. 다만, 「공공기관의 정보공개에 관한 법률」제9조에 따른 비공개대상정보는 제외한다.
③ 해양수산부장관은 해양환경관리공단으로 하여금 해양환경정보망의 활용도를 높이기 위하여 해양환경정보의 분석·평가 등의 사업을 수행하게 할 수 있다.
④ 해양환경정보망의 세부적인 구축 및 운영 방법 등에 필요한 사항은 해양수산부장관이 따로 정한다.

[별표 2]
해양환경정보(제6조제1항 관련)
다음 각 호의 사업·조사 등에 따라 만들어지는 정보
1. 법 제9조에 따른 해양환경측정망사업의 정보
2. 법 제77조에 따른 해양오염영향조사의 결과
3. 법 제84조에 따른 해역이용협의 관련 정보
4. 법 제85조에 따른 해역이용영향평가 관련 정보
5. 법 제95조에 따른 해양환경영향조사 관련 정보

6. 「해양수산발전기본법」 제17조에 따른 국가해양관측망사업의 정보
7. 「해양과학조사법」 제20조에 따른 해양과학조사사업
8. 「측량・수로조사 및 지적에 관한 법률」 제31조제2항에 따른 수로조사 결과
9. 「농수산물 품질관리법」 제76조에 따른 지정해역 위생조사 사업
10. 「어장관리법」 제6조에 따른 어장환경조사사업
11. 「해양생태계의 보전 및 관리에 관한 법률」 제7조에 따른 해양생태계정보체계 구축 사업
12. 해양수산부장관이 정하는 적조 예찰・예보 및 피해방지요령에 따른 적조조사사업
13. 그 밖에 해양수산부 및 소속 기관에서 관계 법령에 따라 실시한 해양환경 관련 조사사업 및 2차 가공정보(정부출연연구기관 및 대학에서 연구・용역사업으로 추진하는 해양환경 관련 사업 포함)

---

5. 해양환경 측정・분석기관의 정도관리와 측정・분석능력인증

가. 정도관리

해양수산부장관은 정확하고 신뢰성 있는 해양환경의 측정・분석을 위하여 해양환경상태를 측정・분석하는 기관 중 대통령령이 정하는 기관(이하 “측정・분석기관”이라 한다)에 대하여 해양수산부령이 정하는 바에 따라 측정・분석능력의 평가, 관련 교육의 실시 및 측정・분석과 관련된 자료의 검증 등 필요한 조치(이하 “정도관리”라 한다)를 할 수 있다(법 제12조 제1항). 해양수산부장관은 측정・분석기관에 대한 정도관리 결과 필요하다고 인정되는 경우에는 관련 장비 및 기기의 개선・보완 그 밖에 필요한 조치를 명할 수 있다(법 제12조 제2항).

「해양환경관리법 시행령」

제7조(정도관리 대상기관) 법 제12조 제1항에서 “대통령령이 정하는 기관”이란 다음 각 호의 기관을 말한다.
1. 법 제77조 제1항에 따른 해양오염영향조사기관
2. 법 제86조 제1항에 따른 평가대행자
3. 국가・지방자치단체 또는 국공립 연구기관의 예산으로 해양환경에 대하여 측정・분석을 수행하는 기관이나 단체

나. 측정・분석능력인증

해양수산부장관은 정도관리 결과 해양수산부령이 정하는 측정・분석의 기준에 적합하다고 인정되는 측정・분석기관에 대하여 측정・분석능력인증을 할 수 있다(법 제13조 제1항). 해양수산부장관은 법 제13조 제1항의 규정에 따른 측정・분석능력인증을 받은 측정・분석기관에 대하여 3년마다 정기적인 정도관리를 실시하고 그 결과에 따라 측정・분석능력인증을 갱신하여야 한다. 다만, 측정・분석능력인증을 받은 사항 중 해양수산부령이 정하는 중요 사항이 변경되는 경우에는 수시로 정도관리를 실시하고 그 결과에 따라 측정・분석능

력인증을 갱신하여야 한다(법 제13조 제2항).

다. 인증취소

해양수산부장관은 측정・분석능력인증을 받은 자가 다음 각 호의 어느 하나에 해당하는 때에는 그 인증을 취소하여야 한다(법 제13조 제3항).

1. 거짓 그 밖의 부정한 방법으로 인증을 받은 때
2. 법 제13조 제2항의 규정에 따른 정도관리 결과 같은 조 제1항의 규정에 따른 측정・분석의 기준에 적합하지 아니하게 된 때
3. 그 밖에 측정・분석능력인증이 부적합한 경우로서 대통령령이 정하는 사유에 해당하는 때

「해양환경관리법 시행령」

제8조(측정・분석능력인증의 취소) 법 제13조 제3항 제3호에서 "대통령령이 정하는 사유에 해당하는 때"란 측정・분석능력인증 취득 후 1년 동안 측정・분석 실적이 없는 경우를 말한다.

라. 인증절차 등

법 제13조 제1항 및 제2항의 규정에 따른 측정・분석능력인증의 신청절차 및 인증서의 발급 등에 관하여 필요한 사항은 해양수산부령으로 정한다(법 제13조 제4항).

「해양환경관리법 시행규칙」

제7조(정도관리)
① 해양수산부장관은 영 제7조에 따른 측정・분석기관(이하 "측정・분석기관"이라 한다)에 대하여 1년마다(법 제13조에 따라 인증을 받은 측정・분석기관은 3년마다) 법 제12조 제1항에 따른 정도관리(이하 "정도관리"라 한다)를 실시하여야 한다.
② 해양수산부장관은 제1항에 따른 정도관리의 실시결과를 분석하여 다음 해 2월말까지 공고하여야 한다.
③ 해양수산부장관은 측정・분석기관의 측정・분석능력을 평가한 결과 제8조 제1항에 따른 기준에 미달한 기관에 대하여는 다음 각 호의 조치를 할 수 있다.
1. 해양수산부장관이 지정하는 기관에서의 해당 측정・분석 항목에 대한 교육 수강 명령
2. 현지지도의 실시
3. 관련 장비 및 기기의 개선・보완
4. 그 밖에 필요한 조치의 명령
④ 제3항에 따른 평가 및 조치에 필요한 사항은 해양수산부장관이 정하여 고시한다.

제2관 해양환경종합계획 등

1. 해양환경종합계획의 수립 등

가. 계획수립 절차

해양수산부장관은 해양환경의 훼손 또는 해양오염으로 인한 위해를 예방하고 깨끗하고 안전한 해양환경을 조성하기 위하여 대통령령으로 정하는 바에 따라 해양환경종합계획을 10년마다 수립·시행하여야 한다. 이 경우 해양수산부장관은 관계 중앙행정기관의 장과 미리 협의하여야 한다(법 제14조 제1항). 해양환경종합계획은 「해양수산발전기본법」 제7조에 따른 해양수산발전위원회의 심의를 거쳐 확정한다(법 제14조 제2항). 해양수산부장관은 법 제14조 제1항의 규정에 따른 해양환경종합계획이 수립된 때에는 이를 관계 행정기관의 장에게 통보하여야 하며, 해양환경종합계획을 통보받은 관계 행정기관의 장은 그 시행을 위한 필요한 조치를 하여야 한다(법 제14조 제4항). 해양수산부장관은 법 제14조 제1항에 따른 해양환경종합계획의 수립을 위하여 필요한 경우에는 관계 행정기관의 장에게 자료의 제출을 요구할 수 있다. 이 경우 관계 행정기관의 장은 특별한 사정이 없는 한 이에 따라야 한다(법 제14조 제5항).

나. 해양환경종합계획의 내용

해양환경종합계획에는 다음 각 호의 사항이 포함되어야 한다(법 제14조 제3항).

1. 해양환경의 현황 및 장래예측에 관한 사항
2. 해양환경보전에 관한 시책의 방향에 관한 사항
3. 해양오염의 예방 및 해양환경의 개선을 위한 대책에 관한 사항
4. 해양환경보전을 위한 재원확보에 관한 사항
5. 해양환경 전문 인력의 양성에 관한 사항
6. 해양환경보전과 관련한 과학기술의 개발 및 국제협력에 관한 사항
7. 그 밖에 해양환경의 훼손 또는 해양오염으로 인한 위해를 예방하고 깨끗하고 안전한 해양환경을 조성하기 위하여 필요한 사항으로서 대통령령으로 정하는 사항

「해양환경관리법 시행령」

제9조(해양환경종합계획의 수립·시행 등)
① 해양수산부장관은 법 제14조 제1항에 따라 해양환경종합계획(이하 "종합계획"이라 한다)에 연도별 사업내용을 명시하여 작성하여야 한다.
② 법 제14조 제4항에 따라 종합계획을 통보받은 관계 중앙행정기관의 장 및 특별시장·광역시장·도

지사·특별자치도지사(이하 이 조에서 "관계 행정기관의 장"이라 한다)는 소관 사항에 대하여 연도별 시행계획을 수립·추진하고 그 실적을 평가하여야 한다. 이 경우 관계 행정기관의 장은 연도별 시행계획과 추진실적을 매년 1월 말까지 해양수산부장관에게 제출하여야 한다.

③ 해양수산부장관은 제2항에 따라 제출된 시행계획과 추진실적을 종합·분석하여 관계 행정기관의 장에게 알려야 한다.

④ 해양수산부장관은 종합계획의 변경이 필요하다고 인정되거나 관계 행정기관의 장의 요청이 있는 경우「해양수산발전 기본법」제7조에 따른 해양수산발전위원회의 심의를 거쳐 변경할 수 있다.

해양환경종합계획은 해양환경의 훼손 또는 해양오염으로 인한 위해를 예방하고 깨끗하고 안전한 해양환경을 조성하기 위하여 해양환경에 대한 사전배려와 이익충돌의 조정, 해양환경자원의 효율적인 관리를 유기적이고 종합적으로 가능하게 하는 해양환경정책수단을 의미한다.[14] 해양환경행정의 수단은 매우 다양하지만, 기존의 경찰작용의 일환으로 행하여지는 권력적 규제수단만으로는 적절한 해양환경보전을 도모할 수 없기 때문에, 종래의 경찰적 규제 외에 공공복리의 증진이라는 전체적인 시각에서 규제가 이루어지고 있다. 또한 이러한 영역에서는 종합적 계획에 따라 면밀히 수행될 때 유효적절한 결과를 기대할 수 있으므로 오늘날 해양환경계획은 점차 중요성을 인정받게 되고 주요한 해양환경행정수단이 되었다.

행정계획의 법적 성질에 대하여는 입법행위설,[15] 행정행위설,[16] 독자성설[17] 등이 있으나 계획의 종류에 따라 판단하여야 할 것이다.[18] 해양환경계획의 구속성은 해양환경계획의 법적 형태에 따라 달리 해석할 수 있는데, 개개 국민의 행위에 영향을 주는 경우 보다는 주로 국가의 해양환경보호행위와 관련되는 경우가 일반적이라 볼 수 있다. 그러므로 해양환경계획은 예외적인 경우를 제외하고는 처분성을 지니지 않는다고 할 수 있다.

「환경정책기본법」에서는 국가환경종합계획을 수립하게 되는데,「해양환경관리법」상의 해양환경종합계획은 내용, 절차에 있어서 국가환경종합계획과 거의 유사하게 규정되어 있다. 환경의 전 분야에 걸쳐서 국가환경종합계획이 수립된다는 점에서, 해양환경종합계획도

---

14) 천병태·김명길,「環境法論」, (삼영사, 1997), 121쪽.

15) 서울고판 1980.1.29. 79구416 : 도시계획결정은 도시계획사업의 기본이 되는 일반적·추상적인 도시계획의 결정으로서 특정 개인에게 어떤 직접적이며 구체적인 권리의무관계가 발생할 수 없다.

16) 대법원 1982.3.9. 80누105 : 도시계획법 제12조 소정의 도시계획결정이 고시되면 도시계획구역 안의 토지나 건물 소유자의 토지형질변경, 건축물의 신축·개축 또는 증축 등 권리행사가 일정한 제한을 받게 되는 바, 이런 점에서 볼 때 고시된 도시계획의 결정은 특정 개인의 권리 내지 법률상의 이익을 개별적이고 구체적으로 규제하는 효과를 가져 오게 하는 행정청의 처분이라 할 것이고, 이는 행정소송의 대상이 되는 것이라 할 것이다.

17) 행정계획은 법규범도 아니고 행정행위도 아닌 특수한 법제도인 異物(Aliud)이지만 구속력을 가진 점에서 행정행위에 준하여 행정소송의 대상이 된다는 견해.

18) 김남진,「행정법(Ⅰ)」, (법문사, 1994), 252쪽; 김도창,「일반행정법론(상)」, (청운사, 1988), 316쪽.

국가환경종합계획의 범주 안에서 조화롭게 정해져야 하는데, 비록 중앙행정기관의 장과 미리 협의하게는 되어 있다고 하더라도 「해양수산발전기본법」상의 해양수산발전위원회의 심의만로 확정되는 두 가지 장기계획이 충돌할 경우 이를 해소하기가 쉽지 않을 것으로 보인다.

2. 환경관리해역의 지정 · 관리

가. 지정 및 관리

해양수산부장관은 해양환경의 보전 · 관리를 위하여 필요하다고 인정되는 경우에는 다음 각 호의 구분에 따라 환경보전해역 및 특별관리해역(이하 "환경관리해역"이라 한다)을 지정 · 관리할 수 있다. 이 경우 관계 중앙행정기관의 장과 미리 협의하여 한다(법 제15조 제1항).

1. 환경보전해역 : 다음 각 목의 어느 하나에 해당하는 해역으로서 대통령령이 정하는 해역(해양오염에 직접 영향을 미치는 육지를 포함한다)
   가. 「국토의 계획 및 이용에 관한 법률」 제6조 제4호의 규정에 따른 자연환경보전지역 중 수산자원의 보호 · 육성을 위하여 필요한 용도지역으로 지정된 해역
   나. 해양환경 및 생태계의 보존이 양호한 곳으로서 지속적인 보전이 필요한 해역
2. 특별관리해역 : 법 제8조 제1항의 규정에 따른 해양환경기준의 유지가 곤란한 해역 또는 해양환경 및 생태계의 보전에 현저한 장애가 있거나 장애가 발생할 우려가 있는 해역으로서 대통령령이 정하는 해역(해양오염에 직접 영향을 미치는 육지를 포함한다)

나. 제한 및 변경

해양수산부장관은 환경보전해역의 해양환경 상태 및 오염원을 측정 · 조사한 결과 법 제8조 제1항의 규정에 따른 해양환경기준을 초과하게 되어 국민의 건강이나 생물의 생육에 심각한 피해를 가져올 우려가 있다고 인정되는 경우에는 그 환경보전해역 안에서 대통령령이 정하는 시설의 설치 또는 변경을 제한할 수 있다(법 제15조 제2항).

다. 조치 등

해양수산부장관은 특별관리해역의 해양환경 상태 및 오염원을 측정 · 조사한 결과 법 제8조 제1항의 규정에 따른 해양환경기준을 초과하게 되어 국민의 건강이나 생물의 생육에 심각한 피해를 가져올 우려가 있다고 인정되는 경우에는 다음 각 호에 해당하는 조치를 할 수

있다(법 제15조 제3항).

1. 특별관리해역 안에서의 시설의 설치 또는 변경의 제한
2. 특별관리해역 안에 소재하는 사업장에서 배출되는 오염물질의 총량규제

법 제15조 제3항 각 호의 규정에 따라 설치 또는 변경이 제한되는 시설 및 제한의 내용, 오염물질의 총량규제를 실시하는 해역범위 · 규제항목 및 규제방법에 관하여 필요한 사항은 대통령령으로 정한다(법 제15조 제4항).

「해양환경관리법 시행령」

제10조(환경보전해역 등에서의 시설설치 제한)
① 법 제15조 제1항 제1호의 환경보전해역은 별표 1과 같다.
② 법 제15조 제1항 제2호의 특별관리해역은 별표 2와 같다.
③ 법 제15조 제2항에서 "대통령령이 정하는 시설"이란 다음 각 호의 어느 하나에 해당하는 시설을 말한다.
1. 1일 폐수배출량이 2천 세제곱미터 이상인 시설. 다만, 해당 시설에서 배출하는 폐수를 폐수종말처리시설 및 공공하수처리시설로 유입시키거나 그 해당 지역에 적용되는 법령에 따른 방류수 수질기준 이하로 처리하는 시설은 제외한다.
2. 「공유수면 관리 및 매립에 관한 법률」 제8조 제1항 제1호에 따라 신축 · 개축 · 증축 또는 변경하는 경우 관리청의 허가를 받아야 하는 부두 · 방파제 · 교량 · 수문 또는 건축물
④ 법 제15조 제4항에 따라 설치 또는 변경이 제한되는 시설은 다음 각 호의 어느 하나에 해당하는 시설을 말한다.
1. 1일 폐수배출량이 1천 세제곱미터 이상인 시설. 다만, 해당 시설에서 배출하는 폐수를 폐수종말처리시설 및 공공하수처리시설로 유입시키거나 그 해당 지역에 적용되는 법령에 따른 방류수 수질기준 이하로 처리하는 시설은 제외한다.
2. 「공유수면 관리 및 매립에 관한 법률」 제8조 제1항 제1호에 따라 신축 · 개축 · 증축 또는 변경하는 경우 관리청의 허가를 받아야 하는 부두 · 방파제 · 교량 · 수문 또는 건축물
3. 「수산업법」 제8조에 따른 면허어업을 위한 시설
⑤ 해양수산부장관은 법 제15조 제2항 또는 제4항에 따라 환경보전해역 또는 특별관리해역에서 시설의 설치 또는 변경을 제한하려면 관계 중앙행정기관의 장과 협의하여 그 제한의 내용 및 기간을 고시하여야 한다.

[별표 1] 환경보전해역(제10조 제1항 관련)

명칭	면적(km^2)		구역의 위치
	육역	해역	
가막만 환경보전해역	101.13	154.17	전라남도 여수시 돌산읍 · 화정면 · 화양면 · 소라면 · 쌍봉동 · 여서동 · 대교동 · 월호동 · 국동 · 시전동 · 여천동 일부
득량만 환경보전해역	234.51	315.74	1. 전라남도 고흥군 도양읍 · 도덕면 · 풍양면 · 고흥읍 · 두원면 · 점암면 · 과역면 · 남양면 · 대서면 · 동강면 일부 2. 전라남도 보성군 조성면 · 득량면 일부 3. 전라남도 장흥군 관산읍 · 안양면 일부

완도・도암만 환경보전해역	431.5	338.48	1. 전라남도 장흥군 대덕읍・회진면 일부 2. 전라남도 해남군 북일면・북평면 일부 3. 전라남도 완도군 군외면・완도읍・약산면・고금면 일원 및 신지면 일부 4. 전라남도 강진군 마량면・대구면・칠량면・군동면・강진읍・도암면・신전면 일부
함평만 환경보전해역	165.87	140.73	1. 전라남도 영광군 염산면 일부 2. 전라남도 무안군 현경면・해제면 일부 3. 전라남도 함평군 손불면・함평읍・신광면・대동면 일부

비고
1. 구역의 위치란 중 행정구역에는 그 인접해역을 포함한다.
2. 환경보전해역의 구체적인 위치의 좌표는 해양수산부장관이 정하여 고시한다.

[별표 2] 특별관리해역(제10조 제2항 관련)

명칭	면적(km^2)		구역의 위치
	육역	해역	
부산연안 특별관리해역	505.77	235.73	1. 부산광역시 사하구・사상구・서구・영도구・중구・동구・남구・부산진구・수영구・연제구 일원, 강서구・해운대구・금정구・북구・동래구 일부 2. 경상남도 김해시 장유면・주촌면・대동면・칠산동・서부동・활천동・불암동・삼안동・동상동・회현동・부원동・내외동・북부동 일부
울산연안 특별관리해역	144.29	56.56	울산광역시 동구・중구・남구 일부, 울주군 온산읍・서생면・온양면・청량면 일부
광양만 특별관리해역	334.56	131.37	1. 전라남도 광양시 태인동・금호동・광영동・중마동・성황동・황금동・광양읍・옥곡면・진상면・진월면 일부 2. 전라남도 여수시 율촌면・소라면・삼일동・묘도동・주삼동 일부 3. 전라남도 순천시 해룡면 일부 4. 경상남도 하동군 금성면 일원, 금남면・고전면・하동읍 일부
마산만 특별관리해역	157.66	142.99	1. 경상남도 창원시 팔용동・의창동・명곡동・봉림동・반송동・중앙동・용지동・상남동・사파동・가음정동・성주동・웅남동 일부 2. 경상남도 마산시 봉암동・양덕1동・양덕2동・합성1동・합성2동・구암1동・구암2동・회원1동・회원2동・석전1동・석전2동・회성동・산호동・오동동・동서동・중앙동・반월동・문화동・월영동・가포동・현동・완월동・자산동・노산동・성호동 일부 3. 경상남도 진해시 중앙동・충무동・태평동・여좌동・태백동・경화동・이동・덕산동・자은동・풍호동・웅천동・웅동1동・웅동2동 일부

시화호 · 인천 연안 특별관리해역	576.12	605.76	1. 인천광역시 동구 일원, 서구 · 중구 · 남구 · 연수구 · 남동구 · 부평구 · 옹진군(영흥면)일부 2. 경기도 김포시 대곶면 · 양촌면 일부 3. 경기도 시흥시 정왕동 · 시화공단 일부 4. 경기도 안산시 초지동 · 사1동 · 사2동 · 대부동 · 성포동 · 본오1동 · 본오2동 · 본오3동 · 일동 · 월피동 · 와동 · 원곡1동 · 원곡2동 · 원곡본동 · 선부1동 · 선부2동 · 고잔1동 · 고잔2동 일부 5. 경기도 화성군 송산면 일원, 매송면 · 비봉면 · 남양동 · 마도면 · 서신면 일부

비고
1. 구역의 위치란 중 행정구역에는 그 인접해역을 포함한다.
2. 특별관리해역의 구체적인 위치의 좌표는 해양수산부장관이 정하여 고시한다.

제11조(오염물질 총량규제 실시해역)

① 법 제15조 제3항 및 제4항에 따라 오염물질의 총량규제를 실시하는 해역은 특별관리해역 중에서 법 제8조 제1항에 따른 해양환경기준을 초과하여 주민의 건강 · 재산이나 생물의 생육에 중대한 피해를 가져올 우려가 있다고 인정되는 경우로서 해양수산부장관이 관계 중앙행정기관의 장 및 광역시장 · 도지사 · 특별자치도지사(이하 "시 · 도지사"라 한다)와 협의하여 지정하는 해역으로 한다.

② 제1항에 따른 오염물질 총량규제 실시해역의 지정에 있어 「낙동강수계 물관리 및 주민지원 등에 관한 법률 시행령」 제12조 제1항, 「금강수계 물관리 및 주민지원 등에 관한 법률 시행령」 제10조 제1항, 「영산강 · 섬진강수계 물관리 및 주민지원 등에 관한 법률 시행령」 제10조 제1항에 따라 고시된 수계구간 및 그 영향을 주는 유역은 제외한다.

제12조(오염물질 총량규제 항목 등)

① 법 제15조 제4항에 따른 오염물질의 총량규제 항목은 다음 각 호의 항목 중에서 해양수산부장관이 법 제8조 제1항에 따른 해양환경기준, 해역의 이용현황 및 수질상태 등을 종합적으로 고려하여 총량규제를 실시하는 해역의 관할 시 · 도지사와 협의하여 결정한다.

1. 화학적 산소요구량
2. 질소
3. 인
4. 중금속

② 해양수산부장관은 제1항의 총량규제 항목에 대한 총량규제를 실시하기 위하여 다음 각 호의 사항이 포함된 총량관리에 관한 기본방침(이하 "기본방침"이라 한다)을 수립하여 제11조 제1항에 따라 지정된 특별관리해역을 관할하는 시 · 도지사에게 알려야 한다.

1. 총량규제 항목 및 목표수질
2. 오염원 조사 및 오염부하량 산정방법
3. 유역별, 행정구역별 및 오염원별 오염부하량의 할당
4. 제3항에 따라 시 · 도지사가 수립하는 총량관리기본계획의 승인기준
5. 제4항에 따라 광역시장 · 시장 · 군수(광역시의 군수는 제외한다. 이하 같다)가 수립하는 총량관리시행계획에 대한 승인기준
6. 제3항 및 제4항에 따라 수립한 총량관리기본계획 및 총량관리시행계획의 변경 시 승인을 요하지 아니하는 경미한 사항

③ 제2항의 기본방침에 따라 해당 시 · 도지사는 다음 각 호의 사항이 포함된 총량관리기본계획(이하 "기본계획"이라 한다)을 수립하여 해양수산부장관의 승인을 받아야 한다. 기본계획을 변경(제2항 제6호에 따른 경미한 사항의 변경은 제외한다)하는 경우에도 또한 같다.

1. 지역개발계획의 구체적인 내용
2. 관할 지방자치단체별 오염부하량의 할당
3. 지역 및 해역에서 배출되는 오염부하량의 총량 및 삭감계획

4. 지역개발계획으로 인하여 추가로 배출되는 오염부하량 및 그 삭감계획

④ 광역시장·시장·군수는 기본계획에 따라 총량관리시행계획(이하 "시행계획"이라 한다)을 수립하여 광역시장은 해양수산부장관의 승인을 받고, 시장·군수는 시·도지사의 승인을 받은 후 해양수산부장관에게 제출하여야 한다. 시행계획을 변경(제2항 제6호에 따른 경미한 사항의 변경은 제외한다)하는 경우에도 또한 같다.

⑤ 해양수산부장관은 기본계획과 시행계획의 수립에 필요한 연구 및 조사 등을 시행하고 그 결과를 계획 수립에 반영하도록 요구할 수 있으며, 특별한 사정이 없으면 시·도지사 또는 시장·군수는 이를 반영하여야 한다.

⑥ 해양수산부장관은 오염물질의 총량규제를 위한 항목과 목표수질의 결정 및 조정, 총량규제의 시행 등에 관한 조사·연구를 위하여 관계 전문가 등으로 협의회를 구성·운영할 수 있다.

제13조(사업장별 오염부하량의 할당 등)

① 해양수산부장관은 기본방침에서 정한 목표수질을 달성·유지하기 위하여 다음 각 호의 어느 하나를 적용받는 시설에 대하여 환경부장관에게 오염부하량의 할당 또는 배출량의 지정을 요청할 수 있다.

1. 「수질 및 수생태계 보전에 관한 법률」 제12조 제3항에 따른 방류수 수질기준이 적용되는 폐수종말처리시설
2. 「하수도법」 제7조에 따른 방류수 수질기준이 적용되는 시설(공공하수처리시설·분뇨처리시설 및 개인하수처리시설로 한정한다)
3. 「가축분뇨의 관리 및 이용에 관한 법률」 제13조에 따른 방류수 수질기준이 적용되는 정화시설

② 해양수산부장관은 제1항에 따라 환경부장관에게 오염부하량의 할당 또는 배출량의 지정을 요청할 때에는 기본계획 및 시행계획을 환경부장관에게 보내야 한다.

③ 환경부장관은 제1항에 따라 오염부하량의 할당 또는 배출량의 지정 요청을 받은 경우 최종방류구별·단위기간별로 오염부하량을 할당하거나 배출량을 지정할 수 있다.

④ 광역시장·시장·군수는 기본방침에서 정한 목표수질을 달성·유지하기 위하여 필요하다고 인정되면 「수질 및 수생태계 보전에 관한 법률」 제32조에 따른 배출허용기준 및 「하수도법」 제7조에 따른 방류수 수질기준의 적용을 받는 시설(개인하수처리시설로 한정한다)에 대하여 최종방류구별·단위기간별로 오염부하량을 할당하거나 배출량을 지정할 수 있다.

⑤ 환경부장관 또는 광역시장·시장·군수는 제3항 또는 제4항에 따라 오염부하량을 할당하거나 배출량을 지정하는 경우에는 이해관계자의 의견을 청취하여야 한다.

⑥ 제3항 또는 제4항에 따라 오염부하량을 할당받거나 배출량을 지정받은 자는 「수질 및 수생태계 보전에 관한 법률」, 「가축분뇨의 관리 및 이용에 관한 법률」 또는 「하수도법」으로 정하는 바에 따라 오염부하량 및 배출량을 측정하고, 그 측정결과를 사실대로 기록하여 보존하여야 한다.

⑦ 해양수산부장관은 제3항에 따라 할당된 오염부하량 또는 지정된 배출량을 초과하여 배출하는 시설에 대하여 해당 시설을 관할하는 광역시장·시장·군수에게 처리시설의 개선 등 필요한 조치를 하도록 요청할 수 있다.

⑧ 광역시장·시장·군수는 제4항에 따라 할당된 오염부하량이나 지정된 배출량을 초과하여 배출하는 경우 또는 제7항에 따른 해양수산부장관의 요청이 있는 경우에는 해당 사업자에게 일정기간을 정하여 시설개선 등의 조치를 명할 수 있으며 조치명령을 받은 자는 이를 이행하여야 한다.

⑨ 제8항에 따른 조치명령의 방법 및 절차와 조치명령의 이행확인 등에 관하여는 해양수산부장관이 정하여 고시한다.

제14조(오염물질 총량관리 이행평가 등)

① 광역시장·시장·군수는 시행계획에 대한 전년도의 이행사항을 해양수산부장관이 고시하는 바에 따라 평가하고 그 보고서(이하 "평가보고서"라 한다)를 해양수산부장관에게 제출하여야 한다. 이 경우 시장·군수는 관할 시·도지사를 거쳐 제출하여야 한다.

② 해양수산부장관은 제1항에 따라 제출된 평가보고서를 검토한 후 오염물질 총량규제의 목적달성을 위하여 필요하다고 인정되면 광역시장·시장·군수에게 필요한 조치나 대책을 수립·시행하도록

요구할 수 있다. 이 경우 광역시장 · 시장 · 군수는 특별한 사유가 없으면 그 요구에 따라야 한다.
③ 광역시장 · 시장 · 군수는 해양수산부장관이 정하는 바에 따라 오염원의 증감을 파악할 수 있도록 오염물질 총량규제 대장을 작성 · 보관하여야 한다.

제15조(재정상의 지원 등)
① 국가는 오염물질 총량규제를 시행하는 지방자치단체나 사업자에 대하여 총량규제에 따른 시설개선 등 필요한 비용을 다른 지방자치단체나 사업자보다 우선하여 보조 또는 융자하거나 지원할 수 있다.
② 관계 행정기관의 장은 제12조 제3항에 따라 지방자치단체별로 할당된 오염부하량을 초과하거나 특별한 사유 없이 기본계획 또는 시행계획을 수립 · 시행하지 아니하는 지방자치단체에 대하여는 다음 각 호에 해당하는 사항에 대한 승인 · 허가 등을 하여서는 아니 된다.
1. 「도시개발법」 제2조 제1항 제2호에 따른 도시개발사업의 시행
2. 「산업입지 및 개발에 관한 법률」 제2조 제8호에 따른 산업단지의 개발
3. 「관광진흥법」 제2조 제6호 및 제7호에 따른 관광지 및 관광단지의 개발
4. 해양수산부령으로 정하는 규모 이상의 건축물 등 시설물의 설치
③ 해양수산부장관 또는 관계 중앙행정기관의 장은 관계 행정기관의 장이 제2항을 위반하거나 오염물질 총량규제를 시행하는 광역시장 · 시장 · 군수가 제14조 제2항에 따른 요구를 특별한 사유 없이 이행하지 아니하면 재정지원의 중단이나 삭감, 그 밖에 필요한 조치를 할 수 있다.

지역 · 지구의 지정이란 계획행정상의 주된 정책수단이라 할 수 있다. 「해양환경관리법」은 「국토의 계획 및 이용에 관한 법률」, 「자연환경보전법」 등에서 정한 일반계획 또는 분야별 환경보전계획상의 지역 · 지구제도와는 별도로 그때 그때 해양환경상태의 현저한 악화에 대응하기 위한 정책수단으로서 특별대책지역을 지정하도록 하였는데, 그것이 환경보전해역과 특별관리해역이다(법 제15조 제1항 제1호 및 제2호 참조). 이것은 해역관리청에 일종의 임기응변적이고 적극적인 해양환경보전행정의 가능성을 부여한 것이라 할 수 있다. 법은 해양수산부장관으로 하여금 이러한 특별대책해역 내의 해양환경개선을 위하여 필요한 경우에 한하여 해당 해역내에서 시설의 설치나 변경을 제한할 수 있고 오염물질의 총량규제 등 법에서 정해진 규제를 할 수 있다.[19)]

3. 환경관리해역기본계획의 수립 등

해양수산부장관은 환경관리해역에 대하여 다음 각 호의 사항이 포함된 환경관리해역기본계획을 5년마다 수립하고, 환경관리해역기본계획을 구체화하여 특정 해역의 환경보전을 위한 해역별 관리계획을 수립 · 시행하여야 한다. 이 경우 관계 행정기관의 장과 미리 협의하여야 한다(법 제16조 제1항).

---

19) 천병태 · 김명길, 「環境法論」, (삼영사, 1997), 178쪽 참조.

1. 해양환경의 관측에 관한 사항
2. 오염원의 조사·연구에 관한 사항
3. 해양환경 보전 및 개선대책에 관한 사항
4. 환경관리에 따른 주민지원에 관한 사항
5. 그 밖에 환경관리해역의 관리에 관하여 필요한 것으로서 대통령령으로 정하는 사항

환경관리해역기본계획은 「해양수산발전기본법」 제7조[20]에 따른 해양수산발전위원회의 심의를 거쳐 확정한다(법 제16조 제2항). 해양수산부장관은 환경관리해역기본계획 및 해역별 관리계획이 수립된 때에는 이를 관계 행정기관의 장에게 통보하여야 하며, 관계 행정기관의 장은 그 시행을 위하여 필요한 조치를 하여야 한다(법 제16조 제3항). 해양수산부장관은 해역별 관리계획을 수립·시행하기 위하여 필요한 경우에는 관계 중앙행정기관과 지방자치단체 소속 공무원 및 전문가 등으로 구성된 사업관리단을 별도로 운영할 수 있다. 이 경우 사업관리단의 구성 및 운영에 필요한 사항은 대통령령으로 정한다(법 제16조 제4항).

「해양환경관리법 시행령」

제16조(환경관리해역기본계획 등의 내용) 법 제16조 제1항 제5호에 따라 대통령령으로 정하는 환경관리해역의 관리에 필요한 사항은 다음 각 호와 같다.
1. 환경관리해역기본계획 및 해역별 관리계획 이행 실태의 평가·관리
2. 해역의 수질오염 총량 관리에 관한 사항
3. 해역의 수질·저질(底質) 및 생태계 관리에 관한 사항
4. 해역의 환경개선 투자계획 수립
5. 퇴적물 준설, 인공서식지 조성 등 해역의 환경용량 확대에 관한 사항
6. 해양오염방지와 해양환경개선 시설의 설치 및 운영·관리에 필요한 기술 및 재정 지원
7. 해양환경보전의 홍보 및 교육에 관한 사항
8. 그 밖에 해양수산부장관이 필요하다고 인정하는 사항

제17조(사업관리단의 구성) 법 제16조 제4항에 따른 사업관리단은 다음 각 호의 자로 구성한다.
1. 해양수산부 소속 공무원
2. 관계 중앙행정기관 및 지방자치단체 공무원
3. 학계, 연구기관 등 해양환경관리 관련 전문가 등

---

20)

「해양수산발전기본법」

제7조(해양수산발전위원회) 기본계획, 해양개발등 및 해양환경에 관한 중요정책을 심의하기 위하여 해양수산부장관 소속하에 해양수산발전위원회(이하 "위원회"라 한다)를 둔다.

법은 해양환경오염의 정도에 따라 환경보전해역과 특별관리해역으로 구분하여 환경관리해역을 지정하여 관리하고 있다.

4. 해양환경개선조치

해역관리청은 오염물질의 유입 또는 퇴적 등으로 인한 해양오염을 방지하고 해양환경을 개선하기 위하여 필요하다고 인정되는 때에는 대통령령으로 정하는 바에 따라 다음 각 호의 해양환경개선조치를 할 수 있다(법 제18조 제1항).

1. 오염물질 유입방지시설의 설치
2. 오염물질의 수거 및 처리
3. 오염된 퇴적물의 수거
4. 그 밖에 해양환경개선과 관련하여 필요한 사업으로서 해양수산부령이 정하는 조치

해양수산부장관은 법 제18조 제1항에 따른 해양환경개선조치의 대상 해역 또는 구역이 둘 이상의 시・도지사의 관할에 속하는 등 대통령령으로 정하는 경우에는 법 제3조 제1항 각 호의 어느 하나에 해당하는 해역 또는 구역에서 법 제18조 제1항에 따른 해양환경개선조치를 할 수 있다. 이 경우 해양수산부장관은 해당 시・도지사와 미리 협의하여야 한다(법 제18조 제2항). 해양수산부장관은 해양환경의 보전・관리 또는 해양오염의 방지를 위하여 필요하다고 인정되는 경우에는 해양수산부령이 정하는 바에 따라 법 제3조 제1항 각 호의 규정에 따른 해역 또는 구역에서 해양환경의 오염원에 대한 조사를 할 수 있다. 이 경우 해양수산부장관은 관계 행정기관의 장에게 오염된 해역 및 오염물질이 배출된 시설물에 대한 공동조사를 요청할 수 있다(법 제18조 제3항). 해양수산부장관은 법 제18조 제3항에 따른 해양환경의 오염원에 대한 조사결과 필요하다고 인정하는 경우 오염원인자에게 법 제18조 제1항 각 호의 어느 하나에 따른 해양환경개선조치를 하게 할 수 있다(법 제18조 제4항). 법 제18조 제1항의 규정에 따른 해양환경개선조치와 관련하여 오염물질 유입방지시설의 설치방법, 오염물질의 수거・처리방법 및 오염된 퇴적물의 수거방법 등에 관하여 필요한 사항은 해양수산부령으로 정한다(법 제18조 제5항).

「해양환경관리법 시행령」

제24조(해역관리청의 해양환경개선조치)

① 법 제18조 제1항 제1호부터 제3호까지의 규정에 따라 해역관리청이 할 수 있는 해양환경개선조치의 세부 사항은 다음 각 호와 같다.

1. 부유차단막 또는 오탁방지막의 설치

2. 해양공간에서의 해양쓰레기 등 각종 오염물질의 수거・처리
3. 오염물질이 퇴적된 해역에서의 오염물질 수거・처리
② 해역관리청은 폐수종말처리시설, 분뇨 또는 축산폐수처리시설의 설치・운영과 관련하여 개선이 필요하다고 인정되면 관계 행정기관의 장에게 필요한 조치를 요청할 수 있다. 이 경우 관계 행정기관의 장은 특별한 사유가 없으면 그 요청에 따라야 한다.

제24조의2(해양수산부장관의 해양환경개선조치) 법 제18조 제2항 전단에서 "해양환경개선조치의 대상 해역 또는 구역이 둘 이상의 시・도지사의 관할에 속하는 등 대통령령으로 정하는 경우"란 다음 각 호의 어느 하나에 해당하는 경우를 말한다.
1. 해양환경개선조치의 대상 해역 또는 구역이 둘 이상의 시・도지사의 관할에 속하는 경우
2. 재해 발생 등으로 인하여 해양환경개선조치를 긴급히 시행하여야 할 필요성이 인정되는 경우

「해양환경관리법 시행규칙」

제9조(해양환경개선조치)
① 법 제18조제1항제4호에서 "해양수산부령이 정하는 조치"란 다음 각 호의 조치를 말한다.
1. 연안습지정화, 연약지반 보강 등 해양환경복원사업의 실시
2. 준설토사 등 수거 퇴적물의 사용 등에 관하여 해양수산부장관이 정하는 조치
3. 수거된 오염퇴적물의 안전한 처리 및 처분
4. 그 밖에 해양수산부장관이 필요하다고 인정하는 조치
② 지방해양수산청장은 법 제18조제3항에 따라 해양환경의 오염원에 관한 조사를 할 때에는 공장밀집지역 또는 공업지역의 주변해역, 양식장 밀집해역 및 항만 등 해양오염이 발생할 우려가 높은 장소를 우선적으로 선정하여 조사하되, 해양환경의 오염원으로부터 영향을 받는 해역의 환경현황 및 오염도를 함께 조사하여야 한다.
③ 제2항에 따른 해양환경의 오염원 및 오염도 조사방법・절차 등에 필요한 사항은 해양수산부장관이 정하여 고시한다.
④ 법 제18조제5항에 따른 오염물질 유입방지시설의 설치방법 및 오염물질의 수거・처리방법은 다음 각 호와 같다.
1. 부유차단막 또는 오탁방지막은 부유물질의 확산을 방지할 수 있도록 하여야 하며, 기상변화 등에 대비할 수 있도록 설치한다.
2. 오염된 퇴적물의 수거 시에는 2차 오염을 감소시키는 방안을 강구하여야 한다.
3. 그 밖에 해양수산부장관이 정하여 고시하는 방법에 따른다.

국가나 지방자치단체 등에 의한 직접적 환경보전작용 및 환경보호활동은 국가나 지방자치단체에 의한 사적 부문에 대한 직・간접적인 행위규제를 통해서 뿐만 아니라 직접 국가나 지방자치단체 자신에 의해서도 수행될 수 있다. 이를 공공기관의 자체적 환경보호작용이라고 한다.[21]

21) 천병태・김명길, 「環境法論」, (삼영사, 1997), 187-188쪽.

제3관 해양환경개선부담금

1. 해양환경개선부담금

가. 부과・징수대상

해양수산부장관은 해양환경 및 해양생태계에 현저한 영향을 미치는 다음 각 호의 행위에 대하여 해양환경개선부담금(이하 "부담금"이라 한다)을 부과・징수한다(법 제19조 제1항).

1. 법 제70조 제1항 제1호의 규정에 따른 폐기물해양배출업을 하는 자(이하 "폐기물해양배출업자"라 한다)가 폐기물을 해양에 배출하는 행위
2. 선박 또는 해양시설에서 대통령령이 정하는 규모 이상의 오염물질을 해양에 배출하는 행위

「해양환경관리법 시행령」

제25조(폐기물해양배출업자에 대한 해양환경개선부담금의 산정)

①법 제19조 제1항 제1호에 따른 폐기물해양배출업자의 폐기물 해양배출행위에 대한 해양환경개선부담금은 다음 산식에 따라 산출한 금액으로 한다.

폐기물해양배출량(세제곱미터) × 단위당 부과금액 × 부과계수

② 제1항의 산식에서 폐기물해양배출량은 법 제72조 제1항에 따른 처리실적서를 근거로 산정한다.

③ 법 제19조 제3항에 따른 폐기물의 단위당 부과금액과 종류별 부과계수는 별표 3과 같다.

제25조의2(선박 등에 대한 해양환경개선부담금의 산정)

① 법 제19조 제1항 제2호에서 "대통령령이 정하는 규모 이상의 오염물질"이란 별표 3의2와 같다.

②제1항에 따른 오염물질에 대한 해양환경개선부담금은 다음 산식에 따라 산출한 금액으로 한다. 다만, 오염물질의 해양배출량이 1백만리터 이상인 경우에는 1백만리터를 초과한 부분에 대해서는 산정된 금액의 100분의 75를 감한다.

오염물질의 해양배출량(리터) × 단위당 부과금액 × 부과계수

③ 제2항의 산식에서 오염물질의 해양배출량은 배출 전에 선적 또는 저장한 양에서 배출 후 이적 또는 잔존한 양(선박 연료유의 경우에는 선적한 양에서 선박의 운항 중 사용량을 포함한다)을 제외한 값으로 산정한다. 다만, 침몰・파손 등으로 잔존한 양을 알 수 없는 등 부득이한 경우에는 오염물질의 종류와 기상조건을 감안하여 유체역학적 원리 등을 이용하여 산정할 수 있다.

④ 법 제19조 제2항 제3호에서 "대통령령으로 정하는 경우"란 법 제3조 제1항 제1호 및 제2호의 해역・수역 밖에서 배출된 오염물질이 같은 해역・수역 안으로 유입되지 아니한 경우를 말한다.

⑤ 법 제19조 제3항에 따른 오염물질의 단위당 부과금액과 종류별 부과계수는 별표 3의3과 같다.

⑥ 삭제

[별표 3의3] 오염물질의 단위당 부과금액 및 종류별 부과계수(제25조의2제5항 관련)

1. 단위당 부과금액

오염물질	부과금액
기름	350원/리터(l)

2. 종류별 부과계수

기름의 유형	해역계수			오염도계수 (해양환경복원계수) (D)	부과계수		
	환경보전 해역(A)	특별관리 해역(B)	그 밖의 해역(C)		A×D	B×D	C×D
원유	1.2	1.4	1	1.4	1.68	1.96	1.4
중유	1.2	1.4	1	1.4	1.68	1.96	1.4
윤활유	1.2	1.4	1	1	1.2	1.4	1
경유	1.2	1.4	1	0.6	0.72	0.84	0.6
휘발유・등유・탄화수소유	1.2	1.4	1	0.3	0.36	0.42	0.3

비고
기름의 종류가 2가지 이상 혼합 배출되어 그 배출비율을 알 수 없는 경우에는 오염계수가 큰 기름종류를 기준으로 적용한다.

나. 부담금 면제사유

법 제19조 제1항 제2호에 따른 오염물질의 배출행위가 다음 각 호의 어느 하나에 해당하는 경우에는 부담금을 부과하지 아니한다(법 제19조 제2항).

1. 전쟁, 천재지변 또는 그 밖의 불가항력에 의하여 발생한 경우
2. 제3자의 고의만으로 발생한 경우. 다만, 선박 또는 해양시설의 설치・관리에 하자가 없는 경우로 한정한다.
3. 법 제3조 제1항 제1호 및 제2호의 해역・수역 밖에서 발생한 경우로서 대통령령으로 정하는 경우

2. 부담금의 부과 및 징수

가. 부과・징수방법

부담금은 오염물질의 종류 및 배출량을 고려하여 산정하되, 오염물질의 배출량에 단위당 부과금액을 곱한 후 오염물질의 종류별 부과계수를 적용하여 부과한다. 이 경우 오염물질의 배출량・단위당 부과금액 및 종류별 부과계수 등은 대통령령으로 정한다(법 제19조 제3항). 해양수산부장관은 납부의무자가 부담하여야 할 부담금을 분할하여 납부하게 할 수 있다(법 제19조 제4항). 해양수산부장관은 법 제19조 제1항의 규정에 따른 부담금 및 제20조 제2항의 규정에 따른 가산금을 「수산업・어촌 발전 기본법」 제46조에 따른 수산발전기금(이하 "기금"이라 한다)으로 납입하여야 한다(법 제19조 제5항). 법 제19조 제1항 및 제3항에 따른 부담금의 징수절차 등에 필요한 사항은 대통령령으로 정한다(법 제19조 제6항).

「해양환경관리법 시행령」

제26조(해양환경개선부담금의 부과 및 징수)
① 해양수산부장관은 법 제19조 제1항 제1호 및 제2호에 따른 해양환경개선부담금(이하 "부담금"이라 한다)을 다음 각 호의 구분에 따라 산정·부과하고, 해양수산부령으로 정하는 바에 따라 그 분기 또는 산정한 달의 다음 달 15일까지 납부고지를 하여야 한다.
1. 법 제19조 제1항 제1호: 매분기별
2. 법 제19조 제1항 제2호: 배출행위 발생 시
② 삭제
③ 부담금의 납부기한은 납부고지를 한 달의 마지막 날로 한다.
④ 제1항 및 제3항에도 불구하고 폐기물해양배출업이 분기 중에 종료되는 경우에는 그 종료된 것을 안 날부터 15일 이내에 해당 분기의 부담금에 대한 납부고지를 할 수 있다. 이 경우 해당 분기의 부담금 납부기한은 납부고지를 한 날부터 15일 이내로 한다.

제27조(부담금의 분할납부)
① 법 제19조 제4항에 따라 부담금을 분할납부하려는 자는 납부고지를 받은 날부터 5일 이내에 부담금분할납부신청서(전자문서로 된 신청서를 포함한다)를 해양수산부장관에게 제출하여야 한다.
② 해양수산부장관은 납부의무자가 다음 각 호의 어느 하나에 해당하는 경우에는 부담금의 분할납부를 허가할 수 있다. 이 경우 해양수산부장관은 그 허가 여부를 신청인에게 서면으로 알려야 한다.
1. 납부하여야 할 부담금이 1천만원 이상인 경우
2. 천재지변 또는 재해로 인하여 재산에 현저한 손실을 받은 경우
③ 해양수산부장관은 분할납부허가 통지를 받은 납부의무자가 다음 각 호의 어느 하나에 해당하면 그 분할납부허가를 취소하고 분할납부와 관계되는 금액을 일시에 징수할 수 있다. 이 경우 해양수산부장관은 납부의무자에게 그 뜻을 서면으로 알려야 한다.
1. 분할납부금액을 지정된 기한까지 납부하지 아니한 경우
2. 「국세징수법」 제14조 제1항 각 호의 어느 하나에 해당하거나 그에 준하는 사유로 그 분할납부기한까지 그 분할납부와 관계되는 금액의 전액을 징수할 수 없다고 인정되는 경우

제28조(분할납부금액의 산정 등)
① 제27조제2항에 따른 분할납부의 횟수는 3회로 한정하며, 분할납부의 첫 회분의 납부기한은 해당 부담금의 납부고지를 한 달의 마지막 날로 한다.
② 제1항에 따라 분할하여 납부할 금액은 월별로 균분하여 정하는 것을 원칙으로 하며, 매회의 납부기한은 매월 마지막 날로 한다.
③ 분할납부의무자는 분할납부금액의 총액에서 바로 전회까지 납부한 분할납부금액 또는 분할납부금액의 합계액을 뺀 잔액을 기초로 하여 바로 전회의 분할납부기한의 다음날부터 각 회분의 분할납부기한까지의 일수에 대하여 계산한 이자금액을 합하여 납부하여야 한다. 이 경우 이자는 납부할 금액에 연 100분의 6의 이자율을 곱하여 산출한다.

제29조(부담금의 조정)
① 해양수산부장관은 다음 각 호의 어느 하나에 해당하면 부담금을 다시 산정하여 조정하되, 이미 납부한 금액과 조정된 금액에 차이가 있으면 그 차액을 다시 부과하거나 환급하여야 한다.
1. 부담금의 부과대상 또는 산정방법이 잘못 적용된 경우
2. 분할납부금액 및 그 이자금액의 산정이 잘못된 경우
3. 그 밖의 사유로 부담금액이 잘못 부과된 경우
② 해양수산부장관은 제1항에 따라 부담금을 조정하여 부과하거나 환급하려면 그 금액·납부기한·납부장소 및 그 밖에 필요한 사항을 적은 문서로써 알려야 한다.

제30조(부담금의 조정신청)
① 부담금의 납부고지를 받거나 분할납부허가를 받은 자는 제29조제1항 각 호의 어느 하나에 해당하는 경우에는 부담금의 납부고지를 받거나 분할납부허가를 받은 날부터 30일 이내에 그 부담금의 조정을 신청할 수 있다.
② 해양수산부장관은 제1항에 따른 조정신청이 있으면 30일 이내에 그 처리결과를 그 신청인 또는 새로운 납부대상자에게 알려야 하고, 이미 납부한 금액과 조정된 금액에 차이가 있으면 제29조제2항에 따라 그 차액을 다시 부과하거나 환급하여야 한다.
③ 제1항에 따른 조정신청은 부담금의 납부기한에 영향을 미치지 아니한다.

「해양환경관리법 시행규칙」

제10조(해양환경개선부담금의 부과・납부)
① 영 제26조제1항에 따른 해양환경개선부담금 납부고지는 별지 제3호서식에 따른다. 다만, 정보통신망으로 납부고지를 하는 경우의 납부고지방법은 해양수산부장관이 따로 정한다.
② 영 제27조제1항에 따른 부담금분할납부신청서는 별지 제4호서식에 따르고, 같은 조 제2항에 따른 부담금분할납부 허가 여부의 통지는 별지 제5호서식에 따른다.
③ 영 제29조제2항에 따른 해양환경개선부담금의 조정부과 또는 환급의 통지는 별지 제6호서식에 따른다.
④ 영 제30조제1항에 따라 해양환경개선부담금의 조정을 신청하려는 자는 별지 제7호서식의 해양환경개선부담금 조정신청서(전자문서로 된 신청서를 포함한다)에 조정신청의 사유를 입증하는 서류를 첨부하여 지방해양수산청장에게 제출하여야 한다.
⑤ 영 제31조에 따른 독촉장은 별지 제8호서식에 따른다.

나. 부담금의 강제징수

해양수산부장관은 법 제19조의 규정에 따라 부담금을 납부하여야 할 자가 납부기한 이내에 납부하지 아니한 때에는 30일 이상의 기간을 정하여 독촉장을 발부하여야 한다. 이 경우 체납된 부담금에 대하여 100분의 5를 초과하지 아니하는 범위 안에서 대통령령이 정하는 가산금을 징수하여야 한다(법 제20조 제1항). 법 제20조 제1항의 규정에 따라 독촉을 받은 자가 정하여진 납부기한 이내에 부담금 및 가산금을 납부하지 아니한 때에는 국세체납처분의 예에 따라 징수할 수 있다(법 제20조 제2항).

「해양환경관리법 시행령」

제31조(독촉장) 법 제20조제1항에 따른 독촉장에는 납부할 부담금의 금액・가산금・납부기한과 납부장소를 적어야 한다.

제32조(가산금)
① 법 제20조 제1항에 따른 가산금은 체납된 부담금의 100분의 3에 해당하는 금액으로 한다. 다만, 부담금 납부의무자가 납부기한 경과 후 1주일 이내에 체납된 부담금을 납부하는 경우의 가산금은 체납된 부담금의 100분의 1에 해당하는 금액으로 한다.
② 가산금은 이를 분할하여 납부할 수 없다.

---

3. 부담금의 용도

법 제19조 제5항에 따라 기금으로 납입된 부담금은 다음 각 호의 사업을 위하여 사용되어야 한다(법 제21조).

1. 해양오염방지 및 해양환경의 복원에 관한 사업
2. 해양환경의 보전·관리에 관한 사업
3. 친환경적 해양이용사업자 및 연안주민에 대한 지원사업
4. 법 제18조 제1항의 규정에 따른 해양환경개선조치에 대한 사업
5. 해양환경 관련 연구개발사업
6. 해양환경의 조사·연구·홍보 및 교육에 관한 지원사업
7. 해양오염에 따른 어업인 피해의 지원 등 수산업지원사업
8. 제1호 내지 제7호와 관련된 사업으로서 대통령령이 정하는 사업

「해양환경관리법 시행령」

제33조(부담금 관련사업) 법 제21조 제8호에서 "대통령령이 정하는 사업"이란 다음 각 호의 사업을 말한다.
1. 해양오염 저감대책의 시행 및 지원에 관한 사업
2. 해양환경의 보전·관리 및 해양오염방지 활동을 위한 민간단체 지원사업

이 법에서 규정한 해양환경개선부담금은 소위 배출부과금제도(emission charge or effluent charge)에 해당한다. 이는 일정한 환경기준을 초과하는 공해배출량이나 잔류량에 대하여 일정단위당 부과금을 곱하여 산정되는 금전적 급부의무를 부과함으로써 환경오염을 방지하는 환경행정상의 규제수단을 말한다.[22]

해양환경개선부담금은 「해양환경관리법」상의 의무위반자에 대하여 과하는 금전상의 제재로서 일종의 과징금의 성격과 시장유인적 규제수단으로서 의미를 지니고 있다. 또 과징금은 행정법상의 의무위반에 대한 금전적 제재라는 점에서 벌금·과태료와 다를 바 없으나, 행정청에 의해 부과되는 것이라는 점에서 형식상 행정벌에 속하지는 아니한다.[23] 따라

---

22) 천병태·김명길,「環境法論」, (삼영사, 1997), 172쪽.

23) 일반적으로 과태료는 범법자의 주소지를 관할하는 지방법원이 부과하지만(비송사건절차법 제247조 내지 제250조), 해양환경관리법과 같이 실정법에 따라서는 행정청이 직접 과태료를 부과·징수하는 경우도 있다(해양환경관리법 제133조 참조).

서 과징금은 형식상 행정벌에 속하지 않는다는 이유로 행정벌과 중복되어 사용되고 있다.[24)]

해양환경개선부담금은 ① 시장유인적 수단으로서의 기능 때문에 피규제자의 합리적 선택을 허용하므로 경제적 효율성을 확보할 수 있다는 점, ② 배출업체가 자기의 비용으로 처리하지 못하고 배출하는 모든 잔존 공해에 대하여 해양환경개선부담금을 납부하게 됨으로써 원인자책임원칙에 부합되는 윤리적 정당성을 갖게 된다는 점, ③ 배출업체로 하여금 오염물질의 배출을 방지・제거하도록 유도하는 계속적 유인(incentive)으로 작용한다는 점, ④ 해양환경보전을 위한 국고수입의 확보를 가능하게 한다는 점 등을 장점으로 들 수 있다. 그러나 「해양환경관리법」상의 해양환경개선부담금제도는 성과기준으로서 배출허용기준을 설정하고 이를 초과하여 오염물질을 배출한 경우에 대해서만 해양환경개선부담금을 부과하도록 되어 있어서 제도의 취지를 왜곡 시켜서 실효성면에서 문제점을 낳을 수 있다는 지적이 있다. 즉, 규제적 기준이 배출허용기준을 초과하면 비로소 경제적 부과금이 효과를 발하기 시작하는 시스템이기 때문에 해양환경개선부담금이 지나치게 낮게 책정될 경우 소기의 규제효과를 기대할 수 없을 뿐만 아니라 기업의 부담을 최소화시킴으로써 환경오염을 오히려 합법화시켜 줄 수 있다는 점에서 역효과가 발생할 수 있다.[25)]

또 현행 해양환경개선부담금은 이 법이 설정한 배출기준을 초과하여 오염물질을 배출함으로써 해양오염을 유발한 자에게 부과하는 배출부과금이기 때문에 그 용도가 해양오염 피해자에 대한 구제, 해양환경개선사업 등의 해양환경개선이라는 고유 목적에 부합하는 기금으로 사용되는 것이어야 할 것이다. 비록 「해양환경관리법」 제21조 제1항에서 그 용도를 제한하고 있지만 「수산업법」상의 수산발전기금으로 조성하도록 규정되어 있고, 「수산업법」에서는 별도로 기금의 용도를 규정하고 있기 때문에(「수산업법」 제79조), 해양환경개선부담금으로 조성된 수산발전기금을 분리하여 「해양환경관리법」 제21조 제1항의 용도로만 집행된다고 보기는 어렵다고 본다. 따라서 해양환경개선부담금에 대하여는 이 법에 의하여 「해양환경기금」 등으로 독립하여 조성하고 집행할 필요가 있다.

---

24) 현행법상 해양환경개선부담금제는 「환경정책기본법」상의 배출부과금제와 마찬가지로 명령적 규제기준과 경제유인적 규제를 결합시킨 초과배출규제금제로서 일종의 제재적 효과를 지닌 것이므로 행정벌과 중복되어 사용되고 있다는 점에서 문제점이 있다는 지적도 있다 ; 홍준형, 「환경행정법」, (도서출판한울, 1994), 85쪽.

25) 천병태・김명길, 「環境法論」, (삼영사, 1997), 174-175쪽 참조.

제3절 | 해양오염방지를 위한 규제

제1관 통칙

1. 오염물질의 배출금지 등

가. 선박으로부터의 배출금지

누구든지 선박으로부터 오염물질을 해양에 배출하여서는 아니 된다. 다만, 다음 각 호의 경우에는 그러하지 아니하다(법 제22조 제1항).

1. 다음 각 목의 구분에 따라 폐기물을 배출하는 경우
   가. 선박의 항해 및 정박 중 발생하는 폐기물을 배출하고자 하는 경우에는 해양수산부령이 정하는 해역에서 해양수산부령이 정하는 처리기준 및 방법에 따라 배출할 것
   나. 해양수산부령이 정하는 폐기물을 「공유수면 관리 및 매립에 관한 법률」 제28조 및 같은 법 제35조에 따라 매립하고자 하는 장소에 배출하고자 하는 경우에는 해양수산부령이 정하는 처리기준 및 방법에 따라 배출할 것
2. 다음 각 목의 구분에 따라 기름을 배출하는 경우
   가. 선박에서 기름을 배출하는 경우에는 해양수산부령이 정하는 해역에서 해양수산부령이 정하는 배출기준 및 방법에 따라 배출할 것
   나. 유조선에서 화물유가 섞인 선박평형수,[26] 화물창의 세정수(洗淨水) 및 선저폐수를 배출하는 경우에는 해양수산부령이 정하는 해역에서 해양수산부령이 정하는 배출기준 및 방법에 따라 배출할 것
   다. 유조선에서 화물창의 선박평형수를 배출하는 경우에는 해양수산부령이 정하는 세정도(洗淨度)에 적합하게 배출할 것
3. 다음 각 목의 구분에 따라 유해액체물질을 배출하는 경우
   가. 유해액체물질을 배출하는 경우에는 해양수산부령이 정하는 해역에서 해양수산부령이 정하는 사전처리 및 배출방법에 따라 배출할 것

---

26) "밸러스트수"라 함은 선박의 중심을 잡기 위하여 선박에 싣는 물을 말한다(법 제2조 제6호). 이 법 제2조 정의에서는 '밸러스트수'로 부르고 있으나, 본문에서는 '선박평형수'라는 용어로 통일되어 있다. 이는 'ballast water'를 번역한 용어로 각종 해사행정법령에서 '선박평형수'라는 용어가 통일되어 사용되고 있다. 이 법의 정의규정에서 '밸러스트수'로 사용된 것은 부주의에 의한 입법적 착오로 보인다.

나. 해양수산부령이 정하는 유해액체물질의 산적운반(散積運搬)에 이용되는 화물창(선박평형수의 배출을 위한 설비를 포함한다)에서 세정된 선박평형수를 배출하는 경우에는 해양수산부령이 정하는 정화방법에 따라 배출할 것

「해양환경관리법 시행규칙」

제11조(폐기물의 배출허용기준)

① 법 제22조제1항제1호나목에 따라 선박으로부터 공유수면을 매립하려는 장소에 배출할 수 있는 폐기물과 그 처리기준 및 방법은 별표 3과 같다.

② 법 제22조제2항제1호에 따라 해양시설 또는 영 제34조에 따른 해양공간(이하 "해양시설등"이라 한다)에서 발생하는 폐기물은 제12조제1항에서 정하는 방법에 따라 배출할 수 있다. 다만, 해양시설등의 일상생활에서 발생하는 폐기물의 해역별 배출기준은 별표 4와 같다.

③ 법 제22조제2항제2호에 따라 해양시설등에서 발생하는 기름 및 유해액체물질을 처리하는 기준과 방법은 별표 5와 같다.

④ 법 제22조제3항제3호에 따라 해양시설등의 오염사고에 있어서는 오염사고에 대처할 목적으로 오염으로 인한 피해를 최소화하기 위하여 사용되는 기름, 유해액체물질(「선박에서의 오염방지에관한 규칙」 제3조에 따른 물질을 말한다. 이와 같다) 또는 이들 물질을 함유한 혼합물 등을 해양에 배출할 수 있다.

[별표 3]

폐기물의 종류 및 배출방법(제11조제1항 관련)

폐기물의 종류	배출방법
1. 수저준설토사(해양수산부장관이 정하여 고시하는 유효활용기준을 충족하는 수저준설토사는 제외한다. 이하 이 표에서 같다)・조개껍질류 및 이와 유사한 폐기물과 선박 안의 일상생활에서 생기는 유리조각류 등의 비가연성폐기물	가. 호안시설을 설치하여 해역과 차단할 것. 다만, 수저준설토사를 선박에 의하여 호안의 안쪽에 배출하는 경우에는 배출을 종료할 때까지 선박의 항해구간에 한하여 호안시설 대신에 오탁방지막을 설치할 수 있다. 나. 상등수를 해양으로 배출하는 경우 부유물질이 흘러나가지 못하도록 하는 시설 또는 설비를 갖출 것
2. 「폐기물관리법」 제2조제1호에 따른 폐기물	「폐기물관리법」에 따른 해당 폐기물의 처리에 적합한 시설을 갖추고 그 처리기준 및 방법에 따라 배출할 것

[별표 4]

해양시설등의 일상생활에서 발생하는 폐기물의 해역별 배출기준(제11조제2항 관련)

해역별방류기준 / 폐기물	해역별	방류기준
분뇨・오수	법 제15조제1항에 따른 환경보전해역 및 특별관리해역	생물화학적 산소요구량 50 mg/ l 이내 배출
	그 밖의 해역	생물화학적 산소요구량 100 mg/ l 이내 배출

비고

해역과 육지 사이에 연속하여 설치・배치된 시설 및 구조물에는 이를 적용하지 아니한다.

[별표 5]
해양시설등에서 발생하는 기름 및 유해액체물질의 처리기준 및 방법(제11조제3항 관련)

1. 해양시설등에서 발생하는 기름을 처리하는 경우에는 법 제38조제1항에 따른 오염물질저장시설 설치・운영자 또는 법 제70조제1항제3호에 따른 유창청소업자에게 위탁하여 처리하거나 유분 성분이 100만분의 15 이하가 되도록 처리하여 배출하여야 한다.
2. 해양시설등에서 발생하는 유해액체물질의 경우에는 법 제38조제1항에 따른 오염물질저장시설 설치・운영자, 법 제70조제1항제3호에 따른 유창청소업자 또는 「수질 및 수생태계 보전에 관한 법률」 제62조에 따른 폐수처리업자에게 위탁하여 처리하거나 자가처리시설에서 「수질 및 수생태계 보전에 관한 법률 시행규칙」 별표 13 중 가지역에 적용하는 배출허용기준 이하로 처리하여 배출하여야 한다.
3. 해양시설등에서 발생하는 기름이나 유해액체물질을 「수질 및 수생태계 보전에 관한 법률」 제2조제10호에 따른 폐수배출시설, 제48조에 따른 폐수종말처리시설 또는 「하수도법」 제2조제9호에 따른 공공하수처리시설에 유입하여 처리하는 경우에는 관계 법령이 정하는 바에 따른다.

「선박에서의 오염방지에 관한 규칙」

제8조(선박에서 발생하는 폐기물의 배출방법 등) 법 제22조제1항제1호가목에 따라 선박의 항해 및 정박 중 발생하는 폐기물을 배출하는 경우에는 다음 각 호의 구분에 따른 요건에 적합하게 배출하여야 한다.
1. 분뇨의 경우 : 별표 2의 요건
2. 분뇨 외의 폐기물의 경우 : 별표 3의 요건

[별표 2]
선박 안의 일상생활에서 생기는 분뇨의 배출해역별 처리기준 및 방법(제8조제1호 관련)

1. 제14조에 따라 분뇨오염방지설비를 설치하여야 하는 선박은 다음 각 목의 어느 하나에 해당하는 경우 해양에서 분뇨를 배출할 수 있다.

가. 영해기선으로부터 3해리를 넘는 거리에서 지방해양항만청장이 형식승인한 분뇨마쇄소독장치를 사용하여 마쇄하고 소독한 분뇨를 선박이 4노트 이상의 속력으로 항해하면서 서서히 배출하는 경우. 다만, 국내항해에 종사하는 총톤수 400톤 미만의 선박의 경우에는 영해기선으로부터 3해리 이내의 해역에 배출할 수 있다.
나. 영해기선으로부터 12해리를 넘는 거리에서 마쇄하지 아니하거나 소독하지 아니한 분뇨를 선박이 4노트 이상의 속력으로 항해하면서 서서히 배출하는 경우.
다. 지방해양수산청장이 형식승인한 분뇨처리장치를 설치・운전 중인 선박의 경우

2. 분뇨처리장치를 설치한 선박은 다음 각 목의 해역에서 분뇨를 배출하여서는 아니 된다.

가. 「국토의 계획 및 이용에 관한 법률」 제40조에 따른 수산자원 보호구역
나. 「수산업법」 제65조에 따른 보호수면 및 같은 법 제68조제1항에 따른 육성수면

3. 분뇨마쇄소독장치 또는 분뇨저장탱크를 설치한 선박은 다음 각 목의 해역에서 분뇨를 배출하여서는 아니 된다.

가. 「국토의 계획 및 이용에 관한 법률」 제40조에 따른 수산자원 보호구역
나. 「수산업법」 제65조에 따른 보호수면 및 같은 법 제68조제1항에 따른 육성수면
다. 법 제15조에 따른 환경보전해역 및 특별관리해역
라. 「항만법」 제2조에 따른 항만구역
마. 「어촌・어항법」 제2조제4호에 따른 어항구역
바. 갑문 안의 수역

4. 제14조에 따른 분뇨오염방지설비 설치 대상선박 외의 선박은 다음 각 목의 경우에는 해양에 분뇨를 배출하여서는 아니 되며, 계류시설, 어장 등으로부터 가능한 한 멀리 떨어진 해역에서 배출하여야 한다.
가. 부두에 접안 시
나. 항만의 안벽 등 계류시설에 계류 시(계선부표에 계류한 경우도 포함되고, 계류시설에 계류된 선박에 계류한 선박도 포함한다)

5. 국제특별해역에서 배출하려는 경우에는 국제협약에서 정하는 바에 따른다.

6. 시추선 및 플랫폼은 항해 중이 아닌 상태에서 분뇨를 배출할 수 있다.

[별표 3]
선박 안에서 발생하는 폐기물의 배출해역별 처리기준 및 방법(제8조제2호 관련)

1. 선박 안에서 발생하는 폐기물의 처리
가. 다음의 폐기물을 제외하고 모든 폐기물은 해양에 배출할 수 없다.
 1) 음식찌꺼기
 2) 해양환경에 유해하지 않은 화물잔류물
나. 가목에서 배출 가능한 폐기물을 해양에 배출하려는 경우에는 영해기선으로부터 가능한 한 멀리 떨어진 곳에서 항해 중에 버리되, 영해기선으로부터 최소한 다음 거리 이상의 해역에 버려야 한다.
 1) 음식찌꺼기는 12해리. 다만, 분쇄기 또는 연마기를 통하여 분쇄 또는 연마한 음식찌꺼기의 경우 영해기선으로부터 3해리 이상의 해역에 버릴 수 있다. 이 경우 폐기물은 25㎜ 이하의 개구(開口)를 가진 스크린을 통과할 수 있도록 분쇄되거나 연마되어야 한다.
 2) 화물잔류물
 가) 부유성 화물잔류물은 25해리
 나) 가라앉는 화물잔류물은 12해리
 다) 화물창을 청소한 세정수는 12해리. 다만, 다음의 조건에 만족하는 것으로서 해양환경에 해롭지 아니한 일반 세제를 사용한 경우로 한정한다.
 (1) 국제협약 부속서 제3장의 적용을 받는 유해물질이 포함되어 있지 아니할 것
 (2) 발암성 또는 돌연변이를 발생시키는 것으로 알려진 물질이 포함되어 있지 아니할 것
 3) 해수침수, 부패, 부식 등으로 사용할 수 없게 된 화물은 국제협약이 정하는 바에 따른다.
 4) 「수산업법」에 따른 어선의 어로종사자는 어선의 어로활동 중 혼획(混獲)된 어류(폐사된 것을 포함한다)를 어로해역에 버릴 수 있다.
다. 폐기물이 다른 처분요건이나 배출요건의 적용을 받는 다른 배출물과 혼합되어 있는 경우에는 보다 엄격한 폐기물의 처분요건이나 배출요건을 적용한다.
 라. 가목 및 나목에도 불구하고, 선박소유자는 항만에 정박 중 가목 및 나목에 따른 폐기물을 법 제37조제1항 각 호의 어느 하나에 해당하는 자에게 인도하여 처리할 수 있다.

2. 폐기물의 처분에 관한 특별요건
 육지로부터 12해리 이상 떨어진 위치에 있는 고정되거나 부동하는 플랫폼과 이들 플랫폼에 접안되어 있거나 그로부터 500m 이내에 있는 다른 모든 선박에서 음식찌꺼기를 해양에 버릴 때에는 분쇄기 또는 연마기를 통하여 분쇄 또는 연마한 후 버려야 한다. 이 경우 음식찌꺼기는 25㎜ 이하의 개구를 가진 스크린을 통과할 수 있도록 분쇄되거나 연마되어야 한다.

3. 특별해역 안에서의 폐기물 처분에 관하여는 국제협약 부속서 5에 따른다.

4. 길이 12m 이상의 모든 선박은 제1호 및 제3호에 따른 폐기물의 처리 요건을 승무원과 여객에게 한글과 영문으로 작성・고지하는 안내표시판을 잘 보이는 곳에 게시하여야 한다.

5. 총톤수 100톤 이상의 선박과 최대승선인원 15명 이상의 선박은 선원이 실행할 수 있는 폐기물관리

계획서를 비치하고 계획을 수행할 수 있는 책임자를 임명하여야 한다. 이 경우 폐기물관리계획서에는 선상 장비의 사용방법을 포함하여 쓰레기의 수집, 저장, 처리 및 처분의 절차가 포함되어야 한다.

비고
"화물잔류물"이란 목재, 석탄, 곡물 등의 화물을 양하(揚荷)하고 남은 최소한의 잔류물을 말한다.

제9조(선박으로부터의 기름 배출) 법 제22조제1항제2호가목에 따라 선박으로부터 기름을 배출하는 경우에는 다음 각 호의 요건에 모두 적합하게 배출하여야 한다.
1. 선박(시추선 및 플랫폼을 제외한다)의 항해 중에 배출할 것
2. 배출액 중의 기름 성분이 0.0015퍼센트(15ppm) 이하일 것. 다만, 「해저광물자원 개발법」에 따른 해저광물(석유 및 천연가스에 한한다)의 탐사・채취 과정에서 발생한 물의 경우에는 0.004퍼센트 이하여야 한다.
3. 제15조제1항에 따른 기름오염방지설비의 작동 중에 배출할 것. 다만, 시추선 및 플랫폼에서 스킴 파일[skim pile, 분리된 기름을 수집하는 내부 칸막이(baffle plate)를 가진 바닥이 개방된 수직의 파이프]의 설치를 통하여 기름을 배출하는 경우는 제외한다.

제10조(유조선에서 화물유가 섞인 선박평형수, 세정수, 선저폐수 등을 배출하는 방법 등)
① 법 제22조제1항제2호나목에 따라 유조선에서 화물유가 섞인 선박평형수, 화물창의 세정수 및 선저폐수를 배출하는 경우에는 별표 4 제1호의 요건에 적합하게 배출하여야 한다.
② 법 제22조제1항제2호다목에 따라 유조선에서 화물창의 선박평형수를 배출하는 경우에는 별표 4 제2호의 세정도 요건에 적합하게 배출하여야 한다.
③ 선박에서 분리평형수 및 맑은평형수를 배출하는 경우에는 별표 4 제3호의 요건에 적합하게 배출하여야 한다.
④ 선박에서 발생하는 유성혼합물 등은 별표 4 제4호의 요건에 적합하게 저장・처리되어야 한다.

[별표 4]
화물유가 섞인 선박평형수, 세정수, 선저폐수의 배출기준 등
(제10조 관련)

1. 화물유가 섞인 선박평형수, 세정수, 선저폐수의 배출기준
유조선에서 화물유가 섞인 선박평형수, 화물창의 세정수 및 화물펌프실의 선저폐수를 배출하는 경우에는 다음 각 목의 요건에 적합하게 배출하여야 한다.
가. 항해 중에 배출할 것
나. 기름의 순간배출률이 1해리당 30 l 이하일 것
다. 1회의 항해 중(선박평형수를 실은 후 그 배출을 완료할 때까지를 말한다)의 배출총량이 그 전에 실은 화물총량의 3만분의 1(1979년 12월 31일 이전에 인도된 선박으로서 유조선의 경우에는 1만5천분의 1)이하일 것
라. 「영해 및 접속수역법」 제2조에 따른 기선으로부터 50해리 이상 떨어진 곳에서 배출할 것
마. 제15조에 따른 기름오염방지설비의 작동 중에 배출할 것

2. 선박평형수의 세정도
유조선의 화물창으로부터 선박평형수를 배출하는 경우에는 다음 각 목의 요건에 적합하게 배출하여야 한다.
가. 정지 중인 유조선의 화물창으로부터 청명한 날 맑고 평온한 해양에 선박평형수를 배출하는 경우에는 눈으로 볼 수 있는 유막이 해면 또는 인접한 해안선에 생기지 아니하거나 유성찌꺼기(Sludge) 또는 유성혼합물이 수중 또는 인접한 해안선에 생기지 아니하도록 화물창이 세정되어 있을 것
나. 선박평형수용 기름배출감시제어장치 또는 평형수농도감시장치를 통하여 선박평형수를 배출하는 경우에는 해당 장치로 측정된 배출액의 유분함유량이 0.0015%[15ppm]를 초과하지 아니할 것

3. 분리평형수 및 맑은평형수의 배출방법
가. 분리평형수 및 맑은평형수는 해당 선박의 흘수선 위쪽에서 배출하여야 한다. 다만, 분리평형수 및 맑은평형수의 표면에서 기름이 관찰되지 아니하는 경우에는 흘수선 아래쪽에서 배출할 수 있다.
나. 가목 단서에 따라 흘수선 아래쪽에서 배출하는 경우 항만 및 해양터미널 외의 해역에서는 중력에 따른 배출방법을 사용하여야 한다.

4. 선박 안에서 발생하는 유성혼합물 등의 저장 또는 처리
가. 선박 안에서 발생하는 선저폐수·유성찌꺼기 및 유성혼합물은 법 제22조제1항제2호에 따라 배출하는 경우를 제외하고는 다음의 구분에 따라 저장하거나 처리하여야 한다.
 1) 기관구역의 선저폐수는 선저폐수저장장치에 저장한 후 배출관장치를 통하여 오염물질저장시설 또는 해양오염방제업·유창청소업(이하 "저장시설등"이라 한다)의 운영자에게 인도할 것. 다만, 기름여과장치가 설치된 선박의 경우에는 기름여과장치를 통하여 해양에 배출할 수 있다.
 2) 유성찌꺼기(Sludge)는 유성찌꺼기탱크에 저장하되, 별표 8의 기술기준에 따른 유성찌꺼기탱크 용량의 80%를 초과하는 경우에는 출항 전에 유성찌꺼기 전용펌프(총톤수 150톤 미만의 유조선, 총톤수 400톤 미만의 선박으로서 유조선 외의 선박과 1990년 12월 31일 이전에 건조된 선박의 경우에는 유성찌꺼기전용펌프 외의 펌프를 사용할 수 있다)와 배출관장치를 통하여 저장시설등의 운영자에게 인도할 것. 다만, 소각설비가 설치된 선박의 경우에는 해상에서 유성찌꺼기를 소각하여 처리할 수 있다.
 3) 유조선의 화물구역에서 발생하는 유성혼합물은 법 제22조제1항제2호나목에 따라 해양에 배출하는 경우를 제외하고는 선박 안에 저장할 것
나. 기관구역의 선저폐수 또는 유성찌꺼기를 역류방지밸브가 설치된 이송관을 통하여 혼합물탱크로 이송하여 저장하는 유조선의 경우에는 가목을 적용하지 아니한다.
다. 가목3)에 따른 유성혼합물을 해양에 배출하는 경우에는 흘수선 위쪽에서 배출하여야 한다. 다만, 혼합물탱크로부터 배출하지 아니하는 경우로서 다음의 어느 하나에 해당하는 경우에는 흘수선 아래쪽에서 배출할 수 있다.
 1) 탱크 안에서 물과 기름이 분리되어 저장되고 배출 전에 유수경계면 검출기로 유수경계면을 조사한 결과 기름에 따른 오염의 위험이 없다고 판단되는 경우로서 중력으로 배출하는 경우
 2) 1979년 12월 31일 이전에 인도된 선박으로서 유조선에 지방해양수산청장이 인정하는 파트플로우장치를 설치하고 이를 작동하여 배출하는 경우
라. 제20조에 따라 화물창 또는 연료유탱크에 실은 선박평형수는 제1호 또는 제2호에 적합한 경우 외에는 이를 선박 안에 저장한 후 저장시설등의 운영자에게 인도하여야 한다.

제11조(유해액체물질의 배출해역, 예비세정 및 배출방법) 법 제22조제1항제3호가목에 따라 유해액체물질을 배출하는 경우에는 별표 5의 요건에 적합하게 배출하여야 한다.

제12조(세정된 선박평형수의 배출방법)
① 법 제22조제1항제3호나목에 따라 유해액체물질의 산적운반에 이용되는 화물창(선박평형수의 배출을 위한 설비를 포함한다. 이하 이 조에서 같다)에서 세정된 선박평형수를 배출하는 경우에는 다음 각 호의 요건에 적합하게 배출하여야 한다.
1. 섭씨 20도에서 5킬로파스칼 이상의 증기압을 가지는 유해액체물질의 산적운반에 이용되는 화물창에서 세정된 선박평형수일 것
2. 제1호에 따른 유해액체물질을 선박에서 내린 후 통풍장치로 화물창의 화물잔류물을 제거할 것

제13조(오염물질의 해양배출) 법 제22조제3항제3호에 따라 선박 오염사고에 대한 방제조치 중에 오염으로 인한 피해를 최소화하기 위하여 사용되는 기름, 유해액체물질 또는 이들 물질을 함유한 혼합물 등은 해양에 배출할 수 있다.

나. 육상시설 등으로부터의 배출금지

누구든지 해양시설 또는 해수욕장·하구역 등 대통령령이 정하는 장소(이하 "해양공간"이라 한다)에서 발생하는 오염물질을 해양에 배출하여서는 아니 된다. 다만, 다음 각 호의 경우에는 그러하지 아니하다(법 제22조 제2항).

1. 해양시설 및 해양공간(이하 "해양시설등"이라 한다)에서 발생하는 폐기물을 해양수산부령이 정하는 해역에서 해양수산부령이 정하는 처리기준 및 방법에 따라 배출하는 경우
2. 해양시설등에서 발생하는 기름 및 유해액체물질을 해양수산부령이 정하는 처리기준 및 방법에 따라 배출하는 경우

「해양환경관리법 시행령」

[별표 4] 해양공간의 범위(제34조 관련)

구분	범위
해수욕장	광역해수욕장, 일반해수욕장 및 마을해수욕장
하구역	조석의 영향을 받는 감조구역(感潮區域)의 상류경계 및 하구로 유입되는 유입하천의 유역
항만구역	「항만법」 제2조 제4호에 따른 항만구역
어항구역	「어촌·어항법」 제2조 제4호에 따른 어항구역
면허수면	「수산업법」 제8조에 따른 어업면허를 받은 수면
발전소	발전소와 최근 거리로 인접한 바닷가에서 20㎞ 이내의 해역
제철소	제철소와 최근 거리로 인접한 바닷가에서 10㎞ 이내의 해역
정유소	정유소와 최근 거리로 인접한 바닷가에서 10㎞ 이내의 해역(저유소를 포함한다)

다. 배출금지의 예외

다음 각 호의 어느 하나에 해당하는 경우에는 법 제22조 제1항 및 제2항의 규정에 불구하고 선박 또는 해양시설등에서 발생하는 오염물질을 해양에 배출할 수 있다(법 제22조 제3항).

1. 선박 또는 해양시설등의 안전확보나 인명구조를 위하여 부득이하게 오염물질을 배출하는 경우
2. 선박 또는 해양시설등의 손상 등으로 인하여 부득이하게 오염물질이 배출되는 경우
3. 선박 또는 해양시설등의 오염사고에 있어 해양수산부령이 정하는 방법에 따라 오염피해를 최소화하는 과정에서 부득이하게 오염물질이 배출되는 경우

2. 육상에서 발생한 폐기물의 해양배출금지 등

누구든지 육상에서 발생한 폐기물을 해양에 배출할 수 없다. 다만, 해양수산부장관은 해양환경의 보전·관리에 영향을 미치지 아니하는 범위 안에서 육상에서 처리가 곤란한 폐기물로서 해양수산부령이 정하는 폐기물에 한하여 해양수산부령이 정하는 해역에서 해양수산부령이 정하는 처리기준 및 방법에 따라 배출하게 할 수 있다(법 제23조 제1항). 해양수산부장관은 법 제23조 제1항 단서의 규정에 따라 해양에 배출하게 할 수 있는 폐기물 중 법 제76조 제1항의 규정에 따라 폐기물위탁자가 위탁처리를 신고한 폐기물에 한하여 폐기물해양배출업자로 하여금 이를 처리하게 할 수 있다(법 제23조 제2항). 해양수산부장관은 법 제23조 제1항 단서의 규정에 따라 해양에 배출하게 할 수 있는 폐기물에 해당하는지 여부를 해양수산부령이 정하는 바에 따라 미리 검사하여야 한다(법 제23조 제3항). 해양수산부장관은 법 제23조 제3항의 규정에 따른 검사업무를 대통령령이 정하는 바에 따라 전문검사기관에게 대행하게 할 수 있다(법 제23조 제4항). 법 제23조 제1항 단서의 규정에 따른 폐기물배출해역의 신청 및 지정절차 그 밖에 필요한 사항은 해양수산부령으로 정한다(법 제23조 제5항).

「해양환경관리법 시행령」

제35조(전문검사기관의 지정·고시)

① 법 제23조 제4항의 "전문검사기관"이란 다음 각 호의 어느 하나에 해당하는 것으로 해양수산부장관이 지정·고시하는 기관을 말한다.

1. 국공립 연구기관
2. 「고등교육법」 제2조 제1호에 따른 대학의 부설연구기관
3. 「정부출연연구기관 등의 설립·운영 및 육성에 관한 법률」 및 「과학기술분야 정부출연연구기관 등의 설립·운영 및 육성에 관한 법률」에 따른 정부출연연구기관
4. 「국가표준기본법」 제23조에 따라 인정받은 시험·검사기관
5. 그 밖에 전문검사업무능력이 있다고 인정되는 기관 또는 단체

② 제1항에 따른 전문검사기관의 지정신청절차·지정요건을 위한 세부적인 평가방법, 평가항목, 평가기준 및 운영기준 등은 해양수산부장관이 정하여 고시한다.

「해양환경관리법 시행규칙」

제12조(해양배출이 가능한 육상폐기물의 종류 등)

① 법 제23조 제1항 단서에 따라 육상에서 발생한 폐기물 중 해양에 배출할 수 있는 폐기물은 별표 6과 같고, 그 배출해역 및 처리방법은 별표7과 같다.

② 해양수산부장관은 법 제23조 제3항에 따라 해양배출이 가능한 폐기물인지 여부를 검사할 때에는 법 제10조에 따른 해양환경공정시험기준 및 별표 8의 처리기준에 적합한지 여부를 검사하여야 한다.

[별표 7]

육상에서 발생한 폐기물의 배출해역 및 처리방법(제12조제1항 관련)

해역	배출해역	배출가능 폐기물의 종류	처리방법
1. 갑해역: 북위 38도의 선, 북위 37도 45분의 선, 동경 132도 15분의 선 및 동경 132도 30분의 선으로 둘러싸인 해역	갑해역 전역	시멘트로 고형화 처리한 것	집중식처리방법에 따라 배출할 것
2. 병해역: 모든 국가의 영해의 기선으로부터 50해리 밖의 해역	가. 동해 병해역: 북위 36도 38분과 동경 130도 38분의 점, 북위 36도 38분과 동경 131도의 점, 북위 36도 04분과 동경 131도의 점, 북위 35도 46분과 동경 130도 38분의 점을 연결한 선으로 둘러싸인 해역	1) 별표 6 제1호에 따른 폐기물	확산식처리방법에 따라 배출할 것
		2) 별표 6 제2호에 따른 폐기물	집중식처리방법에 따라 배출할 것. 다만, 액상인 경우 또는 해수 등을 희석하여 배출하는 경우에는 확산식처리방법에 따라 배출할 수 있다.
	나. 서해 병해역: 북위 36도 12분의 선, 북위 35도 27분의 선, 동경 124도 13분의 선 및 동경 124도 38분의 선으로 둘러싸인 해역	1) 별표 6 제1호에따른 폐기물	확산식처리방법에 따라 배출할 것
		2) 별표 6 제2호에 따른 폐기물	집중식처리방법에 따라 배출할 것
3. 정해역: 병해역과 무해역 사이의 해역	가. 동해 정해역: 북위 35도 30분과 동경 130도 03분의 점, 북위 35도 21분과 동경 130도 19분의 점, 북위 35도 10분과 동경 130도 09분의 점 및 북위 35도 08분과 동경 129도 43분의 점을 연결한 선으로 둘러싸인 해역	1) 별표 6 제1호 나목1) 및 바목에 따른 폐기물	확산식처리방법에 따라 배출할 것
		2) 별표 6 제2호에 따른 폐기물	집중식처리방법에 따라 배출할 것
	나. 동해 정해역을 제외한 정해역: 지방해양수산청장이 해역관리청과 협의하여 지정하는 해역	별표 6 제2호에 따른 폐기물	집중식처리방법에 따라 배출할 것
4. 무해역: 「영해 및 접속수역법」 제1조에 따른 영해의 범위 안의 해역	지방해양항만청장이 해역관리청과 협의하여 지정하는 해역	별표 6 제2호에서 따른 폐기물	집중식처리방법에 따라 배출할 것

비고

1. 무해역은 다음 각 목의 해역을 제외한 해역으로 한다.
   가. 「항만법」 제3조제1항에 따른 항만구역 및「어촌・어항법」 제2조제4호에 따른 어항구역
   나. 「국토의 계획 및 이용에 관한 법률」 제40조에 따른 수산자원보호구역
   다. 「수산자원관리법」 제46조에 따른 보호수면 및 같은 법 제48조에 따른 수산자원관리수면
   라. 법 제15조제1항에 따른 환경관리해역
2. 해양배출 시 시멘트로 고형화하는 경우의 기준은 다음 각 목과 같다.
   가. 시멘트는 수경성시멘트를 사용할 것
   나. 시멘트의 양은 콘크리트 1㎥당 150㎏ 이상 혼합하고 균질하게 섞을 것
   다. 시멘트로 고형화하여 양생한 후 1축의 압축강도가 100㎏/㎠ 이상일 것

라. 형상 및 크기는 다음과 같이 할 것
1) 부피와 1면의 표면적 비가 5 이상일 것
2) 변의 길이는 최대와 최소의 비가 3 이하일 것
3) 최소변의 길이는 30㎝ 이상일 것

3. 확산식처리방법은 다음 각 목과 같이 배출하여야 한다.
가. 해면 아래에서 배출되도록 할 것
나. 평균 대수속도 4노트 이상으로 항해하면서 배출할 것
다. 합성로프, 폐어구, 플라스틱류, 넝마, 고무제품, 머리카락, 동물의 털 등 이물질이 섞인 물건을 제거할 것
라. 황산제1철 또는 염화제2철을 0.1% 이상 섞어 넣어 갈아서 부술 것(분뇨처리시설 등에 의하여 처리되지 아니한 분뇨로 한정한다)
마. 갈아서 부수어 배출할 것(각질류를 제외한 수산물가공잔재물로 한정한다)

4. 집중식처리방법은 다음 각 목과 같이 배출하여야 한다.
가. 비중 1.2 이상의 상태로 배출할 것
나. 항해 중에 배출하지 아니할 것
다. 가루의 상태로 배출하지 아니할 것
라. 폐기물 또는 포장된 용기 등이 떠다니지 아니하도록 처리할 것

[별표 8]
해양배출처리기준(제12조제2항 관련)

1. 별표 6 제1호나목・다목 및 사목의 폐기물(mg/kg, 건중량 기준)

구분	제1기준	제2기준
유분(광유류)	10,000	2,000
시안화합물	200	40
페놀류	4,000	800
크롬 또는 그 화합물	1,850	370
아연 또는 그 화합물	9,000	1,800
구리 또는 그 화합물	2,000	400
카드뮴 또는 그 화합물	20	4
수은 또는 그 화합물	5	1
유기인화합물	100	20
비소 또는 그 화합물	145	29
납 또는 그 화합물	1,100	220
폴리염화비페닐 - 28 폴리염화비페닐 - 52 폴리염화비페닐 - 101 폴리염화비페닐 - 118 폴리염화비페닐 - 138 폴리염화비페닐 - 153 폴리염화비페닐 - 180	0.15 0.15 0.15 0.15 0.15 0.15 0.15	0.03 0.03 0.03 0.03 0.03 0.03 0.03

나프탈렌	4	0.8
페난트렌	5	1
안트라센	4	0.8
벤조(a)피렌	4.5	0.9
플루오란텐	10	2.5
벤조(a)안트란센	5	1
벤조(b)플루오란텐	4	0.8

2. 별표 6 제1호마목・바목 및 제2호가목의 폐기물(mg/kg, 건중량기준)

구분	제1기준	제2기준
수은 또는 그 화합물	5	1
폴리염화비페닐 - 28	0.15	0.03
폴리염화비페닐 - 52	0.15	0.03
폴리염화비페닐 - 101	0.15	0.03
폴리염화비페닐 - 118	0.15	0.03
폴리염화비페닐 - 138	0.15	0.03
폴리염화비페닐 - 153	0.15	0.03
폴리염화비페닐 - 180	0.15	0.03

3. 별표 6 제2호나목의 폐기물(mg/kg, 건중량기준)

구분	제1기준	제2기준
크롬 또는 그 화합물	370	80
아연 또는 그 화합물	410	200
구리 또는 그 화합물	270	65
카드뮴 또는 그 화합물	10	2.5
수은 또는 그 화합물	1.2	0.3
비소 또는 그 화합물	70	20
납 또는 그 화합물	220	50
니켈 또는 그 화합물	52	35
총 폴리염화비페닐	0.18	0.023
총 다환방향족탄화수소	45	4

비고

1. 제1기준과 제2기준의 적용방법은 다음과 같다.

가. 별표 6에 따라 해양배출이 가능한 폐기물로서 제1기준을 넘는 폐기물은 해양에 배출할 수 없다.

나. 별표 6에 따라 해양배출이 가능한 폐기물로서 제1기준 이하이면서 제2기준 이상인 폐기물은 배출적합성을 판정하기 전에 해양수산부장관이 정하는 정밀평가를 거쳐 해양에 배출할 수 있다.

2. 폐기물종류별 처리기준에의 적합여부 판단은 법 제10조의 해양환경공정시험기준에 따른다.

3. 총 폴리염화비페닐은 폴리염화비페닐 - 28, 52, 101, 118, 138, 153, 180의 합을 말한다.

4. 총 다환방향족탄화수소는 나프탈렌, 페난트렌, 안트라센, 벤조(a)피렌, 플루오란텐, 벤조(a)안트란센, 벤조(b)플루오란텐의 합을 말한다.

제13조(폐기물배출해역의 지정 신청)

① 법 제23조제5항에 따라 폐기물배출해역의 지정을 신청하려는 자는 별지 제9호서식의 폐기물배출해역 지정신청서(전자문서로 된 신청서를 포함한다)에 다음 각 호의 서류를 첨부하여 지방해양수

산청장에게 제출하여야 한다.
1. 다음 각 목의 사항이 기재된 사업계획서
가. 폐기물의 특성, 성분 및 양
나. 폐기물의 수집 · 운반 및 해양배출방법
다. 폐기물운반선의 시설, 장비 및 기술인력 확보계획
라. 폐기물 해양배출이 해양환경에 미치게 될 영향
마. 그 밖에 필요한 사항
2. 법 제84조의 해역이용협의서 또는 법 제85조의 해역이용영향평가서(「공유수면 관리 및 매립에 관한 법률」 제8조제1항에 따라 준설토를 해양에 투기할 목적으로 신청하는 경우로 한정한다)
② 제1항제1호에 따른 사업계획서의 작성에 필요한 사항은 해양수산부장관이 정하여 고시한다.

제14조(폐기물배출해역의 지정 등)
① 지방해양수산청장은 제13조에 따른 신청에 따라 폐기물배출해역을 지정하는 경우 지정해역의 이용제한, 지정해역의 위치변경, 배출폐기물의 종류 또는 폐기물 배출량의 조정 등 필요한 조건을 붙일 수 있다.
② 폐기물배출해역의 지정기간은 1년 이내에서 정하되, 매회 1년의 범위에서 연장할 수 있다.
③ 지방해양수산청장은 제1항 및 제2항에 따라 폐기물배출해역을 지정한 경우에는 별지 제10호서식의 폐기물배출해역 지정서를 신청인에게 발급하여야 한다.

제15조(폐기물배출해역의 지정 변경 등)
① 제14조에 따라 폐기물배출해역 지정서를 발급받은 자는 제1호 및 제2호의 경우에는 변경하기 25일 전까지, 제3호의 경우에는 그 사유가 발생한 날부터 25일 이내에 별지 제9호서식의 폐기물배출해역 지정(변경지정)신청서(전자문서로 된 신청서를 포함한다)에 다음 각 호의 구분에 따른 서류와 폐기물배출해역 지정서를 첨부하여 지방해양수산청장에게 제출하여야 한다.
1. 변경사항이 지정해역 또는 배출허용량(증가하는 경우로 한정한다)인 경우
가. 변경의 필요성을 설명하는 서류
나. 해양환경에 미치게 될 영향을 분석한 서류
2. 변경사항이 지정기간 또는 폐기물종류인 경우 : 변경의 필요성을 설명하는 서류
3. 제1호 및 제2호 외의 경우 : 그 변경내용을 증명하는 서류
② 지방해양수산청장은 제1항에 따른 신청이 적합하다고 인정하면 폐기물배출해역 지정서의 기재사항을 고쳐 신청인에게 발급하여야 한다.

법에서 정한 해양환경기준(법 제8조)을 달성하기 위해서는 오염물질을 배출원에서의 배출단계에서 원천적으로 억제할 필요가 있다. 이러한 관점에서 해양환경오염방지를 위한 수단으로 사용되는 것이 배출기준에 의한 규제이며, 이때 허용기준을 배출허용기준(permissible emission standards)이라고 한다. 이러한 배출허용기준을 초과할 경우 해역관리청은 시설의 설치 또는 변경의 제한, 오염물질의 총량규제, 해양환경개선조치명령, 해양환경개선부담금의 부과, 오염물질의 수거 · 처리명령 등과 같은 개선명령이나 각종 규제조치를 취할 수 있다. 이러한 배출허용기준은 배출오염물질의 최대허용농도로서, ① 법적 구속력있는 규제기준이고, ② 사업장의 운영자 등을 수범자로 하며, ③ 위반시에는 제재가 가

하여지는 특성을 지닌다.[27)]

3. 해양오염방지활동

해양수산부장관은 해양에 배출 또는 유입되는 폐기물(해양발생 폐기물을 포함한다. 이하 이 조에서 같다)을 효과적으로 수거・처리하기 위하여 대통령령이 정하는 바에 따라 폐기물해양수거・처리계획을 수립・시행하여야 한다. 이 경우 시・도지사는 폐기물해양수거・처리계획에 따라 세부 실천계획을 수립・시행하여야 한다(법 제24조 제1항). 해역관리청은 오염방지활동을 위하여 필요하다고 인정되는 때에는 해양공간에 대하여 수질검사 등 해양수산부령이 정하는 조사・측정활동을 할 수 있다(법 제24조 제2항). 해역관리청은 법 제24조 제1항 및 제2항의 규정에 따른 폐기물의 수거・처리 및 조사・측정활동 등 오염방지활동을 위하여 필요한 선박 또는 처리시설을 운영할 수 있다(법 제24조 제3항). 해역관리청은 법 제24조 제1항의 규정에 따른 폐기물의 수거・처리 또는 보관비용의 전부 또는 일부를 대통령령이 정하는 바에 따라 오염원인자에게 부담하게 할 수 있다(법 제24조 제4항).

「해양환경관리법 시행령」

제36조(폐기물해양수거・처리계획)
① 해양수산부장관은 법 제24조 제1항에 따른 폐기물해양수거・처리계획을 5년마다 수립하여야 한다.
② 제1항에 따른 폐기물해양수거・처리계획에는 다음 각 호의 사항이 포함되어야 한다.
1. 배출 또는 유입되는 폐기물의 종류별・오염원별 발생량 및 예상발생량
2. 폐기물 해양유입방지 등 발생 저감에 관한 사항
3. 폐기물해양수거・처리계획의 기본방향에 관한 사항
4. 폐기물해양수거・처리능력 확충에 관한 사항
5. 민관협력에 관한 사항
6. 소요재원의 조달계획
③ 시・도지사는 제1항에 따른 폐기물해양수거・처리계획의 연도별 시행계획을 수립・추진하여야 하며, 연도별 시행계획 및 추진실적을 매년 1월 말까지 해양수산부장관에게 제출하여야 한다.

제37조(조사・측정활동)
① 해역관리청은 해양환경관리종합계획 및 폐기물해양수거・처리계획을 효율적으로 수립・시행하기 위하여 폐기물의 종류별・오염원별 배출량 또는 유입량을 조사・측정하여야 한다.
② 해역관리청은 법 제24조 제2항에 따른 조사・측정활동을 위하여 관계 기관의 장에게 관할 출입제한구역의 출입, 필요한 자료의 제출 또는 지원을 요청할 수 있다. 이 경우 관계 기관의 장은 특별한 사유가 없으면 그 요청에 따라야 한다.
③ 해역관리청은 법 제24조 제2항에 따른 조사・측정활동을 매년 실시하고, 시・도지사가 해역관리청

---

27) 천병태・김명길, 「環境法論」, (삼영사, 1997), 137쪽 참조.

인 경우에는 그 결과를 다음 해 2월 말까지 해양수산부장관에게 보고하여야 한다.

제38조(오염원인자의 비용부담 등)
① 법 제24조 제4항에 따라 오염원인자에게 부담하게 할 폐기물의 수거・처리 또는 보관비용의 범위는 별표 5와 같다.
② 해역관리청은 제1항에 따른 비용의 산출근거를 명확히 하여 오염원인자에게 알려야 한다.

[별표 5]
오염원인자의 비용부담 범위(제38조 제1항 관련)

1. 수거・처리로 인하여 멸실된 기계・기구와 소비된 물품의 가격에 상당하는 금액
2. 수거・처리를 위하여 사용된 기계・기구의 수리비. 다만, 수리하여도 그 용도로 사용할 수 없게 된 경우에는 수거・처리를 위하여 사용되기 바로 전의 현존가액으로 한다.
3. 수거・처리에 사용된 기계・기구의 임차료와 세척에 든 비용
4. 수거・처리에 든 선박의 운항비・인건비(여비 및 후생비를 포함한다) 및 그 밖의 비용
5. 수거・처리를 위한 선박의 예인이나 기계・기구・물품 등의 운반 등에 든 비용
6. 수거된 폐기물의 처리에 드는 비용

「해양환경관리법 시행규칙」

제16조(해역관리청의 조사・측정활동 내용)
① 법 제24조 제2항에서 "해양수산부령이 정하는 조사・측정활동"이란 다음 각 호의 사항에 대한 조사・측정활동을 말한다.
1. 폐기물의 오염원별 배출량 또는 유입량
2. 해당 조사대상의 위치 및 규모 등 이용현황
3. 해당 해양공간 인근의 오염방지시설의 위치, 오염방지시설의 규모, 처리량 등 오염방지시설현황
4. 수질오염도, 퇴적물오염도, 오염원의 분포현황 등 오염현황
5. 해양환경 및 해양생태계에 미치는 영향
6. 그 밖에 해양오염방지를 위하여 필요한 사항
② 제1항에 따른 조사・측정방법 및 절차 등 필요한 사항은 해양수산부장관이 정하여 고시한다.

법은 국제협약에 따라 해양오염방지를 위한 규제를 해양오염, 대기오염, 방오도료로 나누어 규정하고 있다.

해양오염규제	폐기물(분뇨포함) 기름 유해액체물질
대기오염규제	오존층파괴물질 NO_X SO_X VOCs 소각금지 CO_2
방오도료규제	유해방오도료 사용금지

제2관 선박에서의 해양오염방지

1. 폐기물오염방지설비의 설치 등

해양수산부령이 정하는 선박의 소유자(선박을 임대하는 경우에는 선박임차인을 말한다. 이하 같다)는 그 선박 안에서 발생하는 해양수산부령이 정하는 폐기물을 저장·처리하기 위한 설비(이하 "폐기물오염방지설비"라 한다)를 해양수산부령이 정하는 기준에 따라 설치하여야 한다(법 제25조 제1항). 법 제25조 제1항의 규정에 따라 설치된 폐기물오염방지설비는 해양수산부령이 정하는 기준에 적합하게 유지·작동되어야 한다(법 제25조 제2항).

「선박에서의 오염방지에 관한 규칙」

제14조(분뇨오염방지설비의 대상선박·종류 및 설치기준)

① 다음 각 호의 어느 하나에 해당하는 선박의 소유자(선박을 임대하는 경우에는 선박임차인을 말한다. 이하 같다)는 법 제25조제1항에 따라 그 선박 안에서 발생하는 분뇨를 저장·처리하기 위한 설비(이하 "분뇨오염방지설비"라 한다)를 설치하여야 한다. 다만, 「선박안전법 시행규칙」 제4조제11호 및 「어선법」 제3조제9호에 따른 위생설비 중 대변용 설비를 설치하지 아니한 선박의 소유자와 대변소를 설치하지 아니한 「수상레저안전법」 제30조에 따라 등록한 수상레저기구(이하 "수상레저기구"라 한다)의 소유자는 그러하지 아니하다.

1. 총톤수 400톤 이상의 선박(선박검사증서 상 최대승선인원이 16인 미만인 부선은 제외한다)
2. 선박검사증서 또는 어선검사증서 상 최대승선인원이 16명 이상인 선박
3. 수상레저기구 안전검사증에 따른 승선정원이 16명 이상인 선박
4. 소속 부대의 장 또는 경찰관서·해양경비안전관서의 장이 정한 승선인원이 16명 이상인 군함과 경찰용 선박

② 제1항에 따른 분뇨오염방지설비의 설치기준은 다음 각 호와 같다.

1. 다음 각 목의 분뇨오염방지설비 중 어느 하나를 설치할 것
   가. 지방해양수산청장이 형식승인한 분뇨처리장치
   나. 지방해양수산청장이 형식승인한 분뇨마쇄소독장치
   다. 분뇨저장탱크
2. 분뇨를 수용시설로 배출할 수 있도록 외부배출관을 설치할 것. 다만, 다음 각 목의 어느 하나에 해당하는 선박으로서 외부배출관을 사용하지 아니하고 분뇨를 수용시설로 배출할 수 있는 경우에는 외부배출관을 설치하지 아니할 수 있다.
   가. 시추선 및 플랫폼
   나. 「선박법 시행규칙」 제11조제1항제9호에 따른 선박의 길이(어선의 경우에는 「어선법 시행규칙」 제2조제1호에 따른 배의 길이를 말한다. 이하 같다)가 24미터 미만인 선박
   다. 수상레저기구

③ 제1항에 따른 분뇨오염방지설비는 법 제25조제2항에 따라 별표 6의 기술기준에 적합하게 유지·작동되어야 한다.

---

2. 기름오염방지설비의 설치 등

선박의 소유자는 선박 안에서 발생하는 기름의 배출을 방지하기 위한 설비(이하 "기름오

염방지설비"라 한다)를 당해 선박에 설치하거나 폐유저장을 위한 용기를 비치하여야 한다. 이 경우 그 대상선박과 설치기준 등은 해양수산부령으로 정한다(법 제26조 제1항). 선박의 소유자는 선박의 충돌·좌초 또는 그 밖의 해양사고가 발생하는 경우 기름의 배출을 방지할 수 있는 선체구조 등을 갖추어야 한다. 이 경우 그 대상선박, 선체구조기준 그 밖에 필요한 사항은 해양수산부령으로 정한다(법 제26조 제2항). 법 제26조 제1항의 규정에 따라 설치된 기름오염방지설비는 해양수산부령이 정하는 기준에 적합하게 유지·작동되어야 한다(법 제26조 제3항).

「선박에서의 오염방지에 관한 규칙」

제15조(기름오염방지설비 등의 설치기준)
① 법 제26조제1항에 따라 선박 안에서 발생하는 기름의 배출을 방지하기 위한 설비(이하 "기름오염방지설비"라 한다)와 폐유저장을 위한 용기를 갖추어야 하는 대상선박, 기름오염방지설비와 폐유저장을 위한 용기의 설치·비치기준은 별표 7과 같다.
② 제1항에 따른 기름오염방지설비는 법 제26조제3항에 따라 별표 8의 기술기준에 적합하게 유지·작동되어야 한다.
③ 선박의 소유자는 법 제26조제2항에 따라 해양사고가 발생하는 경우 기름의 배출을 방지할 수 있도록 다음 각 호의 구분에 따라 선체구조 등을 갖추어야 한다.
1. 손상복원성 선체구조 등을 갖추어야 할 대상선박 및 시기 : 별표 9
2. 이중선체구조 등을 갖추어야 할 대상선박 및 시기 : 별표 10
3. 선박 연료유 탱크의 이중선체 구조 : 별표 11
4. 선박의 화물창 등의 구조기준 : 별표 12
5. 선박의 이중선체구조 등의 기준 : 별표 13
6. 복원성기준 : 별표 14
④ 제1항 또는 제3항에도 불구하고 군함, 경찰용 선박 및 이를 보조하는 공용선박은 기름오염방지설비와 폐유저장을 위한 용

행정해석

「해양환경관리법」 제26조 및 「선박에서의 오염방지에 관한 규칙」 제15조(기름오염방지시설의 기술기준) 관련
[법제처 08-0267, 2008.10.24, 국토해양부 물류항만실 해사안전정책관 해사기술과]

1. 질의요지
「해양환경관리법」 제26조 제1항에 따라 선박의 소유자가 선박 안에서 발생하는 기름의 배출을 방지하기 위한 설비(이하 "기름오염방지설비"라 함)를 설치하여야 하는 선박은 그 선박의 건조시기와 관계없이 같은 법 제26조 제3항, 「선박에서의 오염방지에 관한 규칙」 제15조 및 별표 8 제4호 다목에서 규정하고 있는 바와 같이 유성찌꺼기탱크 배출관과 선저폐수관 사이에는 표준배출연결구로 통하는 배출관을 제외하고는 연결부가 있어서는 아니 되며, 유성찌꺼기탱크에 대한 배관이 표준배출연결구를 제외한 선외배출구와 연결된 선박은 그 배관에 맹판을 설치하도록 하는 기름오염방지시설의 기술기준(이하 "기술기준"이라 함)을 준수해야 하는지?

2. 회답
「해양환경관리법」 제26조 제1항에 따라 선박의 소유자가 기름오염방지시설을 설치하여야 하는 선박

은 그 선박의 건조시기와 관계없이 같은 법 제26조 제3항,「선박에서의 오염방지에 관한 규칙」제15조 및 별표 8 제4호 다목의 기술기준을 준수해야 합니다.

---

3. 유해액체물질오염방지설비의 설치 등

유해액체물질을 산적하여 운반하는 선박으로서 해양수산부령이 정하는 선박의 소유자는 유해액체물질을 그 선박 안에서 저장 · 처리할 수 있는 설비 또는 유해액체물질에 의한 해양오염을 방지하기 위한 설비(이하 "유해액체물질오염방지설비"라 한다)를 해양수산부령이 정하는 기준에 따라 설치하여야 한다(법 제27조 제1항). 유해액체물질을 산적하여 운반하는 선박으로서 해양수산부령이 정하는 선박의 소유자는 선박의 충돌 · 좌초 그 밖의 해양사고가 발생하는 경우 유해액체물질의 배출을 방지하기 위하여 그 선박의 화물창을 해양수산부령이 정하는 기준에 따라 설치 · 유지하여야 한다(법 제27조 제2항). 법 제27조 제1항의 규정에 따른 선박의 소유자는 해양수산부령이 정하는 기준에 따라 유해액체물질의 배출방법 및 설비에 관한 지침서를 작성하여 해양수산부장관의 검인을 받아 그 선박의 선장에게 제공하여야 한다(법 제27조 제3항). 법 제27조 제1항의 규정에 따라 설치된 유해액체물질오염방지설비는 해양수산부령이 정하는 기준에 적합하게 유지 · 작동되어야 한다(법 제27조 제4항).

「선박에서의 오염방지에 관한 규칙」

제16조(유해액체물질오염방지설비의 설치)

① 유해액체물질을 산적운반하기 위하여 건조되거나 개조된 선박(화물의 일부 또는 전부로서 유해액체물질을 산적운반하는 유조선을 포함한다)의 소유자는 법 제27조제1항에 따라 별표 15의 기준에 따른 유해액체물질오염방지설비를 설치하여야 한다.

② 제1항에 따른 유해액체물질오염방지설비는 법 제27조제4항에 따라 별표 16의 기술기준에 적합하게 유지 · 작동되어야 한다.

제17조(화물창의 구조 및 배치의 기준)

① 유해액체물질을 산적하여 운반하는 선박의 소유자는 법 제27조제2항에 따라 선박의 충돌, 좌초 또는 그 밖의 해양사고가 발생하는 경우 유해액체물질의 배출을 방지하기 위하여「선박안전법」제41조제4항에 따라 해양수산부장관이 고시하는 액체의 위험물을 운송하는 선박의 기준에 따라 화물창을 설치 · 유지하여야 한다.

제18조(유해액체물질의 배출방법 및 설비에 관한 지침서)

① 제16조에 따른 선박의 소유자는 법 제27조제3항에 따라 다음 각 호의 사항을 포함하는 유해액체물질의 배출방법 및 설비에 관한 지침서(이하 "유해액체물질배출지침서"라 한다)를 작성하여야 한다.

1. 배출규제의 개요
2. 선박의 장치와 설비의 취급기술에 관한 사항
3. 화물의 취급방법과 화물을 선박에서 내리는 것에 관한 사항

4. 화물창의 세정, 잔류물의 배출과 선박평형수의 적재·배출방법에 관한 사항
② 제16조에 따른 선박의 소유자는 법 제27조제3항에 따라 유해액체물질배출지침서의 검인을 받으려는 경우에는 별지 제1호서식의 유해액체물질배출지침서 검인신청서에 다음 각 호의 서류를 첨부하여 지방해양수산청장에게 제출하여야 한다. 이 경우 지방해양수산청장은 「전자정부법」 제36조제1항에 따른 행정정보의 공동이용을 통하여 선박검사증서를 확인하여야 하며, 신청인이 확인에 동의하지 아니하는 경우에는 선박검사증서 사본을 첨부하도록 하여야 한다.
1. 유해액체물질배출지침서
2. 삭제
3. 선박에 실을 수 있는 유해액체물질의 목록
③ 선박을 국제항해에 사용하려는 선박의 소유자는 유해액체물질배출지침서를 한글과 영문으로 작성하여야 한다.
④ 지방해양수산청장은 제2항에 따라 제출된 유해액체물질배출지침서가 제1항의 기준에 적합하게 작성되었다고 인정하는 때에는 그 유해액체물질배출지침서에 검인표시를 하여 지체 없이 신청인에게 발급하여야 한다.
⑤ 국제협약의 당사국으로부터 검인을 받은 유해액체물질배출지침서는 이 조에 따라 검인을 받은 것으로 본다.

---

4. 선박평형수 및 기름의 적재제한

해양수산부령이 정하는 유조선의 화물창 및 해양수산부령이 정하는 선박의 연료유탱크에는 선박평형수를 적재하여서는 아니 된다. 다만, 새로이 건조한 선박을 시운전하거나 선박의 안전을 확보하기 위하여 필요한 경우로서 해양수산부령이 정하는 경우에는 그러하지 아니하다(법 제28조 제1항). 해양수산부령이 정하는 선박의 경우 그 선박의 선수(船首)탱크 및 충돌격벽(衝突隔壁)보다 앞쪽에 설치된 탱크에는 기름을 적재하여서는 아니 된다(법 제28조 제2항).

「선박에서의 오염방지에 관한 규칙」

제19조(화물창 및 연료유탱크에의 선박평형수 적재 제한)
① 법 제28조제1항 본문에서 "해양수산부령이 정하는 유조선"이란 분리평형수탱크가 설치된 유조선을 말한다.
② 법 제28조제1항 본문에서 "해양수산부령이 정하는 선박"이란 1979년 12월 31일 후에 인도된 선박으로서 다음 각 호의 선박을 말한다.
1. 총톤수 150톤 이상의 유조선
2. 총톤수 4천톤 이상의 선박

제20조(화물창 및 연료유탱크에의 선박평형수 적재 허용) 법 제28조제1항 단서에서 "해양수산부령이 정하는 경우"란 다음 각 호의 어느 하나에 해당하는 경우를 말한다.
1. 겸용선이 안전하게 하역하기 위하여 필요한 경우
2. 교량, 그 밖의 장애물 밑을 안전하게 통과하기 위하여 필요한 경우
3. 「항만법」 제2조제1호에 따른 항만 또는 운하에서 안전하게 항해하기 위하여 필요한 경우
4. 비바람이 심한 날씨에 선박이 안전하게 항해하기 위하여 필요한 경우

5. 부유시설 등을 이용하여 정밀검사 또는 두께 계측을 시행하기 위하여 필요한 경우
6. 화물창의 수압시험을 위하여 필요한 경우

제21조(선수탱크 등에의 기름적재 금지 대상선박) 법 제28조제2항에서 "해양수산부령이 정하는 선박"이란 총톤수 400톤 이상인 선박으로서 다음 각 호의 어느 하나에 해당하는 선박을 말한다.
1. 1982년 1월 1일 이후에 건조계약이 체결된 것
2. 건조계약이 체결되지 아니한 선박으로서 1982년 7월 1일 이후에 건조된 것

---

5. 포장유해물질의 운송

선박을 이용하여 포장유해물질을 운송하려는 자는 해양수산부령이 정하는 바에 따라 포장・표시 및 적재방법 등의 요건에 적합하게 이를 운송하여야 한다(법 제29조).

「선박에서의 오염방지에 관한 규칙」

제22조(포장유해물질의 운송요건) 법 제29조에 따라 선박을 이용하여 포장유해물질을 운송하는 경우의 포장・표시 및 적재방법 등의 요건에 관하여는「위험물 선박운송 및 저장규칙」제6조를 준용한다.

---

6. 선박오염물질기록부의 관리

선박의 선장(피예인선의 경우에는 선박의 소유자를 말한다)은 그 선박에서 사용하거나 운반・처리하는 폐기물・기름 및 유해액체물질에 대한 다음 각 호의 구분에 따른 기록부(이하 "선박오염물질기록부"라 한다)를 그 선박(피예인선의 경우에는 선박의 소유자의 사무실을 말한다) 안에 비치하고 그 사용량・운반량 및 처리량 등을 기록하여야 한다(법 제30조 제1항).

1. 폐기물기록부 : 해양수산부령이 정하는 일정 규모 이상의 선박에서 발생하는 폐기물의 총량・처리량 등을 기록하는 장부. 다만, 법 제72조 제1항의 규정에 따라 해양환경관리업자가 처리대장을 작성・비치하는 경우에는 동 처리대장으로 갈음한다.
2. 기름기록부 : 선박에서 사용하는 기름의 사용량・처리량을 기록하는 장부. 다만, 해양수산부령이 정하는 선박의 경우를 제외하며, 유조선의 경우에는 기름의 사용량・처리량 외에 운반량을 추가로 기록하여야 한다.
3. 유해액체물질기록부 : 선박에서 산적하여 운반하는 유해액체물질의 운반량・처리량을 기록하는 장부

선박오염물질기록부의 보존기간은 최종기재를 한 날부터 3년으로 하며, 그 기재사항·보존방법 등에 관하여 필요한 사항은 해양수산부령으로 정한다(법 제30조 제2항).

「선박에서의 오염방지에 관한 규칙」

제23조(선박오염물질기록부 비치대상선박)
① 법 제30조제1항제1호에서 "해양수산부령이 정하는 일정 규모 이상의 선박"이란 다음 각 호의 어느 하나에 해당하는 선박을 말한다.
1. 총톤수 400톤 이상의 선박
2. 선박검사증서 상 최대승선인원이 15명 이상인 선박(운항속력으로 1시간 이내의 항해에 종사하는 선박은 제외한다)
② 법 제30조제1항제2호 단서에서 "해양수산부령이 정하는 선박"이란 유조선 외의 선박으로서 다음 각 호의 어느 하나에 해당하는 선박을 말한다.
1. 총톤수 100톤(군함과 경찰용 선박의 경우에는 경하배수톤수 200톤) 미만의 선박
2. 선저폐수가 생기지 아니하는 선박

제24조(선박오염물질기록부의 기재사항 등)
① 법 제30조제1항제1호에 따른 폐기물기록부에는 다음 각 호의 구분에 따른 사항을 적어야 한다.
1. 폐기물을 해양에 배출할 때
 가. 배출일시
 나. 선박의 위치(경도 및 위도를 말한다). 이 경우 화물잔류물은 배출의 시작과 종료된 위치를 포함하여야 한다.
 다. 배출된 폐기물의 종류
 라. 폐기물 종류별 배출량(단위는 미터톤으로 한다)
 마. 작업책임자의 서명
2. 폐기물을 수용시설 또는 다른 선박에 배출할 때
 가. 배출일시
 나. 항구, 수용시설 또는 선박의 명칭
 다. 배출된 폐기물의 종류
 라. 폐기물 종류별 배출량(단위는 미터톤으로 한다)
 마. 작업책임자의 서명
3. 폐기물을 소각할 때
 가. 소각의 시작 및 종료 일시
 나. 선박의 위치(경도 및 위도를 말한다)
 다. 소각량(단위는 미터톤으로 한다)
 라. 작업책임자의 서명
4. 법 제22조제3항제1호·제2호 또는 합성어망의 분실과 같이 폐기물을 사고 또는 그 밖의 예외 규정에 따라 해양에 배출할 때
 가. 사고 일시
 나. 사고 시 선박의 위치(경도 및 위도를 말한다) 또는 항구명
 다. 사고 시 배출된 폐기물의 종류 및 양
 라. 처분, 유실 또는 손실의 상황과 그 사유 및 일반 참고사항
② 법 제30조제1항제2호에 따른 기름기록부에는 다음 각 호의 구분에 따른 사항을 적어야 한다.
1. 모든 선박에서 행하는 다음 각 목의 사항
 가. 연료유탱크에 선박평형수의 적재 또는 연료유탱크의 세정
 나. 연료유탱크로부터의 선박평형수 또는 세정수의 배출

다. 기관구역의 유성찌꺼기 및 유성잔류물의 처리
라. 선저폐수의 처리
마. 선저폐수용 기름배출감시제어장치의 상태
바. 사고, 그 밖의 사유로 인한 예외적인 기름의 배출
사. 연료유 및 윤활유의 선박 안에서의 수급
2. 유조선에서 행하는 다음 각 목의 사항
가. 화물유를 선박에 싣는 것
나. 항해 중 화물유의 선박 안에서의 이송
다. 화물유를 선박에서 내리는 것
라. 화물창 및 맑은평형수탱크에 선박평형수를 싣거나 배출하는 것
마. 화물창의 세정(원유에 의한 세정을 포함한다)
바. 선박평형수의 배출(분리평형수탱크에서의 배출은 제외한다)
사. 선박평형수용 기름배출감시제어장치의 상태
아. 혼합물탱크에서 혼합물을 배출하는 것
자. 화물창의 잔류물처리
③ 법 제30조제1항제3호에 따른 유해액체물질기록부에는 다음 각 호의 사항을 적어야 한다.
1. 선박 안에서 화물을 옮기는 것과 화물을 싣거나 내리는 것에 관한 사항
2. 화물의 잔류물 또는 혼합물을 수용시설에 배출시 그 배출에 관한 사항
3. 화물창의 세정에 관한 사항
4. 화물창 세정수, 선박평형수, 잔류물의 해양배출에 관한 사항 또는 그 정화방법에 관한 사항
5. 화물창에 선박평형수를 싣거나 배출하는 것에 관한 사항
6. 사고, 그 밖의 사유로 인한 유해액체물질의 예외적인 배출에 관한 사항
④ 제1항에 따른 폐기물기록부는 별지 제2호서식과 같고, 제2항에 따른 기름기록부는 별지 제3호서식과 같으며, 제3항에 따른 유해액체물질기록부는 별지 제4호서식과 같다.

7. 선박해양오염비상계획서의 관리

선박의 소유자는 기름 또는 유해액체물질이 해양에 배출되는 경우에 취하여야 하는 조치사항에 대한 내용을 포함하는 기름 및 유해액체물질의 해양오염비상계획서(이하 "선박해양오염비상계획서"라 한다)를 작성하여 국민안전처장관의 검인을 받은 후 이를 그 선박에 비치하여야 한다(법 제31조 제1항). 선박해양오염비상계획서를 비치하여야 하는 대상 선박의 범위와 기재사항 등에 관하여 필요한 사항은 총리령 또는 해양수산부령으로 정한다(법 제31조 제2항).

「선박에서의 오염방지에 관한 규칙」

제25조(선박해양오염비상계획서 비치대상 등)
① 법 제31조에 따라 기름 또는 유해액체물질의 해양오염비상계획서(이하 "선박해양오염비상계획서"라 한다)를 갖추어두어야 하는 선박은 다음 각 호와 같다.
1. 기름의 해양오염비상계획서를 갖추어두어야 하는 선박
가. 총톤수 150톤 이상의 유조선
나. 총톤수 400톤 이상의 유조선 외의 선박(군함, 경찰용 선박 및 국내항해에만 사용하는 부선은 제

외한다)
다. 시추선 및 플랫폼
2. 유해액체물질의 해양오염비상계획서를 갖추어두어야 하는 선박 : 총톤수 150톤 이상의 선박으로서 유해액체물질을 산적하여 운송하는 선박
② 제1항에 따른 선박해양오염비상계획서에는 다음 각 호의 사항이 포함되어야 한다.
1. 선박의 방제조직에 관한 사항
2. 유출사고 발생 시 선박의 선장이 취하여야 할 보고의 절차에 관한 사항
3. 유출을 줄이기 위하여 선박의 선원이 취하여야 할 방제조치에 관한 사항
4. 선박의 주요제원과 선체구조도면 및 주요 배관장치의 배치도면
5. 선박의 선원에 대한 방제 교육·훈련에 관한 사항
6. 유출사고 발생 시 그 사실을 통보할 연안 당사국의 기관명칭 및 방제에 필요한 사항
7. 기름유출사고 발생 시 육상에서 제공하는 전산화된 손상복원성 및 잔존강도에 대한 계산프로그램을 이용할 수 있는 방법에 관한 사항(재화중량톤수 5천톤 이상의 유조선에 한한다)
③ 제1항에 따른 기름의 해양오염비상계획서와 유해액체물질의 해양오염비상계획서는 통합하여 작성할 수 있다.

제26조(선박해양오염비상계획서의 검인)
① 제25조제1항 각 호에 따른 선박의 소유자는 법 제31조제1항에 따라 선박해양오염비상계획서의 검인을 받으려는 경우에는 별지 제5호서식의 선박해양오염비상계획서 검인신청서에 선박의 선박해양오염비상계획서를 첨부하여 국민안전처장관에게 제출하여야 한다. 이 경우 선박을 국제항해에 사용하려는 자는 선박해양오염비상계획서를 한글과 영문으로 작성하여야 한다.
② 국민안전처장관은 제1항에 따른 신청을 검토하여 적합하다고 인정되면 선박해양오염비상계획서에 별표 17에 따른 검인표시를 하여 신청인에게 발급하여야 한다.

---

8. 해양오염방지관리인

해양수산부령이 정하는 선박의 소유자는 그 선박에 승무하는 선원 중에서 선장을 보좌하여 선박으로부터의 오염물질 및 대기오염물질의 배출방지에 관한 업무를 관리하게 하기 위하여 해양오염방지관리인을 임명하여야 한다. 이 경우 유해액체물질을 산적하여 운반하는 선박의 경우에는 유해액체물질의 해양오염방지관리인 1인 이상을 추가로 임명하여야 한다(법 제32조 제1항). 선박의 소유자는 법 제32조 제1항의 규정에 따른 해양오염방지관리인을 임명한 증빙서류를 선박 안에 비치하여야 한다(법 제32조 제2항). 법 제32조 제1항의 규정에 따른 해양오염방지관리인의 자격·업무내용·준수사항 등에 관하여 필요한 사항은 대통령령으로 정한다(법 제32조 제3항).

「해양환경관리법 시행령」

제39조(선박의 해양오염방지관리인 자격·업무내용 등)
① 법 제32조 제3항에 따라 해양오염방지관리인이 될 수 있는 자의 자격은 다음 각 호의 구분에 따른다.
1.「선박직원법」제2조 제1호에 따른 선박의 경우에는 같은 법 제11조에 따른 승무기준에 적합한 같은

법 제2조 제3호에 따른 선박직원. 다만, 선장・통신장 및 통신사는 제외한다.
2. 「선박직원법」의 적용을 받지 아니하거나 선장 외의 선박직원이 없는 선박의 경우에는 승무원 중에서 오염물질 및 대기오염물질을 이송하거나 배출하는 작업에 종사하는 자
② 제1항에 따른 해양오염방지관리인의 업무내용 및 준수사항은 다음 각 호와 같다.
1. 폐기물기록부와 기름기록부(유해액체물질을 산적하여 운반하는 선박의 경우 유해액체물질기록부를 포함한다)의 기록 및 보관
2. 오염물질을 이송 또는 배출하는 작업의 지휘・감독
3. 해양오염방지설비의 정비 및 작동상태의 점검
4. 대기오염방지설비의 정비 및 점검
5. 해양오염방제를 위한 자재 및 약제의 관리
6. 법 제63조 제1항 및 법 제64조 제1항에 따른 오염물질의 배출이 있는 경우 신속한 신고 및 필요한 응급조치
7. 법 제121조에 따른 해양오염방지 및 방제에 관한 교육・훈련의 이수 및 해당 선박의 승무원에 대한 교육
8. 그 밖에 해당 선박으로부터의 오염사고를 방지하는 데 필요한 사항

「선박에서의 오염방지에 관한 규칙」

제27조(해양오염방지관리인 승무대상 선박) 법 제32조제1항에서 "해양수산부령이 정하는 선박"이란 다음 각 호의 선박을 말한다.
1. 총톤수 150톤 이상인 유조선
2. 총톤수 400톤 이상인 선박[국적취득조건부로 나용선(裸傭船)한 외국선박을 포함한다]. 다만, 부선 등 선박의 구조상 오염물질 및 대기오염물질을 발생하지 아니하는 선박은 제외한다.

---

9. 선박대선박 기름화물이송 관리

해상에서 유조선 간(이하 "선박대선박"이라 한다)에 기름화물을 이송하려는 선박소유자는 그 이송하는 작업방법 등 해양수산부령으로 정하는 사항을 기술한 계획서(이하 "선박대선박 기름화물이송계획서"라 한다)를 작성하여 해양수산부장관의 검인을 받은 후 선박에 비치하고, 이송작업 시 이를 준수하여야 한다(법 제32조의2 제1항). 선박의 선장은 선박대선박 기름화물의 이송작업에 관하여 이송량, 이송시간 등 해양수산부령으로 정하는 사항을 기름기록부에 기록하여야 하고, 최종 기록한 날부터 3년간 보관하여야 한다(법 제32조의2 제2항). 법 제3조 제1항 제1호 및 제2호에 따른 해역・수역 안에서 선박대선박 기름화물이송작업을 하려는 선박의 선장은 작업계획을 해양수산부장관에게 사전에 보고하여야 한다(법 제32조의2 제3항). 법 제32조의2 제1항에 따른 선박대선박 기름화물이송계획서의 비치 대상선박 및 검인절차, 제2항에 따른 선박대선박 기름화물이송작업의 기록, 제3항에 따른 작업계획의 보고사항 및 보고방법 등에 필요한 사항은 해양수산부령으로 정한다(법 제32조의2 제4항).

「선박에서의 오염방지에 관한 규칙」

제27조의2(선박대선박 기름화물이송계획서의 검인 등)
① 법 제32조의2제1항 및 제4항에 따라 총톤수 150톤 이상의 유조선에는 법 제32조의2제1항에 따른 선박대선박 기름화물이송계획서(이하 "선박대선박 기름화물이송계획서"라 한다)를 비치하여야 한다.
② 법 제32조의2제1항에서 "이송하는 작업방법 등 해양수산부령으로 정하는 사항"이란 별표 16의2에서 정하는 사항을 말한다.
③ 선박의 소유자는 법 제32조의2제1항에 따라 선박대선박 기름화물이송계획서의 검인을 받으려는 경우에는 별지 제5호의2서식에 선박대선박 기름화물이송계획서를 첨부하여 관할 지방해양수산청장에게 제출하여야 한다. 이 경우 국제항해에 종사하는 선박의 경우에는 「선원법」 제2조제3호 및 제5호에 따른 선장 및 직원이 일반적으로 사용하는 언어로 작성된 선박대선박 기름화물이송계획서 및 영어로 된 번역문을 함께 제출하여야 한다.
④ 관할 지방해양수산청장은 제3항에 따른 검인신청이 적합하다고 인정하는 경우에는 선박대선박 기름화물이송계획서에 별표 17에 따른 검인표시를 하여 신청인에게 내주어야 한다.

제27조의3(선박대선박 기름화물 이송작업의 기록)
① 법 제32조의2제2항에서 "이송량, 이송시간 등 해양수산부령으로 정하는 사항"이란 다음 각 호의 사항을 말한다.
1. 선박대선박 기름화물의 이송시간 및 장소
2. 선박대선박 기름화물의 종류, 양 및 탱크의 식별번호
3. 별표 16의2 제6호에 따른 사항
② 선박의 선장은 법 제32조의2제2항에 따라 제1항 각 호의 사항을 별지 제3호서식의 기름기록부에 기록하여야 한다.

제27조의4(작업계획의 보고사항)
① 선박의 선장은 법 제32조의2제3항에 따라 선박대선박 기름화물의 이송작업을 하려는 경우에는 그 작업 시작 48시간 전에 관할 지방해양수산청장에게 다음 각 호의 사항이 포함된 작업계획을 보고하여야 한다.
1. 선박대선박 기름화물의 이송과 관련 있는 유조선의 국적, 선명, 선박번호(국제해사기구 번호), 호출부호 및 예상 도착시간
2. 선박대선박 기름화물의 이송작업 시작 일시 및 장소
3. 선박대선박 기름화물의 이송작업을 정박 중 또는 항해 중에 수행하는지의 여부
4. 선박대선박 기름화물의 종류 및 양
5. 선박대선박 기름화물의 예상 이송기간
6. 선박대선박 기름화물의 이송작업에 대한 담당자 및 책임자에 관한 사항
7. 선박대선박 기름화물이송계획서를 비치하고 있는지 여부
② 제1항의 규정에도 불구하고 선박의 선장은 제1항 각 호의 모든 사항을 보고할 수 없는 불가피한 사정이 있는 경우에는 그 작업 시작 48시간 전에 최소한 제1항제2호(이송장소는 제외한다)의 사항을 먼저 보고하여야 한다. 다만, 선박대선박 기름화물의 이송작업을 시작하기 전까지는 제1항 각 호의 나머지 사항에 대한 보고를 완료하여야 한다.
③ 선박의 선장은 제1항제1호에 따라 보고한 선박의 예상 도착시간이 6시간 이상의 차이로 변경될 가능성이 있는 경우에는 지체 없이 관할 지방해양수산청장에게 보고하여야 한다.
④ 제1항제6호에 따른 책임자는 다음 각 호의 기준을 모두 갖추어야 한다.
1. 해양수산부장관이 정하여 고시하는 해기사 자격이 있을 것
2. 유조선의 화물을 싣고 내리는 작업에 대한 경험이 있을 것
3. 해양수산부장관이 선박대선박 기름화물의 안전한 이송작업을 위하여 지정・고시한 해역 및 주변지

역에 대한 지식이 있을 것
4. 비상상황 및 기름방제에 대한 경험과 지식이 있을 것

제3관 해양시설에서의 해양오염방지

1. 해양시설의 신고

해양시설의 소유자(설치・운영자를 포함하며, 그 시설을 임대하는 경우에는 시설임차인을 말한다. 이하 같다)는 해양수산부장관에게 그 시설을 신고하여야 한다(법 제33조 제1항). 법 제33조 제1항의 규정에 따른 해양시설의 신고내용 및 절차 등에 관하여 필요한 사항은 해양수산부령으로 정한다(법 제33조 제2항).

「해양환경관리법 시행규칙」

제17조(해양시설의 신고 등)
① 해양시설의 소유자(설치・운영자를 포함하며, 그 시설을 임대하는 경우에는 시설임차인을 말한다. 이하 같다)는 법 제33조에 따라 해양시설의 신고 또는 변경신고를 하려는 경우에는 별지 제12호서식의 해양시설 (변경)신고서(전자문서로 된 신고서를 포함한다)에 다음 각 호의 구분에 따른 서류를 첨부하여 지방해양수산청장 또는 시・도지사에게 제출하여야 한다.
1. 최초 신고의 경우
   가. 삭제
   나. 삭제
   다. 해양시설의 설치명세서와 그 도면 및 위치도(축척 2만 5천분의 1의 지형도)
   라. 법 제32조에 따른 해양오염방지관리인의 임명확인서(별표 1 제1호의 시설인 경우로 한정한다)
   마. 법 제35조에 따른 해양시설오염비상계획서(별표 1 제1호가목의 시설인 경우로 한정한다)
2. 변경 신고의 경우
   가. 해양시설 신고 증명서
   나. 변경내용을 증명하는 서류
② 지방해양수산청장 또는 시・도지사는 제1항에 따른 신고를 받으면 별지 제13호서식의 해양시설 신고대장에 적고, 별지 제14호서식의 해양시설 신고 증명서를 발급하여야 한다. 다만, 변경신고의 경우에는 해양시설 신고대장 및 해양시설 신고증명서의 뒤쪽에 그 변경내용을 적은 후 해양시설 신고증명서를 발급하여야 한다.
③ 제2항에 따른 해양시설 신고증명서를 잃어버리거나 헐어서 못쓰게 된 자는 별지 제15호서식의 해양시설 신고증명서 재발급신청서를 지방해양수산청장 또는 시・도지사에게 제출하여 재발급받을 수 있다.
④ 제1항에 따라 해양시설의 신고를 한 자는 해양시설을 폐업하려는 경우에는 별지 제16호서식의 해양시설 폐업신고서에 해양시설 신고증명서를 첨부하여 지방해양수산청장 또는 시・도지사에게 제출하여야 한다.

2. 해양시설오염물질기록부의 관리

기름 및 유해액체물질을 취급하는 해양시설 중 해양수산부령이 정하는 해양시설의 소유자는 그 시설 안에 기름 및 유해액체물질의 기록부(이하 "해양시설오염물질기록부"라 한다)를 비치하고 기름 및 유해액체물질의 사용량과 반입・반출에 관한 사항 등을 기록하여야 한다(법 제34조 제1항). 해양시설오염물질기록부의 보존기간은 최종기재를 한 날부터 3년으로 하며, 그 기재사항・관리방법 등에 관하여 필요한 사항은 해양수산부령으로 정한다(법 제34조 제2항).

「해양환경관리법 시행규칙」

제18조(해양시설오염물질기록부)
① 법 제34조제1항에서 "해양수산부령이 정하는 해양시설"이란 별표 1 제1호가목의 시설을 말한다.
② 법 제34조에 따른 해양시설오염물질기록부(이하 "해양시설오염물질기록부"라 한다)에는 다음 각 호의 사항을 적어야 한다.
1. 기름 및 유해액체물질의 사용량과 선적 및 반입에 관한 사항
2. 유성혼합물 또는 유해액체물질 세정수의 처리에 관한 사항
3. 해양시설의 운영과정에서 발생되는 오염물질 처리에 관한 사항
③ 해양시설오염물질기록부는 별지 제17호서식과 같다.

---

3. 해양시설오염비상계획서의 관리

기름 및 유해액체물질을 사용・저장 또는 처리하는 해양시설의 소유자는 기름 및 유해액체물질이 해양에 배출되는 경우에 취하여야 하는 조치사항에 대한 내용이 포함된 해양오염비상계획서(이하 "해양시설오염비상계획서"라 한다)를 작성하여 국민안전처장관의 검인을 받은 후 그 해양시설에 비치하여야 한다. 다만, 해양시설오염비상계획서를 그 해양시설에 비치하는 것이 곤란한 때에는 해양시설의 소유자의 사무실에 비치할 수 있다(법 제35조 제1항). 해양시설오염비상계획서를 비치하여야 하는 대상 및 그 기재사항 등에 관하여 필요한 사항은 총리령 또는 해양수산부령으로 정한다(법 제35조 제2항).

「해양환경관리법 시행규칙」

제19조(해양시설오염비상계획서)
① 법 제35조에 따라 해양시설오염비상계획서(이하 "해양시설오염비상계획서"라 한다)를 갖추어야 하는 해양시설은 합계 용량 300킬로리터 이상의 기름 및 유해액체물질 저장시설로 한다.
② 해양시설오염비상계획서에는 다음 각 호의 사항이 포함되어야 한다.
1. 해양시설의 위치, 규모, 소유자 및 관리자에 대한 정보(군사시설의 경우에는 제외한다)

2. 기름 또는 유해액체물질 유출사고 발생 시 해양시설의 관리자가 하여야 할 신고 및 보고의 절차에 관한 사항
3. 기름 또는 유해액체물질 유출을 줄이기 위하여 해양시설의 종사자가 하여야 할 방제조치에 관한 사항
4. 해양시설의 주요설비, 시설구조도면 및 주요배관장치의 배치도면
5. 해양시설 종사자에 대한 방제교육 · 훈련에 관한 사항
6. 해양시설 주변해역의 조류, 환경 등 해역특성에 관한 사항
7. 기름 또는 유해액체물질 유출사고 예방 및 점검에 관한 사항
8. 해양오염사고 방제에 필요한 방제조직, 방제장비 · 자재 현황 및 동원체계
9. 해양시설 오염사고 규모별 방제조치계획

③ 법 제35조제1항 본문에 따라 해양시설오염비상계획서의 검인을 받으려는 자는 별지 제18호서식의 해양시설오염비상계획서 검인신청서에 해당 해양시설오염비상계획서를 첨부하여 해양경비안전서장에게 제출하여야 한다.

④ 해양경비안전서장은 제3항에 따른 검인신청이 있는 경우 적합하다고 인정하면 해당 해양시설오염비상계획서에 별표 9의 검인표시를 하여 신청인에게 내주어야 한다.

4. 해양오염방지관리인

해양수산부령이 정하는 해양시설의 소유자는 그 해양시설에 근무하는 직원 중에서 해양시설로부터의 오염물질의 배출방지에 관한 업무를 관리하게 하기 위하여 해양오염방지관리인을 임명하여야 한다(법 제36조 제1항). 해양시설의 소유자는 해양오염방지관리인을 임명하였음을 증명하는 서류를 그 해양시설 안에 비치하여야 한다. 다만, 증명서류를 그 해양시설에 비치하는 것이 곤란한 때에는 해양시설의 소유자의 사무실에 비치할 수 있다(법 제36조 제2항). 법 제36조 제1항의 규정에 따른 해양오염방지관리인의 자격 · 업무내용 · 준수사항 등에 관하여 필요한 사항은 대통령령으로 정한다(법 제36조 제3항).

「해양환경관리법 시행령」

제40조(해양시설의 해양오염방지관리인의 업무내용 등)

① 법 제36조 제1항에 따른 해양시설의 소유자는 같은 조 제3항에 따라 오염물질을 이송 또는 배출하는 작업을 지휘 · 감독하는 자를 해양오염방지관리인으로 임명하여야 한다.

② 법 제36조 제3항에 따른 해양오염방지관리인의 업무내용 및 준수사항은 다음 각 호와 같다.

1. 해양시설오염물질기록부의 기록 및 보관
2. 오염물질을 이송 또는 배출하는 작업의 지휘 · 감독
3. 해양오염방지설비의 정비 및 작동상태의 점검
4. 해양오염방제를 위한 자재 및 약제의 관리
5. 법 제63조 제1항 및 법 제64조 제1항에 따른 오염물질 배출이 있는 경우 신속한 신고 및 필요한 응급조치
6. 법 제121조에 따른 해양오염방지 및 방제에 관한 교육 · 훈련의 이수 및 해당 시설의 종사자에 대한 교육
7. 그 밖에 해당 시설로부터의 오염사고를 방지하는 데 필요한 사항

「해양환경관리법 시행규칙」

제20조(해양오염방지관리인을 두어야 하는 해양시설) 법 제36조제1항에서 "해양수산부령이 정하는 해양시설"이란 별표 1 제1호의 시설을 말한다.

5. 해양시설의 안전점검

기름 및 유해액체물질과 관련된 해양시설로서 해양수산부령으로 정하는 해양시설의 소유자는 그 해양시설에 대한 안전점검을 실시하여야 한다(법 제36조의2 제1항). 법 제36조의2 제1항에 따른 안전점검을 실시한 해양시설의 소유자는 안전점검 결과를 지체 없이 해양수산부장관에게 보고하여야 한다(법 제36조의2 제2항). 해양수산부장관은 법 제36조의2 제1항에 따른 해양시설이 천재지변, 재해 또는 이에 준하는 사유로 인하여 안전에 문제가 있다고 인정하는 경우에는 직접 안전점검을 할 수 있다. 이 경우 해당 해양시설의 소유자는 이에 적극 협조하여야 한다(법 제36조의2 제3항). 법 제36조의2 제1항에 따른 해양시설의 소유자는 대통령령으로 정하는 시설과 장비를 갖춘 안전진단 전문기관으로 하여금 해당 해양시설에 대한 안전점검을 대행하게 할 수 있다(법 제36조의2 제4항). 법 제36조의2 제1항에 따른 안전점검의 실시시기 및 방법, 제2항에 따른 보고사항 등에 필요한 사항은 해양수산부령으로 정한다(법 제36조의2 제5항).

「해양환경관리법 시행령」

제40조의2(안전진단 전문기관) 법 제36조의2제4항에서 "대통령령으로 정하는 시설과 장비를 갖춘 안전진단 전문기관"이란「시설물의 안전관리에 관한 특별법 시행령」제11조제3항 각 호 외의 부분에 따른 안전진단 분야별로 같은 영 별표 3에 따른 장비를 갖춘 기관을 말한다.

「해양환경관리법 시행규칙」

제20조의2(해양시설의 안전점검)
① 법 제36조의2제1항에서 "해양수산부령으로 정하는 해양시설"이란 별표 1 제1호가목 및 나목의 시설을 말한다.
② 법 제36조의2제1항에 따른 안전점검(이하 "안전점검"이라 한다)의 실시 시기・방법 및 결과보고는 별표 9의2에 따른다.

[별표 9의2]
안전점검의 실시 시기・방법 및 결과보고에 필요한 사항
(제20조의2제2항 관련)

1. 실시 시기
반기(半期)별로 1회 실시한다. 다만, 반기 개시일부터 3개월이 경과한 후에 법 제33조제1항에 따라 해양시설의 신고를 한 해양시설에 대해서는 해당 반기의 안전점검을 실시하지 아니할 수 있다.

2. 안전점검의 방법 등
안전점검에는 다음 각 목의 사항이 포함되어야 한다. 다만, 해당 반기에 다른 법령에 따라 점검 또는 검사를 실시한 경우에는 그 사항에 한정하여 안전점검을 생략할 수 있다. 이 경우 제3호가목에 따른 안전점검 결과보고서에 그 점검 및 검사 내역을 첨부하여야 한다.

가. 해양시설의 침하 · 균열 여부 및 노후화 정도 등 해양시설의 상태
나. 돌핀, 원유부이, 이송관 및 저장탱크의 연결 상태
다. 소화 설비 · 장비, 방제선, 방제 장비 · 자재 및 약제 비치 여부
라. 해양시설 주변의 공사 현황 및 영향
마. 해양시설오염비상계획서의 비치 및 현행화 여부
바. 기름 또는 유해액체물질 유출사고 발생 시 신고 · 보고 체계 확립 여부
사. 해양오염방제에 대한 교육 · 훈련 상태

3. 안전점검 결과보고
가. 해양시설의 소유자는 안전점검이 완료된 날부터 30일 이내에 안전점검 결과보고서를 관할 지방해양수산청장 또는 시 · 도지사(영 제94조제6항에 따라 해당 업무가 재위임된 경우에는 시장 · 군수 · 구청장을 말한다)에게 제출하여야 한다.
나. 안전점검 결과보고서에는 다음 사항이 포함되어야 한다.
 1) 해양시설의 명칭, 종류, 시설 규모, 소재지 및 해양시설의 소유자에 관한 사항
 2) 안전점검 실시 일정
 3) 안전점검 결과
 4) 향후 조치계획에 관한 사항

제4관 오염물질의 수거 및 처리

1. 선박 및 해양시설에서의 오염물질의 수거 · 처리

선박 및 해양시설의 소유자는 해당 선박 및 해양시설에서 발생하는 오염물질 중 해양수산부령으로 정하는 물질을 다음 각 호의 어느 하나에 해당하는 자에게 수거 · 처리하게 하여야 한다. 다만, 육상에 위치한 해양시설(해역과 육지 사이에 연속하여 설치된 해양시설을 포함한다) 및 조선소에서 건조 중인 선박에서 발생하는 폐기물의 경우에는 「폐기물관리법」 제25조에 따른 폐기물처리업자로 하여금 수거 · 처리하게 할 수 있다(법 제37조 제1항).

1. 법 제38조 제1항의 규정에 따른 오염물질저장시설의 설치 · 운영자
2. 법 제70조 제1항 제3호의 규정에 따른 유창청소업을 영위하는 자(이하 "유창청소업자"라 한다)

법 제37조 제1항의 규정에 불구하고 유창청소업자가 선박에서 발생하는 오염물질 중 해양수산부령이 정하는 오염물질을 수거한 경우에는 폐기물해양배출업자로 하여금 처리하게 할 수 있다(법 제37조 제2항).

「해양환경관리법 시행규칙」

제21조(해양시설에서 발생하는 오염물질의 수거·처리)
① 해양시설에서 발생하는 오염물질로서 법 제37조제1항에 따라 수거·처리하게 하여야 하는 물질은 다음 각 호와 같다.
1. 폐기물
2. 기름(해양시설의 소유자가 스스로의 설비나 장비를 이용하여 유분 성분이 100만분의 15 이하가 되도록 처리하는 경우는 제외한다)
3. 유해액체물질(해양시설의 소유자가 스스로의 설비나 장비를 이용하여 「수질 및 수생태계 보전에 관한 법률 시행규칙」 별표 13 제1호가목2)에 따른 가지역에 적용하는 같은 표 제2호 항목별 배출허용기준 이하로 처리하는 경우는 제외한다) 또는 포장유해액체물질(「선박에서의 오염방지에 관한 규칙」 제4조에 따른 물질을 말한다. 이하 같다) 잔류물
② 법 제37조제1항 각 호의 자는 해양시설로부터 오염물질을 수거·처리하는 경우에는 해당 해양시설의 소유자에게 법 제72조제2항에 따른 오염물질수거확인증을 작성하여 발급하여야 한다. 이 경우 오염물질수거확인증의 보관기간에 관하여는 제39조제2항을 준용한다.

「선박에서의 오염방지에 관한 규칙」

제28조(선박에서 수거·처리하여야 하는 오염물질)
① 선박에서 발생하는 오염물질로서 법 제37조제1항에 따라 수거·처리하게 하여야 하는 물질은 다음 각 호와 같다.
1. 기름, 유해액체물질 및 포장유해액체물질의 화물잔류물. 다만, 제9조 및 제10조에 따라 기름을 배출하거나 제11조에 따른 유해액체물질의 배출기준에 따라 배출하는 경우는 제외한다.
2. 포장유해물질과 그 포장용기
3. 다음 각 목의 플라스틱제품을 포함한 모든 플라스틱제품
   가. 합성로프
   나. 합성어망
   다. 플라스틱으로 만들어진 쓰레기봉투
   라. 독성 또는 중금속 잔류물을 포함할 수 있는 플라스틱제품의 소각재
4. 납, 카드뮴, 수은, 육가크롬 중 어느 하나 이상의 중금속이 0.01무게퍼센트(100ppm) 이상 포함된 쓰레기
② 법 제37조제1항 각 호의 자는 선박에서 제1항 각 호의 오염물질을 수거·처리한 경우에는 해당 선박의 소유자 또는 선장에게 법 제72조제2항에 따른 오염물질수거확인증을 작성하여 발급하여야 한다. 이 경우 오염물질수거확인증의 보존기간에 관하여는 「해양환경관리법 시행규칙」 제39조를 준용한다.
③ 법 제37조제2항에서 "해양수산부령이 정하는 물질"이란 분뇨를 말한다.

---

2. 오염물질저장시설

해역관리청은 선박 또는 해양시설에서 배출되거나 해양에 배출된 오염물질을 저장하기 위한 시설(이하 "오염물질저장시설"이라 한다)을 설치·운영하여야 한다(법 제38조 제1항). 해역관리청은 오염물질저장시설에 반입·반출되는 오염물질의 관리대장(이하 "오염물질관리대장"이라 한다)을 작성·관리하여야 한다. 이 경우 오염물질관리대장의 기재사항 및

보존기간 등에 관하여 필요한 사항은 해양수산부령으로 정한다(법 제38조 제2항). 법 제38조 제1항의 규정에 따른 오염물질저장시설의 세부적인 설치·운영기준은 해양수산부령으로 정한다(법 제38조 제3항).

「해양환경관리법 시행규칙」

제22조(오염물질관리대장의 기록 및 보존)

① 법 제38조제2항에 따른 오염물질관리대장(이하 "오염물질관리대장"이라 한다)에는 다음 각 호의 사항을 적어야 한다.

1. 오염물질의 종류 및 발생현황
2. 오염물질의 자가처리 및 위탁처리 현황

② 오염물질관리대장은 별지 제19호서식과 같다.

③ 오염물질관리대장은 마지막으로 적은 날부터 2년 동안 해당 시설에 보관하여야 한다.

제23조(오염물질저장시설의 설치·운영기준)

① 법 제38조제1항 및 제3항에 따른 오염물질저장시설의 설치기준은 별표 10과 같다.

② 법 제38조제3항에 따른 오염물질저장시설의 설치·운영자는 오염물질을 수거·처리할 경우 오염물질을 발생시킨 자에게 해양수산부장관이 정하는 수거·처리 비용을 부담하게 할 수 있다.

[별표 10]

오염물질저장시설의 설치·운영기준(제23조제1항 관련)

1. 일반사항

가. 해당 항만에 출입하는 내·외항 선박, 해양시설 및 선박수리조선소를 이용하는 선박, 해양사고 등으로부터 발생하는 오염물질을 충분히 저장할 수 있는 용량을 가진 것일 것

나. 선박이 안전하고 용이하게 이용할 수 있는 장소 또는 오염물질 수집·운반차량을 이용하여 오염물질을 운반할 경우 편리한 장소에 위치할 것

다. 물이 스며들지 아니하도록 시멘트, 아스팔트 등의 재료로 바닥이 포장되고, 비 가림시설을 갖출 것

라. 오염물질의 종류에 따라 구분하여 저장할 수 있을 것

마. 저장시설의 배관 장치는 짧은 시간 안에 작업을 완료할 수 있도록 충분한 크기의 것일 것

바. 선박과 저장시설을 연결하는 관이 있는 경우 관 접속부는 국제협약에서 정한 국제규격에 적합한 것일 것

2. 설치기준

가. 인력

저장능력 합계 / 구분	측정 및 전부개측		부분측정 및 일부개측	
	항목	기준	항목	기준
자격능력	운영관련 자격증 (기능사 이상)	1명 이상	운영관련 자격증 (산업기사 이상)	1명 이상

비고

1) 오염물질저장시설의 관리·유지를 위하여 운영 관련 자격취득자를 채용·확보하여야 하며, 그 자격증의 취득범위는 국가기술자격검정을 통해 한국산업인력공단에서 취득한 자격증으로 제한된다.
   • 자격범위: 기계, 금속, 전기, 토목, 정보처리, 해양, 안전관리, 환경직무분야

2) 저장능력 200 m^3 이하의 시설에서는 기능사 1명 이상의 인력을 확보하여야 하며, 200 m^3 초과의 시

설에서는 산업기사 1명 이상의 인력을 확보하여야 한다.

나. 시설 및 장비

구분 \ 저장능력 합계	200 m^3 이하			200 m^3 초과		
	항목	기준		항목	기준	
물리적 처리시설	기름여과장치 유수분리시설	1기 1기	3 m^3/h 이상	기름여과장치 유수분리시설	1기 1기	5 m^3/h 이상
	침전시설 여과시설	1기 1기		침전시설 여과시설	1기 1기	
화학적 처리시설				침강시설 중화시설 흡착시설	1기 1기 1기	5 m^3/h 이상

비고

1) 물리적처리시설: 저장능력에 관계 없이 적용
   가) 기름여과장치: 기름이 섞여있는 폐수를 적정의 유분함유량 이하로 처리하여 배출할 수 있는 해양오염방지설비
   나) 유수분리시설: 기름이 섞여있는 폐수를 기름과 물로 분리할 수 있는 설비
   다) 침전시설: 중력에 의한 자연침전으로 기름과 물을 분리할 수 있는 설비
   라) 여과시설: 유성혼합물의 부유물 및 그 밖의 고형성분을 분리하는 설비
2) 화학적처리시설: 저장능력 200 m^3 초과의 시설에 적용
   가) 침강시설: 유성혼합물에 용액이나 겔 등의 화학제품을 사용하여 혼탁 · 침전시키는 설비
   나) 중화시설: 응집, 산화, 환원반응을 용이하게 하기 위해 최적의 수소이온농도(pH)를 조정해 주는 설비
   다) 흡착시설: 여과시설을 거친 처리수 또는 화학적 · 생물학적 처리수에 대하여 잔존 생물학적산소요구량, 화학적산소요구량의 제거 및 탈취하는 설비
   - 200 m^3 초과의 시설에서 필요한 화학적처리시설의 개별설비 외에 종합설비 또는 기능을 대체할 수 있는 설비를 설치할 경우 상기 설치기준을 충족하는 것으로 볼 수 있다.

다. 차량

구분 \ 저장능력 합계	200 m^3 이하		200 m^3 초과	
	항목	기준	항목	기준
수집 · 운반	버큠탱크로리 카고트럭	5톤 이상 1톤 이상	버큠탱크로리 카고트럭	5톤 이상 1톤 이상

비고

1) 오염물질저장시설을 운영하기 위하여 오염물질을 수집 · 운반하는 버큠탱크로리, 카고트럭을 각각 1대씩 보유하여야 한다.
2) 복수의 차량을 보유하고 있을 경우에는 버큠탱크로리 및 카고트럭의 기준용량을 합산한 양으로 판단한다.
3) 오염물질을 선박 또는 해양시설 등에서 저장시설까지 운반하는 차량은 해양수산부장관으로부터 수집 · 운반허가를 받아 운영할 수 있다.
4) 필요 시 폐기물의 부피를 줄이기 위한 압축기 또는 포장시설 등을 갖추어야 한다.

라. 공통사항

1) 저장능력합계는 저장탱크의 유량 유종에 관계없이 총 합계를 포함한다.
2) 저장시설은 외부압력을 견딜 수 있도록 내구성 있는 물질로 안전하게 설치되어야 한다.

3) 오염물질저장시설을 설치함에 있어 「소방기본법」 제13조 및 「위험물안전관리법 시행규칙」 별표 6에 따른 소방시설과 안전율을 고려한 저장탱크 방호벽의 설치를 하여야 한다.
4) 저장시설의 용량 및 폐기물의 운송수단은 저장시설의 설치 장소, 폐기물의 유형 및 항만의 특성을 고려하여 결정한다.

3. 운영기준
가. 인력배치
1) 오염물질 저장시설을 관리・운영하기 위하여 시설 관리인력을 적정 배치하되 저장능력 200m^3 초과의 시설에서는 최소 4명이상의 관리인력을 보유하여야 한다.
2) 시설 관리인력은 저장시설 및 유수분리시설의 관리・유지 및 선박 등에서 오염물질의 수거업무를 수행한다.
3) 시설 관리인력은 「산업안전보건법」 제31조 따른 안전・보건교육을 이수하여야 하며 작업 시 「산업보건기준에 관한 규칙」에 따른 보호구를 착용하여야한다.
4) 시설 관리인력은 「소방기본법」 제17조 따른 소방교육 및 「위험물안전관리법」 제28조에 따른 위험물 안전관리자 교육을 시설 운영상 필요할 경우에는 이수하여야 하며, 작업환경측정 등 안전보건상 필요하다고 판단되는 사항에 대하여는 「산업안전보건법」에 준하여 시행하여야 한다.
나. 유수분리 및 배출
1) 법 제37조제1항에 따른 선박 및 해양시설에서 배출되거나 해양에 배출된 오염물질 중 유성분이 5% 미만인 유성혼합물은 중력식 가압식 등의 처리시설을 이용하여 유수분리하여야 한다.
2) 유수분리 후 분리된 유분(고형물, 슬러지 포함)은 「폐기물관리법」에 따라 지정폐기물 처리업자에게 인계하여 적정 처리하여야 한다.
3) 유수분리된 배출수의 배출기준은 「수질 및 수생태계 보전에 관한 법률 시행규칙」 제26조에 따른다.
다. 시설 및 장비 관리
1) 기름에 의한 오염방지를 위하여 선적항, 수리항 및 기타 항구에 입항한 선박의 유성잔유물과 유성혼합물을 수용할 수 있는 수용시설을 설치하여 운영함에 있어 선박의 출항이 부당하게 지연되지 않도록 유수분리시설 가동률을 유지한다.
2) 오염물질저장시설내 시설 및 각종 장비의 고장으로 인한 시설가동의 지연을 미연에 방지하기 위하여 시설・장비의 안전점검 및 이상 유무를 수시 확인하여야 하며, 「위험물안전관리법」 제8조에 명시된 저장탱크의 위치・구조・설비의 변경 시 「소방산업의 진흥에 관한 법률」 제14조에 따른 한국소방산업기술원으로 부터 탱크안전성능시험을 받아야 한다.
라. 비치서류
1) 오염물질의 수거 및 처리계획서
2) 해양시설신고증명서 및 사업장폐기물 배출자신고증명서
3) 해양시설오염방지관리인 교육수료증
4) 오염물질저장시설 관리・운영관련 각종 대장 등
마. 공통사항
1) 저장시설 운영시 오염물질의 유출 및 악취의 발산을 방지할 수 있어야 한다.
2) 비와 눈 및 그 밖의 물질이 유입되지 아니하여야 하며 폭발 등의 위험을 방지할 수 있는 설비를 갖추어야 한다.

4. 기타
「어촌・어항법」 제2조제4호에 따른 어항구역에 설치한 오염물질저장시설 및 군・경 함정에서 발생한 오염물질을 저장하기 위하여 육상에 설치한 오염물질저장시설에 대하여는 제1호 라목 및 마목, 제2호, 제3호를 적용하지 아니한다.

제5관 잔류성 유기오염물질의 조사 등

1. 잔류성유기오염물질의 조사 등

해양수산부장관은 잔류성유기오염물질의 오염실태 및 진행상황 등에 대하여 해양수산부령이 정하는 바에 따라 측정・조사하여야 한다. 이 경우 해양수산부장관은 그 측정・조사결과 해양환경의 관리에 문제가 있다고 인정되는 경우 당해 잔류성유기오염물질의 사용금지 및 사용제한 요청 등 해양수산부령이 정하는 조치를 하여야 한다(법 제39조 제1항). 해양수산부장관은 법 제39조 제1항의 규정에 따라 측정・조사를 하는 경우에는 대통령령이 정하는 바에 따라 관계 행정기관에 대하여 필요한 자료의 제출을 요청할 수 있다. 이 경우 관계 행정기관의 장은 특별한 사정이 없는 한 이에 따라야 한다(법 제39조 제2항). 해양수산부장관은 법 제39조 제1항의 규정에 따른 측정・조사에 있어 정확성과 통일성을 기하기 위하여 잔류성유기오염물질의 공정시험기준을 정하여 고시하여야 한다. 이 경우 고시된 공정시험기준은 법 제10조의 규정에 따른 해양환경공정시험기준으로 본다(법 제39조 제3항).

「해양환경관리법 시행령」

제41조(측정・조사에 필요한 자료제출 요청) 해양수산부장관이 법 제39조 제2항에 따라 관계 행정기관에 요청할 수 있는 자료는 다음 각 호와 같다.
1. 「잔류성유기오염물질 관리법」 제11조에 따른 잔류성유기오염물질 측정망의 측정자료
2. 「잔류성유기오염물질 관리법」 제16조에 따른 개선명령・사용중지명령 및 폐쇄명령과 그 이행에 관한 정보
3. 「잔류성유기오염물질 관리법」 제18조에 따른 잔류성유기오염물질의 주요 배출원・배출경로 및 배출량에 관한 자료
4. 「잔류성유기오염물질 관리법」 제19조에 따른 잔류성유기오염물질의 영향조사에 관한 자료
5. 잔류성유기오염물질을 취급하는 업종・업체에 대한 정보

「해양환경관리법 시행규칙」

제24조(잔류성유기오염물질의 측정・조사)
① 해양수산부장관은 법 제39조제1항 전단에 따라 제5조에 따른 해양환경측정망을 활용하여 매년 잔류성유기오염물질의 오염도를 측정・조사하여야 한다.
② 제1항에 따른 측정・조사의 항목 및 방법, 측정망의 위치・구역, 측정・조사 절차, 그 밖의 필요한 사항은 해양수산부장관이 정하여야 한다.
③ 해양수산부장관은 제1항에 따른 측정・조사결과 다음 각 호의 어느 하나에 해당하는 경우에는 법 제39조제1항 후단에 따라 관계 중앙행정기관의 장 및 지방자치단체의 장과 공동으로 오염저감대책을 수립하거나 배출원 조사를 하여야 하며, 관계 중앙행정기관의 장에게 필요한 조치를 요청할 수 있다.
1. 잔류성유기오염물질의 연평균 오염도가 2년 이상 해양수산부장관이 정하여 고시하는 해양퇴적물 관리목표를 초과하는 경우
2. 「잔류성유기오염물질 관리법」 제2조제2호에 따른 배출시설의 고장・파손, 그 밖의 사고가 발생하여 잔류성유기오염물질이 「연안관리법」 제2조제1호에 따른 연안에 배출된 경우

3. 「잔류성유기오염물질 관리법」 제16조에 따른 사용중지명령 및 폐쇄명령이 내려진 배출시설이 법 제15조제1항에 따른 환경관리해역 또는 「연안관리법」 제2조제1호에 따른 연안에 위치하는 경우

2. 유해방오도료의 사용금지 등

누구든지 선박 또는 해양시설등에 유해방오도료 또는 이를 사용한 설비 등(이하 "유해방오시스템"이라 한다)을 사용하여서는 아니 된다(법 제40조 제1항). 누구든지 선박 또는 해양시설등에 방오도료 또는 이를 사용한 설비 등(이하 "방오시스템"이라 한다)을 사용하거나 설치하려고 하는 경우에는 해양수산부령이 정하는 기준 및 방법에 따라야 한다(법 제40조 제2항).

「해양환경관리법 시행규칙」

제25조(방오시스템의 사용기준・방법) 해양시설등에서 방오도료 또는 이를 사용한 설비(이하 "방오시스템"이라 한다)를 사용하거나 설치하려고 하는 자는 법 제40조제2항에 따라 다음 각 호의 기준 및 방법에 따라야 한다.
1. 생물파괴제로 작용하지 아니하는 수준의 방오시스템을 사용하여야 한다.
2. 건조도막 안에 총주석함량이 킬로그램당 2천 5백밀리그램 이하로서 화학적 촉매제로 작용하며 생물파괴제로 작용하지 아니하는 수준의 방오시스템을 사용하여야 한다.

「선박에서의 오염방지에 관한 규칙」

제29조(방오시스템의 사용기준 등) 선박에 방오도료 또는 이를 이용한 설비 등(이하 "방오시스템"이라 한다)을 사용하거나 설치하려는 자는 법 제40조제2항에 따라 별표 18의 기준 및 방법에 따라 설치・사용하여야 한다.

제4절 | 해양에서의 대기오염방지를 위한 규제

제1관 배출방지설비 등

1. 대기오염물질의 배출방지를 위한 설비의 설치 등

선박의 소유자는 해양수산부령이 정하는 바에 따라 그 선박에 대기오염물질의 배출을 방지

하거나 감축하기 위한 설비(이하 "대기오염방지설비"라 한다)를 설치하여야 한다(법 제41조 제1항). 법 제41조 제1항의 규정에 따라 설치된 대기오염방지설비는 해양수산부령이 정하는 기준에 적합하게 유지・작동되어야 한다(법 제41조 제2항).

「선박에서의 오염방지에 관한 규칙」

제30조(대기오염방지설비의 설치기준 등)
① 선박의 소유자는 법 제41조제1항에 따라 선박에 별표 19의 대기오염방지설비를 설치하여야 한다.
② 제1항에 따른 대기오염방지설비는 법 제41조제2항에 따라 별표 20의 기준에 적합하게 유지・작동되어야 한다.

---

2. 선박에너지효율설계지수의 계산 등

국제항해에 사용되는 총톤수 400톤 이상의 선박 중 해양수산부령으로 정하는 선박을 건조하거나 다음 각 호의 어느 하나에 해당하는 개조를 하려는 경우에는 그 선박의 소유자는 해양수산부장관이 정하여 고시하는 최소 출력 이상의 추진기관을 설치하고 선박에너지효율설계지수를 계산하여야 한다(법 제41조의2 제1항).

1. 선박의 길이・너비・깊이・운송능력 또는 기관출력을 실질적으로 변경하기 위한 것으로 해양수산부령으로 정하는 개조
2. 선박의 용도를 변경하기 위한 개조
3. 선박의 사용연한을 연장하기 위한 것으로 해양수산부령으로 정하는 개조
4. 해양수산부령으로 정하는 선박에너지효율설계지수 허용값을 초과하여 변경하는 등 선박에너지효율을 실질적으로 변경하기 위한 것으로 해양수산부령으로 정하는 개조

법 제41조의2 제1항에 따른 선박 중 해양수산부령으로 정하는 선박의 소유자는 법 제41조 제1항에 따라 계산된 선박에너지효율설계지수가 해양수산부령으로 정하는 선박에너지효율설계지수 허용값을 초과하는 선박의 건조 또는 개조를 하여서는 아니 된다(법 제41조의2 제2항).

「선박에서의 오염방지에 관한 규칙」

제30조의2(선박에너지효율설계지수 계산 대상선박 등)
① 법 제41조의2제1항 각 호 외의 부분에서 "해양수산부령으로 정하는 선박"이란 별표 20의2에서 정

하는 선박을 말한다.
② 법 제41조의2제1항제1호에서 "해양수산부령으로 정하는 개조"란 다음 각 호의 어느 하나에 해당하는 경우를 말한다.
1. 선박의 수선간장(「선박톤수의 측정에 관한 규칙」 제2조제8호에 따른 수선간장을 말한다)이 변경되는 경우
2. 선박의 너비 또는 깊이가 변경되는 경우
3. 선박의 지정된 건현(乾舷)이 변경되는 경우
4. 선박의 추진기관의 합계출력이 5퍼센트 이상 증가되는 경우
③ 법 제41조의2제1항제3호에서 "해양수산부령으로 정하는 개조"란 선박을 개조하는 목적이 선박의 사용연한을 실질적으로 연장하기 위한 것이라고 해양수산부장관이 인정하는 경우를 말한다.
④ 법 제41조의2제1항제4호에서 "해양수산부령으로 정하는 개조"란 선박에너지효율설계지수의 계산에 관계되는 변수가 변경되어 선박에너지효율설계지수가 변경되는 선박의 개조를 말한다.

제30조의3(선박에너지효율설계지수 허용값 등) 법 제41조의2제2항에서 "해양수산부령으로 정하는 선박"이란 별표 20의3 제1호의 선박을 말하고, 법 제41조의2제1항제4호 및 같은 조 제2항에서 "해양수산부령으로 정하는 선박에너지효율설계지수 허용값"이란 별표 20의3 제2호의 허용값을 말한다.

---

3. 선박에너지효율관리계획서의 비치

국제항해에 사용되는 총톤수 400톤 이상의 선박 중 해양수산부령으로 정하는 선박의 소유자는 선박에너지효율을 향상시키기 위한 계획의 수립·시행·감시·평가 및 개선 등에 관한 절차 및 방법을 기술한 계획서(이하 "선박에너지효율관리계획서"라 한다)를 작성하여 선박에 비치하여야 한다(법 제41조의3 제1항). 선박에너지효율관리계획서의 기재사항 및 작성방법 등에 필요한 사항은 해양수산부령으로 정한다(법 제41조의3 제2항).

「선박에서의 오염방지에 관한 규칙」

제30조의4(선박에너지효율관리계획서의 비치 대상 등)
① 법 제41조의3제1항에서 "해양수산부령으로 정하는 선박"이란 제48조제2항제5호에 따른 국제대기오염방지증서를 발급받은 선박(시추선 및 플랫폼과 부선은 제외한다)을 말한다.
② 법 제41조의3제1항에 따른 선박에너지효율관리계획서(이하 "선박에너지효율관리계획서"라 한다)에는 다음 각 호의 사항이 포함되어야 하고, 그 세부 기재사항 및 작성방법은 별표 20의4와 같다.
1. 선박에너지효율관리계획 수립에 관한 사항
2. 수립된 선박에너지효율관리계획의 시행에 관한 사항
3. 선박에너지효율관리를 위한 모니터링에 관한 사항
4. 선박에너지효율관리계획의 시행 결과에 대한 평가 및 개선에 관한 사항

제2관 배출규제

1. 오존층파괴물질의 배출규제

누구든지 선박으로부터 오존층파괴물질[28]을 배출(선박의 유지보수 또는 장치・설비의 배치 중에 발생하는 배출을 포함한다)하여서는 아니 된다. 다만, 오존층파괴물질을 회수하는 과정에서 누출되는 경우에는 그러하지 아니하다(법 제42조 제1항). 선박의 소유자는 오존층파괴물질이 포함된 설비를 선박에 설치하여서는 아니 된다(법 제42조 제2항). 선박의 소유자는 선박으로부터 오존층파괴물질이 포함된 설비를 제거하는 때에는 그 설비를 해양수산부장관이 지정・고시하는 업체 또는 단체에게 인도하여야 한다. 이 경우 지정・고시되는 업체 또는 단체는 해양수산부령이 정하는 기준에 적합한 회수설비 및 수용시설 등을 갖추어야 한다(법 제42조 제3항). 국제항해에 사용되는 총톤수 400톤 이상 선박의 소유자는 오존층파괴물질을 포함하고 있는 설비의 목록을 작성・관리하여야 한다(법 제42조 제4항). 법 제42조 제4항에 따른 선박의 소유자는 선박에서 오존층파괴물질을 배출하거나 충전하는 경우 그 오존층파괴물질량 등을 기록한 장부(이하 "오존층파괴물질기록부"라 한다)를 작성하여 비치하여야 한다(법 제42조 제5항). 법 제42조 제5항에 따른 오존층파괴물질기록부의 기재사항은 해양수산부령으로 정한다(법 제42조 제6항).

「선박에서의 오염방지에 관한 규칙」

제31조(오존층파괴물질이 포함된 설비 제거업체의 지정기준) 법 제42조제3항 후단에서 "해양수산부령이 정하는 기준"이란 별표 21의 기준을 말한다.

[별표 21]
오존층파괴물질이 포함된 설비 제거업체의 지정기준(제31조 관련)
오존층파괴물질이 포함된 설비를 제거하고자 하는 업체 또는 단체는 다음의 기준에 적합한 회수설비 및 수용시설을 갖추어야 한다.

1. 프레온계 오존층파괴물질을 제거하고자 하는 경우
가. 회수설비
1) 회수설비는 회수설비의 각 연결부, 필요한 정비절차, 부품의 교체 및 수리에 관한 정보를 포함한 작동지침서가 제공된 것일 것
2) 회수장치에 필터나 건조기가 포함된 경우 그 교체시기가 표시되는 것일 것(재생장치가 포함된 것으로 한정한다)
3) 비응축물질이 자동적으로 제거되는 것이거나 제거절차에 관한 지침이 제공된 것일 것(재생장치가 포함된 것으로 한정한다)

28) "오존층파괴물질"이라 함은 「오존층 보호를 위한 특정물질의 제조규제 등에 관한 법률」 제2조 제1호에 해당하는 물질을 말한다(법 제2조 제12호).

4) 비응축물질의 제거, 오일배출 및 오존층파괴물질에 포함된 불순물의 제거 과정에서 발생되는 오존층파괴물질의 총 손실이 회수설비가 처리할 수 있는 오존층파괴물질 총량의 3% 미만일 것
5) 2종류 이상의 오존층파괴물질을 회수하는 회수설비의 경우에는 15분 이내에 회수설비 내부에 남아 있는 오존층파괴물질을 제거할 수 있을 것
6) 다음 사항이 회수설비 외부의 눈에 띄는 곳에 표시되어 있을 것
가) 제조자명
나) 회수설비의 형식(회수용 또는 회수・재생용)
다) 회수 가능한 오존층파괴물질
라) 회수 속도
마) 최종 회수 부압
바) 회수작업이 완료된 경우 회수설비에 남아 있는 오존층파괴물질의 양

나. 수용시설
회수된 오존층파괴물질이 누설되지 아니하게 저장할 수 있는 회수용기(회수설비에 내장된 회수용기를 포함한다)를 보유하고 있을 것

2. 할론계 오존층파괴물질을 제거하고자 하는 경우
제1호의 "프레온계 오존층파괴물질을 제거하고자 하는 경우"와 같다.

제31조의2(오존층파괴물질기록부)
① 법 제42조제5항에 따른 오존층파괴물질기록부의 기재사항은 다음 각 호와 같다.
1. 선박으로 공급된 오존층파괴물질에 관한 사항
2. 오존층파괴물질이 포함된 설비의 충전에 관한 사항
3. 오존층파괴물질의 대기 배출에 관한 사항
4. 오존층파괴물질의 육상 수용시설로의 이송에 관한 사항
5. 오존층파괴물질이 포함된 설비의 수리나 정비 내역에 관한 사항
② 제1항에 따른 오존층파괴물질기록부는 별지 제5호의3서식과 같다.

---

2. 질소산화물의 배출규제

선박의 소유자는 해양수산부령으로 정하는 디젤기관을 「대기환경보전법」 제76조 제1항에 따른 질소산화물의 배출허용기준을 초과하여 작동하여서는 아니 된다. 다만, 비상용・인명구조용 선박 등 비상사용 목적의 선박 및 군함・국민안전처 함정 등 방위・치안 목적의 공용선박에 설치되는 디젤기관은 그러하지 아니하다(법 제43조 제1항). 법 제43조 제1항의 규정에 불구하고 해당 디젤기관에 해양수산부령이 정하는 기준에 적합한 배기가스정화장치 등을 설치하여 같은 조 제1항 각 호 외의 부분 본문의 규정에 따른 질소산화물의 배출허용기준 이하로 배출량을 감축할 수 있는 경우에는 그 디젤기관을 작동할 수 있다(법 제43조 제2항). 법 제43조 제1항에 따른 디젤기관의 질소산화물 배출허용기준의 적용시기, 적용방법 등에 필요한 사항은 해양수산부령으로 정한다(법 제43조 제3항).

「선박에서의 오염방지에 관한 규칙」

제32조(질소산화물의 배출규제)
① 법 제43조제1항 본문에서 "해양수산부령으로 정하는 디젤기관"이란 선박에 설치되는 출력 130킬로와트를 초과하는 디젤기관(교체 · 추가 · 개조된 경우를 포함한다)을 말한다.
② 법 제43조제3항에 따른 디젤기관의 질소산화물 배출허용기준의 적용시기 및 적용방법은 별표 21의2와 같다.

제33조(질소산화물 배출방지용 배기가스정화장치) 법 제43조제2항에서 "해양수산부령이 정하는 기준"이란 별표 20 제2호에 따른 질소산화물배출방지용 배기가스정화장치의 기술기준을 말한다.

3. 연료유의 황함유량 기준 등

선박의 소유자는 황산화물 배출규제해역을 제외한 해역에서 대통령령이 정하는 황함유량 기준을 초과하는 연료유를 사용하여서는 아니 된다(법 제44조 제1항). 선박의 소유자는 황산화물 배출규제해역에서 대통령령이 정하는 황함유량 기준을 초과하는 연료유를 사용하여서는 아니 된다. 다만, 해양수산부령이 정하는 기준에 적합한 배기가스정화장치를 설치하여 해양수산부령이 정하는 황산화물 배출제한기준량 이하로 황산화물 배출량을 감축하는 경우에는 그러하지 아니하다(법 제44조 제2항). 선박의 소유자는 그 선박이 황산화물 배출규제해역을 항해하는 경우에는 해양수산부령이 정하는 연료유의 교환 등에 관한 사항을 그 선박의 기관일지에 기재하여야 한다(법 제44조 제3항). 선박의 소유자는 법 제44조 제3항의 규정에 따른 기관일지를 해당 연료유를 공급받은 때부터 1년간 그 선박에 보관하여야 한다(법 제44조 제4항). 선박의 소유자는 법 제44조 제2항에 따른 연료유 황함유량 기준을 만족하기 위하여 황함유량이 다른 연료유를 다른 탱크에 저장하여 사용하는 선박이 황산화물 배출규제해역으로 들어가기 전이나 그 해역에서 나오기 전에 조치하여야 할 연료유 전환방법이 적혀있는 절차서(이하 "연료유전환절차서"라 한다)를 선박에 비치하여야 한다(법 제44조 제5항).

「해양환경관리법 시행령」

제42조(연료유의 황함유량 기준)
① 법 제44조 제1항에서 "대통령령이 정하는 황함유량 기준"이란 다음 각 호와 같다.
1. 경유의 황함유량은 1.0퍼센트(무게 퍼센트) 이하여야 한다. 다만, 법 제3조 제1항 제1호 및 제2호에 따른 영해 및 배타적경제수역 안에서만 항해하는 선박의 경우에는 0.05퍼센트(무게 퍼센트) 이하여야 한다.
2. 중유의 황함유량은 벙커 에이유(A중유)는 2.0퍼센트(무게 퍼센트) 이하, 벙커 비유(B중유)는 3.0퍼센트(무게 퍼센트) 이하, 벙커 시유(C중유)는 3.5퍼센트(무게 퍼센트) 이하여야 한다.

② 법 제44조 제2항 본문에서 "대통령령이 정하는 황함유량 기준"이란 연료유에 포함된 황의 함유량이 1.0퍼센트(무게 퍼센트)인 것을 말한다.

「선박에서의 오염방지에 관한 규칙」

제34조(황산화물용 배기가스정화장치 등)
① 법 제44조제2항 단서에서 "해양수산부령이 정하는 기준"이란 별표 20 제3호에 따른 황산화물용 배기가스정화장치의 기술기준을 말한다.
② 법 제44조제2항 단서에서 "해양수산부령이 정하는 황산화물 배출제한기준량"이란 배기가스 중 이산화황(ppm) 배출량 대비 이산화탄소(부피백분율) 배출량의 비율이 43.3[43.3 SO2(ppm)/CO2(%, v/v)]인 것을 말한다.
③ 법 제44조제3항에 따라 선박의 소유자가 기관일지에 기재하여야 하는 사항은 다음 각 호와 같다.
1. 연료유의 종류 및 연료유의 교환이 완료된 일자, 시간 및 장소
2. 연료유탱크에 남아 있는 연료유(법 제44조제2항에 따른 황함유량 기준에 적합한 것에 한한다)의 양
3. 연료유의 황함유량

---

4. 연료유의 공급 및 확인 등

선박에 연료유를 공급하는 다음 각 호의 자(이하 "선박급유업자"라 한다)는 대통령령이 정하는 연료유의 품질기준에 미달하거나 법 제44조 제1항의 규정에 따른 황함유량 기준을 초과하는 연료유를 선박에 공급하여서는 아니 된다(법 제45조 제1항).

1. 「항만운송사업법」 제26조의3의 규정에 따라 선박급유업의 등록을 한 자
2. 「조세특례제한법」 제106조의2의 규정에 따라 어업용 면세연료유를 공급하는 수산업협동조합

선박급유업자는 연료유에 포함된 황성분 등이 기재된 연료유공급서를 작성하여 그 사본을 당해 연료유로부터 채취한 견본(이하 "연료유견본"이라 한다)과 함께 선박의 소유자에게 제공하여야 한다. 다만, 해양수산부령이 정하는 소형의 선박에 연료유를 공급하는 선박급유업자는 그러하지 아니하다(법 제45조 제2항). 선박급유업자(법 제45조 제2항 단서의 규정에 따른 선박급유업자를 제외한다)는 법 제45조 제2항의 규정에 따른 연료유공급서를 3년간 그의 주된 사무소에 보관하여야 하고, 선박의 소유자는 연료유공급서의 사본을 3년간 선박에 보관하여야 한다(법 제45조 제3항). 선박의 소유자는 연료유를 공급받은 날부터 당해 연료유가 소모될 때까지 연료유견본을 보관하여야 한다. 다만, 그 보관기간이 1년 미만인 경우에는 1년으로 한다(법 제45조 제4항). 법 제45조 제2항의 규정에 따른 연료유공급서의 양식 및 연료유견본의 관리 등에 관하여 필요한 사항은 해양수산부령으로 정한다(법 제45조 제5항).

해양수산부장관은 외국의 선박급유업자인 경우로서 다음 각 호의 어느 하나에 해당하는 때에는 해당 선박급유업자가 속한 국가의 관계 행정청에 해당 사실을 통보하는 등 필요한 조치를 할 수 있다(법 제45조 제6항).

1. 법 제45조 제1항의 규정에 따른 연료유의 품질기준에 미달하거나 황함유량 기준을 초과하는 연료유를 공급한 때
2. 연료유공급서에 기재된 내용과 다른 연료유를 공급한 것으로 확인된 때

「해양환경관리법 시행령」

제43조(연료유의 품질기준) 법 제45조 제1항 각 호 외의 부분에서 "대통령령이 정하는 연료유의 품질기준"이란 다음 각 호의 구분에 따른 품질기준을 말한다.
1. 석유를 정제하는 방법에 따라 제조된 연료유의 경우 다음 각 목의 요건을 모두 갖출 것
가. 탄화수소 혼합물(성능을 향상시키기 위한 첨가제를 포함한다)일 것
나. 무기산이 포함되지 아니할 것
다. 해양수산부령으로 정하는 첨가제 또는 화학폐기물이 포함되지 아니할 것
2. 제1호 외의 방법에 따라 제조된 연료유의 경우 다음 각 목의 요건을 모두 갖출 것
가. 선박의 기관을 작동할 때 배출되는 질소산화물이 법 제43조 제1항 각 호 외의 부분 본문에 따른 질소산화물의 배출허용기준을 초과하지 아니할 것
나. 혼합되는 원물질에 무기산이 포함되지 아니할 것
다. 선박의 안전을 저해하거나 기계의 성능에 나쁜 영향을 미치지 아니할 것
라. 인체에 해롭지 아니할 것
마. 대기오염을 가중시키지 아니할 것

「선박에서의 오염방지에 관한 규칙」

제35조(연료유의 공급)
① 영 제43조제1호다목에서 "해양수산부령이 정하는 첨가제 또는 화학폐기물"이란 다음 각 호의 어느 하나에 해당하는 첨가제 또는 화학폐기물을 말한다.
1. 선박의 안전을 저해하거나 기계의 성능에 나쁜 영향을 미치는 첨가제 또는 화학폐기물
2. 인체에 유해한 첨가제 또는 화학폐기물
3. 대기오염을 가중시키는 첨가제 또는 화학폐기물
② 법 제45조제2항 단서에서 "해양수산부령이 정하는 소형의 선박"이란 총톤수 400톤 미만의 선박 및 합계출력 130킬로와트 미만의 내연기관이 설치된 부선을 말한다.
③ 법 제45조제5항에 따른 연료유공급서의 양식은 별표 22와 같고, 연료유 견본의 관리에 관한 사항은 별표 23과 같다.
④ 법 제45조에 따라 선박에 연료유를 공급받은 선박의 선장은 연료유의 성분이 의심되는 경우에는 연료유 분석기관에 성분분석을 의뢰하거나 선박급유업자에게 성분분석을 요청할 수 있다.

---

5. 선박 안에서의 소각금지 등

가. 선내 소각금지

누구든지 선박의 항해 및 정박 중에 다음 각 호의 물질을 선박 안에서 소각하여서는 아니 된다. 다만, 제5호의 물질을 해양수산부령으로 정하는 선박소각설비에서 소각하는 경우에는 그러하지 아니하다(법 제46조 제1항).

1. 화물로 운송되는 기름・유해액체물질 및 포장유해물질의 잔류물과 그 물질에 오염된 포장재
2. 폴리염화비페닐
3. 해양수산부장관이 정하여 고시하는 기준량 이상의 중금속이 포함된 쓰레기
4. 할로겐화합물질을 함유하고 있는 정제된 석유제품
5. 폴리염화비닐
6. 육상으로부터 이송된 폐기물
7. 배기가스정화장치의 잔류물

「선박에서의 오염방지에 관한 규칙」

제36조(선박 안에서의 소각)
① 법 제46조제1항 각 호 외의 부분 단서에서 "해양수산부령이 정하는 선박소각설비"란 국제해사기구가 정한 기준에 따라 지방해양수산청장의 형식승인을 받은 선내 소각기를 말한다.
② 법 제46조제2항에서 "해양수산부령이 정하는 물질"이란 같은 조 제1항 각 호의 물질 외의 물질을 말하며, "해양수산부령이 정하는 방법"이란 별표 24의 방법을 말한다.
③ 법 제46조제3항 본문에서 "해양수산부령이 정하는 물질"이란 선박의 항해 중에 발생하는 유성찌꺼기 및 하수찌꺼기를 말한다.
④ 법 제46조제3항 단서에서 "해양수산부령이 정하는 해역"이란 다음 각 호의 해역을 말한다.
1. 「항만법」 제2조제4호에 따른 항만구역
2. 「어촌・어항법」 제2조제4호에 따른 어항구역
3. 강과 바다가 만나는 강어귀 구역의 해역
⑤ 법 제46조제4항에서 "해양수산부령이 정하는 기준"이란 별표 20 제5호 및 제6호에 따른 선내 소각기의 기술기준을 말한다.

나. 선내 소각설비 등

선박의 항해 및 정박 중에 발생하는 해양수산부령이 정하는 물질을 선박 안에서 소각하려는 선박의 소유자는 대기오염물질의 배출을 방지하기 위하여 적정한 온도를 유지하는 등 해양수산부령이 정하는 방법으로 선박에 설치된 소각설비(이하 "선박소각설비"라 한다)를 작동하여야 한다(법 제46조 제2항). 법 제46조 제2항의 규정에 불구하고 선박의 항해 및 정

박 중에 발생하는 해양수산부령이 정하는 물질은 선박의 주기관・보조기관 또는 보일러에서 소각할 수 있다. 다만, 항만 또는 어항구역 등 해양수산부령이 정하는 해역에서는 그러하지 아니하다(법 제46조 제3항). 선박소각설비는 해양수산부령이 정하는 기준에 적합하게 유지하여야 한다(법 제46조 제4항).

6. 휘발성유기화합물의 배출규제 등

해양수산부장관은 선박으로부터 휘발성유기화합물의 배출을 규제하기 위하여 휘발성유기화합물규제항만을 지정하여 고시할 수 있다(법 제47조 제1항). 법 제47조 제1항의 규정에 따라 지정된 휘발성유기화합물규제항만에서 휘발성유기화합물을 함유한 기름・유해액체물질 중 해양수산부령이 정하는 물질을 선박에 싣기 위한 시설을 설치하는 해양시설의 소유자는 유증기(油蒸氣) 배출제어장치를 설치하고 작동시켜야 한다(법 제47조 제2항). 법 제47조 제2항의 규정에 따른 해양시설의 소유자가 유증기 배출제어장치를 설치하는 때에는 해양수산부령이 정하는 바에 따라 미리 해양수산부장관의 검사를 받아야 한다. 다만, 「대기환경보전법」 제23조 제1항의 규정에 따라 대기오염물질배출시설의 설치허가를 받거나 설치신고를 한 시설 및 같은 법 제44조 제1항의 규정에 따라 휘발성유기화합물 배출시설의 설치신고를 한 경우에는 그러하지 아니하다(법 제47조 제3항). 법 제47조 제2항의 규정에 따른 유증기 배출제어장치를 설치한 해양시설의 소유자는 해양수산부령이 정하는 바에 따라 유증기 배출제어장치의 작동에 관한 기록을 동 장치를 작동한 날부터 3년간 보관하여야 한다(법 제47조 제4항).

「선박에서의 오염방지에 관한 규칙」

제37조(유증기배출제어장치의 설치대상 물질 등)

① 법 제47조제2항에서 "해양수산부령이 정하는 물질"이란 별표 25의 물질을 말한다.

② 해양시설의 소유자는 법 제47조제3항 본문에 따라 유증기배출제어장치의 검사를 받으려는 경우에는 별지 제6호서식의 유증기배출제어장치 검사신청서에 다음 각 호의 서류를 첨부하여 지방해양수산청장에게 제출하여야 한다.

1. 유증기배출제어장치의 전체 명세서
2. 처리용량의 정성적 분석서(최대처리용량과 터미널 네트워크 상의 최대 수용량, 비정상상태의 경보 및 자동제어기능과 손상 시 피해를 줄이기 위한조치 등이 포함되어야 한다)
3. 전체 배치도
4. 제관 계통도(재질 및 치수가 기재되어야 한다)
5. 중요 부품 상세도
6. 전기 계통도 및 제어 계통도
7. 안전 및 보호장치
8. 성능시험계획서

③ 지방해양수산청장은 제1항에 따른 신청을 받은 때에는 그 장치가 별표 26의 안전기준에 적합한지

를 검사하여야 한다.
④ 지방해양수산청장은 제2항에 따른 검사에 합격한 자에 대하여 별지 제7호서식의 유증기배출제어장치 안전적합증서를 발급하여야 한다.
⑤ 유증기배출제어장치를 설치한 해양시설의 소유자는 법 제47조4항에 따라 다음 각 호의 기기의 작동상태와 주기적 점검결과 및 별표 26에 따른 안전설비와 경보장치의 작동상황을 기록하여야 한다.
1. 화물유증기관 차단밸브
2. 과부압 방지장치
3. 블로워, 팬, 압축기, 펌프 및 그 원동기
4. 데토네이션 어레스트 및 플레임 어레스트
5. 프로세스 용기
6. 소각기
7. 방폭기기
8. 그 밖에 해양수산부장관이 중요기기로 정하여 고시한 부품

---

7. 휘발성유기화합물 관리

원유를 운송하는 유조선의 소유자는 그 유조선에 화물을 싣거나 내리는 중 또는 항해 중에 휘발성유기화합물의 배출을 최소화하기 위하여 필요한 사항을 담고 있는 관리계획서(이하 "휘발성유기화합물관리계획서"라 한다)를 작성하여 해양수산부장관의 검인을 받은 후 선박에 비치하고, 이를 준수하여야 한다(법 제47조의2 제1항). 법 제47조의2 제1항에 따른 휘발성유기화합물관리계획서의 비치 대상선박, 기재사항, 검인절차 등에 필요한 사항은 해양수산부령으로 정한다(법 제47조의2 제2항).

「선박에서의 오염방지에 관한 규칙」

제37조의2(휘발성유기화합물관리계획서의 검인 등)
① 법 제47조의2제1항에 따라 원유를 운송하는 유조선에는 법 제47조의2제1항에 따른 휘발성유기화합물관리계획서(이하 "휘발성유기화합물관리계획서"라 한다)를 비치하여야 한다.
② 제1항에 따른 휘발성유기화합물관리계획서에는 다음 각 호의 사항이 포함되어야 한다.
1. 화물을 싣고 내리거나 항해 중에 휘발성유기화합물의 배출을 최소화하기 위한 절차
2. 원유세정 작업 중 발생되는 휘발성유기화합물에 대한 관리계획
3. 휘발성유기화합물의 관리를 위한 책임자에 관한 사항
③ 선박의 소유자는 법 제47조의2제1항에 따라 휘발성유기화합물관리계획서의 검인을 받으려는 경우에는 별지 제7호의2서식에 휘발성유기화합물관리계획서를 첨부하여 관할 지방해양수산청장에게 제출하여야 한다. 이 경우 국제항해에 종사하는 선박의 경우에는 「선원법」 제2조제3호 및 제5호에 따른 선장 및 직원이 일반적으로 사용하는 언어로 작성된 휘발성유기화합물관리계획서 및 영어로 된 번역문을 함께 제출하여야 한다.
④ 관할 지방해양수산청장은 제3항에 따른 검인신청이 적합하다고 인정하는 경우에는 휘발성유기화합물관리계획서에 별표 17에 따른 검인표시를 하여 신청인에게 내주어야 한다.

제3관 적용제외

법 제41조, 제42조부터 제47조까지 및 제47조의2는 다음 각 호의 어느 하나에 해당하는 경우에는 적용하지 아니한다(법 제48조).

1. 선박 및 해양시설의 안전확보 또는 인명구조를 위하여 부득이하게 대기오염물질이 배출되는 경우
2. 선박 또는 해양시설의 손상 등으로 인하여 부득이하게 대기오염물질이 배출되는 경우
3. 해저광물의 탐사 및 발굴작업의 과정에서 해양수산부령이 정하는 대기오염물질이 배출되는 경우

「선박에서의 오염방지에 관한 규칙」

제38조(배출규제의 적용제외) 법 제48조제3호에서 "해양수산부령이 정하는 대기오염물질"이란 다음 각 호의 물질을 말한다.
1. 해저광물의 탐사 및 발굴 작업에만 사용되는 디젤기관으로부터 발생하는 대기오염물질
2. 해저광물의 탐사 및 발굴 작업 과정에서 그 해저광물로부터 발생하거나 그 해저광물을 소각하는 과정에서 발생하는 대기오염물질

제5절 | 해양오염방지를 위한 선박의 검사 등

제1관 해양오염방지 선박검사 등

1. 정기검사

폐기물오염방지설비・기름오염방지설비・유해액체물질오염방지설비 및 대기오염방지설비(이하 "해양오염방지설비"라 한다)를 설치하거나 법 제26조 제2항의 규정에 따른 선체 및 제27조 제2항의 규정에 따른 화물창을 설치・유지하여야 하는 선박(이하 "검사대상선박"이라 한다)의 소유자가 해양오염방지설비, 선체 및 화물창(이하 "해양오염방지설비등"이라 한다)을 선박에 최초로 설치하여 항해에 사용하려는 때 또는 법 제56조의 규정에 따른 유효기간이 만료한 때에는 해양수산부령이 정하는 바에 따라 해양수산부장관의 검사(이하

"정기검사"라 한다)를 받아야 한다(법 제49조 제1항). 해양수산부장관은 정기검사에 합격한 선박에 대하여 해양수산부령이 정하는 해양오염방지검사증서를 교부하여야 한다(법 제49조 제2항).

「선박에서의 오염방지에 관한 규칙」

제39조(정기검사)

① 법 제49조제1항에 따라 해양오염방지설비, 선체 및 화물창(이하 "해양오염방지설비등"이라 한다)의 정기검사를 받으려는 자는 별지 제8호서식의 해양오염방지설비등 검사신청서에 다음 각 호의 구분에 따른 서류를 첨부하여 지방해양수산청장에게 제출하여야 한다.

1. 최초의 정기검사를 받으려는 경우(유조선 및 유해액체물질산적운반선 외의 선박은 가목부터 다목까지 및 자목의 서류에 한한다)
   가. 해양오염방지설비등의 제조명세서 및 취급설명서
   나. 해양오염방지설비등의 구조 및 배치도면
   다. 해양오염방지설비등의 검정합격증명서 및 기관대기오염방지증서의 원본 또는 사본
   라. 선박의 구조도면
   마. 화물창의 용량에 관한 계산서
   바. 분리평형수탱크의 용량에 관한 계산서
   사. 선박평형수용 기름배출감시제어장치 중 유량계 및 선속계의 성능시험성적서(유조선의 경우로 한정한다)
   아. 화물을 적재할 때의 복원성 및 선박이 손상될 때의 복원성에 관한 자료(1979년 12월 31일 후에 인도된 선박으로서 총톤수 150톤 이상의 유조선과 유해액체물질산적운반선의 경우로 한정한다)
   자. 질소산화물배출관련 기록부(질소산화물배출에 영향을 미칠 수 있는 기관부품의 설정방법 등 기술적 변수에 대한 기록을 말하며, 그 시험보고서를 포함한다. 이하 같다)
2. 제1호 외의 정기검사를 받으려는 경우
   가. 해양오염방지검사증서 또는 협약검사증서
   나. 제1호가목부터 다목까지 및 자목의 서류(해양오염방지설비등의 신설 또는 변경이 있는 경우로 한정한다)

② 제1항에 따른 정기검사는 해양오염방지설비등을 선박에 최초로 설치하여 항해에 사용하려는 경우에는 항해에 사용하기 전에 받아야 하고, 해양오염방지검사증서등의 유효기간이 만료되는 경우에는 그 유효기간 내에 받아야 한다.

③ 지방해양수산청장은 법 제49조제2항에 따라 정기검사에 합격한 선박에 대하여 별지 제9호서식의 해양오염방지 검사증서 및 별지 제10호서식의 해양오염방지검사증서 추록을 발급하여야 한다.

④ 지방해양수산청장은 해양오염방지검사증서등의 유효기간 만료 전에 정기검사를 받은 선박소유자에 대하여 그 기간만료 전에 새로운 증서를 발급할 수 없거나 검사 후 장기간 항해, 조업 등의 사유로 유효기간의 만료 후에 해당 선박에 비치할 수 없다고 인정되는 경우에는 정기검사 당시에 해양오염방지검사증서에 정기검사를 받은 사실을 기재하여 유효기간 만료일부터 5개월의 범위에서 선박에 갖추어두게 할 수 있다.

⑤ 지방해양수산청장은 별표 7에 따라 선박에 설치하여야 하는 해양오염방지설비 중 일부 설비를 갖추지 아니할 수 있도록 한 경우에는 그 내용을 해양오염방지검사증서에 기재하여야 한다.

---

2. 중간검사

검사대상선박의 소유자는 정기검사와 정기검사의 사이에 해양수산부령이 정하는 바에 따라 해양수산부장관의 검사(이하 "중간검사"라 한다)를 받아야 한다(법 제50조 제1항). 해양수산부장관은 중간검사에 합격한 선박에 대하여 법 제49조 제2항의 규정에 따른 해양오염방지검사증서에 그 검사결과를 표기하여야 한다(법 제50조 제2항). 중간검사의 세부종류 및 그 검사사항은 해양수산부령으로 정한다(법 제50조 제3항).

「선박에서의 오염방지에 관한 규칙」

제40조(중간검사)

① 법 제50조제1항에 따라 중간검사를 받고자 하는 자는 별지 제8호서식의 해양오염방지설비등 검사신청서에 다음 각 호의 서류를 첨부하여 지방해양수산청장에게 제출하여야 한다.

1. 해양오염방지검사증서 또는 협약검사증서
2. 제39조제1항제1호가목부터 다목까지 및 자목의 서류(해양오염방지설비등의 신설 또는 변경이 있는 경우에 한한다)

② 법 제50조제3항에 따른 중간검사의 세부종류 및 그 검사사항은 다음 각 호와 같다.

1. 제1종 중간검사 : 배관 · 밸브 및 콕(이하 "배관등"이라 한다)의 위치 확인과 압력시험을 제외한 검사
2. 제2종 중간검사 : 작동시험

③ 제2항에 따른 중간검사의 시기는 다음과 같다.

구분	종류	검사시기
가. 다음의 어느 하나에 해당하는 선박 1) 총톤수 50톤 미만의 유조선 2) 여객선을 제외한 총톤수 100톤 미만의 유조선 외의 선박	제1종 중간검사	정기검사 후 2번째 검사기준일 전 3개월부터 3번째 검사기준일 후 3개월까지
나. 가목 외의 선박	제1종 중간검사	정기검사 후 2번째 또는 3번째 검사기준일 전후 3개월 이내
	제2종 중간검사	검사기준일 전후 3개월 이내(다만, 정기검사 또는 제1종 중간검사를 받는 연도는 제외한다)

④ 선박소유자가 제1종 중간검사 또는 제2종 중간검사에 갈음하여 정기검사를 받은 경우에는 해당 제1종 중간검사 또는 제2종 중간검사를 받지 아니할 수 있고, 제2종 중간검사에 갈음하여 제1종 중간검사를 받은 경우에는 해당 제2종 중간검사를 받지 아니할 수 있다.

⑤ 지방해양수산청장은 해외수역(대한민국의 수역 외의 수역을 말한다. 이하 같다)에서의 장기간 항해 · 조업 등 부득이한 사유로 중간검사를 받을 수 없는 자가 중간검사의 연기를 신청할 경우 중간검사의 시기를 연기할 수 있다. 이 경우 중간검사의 연기신청 및 신청의 처리 등에 관하여는 「선박안전법 시행규칙」 제20조를 준용한다.

⑥ 지방해양수산청장은 별표 7에 따라 해당선박에 설치하여야 하는 해양오염방지설비 중 일부 설비를 갖추지 아니할 수 있도록 한 경우에는 그 내용을 해양오염방지검사증서에 기재하여야 한다.

---

3. 임시검사

검사대상선박의 소유자가 해양오염방지설비등을 교체·개조 또는 수리하고자 하는 때에는 해양수산부령이 정하는 바에 따라 해양수산부장관의 검사(이하 "임시검사"라 한다)를 받아야 한다(법 제51조 제1항). 해양수산부장관은 임시검사에 합격한 선박에 대하여 법 제49조 제2항의 규정에 따른 해양오염방지검사증서에 그 검사결과를 표기하여야 한다(법 제51조 제2항).

「선박에서의 오염방지에 관한 규칙」

제41조(임시검사)
① 선박의 소유자는 선박이 다음 각 호의 어느 하나에 해당하는 경우에는 법 제51조제1항에 따른 임시검사를 받아야 한다.
1. 해양오염방지설비등의 전부 또는 일부를 교체, 개조 또는 수리하는 경우. 다만, 해당 설비의 성능에 영향을 미칠 우려가 없다고 해양수산부장관이 인정하는 경우는 제외한다.
2. 분리평형수탱크 또는 화물창의 구조, 용량, 배치, 배관 등을 변경, 교체 또는 개조하는 경우
② 제1항에 따라 임시검사를 받으려는 자는 별지 제8호서식의 해양오염방지설비등 검사신청서에 다음 각 호의 서류를 첨부하여 지방해양수산청장에게 제출하여야 한다.
1. 해양오염방지검사증서 또는 협약검사증서
2. 제39조제1항제1호가목부터 다목까지 및 자목의 서류(해양오염방지설비등의 신설 또는 변경이 있는 경우에 한한다)
③ 선박의 소유자는 제1항에 따른 임시검사에 갈음하여 정기검사, 제1종 중간검사 또는 제2종 중간검사를 받은 경우에는 임시검사를 받지 아니할 수 있다.
④ 지방해양수산청장은 별표 7에 따라 해당선박에 설치하여야 하는 해양오염방지설비 중 일부 설비를 갖추지 아니할 수 있도록 한 경우에는 그 내용을 해양오염방지검사증서에 기재하여야 한다.

---

4. 임시항해검사

검사대상선박의 소유자가 법 제49조 제2항의 규정에 따른 해양오염방지검사증서를 교부받기 전에 임시로 선박을 항해에 사용하고자 하는 때에는 해당 해양오염방지설비등에 대하여 해양수산부령이 정하는 바에 따라 해양수산부장관의 검사(이하 "임시항해검사"라 한다)를 받아야 한다(법 제52조 제1항). 해양수산부장관은 임시항해검사에 합격한 선박에 대하여 해양수산부령이 정하는 임시해양오염방지검사증서를 교부하여야 한다(법 제52조 제2항).

「선박에서의 오염방지에 관한 규칙」

제43조(임시항해검사)
① 다음 각 호의 어느 하나에 해당하는 경우에는 법 제52조제1항에 따른 임시항해검사를 받아야 한다.
1. 대한민국선박을 외국인 또는 외국정부에 양도할 목적으로 항해에 사용하려는 경우

2. 선박의 개조, 해체, 검사, 검정 또는 톤수 측정을 받을 장소로 항해하려는 경우
② 제1항에 따라 임시항해검사를 받으려는 자는 별지 제16호서식의 임시항해검사 신청서에 제39조제1항제1호나목의 서류를 첨부하여 지방해양수산청장에게 제출하여야 한다.
③ 지방해양수산청장은 법 제52조제2항에 따라 임시항해검사에 합격한 선박의 소유자에게 별지 제17호서식의 임시해양오염방지 검사증서를 발급하여야 한다.
④ 지방해양수산청장은 별표 7에 따라 선박에 설치하여야 하는 해양오염방지설비 중 일부 설비의 설치를 면제한 경우에는 그 내용을 임시해양오염방지검사증서에 기재하여야 한다.

제2관 오염방지설비 등의 검사

1. 방오시스템검사

해양수산부령이 정하는 선박의 소유자가 법 제40조 제2항의 규정에 따라 방오시스템을 선박에 설치하여 항해에 사용하려는 때에는 해양수산부령이 정하는 바에 따라 해양수산부장관의 검사(이하 "방오시스템검사"라 한다)를 받아야 한다(법 제53조 제1항). 해양수산부장관은 방오시스템검사에 합격한 선박에 대하여 해양수산부령이 정하는 방오시스템검사증서를 교부하여야 한다(법 제53조 제2항). 법 제53조 제1항의 규정에 따른 선박의 소유자가 방오시스템을 변경・교체하고자 하는 때에는 해양수산부령이 정하는 바에 따라 해양수산부장관의 검사(이하 "임시방오시스템검사"라 한다)를 받아야 한다(법 제53조 제3항). 해양수산부장관은 임시방오시스템검사에 합격한 선박에 대하여 법 제53조 제2항의 규정에 따른 방오시스템검사증서에 그 검사결과를 표기하여야 한다(법 제53조 제4항).

「선박에서의 오염방지에 관한 규칙」

제44조(방오시스템검사)
① 법 제53조제1항에서 "해양수산부장관이 정하는 선박"이란 국제항해에 종사하는 총톤수 400톤 이상의 선박을 말한다.
② 법 제53조제1항에 따라 방오시스템검사를 받으려는 자는 별지 제18호서식의 방오시스템 검사신청서에 다음 각 호의 서류를 첨부하여 지방해양수산청장에게 제출하여야 한다.
1. 방오시스템 형식승인증서 또는 검정합격증명서
2. 방오시스템의 물질안전보건자료(MSDS : Material Safety Data Sheet) 또는 같은 수준 이상의 자료
3. 방오시스템의 구성성분과 액체화학품분류번호(CAS No.)
③ 지방해양수산청장은 제2항에 따라 방오시스템검사의 검사신청을 받은 때에는 별표 27의 검사방법에 따라 별표 28의 기술기준에 적합한지를 검사하여야 한다.
④ 지방해양수산청장은 법 제53조제2항에 따라 방오시스템검사에 합격한 선박의 소유자에게 별지 제19호서식의 방오시스템검사증서를 발급하여야 한다.

제45조(임시방오시스템검사)
① 법 제44조제1항에 따른 선박의 소유자는 방오시스템이 변경 또는 교체되는 경우(방오도료로 도장된 선체가 수리되는 경우에는 방오도료로 도장된 선체 면적의 25퍼센트 이상이 변경되는 경우로 한

정한다)에는 법 제53조제3항에 따라 임시방오시스템검사를 받아야 한다.
② 제1항에 따라 임시방오시스템검사를 받으려는 자는 별지 제18호서식의 방오시스템 검사신청서에 다음 각 호의 서류를 첨부하여 지방해양수산청장에게 제출하여야 한다.
1. 방오시스템검사증서
2. 방오시스템 형식승인증서 또는 검정합격증명서
3. 방오시스템의 물질안전보건자료 또는 같은 수준 이상의 자료
4. 방오시스템의 구성성분과 액체화학품분류번호
③ 지방해양수산청장은 제1항에 따라 임시방오시스템검사의 검사신청을 받은 때에는 제44조제3항의 기술기준 및 검사방법에 따라 적합한지 검사하여야 한다.

---

2. 대기오염방지설비의 예비검사 등

해양수산부령이 정하는 대기오염방지설비를 제조・개조・수리・정비 또는 수입하려는 자는 해양수산부령이 정하는 바에 따라 해양수산부장관의 검사(이하 "예비검사"라 한다)를 받을 수 있다(법 제54조 제1항). 해양수산부장관은 예비검사에 합격한 대기오염방지설비에 대하여 해양수산부령이 정하는 예비검사증서를 교부하여야 한다(법 제54조 제2항). 예비검사에 합격한 대기오염방지설비에 대하여는 해양수산부령이 정하는 바에 따라 법 제49조 내지 제52조의 규정에 따른 정기검사・중간검사・임시검사 및 임시항해검사의 전부 또는 일부를 생략할 수 있다(법 제54조 제3항). 예비검사의 검사사항 등에 관하여 필요한 사항은 해양수산부령으로 정한다(법 제54조 제4항).

「선박에서의 오염방지에 관한 규칙」

제46조(예비검사 등)
① 법 제54조제1항에서 "해양수산부령이 정하는 대기오염방지설비"란 디젤기관의 질소산화물배출방지설비로서 법 제43조제1항 본문에 따른 질소산화물의 배출허용기준에 적합한 디젤기관(이하 "질소산화물배출방지기관"이라 한다)을 말한다.
② 법 제54조제1항에 따라 예비검사를 받으려는 자는 별지 제20호서식의 질소산화물배출방지기관 검사신청서에 다음 각 호의 서류를 첨부하여 지방해양수산청장에게 제출하여야 한다.
1. 질소산화물배출방지기관의 명세서
2. 질소산화물배출방지기관의 도면
3. 표본기관(질소산화물배출기관의 표본이 되는 기관을 말한다)이 적용되는 질소산화물배출방지기관의 범위 및 선정기준
4. 질소산화물배출 관련 기록부
③ 지방해양수산청장은 제2항에 따라 질소산화물배출방지기관의 검사신청을 받은 때에는 해당 설비가 별표 20 제1호에 따른 기술기준에 적합한지를 검사하여야 한다.
④ 법 제54조제2항에서 "해양수산부령이 정하는 예비검사증서"란 별지 제21호서식의 기관대기오염방지증서를 말한다.
⑤ 지방해양수산청장은 법 제54조제3항에 따라 예비검사를 받은 대기오염방지설비에 대하여는 법 제49조부터 제52조까지의 규정에 따른 정기검사, 중간검사, 임시검사 또는 임시항해검사를 최초로 실시하는 때에 예비검사와 관련된 사항의 검사를 하지 아니할 수 있다.

⑥ 법 제54조제4항에 따른 예비검사의 검사사항 등은 다음 각 호와 같다.
1. 질소산화물배출관련 기록부의 사전 검토 및 승인
2. 시험주기에 따른 다음 각 목의 질소산화물 배출시험
가. 배기가스유량의 측정
나. 배기가스의 측정
다. 가스배출량의 평가
⑦ 지방해양수산청장은 외국에서 수입되는 질소산화물배출방지기관이 외국정부의 검사를 받은 경우에는 제6항제2호의 검사사항을 면제할 수 있다. 이 경우 제6항제2호에 따른 검사사항의 검사를 면제받으려는 자는 제2항 각 호의 서류 외에 외국정부가 승인 및 발급한 질소산화물배출 관련 기록부 및 검사증서를 제출하여야 한다.

---

3. 에너지효율검사

법 제41조의2 제1항에 따른 선박의 소유자 또는 제41조의3제1항에 따른 선박의 소유자는 해양수산부령으로 정하는 바에 따라 해양수산부장관이 실시하는 선박에너지효율에 관한 검사(이하 "에너지효율검사"라 한다)를 받아야 한다(법 제54조의2 제1항). 해양수산부장관은 에너지효율검사에 합격한 선박에 대하여 해양수산부령으로 정하는 에너지효율검사증서를 발급하여야 한다(법 제54조의2 제2항). 에너지효율검사의 검사신청 시기, 검사사항 및 검사방법 등에 필요한 사항은 해양수산부령으로 정한다(법 제54조의2 제3항).

「선박에서의 오염방지에 관한 규칙」

제46조의2(에너지효율검사)
① 법 제54조의2제1항에 따라 에너지효율검사를 받으려는 자는 다음 각 호에서 정하는 시기에 검사를 신청하여야 한다.
1. 법 제41조의2제1항에 따른 선박: 건조 또는 개조에 착수하기 전
2. 제1호 외의 선박: 법 제54조의2제2항에 따른 에너지효율검사증서를 발급받기 위하여 선박에너지효율관리계획서를 선박에 비치한 때
② 제1항에 따른 에너지효율검사를 신청하려는 자는 별지 제21호의2서식의 에너지효율검사 신청서에 별표 28의2에 따른 서류를 첨부하여 해양수산부장관에게 제출하여야 한다.
③ 법 제54조의2제3항에 따른 에너지효율검사의 검사사항 및 검사방법은 다음 각 호와 같다.
1. 법 제41조의2제1항에 따른 선박
  가. 선박에너지효율설계지수의 검증
    1) 선박의 설계단계에서 선박의 에너지효율 관련 기록부를 예비검증할 것
    2) 해상 시운전단계에서 선박의 에너지효율 관련 기록부를 최종검증할 것
    3) 그 밖에 해양수산부장관이 정하여 고시하는 검사방법을 준수할 것
  나. 선박에너지효율설계지수 허용값 만족 여부
  다. 선박에너지효율관리계획서의 비치 여부
2. 제1호 외의 선박: 선박에너지효율관리계획서의 비치 여부
④ 해양수산부장관은 법 제54조의2제2항에 따라 에너지효율검사에 합격한 선박의 소유자에게 별지 제21호의3서식의 에너지효율검사증서를 발급하여야 한다.

제47조(검사의 준비 등)
① 법 제47조 및 제49조부터 제52조까지의 규정에 따른 검사를 받으려는 자는 별표 29의 기준에 따라 검사 준비를 하여야 한다.
② 법 제49조부터 제54조까지의 규정에 따라 해양오염방지선박검사 및 예비검사를 받으려는 자나 그의 대리인은 해양오염방지설비에 대한 선박검사 등을 하는 현장에 함께 참여하고, 선박검사 등에 필요한 협조를 하여야 한다.
③ 지방해양수산청장은 제2항에 따라 선박검사 등에 참여하여야 하는 자가 참여하지 아니하거나 선박검사 등에 참여한 자가 필요한 협조를 하지 아니하는 경우에는 선박검사 등을 중지할 수 있다.
④ 법 제49조부터 제51조까지의 규정에 따라 선박검사를 받으려는 자는 다음 각 호의 어느 하나에 해당하는 경우 관련 도면에 대하여 미리 지방해양수산청장의 승인을 받아야 한다. 이 경우 도면 승인의 절차 및 방법에 관하여는「선박안전법」제13조를 준용한다.
1. 해양오염방지설비를 최초로 설치하는 때
2. 법 제26조제2항에 따른 선체구조를 갖추려는 때 또는 그 구조를 변경하려는 때
3. 법 제27조제2항에 따른 화물창을 갖추려는 때 또는 그 구조를 변경하려는 때
4. 제41조에 따른 임시검사에 해당하는 때

제3관 검사증서의 교부 등

1. 협약검사증서의 교부 등

해양수산부장관은 정기검사・중간검사・임시검사・임시항해검사 및 방오시스템검사(이하 "해양오염방지선박검사"라 한다)에 합격한 선박의 소유자 또는 선장으로부터 그 선박을 국제항해에 사용하기 위하여 해양오염방지에 관한 국제협약에 따른 검사증서(이하 "협약검사증서"라 한다)의 교부신청이 있는 때에는 해양수산부령이 정하는 바에 따라 협약검사증서를 교부하여야 한다(법 제55조 제1항). 선박의 소유자 또는 선장이 국제협약의 당사국인 외국(이하 "협약당사국"이라 한다)의 정부로부터 직접 협약검사증서를 교부받고자 하는 경우에는 해당 국가에 주재하는 우리나라의 영사를 통하여 신청하여야 한다(법 제55조 제2항). 해양수산부장관은 협약당사국의 정부로부터 그 국가의 선박에 대하여 협약검사증서의 교부신청이 있는 경우에는 해당 선박에 대하여 해양오염방지선박검사를 행하고, 해당 선박의 소유자 또는 선장에게 협약검사증서를 교부할 수 있다(법 제55조 제3항). 법 제55조 제1항 내지 제3항의 규정에 따라 교부받은 협약검사증서는 해양오염방지검사증서 및 방오시스템검사증서와 같은 효력이 있는 것으로 본다(법 제55조 제4항).

「선박에서의 오염방지에 관한 규칙」

제48조(협약검사증서의 발급)
① 법 제55조제1항에 따라 협약검사증서를 발급받으려는 자는 제39조, 제40조, 제41조 및 제43조에 따른 해양오염방지설비 검사신청서, 제44조 및 제45조에 따른 방오시스템 검사신청서에 그 뜻을

기재하여야 한다.
② 법 제55조제1항에 따라 협약검사증서의 발급신청을 받은 지방해양수산청장은 해당 선박의 해양오염방지설비등 또는 방오시스템이 국제협약에서 정하는 요건 및 기술기준에 적합한 경우에는 다음 각 호의 구분에 따른 협약검사증서를 발급하여야 한다.
1. 위험화학품산적운송선
   가. 1986년 7월 1일 이후에 건조 또는 개조된 위험화학품산적운송선으로서 국제산적화학물코드에 규정된 물질을 운송하는 선박 : 별지 제22호서식의 국제위험화학품산적운송적합증서 또는 별지 제23호서식의 유해액체물질의 산적운송을 위한 국제오염방지증서
   나. 1986년 6월 30일 이전에 건조 또는 개조된 선박으로서 선박소유자가 증서의 발급을 신청하는 선박 : 별지 제24호서식의 위험화학품산적운송적합증서
2. 총톤수 150톤 이상의 유조선 및 총톤수 400톤 이상의 유조선 외의 선박 : 별지 제25호서식의 국제기름오염방지증서
3. 삭제
4. 국제협약 부속서 4 제2규칙에 따른 선박 : 별지 제28호서식의 국제오수오염방지증서
5. 국제협약 부속서 6 제5규칙에 따른 선박 : 별지 제29호서식의 국제대기오염방지증서
6. 국제협약 부속서 6 제13규칙에 따른 선박 : 별지 제30호서식의 국제기관대기오염방지증서

---

2. 해양오염방지검사증서 등의 유효기간

해양오염방지검사증서, 방오시스템검사증서, 에너지효율검사증서 및 협약검사증서의 유효기간은 다음 각 호와 같다(법 제56조 제1항).

1. 해양오염방지검사증서: 5년
2. 방오시스템검사증서: 영구
3. 에너지효율검사증서: 영구
4. 협약검사증서: 5년

해양수산부장관은 법 제56조 제1항의 규정에 따른 해양오염방지검사증서 및 협약검사증서의 유효기간을 해양수산부령이 정하는 기간의 범위 안에서 그 효력을 연장할 수 있다(법 제56조 제2항). 중간검사 또는 임시검사에 불합격한 선박의 해양오염방지검사증서 및 협약검사증서의 유효기간은 해당 검사에 합격할 때까지 그 효력이 정지된다(법 제56조 제3항). 법 제56조 제1항의 규정에 따른 유효기간을 기산(起算)하는 기준 및 방법은 해양수산부령으로 정한다(법 제56조 제4항).

「선박에서의 오염방지에 관한 규칙」

제49조(해양오염방지검사증서 등의 유효기간 연장)
① 지방해양수산청장은 법 제56조제2항에 따라 해양오염방지검사증서 및 협약검사증서(방오시스템

검사증서를 제외하며, 이하 "해양오염방지검사증서등"이라 한다)의 유효기간이 만료되는 때에 선박이 정기검사를 받을 수 없는 부득이한 사유가 있는 경우에는 3개월의 범위에서 유효기간을 연장할 수 있다. 다만, 연장된 유효기간이 만료되기 전에 사유가 소멸된 경우 그 잔여기간에 대하여는 유효기간 연장의 효력이 없는 것으로 본다.

② 지방해양수산청장은 어장에서 조업 중 또는 성어기에 해양오염방지검사증서등의 유효기간이 만료되는 어선이 정기검사를 받을 수 없는 부득이한 사유가 있는 경우와 외국에서 정기검사를 받는 등의 사유로 새로운 해양오염방지검사증서등을 선박에 갖추어둘 수 없다고 인정되는 경우에는 5개월의 범위에서 유효기간을 연장할 수 있다. 다만, 연장된 유효기간이 만료되기 전에 사유가 소멸된 경우 그 잔여기간에 대하여는 유효기간 연장의 효력이 없는 것으로 본다.

③ 제1항 및 제2항에 따른 유효기간 연장을 받으려는 자는 별지 제31호서식의 해양오염방지검사증서등 유효기간연장신청서에 해양오염방지검사증서등을 첨부하여 지방해양수산청장 또는 대한민국 영사에게 제출하여야 한다.

④ 지방해양수산청장 또는 영사는 제1항부터 제3항까지의 규정에 따라 유효기간을 연장하는 때에는 해양오염방지검사증서등에 그 내용을 적어야 한다.

제50조(해양오염방지검사증서등의 유효기간 기산) 법 제56조제4항에 따라 해양오염방지검사증서등의 유효기간이 시작되는 날은 다음 각 호의 구분에 따른다.

1. 최초로 정기검사를 받는 경우와 해양오염방지검사증서등의 유효기간 만료일의 3개월 전에 정기검사가 완료된 경우 : 검사가 완료된 날
2. 제1호 외의 경우로서 정기검사가 완료된 경우 : 유효기간 만료일의 다음날. 다만, 선박의 수리·계선 등 부득이한 사유로 유효기간 만료 후 3개월이 지난 후에 정기검사가 완료된 경우로서 해양수산부장관이 인정하는 경우에는 검사가 완료된 날로 한다.

---

3. 해양오염방지검사증서 등을 교부받지 아니한 선박의 항해 등

선박의 소유자는 해양오염방지검사증서·임시해양오염방지검사증서·방오시스템검사증서 또는 에너지효율검사증서를 교부받지 아니한 검사대상선박을 항해에 사용하여서는 아니 된다. 다만, 해양오염방지선박검사·에너지효율검사 또는 「선박안전법」 제7조 내지 제12조의 규정에 따른 선박검사를 받기 위하여 항해하는 경우에는 그러하지 아니하다(법 제57조 제1항). 선박의 소유자는 협약검사증서를 교부받지 아니한 선박을 국제항해에 사용하여서는 아니 된다(법 제57조 제2항). 선박의 소유자는 해양오염방지검사증서·임시해양오염방지검사증서·방오시스템검사증서·에너지효율검사증서 및 협약검사증서(이하 "해양오염방지검사증서등"이라 한다)에 기재된 조건에 적합하지 아니한 방법으로 그 선박을 항해(국제항해를 포함한다)에 사용하여서는 아니 된다. 다만, 해양오염방지선박검사·에너지효율검사 또는 「선박안전법」 제7조 내지 제12조의 규정에 따른 선박검사를 받기 위하여 항해하는 경우에는 그러하지 아니하다(법 제57조 제3항). 해양오염방지검사증서등을 교부받은 선박의 소유자는 그 선박 안에 해양오염방지검사증서등을 비치하여야 한다(법 제57조 제4항).

제4관 부적합 선박에 대한 조치 및 재검사 등

1. 부적합 선박에 대한 조치

해양수산부장관은 해양오염방지설비등 및 방오시스템이 법 제25조 제1항, 제26조 제1항・제2항, 제27조 제1항・제2항, 제40조 제2항 및 제41조 제1항의 규정에 따른 설치기준 또는 기술기준 등에 적합하지 아니하다고 인정되는 경우에는 그 선박의 소유자에 대하여 그 해양오염방지설비등 및 방오시스템의 교체・개조・변경・수리 그 밖에 필요한 조치를 명령할 수 있다(법 제58조 제1항). 해양수산부장관은 선박의 소유자가 법 제58조 제1항에 따른 개선명령 중 해양오염방지설비등 및 방오시스템의 중대한 결함으로 인한 교체 등의 명령을 이행하지 아니하고 선박을 계속하여 사용하려고 하거나 사용하면 그 선박에 대하여 항해정지처분을 할 수 있다. 다만, 해양오염 우려 없이 개선명령을 이행하기 위하여 수리할 수 있는 항으로 항해하는 경우 등 정당한 사유가 있는 경우에는 그러하지 아니하다(법 제58조 제2항).

해양수산부장관은 다음 각 호의 어느 하나에 해당하는 경우에는 그 선박의 소유자에 대하여 수정・교체・개조・비치 등 필요한 조치를 명령할 수 있다(법 제58조 제3항).

1. 선박에너지효율이 법 제41조의2에 따른 선박에너지효율설계지수의 계산방법 및 허용값, 추진기관의 최소 출력기준에 적합하지 아니하다고 인정되는 경우
2. 선박에너지효율관리계획서를 비치하지 아니한 경우

2. 해양오염방지를 위한 항만국통제

해양수산부장관은 우리나라의 항만・항구 또는 연안에 있는 외국선박에 설치된 해양오염방지설비등, 방오시스템 및 선박에너지효율이 해양오염방지에 관한 국제협약에 따른 기술상의 기준에 적합하지 아니하다고 인정되는 경우에는 그 선박의 선장에 대하여 해양오염방지설비등, 방오시스템 및 선박에너지효율 관련 설비 등의 교체・개조・변경・수리・개선이나 그 밖에 필요한 조치(이하 "항만국통제"라 한다)를 명령할 수 있다(법 제59조 제1항). 항만국통제의 시행에 필요한 절차는 「선박안전법」 제68조 내지 제70조의 규정[29]을 준용한

---

29)

「선박안전법」

제68조(항만국통제)
① 해양수산부장관은 외국선박의 구조・시설 및 선원의 선박운항지식 등이 대통령령이 정하는 선박안전에 관한 국제협약에 적합한지 여부를 확인하고 그에 필요한 조치(이하 "항만국통제"라 한다)를 할 수 있다.

다(법 제59조 제2항).

---

② 해양수산부장관은 제1항의 규정에 따른 항만국통제를 하는 경우 소속 공무원으로 하여금 대한민국의 항만에 입항하거나 입항예정인 외국선박에 직접 승선하여 행하게 할 수 있다. 이 경우 당해 선박의 항해가 부당하게 지체되지 아니하도록 하여야 한다.

③ 해양수산부장관은 제1항의 규정에 따른 항만국통제의 결과 외국선박의 구조・설비 및 선원의 선박운항지식 등이 제1항의 규정에 따른 국제협약의 기준에 미달되는 것으로 인정되는 때에는 해당선박에 대하여 수리 등 필요한 시정조치를 명할 수 있다.

④ 해양수산부장관은 제1항의 규정에 따른 항만국통제 결과 선박의 구조・설비 및 선원의 선박운항지식 등과 관련된 결함으로 인하여 당해 선박 및 승선자에게 현저한 위험을 초래할 우려가 있다고 판단되는 때에는 출항정지를 명할 수 있다.

⑤ 외국선박의 소유자는 제3항 및 제4항에 따른 시정조치명령 또는 출항정지명령에 불복하는 경우에는 해당명령을 받은 날부터 90일 이내에 그 불복사유를 기재하여 해양수산부장관에게 이의신청을 할 수 있다.

⑥ 제5항의 규정에 따라 이의신청을 받은 해양수산부장관은 소속 공무원으로 하여금 당해 시정조치명령 또는 출항정지명령의 위법・부당 여부를 직접 조사하게 하고 그 결과를 신청인에게 60일 이내에 통보하여야 한다. 다만, 부득이한 사정이 있는 때에는 30일 이내의 범위에서 통보시한을 연장할 수 있다.

⑦ 시정조치명령 또는 출항정지명령에 대하여 불복이 있는 자는 제5항 및 제6항의 규정에 따른 이의신청의 절차를 거치지 아니하고는 행정소송을 제기할 수 없다. 다만, 「행정소송법」 제18조 제2항 및 제3항의 규정에 해당되는 경우에는 그러하지 아니하다.

⑧ 제3항 내지 제7항의 규정에 따른 외국선박에 대한 조치 및 이의신청 등에 관하여 필요한 사항은 대통령령으로 정한다.

제69조(외국의 항만국통제 등)

① 선박소유자는 외국 항만당국의 항만국통제에 의하여 선박의 결함이 지적되지 아니하도록 관련되는 국제협약 규정을 준수하여야 한다.

② 해양수산부장관은 외국 항만당국의 항만국통제에 의하여 출항정지 처분을 받은 대한민국 선박이 국내에 입항할 경우 해양수산부령이 정하는 바에 따라 관련되는 선박의 구조・설비 등에 대하여 점검(이하 "특별점검"이라 한다)을 할 수 있다. 다만, 외국정부에서 확인을 요청하는 경우 등 필요한 경우에는 외국에서 특별점검을 할 수 있다.

③ 해양수산부장관은 다음 각 호의 대한민국 선박에 대하여 외국항만에 출항정지를 예방하기 위한 조치가 필요하다고 인정되는 경우 해양수산부령이 정하는 바에 따라 관련되는 선박의 구조・설비 등에 대하여 특별점검을 할 수 있다.

1. 선령이 15년을 초과하는 산적화물선・위험물운반선
2. 그 밖에 해양수산부령이 정하는 선박

④해양수산부장관은 제2항 및 제3항의 규정에 따른 특별점검의 결과 선박의 안전확보를 위하여 필요하다고 인정되는 경우에는 해당선박의 소유자에 대하여 해양수산부령이 정하는 바에 따라 항해정지명령 또는 시정・보완명령을 할 수 있다.

제70조(공표) 해양수산부장관은 외국 항만당국의 항만국통제로 인하여 출항정지명령을 받은 대한민국 선박에 대하여는 대통령령이 정하는 바에 따라 당해 선박의 선박명・총톤수, 출항정지 사실 등을 공표할 수 있다.

3. 재검사

해양오염방지선박검사, 예비검사 및 에너지효율검사를 받은 자가 그 검사결과에 대하여 불복이 있는 때에는 그 결과에 관한 통지를 받은 날부터 90일 이내에 그 사유를 갖추어 해양수산부장관에게 재검사를 신청할 수 있다(법 제60조 제1항). 법 제60조 제1항의 규정에 따라 재검사 신청을 받은 해양수산부장관은 소속 공무원으로 하여금 재검사를 하게 하고 그 결과를 신청인에게 60일 이내에 통보하여야 한다. 다만, 부득이한 사유가 있는 때에는 30일의 범위 안에서 통보시한을 연장할 수 있다(법 제60조 제2항). 해양오염방지선박검사, 예비검사 및 에너지효율검사에 대하여 불복이 있는 자는 법 제60조 제1항 및 제2항의 규정에 따른 재검사의 절차를 거치지 아니하고는 행정소송을 제기할 수 없다. 다만, 「행정소송법」 제18조 제2항 및 제3항에 해당하는 경우[30]에는 그러하지 아니하다(법 제60조 제3항).

---

30)

「행정소송법」

제18조(행정심판과의 관계)

① 취소소송은 법령의 규정에 의하여 당해 처분에 대한 행정심판을 제기할 수 있는 경우에도 이를 거치지 아니하고 제기할 수 있다. 다만, 다른 법률에 당해 처분에 대한 행정심판의 재결을 거치지 아니하면 취소소송을 제기할 수 없다는 규정이 있는 때에는 그러하지 아니하다.

② 제1항 단서의 경우에도 다음 각호의 1에 해당하는 사유가 있는 때에는 행정심판의 재결을 거치지 아니하고 취소소송을 제기할 수 있다.

1. 행정심판청구가 있은 날로부터 60일이 지나도 재결이 없는 때
2. 처분의 집행 또는 절차의 속행으로 생길 중대한 손해를 예방하여야 할 긴급한 필요가 있는 때
3. 법령의 규정에 의한 행정심판기관이 의결 또는 재결을 하지 못할 사유가 있는 때
4. 그 밖의 정당한 사유가 있는 때

③ 제1항 단서의 경우에 다음 각호의 1에 해당하는 사유가 있는 때에는 행정심판을 제기함이 없이 취소소송을 제기할 수 있다.

1. 동종사건에 관하여 이미 행정심판의 기각재결이 있은 때
2. 서로 내용상 관련되는 처분 또는 같은 목적을 위하여 단계적으로 진행되는 처분중 어느 하나가 이미 행정심판의 재결을 거친 때
3. 행정청이 사실심의 변론종결후 소송의 대상인 처분을 변경하여 당해 변경된 처분에 관하여 소를 제기하는 때
4. 처분을 행한 행정청이 행정심판을 거칠 필요가 없다고 잘못 알린 때

④ 제2항 및 제3항의 규정에 의한 사유는 이를 소명하여야 한다.

제6절 | 해양오염방제 등

제1관 해양오염방제를 위한 조치

1. 국가긴급방제계획의 수립 · 시행

국민안전처장관은 총리령이 정하는 오염물질이 해양에 배출될 우려가 있거나 배출되는 경우를 대비하여 대통령령이 정하는 바에 따라 해양오염의 사전예방 또는 방제에 관한 국가긴급방제계획을 수립 · 시행하여야 한다. 이 경우 국민안전처장관은 미리 해양수산부장관의 의견을 들어야 한다(법 제61조 제1항). 국가긴급방제계획은 「해양수산발전기본법」 제7조에 따른 해양수산발전위원회의 심의를 거쳐 확정한다(법 제61조 제2항).

「해양환경관리법 시행령」

제44조(국가긴급방제계획의 수립 · 시행 등)
① 법 제61조제1항에 따라 국가긴급방제계획에 포함되는 사항은 다음 각 호와 같다.
1. 오염물질의 배출에 대비한 사전 예방 계획
가. 국가 방제체제 및 대응조직의 구성과 운영
나. 해양오염 대비 · 대응을 위한 관계 기관 등의 임무와 역할
다. 방제장비, 자재 및 약제의 확보
라. 해양오염 대비 · 대응을 위한 교육과 훈련
마. 인접 국가 간 방제지원 · 협력체제의 구성과 운영
바. 방제기술 전문가의 자문 및 지원
사. 해양오염 방제를 위한 조사 · 연구 및 기술개발 등
2. 오염물질 배출 시 방제조치 계획
가. 국가가 행하는 긴급 방제조치의 범위
나. 오염현장 상황조사, 방제방법 결정, 사고해역 지휘 · 통제 등 방제 실행
다. 방제장비, 자재 및 약제의 긴급 동원 및 지원
라. 해상안전의 확보와 위험방지 조치
마. 해양오염사고 영향과 피해조사 등 사후관리
바. 방제평가 및 방제종료의 기준 등 방제조치와 관련하여 필요한 사항
② 국민안전처장관은 국가긴급방제계획을 원활하게 시행하기 위하여 지역별 실정에 맞는 지역긴급방제실행계획을 수립 · 시행할 수 있다.
③ 지역긴급방제실행계획에 포함되어야 할 사항은 총리령으로 정한다.

「해양환경관리법 시행규칙」

제26조(국가긴급방제계획에 포함되어야 할 오염물질)
① 법 제61조제1항 전단에서 "총리령이 정하는 오염물질"이란 다음 각 호의 물질을 말한다.
1. 기름
2. 위험 · 유해물질 중 국민안전처장관이 정하여 고시하는 물질

② 제1항제2호에서 "위험 · 유해물질"이란 유출될 경우 해양자원이나 생명체에 중대한 위해를 미치거나 해양의 쾌적성 또는 적법한 이용에 중대한 장애를 일으키는 물질로서 유해액체물질 및 포장유해물질과 산적(散積)으로 운송되며, 화재 · 폭발 등의 위험이 있는 물질(액화가스류를 포함한다)을 말한다.

제27조(지역긴급방제실행계획의 수립 · 시행)
① 영 제44조제3항에 따른 지역긴급방제실행계획에는 다음 각 호의 사항이 포함되어야 한다.
1. 오염물질별 사고위험평가 및 대응전략
2. 방제조직의 운영 및 사고유형별 방제조치 계획
3. 방제장비, 자재, 약제 등의 동원 및 보급 · 지원 계획
4. 해양오염 방지 및 방제에 관한 교육 · 훈련(민 · 관 합동방제훈련을 포함한다)의 실시
5. 방제관련 해역 특성정보 및 자료

---

2. 방제대책본부 등의 설치

국민안전처장관은 해양오염사고로 인한 긴급방제를 총괄지휘하며, 이를 위하여 국민안전처장관 소속으로 방제대책본부를 설치할 수 있다(법 제62조 제1항). 국민안전처장관은 법 제62조 제1항에 따라 설치한 방제대책본부의 조치사항 및 결과에 대하여 총리령으로 정하는 바에 따라 해양수산부장관에게 통보하여야 한다(법 제62조 제2항). 법 제62조 제1항에 따른 방제대책본부의 구성 · 운영 등에 필요한 사항은 대통령령으로 정한다(법 제62조 제3항).

「해양환경관리법 시행령」

제45조(방제대책본부의 구성 · 운영 등)
① 법 제62조제3항에 따른 방제대책본부의 장(이하 이 조에서 "본부장"이라 한다)은 국민안전처장관이 되고, 그 구성원은 국민안전처 소속 공무원과 관계 기관의 장이 파견한 자로 구성한다.
② 본부장은 관계 기관의 장에게 방제대책본부에 근무할 자의 파견과 방제작업에 필요한 인력 및 장비 등의 지원을 요청할 수 있다. 이 경우 관계 기관의 장은 정당한 사유가 없으면 그 요청에 따라야 한다.
③ 본부장은 다음 각 호의 업무를 수행한다.
1. 오염사고 분석 · 평가 및 방제 총괄 지휘
2. 인접 국가 간 방제지원 및 협력
3. 오염물질 유출 및 확산의 방지
4. 방제인력 · 장비 등 동원범위 결정과 현장 지휘 · 통제
5. 방제전략의 수립과 방제방법의 결정 · 시행
6. 제1호부터 제5호까지에서 규정한 사항 외에 방제조치와 관련하여 필요한 사항
④ 본부장은 해양환경 보전과 과학적인 방제를 위한 기술지원 및 자문을 위하여 관계 전문가로 구성된 방제기술지원협의회를 구성 · 운영할 수 있다.
⑤ 본부장은 오염지역에서 원활한 방제협력과 지원 등을 위하여 해양경비안전서장으로 하여금 해당 지역을 관할하는 관계 기관의 소속 공무원, 유관단체 · 업체의 임직원 및 주민대표 등으로 지역방제대책협의회를 구성 · 운영하게 할 수 있다.

⑥ 방제대책본부, 방제기술지원협의회 및 지역방제대책협의회의 구성·운영, 수당의 지급, 그 밖에 필요한 사항은 국민안전처장관이 따로 정한다.

「해양환경관리법 시행규칙」

제28조(방제대책본부의 조치사항 등 통보) 법 제62조제2항에 따라 국민안전처장관이 해양수산부장관에게 통보하는 방제대책본부의 조치사항 및 결과에는 다음 각 호의 사항이 포함되어야 한다.
1. 해양오염사고 발생개요
2. 방제대책본부의 구성 및 운영에 관한 사항
3. 해양오염현황
4. 방제조치 현황 및 조치결과
5. 그 밖에 필요한 사항

3. 오염물질이 배출되는 경우의 신고의무

대통령령이 정하는 배출기준을 초과하는 오염물질이 해양에 배출되거나 배출될 우려가 있다고 예상되는 경우 다음 각 호의 어느 하나에 해당하는 자는 지체 없이 국민안전처장관 또는 해양경비안전서장에게 이를 신고하여야 한다(법 제63조 제1항).

1. 배출되거나 배출될 우려가 있는 오염물질이 적재된 선박의 선장 또는 해양시설의 관리자. 이 경우 당해 선박 또는 해양시설에서 오염물질의 배출원인이 되는 행위를 한 자가 신고하는 경우에는 그러하지 아니하다.
2. 오염물질의 배출원인이 되는 행위를 한 자.
3. 배출된 오염물질을 발견한 자

법 제63조 제1항의 규정에 따른 신고절차 및 신고사항 등에 관하여 필요한 사항은 총리령으로 정한다(법 제63조 제2항).

「해양환경관리법 시행령」

제47조(오염물질의 배출시 신고기준 등) 법 제63조제1항 각 호 외의 부분에서 "대통령령이 정하는 배출기준"이란 별표 6의 기준을 말한다.

[별표 6] 오염물질 배출 시 신고기준(제47조 관련)

종류		양·농도	확산범위
폐기물	수은 및 그 화합물, 폴리염화비페닐, 카드뮴 및 그 화합물, 6가크롬화합물, 유기할로겐화합물	10 kg 이상	

	시안화합물, 유기인화합물, 납 및 그 화합물, 비소 및 그 화합물, 구리 및 그 화합물, 크롬 및 그 화합물, 아연 및 그 화합물, 불화물, 페놀류, 트리클로로에틸렌, 테트라클로로에틸렌	100 kg 이상	
	유기실리콘 화합물, 폐합성수지, 폐합성고분자 화합물, 폐산, 폐알칼리	200 kg 이상	
	동·식물성 고형물, 분뇨, 오니류	200 kg 이상	
	그 밖의 폐기물	1,000 kg 이상	
기름		배출된 기름 중 유분이 100만분의 1,000 이상이고 유분총량이 100 *l* 이상	배출된 기름이 1만m^2 이상으로 확산되어 있거나 확산될 우려가 있는 경우
유해액체물질	알라클로르, 알칸, 그 밖에 해양수산부령으로 정하는 X류 물질	10 *l* 이상	
	아세톤 시아노히드린, 아크릴산, 그 밖에 해양수산부령으로 정하는 Y류 물질	100 *l* 이상	
	아세트산, 아세트산 무수물, 그 밖에 해양수산부령으로 정하는 Z류 물질	200 *l* 이상	
	평가는 되었으나 유해액체물질목록에 등록되지 아니한 잠정평가물질	10 *l* 이상	

「해양환경관리법 시행규칙」

제29조(해양시설로부터의 오염물질 배출신고)
① 법 제63조에 따라 해양시설로부터의 오염물질 배출을 신고하려는 자는 서면·구술·전화 또는 무선통신 등을 이용하여 신속하게 하여야 하며, 그 신고사항은 다음 각 호와 같다.
1. 해양오염사고의 발생일시·장소 및 원인
2. 배출된 오염물질의 종류, 추정량 및 확산상황과 응급조치상황
3. 사고선박 또는 시설의 명칭, 종류 및 규모
4. 해면상태 및 기상상태
② 국민안전처장관 또는 해양경비안전서장 외의 자는 제1항에 따른 신고를 받은 경우에는 지체 없이 그 내용을 국민안전처장관 또는 해양경비안전서장에게 알려야 한다.

제30조(오염물질의 감식·분석) 국민안전처장관은 오염물질이 해양에 배출된 경우에는 그 규명에 필요한 감식·분석을 할 수 있다. 이 경우 오염물질의 규명절차 및 관리 등 필요한 사항은 국민안전처장관이 정한다.

「선박에서의 오염방지에 관한 규칙」

제51조(선박으로부터 오염물질이 배출되는 경우의 신고)
① 법 제63조에 따라 선박으로부터의 오염물질 배출을 신고하는 자는 서면·구술·전화 또는 무선통신 등을 이용하여 신속하게 하여야 하며, 그 신고사항은 다음 각 호와 같다.
1. 해양오염사고의 발생일시·장소 및 원인
2. 배출된 오염물질의 추정량 및 확산상황과 응급조치상황
3. 사고선박 또는 시설의 명칭, 종류 및 규모

4. 해면상태 및 기상상태
② 국민안전처장관 또는 해양경비안전서장 외의 자는 제1항에 따른 신고를 받은 경우에는 지체 없이 그 내용을 해당 해역을 관할하는 국민안전처장관 또는 해양경비안전서장에게 알려야 한다.

4. 오염물질이 배출된 경우의 방제조치

가. 방제조치 의무

법 제63조 제1항 제1호 및 제2호에 해당하는 자(이하 "방제의무자"라 한다)는 배출된 오염물질에 대하여 대통령령이 정하는 바에 따라 다음 각 호에 해당하는 조치(이하 "방제조치"라 한다)를 하여야 한다(법 제64조 제1항).

1. 오염물질의 배출방지
2. 배출된 오염물질의 확산방지 및 제거
3. 배출된 오염물질의 수거 및 처리

「해양환경관리법 시행령」

제48조(오염물질이 배출된 경우의 방제조치)
① 법 제64조 제1항에 따른 방제조치는 다음 각 호의 조치로서 오염물질의 배출 방지와 배출된 오염물질의 확산방지 및 제거를 위한 응급조치를 한 후 현장에서 할 수 있는 최대한의 유효적절한 조치여야 한다.
1. 오염물질의 확산방지울타리의 설치 및 그 밖에 확산방지를 위하여 필요한 조치
2. 선박 또는 시설의 손상부위의 긴급수리, 선체의 예인・인양조치 등 오염물질의 배출 방지조치
3. 해당 선박 또는 시설에 적재된 오염물질을 다른 선박・시설 또는 화물창으로 옮겨 싣는 조치
4. 배출된 오염물질의 회수조치
5. 해양오염방제를 위한 자재 및 약제의 사용에 따른 오염물질의 제거조치
6. 수거된 오염물질로 인한 2차오염 방지조치
7. 수거된 오염물질과 방제를 위하여 사용된 자재 및 약제 중 재사용이 불가능한 물질의 안전처리조치
② 국민안전처장관은 제1항에 따른 방제조치를 위하여 필요한 경우 다음 각 호의 조치를 직접 하거나 관계 기관에 지원을 요청할 수 있다.
1. 오염해역을 통행하는 선박의 통제
2. 오염해역의 선박안전에 관한 조치
3. 인력 및 장비・시설 등의 지원 등

나. 방제조치 협조의무

오염물질이 항만의 안 또는 항만의 부근 해역에 있는 선박으로부터 배출되는 경우 다음 각 호의 어느 하나에 해당하는 자는 방제의무자가 방제조치를 취하는데 적극 협조하여야 한다(법 제64조 제2항).

1. 당해 항만이 배출된 오염물질을 싣는 항만인 경우에는 당해 오염물질을 보내는 자
2. 당해 항만이 배출된 오염물질을 내리는 항만인 경우에는 당해 오염물질을 받는 자
3. 오염물질의 배출이 선박의 계류 중에 발생한 경우에는 당해 계류시설의 관리자
4. 그 밖에 오염물질의 배출원인과 관련되는 행위를 한 자

다. 방제조치 명령과 행정대집행

국민안전처장관은 방제의무자가 자발적으로 방제조치를 행하지 아니하는 때에는 그 자에게 시한을 정하여 방제조치를 하도록 명령할 수 있다(법 제64조 제3항). 국민안전처장관은 방제의무자가 법 제64조 제3항의 규정에 따른 방제조치명령에 따르지 아니하는 경우에는 직접 방제조치를 할 수 있다. 이 경우 방제조치에 소요된 비용은 대통령령이 정하는 바에 따라 방제의무자가 부담한다(법 제64조 제4항). 법 제64조 제4항의 규정에 따라 직접 방제조치에 소요된 비용의 징수에 관하여는 「행정대집행법」 제5조 및 제6조의 규정을 준용한다(법 제64조 제5항).

「해양환경관리법 시행령」

제49조(방제조치 명령) 법 제64조 제3항에 따른 방제조치 명령에는 다음 각 호의 사항을 포함하여야 한다.
1. 방제조치의 기간
2. 방제조치 필요 해역의 지정
3. 제48조 제1항에 따른 방제조치

제50조(비용부담의 범위 등)
① 법 제64조 제4항 후단 또는 제68조 제4항 본문에 따라 방제의무자 또는 선박·해양시설의 소유자에게 부담시키는 방제조치에 든 비용부담의 범위는 별표 7과 같다.
② 방제조치기관은 법 제68조 제4항 본문에 따라 제1항의 비용을 선박 또는 해양시설의 소유자에게 부담시키려는 경우에는 그 비용의 산출기초를 명확히 하여 방제의무자에게 통보하여야 한다.

[별표 7]
방제조치 비용부담의 범위(제50조 제1항 관련)
1. 방제조치로 인하여 멸실된 기계·기구와 소비된 물품의 가격에 상당하는 금액
2. 방제조치를 위하여 사용된 기계·기구의 수리비. 다만, 수리하여도 그 용도로 사용할 수 없게 된 경우에는 방제조치를 위하여 사용되기 직전의 현존가액으로 한다.
3. 방제조치에 사용된 기계·기구의 임차료와 세척에 소요된 비용
4. 방제조치에 소요된 선박의 운항비·인건비(여비 및 후생비를 포함한다) 및 그 밖의 비용
5. 방제조치를 위한 선박의 예인, 기계·기구·물품 등의 운반, 배출 및 회수된 오염물질과 그 밖에 물건의 제거·운반 또는 처리에 소요된 비용

비고 : 제1호 및 제2호에 따른 기계·기구 및 물품의 경우에는 방제조치에 사용한 것과 같은 종류의 것을 급부함으로써 금전의 납부에 갈음할 수 있다.

라. 방제자제 및 약제

법 제64조 제1항부터 제4항까지의 규정에 따라 오염물질의 방제조치에 사용되는 자재 및 약제는 제110조제4항・제6항 및 제7항에 따라 형식승인・검정 및 인정을 받거나 제110조의2 제3항에 따른 검정을 받은 것이어야 한다. 다만, 오염물질의 방제조치에 사용되는 자재로서 긴급방제조치에 필요하고 해양환경에 영향을 미치지 아니한다고 국민안전처장관이 인정하는 경우에는 그러하지 아니한다(법 제64조 제6항).

행정해석

「공유수면관리법」 제13조 제1항(전복・침몰・방치 또는 계류된 선박의 의미 및 방치선박 등의 제거를 명할 수 있는 자의 관할 범위) 관련[법제처 08-0085, 2008.5.15, 인천광역시 옹진군 해양수산과]

1. 질의요지
「공유수면관리법」 제13조 제1항에서 국토해양부장관 또는 특별자치도지사・시장・군수・구청장(이하 "관리청"이라 함)은 전복・침몰・방치 또는 계류된 선박, 방치된 폐자재 그 밖의 물건(이하 "방치선박등"이라 함)이 공유수면의 효율적 이용을 저해하는 것으로 인정하거나 수질오염을 발생시킬 우려가 있다고 인정하는 경우에는 국토해양부령이 정하는 바에 따라 그 소유자 또는 점유자에게 제거를 명할 수 있도록 되어 있는 것과 관련하여 중화인민공화국 국적의 선박이 우리나라 영해 안에서 항행하다가 침몰된 경우 위 선박은 같은 법 제13조 제1항의 "전복・침몰・방치 또는 계류된 선박"에 해당하는지, 이 경우 누가 침몰된 선박의 제거에 필요한 조치를 하여야 하는지?

2. 회답
우리나라 영해 안에서 항행하다가 침몰된 외국 국적의 선박도 「공유수면관리법」 제13조 제1항의 "전복・침몰・방치 또는 계류된 선박"에 해당하므로, 같은 법 제4조 및 같은 법 시행령 제2조에 따라 국토해양부장관이 관리하는 공유수면 외의 공유수면에 침몰한 선박을 제거할 필요가 있다면 그 공유수면을 관할하는 특별자치도지사・시장・군수・구청장이 같은 법 제13조에 따라 선박소유자 또는 점유자에게 제거를 명하거나 직접 제거하여야 할 것이고, 침몰된 선박으로부터 유류 등 오염물질이 해양에 배출되거나 배출될 우려가 있다고 예상되는 경우라면 「해양환경관리법」 제64조에 따라 국민안전처장관이 방제의무자에게 방제조치를 명하거나 직접 방제조치를 해야 할 것입니다.

---

5. 오염물질이 배출될 우려가 있는 경우의 조치 등

선박의 소유자 또는 선장, 해양시설의 소유자는 선박 또는 해양시설의 좌초・충돌・침몰・화재 등의 사고로 인하여 선박 또는 해양시설로부터 오염물질이 배출될 우려가 있는 경우에는 해양수산부령이 정하는 바에 따라 오염물질의 배출방지를 위한 조치를 하여야 한다(법 제65조 제1항). 법 제64조 제3항 및 제4항의 규정은 법 제65조 제1항의 규정에 따른 오염물질의 배출방지를 위한 조치에 관하여 준용한다. 이 경우 "방제의무자"는 "선박의 소유자 또는 선장, 해양시설의 소유자"로 본다(법 제65조 제2항).

「해양환경관리법 시행규칙」

제31조(오염물질의 배출방지를 위한 조치) 해양시설의 소유자는 법 제65조제1항에 따라 오염물질의 배출방지를 위한 다음 각 호의 조치를 취하여야 한다.
1. 파손·화재 등의 사고인 경우에는 오염물질을 다른 선박이나 해양시설로 옮겨 싣는 조치 또는 손상부위의 긴급수리, 침수 또는 배출방지를 위하여 필요한 조치
2. 침몰이 예상되는 경우에는 오염물질의 배출 우려가 있는 모든 부위를 막는 조치
3. 불을 끄는 중에 생긴 오염물질의 경우에는 다른 선박이나 해양시설로 옮겨 싣는 조치 또는 배출방지를 위하여 필요한 조치
4. 제1호부터 제3호까지의 규정에 따른 조치에도 불구하고 오염물질이 배출될 우려가 있는 경우 배출 또는 확산방지를 위하여 필요한 조치

「선박에서의 오염방지에 관한 규칙」

제52조(선박으로부터 오염물질의 배출방지를 위한 조치) 선박의 소유자 또는 선장은 법 제65조제1항에 따라 오염물질의 배출방지를 위하여 다음 각 호의 조치를 취하여야 한다.
1. 좌초, 충돌, 파손, 침몰, 화재 등의 사고로 오염물질을 다른 선박이나 해양시설로 옮겨 싣는 조치가 필요하다고 인정되는 경우에 옮겨 싣는 조치
2. 제1호의 사고에 따른 선체 손상부위의 긴급수리, 선체의 예인·인양조치, 침수 또는 배출방지를 위하여 필요한 조치
3. 침몰이 예상되는 경우에는 침몰된 후에 오염물질의 배출 우려가 있는 모든 부위를 막는 조치
4. 화재의 경우에는 진화작업으로 기관실 또는 화물창 등에 고인 폐수 등의 오염물질을 다른 선박이나 해양시설로 옮겨 싣는 조치 또는 배출방지를 위하여 필요한 조치
5. 제1호부터 제4호까지의 규정에 따른 조치에도 불구하고 오염물질이 배출될 우려가 있는 경우 배출 감소 또는 확산방지를 위하여 필요한 조치
6. 그 밖에 오염물질의 배출방지를 위하여 필요한 조치

6. 자재 및 약제의 비치 등

항만관리청 및 선박·해양시설의 소유자는 오염물질의 방제·방지에 사용되는 자재 및 약제를 보관시설 또는 해당 선박 및 해양시설에 비치·보관하여야 한다(법 제66조 제1항). 법 제66조 제1항에 따라 비치·보관하여야 하는 자재 및 약제는 제110조 제4항·제6항 및 제7항에 따라 형식승인·검정 및 인정을 받거나, 제110조의2제3항에 따른 검정을 받은 것이어야 한다(법 제66조 제2항). 법 제66조 제1항에 따라 비치·보관하여야 하는 자재 및 약제의 종류·수량·비치방법과 보관시설의 기준 등에 필요한 사항은 해양수산부령으로 정한다(법 제66조 제3항).

「해양환경관리법 시행규칙」

제32조(해양시설의 자재·약제 비치기준 등)
① 법 제66조제1항에 따라 오염물질의 방제·방지를 위한 자재 및 약제(이하 "자재·약제"라 한다)를

갖추어두어야 하는 해양시설은 다음 각 호와 같다.
1. 오염물질을 300킬로리터 이상 저장할 수 있는 시설
2. 총톤수 100톤 이상의 유조선을 계류하기 위한 계류시설
② 법 제66조제3항에 따라 해양시설 안에 갖추어두어야 하는 자재・약제의 비치기준은 별표 11과 같다. 다만, 유처리제・유흡착재 또는 유겔화제의 경우에는 해당 해양시설에 기준량의 10퍼센트 이상을 갖추어두고, 나머지는 제33조에 따른 보관시설에 보관할 수 있다.
③ 제2항 단서에 따라 보관시설에 유처리제 등을 보관하는 경우에는 그 사실을 증명하는 서류를 해당 해양시설에 갖추어두어야 한다.
④ 법 제67조제1항에 따라 방제선 또는 방제장비(이하 "방제선등"이라 한다)를 배치・설치하거나 같은 조 제2항에 따라 위탁하여 배치・설치한 경우에는 법 제66조에 따른 자재・약제 등을 갖추어둔 것으로 본다.

제33조(보관시설의 자재・약제 비치기준 등)
① 법 제66조제3항에 따른 보관시설의 범위는 다음 각 호와 같다.
1. 해양시설의 소유자가 해양시설에 갖추어두어야 할 자재・약제를 보관하기 위하여 해당 항만에 설치한 시설(공동으로 설치한 것을 포함한다)
2. 항만관리청이 항만시설, 어항시설의 방제를 위한 자재・약제를 보관하기 위하여「항만법」제3조제1항에 따른 항만 및「어촌・어항법」제2조제3호에 따른 어항에 설치한 시설
3. 해양환경관리공단이 법 제97조에 따른 사업을 위하여 해양오염방제에 필요한 자재・약제를 보관할 목적으로 해당 항만에 설치한 시설
② 법 제66조제3항에 따라 항만관리청이 보관시설에 갖추어두어야 할 자재・약제의 비치기준은 별표 12와 같으며, 제1항의 보관시설의 시설기준 및 운영기준은 별표 13과 같다.

「선박에서의 오염방지에 관한 규칙」

제53조(선박에 비치할 자재・약제 비치기준 등)
① 법 제66조제1항에 따라 오염물질의 방제・방지를 위한 자재 및 약제(이하 "자재・약제"라 한다)를 갖추어두어야 하는 선박은 다음 각 호와 같다.
1. 총톤수 100톤 이상의 유조선
2. 추진기관이 설치된 총톤수 1만톤 이상의 선박(유조선은 제외한다)
② 법 제66조제3항에 따라 선박 안에 갖추어야 하는 자재・약제의 비치기준은 별표 30과 같다. 다만, 유처리제・유흡착재 또는 유겔화제의 경우에는 해당 선박에 기준량의 10퍼센트 이상을 갖추어두고 나머지는「해양환경관리법 시행규칙」제33조에 따른 보관시설에 보관할 수 있다.
③ 제2항 단서에 따라 보관시설에 유처리제 등을 보관하는 경우에는 그 사실을 증명하는 서류를 해당 선박에 보관하고 있어야 한다.
④ 법 제67조제1항에 따라 방제선등을 배치・설치하거나 같은 조 제2항에 따라 배치・설치를 위탁한 경우에는 법 제66조에 따른 자재・약제 등을 갖추어둔 것으로 본다.
⑤ 해역관리청 및 선박의 소유자가 법 제66조제3항에 따라 보관시설에 갖추어두어야 하는 자재・약제의 최소 비치기준에 관하여는「해양환경관리법 시행규칙」별표 12를 준용한다.

행정해석

해양오염방제 자재・약제를 제작・제조하려는 경우 형식승인을 승계할 수 있는지 여부 등 (「해양환경관리법」제110조 등 관련) [법제처 13-0479, 2013.12.11, 해양경찰청]

1. 질의요지
가.「해양환경관리법」제66조 제1항에 따른 오염물질의 방제・방지에 사용하는 자재・약제를 제작・제조하려는 B가 같은 법 제110조 제4항에 따라 오염물질의 방제・방지에 사용하는 자재・약

제에 대해 형식승인을 받은 제작・제조업자인 A로부터 영업을 양수할 경우 위 형식승인에 관한 권리・의무도 양수할 수 있는지?

나. 「해양환경관리법」 제110조 제4항에 따른 형식승인에 관한 권리・의무를 양도・양수하는 것이 가능하다면, 같은 법 시행규칙 제66조 제2항에 따라 변경승인을 받거나 양도・양수에 대해 「행정절차법」 제10조 제4항에 따른 행정청의 승인을 받아야 하는지?

2. 회답

가. 「해양환경관리법」 제66조 제1항에 따른 오염물질의 방제・방지에 사용하는 자재・약제를 제작・제조하려는 B가 같은 법 제110조 제4항에 따라 오염물질의 방제・방지에 사용하는 자재・약제에 대해 형식승인을 받은 제작・제조업자인 A로부터 영업을 양수할 경우 위 형식승인에 관한 권리・의무도 양수할 수 있습니다.

나. 「해양환경관리법」 제110조 제4항에 따른 형식승인을 양수한 경우에는 같은 법 시행규칙 제66조 제2항을 적용 또는 유추적용하여 변경승인을 받을 수 있으나, 이 경우 변경승인은 오염물질의 방제・방지에 사용하는 자재・약제를 제작・제조하려는 B가 해양오염물질의 방제・방지에 사용하는 자재・약제에 대해 형식승인을 받은 제작・제조업자인 A로부터 영업양수 여부에 대하여 확인하는 수준에 그쳐야 할 것입니다.

---

7. 방제선등의 배치 등

다음 각 호에 해당하는 선박 또는 해양시설의 소유자는 기름의 해양유출사고에 대비하여 대통령령이 정하는 기준에 따라 방제선 또는 방제장비(이하 "방제선등"이라 한다)를 해양수산부령이 정하는 해역 안에 배치 또는 설치하여야 한다(법 제67조 제1항).

1. 총톤수 500톤 이상의 유조선
2. 총톤수 1만톤 이상의 선박(유조선을 제외한 선박에 한한다)
3. 신고된 해양시설로서 저장용량 1만 킬로리터 이상의 기름저장시설

법 제67조 제1항의 규정에 따라 방제선등을 배치하거나 설치하여야 하는 자(이하 "배치의무자"라 한다)는 대통령령이 정하는 바에 따라 방제선등을 공동으로 배치・설치하거나 이를 법 제96조 제1항의 규정에 따른 해양환경관리공단에게 위탁할 수 있다(법 제67조 제2항). 국민안전처장관은 방제선등을 배치 또는 설치하지 아니한 자에 대하여 선박입출항 금지 또는 시설사용정지를 명령할 수 있다(법 제67조 제3항). 국민안전처장관은 법 제67조 제1항의 규정에 따른 선박 또는 해양시설로부터 오염물질이 배출되거나 배출될 우려가 있는 경우에는 배치의무자로 하여금 방제조치 및 제65조의 규정에 따른 배출방지조치를 하게 하여야 한다. 이 경우 배치의무자가 법 제67조 제2항의 규정에 따라 방제선등을 공동으로 배치・설치하거나 해양환경관리공단에게 위탁한 때에는 공동 배치・설치자 또는 해양환경관리공단에 대하여 공동으로 방제조치 및 배출방지조치를 하게 하여야 한다(법 제67조 제4항).

「해양환경관리법 시행령」

제51조(방제선등의 배치 등)
① 선박 또는 해양시설의 소유자는 법 제67조 제1항 및 제2항에 따라 방제선 또는 방제장비(이하 "방제선등"이라 한다)를 배치·설치(공동배치·설치를 포함한다. 이하 이 조에서 같다)하는 경우 별표 8에 따라야 한다.
② 제1항 외에 배치·설치에 필요한 사항은 해양수산부령으로 정한다.
③ 법 제67조 제4항 후단에 따라 방제선등의 배치를 위탁받은 해양환경관리공단(이하 "공단"이라 한다)이 방제조치 또는 배출방지조치를 하는 경우 방제의무자가 비용부담을 하여야 한다.

[별표 8]
방제선·방제장비의 배치·설치기준(제51조 관련)

1. 유조선 및 비유조선

유조선	비유조선	기름회수능력(시간당)	배치방법
톤급별(총톤수)	톤급별(총톤수)		
500 이상 1,000 미만	1만 이상 3만 미만	35 kl 이상	방제선 또는 방제장비
1,000 이상 5,000 미만	3만 이상 5만 미만	50 kl 이상	방제선 또는 방제장비
5,000 이상 1만 미만	5만 이상	70 kl 이상	방제선 또는 방제장비
1만 이상 5만 미만	-	100 kl 이상	총톤수합계 50톤 이상의 방제선과 방제장비
5만 이상 10만 미만	-	170 kl 이상	50톤급 이상의 방제선 1척을 포함하여 총톤수합계 75톤 이상의 방제선과 방제장비
10만 이상	-	290 kl 이상	75톤급 이상의 방제선 1척을 포함하여 총톤수합계 100톤 이상의 방제선과 방제장비

2. 기름저장시설

저장용량(*kl*)	기름회수능력(시간당)	배치방법
1만 이상 5만 미만	80 kl 이상	방제선 또는 방제장비
5만 이상 10만 미만	120 kl 이상	방제선 또는 방제장비
10만 이상 50만 미만	170 kl 이상	50톤급 이상의 방제선 1척을 포함하여 총톤수합계 75톤 이상의 방제선과 방제장비
50만 이상 100만 미만	250 kl 이상	75톤급 이상의 방제선 1척을 포함하여 총톤수합계 100톤 이상의 방제선과 방제장비
100만 이상 250만 미만	330 kl 이상	100톤급 이상의 방제선 1척을 포함하여 총톤수합계 125톤 이상의 방제선과 방제장비

250만 이상 500만 미만	420 kl 이상	125톤급 이상의 방제선 1척을 포함하여 총톤수합계 150톤 이상의 방제선과 방제장비
500만 이상	720 kl 이상	150톤급 이상의 방제선 1척을 포함하여 총톤수합계 200톤 이상의 방제선과 방제장비

3. 비고

가. 기름회수능력은 장비에 표시된 성능으로 하되, 표시된 성능의 적정 여부는 「선박안전법」 제60조제2항에 따른 선급법인(선급업무를 수행하는 외국의 법인·기관·단체를 포함한다) 또는 공인된 시험·연구기관에서 발급한 성능시험성적서에 따라 판단한다.

나. 방제선은 유회수기, 기름이송펌프 및 회수한 기름을 저장할 수 있는 장치를 갖춘 선박을 말한다.

다. 방제장비는 배출된 기름을 회수할 수 있는 모든 기계·장비 및 시설을 말한다.

라. 기름저장시설이 기름의 비축용 또는 비상용으로만 설치·사용되는 경우에는 방제장비만으로 기름회수능력을 갖출 수 있다.

마. 배치·설치 대상 기름저장시설 또는 선박을 2곳(또는 척) 이상 소유한 자가 같은 해역에 방제선·방제장비를 배치할 경우에는 각각에 적용되는 배치기준 중 기름회수능력이 가장 큰 기준을 적용한다.

바. 공동배치를 하려는 경우 갖추어야 할 기름회수능력은 다음 식에 따른다.

$$A+B\times 0.5$$

A : 공동배치대상 중 갖추어야 할 기름회수능력이 가장 큰 것

B : A를 제외한 공동배치대상이 각각 갖추어야 할 기름회수능력의 합계

사. 방제선등의 배치의무자가 해양환경관리공단에 방제선등의 배치를 위탁하는 경우 공단은 배치의무자가 갖추어야 할 기름회수능력의 2배 이상을 갖추어야 한다. 다만, 해역의 위험도를 감안하여 방제선등의 재배치는 공단의 이사장이 정한다.

제93조(수수료 징수에 대한 예외) 공단은 법 제122조 제2항에 따라 방제선등의 배치·설치에 따른 수수료를 징수함에 있어 법 제69조 제1항에 따른 방제분담금 납부자가 법 제67조 제2항에 따라 방제선등의 배치·설치를 공단에 위탁한 경우에는 해당 수수료를 면제할 수 있다.

「해양환경관리법 시행규칙」

제34조(방제선등의 배치해역)

① 법 제67조제1항제3호에 따른 기름저장시설의 소유자는 해당 시설이 위치한 항만구역에 방제선등을 설치하여야 한다. 다만, 비축용·비상용 기름저장시설의 소유자는 해당 시설에서 기름이 배출되는 경우 3시간 이내에 도달할 수 있는 곳에 배치할 수 있다.

② 법 제67조제2항에 따라 방제선등을 공동으로 배치·설치한 자와 해양환경관리공단에 배치·설치를 위탁한 자는 다음 각 호의 사항이 포함된 증거서류를 해당 기름저장시설의 사업소에 갖추어 두어야 한다.

1. 공동배치를 한 자 : 배치한 방제선등의 목록 및 제원

2. 배치·설치를 위탁한 자

가. 위탁자의 성명 또는 상호

나. 수탁자의 성명 또는 상호

다. 수탁기간

라. 위탁자와 수탁자 간의 통신방법

「선박에서의 오염방지에 관한 규칙」

제54조(방제선등의 배치해역)
① 법 제67조제1항제1호 및 제2호에 따른 선박의 소유자가 방제선 또는 방제장비(이하 "방제선등"이라 한다)를 배치하여야 하는 해역은 다음 각 호와 같다. 다만, 다음 각 호의 해역에서 기름이 배출되는 경우 3시간 이내에 도달할 수 있는 곳에 배치할 수 있다.
1. 「해사안전법」 제10조에 따른 교통안전 특정해역
2. 「항만법」 제2조제2호에 따른 무역항 및 제3호에 따른 연안항 중 다음 각 목의 항만
   가. 대산항
   나. 평택·당진항
   다. 군산항
   라. 마산항
② 법 제67조제2항에 따라 방제선등을 공동으로 배치·설치한 자와 설치·배치를 위탁한 자는 다음 각 호의 사항이 포함된 증거서류를 해당 선박에 갖추어 두어야 한다.
1. 공동배치를 한 자 : 배치한 방제선등의 목록 및 제원
2. 설치·배치를 위탁한 자
   가. 위탁자의 성명 또는 상호
   나. 수탁자의 성명 또는 상호
   다. 수탁기간
   라. 위탁자와 수탁자 간의 통신방법

방제분담금은 이 법에 따라 공단이 해양오염방제 사업을 수행하는 데 소요되는 비용을 방제선 배치 의무자에게 분담하도록 하는 것으로 과거 해양환경관리공단의 전신인 오염방제조합이 조합원에게 조합비를 부담하도록 한 것에서 유래한다. 방제선 배치의무자들이 결성한 조합인 해양오염방제조합은 해양오염방제업무를 목적으로 설립된 반면 해양환경관리공단은 해양환경의 보전·관리·개선을 위한 사업, 해양오염방제사업, 해양환경·해양오염 관련 기술개발 및 교육훈련을 위한 사업 등 다양한 해양환경관리사업을 수행하는 정부업무를 보조하는 준정부기관이라는 점에서 그 법적 성질을 달리하고 있어서 조합비 성격의 방제분담금을 부과하는 것은 부적절하다고 본다.

또 이 법 시행령 제93조에서 방제선 배치 수수료의 징수에 대한 예외 조항을 둔 것은 사실상 해양환경관리공단에 방제선 배치 사업을 독점화하도록 한 것으로 민간방제업자들의 방제선 배치를 금지한 것과 동일한 효과를 가져오는 것으로 보인다.

8. 행정기관의 방제조치와 비용부담

가. 긴급방제조치

국민안전처장관은 방제의무자의 방제조치만으로는 오염물질의 대규모 확산을 방지하기가 곤란하거나 긴급방제가 필요하다고 인정하는 경우에는 직접 방제조치를 하여야 한다(법 제68조 제1항).

나. 해안방제조치

법 제68조 제1항에도 불구하고 해안의 자갈·모래 등에 달라붙은 기름에 대하여는 다음 각 호의 구분에 따라 해당 지방자치단체의 장 또는 행정기관의 장이 방제조치를 하여야 한다(법 제68조 제2항).

1. 기름이 하나의 시장·군수 또는 구청장(자치구의 구청장을 말한다. 이하 같다) 관할 해안에만 영향을 미치는 경우: 해당 시장·군수 또는 구청장
2. 기름이 둘 이상의 시장·군수 또는 구청장 관할 해안에 영향을 미치는 경우: 해당 시·도지사. 이 경우 기름이 둘 이상의 시·도지사 관할 해안에 영향을 미치는 경우에는 각각의 관할 시·도지사로 한다.
3. 군사시설과 그 밖에 대통령령으로 정하는 시설이 설치된 해안에 대한 방제조치: 해당 시설관리기관의 장

국민안전처장관은 시장·군수 또는 구청장과 시·도지사가 법 제68조 제2항에 따른 방제조치를 하는 경우에는 방제에 사용되는 자재·약제, 방제장비, 인력 및 기술 등을 지원하여야 한다(법 제68조 제3항).

다. 긴급방제 등의 비용부담

법 제68조 제1항 및 제2항에 따른 방제조치에 소요되는 비용은 대통령령이 정하는 바에 따라 선박 또는 해양시설의 소유자가 부담하게 할 수 있다. 다만, 천재·지변 등 대통령령이 정하는 사유에 해당하는 경우에는 그러하지 아니하다(법 제68조 제4항). 법 제68조 제4항에 따라 부담하게 한 비용의 징수는「행정대집행법」제5조 및 제6조를 준용한다(법 제68조 제5항).[31]

---

31)

「행정대집행법」

제5조(비용납부명령서) 대집행에 요한 비용의 징수에 있어서는 실제에 요한 비용액과 그 납기일을 정하여 의무자에게 문서로써 그 납부를 명하여야 한다.

제6조(비용징수)
① 대집행에 요한 비용은 국세징수법의 예에 의하여 징수할 수 있다.
② 대집행에 요한 비용에 대하여서는 행정청은 사무비의 소속에 따라 국세에 다음가는 순위의 선취득권을 가진다.
③ 대집행에 요한 비용을 징수하였을 때에는 그 징수금은 사무비의 소속에 따라 국고 또는 지방자치단체의 수입으로 한다.

「해양환경관리법 시행령」

제52조(행정기관의 방제조치와 비용부담 등)
① 국민안전처장관, 시장・군수・구청장(지방자치단체인 구의 구청장을 말한다. 이하 같다) 또는 제4항에 따른 시설을 관리하는 행정기관의 장(이하 "방제조치기관"이라 한다)은 방제의무자가 분명하지 아니한 오염물질을 배출한 경우 우선하여 방제조치를 하여야 한다.
② 방제조치기관은 제1항에 따라 우선 방제조치를 하되, 다음 각 호의 어느 하나에 해당하는 경우에는 공단 이사장에게 방제조치를 요청할 수 있다. 이 경우 공단 이사장은 정당한 사유가 없으면 그 요청에 따라야 한다.
1. 제1항에 따른 방제의무자가 분명하지 아니한 오염물질이 배출된 경우
2. 법 제68조제1항에 따라 방제의무자의 방제조치만으로는 곤란하거나 긴급방제가 필요하다고 인정되는 경우
③ 제2항에 따라 공단이 방제조치를 한 경우에는 공단 이사장은 그 소요 비용을 방제조치기관에 청구할 수 있으며, 방제조치기관은 이를 공단 이사장에게 지급하여야 한다.
④ 법 제68조제2항제3호에서 "대통령령으로 정하는 시설"이란 「항만법」 제2조제5호에 따른 항만시설(수역시설은 제외한다)을 말한다.

제53조(비용부담의 면제사유) 법 제68조제4항 단서에 따른 "대통령령이 정하는 사유"란 전쟁・사변, 그 밖에 불가항력으로 인한 사유를 말한다.

9. 방제분담금

배치의무자는 기름 등의 유출사고에 따른 방제조치 및 배출방지조치 등 해양오염방제조치에 소요되는 방제분담금을 납부하여야 한다(법 제69조 제1항). 법 제69조 제1항의 규정에 따른 방제분담금은 제97조 제1항 제3호의 규정에 따른 사업을 위하여 사용되어야 한다(법 제69조 제2항). 법 제69조 제1항의 규정에 따른 방제분담금은 제96조 제1항의 규정에 따른 해양환경관리공단에 납부하여야 하며, 법 제69조 제1항 및 제2항의 규정에 따른 방제분담금의 부과기준・부과절차 등에 관하여 필요한 사항은 대통령령으로 정한다(법 제69조 제3항).

「해양환경관리법 시행령」

제54조(방제분담금의 부과기준 및 절차)
① 배치의무자가 법 제69조 제3항에 따라 공단에 납부하여야 하는 방제분담금의 부과기준 및 절차는 별표 9와 같다.
② 공단은 다음 각 호의 어느 하나에 해당하는 경우 이미 부과하였거나 납부된 방제분담금을 다시 산정하여 조정하거나 환급할 수 있다.
1. 선박 또는 해양시설 소유자의 운항계획 변경 등으로 방제분담금을 납부할 필요가 없는 경우
2. 방제분담금의 부과대상 또는 산정방법이 잘못 적용된 경우
③ 공단은 제2항에 따라 방제분담금을 조정하거나 환급할 경우에는 그 금액, 납부기한, 납부 장소, 환급 시기나 그 밖에 필요한 사항을 적은 문서로 방제분담금 납부의무자에게 통지하여야 한다.
④ 방제분담금의 납부통지(제2항에 따른 통지를 포함한다)를 받은 자는 납부통지를 받은 날부터 60일

이내에 공단에 방제분담금의 조정을 신청할 수 있다. 이 경우 조정신청은 방제분담금의 납부기한에 영향을 미치지 아니한다.

⑤ 공단은 제4항에 따른 조정신청이 있는 경우 30일 이내에 그 처리결과를 신청인에게 문서로 알려야 하며, 이미 납부한 금액과 조정된 금액에 차이가 있을 때에는 그 차액을 다시 부과하거나 환급하여야 한다.

⑥ 방제분담금의 부과금액은 5년마다 다시 산정한다.

⑦ 그 밖에 방제분담금의 부과·징수절차에 필요한 사항은 법 제98조 제1항에 따른 공단의 정관으로 정한다.

[별표 9]

방제분담금의 부과기준 및 절차(제54조제1항 관련)

1. 대상: 경유 및 「유류오염손해배상 보장법」 제2조제5호에 따른 유류를 운송 또는 저장하는 선박 및 기름저장시설

2. 부과기준

가. 선박

구분		부과 기준	부과 금액	부과 방법
유조선	내항선	선박총톤수기준 1톤당	4.77원	매 1회 입항할 때마다
	외항선		14.32원	
유조선 외의 선박	내항선		2.48원	
	외항선		7.45원	

나. 기름저장시설: 유류 수령량 100 *l* 마다 8.66원

3. 부과절차

가. 선박의 방제분담금(이하 이 표에서 "분담금"이라 한다)은 입항할 때마다 부과하며, 배치의무자는 매월 1일부터 15일까지의 분담금은 다음 달 5일까지, 매월 16일부터 말일까지의 분담금은 다음 달 20일까지 납부하여야 한다. 다만, 해당 선박이 입항일부터 10일 이내에 다시 입항하는 경우에는 1회의 입항으로 본다.

나. 선박의 소유자가 연간 10회의 입항분에 해당하는 분담금을 미리 해양환경관리공단에 납부하는 경우에는 해당 연도의 분담금은 이를 면제한다.

다. 유조선 외의 선박이 선박수리를 목적으로 입항하거나, 해양수산부장관이 정하여 고시하는 「무역항의 항만시설 사용 및 사용료에 관한 규정」에 따라 통과하는 선박의 경우에는 제2호가목에 따라 산정된 금액의 100분의 20을 부과한다.

라. 해양환경관리공단은 기름저장시설의 분담금을 1년간 해상으로부터의 수령량에 대하여 다음 연도에 분기별로 균등하게 분할하여 매분기 1월 전까지 납부고지서를 발부하고, 배치의무자는 매분기 말일까지 분담금을 납부하여야 한다. 다만, 전년도 유류 수령실적이 없거나 해당 기름저장시설의 이용을 개시(해당 기름저장시설에 유류의 저장을 시작하는 것을 말한다. 이하 이 표에서 같다) 또는 이용을 종료하는 경우 다음의 구분에 따라 분담금을 부과한다.

1) 전년도 유류 수령실적이 없는 경우: 기름저장시설 규모의 100분의 50을 분담금 부과대상 물량으로 보아 분담금 부과

2) 기름저장시설의 이용을 개시하는 경우

가) 이용 개시 연도의 분담금: 해당 기름저장시설 규모의 100분의 50을 분담금 부과대상 물량으로 하되, 이용 개시일부터 이용 개시한 연도의 12월 31일까지의 기간을 일할(日割)계산하여 분담금 부과

나) 이용 개시 다음 연도의 분담금: 전년도 이용기간 중 유류 수령량을 기준으로 1년간 유류를

수령하였을 경우를 계산하여 수령량을 환산한 연간 유류 수령량을 분담금 부과대상 물량으로 보아 분담금 부과
3) 기름저장시설의 이용을 종료하는 경우: 전년도 유류 수령량을 분담금 부과대상 물량으로 하되, 해당 기름저장시설의 이용을 종료한 연도의 1월 1일부터 이용 종료일까지의 기간을 일할계산하여 분담금 부과

마. 「유류오염손해배상 보장법」 제2조제5호에 따른 유류에 대하여 분담금을 납부한 기름저장시설에 대해서는 경유에 대하여 별도로 분담금을 부과하지 아니한다.

바. 「한국전력공사법」 제2조에 따른 한국전력공사가 보유하고 있는 비상용 기름에 대하여는 제2호나목에 따라 산정된 금액의 100분의 25를 부과한다.

사. 라목에도 불구하고 「한국석유공사법」 제2조에 따른 한국석유공사가 「석유 및 석유대체연료 사업법」 제17조제2항에 따라 비축하고 있는 기름에 대하여는 유류의 출하량을 기준으로 하여 부과한다. 다만, 전년도 출하실적이 없는 경우에는 최근 5년간의 평균 출하량을 분담금 부과대상 물량으로 본다.

아. 분담금 납부대상 유종과 유사한 비중과 점도를 지닌 물질에 대한 적용 여부는 국민안전처 또는 한국석유품질관리원의 검사결과에 따른다.

자. 분담금의 천원 미만 단위는 절사한다.

제2관 해양환경관리업 등

1. 해양환경관리업

가. 등록

다음 각 호의 어느 하나에 해당하는 사업(이하 "해양환경관리업"이라 한다)을 영위하려는 자는 대통령령이 정하는 바에 따라 해양수산부장관 또는 국민안전처장관에게 등록하여야 한다(법 제70조 제1항).

1. 폐기물해양배출업 : 해양투기에 필요한 선박・설비 및 장비를 갖추고 폐기물을 해양에 투기하는 사업
2. 해양오염방제업 : 오염물질의 방제에 필요한 설비 및 장비를 갖추고 해양에 배출되거나 배출될 우려가 있는 오염물질을 방제하는 사업
3. 유창청소업(油艙淸掃業): 선박의 유창을 청소하거나 선박 또는 해양시설(그 해양시설이 기름 및 유해액체물질 저장시설인 경우에 한정한다)에서 발생하는 총리령 또는 해양수산부령으로 정하는 오염물질의 수거에 필요한 설비 및 장비를 갖추고 그 오염물질을 수거하는 사업
4. 폐기물해양수거업 : 해양에 부유・침적된 폐기물의 수거에 필요한 선박・장비 및 설비를 갖추고 폐기물을 수거하는 사업
5. 퇴적오염물질수거업 : 퇴적된 오염물질의 준설・수거에 필요한 선박・장비 및 설비를 갖추고 퇴적된 오염물질을 준설 또는 수거하는 사업

해양환경관리업의 등록을 하려는 자는 대통령령이 정하는 바에 따라 해당 분야의 기술능력을 보유하여야 하며, 총리령 또는 해양수산부령이 정하는 선박・장비 및 설비 등을 갖추어야 한다(법 제70조 제2항).

「해양환경관리법 시행령」

제55조(해양환경관리업의 등록)

① 법 제70조제1항제1호・제4호 및 제5호에 따른 폐기물해양배출업・폐기물해양수거업 및 퇴적오염물질수거업의 등록을 하려는 자는 등록신청서(전자문서로 된 신청서를 포함한다)에 별표 10의 서류(전자문서를 포함한다)를 첨부하여 해양수산부장관에게 제출하여야 한다. 이 경우 해양수산부장관은 「전자정부법」 제36조제1항에 따른 행정정보의 공동이용을 통하여 법인 등기사항증명서(법인인 경우로 한정한다)를 확인하여야 한다.

② 법 제70조제1항제2호 및 제3호에 따른 해양오염방제업 및 유창청소업(이하 "방제・청소업"이라 한다)을 등록하려는 자는 별표 10의 서류(전자문서를 포함한다)를 첨부하여 국민안전처장관에게 제출하여야 한다. 이 경우 방제・청소업의 등록신청절차에 관하여 제1항 후단을 준용한다.

③ 해양수산부장관 또는 국민안전처장관은 제1항 및 제2항에 따른 등록 신청이 다음 각 호의 어느 하나에 해당하는 경우를 제외하고는 등록을 해 주어야 한다.

1. 법 제71조 각 호의 어느 하나에 해당하는 경우
2. 별표 11에 따른 해양환경관리업자의 기술능력 기준에 미달하는 경우
3. 총리령 또는 해양수산부령으로 정하는 선박・장비 및 설비 등을 갖추지 못한 경우
4. 그 밖에 법 및 이 영 또는 다른 법령에 따른 제한에 위반되는 경우

④ 해양수산부장관 또는 국민안전처장관은 제1항 및 제2항에 따라 해양환경관리업을 등록한 자에게 총리령 또는 해양수산부령으로 정하는 등록증을 발급하여야 한다.

제56조(해양환경관리업의 기술능력 기준) 법 제70조 제2항에 따라 해양환경관리업을 하려는 자의 기술능력 기준은 별표 11과 같다.

[별표 11] 해양환경관리업의 기술능력 기준(제56조 관련)

구분	폐기물해양배출업	해양오염방제업・유창청소업	폐기물해양수거업	퇴적오염물질수거업
기술능력기준	「국가기술자격법」에 따른 해양환경기사, 수질환경산업기사, 폐기물처리산업기사 이상의 자격증을 소지한 자 중 1명 이상 보유	「국가기술자격법」에 따른 해양환경기사, 수질환경산업기사, 폐기물처리산업기사, 기관사 5급 이상의 자격증을 소지한 자 또는 해양오염방제업・유창청소업에서 3년 이상 근무한 경력이 있는 자 중 1명 이상 보유. 다만, 해양오염방제업과 유창청소업을 겸업하는 경우에는 중복하여 보유하지 아니할 수 있다.	「국가기술자격법」에 따른 해양환경기사, 해양공학기사, 해양조사산업기사, 잠수산업기사 이상의 자격증을 소지한 자 또는 잠수기능사의 자격을 가지고 2년 이상 해당 업무에 근무한 경력이 있는 자 중 1명 이상 보유	「국가기술자격법」에 따른 해양환경기사, 해양공학기사, 해양조사산업기사, 잠수산업기사, 토목산업기사, 측량 및 지형공간정보산업기사, 수질환경산업기사 이상의 자격증을 소지한 자 또는 잠수기능사의 자격을 가지고 2년 이상 해당 업무에 근무한 경력이 있는 자 중 1명 이상 보유

나. 변경등록

법 제70조 제1항의 규정에 따라 해양환경관리업의 등록을 한 자(이하 "해양환경관리업자"라 한다)가 등록한 사항 중 총리령 또는 해양수산부령이 정하는 중요한 사항을 변경하려는 때에는 총리령 또는 해양수산부령이 정하는 바에 따라 변경등록을 하여야 한다(법 제70조 제3항).

「해양환경관리법 시행규칙」

제36조(해양환경관리업의 등록)

① 영 제55조제1항 및 제2항에 따른 해양환경관리업(법 제70조제1항 각 호의 사업을 말한다. 이하 같다)의 등록신청서는 다음 각 호와 같다.

1. 법 제70조제1항제1호에 따른 폐기물해양배출업(이하 "폐기물해양배출업"이라 한다) 등록신청서 : 별지 제21호서식
2. 법 제70조제1항제2호에 따른 해양오염방제업(이하 "해양오염방제업"이라 한다) 등록신청서 : 별지 제22호서식
3. 법 제70조제1항제3호에 따른 유창청소업(이하 "유창청소업"이라 한다) 등록신청서 : 별지 제23호서식
4. 법 제70조제1항제4호에 따른 폐기물해양수거업(이하 "폐기물해양수거업"이라 한다) 등록신청서 : 별지 제24호서식
5. 법 제70조제1항제5호에 따른 퇴적오염물질수거업(이하 "퇴적오염물질수거업"이라 한다) 등록신청서 : 별지 제25호서식

② 법 제70조제1항제3호에서 "해양수산부령이 정하는 오염물질"이란 다음 각 호의 오염물질을 말한다.

1. 해양시설에서 발생하는 제21조제1항 각 호의 오염물질
2. 선박에서 발생하는 오염물질로서 「선박에서의 오염방지에 관한 규칙」 제28조에 따른 오염물질

③ 법 제70조제2항에 따른 해양환경관리업 등록기준은 별표 14와 같다.

④ 지방해양수산청장 또는 해양경비안전서장은 법 제70조에 따라 해양환경관리업의 등록을 한 경우에는 그 내용을 공고하여야 한다.

⑤ 영 제55조제3항에 따른 해양환경관리업 등록증은 다음 각 호와 같다.

1. 폐기물해양배출업 등록증 : 별지 제26호서식
2. 해양오염방제업 등록증 : 별지 제27호서식
3. 유창청소업 등록증 : 별지 제28호서식
4. 폐기물해양수거업 등록증 : 별지 제29호서식
5. 퇴적오염물질수거업 등록증 : 별지 제30호서식

⑥ 법 제70조에 따라 해양환경관리업의 등록을 한 자(이하 "해양환경관리업자"라 한다)는 등록증을 잃어버리거나 등록증이 헐어 못쓰게 되면 지방해양수산청장 또는 해양경비안전서장에게 재발급하여 줄 것을 신청할 수 있다.

제37조(해양환경관리업의 변경등록)

① 법 제70조제3항에서 "해양수산부령이 정하는 중요한 사항"이란 다음 각 호의 구분에 따른 사항을 말한다.

1. 폐기물해양배출업의 경우
   가. 등록자의 상호 및 주소
   나. 운반폐기물의 종류, 배출허용량, 적재지 및 지정해역
   다. 저장시설의 구조 및 저장능력

라. 폐기물운반선, 폐기물 운반선에 설치된 선박자동식별장치 또는 배출정보저장장치
마. 폐기물 운반차량의 증감
2. 폐기물해양배출업 외의 해양환경관리업의 경우
가. 등록자의 상호 및 주소
나. 기술인력 보유현황
다. 선박 및 항해구역
라. 설비의 구조 및 설비능력
② 법 제70조제3항에 따라 해양환경관리업의 변경등록을 하려는 자는 별지 제31호서식의 해양환경관리업 변경등록신청서에 관련되는 해양환경관리업 등록증과 변경내용을 증명하는 서류를 첨부하여 변경사항별로 다음 각 호의 구분에 따른 기간 안에 지방해양수산청장 또는 해양경비안전서장에게 제출하여야 한다.
1. 제1항제1호가목・라목 및 마목의 경우 : 사유가 발생한 날부터 30일까지
2. 제1항제1호나목의 경우 : 사유가 발생한 때
3. 제1항제1호다목의 경우 : 사용 개시 전
4. 제1항제2호 각 목의 경우 : 사유가 발생한 날부터 30일까지
5. 삭제

2. 폐기물해양배출업자 지원대책 등

해양수산부장관은 법 제70조 제1항 제1호에 따른 폐기물해양배출업자가 육상폐기물의 해양배출금지 등 대통령령으로 정하는 사유로 폐업할 경우에는 대체사업의 주선 또는 폐업지원금의 지급・융자알선 등 지원대책을 수립・시행할 수 있다(법 제70조의2 제1항). 법 제70조의2 제1항에 따른 지원대책에 관하여 필요한 사항은 해양수산부령으로 정한다(법 제70조의2 제2항).

행정해석

해양오염방제업의 등록요건인 유조선이 운항할 수 없는 경우 등록요건을 미달한 것으로 볼 수 있는지(「해양환경관리법 시행규칙」 제36조 제3항 등 관련) [법제처 13-0378, 2013.9.17, 해양경찰청]

1. 질의요지 : 해양오염방제업자가 해양오염방제업의 일감이 없어 소유하고 있는 유조선의 선박검사(정기검사, 중간검사, 임시검사 등)를 연기함으로써 선박검사비 등을 절약하기 위하여 「선박안전법」 제3조 제1항 제3호 및 같은 법 시행령 제2조 제1항 제1호에 따라 선박검사증서를 해양수산부장관에게 반납하여 해당 선박이 운항할 수 없는 상태인 경우, 해양오염방제업의 등록기준에 미달한 것으로 보아 행정처분을 할 수 있는지?

2. 회답 : 해양오염방제업자가 해양오염방제업의 일감이 없어 소유하고 있는 유조선의 선박검사(정기검사, 중간검사, 임시검사 등)를 연기함으로써 선박검사비 등을 절약하기 위하여 「선박안전법」 제3조 제1항 제3호 및 같은 법 시행령 제2조 제1항 제1호에 따라 선박검사증서를 해양수산부장관에게 반납하여 해당 선박이 운항할 수 없는 상태인 경우, 해양오염방제업의 등록기준에 미달한 것으로 보아 행정처분을 할 수 있다고 할 것입니다.

폐기물해양수거업으로 등록한 선박의 어장정화·정비업 중복 등록 가부 등(「해양환경관리법」 제70조 등 관련) [법제처 13-0073, 2013.4.26, 해양수산부]

1. 질의요지

가. 「해양환경관리법 시행규칙」 별표 14 제4호에 따른 해양폐기물 전용수거선, 크레인부선을 갖추고 폐기물해양수거업 등록을 한 자가 「어장관리법」에 따른 어장정화·정비업을 겸업하고자 하는 경우, 폐기물해양수거업 등록에 필요한 선박 외에 「어장관리법 시행령」 별표 1 제1호의 기준에 맞는 별도의 선박을 갖추어야 하는지?

나. 「해양환경관리법 시행령」 별표 11에 따른 기술인력을 갖추고 폐기물해양수거업 등록을 한 자가 「어장관리법」에 따른 어장정화·정비업을 겸업하고자 하는 경우, 폐기물해양수거업 등록에 필요한 기술인력 외에 「어장관리법 시행령」 별표 1 제2호의 기준에 따른 기술인력을 별도로 갖추어야 하는지?

다. 폐기물해양수거업자가 폐기물해양수거 사업을 수행하는 경우, 반드시 폐기물해양수거업 등록 시 갖추었던 자기 소유의 해양폐기물전용수거선 및 크레인부선을 사용하여야 하는지, 아니면 타 사업자가 폐기물해양수거업으로 등록한 선박을 임차하여 사용하여도 되는 것인지?

2. 회답

가. 「해양환경관리법 시행규칙」 별표 14 제4호에 따른 해양폐기물 전용수거선, 크레인부선을 갖추고 폐기물해양수거업 등록을 한 자가 「어장관리법」에 따른 어장정화·정비업을 겸업하고자 하는 경우, 폐기물해양수거업 등록에 필요한 선박이 「어장관리법 시행령」 별표 1 제1호의 기준에 맞는 경우에는 별도의 선박을 갖추지 않아도 된다고 할 것입니다.

나. 「해양환경관리법 시행령」 별표 11에 따른 기술인력을 갖추고 폐기물해양수거업 등록을 한 자가 「어장관리법」에 따른 어장정화·정비업을 겸업하고자 하는 경우, 폐기물해양수거업 등록에 필요한 기술인력 외에 「어장관리법 시행령」 별표 1 제2호의 기준에 따른 기술인력을 별도로 갖추지 않아도 된다고 할 것입니다.

다. 폐기물해양수거업자가 폐기물해양수거 사업을 수행하는 경우, 자기 소유의 해양폐기물전용수거선 및 크레인부선 외에도 타 사업자가 폐기물해양수거업으로 등록한 각 선박을 임차하여 사용할 수 있다고 할 것입니다.

폐기물해양수거업으로 등록한 선박의 어장정화·정비업 중복 등록 가부 등(「해양환경관리법」 제70조 등 관련)
[법제처 13-0073, 2013.4.26, 해양수산부]

1. 질의요지

가. 「해양환경관리법 시행규칙」 별표 14 제4호에 따른 해양폐기물 전용수거선, 크레인부선을 갖추고 폐기물해양수거업 등록을 한 자가 「어장관리법」에 따른 어장정화·정비업을 겸업하고자 하는 경우, 폐기물해양수거업 등록에 필요한 선박 외에 「어장관리법 시행령」 별표 1 제1호의 기준에 맞는 별도의 선박을 갖추어야 하는지?

나. 「해양환경관리법 시행령」 별표 11에 따른 기술인력을 갖추고 폐기물해양수거업 등록을 한 자가 「어장관리법」에 따른 어장정화·정비업을 겸업하고자 하는 경우, 폐기물해양수거업 등록에 필요한 기술인력 외에 「어장관리법 시행령」 별표 1 제2호의 기준에 따른 기술인력을 별도로 갖추어야 하는지?

다. 폐기물해양수거업자가 폐기물해양수거 사업을 수행하는 경우, 반드시 폐기물해양수거업 등록 시 갖추었던 자기 소유의 해양폐기물전용수거선 및 크레인부선을 사용하여야 하는지, 아니면 타 사업자가 폐기물해양수거업으로 등록한 선박을 임차하여 사용하여도 되는 것인지?

2. 회답

가. 「해양환경관리법 시행규칙」 별표 14 제4호에 따른 해양폐기물 전용수거선, 크레인부선을 갖추고

폐기물해양수거업 등록을 한 자가 「어장관리법」에 따른 어장정화 · 정비업을 겸업하고자 하는 경우, 폐기물해양수거업 등록에 필요한 선박이 「어장관리법 시행령」 별표 1 제1호의 기준에 맞는 경우에는 별도의 선박을 갖추지 않아도 된다고 할 것입니다.

나. 「해양환경관리법 시행령」 별표 11에 따른 기술인력을 갖추고 폐기물해양수거업 등록을 한 자가 「어장관리법」에 따른 어장정화 · 정비업을 겸업하고자 하는 경우, 폐기물해양수거업 등록에 필요한 기술인력 외에 「어장관리법 시행령」 별표 1 제2호의 기준에 따른 기술인력을 별도로 갖추지 않아도 된다고 할 것입니다.

다. 폐기물해양수거업자가 폐기물해양수거 사업을 수행하는 경우, 자기 소유의 해양폐기물전용수거선 및 크레인부선 외에도 타 사업자가 폐기물해양수거업으로 등록한 각 선박을 임차하여 사용할 수 있다고 할 것입니다.

「해양환경관리법 시행령」

제56조의2(폐기물해양배출업자에 대한 지원 사유) 법 제70조의2 제1항에서 "육상폐기물의 해양배출 금지 등 대통령령으로 정하는 사유"란 법 제23조 제1항에 따라 육상폐기물의 해양배출이 금지 또는 축소되어 폐기물해양배출업을 계속 영위하는 것이 곤란한 경우를 말한다.

「해양환경관리법 시행규칙」

제37조의2(폐기물해양배출업자에 대한 지원)

① 해양수산부장관은 법 제70조의2제1항에 따라 폐기물해양배출업자에 대한 폐업지원대책을 수립할 때에는 관계 중앙행정기관의 장과 협의하여야 한다.

② 제1항에 따라 폐기물해양배출업자에 대한 폐업지원대책에 포함되어야 할 사항은 다음 각 호와 같다.

1. 지원목적
2. 지원대상
3. 지원내용 및 지원기준
4. 그 밖에 폐업지원에 필요한 사항

③ 해양수산부장관은 폐기물해양배출업자에 대한 폐업지원대책의 추진방법 및 절차 등에 관하여 필요한 세부기준을 정하여 고시할 수 있다.

---

3. 결격사유

다음 각 호의 어느 하나에 해당하는 자는 해양환경관리업의 등록을 할 수 없다(법 제71조).

1. 피성년후견인
2. 파산선고를 받고 복권되지 아니한 자
3. 이 법을 위반하여 징역 이상의 형의 선고를 받고 그 형의 집행이 종료(집행이 종료된 것으로 보는 경우를 포함한다)되거나 집행을 받지 아니하기로 확정된 후 1년이 경과되지 아니한 자
4. 해양환경관리업의 등록이 취소된 후 1년이 경과되지 아니한 자
5. 임원 중에 제1호 내지 제4호의 어느 하나에 해당하는 자가 있는 법인

4. 해양환경관리업자의 의무

해양환경관리업자는 폐기물의 해양투기, 오염물질의 방제, 오염물질의 청소・수거, 부유・침적된 폐기물의 수거 및 퇴적된 오염물질의 준설・수거 등에 관한 처리실적서를 작성하여 해양수산부장관 또는 국민안전처장관에게 제출하여야 하며, 그 처리대장을 작성하고 해당 선박 또는 시설에 비치하여야 한다(법 제72조 제1항). 해양환경관리업자가 선박 또는 해양시설등으로부터 오염물질을 수거하는 때에는 총리령 또는 해양수산부령이 정하는 바에 따라 오염물질수거확인증을 작성하고 해당 오염물질의 위탁자에게 이를 교부하여야 한다(법 제72조 제2항). 폐기물해양배출업자는 해양투기의 대상이 되는 폐기물을 해양수산부령으로 정하는 바에 따라 보관・관리하고, 법 제23조 제1항 단서에 따라 폐기물을 해양에 배출하여야 하며, 해양수산부령으로 정하는 폐기물인계・인수서를 작성하여 이를 해양수산부장관에게 제출하여야 한다(법 제72조 제3항). 법 제72조 제1항 내지 제3항의 규정에 따른 처리실적서・처리대장, 오염물질수거확인증 및 폐기물인계・인수서의 작성방법・보존기간 등에 관하여 필요한 사항은 총리령 또는 해양수산부령으로 정한다(법 제72조 제4항).

「해양환경관리법 시행규칙」

제38조(해양환경관리업 처리실적의 제출)

① 법 제70조에 따라 폐기물해양배출업의 등록을 한 자(이하 "폐기물해양배출업자"라 한다)는 법 제72조제1항에 따라 폐기물해양배출 실적서에 폐기물수탁 및 해양배출대장 사본을 첨부하여 매월 10일까지 지방해양수산청장에게 제출하여야 하며, 폐기물을 운반하는 선박에 폐기물기록부를 갖추어두어야 한다. 이 경우 법 제76조의2제1항에 따른 전자정보처리시스템을 이용하여 해당 자료를 제출할 수 있다.

② 법 제70조에 따라 폐기물해양수거업의 등록을 한 자(이하 "폐기물해양수거업자"라 한다)와 퇴적오염물수거업의 등록을 한 자(이하 "퇴적오염물수거업자"라 한다)는 법 제72조제1항에 따라 폐기물 또는 퇴적오염물질 수거 처리실적서에 폐기물 또는 퇴적오염물질 수거처리대장 사본을 첨부하여 분기가 끝나는 달의 다음 달 15일까지 지방해양수산청장에게 제출하여야 한다.

③ 법 제70조에 따라 해양오염방제업・유창청소업을 등록한 자(이하 "방제・청소업자"라 한다)는 법 제72조제1항에 따라 오염물질 방제・청소・수거 처리실적서에 오염물질 방제・청소・수거 처리대장 사본을 첨부하여 분기가 끝나는 달의 다음 달 15일까지 해양경비안전서장에게 제출하여야 한다. 이 경우 법 제115조제7항에 따른 전산망을 이용하여 오염물질 수거 및 처리실적을 입력한 경우에는 이를 제출한 것으로 본다.

④ 제1항부터 제3항까지의 규정에 따른 처리실적서 등은 다음 각 호와 같다.

1. 폐기물해양배출 실적서 : 별지 제32호서식
2. 폐기물수탁 및 해양배출대장 : 별지 제33호서식
3. 폐기물기록부 : 별지 제34호서식
4. 폐기물 또는 퇴적오염물질 수거 처리실적서 : 별지 제35호서식
5. 폐기물 또는 퇴적오염물질 수거 처리대장 : 별지 제36호서식
6. 오염물질 방제・청소・수거 처리실적서 : 별지 제37호서식
7. 오염물질 방제・청소・수거 처리대장 : 별지 제38호서식

⑤ 제1항부터 제3항까지의 규정에 따른 처리실적서 등은 마지막으로 적은 날부터 3년 동안 보관하여야 한다. 이 경우 법 제76조의2에 따른 전자정보처리시스템 또는 제115조제7항에 따른 전산망을 이용하여 해당 내용을 입력한 경우에는 이를 보관한 것으로 본다.

제39조(오염물질수거확인증)
① 법 제72조제2항에 따른 오염물질수거확인증은 별지 제39호 서식과 같다.
② 제1항에 따른 오염물질수거확인증은 작성한 날부터 3년 동안 보관하여야 한다.

제40조(폐기물의 보관・관리) 폐기물해양배출업자는 법 제72조제3항에 따라 해양투기의 대상이 되는 폐기물을 다음 각 호의 기준에 따라 보관・관리하여야 한다. 다만, 저장시설의 붕괴, 화재, 폭발 그 밖에 이와 유사한 사고가 발생한 경우에는 그러하지 아니하다.
1. 등록된 저장시설에 보관할 것
2. 별표 6 제1호 및 제2호의 폐기물은 각각 구분하여 보관할 것
3. 폐기물은 별표 7의 해역별 배출가능폐기물의 종류에 따라 구분하여 저장할 수 있도록 하고, 누구든지 이를 식별할 수 있도록 표시할 것. 다만, 별표 6 제1호나목2), 다목, 마목 및 사목의 폐기물은 별표 7 제3호가목에 따른 동해정해역에 배출하는 폐기물의 저장시설에 보관하여서는 아니 된다.
4. 저장시설로부터 폐기물이 새어나오거나 넘쳐흐르지 아니하도록 보관할 것
5. 「악취방지법」 제7조제1항 및 제2항에 따른 배출허용기준에 따라 악취의 발생을 방지할 수 있을 것

제41조(폐기물 인계・인수서의 제출 등)
① 폐기물해양배출업자는 법 제72조제3항에 따라 폐기물을 해양에 배출한 경우에는 별지 제40호서식부터 제42호서식의 폐기물 인계・인수서를 폐기물을 배출한 날부터 10일 이내에 지방해양수산청장에게 제출하여야 한다. 이 경우 법 제76조의2에 따른 전자정보처리시스템에 입력한 경우에는 이를 제출한 것으로 본다.
② 제1항에 따른 폐기물 인계・인수서는 작성한 날부터 3년 동안 보관하여야 한다. 이 경우 법 제76조의2에 따른 전자정보처리시스템에 해당 내용을 입력한 경우에는 이를 보관한 것으로 본다.

---

5. 위탁폐기물 등의 처리명령 등

해양수산부장관 또는 국민안전처장관은 해양환경관리업자(휴・폐업한 경우를 포함한다)가 처리를 위탁받은 폐기물 등 처리대상이 되는 오염물질을 이 법에 따라 처리하지 아니하고 방치하는 경우에는 총리령 또는 해양수산부령이 정하는 바에 따라 그 적정한 처리를 명령할 수 있다(법 제73조).

「해양환경관리법 시행규칙」

제42조(위탁폐기물 등의 처리명령) 지방해양수산청장 또는 해양경비안전서장이 법 제73조에 따라 내릴 수 있는 처리명령은 다음 각 호와 같다.
1. 다른 폐기물해양배출업자에게의 재위탁
2. 「폐기물관리법」에 따른 처리
3. 「수질 및 수생태계 보전에 관한 법률」에 따른 처리
4. 그 밖에 환경 관계 법령에 따른 육상에서의 처리

---

6. 해양환경관리업의 승계 등

해양환경관리업자가 그 사업을 양도하거나 사망한 때 또는 법인의 합병이 있는 때에는 그 사업의 양수인·상속인 또는 합병 후 존속하는 법인이나 합병에 의하여 설립되는 법인이 그 권리·의무를 승계한다(법 제74조 제1항). 「민사집행법」에 따른 경매, 「채무자 회생 및 파산에 관한 법률」에 따른 환가(換價) 및 「국세징수법」·「관세법」 또는 「지방세기본법」에 따른 압류재산의 매각 그 밖에 이에 준하는 절차에 따라 환경관리업자의 시설·설비의 전부를 인수한 자는 그 권리·의무를 승계한다(법 제74조 제2항). 법 제74조 제1항 및 제2항의 규정에 따라 해양환경관리업자의 권리·의무를 승계한 자는 1개월 이내에 총리령 또는 해양수산부령이 정하는 바에 따라 해양수산부장관 또는 국민안전처장관에게 신고하여야 한다(법 제74조 제3항). 법 제71조의 규정은 법 제74조 제1항 및 제2항의 규정에 따른 승계에 있어 이를 준용한다(법 제74조 제4항).

「해양환경관리법 시행규칙」

제43조(해양환경관리업의 권리·의무 승계신고) 법 제74조제1항 및 제2항에 따라 해양환경관리업자의 권리·의무를 승계한 자는 같은 조 제3항에 따라 별지 제43호서식의 해양환경관리업 권리·의무 승계신고서를 지방해양수산청장 또는 해양경비안전서장에게 제출하여야 한다.

---

7. 등록의 취소 등

해양수산부장관 또는 국민안전처장관은 해양환경관리업자가 다음 각 호의 어느 하나에 해당하는 때에는 그 등록을 취소하거나 6개월 이내의 기간을 정하여 영업정지(운반선 또는 저장시설만의 사용정지를 포함한다)를 명령할 수 있다. 다만, 제1호부터 제4호까지의 어느 하나에 해당하는 경우에는 등록을 취소하여야 한다(법 제75조 제1항).

1. 법 제71조 각 호의 어느 하나에 해당하는 때. 다만, 법인의 임원 중 법 제71조 제1호 내지 제4호의 어느 하나에 해당하는 자가 있는 경우로서 6개월 이내에 그 임원을 바꾸어 임명한 때에는 그러하지 아니하다.
2. 거짓 그 밖의 부정한 방법으로 등록을 하거나 변경등록을 한 경우
3. 1년에 2회 이상 영업정지처분을 받은 경우
4. 영업정지기간 중에 영업을 한 경우
5. 정당한 사유 없이 등록한 사항을 이행하지 아니한 경우
6. 법 제72조의 규정에 따른 의무를 위반한 경우

7. 법 제73조의 규정에 따른 명령에 따르지 아니하거나 거부한 경우
8. 등록 후 1년 이내에 영업을 하지 아니하거나 계속하여 1년 이상 영업실적이 없는 경우

법 제75조 제1항의 규정에 따른 행정처분의 세부기준은 그 위반행위의 유형과 정도 등을 참작하여 총리령 또는 해양수산부령으로 정한다(법 제75조 제2항).

「해양환경관리법 시행규칙」

제44조(해양환경관리업자에 대한 행정처분의 기준) 법 제75조에 따른 해양환경관리업자의 등록취소 및 영업정지 처분의 기준은 별표 15와 같다.

[별표 15]
해양환경관리업자에 대한 행정처분의 기준(제44조 관련)

1. 일반기준

가. 위반행위가 둘 이상인 경우로서 그에 해당하는 각각의 처분기준이 다른 경우에는 그 중 무거운 처분기준에 따른다. 다만, 둘 이상의 처분기준이 모두 영업정지인 경우에는 각 처분기준을 합산한 기간을 넘지 아니하는 범위에서 무거운 처분기준의 2분의 1 범위에서 가중할 수 있고, 둘 이상의 처분기준 중 경고(또는 시정명령)가 포함되어 있는 경우에는 경고를 함께 부과할 수 있다.
나. 행정처분을 하기 위한 절차가 진행되는 기간 중에 반복하여 같은 사항을 위반한 경우에는 그 위반 횟수마다 행정처분기준의 2분의 1씩을 더하여 처분한다.
다. 위반행위의 횟수에 따른 행정처분기준은 최근 1년 동안 같은 위반행위로 인하여 행정처분을 받은 경우에 적용한다. 이 경우 기준 적용일은 같은 위반사항에 대한 행정처분일과 그 처분후의 위반행위에 대한 재적발일을 기준으로 한다.
라. 처분권자는 위반행위의 동기·내용·횟수 및 위반의 정도 등을 고려하여 그 처분을 감경할 수 있다. 이 경우 그 처분이 영업정지인 경우에는 그 처분기준의 2분의 1의 범위에서 감경할 수 있고, 등록취소인 경우에는 6개월 이상의 영업정지처분으로 감경할 수 있다.
마. 폐기물운반선을 2척 이상 보유한 폐기물해양배출업자에 대하여 폐기물운반선에 대한 사용정지처분을 하는 경우에 그 위반 횟수는 선박별로 합산한다.

2. 개별기준

가. 폐기물해양배출업자에 대한 행정처분

위반사항	근거법령	행정처분기준			
		1차	2차	3차	4차
1) 폐기물운반선 또는 저장시설 사용정지 처분기간 중에 운반선 또는 저장시설을 사용한 경우	법 제75조	영업정지 10일	등록취소		
2) 법 제70조에 따른 폐기물해양배출업의 등록사항을 이행하지 아니한 경우 가) 기술 인력이 등록요건에 미달하게 된 경우	법 제75조	경고	경고	영업정지 10일	등록취소

나) 저장시설이 등록요건에 미달하게 된 경우		경고	경고	영업정지 15일	등록취소
다) 폐기물운반선이 없게 된 경우		등록취소			
라) 폐기물운반선 또는 저장시설의 구조·규모 및 설비기준을 위반한 경우		경고	운반선 또는 저장시설 사용정지 1개월	운반선 또는 저장시설 사용정지 3개월	운반선 또는 저장시설 사용정지 6개월
마) 해양배출이 허용되지 아니하는 폐기물을 배출한 경우		영업정지 3개월	등록취소		
바) 지정받은 배출해역외의 해역에 배출한 경우		운반선 사용정지 1개월	운반선 사용정지 3개월	운반선 사용정지 6개월	
사) 폐기물의 처리방법 또는 처리기준을 위반한 경우		경고	경고	영업정지 15일	영업정지 1개월
3) 법 제72조의 의무를 위반한 경우	법 제75조				
가) 폐기물해양배출실적을 허위로 작성하여 제출한 경우		경고	영업정지 10일	등록취소	
나) 폐기물 보관·관리방법을 위반한 경우		경고	저장시설 사용정지 10일	저장시설 사용정지 20일	
4) 법 제73조에 따른 명령을 이행하지 아니한 경우	법 제75조	경고	경고	영업정지 10일	영업정지 10일
5) 등록 후 1년 이내에 영업을 개시하지 아니하거나 계속하여 1년 이상 영업실적이 없는 경우	법 제75조	등록취소			

나. 해양오염방제업·유창청소업자에 대한 행정처분

위반사항	근거법령	행정처분기준			
		1차	2차	3차	4차
1) 법 제71조 각 호의 어느 하나에 해당하는 경우	법 제75조 제1항제1호	등록취소			
2) 거짓 그 밖의 부정한 방법으로 등록하거나 변경등록을 한 경우	법 제75조 제1항제2호	등록취소			
3) 1년에 2회 이상 영업정지처분을 받은 경우	법 제75조 제1항제3호	등록취소			
4) 영업정지기간 중 영업을 한 경우	법 제75조 제1항제4호	등록취소			
5) 정당한 사유 없이 등록사항을 이행하지 아니하고 수거한 오염물질을 처리한 경우	법 제75조 제1항제5호				
가) 고의로 오염물질을 해양에 배출한 경우		등록취소			
나) 과실로 오염물질이 해양에 배출되게 한 경우		경고	경고	등록취소	

다) 오염물질의 처리방법을 위반하여 처리한 경우		경고	영업정지 10일	영업정지 1개월	
6) 법 제70조제2항에 따른 등록기준에 미달한 경우	법 제75조 제1항제5호				
가) 기술인력이 등록요건에 미달하게 된 경우		경고	경고	영업정지 10일	영업정지 20일
나) 선박이 등록요건에 미달하게 된 경우		경고	영업정지 1개월	영업정지 3개월	영업정지 6개월
다) 장비 등이 등록요건에 미달하게 된 경우		경고	영업정지 10일	영업정지 1개월	영업정지 3개월
라) 장비 등이 등록요건에 맞도록 유지되지 아니한 경우		경고	경고	경고	영업정지 6개월
7) 법 제72조에 따른 의무를 위반한 경우	법 제75조 제1항제6호	경고	영업정지 10일	영업정지 1개월	등록취소
8) 법 제73조에 따른 처리명령을 이행하지 아니한 경우	법 제75조 제1항제7호	경고	경고	영업정지 10일	영업정지 20일
9) 등록 후 1년 이내에 영업을 하지 아니하거나 계속하여 1년 이상 영업실적이 없는 경우	법 제75조 제1항제8호	등록취소			

다. 폐기물해양수거업자에 대한 행정처분

위반사항	근거법령	행정처분기준			
		1차	2차	3차	4차
1) 법 제71조 각 호의 어느 하나에 해당하는 경우	법 제75조 제1항제1호	등록취소			
2) 거짓 그 밖의 부정한 방법으로 등록을 하거나 변경등록을 한 경우	법 제75조 제1항제2호	등록취소			
3) 1년에 2회 이상 영업정지처분을 받은 경우	법 제75조 제1항제3호	등록취소			
4) 영업정지기간 중에 영업을 한 경우	법 제75조 제1항제4호	등록취소			
5) 정당한 사유없이 등록한 사항을 이행하지 아니한 경우	법 제75조 제1항제5호				
가) 기술인력이 등록기준에 미달하게 된 경우		경고	영업정지 6개월	등록취소	
나) 선박 및 장비가 등록기준에 미달하게 된 경우		영업정지 6개월	등록취소		
다) 폐기물해양수거업무 수행 시 폐기물해양수거업으로 등록하지 아니한 수거선박 또는 크레인부선을 사용하는 경우			등록취소		
6) 제72조에 따른 의무에 위반한 경우	법 제75조 제1항제6호	경고	영업정지 6개월	등록취소	

7) 제73조에 따른 명령에 따르지 아니하거나 거부한 경우	법 제75조 제1항제7호	경고	영업정지 6개월	등록취소	
8) 등록 후 1년 이내에 영업을 하지 아니하거나 계속하여 1년 이상 영업실적이 없는 경우	법 제75조 제1항제8호	경고	영업정지 6개월	등록취소	

라. 퇴적오염물질수거업자에 대한 행정처분

위반사항	근거법령	행정처분기준			
		1차	2차	3차	4차
1) 법 제71조 각 호의 어느 하나에 해당하는 경우	법 제75조 제1항제1호	등록취소			
2) 거짓 그 밖의 부정한 방법으로 등록을 하거나 변경등록을 한 경우	법 제75조 제1항제2호	등록취소			
3) 1년에 2회 이상 영업정지처분을 받은 경우	법 제75조 제1항제3호	등록취소			
4) 영업정지기간 중에 영업을 한 경우	법 제75조 제1항제4호	등록취소			
5) 정당한 사유 없이 등록한 사항을 이행하지 아니한 경우	법 제75조 제1항제5호				
가) 기술인력이 등록기준에 미달하게 된 경우		경고	영업정지 6개월	등록취소	
나) 선박 및 장비가 등록기준에 미달하게 된 경우		영업정지 6개월	등록취소		
다) 퇴적오염물질수거업무 수행 시 퇴적오염물질수거업으로 등록하지 아니한 퇴적오염물질수거선박 또는 크레인부선을 사용하는 경우					
6) 제72조에 따른 의무에 위반한 경우	법 제75조 제1항제6호	경고	영업정지 6개월	등록취소	
7) 제73조에 따른 명령에 따르지 아니하거나 거부한 경우	법 제75조 제1항제7호	경고	영업정지 6개월	등록취소	
8) 등록 후 1년 이내에 영업을 하지 아니하거나 계속하여 1년 이상 영업실적이 없는 경우	법 제75조 제1항제8호	경고	영업정지 6개월	등록취소	

8. 폐기물위탁자의 의무 등

폐기물해양배출업자에게 폐기물을 위탁・처리하려는 자는 해양수산부령이 정하는 바에 따라 해양수산부장관에게 신고하여야 한다. 이 경우 신고한 사항 중 해양수산부령이 정하는 중요한 사항을 변경하고자 하는 때에도 또한 같다(법 제76조 제1항). 법 제76조 제1항의 규정에 따라 폐기물 위탁·처리의 신고를 한 자(이하 "폐기물위탁자"라 한다)는 해양수산부령이 정하는 바에 따라 위탁·처리하려는 폐기물의 성분·농도·무게·부피를 측정하고, 해양수산부령이 정하는 처리기준 및 방법에 따라 이를 위탁·처리하여야 한다(법 제76조 제2항). 폐기물위탁자는 법 제76조 제2항의 규정에 따른 폐기물의 성분·농도·무게·부피의 측정에 관한 업무를 대통령령이 정하는 바에 따라 폐기물의 측정능력이 있는 자에게 대행하게 할 수 있다(법 제76조 제3항).

「해양환경관리법 시행령」

제57조(폐기물의 측정대행 등) 법 제76조 제3항에 따라 폐기물을 위탁·처리하려는 자는 폐기물의 성분·농도의 측정은 제35조 제1항에 따라 지정된 전문검사기관에게, 폐기물의 무게·부피의 측정은 「계량에 관한 법률」 제6조 제1항 제3호에 따라 등록한 계량증명업자 또는 법 제70조 제1항 제1호에 따라 등록한 폐기물해양배출업자에게 각각 대행하게 할 수 있다.

「해양환경관리법 시행규칙」

제45조(폐기물위탁자의 신고 등)

① 폐기물해양배출업자에게 폐기물을 위탁·처리하려는 자는 법 제76조제1항 전단에 따라 별지 제44호서식의 폐기물 위탁·처리 (변경)신고서(전자문서로 된 신고서를 포함한다. 이하 이 조에서 같다)에 다음 각 호의 서류를 첨부하여 지방해양수산청장에게 제출하여야 한다. 이 경우 지방해양수산청장은 「전자정부법」 제36조제1항에 따른 행정정보의 공동이용을 통하여 「수질 및 수생태계 보전에 관한 법률」 제33조에 따른 폐수배출시설 설치신고증명서 또는 허가증 사본(폐수배출시설 설치신고 또는 허가를 받은 경우만 해당한다)을 확인하여야 하며, 신청인이 확인에 동의하지 아니하는 경우에는 이를 첨부하도록 하여야 한다.

1. 위탁·처리하려는 폐기물의 발생공정 및 월평균처리량을 알 수 있는 자료
2. 저장시설의 설치명세서 및 구조에 관한 설명서(저장시설을 설치한 경우로 한정한다)
3. 삭제
4. 영 제35조에 따른 전문검사기관이 발급한 검사성적서
5. 별지 제44호의2서식의 폐기물 육상처리 가능 여부 검토서

② 지방해양수산청장은 제1항에 따른 신고를 받은 경우에는 위탁·처리하려는 폐기물이 별표 8의 처리기준에 적합한지를 확인하여 적합하다고 판단되면 신고한 자에게 별지 제45호서식의 폐기물 위탁·처리 신고증명서를 발급하여야 한다.

③ 지방해양수산청장은 제2항에 따라 폐기물 위탁·처리신고증명서를 발급받은 자가 별표 8의 처리기준을 준수하는지 여부를 정기적으로 점검하여야 한다.

④ 법 제76조제1항 후단에서 "해양수산부령이 정하는 중요한 사항"이란 다음 각 호의 사항을 말한다.

1. 신고인의 상호 및 주소
2. 위탁폐기물의 종류 및 형태
3. 위탁폐기물의 발생공정
4. 위탁폐기물의 처리기간
5. 폐기물해양배출업체
6. 위탁한 폐기물의 양(최근 6개월 동안의 월 평균 위탁량이 신고한 양의 100분의 150을 초과하는 경우로 한정한다)

⑤ 법 제76조제1항에 따라 폐기물 위탁·처리의 신고를 한 자는 제4항제1호·제3호 및 제6호의 사항이 변경된 경우에는 그 사유가 발생한 날부터 30일 이내에, 제4항제2호·제4호 및 제5호의 사항이

변경된 경우에는 변경하기 전에 각각 별지 제44호서식의 폐기물 위탁·처리(변경)신고서에 다음 각 호의 서류를 첨부하여 지방해양수산청장에게 제출하여야 한다. 이 경우 지방해양수산청장은 법 제76조의2에 따른 전자정보처리시스템 또는 법 제115조제7항에 따른 전산망을 통하여 제1항제4호의 검사성적서(제4항제2호의 사항을 변경하는 경우로 한정한다)를 확인하여야 하며, 신청인이 확인에 동의하지 아니하는 경우에는 이를 첨부하도록 하여야 한다.

1. 폐기물위탁처리 신고증명서
2. 변경내용을 증명하는 서류
3. 삭제

⑥ 지방해양수산청장은 폐기물의 육상처리를 촉진하기 위하여 제1항제5호의 검토서를 공개할 수 있다. 이 경우 당사자 및 이해관계자의 동의를 얻어야 한다.

---

9. 폐기물 인계·인수 내용 등의 전산 처리

해양수산부장관은 폐기물의 해양배출에 관한 정보를 체계적이고 효율적으로 관리하기 위하여 전자정보처리시스템을 구축·운영할 수 있다(법 제76조의2 제1항). 해양환경관리업자 중 폐기물해양배출업자가 법 제72조 제1항에 따른 처리실적서 및 같은 조 제3항에 따른 폐기물인계·인수서를 해양수산부령으로 정하는 바에 따라 법 제76조의2 제1항의 전자정보처리시스템을 이용하여 제출한 경우에는 해당 자료 제출 및 보관 의무를 이행한 것으로 본다(법 제76조의2 제2항).

제3관 해양오염영향조사

1. 해양오염영향조사

선박 또는 해양시설에서 대통령령이 정하는 규모 이상의 오염물질이 해양에 배출되는 경우에는 그 선박 또는 해양시설의 소유자는 해양오염영향조사기관을 통하여 해양오염영향조사를 실시하여야 한다(법 제77조 제1항). 법 제77조 제1항의 규정에 따른 해양오염영향조사기관은 대통령령이 정하는 기준에 따라 해양수산부장관이 지정하여 고시한다(법 제77조 제2항). 해양수산부장관은 법 제77조 제1항의 규정에 따라 해양오염영향조사를 하여야 하는 자가 대통령령이 정하는 기간 이내에 이를 행하지 아니하거나 대통령령이 정하는 바에 따라 긴급히 조사를 할 필요가 있다고 인정되는 경우에는 별도의 조사기관을 선정하여 실시하게 하여야 한다(법 제77조 제3항). 해양수산부장관은 법 제77조 제3항의 규정에 따라 별도의 해양오염영향조사를 실시하게 하려는 경우에는 해양수산부령이 정하는 바에 따라 「해양수산발전기본법」 제7조에 따른 해양수산발전위원회의 심의를 거쳐야 한다(법 제77조 제4항).

「해양환경관리법 시행령」

제58조(해양오염영향조사)
① 법 제77조 제1항에서 "대통령령이 정하는 규모"란 별표 12에 따른 규모를 말한다.
② 법 제77조 제2항에 따른 해양오염영향조사기관(이하 "조사기관"이라 한다)의 지정기준은 별표 13과 같다.
③ 법 제77조 제3항에서 "대통령령이 정하는 기간"이란 사고가 발생한 날부터 3개월을 말하고, "대통령령이 정하는 바에 따라 긴급히 조사를 할 필요가 있다고 인정되는 경우"란 다음 각 호의 어느 하나에 해당하는 경우를 말한다.
1. 해양수산부령으로 정하는 규모 이상의 오염물질이 대량으로 배출된 경우
2. 오염물질의 확산으로 양식시설 등의 대량 피해가 예상되는 경우

[별표 12]
해양오염영향조사를 실시하여야 하는 경우(제58조 제1항 관련)

종류		배출량
폐기물	1. 수은 및 그 화합물, 폴리염화비페닐, 카드뮴 및 그 화합물, 6가크롬화합물, 유기할로겐화합물	100 kg 이상
	2. 시안화합물, 유기인화합물, 납 및 그 화합물, 비소 및 그 화합물, 구리 및 그 화합물, 크롬 및 그 화합물, 아연 및 그 화합물, 불화물, 페놀류, 트리클로로에틸렌, 테트라클로로에틸렌	10,000 kg 이상
	3. 유기실리콘 화합물, 폐합성수지, 폐합성고분자 화합물, 폐산, 폐알칼리	20,000 kg 이상
	4. 동식물성고형물, 분뇨, 오니류	20,000 kg 이상
	5. 그 밖의 폐기물	30,000 kg 이상
기름 중 지속성유(원유·연료유·중유·윤활유)와 폐유		유분총량이 100 kl 이상
유해액체물질	1. 알라클로르, 알칸, 그 밖에 해양수산부령으로 정하는 X류 물질	10,000 L 이상
	2. 아세톤 시아노히드린, 아크릴산, 그 밖에 해양수산부령으로 정하는 Y류 물질	25,000 L 이상
	3. 아세트산, 아세트산 무수물, 그 밖에 해양수산부령으로 정하는 Z류 물질	25,000 L 이상
	4. 평가는 되었으나 유해액체물질목록에 등록되지 아니한 잠정평가물질	100,000 L 이상

[별표 13]
해양오염영향조사기관의 지정기준(제58조 제2항 관련)

1. 인력

자격 능력	대체 가능 인력	
	대체 경력	전공연구분야
가. 해양기술사 또는 수질관리기술사 중 1명 이상 보유	• 전공연구분야의 박사학위 취득 후 그 분야에서 4년 이상 근무한 경력이 있는 자 • 해양환경기사, 수질환경기사 자격 취득 후 그 분야에서 8년 이상 근무한 경력이 있는 자	해양학 환경학 환경공학

나. 다음에 해당하는 자연환경분야의 기술사 1명 이상 보유 1) 해양직무분야 중 해양·수산양식 2) 환경직무분야 중 수질관리 3) 국토개발직무분야 중 지질 및 기반	• 전공연구분야의 박사학위 취득 후 그 분야에서 4년 이상 근무한 경력이 있는 자 • 해양환경기사, 수질환경기사 자격 취득 후 그 분야에서 8년 이상 근무한 경력이 있는 자	해양학 수산학 환경학 환경공학
다. 다음에 해당하는 생활환경분야의 기사 2명 이상 보유 1) 해양직무분야 중 해양환경·수산양식 2) 환경직무분야 중 수질환경	• 전공연구분야의 석사학위 소지자	해양학 수산학 환경학
라. 다음에 해당하는 사회·경제환경분야의 기사 2명 이상 보유 1) 정보처리직무분야 중 정보처리 2) 안전관리직무분야 중 산업위생관리	• 전공연구분야의 석사학위 소지자	경제학 수산학 지리학

2. 장비

명칭	수량
가. 기름 및 다환방향족 탄화수소류 분석장비 1) Gas Chromatograph-FID 2) Gas Chromatograph-MSD 또는 Gas Chromatograph-MS 3) 고성능액체크로마토그래피(HPLC: High performance liquid chromatography) 4) 형광분광분석기(Spectrofluormeter)	각 1대 이상
나. 환경독성 및 해양생태 영향평가 분석장비 1) 광학현미경(배율 1000배 이상) 2) 현광현미경 3) 해부현미경 4) Scintillation Counter 5) 분광분석기(Spectrotomometer) 또는 Plate Reader	각 1대 이상

비고

장비를 갖춘 해양오염영향조사기관 또는 측정대행자와 해당 장비를 임차하기로 계약을 체결한 경우에는 장비를 갖춘 것으로 본다.

「해양환경관리법 시행규칙」

제46조(해양오염영향조사)

① 영 제58조제3항제1호에서 "해양수산부령으로 정하는 규모"란 영 별표 12에 따른 배출량의 2배에 해당하는 양을 말한다.

② 해양수산부장관은 법 제77조제3항에 따라 별도의 해양오염영향조사를 실시하게 하려는 경우에는 같은 조 제4항에 따라 「해양수산발전 기본법」 제7조에 따른 해양수산발전위원회의 심의를 거쳐야 한다.

시행령 [별표 12]

해양오염영향조사를 실시하여야 하는 경우(제58조제1항 관련)

종류		배출량
폐기물	1. 수은 및 그 화합물, 폴리염화비페닐, 카드뮴 및 그 화합물, 6가크롬화합물, 유기할로겐화합물	100 kg 이상
	2. 시안화합물, 유기인화합물, 납 및 그 화합물, 비소 및 그 화합물, 구리 및 그 화합물, 크롬 및 그 화합물, 아연 및 그 화합물, 불화물, 페놀류, 트리클로로에틸렌, 테트라클로로에틸렌	10,000 kg 이상
	3. 유기실리콘 화합물, 폐합성수지, 폐합성고분자 화합물, 폐산, 폐알칼리	20,000 kg 이상
	4. 동식물성고형물, 분뇨, 오니류	20,000 kg 이상
	5. 그 밖의 폐기물	30,000 kg 이상
기름 중 지속성유(원유 · 연료유 · 중유 · 윤활유)와 폐유		유분총량이 100 kl 이상
유해액체물질	1. 알라클로르, 알칸, 그 밖에 해양수산부령으로 정하는 X류 물질	10,000 L 이상
	2. 아세톤 시아노히드린, 아크릴산, 그 밖에 해양수산부령으로 정하는 Y류 물질	25,000 L 이상
	3. 아세트산, 아세트산 무수물, 그 밖에 해양수산부령으로 정하는 Z류 물질	25,000 L 이상
	4. 평가는 되었으나 유해액체물질목록에 등록되지 아니한 잠정평가물질	100,000 L 이상

2. 해양오염영향조사의 분야 및 항목

해양오염영향조사는 오염물질에 의하여 해로운 영향을 받게 되는 자연환경, 생활환경 및 사회 · 경제환경 분야 등에 대하여 실시하여야 하며, 분야별 세부항목은 대통령령으로 정한다(법 제78조).

「해양환경관리법 시행령」

제59조(해양오염영향조사의 분야별 세부항목) 법 제78조에 따른 해양오염영향조사의 분야별 세부항목은 별표 14와 같다.

[별표 14]
해양오염영향조사의 분야별 세부항목(제59조 관련)

분야	조사항목	비고
자연환경	1. 기상 2. 해류 · 조류 3. 해저지질 4. 해양환경(수질 · 생물 · 퇴적물) 5. 해양생태계	

생활환경	1. 연안 및 해역이용 2. 수산물의 안정성 3. 공공시설의 오염피해	
사회·경제환경	1. 인구 2. 주거 3. 산업 4. 어업현장	

3. 주민의 의견수렴

해양오염영향조사기관은 해양오염영향에 대한 조사서(이하 "해양오염영향조사서"라 한다)를 작성함에 있어 미리 설명회 또는 공청회를 개최하여 해당 조사 대상지역 안에 거주하는 주민의 의견을 수렴한 후 이를 해양오염영향조사서의 내용에 포함시켜야 한다(법 제79조 제1항). 해양오염영향조사기관은 법 제79조 제1항의 규정에 따라 주민의 의견을 수렴하려는 때에는 해양오염영향조사서의 초안을 작성하여 주민이 미리 확인할 수 있게 하여야 한다(법 제79조 제2항).

4. 조사의 비용

법 제77조 제1항 및 제3항의 규정에 따른 해양오염영향조사에 소요되는 비용은 대통령령이 정하는 바에 따라 해양오염사고를 일으킨 선박 또는 해양시설의 소유자가 부담한다. 다만, 천재지변 그 밖의 대통령령이 정하는 사유에 해당하는 경우에는 그러하지 아니하다(법 제80조 제1항). 법 제77조 제3항의 규정에 따른 해양오염영향조사에 소요되는 비용의 징수에 관하여는 국세체납처분의 예에 따른다(법 제80조 제2항).

「해양환경관리법 시행령」

제60조(해양오염영향조사의 비용)

① 해양수산부장관은 법 제80조에 따라 해역이나 오염발생량 등을 고려하여 조사에 필요한 표준비용을 정하여 고시할 수 있다.

② 법 제80조 제1항 단서에서 "그 밖의 대통령령이 정하는 사유에 해당하는 경우"란 다음 각 호의 어느 하나에 해당하는 경우를 말한다.

1. 법 제22조 제3항 제1호 또는 제3호에 해당하는 경우
2. 선박소유자나 해양시설의 설치자가 파산한 경우

---

5. 조사기관의 결격사유

다음 각 호의 어느 하나에 해당하는 자는 해양오염영향조사기관으로 지정될 수 없다(법 제81조).

1. 피성년후견인
2. 파산선고를 받고 복권되지 아니한 자
3. 해양오염영향조사기관의 지정이 취소된 후 2년이 경과되지 아니한 자
4. 이 법 또는 「수질 및 수생태계 보전에 관한 법률」·「대기환경보전법」을 위반하여 금고 이상의 형의 선고를 받고 그 형의 집행이 종료(집행이 종료된 것으로 보는 경우를 포함한다)되거나 집행을 받지 아니하기로 확정된 후 2년이 경과되지 아니한 자
5. 대표이사가 제1호 내지 제4호의 어느 하나에 해당하는 법인

6. 조사기관의 지정취소 등

해양수산부장관은 해양오염영향조사기관이 다음 각 호의 어느 하나에 해당하는 때에는 그 지정을 취소하거나 1년 이내의 기간을 정하여 업무정지를 명령할 수 있다. 다만, 제1호 내지 제4호에 해당하는 때에는 그 지정을 취소하여야 한다(법 제82조 제1항).

1. 거짓 그 밖의 부정한 방법으로 지정을 받은 때
2. 법 제77조 제2항의 규정에 따른 지정기준에 미달하게 된 때
3. 법 제81조 각 호의 어느 하나에 해당하는 때. 다만, 법인의 대표이사가 법 제81조 제1호 내지 제4호의 어느 하나에 해당하는 경우로서 6개월 이내에 그 대표이사를 개임한 때에는 그러하지 아니하다.
4. 1년에 2회 이상 업무정지처분을 받은 때
5. 다른 사람에게 지정기관의 권한을 대여하거나 도급받은 해양오염영향조사를 일괄하여 하도급한 때
6. 고의 또는 중대한 과실로 해양오염영향조사를 부실하게 행한 때

법 제82조 제1항의 규정에 따른 행정처분의 세부기준은 그 위반행위의 유형과 정도 등을 참작하여 해양수산부령으로 정한다(법 제82조 제2항).

「해양환경관리법 시행규칙」

제47조(해양오염영향조사기관에 대한 행정처분의 기준) 법 제82조에 따른 해양오염영향조사기관의

지정취소 및 업무정지 처분의기준은 별표 16과 같다.

[별표 16]
해양오염영향조사기관의 지정취소 및 업무정지 처분의 기준(제47조 관련)

위반사항	근거법령	행정처분기준			
		1차	2차	3차	4차
1. 거짓 그 밖의 부정한 방법으로 지정을 받은 경우	법 제82조 제1항제1호	지정취소			
2. 법 제77조제2항에 따른 지정요건에 미달하게 된 경우	법 제82조 제1항제2호				
가. 인력이 부족한 경우		경고	업무정지 1개월	업무정지 3개월	지정취소
나. 장비가 부족한 경우		경고	업무정지 1개월	업무정지 3개월	지정취소
다.인력 및 장비가 전혀 없는 경우		지정취소			
라. 장비 중 일부가 부족하거나 고장난 상태로 7일 이상 방치한 경우		경고	업무정지 1개월	업무정지 3개월	지정취소
3.법 제81조 각 호의 어느 하나에 해당하는 경우	법 제82조 제1항제3호	경고	업무정지 1개월	업무정지 3개월	지정취소
4. 1년에 2회 이상 업무정지처분을 받은 경우	법 제82조 제1항제4호	지정취소			지정취소
5. 다른 사람에게 지정기관의 권한을 대여하거나 도급 받은 해양오염영향조사를 일괄하여 하도급한 경우	법 제82조 제1항제5호	경고	업무정지 1개월	업무정지 3개월	
6. 고의 또는 중대한 과실로 해양오염영향조사를 부실하게 행한 경우	법 제82조 제1항제6호	경고	업무정지 1개월	업무정지 3개월	지정취

7. 지정취소 또는 업무정지된 해양오염영향조사기관의 업무계속

법 제82조의 규정에 따라 지정취소 또는 업무정지의 처분을 받은 해양오염영향조사기관은 그 처분 전에 체결한 해양오염영향조사에 한하여 그 조사를 계속할 수 있다(법 제83조 제1항). 법 제83조 제1항의 규정에 따라 영향조사를 계속하는 해양오염영향조사기관은 그 업무를 완료하는 때까지 이 법에 따른 해양오염영향조사기관으로 본다(법 제83조 제2항).

8. 침몰선박 관리

해양수산부장관은 「해양사고의 조사 및 심판에 관한 법률」 제2조 제1호의 해양사고로 해양에서 침몰된 선박(이하 이 조에서 "침몰선박"이라 한다)으로 인하여 발생할 수 있는 추가적인 해양오염사고를 예방하기 위하여 다음 각 호의 조치를 하여야 한다(법 제83조의2 제1

항).

1. 침몰선박에 대한 정보의 체계적인 관리
2. 침몰선박의 해양오염사고 유발 가능성에 대한 위해도(危害度) 평가
3. 침몰선박에 대한 위해도 저감대책의 실행

해양수산부장관은 필요한 경우 국민안전처 소속 공무원이 업무 수행 중 알게 된 침몰선박에 관한 정보를 해양수산부령으로 정하는 바에 따라 국민안전처장관에게 요청할 수 있다(법 제83조의2 제2항). 법 제83조의2 제1항 제3호에 따른 조치에 드는 비용은 대통령령으로 정하는 바에 따라 침몰선박의 소유자가 부담한다. 다만, 그 소유자를 알 수 없는 경우에는 대통령령으로 정하는 바에 따라 해당 침몰선박을 처분하여 비용에 충당할 수 있다(법 제83조의2 제3항). 법 제83조의2 제1항 제2호의 위해도 평가방법, 같은 항 제3호에 따른 위해도 저감대책의 구체적 방법 및 절차, 제3항에 따른 비용의 산정 방법 및 납부 절차 등에 필요한 사항은 해양수산부령으로 정한다(법 제83조의2 제4항).

「해양환경관리법 시행령」

제60조의2(침몰선박에 대한 위해도 저감대책의 실행 비용 등)
① 법 제83조의2제3항 본문에 따라 침몰선박(「해양사고의 조사 및 심판에 관한 법률」 제2조제1호의 해양사고로 해양에서 침몰된 선박을 말한다. 이하 이 조에서 같다)의 소유자가 부담하는 비용의 범위는 다음 각 호와 같다.
1. 침몰선박 선체의 전부 또는 일부를 인양·수거하는 데에 드는 비용
2. 침몰선박의 연료유를 수거·회수하는 데에 드는 비용
3. 침몰선박에 적재된 화물(침몰선박에 적재되었다가 이탈된 화물을 포함한다)의 전부 또는 일부를 인양·수거하는 데에 드는 비용
② 해양수산부장관은 법 제83조의2제3항 단서에 따라 침몰선박의 소유자를 알 수 없는 경우에는 침몰선박을 공매하여 법 제83조의2제1항제3호에 따른 조치에 드는 비용에 충당할 수 있다. 다만, 해당 침몰선박의 가액이 공매에 드는 비용에 미치지 못할 것으로 예상되는 경우에는 그러하지 아니하다.
③ 해양수산부장관은 제2항 본문에 따라 침몰선박을 공매하려는 경우에는 다음 각 호의 사항을 해양수산부의 게시판 및 인터넷 홈페이지에 14일 이상 공고하여야 한다.
1. 공매의 대상이 되는 침몰선박의 명칭 및 주요 제원(諸元)
2. 공매의 일시 및 장소
3. 입찰보증금을 받는 경우에는 그 금액
④ 해양수산부장관은 제2항 본문에 따라 공매를 하여 취득한 금액에서 법 제83조의2제1항제3호에 따른 조치에 든 비용과 공매에 든 비용을 제외하고 남은 금액이 있으면 「공탁법」에 따라 공탁하여야 한다.

「해양환경관리법 시행규칙」

제47조의2(위해도 평가 등)
① 법 제83조의2제1항제2호에 따른 침몰선박(「해양사고의 조사 및 심판에 관한 법률」 제2조제1호의

해양사고로 해양에서 침몰된 선박을 말한다. 이하 이 조, 제47조의3부터 제47조의5까지의 규정에서 같다)의 해양오염사고 유발 가능성에 대한 위해도(危害度) 평가(이하 "위해도 평가"라 한다)의 평가항목 및 평가항목별 평가점수는 별표 16의2와 같다.

② 해양수산부장관은 위해도 평가를 위하여 필요하다고 인정하는 경우에는 해양환경관리공단으로 하여금 침몰선박, 잔존 기름 및 적재화물, 침몰해역, 해양오염 발생가능성 등에 대한 자료를 수집·분석하게 하거나 그 밖에 위해도 평가에 필요한 업무를 수행하게 할 수 있다.

③ 해양수산부장관은 위해도 평가 결과에 따라 침몰선박을 다음 각 호의 구분에 따라 지정하고, 침몰선박에 대한 정보를 관리하여야 한다.

1. 집중관리 대상선박: 위해도 평가 점수의 합계가 60점 이상
2. 일반관리 대상선박: 위해도 평가 점수의 합계가 40점 이상 60점 미만
3. 관리대상 제외선박: 위해도 평가 점수의 합계가 40점 미만

[별표 16의2]

위해도 평가의 평가항목 및 평가항목별 평가지수(제47조의3제1항 관련)

평가항목	세부항목	항목별 평가지수		비고
		배분율	평가점수	
선박 종류	유조선, 위험물운반선	5%	5	유조선에는 유조부선을 포함하고, 위험물 운반선에는 가스운반선, 케미칼탱커, 방사성 물질 운반선을 포함한다.
	일반화물선		4	
	예인선 등 작업선, 어선		3	
	부선 등 기타		2	
	미상		1	
선박 규모	10,000톤 이상	5%	5	총톤수를 기준으로 한다.
	5,000톤 이상 10,000톤 미만		4.5	
	3,000톤 이상 5,000톤 미만		4	
	1,000톤 이상 3,000톤 미만		3	
	500톤 이상 1,000톤 미만		2	
	500톤 미만		1	
잔존 기름 (연료유 포함), 유해 액체물질, 폭발성 가스	1,000 kl 이상	35%	35	규모에 따른 해양오염사고 분류 기준을 참조한다. - 대형: 1,000kl 이상 - 중형: 100kl 이상 - 소형: 100kl 미만
	100 kl 이상		28	
	50 kl 이상		21	
	10 kl 이상		10.5	
	10 kl 미만		3.5	
	0 kl		0	
	방사성물질		35	
여유 수심	15 m 미만	25%	25	IHO의 안전한계 수심 산정기준을 참조한다.
	20 m 미만		20	
	25 m 미만		12.5	
	30 m 미만		5	
	30 m 이상		0	

해역환경 민감도	주요어장 및 양식장		10%	10	해역 정보를 참조한다.
	해상국립공원 및 청정해역			8	
	해수욕장 등 관광지역			6	
	환경보전해역			4	
	국가 특수시설지역			2	
	기타			1	
유출 가능성	사고 전 선령	20년 이상	10%	4	항해 중인 상태에서 부식량을 고려한다.
		10년 이상		3	
		5년 이상		2	
		5년 미만		1	
	사고 후 경과기간	25년 이상		6	사고 후 비관리상태에서 부식량을 고려한다.
		20년 이상		5	
		15년 이상		4	
		10년 이상		3	
		5년 이상		2	
		5년 미만		1	
해상 교통환경	항만 입출항 항로		10%	10	해상 교통정보 및 각 지방해양수산청 관할 해역정보를 참조한다.
	항계안 또는 항계부근			8	
	묘박지			6	
	일반항로			4	
	기타			2	

제47조의3(위해도 저감대책의 실행)

① 해양수산부장관은 위해도 평가 결과에 따라 법 제83조의2제1항제3호의 침몰선박에 대한 위해도 저감대책(이하 "위해도 저감대책"이라 한다) 실행 여부를 결정하여야 한다.

② 해양수산부장관은 제1항에 따라 위해도 저감대책을 실행하기로 결정한 경우 침몰선박의 위치, 침몰한 해역의 수심, 수온, 조류, 저질(底質) 상태, 계절, 화물의 종류 등을 고려하여 법 제77조에 따른 해양오염영향조사의 실시, 침몰선박의 인양, 침몰선박의 연료유 수거・회수, 침몰선박에 적재된 화물의 전부 또는 일부의 수거・회수 등 위해도 저감대책의 구체적인 내용을 결정하여야 한다.

③ 해양수산부장관은 침몰선박 중 제47조의2제3항제1호의 집중관리 대상선박에 대하여 해양환경관리공단으로 하여금 해당 침몰선박의 침몰 위치 및 선체의 상태 파악, 잔존 기름 또는 화물 등의 유출이나 이탈 가능성, 그 밖에 해양오염사고 유발 가능성에 대한 정밀조사 계획을 수립하고 필요한 조치를 시행하게 할 수 있다.

④ 해양수산부장관은 침몰선박 중 제47조의2제3항제2호의 일반관리 대상선박에 대하여 해양환경관리공단으로 하여금 해양오염사고 유발 가능성에 대한 자료를 수집・분석하고, 해당 침몰선박의 적재화물 및 주변해역의 특성 등을 고려하여 해당 침몰선박이 해양오염과 해양안전에 미치는 영향 등에 관한 정보를 관리하도록 할 수 있다.

제47조의4(위해도 저감대책 실행 비용의 산정 및 부과)

① 해양수산부장관은 침몰선박의 위치, 침몰한 해역의 수심, 수온, 조류, 저질 상태, 계절, 화물의 종류 등을 고려하여 위해도 저감대책의 실행에 드는 비용의 산정기준을 정하여 고시할 수 있다.

② 해양수산부장관은 위해도 저감대책을 실행하는 경우 법 제83조의2제3항 본문에 따라 침몰선박의 소유자가 부담하여야 할 비용을 확정하고, 침몰선박의 소유자에게 그 비용을 납부하도록 고지하여

야 한다. 이 경우 납부기한은 고지한 날부터 30일 이내로 한다.

③ 해양수산부장관은 침몰선박의 소유자가 제3항에 따른 납부기한까지 납부고지 한 비용을 내지 아니하면 납부기한이 지난 날부터 7일 이내에 독촉장을 발부하여야 한다. 이 경우 납부기한은 독촉장을 발부한 날부터 20일 이내로 한다.

제47조의5(침몰선박에 관한 정보 관리) 국민안전처장관은 법 제83조의2제2항에 따라 해양수산부장관이 침몰선박에 관한 정보를 요청하는 경우 별지 제45호의2서식의 침몰선박 정보 현황을 작성하여 해양수산부장관에게 제출하여야 한다.

제4관 해양환경관리공단

1. 공단의 설립

해양환경의 보전·관리·개선을 위한 사업, 해양오염방제사업, 해양환경·해양오염 관련 기술개발 및 교육훈련을 위한 사업 등을 행하게 하기 위하여 해양환경관리공단(이하 "공단"이라 한다)을 설립한다(법 제96조 제1항). 공단은 법인으로 한다(법 제96조 제2항). 공단은 정관이 정하는 바에 따라 지사·사업소·연구기관·교육기관 등을 둘 수 있다(법 제96조 제3항).

2. 사업

가 사업

공단은 다음 각 호의 사업을 수행한다(법 제97조 제1항).

1. 해양환경의 보전·관리에 관한 사업
2. 해양환경개선을 위한 다음 각 목의 사업
   가. 오염물질의 수거·처리를 위한 사업
   나. 오염물질 저장시설의 설치·운영 및 수탁관리
   다. 오염물질의 배출방지를 위한 선박의 인양·예인
   라. 해양환경 관련 시험·조사·연구·설계·개발 및 공사감리
3. 해양오염방제에 필요한 다음 각 목의 사업
   가. 해양오염방제업무 및 방제선등의 배치·설치(위탁·대행받은 경우를 포함한다)
   나. 해양오염방제에 필요한 자재·약제의 비치 및 보관시설의 설치 등(위탁·대행받은 경우를 포함한다)
   다. 그 밖에 해양오염방제와 관련한 것으로서 대통령령으로 정하는 사업

4. 제1호 내지 제3호의 사업에 부대되는 사업 중 정관으로 정하는 사업
5. 해양환경 관련 국제협력 및 기술용역사업
6. 해양환경에 대한 교육·훈련 및 홍보
7. 제1호 내지 제6호와 관련하여 국가 또는 지방자치단체로부터 위탁받은 사업
8. 그 밖에 공단의 설립목적을 달성하기 위하여 필요한 사업으로서 대통령령이 정하는 사업

「해양환경관리법 시행령」

제72조(공단의 사업)
① 법 제97조 제1항 제3호 다목에서 "대통령령으로 정하는 사업"이란 다음 각 호의 사업을 말한다.
1. 법 제31조 제1항에 따른 선박해양오염비상계획서 및 법 제35조 제1항에 따른 해양시설오염비상계획서의 작성 대행
2. 해양오염방제 관련 국제협력
3. 해양오염방제 관련 연구·개발 및 기술용역사업
4. 해양오염방제에 대한 교육·훈련 및 홍보
5. 침몰선박(침몰우려 선박 및 침수선박을 포함한다)의 관리
② 법 제97조 제1항 제8호에서 "대통령령이 정하는 사업"이란 다음 각 호의 사업을 말한다.
1. 법 제76조 제2항에 따른 폐기물의 성분·농도·무게·부피의 측정에 관한 업무
2. 법 제77조 제1항에 따른 해양오염영향조사
3. 법 제86조 제1항에 따른 해역이용영향평가서 작성의 대행
4. 법 제110조 제5항에 따른 해양환경측정기기 또는 자재·약제에 대한 성능시험
5. 폐기물의 처리를 위한 선박의 운영
6. 해양환경 관련 사업의 재원확보를 위한 보유자산 임대사업
7. 방치선박의 관리
8. 다른 법령에 따라 공단이 수행할 수 있는 사업
9. 공단의 설립목적을 위하여 필요하다고 해양수산부장관이 승인하는 사업
③ 법 제97조 제2항에 따른 "대통령령이 정하는 시설"이란 다음 각 호의 시설을 말한다.
1. 법 제9조 제1항에 따른 해양환경측정시설
2. 법 제18조 제1항에 따른 오염물질 유입방지시설, 오염물질 수거 및 처리시설
3. 법 제38조에 따른 오염물질저장시설
4. 법 제111조 제3항에 따른 선박처리장
5. 해양에 배출 또는 유입되는 폐기물 처리 관련 부대시설
6. 공단의 설립목적에 필요한 시설로서 해양수산부장관이 설치를 승인하는 시설

나. 시설의 설치 및 양도

공단은 법 제97조 제1항의 규정에 따른 사업을 수행함에 있어 해양환경의 보전·관리를 위하여 필요한 경우에는 대통령령이 정하는 시설을 설치하거나 설치된 시설을 타인에게 양도할 수 있다(법 제97조 제2항).

3. 정관

공단의 정관에는 다음 사항을 기재하여야 한다(법 제98조 제1항).

1. 목적
2. 명칭
3. 주된 사무소・지사・사업소 또는 연구기관에 관한 사항
4. 임원의 자격 및 직원에 관한 사항
5. 이사회에 관한 사항
6. 업무 및 그 집행에 관한 사항
7. 재산 및 회계에 관한 사항
8. 정관의 변경 및 공고의 방법에 관한 사항
9. 내부규약・규정의 제정 및 개정에 관한 사항

공단의 정관은 해양수산부장관의 인가를 받아야 한다. 공단의 정관을 변경하고자 하는 때에도 또한 같다(법 제98조 제2항).

4. 임원

공단의 임원은 이사장 1인을 포함한 5인 이상 9인 이내의 이사 및 감사 1인으로 한다. 이 경우 이사의 정수는 정관으로 정한다(법 제99조 제1항). 법 제99조 제1항의 규정에 따른 이사 중 4인은 상임으로, 나머지는 비상임으로 한다(법 제99조 제2항). 해양수산부장관은 이사장 및 감사를 임명한다. 이 경우 해양수산부장관은 이사장 또는 감사가 그 직무를 담당하기 곤란하다고 인정되는 때에는 그 임기 중이라도 각각 해임할 수 있다(법 제99조 제3항). 이사장은 해양수산부장관의 승인을 얻어 이사를 임명한다. 이 경우 이사장은 이사가 그 직무를 담당하기 곤란하다고 인정되는 때에는 그 임기 중이라도 해임할 수 있다(법 제99조 제4항). 임원의 임기는 3년으로 하되, 연임할 수 있다(법 제99조 제5항).

5. 임원의 직무

이사장은 공단을 대표하고 그 업무를 총괄한다(법 제100조 제1항). 이사는 이사장을 보좌하고 정관이 정하는 바에 따라 공단의 업무를 분장하며, 이사장이 불가피한 사유로 인하여 직무를 수행할 수 없는 때에는 정관이 정하는 순위에 따라 그 직무를 대행한다(법 제100조 제2항). 감사는 공단의 업무 및 회계를 감사한다(법 제100조 제3항).

6. 임원의 결격사유

다음 각 호의 어느 하나에 해당하는 자는 임원이 될 수 없다(법 제101조 제1항).

1. 대한민국 국민이 아닌 자
2. 피성년후견인 및 피한정후견인
3. 파산선고를 받고 복권되지 아니한 자
4. 금고 이상의 형의 선고를 받고 그 집행이 종료(집행이 종료된 것으로 보는 경우를 포함한다)되거나 집행을 받지 아니하기로 확정된 후 2년이 경과되지 아니한 자
5. 금고 이상의 형의 선고유예를 받은 경우에 그 선고유예기간 중에 있는 자
6. 법원의 판결 또는 다른 법률에 따라 자격이 상실 또는 정지된 자

임원이 법 제101조 제1항 각 호의 규정에 해당하게 되거나 임명 당시 그에 해당하는 자이었음이 판명된 때에는 당연 퇴직한다(법 제101조 제2항). 법 제101조 제2항의 규정에 따라 퇴직한 임원이 퇴직 전에 행한 행위는 그 효력을 잃지 아니한다(법 제101조 제3항).

7. 이사회

공단의 업무에 관한 중요 사항을 의결하기 위하여 공단에 이사회를 둔다(법 제102조 제1항). 이사회는 이사장과 이사로 구성하고, 이사장은 이사회를 소집하고 그 의장이 된다(법 제102조 제2항). 이사회는 재적구성원 과반수의 출석과 출석구성원 과반수의 찬성으로 의결한다(법 제102조 제3항). 감사는 이사회에 출석하여 의견을 진술할 수 있다(법 제102조 제4항). 이사회의 운영에 관하여 필요한 사항은 대통령령으로 정한다(법 제102조 제5항).

「해양환경관리법 시행령」

제73조(이사회 운영 등)
① 법 제102조 제5항에 따라 다음 각 호의 사항은 이사회의 의결을 거쳐야 한다.
1. 공단의 사업계획 및 예산·결산에 관한 사항
2. 정관 변경에 관한 사항
3. 법 제104조에 따른 출자·출연 및 차입에 관한 사항
4. 법 제106조에 따른 채권의 발행에 관한 사항
5. 정관에서 정한 규정의 제정·개정 및 폐지에 관한 사항
6. 중요재산의 취득·관리 및 그 처분에 관한 사항
7. 공단의 해산 및 청산에 관한 사항
8. 소송 및 화해에 관한 사항
② 그 밖에 이사회의 운영에 필요한 사항은 정관으로 정한다.

---

8. 재원

공단의 운영 및 사업에 소요되는 자금은 다음 각 호의 재원으로 조성한다(법 제103조).

1. 법 제69조의 규정에 따른 방제분담금
2. 법 제97조의 규정에 따른 사업에서 발생하는 수익금
3. 법 제104조 제3항의 규정에 따른 외부로부터의 차입금
4. 법 제106조의 규정에 따른 채권의 발행으로 조성되는 자금
5. 법 제122조 제2항의 규정에 따른 수수료
6. 자산운용수익금
7. 정부로부터의 지원금
8. 관계 법령에 따른 기부금
9. 그 밖에 정관으로 정하는 수입금

9. 출자 등

공단은 공단의 사업을 효율적으로 수행하기 위하여 필요한 경우에는 이사회의 의결을 거쳐 법 제97조의 규정에 따른 사업과 관련된 분야에 출자하거나 출연할 수 있다(법 제104조 제1항). 법 제104조 제1항의 규정에 따른 출자 또는 출연에 필요한 사항은 대통령령으로 정한다(법 제104조 제2항). 공단은 법 제97조의 규정에 따른 사업의 수행을 위여 필요하다고 인정되는 경우에는 자금을 차입(국제기구·외국정부 또는 외국인으로부터의 차입을 포함한다)할 수 있다. 이 경우 해양수산부장관의 승인을 얻어야 한다(법 제104조 제3항).

「해양환경관리법 시행령」

제74조(출자) 공단은 법 제104조 제1항에 따라 출자 또는 출연하려면 다음 각 호의 사항이 포함된 계획서를 해양수산부장관에게 제출하여야 한다.
1. 출자 또는 출연의 필요성
2. 출자 또는 출연할 재산의 종류 및 가액
3. 출자 또는 출연대상 사업개요
4. 그 밖에 출자 또는 출연에 필요한 사항

제75조(차입) 법 제104조 제3항에 따라 공단이 자금차입의 승인을 받으려는 경우에는 자금차입승인 신청서에 다음 각 호의 사항을 적어 해양수산부장관에게 제출하여야 한다.
1. 차입사유 및 차입금액
2. 차입처
3. 차입의 조건
4. 차입금의 상환방법 및 상환기간
5. 자금차입을 결정한 이사회의 회의록 사본

---

10. 국 · 공유재산의 무상대부

국가 또는 자방자치단체는 공단의 사업을 위하여 필요하다고 인정되는 경우에는 「국유재산법」·「물품관리법」·「지방재정법」 및 「공유재산 및 물품관리법」에 불구하고 공단에 국 · 공유재산을 무상으로 대부하거나 사용 · 수익하게 할 수 있다(법 제105조).

11. 채권의 발행

공단은 이사회의 의결을 거쳐 채권을 발행할 수 있다. 이 경우 해양수산부장관의 승인을 얻어야 한다(법 제106조 제1항). 해양수산부장관은 법 제106조 제1항의 규정에 따른 채권발행을 승인하는 경우에는 미리 기획재정부장관과 협의하여야 한다(법 제106조 제2항). 국가는 공단이 발행하는 채권의 원리금의 상환을 보증할 수 있다(법 제106조 제3항). 채권의 소멸시효는 상환일부터 기산하여 원금은 5년, 이자는 2년으로 완성한다(법 제106조 제4항). 그 밖에 채권발행에 관하여 필요한 사항은 대통령령으로 정한다(법 제106조 제5항).

「해양환경관리법 시행령」

제76조(채권의 형식) 법 제106조 제1항에 따라 공단이 발행하는 채권은 무기명식으로 한다. 다만, 응모자 또는 소지인의 청구가 있으면 기명식으로 할 수 있다.

제77조(채권의 발행방법)
① 공단이 발행하는 채권은 모집 · 총액인수 또는 매출의 방법으로 이를 발행한다.
② 제1항에 따라 매출의 방법으로 채권을 발행하는 경우에는 매출기간과 제78조 제2항 제1호부터 제6호까지의 사항을 미리 공고하여야 한다.

제78조(채권의 응모 등)
① 채권의 모집에 응하려는 자는 채권청약서 2통에 그 인수하려는 채권의 수, 인수가액 및 청약자의 주소를 적고 이에 기명날인하여야 한다. 다만, 채권의 최저가액을 정하여 발행하는 경우에는 응모가액을 적어야 한다.
② 채권청약서에는 다음 각 호의 사항이 포함되어야 한다.
1. 공단의 명칭
2. 채권의 발행총액
3. 채권의 권종별 액면금액
4. 채권의 이율
5. 채권상환의 방법 및 기간과 이자지급의 방법
6. 채권발행의 가액 또는 그 최저가액
7. 상환되지 아니한 채권이 있는 경우에는 그 총액
8. 채권모집의 위탁을 받은 회사가 있는 경우에는 그 상호 및 주소

제79조(총액인수의 방법) 제78조는 계약에 의하여 채권의 총액을 인수하는 경우에는 적용하지 아니한다. 채권모집의 위탁을 받은 회사가 채권의 일부를 인수하는 경우 그 인수분에 대하여도 또한 같다.

第80조(채권발행총액) 공단은 채권을 발행하는 경우 실제로 응모된 총액이 채권청약서에 적힌 채권발행총액에 미달되는 경우에도 채권청약서에 채권을 발행한다는 뜻을 표시할 수 있다. 이 경우 그 응모총액을 채권의 발행총액으로 한다.

第81조(채권인수가액의 납입 등)
① 공단은 채권의 응모가 완료되면 지체 없이 응모자가 인수한 채권금액의 전액을 납부하게 하여야 한다.
② 채권모집의 위탁을 받은 회사는 자기명의로 공단을 위하여 제1항에 따른 행위를 할 수 있다.
③ 모집의 방법으로 채권을 발행하는 경우에는 그 발행총액에 해당하는 납부금 전액이 납부된 후가 아니면 발행하지 못한다.

第82조(채권의 기재사항) 채권에는 다음 각 호의 사항이 포함되고 공단 이사장이 기명날인하여야 한다.
1. 공단의 명칭
2. 제78조 제2항 제2호부터 제5호까지의 사항(매출의 방법으로 채권을 발행하는 경우에는 제78조 제2항 제2호는 제외한다)
3. 채권의 번호
4. 채권의 발행 연월일

第83조(채권원부)
① 공단은 주된 사무소에 채권원부를 갖추어 두고 다음 각 호의 사항을 적어야 한다.
1. 채권의 권종별 수와 번호
2. 채권의 발행 연월일
3. 제78조 제2항 제2호부터 제5호까지 및 제8호의 사항
② 채권이 기명식인 경우에는 제1항 각 호의 사항 외에 다음 각 호의 사항을 적어야 한다.
1. 채권소유자의 성명 및 주소
2. 채권의 취득 연월일
③ 채권의 소유자 또는 소지인은 공단의 근무시간 중에는 언제든지 채권원부의 열람을 요구할 수 있다.

第84조(이권흠결의 경우)
① 이권(利權) 있는 무기명식의 채권을 상환하는 경우 이권이 흠결된 때에는 그 이권에 해당하는 금액을 상환액으로부터 공제한다.
② 제1항에 따른 이권소지인은 그 이권과 상환으로 공제된 금액의 지급을 청구할 수 있다.

第85조(채권소지인 등에 대한 통지 등)
① 공단은 채권을 발행하기 전의 그 응모자 또는 권리자에 대한 통지 또는 최고를 채권청약서에 적힌 주소로 하여야 한다. 이 경우 공단이 따로 주소를 통지받은 경우에는 그 주소로 하여야 한다.
② 공단은 무기명식 채권의 소지인에 대한 통지 또는 최고를 공고의 방법으로 한다. 다만, 그 주소를 알 수 있는 경우에는 그러하지 아니할 수 있다.
③ 공단은 기명식 채권의 소유자에 대한 통지 또는 최고를 채권원부에 적힌 주소로 하여야 한다. 이 경우 공단이 따로 주소를 통지받은 경우에는 그 주소로 하여야 한다.

---

12. 예산 및 결산 등

공단의 회계연도는 정부의 회계연도에 따른다(법 제107조 제1항). 공단은 대통령령이 정하

는 바에 따라 매 회계연도의 사업운영계획과 예산에 관하여 해양수산부장관의 승인을 얻어야 한다. 승인을 얻은 사항을 변경하고자 하는 때에도 또한 같다(법 제107조 제2항). 공단은 매 회계연도 경과 후 3개월 이내에 결산서를 작성하여 해양수산부장관에게 제출하여 승인을 얻어야 한다(법 제107조 제3항).

「해양환경관리법 시행령」

제86조(사업운영계획 및 예산)
① 공단은 법 제107조 제2항에 따라 매년 11월 30일까지 다음 회계연도의 사업운영계획과 예산안을 작성하여 해양수산부장관에게 제출하고 그 승인을 받아야 한다.
② 제1항에 따른 예산안에는 예산총칙 · 추정대차대조표 및 추정손익계산서를 포함하여야 하며, 그 내용을 명확히 하는 데에 필요한 부속서류를 첨부하여야 한다.
③ 공단은 해양수산부장관의 승인을 받은 사업운영계획과 예산을 변경하려면 변경내용과 그 사유를 적은 서류를 해양수산부장관에게 제출하여야 한다.

제87조(결산서의 제출) 공단이 법 제107조 제3항에 따라 해양수산부장관에게 제출하는 매 회계연도의 결산서에는 다음 각 호의 서류를 첨부하여야 한다.
1. 해당 연도의 대차대조표 및 손익계산서
2. 해당 연도의 사업계획 및 그 집행실적의 대비표
3. 회계법인의 감사보고서
4. 그 밖에 결산의 내용을 명확히 하는 데에 필요한 서류

---

13. 업무의 지도 · 감독

해양수산부장관은 공단의 업무를 지도 · 감독하며, 필요하다고 인정되는 때에는 공단에 대하여 그 사업에 관한 지시 또는 명령을 할 수 있다. 다만, 법 제97조 제1항 제3호에 따른 사업 중 긴급방제조치에 필요한 업무에 대하여는 총리령 또는 해양수산부령으로 정하는 바에 따라 국민안전처장관이 지도 · 감독할 수 있다(법 제108조 제1항). 해양수산부장관은 필요하다고 인정하는 때에는 공단에 대하여 그 업무 · 회계 및 재산에 관한 사항을 보고하게 하거나 소속 공무원으로 하여금 공단의 장부 · 서류 그 밖의 물건을 검사하게 할 수 있다(법 제108조 제2항).

「해양환경관리법 시행규칙」

제60조의2(지도 · 감독) 법 제108조제1항 단서에 따라 국민안전처장관은 「재난 및 안전관리 기본법」 제36조의 재난사태에 해당하는 해양오염사고 발생 시 방제조치에 필요한 대비 · 대응 업무로서 다음 각 호의 사항에 해당하는 업무에 대하여 해양환경관리공단을 지도 · 감독한다.
1. 긴급방제 시 대응계획
2. 긴급방제 시 인력 배치

3. 긴급방제 대비 교육 · 훈련
4. 긴급방제 시 자재 · 약제의 조달체계
5. 긴급방제 시 방제선 및 방제장비의 배치 방법
6. 긴급방제조치에 관한 사항

14. 민법의 준용

공단에 관하여 이 법에 규정된 사항을 제외하고는 「민법」 중 재단법인에 관한 규정을 준용한다(법 제109조).

제7절 | 해역이용협의

제1관 해역이용협의

1. 해역이용협의 의무

다음 각 호의 어느 하나에 해당하는 면허 · 허가 또는 지정 등(이하 "면허등"이라 한다)을 하고자 하는 행정기관의 장(이하 "처분기관"이라 한다)은 면허등을 하기 전에 대통령령이 정하는 바에 따라 미리 해양수산부장관과 해역이용의 적정성 및 해양환경에 미치는 영향에 관하여 협의(이하 "해역이용협의"라 한다)를 하여야 한다. 이 경우 법 제85조 제1항의 규정에 따른 해역이용영향평가대상사업은 해역이용협의를 행한 것으로 본다(법 제84조 제1항).

1. 「공유수면 관리 및 매립에 관한 법률」 제8조에 따른 공유수면의 점용 · 사용허가(제5호 및 제6호에 따른 바다골재채취의 허가 및 바다골재채취단지의 지정에 따른 공유수면의 점용 · 사용허가는 제외한다) 및 같은 법 제28조에 따른 공유수면의 매립면허
2. 삭제
3. 「수산업법」 제8조의 규정에 따른 어업의 면허. 다만, 대통령령이 정하는 해역에서의 어업의 면허에 한정하여 적용한다.
4. 「골재채취법」 제21조의2의 규정에 따른 바다골재채취예정지의 지정

5. 「골재채취법」 제22조의 규정에 따른 바다골재채취의 허가
6. 「골재채취법」 제34조의 규정에 따른 바다골재채취단지의 지정

「해양환경관리법 시행령」

제61조(해역이용협의)
① 법 제84조 제1항에 따른 해역이용협의 대상사업은 해양환경에 미치는 영향이 큰 사업으로서 신중한 검토 및 협의가 필요한 사업(이하 "일반해역이용협의사업"이라 한다)과 해양환경에 미치는 영향이 경미한 소규모 사업(이하 "간이해역이용협의사업"이라 한다)으로 구분한다.
② 제1항에 따른 일반해역이용협의와 간이해역이용협의를 실시하여야 하는 대상사업의 범위는 별표 15와 같다.

[별표 15]
일반 및 간이해역이용협의 대상사업의 범위(제61조제2항 관련)

1. 일반해역이용협의 대상사업

구분	대상사업
공유수면의 점용・사용	가. 「항만법」 제2조제5호 및 「신항만건설촉진법」 제2조제2호가목에 따른 항만시설 중 다음에 해당하는 시설을 설치하는 사업 1) 계류시설・외곽시설・임항교통시설로서 길이 150 m 이상 또는 면적 3천㎡ 이상을 점용・사용하는 경우 2) 기능시설로서 공유수면 3천㎡ 이상을 점용・사용하는 경우 3) 항만 및 신항만에서의 준설사업 중 준설면적이 5만㎡ 이상 또는 준설량이 10만㎥ 이상인 경우. 다만, 항로 등의 유지준설 또는 오염물질 제거를 위하여 필요한 경우는 제외한다. 4) 그 밖의 항만시설로서 공유수면 5만㎡ 이상을 점용・사용하는 경우 나. 「어촌・어항법」 제2조제5호 또는 제6호에 따른 어항시설 또는 어항개발사업 중 다음에 해당하는 시설을 설치하는 사업 1) 외곽시설로서 길이 150m 이상 또는 면적 3천㎡ 이상을 점용・사용하는 경우 2) 기능시설로서 공유수면 3천㎡ 이상을 점용・사용하는 경우 3) 어항에서의 준설사업 중 준설면적이 5만㎡ 이상 또는 준설량이 10만㎥ 이상인 경우. 다만, 어항 등의 유지준설 또는 오염물질 제거를 위하여 필요한 경우는 제외한다. 4) 그 밖의 어항시설로서 공유수면 5만㎡ 이상을 점용・사용하는 경우 다. 「공유수면 관리 및 매립에 관한 법률」 제8조제1항제1호에 따라 공유수면에 부두・방파제・교량・수문・건축물, 그 밖의 공작물을 신축・개축・증축 또는 변경하거나 제거하는 행위로서 길이 150미터 이상 또는 면적 3천제곱미터 이상을 점용・사용하는 경우 라. 「공유수면 관리 및 매립에 관한 법률」 제8조제1항제2호에 따라 공유수면에 접속한 토지를 수면 이하로 굴착하는 행위로서 굴착면적이 2만㎡ 이상 또는 굴착량이 5만㎥ 이상인 경우

	마. 「공유수면 관리 및 매립에 관한 법률」 제8조제1항제3호에 따라 공유수면의 바닥을 준설하거나 굴착하는 행위로서 그 면적이 5만㎡ 이상 10만㎡ 미만 또는 그 양이 10만㎥ 이상 20만㎥ 미만인 경우(「수산업법」 제8조제1항에 따른 마을어업 또는 협동양식어업의 면허를 받은 어장의 유지를 위한 경우에는 그 면적이 10만㎡ 이상 또는 그 양이 20만㎥ 이상인 경우). 다만, 항로 등의 유지준설 또는 오염물질 제거를 위하여 필요한 경우에는 제외한다. 바. 「공유수면 관리 및 매립에 관한 법률」 제8조제1항제4호에 따라 포락지·간석지의 토지조성사업 사. 「공유수면 관리 및 매립에 관한 법률」 제8조제1항제5호에 따라 바닷물 또는 오수를 끌어들이거나 내보내는 행위로서 관의 지름이 400㎜ 이상인 경우. 다만, 「수산업법」 제41조제3항제2호 및 제3호에 따른 육상해수양식어업 및 종묘생산어업에 해당하는 경우는 제외한다. 아. 「공유수면 관리 및 매립에 관한 법률」 제8조제1항제6호에 따라 공유수면에서 흙이나 모래 또는 돌을 채취하는 행위로서 영해에서 채취량이 20만㎥ 미만 또는 배타적 경제수역에서 채취량이 40만㎡ 미만인 경우 자. 「공유수면 관리 및 매립에 관한 법률」 제8조제1항제7호에 따라 공유수면에서 식물을 재배하거나 베어내는 행위로서 그 면적이 5만㎡ 이상인 경우 차. 「공유수면 관리 및 매립에 관한 법률」 제8조제1항제8호에 따라 흙 또는 돌을 버리는 등 공유수면의 수심(水深)에 영향을 미치는 행위로서 영해에서 투기량이 20만㎥ 미만 또는 배타적 경제수역에서 투기량이 40만㎥ 미만인 경우(「해양환경관리법」 제23조제1항 단서에 따른 폐기물배출해역에 버리는 경우는 제외한다) 카. 「광업법」에 따라 광물을 채취하는 경우로서 영해에서 채취면적이 10만㎡ 미만이거나 또는 채취량이 20만㎥ 미만인 경우 또는 배타적 경제수역에서 채취면적이 20만㎡ 미만이거나 또는 채취량이 40만㎥ 미만인 경우
바다 골재의 채취	가. 「골재채취법」 제22조에 따라 바다골재를 채취하는 경우로서 영해 안에서 채취량이 20만㎥ 미만인 경우 또는 배타적경제수역(EEZ)에서 채취량이 40만㎥ 미만인 경우. 다만, 나목의 대상사업에 해당되어 해역이용협의를 받은 경우는 제외한다. 나. 「골재채취법」 제21조의2에 따른 바다골재채취예정지의 지정
공유수면의 매립	가. 「공유수면 관리 및 매립에 관한 법률」 제28조에 따른 공유수면의 매립. 다만 「공유수면 관리 및 매립에 관한 법률」 제2조에서 규정한 바다·바닷가에서의 매립으로 한정한다. 나. 다음 각 호의 처분행위가 「공유수면 관리 및 매립에 관한 법률」 제28조의 공유수면 매립면허를 받은 것으로 보는 경우. 다만, 「공유수면 관리 및 매립에 관한 법률」 제2조에서 규정한 바다·바닷가에서의 매립으로 한정한다. 1) 「산업입지 및 개발에 관한 법률」 제17조부터 제19조까지의 규정에 따른 실시계획의 승인 2) 「유통단지개발촉진법」 제11조제1항에 따른 유통단지개발실시계획의 승인 3) 「지역균형개발 및 지방중소기업 육성에 관한 법률」 제17조에 따른 실시계획의 승인 4) 「소하천정비법」 제8조제1항에 따른 소하천정비시행계획의 수립 또는 같은 법 제10조에 따른 소하천공사의 허가 5) 「항만법」 제9조제3항에 따른 항만공사의 시행에 관한 사항 또는 허가에 관한 사항의 고시 6) 「신항만건설촉진법」 제8조에 따른 실시계획의 승인 7) 「어촌·어항법」 제7조제5항에 따라 어촌종합개발사업계획의 수립·변경에 관한 사항을 고시한 경우

	8)「주택법」제16조에 따른 주택건설사업계획의 승인 9)「택지개발촉진법」제9조에 따른 택지개발사업실시계획의 승인 10)「한국수자원공사법」제10조에 따른 사업실시계획의 승인 11)「한국토지공사법」제18조에 따른 토지개발사업실시계획의 승인 12)「화물유통촉진법」제28조에 따른 공사시행의 인가 13)「항공법」제95조제1항 및 제3항에 따른 실시계획의 수립 또는 승인 14)「수도권신공항건설 촉진법」제7조에 따른 실시계획의 승인 15)「국토의 계획 및 이용에 관한 법률」제88조에 따른 도시계획시설사업 실시계획의 작성 또는 인가 16)「댐건설 및 주변지역지원 등에 관한 법률」제8조제2항 또는 제4항에 따른 실시계획의 승인 또는 변경승인 17)「도로법」제25조에 따른 도로구역의 결정 또는 변경 18)「도시개발법」제17조에 따른 실시계획의 작성 또는 인가 19)「제주특별자치도 설치 및 국제자유도시 조성을 위한 특별법」제229조에 따른 개발사업의 시행승인 20)「하천법」제27조에 따른 하천정비시행계획의 수립·고시 또는 같은 법 제30조제6항에 따른 하천공사실시계획의 인가 21)「기업도시개발 특별법」제12조제1항에 따른 실시계획의 승인 또는 변경승인 22)「항만공사법」제22조에 따른 항만시설공사 또는 신항만건설사업의 실시계획의 승인 23)「유통산업발전법」제30조제1항에 공동집배송센터 지정 동의 24)「산업집적활성화 및 공장설립에 관한 법률」제13조제1항에 따른 공장설립등의 승인 25)「집단에너지사업법」제22조제1항에 따라 공사계획의 승인 또는 변경승인 26)「송유관안전관리법」제3조에 따른 공사계획의 인가 또는 변경인가 27)「전원개발촉진법」제5조에 따른 실시계획의 승인 또는 변경승인 28)「한국가스공사법」제16조의2에 따른 실시계획의 승인 29)「수도법」제17조제1항에 따른 일반수도사업의 인가 30)「하수도법」제11조제3항에 따른 공공하수도 설치 인가 또는 같은 법 제16조제1항에 따른 허가 31)「환경관리공단법」제16조의2에 따른 실시계획의 승인 32)「폐기물처리시설 설치촉진 및 주변지역지원 등에 관한 법률」제11조의3제2항에 따른 폐기물처리시설 설치계획의 승인 33)「자연공원법」제12조부터 제15조까지 규정에 따른 공원계획의 결정·변경 또는 같은 법 제23조에 따른 행위허가 34)「지역특화발전특구에 대한 규제특례법」에 따른 특구토지이용계획이 포함된 특구계획의 승인 35)「경제자유구역의 지정 및 운영에 관한 법률」제9조에 따른 실시계획의 승인 또는 변경승인 36)「자전거이용 활성화에 관한 법률」제7조제2항에 따른 자전거도로의 노선 지정·고시 37)「지방소도읍 육성 지원법」제8조에 따른 개발사업의 시행승인 38)「관광진흥법」제54조제1항에 따른 조성계획의 승인 39)「청소년활동진흥법」제48조제1항 및 제2항에 따른 조성계획 수립 또는 승인 40)「산업단지 인·허가 절차 간소화를 위한 특례법」제8조에 따른 산업단지계획의 수립

2. 간이해역이용협의 대상사업
가. 제1호의 공유수면의 점용·사용의 대상사업란 중 가목부터 마목까지 및 사목에 해당하는 사업범위 미만의 사업
나. 제1호의 공유수면의 점용·사용의 대상사업란 중 사목 단서에 해당하는 경우
다. 「공유수면 관리 및 매립에 관한 법률」 제8조제1항제11호에 따라 공유수면을 점용·사용하는 경우
라. 법 제15조에 따른 특별관리해역에서 「수산업법」 제8조에 따른 어업의 면허를 하는 경우
마. 「재난구호 및 재난복구 비용 부담기준 등에 관한 규정」 제3조제7호에 따른 개선복구사업

3. 제2호에도 불구하고 다음 각 호의 어느 하나에 해당하는 경우에는 일반해역이용협의의 절차를 거쳐야 한다.
가. 해당 사업의 특성 및 주변의 환경적 여건을 고려할 때 수산자원과 해양환경에 중대한 영향을 미칠 것으로 해양수산부장관이 인정하는 경우
나. 「재난 구호 및 재난복구 비용 부담기준 등에 관한 규정」 제3조제7호에 따른 개선복구사업이 다음 요건에 모두 해당하는 경우
1) 개선복구사업의 사업규모가 개선복구사업의 원인이 된 피해를 입기 전의 시설(시설의 일부만 피해를 입고 개선복구사업의 대상이 되는 경우에는 그 시설의 일부를 말한다) 규모보다 15퍼센트 이상 증가하거나 개선복구사업의 원인이 된 피해를 입기 전에 점용·사용하였던 공유수면(점용·사용하였던 공유수면의 일부만 피해를 입고 개선복구사업의 대상이 되는 경우에는 그 공유수면의 일부를 말한다) 면적보다 15퍼센트 이상 증가할 것
2) 제1호에 따른 일반해역이용협의 대상사업에 해당할 것

4. 제1호부터 제3호까지의 규정에도 불구하고 다음 각 목의 어느 하나에 해당하는 사업은 해역이용협의 대상사업에서 제외한다.
가. 「재난구호 및 재난복구 비용 부담기준 등에 관한 규정」 제3조제6호에 따른 기능복원사업
나. 오일펜스, 오탁(汚濁) 방지막 등 해양환경의 보전을 위한 시설물의 설치 사업
다. 부유식(浮游式) 등부표(燈浮標), 스파 부이(spar buoy) 등 해상교통의 안전을 위한 시설물의 설치 사업
라. 「공유수면의 관리 및 매립에 관한 법률」 제2조제1호나목에 따른 바닷가나 백사장에서의 차양막 등 이동시설물의 설치 사업

제62조(해역) 법 제84조 제1항 제3호 단서에서 "대통령령이 정하는 해역"이란 법 제15조에 따른 특별관리해역을 말한다.

「해양환경관리법 시행규칙」

제48조(해역이용협의)
① 법 제84조제1항에 따른 처분기관(이하 "처분기관"이라 한다)은 같은 항 각 호에 따른 면허·허가 또는 지정 등(이하 "면허등"이라 한다)을 하기 전에 법 제84조에 따른 해역이용협의를 하여야 한다. 이 경우 해당 사업이 「환경영향평가법」 제22조에 따른 환경영향평가대상사업에 해당하는 경우에는 같은 법 제27조제2항에 따른 협의를 요청하기 전에 협의하여야 한다.
② 법 제84조제3항에 따른 해역이용협의서(이하 "해역이용협의서"라 한다)에는 별표 17의 내용이 포함되어야 한다.
③ 제2항에도 불구하고 법 제84조제1항제3호에 따른 어업의 면허, 「수산업법」 제14조에 따른 어업면허의 유효기간 연장 및 「공유수면 관리 및 매립에 관한 법률」 제8조제4항에 따른 공유수면의 점용·사용의 허가기간 변경에 관한 해역이용협의서 및 해역이용협의의 내용은 별지 제46호의2서식에 따른다.
④ 해역이용협의서의 구체적인 작성방법은 해양수산부장관이 정하여 고시한다.

[별표 17]
해역이용협의서에 포함되어야 하는 내용(제48조제2항 관련)

구분	포함되어야 하는 내용
1. 「공유수면 관리 및 매립에 관한 법률」에 따른 공유수면의 매립면허	가. 매립사업계획서 나. 매립장소의 위치·면적과 이를 표시한 도면(축척 5만분의 1의 해도) 다. 매립계획평면도 라. 매립해역과 그 인근해역의 이용상황조사서 및 도면 마. 매립해역의 해양환경 개황 - 해양생태계, 해양물리(조석·조류·해수교환정도 등), 해양화학, 해양퇴적물 등 바. 매립으로 인하여 해역의 환경 및 이용에 미치게 될 영향과 대책
2. 「공유수면 관리 및 매립에 관한 법률」에 따른 공유수면의 점용 및 사용허가	가. 점용 및 사용에 관한 사업계획서 나. 점용 및 사용 장소의 위치·면적과 이를 표시한 도면(축척 5만분의 1의 해도) 다. 점용 및 사용계획 평면도 라. 점용 및 사용해역과 그 인근해역의 이용상황조사서 및 도면 마. 점용 및 사용해역의 해양환경 개황 - 해양생태계, 해양물리(조석·조류·해수교환정도 등), 해양화학, 해양퇴적물 등 바. 점용 및 사용으로 인하여 해역의 환경 및 이용에 미치게 될 영향과 대책
3. 「수산업법」에 따른 어업면허	가. 사업계획서 나. 해면의 위치·면적과 이를 표시한 도면(축척 5만분의 1의 해도) 다. 신청해역과 그 인근해역의 이용상황조사서 및 도면
4. 「골재채취법」에 따른 바다골재채취허가, 예정지의 지정, 단지의 지정	가. 바다골재채취에 관한 사업계획서 나. 바다골재채취 장소의 위치·면적과 이를 표시한 도면(축척 5만분의 1의 해도) 다. 바다골재채취 해역과 그 인근해역의 이용상황조사서 및 도면 라. 바다골재채취 해역의 해양환경 개황 - 해양생태계, 해양물리(조석·조류 등), 부존량 및 해저지형, 해양화학, 해양퇴적물 등 마. 바다골재채취로 인하여 해역의 환경 및 이용에 미치게 될 영향과 대책

행정해석

「광업법」에 따라 광물을 채취하는 행위가 「해양환경관리법」에 따른 해역이용영향평가 대상사업에 해당하는지 여부(「해양환경관리법」 제85조 등 관련) [법제처 10-0312, 2010.10.8, 국토해양부 해양보전과]

1. 질의요지 : 「광업법」에 따라 광물을 채취하는 경우로서 영해(領海) 안에서 그 채취량이 20만m^3 이상인 경우 해당 광물채취사업이 「해양환경관리법」 제85조 제1항에 따른 해역이용영향평가 대상사업에 해당하는지?
2. 회답 : 「광업법」에 따라 광물을 채취하는 경우로서 영해(領海) 안에서 그 채취량이 20만m^3 이상인 경우 해당 광물채취사업은 「해양환경관리법」 제85조 제1항에 따른 해역이용영향평가 대상사업에 해당하지 않습니다.

「해양환경관리법」에 따른 해역이용협의 범위에 "해역교통 관련" 사항이 포함되는지의 여부(「해양환경관리법」 제84조 제1항 등 관련) [법제처 09-0373, 2009.12.24, 진해시 항만수산과]

1. 질의요지
특별관리해역에 어업의 면허를 하고자 하는 행정기관이 「해양환경관리법」 제84조 제1항에 따른 해역이용협의를 하는 경우 협의의 범위에 '해양오염사고의 방지를 위한 선박입출항 항로 및 대기선박 정박지의 충분한 확보'라는 해역교통 관련 사항이 포함되는지?

2. 회답
특별관리해역에 어업의 면허를 하고자 하는 행정기관이 「해양환경관리법」 제84조 제1항에 따른 해역이용협의를 하는 경우 협의의 범위에 '해양오염사고의 방지를 위한 선박입출항 항로 및 대기선박 정박지의 충분한 확보'라는 해역교통 관련 사항은 포함되지 않습니다.

2. 해역이용협의절차의 이행의무

법 제84조 제1항 제1호 및 제2호의 규정을 적용함에 있어서 다른 법률에서 「공유수면 관리 및 매립에 관한 법률」에 따른 공유수면의 점용・사용허가 또는 매립면허를 받은 것으로 보도록 규정하고 있는 경우에도 해역이용협의 절차를 거쳐야 한다. 다만, 다음 각 호의 어느 하나에 해당하는 사업과 관련된 경우에는 그러하지 아니하다(법 제84조 제2항).

1. 「재난 및 안전관리기본법」 제37조의 규정에 따른 응급조치를 위한 사업
2. 국방부장관이 군사상의 기밀보호가 필요하거나 군사작전의 긴급한 수행을 위하여 필요하다고 인정하여 해양수산부장관과 협의한 것으로서 해양수산부장관이 정하여 고시하는 사업

처분기관은 법 제84조 제1항의 규정에 따라 해양수산부장관과 해역이용협의를 하려는 때에는 해양수산부령이 정하는 해역이용협의서를 제출하여야 한다(법 제84조 제3항). 처분기관은 법 제84조 제1항의 규정에 따라 해역이용협의의 대상이 되는 면허등의 대상사업(이하 "면허대상사업"이라 한다)을 하고자 하는 자(이하 "해역이용사업자"라 한다)에게 별도의 해역이용협의서를 제출받아 이를 법 제84조 제3항에 따른 해역이용협의서에 갈음하여 제출할 수 있다(법 제84조 제4항). 해역이용사업자는 법 제84조 제4항에 따라 처분기관에 제출하는 해역이용협의서의 작성을 제86조 제1항에 따른 평가대행자로 하여금 대행하게 할 수 있다(법 제84조 제5항). 해역이용협의의 시기, 법 제84조 제3항 및 제4항의 규정에 따른 해역이용협의서의 작성방법 등에 관하여 필요한 사항은 해양수산부령으로 정한다(법 제84조 제6항).

3. 의견통보 등

해양수산부장관은 처분기관으로부터 해역이용협의등의 요청을 받은 때에는 제출받은 해역이용협의서등을 검토한 후 대통령령으로 정하는 바에 따라 그 의견을 통보하여야 한다(법 제91조 제1항). 해양수산부장관은 법 제91조 제1항의 규정에 따라 해역이용협의등의 의견을 통보하기 전에 대통령령이 정하는 해역이용협의등에 따른 영향검토기관(이하 "해역이용영향검토기관"이라 한다)의 의견을 들어야 한다. 다만, 해역이용협의등의 대상사업 중 해양환경에 미치는 영향이 적은 사업으로서 대통령령으로 정하는 사업은 그러하지 아니하다(법 제91조 제2항). 해양수산부장관은 법 제91조 제1항의 규정에 따라 제84조 제1항 제4호 및 제6호에 해당하는 분야에 대한 해역이용협의의 의견을 통보하기 전에 해당 바다골재채취예정지 및 바다골재채취단지가 해안(해안선을 기준으로 육지 쪽으로 1킬로미터 이내의 지역과 바다 쪽으로 10킬로미터 이내의 구역을 말한다)을 포함하는 경우에는 환경부장관의 의견을 미리 들어야 한다(법 제91조 제3항). 해역이용협의등의 의견을 통보받은 처분기관이 면허등을 한 때에는 이를 해양수산부장관에게 통보하여야 한다(법 제91조 제4항).

「해양환경관리법 시행령」

제67조(의견통보 등)

① 해양수산부장관은 법 제91조 제1항에 따라 해역이용협의나 해역이용영향평가(이하 "해역이용협의등"이라 한다)를 처분기관으로부터 요청받으면 해양수산부령으로 정하는 기간 이내에 검토의견을 알려야 한다. 이 경우 해역이용협의서 또는 해역이용영향평가서의 검토 등에 필요한 사항은 해양수산부장관이 정한다.

② 해양수산부장관은 법 제91조 제1항에 따라 의견을 통보하기 전에 해당 해역이용협의등의 대상사업이 해양환경에 미치는 영향이 크고 환경피해 발생이 우려되는 경우에는 현지실사를 할 수 있다.

③ 법 제91조 제2항 본문에서 "대통령령이 정하는 해역이용협의등에 따른 영향검토기관"이란 국립수산과학원을 말하며, 같은 항 단서에서 "대통령령으로 정하는 사업"이란 별표 15 제2호의 간이해역이용협의 대상사업을 말한다.

④ 해양수산부장관은 다음 각 호의 어느 하나에 해당하는 경우 처분기관에 해역이용협의등의 서류 보완을 요구할 수 있다.

1. 해양환경에 미치는 영향분석이 빠졌거나 현저히 미흡한 경우
2. 보완이 되지 아니하면 그 사업에 대한 해역이용협의등의 의견을 제시할 수 없을 만큼 중요한 사항이 누락·결여되어 있는 경우
3. 환경현황조사, 영향 예측·분석 및 저감대책이 적정하지 아니한 경우
4. 주민 등 이해관계자의 의견수렴 내용이 반영되지 아니한 경우(해역이용영향평가서로 한정한다)

⑤ 해양수산부장관은 제4항에 따른 보완의 요구는 원칙적으로 1회로 한정한다. 다만, 추가적 보완이 없이는 해역이용협의등의 요청에 대한 의견을 결정할 수 없다고 판단되는 경우에는 그러하지 아니하다.

「해양환경관리법 시행규칙」

제58조(의견통보기간)

① 영 제67조제1항 전단에서 "해양수산부령으로 정하는 기간"이란 다음 각 호의 구분에 따른 기간을 말한다.
1. 법 제84조제1항에 따른 해역이용협의를 요청받은 경우의 의견통보기간 : 요청받은 날부터 30일(「재난 및 안전관리기본법」 제3조제1호가목에 따른 자연재난의 복구를 위한 해역이용협의의 경우에는 15일)까지
2. 법 제85조제1항에 따른 해역이용영향평가를 요청받은 경우의 의견통보기간 : 요청받은 날부터 45일까지
② 법 제84조제4항에 따른 해역이용사업자와 평가대상사업자(이하 "해역이용사업자등" 이라 한다)가 해역이용협의 또는 해역이용영향평가협의(이하 "해역이용협의등"이라 한다)의 서류를 보완하는데 필요한 기간은 제1항의 기간에 넣어 계산하지 아니한다.

4. 이의신청

해역이용사업자등 또는 처분기관은 법 제91조에 따라 해양수산부장관으로부터 통보받은 의견에 대하여 이의가 있는 때에는 대통령령으로 정하는 바에 따라 90일 이내에 해양수산부장관에게 이의신청을 할 수 있다. 이 경우 해역이용사업자등은 처분기관을 거쳐 이의신청을 하여야 한다(법 제92조 제1항). 법 제92조 제1항의 규정에 따라 이의신청을 받은 해양수산부장관은 이의신청 내용의 타당성 여부를 검토하여 그 결과를 대통령령이 정하는 바에 따라 60일 이내에 이의신청을 한 자에게 통보하여야 한다. 다만, 부득이한 사정이 있는 때에는 30일의 범위 이내에서 통보시한을 연장할 수 있다(법 제92조 제2항).

「해양환경관리법 시행령」

제68조(이의신청)
① 법 제92조 제1항 전단에 따라 통보받은 의견에 대하여 이의신청을 하려는 자는 다음 각 호의 사항이 포함된 이의신청서를 해양수산부장관에게 제출하여야 한다.
1. 이의신청의 내용 및 사유
2. 통보받은 의견을 변경하려는 내용
3. 통보받은 의견의 변경에 따른 영향의 분석
② 법 제92조 제2항에 따라 이의신청을 받은 해양수산부장관은 다음 각 호의 사항이 포함된 이의신청 내용 검토결과를 이의 신청한 자에게 알려야 한다.
1. 이의신청 내용의 동의 여부
2. 이의신청 내용 및 사유의 타당성 분석결과
3. 통보받은 의견의 변경에 따른 추가적인 환경오염 저감방안 등의 제시

5. 사후관리

해양수산부장관은 처분기관이 해역이용협의등을 거치지 아니하고 면허등을 하거나 해역이용협의등의 의견을 반영하지 아니하고 면허등을 한 때에는 그 면허등의 취소, 사업의 중지,

공작물의 철거·운영정지 및 원상회복 등 필요한 조치를 할 것을 해당 처분기관에게 요청할 수 있다. 이 경우 당해 처분기관은 특별한 사유가 없는 한 그 요청에 따라야 한다(법 제93조 제1항). 처분기관은 해역이용사업자등이 법 제84조 제1항의 규정에 따른 해양수산부장관의 해역이용협의등에 대한 의견을 이행하고 있는지 여부를 확인하여야 하며, 해역이용사업자등이 이를 이행하지 아니하는 때에는 대통령령이 정하는 바에 따라 그 이행에 필요한 조치를 명령하여야 한다(법 제93조 제2항). 해양수산부장관은 처분기관이 정당한 사유없이 해역이용협의등에 대한 의견을 이행하고 있는지를 확인하지 아니하거나 현저히 지연할 때에는 법 제93조 제2항에도 불구하고 이를 직접 확인할 수 있으며, 해역이용협의등에 대한 의견의 이행을 위하여 필요하다고 인정하는 경우 처분기관에게 공사중지 명령이나 그 밖에 필요한 조치를 할 것을 요청할 수 있다(법 제93조 제3항). 법 제93조 제3항에 따른 해양수산부장관의 요청이 있는 경우 처분기관은 특별한 사유가 없으면 그 요청에 따라야 한다(법 제93조 제4항).

「해양환경관리법 시행령」

제69조(사후관리)
① 처분기관은 법 제93조 제2항에 따라 협의내용의 이행 여부 등 사후관리 결과를 다음 해 1월 31일까지 해양수산부장관에게 알려야 한다.
② 처분기관은 해역이용사업자·평가대상사업자(이하 "해역이용사업자등"이라 한다)가 해역이용협의등의 내용 및 해역이용협의등에 대한 의견을 이행하지 아니하면 그 이행을 위하여 필요한 조치를 명하여야 한다.
③ 처분기관은 해역이용사업자등이 제2항에 따른 조치명령을 이행하지 아니할 경우에는 2차 조치명령을 하고 2차 조치명령 시한까지 이행하지 아니할 때에는 조치명령 이행 시까지 해당 사업에 대한 중지를 명하여야 한다.
④ 처분기관이 제2항 및 제3항에 따른 조치 또는 명령을 한 경우에는 지체 없이 그 내용을 해양수산부장관에게 알려야 한다.
⑤ 해양수산부장관과 처분기관은 법 제93조 제2항에 따른 이행 여부의 확인을 위하여 해역이용사업자등에게 협의내용의 이행에 관련된 자료를 제출하게 할 수 있다.

6. 사업계획 변경에 따른 해역이용협의 등

해역이용사업자등이 처분기관으로부터 면허등을 받은 후 사업계획을 변경하는 때에는 해역이용협의등의 절차를 다시 거쳐야 한다. 다만, 변경되는 사업규모가 해양환경에 미치는 영향이 경미한 경우로서 대통령령으로 정하는 경우에는 해역이용협의등의 절차를 다시 거치지 아니한다(법 제94조 제1항). 법 제94조 제1항 본문에 따른 해역이용협의등의 내용과 절차에 대하여는 법 제84조·제85조 및 제91조부터 제93조까지의 규정을 준용한다(법 제94조 제2항).

「해양환경관리법 시행령」

제70조(적용 대상)
① 처분기관은 법 제94조 제1항에 따라 해역이용사업자등이 사업계획에 대한 면허 등을 받은 후 사업계획을 변경하는 때에는 그 내용을 해양수산부장관에게 알려야 한다.
② 법 제94조 제1항 단서에서 "대통령령으로 정하는 경우"란 다음 각 호의 어느 하나에 해당하는 경우를 말한다.
1. 사업규모가 축소되는 경우
2. 변경된 사업규모가 간이해역이용협의사업에 해당하는 경우
3. 사업규모가 증가하지 아니하고 사업계획의 변경에 따른 해양환경에 미치는 영향이 경미한 경우로서 해양수산부령으로 정하는 경우

「해양환경관리법 시행규칙」

제59조의2(경미한 사업계획의 변경) 영 제70조제2항제3호에서 "해양수산부령으로 정하는 경우"란 다음 각 호의 하나에 해당하는 경우를 말한다.
1. 사업계획의 변경으로 해양으로 유입되는 오염물질의 양 또는 농도가 증가하지 아니한 경우
2. 확정측량에 따라 사업면적이 증감하는 경우
3. 협의 의견의 변경을 초래하지 아니하는 범위에서 사업계획이 변경되는 경우
4. 제1호에서 제3호까지에서 규정한 사항 외에 해양수산부장관이 해양환경에 미치는 영향이 경미하다고 인정하는 경우

7. 해양환경영향조사 등

해역이용사업자등은 면허등을 받은 후 행하는 사업으로 인하여 발생될 수 있는 해양환경에 대한 영향의 조사(이하 "해양환경영향조사"라 한다)를 실시하고 그 결과를 처분기관 및 해양수산부장관에게 통보하여야 한다. 이 경우 해역이용사업자등은 평가대행자에게 해양환경영향조사의 업무를 대행하게 할 수 있다(법 제95조 제1항). 해양수산부장관은 법 제95조 제1항에 따라 통보된 해양환경영향조사 결과 해양환경에 피해가 발생하는 것으로 인정되는 때에는 처분기관으로 하여금 공법 변경, 사업규모 축소 등 해양수산부령으로 정하는 바에 따라 해양환경의 피해를 저감하기 위한 조치를 하도록 하여야 한다. 이 경우 처분기관은 조치결과를 해양수산부장관에게 통보하여야 한다(법 제95조 제2항). 법 제95조 제1항에 따라 해양환경영향조사를 하여야 하는 대상사업・조사항목 및 기간 등에 필요한 사항은 대통령령으로 정한다(법 제95조 제4항).

「해양환경관리법 시행령」

제71조(해양환경영향조사 대상사업 등)
① 해역이용사업자등이 법 제95조 제4항에 따른 해양환경영향을 조사하여야 하는 대상사업별 조사기

간 및 조사주기는 별표 17과 같다.
② 법 제95조 제4항에 따른 해양환경영향조사를 하여야 하는 항목은 다음 각 호와 같다.
1. 법 제8조 제1항에 따른 해양환경기준이 정하여진 항목
2. 법 제8조 제1항에 따른 해양환경기준이 정하여지지 아니한 항목으로서 법 제91조 제1항에 따른 해역이용협의서 또는 해역이용영향평가서의 의견 통보 시 해양수산부장관이 제시한 항목

[별표 17]
해양환경영향조사 대상사업별 조사기간 및 조사주기(제71조제1항 관련)

대상사업	조사기간	조사주기
1. 별표 15 제1호에 따른 일반해역이용협의 대상사업(공유수면의 매립 대상사업으로서 매립면적이 1만5천m^2 미만인 경우에는 제외한다)	사업시작부터 사업완료까지	사업시행 중 반기별 1회
2. 별표 16에 따른 해역이용영향평가 대상사업	사업시작부터 사업완료 후 3년까지	사업시행 중 분기별 1회, 사업완료 후 반기별 1회

비고
1. 「환경영향평가법」에 따라 사후환경영향조사를 실시하는 사업에 대해서는 해양환경영향조사를 생략할 수 있다.
2. 해양수산부장관은 다음 각 목의 어느 하나에 해당하여 법 제91조제1항에 따른 처분기관의 장과 협의한 경우에는 위 표의 조사기간을 단축하거나 연장할 수 있다.
가. 특별한 주변 환경 여건 등을 고려하여 법 제91조제1항에 따른 해역이용협의 등의 의견 통보 시 해양환경영향조사기간을 조정한 경우
나. 법 제95조제1항에 따라 통보된 해양환경영향조사 결과 대상사업의 착공으로 인한 해양환경영향이 적어 더 이상의 해양환경영향조사가 불필요하다고 인정되는 경우
다. 해역이용협의 또는 해역이용영향평가 당시 예측하지 못한 해양환경영향이 발생한 경우

「해양환경관리법 시행규칙」

제60조(해양환경영향조사 결과의 통보 및 조치)
① 해역이용사업자등은 법 제95조제1항에 따라 해양환경영향 조사기간이 만료된 날부터 30일 이내에 별지 제54호서식에 따라 그 조사결과를 지방해양수산청장 및 처분기관에 각각 통보하여야 한다. 다만, 조사기간이 1년 이상인 경우에는 매 연도별 조사결과를 다음해 1월 31일까지 통보하여야 한다.
② 지방해양수산청장은 제1항에 따라 통보된 해양환경영향조사결과 해양환경에 피해가 발생하는 것으로 인정된 때에는 법 제95조제2항에 따라 처분기관으로 하여금 다음 각 호의 조치를 하도록 하여야 한다.
1. 공법 변경
2. 사업규모의 축소
3. 그 밖에 주변환경의 피해를 줄이기 위한 조치
③ 법 제95조제2항에 따른 조치결과의 통보는 별지 제54호의2서식에 따른다.

제2관 해역이용영향평가

1. 해역이용영향평가

처분기관은 법 제84조에 따라 해양수산부장관과 해역이용협의를 함에 있어서 해당 면허대상사업 중 다음 각 호의 어느 하나에 해당하는 행위가 대통령령으로 정하는 규모 이상에 해당하는 때에는 그 행위로 인하여 해양환경에 미치는 영향에 대한 평가(이하 "해역이용영향평가"라 한다)를 해양수산부장관에게 요청하여야 한다. 다만, 「환경영향평가법」 제22조에 따른 환경영향평가 대상사업 중 대통령령으로 정하는 사업을 제외한다(법 제85조 제1항).

1. 「공유수면 관리 및 매립에 관한 법률」 제8조 제1항 제3호에 따른 공유수면의 바닥을 준설하거나 굴착하는 행위
2. 「공유수면 관리 및 매립에 관한 법률」 제8조 제1항 제6호에 따른 공유수면에서 흙이나 모래 또는 돌을 채취하는 행위
3. 「공유수면 관리 및 매립에 관한 법률」 제8조 제1항 제8호에 따른 흙·돌을 공유수면에 버리는 등 공유수면의 수심에 영향을 미치는 행위
4. 「해저광물자원 개발법」 제2조 제1호에 따른 해저광물을 채취하는 행위
5. 「광업법」 제3조 제1호에 따른 광물을 공유수면에서 채취하는 행위
6. 「해양심층수의 개발 및 관리에 관한 법률」 제2조 제1호에 따른 해양심층수를 이용·개발하는 행위
7. 「골재채취법」 제22조에 따른 골재채취 중 바다골재채취
8. 「골재채취법」 제34조에 따른 바다골재채취단지의 지정
9. 그 밖에 해양환경에 영향을 미치는 행위로서 대통령령으로 정하는 행위

처분기관은 해역이용영향평가를 해양수산부장관에게 요청하는 때에는 해양수산부령이 정하는 바에 따라 법 제85조 제1항 각 호의 규정에 따른 해역이용영향평가의 대상이 되는 면허대상사업을 하려는 자(이하 "평가대상사업자"라 한다)가 작성한 해역이용영향평가서를 함께 제출하여야 한다(법 제85조 제2항). 평가대상사업자가 법 제85조 제2항에 따라 해역이용영향평가서를 작성하는 경우에는 해양수산부령이 정하는 바에 따라 설명회 또는 공청회 등을 개최하고, 이해관계자의 의견수렴 등 필요한 절차를 거쳐야 한다(법 제85조 제3항). 평가대상사업자가 법 제85조 제2항의 규정에 따라 해역이용영향평가서를 작성하는 경우에는 제86조 제1항의 규정에 따른 평가대행자로 하여금 대행하게 할 수 있다(법 제85조 제4항). 해역이용영향평가서의 내용·작성방법 등에 관하여 필요한 사항은 해양수산부령으로 정한다(법 제85조 제5항).

「해양환경관리법 시행령」

제63조(해역이용영향평가)
① 법 제85조 제1항 각 호 외의 부분 본문에서 "대통령령으로 정하는 규모"는 별표 16과 같다.
② 법 제85조 제1항 각 호 외의 부분 단서에 따라 해역이용영향평가에서 제외되는 사업은 「환경영향평가법 시행령」 별표 3에 따른 환경영향평가대상사업(이하 "환경영향평가대상사업"이라 한다)을 말한다. 다만, 환경영향평가대상사업 중 「공유수면 관리 및 매립에 관한 법률」 제2조에 따른 바다・바닷가(「하천법」 제2조 제1호에 따른 하천을 포함하는 경우는 제외한다)에서 이루어지는 다음 각 호의 사업은 그러하지 아니하다.
1. 「광업법」에 따른 광물의 채취
2. 「골재채취법」 제22조에 따른 골재채취
3. 「골재채취법」 제34조에 따른 골재채취단지의 지정
4. 「해저광물자원 개발법」에 따른 해저광물 개발을 목적으로 하는 해저광업
③ 법 제85조 제1항 제9호에서 "대통령령으로 정하는 행위"란 「공유수면 관리 및 매립에 관한 법률」 제8조 제1항 제11호에 따라 해양자원을 이용・개발하는 행위를 말한다.
④ 삭제

제64조(해역이용영향평가서 등의 작성방법 등)
① 법 제85조에 따른 해역이용영향평가서 등은 법 제10조의 해양환경공정시험기준에 따라 신뢰성이 확보되도록 과학적 조사방법 등으로 작성되어야 한다.
② 법 제86조 제1항에 따른 해역이용영향평가대행자(이하 "평가대행자"라 한다)는 도급계약 및 신의에 따라 성실히 평가서를 작성하여야 한다.
③ 평가대행자는 전년도의 해역이용영향평가대행실적을 해양수산부령으로 정하는 바에 따라 해양수산부장관에게 보고하여야 한다.

「해양환경관리법 시행규칙」

제49조(해역이용영향평가서의 내용)
① 법 제85조제2항에 따른 해역이용영향평가서(이하 "평가서"라 한다)에는 다음 각 호의 사항이 포함되어야 한다.
1. 사업의 개요
2. 사업지역 및 주변지역의 해양환경 및 생태적 특성, 개발현황
3. 대안의 설정 및 대안에 따른 영향예측・분석 결과와 영향저감대책(별표 18의 평가항목에 대한 내용을 포함하여야 한다)
4. 법 제85조제3항에 따라 실시한 의견수렴 결과 및 반영내용
5. 법 제95조제1항에 따른 해양환경영향조사 계획
② 평가서의 구체적인 작성방법은 해양수산부장관이 정하여 고시한다.

[별표 18]
해역이용영향평가항목(제49조제1항제3호 관련)

평가 항목	기상, 해양물리, 해양화학, 해양지형・지질, 해양퇴적물, 부유생태계, 저서생태계, 어류 및 수산자원, 어란 및 자치어, 해양식물, 조간대동물, 경관・위락, 산업, 보호종 및 보호구역

「해양환경관리법 시행규칙」

제50조(평가서 초안의 제출 및 주민공람)

① 법 제85조제2항에 따른 평가대상사업자(이하 "평가대상사업자"라 한다)는 제49조제1항제1호부터 제3호까지 및 제5호의 내용이 포함된 평가서 초안을 작성하여야 한다.
② 평가대상사업자는 제1항에 따라 작성된 평가서 초안을 처분기관에 제출하여야 한다. 이 경우 해양수산부장관이 정하여 고시하는 전자문서 양식에 따라 작성한 요약서를 함께 제출하여야 한다.
③ 처분기관은 제2항에 따라 제출된 평가서 초안에 대하여 주민공람을 실시하여야 한다. 이 경우 사업의 개요, 공람장소와 기간, 의견의 제출시기 및 방법, 제51조에 따른 설명회등의 시기·장소 등을 전국을 보급지역으로 하는 하나 이상의 일간신문 및 대상지역을 주된 보급지역으로 하는 하나 이상의 일간신문과 인터넷 홈페이지에 각각 1회 이상 공고하여야 한다.
④ 처분기관은 제3항에 따른 공람의 장소에 평가서 초안과 별지 제47호서식의 해역이용영향평가서 초안 공람부 및 별지 제48호서식의 주민의견 제출서를 각각 갖추어두어야 하며, 공람기간은 20일 이상으로 하여야 한다.
⑤ 처분기관은 다음 각 호의 어느 하나에 해당하는 사유가 있는 경우에는 주민공람의 대상이 되는 평가서 초안의 일부를 공개하지 아니할 수 있다. 이 경우 평가서에 그 사유를 적어야 한다.
1. 군사상의 기밀보호 등 국가안보를 위하여 필요한 경우
2. 법령에 따라 공개가 제한되어 있는 경우

제51조(설명회등)
① 평가대상사업자는 제50조의 주민공람이 끝난 후 평가대상사업의 시행으로 인하여 영향을 받게 되는 지역의 주민 등 이해관계자를 대상으로 설명회 또는 공청회(이하 이 조에서 "설명회등"이라 한다)를 개최하여야 한다. 다만, 다음 각 호의 어느 하나에 해당하는 경우에는 공청회를 개최하여야 한다.
1. 제50조에 따른 주민공람의 기회에 공청회의 개최가 필요하다는 의견을 제출한 주민이 30명 이상인 때
2. 제50조에 따른 주민공람의 기회에 공청회의 개최가 필요하다는 의견을 제출한 주민이 5명 이상 30명 미만인 경우로서 평가서 초안에 대한 의견을 제출한 주민이 주민총수의 100분의 50 이상인 때
3. 법 제85조제1항제7호 및 제8호의 사업의 경우
② 평가대상사업자는 제1항에 따른 설명회등을 개최하려는 경우에는 사업의 개요, 설명회등의 일시 및 장소 등을 설명회등의 개최일로부터 14일 전까지 전국을 보급지역으로 하는 하나 이상의 일간신문 및 대상지역을 주된 보급지역으로 하는 일간신문과 인터넷 홈페이지에 각각 1회 이상 공고하여야 한다.
③ 평가대상사업자는 제2항에 따라 공고한 설명회등이 평가대상사업자의 귀책사유 없이 2회 이상 개최되지 못하거나 개최되었더라도 정상적으로 진행되지 못한 경우에는 설명회등을 생략할 수 있다. 이 경우 평가대상사업자는 다음 각 호의 조치를 하여야 한다.
1. 설명회를 생략한 경우: 평가대상사업자 및 처분기관의 인터넷 홈페이지를 통한 설명회 생략 사유의 설명 및 사업설명 자료 등의 게시
2. 공청회를 생략한 경우: 평가대상사업자 및 처분기관의 인터넷 홈페이지를 통한 공청회 생략 사유의 설명 및 사업설명 자료와 의견 제출의 방법·시기 등에 관한 사항 게시

제52조(공청회 개최 및 보고)
① 해역이용영향평가 대상지역의 주민 등 이해관계자는 공청회에서 의견을 진술할 전문가를 추천할 수 있으며, 평가대상사업자는 그 전문가로 하여금 공청회에서 의견을 진술할 수 있도록 하여야 한다.
② 제1항에도 불구하고 대상지역의 주민 등 이해관계자가 전문가를 추천하지 못하는 경우에는 평가대상사업자는 사업대상지 관할 시장·군수·구청장(2개 이상의 시·군·구에 걸쳐 영향이 있다고 판단될 경우에는 광역시장 또는 도지사)에게 의견을 진술할 전문가의 추천을 의뢰할 수 있다.
③ 평가대상사업자가 공청회를 개최하려는 경우에는 해당 시장·군수·구청장은 대상지역의 주민 등 이해관계자를 대상으로 공청회 개최사실을 통지하는 등 공청회 개최에 적극 협조하여야 한다.
④ 평가대상사업자는 제51조에 따라 공청회를 개최하였을 경우에는 공청회가 끝난 후 7일 이내에 별

지 제49호서식에 따라 공청회 개최결과를 시장・군수・구청장 및 처분기관에 알려야 한다.

제53조(해역이용영향평가 협의 요청)

① 법 제85조제2항에 따라 처분기관이 해양수산부장관 또는 지방해양수산청장에게 평가서 협의를 요청하는 시기는 별표 19와 같다.

② 처분기관은 평가대상사업자로부터 평가서를 제출받은 날부터 10일 이내에 해양수산부장관 또는 지방해양수산청장에게 협의를 요청하여야 한다.

③ 처분기관은 제2항에 따라 협의를 요청하는 경우에는 별지 제50호서식의 해역이용영향평가 협의요청서에 평가서 30부와 그 내용을 수록한 전산보조기억장치를 첨부하여 해양수산부장관 또는 지방해양수산청장에게 제출하여야 한다.

[별표 19]

해역이용영향평가서 협의 요청시기(제53조제1항 관련)

대상사업	평가서 제출시기 또는 협의 요청시기
1.「공유수면 관리 및 매립에 관한 법률」 제8조제1항제3호에 따른 공유수면의 바닥을 준설하거나 굴착하는 행위(항로 등의 유지를 위한 준설 또는 오염물질 제거를 위하여 필요한 경우에는 제외한다)	「공유수면 관리 및 매립에 관한 법률」 제8조제1항에 따른 공유수면 점용・사용 허가 전
2.「공유수면 관리 및 매립에 관한 법률」 제8조제1항제6호에 따른 공유수면에서 흙이나 모래 또는 돌을 채취하는 행위	「공유수면 관리 및 매립에 관한 법률」 제8조제1항에 따른 공유수면 점용・사용 허가 전
3.「공유수면 관리 및 매립에 관한 법률」 제8조제1항제8호에 따른 흙・돌을 공유수면에 버리는 등 공유수면의 수심에 영향을 미치는 행위(「해양환경관리법」 제23조제1항 단서에 따른 폐기물배출해역에 버리는 경우는 제외한다)	「공유수면 관리 및 매립에 관한 법률」 제8조제1항에 따른 공유수면 점용・사용 허가 전
4.「해저광물자원 개발법」 제2조제1호에 따른 해저광물을 채취하는 행위	「해저광물자원개발법」 제12조제1항에 따른 탐사권의 설정 허가 전 또는 같은 법 제14조제1항에 따른 채취권의 설정 허가 전
5.「광업법」 제3조제1호에 따른 광물을 공유수면에서 채취하는 행위	「공유수면 관리 및 매립에 관한 법률」 제8조제1항에 따른 공유수면 점용・사용 허가 전
6.「해양심층수의 개발 및 관리에 관한 법률」 제2조제1호에 따른 해양심층수를 이용・개발하는 행위	「해양심층수의 개발 및 관리에 관한 법률」 제10조제1항에 따른 면허 전
7.「골재채취법」 제22조에 따른 골재채취 중 바다골재채취(제8호의 대상사업에 해당하여 평가를 받은 경우는 제외한다)	「골재채취법」 제22조제1항에 따른 골재채취의 허가 전
8.「골재채취법」 제34조에 따른 바다골재채취단지의 지정	「골재채취법」 제34조에 따른 골재채취단지의 지정 전
9.「공유수면 관리 및 매립에 관한 법률」 제8조제1항제11호에 따라 해양자원을 이용・개발하는 행위	「공유수면 관리 및 매립에 관한 법률」 제8조제1항에 따른 공유수면 점용・사용 허가 전

해양환경에 현저한 영향을 미칠 것으로 우려되는 각종의 해역이용사업을 계획추진하

려 할 때에는 해양환경오염의 방지 및 보전에 대한 적절한 배려를 할 것이 요청된다. 즉, 해양환경의 파괴를 예방하고 최소화하는 해양환경관리기법으로서 해역이용영향평가는 해양환경에 현저한 영향을 미칠 우려가 있는 대규모 해역이용사업을 수행하는 경우에 그것이 해양환경에 미치게 될 영향을 미리 평가하고 고려함으로써 그 목적을 달성할 수 있다. 해역이용영향평가가 무엇인가 하는 것은 명확하지 않지만, '해역이용을 계획함에 있어서 이용행위가 초래하는 환경면의 영향을 모든 각도에서 미리 조사 예측하고 그 결과를 공표하여 관계자의 의견을 청위하며, 이것을 근거로 하여 해역이용계획의 적부를 평가하고 해역이용사업을 실시할 것인가의 여부를 결정하도록 하는 과정 또는 기법'으로 설명할 수 있다.[32)]

2. 평가대행자의 등록 등

법 제84조 제5항에 따른 해역이용협의서 및 제85조 제4항에 따른 해역이용영향평가서(이하 "해역이용협의서등"이라 한다)의 작성을 대행하는 사업을 영위하려는 자는 해양수산부령이 정하는 기술능력·시설 및 장비를 갖추어 대통령령이 정하는 바에 따라 해양수산부장관에게 등록하여야 한다. 이 경우 해역이용협의서등의 작성을 대행하는 사업의 등록을 한 자(이하 "평가대행자"라 한다)가 등록한 사항 중 해양수산부령이 정하는 중요 사항을 변경하려는 때에도 또한 같다(법 제86조 제1항). 평가대행자가 폐업하려는 때에는 해양수산부장관에게 그 사실을 통보하여야 한다(법 제86조 제2항). 법 제84조 제1항 및 제2항에 따른 평가대행자의 등록절차, 등록증의 발급 및 폐업통보의 절차 등에 필요한 사항은 해양수산부령으로 정한다(법 제86조 제3항).

「해양환경관리법 시행령」

제65조(평가대행자의 등록신청 등)

① 법 제86조 제1항에 따라 평가대행자로 등록하려는 자는 해역이용영향평가 대행자 등록(변경등록) 신청서에 다음 각 호의 서류를 첨부하여 해양수산부장관에게 제출하여야 한다.

1. 삭제
2. 시설 및 장비명세서 1부. 다만, 다른 사람의 시설 및 장비를 사용하기로 계약한 경우에는 그 계약서 사본 1부
3. 기술능력의 보유현황 및 그 자격을 증명하는 서류(국가기술자격증으로 확인할 수 없는 경우에 한정한다) 각각 1부

② 제1항에 따라 등록신청을 받은 해양수산부장관은 「전자정부법」 제36조 제1항에 따른 행정정보의 공동이용을 통하여 다음 각 호의 행정정보를 확인하여야 한다. 다만, 신청인이 제2호 및 제3호의 확인에 동의하지 아니하는 경우 해당 서류의 사본을 각각 첨부하도록 하여야 한다.

1. 법인인 경우에는 법인 등기사항증명서

---

32) 구연창, 「환경법론」, (법문사, 1991), 319-321쪽 참조.

2. 개인인 경우에는 사업자등록증
3. 기술능력을 증명하는 국가기술자격증
③ 해양수산부장관은 제1항에 따른 등록신청이 다음 각 호의 어느 하나에 해당하는 경우를 제외하고는 등록을 해 주어야 한다.
1. 법 제87조 각 호의 어느 하나에 해당하는 경우
2. 해양수산부령으로 정하는 인력・시설・장비 등의 등록기준을 갖추지 못한 경우
3. 그 밖에 법 및 이 영 또는 다른 법령에 따른 제한에 위반되는 경우

제66조(평가대행비용의 산정기준) 해양수산부장관은 제65조에 따라 등록한 평가대행자의 업무대행에 필요한 비용의 산정기준을 정하여 고시하여야 한다.

「해양환경관리법 시행규칙」

제54조(평가대행자의 등록요건)
① 법 제86조제1항 전단에 따른 해역이용영향평가대행자(이하 "평가대행자"라 한다) 등록요건은 별표 20과 같다.
② 법 제86조제1항 후단에서 "해양수산부령이 정하는 중요사항"이란 다음 각 호의 사항을 말한다.
1. 대표자
2. 평가담당부서 또는 실험실의 소재지(다른 사람의 시설 및 장비를 사용하기로 계약한 경우에는 그 계약내용)
3. 평가대행자의 명칭 또는 상호
4. 기술능력의 보유현황
③ 법 제86조에 따라 평가대행자로 등록하거나 변경등록하려는 자는 별지 제51호서식의 해역이용영향평가대행자 등록(변경등록)신청서를 지방해양수산청장에게 제출하되, 변경등록의 경우에는 변경내용을 증명하는 서류와 해역이용영향평가대행자 등록증을 첨부하여야 한다.

[별표 20]
해역이용영향평가대행자의 등록요건(제54조제1항 관련)

1. 일반기준
가. 1명이 2종 이상의 자격을 가지고 있는 경우에는 1종의 자격만 기술자격을 갖춘 것으로 본다.
나. 평가대행자의 기술인력으로 등록한 자는 해당 평가대행자 외의 다른 기관에 취업하고 있지 아니한 자이어야 한다.

2. 등록기준
가. 기술능력

분야	기술자격 및 필요인원	대체 가능 기술자격	
		대체 자격	관련 전공
총괄	해양기술사, 수질관리기술사, 항만 및 해안기술사 중 1명 이상 보유	1) 관련 전공 박사학위의 취득 후 그 분야에 4년 이상 근무한 자로서 환경평가실무에 1년 이상 종사한 자 2) 관련 전공 석사학위의 취득 후 그 분야에 8년 이상 근무한 자로서 환경평가실무에 3년 이상 종사한 자 3) 관련 분야의 기사자격을 취득한 후 그 분야에 8년 이상 근무한 자로서 환경평가실무에 3년 이상 종사한 자	해양학 해양공학 환경학 환경공학

		4) 해양 또는 환경관련 국·공립연구기관, 정부 또는 지방자치단체의 출연연구기관 또는 「고등교육법」에 따른 대학에서 관련 분야에 10년 이상 근무한 자로서 환경평가실무에 3년 이상 종사한 자 5) 해양 또는 환경관련 공무원으로 10년 이상 근무한 자로서 환경평가실무에 5년 이상 종사한 자	
	해양환경기사, 해양자원개발기사, 해양공학기사, 해양생산관리기사 중 1명 이상 보유	1) 관련 전공의 석사학위 이상 소지자 2) 해양 또는 환경 관련 국·공립연구기관, 정부 또는 지방자치단체의 출연연구기관 또는 「고등교육법」에 따른 대학에서 관련 분야에 5년 이상 종사한 자 3) 해양 또는 환경 관련 공무원으로 환경평가실무에 3년 이상 종사한 자 4) 관련 분야의 산업기사자격을 취득한 후 그 분야에 5년 이상 종사한 자	해양학 해양공학 환경학 환경공학
자연환경	해양기술사 1명 이상 보유	1) 관련 전공 박사학위의 취득 후 그 분야에 4년 이상 종사한 자 2) 관련 전공 석사학위의 취득 후 그 분야에 8년 이상 종사한 자 3) 관련 분야의 기사자격을 취득한 후 그 분야에 8년 이상 종사한 자 4) 해양 또는 환경 관련 국·공립연구기관, 정부 또는 지방자치단체의 출연연구기관 또는 「고등교육법」에 따른 대학에서 관련 분야에 10년 이상 근무한 자로서 환경평가실무에 3년 이상 종사한 자 5) 해양 또는 환경 관련 공무원으로 10년 이상 근무한 자로서 환경평가실무에 5년 이상 종사한 자	해양학 해양공학 해양물리 해양화학 해양지질 해양생물 지형학
	해양환경기사, 해양자원개발기사, 해양공학기사, 해양생산관리기사 중 2명 이상 보유	1) 관련 전공의 석사학위 이상 소지자 2) 해양 또는 환경 관련 국·공립연구기관, 정부 또는 지방자치단체의 출연연구기관 또는 「고등교육법」에 따른 대학에서 관련 분야에 5년 이상 종사한 자 3) 해양 또는 환경 관련 공무원으로 환경평가실무에 3년 이상 종사한 자 4) 관련 분야의 산업기사자격을 취득한 후 그 분야에 5년 이상 종사한 자	해양학 해양공학 해양물리 해양화학 해양지질 해양생물 지형학
사회·경제환경	해양환경기사, 해양자원개발기사, 해양공학기사, 해양생산관리기사, 교통기사 중 1명 이상 보유	1) 관련 전공의 석사학위 이상 소지자 2) 해양 또는 환경 관련 국·공립연구기관, 정부 또는 지방자치단체의 출연연구기관 또는 「고등교육법」에 따른 대학에서 관련 분야에 5년 이상 종사한 자 3) 해양 또는 환경 관련 공무원으로 환경평가실무에 3년 이상 종사한 자 4) 관련 분야의 산업기사자격을 취득한 후 그 분야에 5년 이상 종사한 자	해양학 해양공학 환경학 환경공학 경제학 해상교통학 양식학

비고

1) 분야별 같은 자격의 기사는 1명으로 한다.
2) 관련 전공은 이수학과(유사 학과를 포함한다)를 기준으로 판단하되, 연구실적 및 논문 등을 참조할 수 있다.

3) 위 표에서 "관련 분야"란 같은 표의 기술자격 및 필요인원란에 규정된 분야를 말한다
4) 환경평가실무는 「환경영향평가법」제2조제4호에 따른 환경영향평가등, 같은 법 제36조에 따른 사후환경영향조사 및 법 제84조제1항에 따른 해역이용협의, 법 제85조제1항에 따른 해역이용영향평가 및 법 제95조제1항에 따른 해양환경영향조사 등에 관한 업무를 말한다.

나. 시설 및 장비
해양환경공정시험기준에 따라 「해양환경관리법」 제8조제1항에 따른 해양환경기준의 항목을 측정・분석할 수 있는 장비(「환경분야 시험・검사 등에 관한 법률」 제11조제1항에 따른 정도검사를 받은 장비를 포함한다. 이하 같다) 및 실험실. 다만, 그 장비를 보유한 평가대행자 또는 「환경분야 시험・검사 등에 관한 법률」 제16조에 따른 측정대행업자와 측정업무 전반에 관한 측정대행계약을 체결한 경우에는 그 측정에 필요한 장비 및 실험실을 갖춘 것으로 본다.

제55조(등록증의 발급 등)
① 지방해양수산청장은 제54조제3항에 따른 신청이 같은 조 제1항에 따른 등록요건에 적합하면 별지 제52호서식의 해역이용영향평가대행자 등록증을 발급하여야 한다.
② 지방해양수산청장은 해역이용영향평가대행자 등록현황을 매년 3월말까지 공고하여야 한다.

「해양환경관리법 시행규칙」

제55조의2(업무의 폐업통보 등)
① 법 제86조제2항에 따른 폐업통보는 별지 제51호의3서식에 따른다.
② 지방해양수산청장은 폐업통보를 받으면 그 사실을 인터넷 홈페이지에 공고하여야 한다.

---

3. 결격사유

다음 각 호의 어느 하나에 해당하는 자는 평가대행자로 등록할 수 없다(법 제87조).

1. 피성년후견인
2. 파산선고를 받고 복권되지 아니한 자
3. 평가대행자의 등록이 취소된 후 2년이 경과되지 아니한 자
4. 이 법을 위반하여 징역 이상의 실형의 선고를 받고 그 형의 집행이 종료(집행이 종료된 것으로 보는 경우를 포함한다)되거나 집행을 받지 아니하기로 확정된 후 2년이 경과되지 아니한 자
5. 대표이사가 제1호 내지 제4호의 어느 하나에 해당하는 법인

4. 해역이용사업자 등의 준수사항

해역이용사업자, 평가대상사업자(이하 "해역이용사업자등"이라 한다) 및 평가대행자는 대통령령이 정하는 바에 따라 다음 각 호의 사항을 준수하여야 한다(법 제88조).

1. 다른 해역이용협의서등의 내용을 복제하지 아니할 것

2. 작성한 해역이용협의서등을 해양수산부령으로 정하는 기간 동안 보존할 것
3. 해역이용협의서등의 작성의 기초가 되는 자료를 거짓으로 작성하지 아니할 것
4. 등록증 또는 그 명의를 다른 사람에게 대여하지 아니할 것
5. 도급받은 해역이용협의 또는 해역이용영향평가(이하 "해역이용협의등"이라 한다)의 업무를 일괄하여 하도급하지 아니할 것

「해양환경관리법 시행규칙」

제56조(해역이용영향평가서 등의 보존기간) 법 제88조제2호에서 "해양수산부령이 정하는 기간"이란 해당사업 또는 시설의 준공일부터 5년을 말한다.

---

5. 평가대행자의 등록취소 등

해양수산부장관은 평가대행자가 다음 각 호의 어느 하나에 해당하는 때에는 그 등록을 취소하거나 6개월 이내의 기간을 정하여 업무정지를 명령할 수 있다. 다만, 제1호, 제3호부터 제5호까지 및 제5호의2의 어느 하나에 해당하는 때에는 그 등록을 취소하여야 한다(법 제89조 제1항).

1. 거짓 그 밖의 부정한 방법으로 등록하거나 변경등록을 한 때
2. 법 제86조 제1항의 규정에 따른 기술능력·시설 및 장비의 요건에 미달하게 된 때
3. 법 제87조 각 호의 어느 하나에 해당하는 때. 다만, 법인의 대표이사가 법 제87조 제1호 내지 제4호의 어느 하나에 해당하는 경우로서 6개월 이내에 그 대표이사가 개임한 때에는 그러하지 아니하다.
4. 등록 후 2년 이내에 해역이용협의등의 업무를 개시하지 아니하거나 계속하여 2년 이상 해역이용협의등의 업무실적이 없는 때
5. 최근 1년 이내에 2회의 업무정지처분을 받고 다시 업무정지처분에 해당하는 행위를 한 때

5의2. 업무정지처분 기간 중 해역이용협의등의 업무(계약 체결을 포함한다)를 한 때

6. 법 제88조의 규정을 위반한 때
7. 해역이용협의서등을 거짓으로 작성하거나 고의 또는 중대한 과실로 해역이용협의서등을 부실하게 작성한 때

법 제89조 제1항의 규정에 따른 행정처분의 세부기준은 그 위반행위의 유형과 정도 등을 참작하여 해양수산부령으로 정한다(법 제89조 제2항).

「해양환경관리법 시행규칙」

제57조(평가대행자에 대한 행정처분기준) 법 제89조에 따른 평가대행자의 등록취소 및 업무정지처분의 기준은 별표 21과 같다.

[별표 21]
평가대행자에 대한 행정제재 처분의 기준(제57조 관련)

1. 일반기준

가. 위반행위가 둘 이상인 경우로서 그에 해당하는 각각의 처분기준이 다른 경우에는 그 중 무거운 처분기준에 따른다. 다만, 둘 이상의 처분기준이 동일한 업무정지인 경우에는, 각 처분기준을 합산한 기간을 넘지 아니하는 범위에서 무거운 처분기준의 2분의 1 범위에서 가중할 수 있고, 둘 이상의 처분 기준 중 경고(또는 시정명령)가 포함되어 있는 경우에는 경고를 함께 부과할 수 있다.

나. 위반행위의 횟수에 따른 행정처분의 기준은 최근 1년간 같은 위반행위로 행정처분을 받은 경우에 적용한다. 이 경우 행정처분 기준의 적용은 같은 위반행위에 대하여 최초로 행정처분 후 위반행위에 대한 재적발일을 기준으로 한다.

다. 처분권자는 위반행위의 동기·내용·횟수 및 위반의 정도 등을 고려하여 그 처분을 감경할 수 있다. 이 경우 그 처분이 업무정지인 경우에는 그 처분기준의 2분의 1의 범위에서 감경할 수 있고, 등록취소인 경우에는 6개월 이상의 영업정지 처분으로 감경(법 제86조제1항 및 제87조에 해당하는 경우는 제외)할 수 있다.

2. 개별기준

위반사항	근거법령	행정처분기준			
		1차	2차	3차	4차
가. 거짓 그 밖의 부정한 방법으로 등록하거나 변경등록을 한 경우	법 제89조 제1항제1호	등록취소			
나. 법 제86조제1항에 따른 기술능력·시설 및 장비가 등록요건에 미달하게 된 경우	법 제89조 제1항제2호				
1) 등록요건의 기술능력에 속하는 기술인력이 부족한 경우		경고	등록취소		
2) 등록요건의 기술능력에 속하는 기술인력이 전혀 없는 경우		등록취소			
3) 1개월 이상 사무실 또는 실험실이 없는 경우		경고	업무정지 6개월	등록취소	
4) 갖추어두어야 하는 장비가 부족한 경우		경고	업무정지 3개월	업무정지 6개월	등록취소
5) 갖추어두어야 하는 장비가 전혀 없는 경우		경고	업무정지 6개월	등록취소	
다. 법 제87조 각 호의 어느 하나에 해당하는 경우	법 제89조 제1항제3호	등록취소			
라. 등록 후 2년 이내에 해역이용협의등을 개시하지 아니하거나 계속하여 2년 이상 해역이용협의등실적이 없는 경우	법 제89조 제1항제4호	등록취소			

마. 최근 1년 이내에 2회의 업무정지 처분을 받고 다시 업무정지처분에 해당하는 행위를 할 경우	법 제89조 제1항제5호	등록취소			
바. 업무정지 처분기간 중 해역이용협의등의 업무(계약 체결을 포함한다)를 한 경우	법 제89조 제1항제5호의2	등록취소			
사. 법 제88조에 위반한 경우	법 제89조 제1항제6호				
1) 다른 해역이용협의서등의 내용을 복제한 경우		업무정지 6개월	등록취소		
2) 작성한 해역이용협의서등을 해양수산부령이 정하는 기간 동안 보존하지 아니한 경우		경고	업무정지 3개월	업무정지 6개월	등록취소
3) 해역이용협의서등의 작성의 기초가 되는 자료를 허위로 작성 한 경우		업무정지 6개월	등록취소		
4) 등록증 또는 그 명의를 다른 사람에게 대여한 경우		경고	업무정지 6개월	등록취소	
5) 도급받은 해역이용협의등의 업무를 일괄하여 하도급한 경우		경고	업무정지 6개월	등록취소	
아. 해역이용협의서등을 거짓으로 작성하거나 고의 또는 중대한 과실로 해역이용협의서등을 부실하게 작성한 경우	법 제89조 제1항제7호	업무정지 6개월	등록취소		

비고

1. 아목 중 해역이용협의서등을 거짓으로 작성한 경우란 다음 각 목의 경우를 말한다.
   가. 환경현황을 조사하지 아니하거나 일부만 조사하고도 환경현황을 적정하게 조사한 것으로 해역이용협의서등에 게재한 경우
   나. 고의로 해역이용협의서등을 사실과 다르게 작성하여 환경영향이 적은 것으로 인지되도록 한 경우
2. 아목 중 고의 또는 중대한 과실로 해역이용협서등을 부실하게 작성한 경우란 다음 각 목의 어느 하나에 해당하는 경우로서 해역이용협의서등의 신뢰를 떨어뜨리거나, 해역이용협의서등의 검토・협의기관이 해역이용협의서등을 적절하게 검토하기 어렵게 하여 통상적인 보완으로는 그 미비사항을 해소하기 어려운 경우를 말한다.
   가. 지역 주민과 관계 기관의 의견제출 현황과 그 반영여부 등을 누락한 경우
   나. 해역이용협의서등의 검토의견을 반영하지 않으면서 그 사실과 이유를 누락한 경우
   다. 관련 전문가의 통상적인 주의로 확인할 수 있는 다음의 지역이나 주요 보호대상물 등을 누락한 경우
   1) 관계 법령에 따라 지정된 습지보호지역, 해양보호구역, 수산자원보호구역 등
   2) 해역이용협의서등에서 인용하고 있는 문헌 등에 제시되어 있는 법적 보호 동식물, 어업권 등

6. 등록취소 또는 업무정지된 평가대행자의 업무계속

법 제89조에 따라 등록취소 또는 업무정지의 처분을 받은 평가대행자는 그 처분 전에 체결한 해역이용협의서등의 작성에 관련한 업무에 한정하여 계속할 수 있다(법 제90조 제1항).

법 제90조 제1항에 따라 해역이용협의서등의 작성대행 업무를 계속하는 평가대행자는 그 업무를 완료하는 때까지 이 법에 따른 평가대행자로 본다(법 제90조 제2항).

해역이용영향평가제도를 채택하기 위해서는 다음과 같은 몇 가지 선행요건이 필요하다.

첫째, 해역이용영향평가서 작성할 수 있는 해양환경전문요원과 작성된 평가서를 평가・심사할 수 있는 전문평가기구가 확보되어야 한다.

둘째, 해역이용영향평가서는 공개되어야 하고, 그 작성을 법적 의무화하여야 한다.

셋째, 사법적 구제방법이 마련되어야 한다. 이는 해역관리청이 해역이용영향평가서의 작성에 관하여 자의적 처분을 행하는 경우 이를 사법적으로 시정할 수 있는 방법이 마련되어야 한다는 것을 의미한다. 즉, 법원에 의한 의무이행명령, 금지명령, 취소청구소송 등을 통하여 해양환경파괴의 사전 방지 내지 국민의 환경적 이익의 보호라는 해역이용영향평가제도의 목적을 달성할 수 있어야 한다.

제8절 | 보칙 및 벌칙

제1관 형식승인 및 성능인증 등

1. 해양환경측정기기 등의 형식승인 등

법 제12조 제1항에 따른 해양환경상태의 측정・분석・검사에 필요한 장비・기기(이하 "해양환경측정기기"라 한다)를 제작・수입하려는 자는 해양수산부령으로 정하는 바에 따라 해양수산부장관의 형식승인을 받아야 한다. 다만, 시험・연구 또는 개발을 목적으로 제작・수입하는 해양환경측정기기에 대하여 해양수산부령으로 정하는 바에 따라 해양수산부장관의 확인을 받은 경우에는 그러하지 아니하다(법 제110조 제1항). 해양환경측정기기를 사용하고자 하는 때에는 해양수산부령이 정하는 바에 따라 해양수산부장관의 정도검사를 받아야 하고, 이에 사용되는 표준용액・표준가스 등 표준물질(이하 "교정용품"이라 한다)을 공급・사용하고자 하는 때에는 해양수산부령이 정하는 바에 따라 해양수산부장관의 검정을 받아야 한다(법 제110조 제2항). 해양수산부령으로 정하는 해양오염방지설비(유해액체물질오염방지설비를 제외한다), 방오시스템 및 선박소각설비(이하 "형식승인대상설비"

라 한다)를 제작・제조하거나 수입하려는 자는 해양수산부령으로 정하는 바에 따라 해양수산부장관의 형식승인을 받아야 한다. 다만, 시험・연구 또는 개발을 목적으로 제작・제조하거나 수입하는 형식승인대상설비에 대하여 해양수산부령으로 정하는 바에 따라 해양수산부장관의 확인을 받은 경우에는 그러하지 아니하다(법 제110조 제3항). 법 제66조 제1항에 따라 오염물질의 방제・방지에 사용하는 자재・약제를 제작・제조하거나 수입하려는 자는 총리령으로 정하는 바에 따라 국민안전처장관의 형식승인을 받아야 한다. 다만, 시험・연구 또는 개발을 목적으로 제작・제조하거나 수입하는 오염물질의 방제・방지에 사용하는 자재・약제에 대하여 총리령으로 정하는 바에 따라 국민안전처장관의 확인을 받은 경우에는 그러하지 아니하다(법 제110조 제4항). 총리령 또는 해양수산부령이 정하는 바에 따라 법 제110조 제1항・제3항 및 제4항의 규정에 따른 형식승인을 받고자 하는 자는 미리 해양수산부장관 또는 국민안전처장관으로부터 해양환경측정기기, 형식승인대상설비 또는 자재・약제에 대한 성능시험을 받아야 한다(법 제110조 제5항). 법 제110조 제1항・제3항 및 제4항의 규정에 따른 형식승인을 얻은 자가 해양환경측정기기, 형식승인대상설비 또는 자재・약제를 제작・제조하거나 수입한 때에는 해당 물품에 대하여 각각 해양수산부장관 또는 국민안전처장관의 검정을 받아야 한다. 이 경우 검정에 합격한 형식승인대상설비 또는 자재・약제에 대하여는 해양오염방지선박검사 중 최초로 실시하는 검사에 합격한 것으로 본다(법 제110조 제6항). 협약당사국에서 선박에 형식승인대상설비를 설치하거나 자재・약제를 비치・보관한 자는 총리령 또는 해양수산부령으로 정하는 바에 따라 해양수산부장관 또는 국민안전처장관의 인정을 받아야 한다. 이 경우 인정을 받은 물품에 대하여는 법 제110조 제3항부터 제5항까지의 규정에 따른 형식승인・성능시험 및 검정을 받은 것으로 본다(법 제110조 제7항). 법 제60조는 제6항에 따른 형식승인대상설비 또는 자재・약제의 검정에 대한 불복에 대하여 이를 준용한다. 이 경우 제60조 중 "검사"는 "검정"으로, "재검사"는 "재검정"으로 본다(법 제110조 제8항).

2. 형식승인의 취소

해양수산부장관 또는 국민안전처장관은 법 제110조 제1항・제3항 및 제4항의 규정에 따라 형식승인을 받은 자가 다음 각 호의 어느 하나에 해당하는 때에는 총리령 또는 해양수산부령이 정하는 바에 따라 그 승인을 취소하거나 6개월 이내의 기간을 정하여 업무정지를 명할 수 있다. 다만, 제1호에 해당하는 때에는 그 승인을 취소하여야 한다(법 제110조 제9항).

1. 거짓 그 밖의 부정한 방법으로 형식승인을 얻은 경우
2. 거짓 그 밖의 부정한 방법으로 검정을 받은 경우

3. 기준에 미달하는 해양환경측정기기, 형식승인대상설비 또는 자재・약제를 판매한 때
4. 정당한 사유 없이 2년 이상 계속하여 사업실적이 없는 때

「해양환경관리법 시행규칙」

제61조(형식승인 및 정도검사의 대상인 해양환경측정기기) 법 제110조제1항 본문 및 제2항에 따라 형식승인 및 정도검사를 받아야 하는 해양환경측정기기는 다음 각 호와 같다.
1. 용존산소 측정기 및 그 부속기기
2. 화학적 산소 요구량 측정기 및 그 부속기기
3. 총질소 측정기 및 그 부속기기
4. 총인 측정기 및 그 부속기기
5. 총유기탄소 측정기 및 그 부속기기

제62조(해양환경측정기기의 형식승인 신청 등)
① 법 제110조제1항 본문에 따라 해양환경측정기기의 형식승인을 받으려는 자는 별지 제55호서식의 해양환경측정기기 형식승인(변경・면제) 신청서에 다음 각 호의 서류를 첨부하여 해양수산부장관에게 제출하여야 한다.
1. 제69조제2항에 따른 성능시험성적서
2. 주요 제원에 관한 서류
3. 작동원리 및 성능에 관한 설명서
4. 수입신고서 사본(수입하는 경우로 한정한다)
② 해양환경측정기기는 해양환경상태를 측정하기에 적합한 구조와 일정한 수준 이상의 정도를 유지할 수 있는 성능을 가져야 하며, 형식승인의 방법과 기준, 그 밖에 필요한 사항은 해양수산부장관이 정한다.
③ 법 제110조제1항 단서에 따라 해양환경측정기기의 형식승인을 면제받으려는 자는 별지 제55호서식의 해양환경측정기기 형식승인(변경・면제) 신청서에 다음 각 호의 서류를 첨부하여 해양수산부장관에게 제출하여야 한다.
1. 주요 제원에 관한 서류
2. 작동원리 및 성능에 관한 설명서
3. 수입신고서 사본(수입하는 경우로 한정한다)
4. 시험・연구 또는 개발 계획서

제63조(해양환경측정기기 형식승인의 변경승인)
① 제62조에 따라 형식승인을 받은 자는 다음 각 호의 사항을 변경하려면 해양수산부장관의 변경승인을 받아야 한다.
1. 측정범위 또는 최소눈금 간격
2. 측정방법, 측정원리 또는 측정항목
3. 측정기기의 기능 및 성능에 영향을 미치는 외관 또는 내부구조 (운용프로그램을 포함한다)
② 제1항에 따라 형식승인을 변경하려는 자는 별지 제55호서식의 해양환경측정기기 형식승인(변경・면제) 신청서에 다음 각 호의 서류를 첨부하여 해양수산부장관에게 제출하여야 한다.
1. 주요 제원에 관한 서류
2. 작동원리 및 성능에 관한 설명서
3. 형식승인서
4. 변경내용을 증명할 수 있는 서류

제64조(해양환경측정기기의 정도검사 등)
① 제61조 각 호의 해양환경측정기기를 사용하는 자는 법 제110조제2항에 따라 해양환경측정기기를 취득한 날부터 해양수산부장관이 정하여 고시하는 기간이 끝나는 날이 속하는 달마다 해양수산부장관에게 별지 제56호서식의 해양환경측정기기 정도검사신청서를 제출하고 정도검사를 받아야 한다. 다만, 환경오염도를 측정하여 그 결과를 행정목적이나 외부에 알리기 위한 목적으로 사용하지 아니하는 측정기기는 그러하지 아니하다.
② 해양환경측정기기를 사용하는 자가 제1항에 따른 정도검사기간이 만료되기 전에 미리 정도검사를 받은 경우에는 제1항에 따른 정도검사를 받은 것으로 본다. 이 경우 그 후의 정도검사기간은 그 정도검사를 받은 날부터 산정한다.
③ 제1항에 따른 정도검사는 형식승인을 받은 구조와 성능이 유지되는지에 관하여 실시하여야 하며, 구체적인 실시기준 등 필요한 사항은 해양수산부장관이 정하여 고시한다.
④ 해양수산부장관은 제1항에 따라 정도검사기간을 정할 때에는 해양환경측정기기의 정밀도, 정확성, 안정성, 사용목적, 사용환경 및 사용빈도 등을 고려하여야 한다.
⑤ 해양수산부장관은 정도검사를 실시하여 적합하다고 판정하면 별표 22의 정도검사 증명서를 발급하여야 하며, 신청자는 그 측정기기의 잘 보이는 곳에 붙여야 한다.

제65조(교정용품의 검정)
① 법 제110조제2항에 따라 검정을 받아야 하는 교정용품은 제61조에 따른 해양환경측정기기의 교정을 위한 기체형태, 액체형태 또는 고체형태의 표준물질로 한다.
② 법 제110조제2항에 따라 교정용품의 검정을 받으려는 자는 별지 제57호서식의 교정용품 검정신청서를 해양수산부장관에게 제출하여야 한다.
③ 제2항에 따른 교정용품의 검정은 형식승인 및 정도검사 대상기기의 오차정도를 측정・판단하기에 적합한 구조와 정도를 유지하는지에 관하여 실시하여야 하며, 구체적인 실시기준, 검정의 유효기간 등 필요한 사항은 해양수산부장관이 정하여 고시한다.
④ 제1항의 교정용품 중 「국가표준기본법」 제15조에 따라 표준물질의 인증을 받은 교정용품은 이 법에 따른 검정을 받은 것으로 본다.
⑤ 해양수산부장관은 교정용품에 대한 검정을 실시하여 적합하다고 판정하면 별표 23의 검정증명서를 발급하여야 하며, 신청자는 그 교정용품의 잘 보이는 곳에 붙여야 한다.

제66조(자재・약제의 형식승인 신청 등)
① 법 제110조제4항에 따라 형식승인을 받아야 하는 자재・약제의 종류는 다음 각 호와 같다.
1. 오일펜스
2. 유처리제
3. 유흡착재
4. 유겔화제
5. 생물정화제제(生物淨化製劑)

② 법 제110조제4항 본문에 따라 자재・약제의 형식승인을 받으려는 자 또는 형식승인을 받은 이후에 그 자재・약제의 규격 등을 변경(해당 자재・약제의 성능에 직접적인 영향을 미치지 아니하는 사항을 변경하려는 경우에 한정한다)하려는 자는 별지 제58호서식의 해양오염방제 자재・약제 형식승인(변경・면제) 신청서에 다음 각 호의 구분에 따른 첨부 서류를 국민안전처장관에게 제출하여야 한다.
1. 형식승인의 신청
   가. 삭제
   나. 사용재료 및 사용방법에 관한 설명서
2. 형식승인 변경의 신청
   가. 형식승인증서 원본
   나. 변경내용을 증명할 수 있는 서류

③ 법 제110조제4항 단서에 따라 자재・약제의 형식승인을 면제 받으려는 자는 별지 제58호서식의 해

양오염방제 자재·약제 형식승인(변경·면제) 신청서에 다음 각 호의 서류를 첨부하여 국민안전처장관에게 제출하여야 한다.
1. 사용재료 및 사용방법에 관한 설명서
2. 시험·연구 또는 개발 계획서

제67조(형식승인증서의 발급 등)
① 해양수산부장관 또는 국민안전처장관은 법 제110조제1항 및 제4항에 따라 해양환경측정기기 및 자재·약제의 형식승인을 한 경우에는 별지 제59호서식의 해양환경측정기기 형식승인증서 또는 별지 제60호서식의 자재·약제 형식승인증서를 신청인에게 발급하여야 한다.
② 해양수산부장관 또는 국민안전처장관은 제1항에 따라 형식승인증서를 발급한 경우에는 그 해양환경측정기기 또는 자재·약제의 명칭, 제작사, 형식, 형식승인번호 등을 관보에 게재하여야 한다. 형식승인을 받은 내용을 변경승인하거나 취소한 경우에도 또한 같다.

제68조(형식승인의 표시) 법 제110조제1항 및 제4항에 따라 형식승인을 받은 자는 제67조제1항에 따른 형식승인증서의 내용을 표시한 별표 24의 형식승인(수입신고)표를 해양환경측정기기 등에 붙여야 한다.

제69조(성능시험)
① 법 제110조제5항에 따라 해양환경측정기기 또는 자재·약제의 성능시험을 받으려는 자는 해양환경측정기기의 경우에는 별지 제61호서식의 해양환경측정기기 성능시험신청서에 사양서, 구조도면 및 작동설명서를 첨부하여 성능시험용 해양환경측정기기와 함께 해양수산부장관에게, 자재·약제의 경우에는 별지 제62호서식의 자재·약제 성능시험신청서에 사양서, 재질 및 성능에 관한 설명서를 첨부하여 성능시험용 자재·약제와 함께 국민안전처장관에게 각각 제출하여야 한다.
② 해양수산부장관 또는 국민안전처장관은 제1항에 따른 신청이 있으면 해당 해양환경측정기기 또는 자재·약제가 해양수산부장관 또는 국민안전처장관이 정하여 고시하는 성능시험기준에 적합한 경우에는 별지 제63호서식의 해양환경측정기기 성능시험성적서 또는 별지 제64호서식의 자재·약제 성능시험성적서를 신청인에게 발급하여야 한다.

제70조(검정)
① 법 제110조제6항에 따라 해양환경측정기기 또는 자재·약제의 검정을 받으려는 자는 별지 제65호서식의 검정신청서를 해양수산부장관 또는 국민안전처장관에게 제출하여야 한다.
② 제1항에 따른 검정의 기준은 해양수산부장관 또는 국민안전처장관이 정하여 고시한다.
③ 해양수산부장관 또는 국민안전처장관은 해양환경측정기기 및 자재·약제를 검정한 결과가 제2항에 따른 검정기준에 적합하다고 인정하면 별지 제66호서식의 검정합격증명서를 신청인에게 발급하고 해당 해양환경측정기기 또는 자재·약제에 「국가표준기본법」 제22조의3제1항에 따른 별표 25의 국가통합인증마크를 표시하여야 한다.

제72조(형식승인 취소 등의 처분기준)
① 법 제110조제9항에 따른 형식승인의 취소와 그 업무정지처분의 기준은 별표 26과 같다.
② 해양수산부장관 또는 국민안전처장관은 위반행위의 동기, 내용 및 횟수 등을 고려하여 제1항에 따른 업무정지의 기간을 가중 또는 경감할 수 있다. 다만, 가중하는 경우에도 업무정지의 총기간은 6개월을 초과할 수 없다.
③ 해양수산부장관 또는 국민안전처장관은 제1항 및 제2항에 따라 처분을 한 경우에는 지체 없이 고시하여야 한다.

제71조(자재·약제의 인정)
① 국민안전처장관은 법 제110조제7항에 따라 다음 각 호의 어느 하나에 해당하는 자재·약제에 대하여 형식승인·성능시험·검정을 받은 것으로 인정할 수 있다.

1. 협약당사국이 형식승인을 한 자재・약제로서 외국에서 도입・건조 또는 수리된 선박에 갖추어둔 자재・약제
2. 선박에 갖추어둔 자재・약제로서 국내에서 생산되지 아니하지만 협약당사국이 형식승인을 한것 중 국민안전처장관이 정하여 고시하는 자재・약제

② 제1항에 따라 자재・약제에 대한 인정을 받으려는 자는 별지 제67호서식의 자재・약제의 형식승인・성능시험・검정인정 신청서에 제1항 각 호의 어느 하나에 해당됨을 증명하는 서류를 첨부하여 국민안전처장관에게 제출하여야 한다.

③ 국민안전처장관은 제1항에 따라 형식승인 등을 받은 것으로 인정한 경우에는 별지 제68호서식의 자재・약제의 형식승인・성능시험・검정 인정서를 신청인에게 발급하여야 한다.

「선박에서의 오염방지에 관한 규칙」

제55조(형식승인대상설비 등)

① 법 제110조제3항 본문에 따라 형식승인을 받아야 하는 형식승인대상설비는 다음 각 호와 같다.

1. 기름여과장치
2. 선저폐수농도경보장치
3. 유분농도계
4. 기름배출감시제어장치
5. 유수경계면검출기
6. 화물창세정기
7. 유량계
8. 생물분해식・전기분해식 또는 소각식 분뇨처리장치
9. 분뇨마쇄소독장치
10. 선내 소각기
11. 유화기(Homogenizer)
12. 배기가스정화장치
13. 방오시스템

② 법 제110조제3항 본문에 따라 형식승인대상설비의 형식승인을 받으려는 자는 별지 제32호서식의 형식승인신청서에 다음 각 호의 서류를 첨부하여 지방해양수산청장에게 제출하여야 한다.

1. 제56조제2항에 따른 성능시험합격증명서
2. 설비 제조시설의 제조명세서
3. 수입신고서 사본(수입하는 경우로 한정한다)

③ 법 제110조제3항 단서에 따라 형식승인대상설비의 형식승인을 면제받으려는 자는 별지 제32호서식의 형식승인면제 신청서에 다음 각 호의 서류를 첨부하여 지방해양수산청장에게 제출하여야 한다.

1. 주요 제원에 관한 서류
2. 설비의 작동원리 및 성능에 관한 설명서
3. 수입신고서 사본(수입하는 경우로 한정한다)
4. 시험・연구 또는 개발 계획서

제56조(성능시험)

① 법 제110조제5항에 따라 형식승인대상설비의 성능시험을 받으려는 자는 별지 제33호서식의 성능시험신청서에 설비의 제조명세서, 구조도면, 작동설명서를 첨부하여 지방해양수산청장에게 제출하여야 한다.

② 지방해양수산청장은 제1항에 따른 신청이 있는 경우 해당 설비가 이 규칙에 따른 기술기준과 해양수산부장관이 정하여 고시하는 성능시험 및 검정기준에 적합하면 별지 제34호서식의 성능시험합격증명서를 신청인에게 발급하여야 한다. 다만, 법 제110조제3항에 따라 형식승인을 받은 형식승인 대상설비가 다음 각 호에 해당하는 경우에는 해양수산부장관이 정하여 고시하는 성능시험 및 검

정기준 상의 외관검사만으로 성능시험합격증명서를 발급할 수 있다.
1. 제품의 주요구조물이 동등한 재료・부품을 사용하여 제작・제조된 것
2. 제품의 구조가 동등한 형식이거나 용량의 차이에 따라 크기 또는 무게가 다른 것
3. 동등한 오염방지처리방식을 채택한 것
4. 같은 사업장에서 제조된 것

제57조(형식승인증서의 발급)
① 지방해양수산청장은 법 제110조에 따라 해양오염방지설비의 형식승인을 한 때에는 형식승인대상설비에 대하여 별지 제35호서식의 해양오염방지설비 형식승인증서를 신청인에게 발급하여야 한다.
② 지방해양수산청장은 제1항에 따라 해양오염방지설비 형식승인증서를 발급한 때에는 그 해양오염방지설비의 명칭, 제작사, 형식, 형식승인번호 등을 관보에 게재하여야 한다. 형식승인을 한 내용을 변경승인하거나 취소한 때에도 또한 같다.

제58조(검정)
① 법 제110조제3항에 따라 형식승인대상설비의 형식승인을 얻은 자는 법 제110조제6항에 따라 검정을 받으려는 경우에는 별지 제36호서식의 검정신청서를 지방해양수산청장에게 제출하여야 한다.
② 제1항에 따른 검정의 기준은 해양수산부장관이 정하여 고시한다.
③ 지방해양수산청장은 형식승인대상설비를 검정한 결과 제2항에 따른 검정기준에 적합하다고 인정하면 별지 제37호서식의 검정합격증명서를 신청인에게 발급하고 해당 설비에 별표 31에 따른 검인표시를 하여야 한다.

제59조(외국에서 선박에 설치한 형식승인대상설비의 인정) 지방해양수산청장은 법 제110조제7항에 따라 다음 각 호의 어느 하나에 해당하는 형식승인대상설비에 대하여 형식승인, 성능시험 또는 검정을 받은 것으로 인정할 수 있다.
1. 협약당사국이 형식승인을 한 형식승인대상설비로서 외국에서 도입, 건조 또는 수리된 선박에 설치한 형식승인대상설비
2. 선박에 설치한 형식승인대상설비로서 국내에서 생산되지 아니하지만 협약당사국이 형식승인을 한 것 중 해양수산부장관이 정하여 고시한 설비

제60조(형식승인 취소 등의 처분기준)
① 법 제110조제9항에 따른 형식승인대상설비의 형식승인취소와 업무정지 처분의 기준은 별표 32와 같다.
② 지방해양수산청장은 위반행위의 동기, 내용 및 횟수 등을 참작하여 제1항에 따른 업무정지의 기간을 가중 또는 경감할 수 있다. 다만, 가중하는 경우에도 업무정지의 총기간은 6개월을 초과할 수 없다.
③ 지방해양수산청장은 제1항에 따라 취소 및 업무정지 처분을 한 경우에는 지체 없이 고시하여야 한다.

행정해석

해양오염방제 자재・약제의 제작・제조・수입업을 폐업한 경우 형식승인을 취소할 수 있는지 여부 등 (「해양환경관리법」 제110조 등 관련) [법제처 13-0506, 2013.12.27, 해양경찰청]

1. 질의요지
「해양환경관리법」 제110조 제4항에 따라 형식승인을 받은 자가 자재・약제의 제작・제조・수입업을 폐업하고 사업자등록을 말소하여 그 법인격까지 없어진 경우, 국민안전처장관은 같은 조 제9항에 따라 해당 형식승인을 취소할 수 있는지?

2. 회답
「해양환경관리법」 제110조 제4항에 따라 형식승인을 받은 자가 자재・약제의 제작・제조・수입업을 폐업하고 사업자등록을 말소하여 그 법인격까지 없어진 경우, 국민안전처장관이 같은 조 제9항에 따라서는 그 형식승인을 취소할 수 없다고 할 것입니다.

---

3. 성능인증

법 제110조 제3항 및 제4항에 따른 형식승인대상설비나 자재・약제를 제외한 오염방지설비 및 자재・약제(이하 "형식승인대상외설비등"이라 한다)를 제작・제조하거나 수입하려는 자는 총리령 또는 해양수산부령으로 정하는 절차와 방법에 따라 해양수산부장관 또는 국민안전처장관으로부터 성능인증을 받을 수 있다(법 제110조의2 제1항). 법 제110조의2 제1항의 성능인증을 받으려는 자는 미리 해양수산부장관 또는 국민안전처장관으로부터 형식승인대상외설비등에 대하여 총리령 또는 해양수산부령으로 정하는 바에 따라 성능시험을 받아야 한다(법 제110조의2 제2항). 법 제110조의2 제1항에 따라 성능인증을 받은 자가 인증받은 형식승인대상외설비등을 제작・제조 및 수입하는 때에는 총리령 또는 해양수산부령으로 정하는 바에 따라 해양수산부장관 또는 국민안전처장관의 검정을 받아야 한다(법 제110조의2 제3항).

「선박에서의 오염방지에 관한 규칙」

제60조의2(형식승인대상외설비의 성능인증)
① 법 제110조의2제1항에 따라 형식승인대상외설비에 대하여 성능인증을 받으려는 자는 별지 제37호의2서식의 성능인증신청서에 다음 각 호의 서류를 첨부하여 해양수산부장관에게 제출하여야 한다.
1. 성능인증을 위한 시험계획서
2. 제조명세서
3. 구조도면
4. 작동설명서 및 정비지침서
5. 수입신고서 사본(수입하는 경우만 해당한다)
② 해양수산부장관은 제1항에 따른 신청을 받은 경우에는 그 신청일부터 15일 이내에 제60조의3에 따른 기술전문위원회(이하 "기술전문위원회"라 한다)에 성능시험기준에 대한 심의의뢰 여부를 결정한 후 그 결과를 신청인에게 통지하여야 한다. 이 경우 해양수산부장관은 기술전문위원회에 심의의뢰 여부의 결정에 필요한 자료를 신청인에게 요청할 수 있다.
③ 기술전문위원회는 제2항에 따른 의뢰를 받은 날부터 1개월 이내에 그 성능시험기준의 타당성 여부를 심의한 후 해양수산부장관에게 그 결과를 통보하여야 한다.
④ 해양수산부장관은 제3항에 따른 기술전문위원회의 심의결과를 신청인에게 통보하여야 한다. 이 경우 해당 성능시험기준이 타당하다고 의결된 경우에는 그 기준을 관보에 고시하여야 한다.
⑤ 해양수산부장관은 제4항에 따라 성능시험기준을 고시한 경우에는 형식승인대상외설비에 대한 성능시험을 실시한 후 별지 제37호의3서식 성능시험 성적서를 신청인에게 통보하여야 한다. 이 경우 그 성능이 합격한 것으로 인증되는 경우에는 별지 제37호의4서식의 성능인증서를 신청인에게 발급하여야 한다.

⑥ 해양수산부장관은 제5항에 따라 성능인증서를 발급한 경우에는 그 형식승인대상외설비의 명칭, 제작사, 형식 및 성능인증번호 등을 관보에 고시하여야 한다. 인증한 내용을 변경하거나 취소한 때에도 또한 같다.

제60조의3(기술전문위원회 구성 및 임무)
① 제60조의2에 따른 형식승인대상외설비의 성능인증기준에 관한 사항을 심의・의결하기 위하여 해양수산부장관 소속으로 기술전문위원회를 둔다.
② 기술전문위원회는 위원장 1명을 포함하여 7명 이상 20명 이하의 위원으로 구성하되, 해양수산부장관이 위촉・임명한다.
③ 기술전문위원회의 구성・운영 및 회의 등에 관하여 필요한 사항은 해양수산부장관이 정하여 고시한다.

제60조의4(형식승인대상외설비의 검정)
① 법 제110조의2제3항에 따라 형식승인대상외설비의 검정을 받으려는 자는 별지 제37호의5서식의 형식승인대상외설비의 검정신청서를 해양수산부장관에게 제출하여야 한다.
② 해양수산부장관은 제1항에 따른 검정신청이 해양수산부장관이 정하여 고시하는 검정기준에 적합하다고 인정하는 경우에는 별지 제37호의6서식의 형식승인대상외설비 검정합격증명서를 신청인에게 발급하여야 한다.
③ 해양수산부장관은 제2항에 따른 형식승인대상외설비 검정합격증명서를 발급한 경우에는 해당 형식승인대상외설비에 별표 32의2에 따른 성능인증표시를 하여야 한다.
④ 제1항부터 제3항까지의 규정에 따른 형식승인대상외설비의 검정 절차 및 방법 등에 관하여 필요한 세부사항은 해양수산부장관이 정하여 고시한다.

제60조의5(성능인증의 취소)
① 해양수산부장관은 법 제110조의2제4항에 따라 형식승인대상외설비의 성능인증을 취소하려면 청문을 하여야 한다.
② 해양수산부장관은 제1항에 따라 인증을 취소한 경우에는 지체 없이 해당 성능인증을 받은 자에게 통보하고 그 취소사실을 관보에 고시하여야 한다.

---

4. 성능인증의 취소

해양수산부장관 또는 국민안전처장관은 법 제110조의2 제1항에 따라 성능인증을 받은 자가 다음 각 호의 어느 하나에 해당하는 경우에는 총리령 또는 해양수산부령으로 정하는 바에 따라 그 인증을 취소할 수 있다(법 제110조의2 제4항).

1. 거짓이나 그 밖의 부정한 방법으로 성능인증을 받은 경우
2. 거짓이나 그 밖의 부정한 방법으로 검정을 받은 경우
3. 정당한 사유 없이 2년 이상 계속하여 사업실적이 없는 경우

「해양환경관리법 시행규칙」

제72조의2(형식승인대상외 자재・약제의 성능인증)

① 국민안전처장관은 법 제110조의2제1항에 따라 형식승인대상 자재·약제를 제외한 자재·약제(이하 "형식승인대상외 자재·약제"라 한다)에 대하여 제72조의3에 따른 기술전문위원회가 심의한 성능시험기준을 적용하여 성능인증을 할 수 있다.

② 법 제110조의2제1항에 따라 형식승인대상외 자재·약제에 대하여 성능인증을 받으려는 자는 별지 제58호의2서식의 형식승인대상외 자재·약제 성능인증신청서에 다음 각 호의 서류를 첨부하여 국민안전처장관에게 제출하여야 한다.

1. 사양서
2. 사용재료 및 사용방법에 관한 설명서
3. 수입신고서 사본(수입하는 경우로 한정한다)

③ 국민안전처장관은 제2항에 따른 신청을 받으면 신청일부터 15일 이내에 기술전문위원회에 성능인증을 위한 성능시험기준을 마련하여 심의의뢰 여부를 결정하고, 그 결과를 신청인에게 통지하여야 한다. 이 경우 국민안전처장관은 신청인에게 기술전문위원회의 심의여부의 결정에 필요한 자료를 요구할 수 있다.

④ 국민안전처장관은 제3항에 따라 결정된 성능인증을 위한 성능시험기준(제72조의6에 따른 검정을 위한 검정기준을 포함한다)을 신청인에게 통보하고 지체 없이 이를 고시하여야 한다.

⑤ 제4항에 따라 성능시험기준을 통보받은 신청인은 제72조의5에 따라 성능시험을 하고, 같은 조 제2항에 따른 형식승인대상외 자재·약제 성능시험성적서를 국민안전처장관에게 제출하여야 한다.

⑥ 국민안전처장관은 형식승인대상외 자재·약제 성능시험성적서를 확인하고 그 성능이 인증되면 별지 제60호의2서식의 형식승인대상외 자재·약제 성능인증서를 신청인에게 발급하고, 인증되지 아니한 경우에는 그 사유를 밝혀 신청인에게 통지하여야 한다.

⑦ 국민안전처장관은 제6항에 따라 성능인증서를 발급한 때에는 그 형식승인대상외 자재·약제의 종류, 제작사, 형식 및 성능인증번호 등을 관보에 게재하여야 한다. 인증한 내용을 변경하거나 취소한 때에도 또한 같다.

제72조의3(기술전문위원회의 구성 등)

① 제72조의2제1항에 따른 형식승인대상외 자재·약제의 성능인증에 관한 사항을 심의하기 위하여 국민안전처장관 소속으로 기술전문위원회(이하 "위원회"라 한다)를 둔다.

② 위원회는 다음 각 호의 사항을 심의·의결한다.

1. 형식승인대상외 자재·약제의 성능시험의 기준
2. 형식승인대상외 자재·약제의 검정의 기준
3. 그 밖에 형식승인대상외 자재·약제의 성능인증과 관련하여 국민안전처장관이 심의를 요청한 사항

③ 위원회는 위원장 1명을 포함한 7명 이상 11명 이하의 위원으로 구성한다.

④ 위원회의 위원은 다음 각 호의 어느 하나에 해당하는 사람 중에서 국민안전처장관이 위촉한다. 이 경우 민간전문가가 전체위원의 2분의 1 이상이 되어야 한다.

1. 국민안전처 소속 5급 이상 공무원 중 해양오염방제 자재·약제에 관한 학식과 경험이 풍부한 사람
2. 법 제112조제3항에 따른 업무대행기관에서 추천한 전문가
3. 해양 또는 환경 관련 분야 기술사 또는 박사학위를 소지한 사람

⑤ 위원의 임기는 3년으로 하며, 한 차례만 연임할 수 있다.

⑥ 위원회의 사무를 처리하기 위하여 간사 1명을 두되, 간사는 국민안전처 소속 해양오염방제 자재·약제 형식승인 담당 공무원으로 한다.

제72조의4(위원회의 운영)

① 위원회 위원장(이하 "위원장"이라 한다)은 위원회를 대표하고, 위원회의 업무를 총괄한다.

② 위원장이 부득이한 사유로 직무를 수행할 수 없는 때에는 위원장이 미리 지명한 위원이 직무를 대행한다.

③ 위원장은 위원회의 회의를 소집하고, 그 의장이 된다.

④ 위원회의 회의는 재적위원 과반수의 출석으로 개의하고, 출석위원 과반수의 찬성으로 의결한다.

⑤ 이 규칙에서 규정한 것 외에 위원회의 운영에 필요한 사항은 위원회의 의결을 거쳐 위원장이 정한

다.

제72조의5(형식승인대상외 자재·약제의 성능시험)
① 법 제110조의2제2항에 따라 형식승인대상외 자재·약제의 성능인증을 위한 성능시험을 받으려는 자는 별지 제62호의2서식의 형식승인대상외 자재·약제 성능시험신청서에 사양서, 구조도면 및 사용설명서를 첨부하여 성능시험용 자재·약제와 함께 대행기관의 장에게 제출하여야 한다.
② 대행기관의 장은 제72조의2제4항의 성능시험기준에 따른 성능시험을 하고 별지 제64호의2서식의 형식승인대상외 자재·약제 성능시험성적서를 신청인에게 발급하여야 한다.

제72조의6(형식승인대상외 자재·약제의 검정)
① 법 제110조의2의제1항에 따라 성능인증을 받은 자가 법 제110조의2제3항에 따라 검정을 받으려면 별지 제65호의2서식의 형식승인대상외 자재·약제 검정신청서를 국민안전처장관에게 제출하여야 한다.
② 국민안전처장관은 형식승인대상외 자재·약제를 검정한 결과가 제72조의2제4항에 따른 검정기준에 적합하다고 인정하면 별지 제66호의2서식의 형식승인대상외 자재·약제 검정합격증명서를 신청인에게 발급하고 해당 자재·약제에 별표 25의2에 따른 성능인증 표시를 하여야 한다.

제72조의7(형식승인대상외 자재·약제의 성능인증의 취소)
① 국민안전처장관은 법 제110조의2제4항에 따라 형식승인대상외 자재·약제의 성능인증을 취소하려면 미리 성능인증을 받은 자에게 취소 사유와 소명자료의 제출기간을 구체적으로 밝혀 취소의 예고통보를 하여야 한다.
② 국민안전처장관은 제1항에 따라 취소의 예고통보를 받은 자가 제출기간 내에 소명자료를 제출하지 아니하면 2차로 예고통보를 하여야 한다.
③ 국민안전처장관은 성능인증을 받은 자가 2차 예고통보한 소명자료의 제출기간 내에 소명자료를 제출하지 아니하거나 제출된 소명자료가 이유 없다고 인정되면 인증을 취소한다.
④ 국민안전처장관은 인증을 취소한 때에는 그 사실을 지체 없이 해당 성능인증을 받은 자에게 통보하고 관보에 게재하여야 한다.

제2관 업무대행 및 협회

1. 업무의 대행 등

해양수산부장관은 다음 각 호의 업무를 「선박안전법」 제45조의 규정에 따른 선박안전기술공단(이하 "선박안전기술공단"이라 한다) 또는 동법 제60조 제2항의 규정에 따른 선급법인(이하 "선급법인"이라 한다)에게 대행하게 할 수 있다. 이 경우 해양수산부장관은 대통령령이 정하는 바에 따라 협정을 체결하여야 한다(법 제112조 제1항).

1. 법 제27조 제3항의 규정에 따른 유해액체물질의 배출방법 및 설비에 관한 지침서의 검인

1의2. 법 제32조의2제1항에 따른 선박대선박 기름화물이송계획서의 검인

2. 법 제47조 제3항의 규정에 따른 유증기 배출제어장치의 검사

2의2. 법 제47조의2제1항에 따른 휘발성유기화합물관리계획서의 검인
3. 해양오염방지선박검사, 예비검사 및 에너지효율검사. 다만, 대기오염방지설비 중 디젤기관의 질소산화물 배출방지설비에 대한 검사대행자 지정의 경우에는 환경부장관과 미리 협의를 하여야 한다.
4. 법 제49조 제2항의 규정에 따른 해양오염방지검사증서, 제52조 제2항의 규정에 따른 임시해양오염방지검사증서, 제53조 제2항의 규정에 따른 방오시스템검사증서, 제54조 제2항의 규정에 따른 예비검사증서, 제54조의2제2항에 따른 에너지효율검사증서 및 제55조 제1항의 규정에 따른 협약검사증서의 교부
5. 법 제56조 제2항의 규정에 따른 해양오염방지검사증서 및 협약검사증서의 유효기간 연장

국민안전처장관은 선박해양오염비상계획서의 검인에 관한 업무를 선박안전기술공단 또는 선급법인에게 대행하게 할 수 있다. 이 경우 국민안전처장관은 대통령령이 정하는 바에 따라 협정을 체결하여야 한다(법 제112조 제2항). 해양수산부장관 또는 국민안전처장관은 법 제110조제1항・제2항 및 제4항부터 제7항까지의 규정에 따른 형식승인・정도검사・성능시험・검정 및 인정, 법 제110조의2제2항 및 제3항에 따른 성능시험 및 검정 등에 관한 업무를 총리령 또는 해양수산부령이 정하는 지정기준에 적합한 자로서 해양수산부장관 또는 국민안전처장관이 정하여 고시하는 대행기관으로 하여금 대행하게 할 수 있다(법 제112조 제3항). 법 제112조 제3항의 규정에 따른 업무대행자의 지정요건 및 지도・감독에 관하여 필요한 사항은 총리령 또는 해양수산부령으로 정한다(법 제112조 제4항).

「해양환경관리법 시행령」

제88조(협정의 체결) ① 법 제112조제1항 및 제2항에 따라 선박안전기술공단 또는 선급법인이 협정을 체결하려는 경우에는 총리령 또는 해양수산부령으로 정하는 바에 따라 해양수산부장관 또는 국민안전처장관에게 협정체결을 신청하여야 한다.
② 제1항에 따른 협정의 기간은 5년 이내로 하며, 해양수산부장관 또는 국민안전처장관이 정하는 바에 따라 연장할 수 있다.
③ 제1항에 따른 협정에 포함되어야 할 내용은 별표 18과 같다.
④ 해양수산부장관 또는 국민안전처장관은 제1항에 따라 협정을 체결한 경우 지체 없이 그 내용을 고시하여야 한다.

[별표 18]
협정의 내용(제88조제3항 관련)

1. 대행검사기관이 갖추어야 할 인적・물적 요건
가. 조직

1) 검사업무를 수행할 수 있는 전담조직을 갖출 것
2) 검사기준을 개발할 수 있고 해양오염방지 및 대기오염방지 기술을 개발할 수 있는 전담조직을 갖출 것
3) 우리나라 모든 해역을 담당할 수 있는 지역 사무소를 갖출 것

나. 검사원
1) 선박검사원의 자격을 가진 자를 확보할 것
2) 선박검사원의 자질 향상을 위한 직무교육제도를 갖출 것

다. 기술개발
1) 검사기준을 개발하고 정비할 수 있는 능력을 갖출 것
2) 품질관리능력을 갖출 것

라. 손해배상책임에 대비한 보험 가입 등 제도적 장치를 마련할 것

2. 협정에 포함되어야 할 사항
가. 대행업무의 범위
나. 외국 항만당국으로부터 항만국통제로 지적된 사항의 통보
다. 검사대행과 관련된 각종 정보의 제공
1) 선박검사원의 선임 및 해임
2) 발급된 증서
3) 기술자료
라. 품질관리시스템의 운영
마. 정부 또는 정부를 대신한 제3자의 정기적인 감사 수행
바. 기밀유지
사. 선박검사원의 자격
아. 협정의 개정
자. 손해배상책임
차. 협정해지요건

비고
협정의 내용 중 법 제112조에 따른 업무의 대행범위, 감독방법에 관한 사항은 국제해사기구에서 정한 「자발적 회원국 감사 원칙 및 절차」에 위배되어서는 아니 된다.

「해양환경관리법 시행규칙」

제74조(업무대행자의 지정)
① 법 제112조제3항에서 "해양수산부령이 정하는 지정기준"이란 다음 각 호의 구분에 따른 기준을 말한다.
1. 해양환경측정기기의 정도검사・성능시험・검정 업무 대행자의 경우 : 별표 28
2. 자재・약제의 성능시험・검정 업무 대행자의 경우 : 별표 29
② 법 제112조제3항에 따라 업무대행자로 지정받으려는 자는 별지 제70호서식의 해양환경측정기기 업무대행자 지정신청서 또는 별지 제71호서식의 자재・약제의 성능시험 및 검정업무대행자 지정신청서에 다음 각 호의 서류를 첨부하여 해양수산부장관 또는 국민안전처장관에게 제출하여야 한다. 이 경우 해양수산부장관 또는 국민안전처장관은 「전자정부법」 제36조제1항에 따른 행정정보의 공동이용을 통하여 법인 등기사항증명서(법인인 경우만 해당한다) 또는 주민등록표 초본을 확인하여야 하며, 주민등록표 초본은 신청인이 확인에 동의하지 아니하는 경우에는 이를 첨부하도록 하여야 한다.
1. 삭제
2. 정관(법인인 경우로 한정한다)
3. 대행업무를 담당할 인력, 시설 및 장비현황

4. 사업계획서

③ 해양수산부장관 또는 국민안전처장관은 제2항에 따라 신청한 자를 업무대행자로 지정한 경우에는 별지 제72호서식의 해양환경측정기기 업무대행자 지정서 또는 별지 제73호서식의 자재・약제의 성능시험 및 검정업무 대행자 지정서를 발급하여야 한다.

④ 해양수산부장관 또는 국민안전처장관은 제2항 및 제3항에 따라 업무대행자를 지정한 경우에는 다음 각 호의 사항을 고시하여야 한다. 변경지정한 경우에도 또한 같다.

1. 업무대행자의 상호, 대표자 및 소재지
2. 지정번호
3. 지정연월일
4. 검사대행분야 및 대상기기
5. 지정조건
6. 그 밖에 해양수산부장관 또는 국민안전처장관이 필요하다고 인정하는 사항

[별표 28]

해양환경측정기기의 정도검사・성능시험・검정 업무 대행자 지정기준(제74조제1항제1호 관련)

1. 공통기준

가. 업무대행자로 지정받으려 하는 자는 분야별로 지정받을 수 있다. 다만, 자체 보유(사용 및 위탁관리 포함) 측정기기 및 교정용품에 대한 정도검사 및 검정 대행은 제외하되, 업무대행자가 하나인 경우는 그러하지 아니하다.

나. 다음의 기술능력・시설 및 장비에 대해서는 중복하여 갖추지 아니하여도 된다.

1) 각 분야에서 측정기기별로 갖추어야 하는 기술인력 중 공통되는 기술인력

2) 분야별로 갖추어야 하는 시설 및 장비 중 공통되거나 기능이 같은 시설 및 장비

다. 기술능력 중 기술직・기능직은 다음의 자격요건을 가진 자를 말한다.

1) 기술직

가) 해당 분야 및 관련 분야의 기술사

나) 관련 분야의 기사로서 환경측정기기 정도검사 관련 실무경력(검정 업무대행자의 경우 환경측정・분석 관련 실무경력을 포함하며, 이하 이 별표에서 "관련 실무경력"이라 한다)이 1년 이상인 자

다) 관련 분야의 산업기사로서 관련 실무경력이 3년 이상인 자

2) 기능직

관련 분야의 기능사로서 관련 실무경력이 3년 이상인 자

2. 성능시험・정도검사 업무대행자의 경우

측정기기	기술능력	시설 및 장비
용존산소 연속자동측정기	기술직 3명, 기능직 2명	가. 기준장비(용존산소・pH) 1대 나. 전자저울(200g 이상, 0.1㎎ 이하 측정 가능한 것) 1대 다.기준온도계(0 ~ 50℃의 계측이 가능하고 한 눈금이 0.1℃ 이하까지 읽을 수 있는 것) 1대 라.직류전압발생장치(±1V 범위 안의 전압을 0.5㎷ 이내의 정도로 발생 가능한 것) 1대 마.직류전압계(내부저항이 3GΩ 이상의 것으로 0 ~ 1V 범위의 전압을 ±1㎷ 이내의 정도로 계측할 수 있는 것) 1대 바.항온수조(10~100℃ 범위 안의 온도를 ±1℃ 이내의 정도로 일정하게 유지 가능한 것) 1대 사.전압조정기(정격전압이 ±10% 범위 안에서 전압을 연속적으로 조정할 수 있는 것) 1대

		아.절연저항검사장치(1kV 이상의 전압을 1분 이상 가할 수 있는 것) 1대 자.내전압검사장치(1kV 이상의 교류전압을 1분 이상 가할 수 있는 것) 1대 카.가변저항기(내부저항을 1MΩ 및 500MΩ으로 절환 가능한 것) 1대 타.신호기록장치 1대 파. 시료보관용 항온항습장치 1대 하. 항온항습실험실 회로시험기 1대 거. 고압증기멸균기 1대 너. 증류수제조장치 1대
화학적산소요구량 연속자동측정기	기술직 3명, 기능직 2명	가. 기준장비(화학적 산소요구량) 1대 나. 용존산소 연속자동측정기의 나목부터 너목까지와 같음
총질소 연속자동 측정기	기술직 3명, 기능직 2명	가. 기준장비(총질소) 1대 나. 용존산소 연속자동측정기의 나목부터 너목까지와 같음
총인 연속자동측 정기	기술직 3명, 기능직 2명	가. 기준장비(총인) 1대 나. 용존산소 연속자동측정기의 나목부터 너목까지와 같음
총유기탄소 연속 자동측정기	기술직 3명, 기능직 2명	가. 기준장비(총유기탄소) 1대 나. 용존산소 연속자동측정기의 나목부터 너목까지와 같음

3. 교정용품 검정 업무대행자의 경우

측정기기	기술능력	시설 및 장비
기체상 표준물질류	기술직 3명, 기능직 1명	가. 가스표준물질 제조장치 1식 나. 가스분석기 (가스크로마토그래프 또는 가스크로마토그래프/질량분석기 등) 2식 다. 기체유량계(100 ~ 500mL/min) 1식 라. 수분분석기 1식

비고
1. 제1호 다목에서 "관련 분야"란 환경・화공・화학・토목・공업화학 등 환경 관련 분야와 계측・전기・기계・전자・자동차 등 정밀계측 관련 분야를 말한다.
2. 업무대행자는 검사업무의 효율성 및 연계성을 고려하여 지정분야별 기술인력을 다른 지정분야의 검사업무에 활용할 수 있다.

[별표 29]
자재・약제의 성능시험・검정 업무 대행자 지정기준(제74조제1항제2호 관련)

1. 기술능력
다음의 어느 하나에 해당되는 자격을 갖춘 자 4명 이상이 있을 것
가. 전문대학졸업자 또는 이와 동등이상의 학력이 있다고 인정되는 자로서 다음 표의 전공과정과 관련되는 학과를 졸업하고 6개월 이상 관련분야 업무에 종사한 경력이 있는 자
(전공과정: 화학・화공・자원・산업・환경・고분자・생물・미생물・해양학・해양환경)
나. 공업고등학교에서 다음 표의 전공과목과 관련되는 학과를 졸업한 자 또는 이와 동등이상의 학력이 있다고 인정되는 자로서 2년 이상 관련분야 업무에 종사한 경력이 있는 자
(전공과목: 화학・화공・자원・산업・환경・고분자・생물・미생물・해양학・해양환경)
다. 「국가기술자격법」에 따라 다음 표에 해당하는 기술자격분야의 기사 자격을 취득한 후 3개월 이상 관련분야 업무에 종사한 경력이 있는 자 또는 산업기사 자격을 취득한 후 6개월 이상 관련분야 업무에 종사한 경력이 있는 자

(기술자격: 화공(공업화공)·산업안전·공정관리·안전관리(화공안전)·생산관리·해양환경·해양조사·해양공학·생물공학)

2. 시험설비 및 장비
다음의 어느 하나에 해당하는 시험항목을 시험할 수 있는 장비와 실험실이 있을 것
가. 유처리제
1) 인화점
2) 동점도
3) 유화율
4) 계면활성제의 생분해도
5) 생물에 대한 독성
6) 중량 및 비중
7) 색도
나. 유흡착재
1) 온도
2) 흡착량
3) 흡수량
4) 진동시험
5) 내유성
6) 중량
7) 강도
8) 소각시험
9) 동정시험
다. 유겔화제
1) 인화점
2) 동점도
3) 겔화율
4) 포집율
5) 겔화유의 함수율
6) 유겔화제의 회수성
7) 수용성성분의 생분해도
8) 생물에 대한 독성
9) 소각시험
10) 중량 및 비중
11) 색도
라. 오일펜스
1) 치수검사
2) 부유시험
3) 인장강도시험
4) 기실의 누설시험
5) 내유성
6) 내후성(국·공립시험연구기관 또는 환경부장관이 정하여 고시하는 시험연구기관에 의뢰하여 행하는 경우는 제외한다)
7) 기실의 내압시험
마. 생물정화제제
1) 생물에 대한 독성
2) 유류분해능 시험
3) 호흡률 시험

4) 총미생물수 측정시험
5) 단백질농도
6) 영양염농도

제74조의2(업무대행자에 대한 지도 · 감독) 해양수산부장관 또는 국민안전처장관은 제74조제2항 및 제3항에 따라 지정한 업무대행자에게 다음 각 호의 업무에 대한 처리실적을 매 분기 종료일부터 10일 이내에 제출하게 할 수 있다.
1. 법 제110조제1항 · 제2항 및 제4항부터 제7항까지의 규정에 따른 형식승인 · 정도검사 · 성능시험 · 검정 및 인정
2. 법 제110조의2제2항 및 제3항에 따른 성능시험 및 검정

제75조(업무대행자 지정취소 처분기준) ① 제74조에 따라 업무대행자로 지정을 받은 자의 법 제113조제3항에 따른 지정취소 처분기준은 별표 30과 같다.
② 해양수산부장관 또는 국민안전처장관은 제1항에 따라 지정취소를 한 경우에는 지체 없이 고시하여야 한다.

[별표 30]
업무대행자의 지정취소 처분기준(제75조제1항 관련)

위반사항	근거법령	행정처분기준			
		1차	2차	3차	4차
1. 거짓 그 밖의 부정한 방법으로 지정을 받은 경우	법 제113조제1항제1호	지정취소			
2. 법 제112조제4항에 따른 지정요건에 미달하게 되는 경우	법 제113조제1항제2호				
가. 인력이 부족한 경우		경고	지정취소		
나. 설비 및 장비가 부족한 경우		경고	지정취소		
다.인력 및 장비가 전혀 없는 경우		지정취소			
3.정당한 사유 없이 3개월 이상 대행업무를 수행하지 아니하는 경우	법 제113조제1항제3호	경고	지정취소		

「선박에서의 오염방지에 관한 규칙」

제61조(협정의 체결 신청) 「선박안전법」 제45조에 따른 선박안전기술공단(이하 "공단"이라 한다) 또는 같은 법 제60조제2항에 따른 선급법인(이하 "선급법인"이라 한다)은 영 제88조제1항에 따라 해양수산부장관 또는 국민안전처장관과 협정을 체결하려는 경우에는 다음 각 호의 사항을 기재한 서류를 갖추어 해양수산부장관 또는 국민안전처장관에게 신청하여야 한다.
1. 주된 사무소와 분사무소의 명칭 및 소재지
2. 임원의 성명
3. 선박검사원의 수
4. 정관 및 예산
5. 등록 척수 및 검사의 기준
6. 수수료의 기준
7. 대행계획
8. 영 제88조제3항에 따른 협정포함사항

제62조(성능시험 등의 대행)

① 법 제112조제3항에 따른 성능시험, 검정 및 인정 업무 대행자 지정기준은 별표 33과 같다.
② 법 제112조제3항에 따라 성능시험, 검정 및 인정에 관한 업무를 대행하고자 하는 자는 별지 제38호 서식의 성능시험·검정및인정업무대행자 지정신청서(전자문서로 된 신청서를 포함한다)에 다음 각 호의 서류를 첨부하여 해양수산부장관에게 제출하여야 한다. 이 경우 해양수산부장관은 「전자정부법」 제36조제1항에 따른 행정정보의 공동이용을 통하여 법인 등기사항증명서(법인의 경우만 해당한다) 또는 주민등록초본을 확인하여야 하며, 주민등록초본에 대하여 신청인이 확인에 동의하지 아니하는 경우에는 이를 첨부하도록 하여야 한다.
1. 삭제
2. 정관(법인인 경우로 한정한다)
3. 대행업무를 담당할 인력, 시설 및 장비 현황
4. 사업계획서
③ 해양수산부장관은 성능시험, 검정 또는 인정에 관한 업무의 대행자를 지정한 때에는 별지 제39호서식의 성능시험·검정 및 인정대행자지정서를 발급하여야 한다.
④ 해양수산부장관은 제2항 및 제3항에 따라 업무대행자를 지정한 경우에는 다음 각 호의 사항을 고시하여야 한다. 변경지정한 경우에도 또한 같다.
1. 업무대행자의 상호, 대표자 및 소재지
2. 지정번호
3. 지정연월일
4. 검사대행분야 및 대상설비
5. 지정조건
6. 그 밖에 해양수산부장관이 필요하다고 인정하는 사항

[별표 33]
대행자의 지정요건 및 대행자에 대한 지도·감독에 관한 사항
(제62조제1항 관련)

1. 대행자의 지정기준
가. 일반적 요건
  1) 대행업무를 수행할 수 있는 조직, 검사경험, 능력 및 장비를 보유하고 있을 것
  2) 해양오염방지설비 등의 설계·구조·설비 및 안전관리체제에 관한 평가를 할 수 있는 종합적인 경험을 보유하고 있을 것
나. 구체적 기준
  1) 해양오염방지설비 등의 설계·구조·증명서·공학시스템에 관한 규정집 및 관련 규정을 최신화하기 위한 연구조직을 보유하고 있을 것
  2) 연구조직은 다음의 요건을 갖출 것
    가) 관련 규정을 개발하고 유지할 수 있는 수준의 기술자, 관리자 및 지원인력을 보유할 것
    나) 대행업무를 용이하게 집행할 수 있는 지방조직을 갖출 것
  3) 검사원의 검사서비스의 집행 및 비밀 준수 책임에 관한 윤리강령을 갖추고 있을 것
  4) 검사 신청 시 검사를 바로 집행할 수 있는 능력을 보유할 것
  5) 해양수산부장관의 요청이 있는 경우 즉시 정보를 제공할 수 있을 것
  6) 검사품질에 관한 정책 및 목표를 정하고 이를 문서화하여 모든 구성원이 숙지하고 있을 것
  7) ISO9000시리즈 이상의 내부품질관리체제를 갖추고 다음의 사항을 확인할 수 있을 것
    가) 조직 자체의 규정은 체계적으로 제정되어 관리 및 유지될 것
    나) 법 제112조에 따른 협정을 준수할 것
    다) 검사품질과 밀접한 관련이 있는 선박검사원의 책임, 권한 및 검사원과의 관계는 명확하게 규정되고 문서화되어 있을 것
    라) 모든 검사는 통제된 상태에서 이루어질 것
    마) 조직이 수행하는 업무를 감독할 수 있는 체제를 갖출 것

바) 검사원의 자격과 지식을 계속적으로 최신화할 수 있는 체제를 갖출 것
사) 품질기준이 잘 유지되고 품질관리체제가 효과적으로 이루어지고 있다는 기록이 잘 유지될 것
아) 품질관리에 관하여 계획되고 문서화된 종합적인 내부감사활동이 시행되고 있을 것
8) 5년을 넘지 아니하는 간격으로 해양수산부장관 또는 독립적인 감사기관의 감사를 받아 품질관리제도의 확인을 받을 것

2. 대행자에 대한 지도・감독에 관한 사항
가. 대행자 지정요건의 준수 및 유지 여부
나. 대행업무를 수행함에 있어서의 관련 법령에 따른 적정한 이행 여부

제63조(업무대행 협정 취소 등의 처분기준)
① 제62조에 따라 업무대행자 지정을 받은 자의 법 제113조제3항에 따른 업무대행의 협정 또는 지정의 취소기준은 별표 34와 같다.
② 해양수산부장관은 제1항에 따라 취소를 한 경우에는 지체 없이 고시하여야 한다.

---

2. 업무대행 등의 취소

해양수산부장관 또는 국민안전처장관은 법 제112조 제1항 내지 제3항의 규정에 따른 업무대행자가 다음 각 호의 어느 하나에 해당하는 때에는 업무대행의 협정 또는 지정을 취소할 수 있다. 다만, 제1호에 해당하는 경우에는 그 협정 또는 지정을 취소하여야 한다(법 제113조 제1항).

1. 거짓 그 밖의 부정한 방법으로 업무대행의 협정이 체결되거나 지정된 때
2. 법 제112조 제4항의 규정에 따른 지정요건에 미달하게 되는 때(업무대행의 지정의 경우에 한한다)
3. 정당한 사유 없이 3월 이상 대행업무를 수행하지 아니하는 때
4. 대행업무를 수행하는 자가 그 업무와 관련하여 체결된 협정에 위반한 때

법 제113조 제1항의 규정에 불구하고 환경부장관은 제112조 제1항 제3호 단서의 규정에 따른 협의를 거쳐 검사대행자로 지정된 자가 제112조 제1항의 규정에 따른 협정을 위반하게 되는 경우에는 그 협정의 취소를 해양수산부장관에게 요청할 수 있다. 이 경우 해양수산부장관은 특별한 사유가 없는 한 이에 따라야 한다(법 제113조 제2항). 법 제113조 제1항 및 제2항의 규정에 따른 업무대행의 협정 또는 지정의 취소에 관하여 필요한 사항은 총리령 또는 해양수산부령으로 정한다(법 제113조 제3항).

3. 관계 행정기관의 협조

국민안전처장관 또는 해역관리청은 이 법의 목적을 달성하기 위하여 필요하다고 인정되는 경우에는 관계 행정기관의 장에 대하여 해양환경관리 또는 해양오염방지를 위하여 필요한 자료 및 정보의 제공, 긴급한 해양오염방제를 위한 인력 및 장비의 동원을 각각 요청할 수 있다(법 제114조 제1항). 공단은 법 제97조의 규정에 따른 사업을 수행하기 위하여 필요한 때에는 관계 행정기관에 대하여 자료 또는 정보의 열람·복사 등 필요한 협조를 요청할 수 있다(법 제114조 제2항). 법 제114조 제1항 및 제2항의 규정에 따라 국민안전처장관·해역관리청 또는 공단으로부터 협조요청을 받은 관계 행정기관의 장은 특별한 사유가 없는 한 이에 협조하여야 한다(법 제114조 제3항).

4. 해양환경보전협회

해양환경 및 생태계의 보전·관리를 위한 조사연구 및 교육·홍보 등을 위하여 해양환경보전협회(이하 "협회"라 한다)를 둔다(법 제125조 제1항). 협회는 법인으로 한다(법 제125조 제2항). 협회의 조직·운영 그 밖에 필요한 사항은 해양수산부령으로 정한다(법 제125조 제3항). 협회에 관하여 이 법에 규정하지 아니한 사항은「민법」중 사단법인에 관한 규정을 준용한다(법 제125조 제4항).

「해양환경관리법 시행규칙」

제85조(해양환경보전협회)
① 법 제125조에 따른 해양환경보전협회(이하 "협회"라 한다)에 사무국과 전문위원회를 둔다.
② 협회는 필요한 지역에 지부를 둘 수 있다.
③ 협회는 매년 사업운영계획서 및 예산안을 작성하여 해당 회계연도개시 전까지 해양수산부장관에게 제출하여야 하며, 사업운영계획 및 예산을 변경하려는 경우에는 변경내용과 그 사유를 적은 서류를 해양수산부장관에게 제출하여야 한다.
④ 협회는 사업실적보고서와 결산보고서를 해당 회계연도 종료 후 2개월 이내에 해양수산부장관에게 제출하여야 한다.

제3관 기타 해양환경행정

1. 선박해체의 신고 등

선박을 해체하고자 하는 자는 선박의 해체작업과정에서 오염물질이 배출되지 아니하도록 총리령이 정하는 바에 따라 작업계획을 수립하여 작업개시 7일 전까지 국민안전처장관에게 신고하여야 한다. 다만, 육지에서 선박을 해체하는 등 총리령이 정하는 방법에 따라 선박을 해체하는 경우에는 그러하지 아니하다(법 제111조 제1항). 국민안전처장관은 법 제111조 제1항의 규정에 따라 신고된 작업계획이 미흡하거나 동 계획을 이행하지 아니하는 것으로 인정되는 경우에는 필요한 시정명령을 할 수 있다(법 제111조 제2항). 해역관리청은 방치된 선박의 해체 및 이의 원활한 처리를 위하여 해양수산부령이 정하는 시설기준 · 장비 등을 갖춘 선박처리장을 설치 · 운영할 수 있다(법 제111조 제3항).

「해양환경관리법 시행규칙」

제73조(선박해체 해양오염방지작업계획의 신고 등)
① 선박을 해체하려는 자는 법 제111조제1항 본문에 따라 별지 제69호서식의 선박해체 해양오염방지작업계획신고서에 다음 각 호의 서류를 첨부하여 작업개시 7일 전까지 선박을 해체하려는 장소를 관할하는 해양경비안전서장에게 제출하여야 한다. 작업계획을 변경하려는 때에도 또한 같다.
1. 다음 각 목의 사항이 기재된 작업계획서
   가. 해체하려는 선박의 해체 전 유창 청소와 오염물질의 처리에 관한 사항
   나. 해체작업 중 발생할 수 있는 오염물질의 유출사고에 대비한 예방조치 사항
   다. 오염물질의 유출사고 발생 시의 응급조치에 관한 사항
2. 해체장소 사용허가서 또는 그 증명서류
3. 해체할 선박의 권리를 입증할 수 있는 서류
4. 오염물질의 처리실적서
② 법 제111조제1항 단서에서 "총리령이 정하는 방법"이란 오염물질이 제거된 선박으로서 총톤수 100톤(군함과 경찰용 선박의 경우에는 경하배수톤수 200톤) 미만의 선박(유조선은 제외한다)을 육지에 올려놓고 해체하는 것을 말한다.
③ 법 제111조제3항에 따른 선박처리장의 시설 · 장비기준은 별표 27과 같다.

[별표 27]
선박처리장의 시설 · 장비기준(제73조제3항 관련)
1. 총톤수 5톤 이상의 작업선 1척
2. 배수펌프 2대
3. 절단기 10대
4. 50톤급 이상의 크레인 1대
5. 33㎡ 넓이의 사무실

2. 출입검사 · 보고 등

해양수산부장관은 대통령령으로 정하는 바에 따라 소속 공무원으로 하여금 선박에 출입하여 관계 서류나 시설 · 장비 및 연료유를 확인 · 점검하게 할 수 있다(법 제115조 제1항). 해양수산부장관은 대통령령으로 정하는 바에 따라 소속 공무원으로 하여금 해양시설의 소유자(법 제34조부터 제36조까지 및 제67조에 따른 업무는 제외한다), 선박급유업자, 법 제47

조 제2항에 따라 유증기 배출제어장치를 설치한 자 및 제70조 제1항 제4호・제5호에 따른 폐기물해양수거업・퇴적오염물질수거업을 하는 자에 대하여 필요한 자료를 제출하게 하거나 보고하게 할 수 있으며, 그 시설(사업장 및 사무실을 포함한다. 이하 이 조에서 같다)에 출입하여 확인・점검하거나 관계 서류나 시설・장비를 검사하게 할 수 있다(법 제115조 제2항). 국민안전처장관은 대통령령으로 정하는 바에 따라 소속 공무원(법 제116조에 따라 해양환경감시원으로 지정된 공무원만 해당한다. 이하 이 조에서 같다)으로 하여금 해양시설의 소유자(법 제34조부터 제36조까지 및 제67조에 따른 업무만 해당한다), 법 제70조 제1항제1호부터 제3호까지의 규정에 따른 폐기물해양배출업・해양오염방제업・유창청소업을 영위하는 자 및 법 제76조에 따른 폐기물위탁자에 대하여 필요한 자료를 제출하거나 보고하게 할 수 있으며, 그 시설에 출입하여 확인・점검하거나 관계 서류나 시설・장비를 검사하게 할 수 있다(법 제115조 제3항). 국민안전처장관은 법 제115조 제1항의 규정에 불구하고 선박에서 해양오염과 관련하여 대통령령이 정하는 긴급한 상황이 발생한 경우에는 소속 공무원으로 하여금 그 선박에 출입하여 확인・점검하거나 관계 서류나 시설・장비를 검사하게 할 수 있다(법 제115조 제4항). 법 제115조 제1항부터 제4항까지의 규정에 따라 출입검사 등을 하는 공무원은 그 권한을 표시하는 증표를 지니고 이를 관계인에게 내보여야 하며, 출입목적・성명 등을 구체적으로 알려야 한다(법 제115조 제5항). 선박의 소유자 등 관계인은 법 제115조 제1항부터 제4항까지의 규정에 따른 공무원의 출입검사 및 자료제출・보고요구 등에 대하여 정당한 사유 없이 이를 거부・방해하거나 기피하여서는 아니 된다(법 제115조 제6항). 해양수산부장관 또는 국민안전처장관은 출입검사 및 보고와 관련하여 총리령 또는 해양수산부령이 정하는 바에 따라 지도점검사항・검사예고 및 점검결과회신 등의 업무를 전산망을 구성하여 이용하게 할 수 있다(법 제115조 제7항).

「해양환경관리법 시행령」

제89조(출입검사・보고 등)

① 법 제115조제1항에 따라 해양수산부장관은 다음 각 호의 어느 하나에 해당하는 경우에는 소속 공무원으로 하여금 선박에 대한 출입검사업무를 하게 할 수 있다.

1. 선박의 오염방지를 위하여 필요한 경우
2. 대행기관으로부터 보고받은 자료의 검토결과 선박 또는 선박 관련 사업장・사무소에 출입할 필요가 있다고 인정되는 경우

② 제1항제1호에 따른 선박에 대한 출입검사・보고는 각 선박에 대하여 연 1회 시행할 수 있다. 다만, 선박사고 등 특별한 경우에는 그러하지 아니하다.

③ 법 제115조제2항에 따라 해양수산부장관은 다음 각 호의 어느 하나에 해당하는 경우에는 소속 공무원으로 하여금 해양시설 등에 대한 출입검사업무를 하게 할 수 있다.

1. 법 제37조제1항제1호 및 법 제38조에 따른 오염물질 수거・처리 및 저장과 관련하여 위법한지를 확인하기 위한 경우
2. 법 제33조에 따라 신고된 해양시설이 법 제39조에 따른 잔류성유기오염물질을 환경관리해역 안에

서 그 기준을 초과하여 배출하였다고 판단되는 경우
3. 법 제45조에 따라 선박급유업자가 선박에 연료유를 공급하는 과정에서의 적법 여부를 확인하기 위한 경우
4. 법 제47조제2항에 따라 유증기 배출제어장치를 설치한 자가 유증기를 배출한 혐의가 있는 경우
5. 법 제70조제1항제4호 및 제5호에 따른 폐기물해양수거업자 및 퇴적오염물질수거업자의 사업활동과 관련하여 제출한 자료가 부실하거나 정확하지 아니한 경우
④ 법 제115조제3항에 따라 국민안전처장관은 다음 각 호의 어느 하나에 해당하는 경우 총리령으로 정하는 자료를 제출 또는 보고하게 하거나 그 시설에 출입하여 확인・점검 및 검사를 할 수 있다.
1. 법 제34조에 따른 해양시설오염물질기록부의 비치 및 기록의 유지 여부를 확인하기 위한 경우
2. 법 제35조에 따른 해양시설오염비상계획서의 이행 및 적정성 여부를 확인하기 위한 경우
3. 법 제36조에 따른 해양오염방지관리인의 임명, 교육이수 여부 및 업무관리실태를 확인하기 위한 경우
4. 법 제66조 및 법 제67조에 따른 자재・약제의 비치와 방제선등의 배치・설치 여부를 확인하기 위한 경우
5. 법 제70조제1항제1호부터 제3호까지의 규정에 따른 폐기물해양배출업자, 해양오염방제업자 및 유창청소업자의 법 제72조에 따른 의무사항 이행 여부를 확인하기 위한 경우
6. 법 제76조에 따른 폐기물위탁자의 의무사항 이행 여부를 확인하기 위한 경우
⑤ 법 제115조제4항에서 "대통령령이 정하는 긴급한 상황이 발생한 경우"란 다음 각 호의 어느 하나에 해당하는 경우를 말한다.
1. 선박에서 해양오염이 발생한 경우
2. 선박사고로 인하여 해양오염이 발생할 우려가 있는 경우
3. 오염원인을 알 수 없는 해양오염이 발생하여 원인을 확인하기 위한 경우

「해양환경관리법 시행규칙」

제76조(출입검사・보고 등)
① 법 제115조제2항 및 제3항에 따른 자료 제출 또는 보고 사항은 다음 각 호와 같다.
1. 삭제
2. 삭제
3. 삭제
4. 삭제
5. 해양시설운영자의 오염물질 처리상황
6. 법 제111조제1항에 따라 선박해체의 신고를 한 자의 해체작업실적과 기름 등 폐기물의 처리상황
7. 삭제
8. 삭제
② 법 제115조제1항부터 제3항까지의 규정에 따른 확인・점검 및 검사 사항은 다음 각 호와 같다.
1. 해양시설의 경우
   가. 해양시설오염비상계획의 작성 및 비치 여부(별표 1 제1호가목 중 합계 용량 300킬로리터 이상의 시설에 한정한다)
   나. 해저송유관, 호스, 저장탱크, 돌핀 또는 원유송유용 부이의 정기적인 점검 여부
   다. 해양오염 사고 시 응급조치용 방제선, 방제장비, 자재・약제의 비치 여부
   라. 파이프, 호스의 연결 상태 및 안전장치의 설치 여부
   마. 시설 안에서 발생하는 기름 등 폐기물의 처리 여부
   바. 해양오염방지관리인의 임명 여부 및 임무파악 여부(별표 1 제1호의 시설로 한정한다)
2. 폐기물해양배출업체의 경우
   가. 수탁폐기물의 보관 및 관리의 적정 여부
   나. 지정해역 배출준수 여부
   다. 저장시설의 구조 및 설비기준의 적합 여부

라. 불법폐기물의 혼입 여부
마. 폐기물운반선의 폐기물해양배출 설비가 등록기준에 적합하게 유지되는지 여부
3. 폐기물위탁자의 경우
가. 신고된 폐기물의 종류, 발생공정의 적합 여부
나. 폐기물처리기준 적합 여부 및 위탁량
다. 위탁할 폐기물에의 이물질 혼입 여부
4. 방제·청소업 시설의 경우
가. 폐유저장시설 및 수집 폐유량의 정기적인 점검 여부
나. 해양오염사고 시 응급조치용 방제선, 방제장비, 자재·약제의 비치 여부
다. 파이프, 호스의 연결 상태 및 안전장치의 설치 여부
라. 유출사고에 대비한 통신연락체제 및 긴급보고체제의 유지여부(해양오염방제업으로 한정한다)
마. 유출사고에 대비한 긴급대응태세 유지 여부(해양오염방제업으로 한정한다)
5. 폐기물해양수거업 및 퇴적오염물질수거업의 경우
가. 해양오염방지대책의 수립 여부
나. 작업과정에서 발생하는 오염물질의 처리 여부
다. 해양오염방지관리인의 임명 및 업무파악 여부
6. 오염물질저장시설의 경우
가. 폐유저장탱크·폐유처리시설의 배관·호스의 연결 상태 및 안전장치의 설치 여부
나. 시설 및 시설을 이용하는 선박의 작업과정에서 발생한 오염물질의 처리상황 및 인계·인수사항

「선박에서의 오염방지에 관한 규칙」

제64조(출입검사 항목)
① 법 제115조제1항에 따라 관계 공무원이 해양오염방지를 위하여 선박의 하역과정에 대하여 출입검사를 하는 경우의 대상선박·시설별 검사항목은 다음 각 호와 같다.
1. 유조선의 하역과정인 경우
가. 해당 선박의 정박상황의 적합 여부
나. 화물유 유출의 가능성이 있는 밸브의 폐쇄 여부
다. 상갑판상의 모든 배출구의 폐쇄 여부
라. 화물유 이송호스의 연결부분 중 화물유 유출의 우려가 있는 부분의 기름받이 설치여부
마. 화물유 유출사고에 대비한 긴급보고체제의 유지 및 유출된 화물유의 신속한 제거를 위한 사전준비 여부
바. 화물유 유출사고에 대비한 오염방지관리인의 하역과정에 참여 여부
사. 화물유 유출에 대비한 오일펜스 설치 여부
아. 화물유 작업관계자간의 긴밀한 통신망 구성 및 통신장비의 사전점검 여부
자. 화물유 이송호스, 그 밖의 장비에 대한 사전점검 여부
2. 유해액체물질 산적운반선의 하역과정인 경우
가. 화물창, 화물이송펌프, 배관장치가 비어 있는지 여부
나. 법 제27조제3항에 따른 유해액체물질배출지침서에 따라 유해액체물질을 예비세정하였는지의 여부
다. 예비세정과정에서 생기는 화물창세정수를 육상수용시설에 이송하였는지의 여부
3. 유조선 및 유해액체물질산적운반선 외의 선박의 하역과정인 경우
가. 갑판상의 기름배출 가능개소의 배출구 폐쇄 여부
나. 화물을 싣거나 내리는 과정에서의 오염물질의 배출방지 여부
다. 유출사고에 대비한 긴급보고체제의 유지 및 신속한 조치를 위한 사전준비 여부
4. 선박급유업의 시설인 경우
가. 선박급유 시설의 사전점검 여부
나. 선박급유 시설의 오염 및 화재 예방조치 여부

② 법 제115조제1항에 따라 관계 공무원이 해양오염방지를 위하여 선박의 해양오염방지설비 검사 여부 등에 대하여 출입검사를 하는 경우 확인하는 사항은 다음 각 호와 같다.
1. 법 제30조제1항에 따른 선박오염물질기록부의 비치 여부
2. 법 제31조제1항에 따른 선박해양오염비상계획서의 비치 여부
3. 법 제32조제1항에 따른 해양오염방지관리인의 임명 여부
4. 법 제37조제1항에 따른 오염물질의 수거 확인
4의2. 법 제41조의3제1항에 따른 선박에너지효율관리계획서의 비치 여부
5. 법 제49조 및 제50조에 따른 선박검사를 받았는지 여부의 확인
6. 법 제53조제2항에 따른 방오시스템검사증서의 비치 여부 확인
6의2. 법 제54조의2제2항에 따른 에너지효율검사증서의 비치 여부
7. 법 제57조제4항에 따른 해양오염방지검사증서의 비치 여부 확인
8. 법 제66조에 따른 방제자재 및 약제의 선내비치 또는 육상보관 지정 확인
③ 지방해양수산청장은 제2항에 따라 비치된 서류를 점검하여 실제 작동 여부 등을 확인할 필요가 있다고 인정되는 경우 관련 설비를 확인할 수 있다.

제66조(출입검사 후 조치) 지방해양수산청장 또는 해양경비안전서장은 법 제115조제1항 또는 제3항에 따른 출입검사 결과 선박이 해양오염방지조치에 관련되는 법령을 위반하였다고 인정되는 경우에는 관계 행정기관에 필요한 조치를 요청할 수 있다

제67조(업무전산망의 구성 등) 법 제115조제6항에 따라 지방해양수산청장 또는 국민안전처장관은 업무 편의 및 민원인의 편익을 위하여 출입검사 정보를 공유할 수 있도록 전산망을 구성할 수 있다.

---

3. 해양환경감시원

해양수산부장관 또는 국민안전처장관은 법 제115조 제1항부터 제4항까지의 규정에 따른 직무를 수행하게 하기 위하여 소속 공무원을 해양환경감시원으로 지정할 수 있다(법 제116조 제1항). 법 제116조 제1항에 따른 해양환경감시원의 임명・자격・직무 등에 필요한 사항은 대통령령으로 정한다(법 제116조 제2항).

「해양환경관리법 시행령」

제90조(해양환경감시원)
① 해양수산부장관 또는 국민안전처장관은 법 제116조제1항에 따라 그 소속 공무원 중에서 다음 각 호의 어느 하나에 해당하는 자를 해양환경감시원으로 임명한다.
1. 해양공학기사・해양자원개발기사・해양환경기사・해양조사산업기사・조선산업기사・수질환경산업기사・대기환경산업기사・폐기물처리산업기사・화공산업기사・위험물산업기사 이상이거나 항해사・기관사 또는 운항사 각 3급 이상의 자격을 취득한 자
2. 해양환경 관련 업무에 1년 이상 근무한 경력이 있는 자
3. 「선박의 입항 및 출항 등에 관한 법률 시행령」 제20조에 따라 무역항 단속공무원으로 임명된 자
4. 「선박안전법」 제76조에 따라 선박검사관으로 임명된 자
② 해양환경감시원의 직무는 다음 각 호와 같다.
1. 해양수산부장관 소속 해양환경감시원
가. 법 제89조제1항에 따른 출입검사와 보고에 관한 사항

나. 해양공간으로 유입되거나 해양에 배출되는 폐기물의 감시
다. 해양공간에 대한 수질 및 오염원 조사활동
라. 폐기물해양배출업자, 폐기물해양수거업자, 퇴적오염물질수거업자 및 폐기물 위탁자의 사업시설에 대한 지도・검사
마. 환경관리해역에서의 해양환경 개선을 위한 오염원 조사 활동
바. 해양시설에서의 오염물질 배출감시 및 해양오염예방을 위한 지도・점검(해양시설오염물질기록부, 해양시설오염비상계획서 및 해양오염방지관리인과 관련된 업무는 제외한다)

2. 국민안전처장관 소속 해양환경감시원
가. 법 제94조제2항제8호에 따른 출입검사와 보고에 관한 사항
나. 해양시설에서의 오염물질 배출감시 및 해양오염예방을 위한 지도・점검(해양시설오염물질기록부, 해양시설오염비상계획서 및 해양오염방지관리인과 관련된 업무로 한정한다)
다. 해양오염방제업자 및 유창청소업자가 운영하는 시설에 대한 검사・지도
라. 해양시설에서의 방제선등의 배치・설치 및 자재・약제의 비치 상황에 관한 검사
마. 오염물질의 배출 또는 배출혐의가 있다고 인정된 경우 조사활동 및 감식・분석을 위한 오염시료 채취 등

---

4. 정선・검색・나포・입출항금지 등

선박이 이 법의 규정을 위반한 혐의가 있다고 인정되는 경우에는 국민안전처장관 또는 해역관리청은 정선・검색・나포・입출항금지 그 밖에 필요한 명령이나 조치를 할 수 있다(법 제117조).

5. 비밀누설금지 등

평가대행자 및 해역이용영향검토기관의 임원이나 직원 또는 그 직에 있었던 자는 해역이용협의서등의 작성 및 해역이용영향검토업무와 관련하여 직무상 알게 된 비밀을 누설하거나 도용하여서는 아니 된다(법 제118조 제1항). 공단의 임원 또는 직원이나 그 직에 있었던 자는 그 직무상 알게 된 비밀을 누설하거나 도용하여서는 아니 된다(법 제118조 제2항). 법 제112조의 규정에 따라 대행업무를 수행하는 기관 또는 단체의 임원 또는 직원이나 그 직에 있었던 자는 그 직무상 알게 된 비밀을 누설하거나 도용하여서는 아니 된다(법 제118조 제3항).

6. 국고보조 등

국가는 지방자치단체가 다음 각 호의 어느 하나에 해당하는 조치를 하는 경우에는 그 비용의 전부 또는 일부를 국고에서 보조할 수 있다(법 제119조 제1항).

1. 법 제18조의 규정에 따른 해양환경개선조치
2. 법 제24조 제3항의 규정에 따른 폐기물의 수거・처리를 위한 선박 또는 처리시설의

운영
3. 법 제38조 제1항의 규정에 따른 오염물질저장시설의 설치・운영

국가는 해양오염방지설비, 오염물질저장시설 그 밖의 해양오염방지에 관한 시설의 설치 또는 개선에 소요되는 비용에 대한 재정적인 지원을 할 수 있다(법 제119조 제2항). 국가 또는 지방자치단체는 대통령령이 정하는 바에 따라 해양환경의 보전・관리 및 해양오염방지를 위한 활동을 하는 민간단체를 지원할 수 있다(법 제119조 제3항).

「해양환경관리법 시행령」

제91조(국고보조 등) 국가 또는 지방자치단체가 법 제119조 제3항에 따라 민간단체를 지원할 수 있는 사업 및 활동은 다음 각 호와 같다.
1. 해양오염감시 및 해양환경정화활동
2. 해양오염방제작업
3. 해양환경 관련 연구개발
4. 해양환경의 조사・연구・홍보 및 교육

---

7. 신고포상금

해양수산부장관, 국민안전처장관, 시・도지사 또는 시장・군수・구청장은 다음 각 호의 어느 하나에 해당하는 자를 관계 행정기관 또는 수사기관에 신고 또는 고발한 자에 대하여 예산의 범위에서 신고포상금을 지급할 수 있다(법 제119조의2 제1항).

1. 법 제22조 제1항 및 제2항을 위반하여 선박 또는 해양시설등에서 발생하는 오염물질을 배출한 자
2. 법 제23조 제1항을 위반하여 해양수산부령으로 정하는 해역 외에서 폐기물을 해양에 배출한 자

법 제119조의2 제1항에 따른 신고포상금의 지급의 기준・방법과 절차, 구체적인 지급액 등에 필요한 사항은 대통령령으로 정한다(법 제119조의2 제2항).

「해양환경관리법 시행령」

제91조의2(신고포상금의 지급)
① 법 제119조의2제1항에 따른 신고포상금(이하 "포상금"이라 한다)을 받으려는 자는 총리령 또는 해양수산부령으로 정하는 바에 따라 해양수산부장관, 국민안전처장관, 시・도지사 또는 시장・군

수 · 구청장(이하 이 조에서 "해양수산부장관등"이라 한다)에게 포상금 지급을 신청하여야 한다.

② 해양수산부장관등은 제1항에 따른 포상금 지급신청이 있는 경우에는 그 사건에 대한 관계 행정기관 또는 수사기관으로부터 행위자 및 오염물질의 배출량 등 사실관계를 확인한 후, 포상금 지급 여부 및 지급액을 결정하고 그 결정일부터 30일 이내에 포상금을 지급하여야 한다.

③ 포상금은 300만원 이내에서 별표 18의2의 포상금 지급기준에 따라 지급한다.

④ 해양수산부장관등은 하나의 사건에 대하여 2명 이상이 각각 신고 또는 고발을 하고 포상금을 신청한 경우에는 최초로 신고 또는 고발을 한 사람에게 포상금을 지급한다. 다만, 2명 이상이 공동으로 신고 또는 고발을 하고 포상금 배분방법에 미리 합의하여 포상금의 지급을 신청한 경우에는 그 합의된 방법에 따라 포상금을 지급한다.

「해양환경관리법 시행규칙」

제82조의2(신고포상금의 신청) 영 제91조의2제1항에 따라 신고포상금을 신청하려는 자는 별지 제75호서식의 포상금지급신청서를 해양경비안전서장, 시 · 도지사 또는 시장 · 군수 · 구청장에게 제출하여야 한다.

---

8. 청문

해양수산부장관 또는 국민안전처장관은 다음 각 호의 어느 하나에 해당하는 처분을 하려는 때에는 「행정절차법」이 정하는 바에 따라 청문을 실시하여야 한다(법 제120조).

1. 법 제13조 제3항의 규정에 따른 측정 · 분석능력인증의 취소
2. 법 제75조의 규정에 따른 등록의 취소
3. 법 제82조의 규정에 따른 지정의 취소
4. 법 제89조의 규정에 따른 등록의 취소
5. 법 제110조 제9항의 규정에 따른 형식승인의 취소
6. 법 제110조의2제4항에 따른 성능인증의 취소

9. 해양오염방지관리인 등에 대한 교육 · 훈련

법 제32조 및 제36조의 규정에 따른 해양오염방지관리인을 임명한 자 및 제70조 제2항의 규정에 따라 해양환경관리업에 종사하는 기술요원을 채용한 자는 소속 관계직원에 대하여 대통령령이 정하는 바에 따라 5년마다 1회 이상 해양오염방지 및 방제에 관한 교육 · 훈련을 받게 하여야 한다. 다만, 그 관계 직원이 승선 중인 경우에는 해양수산부령이 정하는 바에 따라 1년의 범위 이내에서 교육 · 훈련을 연기할 수 있다(법 제121조).

「해양환경관리법 시행령」

제92조(해양오염방지관리인 등에 대한 교육 · 훈련)

① 법 제121조에 따른 해양오염방지관리인 또는 해양환경관리업에 종사하는 기술요원 등은 각각 해당 직무를 수행하기 위하여 필요한 다음 각 호의 어느 하나에 해당하는 교육·훈련을 받아야 한다.
1. 선박의 해양오염방지관리인 과정
2. 해양시설의 해양오염방지관리인 과정
3. 해양환경관리업의 해양오염방지 및 방제 과정
② 공단은 법 제123조 제3항 제6호 및 이 영 제95조 제1항 제6호에 따라 제1항의 교육·훈련과정을 운영하여야 한다.
③ 제1항에 따른 교육·훈련과정과 유사한 교육·훈련과정의 인정 등에 관한 사항은 해양수산부령으로 정한다.

---

10. 수수료

이 법에 따른 형식승인·정도검사·인증·검인·검사·성능시험·검정·인정 및 성능인증을 받으려는 자는 총리령 또는 해양수산부령이 정하는 바에 따라 수수료를 납부하여야 한다(법 제122조 제1항). 공단은 법 제97조의 규정에 따른 사업을 수행하기 위하여 정관이 정하는 바에 따라 자재·약제의 비치 또는 방제 및 방제선등의 배치·설치에 따른 수수료를 징수할 수 있다(법 제122조 제1항). 법 제112조에 따른 업무대행자가 형식승인·정도검사·검인·검사·성능시험·검정 및 인정을 행하는 경우에는 수수료를 징수할 수 있다. 이 경우 해양수산부장관 또는 국민안전처장관으로부터 미리 승인을 얻어야 한다(법 제122조 제3항).

「해양환경관리법 시행령」

제93조(수수료 징수에 대한 예외) 공단은 법 제122조 제2항에 따라 방제선등의 배치·설치에 따른 수수료를 징수함에 있어 법 제69조 제1항에 따른 방제분담금 납부자가 법 제67조 제2항에 따라 방제선등의 배치·설치를 공단에 위탁한 경우에는 해당 수수료를 면제할 수 있다.

「선박직원법 시행령」

제78조(교육·훈련 대상자 등)
① 영 제92조제1항에 따른 교육·훈련과정의 기간은 다음 각 호의 구분에 따른다.
1. 해양오염방지관리인으로 임명되거나 해양환경관리업에 종사하는 기술요원으로 채용된 후 최초로 받는 교육·훈련과정: 3일 이내
2. 제1호 외의 교육·훈련과정(해양오염방지관리인으로 임명되어 교육·훈련을 받은 후 다른 선박 또는 해양시설의 해양오염방지관리인으로 임명되거나, 해양환경관리업체에 기술요원으로 채용되어 교육·훈련을 받은 후 다른 해양환경관리업체에 기술요원으로 채용된 사람에 대한 교육·훈련과정을 포함한다): 2일 이내
② 승선 중인 자는 법 제121조 단서에 따라 같은 조 본문에 따른 교육·훈련을 연기하려면 승선을 입증할 수 있는 증거서류를 해양환경관리공단 이사장에게 제출하여야 한다.
③ 해양환경관리공단 이사장은 영 제92조제1항에 따른 교육·훈련을 받은 자에게 이수증을 내어 주어야 한다.

제79조(훈련계획)
① 해양환경관리공단 이사장은 매년 11월 30일까지 영 제92조제1항 각 호에 따른 교육·훈련과정별로 다음 연도의 교육·훈련계획을 작성하여 해양수산부장관에게 보고하여야 한다.
② 제1항에 따른 교육·훈련계획에는 다음 각 호의 사항이 포함되어야 한다.
1. 교육·훈련의 기본방향
2. 교육·훈련 운영방침
3. 과정별 목표, 교과과목, 기간 및 인원
4. 대상자의 선발기준 및 선발계획
5. 성적의 평가방법

「해양환경관리법 시행규칙」

제80조(교육·훈련 대상자의 선발 및 등록)
① 해양환경관리공단 이사장은 매년 1월 31일까지 다음 각 호의 구분에 따른 행정기관의 장에게 해당 연도의 교육·훈련계획을 알려야 한다.
1. 선박 또는 해양시설의 해양오염방지관리인 : 해양수산부장관, 지방해양수산청장, 광역시장, 도지사 및 특별자치도지사
2. 폐기물해양배출업, 폐기물해양수거업, 퇴적오염물질수거업에 종사하는 기술요원 : 지방해양수산청장
3. 해양오염방제업, 유창청소업에 종사하는 기술요원: 국민안전처장관
② 제1항에 따라 교육·훈련계획을 통보받은 행정기관의 장은 해당 교육·훈련계획의 선발기준에 따라 대상자를 선발하여 그 명단을 해당 교육과정개시 15일 전까지 해양환경관리공단 이사장과 선발된 대상자를 고용한 자에게 알려야 한다.
③ 교육·훈련대상자로 선발된 자는 해양환경관리공단에 교육·훈련 개시 전까지 정하여진 등록을 하여야 한다.
④ 해양환경관리공단 이사장은 교육·훈련대상자를 고용한 자로부터 해양수산부장관이 정하여 고시하는 금액의 범위에서 교육·훈련을 실시하는데 드는 경비를 받을 수 있다.

제81조(교육·훈련실적 제출) 해양환경관리공단 이사장은 매 분기의 교육·훈련실적을 분기종료 후 15일 이내에 해양수산부장관 및 제80조제1항 각 호의 구분에 따른 행정기관의 장에게 제출하여야 한다.

제82조(유사교육·훈련의 인정) 다음 각 호의 어느 하나에 해당하는 경우에는 영 제92조제1항에 따른 교육·훈련을 받은 것으로 본다.
1. 삭제
2. 법 제121조에 따라 교육·훈련을 받아야 할 자가 공무원일 경우에는 소속기관의 장이 해양오염방지 및 방제에 관한 자체 교육계획을 수립하여 시행하는 교육으로서 해양수산부장관이 인정하는 경우

제83조(수수료 등)
① 법 제122조제1항에 따라 해양환경측정기기의 형식승인·검정, 자재·약제의 형식승인·검정 및 형식승인대상외 자재·약제의 성능인증, 성능시험 및 검정에 대하여 납부하는 수수료는 별표 32와 같다.
② 제1항의 수수료는 수입인지로 납부하여야 한다. 다만, 정부가 지정한 검사대행기관이 검사 등을 대행하는 경우에는 현금으로 납부하여야 한다.
③ 국외에서 검사 등을 받으려는 자는 제1항에 따른 수수료의 4배에 상당하는 금액을 납부하여야 한다.

④ 해양수산부장관, 국민안전처장관 또는 검사대행기관은 제2항에 따른 방법 외에 전자화폐, 신용카드, 직불카드 및 정보통신망을 이용한 전자결제 등의 방법으로 수수료를 납부할 수 있다.

[별표 32]
수수료(제83조제1항 관련)
1. 해양시설오염비상계획서의 검인: 3,000원

분야	대상기기	수수료(원)
가. 성능시험	1) 용존산소 측정기 및 그 부속기기	527,000
	2) 화학적산소요구량 측정기 및 그 부속기기	794,000
	3) 총질소 측정기 및 그 부속기기	794,000
	4) 총인 측정기 및 그 부속기기	794,000
	5) 총유기탄소 측정기 및 그 부속기기	1,408,000
나. 정도검사	1) 용존산소 측정기 및 그 부속기기	318,000
	2) 화학적산소요구량 측정기 및 그 부속기기	611,000
	3) 총질소 측정기 및 그 부속기기	598,000
	4) 총인 측정기 및 그 부속기기	598,000
	5) 총유기탄소 측정기 및 그 부속기기	907,000
다. 검정	표준가스 검정	42,000

2. 삭제
3. 해양환경측정기기 성능시험, 정도검사 및 검정
4. 해양오염방제 자재・약제 및 형식승인대상외 자재・약제의 성능시험・검정

자재・약제의 종류	성능시험		검정	
	수수료	단위	수수료	단위
오일펜스	232,000	원/1회	2,000	원/20m
유처리제	1,990,000	원/1회	2,000	원/18 *l*
유흡착재	413,000	원/1회	2,000	원/10㎏
유겔화제	1,687,000	원/1회	2,000	원/10㎏
생물정화제제	2,867,000	원/1회	2,000	원/18 *l*

비고
1. 현장검사가 반드시 필요한 경우에는 출장검사(현장까지의 이동 및 복귀에 필요한 시간은 제외한다)에 드는 출장비를 수수료에 가산한다. 다만, 단일항목 기준 1일 이하의 출장검사의 경우는 그러하지 아니하다.
2. 1일당 출장비는 「공무원여비규정」 별표 2 국내여비지급표의 숙박비에 해당하는 비용으로 하며, 출장검사에 필요한 최소기술인력을 기준으로 산정하되, 1회의 출장에 둘 이상의 검사가 이루어지는 경우에는 실제 필요시간을 고려하여 분할 산정하여야 한다.
3. 연륙교가 설치되지 아니한 도서지역에 출장검사를 하는 경우에는 출장여비에 선박운임을 별도로 가산할 수 있다.
4. 형식승인대상외 자재・약제의 성능시험 및 검정 수수료는 상기 자재・약제의 종류 중 가장 유사한 방법으로 수행하는 성능시험 및 검정업무의 수수료를 적용한다.

「선박에서의 오염방지에 관한 규칙」

제68조(수수료 등)
① 법 제122조제1항에 따라 다음 각 호의 업무를 신청하는 자가 납부하여야 하는 수수료는 별표 35와 같다.
1. 법제31조제1항에 따른 해양오염비상계획서, 선박대선박 기름화물이송계획서, 휘발성유기화합물관리계획서 및 제18조제2항에 따른 유해액체물질배출지침서의 검인
2. 법 제47조제2항에 따른 유증기배출제어장치검사 및 증서발급
3. 법 제49조부터 제52조까지의 규정에 따른 해양오염방지설비 등의 검사 및 증서발급
4. 법 제53조에 따른 방오시스템검사 및 증서발급
5. 법 제54조에 따른 질소산화물배출방지기관의 예비검사 및 증서발급
5의2. 법 제54조의2에 따른 에너지효율검사 및 증서발급
6. 법 제110조제3항 및 제5항에 따른 해양오염방지설비의 형식승인, 성능시험 및 검정
7. 법 제110조의2제1항부터 제3항까지의 규정에 따른 형식승인대상외설비의 성능인증, 성능시험 및 검정
② 제1항의 수수료는 수입인지로 납부하여야 한다. 다만, 공단, 선급법인 또는 정부가 지정한 검사대행기관이 검사 등을 대행하는 경우에는 현금으로 납부하여야 한다.
③ 국외에서 검사 등을 받으려는 자는 제1항에 따른 수수료의 4배에 상당하는 금액을 납부하여야 한다.
④ 해양수산부장관, 국민안전처장관, 공단 또는 선급법인은 제2항에 따른 방법 외에 정보통신망을 이용하여 전자화폐·전자결제 등의 방법으로 수수료를 납부하게 할 수 있다.

---

11. 위임 및 위탁

가. 업무의 위임

이 법에 따른 해양수산부장관 또는 국민안전처장관의 권한은 대통령령으로 정하는 바에 따라 그 일부를 소속 기관의 장 또는 다른 행정기관·지방자치단체의 장에게 위임하거나 위탁할 수 있다(법 제123조 제1항). 이 법에 따른 시·도지사의 권한은 대통령령이 정하는 바에 따라 그 일부를 시장·군수·구청장에게 위임할 수 있다(법 제123조 제2항).

「해양환경관리법 시행령」

제94조(권한의 위임 및 위탁)
① 삭제
② 법 제123조제1항에 따라 해양수산부장관은 다음 각 호의 사항에 관한 권한을 해양경비안전서장에게 위탁한다.
1. 삭제
2. 삭제
3. 삭제
4. 삭제
5. 삭제
6. 삭제
7. 삭제
8. 법 제115조제1항에 따른 다음 각 목에 해당하는 선박의 출입검사와 보고 등의 명령
   가. 국내항해에 운항하는 대한민국선박

나. 국제항해에 운항하는 대한민국선박으로서 제94조제4항제19호에 따라 지방해양수산청장이 출입검사를 하지 아니한 선박

9. 법 제119조의2에 따른 포상금의 지급

10. 삭제

③ 삭제

④ 해양수산부장관은 법 제123조제1항에 따라 다음 각 호의 사항에 관한 권한을 지방해양수산청장에게 위임한다.

1. 법 제18조제1항에 따른 해양환경개선조치(법 제15조제1항에 따른 환경관리해역과 「항만법」 제3조제2항제1호에 따른 국가관리무역항만 해당한다)

1의2. 법 제19조제1항에 따른 부담금의 부과 · 징수

1의3. 법 제32조의2제1항에 따라 해상에서 유조선 간(이하 "선박대선박"이라 한다)에 기름화물을 이송하는 작업방법 등을 기술한 계획서의 검인

1의4. 법 제32조의2제3항에 따른 선박대선박 기름화물이송작업계획의 보고 접수

2. 법 제33조제1항에 따른 해양시설(「항만법」 제3조제2항제1호에 따른 국가관리무역항 및 「배타적 경제수역법」 제2조에 따른 배타적 경제수역의 해양시설로 한정한다)의 신고 접수

2의2. 법 제36조의2제2항 및 제3항에 따른 해양시설(「항만법」 제3조제2항제1호에 따른 국가관리무역항 및 「배타적 경제수역법」 제2조에 따른 배타적 경제수역의 해양시설로 한정한다)의 안전점검에 관한 사항

2의3. 법 제47조의2제1항에 따라 유조선에 화물을 싣거나 내리는 중 또는 항해 중에 휘발성유기화합물의 배출을 최소화하기 위하여 필요한 사항을 담고 있는 관리계획서의 검인

3. 법 제49조부터 제54조까지의 규정에 따른 해양오염방지설비등의 검사 또는 예비검사

4. 법 제55조제1항에 따른 협약검사증서의 발급

5. 법 제58조제1항 및 제2항에 따른 부적합 선박에 대한 조치명령 및 항해정지처분

6. 법 제59조제1항에 따른 해양오염방지를 위한 항만국통제

7. 법 제60조에 따른 재검사

8. 법 제70조제1항제1호 · 제4호 및 제5호에 따른 폐기물해양배출업 · 폐기물해양수거업 및 퇴적오염물질수거업의 등록

8의2. 법 제72조제3항에 따른 폐기물인계 · 인수서의 수리

8의3. 법 제73조에 따른 폐기물해양배출업자에 대한 폐기물의 적정처리명령

9. 법 제74조제3항에 따른 폐기물해양배출업자, 폐기물해양수거업자 및 퇴적오염물질수거업자의 권리 · 의무 승계 신고 수리

10. 법 제75조제1항에 따른 폐기물해양배출업, 폐기물해양수거업 및 퇴적오염물질수거업의 등록 취소 및 영업정지 명령

10의2. 법 제76조제1항에 따른 폐기물위탁자의 신고 · 변경신고 수리

11. 법 제84조제1항에 따른 해역이용협의(처분기관이 중앙행정기관의 장인 경우는 제외한다)

12. 법 제85조제1항에 따른 해역이용영향평가(처분기관이 중앙행정기관의 장인 경우는 제외한다)

13. 법 제86조제1항에 따른 평가대행자의 등록

13의2. 법 제86조제2항에 따른 평가대행자의 폐업통보 수리

14. 법 제89조제1항에 따른 평가대행자의 등록취소 및 업무정지명령

14의2. 법 제91조제4항에 따른 면허 · 허가 또는 지정 등의 통보 접수

14의3. 법 제93조제1항 전단 및 같은 조 제3항에 따른 면허취소 요청 등 사후관리

14의4. 법 제95조제1항에 따른 해양환경영향조사 결과의 통보 접수

14의5. 법 제95조제2항에 따른 조치의 요청

15. 법 제110조제3항 본문에 따른 형식승인대상설비의 형식승인

15의2. 법 제110조제3항 단서에 따른 시험 · 연구 또는 개발을 목적으로 제작 · 제조하거나 수입하는 형식승인대상설비의 형식승인 면제 확인

16. 법 제110조제5항에 따른 형식승인대상설비의 성능시험

17. 법 제110조제6항에 따른 형식승인대상설비의 검정

18. 법 제110조제9항에 따른 형식승인대상설비의 형식승인의 취소 및 업무정지
19. 법 제115조제1항에 따른 선박(국내항해에 운항하는 대한민국선박은 제외한다)의 출입검사와 보고

19의2. 법 제115조제2항에 따른 해양시설(「항만법」 제3조제2항제1호에 따른 국가관리무역항 및 「배타적 경제수역법」 제2조에 따른 배타적 경제수역의 해양시설로 한정한다)의 자료제출·보고 및 출입검사

20. 법 제116조제1항에 따른 해양환경감시원 지정
21. 법 제117조에 따른 선박의 정선·검색·나포·입출항금지 명령 등
22. 법 제120조제2호에 따른 폐기물해양배출업, 폐기물해양수거업 및 퇴적오염물질수거업 등록 취소를 위한 청문
23. 법 제120조제4호에 따른 평가대행자 등록 취소를 위한 청문
24. 법 제120조제5호에 따른 형식승인대상설비의 형식승인의 취소 및 업무정지를 위한 청문
25. 법 제133조에 따른 과태료의 부과·징수(제6항제4호에 해당하는 경우는 제외한다)

⑤ 국민안전처장관은 법 제123조제1항에 따라 다음 각 호의 사항에 관한 권한을 해양경비안전서장에게 위임한다.

1. 법 제35조제1항에 따른 해양시설오염비상계획서의 검인
2. 법 제64조제3항 및 제4항에 따른 방제조치명령 및 방제조치
3. 법 제67조제3항에 따른 선박입출항금지 또는 시설사용정지 명령
4. 법 제67조제4항에 따른 방제조치 및 배출방지조치 명령
5. 법 제68조제1항, 제2항 및 제4항에 따른 방제조치 및 비용부담 조치
6. 법 제70조제1항제2호 및 제3호에 따른 해양오염방제업 및 유창청소업의 등록
7. 법 제72조제1항에 따른 오염물질의 방제 및 청소·수거처리실적서 수리
8. 법 제74조제3항에 따른 해양오염방제업자 및 유창청소업자의 권리·의무 승계 신고 수리
9. 법 제75조제1항에 따른 해양오염방제업 및 유창청소업의 등록취소 및 영업정지 명령
10. 법 제111조제1항 및 제2항에 따른 선박해체 신고 수리 및 시정명령
11. 법 제114조제1항에 따른 관계 기관의 협조 요청
12. 법 제115조제3항 및 제4항에 따른 출입검사와 보고 등의 명령
13. 법 제116조제1항에 따른 해양환경감시원의 지정
14. 법 제117조에 따른 선박의 정선·검색·나포·입출항 금지 명령 등

14의2. 법 제119조의2에 따른 신고포상금의 지급

15. 법 제120조제2호에 따른 해양오염방제업 및 유창청소업 등록의 취소를 위한 청문
16. 법 제133조에 따른 과태료의 부과·징수

⑥ 해양수산부장관은 법 제123조제1항에 따라 다음 각 호의 사항에 관한 권한을 시·도지사에게 위임하며, 시·도지사는 그 권한의 일부를 해양수산부장관의 승인을 받아 시장·군수·구청장에게 다시 위임할 수 있다.

1. 법 제18조제1항에 따른 해양환경개선조치(제3조제2호에 따른 국가어항, 「항만법」 제3조제1항제2호에 따른 연안항 및 같은 조 제2항제2호에 따른 지방관리무역항만 해당한다)
2. 법 제33조제1항에 따른 해양시설(「항만법」 제3조제2항제1호에 따른 국가관리무역항 및 「배타적 경제수역법」 제2조에 따른 배타적 경제수역의 해양시설은 제외한다)의 신고 접수

2의2. 법 제36조의2제2항 및 제3항에 따른 해양시설(「항만법」 제3조제2항제1호에 따른 국가관리무역항 및 「배타적 경제수역법」 제2조에 따른 배타적 경제수역의 해양시설은 제외한다)의 안전점검에 관한 사항

3. 법 제115조제2항에 따른 해양시설(「항만법」 제3조제2항제1호에 따른 국가관리무역항 및 「배타적 경제수역법」 제2조에 따른 배타적 경제수역의 해양시설은 제외한다)에 대한 자료제출 또는 보고 명령, 출입검사 및 확인·점검
4. 법 제133조에 따른 과태료의 부과·징수(「항만법」 제3조제1항제2호에 따른 연안항 및 같은 조 제2항제2호에 따른 지방관리무역항에서 법 제132조제2항제1호 및 같은 조 제4항제19호에 해당하는 경우와 「항만법」 제3조제2항제1호에 따른 국가관리무역항 및 「배타적 경제수역법」 제2조에 따른

배타적 경제수역을 제외한 지역에서 법 제132조제2항제2호, 제2호의2 및 제2호의3에 해당하는 경우로 한정한다)

나. 업무의 위탁

해양수산부장관 및 해역관리청은 다음 각 호의 업무를 공단의 이사장에게 위탁할 수 있다(법 제123조 제3항).

1. 법 제9조 제1항에 따른 해양환경측정망의 구성 및 정기적인 해양환경의 측정
2. 법 제11조에 따른 해양환경정보망의 구축, 해양환경정보의 제공 및 관련 자료 제출의 요구
3. 법 제12조 제1항에 따른 측정・분석 기관에 대한 정도관리
4. 법 제18조 제1항의 규정에 따른 해양환경개선조치의 관리
5. 법 제24조 제3항의 규정에 따른 선박 또는 처리시설의 운영
6. 법 제38조 제1항의 규정에 따른 오염물질저장시설의 설치・운영
7. 법 제66조 제1항의 규정에 따른 보관시설의 설치・운영
8. 법 제111조 제3항의 규정에 따른 선박처리장의 설치・운영
9. 법 제121조의 규정에 따른 해양오염방지관리인 등에 대한 교육・훈련

「해양환경관리법 시행령」

제95조(업무의 위탁)
① 해양수산부장관은 법 제123조제3항에 따라 다음 각 호의 업무를 공단의 이사장에게 위탁한다.
1. 법 제9조제1항에 따른 해양환경측정망의 구성 및 정기적인 해양환경의 측정
2. 법 제11조에 따른 해양환경정보망의 구축, 해양환경정보의 제공 및 관련 자료 제출의 요구
3. 법 제12조제1항에 따른 측정・분석 기관에 대한 정도관리
4. 법 제18조제1항에 따른 해양환경개선조치의 관리
5. 법 제24조제3항에 따른 선박 또는 처리시설의 운영
6. 법 제38조제1항에 따른 오염물질저장시설의 설치・운영
7. 법 제66조제1항에 따른 보관시설의 설치・운영
8. 법 제111조제3항에 따른 선박처리장의 설치・운영
9. 법 제121조에 따른 해양오염방지관리인 등에 대한 교육・훈련
② 해역관리청 중 시・도지사는 법 제123조제3항에 따라 업무를 위탁하려는 경우에는 위탁계약을 체결해야 한다.
③ 제1항 및 제2항에 따라 위탁계약을 체결하는 경우에는 다음 각 호의 사항을 포함하여야 한다.
1. 위탁대상사업의 범위
2. 위탁대상사업의 관리에 관한 사항
3. 위탁계약기간(계약기간의 수정・갱신 및 위탁계약의 해지에 관한 사항을 포함한다)
4. 위탁대가의 지급에 관한 사항
5. 위탁업무의 관리・감독에 관한 사항

6. 위탁업무 일부의 재위탁에 관한 사항

제96조(자료제출) 해양경비안전서장, 지방해양수산청장 또는 시·도지사는 법 제123조제1항에 따라 위임 또는 위탁받은 사무를 처리한 때에는 총리령 또는 해양수산부령으로 정하는 바에 따라 해양수산부장관 또는 국민안전처장관에게 그에 관한 자료를 제출하여야 한다.

제96조의2(고유식별정보의 처리) 해양수산부장관 또는 국민안전처장관(법 제123조제1항 또는 제3항에 따라 해양수산부장관 또는 국민안전처장관의 권한이 위임·위탁된 경우에는 그 권한을 위임·위탁받은 자를 포함한다)은 다음 각 호의 사무를 수행하기 위하여 불가피한 경우 「개인정보 보호법 시행령」 제19조제1호·제2호 또는 제4호에 따른 주민등록번호, 여권번호 또는 외국인등록번호가 포함된 자료를 처리할 수 있다.
1. 법 제71조에 따른 해양환경관리업 등록의 결격사유 확인에 관한 사무
2. 법 제81조에 따른 해양오염영향조사기관 지정의 결격사유 확인에 관한 사무
3. 법 제87조에 따른 평가대행자 등록의 결격사유 확인에 관한 사무
4. 법 제101조에 따른 공단 임원의 결격사유 확인에 관한 사무

「해양환경관리법 시행규칙」

제84조(자료제출)
① 영 제96조에 따라 해양경비안전서장, 지방해양수산청장 또는 시·도지사가 해양수산부장관에게 제출하여야 하는 자료는 별표 33과 같다.
② 제1항에 따른 자료의 서식은 해양수산부장관이 정한다.

[별표 33]
위임업무 자료제출(제84조제1항 관련)

업무내용	보고횟수	보고기일	보고자
1. 삭제			
2. 해양환경개선부과금 부과실적, 징수실적 및 체납처분 현황	연 2회	매반기 종료 후 15일 이내	해양경비안전 본부장
3. 해양시설 신고 현황	연 2회	매반기 종료 후 15일 이내	지방해양수산청장 또는 시·도지사
4. 삭제 〈2011.9.29〉			
5. 폐기물해양배출업의 등록·지도단속실적 및 처리실적 현황, 폐기물해양배출실적	연 1회	다음 해 2월 말까지	지방해양수산청장
6. 폐기물위탁자의 신고현황	연 1회	다음 해 2월 말까지	지방해양수산청장
7. 폐기물해양수거업 및 퇴적오염물질수거업의 등록 및 취소 현황	연 1회	다음 해 2월 말까지	지방해양수산청장
8. 해역이용협의 실적	연 2회	매반기 종료 후 15일 이내	지방해양수산청장
9. 해역이용영향평가 실적	연 2회	매반기 종료 후 15일 이내	지방해양수산청장
10. 평가대행자의 등록현황	연 1회	다음 해 2월 말까지	지방해양수산청장

제4관 규제의 재검토

「해양환경관리법 시행령」

제96조의3(규제의 재검토) 해양수산부장관은 다음 각 호의 사항에 대하여 다음 각 호의 기준일을 기준으로 3년마다(매 3년이 되는 해의 기준일과 같은 날 전까지를 말한다) 그 타당성을 검토하여 개선 등의 조치를 하여야 한다.
1. 법 제54조에 따른 방제분담금의 부과기준 및 절차: 2015년 1월 1일
2. 법 제61조 및 별표 15에 따른 일반 및 간이해역이용협의 대상사업의 범위: 2014년 1월 1일

「해양환경관리법 시행규칙」

제86조(규제의 재검토)
① 해양수산부장관은 다음 각 호의 사항에 대하여 다음 각 호의 기준일을 기준으로 3년마다(매 3년이 되는 해의 기준일과 같은 날 전까지를 말한다) 그 타당성을 검토하여 개선 등의 조치를 하여야 한다.
1. 법 제3조 및 별표 1에 따른 해양시설: 2014년 1월 1일
2. 법 제8조에 따른 측정·분석능력 인증: 2014년 1월 1일
3. 법 제17조에 따른 해양시설의 신고 등: 2014년 1월 1일
4. 법 제36조에 따른 해양환경관리업의 등록: 2014년 1월 1일
5. 법 제54조에 따른 평가대행자의 등록요건: 2014년 1월 1일
6. 법 제60조에 따른 해양환경영향조사 결과의 통보 및 조치: 2014년 1월 1일
② 해양수산부장관은 다음 각 호의 사항에 대하여 다음 각 호의 기준일을 기준으로 2년마다(매 2년이 되는 해의 기준일과 같은 날 전까지를 말한다) 그 타당성을 검토하여 개선 등의 조치를 하여야 한다.
1. 법 제7조에 따른 정도관리: 2015년 1월 1일
2. 법 제11조 및 별표 3에 따른 폐기물의 처리기준 및 방법: 2015년 1월 1일
3. 법 제12조에 따른 해양배출이 가능한 육상폐기물의 종류 등: 2015년 1월 1일
4. 법 제44조 및 별표 15에 따른 해양환경관리업자에 대한 행정처분의 기준: 2015년 1월 1일
5. 법 제46조에 따른 해양오염영향조사: 2015년 1월 1일
6. 법 제47조의4에 따른 위해도 저감대책 실행 비용의 산정 및 부과: 2015년 1월 1일
7. 법 제56조에 따른 해역이용영향평가서 등의 보존기간: 2015년 1월 1일
8. 법 제57조 및 별표 21에 따른 평가대행자에 대한 행정처분기준: 2015년 1월 1일
9. 법 제78조에 따른 교육·훈련대상자 등: 2015년 1월 1일

「선박에서의 오염방지에 관한 규칙」

제69조(규제의 재검토) 해양수산부장관은 다음 각 호의 사항에 대하여 다음 각 호의 기준일을 기준으로 3년마다(매 3년이 되는 해의 기준일과 같은 날 전까지를 말한다) 그 타당성을 검토하여 개선 등의 조치를 하여야 한다.
1. 법 제55조에 따른 형식승인대상설비 등: 2014년 1월 1일
2. 법 제56조에 따른 성능시험: 2014년 1월 1일
3. 법 제60조의2에 따른 형식승인대상외설비의 성능인증: 2014년 1월 1일

제5관 벌칙

「선박직원법 시행령」

1. 벌칙 적용에서의 공무원 의제
법 제91조 제2항에 따른 해역이용영향검토기관, 공단의 임・직원, 제112조에 따른 형식승인・검사・성능시험・검정 등과 관련한 업무대행기관의 임원 및 직원은「형법」제129조부터 제132조까지의 규정에 따른 벌칙의 적용에서는 공무원으로 본다(법 제124조).

2. 양벌규정
법인의 대표자나 법인 또는 개인의 대리인, 사용인, 그 밖의 종업원이 그 법인 또는 개인의 업무에 관하여 법 제126조부터 제129조까지의 어느 하나에 해당하는 위반행위를 하면 그 행위자를 벌하는 외에 그 법인 또는 개인에게도 해당 조문의 벌금형을 과(科)한다. 다만, 법인 또는 개인이 그 위반행위를 방지하기 위하여 해당 업무에 관하여 상당한 주의와 감독을 게을리하지 아니한 경우에는 그러하지 아니하다(법 제130조).[33)]

3. 외국인에 대한 벌칙적용의 특례
외국인에 대하여 법 제127조 및 제128조의 규정을 적용함에 있어서 고의로 우리나라의 영해 안에서 위반행위를 한 경우를 제외하고는 각 해당 조의 벌금형에 처한다(법 제131조 제1항).
법 제131조 제1항의 규정에 따른 외국인의 범위에 관하여는「배타적 경제수역에서의 외국인어업 등에 대한 주권적 권리의 행사에 관한 법률」제2조의 규정을 적용하고, 외국인에 대한 사법절차에 관하여는 동법 제23조 내지 제25조의 규정을 준용한다(법 제131조 제2항).

4. 징역형
가. 5년 이하의 징역 또는 5천만원 이하의 벌금(법 제126조).
1. 법 제22조 제1항 및 제2항의 규정을 위반하여 선박 또는 해양시설로부터 기름을 배출한 자
2. 법 제93조 제2항의 규정에 따른 명령에 위반한 자
다음 각 호의 어느 하나에 해당하는 자는 3년 이하의 징역 또는 3천만원 이하의 벌금에 처한다(법 제127조).
1) 법 제22조 제1항 및 제2항의 규정을 위반하여 선박 및 해양시설로부터 폐기물・유해액체물질・포장유해물질을 배출한 자
2) 과실로 법 제22조 제1항 및 제2항의 규정을 위반하여 선박 또는 해양시설로부터 기름을 배출한 자
3) 법 제57조 제1항 내지 제3항의 규정을 위반하여 선박을 항해에 사용한 자
4) 법 제64조 제1항 또는 제3항의 규정에 따른 방제조치를 하지 아니하거나 조치명령을 위반한 자
5) 법 제65조의 규정에 따른 오염물질의 배출방지를 위한 조치를 하지 아니하거나 조치명령을 위반한 자

---

33) 대법원 2009.4.23, 선고, 2008도11921, 판결 : 구 해양오염방지법(2007. 1. 19. 법률 제8260호로 해양환경관리법이 제정되어 2008. 1. 20. 시행됨에 따라 폐지되기 전의 것) 제77조는 "법인의 대표자 또는 법인이나 개인의 대리인・사용인 기타의 종업원이 그 법인 또는 개인의 업무에 관하여 제71조 내지 제76조의 위반행위를 한 때에는 행위자를 벌하는 외에 그 법인 또는 개인에 대하여도 각 해당조의 벌금형을 과한다."고 규정하고 있다. 이와 같은 양벌조항의 취지는 법인 등 업무주의 처벌을 통하여 벌칙 조항의 실효성을 확보하는 데 있는 것이므로, 여기에서 말하는 법인의 사용인에는 법인과 정식 고용계약이 체결되어 근무하는 자뿐만 아니라 그 법인의 업무를 직접 또는 간접으로 수행하면서 법인의 통제・감독하에 있는 자도 포함된다고 할 것이다(대법원 2004. 3. 12. 선고 2002도2298 판결, 대법원 2006. 2. 24. 선고 2003도4966 판결 등 참조).

나. 2년 이하의 징역 또는 2천만원 이하의 벌금(법 제128조).

1. 과실로 법 제22조 제1항 및 제2항의 규정을 위반하여 선박 또는 해양시설로부터 폐기물·유해액체물질·포장유해물질을 배출한 자
2. 법 제25조 제1항의 규정에 따른 폐기물오염방지설비를 설치하지 아니하고 선박을 항해에 사용한 자
3. 법 제26조 제1항의 규정에 따른 기름오염방지설비를 설치하지 아니하고 선박을 항해에 사용한 자
4. 법 제26조 제2항의 규정에 따른 선체구조 등을 설치하지 아니하고 선박을 항해에 사용한 자
5. 법 제27조 제1항의 규정에 따른 유해액체물질오염방지설비를 설치하지 아니하고 선박을 항해에 사용한 자
6. 법 제27조 제2항의 규정을 위반하여 선박의 화물창을 설치한 자
7. 법 제40조 제1항 및 제2항의 규정을 위반하여 유해방오도료·유해방오시스템을 사용하거나 적법한 기준 및 방법에 따른 방오도료·방오시스템을 사용·설치하지 아니한 자
8. 법 제67조 제1항의 규정을 위반하여 방제선등을 배치 또는 설치하지 아니한 자
9. 법 제67조 제3항의 규정에 따른 선박입출항금지명령 또는 시설사용정지명령을 위반한 자
10. 법 제70조 제1항의 규정에 따른 등록을 하지 아니하고 해양환경관리업을 한 자
11. 법 제75조의 규정에 따라 등록이 취소된 자가 영업을 하거나 또는 영업정지명령을 받은 자가 영업정지기간 중 영업을 한 자
12. 법 제77조 제1항의 규정에 따른 해양오염영향조사를 실시하지 아니한 자
13. 법 제82조 제1항 및 제89조 제1항의 규정에 따라 지정이 취소된 자가 업무를 하거나 또는 업무정지명령을 받은 자가 업무정지기간 중 업무를 한 자
14. 법 제84조 제4항에 따른 해역이용협의서 또는 제85조 제2항에 따른 해역이용영향평가서를 거짓으로 작성한 자
15. 법 제86조 제1항에 따른 평가대행자의 등록을 하지 아니하고 해역이용협의서등의 작성을 대행한 자
16. 법 제95조 제1항의 규정에 따른 해양환경영향조사의 결과를 거짓으로 작성한 자

16의2. 법 제110조 제1항 단서, 제3항 단서 및 제4항 단서에 따라 형식승인이 면제된 해양환경측정기기, 형식승인대상설비 또는 오염물질의 방제·방지에 사용하는 자재·약제를 판매한 자

17. 법 제110조 제9항의 규정에 따라 형식승인 또는 검정이 취소되거나 업무정지명령을 받은 자가 업무정지기간 중 업무를 한 자

17의2. 법 제110조의2제1항에 따라 형식승인대상외설비등에 대한 성능인증을 받지 아니하거나 성능인증이 취소되었음에도 성능인증을 받은 것으로 표시하여 형식승인대상외설비등을 제작·제조 및 수입하여 판매한 자

18. 법 제117조의 규정에 따른 정선·검색·나포·입출항금지 그 밖에 필요한 명령이나 조치를 거부·방해 또는 기피한 자

다. 1년 이하의 징역 또는 1천만원 이하의 벌금(법 제129조 제1항).

1. 법 제15조 제3항의 규정을 위반하여 특별관리해역 내에 시설을 설치하거나 오염물질의 총량배출을 위반한 자
2. 법 제23조 제1항을 위반하여 폐기물을 해양에 배출한 자(같은 항 단서에 따라 배출한 자는 제외한다)
3. 법 제41조 제1항의 규정에 따른 대기오염방지설비를 설치하지 아니하고 선박을 항해에 사용한 자
4. 법 제42조 제1항의 규정을 위반하여 오존층파괴물질을 배출한 자
5. 법 제43조 제1항의 규정을 위반하여 질소산화물의 배출허용기준을 초과하여 디젤기관을 작동한 자
6. 법 제44조 제1항 또는 제2항의 규정을 위반하여 황함유량 기준을 초과하는 연료유를 사용한 자
7. 법 제45조 제1항의 규정을 위반하여 품질기준에 미달하거나 황함유량 기준을 초과하는 연료유를 공급한 자
8. 법 제47조 제2항의 규정을 위반하여 유증기 배출제어장치를 설치하지 아니하거나 작동시키지 아니한 자

9. 법 제47조 제3항의 규정을 위반하여 검사를 받지 아니하고 유증기 배출제어장치를 설치한 자
10. 법 제63조 제1항 제1호 또는 제2호에 해당하는 자로서 신고를 하지 아니하거나 거짓으로 신고한 자
11. 법 제84조 및 제85조의 규정에 따른 협의절차 및 재협의 절차가 완료되기 전에 공사를 시행한 자
12. 법 제88조 제1호부터 제3호까지의 규정을 위반하여 다른 해역이용협의서등의 내용을 복제 또는 법령이 정하는 기간 동안 보관하지 아니하거나 이를 거짓으로 작성한 자
13. 법 제118조 제1항의 규정을 위반하여 비밀을 누설하거나 도용한 자

라. 1년 이하의 징역 또는 500만원 이하의 벌금(법 제129조 제2항).
1. 법 제23조 제2항의 규정을 위반하여 신고하지 아니한 폐기물을 위탁받아 해양에 배출한 자
2. 법 제25조 제2항의 규정에 따른 기준을 위반하여 폐기물오염방지설비를 설치하거나 이를 유지・작동한 자
3. 법 제26조 제3항의 규정을 위반하여 기름오염방지설비를 설치하거나 이를 유지・작동한 자
4. 법 제27조 제4항의 규정을 위반하여 유해액체물질오염방지설비를 설치하거나 이를 유지・작동한 자
5. 법 제28조의 규정을 위반하여 선박평형수 또는 기름을 적재한 자
6. 법 제29조의 규정을 위반하여 포장유해물질을 운송한 자
7. 법 제37조의 규정을 위반하여 선박 및 해양시설에서 오염물질을 수거・처리한 자
8. 법 제49조 내지 제53조의 규정에 따른 해양오염방지선박검사를 받지 아니한 선박을 항해에 사용한 자
8의2. 법 제54조의2를 위반하여 에너지효율검사를 받지 아니한 선박을 항해에 사용한 자
9. 법 제58조 또는 제59조의 규정에 따른 명령 또는 처분을 이행하지 아니한 자
9의2. 법 제64조 제6항을 위반하여 제110조 제4항・제6항 및 제7항에 따른 형식승인, 검정, 인정을 받지 아니하거나 제110조의2제3항에 따른 검정을 받지 아니한 자재・약제를 방제조치에 사용한 자
10. 법 제66조 제1항을 위반하여 자재・약제를 보관시설 또는 선박 및 해양시설에 비치・보관하지 아니한 자
11. 법 제73조의 규정에 따른 처리명령을 위반한 자
12. 법 제110조 제2항의 규정을 위반하여 정도검사를 받지 아니하고 해양환경측정기기를 사용하거나 교정용품을 공급・사용한 자
13. 법 제110조 제1항 및 제3항부터 제7항까지의 규정에 따른 형식승인, 성능시험, 검정 또는 인정을 받지 아니하고 제작・제조하거나 수입한 자
14. 법 제111조 제1항의 규정에 따른 신고를 하지 아니하고 선박을 해체한 자
15. 법 제115조 제6항을 위반하여 출입검사・보고요구 등을 정당한 사유 없이 거부・방해 또는 기피한 자
16. 법 제118조 제2항 및 제3항의 규정을 위반하여 직무상 알게 된 비밀을 누설하거나 도용한 자

---

5. 과태료
가. 1천만원 이하의 과태료(법 제132조 제1항).
1. 법 제77조 제1항의 규정에 따른 해양오염영향조사의 결과를 거짓으로 통보한 자
2. 삭제

나. 500만원 이하의 과태료(법 제132조 제2항).
1. 법 제22조제2항의 규정을 위반하여 해양공간으로부터 대통령령이 정하는 오염물질을 배출한 자
2. 법 제33조제1항의 규정을 위반하여 해양시설의 신고를 하지 아니한 자
2의2. 법 제36조의2제1항에 따른 안전점검을 실시하지 아니한 자
2의3. 법 제36조의2제2항에 따른 보고를 하지 아니하거나 거짓으로 보고한 자
3. 법 제42조제2항의 규정을 위반하여 오존층파괴물질이 포함된 설비를 선박에 설치한 자
4. 법 제45조제2항의 규정을 위반하여 연료유공급서의 사본 및 연료유견본을 제공하지 아니하거나 거

짓으로 연료유공급서 사본 및 연료유견본을 제공한 자
5. 법 제64조제2항의 규정을 위반하여 방제조치의 협조를 하지 아니한 자
6. 법 제70조제3항의 규정에 따른 변경등록을 하지 아니한 자
7. 법 제72조제3항의 규정을 위반하여 폐기물을 보관・관리한 자 및 폐기물 인계・인수서를 작성하지 아니하거나 거짓으로 작성한 자
8. 법 제74조제3항의 규정을 위반하여 해양환경관리업자의 권리・의무 승계에 대한 신고를 하지 아니하거나 거짓으로 신고한 자
9. 법 제76조제1항의 규정을 위반하여 신고하지 아니한 폐기물의 처리를 위탁한 자
10. 법 제88조제4호 및 제5호에 따른 준수사항을 위반한 자
11. 법 제95조제1항의 규정에 따른 해양환경영향조사를 실시하지 아니한 자 또는 그 조사결과를 통보하지 아니하거나 거짓으로 통보한 자
12. 법 제95조제2항의 규정에 따른 필요한 조치를 하지 아니한 자

다.200만원 이하의 과태료(법 제132조 제3항).
1. 법 제41조 제2항의 규정을 위반하여 기준에 적합하지 아니하게 대기오염방지설비를 유지・작동한 자
2. 법 제42조 제3항의 규정을 위반하여 오존층파괴물질이 포함된 설비를 해양수산부장관이 지정・고시하는 업체 또는 단체 외의 자에게 인도한 자
3. 법 제46조 제1항의 규정을 위반하여 소각이 금지된 물질을 선박 안에서 소각한 자
4. 법 제46조 제2항 및 제4항의 규정을 위반하여 소각설비를 설치하거나 이를 유지・작동한 자
5. 법 제46조 제3항의 규정을 위반하여 소각이 금지된 해역에서 주기관・보조기관 또는 보일러를 사용하여 물질을 소각한 자

다음 각 호의 어느 하나에 해당하는 자는 100만원 이하의 과태료에 처한다(법 제132조 제4항).
1. 법 제26조 제1항의 규정에 따른 폐유저장을 위한 용기를 비치하지 아니한 자
2. 법 제27조 제3항의 규정에 따라 검인받은 유해액체물질의 배출방법 및 설비에 관한 지침서를 제공하지 아니한 자
3. 법 제30조 및 제34조의 규정에 따른 오염물질기록부를 비치하지 아니하거나 기록・보존하지 아니한 자 또는 거짓으로 기재한 자
4. 법 제31조 및 제35조의 규정에 따른 검인받은 선박해양오염비상계획서 및 해양시설오염비상계획서를 비치하지 아니한 자
5. 법 제32조 제1항 및 제36조 제1항의 규정에 따른 해양오염방지관리인을 임명하지 아니한 자
6. 법 제32조 제2항 및 제36조 제2항의 규정에 따른 해양오염방지관리인의 임명증빙서류를 비치하지 아니한 자

6의2. 법 제32조의2제1항에 따른 검인받은 선박대선박 기름화물이송계획서를 비치하지 아니하거나 준수하지 아니한 자

6의3. 법 제32조의2제2항에 따른 선박대선박 기름화물이송작업에 관하여 기록하지 아니하거나 거짓으로 기록한 자 또는 기록을 보관하지 아니한 자

6의4. 법 제32조의2제3항에 따른 작업계획을 보고하지 아니하거나 거짓으로 보고한 자

6의5. 법 제42조 제4항에 따른 오존층파괴물질을 포함하고 있는 설비의 목록을 작성하지 아니하거나 거짓으로 작성한 자 또는 관리하지 아니한 자

6의6. 법 제42조 제5항에 따른 오존층파괴물질기록부를 작성하지 아니하거나 거짓으로 작성한 자 또는 비치하지 아니한 자

7. 법 제44조 제3항의 규정을 위반하여 기관일지를 기재하지 아니한 자
8. 법 제44조 제4항의 규정을 위반하여 기관일지를 1년간 보관하지 아니한 자

8의2. 법 제44조 제5항에 따른 연료유전환절차서를 비치하지 아니한 자

9. 법 제45조 제3항의 규정을 위반하여 연료유공급서 또는 그 사본을 3년간 보관하지 아니한 자
10. 법 제45조 제4항의 규정을 위반하여 연료유견본을 보관하지 아니한 자
11. 법 제47조 제4항의 규정을 위반하여 유증기 배출제어장치의 작동에 관한 기록을 3년간 보관하지

아니한 자
11의2. 법 제47조의2제1항에 따른 검인 받은 휘발성유기화합물관리계획서를 비치하지 아니하거나 준수하지 아니한 자
12. 법 제57조 제4항의 규정을 위반하여 해양오염방지검사증서등을 선박에 비치하지 아니한 자
13. 법 제72조 제1항의 규정을 위반하여 처리실적서를 작성하여 제출하지 아니하거나 처리대장을 작성·비치하지 아니한 자
14. 법 제72조 제2항의 규정을 위반하여 오염물질수거확인증을 작성하지 아니하거나 사실과 다르게 작성한 자
15. 법 제72조 제3항의 규정을 위반하여 폐기물인계·인수서를 작성하여 제출하지 아니한 자
16. 법 제76조 제1항 후단의 규정에 따른 변경신고를 하지 아니한 자
17. 법 제76조 제2항을 위반하여 폐기물을 위탁·처리한 자
18. 법 제111조 제2항의 규정에 따른 시정명령을 이행하지 아니한 자
19. 법 제121조의 규정에 따른 교육·훈련을 정당한 사유 없이 받게 하지 아니한 자

라. 과태료의 부과·징수 등
법 제132조에 따른 과태료는 대통령령으로 정하는 바에 따라 해양수산부장관 또는 국민안전처장관이 부과·징수한다(법 제133조).

「해양환경관리법 시행령」

제97조(오염물질) 법 제132조제2항제1호에서 "대통령령이 정하는 오염물질"이란 분뇨·오수 등 폐기물과 기름, 유해액체물질로서 해양수산부령으로 정하는 처리기준을 초과하는 물질을 말한다.

제98조(과태료의 부과기준) 법 제132조에 따른 과태료의 부과기준은 별표 19와 같다.

[별표 19]
과태료의 부과기준(제98조 관련)

1. 일반기준
가. 하나의 위반행위가 둘 이상의 과태료 부과기준에 해당하는 경우에는 그 중 금액이 큰 과태료 부과기준을 적용한다.
나. 부과권자는 다음의 어느 하나에 해당하는 경우에는 제2호에 따른 과태료 금액의 2분의 1의 범위에서 그 금액을 감경할 수 있다. 다만, 과태료를 체납하고 있는 위반행위자의 경우에는 그러하지 아니하다.
  1) 위반행위자가 「질서위반행위규제법 시행령」 제2조의2제1항 각 호의 어느 하나에 해당하는 경우
  2) 위반행위가 사소한 부주의나 오류로 인한 것으로 인정되는 경우
  3) 위반행위자의 법 위반상태를 시정하거나 해소하기 위한 노력이 인정되는 경우
  4) 그 밖에 위반행위의 정도, 위반행위의 횟수 및 위반행위의 동기와 결과 등을 고려하여 감경할 필요가 있다고 인정되는 경우

2. 개별 기준

위반행위	근거 법조문	과태료 금액
가. 법 제22조제2항을 위반하여 해양공간으로부터 제97조에서 정하는 오염물질을 배출한 경우	법 제132조 제2항제1호	250만원
나. 법 제26조제1항에 따른 폐유저장을 위한 용기를 비치하지 않은 경우	법 제132조 제4항제1호	30만원

다. 법 제27조제3항에 따라 검인받은 유해액체물질의 배출방법 및 설비에 관한 지침서를 제공하지 않은 경우	법 제132조 제4항제2호	50만원
라. 법 제30조 및 제34조에 따른 오염물질기록부를 비치하지 않거나 기록 · 보존하지 않은 경우 또는 거짓으로 기재한 경우	법 제132조 제4항제3호	30만원
마. 법 제31조 및 제35조에 따른 검인받은 선박해양오염비상계획서 및 해양시설오염비상계획서를 비치하지 않은 경우	법 제132조 제4항제4호	30만원
바. 법 제32조제1항 및 제36조제1항에 따른 해양오염방지관리인을 임명하지 않은 경우	법 제132조 제4항제5호	50만원
사. 법 제32조제2항 및 제36조제2항에 따른 해양오염방지관리인의 임명증빙서류를 비치하지 않은 경우	법 제132조 제4항제6호	30만원
아. 법 제32조의2제1항에 따른 검인받은 선박대선박 기름화물이송계획서를 비치하지 않거나 준수하지 않은 경우	법 제132조 제4항제6호의2	30만원
자. 법 제32조의2제2항에 따른 선박대선박 기름화물이송작업에 관하여 기록하지 않거나 거짓으로 기록한 경우 또는 기록을 보관하지 않은 경우	법 제132조 제4항제6호의3	30만원
차. 법 제32조의2제3항에 따른 작업계획을 보고하지 않거나 거짓으로 보고한 경우	법 제132조 제4항제6호의4	30만원
카. 법 제33조제1항을 위반하여 해양시설의 신고를 하지 않은 경우	법 제132조 제2항제2호	250만원
타. 법 제36조의2제1항에 따른 안전점검을 실시하지 않은 경우	법 제132조제2항 제2호의2	250만원
파. 법 제36조의2제2항에 따른 보고를 하지 않거나 거짓으로 보고한 경우	법 제132조제2항 제2호의3	200만원
하. 법 제41조제2항을 위반하여 기준에 적합하지 않게 대기오염방지설비를 유지 · 작동한 경우	법 제132조 제3항제1호	100만원
거. 법 제42조제2항을 위반하여 오존층파괴물질이 포함된 설비를 선박에 설치한 경우	법 제132조 제2항제3호	500만원
너. 법 제42조제3항을 위반하여 오존층파괴물질이 포함된 설비를 해양수산부장관이 지정 · 고시하는 업체 또는 단체 외의 자에게 인도한 경우	법 제132조 제3항제2호	200만원
더. 법 제42조제4항에 따른 오존층파괴물질을 포함하고 있는 설비의 목록을 작성하지 않거나 거짓으로 작성한 경우 또는 관리하지 않은 경우	법 제132조 제4항제6호의5	30만원
러. 법 제42조제5항에 따른 오존층파괴물질기록부를 작성하지 않거나 거짓으로 작성한 경우 또는 비치하지 않은 경우	법 제132조 제4항제6호의6	30만원
머. 법 제44조제3항을 위반하여 기관일지를 기재하지 않은 경우	법 제132조 제4항제7호	30만원
버. 법 제44조제4항을 위반하여 기관일지를 1년간 보관하지 않은 경우	법 제132조 제4항제8호	50만원
서. 법 제44조제5항에 따른 연료유전환절차서를 비치하지 않은 경우	법 제132조 제4항제8호의2	30만원
어. 법 제45조제2항을 위반하여 연료유공급서의 사본 및 연료유견본을 제공하지 않은 경우	법 제132조 제2항제4호	300만원

저. 법 제45조제2항을 위반하여 거짓으로 연료유공급서 사본 및 연료유견본을 제공한 경우	법 제132조 제2항제4호	500만원
처. 법 제45조제3항을 위반하여 연료유공급서 또는 그 사본을 3년간 보관하지 않은 경우	법 제132조 제4항제9호	50만원
커. 법 제45조제4항을 위반하여 연료유견본을 보관하지 않은 경우	법 제132조 제4항제10호	50만원
터. 법 제46조제1항을 위반하여 소각이 금지된 물질을 선박 안에서 소각한 경우	법 제132조 제3항제3호	100만원
퍼. 법 제46조제2항 및 제4항을 위반하여 소각설비를 설치하거나 이를 유지 · 작동한 경우	법 제132조 제3항제4호	100만원
허. 법 제46조제3항을 위반하여 소각이 금지된 해역에서 주기관 · 보조기관 또는 보일러를 사용하여 물질을 소각한 경우	법 제132조 제3항제5호	100만원
고. 법 제47조제4항을 위반하여 유증기 배출제어장치의 작동에 관한 기록을 3년간 보관하지 않은 경우	법 제132조 제4항제11호	50만원
노. 법 제47조의2제1항에 따른 검인 받은 휘발성유기화합물관리계획서를 비치하지 않거나 준수하지 않은 경우	법 제132조 제4항제11호의2	30만원
도. 법 제57조제4항을 위반하여 해양오염방지검사증서등을 선박에 비치하지 않은 경우	법 제132조 제4항제12호	30만원
로. 법 제64조제2항을 위반하여 방제조치의 협조를 하지 않은 경우	법 제132조 제2항제5호	250만원
모. 법 제70조제3항에 따른 변경등록을 하지 않은 경우	법 제132조 제2항제6호	250만원
보. 법 제72조제1항을 위반하여 처리실적서를 작성하여 제출하지 않거나 처리대장을 작성 · 비치하지 않은 경우	법 제132조 제4항제13호	50만원
소. 법 제72조제2항을 위반하여 오염물질수거확인증을 작성하지 않거나 사실과 다르게 작성한 경우	법 제132조 제4항제14호	100만원
오. 법 제72조제3항을 위반하여 폐기물인계 · 인수서를 작성하여 제출하지 않은 경우	법 제132조 제4항제15호	100만원
조. 법 제72조제3항을 위반하여 폐기물을 보관 · 관리한 경우 및 폐기물 인계 · 인수서를 작성하지 않거나 거짓으로 작성한 경우	법 제132조 제2항제7호	500만원
초. 법 제74조제3항을 위반하여 해양환경관리업자의 권리 · 의무 승계에 대한 신고를 하지 않거나 거짓으로 신고한 경우	법 제132조 제2항제8호	250만원
코. 법 제76조제1항 후단에 따른 변경신고를 하지 않은 경우	법 제132조 제4항제16호	50만원
토. 법 제76조제1항을 위반하여 신고하지 않은 폐기물의 처리를 위탁한 경우	법 제132조 제2항제9호	250만원
포. 법 제76조제2항을 위반하여 폐기물을 위탁 · 처리한 경우	법 제132조 제4항제17호	50만원
호. 법 제77조제1항에 따른 해양오염영향조사의 결과를 거짓으로 통보한 경우	법 제132조 제1항제1호	500만원
구. 법 제88조제4호 및 제5호에 따른 준수사항을 위반한 경우	법 제132조 제2항제10호	250만원

누. 법 제95조제1항에 따른 해양환경영향조사를 실시하지 않은 경우 또는 그 조사결과를 통보하지 않거나 거짓으로 통보한 경우	법 제132조 제2항제11호	250만원
두. 법 제95조제2항에 따른 필요한 조치를 하지 않은 경우	법 제132조 제2항제12호	250만원
루. 법 제111조제2항에 따른 시정명령을 이행하지 않은 경우	법 제132조 제4항제18호	50만원
무. 법 제121조에 따른 교육 · 훈련을 정당한 사유 없이 받게 하지 않은 경우	법 제132조 제4항제19호	50만원

12

선박평형수관리법

제1절 | 총론

제1관 입법 목적

이 법은 선박평형수 및 그 침전물을 효과적으로 처리·교환·주입·배출하도록 관리함으로써 유해수중생물의 국내 유입을 통제하고 해양생태계의 보존에 이바지하는 것을 목적으로 한다(법 제1조 제1항).

국제항행에 종사하는 선박은 항행에 필요한 선박의 흘수(draft)를 유지하고 공선상태에서 선박의 복원성을 확보하기 위하여 양륙항에서 바닷물을 선박에 적재한 후 선적항에서 화물을 적재하면서 그 중량에 해당하는 바닷물을 바다로 배출하게 된다. 이 과정에서 선박평형수에 포함된 유해수중생물이 항구간에 이동되어 토착수중생물을 위협하거나 해양환경에 위해를 가하게 되는 등의 문제가 발생하고 있다. IMO의 자료에 의하면 매년 30억 내지 50억 톤의 선박평형수가 국가간 이동하고 있으며, 이로 인하여 7,000 종 이상의 생물 종이 국가간에 이동되었다고 한다.[1] 이와 같이 선박평형수 및 그 침전물에 포함된 유해수중생물이 선박과 함께 이동하여 특정 수역의 수중생태계를 교란하거나 파괴하는 등 해양생태계의 다양성에 큰 위협이 되고 있다. 이를 방지하기 위하여 국제해사기구(IMO)은 2004년 2월

1) http://www.imo.org/MediaCentre/HotTopics/BWM/Pages/default.aspx의 내용을 정리함.

채택한 「선박평형수관리협약」(International Convention for the Control and Management for Ship's Ballast Water and Sediments)[2)]을 채택하였다.

이 법은 「선박평형수관리협약」의 발효에 대비하여 그 주요내용을 국내법에 수용하여 선박으로부터의 무분별한 선박평형수 배출을 제한하고, 선박에 선박평형수관리를 위한 설비를 설치하도록 함으로써 선박평형수 및 침전물을 따라 유해수중생물이 우리나라 관할수역으로 유입되는 것을 방지하고 해양생태계의 파괴를 예방하려는 목적으로 입법되었다.

제2관 용어의 정의

법 제1조에서 사용된 용어는 이하 이 법에서 다음과 같은 의미로 사용된다(법 제2조).

1. "선박"이란 「선박안전법」 제2조 제1호에 따른 선박[3)]을 말한다.

1의2. "총톤수"란 「선박법」 제3조 제1항 제1호에 따른 국제총톤수를 말한다.

2. "선박평형수(船舶平衡水)"[4)]란 선박의 중심을 잡기 위하여 선박에 실려 있는 물(그

---

2) 「선박평형수관리협약」은 세계 상선대 총톤수의 35%를 대표하는 30개국 이상이 비준한 날로부터 12개월 후에 발효된다. 2015년 3월 현재 세계 상선대 총톤수의 32.86%를 대표하는 44개국이 비준하였다.

3)

「선박안전법」

1. "선박"이라 함은 수상(水上) 또는 수중(水中)에서 항해용으로 사용하거나 사용될 수 있는 것(선외기를 장착한 것을 포함한다)과 이동식 시추선·수상호텔 등 해양수산부령이 정하는 부유식 해상구조물을 말한다.

「선박안전법 시행규칙」

제3조(부유식 해상구조물)「선박안전법」(이하 "법"이라 한다) 제2조제1호에서 "해양수산부령이 정하는 부유식 해상구조물"이란 다음 각 호와 같다.
1. 이동식 시추선 : 액체상태 또는 가스상태의 탄화수소, 유황이나 소금과 같은 해저 자원을 채취 또는 탐사하는 작업에 종사할 수 있는 해상구조물(항구적으로 해상에 고정된 것은 제외한다)
2. 수상호텔, 수상식당 및 수상공연장 등으로서 소속 직원 외에 13명 이상을 수용할 수 있는 해상구조물(항구적으로 해상에 고정된 것은 제외한다)
3. 다음 각 목에 해당하는 기름 또는 폐기물 등을 산적하여 저장하는 해상구조물
   가. 「해양환경관리법」 제2조에 따른 기름
   나. 「폐기물관리법」 제2조에 따른 폐기물
   다. 「하수도법」 제2조에 따른 하수, 분뇨 및 하수도·공공하수도·하수처리구역의 유지·관리와 관련하여 발생되는 준설물질 및 오니(汚泥)류
   라. 「수질 및 수생태계 보전에 관한 법률」 제2조에 따른 폐수
   마. 「가축분뇨의 관리 및 이용에 관한 법률」 제2조에 따른 가축분뇨
   바. 선박 및 해양시설에서 사람의 일상적인 활동에 따라 발생하는 분뇨
4. 법 제41조에 따른 위험물을 산적하여 저장하는 해상구조물

4) 선박평형수는 'ballast water'를 번역한 용어인데, 구 「해양오염방지법」에서는 '물밸러스트', 「선박평형수관리법」의

물에 녹아 있는 물질 또는 그 물속에 서식하는 수중생물체·병원균을 포함한다)을 말한다.

3. "침전물"이란 선박평형수를 선박에 싣는 과정에서 선박에 들어와 선박평형수에 침전된 물질 또는 선박평형수를 배출한 후 선박에 남는 물질을 말한다.
4. "처리"란 유해수중생물을 기계적·물리적·화학적 또는 생물학적 방법을 사용하여 제거하거나 또는 무해(無害)하게 하는 것을 말한다.
5. "교환"이란 선박에 실려 있는 선박평형수를 선박의 밖에 있는 물로 바꾸는 것을 말한다.
6. "주입"이란 선박의 밖으로부터 선박의 안으로 선박평형수를 싣는 것을 말한다.
7. "배출"이란 선박의 안에서부터 선박의 밖으로 선박평형수 또는 침전물을 내보내는 것을 말한다. 다만, 학술 목적의 조사·연구와 관련한 것을 제외한다.
8. "유해수중생물"이란 강·호소(湖沼)·바다 등의 수역에 유입될 경우 자연환경·사람·재화 또는 수중생물의 다양성에 해로운 결과를 미치거나 해당 수역을 이용·개발하는 데에 장애가 되는 수중생물체 또는 병원균을 말한다.
9. "선박평형수관리"란 선박평형수 또는 침전물을 처리, 교환, 주입 또는 배출하는 등 선박평형수를 통한 유해수중생물의 유입을 통제하는 것을 말한다.
10. "처리물질"이란 유해수중생물을 처리하는 데에 사용되는 물질이나 생물체(바이러스 및 균류를 포함한다)를 말한다.
11. "관할수역"이란 다음 각 목의 수역을 말한다.
    가.「영해 및 접속수역법」제1조에 따른 영해[5)]
    나.「영해 및 접속수역법」제3조에 따른 내수[6)]

2006년 4월 입법예고된 법안(해양수산부 공고 제2006-101호)은「선박의 밸러스트수 관리에 관한 법률(안)」으로 '밸러스트수'로 각각 번역을 달리하여 사용했으나, 2007년 이후「해양환경관리법」과「선박평형수관리법」에서는 '선박평형수'로 통일된 용어를 사용하게 되었다.

5)

「영해 및 접속수역법」

제1조(영해의 범위) 대한민국의 영해는 기선(基線)으로부터 측정하여 그 바깥쪽 12해리의 선까지에 이르는 수역(水域)으로 한다. 다만, 대통령령으로 정하는 바에 따라 일정수역의 경우에는 12해리 이내에서 영해의 범위를 따로 정할 수 있다.

6)

「영해 및 접속수역법」

제3조(내수) 영해의 폭을 측정하기 위한 기선으로부터 육지 쪽에 있는 수역은 내수(內水)로 한다.

다.「배타적경제수역법」 제2조에 따른 배타적경제수역[7)]

제3관 적용범위와 적용순위

1. 적용범위

가. 대한민국 선박(기국주의원칙)

이 법은「선박법」 제2조에 따른 대한민국선박(이하 "대한민국선박"이라 한다)으로서 국제항해에 취항하는 선박(「선박안전법」 제2조 제1호에 따른 선박 중 부유식 해상구조물을 포함한다)에 대하여 적용한다(법 제3조 제1항).

나. 외국선박(속지주의원칙)

대한민국선박 외의 선박으로서 국제항해에 취항하는 선박(이하 "외국선박"이라 한다)이 관할수역에서 항해하거나 정박하고 있는 경우에는 이 법을 적용한다. 다만, 법 제9조 제1항, 제11조부터 제16조까지, 제27조, 제29조, 제30조 및 제32조는 외국선박에 대하여 적용하지 아니한다(법 제3조 제2항).

다. 적용의 예외

법 제3조 제1항 및 제2항에도 불구하고 다음 각 호의 어느 하나에 해당하는 선박에 대하여는 대통령령으로 정하는 바에 따라 이 법의 전부 또는 일부를 적용하지 아니하거나 완화하여 적용할 수 있다(법 제3조 제3항).

1. 선박평형수를 실을 수 없도록 건조된 선박
2. 군함 및 경찰용 선박
3. 다음 각 목에 모두 해당하는 소형 선박
   가. 선박의 길이가 50미터 미만으로서 해양수산부령으로 정하는 규모의 선박

---

7)

「배타적경제수역법」

제2조(배타적 경제수역의 범위)
① 대한민국의 배타적 경제수역은 협약에 따라「영해 및 접속수역법」 제2조에 따른 기선(基線)으로부터 그 바깥쪽 200해리의 선까지에 이르는 수역 중 대한민국의 영해를 제외한 수역으로 한다.
② 대한민국과 마주 보고 있거나 인접하고 있는 국가(이하 "관계국"이라 한다) 간의 배타적 경제수역의 경계는 제1항에도 불구하고 국제법을 기초로 관계국과의 합의에 따라 획정한다.

나. 수색, 경주 등 해양수산부령으로 정하는 용도의 선박

4. 대한민국정부와 외국정부 사이에 이 법의 적용 범위에 관한 협정을 체결한 경우의 해당 선박

5. 조난자의 구조 등 해양수산부령으로 정하는 긴급한 사정이 발생한 경우의 해당 선박

6. 「선박평형수관리법 시행령」에 관한 새로운 기술을 개발·시험 또는 평가하기 위하여 법 제8조의2에 따라 선박평형수관리를 위한 설비를 설치한 경우의 해당 선박

「선박평형수관리법 시행령」

제2조(법의 적용 제외 및 완화) 「선박평형수(船舶平衡水) 관리법」(이하 "법"이라 한다) 제3조 제3항에 따른 법의 적용 제외 및 완화 범위는 다음 각 호와 같다.
1. 법 제3조 제3항 제1호·제2호 및 제5호의 선박: 법의 전부를 적용하지 아니한다.
2. 법 제3조 제3항 제3호의 선박: 다음 각 목의 기준에 따른다.
   가. 해양수산부령으로 정하는 바에 따라 법 제6조를 완화하여 적용한다.
   나. 선박평형수의 주입과 침전물의 통제에 관하여 해양수산부령으로 정하는 기준에 따르는 경우에는 법 제6조를 제외한 나머지 법 규정을 적용하지 아니한다.
3. 법 제3조 제3항 제4호의 선박: 협정에서 정한 내용에 따라 법 제6조부터 제8조까지의 규정을 적용하지 아니하거나 완화하여 적용한다.
4. 법 제3조 제3항 제6호의 선박: 선박평형수 처리를 위한 설비(이하 "선박평형수처리설비"라 한다)를 설치한 날부터 5년이 되는 날까지 법 제6조 제2호에 따른 기준을 적용하지 아니한다.

「선박평형수관리법 시행규칙」

제3조(소형 선박)
① 법 제3조 제3항 제3호 가목에서 "해양수산부령으로 정하는 규모의 선박"이란 선박의 전체 길이[바우스프릿(bowsprits), 붐(boom), 범킨(bumpkins) 및 난간 등을 제외한 선체(船體)의 길이를 말한다]가 50미터 미만으로서 설치할 수 있는 선박평형수탱크의 총용적(이하 "선박평형수 용량"이라 한다)이 8세제곱미터 이하인 선박을 말한다.
② 법 제3조 제3항 제3호 나목에서 "해양수산부령으로 정하는 용도의 선박"이란 다음 각 호의 어느 하나에 해당하는 선박을 말한다.
1. 수색 및 구조 활동을 위한 선박
2. 경주 또는 레크리에이션을 위한 선박

제4조(소형 선박의 적용)
① 제3조에 따른 소형 선박(이하 "소형 선박"이라 한다)이 육상에서 공급된 물로 이루어진 선박평형수를 배출하는 경우에는 「선박평형수(船泊平衡水) 관리법 시행령」(이하 "영"이라 한다) 제2조 제2호 가목에 따라 법 제6조에도 불구하고 관할수역에서 선박평형수 또는 침전물을 배출할 수 있다.
② 영 제2조 제2호 나목에서 "해양수산부령으로 정하는 기준"이란 별표 1과 같다.

제5조(면제·완화 신청 서류) 법 제3조 제3항 제4호에 해당하는 선박의 소유자는 영 제2조 제3호에 따라 법 제6조부터 제8조까지의 규정을 적용받지 아니하거나 완화하여 적용받으려면 별표 2에 따른 사항이 포함된 서류를 해양수산부장관에게 제출하여야 한다.

제6조(긴급한 사정) 법 제3조 제3항 제5호에서 "해양수산부령으로 정하는 긴급한 사정이 발생한 경우"란 다음 각 호의 어느 하나에 해당하는 경우를 말한다.
1. 조난자의 구조 또는 선박의 안전을 보장하기 위하여 선박평형수의 주입 또는 배출이 필요한 경우
2. 선박으로부터의 오염 사고를 피하거나 최소화하기 위하여 선박평형수의 주입 또는 배출이 필요한 경우
3. 선박 또는 설비의 손상으로 선박평형수 및 침전물이 우발적으로 배출된 경우. 이 경우 손상 또는 배출 사실의 발견 전후에 배출을 방지하거나 최소화하기 위하여 합리적인 모든 조치를 한 경우로 한정한다.

2. 국제협약과의 관계

선박평형수의 관리 및 유해수중생물의 유입과 관련하여 국제적으로 발효된 국제협약의 기준과 이 법에서 규정하는 내용이 다른 경우에는 해당 국제협약의 기준을 우선하여 적용한다. 다만, 이 법에서 규정하는 내용이 국제협약의 기준보다 강화된 기준을 포함하는 경우에는 이 법의 규정을 우선하여 적용한다(법 제4조).

제2절 | 선박평형수의 배출 금지 및 특별수역의 지정 등

제1관 특별수역의 지정 등

해양수산부장관은 유해수중생물의 유입 등으로 인한 수중생태계의 교란 또는 파괴를 예방하기 위하여 관할수역 중 일부를 해양수산부령으로 정하는 바에 따라 선박평형수의 특별한 관리를 위한 수역(이하 "특별수역"이라 한다)으로 지정·고시할 수 있다. 이 경우 특별수역을 항해하거나 특별수역에 정박하는 선박에 대하여 선박평형수의 교환·주입·배출의 금지, 그 밖에 필요한 조치(이하 "특별조치"라 한다)를 명하여야 한다(법 제7조 제1항). 해양수산부장관은 법 제7조 제1항에 따라 특별수역을 지정·고시하려면 해양수산부령으로 정하는 바에 따라 그 특별조치로 인하여 해양생태계가 영향을 받을 수 있는 국가의 정부와 미리 협의하여야 한다(법 제7조 제2항).
해양수산부장관은 특별수역을 지정·고시한 경우에는 해양수산부령으로 정하는 바에 따라 다음 각 호의 선박 등에게 그 내용을 통보하여야 한다(법 제7조 제3항).

1. 특별수역을 정기적으로 항해하는 선박
2. 특별조치로 인하여 해양생태계가 영향을 받을 수 있는 국가의 정부
3. 관련 국제기구

「선박평형수관리법 시행규칙」

제14조(특별수역의 지정 등)
① 해양수산부장관은 법 제7조 제1항에 따라 선박평형수의 특별한 관리를 위한 수역(이하 "특별수역"이라 한다)을 지정・고시하려는 경우에는 다음 각 호의 사항을 평가하여야 한다.
1. 특별수역의 지정 및 법 제7조 제1항에 따른 특별조치(이하 "특별조치"라 한다)의 필요성
2. 유해수중생물이 유입될 가능성 및 그로 인한 수중생태계의 교란 또는 파괴 가능성
② 해양수산부장관은 제1항에 따른 평가가 끝난 때에는 법 제7조 제2항에 따라 특별조치로 인하여 해양생태계가 영향을 받을 수 있는 국가의 정부에게 그 평가 결과를 제공하고, 특별수역의 지정 여부 및 지정 기간 등에 대하여 협의하여야 한다.
③ 해양수산부장관은 특별수역 지정일 6개월 전까지 국제해사기구(IMO)에 특별수역 지정 계획을 통보하고 국제해사기구와의 승인이 필요한 사항에 대하여 국제해사기구의 승인을 받아야 한다.
④ 해양수산부장관은 제2항 및 제3항에 따른 절차가 끝난 때에는 특별수역을 지정하고 다음 각 호의 사항을 고시하여야 한다.
1. 해당 특별수역의 좌표
2. 특별수역 지정의 필요성
3. 특별조치에 대한 설명
4. 특별조치를 준수하기 위한 선박의 추가 설비
5. 특별조치의 시행일 및 존속기간
6. 대체 수역・항로 및 항구
⑤ 해양수산부장관은 특별수역을 지정・고시한 때에는 지체 없이 법 제7조 제3항에 따라 같은 항 각 호의 선박 등에게 제4항 각 호의 사항을 통보하여야 한다.
⑥ 제1항부터 제5항까지에서 정하는 것 외에 특별수역의 지정・고시와 관련된 세부절차 등은 해양수산부장관이 정하여 고시한다.

유해수중생물의 유입으로 인하여 수중생태계의 교란・파괴가 예상되거나 선박평형수로 사용하기 곤란한 수역에 대하여 선박평형수의 특별한 관리가 필요하다. 유해수중생물의 유입에 다른 수중생태계의 교란・파괴를 예방하기 위하여 관할수역 중 일부를 특별수역으로 지정・고시하고 해당 수역에서는 선박평형수의 교환・주입・배출의 금지 등 특별조치를 명할 수 있도록 하였다.

제2관 선박소유자의 의무

1. 입항 보고

관할수역 외의 수역에서 선박평형수를 주입한 후 관할수역에 들어오는 선박은 해양수산부령으로 정하는 바에 따라 해양수산부장관에게 입항 보고를 하여야 한다(법 제5조).

「선박평형수관리법 시행규칙」

제10조(선박평형수 적재선박의 입항 보고) 법 제5조에 따라 입항 보고를 하려는 선박의 선장은 입항 24시간 전(항해 예정시간이 24시간 미만인 경우에는 이전 항만에서 출항하기 전)까지 입항하려는 항만을 관할하는 지방해양항만청장(지방해양항만청장 소속 해양사무소의 장을 포함한다. 이하 같다)에게 별지 제4호서식에 따른 선박평형수 입항 보고서를 제출하여야 한다. 다만, 기상악화 등 급박한 위험을 피하기 위하여 긴급히 입항하는 경우에는 입항과 동시에 입항 보고를 할 수 있다.

유해수중생물을 포함하고 있는 선박평형수 또는 침전물이 우리나라 관할수역에 무단으로 배출되고 있어 이를 규제할 필요가 있다. 유해수중생물의 유입을 차단하기 위하여 일정한 기준에 적합하게 선박평형수 또는 침전물을 처리하여 배출하는 경우 등을 제외하고는 원칙적으로 선박소유자가 선박평형수 또는 침전물을 우리나라 관할수역에 배출하는 것을 금지하고, 우리나라 관할수역 밖에서 선박평형수를 주입하고 관할수역에 들어오는 경우에는 우리나라 항만당국에 입항 보고를 하도록 하였다. 선박평형수 또는 침전물의 배출 및 주입을 관리함으로써 우리나라 관할수역에 유해수중생물의 유입예방을 목적으로 하고 있다.

2. 선박평형수의 배출 금지

선박의 소유자(선박을 임차한 경우에는 선박임차인을 말한다. 이하 같다)는 관할수역에서 선박평형수 또는 침전물을 배출하여서는 아니 된다. 다만, 다음 각 호의 어느 하나에 해당하는 경우에는 그러하지 아니하다(법 제6조).

1. 법 제8조 제1항에 따라 선박평형수의 교환을 위한 설비를 설치한 선박이 해양수산부령으로 정하는 수역에서 해양수산부령으로 정하는 방법으로 선박평형수를 교환 또는 주입한 후 이를 배출하는 경우
2. 선박평형수 또는 침전물에 포함된 유해수중생물을 해양수산부령으로 정하는 기준에 맞게 처리한 경우
3. 선박평형수 또는 침전물을 법 제21조에 따른 선박평형수처리업자의 처리시설 또는

선박평형수 관리에 관한 국제협약 당사국인 외국정부가 지정한 처리시설에 배출하는 경우

4. 선박의 선장이 거친 날씨, 설비의 고장 등의 부득이한 사유로 선박평형수를 교환하는 것이 선박의 안전에 위협이 된다고 판단하여 교환하지 아니한 선박평형수를 해양수산부장관이 고시하는 방법으로 배출하는 경우
5. 법 제6조 제1호 및 제2호의 경우 외에 관련 국제기구가 승인한 방법으로 배출하는 경우

「선박평형수관리법 시행규칙」

제11조(선박평형수 교환 및 주입수역) 법 제6조 제1호에 따른 "해양수산부령으로 정하는 수역"이란 다음 각 호의 어느 하나에 해당하는 수역을 말한다.

1. 「해양법에 관한 국제연합 협약」에 따른 국가의 영해를 설정하기 위한 기선(이하 "기선"이라 한다)으로부터의 거리가 200해리 이상이고 수심이 200미터 이상인 수역. 다만, 지형적인 여건 등으로 인하여 이러한 수역에서 선박평형수를 교환 및 주입하는 것이 불가능한 경우에는 기선으로부터의 거리가 50해리 이상이고 수심이 200미터 이상인 수역을 말한다.
2. 그 밖에 해양수산부장관이 정하여 고시하는 수역

제12조(선박평형수 교환 및 주입 방법) 법 제6조 제1호에서 "해양수산부령으로 정하는 방법"이란 별표 4와 같다.

[별표 4] 선박평형수 교환 및 주입 방법(제12조 관련)

1. 선박평형수 교환 방법

가. 선박평형수 교환 방법의 결정

1) 선박평형수 교환은 다음 중 어느 하나 이상의 방법으로 할 것
   가) 배출 후 주입 방법(sequential method): 먼저 교환하려는 선박평형수탱크를 비운 후 새로운 선박평형수를 다시 주입하는 방법
   나) 넘침 방법(flow-through method): 새로운 선박평형수를 펌프를 이용하여 선박평형수탱크로 주입하여 그 안의 물을 넘쳐흐르게 하는 방법
   다) 희석 방법(dilution method): 새로운 선박평형수를 선박평형수탱크의 위쪽으로 주입하고 동시에 같은 유량으로 아래쪽으로 배출하여 선박평형수 교환 작업을 하는 동안 선박평형수탱크 안 선박평형수의 양은 같은 수준을 유지하도록 하는 방법
2) 선박평형수 교환 방법은 다음 사항을 유의하여 결정할 것
   가) 선박의 복원성 및 강도(强度)
   나) 길이방향 응력(longitudinal stress) 및 비틀림 응력(torsional stress)
   다) 적하(積荷) 상태
   라) 선박평형수 펌프 및 배관계통(선박평형수 펌프의 수·용량 및 선박평형수탱크의 배치 등)
   마) 선박평형수 교환 시 파도에 의한 선체 진동
   바) 해상 및 기상 조건(특히, 선박평형수탱크의 일부만 채워진 경우 발생할 수 있는 선박평형수의 출렁거림 현상(sloshing action)으로 인한 손상을 최소화하기 위한 해상조건을 고려할 것)
   사) 선수(船首)/선미(船尾) 흘수(吃水) 및 트림(trim: 선박의 앞부분의 흘수와 뒷부분의 흘수 차)

아) 선장과 선원의 추가적인 업무 부담
자) 넘침 방법으로 교환하려는 경우에는 다음 사항을 추가로 유의할 것
(1) 탱크 통풍 및 넘침관 배치의 이용가능성 및 용량
(2) 탱크 넘침 지점의 이용가능성 및 용량
(3) 선박평형수탱크의 저압(低壓) 및 과압(過壓) 방지

나. 선박평형수를 교환할 때에는 선박평형수 용적의 95퍼센트 이상을 새로운 선박평형수로 교환하여야 한다.

다. 넘침 방법 및 희석 방법을 사용하는 선박은 선박평형수탱크 용적의 3배 이상을 펌핑(pumping)한 경우 나목의 기준을 만족하는 것으로 본다. 다만, 해양수산부장관이 인정하는 경우에는 3배 미만을 펌핑할 수 있다.

라. 선박평형수의 교환은 다음의 조건을 모두 충족하는 경우에만 시행한다.
1) 선박이 공해(公海)로 나가는 경우
2) 교통 밀도가 낮은 경우
3) 항해 선교(船橋)와 적절한 통신을 유지하고 추가적인 견시(見視: 눈으로 주변 상황을 관찰하는 것)를 유지하는 경우
4) 선박의 조정 능력이 일시적인 기간 동안 흘수와 트림 및 프로펠러 심도(深度)에 따라 지나치게 방해받지 않는 경우
5) 해상 상태가 적절한 경우

마. 유조선에서 분리평형수(segregated ballast) 및 맑은평형수(clean ballast)로 선박평형수를 교환하는 경우 선박평형수의 표면을 육안 또는 다른 방법으로 검사하여 기름에 의한 오염이 없는 경우에만 펌프를 이용하여 선박의 흘수선 아래로 배출할 수 있다.

2. 선박평형수 주입 방법

선박평형수를 주입할 때에는 선박의 복원성 및 강도, 적하상태, 선수/선미 흘수 및 트림 등에 유의하여 안전한 방법으로 주입하여야 한다.

비고

1. "분리평형수(segregated ballast)"란 「선박에서의 오염방지에 관한 규칙」 제2조 제21호에 따른 분리평형수를 말한다.
2. "맑은평형수(clean ballast)"란 「선박에서의 오염방지에 관한 규칙」 제2조 제22호에 따른 맑은평형수를 말한다.

제13조(선박평형수 처리기준) 법 제6조 제2호에서 "해양수산부령으로 정하는 기준"이란 다음 각 호와 같다.

1. 생존생물(완전하게 살아있거나 일부 손상을 받았더라도 신진대사가 가능한 생물체를 말한다. 이하 이 조에서 같다): 다음 각 목에서 정한 개체수 미만일 것
   가. 최소크기(여러 개체가 모여 군체를 형성하는 생물의 경우에는 단위 개체의 길이를 말하며, 그 외의 생물은 생물의 척추, 편모 또는 더듬이 등의 크기를 제외하고 몸통의 표면 사이 중 가장 작은 길이를 말한다. 이하 이 호 및 제2호에서 같다)가 50마이크로미터 이상의 생존생물: 배출되는 선박평형수 1세제곱미터당 10개체
   나. 최소크기가 10마이크로미터 이상이고 50마이크로미터 미만인 생존생물: 배출되는 선박평형수 1밀리리터당 10개체
2. 지표미생물: 다음 각 목에서 정한 개체수 미만일 것
   가. 독성 비브리오 콜레라(O1, O139): 배출되는 선박평형수 100밀리미터당 군체형성단위(cfu) 1개 또는 동물플랑크톤 표본 1그램(습중량)당 군체형성단위(cfu) 1개
   나. 대장균: 배출되는 선박평형수 100밀리리터당 군체형성단위 250개
   다. 장구균: 배출되는 선박평형수 100밀리리터당 군체형성단위 100개

---

3. 선박평형수관리를 위한 설비의 설치 등

선박소유자는 해양수산부령으로 정하는 바에 따라 선박평형수의 처리를 위한 설비(이하 "선박평형수처리설비"라 한다) 또는 선박평형수의 교환을 위한 설비(이하 "선박평형수교환설비"라 한다)를 선박에 설치하여야 한다. 다만, 법 제6조 제3호 또는 제5호의 경우에는 그러하지 아니하다(법 제8조 제1항). 법 제8조 제1항에 따라 선박에 설치된 선박평형수처리설비 및 선박평형수교환설비에 필요한 제어장치 등의 기술기준은 해양수산부령으로 정한다(법 제8조 제2항).

「선박평형수관리법 시행규칙」

제15조(선박평형수관리설비의 설치 등) 법 제8조에 따른 선박평형수처리설비 또는 선박평형수교환설비(이하 "선박평형수관리설비"라 한다)의 설치 기준은 별표 5와 같다.

[별표 5] 선박평형수관리설비의 설치 기준(제15조 관련)

1. 법 시행일(법 제8조 제1항의 시행일을 말한다. 이하 이 표에서 같다) 전에 건조된 선박은 선박평형수관리설비를 설치하여야 한다. 다만, 선박평형수교환설비만을 설치한 선박의 경우에는 다음 각 목에 구분에 따른 날까지는 선박평형수처리설비를 설치하여야 한다.

가. 다음의 어느 하나에 해당하는 선박은 2016년의 날 중 해당 선박의 인도일에 해당하는 날 이후 처음으로 도래하는「해양환경관리법」제49조에 따른 기름오염방지설비에 대한 정기검사를 받는 날
   1) 2008년 12월 31일 이전에 건조된 선박으로 선박평형수 용량이 1,500세제곱미터 미만이거나 5,000세제곱미터를 초과하는 선박
   2) 2009년 1월 1일 이후 2011년 12월 31일 이전에 건조된 선박으로 선박평형수 용량이 5,000세제곱미터 이상인 선박

나. 가목 외의 선박은 법 시행일 이후 처음으로 도래하는「해양환경관리법」제49조에 따른 기름오염방지설비에 대한 정기검사를 받는 날

2. 법 시행일 이후에 건조된 선박은 선박평형수처리설비를 설치하여야 한다.

비고
이 표에서 사용되는 용어의 뜻은 다음과 같다.
1. "건조된 선박"이란 용골이 거치되거나 이와 동등한 건조단계(선박을 건조할 때 선박의 전체 구조물 견적중량의 1퍼센트 또는 50톤 이상의 조립이 이루어진 단계)에 있는 선박과 주요개조를 하는 선박을 말한다
2. "주요개조"란 다음 각 목의 어느 하나에 해당하는 개조를 말한다.
   가. 선박평형수 용량을 15퍼센트 이상 변경하기 위한 개조
   나. 선박의 용도를 변경하기 위한 개조
   다. 선박의 사용연한을 10년 이상 연장하도록 계획된 것이라고 해양수산부장관이 인정하는 개조
   라. 부품의 교체 외에 선박평형수시스템(선박평형수의 주입 및 배출과 관련된 관장치, 펌프, 선박평형수처리설비 및 선박평형수탱크 등을 말한다)을 변경하는 개조

제16조(선박평형수관리설비의 기술기준) 법 제8조 제2항에 따른 선박평형수관리설비에 필요한 제어장치 등의 기술기준은 별표 6과 같다.

[별표 6] 선박평형수관리설비의 기술기준(제16조 관련)

1. 선박평형수처리설비

가. 위험한 속성을 갖는 물질을 사용하여서는 아니 된다.

나. 고장이 발생한 경우 경보가 발생되도록 선박평형수 통제 구역에 보고 들을 수 있는 경보장치가 갖추어져야 한다.

다. 마모 또는 손상되기 쉬운 선박평형수처리설비의 모든 작동부위는 정비할 수 있도록 접근이 용이해야 하고, 일상적인 정비 및 고장해결 절차는 제조자의 운전 및 정비 지침서에 규정되어 있어야 하며, 정비 및 수리 등 기록 사항은 모두 기록되어야 한다.

라. 다목에 따른 접근이 용이한 부분 외에 선박평형수처리설비의 모든 부분에는 봉인을 파괴하여야만 접근할 수 있도록 하여야 한다.

마. 소제, 교정 또는 수리를 위해 운전될 때마다 볼 수 있는 경고가 작동되고, 이러한 결과들이 제어장치에 의하여 기록되어야 한다.

바. 비상 시 선박 및 선원의 안전을 위하여 선박평형수처리설비를 통하지 않고 선박평형수를 주입 또는 배출할 수 있는 우회 배관(by-pass)이나 경보를 작동하지 않도록 하는 경보부작동(override) 장치가 설치되어야 한다.

사. 선박평형수처리설비를 통하지 않고 우회하여 선박평형수를 주입 또는 배출하는 때에는 경보가 작동되어야 하고, 이는 제어장치에 의하여 기록되어야 한다.

아. 검사 시에 제조자의 지침서에 따라 측정에 사용되는 부품의 성능을 점검할 수 있는 설비가 제공되어야 하고, 이들 설비의 교정성적서는 검사목적으로 선박에 비치되어야 하며, 제조자 또는 제조자에 의해 인가된 사람만이 정밀점검을 수행해야 한다.

자. 처리장치는 다음 요건을 만족하여야 한다.

1) 처리장치는 다음에 적합한 것이어야 한다.

가) 선상(on board)에서 작동할 수 있을 만큼 적합하고 견고한 것일 것

나) 제13조의 기준에 적합한 설계 및 구조일 것

다) 선상에 있는 사람에 대한 위험을 최소화할 수 있도록 설치될 것

라) 고온 표면 부분 등 위험 요소에 대한 적절한 주의를 환기시킬 것

마) 제작에 사용되는 재료, 장치의 목적, 작업조건 및 그 밖에 선상 환경조건을 고려하여 설계될 것

2) 처리장치에는 운전 및 제어를 위한 단순하고 효과적인 수단이 있어야 하고, 정상적인 운전에 필요한 시설들이 자동화 설비를 통해 확보될 수 있도록 제어장치와 함께 갖추어져 있어야 한다.

3) 처리장치가 가연성(可燃性)이 있는 곳에 설치될 경우 다음에 적합하여야 한다.

가) 처리장치는 해당 장소에 대한 안전기준에 적합한 것일 것

나) 전기장치는 위험한 지역이 아닌 곳에 위치할 것. 다만, 위험한 지역에서 사용하는 것이 불가피한 경우 해양수산부장관이 그 사용을 인정하여야 하며, 위험한 지역에 설치되는 구동부분은 정전기가 형성되지 않도록 배치하여야 한다.

차 제어 및 감시장치는 다음 요건을 만족하여야 한다.

1) 선박평형수처리설비는 처리에 필요한 투여량(dosages), 강도(intensities) 및 그 밖에 처리에 직접적인 영향을 주지는 아니하나 처리의 적절한 관리(administration)를 위하여 제어가 요구되는 다른 요소(aspects)를 자동으로 조절 및 감시하는 제어장치를 갖추어야 한다.

2) 제어장치는 선박평형수처리설비가 운전하고 있는 기간 동안 연속적인 자기감시를 할 수 있는 기능을 갖추어야 한다.

3) 감시장치는 선박평형수처리설비의 정상적인 기능 및 오작동을 기록할 수 있는 것이어야 한다.

4) 제어장치는 다음의 요건을 충족하여야 한다.

가) 선박평형수관리기록부와 적합여부를 쉽게 확인할 수 있도록 자료를 24개월 동안 저장할 수 있을 것

나) 검사를 위하여 기록을 보여줄 수 있거나 출력할 수 있을 것

다) 제어장치를 교체할 경우, 교체전의 저장된 자료가 선상에서 24개월 동안 이용 가능하도록

저장 가능할 것

5) 제어장치 계기가 측정한 값의 변화, 제어장치의 반복성(repeatability: 동일한 측정대상을 같은 조건 하에 같은 방법으로 반복 측정한 경우 개개의 측정치가 일치하는 성질) 및 제어장치 계기의 영점화(re-zero) 능력을 점검할 수 있는 간단한 수단을 선상에 설치할 수 있어야 한다.

2. 선박평형수교환설비

가. 선박평형수 펌프 및 관장치는 운전, 정비 및 유지가 쉽게 이루어질 수 있어야 한다.

나. 선박평형수 주입 또는 배출에 대한 자동기록장치가 설치된 경우 그 기록은 쉽게 저장되고 확인 가능한 형태의 것이어야 한다.

비고

1. "처리장치"란 선박평형수 및 침전물에 포함되어 있는 유해수중생물을 처리하는 장치를 말한다.
2. "제어장치"란 선박평형수처리설비를 운전 및 제어하기 위하여 필요한 장치를 말한다.
3. "감시장치"란 선박평형수처리설비의 운전상태를 확인하기 위하여 설치된 장치를 말한다.

---

4. 시험용 선박평형수처리설비의 설치 등

법 제8조 제1항에 따른 선박평형수처리설비를 설치하여야 하는 선박에 새로운 기술을 개발・시험 또는 평가하기 위한 시험용 선박평형수처리설비를 설치하려는 자는 해양수산부장관으로부터 다음 각 호의 승인・확인검사 및 점검을 받아야 한다(법 제8조의2 제1항).

1. 새로운 기술을 개발・시험 또는 평가하기 위한 시험계획의 승인
2. 승인된 시험계획에 따라 선박에 시험용 선박평형수처리설비를 설치한 후의 확인검사
3. 승인된 시험계획의 이행에 관한 점검

해양수산부장관은 시험용 선박평형수처리설비가 승인된 시험계획에 따라 적합하게 설치된 것으로 확인되는 경우 선박평형수처리설비 적합증서를 발급하여야 한다(법 제8조의2 제2항). 해양수산부장관은 법 제8조의2 제1항 제3호에 따른 점검 결과 시험계획의 이행을 위하여 필요한 경우에는 선박평형수처리설비 적합증서의 효력정지나 시정・보완을 명할 수 있다(법 제8조의2 제3항). 법 제8조의2 제1항에 따른 승인・확인검사・점검의 절차, 제2항에 따른 적합증서의 발급 절차 및 제3항에 따른 효력정지 등의 명령에 필요한 사항은 해양수산부령으로 정한다(법 제8조의2 제4항).

「선박평형수관리법 시행규칙」

제16조의2(시험용 선박평형수처리설비 시험계획의 승인)

① 법 제8조의2제1항에 따라 새로운 기술을 개발·시험 또는 평가하기 위한 선박평형수처리설비(이하 "시험용 선박평형수처리설비"라 한다)를 선박에 설치하려는 자는 별지 제4호의2서식의 시험용 선박평형수처리설비 시험계획 승인신청서에 시험용 선박평형수처리설비 시험계획서 3부를 첨부하여 해양수산부장관에게 제출하여야 한다.
② 제1항에 따른 시험용 선박평형수처리설비 시험계획서에는 다음 각 호의 사항을 포함하여야 한다.
1. 시험 참여자에 관한 사항
2. 시험용 선박평형수처리설비 및 처리 기술에 관한 사항
3. 시험용 선박평형수처리설비를 설치하는 선박의 명세
4. 법 제8조의2제1항 제2호에 따른 확인검사(이하 "확인검사"라 한다) 시 점검사항
5. 시험용 선박평형수처리설비의 성능시험 및 평가에 관한 사항
6. 시험 일정 및 보고에 관한 사항
③ 제1항에 따른 신청을 받은 해양수산부장관은 시험용 선박평형수처리설비 시험계획이 해양수산부장관이 정하여 고시하는 시험용 선박평형수처리설비 시험계획 승인 절차 및 신청 요건을 충족하였다고 인정되면 제출받은 시험용 선박평형수처리설비 시험계획서에 별표 6의2에 따른 승인 표시를 하여 2부를 신청인에게 내주어야 한다.

제16조의3(확인검사 및 적합증서 발급)
① 제16조의2제3항에 따라 시험용 선박평형수처리설비 시험계획의 승인을 받고 그 시험계획에 따라 시험용 선박평형수처리설비를 선박에 설치하려는 자는 별지 제4호의3서식의 시험용 선박평형수처리설비 확인검사 신청서에 승인된 시험용 선박평형수처리설비 시험계획서를 첨부하여 해양수산부장관[법 제30조 제1항에 따라 「선박안전법」 제45조에 따른 선박안전기술공단 또는 같은 법 제60조 제2항에 따른 선급법인(이하 "대행기관"이라 한다)으로 하여금 업무를 대행하게 한 경우에는 대행기관을 말한다. 이하 이 조 제2항, 제16조의4, 제21조부터 제24조까지, 제27조 및 제33조에서 같다]에게 확인검사를 신청하여야 한다.
② 제1항에 따라 검사신청을 받은 해양수산부장관은 시험용 선박평형수처리설비가 시험용 선박평형수처리설비 시험계획서에 따라 적합하게 설치되었는지 확인검사를 실시하고, 법 제8조의2제2항에 따라 별지 제4호의4서식의 시험용 선박평형수처리설비 적합증서를 발급하여야 한다.
③ 제2항에 따른 시험용 선박평형수처리설비 적합증서의 유효기간은 적합증서를 발급한 날부터 5년으로 한다.

제16조의4(시험계획의 점검)
① 해양수산부장관은 시험용 선박평형수처리설비의 개발·시험 및 평가 기간 동안 시험계획의 이행 여부를 점검할 수 있다.
② 해양수산부장관은 제1항에 따른 확인 결과 선박이 다음 각 호의 어느 하나에 해당하는 경우에는 적합증서의 효력을 정지할 수 있다.
1. 승인된 시험계획을 이행하지 못하는 경우
2. 개발·시험 및 평가 기간에 선박평형수처리설비가 설계된 대로 일관성 있게 운전되지 아니한 경우

이 법 제정시 반영되지 않았던 평형수처리설비의 형식승인 절차 및 방법 등을 수용하고, 형식승인제도를 개선하였다. 국내에서 생산되는 평형수처리설비의 품질향상 및 국제적 신뢰성을 제고하며, 동 제도의 우선 시행을 통하여 관련업체의 세계시장 선점을 목적으로 한 규정이다.

5. 선박평형수관리계획서의 작성 등

선박소유자는 선박평형수관리와 관련하여 선박평형수의 처리·교환·주입·배출 등에 관한 절차와 방법을 기술한 계획서(이하 "선박평형수관리계획서"라 한다)를 작성하여 해양수산부장관의 검인을 받아야 한다(법 제9조 제1항). 선박소유자는 선박평형수관리계획서에 따라 선박평형수를 처리·교환·주입·배출하거나 침전물을 제거 또는 배출하여야 한다(법 제9조 제2항). 선박소유자는 해양수산부령으로 정하는 바에 따라 선박평형수관리의 업무를 담당하는 자가 선박평형수관리계획서를 숙지하고 그에 따라 임무를 수행할 수 있도록 교육을 실시하여야 한다(법 제9조 제3항). 선박소유자는 선박평형수관리계획서를 선박에 비치하고, 해양수산부장관이 요청하면 선박평형수관리계획서를 즉시 제시하여야 한다(법 제9조 제4항). 선박평형수관리계획서의 기재 사항 및 작성 방법 등에 필요한 사항은 해양수산부령으로 정한다(법 제9조 제5항).

「선박평형수관리법 시행규칙」

제17조(선박평형수관리계획서의 검인)

① 법 제9조 제1항에 따라 선박평형수관리계획서의 검인을 받으려는 선박소유자는 별지 제5호서식의 선박평형수관리계획서 검인신청서에 선박의 선박평형수관리계획서 2부를 첨부하여 지방해양항만청장에게 제출하여야 한다.

② 지방해양항만청장은 제1항에 따른 신청을 검토하고 적합하다고 인정되면 선박평형수관리계획서에 별표 7에 따른 검인 표시를 하여 신청인에게 내주어야 한다.

③ 선박소유자는 검인받은 선박평형수관리계획서를 잃어버리거나 헐어 못 쓰게 되었을 때에는 별지 제5호서식의 신청서 비고란에 그 사유를 적고 새로 작성한 선박평형수관리계획서 2부를 첨부하여 지방해양항만청장에게 재발급 신청을 할 수 있다.

④ 재발급 신청에 따른 검인 표시에 관하여는 제2항을 준용한다.

제18조(직원의 교육)

① 선박소유자는 법 제9조 제3항에 따라 선박평형수관리의 업무를 담당하는 선박직원(「선박직원법」 제2조 제3호에 따른 선박직원을 말한다. 이하 같다)에 대하여 다음 각 호의 사항에 대한 교육을 5년마다 1회 이상 실시하여야 한다.

1. 선박평형수관리에 관한 국제협약의 내용
2. 선박평형수 및 침전물 관리절차
3. 선박평형수관리계획서 운용에 관한 사항
4. 선박평형수관리기록부 작성에 관한 사항

② 선박소유자는 법 제36조의2제1항에 따른 지정교육기관으로 하여금 제1항에 따른 교육을 실시하게 할 수 있다.

제19조(선박평형수관리계획서 기재사항 등)

① 법 제9조 제5항에 따라 선박평형수관리계획서에는 다음 각 호의 사항이 포함되어야 한다.

1. 선박평형수관리와 관련된 선원과 선박의 안전에 관한 사항
2. 선박평형수관리의 요건 및 절차
3. 침전물 배출 절차

4. 항만당국과의 선박평형수 배출 협의 절차
5. 책임 선박직원의 지정
6. 선박평형수관리에 관한 국제협약에 따른 보고사항
7. 선박평형수관리에 필요한 훈련 및 교육에 관한 사항

② 선박소유자는 선박평형수관리계획서를 다음 각 호의 방법에 따라 작성하되, 선박의 선장 및 직원이 일반적으로 사용하는 언어로 작성하고 영어로 된 번역문을 포함하여야 한다.

1. 선박의 명세를 상세히 포함할 것
2. 해당 선박에 적합하게 작성할 것
3. 선박평형수관리와 관련된 사람이 이해할 수 있도록 작성할 것
4. 선박의 구조 등에 관한 정보 등 다른 서류에서 얻을 수 있는 정보는 포함할 필요는 없으며, 필요할 경우 부록으로 첨부하거나 해당 정보의 위치를 포함할 것
5. 그 밖에 해양수산부장관이 정하여 고시하는 바에 따를 것

---

6. 선박평형수관리기록부의 기록 등

선박소유자는 그 선박에서 처리·교환·주입 및 배출한 선박평형수를 기록하기 위한 장부(이하 "선박평형수관리기록부"라 한다)를 선박에 비치하고 선박평형수의 처리량·교환량·주입량·배출량 등 해양수산부령으로 정하는 사항을 기록하여야 한다(법 제10조 제1항). 선박평형수관리기록부의 보존 기간은 그 기록부를 마지막으로 기록한 날부터 5년으로 하고, 그 보존 방법은 해양수산부령으로 정한다(법 제10조 제2항). 선박소유자는 해양수산부장관이 요청하면 선박평형수관리기록부를 즉시 제시하여야 한다(법 제10조 제3항). 선박평형수관리기록부의 서식과 기록 방법 등에 필요한 사항은 해양수산부령으로 정한다(법 제10조 제4항).

「선박평형수관리법 시행규칙」

제20조(선박평형수관리기록부의 기록 등)

① 법 제10조 제1항에 따라 선박평형수관리기록부에는 다음 각 호의 구분에 따른 사항을 적어야 한다.

1. 선박평형수를 주입할 때
   가. 일시, 장소 및 수심
   나. 주입량
   다. 책임 선박직원의 서명
2. 선박평형수관리를 위하여 순환시키거나 처리할 때
   가. 작업 일시
   나. 순환 또는 처리된 양
   다. 선박평형수관리계획서에 따른 이행 여부
   라. 책임 선박직원의 서명
3. 선박평형수를 해양에 배출할 때
   가. 일시 및 장소
   나. 배출량 및 잔량
   다. 선박평형수관리계획서에 따른 이행 여부

라. 책임 선박직원의 서명
4. 선박평형수를 처리시설로 배출할 때
가. 주입 일시 및 장소
나. 배출 일시 및 장소
다. 배출량 또는 주입량
라. 항구 또는 처리시설
마. 선박평형수관리계획서에 따른 이행 여부
바. 책임 선박직원의 서명
5. 사고나 그 밖의 사유로 인한 예외적으로 선박평형수를 주입하거나 배출할 때
가. 일시 및 장소
나. 배출량
다. 주입, 배출 또는 누출의 발생 배경 등
라. 선박평형수관리계획서에 따른 이행 여부
마. 책임 선박직원의 서명
6. 추가적인 작동 절차 및 비고

② 법 제10조 제2항에 따라 선박소유자는 선박평형수관리기록부를 마지막으로 기록한 날부터 2년간 해당 선박(자력항해능력이 없어 예인선에 끌리거나 밀려서 항해되는 무인부선은 그 예인선을 말한다)에 비치하여 보존하고, 그 이후 3년간 그의 주된 사무소 또는 해당 선박에 보존하여야 한다.

③ 선장은 선박평형수관리와 관련된 모든 작업을 별지 제6호서식의 선박평형수관리기록부(선박의 전자기록시스템, 다른 기록문서시스템이나 그 밖의 전자문서시스템에 선박평형수관리와 관련된 모든 작업을 기록하는 경우에는 그 전자기록시스템 등을 말한다)에 기록하여야 하며, 한글에 영어를 함께 적거나 영어로만 기록하여야 한다.

제3절 | 선박의 평형수관리를 위한 선박의 검사, 형식승인 및 검정 등

제1관 선박의 평형수관리를 위한 선박의 검사 등

1. 도면의 승인

선박을 건조하고자 하는 자 또는 선박에 최초로 선박평형수처리설비 또는 선박평형수교환설비(이하 “선박평형수관리설비”라 한다)를 설치하고자 하는 선박소유자는 해당 선박의 도면에 대하여 해양수산부령으로 정하는 바에 따라 해양수산부장관의 승인을 받아야 하며, 승인을 받은 사항을 변경하려는 경우에도 또한 같다. 다만, 해양수산부령으로 정하는 도면의 경우에는 그러하지 아니하다(법 제11조 제1항). 해양수산부장관은 법 제11조 제1항에

따라 승인요청을 받은 도면이 이 법에 따른 선박평형수관리기준에 맞으면 이를 승인하고 해당 도면에 승인되었다는 표시를 하여야 한다(법 제11조 제2항). 법 제11조 제1항에 따른 승인을 받은 자는 승인을 받은 도면과 동일하게 선박을 건조하거나 개조하여야 한다(법 제11조 제3항). 선박소유자는 법 제11조 제1항에 따른 승인을 받은 도면을 선박에 비치하여야 한다(법 제11조 제4항).

「선박평형수관리법 시행규칙」

제21조(도면의 승인)

① 법 제11조 제1항 본문에 따라 선박의 도면에 대하여 승인 또는 변경승인을 받으려는 자는 별지 제7호서식의 도면 승인(변경승인) 신청서에 다음 각 호의 도면을 첨부하여 해양수산부장관에게 제출하여야 한다.

1. 선박평형수탱크 배치도
2. 선박평형수 용적도
3. 선박평형수 배관 및 펌프 배치도(공기관 및 측심관의 배치를 포함한다)
4. 선박평형수 펌프 용량
5. 운전 및 정비 관련 도면
6. 선박평형수관리설비 도면
7. 선박의 평면도 및 종단면도

② 법 제11조 제1항 단서에서 "해양수산부령으로 정하는 도면"이란 법 제11조 제1항 본문에 따라 이미 승인받은 선박의 도면과 같은 내용의 도면에 따라 같은 형태의 선박을 같은 조선소에서 건조하는 경우 해당 선박의 도면을 말한다.

③ 해양수산부장관은 제1항에 따라 제출된 도면이 법 제11조 제2항에 따라 승인 여부를 결정하고 승인하는 경우에는 해당 도면에 별표 8의 도면 승인 표시를 하여야 한다.

---

2. 정기검사

선박소유자는 선박평형수관리설비를 선박에 최초로 설치하여 항해에 사용하거나 법 제15조에 따른 유효기간이 끝난 경우에는 해양수산부령으로 정하는 바에 따라 해양수산부장관의 검사(이하 "정기검사"라 한다)를 받아야 한다(법 제12조 제1항). 해양수산부장관은 정기검사에 합격한 선박에 대하여 해양수산부령으로 정하는 선박평형수관리설비검사증서(이하 "검사증서"라 한다)를 발급하여야 한다(법 제12조 제2항). 선박소유자가 검사증서를 받은 경우에는 그 선박에 비치하여야 한다(법 제12조 제3항).

「선박평형수관리법 시행규칙」

제22조(정기검사)

① 법 제12조 제1항에 따라 선박평형수관리설비를 선박에 최초로 설치하여 항해에 사용하는 선박에

대하여 정기검사를 받으려는 선박소유자는 별지 제8호서식의 선박평형수관리설비 검사신청서에 다음 각 호의 서류를 첨부하여 해양수산부장관에게 제출하여야 한다.
1. 법 제21조 제1항 각 호의 도면(제21조 제1항에 따라 도면을 승인한 대행기관에 정기검사를 신청하는 경우에는 생략한다)
2. 법 제17조 제7항에 따른 선박평형수처리설비의 검정합격증명서(선박평형수처리설비의 경우에만 한정한다)
② ② 법 제12조 제1항에 따라 검사증서의 유효기간이 끝나는 선박에 대하여 정기검사를 받으려는 선박소유자는 해당 증서의 유효기간이 끝나기 전에 별지 제8호서식의 선박평형수관리설비 검사신청서에 다음 각 호의 서류를 첨부하여 해양수산부장관에게 제출하여야 한다.
1. 검사증서
2. 제1항 제1호 및 제2호의 서류(선박평형수관리설비가 변경된 경우에만 첨부한다)
③ 해양수산부장관은 법 제12조 제2항에 따라 정기검사에 합격한 선박에 대하여 별지 제9호서식의 검사증서를 발급하여야 한다.

선박에 설치되는 선박평형수관리를 위한 설비가 국제적인 기술기준에 맞게 설치되어 적절하게 유지·작동하고 있는지 여부를 검사하는 절차를 마련할 필요성이 있다. 선박소유자는 선박평형수처리시스템 또는 선박평형수교환시스템 등 선박평형수관리를 위한 설비에 대하여 정기검사·중간검사·임시검사 등 세분화된 각종 검사를 받도록 하고, 해양수산부장관은 해당 검사에 합격한 선박소유자에게 선박평형수검사증서를 교부하거나 선박평형수검사증서에 합격 여부를 표시하여 관리하게 하였다.

3. 중간검사

선박소유자는 정기검사와 정기검사의 사이에 선박평형수관리설비의 유지·관리 상태에 대하여 해양수산부장관의 검사(이하 "중간검사"라 한다)를 받아야 한다(법 제13조 제1항). 중간검사의 종류는 제1종과 제2종으로 구분하고, 그 시기와 절차·검사사항은 해양수산부령으로 정한다(법 제13조 제2항). 해양수산부장관은 법 제13조 제2항에 따른 중간검사에 합격한 선박에 대하여 법 제12조 제2항에 따른 검사증서에 그 검사 결과를 표기하여야 한다(법 제13조 제3항).

「선박평형수관리법 시행규칙」

제23조(중간검사)
① 법 제13조 제1항에 따라 중간검사를 받으려는 선박소유자는 별지 제8호서식의 선박평형수관리설비 검사신청서에 다음 각 호의 서류를 첨부하여 해양수산부장관에게 제출하여야 한다.
1. 검사증서
2. 법 제22조 제1항제1호 및 제2호의 서류(선박평형수관리설비가 변경된 경우에만 첨부한다)
② 법 제13조 제2항에 따른 중간검사의 시기는 다음 각 호와 같다.

1. 제1종 중간검사: 정기검사 후 두 번째 또는 세 번째 검사기준일 전후 3개월 이내
2. 제2종 중간검사: 검사기준일 전후 3개월 이내(정기검사 또는 제1종 중간검사를 받아야 하는 해의 검사기준일은 제외한다)

③ 제2항에도 불구하고 선박소유자는 장기 항해 등 부득이한 사유가 있는 경우에는 중간검사를 검사기준일보다 3개월 이상 앞당겨 받을 수 있다.

④ 법 제13조 제2항에 따른 중간검사의 검사사항은 다음 각 호와 같다.

1. 제1종 중간검사: 정기검사 사항 중 배관, 밸브 및 펌프의 위치 확인과 압력시험을 제외한 검사
2. 제2종 중간검사: 작동시험

⑤ 법 제13조 제3항에 따라 해양수산부장관은 중간검사에 합격한 선박에 대하여 검사증서의 해당 검사의 이서란(裏書欄)에 서명하고 검사 장소 및 날짜를 적어야 한다.

⑥ 선박소유자가 제1종 중간검사 또는 제2종 중간검사를 갈음하여 정기검사를 받은 경우에는 해당 제1종 중간검사 또는 제2종 중간검사를 받지 아니할 수 있고, 제2종 중간검사를 갈음하여 제1종 중간검사를 받은 경우에는 해당 제2종 중간검사를 받지 아니할 수 있다.

---

4. 임시검사

선박소유자는 선박평형수관리설비를 교체・개조 또는 수리하려는 경우에는 해양수산부장관의 검사(이하 "임시검사"라 한다)를 받아야 한다. 다만, 해양수산부령으로 정하는 경미한 사항의 경우에는 그러하지 아니하다(법 제14조 제1항). 해양수산부장관은 임시검사에 합격한 선박에 대하여 법 제12조 제2항에 따른 검사증서에 그 검사 결과를 표기하여야 한다(법 제14조 제2항). 임시검사의 절차 및 검사 사항은 해양수산부령으로 정한다(법 제14조 제3항).

「선박평형수관리법 시행규칙」

제24조(임시검사)

① 법 제14조 제1항에 따라 임시검사를 받으려는 선박소유자는 별지 제8호서식의 선박평형수관리설비 검사신청서에 다음 각 호의 서류를 첨부하여 해양수산부장관에게 제출하여야 한다.

1. 검사증서
2. 선박평형수관리설비의 교체, 개조 또는 수리와 관계있는 제22조 제1항 각 호의 서류

② 법 제14조 제1항 단서에서 "해양수산부령으로 정하는 경미한 사항"이란 다음 각 호의 어느 하나에 해당하는 것을 말한다.

1. 선박평형수관리설비의 유지・관리를 위하여 선박평형수설비의 부속품을 같은 종류의 부속품으로 교환하는 등 선박평형수관리설비의 재료, 구조 또는 배치의 변경이 없는 선박평형수관리설비의 교체・개조 또는 수리
2. 그 밖에 선박평형수관리설비의 성능에 영향을 미칠 우려가 없다고 해양수산부장관이 인정하는 선박평형수관리설비의 교체・개조 또는 수리

③ 제1항에 따라 임시검사 신청을 받은 해양수산부장관은 선박평형수관리설비의 교체, 개조 또는 수리가 선박평형수관리기준에 맞는지 확인하고 그 합격 여부를 결정하여야 한다.

④ 선박소유자는 제3항에 따른 임시검사를 갈음하여 정기검사, 제1종 중간검사 또는 제2종 중간검사를 받은 경우에는 임시검사를 받지 아니할 수 있다.

제25조(검사의 준비) 법 제12조부터 제14조까지의 규정에 따른 검사를 받으려는 자는 별표 9에 따라 검사 준비를 하여야 한다.

[별표 9] 선박평형수관리설비의 검사 등 준비기준(제25조 관련)

검사 종류	검사 등 준비기준
정기검사	가. 다음의 서류를 갖추어 둘 것 1) 검인된 선박평형수관리계획서 2) 선박평형수관리기록부 3) 승인된 도면 나. 배관·밸브 및 펌프의 위치를 확인할 수 있도록 할 것 다. 선박평형수탱크의 맨홀을 열어 내부를 검사할 수 있도록 하고, 내부의 적절한 장소에 안전발판을 설치할 것 라. 부속된 중요한 밸브 및 콕을 개방할 것 마. 선박평형수교환설비 1) 펌프의 작동부분을 꺼내고 밸브상자를 개방할 것 2) 작동시험 준비를 할 것 바. 선박평형수처리설비 1) 압력시험 준비를 할 것(최초로 검사를 받는 경우로 한정한다). 다만, 검정을 받은 제품에 대해서는 압력시험을 생략한다. 2) 작동시험 준비를 할 것(제조자가 정한 검사 방법을 따를 수 있다) 3) 처리물질 비치 및 투여 설명서 확인을 위한 준비를 할 것(해당하는 경우로 한정한다) 4) 기록장치의 기록 확인을 위한 준비를 할 것(최초로 검사를 받는 경우 외의 경우로 한정한다)
제1종 중간검사	가. 정기검사 준비사항 중 가목, 다목 및 라목의 준비를 할 것 나. 선박평형수교환설비는 정기검사 준비사항 중 마목의 준비를 할 것 다. 선박평형수처리설비는 정기검사 준비사항 중 바목2)부터 4)까지의 준비를 할 것
제2종 중간검사	가. 정기검사 준비사항 중 가목의 준비를 할 것 나. 선박평형수교환설비는 작동시험의 준비를 할 것 다. 선박평형수처리설비는 정기검사 준비사항 중 바목2)부터 4)까지의 준비를 할 것
임시검사	정기검사의 준비사항 중 해당 검사와 관련된 사항의 준비를 할 것

5. 검사증서의 유효기간

검사증서의 유효기간은 5년 이내의 범위에서 해양수산부령으로 정한다(법 제15조 제1항). 해양수산부장관은 법 제15조 제1항에 따른 검사증서의 유효기간을 5개월 이내의 범위에서 해양수산부령으로 정하는 바에 따라 연장할 수 있다(법 제15조 제2항). 중간검사 또는 임시검사에 불합격한 경우에는 해당 검사에 합격할 때까지 검사증서의 효력이 정지된다(법 제15조 제3항). 법 제15조 제1항에 따른 유효기간을 기산(起算)하는 기준 및 방법은 해양수산부령으로 정한다(법 제15조 제4항).

「선박평형수관리법 시행규칙」

제26조(검사증서의 유효기간) 법 제15조 제1항에 따른 검사증서의 유효기간은 5년으로 한다.

제27조(검사증서의 유효기간의 연장)
① 해양수산부장관은 법 제15조 제2항에 따라 검사증서의 유효기간을 연장하려는 경우에 다음 각 호의 구분에 따라 연장하여야 한다. 다만, 제1호에 해당하여 검사증서의 유효기간을 연장받은 선박소유자는 그 연장기간 내에 해당 선박이 정기검사를 받을 장소에 도착하면 지체 없이 정기검사를 받아야 한다.
1. 해당 선박이 정기검사를 받을 수 없는 장소에 있는 경우: 3개월
2. 해당 선박이 외국에서 정기검사를 받는 등의 사유로 새로운 검사증서를 선박에 갖추어 둘 수 없다고 인정되는 경우: 5개월
3. 해당 선박이 짧은 거리의 항해(항해를 시작하는 항구로부터 최종 목적지의 항구까지의 거리 또는 항해를 시작하는 항구로 회항 시 거리가 1,000해리를 넘지 아니하는 항해를 말한다)에 사용되는 경우: 1개월
② 제1항에 따른 유효기간 연장을 받으려는 자는 별지 제10호서식의 검사증서 유효기간 연장신청서에 다음 각 호의 구분에 따라 해당 서류를 첨부하여 해양수산부장관에게 제출하여야 한다.

제28조(검사증서의 유효기간 기산) 법 제15조 제4항에 따른 검사증서의 유효기간이 시작되는 날은 다음 각 호의 구분에 따른다.
1. 최초로 정기검사를 받은 경우: 해당 검사증서를 발급받은 날
2. 검사증서 유효기간이 끝나기 전 3개월이 되는 날 이후부터 유효기간 만료일까지의 기간에 정기검사가 끝난 경우: 종전 검사증서의 유효기간 만료일 다음 날
3. 검사증서 유효기간이 끝나기 전 3개월이 되는 날 전에 정기검사가 끝난 경우: 검사증서를 발급받은 날
4. 검사증서 유효기간이 끝난 후에 정기검사가 완료된 경우: 종전 검사증서의 유효기간 만료일 다음 날. 다만, 선박이 다음 각 목에 해당하는 경우로서 유효기간이 끝난 후 3개월이 지난 후에 정기검사가 끝난 경우에는 검사증서를 발급받은 날로 한다.
   가. 선박이 계선(繫船)(「선박안전법 시행령」 제2조 제1항 제1호에 따라 계선한 경우를 말한다)한 경우
   나. 다음 중 어느 하나에 해당하는 사유로 유효기간 만료일의 다음 날부터 기산하는 것이 부당하다고 해양수산부장관이 인정하는 경우
      1) 1년 이상 선박검사를 받지 아니한 선박을 상속하거나 매수한 경우
      2) 선박소유자의 파산으로 1년 이상 선박검사를 받지 아니한 경우
5. 법 제15조 제2항에 따라 검사증서의 유효기간을 연장받은 경우: 연장되기 전 검사증서의 유효기간 만료일 다음날

6. 검사증서를 비치하지 아니한 선박의 항해금지

누구든지 검사증서를 비치하지 아니하거나 효력이 정지된 검사증서를 비치하고 선박을 항해에 사용하여서는 아니 된다. 다만, 「선박안전법」에 따른 선박검사를 받기 위하여 항해에 사용하는 경우에는 그러하지 아니하다(법 제16조 제1항). 누구든지 검사증서에 적힌 조건에 맞지 아니한 방법으로 그 선박을 항해에 사용하여서는 아니 된다. 다만, 「선박안전법」에

따른 선박검사를 받기 위하여 항해에 사용하는 경우에는 그러하지 아니하다(법 제16조 제2항).

제2관 선박평형수관리를 위한 형식승인 및 검정 등

1. 형식승인 및 검정

가. 형식승인

선박평형수처리설비를 제조하거나 수입하려는 자는 해양수산부장관으로부터 그 형식에 관한 승인(이하 "형식승인"이라 한다)을 받아야 한다(법 제17조 제1항).
형식승인을 받으려는 자는 다음 각 호의 구분에 따른 형식승인시험에 미리 합격하여야 한다. 이 경우 형식승인시험에 필요한 시험기준은 해양수산부령으로 정한다(법 제17조 제2항).

1. 적합성시험: 설계, 구조, 운전 및 기능이 이 법 및 선박의 운항에 적합한지를 확인하는 시험
2. 환경시험: 전기・전자 구성품이 선박의 환경에서 적합하게 유지・작동되는지를 확인하기 위한 시험
3. 육상시험: 법 제6조 제2호의 처리기준에 적합한지를 확인하기 위하여 해양수산부장관이 고시하는 육상시험시설에서 실시하는 시험
4. 선상시험: 법 제6조 제2호의 처리기준에 적합한지를 확인하기 위하여 완성된 선박평형수처리설비의 실제크기로 선상에서 실시하는 시험

법 제17조 제2항에도 불구하고 이미 형식승인을 받은 선박평형수처리설비의 정격처리용량을 변경하여 새로운 형식승인을 받으려는 경우(처리물질을 사용하는 선박평형수처리설비를 직렬로 연결하는 경우는 제외한다)의 해당 선박평형수처리설비(이하 "동형처리설비"라 한다)는 해양수산부령으로 정하는 형식승인시험으로 대신할 수 있다. 이 경우 형식승인시험에 필요한 시험기준은 해양수산부장관이 정하여 고시한다(법 제17조 제3항). 해양수산부장관은 법 제17조 제2항 및 제3항에 따른 형식승인시험에 합격한 자에 대하여 해양수산부령으로 정하는 형식승인서를 발급하여야 한다. 다만, 동형처리설비의 경우에는 해양수산부령으로 정하는 바에 따라 일부 시험을 유예하고 형식승인서를 발급할 수 있다(법 제17조 제4항). 형식승인을 받은 자가 형식승인을 받은 사항을 변경하려면 해양수산부장관의 변경승인을 받아야 한다. 이 경우 변경 사항이 성능에 영향을 미치는 것으로서 해양수산부

장관이 고시하는 변경 사항에 해당되면 그 변경 부분에 대하여 법 제17조 제2항에 따른 형식승인시험의 전부 또는 일부를 별도로 받아야 한다(법 제17조 제5항).

「선박평형수관리법 시행규칙」

제29조(형식승인시험기준)
① 법 제17조 제2항 각 호 외의 부분 후단에 따른 형식승인시험에 필요한 시험기준(이하 "형식승인시험기준"이라 한다)은 다음 각 호의 시험기준을 말한다.
1. 적합성시험을 위한 시험기준
2. 환경시험을 위한 시험기준
3. 육상시험을 위한 시험기준
4. 선상시험을 위한 시험기준
5. 삭제
② 제1항 각 호에 따른 형식승인시험의 세부기준은 해양수산부장관이 고시하되, 다음 각 호의 사항이 포함되어야 한다.
1. 기술적 요건에 관한 사항
2. 구조 및 성능에 관한 사항
3. 시험방법 및 시험절차에 관한 사항
4. 판정기준에 관한 사항

제29조의2(동형처리설비의 형식승인시험) 법 제17조 제3항에서 "해양수산부령으로 정하는 형식승인시험"이란 다음 각 호의 시험을 말한다.
1. 적합성시험
2. 환경시험
3. 다음 각 목의 어느 하나에 해당하는 시험
   가. 육상시험과 화학분석
   나. 선상검증시험과 화학분석

제30조(형식승인서) 법 제17조 제4항에서 "해양수산부령으로 정하는 형식승인서"란 별지 제11호서식의 선박평형수처리설비 형식승인서를 말한다.

제30조의2(형식승인시험의 유예) 법 제17조 제4항 단서에 따라 유예할 수 있는 형식승인시험과 그 유예기간은 다음 각 호와 같다.
1. 법 제29조의2제2호에 따른 환경시험: 형식승인서를 발급받은 날부터 1년
2. 법 제29조의2제3호 나목에 따른 선상검증시험 및 화학분석: 형식승인서를 발급받고 동형처리설비를 선박에 설치한 날부터 6개월

제31조(형식승인시험의 신청 등)
① 법 제17조 제2항 및 제3항에 따라 형식승인시험을 받으려는 자는 별지 제12호서식의 선박평형수처리설비 형식승인시험 신청서에 별표 10에서 정하는 서류(법 제17조 제5항 후단에 따라 선박평형수처리설비의 성능에 영향을 미치는 것으로서 해양수산부장관이 고시하는 변경 사항에 해당하여 형식승인시험을 신청하는 때에는 해당 변경 부분에 대한 서류만 첨부한다)를 첨부하여 법 제19조 제1항에 따른 형식승인시험기관(이하 "형식승인시험기관"이라 한다)에 제출하여야 한다.
② 제1항에 따라 형식승인시험 신청을 받은 형식승인시험기관은 해당 선박평형수처리설비에 대하여 다음 각 호의 구분에 따른 형식승인시험기준에 따라 형식승인시험을 실시하여야 한다. 이 경우 육상시험은 해양수산부장관이 지정하여 고시하는 육상시험시설에서 수행하여야 한다.

1. 처음으로 선박평형수처리설비를 제조하거나 수입하여 형식승인시험을 신청하는 경우: 제29조 제1항제1호부터 제4호까지의 시험기준
2. 법 제17조 제5항 후단에 따라 형식승인시험을 신청하는 경우: 제29조 제1항제1호부터 제4호까지의 시험기준 중 해양수산부장관이 고시하는 시험기준
3. 동형처리설비에 대하여 형식승인을 신청하는 경우: 제29조 제1항제1호부터 제4호까지의 시험기준 또는 법 제17조 제3항 후단에 따라 해양수산부장관이 고시하는 시험기준

③ 형식승인시험기관은 형식승인시험을 받은 자가 합격한 경우에는 별지 제13호서식의 형식승인시험 합격증명서 및 제2항에 따라 실시한 형식승인시험 성적서(이하 "시험성적서"라 한다)를 형식승인시험을 받은 자에게 발급하고, 별표 10의 서류, 형식승인시험 합격증명서 및 시험성적서 사본을 해양수산부장관에게 제출하여야 한다.

제32조(형식승인서의 발급)

① 제31조에 따른 형식승인시험에 합격한 자는 별지 제14호서식의 선박평형수처리설비 형식승인 신청서를 해양수산부장관에게 제출하여야 한다.

② 해양수산부장관은 제1항에 따라 신청을 받은 때에는 다음 각 호의 서류를 확인하고 이상이 없는 경우에는 제30조에 따른 선박평형수처리설비 형식승인서를 신청인에게 내주어야 한다.

1. 제31조 제3항에 따라 형식승인시험기관이 제출한 별표 10에 따른 서류, 형식승인시험 합격증명서 및 시험성적서 사본
2. 법 제20조 제1항에 따른 국제기구의 승인 시 국제기구의 권고사항이 있는 경우에는 그 권고사항의 내용 및 이행에 관한 서류(처리물질을 사용하는 선박평형수처리설비의 경우에 한정한다)
3. 법 제20조 제4항에 따라 해양수산부장관에게 처리물질을 사용하지 아니함을 증명하였으나 해양수산부장관의 권고사항이 있는 경우에는 그 권고사항의 내용 및 이행에 관한 서류(처리물질을 사용하지 아니하는 선박평형수처리설비의 경우에 한정한다)

③ 법 제17조 제5항에 따라 형식승인을 받은 내용을 변경하려는 경우에는 별지 제15호서식의 형식승인사항 변경신청서를 해양수산부장관에게 제출하여야 한다. 이 경우 변경 사항이 선박평형수처리설비의 성능에 영향을 미치지 아니하는 경우에는 변경 사항을 적은 서류 및 증명서류를 첨부하여야 한다.

④ 해양수산부장관은 제3항에 따른 형식승인사항 변경신청을 받으면 다음 각 호의 서류와 제2항 제2호 및 제3호에 따른 권고사항이 있는 경우 그 이행 여부를 확인하고 이상이 없는 경우에는 제30조에 따른 선박평형수처리설비 형식승인서를 신청인에게 내주어야 한다.

1. 제2항 제1호부터 제3호까지의 서류
2. 제3항 후단에 따른 서류

나. 검정

법 제17조 제1항부터 제5항까지의 규정에 따른 형식승인 또는 변경승인을 받은 자는 해당 선박평형수처리설비에 대하여 해양수산부장관이 정하여 고시하는 검정기준에 따라 해양수산부장관의 검정을 받아야 한다. 이 경우 해양수산부장관의 검정에 합격한 선박평형수처리설비에 대하여는 법 제12조부터 제14조까지의 규정에 따라 실시하여야 하는 정기검사ㆍ중간검사 또는 임시검사 중 최초로 실시하는 검사에 합격한 것으로 본다(법 제17조 제6항). 해양수산부장관은 법 제17조 제6항에 따른 검정에 합격한 자에게 검정합격증명서를 발급하고, 선박평형수처리설비에 대하여는 검정에 합격하였음을 나타내는 표시를 하여야 한다(법 제17조 제7항).

「선박평형수관리법 시행규칙」

제33조(검정)
① 법 제17조 제6항에 따라 검정을 받으려는 자는 별지 제16호서식의 선박평형수처리설비 검정신청서에 다음 각 호의 서류를 첨부하여 해양수산부장관에게 제출하여야 한다.
1. 선박평형수처리설비의 구조도, 배치도, 전기회로도 및 배관도
2. 선박평형수처리설비 주요 구성품의 장치 설명서
3. 선박평형수처리설비의 기술적인 상세 설명서
4. 운전 및 정비 설명서
5. 설비 오작동에 대비한 보완 절차서
② 해양수산부장관은 제1항에 따른 신청을 받은 경우에는 해양수산부장관이 정하는 검정기준에 적합한지 여부를 확인하고 검정에 합격한 경우 별지 제17호서식의 검정합격증명서를 신청인에게 발급하고 해당 설비에 별표 11의 합격을 나타내는 표시를 하여야 한다.

2. 형식승인 및 검정의 절차 등

법 제17조 제1항부터 제7항까지의 규정에 따른 형식승인, 형식승인시험, 형식승인서의 발급, 변경승인, 검정, 검정합격증명서의 발급 및 검정합격의 표시 등에 필요한 사항은 해양수산부령으로 정한다(법 제17조 제8항).

3. 형식승인서의 유효기간 및 갱신

법 제17조 제4항에 따른 형식승인서의 유효기간은 5년으로 한다(법 제17조의2 제1항). 법 제17조의2 제1항에 따른 유효기간이 만료된 후 형식승인을 계속 유지하려는 자는 형식승인서의 유효기간이 만료되기 전 30일까지 해양수산부장관에게 형식승인서의 갱신을 신청하여야 한다(법 제17조의2 제2항). 법 제17조의2 제2항에 따른 형식승인서 갱신의 절차, 그 밖에 형식승인서 갱신에 필요한 사항은 해양수산부령으로 정한다(법 제17조의2 제3항).

「선박평형수관리법 시행규칙」

제33조의2(형식승인서의 갱신)
① 법 제17조의2제2항에 따라 형식승인서의 유효기간이 만료된 후 형식승인을 계속 유지하려는 자는 형식승인서의 유효기간이 만료되기 90일 전부터 30일 전까지의 기간에 별지 제17호의2서식의 형식승인서 갱신신청서에 다음 각 호의 서류를 첨부하여 해양수산부장관에게 신청하여야 한다.
1. 형식승인서
2. 별표 10 제1호(가목은 제외한다)에 따른 서류
② 해양수산부장관은 제1항에 따른 형식승인서의 갱신 신청을 검토하고, 형식승인서의 갱신이 적합하다고 인정되면 새로운 형식승인서를 신청인에게 내주어야 한다. 이 경우 해양수산부장관은 형식승인서의 갱신을 신청한 자의 사업장을 방문하여 형식승인서의 갱신에 필요한 사항을 확인할 수 있

다.
③ 갱신된 형식승인서의 유효기간은 기존 형식승인서의 유효기간 만료일의 다음 날부터 기산한다.

4. 형식승인시험에 대한 품질관리 등

해양수산부장관은 법 제17조 제2항에 따른 육상시험 및 선상시험과 관련하여 다음 각 호에 대한 품질관리를 하여야 한다(법 제17조의3 제1항).

1. 형식승인을 위한 시험계획
2. 형식승인시험기관의 시험 절차・방법 및 인력
3. 시험결과

해양수산부장관은 법 제17조의3 제1항에 따른 품질관리를 위하여 인증(이하 "품질관리체제인증"이라 한다)을 실시할 수 있다(법 제17조의3 제2항). 품질관리체제인증의 기준・방법 및 절차, 그 밖에 필요한 사항은 해양수산부령으로 정한다(법 제17조의3 제3항).

5. 형식승인의 취소 등

해양수산부장관은 법 제17조 제1항에 따른 형식승인을 받은 자가 다음 각 호의 어느 하나에 해당하면 그 형식승인을 취소하거나 6개월 이내의 기간을 정하여 그 효력을 정지시킬 수 있다. 다만, 제1호, 제2호, 제4호 또는 제5호에 해당하는 경우에는 그 형식승인을 취소하여야 한다(법 제18조).

1. 거짓이나 그 밖의 부정한 방법으로 형식승인・변경승인 또는 검정을 받은 경우
2. 제조하거나 수입한 선박평형수처리설비가 법 제17조 제2항에 따른 형식승인에 필요한 시험기준에 맞지 아니하게 된 경우
3. 정당한 사유 없이 2년 이상 계속하여 선박평형수처리설비를 제조하지 아니하거나 수입하지 아니한 경우
4. 해당 형식승인서를 반납하는 경우
5. 법 제17조 제4항 단서에 따라 유예된 형식승인시험에 대한 시험결과를 해양수산부령으로 정하는 기한 내에 제출하지 아니한 경우(해당 증서로 한정한다)

「선박평형수관리법 시행규칙」

제34조(형식승인 취소 등의 처분기준)

① 법 제18조에 따른 형식승인 취소와 효력정지 처분의 기준은 별표 12와 같다.
② 해양수산부장관은 제1항에 따라 취소 및 효력정지 처분을 하였을 때에는 지체 없이 고시하여야 한다.

---

6. 형식승인시험기관의 지정 등

해양수산부장관은 법 제17조 제2항에 따른 형식승인시험을 실시하는 시험기관(이하 "형식승인시험기관" 이라 한다)을 해양수산부령으로 정하는 시험장비의 보유, 품질관리체제의 인증유지 등 지정기준에 맞는 자 중에서 지정하여야 한다(법 제19조 제1항). 법 제19조 제1항에 따라 형식승인시험기관으로 지정받으려는 자는 해양수산부령으로 정하는 바에 따라 해양수산부장관에게 신청하여야 한다(법 제19조 제2항).

해양수산부장관은 형식승인시험기관이 다음 각 호의 어느 하나에 해당하면 그 지정을 취소하거나 6개월 이내의 기간을 정하여 업무의 정지를 명할 수 있다. 다만, 제1호에 해당하는 경우에는 그 지정을 취소하여야 한다(법 제19조 제3항).

1. 거짓이나 그 밖의 부정한 방법으로 지정을 받은 경우
2. 삭제
3. 법 제1항에 따른 지정기준에 미달하게 된 경우
4. 실수・누락 등으로 인하여 형식승인시험의 공신력을 상실하였다고 인정되는 경우
5. 정당한 사유 없이 시험신청을 거부한 경우
6. 시험과 관련하여 부정한 행위를 하거나 수수료를 부당하게 받은 경우

해양수산부장관은 법 제19조 제1항에 따른 지정 또는 제3항에 따른 취소・정지를 한 경우 그 내용을 고시하여야 한다(법 제19조 제4항). 형식승인시험기관의 지정 절차, 해양수산부장관의 형식승인시험기관에 대한 지도・감독 등에 필요한 사항은 해양수산부령으로 정한다(법 제19조 제5항).

「선박평형수관리법 시행규칙」

제35조(형식승인시험기관의 지정기준) 형식승인시험기관은 다음 각 호와 같이 구분하고, 법 제19조 제1항에 따른 형식승인시험기관 지정기준은 별표 13과 같다.
1. 적합성시험기관
2. 환경시험기관
3. 육상시험기관
4. 선상시험기관

제36조(형식승인시험기관 지정 신청 등)
① 법 제19조 제2항에 따라 형식승인시험기관으로 지정을 받으려는 자는 별지 제18호서식의 형식승인시험기관 지정신청서에 다음 각 호의 서류를 첨부하여 해양수산부장관에게 제출하여야 한다.
1. 시험기관의 연혁, 설립 목적, 주요 기능 및 조직에 관한 사항을 적은 서류
2. 형식승인시험을 수행할 수 있는 장비 목록
3. 형식승인시험을 수행할 수 있는 인력 현황
4. 품질관리체제 인증서
5. 시험 절차 등에 관한 규정
6. 다음 각 목의 사항이 포함된 시험장비 이용계획서(다른 시험기관의 시험설비를 임차하거나 형식승인시험의 전부 또는 일부를 다른 시험기관에 위탁하는 경우에 한정한다)
가. 시험장비를 임대하거나 형식승인시험을 수탁받는 다른 시험기관의 명칭, 소재지 및 주요 기능에 관한 사항
나. 다른 시험기관의 시험장비를 임차하거나 다른 시험기관에 위탁하려는 형식승인시험의 종류 및 내용
다. 시험장비의 임차 또는 형식승인시험 위탁의 사유
라. 시험장비의 임차 또는 형식승인시험의 위탁을 증명할 수 있는 서류
② 해양수산부장관은 제1항에 따라 지정을 신청한 자가 제35조에 따른 지정기준에 적합하다고 인정하는 경우에는 별지 제19호서식의 선박평형수처리설비 형식승인시험기관 지정서를 발급하여야 한다.
③ 해양수산부장관은 제1항 및 제2항에 따라 형식승인시험기관을 지정한 경우에는 다음 각 호의 사항을 고시하여야 한다.
1. 지정한 형식승인시험기관의 상호, 대표자 및 소재지
2. 지정번호
3. 지정 연월일
4. 시험 분야
5. 지정 조건
④ 제2항에 따라 형식승인시험기관으로 지정을 받은 자의 지정취소와 업무정지 처분의 기준은 별표 14와 같다.
⑤ 해양수산부장관은 법 제19조 제3항에 따라 형식승인시험기관에 대하여 지정취소 또는 업무정지 처분을 한 경우에는 다음 각 호의 사항을 고시하여야 한다.
1. 해당 형식승인시험기관의 상호, 대표자 및 소재지
2. 지정번호
3. 처분의 종류 및 내용
4. 처분 연월일

제37조(지도 · 감독) 해양수산부장관은 법 제19조 제5항에 따라 해당 지정시험기관을 방문하여 시험방법 및 절차 등을 확인하고 필요한 경우 개선 또는 보완을 요청할 수 있다.

7. 외국 도입선박의 선박평형수처리설비의 인정

해양수산부장관은 선박평형수 관리에 관한 국제협약 당사국이 형식승인을 한 선박평형수처리설비로서 외국에서 도입된 선박에 설치된 해당 설비에 대하여 법 제17조 제1항 · 제2항 또는 제6항에 따른 형식승인 · 형식승인시험 또는 검정을 받은 것으로 인정할 수 있다(법 제19조의2).

8. 처리물질의 승인 등

선박평형수관리를 위하여 처리물질(처리물질을 포함하는 조제물을 포함한다. 이하 같다)을 사용하는 선박평형수처리설비를 개발하여 형식승인을 받으려는 자는 처리물질과 선박평형수처리설비에 대하여 국제기구의 승인을 받아야 한다. 이 경우 승인을 받아야 하는 국제기구 승인의 종류 및 시기는 해양수산부령으로 정한다(법 제20조 제1항). 선박소유자는 국제기구의 승인을 받지 아니하거나 승인이 취소된 처리물질을 사용하여서는 아니 된다. 다만, 법 제20조 제1항에 따라 승인을 받은 처리물질을 그 승인이 취소되기 전부터 사용하던 선박은 다음 정기검사 또는 중간검사 전까지 한시적으로 승인이 취소된 처리물질을 사용할 수 있다(법 제20조 제3항). 처리물질을 사용하지 아니하는 선박평형수처리설비를 개발하여 형식승인을 받으려는 자는 처리물질을 사용하지 아니함을 해양수산부장관에게 증명하여야 한다(법 제20조 제4항). 처리물질을 사용하는 선박평형수처리설비에 대한 국제기구 승인 신청 절차와 처리물질을 사용하지 아니하는 선박평형수처리설비의 증명 절차, 그 밖에 필요한 사항은 해양수산부령으로 정한다(법 제20조 제5항).

「선박평형수관리법 시행규칙」

제37조의2(처리물질의 승인 신청 등)

① 법 제20조 제1항에 따른 국제기구 승인의 종류 및 시기는 다음 각 호와 같다.

1. 기본승인: 육상시험 시작 전까지
2. 최종승인: 형식승인서를 발급받기 전까지

② 법 제20조 제1항에 따라 기본승인 또는 최종승인을 받으려는 자는 기본승인 또는 최종승인을 위한 시험을 실시하기 전에 시험계획서를 해양수산부장관에게 제출하여야 한다.

③ 해양수산부장관은 제2항에 따라 제출된 시험계획서를 심사하여 기본승인 또는 최종승인을 위한 시험의 실시 계획이 적정한지 여부를 판단하고, 그 심사 결과를 시험계획서를 제출받은 날부터 14일 이내에 시험계획서를 제출한 자에게 통보하여야 한다.

④ 기본승인 또는 최종승인을 받으려는 자는 제3항에 따른 해양수산부장관의 통보 내용에 따라 시험을 실시하고, 국제기구가 정하는 기본승인 또는 최종승인 신청 마감일 45일 전까지 별표 14의2에 따른 서류를 해양수산부장관에게 제출하여야 한다. 이 경우 독성시험, 화학분석 및 그 밖의 시험결과는 형식승인시험기관이 수행한 것이어야 한다.

⑤ 해양수산부장관은 제4항에 따라 제출된 신청서류를 검토하고 기본승인 또는 최종승인을 신청하는 데 적합하다고 인정되면 지체 없이 신청서류를 국제기구에 제출하여야 한다.

제37조의3(처리물질을 사용하지 아니하는 경우의 증명절차 등)

① 법 제20조 제4항에 따라 처리물질을 사용하지 아니하는 선박평형수처리설비를 개발하여 형식승인을 받으려는 자는 해당 선박평형수처리설비에서 처리물질을 사용하지 아니한다는 것을 증명하는 서류를 해양수산부장관에게 제출하여야 한다. 이 경우 해당 서류에는 다음 각 호의 사항이 포함되어야 한다.

1. 배출되는 선박평형수에 대하여 기본승인을 위하여 실시하는 독성시험 및 화학분석 기준 및 방법에 준하여 형식승인시험기관이 수행한 시험 결과
2. 선박평형수처리설비의 운전 및 유지·보수에 사용되는 세척액 등 물질이 처리물질이 아님을 증명

하는 자료
② 해양수산부장관은 제1항에 따라 제출된 서류를 검토한 결과 필요하다고 인정하는 경우에는 보완을 요구할 수 있다.

---

9. 독립시험기관의 지정 등

가. 독립시험기관의 지정

해양수산부장관은 필요한 경우에는 다음 각 호의 업무를 해양수산부장관이 지정하는 해양관련 전문시험기관(이하 "독립시험기관"이라 한다)으로 하여금 대행하게 할 수 있다. 이 경우 해양수산부장관은 독립시험기관과 협정을 체결하여야 한다(법 제20조의2 제1항).

1. 법 제17조의3에 따른 육상시험 및 선상시험에 대한 품질관리
2. 법 제20조 제1항에 따른 처리물질에 대한 국제기구 승인 신청 서류의 심사
3. 법 제20조 제4항에 따른 증명 서류의 심사
4. 그 밖에 형식승인시험 및 처리물질의 승인과 관련하여 해양수산부장관이 정하는 업무

나. 지정의 취소

해양수산부장관은 독립시험기관이 다음 각 호의 어느 하나에 해당하면 그 지정을 취소하거나 6개월 이내의 기간을 정하여 업무의 정지를 명할 수 있다. 다만, 법 제20조의2 제1호 및 제2호에 해당하는 경우에는 지정을 취소하여야 한다(법 제20조의2 제2항).

1. 거짓이나 그 밖의 부정한 방법으로 지정을 받은 경우
2. 독립시험기관으로부터의 지정 취소 요청이 있는 경우
3. 독립시험기관의 지정기준에 미달하게 된 경우
4. 업무상 고의 또는 중대한 과실로 인하여 독립시험기관의 공신력을 상실하였다고 인정되는 경우
5. 정당한 사유 없이 업무를 거부하거나 형식승인시험을 지연시키는 경우
6. 법 제33조 제1항에 따른 보고 또는 자료 제출을 거부한 경우
7. 법 제33조 제2항에 따른 출입 또는 조사를 거부하거나 방해 또는 기피하는 경우
8. 법 제33조 제5항에 따른 보완 등의 처분을 이행하지 아니하는 경우

다 . 지정절차 및 지도 · 감독

독립시험기관의 지정기준 및 협정의 내용, 그 밖에 필요한 사항은 대통령령으로 정하고, 독

립시험기관의 지정절차 및 지도・감독, 그 밖에 필요한 사항은 해양수산부령으로 정한다(법 제20조의2 제3항).

해양수산부장관은 독립시험기관의 임직원이 독립시험기관의 업무와 관련하여 다음 각 호의 어느 하나에 해당하는 행위를 한 때에는 독립시험기관의 장에게 그 임직원의 해임을 요구하거나 1년 이내의 기간을 정하여 직무를 정지하도록 요구할 수 있다(법 제20조의2 제4항).

1. 업무와 관련하여 부정한 행위를 한 경우
2. 부당하게 수수료를 징수한 경우
3. 법 제36조의3을 위반하여 직무상 알게 된 비밀을 누설하거나 도용한 경우
4. 그 밖에 이 법에 따른 명령을 위반한 때

독립시험기관의 장은 법 제20조의2 제4항에 따른 해임 또는 직무정지의 요구를 받은 때에는 지체 없이 해당 직원에 대하여 조치를 하고 그 결과를 해양수산부장관에게 보고하여야 한다(법 제20조의2 제5항).

「선박평형수관리법 시행령」

제2조의2(독립시험기관의 지정기준 등)
① 법 제20조의2제1항 각 호 외의 부분 전단에 따라 해양수산부장관이 지정하는 해양 관련 전문시험기관(이하 "독립시험기관"이라 한다)의 지정기준은 별표 1과 같다.
② 법 제20조의2제1항 각 호 외의 부분 후단에 따라 해양수산부장관이 독립시험기관과 체결하는 협정에는 다음 각 호의 사항이 포함되어야 한다.
1. 독립시험기관이 대행하는 업무의 범위
2. 협정의 기간 및 기간 연장에 관한 사항
3. 협정의 변경 및 해지에 관한 사항
4. 독립시험기관의 업무와 관련한 비밀유지에 관한 사항
5. 독립시험기관의 업무 수행과 관련한 보고 및 자료제출 등에 관한 사항

[별표 1]독립시험기관의 지정기준(제2조의2제1항 관련)

1. 일반기준
가. 다음의 인증을 모두 받고 그 인증을 유지할 것
  1) 품질경영체제(ISO 9000시리즈)
  2) 국제표준화기구의 시험소 또는 교정기관의 능력에 관한 일반 요구사항(ISO/IEC 17025)
나. 독립시험기관의 업무 수행과 관련하여 발생하는 손해를 배상할 수 있는 보험에 가입할 것

2. 다음 각 목의 어느 하나에 해당하는 자로부터 재정적 지원을 받지 아니하고, 업무수행의 독립성을 갖출 것

가. 법 제17조에 따른 형식승인시험 또는 법 제20조에 따른 처리물질의 승인을 위한 시험 등에 필요한 장비 및 재료 등을 제조・수입 또는 판매하는 자
나. 법 제19조 제1항에 따른 형식승인시험을 실시하는 자
다. 선박평형수처리설비 제조와 관련된 장비 및 재료 등을 제조・수입 또는 판매하는 자

3. 다음 각 목의 전문인력을 모두 갖출 것
가. 다음의 어느 하나에 해당하는 생물학 분야 전문인력 1명 이상
  1) 생물학 관련 분야의 박사학위를 취득한 사람
  2) 생물학 관련 분야의 석사학위를 취득하고, 관련 분야에 2년 이상 근무한 경력이 있는 사람
  3) 생물학 관련 분야의 학사학위를 취득하고, 관련 분야에 4년 이상 근무한 경력이 있는 사람
나. 다음의 어느 하나에 해당하는 화학 분야 전문인력 1명 이상
  1) 화학 관련 분야의 박사학위를 취득한 사람
  2) 화학 관련 분야의 석사학위를 취득하고, 관련 분야에 2년 이상 근무한 경력이 있는 사람
  3) 화학 관련 분야의 학사학위를 취득하고, 관련 분야에 4년 이상 근무한 경력이 있는 사람
다. 다음의 어느 하나에 해당하는 전기・전자 분야 전문인력 2명 이상
  1) 전기・전자 관련 분야 석사학위 이상을 취득한 사람
  2) 전기・전자 관련 분야 학사학위를 취득하고, 관련 분야에 2년 이상 근무한 경력이 있는 사람
  3) 전기・전자 관련 분야 전문학사학위를 취득하고, 관련 분야에 4년 이상 근무한 경력이 있는 사람
라. 다음의 어느 하나에 해당하는 기계・기관 분야 전문인력 2명 이상
  1) 기계・기관 관련 분야 석사학위 이상을 취득한 사람 또는 「국가기술자격법」에 따른 기계기술사, 산업기계설비기술사 또는 조선기술사의 자격을 취득한 사람
  2) 기계・기관 관련 분야 학사학위를 취득하고, 관련 분야에 2년 이상 근무한 경력이 있는 사람
  3) 「국가기술자격법」에 따른 일반기계기사의 자격을 취득하고, 관련 분야에서 3년 이상 근무한 경력이 있는 사람
  4) 기계・기관 관련 분야 전문학사학위를 취득하고, 관련 분야에 4년 이상 근무한 경력이 있는 사람

「선박평형수관리법 시행규칙」

제37조의4(독립시험기관 지정 신청 등)
① 법 제20조의2제1항에 따른 독립시험기관(이하 "독립시험기관"이라 한다)으로 지정을 받으려는 자는 별지 제19호의2서식의 독립시험기관 지정 또는 변경지정 신청서(전자문서로 된 신청서를 포함한다)에 다음 각 호의 서류(전자문서를 포함한다)를 첨부하여 해양수산부장관에게 제출하여야 한다.
1. 독립시험기관의 운영 계획에 관한 서류
2. 영 제2조의2에 따른 독립시험기관 지정기준에 적합함을 증명하는 서류
3. 정관(법인인 경우만 해당한다)
② 해양수산부장관은 제1항에 따라 지정을 신청한 자가 법인인 경우 「전자정부법」 제36조 제1항에 따른 행정정보의 공동이용을 통하여 법인 등기사항증명서를 확인하여야 하며, 신청인이 확인에 동의하지 아니하는 경우에는 이를 첨부하도록 하여야 한다.
③ 해양수산부장관은 제1항에 따라 지정을 신청한 자가 영 제2조의2에 따른 독립시험기관의 지정기준에 적합하다고 인정하는 경우에는 독립시험기관으로 지정하고, 해당 독립시험기관과 협정을 체결한 후, 별지 제19호의3서식의 독립시험기관 지정서를 발급하여야 한다.
④ 독립시험기관이 지정받은 내용을 변경하려는 때에는 별지 제19호의2서식의 독립시험기관 지정 또는 변경지정 신청서(전자문서로 된 신청서를 포함한다)에 다음 각 호의 서류(전자문서를 포함한다)를 첨부하여 해양수산부장관에게 제출하여야 한다. 이 경우 해양수산부장관은 독립시험기관 지정서의 내용을 변경하여 내주어야 한다.

1. 독립시험기관 지정서
2. 변경사실을 증명할 수 있는 서류
⑤ 해양수산부장관은 제3항 및 제4항에 따라 독립시험기관을 지정 또는 변경지정을 한 경우에는 지체 없이 다음 각 호의 내용이 포함된 사항을 해양수산부의 인터넷 홈페이지에 공고하여야 한다.
1. 독립시험기관의 명칭, 대표자 성명 및 소재지
2. 지정번호
3. 지정 또는 변경지정일자
4. 대행업무 또는 변경된 대행업무의 내용

제37조의5(독립시험기관에 대한 지정취소 및 업무정지 처분의 기준 등)
① 법 제20조의2제2항에 따른 독립시험기관에 대한 지정취소 및 업무정지 처분의 기준은 별표 14의3과 같다.
② 해양수산부장관은 제1항에 따라 지정취소 또는 업무정지 처분을 한 경우에는 지체 없이 다음 각 호의 사항을 관보에 고시하고 해양수산부의 인터넷 홈페이지에도 공고하여야 한다.
1. 독립시험기관의 명칭, 대표자 성명 및 소재지
2. 지정번호
3. 처분의 종류 및 내용
4. 처분일자

제37조의6(독립시험기관에 대한 지도 · 감독) 해양수산부장관은 독립시험기관을 방문하여 법 제20조의2제1항 각 호에 따른 독립시험기관의 업무 수행 내용을 확인하고, 필요한 경우 개선 또는 보완을 명령할 수 있다.

라 . 전산망의 구축 · 운영

해양수산부장관은 법 제17조 제1항 및 제5항에 따라 형식승인 또는 변경승인을 받은 선박평형수처리설비에 대한 형식승인 내용 및 형식승인시험결과의 전부 또는 일부를 누구나 열람이 가능하도록 전산망을 구축 · 운영할 수 있다(법 제20조의3 제1항). 해양수산부장관은 법 제20조의3 제1항에 따른 전산망의 구축 · 운영을 독립시험기관에 위탁할 수 있다(법 제20조의3 제2항).

「선박평형수관리법 시행령」

제2조의3(전산망의 구축 · 운영의 위탁) 해양수산부장관은 법 제20조의3제2항에 따라 같은 조 제1항에 따른 전산망의 구축 · 운영을 독립시험기관에 위탁한 경우에는 수탁기관의 명칭 및 위탁업무의 세부내용을 고시하여야 한다.

제3관 검사의 대행

1. 검사 등의 대행

해양수산부장관은 다음 각 호의 업무를 「선박안전법」 제45조에 따른 선박안전기술공단(이하 "공단"이라 한다) 또는 같은 법 제60조 제2항에 따른 선급법인으로 하여금 대행하게 할 수 있다. 이 경우 해양수산부장관은 대통령령으로 정하는 바에 따라 협정을 체결하여야 한다(법 제30조 제1항).

1. 법 제8조의2 제1항 제2호 및 제3호에 따른 확인검사 및 점검과 같은 조 제2항에 따른 발급

1의2. 법 제9조 제1항에 따른 선박평형수관리계획서의 검인

1의3. 법 제11조 제1항에 따른 도면의 승인 및 제2항에 따른 승인의 표시

2. 법 제12조부터 제14조까지의 규정에 따른 검사, 검사증서의 발급 및 검사결과의 표기

3. 법 제15조 제2항에 따른 검사증서의 유효기간의 연장

4. 법 제17조 제6항 및 제7항에 따른 검정, 검정합격증명서의 발급 및 검정합격의 표시

법 제30조 제1항에 따른 협정 기간은 5년 이내로 하고, 해양수산부령으로 정하는 바에 따라 이를 연장할 수 있다(법 제30조 제2항). 해양수산부장관은 법 제30조 제1항에 따른 공단 또는 선급법인(이하 "대행기관"이라 한다)에 업무를 대행하게 한 경우 그 내용을 고시하여야 한다(법 제30조 제3항). 대행기관의 대행업무 차질에 따른 조치 및 대행업무의 대행취소 등 그 감독에 관하여는 「선박안전법」 제61조 및 제62조를 준용한다(법 제30조 제4항).

「선박평형수관리법 시행령」

제4조(검사 등 대행 협정의 체결)

① 「선박안전법」 제45조에 따른 선박안전기술공단(이하 "공단"이라 한다) 및 같은 법 제60조 제2항 전단에 따른 선급법인(이하 "선급법인"이라 한다)은 법 제30조 제1항에 따라 검사 등을 대행하려는 경우에는 해양수산부령으로 정하는 바에 따라 해양수산부장관에게 협정 체결을 신청하여야 한다.

② 제1항에 따라 신청을 하려는 공단 및 선급법인은 별표 2 제1호의 요건을 갖추어야 한다.

③ 해양수산부장관이 제1항의 신청에 따라 체결하는 협정에는 별표 2 제2호의 내용이 포함되어야 한다.

[별표 2] 대행기관 요건 및 대행 협정의 내용(제4조 제2항 및 제3항 관련)

1. 대행기관이 갖추어야 할 인적 · 물적 요건

가. 조직
  1) 검사업무를 수행할 수 있는 전담조직을 갖출 것
  2) 검사기준을 개발할 수 있는 전담조직을 갖출 것
  3) 우리나라 모든 관할수역을 담당할 수 있는 지역 사무소를 갖출 것
나. 검사원
  1) 선박검사원 자격을 가진 사람을 확보할 것
  2) 선박검사원의 자질 향상을 위한 직무교육제도를 갖출 것
다. 기술개발
  1) 검사기준을 개발하고 정비할 수 있는 능력을 갖출 것
  2) 품질관리 능력을 갖출 것
라. 손해배상책임에 대비한 보험 가입 등 제도적 장치를 마련할 것

2. 협정에 포함되어야 할 사항
가. 대행업무의 범위
나. 외국 항만당국으로부터 항만국통제로 지적된 사항의 통보
다. 검사 대행과 관련된 각종 정보의 제공
  1) 선박검사원의 선임 및 해임
  2) 발급된 증서
  3) 기술자료
라. 품질관리시스템의 운영
마. 정부 또는 정부를 대신한 제3자의 정기적인 감사 수행
바. 기밀 유지
사. 선박검사원의 자격
아. 협정의 개정
자. 손해배상책임
차. 협정 해지 요건

비고
협정의 내용 중 법 제30조에 따른 대행업무의 범위 및 감독 방법에 관한 사항은 국제해사기구에서 정한 「자발적 회원국 감사 원칙 및 절차」에 위배되어서는 안 된다.

「선박평형수관리법 시행규칙」

제48조(협정 체결의 신청) 영 제4조 제1항에 따라 해양수산부장관과 협정을 체결하려는 공단 또는 선급법인은 별지 제27호서식의 대행기관 협정신청서에 다음 각 호의 사항을 적은 서류를 첨부하여 해양수산부장관에게 제출하여야 한다.
1. 주된 사무소와 분사무소의 명칭 및 소재지
2. 임원의 성명
3. 선박검사원의 수
4. 정관 및 예산
5. 등록된 선박의 수 및 검사기준
6. 수수료의 기준
7. 검사 등 업무의 대행계획서
8. 영 제4조 제2항에 따른 내용을 확인할 수 있는 서류

제49조(협정기간의 연장) 법 제30조 제2항에 따라 협정기간을 연장하려는 공단 또는 선급법인은 협정기간의 종료일 90일 전까지 별지 제27호서식의 대행기관 협정신청서에 제48조 각 호에 따른 서류를 첨부하여 해양수산부장관에게 제출하여야 한다. 다만, 종전의 협정 체결 당시와 달라진 내용이 없거나

해양수산부장관의 승인을 받은 사항에 관하여는 서류제출을 생략할 수 있다.

---

2. 선박검사원

법 제30조 제1항에 따른 검사 등의 대행업무를 수행하는 대행기관은 해당 대행업무를 직접 수행하는 선박검사원을 둘 수 있다. 이 경우 선박검사원의 자격은 「선박안전법」 제76조에 따른 선박검사관의 자격을 갖추어야 한다(법 제35조 제1항). 해양수산부장관은 선박검사원이 그 직무를 할 때 이 법 또는 이 법에 따른 명령을 위반한 경우에는 대행기관에 선박검사원의 해임을 요구하거나 1년 이내의 기간을 정하여 직무를 정지하도록 요구할 수 있다(법 제35조 제2항). 대행기관은 법 제35조 제2항에 따른 해임 또는 직무정지 요구를 받은 경우에는 지체 없이 해당 선박검사원에 대하여 조치를 하고 그 결과를 해양수산부장관에게 보고하여야 한다(법 제35조 제3항).

3. 벌칙 적용에서의 공무원 의제

이 법에 따른 대행기관의 임직원은 「형법」 제129조부터 제132조까지의 규정을 적용할 때에는 공무원으로 본다(법 제41조).

제4관 외국정부의 검사 등

1. 외국정부등이 행한 검사 등의 인정

해양수산부장관은 외국선박의 해당 소속 국가에서 시행 중인 선박평형수관리에 관한 법령이 이 법의 내용과 동등하거나 그 이상에 해당한다고 인정되는 경우에는 해당 외국정부 또는 외국정부가 지정한 대행기관(이하 이 조에서 "외국정부등"이라 한다)이 해당 외국선박에 대하여 행한 선박의 검사 또는 설비의 형식승인·검정은 이 법에 따른 검사·형식승인·검정으로 본다(법 제31조 제1항). 법 제31조 제1항에 따라 외국정부등이 검사 등 업무를 행하고 발급하거나 표시한 증서 또는 합격표시는 이 법에 따라 발급하거나 표시한 것과 동일한 효력을 가진 것으로 본다. 다만, 이 법에 따른 증서 또는 합격표시의 효력을 인정하지 아니하는 외국정부등이 발급하거나 표시한 증서 또는 합격표시에 대하여는 그러하지 아니한다(법 제31조 제2항).

2. 재검사 등

법 제12조부터 제14조까지 및 제17조 제1항・제5항・제6항에 따른 검사・형식승인・변경승인 및 검정을 받은 자가 그 결과에 대하여 불복하는 경우에는 그 결과에 관한 통지를 받은 날부터 90일 이내에 그 사유를 갖추어 해양수산부장관에게 재검사・재형식승인・재변경승인 및 재검정(이하 "재검사등"이라 한다)을 신청할 수 있다(법 제32조 제1항). 재검사등의 방법과 절차에 관하여는「선박안전법」제72조 제2항 및 제3항[8]을 준용한다(법 제32조 제2항).

3. 선박검사관

해양수산부장관은「선박안전법」제76조에 따른 선박검사관[9]으로 하여금 다음 각 호에 해당하는 업무를 수행하게 할 수 있다(법 제34조).

---

8)

「위험물 선박운송 및 저장규칙」

제72조(재검사 등)

① 제60조제1항・제2항(제61조의 규정에 따라 해양수산부장관이 직접 수행하거나 해양수산부장관으로부터 지정받은 자가 대행하는 경우를 포함한다), 제63조제1항, 제64조제1항 및 제65조제1항의 규정에 따라 대행검사기관으로부터 검사・검정 및 확인을 받은 자가 그 결과에 대한 불복이 있는 때에는 그 결과에 관한 통지를 받은 날부터 90일 이내에 그 사유를 갖추어 해양수산부장관에게 재검사・재검정 및 재확인을 신청할 수 있다.

②제1항의 규정에 따라 재검사・재검정 및 재확인의 신청을 받은 해양수산부장관은 소속공무원으로 하여금 재검사 등을 직접 행하게 하고 그 결과를 신청인에게 60일 이내에 통보하여야 한다. 다만, 부득이한 사정이 있는 때에는 30일 이내의 범위에서 통보시한을 연장할 수 있다.

③대행검사기관의 검사・검정 및 확인에 대하여 불복이 있는 자는 제1항 및 제2항의 규정에 따른 재검사・재검정 및 재확인의 절차를 거치지 아니하고는 행정소송을 제기할 수 없다. 다만,「행정소송법」제18조제2항 및 제3항의 규정에 해당되는 경우에는 그러하지 아니하다.

9)

「선박안전법」

제76조(선박검사관) 해양수산부장관은 필요한 경우 소속 공무원 중에서 해양수산부령이 정하는 자격을 갖춘 자를 선박검사관으로 임명하여 다음 각 호에 해당하는 업무를 수행하게 할 수 있다.

1. 건조검사, 정기검사, 중간검사, 임시검사, 임시항해검사, 국제협약검사, 제41조제2항의 규정에 따른 위험물 적재방법의 적합 여부에 대한 검사, 강화검사, 예인선항해검사, 특별점검, 특별검사 및 제72조제2항의 규정에 따른 재검사・재검정・재확인에 관한 업무
2. 제18조제6항의 규정에 따른 선박용물건 또는 소형선박의 검정, 제20조제3항 단서의 규정에 따른 선박용물건 또는 소형선박의 확인, 제23조제4항의 규정에 따른 컨테이너검정에 관한 업무
3. 제61조의 규정에 따른 대행업무의 차질에 따른 직접 수행에 관한 업무
4. 제68조의 규정에 따른 항만국통제에 관한 업무
5. 제74조제2항의 규정에 따른 결함신고 사실의 확인에 관한 업무
6. 제75조제2항의 규정에 따른 선박 또는 사업장의 출입・조사에 관한 업무

1. 법 제9조 제1항에 따른 선박평형수관리계획서의 검인에 관한 업무
2. 법 제11조 제1항에 따른 도면의 승인에 관한 업무
3. 법 제12조부터 제14조까지의 규정에 따른 정기검사 · 중간검사 및 임시검사에 관한 업무
4. 법 제17조 제6항에 따른 검정에 관한 업무
5. 법 제28조에 따른 항만국통제에 관한 업무
6. 법 제32조에 따른 재검사등에 관한 업무
7. 법 제33조 제2항에 따른 선박 또는 사업장의 출입 · 조사에 관한 업무

4. 선박의 검사등을 위한 협조

이 법에 따른 선박의 검사 또는 검정(이하 이 조에서 "검사등"이라 한다)을 받으려는 자 또는 그의 대리인은 검사등을 하는 현장에 참여하고, 검사등에 필요한 협조를 하여야 한다(법 제39조 제1항). 해양수산부장관은 법 제39조 제1항에 따라 검사등에 참여하여야 하는 자가 참여하지 아니하거나 필요한 협조를 하지 아니하는 경우에는 해당 검사 등을 중지시킬 수 있다(법 제39조 제2항).

제4절 | 선박평형수처리업

제1관 등록

1. 선박평형수처리업의 등록

선박평형수 및 침전물의 수거 · 처리에 필요한 설비 및 시설을 갖추고 선박평형수를 담을 수 있는 선박의 탱크(이하 "선박평형수탱크"라 한다)를 청소하거나 선박평형수탱크로부터 선박평형수 또는 침전물을 수거하여 처리하는 사업(이하 "선박평형수처리업"이라 한다)을 영위하려는 자는 해양수산부령으로 정하는 바에 따라 해양수산부장관에게 등록하여야 한다(법 제21조 제1항). 선박평형수처리업을 등록하려는 자가 갖추어야 할 설비 및 시설은 대통령령으로 정한다(법 제21조 제2항). 법 제21조 제1항에 따른 등록을 한 자(이하 "선박평형수처리업자"라 한다)가 등록한 사항 중 선박평형수 저장 · 처리 설비 및 시설 등 해양수산

부령으로 정하는 중요한 사항을 변경하려는 경우에는 해양수산부령으로 정하는 바에 따라 변경등록을 하여야 한다(법 제21조 제3항).

「선박평형수관리법 시행령」

제3조(선박평형수처리업의 설비 및 시설) 법 제21조 제2항에 따라 선박평형수처리업을 등록하려는 자가 갖추어야 하는 설비와 시설은 다음 각 호와 같다.
1. 별표 1의2에 따른 선박평형수 저장시설 및 침전물 저장시설
2. 선박평형수처리설비
3. 선박평형수 및 침전물의 운송에 필요한 수단

[별표 1의2] 선박평형수 저장시설 및 침전물 저장시설의 요건(제3조 제1호 관련)

1. 선박평형수 저장시설의 요건
가. 선박평형수 취급 방법, 저장 방법 및 저장 조건, 표본 채취, 시험 및 분석 방법 등과 관련하여 저장된 선박평형수의 유해수중생물 배출로 인하여 환경, 사람의 건강・안전・재산 및 자원에 위험을 미치지 않아야 한다.
나. 저장시설이 있는 부지의 여건 및 그 환경적 이점과 비용, 저장시설의 건설과 운용이 환경에 미칠 영향 등을 고려하여 설계되어야 한다.
다. 저장시설을 사용할 선박의 종류, 크기 및 형상, 수용될 선박평형수의 양, 이용 가능한 항만에서의 근접성, 수로의 출입・접근 및 교통 여건을 고려하여 가능한 한 선박평형수 배출을 희망하는 모든 선박이 저장시설을 사용할 수 있어야 한다.
라. 다목의 요건을 위하여 배관, 다기관(manifold), 이경관(reducer) 등의 관련 장비, 훈련된 직원 등의 인력, 저장시설의 유지・보수 및 운용상 제한 요인에 대한 관리 등 필요한 자원을 제공하여야 한다.
마. 저장시설을 사용하는 선박의 계류 요건을 고려하여 선박을 계류하기 위한 적절한 장비 및 안전하게 정박할 수 있는 장소를 제공하여야 한다.
바. 저장시설을 사용할 선박에 대하여 저장시설에 관한 다음의 정보를 제공하여야 한다.
1) 저장시설의 최대 용량
2) 한 번에 취급할 수 있는 선박평형수의 최대 용적
3) 운영 시간
4) 항구, 정박지 및 저장시설로의 접근이 가능한 지역
5) 저장시설의 연락 정보
6) 선박에서 제공받아야 하는 정보의 내용 및 제공 기간 등 저장시설의 사용을 요청하는 방법
7) 사용료
8) 선박평형수의 최대 이송속도(m^3/h)
9) 이송관의 크기와 사용 가능한 이경관 등 선박에서 육지까지 배관을 연결하기 위한 상세 정보
10) 호스를 연결하거나 해제하는 등의 역할을 하기 위하여 선박이나 육지의 인력이 필요한지 여부
11) 그 밖의 관련 정보

2. 침전물 저장시설의 요건
가. 침전물의 수집, 취급 및 이송, 침전물의 표본 채취, 시험 및 분석, 침전물의 저장 및 저장 조건 등과 관련하여 선박의 저장시설 이용이 불필요하게 지연되지 않도록 운영되어야 하고, 우리나라 또는 다른 국가의 환경, 사람의 건강・재산 및 자원을 해치거나 손상시키지 않는 방법으로 침전물을 안전하게 처리할 수 있어야 한다.
나. 저장시설이 있는 부지의 여건 및 그 환경적 이점과 비용, 저장시설의 건설과 운용이 환경에 미칠 영

향 등을 고려하여 설계되어야 한다.

다. 사용이 예상되는 선박의 종류, 선박평형수탱크 정화 요건과 저장시설이 운영되는 지역의 보수시설 요건, 저장시설에서 취급할 침전물의 수분 함유량을 포함한 요구 용적 및 중량, 저장시설의 장소적 근접성 등을 고려하여 가능한 한 침전물의 배출을 희망하는 모든 선박이 저장시설을 사용할 수 있어야 한다.

라. 다목의 요건을 위하여 크레인 등 선박으로부터 침전물을 내릴 때 필요한 장비, 훈련된 직원 등의 인력, 저장시설의 유지・보수 및 운용상 제한 요인에 대한 관리 등 필요한 자원을 제공하여야 한다.

마. 저장시설을 사용할 선박에 대하여 저장시설에 관한 다음의 정보를 제공하여야 한다.

1) 저장시설의 최대 용적 또는 중량
2) 한 번에 취급할 수 있는 침전물의 최대 용적 또는 중량
3) 제1호바목3)부터 7)까지의 사항
4) 포장 및 표시 요건
5) 선박과 육지 사이의 운반에 관한 상세 정보
6) 운반을 위하여 선박이나 육지의 인력이 필요한지 여부
7) 그 밖의 관련 정보

「선박평형수관리법 시행규칙」

제38조(선박평형수처리업의 등록)

① 법 제21조 제1항에 따라 선박평형수처리업을 경영하려는 자는 별지 제20호서식의 선박평형수처리업 등록신청서(전자문서로 된 신청서를 포함한다)에 다음 각 호의 서류(전자문서를 포함한다)를 첨부하여 지방해양항만청장에게 제출하여야 한다.

1. 정관(법인인 경우에만 첨부한다)
2. 사업계획서
3. 선박평형수 및 침전물 저장・처리 설비 및 시설의 명세서와 그 도면
4. 선박평형수 및 침전물의 수집・운반・저장 및 처리 방법에 관한 사항

② 제1항에 따른 신청서를 받은 지방해양항만청장은 「전자정부법」 제36조 제1항에 따른 행정정보의 공동이용을 통하여 법인 등기사항증명서를 확인하여야 한다.

③ 지방해양항만청장은 제1항에 따른 등록 신청을 받았을 때에는 선박평형수 및 침전물 저장・처리 설비 및 시설 등을 검토하여 그 등록 여부를 결정하여야 한다.

④ 지방해양항만청장은 선박평형수처리업의 등록을 하였을 때에는 별지 제21호서식의 선박평형수처리업 등록증을 내주고 그 내용을 공고하여야 한다.

⑤ 법 제21조 제3항에서 "해양수산부령으로 정하는 중요한 사항"이란 다음 각 호의 사항을 말한다.〈개정 2013.3.24.〉

1. 사업장의 소재지
2. 사업장의 대표자
3. 상호
4. 선박평형수 및 침전물 저장・처리 설비 및 시설

⑥ 법 제21조 제3항에 따라 선박평형수처리업자가 제5항 각 호의 어느 하나에 해당하는 사항을 변경한 경우에는 사유가 발생한 날부터 30일 이내에 별지 제22호서식의 선박평형수처리업 변경등록 신청서에 선박평형수처리업 등록증과 변경 내용을 증명하는 서류를 첨부하여 지방해양항만청장에게 제출하여야 한다.

⑦ 제6항에 따른 변경등록 신청 절차에 대해서는 제3항을 준용한다. 이 경우 지방해양항만청장은 변경등록한 경우에는 제출된 선박평형수처리업 등록증에 변경사항을 기재하고 신청인에게 내주어야 한다.

선박평형수 및 침전물을 전문적으로 수거·처리하는 사업을 새롭게 마련하고, 선박평형수처리업과 관련한 의무 및 처리명령 등을 규정할 필요성이 있다. 선박평형수처리업을 하려는 자는 대통령령으로 정하는 설비 및 시설을 갖추고 해양수산부장관에게 등록하도록 하고, 선박평형수 및 침전물을 처리하고 그 실적서 또는 선박평형수수거확인증을 작성하도록 하며, 해양수산부장관은 선박평형수처리업자가 처리를 위탁받은 선박평형수 등을 방치한 경우 그 적정한 처리를 명할 수 있도록 하였다. 선박평형수처리업을 신설함으로써 선박평형수 및 침전물로 인한 유해수중생물의 유입을 방지하는 전문적인 기술과 노하우가 높아질 것을 목적으로 하고 있다.

2. 등록 결격사유

다음 각 호의 어느 하나에 해당하는 자는 선박평형수처리업 등록을 할 수 없다(법 제22조).

1. 피성년후견인 또는 피한정후견인
2. 이 법을 위반하여 징역 이상의 형을 선고받고 그 형의 집행이 끝나거나(집행이 끝난 것으로 보는 경우를 포함한다) 집행을 받지 아니하기로 확정된 후 1년이 지나지 아니한 자
3. 선박평형수처리업의 등록이 취소된 후 1년이 지나지 아니한 자
4. 임원 중에 제1호부터 제3호까지의 규정 중 어느 하나에 해당하는 자가 있는 법인

3. 등록의 취소 등

해양수산부장관은 선박평형수처리업자가 다음 각 호의 어느 하나에 해당하면 그 등록을 취소하거나 6개월 이내의 기간을 정하여 업무의 정지를 명할 수 있다. 다만, 제1호부터 제4호까지의 규정 중 어느 하나에 해당하는 경우에는 그 등록을 취소하여야 한다(법 제26조 제1항).

1. 법 제22조 각 호의 어느 하나에 해당하는 경우. 다만, 법인의 임원 중 같은 조 제1호부터 제3호까지의 규정 중 어느 하나에 해당하는 자가 있는 경우로서 6개월 이내에 그 임원을 바꾸어 임명하면 그러하지 아니하다.
2. 거짓이나 그 밖의 부정한 방법으로 등록을 하거나 변경등록을 한 경우
3. 1년에 2회 이상 영업정지처분을 받은 경우
4. 영업정지 기간 중에 영업을 한 경우
5. 정당한 사유 없이 등록한 사항을 이행하지 아니한 경우
6. 법 제23조에 따른 의무를 위반한 경우

7. 법 제24조에 따른 명령을 따르지 아니하거나 거부한 경우
8. 등록 후 1년 이내에 영업을 하지 아니하거나 계속하여 1년 이상 영업 실적이 없는 경우

법 제26조 제1항에 따른 행정처분의 세부 기준은 그 위반행위의 유형과 정도 등을 고려하여 해양수산부령으로 정한다(법 제26조 제2항).

「선박평형수관리법 시행규칙」

제43조(선박평형수처리업자에 대한 행정처분의 기준)
① 법 제26조 제2항에 따른 선박평형수처리업자의 등록취소 및 업무정지 처분의 기준은 별표 15와 같다.
② 지방해양항만청장은 제1항에 따라 등록취소 및 업무정지 처분을 하였을 때에는 지체 없이 공고하여야 한다.

---

4. 선박평형수처리업의 승계 등

선박평형수처리업자가 그 사업을 양도하거나 사망한 때 또는 법인이 합병한 경우에는 그 사업의 양수인·상속인 또는 합병 후 존속하는 법인이나 합병에 의하여 설립되는 법인이 그 권리·의무를 승계한다(법 제25조 제1항). 「민사집행법」에 따른 경매, 「채무자 회생 및 파산에 관한 법률」에 따른 환가(換價) 및 「국세징수법」·「관세법」 또는 「지방세법」에 따른 압류재산의 매각, 그 밖에 이에 준하는 절차에 따라 선박평형수처리업자의 시설·설비의 전부를 인수한 자는 그 권리·의무를 승계한다(법 제25조 제2항). 법 제25조 제1항 및 제2항에 따라 선박평형수처리업자의 권리·의무를 승계한 자는 1개월 이내에 해양수산부령으로 정하는 바에 따라 해양수산부장관에게 신고하여야 한다(법 제25조 제3항). 법 제25조 제1항 및 제2항에 따른 승계에 관하여는 법 제22조를 준용한다(법 제25조 제4항).

「선박평형수관리법 시행규칙」

제42조(선박평형수처리업의 권리·의무 승계신고)
① 법 제25조 제1항 및 제2항에 따라 선박평형수처리업자의 권리·의무를 승계한 자는 별지 제26호서식의 선박평형수처리업 권리·의무 승계신고서에 다음 각 호의 서류를 첨부하여 지방해양항만청장에게 제출하여야 한다.
1. 양도·양수, 상속 또는 합병을 증명하는 서류
2. 선박평형수처리업 등록증
3. 상속인의 가족관계증명서(상속의 경우에만 한정한다)

② 제1항에 따른 신청서를 받은 지방해양항만청장은 「전자정부법」 제36조 제1항에 따른 행정정보의 공동이용을 통하여 합병 후 존속하는 법인이나 합병에 의하여 설립되는 법인의 법인 등기사항증명서(법인 합병의 경우에만 한정한다)를 확인하여야 한다.

제2관 선박평형수처리업자의 의무 등

1. 선박평형수처리업자의 의무

선박평형수처리업자는 해양수산부령으로 정하는 바에 따라 선박평형수 및 침전물을 처리하여야 하고, 선박평형수에 관한 처리실적서를 작성하여 해양수산부장관에게 제출하여야 하며, 그 처리대장을 해당 시설에 비치하여야 한다(법 제23조 제1항). 선박평형수처리업자가 선박으로부터 선박평형수 또는 침전물을 수거하는 경우에는 해양수산부령으로 정하는 바에 따라 선박평형수수거확인증을 작성하고 해당 선박평형수 또는 침전물의 수거를 위탁한 자에게 발급하여야 한다(법 제23조 제2항). 법 제23조 제1항 및 제2항에 따른 처리실적서·처리대장 및 선박평형수수거확인증의 작성 방법과 보존 기간 등에 필요한 사항은 해양수산부령으로 정한다(법 제23조 제3항). 선박평형수처리업자와 선박평형수 및 침전물의 수거·처리와 관련된 업무를 담당하는 자는 해양수산부령으로 정하는 바에 따라 교육을 받아야 한다(법 제23조 제4항).

「선박평형수관리법 시행규칙」

제39조(선박평형수 등의 처리) 법 제23조 제1항에 따라 선박평형수 및 침전물을 처리하려는 선박평형수처리업자는 다음 각 호에 따라 처리하여야 한다.
1. 제13조에 따른 처리기준에 맞을 것
2. 환경, 인류보건, 재산 및 자원에 대한 위험이 없을 것

제40조(선박평형수 처리실적의 제출 등)
① 선박평형수처리업자는 법 제23조 제1항에 따라 별지 제23호서식에 따른 선박평형수 및 침전물 처리실적서를 2부 작성한 후 그 중 1부에 별지 제24호서식에 따른 선박평형수 및 침전물 처리대장 사본을 첨부하여 매해 1월 15일 및 7월 15일까지 지방해양항만청장에게 제출하여야 한다.
② 선박평형수처리업자는 제1항에 따른 선박평형수 및 침전물 처리실적서 및 처리대장을 작성한 날부터 3년 동안 보관하여야 한다.

제41조(선박평형수 수거확인증)
① 법 제23조 제2항에 따른 선박평형수 수거확인증은 별지 제25호서식과 같다.
② 법 제23조 제2항에 따른 선박평형수 또는 침전물의 수거를 위탁한 자는 교부받은 수거확인증을 작성한 날로부터 3년 동안 보관하여야 한다.

제41조의2(선박평형수처리업자 등에 대한 교육)

① 법 제23조 제4항에 따라 선박평형수처리업자와 선박평형수 및 침전물의 수거・처리에 관련된 업무를 담당하는 자는 다음 각 호의 사항이 포함된 교육을 5년마다 1회 이상 받아야 한다.
1. 선박평형수관리에 관한 국제협약에 관한 사항
2. 지역별 선박평형수의 배출규제에 관한 사항
3. 선박평형수처리업의 운영(설비 및 시설의 관리, 권리・의무 승계 및 등록의 취소)에 관한 사항
4. 선박평형수 및 침전물의 취급(선박평형수 및 침전물의 처리, 처리실적서 및 처리대장, 수거확인증 교부)에 관한 사항
5. 선박평형수 및 침전물의 수거・처리에 사용되는 장비에 관한 사항
6. 선박과의 의사소통 방법에 관한 사항
② 법 제23조 제4항에 따른 교육은 해양수산부장관 또는 법 제36조의2제1항에 따라 지정된 전문교육기관(이하 "지정교육기관"이라 한다)이 실시한다.

---

2. 선박평형수의 처리명령

해양수산부장관은 선박평형수처리업자가 처리를 위탁받은 선박평형수 또는 침전물을 이 법에 따라 처리하지 아니하고 방치하는 경우에는 그 적절한 처리를 명할 수 있다(법 제24조).

제5절 | 부적합 선박에 대한 조치 등

제1관 부적합 선박에 대한 조치와 항만국통제

1. 부적합 선박에 대한 조치

해양수산부장관은 선박에 설치된 선박평형수관리설비가 법 제8조 제2항에 따른 기술기준에 적합하지 아니하다고 인정되는 경우에는 해당 선박소유자에게 그 선박평형수관리설비의 교체・개조・변경・수리, 그 밖의 필요한 조치를 명할 수 있다(법 제27조 제1항). 해양수산부장관은 선박소유자가 법 제27조 제1항에 따른 명령을 정당한 사유 없이 이행하지 아니하고 그 선박을 계속하여 항해에 사용함으로써 유해수중생물의 국내 유입의 우려가 있다고 인정되는 경우에는 그 선박에 대하여 유해수중생물의 국내 유입의 우려가 해소될 때까지 항해정지처분을 할 수 있다(법 제27조 제2항).

2. 선박평형수관리를 위한 항만국통제

해양수산부장관은 대한민국 관할수역에 있는 외국선박의 선박평형수관리설비가 선박평형수관리에 관한 국제협약에 따른 기준에 적합한지 여부를 확인·점검하고 그에 필요한 조치(이하 "항만국통제"라 한다)를 할 수 있다(법 제28조 제1항).

항만국통제를 위한 확인·점검의 절차는 다음 각 호에 한정되어야 한다. 다만, 해당 선박이 국제협약 등에서 정하는 기준에 적합하지 아니하다는 명백한 근거로서 해양수산부령으로 정하는 사유가 있을 때에는 그러하지 아니하다(법 제28조 제2항).

1. 유효한 검사증서의 확인
2. 선박평형수관리기록부에 대한 검사
3. 법 제28조 제1항에 따라 국제협약에 따른 기준에 맞는지 판단하기 위하여 법 제34조에 따른 선박검사관으로 하여금 해양수산부령으로 정하는 바에 따라 선박평형수의 표본을 채취하게 하는 등의 필요한 조치

해양수산부장관은 법 제28조 제1항에 따른 확인·점검의 결과 같은 조 제2항 단서에 따른 명백한 근거가 있거나 유효한 검사증서 등을 제시하지 못하는 선박에 대하여는 정밀한 점검을 이행할 수 있으며, 국제협약의 기준에 적합하게 선박평형수를 배출할 수 있을 때까지 선박평형수 배출을 금지할 수 있다(법 제28조 제3항). 해양수산부장관은 선박이 국제협약의 규정을 위반한 것이 발견되었을 경우 해당 선박에 대하여 출항정지·이동제한·시정요구·추방 또는 그 밖에 이에 준하는 조치를 명할 수 있다(법 제28조 제4항). 해양수산부장관은 법 제28조 제1항부터 제4항까지의 규정에 따라 시행한 항만국통제의 결과 국제협약의 위반이 발견된 경우 해당 선박에 이러한 사실을 통지하여야 하고, 제3항에 따른 배출금지 및 제4항에 따른 조치를 취한 때에는 해당 선박에 대하여 검사증서 등을 발급한 국가의 정부에 그 사실을 통보하여야 한다(법 제28조 제5항). 외국 국적의 국제항해 선박소유자 또는 선장은 법 제28조 제3항 또는 제4항에 따른 선박평형수의 배출금지·선박의 출항정지·이동제한·시정요구·추방 등의 명령(이하 "시정명령등"이라 한다)이 위법하거나 부당하다고 생각되는 경우에는 해양수산부령으로 정하는 바에 따라 시정명령등을 받은 날부터 90일 이내에 그 불복사유를 기재하여 해양수산부장관에게 이의신청을 할 수 있다(법 제28조 제6항). 법 제28조 제6항에 따라 이의신청을 받은 해양수산부장관은 소속 공무원으로 하여금 그 시정명령등의 위법·부당 여부를 직접 조사하게 하고 그 결과를 신청자에게 60일 이내에 통보하여야 한다. 다만, 부득이한 사정이 있는 때에는 30일의 범위에서 통보시한을 연장할 수 있다(법 제28조 제7항). 시정명령등에 대하여 불복하는 자는 법 제28조 제

6항 및 제7항에 따른 이의신청의 절차를 거치지 아니하고는 행정소송을 제기할 수 없다. 다만, 「행정소송법」 제18조 제2항 및 제3항에 해당되는 경우에는 그러하지 아니하다(법 제28조 제8항).

「선박평형수관리법 시행규칙」

제44조(항만국통제)
① 법 제28조 제2항에서 "해양수산부령으로 정하는 사유"란 다음 각 호의 어느 하나에 해당하는 경우를 말한다.
1. 선박이 유효한 증서를 갖추어 두고 있지 아니하는 경우
2. 선박평형수관리설비의 작동이 원활하지 아니한 경우
3. 선장 또는 선원이 선박평형수관리를 위한 절차에 익숙하지 못하거나 선박평형수관리를 위한 절차를 이행하지 아니한 경우
② 지방해양항만청장은 법 제28조 제3항 및 제4항에 따른 시정명령등의 조치를 하려는 때에는 해당 선박의 선장에게 항만국통제점검보고서를 발급하여야 한다. 이 경우 항만국통제점검보고서 서식은 「선박안전법 시행규칙」 별지 제79호서식을 준용한다.

제45조(선박평형수의 표본 채취)
① 법 제28조 제2항 제3호에 따라 선박검사관은 선박평형수 표본 채취 등을 하려는 때에는 다음 각 호의 절차에 따라야 한다.
1. 선박평형수관리 방법 및 선박평형수 표본을 채취할 장소에 따른 선박평형수 표본 채취 방법의 결정
2. 선박평형수 표본 채취 및 분석
3. 선박평형수 표본 채취 및 분석 기록의 보관
② 제1항 각 호에 따른 표본 채취 방법, 분석 방법 및 기록의 보관 등에 관하여 필요한 세부 사항은 해양수산부장관이 정하여 고시한다.

제46조(이의신청)
① 법 제28조 제6항에 따라 이의신청을 하려는 자는 그 사유와 이를 증명하는 서류를 갖추어 항만국통제를 시행한 지방해양항만청장에게 제출하여야 한다.
② 지방해양항만청장은 제1항에 따른 이의신청을 받은 경우 해당 선박의 선장・선박소유자・선급법인 또는 선박이 등록된 국가 등에 필요한 자료를 요청하거나 관계 전문가의 의견을 들을 수 있다.
③ 지방해양항만청장은 제2항에 따른 이의신청이 타당하다고 인정되는 경우 지체 없이 해당 선박평형수의 배출금지・선박의 출항정지・이동제한・시정요구・추방 등의 명령을 철회하여야 한다.

---

3. 외국의 항만국통제 등

선박소유자는 외국 항만당국의 항만국통제 시 선박의 결함이 지적되지 아니하도록 관련되는 국제협약의 규정을 준수하여야 한다(법 제29조 제1항). 해양수산부장관은 외국 항만당국의 항만국통제로 인하여 출항정지의 명령을 받은 대한민국 선박에 대하여 해양수산부령으로 정하는 바에 따라 해당 선박의 선박명・총톤수, 출항정지 사실 등을 공표할 수 있다(법 제29조 제2항).

「선박평형수관리법 시행규칙」

제47조(공표)
① 해양수산부장관은 법 제29조에 따라 외국의 항만당국으로부터 출항정지의 명령을 받은 사실을 통보받은 경우 해당 선박의 명세를 해양수산부의 게시판(인터넷 홈페이지를 포함한다) 또는 일간신문 등에 3개월의 범위에서 공표하거나 다음 각 호의 단체에 배포할 수 있다.
1. 「선박안전법」 제45조에 따른 선박안전기술공단(이하 "공단"이라 한다) 또는 같은 법 제60조 제2항에 따른 선급법인(이하 "선급법인"이라 한다)
2. 「민법」 제32조에 따라 설립된 한국선주협회 또는 「한국해운조합법」에 따른 한국해운조합
3. 「선주상호보험조합법」에 따른 한국선주상호보험조합 또는 「민법」 제32조에 따라 설립된 손해보험협회
② 제1항에 따라 공표하여야 할 선박의 명세는 다음 각 호와 같다.
1. 선박명(한글 또는 영어로 표기)
2. 총톤수(「선박법」 제3조 제1항 제1호에 따른 국제총톤수를 말한다. 이하 같다)
3. 선박번호 및 국제해사기구번호(IMO Number)
4. 선박소유자의 성명(법인의 경우에는 법인명을, 용선의 경우에는 선박운항자의 명칭을 말한다)
5. 외국 항만당국의 점검일, 항만명, 출항정지 기간 및 출항정지 원인

선박에 설치된 선박평형수관리를 위한 설비가 국제적인 기술기준에 맞지 아니하는 경우 해당 국내선박 및 외국선박에 대한 적절한 통제를 할 필요성이 있다. 선박에 설치된 선박평형수처리시스템 및 선박평형수교환시스템이 해양수산부령으로 정하는 기술기준에 맞지 아니하는 경우 해당 선박소유자에게 해당 설비의 교체·개조·변경·수리 등의 조치를 명할 수 있으며, 특히 우리나라의 항만·항구 또는 연안에 있는 외국선박에 대하여도 선박평형수관리를 위한 항만국통제를 실시할 수 있도록 하였다. 선박평형수관리와 관련한 필요한 조치 또는 항만국통제를 시행함으로써 국내외 선박에 의한 무분별한 선박평형수의 배출예방을 목적으로 한다.

제2관 조사·연구 기타

1. 보고·자료제출 명령 등

해양수산부장관은 선박평형수 또는 침전물로 인한 유해수중생물의 유입을 방지하기 위하여 필요하다고 인정되는 경우 선박소유자, 법 제17조 제1항에 따른 형식승인을 받은 자, 제19조 제1항에 따른 형식승인시험기관, 제20조 제1항에 따른 처리물질의 승인을 받은 자, 제20조의2 제1항에 따른 독립시험기관, 제21조 제3항에 따른 선박평형수처리업자, 제30조 제3항에 따른 대행기관 및 제36조의2 제1항에 따른 지정교육기관(이하 이 조에서 "선박소유자등"이라 한다)에 대하여 필요한 보고를 명하거나 자료를 제출하게 할 수 있다(법 제33

조 제1항). 해양수산부장관은 법 제33조 제1항에 따른 보고 내용 및 제출된 자료를 검토한 결과 선박평형수관리가 적정하지 아니한 경우 등 해양수산부령으로 정하는 경우에는 소속 공무원으로 하여금 직접 해당 선박 또는 사업장에 출입하여 장부·서류·설비 및 시설 등을 조사하게 할 수 있다(법 제33조 제2항). 해양수산부장관은 법 제33조 제2항에 따른 조사를 하는 경우에는 조사 7일 전까지 조사자·조사일시·이유 및 내용 등이 포함된 조사계획을 선박소유자등에게 통보하여야 한다. 다만, 선박의 항해 일정 등에 따라 긴급히 처리할 필요가 있거나 사전에 통보하면 증거인멸이 우려되는 경우에는 그러하지 아니하다(법 제33조 제3항). 법 제33조 제2항에 따른 조사를 하는 공무원은 그 권한을 표시하는 증표를 지니고 이를 관계인에게 내보여야 한다(법 제33조 제4항). 해양수산부장관은 법 제33조 제2항에 따라 선박 또는 사업장을 조사한 결과 이 법 또는 이 법에 따른 명령을 위반한 사실이 있다고 인정되는 경우에는 해당 선박 또는 사업장에 대하여 대통령령으로 정하는 바에 따라 항해정지명령 또는 수리·보완과 관련된 처분을 할 수 있다(법 제33조 제5항). 법 제33조 제5항에 따른 명령 또는 처분을 한 경우에는 그 사유가 해소되는 즉시 이를 해제하여야 한다(법 제33조 제6항).

「선박평형수관리법 시행령」

제5조(항해정지명령 등의 조치) 해양수산부장관은 법 제33조 제5항에 따라 항해정지명령 또는 수리·보완과 관련된 처분을 하려는 경우에는 해양수산부령으로 정하는 항해정지명령서 또는 수리·보완명령서를 발급하여야 한다.

「선박평형수관리법 시행규칙」

제51조(항해정지명령 등의 서식) 영 제5조에 따른 항해정지명령서 또는 수리·보완명령서의 서식은 다음 각 호와 같다.
1. 항해정지명령서: 별지 제28호서식
2. 수리·보완명령서: 별지 제29호서식

제50조(출입·조사) 법 제33조 제2항에 따른 "해양수산부령으로 정하는 경우"란 보고 내용 및 제출된 자료를 검토한 결과 선박평형수관리가 적절하지 아니하거나 보고 내용 또는 제출된 자료가 거짓인 경우 등 해양수산부장관이 출입·조사가 필요하다고 인정하는 경우를 말한다.

---

2. 조사·연구 등

해양수산부장관은 선박평형수 또는 침전물에 의한 유해수중생물의 유입을 통제하기 위하여 다음 각 호에 관한 조사·연구를 할 수 있다(법 제36조 제1항).

1. 우리나라 항만 및 주변수역의 수중생물의 현황에 관한 사항
2. 선박평형수의 특별수역 지정에 관한 사항
3. 선박평형수에 의한 유해수중생물의 유입 방지에 관한 사항
4. 선박평형수관리를 위한 기술의 개발에 관한 사항
5. 이 법의 적용과 관련된 국제협약에 관한 사항

해양수산부장관은 법 제36조 제1항에 따른 조사·연구의 업무를 대통령령으로 정하는 전문연구기관으로 하여금 수행하게 할 수 있다(법 제36조 제2항). 법 제36조 제2항에 따른 전문연구기관의 장은 조사·연구 결과를 해양수산부령으로 정하는 바에 따라 해양수산부장관에게 보고하여야 한다(법 제36조 제3항). 해양수산부장관은 각 항만에 출입하는 선박의 선박평형수관리 실태 등 해양수산부령으로 정하는 정보를 법 제36조 제2항에 따른 전문연구기관에 제공할 수 있다(법 제36조 제4항).

「선박평형수관리법 시행령」

제6조(전문연구기관) 법 제36조 제2항에서 "대통령령으로 정하는 전문연구기관"이란 다음 각 호의 연구기관으로서 법 제36조 제1항 각 호에 따른 조사·연구 업무의 전부 또는 일부를 수행할 수 있는 장비 및 인력을 보유하고 있는 기관을 말한다.
1. 국공립 연구기관
2. 「과학기술분야 정부출연연구기관 등의 설립·운영 및 육성에 관한 법률」 제8조에 따라 설립된 한국해양연구원
3. 법 제19조 제1항에 따른 형식승인시험기관

「선박평형수관리법 시행규칙」

제52조(조사·연구 결과의 보고) 법 제36조 제2항에 따라 조사·연구의 업무를 수행한 전문연구기관의 장은 법 제36조 제3항에 따라 조사·연구 결과를 다음 해 2월 말까지 해양수산부장관에게 보고하여야 한다. 다만, 조사·연구에 따른 별도의 협약을 체결한 경우에는 그 협약에 따라 보고할 수 있다.

제53조(정보의 제공) 해양수산부장관은 법 제36조 제4항에 따라 다음 각 호에 해당하는 정보를 전문연구기관에 제공할 수 있다. 이 경우 해양수산부장관은 제3호에 해당하는 정보를 제공하기 위하여 보건복지부장관에게 협조를 요청할 수 있다.
1. 각 항만에 출입하는 선박 현황
2. 각 항만에 출입하는 선박의 선박평형수 관련 입항 보고 자료
3. 「검역법」에 따라 국립검역소장이 수행하는 다음 각 목에 해당하는 검역 결과
   가. 검역구역 안 검역감염병 병원체의 분포상태 조사
   나. 선박평형수에 대한 선박 가검물(可檢物) 검사

---

3. 교육기관의 지정 등

가. 지정교육기관의 지정

해양수산부장관은 법 제9조 제3항 및 제23조 제4항에 따른 교육을 위하여 선박평형수관리에 관한 전문교육기관(이하 "지정교육기관"이라 한다)을 지정할 수 있다(법 제36조의2 제1항).

「선박평형수관리법 시행령」

제6조의2(지정교육기관의 지정요건) 법 제36조의2제1항에 따라 해양수산부장관이 지정하는 선박평형수관리에 관한 전문교육기관(이하 "지정교육기관"이라 한다)의 지정요건은 별표 2의2와 같다.

[별표 2의2] 지정교육기관의 지정요건(제6조의2 관련)

1. 다음 각 목의 교육시설 등을 모두 갖출 것
가. 강의실 면적은 60제곱미터 이상으로 하되, 교육생 1명당 1.2제곱미터 이상이 되도록 할 것
나. 실습 또는 실기 교육을 실시하는 경우에는 해당 교육에 필요한 교육시설 등을 갖출 것
다. 1개 이상의 사무실을 갖출 것
라. 다음 기준에 따른 시설을 갖출 것
  1) 조명시설: 책상면과 칠판면의 조도(照度)가 150럭스(lux) 이상일 것(야간교육을 실시하는 경우만 해당한다)
  2) 방음시설: 교육에 따른 소음이 「소음·진동관리법」 제21조에 따른 생활소음의 규제기준 이하일 것

2. 다음 각 목의 교육용 장비 등을 모두 갖출 것
가. 텔레비전, 비디오테이프레코더(VTR), 컴퓨터, 빔프로젝터 및 스크린 등 시청각교육 기자재를 갖출 것
나. 국제해사기구(IMO) 및 해양수산부 등이 발간하는 선박평형수 관련 지침서와 교육자료 등을 갖출 것

3. 생물학, 화학, 전기·전자, 기관·기계 분야의 전문학사 이상의 학위를 취득하고, 해당 분야에서 3년 이상 근무한 경력이 있는 사람 2명 이상을 강사로 확보할 것

「선박평형수관리법 시행규칙」

제53조의2(지정교육기관의 지정 신청 등)
① 법 제36조의2제1항에 따라 지정교육기관으로 지정을 받으려는 자는 별지 제30호서식의 지정교육기관 지정 또는 변경지정 신청서(전자문서로 된 신청서를 포함한다)에 다음 각 호의 서류(전자문서를 포함한다)를 첨부하여 해양수산부장관에게 제출하여야 한다.
1. 해당 기관의 연혁·조직 및 교육 운영 계획서
2. 영 제6조의2에 따른 지정교육기관의 지정요건을 갖추었음을 증명하는 서류
3. 정관(법인인 경우만 해당한다)
② 해양수산부장관은 제1항에 따라 지정을 신청한 자가 법인인 경우 「전자정부법」 제36조 제1항에 따른 행정정보의 공동이용을 통하여 법인 등기사항증명서를 확인하여야 하며, 신청인이 확인에 동의

하지 아니하는 경우에는 이를 첨부하도록 하여야 한다.
③ 해양수산부장관은 제1항에 따라 지정을 신청한 자가 영 제6조의2에 따른 지정교육기관의 지정요건에 적합하다고 인정하는 경우에는 별지 제31호서식의 지정교육기관 지정서를 발급하여야 한다.
④ 지정교육기관이 지정받은 내용을 변경하려는 때에는 별지 제30호서식의 지정교육기관 지정 또는 변경지정 신청서(전자문서로 된 신청서를 포함한다)에 다음 각 호의 서류(전자문서를 포함한다)를 첨부하여 해양수산부장관에게 제출하여야 한다. 이 경우 해양수산부장관은 지정교육기관 지정서의 내용을 변경하여 내주어야 한다.
1. 지정교육기관 지정서
2. 변경사실을 증명할 수 있는 서류
⑤ 해양수산부장관은 제3항 및 제4항에 따라 지정교육기관을 지정 또는 변경지정을 한 경우에는 지체 없이 다음 각 호의 내용이 포함된 사항을 해양수산부의 인터넷 홈페이지에 공고하여야 한다.
1. 지정교육기관의 명칭, 대표자 성명 및 소재지
2. 지정번호
3. 지정 또는 변경지정일자
4. 지정 또는 변경지정 교육의 내용

나. 업무정지 또는 지정교육기관 지정의 취소

해양수산부장관은 지정교육기관이 다음 각 호의 어느 하나에 해당하는 경우에는 그 지정을 취소하거나 6개월 이내의 기간을 정하여 그 업무를 정지할 수 있다. 다만, 제1호에 해당하는 경우에는 그 지정을 취소하여야 한다(법 제36조의2 제2항).

1. 거짓이나 그 밖의 부정한 방법으로 지정받은 경우
2. 법 제36조의2 제3항에 따른 지정요건에 미달하게 된 경우
3. 법 제33조 제1항에 따른 보고 또는 자료 제출을 거부한 경우
4. 법 제33조 제2항에 따른 출입 또는 조사를 거부하거나 방해 또는 기피하는 경우
5. 법 제33조 제5항에 따른 보완 등의 처분을 이행하지 아니한 경우

다. 지정요건

지정교육기관의 시설기준 및 교수인원 등 지정요건에 관한 사항은 대통령령으로 정하고, 법 제36조의2 제1항에 따른 지정의 절차 및 제2항에 따른 행정처분의 세부기준 및 지도・감독, 그 밖에 필요한 사항은 해양수산부령으로 정한다(법 제36조의2 제3항).

「선박평형수관리법 시행규칙」

제53조의3(지정교육기관에 대한 행정처분의 기준 등)
① 법 제36조의2제3항에 따른 지정교육기관에 대한 행정처분의 세부기준은 별표 15의2와 같다.
② 해양수산부장관은 제1항에 따라 지정취소 및 업무정지 처분을 한 경우에는 지체 없이 다음 각 호의 사항을 관보에 고시하고 해양수산부의 인터넷 홈페이지에도 공고하여야 한다.

1. 지정교육기관의 명칭, 대표자 성명 및 소재지
2. 지정번호
3. 처분의 종류 및 내용
4. 처분일자

제53조의4(지정교육기관에 대한 지도・감독) 해양수산부장관은 지정교육기관에 자료 요청이나 방문 등을 통하여 해당 지정교육기관의 업무 수행 내용을 확인하고, 필요한 경우 개선 또는 보완을 명령할 수 있다.

---

4. 비밀누설금지

형식승인시험기관, 독립시험기관, 법 제30조에 따라 대행업무를 수행하는 선급법인의 임직원 또는 그 직에 있었던 자는 그 직무상 알게 된 비밀을 누설하거나 도용하여서는 아니 된다(법 제36조의3 제1항).

5. 청문

해양수산부장관은 다음 각 호의 어느 하나에 해당하는 경우에는 해양수산부령으로 정하는 바에 따라 청문을 실시하여야 한다(법 제37조).

1. 법 제18조에 따른 형식승인의 취소처분을 하려는 경우
2. 법 제19조 제3항에 따른 형식승인시험기관의 지정취소를 하려는 경우

2의2. 법 제20조의2 제2항에 따라 독립시험기관의 지정을 취소하려는 경우

3. 법 제26조에 따른 선박평형수처리업의 등록취소를 하려는 경우
4. 법 제30조 제4항에 따른 대행기관의 지정취소를 하려는 경우
5. 법 제35조 제2항에 따른 선박검사원의 해임을 요구하려는 경우
6. 법 제36조의2 제2항에 따라 지정교육기관의 지정을 취소하려는 경우

「선박평형수관리법 시행규칙」

제54조(청문) 법 제37조에 따른 청문은 「행정절차법」에서 정하는 바에 따른다.

---

6. 수수료

다음 각 호의 어느 하나에 해당하는 자는 해양수산부령으로 정하는 바에 따라 해양수산부장관에게 수수료를 내야 한다. 다만, 대행기관이 이 법에 따른 업무를 대행하는 경우에는 대

행기관이 정하는 수수료를 해당 기관에 내야 한다(법 제38조 제1항).

1. 법 제8조의2 제1항 제2호 및 제3호에 따른 확인검사 및 점검과 같은 조 제2항에 따른 발급을 신청하는 자

1의2. 법 제9조 제1항에 따른 선박평형수관리계획서의 검인을 신청하는 자

2. 법 제11조 제1항에 따른 도면의 승인을 신청하는 자
3. 법 제12조 제2항에 따른 검사증서의 발급 또는 재발급을 신청하는 자
4. 법 제12조부터 제14조까지의 규정에 따른 검사를 신청하는 자
5. 법 제17조 제1항 및 제5항에 따른 형식승인 및 변경승인을 신청하는 자
6. 법 제17조 제6항에 따른 검정을 신청하는 자
7. 법 제17조 제7항에 따른 검정합격증명서의 발급 또는 재발급을 신청하는 자

대행기관이 법 제38조 제1항 단서에 따라 수수료를 징수하는 경우에는 그 기준을 정하여 해양수산부장관의 승인을 받아야 한다. 승인을 받은 사항을 변경하고자 하는 때에도 또한 같다(법 제38조 제2항). 대행기관이 법 제38조 제1항 단서에 따라 수수료를 징수하는 경우 그 수입은 대행기관의 수입으로 한다(법 제38조 제3항). 해양수산부장관은 법 제28조에 따른 항만국통제를 실시한 결과 결함이 발견되어 시정명령등을 받은 선박에 대하여는 해양수산부령으로 정하는 바에 따라 그 시정명령등을 확인하는 등에 필요한 수수료를 받을 수 있다(법 제38조 제4항).

「선박평형수관리법 시행규칙」

제55조(수수료 등)
① 법 제38조 제1항 각 호의 어느 하나에 해당하는 자가 내야 하는 수수료는 별표 16과 같다.
② 제1항의 수수료는 수입인지로 내야 한다. 다만, 대행기관이 법 제30조 제1항 각 호의 업무를 대행하는 경우에는 대행기관에서 정하는 바에 따른다.
③ 국외에서 검사 등을 받으려는 자는 제1항에 따른 수수료의 4배에 상당하는 금액을 내야 한다.
④ 해양수산부장관 또는 대행기관은 제2항에 따른 방법 외에 정보통신망을 이용하여 전자화폐·전자결제 등의 방법으로 수수료를 납부하게 할 수 있다.

[별표 16] 수수료 기준(제55조 제1항 관련)
1. 법 제9조 제1항에 따른 선박평형수관리계획서의 검인을 신청하는 자: 3천원

2. 법 제11조 제1항에 따른 도면의 승인을 신청하는 자: 제4호에 따른 정기검사 수수료의 40퍼센트

3. 법 제12조 제2항에 따른 검사증서의 교부 또는 재교부를 신청하는 자: 1,500원

4. 법 제12조부터 제14조에 따른 선박평형수관리설비의 검사를 신청하는 자

선박 규모	정기검사	제1종 중간검사	제2종 중간검사	임시검사
400톤 미만	6만7천원	3만7천원	2만6천원	9천원
400톤 이상 1천톤 미만	7만2천원	4만6천원	3만2천원	1만원
1천톤 이상 2천톤 미만	9만1천원	5만5천원	3만8천원	1만1천원
2천톤 이상 5천톤 미만	10만5천원	6만3천원	4만4천원	1만3천원
5천톤 이상 1만톤 미만	11만8천원	7만5천원	5만3천원	1만4천원
1만톤 이상	18만2천원	9만9천원	6만9천원	1만8천원

비고
선박검사관 한 명이 4시간 이내의 시간 동안 검사하는 경우를 1회 검사로 하여 해당 수수료를 내고, 검사 기간이 4시간을 초과하는 경우에는 그 초과하는 검사 횟수마다 해당 수수료의 20퍼센트씩 더하여 내야 한다.

5. 법 제17조 제1항 및 제4항에 따른 선박평형수처리설비의 형식승인 및 변경승인을 신청하는 자: 3천원

6. 법 제17조 제5항에 따른 선박평형수처리설비의 검정을 신청하는 자

처리 용량(m^3/h)	수수료
500 미만	2만1천원
500 이상	3만6천원

비고
선박검사관 한 명이 4시간 이내의 시간 동안 검정하는 경우를 1회 검정으로 하여 해당 수수료를 내고, 검정 기간이 4시간을 초과하는 경우에는 그 초과하는 검정 횟수마다 해당 수수료의 20퍼센트씩 더하여 내야 한다.

제56조(항만국통제 수수료)
① 법 제38조 제4항에 따라 항만국통제에 따른 결함의 시정명령등을 확인하는 등에 필요한 수수료는 별표 17과 같다.
② 「선박안전법」에 따라 항만국통제에 따른 결함의 시정 여부 확인과 중복되어 「선박안전법 시행규칙」 제99조에 따른 수수료를 내야 하는 경우에는 제1항에 따른 수수료를 면제한다.
③ 제1항에 따른 수수료는 수입인지로 내야 한다.

[별표 17] 항만국통제에 따른 결함의 시정명령등을 확인하는 등에 필요한 수수료
(제56조 제1항 관련)

수수료의 종류 / 근무시간의 구분	기본수수료
근무시간 내	30만원
근무시간 외	45만원

비고
1. 기본수수료는 사무실 출발부터 사무실 도착시간까지를 기준으로 4시간을 적용한다.
2. 4시간을 초과할 경우 초과 시간당 5만원을 추가한다.

7. 위임 · 위탁

이 법에 따른 해양수산부장관의 권한은 그 일부를 대통령령으로 정하는 바에 따라 지방해양항만청장(지방해양항만청장 소속의 해양사무소의 장을 포함한다)에게 위임할 수 있다(법 제40조 제1항). 해양수산부장관은 이 법에 따른 업무의 일부를 대통령령으로 정하는 바에 따라 해양 관련 전문기관이나 단체에 위탁할 수 있다(법 제40조 제2항).

「선박평형수관리법 시행령」

제7조(권한의 위임) 해양수산부장관은 법 제40조 제1항에 따라 다음 각 호의 사항에 관한 권한을 지방해양항만청장(지방해양항만청장 소속 해양사무소의 장을 포함한다)에게 위임한다.

1. 법 제5조에 따른 입항 보고
2. 법 제9조 제1항에 따른 선박평형수관리계획서의 검인
3. 법 제21조 제1항에 따른 선박평형수처리업의 등록
4. 법 제23조 제1항에 따른 선박평형수에 관한 처리실적서 수리
5. 법 제24조에 따른 처리명령
6. 법 제25조 제3항에 따른 선박평형수처리업자의 권리 · 의무 승계 신고의 수리
7. 법 제26조 제1항에 따른 선박평형수처리업의 등록취소 및 업무정지 명령
8. 법 제27조 제1항 및 제2항에 따른 선박에 대한 조치명령 및 항해정지처분
9. 법 제28조 제1항에 따른 선박평형수관리를 위한 항만국통제
10. 법 제32조 제1항에 따른 재검사 및 재검정. 다만, 법 제34조에 따라 선박검사관이 수행하는 검사 및 검정에 대한 재검사 및 재검정은 제외한다.
11. 법 제33조 제1항에 따른 보고 · 자료제출 명령
12. 법 제33조 제2항에 따른 출입 · 조사
13. 법 제33조 제3항에 따른 조사계획의 통보
14. 법 제33조 제5항에 따른 항해정지명령 또는 수리 · 보완과 관련된 처분
15. 법 제37조제3호에 따른 선박평형수처리업 등록취소를 위한 청문
16. 법 제38조 제1항제1호 및 같은 조 제4항에 따른 수수료의 징수
17. 법 제46조 제1항에 따른 과태료의 부과 · 징수

[시행일:2014.9.25.] 제7조 제3호, 제7조 제6호, 제7조 제11호, 제7조 제12호, 제7조 제13호, 제7조 제14호, 제7조 제15호, 제7조 제17호

제6절 | 벌칙

1. 양벌규정

법인의 대표자나 법인 또는 개인의 대리인, 사용인, 그 밖의 종업원이 그 법인 또는 개인의 업무에 관하여 법 제42조 또는 제43조의 위반행위를 하면 그 행위자를 벌하는 외에 그 법인 또는 개인에게도 해당 조문의 벌금형을 과(科)한다. 다만, 법인 또는 개인이 그 위반행위를 방지하기 위하여 해당 업무에 관하여 상당한 주의와 감독을 게을리하지 아니한 경우에는 그러하지 아니하다(법 제44조).

법 제정당시의 양벌규정은 문언상 사용자가 사용인 등에 대한 관리·감독상 주의의무를 다하였는지에 관계없이 사용자를 처벌하도록 하고 있어 원인자 책임주의 원칙에 위배될 소지가 있으므로, 사용자가 사용인 등에 대한 관리·감독상 주의의무를 다한 때에는 처벌을 면하게 함으로써 양벌규정에도 원인자 책임주의 원칙이 관철되도록 개정하였다.

2. 외국인에 대한 벌칙 적용의 특례

외국인에 대하여 법 제42조를 적용할 때에는 고의로 관할수역에서 위반행위를 한 경우를 제외하고는 해당 조문의 벌금형을 과한다(법 제45조 제1항). 법 제45조 제1항에 따른 외국인의 범위에 관하여는「배타적 경제수역에서의 외국인어업 등에 대한 주권적 권리의 행사에 관한 법률」제2조를 적용하고, 외국인에 대한 사법 절차에 관하여는 같은 법 제23조부터 제25조까지의 규정을 준용한다(법 제45조 제2항).

3. 벌칙

가. 1년 이하의 징역 또는 1천만원 이하의 벌금(법 제42조)

1. 법 제6조를 위반하여 선박평형수 또는 침전물을 배출한 자
2. 법 제7조 제1항에 따른 명령을 이행하지 아니한 자
3. 법 제8조 제1항에 따른 선박평형수관리설비를 설치하지 아니하고 선박을 항해에 사용한 자
4. 법 제9조 제1항을 위반하여 선박평형수관리계획서를 작성하지 아니하거나 검인을 받지 아니한 자
5. 법 제12조부터 제14조까지의 규정을 위반하여 검사를 받지 아니한 자
6. 법 제16조 제1항 또는 제2항을 위반하여 선박을 항해에 사용한 자
7. 법 제17조 제1항 또는 제6항을 위반하여 형식승인·검정을 받지 아니하거나 거짓이나 그 밖의 부정한 방법으로 형식승인·검정을 받은 자 또는 같은 조 제2항 전단 또는 제5항 후단을 위반하여 거짓이나 그 밖의 부정한 방법으로 형식승인시험에 합격한 자
8. 법 제20조 제3항을 위반하여 국제기구의 승인을 받지 아니하고 처리물질을 사용하거나 승인이 취소된 처리물질을 사용한 자
9. 법 제21조 제1항에 따른 등록을 하지 아니하거나 거짓으로 등록하여 선박평형수처리업을 한 자

10. 법 제26조 제1항에 따라 등록이 취소된 자가 영업을 하거나 영업정지명령을 받은 자가 영업정지 기간 중에 영업을 한 자
11. 법 제27조 제2항에 따른 항해정지처분을 위반하여 선박을 항해에 사용한 자
12. 법 제33조 제1항에 따른 보고를 하지 아니하거나 자료를 제출하지 아니한 자 또는 거짓 보고를 하거나 거짓 자료를 제출한 자
13. 정당한 사유 없이 법 제33조 제2항에 따른 공무원의 출입 또는 조사를 거부·방해하거나 기피한 자
14. 법 제33조 제5항에 따른 명령 또는 처분을 이행하지 아니한 자
15. 법 제36조의3을 위반하여 비밀을 누설하거나 도용한 자

나. 500만원 이하의 벌금(법 제43조).
1. 법 제9조 제2항을 위반하여 선박평형수관리계획서와 달리 선박평형수를 교환·주입 또는 배출하거나 침전물을 제거 또는 배출한 자
2. 법 제17조 제5항 전단을 위반하여 변경승인을 받지 아니하거나 거짓이나 그 밖의 부정한 방법으로 변경승인을 받은 자
3. 법 제23조 제1항에 따른 선박평형수 및 침전물의 처리방법을 위반한 자
4. 법 제24조에 따른 처리명령을 이행하지 아니한 자
5. 법 제27조 제1항에 따른 선박평형수관리설비의 교체 등의 명령을 이행하지 아니한 자

다.
(1) 200만원 이하의 과태료(법 제46조 제1항).
1. 법 제5조를 위반하여 입항 보고를 하지 아니한 자
2. 법 제9조 제3항에 따른 교육실시 의무를 위반한 자
3. 법 제9조 제4항에 따른 선박평형수관리계획서의 비치 또는 제시 의무를 위반한 자
4. 법 제10조 제1항부터 제3항까지의 규정에 따른 선박평형수관리기록부의 비치·기록·보존 또는 제시 의무를 위반한 자
5. 법 제11조 제4항을 위반하여 승인된 도면을 선박에 비치하지 아니한 자
6. 법 제12조 제3항을 위반하여 검사증서를 선박에 비치하지 아니한 자
7. 법 제21조 제3항에 따른 변경등록을 하지 아니한 자
8. 법 제23조 제1항을 위반하여 처리실적서를 작성하여 제출하지 아니하거나 처리대장을 비치하지 아니한 자
9. 법 제23조 제2항을 위반하여 선박평형수수거확인증을 교부하지 아니하거나 사실과 다르게 작성한 자
9의2. 법 제23조 제4항에 따른 교육의무를 위반한 자
10. 법 제25조 제3항을 위반하여 선박평형수처리업자의 권리·의무 승계에 대한 신고를 하지 아니하거나 거짓으로 신고한 자
11. 법 제29조 제1항에 따른 국제협약을 지키지 아니하여 외국 항에서 출항정지를 받은 자

(2) 과태료의 징수절차
법 제46조 제1항에 따른 과태료는 대통령령으로 정하는 바에 따라 해양수산부장관이 부과·징수한다(법 제46조 제2항).

「선박평형수관리법 시행령」

제8조(과태료의 부과)
① 법 제46조 제2항에 따른 과태료의 부과기준은 별표 3과 같다.
② 해양수산부장관은 위반행위의 정도, 위반횟수, 위반행위의 동기와 그 결과 등을 고려하여 별표 3에 따른 과태료 금액의 2분의 1의 범위에서 그 금액을 줄이거나 늘릴 수 있다. 다만, 과태료 금액을 늘

리는 경우에도 법 제46조 제1항에 따른 과태료 금액의 상한을 초과할 수 없다.

[별표 3] 과태료의 부과기준(제8조 제1항 관련)

위반행위	근거 법조문	과태료금액
1. 법 제5조를 위반하여 입항 보고를 하지 않은 경우	법 제46조 제1항 제1호	200만원
2. 법 제9조 제3항에 따른 교육실시 의무를 위반한 경우	법 제46조 제1항 제2호	50만원
3. 법 제9조 제4항에 따른 선박평형수관리계획서의 비치 또는 제시 의무를 위반한 경우	법 제46조 제1항 제3호	30만원
4. 법 제10조 제1항부터 제3항까지의 규정에 따른 선박평형수관리기록부의 비치 · 기록 · 보존 또는 제시 의무를 위반한 경우	법 제46조 제1항 제4호	30만원
5. 법 제11조 제4항을 위반하여 승인된 도면을 선박에 비치하지 않은 경우	법 제46조 제1항 제5호	50만원
6. 법 제12조 제3항을 위반하여 검사증서를 선박에 비치하지 않은 경우	법 제46조 제1항 제6호	30만원
7. 법 제21조 제3항에 따른 변경등록을 하지 않은 경우	법 제46조 제1항 제7호	200만원
8. 법 제23조 제1항을 위반하여 처리실적서를 작성하여 제출하지 않거나 처리대장을 비치하지 않은 경우	법 제46조 제1항 제8호	50만원
9. 법 제23조 제2항을 위반하여 선박평형수수거확인증을 교부하지 않거나 사실과 다르게 작성한 경우	법 제46조 제1항 제9호	100만원
9의2. 법 제23조 제4항에 따른 교육의무를 위반한 경우	법 제46조 제1항 제9호의2	50만원
10. 법 제25조 제3항을 위반하여 선박평형수처리업자의 권리 · 의무 승계에 대한 신고를 하지 않거나 거짓으로 신고한 경우	법 제46조 제1항 제10호	200만원
11. 법 제29조 제1항에 따른 국제협약을 지키지 않아 외국항에서 출항정지를 받은 경우	법 제46조 제1항 제11호	200만원

찾아보기

[가]
각하결정 685
감항성 71, 73, 157
강제도선 621
개선명령 503
개항질서법 555
건조검사 81
경하배수톤수 54
골재채취법 858
공공기관의 운영에 관한 법률 499
공시의 원칙 45
공신의 원칙 45
공유수면 관리 및 매립에 관한 법률 585, 852
과실책임주의 294
관세법 41
광업법 858
교통안전특정해역 424, 431
국가긴급방제계획 798
국가해사안전기본계획 420
국민건강보험법 298
국적취득조건부나용선 74
국제총톤수 60
국제톤수확인서 61
국제해상위험물규칙 141
국제해상충돌예방규칙협약 347, 505
국제협약 13
국제협약검사 99
국토의 계획 및 이용에 관한 법률 730
근로기준법 171, 179, 210, 215, 256, 275
근로자퇴직급여보장법 248
급박한 위험 197
기각재결 677
기국법 43
기국주의원칙 918
기속력 676
긴급체포 205

[나]
내수항행선 22, 25, 177
내항선 26
노동위원회 188
노동조합 및 노동관계조정법 215

[다]
단순승계 218
단체협약 214
담보물권 50
대기환경보전법 783
도선구 614
도선법 601
도선법 시행규칙 616
도선사면허 603
도선약관 620

[마]
마약류 관리에 관한 법률 467
만재배수톤수 54
만재흘수선 96, 131

만재흘수선에 관한 국제협약 80
무과실책임주의 295
민법 214, 251, 294, 319, 846
민사소송법 53, 637, 957

[바]

방제분담금 812
방제조치 802
배출규제 777
배출방지조치 807
배출부과금제도 738
배출허용기준 751
배타적경제수역 454, 705
복원성 132
본안재결 677
부선 73
불개항장 40
불복신청제도 684
불이익변경의 금지 686

[사]

사건환송의 재결 685
사법경찰관리의 직무를 수행할 자와 그 직무범위에 관한 법률 321
산업재해보상보험법 294, 300
산적화물선 74
상계의 제한 211
상법 217
상속 218
선급법인 59, 107
선급업무 146
선내 질서유지권 202
선내안전보건기준 284
선박검사관 108
선박검사증서 105
선박관리산업발전법 663
선박관리업자 179
선박관리인 350
선박교통관제 461, 557, 566
선박국적증서 37
선박등기법 23, 45, 50
선박등록 50
선박물권 44
선박법 19, 45
선박소유자 179
선박안전관리증서 492
선박안전기술공단 143, 949
선박안전법 22, 59, 134, 189, 347, 794, 879, 949
선박원부 50
선박의 입항 및 출항 등에 관한 법률 663
선박입출항법 555
선박직원법 187
선박직원법 시행령 192
선박평형수 757, 922, 953
선박평형수관리협약 916
선외기 73
선원근로감독관 321
선원노동위원회 209, 212, 250, 304
선원당직국제협약 324, 337
선원명부 224
선원법 171, 209
선원법 시행규칙 192
선원법 시행령 191
선원복지기본계획 305
선원송환에 관한 개정협약 222
선원수첩 227
선원신분증명서 232
선원의 선내근로시간 및 선박정원에 관한 협약

254
선원의 훈련 · 자격증명 및 당직근무의 기준에 관한 국제협약 404
선원인력수급관리제도 310
선장의 직접 지휘 191
소형선박저당법 49
속지주의원칙 918
손해배상액의 예정 210
손해배상책임 294
송환보험 221
송환비용 220
송환수당 220, 221
수면비행선박 20, 399, 476, 537
수산행정법규 6
수상레저안전법 23, 353, 558
승무경력증명서 235
승무자격인정 390
승무정원 273
승선평균임금 242
신원보증서 228
실업수당 219
심판변론인 654
심판불필요처분 662, 666

[아]

아포스티유 494
안전관리대행업 493
안전관리체제 469
약식심판 674
어선 선원의 훈련 · 자격증명 및 당직근무의 기준에 관한 국제협약 404
어선법 77, 239
연안통항대 514
연안항행권 42
예비공인 226
예선업 569
예인선 74
예인선항해검사 142
오염원인자 715, 752
외항선 26
우선피항선 556
원고적격 690
원인규명재결 678
원자력안전법 710
원조요청권 205
위약금 210
위해방지조치권 204
위험물운송선박 564, 576
위험물의 운송 139
위험화물운반선 430
위험화물적재선박 264, 269
유엔해양법협약 25, 28
유조선통항금지해역 432
유지선 518
의견청취의무 237
이중국적금지원칙 30
일괄공인 226
일사부재리의 원칙 637
임금채권보장보험 251
임금채권의 우선변제권 252
임시항해검사 788

[자]

자유심증주의 675
재결취소소송 691
재난 및 안전관리 기본법 462, 852
재선의무 193
재해보상급여 304

재화중량톤수 54
쟁의행위 206
전액지급의 원칙 244
정기검사 81
정기지급의 원칙 246
정선명령 465
조종불능선 415, 532
조종제한선 415, 532
준해양사고 661
중앙해양안전심판원 638
증거심판주의 675
지방해양안전심판원 638
직접지급의 원칙 244
집행유예 680
집행정지 687
징계재결 678

[차]

차별 도선 금지 617
채무자 회생 및 파산에 관한 법률 957
출입국관리법 234
출항정지 222
취업규칙 214, 237

[카]

컨테이너형식승인 125

[타]

통상임금 173, 240
통항분리수역 510
통항분리제도 510
통화지급의 원칙 245
퇴직수당 219

[파]

편의치적 32, 35
폐기물관리법 768
포괄승계 218
피항선 518
필요적 구술변론 669

[하]

한국선원복지고용센터 317
한국해양수산연수원법 316, 406
항로표지법 583
항만국통제 152, 795, 960
항만법 339
항만운송사업법 556, 780
항만운영정보시스템 591
항만행정법규 5
항적기록장치 463
항해선 24
항행장애물 452
해난심판법 689
해사공법 4
해사노동적합선언서 327
해사노동적합증서 327
해사법 3
해사안전감독관 501
해사안전관리 413
해사안전법 413, 505
해상교통 및 안전행정법규 6
해상교통안전법 413, 434
해상교통안전진단 435
해상법 5
해상에서의 인명안전을 위한 국제협약 460
해양경찰행정법규 6
해양레저법규 6

해양법에 관한 국제연합협약 413
해양사고 634
해양사고관련자 667, 684
해양사고심판법 637, 676, 689
해양사고의 조사 및 심판에 관한 법률 462, 834
해양수산발전기본법 731, 798, 828
해양심층수의 개발 및 관리에 관한 법률 858
해양안전심판원 635
해양오염방제 888
해양오염방지관리인 761, 766
해양오염방지법 703
해양오염방지협약 713
해양오염방지활동 752
해양오염영향조사 831
해양정책법규 5
해양환경개선부담금 734
해양환경개선조치 732
해양환경관리공단 807
해양환경관리법 556
해양환경관리업 814
해양환경기준 717
해양환경영향조사 856
해양환경종합계획 723
해역이용영향평가 858
해역이용협의 846
해운법 77, 187, 310, 469
해운행정법규 5
해원의 송환에 관한 협약 222
해저광물자원 개발법 858
행정대집행법 546, 584, 803
행정소송법 153, 689, 961
행정심판법 676, 694
협약검사증서 792
형사소송법 637, 675, 686
형식승인 114
화학물질관리법 204, 467
확정력 676
환경관리해역기본계획 730
환경정책기본법 716
회사의 합병 218
회항명령 465
흘수제약선 415, 535, 564

[기타]

1972년 국제해상충돌예방규칙협약 413
1978년 선원의 훈련·자격증명 및 당직근무의 기준에 관한 국제협약 255
1996년 선원근로시간 및 정원에 관한 협약 195
2003년 선원신분증명서에 관한 협약 제185호 234
2006년 통합해사협약 255
F-STCW 협약 347
ILO 10
IMCO 56
IMO 10
SOLAS 협약 80
STCW 협약 347